Brücke zur Physik

Zum Gedenken an Herrn Prof. Dr. Horst Harreis (1940–2002)

Norbert Treitz

Brücke zur Physik

Verlag
Harri
Deutsch

Dr. Norbert Treitz ist Professor für Didaktik der Physik – mit den Schwerpunkten Physiklehrerausbildung und Neuentwicklungen für den Physikunterricht – an der Universität Duisburg-Essen.

Bibliografische Information Der Deutschen Bibliothek

Die Deutsche Bibliothek verzeichnet diese Publikation in der Deutschen Nationalbibliografie; detaillierte bibliografische Daten sind im Internet über <http://dnb.ddb.de> abrufbar.

ISBN 3-8171-1664-0 (Buch)
ISBN 3-8171-1681-0 (Buch mit CD-ROM)

Dieses Werk ist urheberrechtlich geschützt.

Alle Rechte, auch die der Übersetzung, des Nachdrucks und der Vervielfältigung des Buches – oder von Teilen daraus – sind vorbehalten. Kein Teil des Werkes darf ohne schriftliche Genehmigung des Verlages in irgendeiner Form (Fotokopie, Mikrofilm oder ein anderes Verfahren), auch nicht für Zwecke der Unterrichtsgestaltung, reproduziert oder unter Verwendung elektronischer Systeme verarbeitet werden.
Zuwiderhandlungen unterliegen den Strafbestimmungen des Urheberrechtsgesetzes.
Der Inhalt des Werkes wurde sorgfältig erarbeitet. Dennoch übernehmen Autor und Verlag für die Richtigkeit von Angaben, Hinweisen und Ratschlägen sowie für eventuelle Druckfehler keine Haftung.

3., vollständig überarbeitete und erweiterte Auflage 2003
© Wissenschaftlicher Verlag Harri Deutsch GmbH, Frankfurt am Main, 2003
Satz: Satzherstellung Dr. Naake, Chemnitz
Druck: Druckhaus Beltz, Hemsbach ⟨www.druckhaus-beltz.de⟩
Printed in Germany

Vorwort

> Welch freudige Überraschung, wenn man plötzlich etwas versteht,
> was man nur auswendig gelernt hatte.
> *Juan Zorrilla de San Martin*
>
> Alles sollte so einfach wie möglich gemacht werden, aber nicht einfacher.
> *Albert Einstein*

Liebe Leserin, lieber Leser,

die Physik ist nichts Fertiges in vollendeter Form, sondern eine jahrtausendelange leidenschaftliche Anstrengung, und jedes Buch darüber ein Zwischenbericht.

Wenn man einen Pariser Taxifahrer nicht versteht, so wiederholt der seine Rede bis zu fünfmal in gleichem Tempo und wortwörtlich, aber zunehmend lauter. Wo ich in diesem Buch von üblichen Erklärungsmustern oder Formulierungen abweiche, heißt das nicht unbedingt, dass ich sie schlechter finde, wohl aber, dass ich es immer gut finde, wenn man eine (vielleicht etwas schwierige) Sache auf mehrere Arten erklärt bekommt. Nicht so sehr die Wiederholung, sondern eher die Abwandlung ist die Quelle des Verstehens.

Der Stoff ist so ausgewählt, dass man mit wenig Mathematik in wesentliche Bereiche der Physik eindringen kann. Einfache Formeln und Methoden der Differential- und Integralrechnung werden erklärt und benutzt, ich gehe aber davon aus, dass Sie sich mit denen auch sonst schon befassen.

Wenn das Buch Ihnen selbst gehört, empfehle ich Anstreichen nach eigener Wahl, unabhängig davon aber Notizblock und Bleistift, nicht nur für Zwischenrechnungen, sondern auch für ganz einfache Skizzen.

So genannte Randgebiete (Astronomie, Physikgeschichte) sind bewusst, aber nur punktuell, einbezogen, oft in Form von Exkursen. Aufgaben, auch einfache Computerprogramme (deren Kerne meist ausgedruckt sind), sollen Sie zum Selbermachen anregen. (Versuchen Sie doch auch, die Abbildungen mit dem Computer zu erzeugen, und zwar ohne Scanner.)

Dass die Lösungen immer gleich hinter den Aufgaben stehen, erfordert etwas Selbstdisziplin von Ihnen: Buch zuklappen, und mit dem Notizblock weitermachen! Vielleicht ist es für Sie ungewohnt, dass dabei nicht so sehr das Ausführen der Rechnungen das Problem ist, sondern mehr das Herausfinden, was man überhaupt rechnen kann und soll. Aber es sollen ja auch Physik- und keine Rechenaufgaben sein!

In dieser Auflage wurde die Astronomie erweitert, das Kapitel zur Relativitätstheorie umgestellt und der Feldbegriff stärker betont.

Physik muss man nicht (nur) lesen und rechnen, sondern (auch) tun!

Viel Spaß dabei wünscht Ihnen Ihr

N. Treitz

Inhaltsverzeichnis

* Zusatzabschnitt, auf den nicht wesentlich zurückgegriffen wird

1 Klassische Mechanik: Bewegungen im Raum 1
  1.1 Eine elementare, aber energiebetonte Eröffnung 2
      1.1.1 Ist die Gießkanne ein hydrostatisches Paradoxon? 3
      1.1.2 Herons Springbrunnen 4
      1.1.3 Die seltsame Waage von Roberval 5
      1.1.4 Die Höhe des Schwerpunktes 7
      1.1.5 Ist die Schwerpunktregel ein Naturgesetz? 7
      1.1.6 Die Logik der schwarzen Raben und die „induktive Methode" .. 9
      1.1.7 Vorläufiges über die Energie 11
      1.1.8 Die Masse als Menge der Materie und ihre Dichte 13
      1.1.9 Der Formalismus mit Einheiten und Dimensionen 15
      1.1.10 Die Energie des homogenen Schwerefeldes 16
      1.1.11 Die einfache Maschine schlechthin 17
      1.1.12 Wo bleibt die Energie, woher kommt sie? 18
  1.2 Kinematik: Geschwindigkeit und Beschleunigung 20
      1.2.1 Funktion und Ableitung – etwas Mathematik 20
            1.2.1.1 Reelle Zahlen und Funktionen 20
            1.2.1.2 Steigungsdreieck, Tangente, Ableitung 22
            1.2.1.3 Rechenregeln für das Differenzieren 24
            1.2.1.4 Zur Kurvendiskussion 25
            1.2.1.5 * Historische Bemerkungen 25
      1.2.2 Vektoren, Winkel, sin und cos 26
            1.2.2.1 Vektoren 26
            1.2.2.2 Betrag, Polarkoordinaten, Winkel, Winkelfunktionen . 27
      1.2.3 Geschwindigkeit 29
            1.2.3.1 * Mehr und weniger Ernsthaftes über Folgen und Reihen 30
            1.2.3.2 * Überholt Achilleus die Schildkröte? 31
            1.2.3.3 * Unendlich viele Schritte vor dem ersten? 33
            1.2.3.4 * Ruht der fliegende Pfeil? 33
            1.2.3.5 * Wo steht der superflinke Greifarm? 34
            1.2.3.6 Überholen ohne Beschleunigen 34
      1.2.4 Beschleunigung 35
      1.2.5 Relativitätsprinzip 39
      1.2.6 Wurfparabel 41
            1.2.6.1 Weiteste Wurfparabel 42
            1.2.6.2 * Wurf mit Reibung, Simulation WURF 43
            1.2.6.3 Erweiterter grafischer Fahrplan 45
      1.2.7 * Geschicklichkeitsspiele zur Beschleunigung 46
            1.2.7.1 * Labyrinth mit verstellbarer Neigung 46
            1.2.7.2 * Beschleunigung auf kariertem Papier 46
            1.2.7.3 * Computer-Spiel BESCHLEUNIGUNG 47

	1.2.7.4 *	Differenzenfolgen und arithmetische Folgen	48
	1.2.7.5 *	Ungenauigkeiten aufgrund der iterativen Berechnung	49
	1.2.7.6 *	Iterationsungenauigkeit bei Computer-Berechnungen .	50
	1.2.7.7 *	Physik als Datenreduktion	50
1.3	Das Nullsummenspiel der Impulse		52
	1.3.1	Inertialsysteme	54
	1.3.2	Impuls, Masse und Impulssatz	55
		1.3.2.1 Gleiche Teilchen behalten ihren „Mittelpunkt".	55
		1.3.2.2 Die Materiemenge als Bewertungsfaktor: „Masse". . .	55
		1.3.2.3 Der Impuls als Bewegungsgröße	57
		1.3.2.4 Die Erhaltung des Impulses	57
		1.3.2.5 Ruhesystem und Schwerpunktsystem.	58
	1.3.3	Kräfte als einseitige Sichten auf Wechselwirkungen	60
		1.3.3.1 Die Definition der resultierenden Kraft	60
		1.3.3.2 Eine Kraft zwischen zwei Punktmassen	61
		1.3.3.3 Punktmechanik mit mehr als zwei Punktmassen	63
		1.3.3.4 Parallel- und Hintereinanderschaltung in einer Dimension	63
		1.3.3.5 Kräfte als Enden von Impulsströmen	64
		1.3.3.6 Kraftmessung	65
		1.3.3.7 * Die Ankunft des Impulses heißt auch „Trägheitskraft"	66
		1.3.3.8 Das Gesetz von Hooke	67
		1.3.3.9 Die Schwerkraft im homogenen Grenzfall	68
		1.3.3.10 Kraftschluss und Haftung	69
		1.3.3.11 * Ein Heimexperiment zur „Trägheit"?	70
		1.3.3.12 Die Muskelkraft als eine besonders untypische Kraft .	71
		1.3.3.13 Ist die Kraft mehr als nur die Impulsänderungsrate? . .	71
	1.3.4	Beispiele zur Dynamik	72
		1.3.4.1 Richtungsänderung	72
		1.3.4.2 Inelastischer Stoß	73
		1.3.4.3 Die Erde fällt auf den Apfel (?)	74
		1.3.4.4 Der Versuch von Atwood – Die Fallmaschine	75
		1.3.4.5 Ein Standard-Versuch mit der Luftkissenbahn	75
		1.3.4.6 Das Verlassen der Fähre	76
	1.3.5	Statik oder Dynamik: Das ist hier die Frage!	76
		1.3.5.1 Erbsen fallen auf eine Waage	76
		1.3.5.2 Hüpfen	77
		1.3.5.3 Hubschrauber	77
		1.3.5.4 Tennis auf dem Wasser	78
	1.3.6	Beispiele zur Statik	79
		1.3.6.1 Haben acht Pferde so viel Kraft wie sechzehn?	79
		1.3.6.2 Statische Netze (Fachwerk)	80
		1.3.6.3 Das goldene Fass	81
		1.3.6.4 Balkenwaage und Briefwaage	82
		1.3.6.5 Die Eleganz der Schrägseilbrücke	83
		1.3.6.6 * Ein Computerprogramm findet Gleichgewichte	84

1.3.7	Punktmassen auf Kreisbahnen	85
	1.3.7.1	Ein Doppelstern kommt selten allein	87
	1.3.7.2	Bremsen in der Kurve	88
	1.3.7.3	Kurvenüberhöhung und Glatteis	88
1.3.8	Kann man Trägheitskräfte spüren?	89
	1.3.8.1	Echte und so genannte Schwerelosigkeit: Volumenkraft	90
	1.3.8.2	Der Marsch der Impulse durch die Strukturen: Oberflächenkraft	91
	1.3.8.3	Vom Gefühl der Ruhe im Schwerefeld	93
	1.3.8.4	Wo ist beim Kettenkarussell unten?	94
	1.3.8.5 *	Das scheinbare Schwerefeld	95
	1.3.8.6	Warum fällt der Fahrgast nicht aus der Achterbahn?	96
1.3.9 *	Historische Bemerkungen	96
	1.3.9.1 *	Aristoteles	96
	1.3.9.2 *	Buridan und die Impetustheorie	98
	1.3.9.3 *	Galileo Galilei	98
	1.3.9.4 *	Sir Isaac Newton	99

1.4 Energie in der Mechanik ... 101

- 1.4.1 Kinetische Energie ... 101
  - 1.4.1.1 Wirkungsgrad von Windkonvertern nach Betz ... 102
- 1.4.2 Das Integral – ganz anschaulich streifenweise ... 103
- 1.4.3 Das skalare Produkt zweier Vektoren ... 105
- 1.4.4 Kann man Energie aufbewahren? ... 106
  - 1.4.4.1 Stabhochsprung ... 110
  - 1.4.4.2 Die Leistung ... 110
  - 1.4.4.3 Von menschlicher Leistung ... 111
  - 1.4.4.4 Was Autos so leisten ... 111
- 1.4.5 Energieentwertung durch Reibung ... 111
  - 1.4.5.1 Ein Erbsenmodell für das Mischen von Impulsen ... 113
  - 1.4.5.2 Bremsdiagramme ... 114
- 1.4.6 Gleichgewichte ... 116
- 1.4.7 * Hydrostatik ... 117
  - 1.4.7.1 * Kapillarität ... 118
- 1.4.8 Energiebetrachtungen zu Stößen ... 119
  - 1.4.8.1 Was ist ein elastischer Stoß? ... 119
  - 1.4.8.2 Elastischer Stoß zweier Punktmassen im SPS ... 120
  - 1.4.8.3 Der schlechte Billardspieler ... 121
  - 1.4.8.4 * Der gute Billardspieler ... 122
  - 1.4.8.5 Tischtennisball contra Schläger ... 123
  - 1.4.8.6 Ein Ball will hoch hinaus ... 123
  - 1.4.8.7 Swing-by ... 124
  - 1.4.8.8 Molekül und Stempel ... 126
  - 1.4.8.9 Die Unfallforschung der Biertisch-Experten ... 126
  - 1.4.8.10 Ein elastisches Modell für den inelastischen Stoß ... 127

1.5 Drehimpuls und Starrer Körper ... 129

- 1.5.1 Das Kreuzprodukt zweier Vektoren ... 130

	1.5.2	Der Drehimpuls und seine Erhaltung	131
		1.5.2.1 Zentralkraft und Flächensatz	132
	1.5.3	Drehmoment	132
		1.5.3.1 Unterarm	132
	1.5.4	Starrer Körper und Trägheitsmoment	133
		1.5.4.1 Eine Latte als Falltür	134
		1.5.4.2 Von der Tätigkeit der Eistänzerin	135
		1.5.4.3 Speichen auf Biegen und Brechen	136
	1.5.5	Analogien zwischen Translation und Rotation	137

2 Gravitation und Astronomie ... 138

2.1	Newtons Gravitationsgesetz		140
	2.1.1	Flüsse und Flussdichten	141
	2.1.2	Das Gravitationsgesetz mit Flussdichten formuliert	142
	2.1.3	Spezialisierung auf Kugelsymmetrie	143
	2.1.4	Im Inneren einer Hohlkugel	144
	2.1.5	Energie des Gravitationsfeldes	145
	2.1.6	Energie in einem Feld aus Punktmasse und kugelsymmetrischem Objekt	146
	2.1.7	Gravitations-Potenziale	147
	2.1.8	Gegenüberstellung einiger Größen	148
	2.1.9	Bestimmung der Feldkonstanten G nach Cavendish	148
	2.1.10	Berechnung der Erdmasse	149
	2.1.11	Fallbeschleunigung bei gleicher Dichte	149
	2.1.12	Bilder von Feldlinien und Potenzialflächen	150
	2.1.13	Die Jakobsleiter	151
	2.1.14	Radiale Abhängigkeiten von Beschleunigung und Potenzialen	152
2.2	Kreisbewegungen im Schwerefeld		153
	2.2.1	Gibt es Kreisbahnen um den gemeinsamen Schwerpunkt?	153
	2.2.2	Zu Keplers drittem Gesetz	155
		2.2.2.1 Diagramm zu Keplers drittem Gesetz	155
	2.2.3	Potenzialtopf des Sonnensystems	157
	2.2.4	Titius-Folge	158
	2.2.5	Planetenjäger seit 200 Jahren	159
	2.2.6 *	Ringe und Monde – die Roche-Grenze	162
	2.2.7 *	Trojaner	163
	2.2.8 *	Kant und die Gezeitenreibung	165
2.3	Kombinationen von Kreisbewegungen		168
	2.3.1	Winkelgeschwindigkeiten und Synoden	168
	2.3.2	Datumsgrenze	170
	2.3.3	Mondphasen	171
	2.3.4	Tycho Brahes geostatisches Bild – Modell und Simulation	174
	2.3.5	Heliostatische Mondbahn	178
	2.3.6	Finsternisse – Schattenspiele auf Erde und Mond	180
	2.3.7	Gezeiten	182
2.4	Kegelschnitt-Bahnen im Schwerefeld		182
	2.4.1	Keplers zweites Gesetz und der Drehimpuls	182

	2.4.2	Allgemeines über die Bahn	183
	2.4.3	Simulation der Bewegung zweier Objekte bei Gravitation	184
	2.4.4	Die Kepler-Ellipse und Bahnexzentrizitäten	187
		2.4.4.1 Perigäumsdrehungen	187
		2.4.4.2 Punctum aequans	188
		2.4.4.3 Jährlicher Anteil der Zeitgleichung	189
		2.4.4.4 Längen-Libration des Mondes	189
	2.4.5	Newton-Exponent aus erstem und zweitem Kepler-Gesetz	189
	2.4.6	Hohmann-Ellipsen	190
	2.4.7	Kreise im Geschwindigkeitsraum	191
	2.4.8	Punktmassen auf Kegelschnittbahnen	194
2.5	Die Weite des Raumes		197
	2.5.1	Entfernungen	197
	2.5.2 *	Größen und Energieflüsse	199
	2.5.3	Warum ist es nachts dunkel?	202
	2.5.4 *	Hertzsprung-Russell-Diagramm	204
	2.5.5	Hubble	206
	2.5.6	Der Zeitpfeil in der Astronomie – Evolution	206
	2.5.7 *	Wie kann man – falls überhaupt – die Hohlwelttheorie widerlegen?	207

3 Elektrodynamik ... 209

3.1	Elektrostatik		210
	3.1.1	Coulomb-Gesetz	210
		3.1.1.1 Elektrische Flussdichte	211
		3.1.1.2 Kugelsymmetrische Ladungsverteilungen	212
		3.1.1.3 Dipole	213
		3.1.1.4 Mechanisches Modell zum Dipol	214
	3.1.2	Vergleich von Elektrostatik und Gravitation	215
	3.1.3 *	Ein Balanceakt und der Satz von Earnshaw	215
	3.1.4	Elektrische Spannung, Potenzial	216
	3.1.5 *	Bilder von Feldern und Feldlinien	217
	3.1.6	Kondensator und Energiedichte	221
		3.1.6.1 Wo steckt der Fehler?	224
		3.1.6.2 Elektrostatisches Haften	224
	3.1.7 *	Polarisierbarkeit	225
3.2	Elektrischer Gleichstrom		226
	3.2.1	Elektrische Stromstärke	227
	3.2.2	Knotenregel	227
	3.2.3	Energietransport	228
	3.2.4	Maschenregel	231
	3.2.5	Ohm-Widerstand	232
		3.2.5.1 Falsche Glühbirnen	233
		3.2.5.2 Spannungsteiler mit Last	233
		3.2.5.3 Vielfachdrehspulgerät	235
	3.2.6 *	Leitungsmechanismen	235
	3.2.7	Exponentialfunktionen und Logarithmen	236
		3.2.7.1 Aufladen und Entladen eines Kondensators	239

3.3	Magnetfeld und Lorentz-Kraft		242
	3.3.1	Ampère-Kraft	242
	3.3.2	Lorentz-Kraft und Definition von **B**	243
		3.3.2.1 Induktion und Hall-Effekt	243
	3.3.3	Durchflutungsgesetz	245
		3.3.3.1 Der Magnetismus der Erde	246
		3.3.3.2 Magnetfeld eines Drahtes	246
		3.3.3.3 Lange Spule	247
	3.3.4 *	Biot-Savart-Gesetz und Helmholtz-Spulen	248
		3.3.4.1 Messung der Spezifischen Ladung	250
3.4	Induktionsvorgang und Wechselstrom		251
	3.4.1	Induktionsgesetz	251
	3.4.2	Wechselstromgenerator	252
		3.4.2.1 Erdinduktor	252
	3.4.3	Effektivwerte	253
	3.4.4	Zeigerdiagramm und Drehstrom	254
		3.4.4.1 Drehstrom	255
	3.4.5 *	Komplexe Zahlen	256
	3.4.6 *	Induktivität	256
	3.4.7 *	Maxwell-Gleichungen in Integral-Form	257
	3.4.8 *	Michael Faraday	258

4 Schwingungen und Wellen ... 260

4.1	Schwingungen		260
	4.1.1	Federpendel qualitativ	260
	4.1.2	Sinus und Kosinus und ihre Ableitungen	261
	4.1.3	Ungedämpftes Federpendel, quantitativ behandelt	262
		4.1.3.1 Das freie Federpendel	264
		4.1.3.2 Federdrehpendel	265
		4.1.3.3 Energien beim Federpendel und beim Federdrehpendel	266
	4.1.4	Elektrischer Schwingkreis	267
	4.1.5 *	Analogien zwischen mechanischen und elektrischen Größen	267
	4.1.6	Dämpfung	269
		4.1.6.1 Qualitatives zur Dämpfung	269
		4.1.6.2 * Harmonischer Oszillator bei starker Dämpfung – Kriechfall	269
		4.1.6.3 * Aperiodischer Grenzfall	271
		4.1.6.4 * Periodischer Fall bei schwacher Dämpfung	271
	4.1.7	Rückkopplung und Resonanz	273
	4.1.8 *	Anharmonische Schwingungen	274
	4.1.9 *	Anfangswertempfindlichkeit	277
	4.1.10 *	Schwerependel	278
		4.1.10.1 * Das Konische Pendel als extremes Kettenkarussell	280
	4.1.11 *	Schwebungen	281
	4.1.12 *	Gekoppelte Schwingungen, qualitativ betrachtet	282
	4.1.13 *	Datenfluss, Amplitudenmodulation und Bandbreite	283

4.2	Wellen			286
	4.2.1 *	Wellengleichung		287
		4.2.1.1 *	Die Differenzialgleichung für Wellen auf einer Saite	287
		4.2.1.2 *	Verallgemeinerungen der Wellengleichung und ihrer Lösungen	289
		4.2.1.3 *	Stehende Wellen	291
	4.2.2	Elongation und Energiestromdichte		292
	4.2.3	Zwei dünne Spalte		295
		4.2.3.1	Lautsprecher übereinander	298
	4.2.4	Gitter aus n Spalten		298
	4.2.5	Breite Spalte		301
	4.2.6	Weitere Anwendungen und Fermat-Prinzip		304
		4.2.6.1	Brechung einer Welle	304
		4.2.6.2	Strahlenoptik als Grenzfall	305
		4.2.6.3	Exakte Abbildungen	305
		4.2.6.4 *	Wie eine Linse funktioniert	307
		4.2.6.5 *	Fermat-Prinzip	308
		4.2.6.6 *	Überzählige Pfade?	308
	4.2.7 *	In Luft hören		310
	4.2.8 *	Farben sehen		314
	4.2.9 *	Hologramme als Speicher optischer Information		316

5 Strahlenoptik ... 319

5.1	Lichtstrahl als Modell		319
	5.1.1	Gültigkeitsgrenzen aufgrund des Wellencharakters	319
	5.1.2	Gültigkeitsgrenzen aufgrund des Teilchencharakters	319
	5.1.3 *	Historische Anmerkungen	320
	5.1.4	Grundregeln der Strahlenoptik	321
5.2	Paraxiale Optik		322
	5.2.1	Brechung an einer Kugelfläche	323
	5.2.2	Dünne Linse als zwei koaxiale Kugelschalen „ohne Abstand"	324
	5.2.3	Anwendungen der Knickformel	325
		5.2.3.1 * Computerzeichnung von Strahlengängen	325
		5.2.3.2 Zeichnerisches Verfahren	327
		5.2.3.3 Ausgezeichnete Strahlen	328
	5.2.4	Optische Abbildung	329
		5.2.4.1 Objektiv als dünne Linse	331
		5.2.4.2 Zwischenring	331
		5.2.4.3 Mikroskop	332
		5.2.4.4 Fernrohre	333
		5.2.4.5 Brillenoptik	335
		5.2.4.6 * Objektpunkt → Linse → Bildpunkt	336
	5.2.5 *	Bemerkungen zum Auge	336

6 Thermodynamik und kinetische Gastheorie ... 338

6.1	Ideales Gas		339
	6.1.1	Ideales Gas als Modell	339
	6.1.2	Vom Impuls zum Druck	339

	6.1.3	Thermische Zustandsgleichung	340
		6.1.3.1 * Historische Bemerkungen	340
		6.1.3.2 * Teilchenzahl als so genannte Stoffmenge	341
		6.1.3.3 Luftmoleküle im Zimmer	341
		6.1.3.4 Heißluftballon	342
	6.1.4 *	Spezifische Wärmekapazität	342
6.2	Der Stirling-Kreisprozess	344
	6.2.1	Isotherme Volumenänderungen	344
	6.2.2	Der Stirling-Prozess als Kreisprozess	346
	6.2.3	Wärmepumpe und Wärmekraftmaschine	347
	6.2.4	Bleibt die „Arbeitsfähigkeit" erhalten?	349
		6.2.4.1 Wärmepumpe	353
6.3	Die Entropie – ein unbekanntes Wesen?	353
	6.3.1	Makroskopische Definition der Entropie	353
	6.3.2	Entropie beim Stirling-Prozess	355
	6.3.3	Die schwierige Klärung des Begriffes Wärme	356
	6.3.4	Zunahme der Entropie bei der Wärmeleitung	358
	6.3.5	Ausströmversuch von Gay-Lussac	358
	6.3.6	Zweiter Hauptsatz – die nicht abnehmende Entropie	359
	6.3.7	Wahrscheinlichkeit und Entropie	360
6.4 *	Aus Geschichte und Gegenwart der Energietechnik	361
	6.4.1 *	Viele Sorten Kreisprozesse	362
		6.4.1.1 * Rückblick auf die Stirling-Maschine	362
		6.4.1.2 * Isobaren, Isentropen, usw.	362
		6.4.1.3 * Zehn Kombinationen von „Iso-Kurven" als Kreisprozesse	363
		6.4.1.4 * Die Dampfmaschine und ihr glückloser Erfinder Denys Papin	364
		6.4.1.5 * Carnot und Reitlinger	366
		6.4.1.6 * Ericsson und der Jet-Set	367
		6.4.1.7 * Verbrennungsmotoren nach Otto und Diesel	368
	6.4.2 *	Zur Energiewirtschaft – die unsichtbaren Sklaven	368
7 Spezielle Relativitätstheorie (SRT)	370
7.1	Relativistische Dynamik	370
	7.1.1	Hängt die Masse von der Geschwindigkeit ab?	370
	7.1.2	Das Pythagoras-Dreieck der SRT	371
	7.1.3	Grenzfälle: klassisch langsam oder relativistisch fast und ganz wie das Licht	373
	7.1.4	Wechsel des Bezugssystems	374
	7.1.5	Systeme aus mehreren Teilchen, Erhaltung und Invarianz	375
		7.1.5.1 * Ruheenergie mehrerer Photonen	377
		7.1.5.2 Warum Collider so wirtschaftlich sind	378
		7.1.5.3 * HERA	379
		7.1.5.4 * Kann ein freies Elektron ein Photon verschlucken?	380
		7.1.5.5 Compton-Effekt: eindimensionaler Fall	381
		7.1.5.6 Der optische Doppler-Effekt	382

	7.1.6	Masse und Energie: identisch oder ineinander umwandelbar?	383
	7.1.7	Bindungsenergien: Das Ganze ist weniger als seine Teile!	385
7.2 *	Relativistische Kinematik		385
	7.2.1 *	Zum Vergleich: die so genannte Galilei-Transformation	385
	7.2.2 *	Lorentz-Transformation	386
		7.2.2.1 * Myonen lassen sich Zeit mit dem Zerfall	389
		7.2.2.2 * Lorentz-Fitzgerald-Kontraktion: Werden Maßstäbe kürzer?	390
		7.2.2.3 Das Additionstheorem der Geschwindigkeiten	391
		7.2.2.4 Unser Gehirn ist zum Sehen der Relativitätstheorie zu langsam!	392
7.3 *	Albert Einstein		393

8 Struktur der Materie ... 396

8.0 *	Historische Anmerkungen		396
8.1	Quantenmechanik		398
	8.1.1	Wellenmechanik und Unbestimmtheit	398
		8.1.1.1 Klassische Unbestimmtheiten bei Schwingungen	398
		8.1.1.2 Akustische Unbestimmtheit	400
		8.1.1.3 Fotoeffekt	400
		8.1.1.4 Materiewellen	402
		8.1.1.5 Quantenmechanische Unbestimmtheit	403
		8.1.1.6 Wie groß muss die Atomhülle sein?	404
	8.1.2	Bosonen, Fermionen und Pauli-Prinzip	405
8.2	Fundamentale Fermionen: Leptonen und Quarks		406
	8.2.1	Nichts ist einfacher als das Elektron	408
	8.2.2	Das Positron und andere „Antimaterie"	409
	8.2.3	Neutrinos als Poltergeister und Welträtsel	411
	8.2.4	Myon und Tauon, des Elektrons schwere Geschwister	412
	8.2.5	Zweimal sechs Sorten Quarks	412
8.3	Bosonen und Wechselwirkungen		413
	8.3.1	Wer leicht ist, kommt weiter!	414
	8.3.2	Gluonen – „farbiger Klebstoff" hält die Welt zusammen	414
	8.3.3	Elektromagnetische Kraft und Photon, QED	415
		8.3.3.1 Skalenbeispiele zu Photonen	415
		8.3.3.2 Photoelektronenspektroskopie (PES)	417
	8.3.4	Schwache Kraft und Weakonen, β-Zerfall	417
	8.3.5 *	Gravitation und Graviton	418
	8.3.6 *	Vereinheitlichungen	418
8.4	Teilchenverbindungen		420
	8.4.1	Hadronen als Verbindungen aus Quarks	420
	8.4.2 *	Was sind elementare Teilchen?	421
		8.4.2.1 * Ist das Tohu-wa-Bohu einfacher?	423
		8.4.2.2 * Teilchen als Wandergruppen	424
8.5	Atomkerne		425
	8.5.1	Elemente und Nuklide	425
	8.5.2	Abmessungen und Form der Kerne	426

	8.5.3	Bethe-Weizsäcker-Formel	426
		8.5.3.1 Volumenterm	427
		8.5.3.2 Oberflächenterm	428
		8.5.3.3 Asymmetrie-Term	428
		8.5.3.4 Coulomb-Term	429
		8.5.3.5 Paarungsterm	429
	8.5.4	Isobarenschnitte und Beta-Zerfälle	429
		8.5.4.1 Massenbilanz bei Betazerfällen	431
	8.5.5	Alpha-Zerfälle: mit Heisenberg-Kredit aus dem Gefängnis	432
	8.5.6	Stabilitätstal	433
	8.5.7	Spaltung	434
		8.5.7.1 * Historische Anmerkungen	435
	8.5.8	Kernfusion	438
		8.5.8.1 Sonnenenergie	439
		8.5.8.2 Massebezogene Leistungen	439
	8.5.9	Zerfallskonstante	440
		8.5.9.1 Halbwertszeiten	440
		8.5.9.2 Das verschwundene Nuklid	441
8.6	Atome, Moleküle und Festkörper		441
	8.6.1	Atome und ihre Hüllen	441
		8.6.1.1 Rosinenkuchen oder Planetensystem oder was sonst?	441
		8.6.1.2 Die Unbestimmtheit bestimmt die Mindestgröße	442
		8.6.1.3 Wellenfunktionen	443
		8.6.1.4 Die radiale Abhängigkeit	444
		8.6.1.5 Energiestufen im H-Atom und in Ionen, die ihm ähnlich sind	445
		8.6.1.6 Haben Atome Zwiebelschalen?	446
		8.6.1.7 * Noch mehr Quantenzahlen	450
	8.6.2 *	Moleküle	452
	8.6.3	Festkörper	453
		8.6.3.1 Bragg-Reflexion	454

9 Anhang ... 457

9.1	Jahreszahlen vor allem zur Physik		457
9.2	Englische Vokabeln zur Physik		463
9.3	Zur Wortkunde physikalischer Fachwörter		465
	9.3.1	Griechisches Alphabet	465
	9.3.2	Präfixe (Vorsilben)	465
	9.3.3	Wörter	466
9.4	Nicht nur Geheimtipps		468
	9.4.1	Fachliche und populäre Literatur	468
	9.4.2	Aufgaben und Heimversuche	470
	9.4.3	Physikgeschichte und klassische Originalliteratur	470
	9.4.4	Physikalische und technische Ausstellungen	470
	9.4.5	Fernsehsendungen	471
	9.4.6	Vorträge und Tagungen nicht nur für Spezialisten	471

	9.4.7	Unterhaltung mit Nähe zu Physik oder Mathematik	471
		9.4.7.1 Rätsel und Scherze	471
		9.4.7.2 Kunst und Physik	471
		9.4.7.3 Romane, Erzählungen und Theaterstücke mit Bezug zur Physik	472
9.5	Register		473
9.6	Zahlen und Einheiten		482
	9.6.1	Naturkonstanten und atomare Einheiten	482
	9.6.2	Metrische Basiseinheiten	482
	9.6.3	Symbole für Zehnerpotenzen in Einheiten	482
	9.6.4	Abgeleitete metrische Einheiten mit Namen	483
	9.6.5	Astronomische Faustdaten	483
	9.6.6	Größengleichungen	483

1 Klassische Mechanik: Bewegungen im Raum

Die Mechanik handelt von Bewegungen im Raum (Kinematik und Dynamik) und auch von deren Ausbleiben (Statik). Wir beschreiben das hauptsächlich mit dem Impuls und seinen Übertragungen (Dynamik) sowie dem Drehimpuls und außerdem – wie in der gesamten Physik – mit der Energie. Wir gliedern die Mechanik hier in fünf Teile und behandeln die wichtigsten Grundbegriffe und etwas mathematisches Werkzeug. Als Eröffnung nehmen wir einen Teil, der mit ganz einfachen Vorstellungen über die Energie auskommt:

- 1.1 Nicht nur Vorläufiges über die Energie als das *Geld der Natur* und über Naturgesetze
- 1.2 Kinematik als Beschreibung von Bewegungen nur mit Begriffen von Raum und Zeit, Relativitätsprinzip
- 1.3 Dynamik von Objekten mit unwichtiger Größe, den *Punktmassen*, der Impulssatz ist die zentrale Aussage, die Statik wird zum Spezialfall
- 1.4 Energie als Bilanzgröße macht wegen ihrer Erhaltung vieles einfacher und greift über die Mechanik weit hinaus
- 1.5 Dynamik von ausgedehnten festen Objekten mit unwichtiger Verformung, den *starren Körpern*, Drehimpulssatz bezüglich einer einzigen Achsenrichtung, also Drehungen in einer Ebene.

Elastische feste Körper und Flüssigkeiten fassen wir hier nicht im Sinne der Kontinuumsmechanik mit deren aufwendigen mathematischen Hilfsmitteln auf. Wir begnügen uns mit einigen einfachen Beispielen, die wir mit Impulsaustausch (nach HOOKE) und mit Energiebetrachtungen oder Schwerpunktshöhen beschreiben können.

Aus historischen Gründen zählt man zur Mechanik auch die Behandlung der Gravitation – bei uns in Kapitel 2, *nach der* Mechanik – und Effekte wie Reibung, Elastizität, Viskosität oder Kapillarität. Diese haben ihre Ursachen jedoch in elektromagnetischen Wechselwirkungen zwischen Atomen oder Molekülen, bei denen die Ladungen aber nicht nach außen isoliert auftreten.

Die Mechanik von Schwingungen und Wellen in Gasen und in elastischen Festkörpern – dazu gehört auch die Akustik – behandeln wir wegen der starken mathematischen Gemeinsamkeiten zusammen mit elektromagnetischen Schwingungen und Wellen in Kapitel 4.

Die Thermodynamik ist in dem von uns in Kapitel 6 behandelten Umfang eine Anwendung der Dynamik auf sehr viele Moleküle.

Die Spezielle Relativitätstheorie (SRT) beruht auf dem gleichen Relativitätsprinzip wie die Klassische Mechanik (KM), wendet dieses aber auch noch korrekt auf große Geschwindigkeiten und elektrische Vorgänge und Licht an, worüber die KM falsche Aussagen macht. Wir behandeln sie in Kapitel 7.

Die SRT wird zwar meist nicht zur Klassischen Mechanik, wohl aber noch zur Klassischen Physik gerechnet, im Gegensatz zu den Quantentheorien. Zu diesen gehört die *Quantenmechanik*, die bei ihrer Entstehung auch *Wellenmechanik* (analog zur Wellenoptik) genannt wurde. Ihre wichtigsten Effekte gehen aus der Verknüpfung des Impulses und der Energie mit Welleneigenschaften hervor, wie wir in Kapitel 8 sehen werden.

In ihren Erscheinungen ist die Mechanik sehr anschaulich, wie sonst vielleicht nur noch die Optik, ihre Begriffe sind aber durchaus verwickelt und abstrakt. Wir versuchen, sie so anschaulich wie möglich kennen zu lernen. Daher werden wir sie aus geometrischen Verhältnissen heraus aufbauen.

Die übliche Entwicklung der mechanischen Begriffe aus Erfahrungen mit unseren Muskeln und die scheinbar so nahe liegende Fixierung auf die Kraft ziehen viele Missverständnisse nach sich. Das sind nach meiner Meinung eher Hindernisse als Hilfen. Ein Grund der Missverständnisse liegt in unseren Skelettmuskeln: Diese sind auf Bewegungen und nicht auf statische Belastungen optimiert. Ihre Benutzung zum Halten ist untypisch und führt zu Verwechslungen zwischen Kraft und Leistung.

1.1 Eine elementare, aber energiebetonte Eröffnung

Bevor wir uns das Handwerkszeug der physikalischen Begriffe und mathematischen Methoden aneignen, versuchen wir herauszufinden, wie weit man mit Anschauung und Plausibilität kommen kann. Dabei werden wir einige Aspekte der wichtigsten Größe kennen lernen, die in der Physik vorkommt, nämlich der Energie. Das Wort Eröffnung soll hier andeuten, dass zwar alles einfach, aber trotzdem sehr wichtig ist.

Wenn ein Ball los gelassen wird, fällt er nach unten und nicht nach oben. Ist der Boden uneben, so kullert er abwärts und bleibt irgendwann an einer Stelle liegen, die tiefer ist als ihre Umgebung. Das ist – weil gewohnt – so selbstverständlich, dass nur sehr spitzfindige Menschen fragen, warum das denn so sei.

Die Antworten darauf und auf ähnliche Fragen sind im Laufe der letzten 23 Jahrhunderte immer allgemein gültiger und damit *richtiger* geworden, aber auch immer abstrakter und unverständlicher.

ARISTOTELES – ich halte ihn für den größten Wissenschaftler, den wir kennen – hatte noch eine sehr einleuchtende Antwort: Alles was schwer ist, hat seinen *natürlichen Ort* unten. Das heißt, es gehört dorthin und bewegt sich *von allein* dorthin. Mit Anstrengung und einigen Tricks, mit Mechanik, können wir eine solche Bewegung aber auch umkehren.

Es gibt also in diesem Sinne *erzwungene* und *freiwillige* Bewegungen. Das hört sich sehr vermenschlicht und wenig wissenschaftlich an. Fragen wir aber, warum der Ball nicht einfach aus seiner Kuhle herauskullert und nach oben springt, so hat die neuzeitliche Physik von NEWTON bis V. HELMHOLTZ keine plausible Antwort darauf gefunden. BOLTZMANN hatte mit seiner Antwort, die im Wesentlichen von einem atomistischen Modell und Wahrscheinlichkeiten darin handelt, unter den Kollegen einen schweren Stand, milde ausgedrückt.

Nehmen wir testweise das tatsächliche Verhalten des Balles als selbstverständlich hin, und überlegen, ob wir damit auch kompliziertere Versuche erklären können. Wir wollen die Bewegung des Balls nicht mit komplizierten Theorien erklären, sondern die komplizierteren Vorgänge als Varianten des gewohnten Balles verstehen.

○ Wir hängen einen Bindfaden über eine drehbares Rad. Seltsamerweise nennt man in der Physik Räder, die sich drehen *ohne* dabei zu rollen, *Rollen*. An die Fadenenden hängen wir nun verschieden große *Gewichte*.

Sie wissen längst, was passiert: Das leichtere bewegt sich nach oben, das schwerere nach unten. Ist das nun eine Neuigkeit gegenüber dem fallenden Ball, oder nur eine Variante des gleichen

Sachverhaltes? Gebildet ist bekanntlich, wer etwas Bekanntes in dem sieht, was andere für etwas Neues halten.

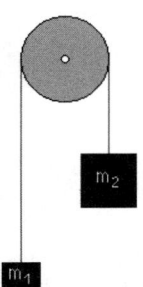

Bild 1.1 1
Rad mit festem Drehpunkt,
Faden und Gewichten

Betrachten wir lediglich das leichte Gewicht. Es tut etwas Ungewöhnliches: Es bewegt sich nach oben, vermutlich *unfreiwillig*. Betrachten wir aber alle beweglichen Teile gemeinsam, so geht jedoch mehr nach unten als nach oben. Anders gesagt: *Insgesamt* geht etwas nach unten, nicht anders als beim Ball. Wir werden zu präzisieren haben, was mit *insgesamt* gemeint sein soll, wenn es weniger offenkundig ist als hier.

Damit haben wir schon wesentliche Mitspieler der Mechanik beisammen: Es werden Bewegungen miteinander gekoppelt, die *insgesamt freiwillig* laufen, einzeln aber zum Teil *erzwungen* sind. Die Kopplung wird durch gewisse Bauteile bewirkt – Seil, Rolle und anderes.

➤ Falls Sie in der Schule gelernt haben, dass man für ein Metallstück nicht *Gewicht* sagen darf, sondern *Wägestück* sagen muss, so bedenken Sie, dass die wirklichen Verständnisschwierigkeiten mit der Physik und ihren Vokabeln kaum darin bestehen, dass jemand einen Gegenstand mit einer Kraft verwechselt. Häufiger bestehen diese darin, dass man einen Begriff auf sein Gegenteil ausdehnt, wie bei der *Beschleunigung*, oder mit extrem untypischen Beispielen einführt, wie die Kraft mit der Muskelkraft als vermeintlichem Musterbeispiel.

Wir betrachten jetzt einige Fälle, bei denen sich Wasser oder andere Sachen bewegen könnten, es aber trotzdem nicht tun.

1.1.1   Ist die Gießkanne ein hydrostatisches Paradoxon?

In einer Gießkanne und in ihrem Ausgussrohr steht das Wasser in Ruhe gleich hoch. Man kann die Physik so ungeschickt lehren, dass dies nicht als selbstverständlich, sondern als paradox aufgefasst wird. Man muss das aber nicht so machen.

Wir denken uns eine Startsituation, die – wenn auch nicht dauerhaft – sehr wohl möglich ist: Das Wasser stehe in beiden Teilen des Gefäßes verschieden hoch, sei aber trotzdem (noch) nicht in Bewegung. Man kann so einen Zustand herstellen, aber es genügt hier schon, dass man ihn sich denken kann. Wir wissen sofort, was geschehen wird: Das Wasser wird sich insgesamt so verschieben, dass es bald in beiden Gefäßteilen gleich hoch steht. Vielleicht wird es vorher noch etwas darüber hinaus und wieder zurück schwappen.

Das Wasser strömt um den Knick des Rohransatzes an der Kanne. Die Angleichung der Wasserstände könnte man aber auch dadurch erreichen, dass man Wasser mit einem Löffel oder einer kleinen Rohrleitung auf fast direktem Weg vom Bereich oberhalb des neuen gemeinsamen Wasserstands zu dem bisher leeren Bereich unter diesem bewegt. Es genügt, dies in Gedanken zu tun. Man erkennt: Diese Wasserbewegung geht eindeutig abwärts und

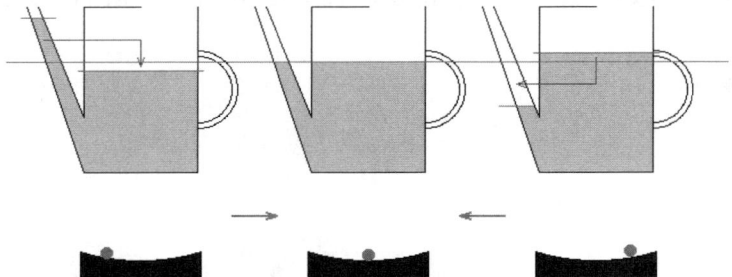

Bild 1.1.2 Wasserstand in der Gießkanne. Beginnt man in Ruhe mit einem Ungleichgewichtszustand, so findet eine Bewegung statt, bei der es per saldo abwärts geht. Von einem stabilen Gleichgewicht aus geht es zu keiner Seite abwärts. In dieser einfachen Form gilt das aber nur, wenn die entscheidende potenzielle Energie die eines homogenen Schwerefeldes ist.

unterscheidet sich darin überhaupt nicht von der des fallenden Balls. Wir denken uns also statt der wirklichen Bewegung des Wassers eine ersatzweise mögliche, die aber einfacher zu überblicken ist. Das Ergebnis muss aber das gleiche sein. Vor allem müssen die *Zustände* davor und danach übereinstimmen.

Ist nun der Gleichstand erreicht und das Wasser wieder in Ruhe, so gibt es offensichtlich keine Möglichkeiten für weitere Abwärtsbewegungen, solange die Kanne heil bleibt und nicht umfällt. Der Zustand wird daher *stabil* genannt. Wegen der Analogie dieser Situation zur Waage spricht man von einem stabilen Gleich*gewicht*.

Wir lassen ausdrücklich zu, dass die Querschnitte verschieden und sogar höhenabhängig sein dürfen und dass das Rohr geneigt sein darf. Allerdings müssen wir verlangen, dass das Wasser in beiden Teilen der Kanne miteinander zusammenhängt und eine einheitliche Flüssigkeit ist. (Später bezeichnen wir das als eine überall gleiche Dichte.) Beide Teile müssen oben zur Atmosphäre offen sein und die Rohre dürfen nicht so eng sein, dass sich die Kapilarität bemerkbar macht, siehe 1.4.7.1.

➢ In den meisten Schulbüchern nennen sich die Teile der Gießkanne oder ähnliche Geräte *verbundene Gefäße* oder ganz altmodisch *kommunizierende Röhren*. Der gleiche Wasserstand in ihnen wird so unelegant erklärt (nämlich über das Gewicht des Wassers), dass er als ein *Paradoxon* erscheint, sobald die Rohre keine geraden Zylinder sind.

1.1.2 Herons Springbrunnen

Ein fast zwei Jahrtausende alter physikalischer Trick ist HERONs Springbrunnen – eine Anordnung aus Flaschen und Rohren oder Schläuchen – aus dem das Wasser weit nach oben herausspritzt, obwohl es offensichtlich nur unter dem Einfluss der Schwerkraft steht.

Es ist durchaus nicht falsch, dass man den erhöhten Luftdruck als Ursache dafür ansieht. Wir können es aber noch einfacher erklären, ohne überhaupt wissen zu müssen, was Druck ist. Dazu stellen wir uns allerdings vor, dass das Wasser nicht oben aus einer Düse herausspritzt, sondern in einem hinreichend hohen Rohr bis zu einer ganz bestimmten Höhe D steigt, siehe Bild 1.1.3. Die Beobachtung des Experimentes legt die Annahme nahe, dass im stabilen Gleichgewicht die Höhendifferenzen D–C und B–A gleich sind.

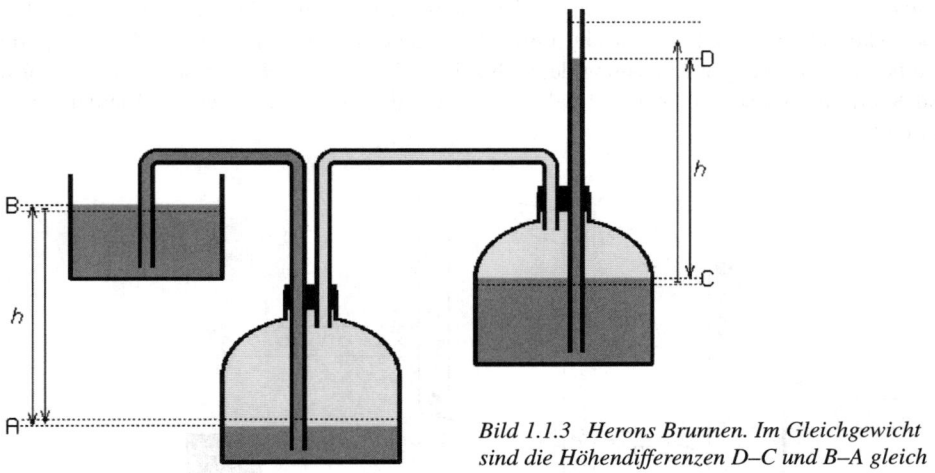

Bild 1.1.3 Herons Brunnen. Im Gleichgewicht sind die Höhendifferenzen D–C und B–A gleich

Nun fragen wir, ob Wasser absteigen kann, und zwar zunächst so, dass B ein wenig sinkt. Dazu müsste ein kleines Volumen Wasser knapp unterhalb von B weggehen und etwas oberhalb von A ankommen. Die Höhendifferenz B–A würde abnehmen. In Wirklichkeit würde natürlich die ganze Wassersäule von A bis B verschoben, aber die Änderung ist die gleiche.

Um das gleiche kleine Volumen muss sich dabei die eingesperrte Luft verschieben, sodass bei C der Wasserstand etwas niedriger wird und bei D etwas höher. Wir nehmen an, dass die Luft bei dieser kleinen Verschiebung ihr Volumen nicht ändert (oder nur vernachlässigbar wenig im Vergleich zu dem Volumen, um das verschoben werden soll). Wenn aber C etwas sinkt, muss D entsprechend steigen. D–C wird somit größer. Das zuletzt verlagerte Volumen ist aber genau so groß wie das unterhalb von A nach oberhalb von B verlagerte. Insgesamt müsste man also etwas Wasser weiter heben als eine gleich große Menge senken, per saldo also Wasser heben. Das läuft nicht von selbst, wie wir wissen.

Ebenso kann man sich überlegen, dass es in umgekehrter Richtung (von A nach B und von D nach C) ebenfalls nicht geht, weil auch hier der Weg nach oben etwas länger ist als der nach unten. Für B–A = D–C haben wir also einen stabilen Zustand. Es ist nun leicht zu sehen, dass aus anderen Startbedingungen genau dieser Zustand erreicht wird – möglicherweise mit zeitweiligem Überschwappen, also mit Schwingungen.

Beachten Sie, dass wir für die Beweisführung kaum etwas anderes benutzt haben als die Tatsache, dass Wasser nicht von selbst nach oben fließt. Die Querschnitte aller Gefäße sind übrigens völlig beliebig und spielen in der Herleitung keine Rolle.

Endet das Rohr nun unterhalb von D, so spritzt das Wasser nach oben heraus, und man kann – mit Überlegungen, für die hier noch die Grundlagen fehlen – zeigen, dass es im idealen, reibungsfreien Grenzfall gerade bis D spritzt.

1.1.3 Die seltsame Waage von Roberval

Einige Studenten eines technischen Fachbereichs rauften sich die Haare: „Ich verstehe die Physik nicht mehr!" In einer Vitrine stand ein Gerät aus Teilen eines Metallbaukastens. Ein

Gewicht ließ sich an verschiedenen Stellen eines waagerechten Auslegers auflegen, aber jedes Mal gab es ein Gleichgewicht, obwohl die Gelenke durchaus beweglich waren, wie sich bei der kurzzeitigen Entlastung deutlich zeigte. Wo war das Hebelgesetz – mit Lastarm und Kraftarm und so – geblieben? Oder muss man das Gesetz auf sechs Achsen zugleich anwenden?

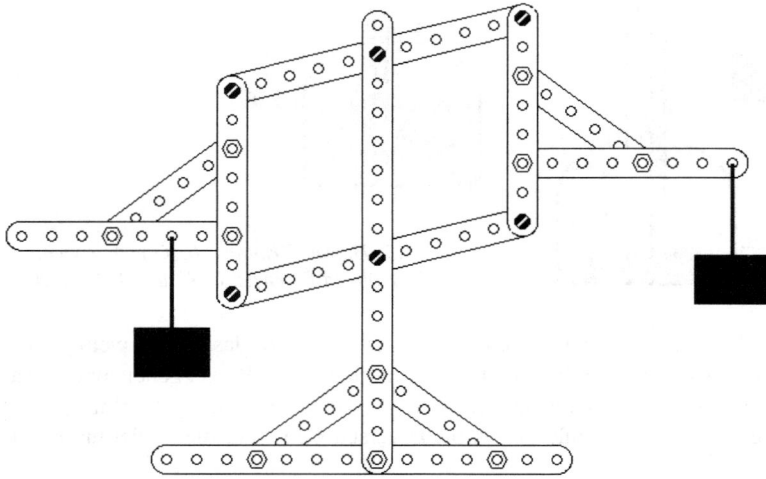

Bild 1.1.4 Waage von Roberval.
Eine Verschiebung der Gewichte an den waagerechten Auslegern ändert nichts am Gleichgewicht

Das kann man zwar machen, aber Sie ahnen schon: Es geht viel, viel einfacher!

Nehmen wir an, das eine Gewicht sei ein bisschen größer als das andere. Dann wird es nach unten fallen und das leichtere um die gleiche Höhendifferenz heben. Tatsächlich ist der Apparat so gebaut, dass die gleichzeitigen Höhenänderungen an den Auslegern auf beiden Seiten immer entgegengerichtet gleich sind. Entscheidend ist, dass sich alle Stellen eines Auslegers um das gleiche Stück auf- oder abwärts bewegen. Genau darum ist es gleichgültig, an welcher Stelle eines solchen Auslegers ein Gewicht aufgehängt wird.

Anders als bei dieser Waage von ROBERVAL ist es an einer Balkenwaage. Bei einer bestimmten kleinen Drehung des Balkens bewegen sich die Stellen umso weiter nach oben oder unten, je weiter sie von der Achse entfernt sind und zwar mit den gleichen Verhältnissen, *proportional* also.

Hängt man ein Gewicht – etwa einen nach unten weisenden Zeiger – *starr* an eine der drehbaren Stangen, so hat diese abgewandelte Roberval-Waage ein stabiles Gleichgewicht. Wenn das Gewicht genau nach unten zeigt und beide Ausleger genau gleich belastet werden, hat sich das Gleichgewicht eingestellt. Aus einer Auslenkung kehrt die Waage wieder zurück, weil dabei der gewichtige Zeiger nach unten wandert.

➤ Waagen, bei denen die Waagschalen nicht hängen, sind meistens nach dem Vorbild der Roberval-Waage gebaut, ohne dass man sich dabei so wundern würde wie bei dem Vorführ-Experiment. Vielleicht liegt das daran, dass man großes Vertrauen in das Eichamt hat, das ja sicher keine Waage zulassen würde, bei der man durch bloßes Verlagern der Gewichte oder der Waren mogeln könnte.

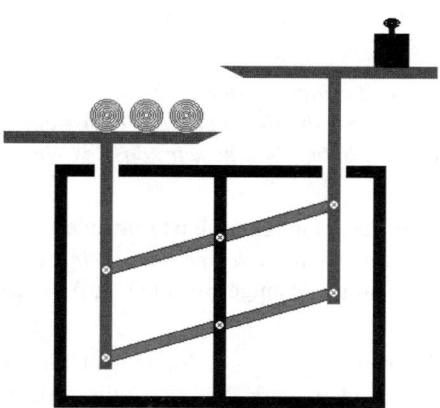

*Bild 1.1.5 Tafelwaage
nach dem Vorbild der Roberval-Waage*

1.1.4 Die Höhe des Schwerpunktes

Wenn sich ein Gewicht abwärts und ein anderes um die gleiche Strecke aufwärts bewegt, so bleibt der Mittelwert der Höhen konstant. Das stimmt auch noch, wenn die Gewichte verschieden sind, aber es fragt sich, ob das dann eine sinnvolle Beschreibung ist.

Wenn sich zwei gleiche Gewichte abwärts und ein drittes ebenso weit aufwärts bewegen, so geht im Mittel natürlich etwas abwärts. Fasst man nun die beiden gemeinsam laufenden Gewichte zu einem zusammen (oder ersetzt sie durch ein entsprechend schweres), so erkennt man, dass der gewöhnliche Mittelwert der zwei Höhen nicht mehr so sinnvoll ist. Man gelangt zum *gewogenen Mittel*: Man denkt sich ungleiche Objekte aus entsprechend vielen kleinen, allesamt gleichen zusammengesetzt und bestimmt von diesen vielen den Mittelwert.

Bewegt sich ein Gewicht von 1 kg um 10 cm nach oben und eins von 3 kg um 10 cm nach unten, so ist das dasselbe, als gäbe es vier einzelne Gewichte von je einem Kilogramm: Der *Mittelwert* der vier Höhen hat sich dabei um 5 cm gesenkt. So *gewogen* oder *gewichtet* gemittelte Höhen von Objekten nennen wir *Schwerpunktshöhen*. Als Formel schreibt man $h_S = (\sum_i m_i \cdot h_i)/\sum_i m_i$. Dabei kann man die m_i als *Anzahlen gleicher* Gewichtstücke mit jeweils gemeinsamer Höhe auffassen oder auch als die *Massen* der jeweils auf gemeinsamer Höhe sitzenden Objekte. Wenn wir nicht nur die Höhen von Gewichten auf diese Weise mitteln, sondern sowohl deren x- als auch y-Koordinaten, sprechen wir von *Schwerpunktskoordinaten*.

➤ Wir werden später in 1.3.2.2 sehen, dass man sich unter Masse nichts Kompliziertes vorstellen muss als hier angedeutet ist.

Unsere Versuche mit dem Ball und den Gewichten an der Rolle lassen uns vermuten, dass *bei freiwilligen Bewegungen die gemeinsame Schwerpunktshöhe der beweglichen Gegenstände abnimmt*. Mit den Hilfsmitteln der Analysis kann man das als Extremwertaufgabe zur Berechnung von vielen stabilen Gleichgewichten benutzen.

Es ist aber noch zu klären, ob die Regel immer gilt oder ob es Ausnahmen gibt.

1.1.5 Ist die Schwerpunktregel ein Naturgesetz?

Es gibt viele systematische Bücher über Wissenschaftstheorie und Erkenntnistheorie, aber die typischen Nobelpreisträger der Physik lesen und benutzen davon eher wenig – vor allem *vor* ihren Entdeckungen. Einer von ihnen, RICHARD FEYNMAN, beantwortete die Frage, was ein Naturgesetz sei, ungefähr so:

Schreiben Sie irgendeine Behauptung an die Tafel, und prüfen Sie dann alle möglichen Folgerungen aus ihr. Wenn eine nicht stimmt, wischen Sie die Behauptung wieder weg und schreiben etwas Neues hin. Wenn etwas stehen bleibt, kann es sein, dass es ein Naturgesetz ist.

Was man hinschreibt darf aber auch nicht tautologisch sein. Tautologisch ist folgender Satz: *Wenn der Hahn kräht auf dem Mist, so ändert sich das Wetter, oder es bleibt wie es ist.* Mathematisch etwas vornehmer gesagt: Für jede noch so blödsinnige Behauptung A ist „A oder (nicht A)" richtig.

So genannte Theorien, die für alles eine Erklärung haben und schon aus logischen Gründen nicht widerlegt werden können, sind keineswegs besonders stark. Sie sind völlig nichts sagend, so wie die zitierte Parodie auf die Bauernregeln, nur glauben das leider die meisten Laien nicht. Naturgesetze müssen, wie SIR KARL POPPER besonders deutlich gesagt hat, so formuliert werden, dass man klare Anleitungen zu ihrer Widerlegung, ihrer *Falsifikation* hat.

Verifizieren, für wahr befinden, kann man ein Naturgesetz nur in den untypischen Fällen, wenn es sich nur auf endlich viele Anwendungen bezieht, indem man diese nämlich alle prüft. Normalerweise bezieht sich ein Naturgesetz aber auf unbegrenzt viele Erscheinungen.

Prüfen wir also die Richtigkeit unserer Aussage über das freiwillige Abwärtswandern des Schwerpunktes. Bild 1.1.6 zeigt Beispiele, für die sie zutrifft, wie man sich mehr oder weniger leicht klar machen kann.

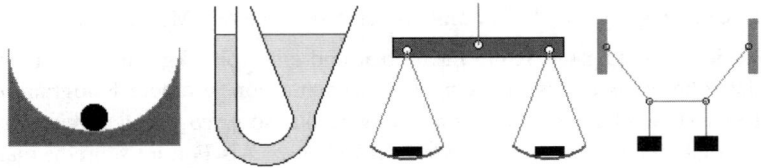

Bild 1.1.6 Beispiele für stabile Gleichgewichte bei tiefstem Schwerpunkt

Viele Lehrbücher nehmen das zum Anlass, eine derartige Aussage als Regel fett zu drucken und einzurahmen. Man kann sie dann auswendig lernen, bei einem Test reproduzieren und vielleicht sogar anwenden.

Gibt es aber auch Gegenbeispiele, also Widerlegungen der Regel?

a) Was geschieht, wenn ein Gewicht an einer Feder hängt und dann noch etwas nach unten gezogen und losgelassen wird? Geht der Schwerpunkt nun nach unten oder nach oben?

b) Ein dünnes Glasröhrchen, das an beiden Enden offen ist, wird von oben durch eine Wasseroberfläche gesteckt. Wir sorgen irgendwie dafür, dass in einem Augenblick das Wasser im Röhrchen genau so hoch steht wie rundherum. Bleibt das so, oder wird Wasser nach oben ins Röhrchen steigen?

c) Wir denken uns den Versuch mit den beiden Gewichten und der Rolle riesig groß. Das schwerere Gewicht soll viele 1 000 km höher starten als das leichte. Kann es nun geschehen, dass das leichtere nach unten und das schwerere nach oben wandert?

In diesen drei Beispielen, die jeweils ganze Teilgebiete der Mechanik im Gefolge haben, stimmt unsere Regel nicht. Wir lernen später auch die Gründe dafür kennen. Hier mögen die Stichwörter *Elastizität, Kapillarität* und *Inhomogenität des Schwerefeldes* genügen.

Ist damit unsere Regel nun falsch und erledigt, oder kann man sie für definierte Teilgebiete der Natur noch retten? Am einfachsten wäre es, die Ausnahmen auszuschließen: „Wenn keine Elastizität und keine Kapillarität beteiligt sind und das Ganze sich in der Nähe der Erdoberfläche abspielt, dann . . . "

Das ist leider ebenso unpraktisch wie unbefriedigend: Vielleicht kennen wir ja noch nicht alle Arten von Gegenbeispielen! Aber mit dieser Ungewissheit muss die Naturwissenschaft ohnehin leben.

Etwas befriedigender wird es, wenn wir die Gültigkeitsbedingung positiv formulieren. Dazu müss(t)en wir aber neue Begriffe einführen: „Wenn außer Bewegungsenergien nur die Energie in einem homogenen Feld geändert wird, dann gilt: . . . ".

Wir werden aber später etwas viel Besseres finden, nämlich eine Aussage, die auch die bisherigen Ausnahmen mit einschließt.

1.1.6 Die Logik der schwarzen Raben und die „induktive Methode"

Auf den Philosophen GUSTAV HEMPEL geht eine Überlegung zurück, die auf den ersten Blick nichts mit Physik zu tun hat. Es geht um eine Aussage von der Art „Alle Raben sind schwarz" oder präziser: „Wenn A ein Rabe ist, dann ist A schwarz". Das ist deshalb präziser, weil es nicht voraussetzt, dass es überhaupt Raben gibt.

Wenn man vereinbart, dass ein Vogel, der nicht schwarz ist, aber sonst alles mit einem Raben gemeinsam hat, nicht „Rabe" genannt werden soll, dann ist die Aussage tautologisch. Aus formalen Gründen ist sie nämlich immer richtig, ohne dass man zur Kontrolle auch nur einen einzigen Raben ansehen müsste. Falls es nur endlich viele Raben gibt, und wir die Gelegenheit haben, alle auf ihre Farben zu prüfen, so können wir im Prinzip feststellen, ob die Aussage richtig ist oder nicht.

Interessant wird es nun in den übrigen Fällen: Es gibt mehr Raben als wir nachprüfen können, und wir sind bereit, auch nicht-schwarze Vögel als Raben anzuerkennen, wenn sie alle anderen Merkmale von Raben haben. Das entspricht durchaus dem Normalfall bei naturwissenschaftlichen Aussagen. Wie können wir nun sicher sein, dass sie zutreffen?

In der Schule zeigt man mehrere Experimente und folgert daraus Lehrsätze, deren Allgemeingültigkeit dann behauptet wird. Man nennt das traditionell die *induktive Methode* und setzt die Experimente ausdrücklich ein, um das Vertrauen in die Lehrsätze herzustellen und zu verstärken. Dabei wird (nur?) bei den Lernenden der Eindruck erweckt, die Lehrsätze würden durch Experimente *bewiesen*, vielleicht nicht gerade durch die wenigen, die man tatsächlich vorführt, aber doch durch *hinreichend viele*, die man durchführen könnte.

Auf die Raben angewandt, heißt das nach weit verbreiteter Meinung: Wenn wir mehrere schwarze Raben sehen, wird unser Vertrauen in die Behauptung, dass alle Raben schwarz seien *bestätigt* oder *gefestigt*. Jedenfalls haben wir kaum einen Anlass, an die Behauptung zu glauben, wenn wir gar keinen Raben gesehen haben, großes Vertrauen hingegen, wenn wir häufig schwarze Raben sehen und niemals andere.

Nun argumentiert Hempel: Die Aussage „Wenn A ein Rabe ist, dann ist A schwarz" ist *logisch gleichbedeutend* – äquivalent – mit der Aussage „Wenn A nicht schwarz ist, dann ist A kein

Rabe". Beide Formulierungen haben tatsächlich die gleiche *Wahrheitstafel*, die eigentlich eine *Möglichkeitstafel* ist.

Tabelle 1.1.1 Möglichkeitstafel

↓ 2 mal 2 denkbare Fälle →	A ist schwarz	A ist nicht schwarz
A ist ein Rabe	möglich	**nicht möglich**
A ist kein Rabe	möglich	möglich

Statt Raben anzuschauen, kann man auch andere Objekte betrachten. Wenn man sehr viele Objekte sieht, die keine Raben sind und nicht schwarz sind, etwa grüne Blätter, so bestätigt das die Aussage „Alle nicht-schwarzen Objekte sind Nicht-Raben". Das erscheint schon etwas seltsam, aber logisch haben wir die gleiche Situation wie vorher. Wenn wir also glauben, dass die schwarzen Raben *bestätigen*, dass alle Raben schwarz sind, so bestätigen die grünen Blätter die gleiche Aussage – zugegebenermaßen vielleicht etwas weniger direkt!

Aber es kommt noch schlimmer. Hempel lässt jetzt jemanden behaupten: „Alle Raben sind weiß", und als *induktiven Beweis* führt er sehr viele grüne Blätter an, die er gesehen hat, hingegen keinen einzigen grünen Raben. Können die grünen Blätter gleichermaßen bestätigen, dass alle Raben schwarz sind, und zugleich auch, dass alle Raben weiß sind? Wohl kaum! Aber wenn nicht, können dann die schwarzen Raben überhaupt irgend etwas bestätigen?

Das Ergebnis ist ebenso einfach wie durchschlagend. Die so genannte *induktive Methode* ist *logisch* überhaupt nicht zu rechtfertigen.

Die Logik kann in den Naturwissenschaften nur helfen, einzelne Aussagen als unsinnig oder als falsch zu entlarven, aber sie kann keine einzige Aussage sichern, außer wenn sie tautologisch oder nur auf restlos nachprüfbare Fälle beschränkt ist.

Unsere Wahrheitstafel kann kurz so zusammengefasst werden: „Es gibt keine nichtschwarzen Raben". Tatsächlich sind alle Naturgesetze – außer denen mit endlich vielen Anwendungsfällen – Aussagen über die Nichtexistenz von klar definierten *denkbaren* Beobachtungen. Das wohl wichtigste und berühmteste Beispiel: „Es gibt keine Vorgänge, bei denen die Energiebilanz nicht stimmt", traditionell in der Formulierung „Es gibt kein *perpetuum mobile*", kein *unaufhörlich bewegtes Objekt*.

Der Test auf die Richtigkeit kann nur in der Richtung erfolgen, dass man ein Gesetz durch ein Gegenbeispiel widerlegt: *Falsifikation* nach Sir Karl Popper.

➢ Allerdings ist dann immer noch die *Zuverlässigkeit* der Beobachtung oder die *Messgenauigkeit* ein Problem, das von Fall zu Fall geklärt werden muss. Stellen Sie sich vor, jemand findet einen Raben, den er als „sehr dunkel grau" beschreibt.

Wenn Widerlegungen ernsthaft und auf vielseitige Weisen versucht wurden, mit viel Grips, Geld und Ausdauer, genießen die einzelnen übrig bleibenden Naturgesetze großes Vertrauen. Beim Bauen von Türmen und Brücken oder auch beim Betreiben von Verkehrsmitteln verlässt man sich auf sie und auf ihre Folgerungen. Wenn trotzdem Unfälle geschehen, so ist meistens die Missachtung dieses relativ sicheren Wissens – aus Leichtsinn oder aus Fahrlässigkeit – die Ursache. Viel seltener sind es tatsächliche Wissenslücken.

Die Sicherheit der Naturgesetze ist also keine absolute und keine logische, sondern *nur eine statistische*. Das Vertrauen in ihre Richtigkeit hat sehr viel mit einer Wette gemeinsam, bei der es (in den Fällen technischer oder medizinischer Anwendungen) auch um Leben und Tod gehen kann.

Bewiesene Sätze der Mathematik sind sicher, aber deren Anwendbarkeit auf die Wirklichkeit ist nicht gesichert. Anwendbarkeit ist eine Frage der Naturwissenschaften.

So hat GAUSS versucht, Grenzen der Anwendbarkeit der Euklidischen Geometrie durch Winkelmessungen zwischen Berggipfeln zu prüfen. Das tat er nicht als Mathematiker, sondern als Physiker, nach heutigem Verständnis der Berufe. Abweichungen hat er allerdings nicht gefunden.

Hat man eine allgemeine Aussage, so kann man speziellere daraus folgern. *Deduktion*, wörtlich „Herabführung", heißt diese Methode. Das klassische Beispiel ist: „Alle Menschen müssen sterben. Also musste auch Sokrates sterben". Aber woher weiß man so sicher, dass alle Menschen sterben müssen? Bakterien müssen nicht sterben, und viele Todesursachen sind in den letzten 100 Jahren vermeidbar geworden. Die Deduktion gibt nur vor dem Hintergrund der Problematik allgemeiner Aussagen einen Sinn: *Wenn* alle Raben schwarz sind, dann ist auch der Rabe Huckebein schwarz. *Wenn* die Energieerhaltung immer gilt, dann muss sie auch für den Betazerfall gelten. Man ist aber nie ganz sicher. Bei der Radioaktivität, speziell beim Betazerfall, hatte man Gründe für ernsthafte Zweifel.

Man war früher auch davon überzeugt, dass Menschen nicht fliegen können. Einige haben es trotzdem versucht und sind zur Schadenfreude der Zuschauer in die Donau gefallen wie der Ulmer Schneider KARL BERBLINGER oder sogar tödlich verunglückt wie OTTO LILIENTHAL. Heute kann man nicht nur mit Motoren oder mit Aufwind, sondern bei gutem Training sogar mit den eigenen Muskeln fliegen. Moderne Leichtwerkstoffe für die Flügel sind dafür entscheidend: Am 12.6.1979 überquerte der Radsportler BRYAN ALLEN mit dem Tretkurbelflugzeug *Gossamer Albatross* den Ärmelkanal.

BERTOLT BRECHT widmete dem Schneider von Ulm ein Gedicht. Er zielte dabei nicht so sehr auf technische als vielmehr auf gesellschaftliche und politische Utopien.

Utopia, Un-Ort, hat THOMAS MORE sein ebenfalls politisch gemeintes Buch über eine Fantasiewelt genannt. Wir nennen etwas, das wir vielleicht wünschen aber nicht für möglich halten, utopisch. Noch vor 100 Jahren galt Fernsehen nicht nur als Utopie, sondern als so unseriös wie Hellsehen – trotz des Patentes, das PAUL NIPKOW 1884 auf eine Scheibe zur zeilenweisen Bildabtastung zum Zwecke des Fernsehens angemeldet hatte.

Wissenschaft, Technik und Medizin machen ihre Fortschritte nicht nur durch Fleiß und Ausdauer, sondern ganz entscheidend durch das Streben nach utopischen Zielen und durch keckes Zweifeln an anerkannten Selbstverständlichkeiten.

Ergebnisse der Naturwissenschaften sind immer vorläufig aber trotzdem oft zuverlässiger als manches, was als ewige Wahrheit verkündet wird. Das ist aber auch den Naturwissenschaftlern erst in unserem Jahrhundert klar geworden. Auch die Grenzen der Erkennbarkeit – heute besonders die in Kosmologie, Atomphysik und Hirnforschung – werden am besten dadurch erforscht, dass man sie erst einmal infrage stellt.

1.1.7 Vorläufiges über die Energie

➤ Hier ist *vorläufig* nur in dem Sinne gemeint, dass wir möglichst naiv Teilaussagen von dem suchen, was wir in 1.4 genauer betrachten werden.

In gewisser Weise kann man vieles von dem, was man überhaupt erklären kann, mit der Energie erklären. Das betrifft die gesamten Naturwissenschaften, insbesondere auch deren *Querverbindungen*. Einerseits weckt so etwas gewaltige Hoffnungen, andererseits auch Misstrauen.

Wir wählen unfreiwillige Bewegungen aus, und zwar solche, die nicht in offenkundiger Weise durch Kopplung mit stärkeren freiwilligen erzwungen werden. Betrachten wir beispielsweise das Hochheben eines vollen Wassereimers. Wenn wir das selbst machen, spüren wir eine *gewisse Anstrengung* in den Armen, und wenn wir es oft machen, müssen wir stärker atmen, werden müde und müssen auch etwas mehr essen.

Wenn wir den Eimer nun hochgehoben haben, können wir ihn als Gegengewicht benutzen, um über einen geeigneten Mechanismus etwas anderes zu heben, beispielsweise einen Ziegelstein. Um den Ziegelstein hochzuheben, brauchen wir uns nicht mehr selbst anzustrengen, sondern wir haben dem Wassereimer etwas von unserem *Vermögen* dies zu tun, gegeben. Dies kann er jetzt nutzen, wenn er heruntergelassen wird.

Das Wort *Vermögen* hat hier die doppelsinnige Bedeutung von *Fähigkeit* und *Besitz*. Vor allem ist nicht nur gemeint, ob eine Fähigkeit da ist oder nicht, sondern dieses Vermögen kann für verschieden große Mengen Wasser bei unterschiedlichen Höhenänderungen reichen. Dass uns Vermögen an Geld erinnert, ist gar nicht so verkehrt. Wir werden sehen, dass Bilanzen sehr nützlich sind. Beim Geld sind wir daran sehr gut gewöhnt. Insbesondere fragen wir sofort, wohin Geld gegangen ist, das nicht mehr da ist, wo es bisher war. Wenn wir welches brauchen, fragen wir, woher wir es bekommen könnten.

Dieses *Geld der Natur* wird *Energie* genannt. Man spricht in der Physik über Energie fast immer so, als träte sie in verschiedenen Verkleidungen auf: *Energieformen*, noch getrennt in *Speicher-* und *Transportformen*. Wir werden aber sehen, dass es einfacher und treffender ist zu sagen, dass sie mit verschiedenen Begleitungen wandern kann.

Versuche, die Energie mit einem Satz zu *definieren*, führen nur zu Widersprüchen. Wer Zoologie lernt, fängt auch nicht mit einer Definition an, was ein Tier sei. Er lernt nacheinander Beispiele kennen, bis er ziemlich sicher ist, was gemeint ist und was nicht.

Der Vergleich mit dem Geld hinkt wie alle Vergleiche. Mit der Energie ist es nämlich viel einfacher als mit dem Geld. Wenn man aber naiverweise so tut, als wäre Geld wenigstens kurzfristig so etwas wie eine Erhaltungsgröße, die man entweder ausgeben oder behalten kann, kann man viele Aussagen über die Energie und ihre Wanderungen analog formulieren. So schwammige Ausdrücke wie *Verrichten von Arbeit an etwas* lassen sich vermeiden. Wer Geld in ein Sparschwein steckt, sagt auch nicht, er „verrichte eine Zahlung am Sparschwein".

> ➤ Ich vermute den Grund für die bewusst unklare Redeweise vom Verrichten von Arbeit darin, dass man bestimmte Teile der Energie, insbesondere die Höhenenergie, falsch lokalisiert – beispielsweise im Apfel statt im Schwerefeld. Eine Wanderung der Energie nimmt man dann nicht als solche zur Kenntnis, sondern behauptet stattdessen eine Umwandlung am selben Objekt.

Der übliche Physikunterricht erweckt den Eindruck, dass die Energie etwas sehr Abstraktes sei, das nur auf Umwegen, fast immer über vermeintlich so einfache Begriffe wie *Kraft* und *Arbeit* erklärt werden könne. In vollem Gegensatz dazu soll nun die Energie für die Beispiele, mit denen wir angefangen haben, allein mit geometrischen Maßen eingeführt werden, also völlig anschaulich.

Wir setzen dazu voraus, dass die Versuche nahe der Oberfläche stets des gleichen Planeten stattfinden sollen.

Zuerst wollen wir einen Plastikbeutel voll Wasser einmal von der ersten zur zweiten Etage und das andere Mal von der achten zur neunten heben und jeweils ein entsprechendes Gegengewicht von der zweiten zur ersten herablassen. Alle Etagen sollen dabei die gleichen Höhendifferenzen haben. Es zeigt sich, dass das Gegengewicht in beiden Fällen das gleiche sein muss.

Die Energie zum Heben ist also – nahe genug an der Erdoberfläche – nicht von der Höhe selbst abhängig, wohl aber von der Höhendifferenz.

Nehmen wir nun mehrere Beutel von genau gleicher Sorte und gleicher Füllmenge. Wir sehen, dass es auf das Produkt aus der Höhendifferenz und der Zahl der Beutel, also allgemein auf die Wassermenge ankommt.

Was machen wir, wenn die Beutel ungleich sind? Wir denken sie auf kleinere Beutel umverteilt, sodass wir es dann mit ganzen Zahlen von Beuteln einheitlicher Größe zu tun haben. Damit bekommen wir das Ergebnis, dass es auf das Produkt aus Volumen und Höhendifferenz ankommt, jedenfalls bei gleichem Material, hier Wasser.

Die Energie, die wir zum Heben brauchen, ist also sowohl verhältnisgleich, *proportional*, zur Höhendifferenz als auch zum Volumen des zu hebenden Gegenstandes.

➤ Für die doppelte Höhendifferenz und das dreifache Volumen brauchen wir also die sechsfache Energie. Der mathematische Begriff des Produkts wird dabei zunächst nur auf die Zahlen 2 und 3 angewendet. Es ist danach ein reiner Formalismus, Produkte aus Höhen und Volumina oder Ähnliches zu schreiben. Ob solchen Produkten Begriffe entsprechen, die in der Natur ein gewisses „Eigenleben" haben, entscheidet sich vor allem am Auftreten von Erhaltungssätzen. Es ist daher übertrieben puristisch, Impuls und Energie *nur* als formale Rechengrößen aufzufassen. Andererseits ist die Diskussion über *das Wesen* von physikalischen Größen weitgehend ein Streit um Wörter.

Beachten Sie, dass Höhe und Volumen rein-geometrische Größen sind, die man in gewisser Weise direkt sehen kann. Es kommt keine geheimnisvolle Eigenschaft, wie Trägheit oder Masse, vor. Allerdings haben wir bisher verlangt, dass nur eine Sorte von Material vorliegt.

1.1.8 Die Masse als Menge der Materie und ihre Dichte

Was ist, wenn das Wasser zu Eis gefriert? Bekanntlich wird das Volumen dabei größer. Noch drastischer kann man das Volumen vergrößern, indem man Seifenschaum macht: Das ist fast ganz eine Mischung von Luft und Wasser, wobei die Seife nur mithilft.

Wir stellen – in Gedanken oder im Experiment – auf die eine Schale einer Waage einen Becher, der mit Schaum aus 10 Volumenteilen Wasser und 90 Volumenteilen Luft gefüllt ist. Auf die andere Schale stellen wir einen ebensolchen Becher. Der enthält die gleichen Mengen (Volumina) Wasser und Luft, aber getrennt übereinander, nicht als Schaum. Es verwundert nicht, dass dann ein genaues Gleichgewicht vorliegt.

Wir gehen nun in Gedanken einen Schritt weiter und stellen uns vor, dass die Luft gar nicht da wäre, auch nicht im Schaum, dass dieser aber trotzdem nicht zusammenfällt. Das geht nur in Gedanken. Dann hält das große Volumen Schaum dem kleinen Volumen Wasser die Waage. Es bleibt beim Gleichgewicht. Als Grund erkennen wir, dass es auf beiden Seiten trotz verschiedener Volumina die gleichen *Mengen von Materie* sind.

➤ Man möchte gern Stoffmenge sagen, das geht aber nicht. Dieses Wort ist als Fachbegriff für eine normierte Teilchenzahl festgelegt. Leider kann sich die Sprache gegen so etwas nicht wehren!

Nun nehmen wir einen anderen Stoff, zum Beispiel Balsaholz einer bestimmten Sorte, und finden, dass es sich wie der Schaum verhält. Ein Liter von diesem Holz hält einem Liter von unserem Schaum und daher auch 1/10 Liter Wasser die Waage. Obwohl Holz aus einem anderen Stoff besteht als Wasser oder Schaum, können wir nun sagen, dass in einem Liter von diesem Holz genau so viel Materie ist wie in einem Liter Schaum oder in 1/10 Liter Wasser.

Selbst wenn es nicht zuträfe, kann man sich vorstellen, dass *überall* die gleichen Bausteine – Atome, Nukleonen, Quarks? – vorkommen, aber mit unterschiedlichen Zwischenräumen. Wenn es nur eine Sorte von diesen Bausteinen gäbe, wäre alles sehr einfach. WILLIAM PROUT stellte 1815 aufgrund der ungefähren Ganzzahligkeit der meisten Atom-Massenverhältnisse die Hypothese auf, dass alle Atome aus denen des Wasserstoffs bestehen sollten. Das trifft auch aus heutiger Sicht einigermaßen genau zu. Auf ein Promille genau sind Nukleonen – ohne Unterscheidung zwischen Protonen und Neutronen – solche Einheits-Bausteine.

Aber unabhängig von der etwas komplizierteren Atomphysik bekommen wir in der Mechanik keine Fehler, wohl aber ein außerordentlich klares Bild, wenn wir so tun, als gäbe es nur eine Sorte Bausteine mit unterschiedlich großen Zwischenräumen für die verschiedenen Stoffe.

Die Stoffe unterscheiden sich also darin, wie dicht solche einheitlich gedachten Bausteine im Volumen verteilt sind. Wir nennen das die *Dichte* und geben diese zunächst nur im *Verhältnis* zu anderen Stoffen oder zu einem bestimmten Stoff an. Mit Vorliebe bezieht man die Dichte auf Wasser: Öl ist dann 0,8-mal so dicht, unser Schaum 0,1-mal so dicht, Eisen 8-mal, unser Planet Erde im Mittel 5,51-mal.

Ist Ihnen aufgefallen, dass dies eine rein-geometrische Beschreibung ist, in der *keine anderen Begriffe vorkommen*, wie Trägheit oder Masse? Wenn Sie nun meinen, das sei keine richtige Physik, dann lesen Sie in dem Buch über Physik nach, das wohl von allen Physikern als das bedeutendste angesehen wird. SIR ISAAC NEWTON definiert in seinen *Philosophiae Naturalis Principia Mathematica*, den „Grundlagen der mathematischen Naturlehre", die Masse so, wie es in Tabelle 1.1.2 wiedergegeben ist.

Tabelle 1.1.2 Newtons Definition der Masse

Newton 1687	Übersetzung Wolfers 1872	Übersetzung Dellian 1988
Definitio I: Quantitas Materiae est mensura ejusdem orta ex illius Densitate et Magnitudine conjunctim.	**Erklärung 1:** Die Größe der Materie wird durch ihre Dichtigkeit und ihr Volumen vereint gemessen.	**Definition I:** Die Menge der Materie ist der Messwert derselben, der sich aus dem Produkt ihrer Dichte und ihres Volumens ergibt.

Hier wird offenbar die Masse als Menge (oder Größe?) der Materie bezeichnet und mithilfe der Dichte oder Dichtigkeit definiert. Das gibt nur einen Sinn, wenn man wie Newton – und wie die antiken Atomisten – an eine Welt aus kleinen Bausteinen mit Zwischenräumen dazwischen glaubt. Newton erwähnt ausdrücklich den Schnee als ein Beispiel dafür, wie man die Dichte bei gleich bleibender Materiemenge ändern kann.

➢ Kein Geringerer als ERNST MACH glaubte, Sir Isaac hier bei einem Zirkelschluss erwischt zu haben. Er konnte sich offenbar nicht vorstellen, dass jemand *nicht* vorher (insgeheim?) die Dichte als Quotienten aus Masse und Volumen definiert haben könnte. HEINRICH HERTZ fand es ebenfalls seltsam, dass Newton die Masse mit der Dichte und nicht die Dichte mit der Masse definierte.

Greifen wir also einen Stoff heraus, der besonders wichtig und auch für Messzwecke praktisch ist, das Wasser, und vergleichen die Dichten anderer Stoffe mit seiner. Dann nehmen wir als Einheit der Materiemenge (der *Masse*) so viel davon, wie in einer Volumeneinheit Wasser ist. Auf diese Weise kam man ursprünglich von einem Kubikzentimeter Wasser auf ein Gramm, also von einem Liter Wasser auf ein Kilogramm.

Es hat sich dann gezeigt, dass man mit einer Waage genauer messen kann als mit Volumenmessgeräten. Darum bewahrt man in Sèvres bei Paris ein Stück Metall auf, das so viel Materie enthält wie ein Liter Wasser und *Internationaler Kilogramm-Prototyp* genannt wird. Statt Wasser nimmt man andere Metallklötze und kalibriert diese mit dem Prototyp durch Wägung.

Die Dichte bekommt nun eine *Dimension*, nämlich *Masse geteilt durch Volumen*, und ihre metrische Einheit ist *Kilogramm geteilt durch Kubikmeter*, kurz kg/m^3.

➤ Vielleicht denken Sie jetzt, dass die Deutung der Masse als Materiemenge später durch Tiefsinnigeres im Zusammenhang mit Trägheit und Schwerkraft ersetzt werden müsste. Wir werden aber sehen, dass das nichts Neues bringt. Was wirklich hinzukommt, ist die Ununterscheidbarkeit von Masse und Energie, siehe 7.1.7. Das zeigt, dass man den Begriff Materie nicht zu eng fassen sollte.

1.1.9   Der Formalismus mit Einheiten und Dimensionen

Bei der Längenmessung könnte man mit nackten Zahlen auskommen, wenn man alles mit der gleichen Einheits- oder Bezugs-Länge vergleichen würde. Es gibt aber viele Einheiten wie Fuß, Elle, Meile. Die Unterarmlängen – Ellen – scheinen nicht einmal in Preußen und in Sachsen gleich lang gewesen zu sein. Auch nach der Einführung des Meters verwenden nicht alle diese Einheit. Viele geben astronomische Entfernungen in Kilometern und Wellenlängen in Zentimetern an. In solchen Fällen sind Umrechnungen nötig, die ganz einfach darin bestehen, dass man für 1 km und 1 cm jeweils 1000 m und 0,01 m einsetzt. Ursprünglich wurde das Meter vom Erdumfang abgeleitet, heute ist es über die Sekunde und die Lichtgeschwindigkeit definiert, was sich aber nicht bei allen Lehrbuchautoren herumgesprochen hat.

In der Geometrie bedeuten Dimensionen die Unterscheidung zwischen Strecken, Flächen und Volumina. Wenn man das Volumen für eine Säule mit einer bestimmten Grundfläche und einer Höhe ausrechnen will, so muss man die zugehörigen Zahlen miteinander malnehmen. Damit die eventuell nötigen Umrechnungen zwischen Metern und Zentimetern etc. nicht vergessen werden, ist es üblich, hinter jede Zahl die zugehörige Einheit zu schreiben und das Ganze formal als Produkt aus Zahlenwert und der Einheit aufzufassen. In diesem Sinne wird dann *formal* das Quadrat einer Längeneinheit zu einer Flächeneinheit.

Nun stellen wir uns vor, dass jemand Verkehrsteilnehmer auf einer Straße zählt und sich für die Radfahrer interessiert, die pro Sekunde über eine Kreuzung fahren, oder für die Autos, die pro Kilometer Straßenlänge am Rand parken. Auf diese Weise kommt man zu „Dimensionen" wie *Radfahrer/Zeit* oder *Autos/Länge* und zu „Einheiten" wie *1/Sekunde* oder *1/Kilometer* oder besser *Radfahrer pro Sekunde* und *Autos pro Kilometer*.

So einfach könnte es in der Physik auch zugehen, wenn man nicht erst so spät gelernt hätte, Atome und ihre Teile zu zählen. Denken wir an den Handel mit Erbsen, von denen wir uns vorstellen, dass sie alle gleich groß seien. Ihre Menge kann man *im Prinzip* am einfachsten zählen. Es ist jedoch *bequemer*, sie in Messbecher zu füllen oder auf die Waage zu legen und dann mit einer bestimmten Menge, die man 1 Kilogramm nennt, zu vergleichen.

Die elektrische Stromstärke könnte in diesem Sinne einfach in *Elementarladungen/Sekunde* gemessen werden, analog zu den *Radfahrern/Sekunde*. Aber aufgrund alter Traditionen sind rund $6 \cdot 10^{18}$ Elementarladungen als metrische Einheit vereinbart worden. Die Einheiten Coulomb und Ampere sind nur dadurch weniger anschaulich.

Quantitative Aussagen der Physik haben prinzipiell die Form von Aussagen über Zahlenverhältnisse. *Bremsweglängen verhalten sich so wie die Quadrate der Anfangsgeschwindigkeiten* bedeutet: Wenn man dreimal so schnell fährt, ist der Bremsweg neunmal so lang.

Größengleichungen, in denen Einheiten und ihre formalen Potenzen wie algebraische Faktoren auftreten, erlauben eine kompakte Schreibweise und eine gewisse Kontrolle über versehentliches Weglassen von Faktoren. Sie erlauben auch schematische Umrechnungen verschiedener Einheiten, indem man beispielsweise in einer Geschwindigkeitsangabe das Symbol *Stunde* durch 3 600 *Sekunden* ersetzt. Auf der anderen Seite täuscht dieser Formalismus geheimnisvolle Dinge vor, die es in der Natur zusätzlich gäbe. Es gibt aber nur Zahlen und zählbare Dinge wie Länge, Flächen und Volumina.

Die Schulphysik und die Technik benutzen heute durchgehend einen Formalismus, in dem *Größen* als Produkte aus einem *Zahlenwert* und einer *Einheit* geschrieben werden. Einheiten können ihrerseits ein Produkte oder Quotienten aus Potenzen der Basiseinheiten Meter, Sekunde, Kilogramm, Ampere, Kelvin, Candela und Mol sein. Quantitative Naturgesetze werden dann als algebraische oder Differenzial-Gleichungen mit solchen Größen und ihren Potenzen formuliert.

➢ Gesetze, die in logarithmischer Form geschrieben werden, benötigen immer *nackte* Verhältniszahlen, von denen dann Logarithmen genommen werden können. Die Symbole dB für Dezi-Bel oder Neper sind keine Einheiten, sondern Hinweiszeichen auf die jeweils benutzten Basen der Logarithmen. Problematisch sind auch Maßangaben mit verschobenen Nullpunkten wie die Celsius-Temperatur oder das Mostgewicht, gemessen in *Grad Celsius* bzw. in *Oechslegrad*. Aus physikalischer Sicht sind das alte Zöpfe.

Die Einheiten werden *nicht* in eckige Klammern gesetzt, sondern erscheinen im Gegensatz zu den kursiven Größensymbolen in gerader Schrift. Das Zeichen m bedeutet also Meter, und *m* kann Masse oder auch eine andere Größe bedeuten.

1.1.10 Die Energie des homogenen Schwerefeldes

Nun haben wir alles beisammen, was wir für die Beschreibung der Energie brauchen, wenn es nur um die Höhe in einem Raumbereich geht, der nahe der Erdoberfläche und klein gegen den Erdradius ist. „Klein gegen" heißt: um mehrere Zehnerpotenzen kleiner. Je mehr es sind, umso genauer stimmen die Aussagen zahlenmäßig.

❍ Über NIELS BOHR wird die Anekdote berichtet, er hätte nur drei mathematische Zeichen gekannt: $\ll$ für *klein gegen*, $\gg$ für *groß gegen* und $\approx$ für *ungefähr gleich*. Tatsächlich kann man viele Erkenntnisse gerade aus der Atomphysik relativ leicht gewinnen, wenn man diese Relationen sinnvoll nutzt. Auch das wunderschön einfache homogene Schwerefeld hängt daran.

Um einen Gegenstand hochzuheben, brauchen wir eine Menge von Energie, die proportional zu seiner Materiemenge – der Masse, berechenbar aus Volumen und Dichte, angegeben in Kilogramm – und zur Höhendifferenz ist.

> Die Höhenenergie ist proportional zur Masse und zur Höhendifferenz.

Erinnern Sie sich bitte daran, dass Höhendifferenz und Volumen rein-geometrische Größen sind und die Dichte eine geometrisch deutbare Größe ist. Man könnte nun für die Energie eine Einheit festlegen, die einfach das Produkt aus einem Kilogramm und einem Meter ist. Das hat man früher auch gemacht, und für alles, was man im gleichen Labor macht, ist das brauchbar. Wenn man aber auf hohe Berge steigt oder zu anderen geographischen Breiten wechselt, wird es komplizierter. Man hat daher eine andere Einheit eingeführt. Diese heißt Joule. Mehr dazu und auch über weitere Gründe in Abschnitt 1.4 und Kapitel 2.

Hier soll uns die Aussage in der oben eingerahmten Form genügen. Es soll aber noch klargestellt werden, wo diese Energie bleibt, die wir zum Hochheben *benötigen* und *ausgeben* müssen. Wenn wir ein Gummiband oder eine Feder mit daran befestigten Griffen auseinander ziehen, können sie auch wieder zusammenschnurren. Wir könnten die Griffe zwischenzeitlich auch gegen etwas Anderes austauschen. Die Energie ist offensichtlich nicht in den Griffen, sondern in der Feder oder im Gummi gespeichert.

Man ist heute ziemlich sicher, dass man das im Schwerefeld nicht anders beschreiben sollte: Wenn man einen Apfel hochhebt, so füttert man die dazu nötige Energie nicht in den Apfel und auch nicht in die Erde, sondern in das Schwerefeld von Erde und Apfel. Dieses allerdings durchdringt auch Erde und Apfel, ist also *nicht nur* zwischen ihnen vorhanden.

➤ In Kapitel 2 werden wir mehr über das Schwerefeld erfahren, hier setzen wir von ihm nur das voraus, was kein Mensch übersehen kann: Dinge fallen nach unten, und es ist anstrengend, sie hochzuheben. Über zahlenmäßige Verhältnisse haben wir die oben eingerahmte einfache Aussage. Mehr brauchen wir vorläufig nicht!

Eine gewisse Paradoxie besteht in Folgendem: Aus Sicht der modernen Physik erscheint die Schwerkraft als ein Außenseiter, der sich am wenigsten auf die sonst bewährten Weisen, nämlich als Quantentheorien, beschreiben lässt und von daher besonders rätselhaft ist. Anderseits sind wir mit ihr von Kindesbeinen an vertraut und nutzen sie daher auch in diesem Eröffnungs-Abschnitt.

1.1.11 Die einfache Maschine schlechthin

Aufgabe:

An der Wand hängt ein (schwarzer!) Kasten, eine *black box*, aus dem nach unten zwei Fadenenden mit Haken heraushängen. Zieht man den einen um 12 cm nach unten, geht der andere um 3 cm nach oben. Mit welchen Gewichten bekommt man Gleichgewichte? Was mag im schwarzen Kasten sein?

Lösung:

Wenn man an das erste ein Gewicht und an das zweite vier Gewichte der gleichen Sorte hängt, gibt es keinen Grund für irgendeine Bewegung aus der Ruhe heraus. Es besteht trotz der verschiedenen Gewichte(!) „Gleichgewicht", denn bei jeder Bewegung würde ebenso viel gehoben wie heruntergelassen. Das Bild 1.1.7 deutet mehrere Möglichkeiten für das „Innenleben" an. Eins davon, das Getriebe mit Zahnrädern, funktioniert auch mit anderen Verhältnissen ganzer Zahlen, andere wie Wellrad und Riemenübertragung sogar bei beliebigen reellen Verhältnissen.

Solche Geräte können nicht nur für die Schwerkraft benutzt werden, sondern auch in Zugvorrichtungen für beliebige Richtungen. Allgemein werden diese und noch einige andere Geräte als *einfache Maschinen* bezeichnet. Das Wort *einfach* bezieht sich einerseits auf die Abwesenheit von elektrisch oder chemisch betriebenen Motoren und andererseits darauf, dass die entscheidenden Bewegungen darin rein geometrisch mit nur einem Wert, nur *einem Freiheitsgrad* festgelegt sind.

Wenn man die aus der Geometrie ablesbare Energiebilanz von solchen Maschinen – ebenso auch bei Waagen – betrachtet, brauchen die einzelnen Geräte nur noch geometrisch analysiert zu werden, physikalisch sind sie dann nur noch Varianten einer einzigen abstrakten Maschine.

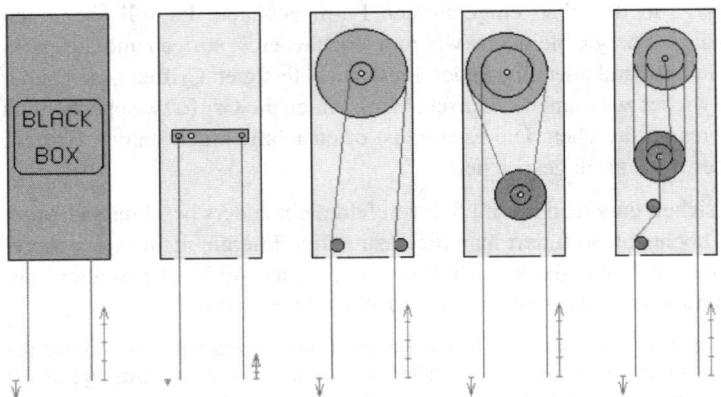

Bild 1.1.7 Die „einfache Maschine" und mögliche Varianten ihres Innenlebens

1.1.12 Wo bleibt die Energie, woher kommt sie?

In den bisherigen Beispielen wurde die Energie, mit der wir einen Gegenstand gehoben haben, wieder zum Heben eines anderen zurückgegeben, allenfalls bis auf einen kleinen Rest. Was geschieht, wenn wir den Gegenstand einfach fallen lassen? Wir sehen ihn schneller werden. Umgekehrt wird ein nach oben geworfener Gegenstand langsamer. Es gibt offenbar auch mit der Bewegung einhergehende Energie. Näheres dazu erfahren wir in 1.3.

Betrachten wir einen hüpfenden Ball. Beim Fallen wandert Bewegungsenergie in das Schwerefeld, beim Aufsteigen umgekehrt. Die Reflexion am Boden findet mit vorübergehendem Stillstand, aber trotzdem in der geringsten Höhe statt. Wenn wir nun glauben wollen, dass die Energie dabei nicht einfach verschwindet und neu erzeugt wird, müssen wir uns vorstellen, dass die elastischen Verformungen von Ball und Fußboden ebenfalls Energie beherbergen, siehe 1.4.4.

Wir deuten das Wieder-Erreichen der Höhe und damit das Wieder-Bekommen der Höhenenergie durch die Annahme, dass die Energie stets irgendwo steckt und nur wandert. Wenn wir jemanden hin und wieder sehen, sind wir überzeugt, dass er zwischendurch auch irgendwo ist. Das hat mit Logik nichts, mit Erfahrung aber sehr viel zu tun. Dass Energie etwas Substanzartiges ist, das nicht wirklich verschwindet und nicht aus dem Nichts erzeugt wird, kommt unserem Denken sehr entgegen. Die *Energieerhaltung* ist eine Vorstellung, die erfreulicherweise bisher immer mit allen Erfahrungen in Einklang gebracht werden konnte.

1.1.12 Wo bleibt die Energie, woher kommt sie?

Sie ist aber keine Erfahrung, die sich unmittelbar aufdrängt. Unser Ball kommt nach längerem Hüpfen schließlich am Boden zur Ruhe. Den umgekehrten Fall, die zeitliche Umkehrung davon, hat noch niemand gesehen. An dieser Stelle soll die Andeutung genügen, dass die Energie sich bei fast allen Bewegungen mehr oder weniger schnell in viele kleine Portionen aufteilt, die in alle Richtungen wegwandern. Reibung, Inelastizität, Ohm-Widerstand und Fluoreszenz sind wichtige Beispiele dafür. In gewisser Weise *verkrümelt* sich die Energie dabei und wird für uns zunehmend weniger nutzbar, sie wird *entwertet*. In der Thermodynamik werden wir das mit der genau dabei auftretenden Zunahme einer begleitenden Größe, der *Entropie*, beschreiben, siehe Kapitel 6.

Beim Auspendeln in ein stabiles Gleichgewicht „verkrümelt" sich Bewegungsenergie. Ohne das würde alles in unserer Welt ewig schwingen und pendeln, und von Stabilität wäre nichts zu bemerken. Eine Welt ohne Reibung ist zwar im Mechanik-Unterricht ein Idealbild, wäre in der Realität aber zumindest außerordentlich unruhig!

Bisher haben wir außer der Höhenenergie, also der Energie im homogenen Grenzfall eines Schwerefeldes, die Bewegungs- und die Feder-Energie zumindest erwähnt. Sie werden traditionell in der Mechanik behandelt, obwohl die Feder-Energie nichts anderes als Energie des elektromagnetischen Feldes in und zwischen den Atomen ist. Das trifft ebenfalls auf die chemische Energie zu.

Wenn wir den Apfel oder den Ball mit unseren Muskeln hochheben, so entnehmen wir die Energie aus chemischen Umwandlungen, bei denen sich Atomrümpfe zu anderen Molekülen umgruppieren und dabei die äußeren Teile der aus bewegten Elektronen gebildeten Hüllen umbauen.

Wenn man einige Zwischenschritte beim Wechsel zwischen Adenosintriphosphat und Adenosindiphosphat überspringt, so ist die Umwandlung von Kohlenhydrat und Sauerstoff in Kohlenstoffdioxid und Wasser bei der Muskelleistung entscheidend. Wir können das mit dem Entspannen von gespannten Federn vergleichen. Die entnommene Energie beim Heben des Balles wird in das Schwerefeld gesteckt. Das Kohlenhydrat ist ein wesentlicher Teil unserer Nahrung. Den nötigen Sauerstoff nehmen wir bei der Atmung auf.

Da das nun alle Tiere und Menschen und auch ein Teil der Pflanzen so machen, ist es wichtig, dass die Vorräte nachgefüllt werden. Das geschieht durch die *Photosynthese*, die genaue Umkehrung der Umwandlung. Dabei muss aber Energie zugegeben werden. Diese stammt aus dem Licht der Sonne. Der chemische Kreislauf transportiert insgesamt Energie aus dem Sonnenlicht in unsere Muskeln.

Es gibt viele andere Beispiele für Kreisläufe, in denen Energie transportiert wird, aber diese selbst wandert keineswegs im Kreis. Das Sonnenlicht lässt Wasser verdunsten und aufsteigen, das als Regen wieder herunterfällt und in Flüssen bergab strömt und dabei mit einem Teil der Energie Wasserkraftwerke speisen kann. Im elektrischen Stromkreis wandern elektrische Ladungen im Kreis und transportieren dabei Energie beispielsweise von einem Generator zu einem Motor, siehe 3.2.3.

Hier zeigt sich, dass die gesamte Natur und alle technischen Geräte wesentlich dadurch funktionieren, dass Energie transportiert wird.

Teilt man die Naturwissenschaft in die traditionellen Teilgebiete und diese weiter, die Physik etwa hinsichtlich der angesprochenen Sinnesorgane – Optik, Akustik –, so zeigt sich die Energie, neben der Information, als das wichtigste Bindeglied zwischen den Teilgebieten. Fotodioden koppeln Energie aus dem Licht aus und in elektrische Stromkreise ein, Leuchtdioden funktionieren umgekehrt. Motor und Lautsprecher oder Generator und Mikrofon vermitteln in ähnlicher Weise zwischen *elektrischem* Stromkreis und *mechanischen* Bewegungen.

In der Technik werden solche Geräte oft als Wandler, auch als Energiewandler, bezeichnet. Es ist aber mindestens ebenso treffend, sie als Umsteigestationen für die Energie zu bezeichnen. In einem Bahnhof steigen Menschen aus einem Taxi in eine Eisenbahn um, im Generator steigt die Energie von einer mechanischen Leitung in einen Stromkreis um. Der Taxibenutzer wandelt sich in einen Eisenbahnpassagier, aber eigentlich wechselt er nur sein Transportmittel. Zu diesem Vergleich passt auch die – vor allem im *Karlsruher Physikkurs* benutzte – Sprechweise, dass die Energie von verschiedenen Trägern mitgenommen werden kann. Von denen können auch einige unbeladen zurückreisen, beispielsweise Impuls, Drehimpuls und elektrische Ladung.

Mensch und Fahrrad oder Mensch und Rucksack bilden eine Gemeinschaft und wandern. Mir scheint eine Beschreibung im Sinne von Wandergemeinschaften neutraler zu sein, weil sie keine Rollenverteilung im Sinne von „Ross und Reiter" zuordnet und auch besonders zwanglos auf sämtliche Sorten von Quantenzahlen bei subatomaren Teilchen ausgedehnt werden kann, siehe 8.4.2.2.

➤ Wenn wir auf diese Eröffnung zurückblicken, so haben wir einerseits nur Vorkenntnisse aus der Grundschule benutzt, aber andererseits Ausblicke auf zentrale Themen der Physik gewonnen. Manches hatte allerdings nur den Charakter von Mitteilungen oder Vorgriffen. Wir wenden uns nun mit *etwas mehr* Mathematik dem Ausschnitt der Physik zu, der nur von Raum und Zeit handelt, der Kinematik.

1.2 Kinematik: Geschwindigkeit und Beschleunigung

Der Teil der Mechanik oder der Physik, der mit den Basisgrößen Länge und Zeit auskommt, heißt *Kinematik*, Lehre von der Bewegung. Kinematograph, kurz Kino, heißt Bewegungsschreiber, und im Kino wird Bewegung wiedergegeben. Nimmt man als dritte Basisgröße die Masse hinzu – oder eine andere wie Impuls oder Energie –, so komplettiert sich die Mechanik zu *Dynamik* und *Statik*. Lässt man die Zeit und die Masse aus den Betrachtungen weg, hat man es mit *Geometrie* zu tun. Diese wird heute üblicherweise zur Mathematik gezählt, weil sie schon sehr lange mit Beweisen aus unbeweisbaren Sätzen, den Axiomen, betrieben werden kann, was schon EUKLID in der Antike gelang. Eine vergleichbare Axiomatisierung gelang erst NEWTON und seinen Nachfolgern mit der Mechanik.

1.2.1 Funktion und Ableitung – etwas Mathematik

1.2.1.1 Reelle Zahlen und Funktionen

Reelle Zahlen

Die Analysis behandelt Grenzwerte, die im Zusammenhang mit reellen Funktionen auftreten. Das bringt einige gedankliche Schwierigkeiten mit sich, die mit ihren Anwendungen in der Physik nur wenig zu tun haben. Dazu sehen wir uns zunächst einmal die *reellen* Zahlen an. Im Dezimalsystem können wir sie uns als Zahlen mit unendlich vielen Ziffern hinter dem Komma denken, aber nicht vorstellen. Der Informationsinhalt schon *einer* solchen Zahl ist im Allgemeinen unendlich groß. Im Speicher eines Computers oder als Ergebnis einer Rechenaufgabe können wir jedoch immer nur endlich viel Information unterbringen. Wir

1.2.1 Funktion und Ableitung – etwas Mathematik

begnügen uns daher mit Näherungen, die wir aber beliebig genau – nur meistens nicht ganz genau – bekommen können. Als Messergebnisse in Natur- und Gesellschaftswissenschaften bekommen wir immer nur Zahlen mit *endlich* vielen Ziffern, oft sogar grundsätzlich ganzzahlige Werte. Diese können aber durchaus um viele Einheiten unsicher sein, wie bei Einwohnerzahlen oder der Zahl der Atome in einem bestimmten Kristall. Trotzdem ist es sinnvoll, das mathematische Hilfsmittel Analysis, das uns die Mathematik auf der Basis reeller Zahlen zur Verfügung stellt, anzuwenden. Man muss dabei beachten, dass man damit ein idealisiertes Modell benutzt, das *zum Zwecke der Vereinfachung der Rechnung* verwendet wird und nicht unbedingt eine tiefer liegende Wahrheit beschreibt.

Reelle Funktion

$f(z)$ heißt eine reelle Funktion, wenn sie eine Vorschrift zur Bestimmung genau einer reellen Zahl f zu jeder beliebigen reellen Zahl z in einem gewissen Definitionsbereich – zwischen zwei reellen Zahlen – liefert.

Diese scharfe Forderung geht also weit über das hinaus, was die Experimentalphysik benutzen kann: Wir haben stets nur endlich viele Messpunkte, die nur mit endlicher Genauigkeit erfasst werden. Wenn wir Messergebnisse als eine Funktion formulieren, etwa die Falltiefe in Abhängigkeit von der Zeit oder die Fallbeschleunigung in Abhängigkeit von der geographischen Breite, so gibt es dafür zwei wichtige Gründe. Eine Funktions-Formel nimmt weniger Platz in einem Buch ein als eine lange Tabelle, und die Funktion kann sich aus anderen Funktionen plausibel herleiten lassen, die wegen ihrer Einfachheit vernünftig aussehen. Sie kann sich dann ihrerseits für weitere Herleitungen eignen. Eine Sache *so einfach wie möglich* zu erklären, hat die Physik mit der Interpretation der Sinnesdaten in unserem Kopf gemeinsam. Dieses Prinzip ist außerordentlich fruchtbar, aber in keiner Weise logisch zu begründen.

Graph einer Funktion

Wenn f und z Längen passender Größe sind, etwa die Sehnen- und Bogenlängen an einem Kreis, kann man sie einfach in Zentimetern nach oben und nach rechts auftragen. Wenn es sich aber um Kilometer und Stunden oder kg und m/s^2 handelt, muss man – wie auf Landkarten – *Maßstabsfaktoren* k_x und k_y vereinbaren: 1 cm entspricht 1 km (Maßstab 1 : 100 000), oder auch 1 cm entspricht 100 kg (Maßstab 100 kg/cm). Man trägt dann nach oben $y = f/k_y$ und nach rechts $x = z/k_x$ auf. Durch Veränderung des Maßstabes wird ein Graph einer unveränderten Funktion also senkrecht oder waagerecht gestaucht oder gedehnt.

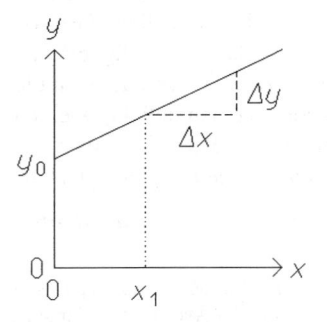

Bild 1.2.1 Lineare Funktion mit beliebig groß wählbarem Steigungsdreieck

Lineare Funktionen

Eine Funktion $f(z) = M \cdot z + f_0$ mit konstanten Werten für M und f_0 heißt linear, weil ihr Graph, siehe Bild 1.2.1, in einem (y, x)-Diagramm eine *gerade* Linie ist: $y(x) = m \cdot x + y_0$. Darin wird m die Steigung genannt. Wenn man sich den Graphen als seitliche Ansicht einer ansteigenden Straße vorstellt, gibt die Steigung m das Verhältnis aus Höhenzuwachs und waagerechter Entfernung an – also nicht der gefahrenen, sondern der etwa aus einer Landkarte abgelesenen.

Sie hängt mit dem Winkel, den die Gerade gegen die Horizontale bildet, eindeutig zusammen, nämlich als dessen Tangens-Wert und über die Maßstabsfaktoren mit dem Faktor M aus der Funktionsgleichung.

➤ M und m sind also im Allgemeinen nicht dasselbe. In einem Physikbuch, das durch pingelige Formulierungen auffällt und dadurch sehr genau zu sein scheint, steht: „Bei einer gleichförmigen Bewegung ist die Steigung des Weg-Zeit-Diagramms gleich dem Zahlenwert der Geschwindigkeit".

Dass *lineare Funktionen* durch *gerade Linien* als Graphen gekennzeichnet sind, ist ein Beispiel für Unlogik in der Fachsprache. *Linear* bedeutet *geradlinig*, aber Linien können krumm sein, und *gerade Funktionen* haben *geradzahlige Exponenten*.

1.2.1.2 Steigungsdreieck, Tangente, Ableitung

Steigungsdreiecke

Wir betrachten nun eine Funktion, die mit passenden Maßstäben als $y(x)$ dargestellt wird und wählen eine Stelle x_1, die zu $y(x_1)$ führt. Nun fragen wir, ob wir für diesen Punkt eine Steigung angeben können. *Anschaulich* denken wir uns die *Tangente* an den Graphen durch den entsprechenden Punkt, falls der Graph dort nicht springt und auch keinen Knick hat. Mit einem Lineal können wir sie nach Augenmaß zeichnen. Wesentlich genauer geht es mit einem Taschenspiegel, den wir so aufstellen, dass sich die Kurve ohne Knick in ihm spiegelt. Das kann unser Auge sehr genau erkennen! Rechtwinklig zur Kante des Spiegels läuft nun die Tangente.

Wie kommen wir aber streng mathematisch an die Tangente? Wir wählen zunächst eine nicht zu große Länge Δx und zeichnen oder denken uns eine Gerade durch $(x_1; y(x_1))$ und $(x_1 + \Delta x; y(x_1 + \Delta x))$. Da sie den Graphen mindestens zweimal schneidet heißt sie *Sekante*. Die Steigung dieser Sekante ist $(y(x_1 + \Delta x) - y(x_1))/\Delta x$. Nun machen wir Δx immer kleiner, und zwar so, dass es jeden noch so kleinen positiven Wert – der also immer noch etwas größer als null ist – irgendwann unterschreitet. Wir können uns beispielsweise vorstellen, dass wir Δx schrittweise halbieren. Unsere Sekantensteigungen ändern sich dabei im Allgemeinen jedes Mal. Wenn wir Glück haben, gibt es aber eine einzige reelle Zahl m_1, von der sich die Steigung irgendwann nach genügend vielen Schritten um weniger als einen beliebig kleinen – vorher gewählten! – Betrag unterscheidet. Falls es diese Zahl gibt, heißt sie *Grenzwert* der Sekantensteigung. Die Funktion heißt genau dann *an der betreffenden Stelle differenzierbar*.

○ Noch genauer: Wenn alle Δx positiv sind, ist damit nur die *rechtsseitige Differenzierbarkeit* festzustellen.

Dazu passt der folgende Witz. Ein Astronom (sorry!), ein Physiker und ein Mathematiker reisen durch die Lüneburger Heide und sehen drei schwarze Schafe. „Aha", sagt der Astronom, „hier sind die Schafe also schwarz." Darauf der Physiker: „Ich wäre da vorsichtiger: Es *gibt hier* schwarze

1.2.1 Funktion und Ableitung – etwas Mathematik

Schafe." Aber der Mathematiker ist noch genauer: „Das kann man so auch nicht sagen, sondern: Es gibt hier Schafe, die *auf mindestens je einer Seite* schwarz sind."

Falls Sie meinen, dass hier jemand verulkt wird, so könnten Sie recht haben. Aber es hat durchaus seinen Sinn, dass der Astronom nicht immer auf kühne Verallgemeinerungen verzichtet, und dass der Mathematiker unbeachtet lässt, was er *nur* aus allgemeiner Lebenserfahrung weiß.

Nun können wir die Gleichung der Tangente angeben:

$$y(x) = y(x_1) + m_1(x - x_1).$$

Beachten Sie, dass es zum Graphen an jeder Stelle im Allgemeinen eine andere Tangente mit einer anderen Steigung gibt. Die Steigung ist also selbst eine Funktion von x. Diese wird oft als $y'(x)$ bezeichnet und die *Ableitung* von $y(x)$ genannt.

Man kann nun die Gleichung der Tangente anders formulieren:

$$y(x) = y(x_1) + \mathrm{d}y = y(x_1) + m_1 \mathrm{d}x.$$

Darin sind $\mathrm{d}x$ und $\mathrm{d}y$ Differenzen der Koordinaten von Punkten, die auf der Tangente liegen und überhaupt nicht verpflichtet sind, besonders klein zu sein. Man nennt diese zur Tangente gehörenden Differenzen *Differenziale*. Auf andere, historische Deutungen des gleichen Wortes mit dem gleichen Symbol gehen wir weiter unten ein. Die Steigung der Tangente ist damit $m_1 = \mathrm{d}y/\mathrm{d}x$ und wird *Differenzialquotient* genannt. Die Ableitung kann man dann als $\mathrm{d}y(x)/\mathrm{d}x$ schreiben.

Bei der Anwendung verwendet man aber trotzdem sehr oft Differenziale, die ziemlich klein sind, aber keineswegs zur Null streben. Wir benutzen nämlich in der Nähe eines Punktes auf einem Graphen die Tangente als *lineare Näherung* für den Graphen:

$$y(x) = y(x_1) + \frac{\mathrm{d}y(x)}{\mathrm{d}x}(x - x_1).$$

Dann brauchen wir nicht mehr zwischen den Differenzen auf dem Graphen – die wir eigentlich brauchen – und denen auf der Tangente – die wir mit der Analysis berechnen können – streng zu unterscheiden. Wenn im folgenden Kurs Differenzen mit d und nicht mit Δ geschrieben sind, ist stillschweigend gemeint, dass sie so klein sein sollen, dass die lineare Näherung sinnvoll ist.

Das Symbol für die Ableitung $\mathrm{d}y(x)/\mathrm{d}x$ der Funktion $y(x)$ kann man aber formal auch anders auffassen. Wir nehmen uns eine Funktion $y(x)$ und machen etwas mit ihr: Wir berechnen eine zu ihr gehörende andere Funktion, nämlich ihre Ableitung *nach x*. Diese *Operation* symbolisieren wir durch das Zeichen $\mathrm{d}/\mathrm{d}x$, den *Ableitungsoperator* nach x. Wir schreiben dann auch konsequenterweise $\mathrm{d}y(x)/\mathrm{d}x$ als $(\mathrm{d}/\mathrm{d}x)y(x)$. Das wird vor allem dann sinnvoll, wenn wir die Ableitung noch einmal ableiten. Wir schreiben $(\mathrm{d}/\mathrm{d}x)^2 y(x)$ oder weniger klar, aber leider gebräuchlich $(\mathrm{d}^2/\mathrm{d}x^2)y(x)$. Hier stehen also links der Funktion Operatoren, die je nach Hochzahl entsprechend oft angewendet werden. Die Beschleunigung ist so eine Ableitung, siehe 1.1.4.

Das Bild 1.2.2 zeigt anschaulich, wie man an vielen Punkten aus einem Graphen die Tangenten nimmt, zu jeweils gleichen Schritten nach rechts die zugehörigen Schritte auf den Tangenten abnimmt und diese ihrerseits als Funktion aufträgt. Dabei hat die Schrittlänge, mit der man jeweils auf der Tangente nach rechts geht, nichts zu tun mit dem Abstand der Punkte, von denen aus man das jeweils macht. Die erste muss eine endliche Größe haben. Wenn man wirklich abmisst – und sich das Ganze nicht nur vorstellt – sogar eine nicht zu kleine. Die Punkte, für die man das macht, sollen im Prinzip unbegrenzt dicht liegen.

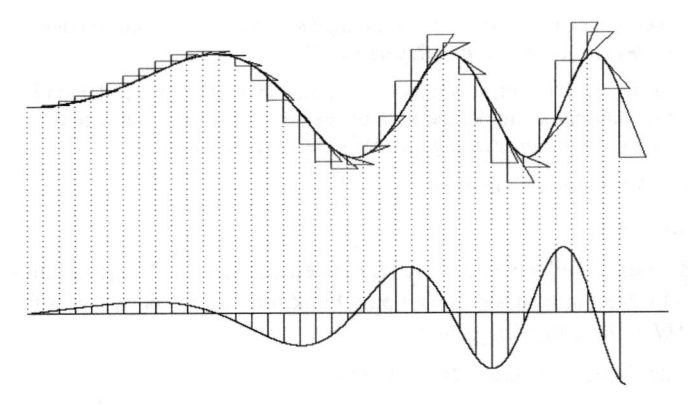

Bild 1.2.2 Anschauliche Deutung der Ableitung. Alle Dreiecke haben gleich lange waagerechte Seiten und als Hypotenusen Tangenten der Kurve. Ihre senkrechten Katheten werden als Ordinaten in die neue Kurve übernommen.

Wie kann man aber Ableitungen zu formelmäßig gegebenen Funktionen *berechnen*? Nehmen wir als Beispiel $y(x) = x^2$. Zur Differenz Δx gehört die Steigung $\left((x+\Delta x)^2 - x^2\right)/\Delta x = \left(2x\Delta x + \Delta x^2\right)/\Delta x = 2x + \Delta x$. Wenn wir nun Δx immer näher an null wählen, nähern wir uns dem Grenzwert $2x$. Es ist also $\mathrm{d}(x^2)/\mathrm{d}x = 2x$.

Ähnlich – wenn auch nicht immer genauso einfach – kann man die anderen Ableitungsregeln zeigen. Manche, wie die Linearität, kann man auch anschaulich gut einsehen.

1.2.1.3 Rechenregeln für das Differenzieren

Additivität und Erhaltung des konstanten Faktors fasst man im Begriff *Linearität* zusammen. Beide Regeln sind für das Ableiten auch anschaulich leicht einzusehen. Aus ihnen folgt auch, dass *alle* Konstanten als Funktionen oder Summanden in Funktionen die Ableitung null haben. Die Kettenregel kann man sich als *symbolisches* Erweitern mit $\mathrm{d}g$ einprägen. Das ist zwar als Beweis nicht ausreichend, aber auch nicht ganz zufällig, denn falls der gesuchte Grenzwert existiert, kann er keinen anderen Wert haben. „Kürzen" durch 9 bei $\frac{95}{19} = 5$ ist dagegen wirklich nur „zufällig" richtig.

Tabelle 1.2.1 Regeln für des Differenzieren

Summe	$(\mathrm{d}/\mathrm{d}t)(f(t)+g(t))$	$=\mathrm{d}f(t)/\mathrm{d}t + \mathrm{d}g(t)/\mathrm{d}t$
konstanter Faktor	$(\mathrm{d}/\mathrm{d}t)(af(t))$	$=a\,\mathrm{d}f(t)/\mathrm{d}t$
Potenz (n reell)	$(\mathrm{d}/\mathrm{d}t)(t^n)$	$=nt^{n-1}$
mittelbare Funktion, Kettenregel	$(\mathrm{d}/\mathrm{d}t)(f(g(t)))$	$=(\mathrm{d}f/\mathrm{d}g)(\mathrm{d}g/\mathrm{d}t)$
Produkt	$(\mathrm{d}/\mathrm{d}t)(f(t)g(t))$	$=f(t)\mathrm{d}g(t)/\mathrm{d}t + (\mathrm{d}f(t)/\mathrm{d}t)g(t)$
Kehrwert	$(\mathrm{d}/\mathrm{d}t)(1/f(t))$	$=-(\mathrm{d}f(t)/\mathrm{d}t)/f^2(t)$
Quotient	$(\mathrm{d}/\mathrm{d}t)(f(t)/g(t))$	$=((\mathrm{d}f(t)/\mathrm{d}t)g(t) - f(t)(\mathrm{d}g(t)/\mathrm{d}t))/g(t)^2$
	$(\mathrm{d}/\mathrm{d}t)(\sin(t))$	$=\cos(t)$
	$(\mathrm{d}/\mathrm{d}t)(\cos(t))$	$=-\sin(t)$
	$(\mathrm{d}/\mathrm{d}t)(\exp(t))$	$=\exp(t)$

Zur Herleitung der Produktregel verwendet man die Formel $(a + \alpha)(b + \beta) - ab \approx a\beta + b\alpha$ für den Fall, dass α und β jeweils *klein gegen a,b* sind. $\alpha\beta$ muss daher nicht mehr beachtet werden. Befinden sich beispielsweise für $a,b \approx 1$ die Werte von α und β in der dritten Nachkommastelle und interessiert ein Ergebnis nur auf vier oder fünf Nachkommastellen oder muss aus anderen Gründen nicht genauer sein, gilt die Näherung. Man kann umgekehrt Rechnungen auch durch Anwendung der Differenzialrechnung vereinfachen, insbesondere als Näherung durch das erste Glied einer Taylor-Reihe. Das Bild 1.2.3 zeigt die Anwendung auf das Quadrieren. Die Tabelle 1.2.2 enthält einige besonders wichtige Näherungen.

Tabelle 1.2.2 Wichtige Näherungen

für $\alpha, \beta \ll 1$	$(1 + \alpha)^2 \approx$ $1 + 2\alpha$	$1/(1 + \alpha) \approx$ $1 - \alpha$	$\sqrt{(1 + \alpha)} \approx$ $1 + \alpha/2$	$(1 + \alpha)(1 + \beta) \approx$ $1 + \alpha + \beta$

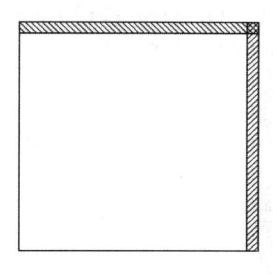

Bild 1.2.3 Quadrieren einer Größe nahe 1. Das doppelt schraffierte Flächenstück kann dabei vernachlässigt werden.

1.2.1.4 Zur Kurvendiskussion

Tabelle 1.2.3 Verhalten von Funktion und Ableitung

$f(t)$	$(d/dt)f(t)$
Nullstelle	(nichts Besonderes)
fallend	negativ
Horizontalstelle	Nullstelle
steigend	positiv
Krümmung nach unten offen	fallend
Wendestelle oder Gerade	Horizontalstelle
Krümmung nach oben offen	steigend

Alle *lokalen Extrema*, also lokale Maxima oder Minima, sind *Horizontalstellen*, aber nicht umgekehrt, siehe Bild 1.2.11. Wenn man einen besonders hohen oder niedrigen Wert einer Funktion haben möchte, leitet man sie ab und sucht Nullstellen der Funktion, notfalls mit Näherungsverfahren.

1.2.1.5 *   Historische Bemerkungen

Die Differenzialrechnung wurde im Wesentlichen von NEWTON 1665/66 und von LEIBNIZ 1672–1676 erfunden. Allerdings hatte FERMAT Extremwertaufgaben schon 1629 auf die gleiche Art richtig behandelt.

Newton stellte sich vor, dass auf dem Graphen ein Punkt läuft – wir nennen das eine Parametrisierung mit der Zeit – und dabei nach rechts die Geschwindigkeit $\dot{x}$ und nach oben $\dot{y}$ hat. In einer *unendlich kurzen* Zeit o, sozusagen fast null, kommt er also waagerecht um $\dot{x} \cdot o$ und nach oben um $\dot{y} \cdot o$ weiter. Wenden wir das auf unser Beispiel $y = x^2$ an, so gilt: Nach der Zeit o haben wir $x + \dot{x} \cdot o$ und $y + \dot{y} \cdot o = (x + \dot{x} \cdot o)^2 = x^2 + 2 \cdot x \cdot \dot{x} \cdot o + \dot{x}^2 \cdot o^2$. Zum Zuwachs $\dot{x} \cdot o$ nach rechts gehört also der Zuwachs $2 \cdot x \cdot \dot{x} \cdot o + \dot{x}^2 \cdot o^2$ nach oben. Die gedachten Geschwindigkeitskomponenten – von Newton *Fluxionen* genannt – sind also $\dot{x}$ nach rechts und $\dot{y} = 2 \cdot x \cdot \dot{x}$ nach oben, denn o ist ja *unendlich klein*. Die bei uns gebräuchliche Schreibweise der zeitlichen Ableitung d/dt als Punkt auf einer Größe geht also in diesem Sinne auf Newton zurück.

In den *Philosophiae Naturalis Principia Mathematica* (1687) – in denen er die Analysis kaum verwendet – schreibt er am Schluss des Abschnitts *Über die Methode der ersten und letzten Verhältnisse*: „Die besprochenen letzten Verhältnisse, mit denen die Mengen verschwinden, sind in Wahrheit nicht die Verhältnisse letzter Mengen, sondern die Grenzen, denen die Verhältnisse der unbegrenzt abnehmenden Mengen sich immer weiter annähern ...".

Newton denkt also bereits an einen Grenzwert einer Folge von Differenzen, während Leibniz und das ganze 18. Jahrhundert sich *unendlich kleine Differenzen* vorstellen, die dann *Differenziale* genannt und beispielsweise als dy geschrieben wurden. Die Ableitung fasste man als deren Quotienten (dy/dx) auf. Die von Newton angesprochene Grenzwertauffassung wird erst im 19. Jahrhundert von CAUCHY und noch klarer von WEIERSTRASS formuliert. Die „unendlich kleinen Differenziale" bleiben aber noch lange als mehr oder weniger deutlich durchschaute Sprechweise erhalten.

➢ Seit den 70er-Jahren des zwanzigsten Jahrhunderts wird eine strenge Formalisierung der etwas laxen, aber fruchtbaren Auffassung von Leibniz betrieben, bei der die reellen Zahlen eigens zu diesem Zweck erweitert werden: Non-Standard-Analysis.

1.2.2 Vektoren, Winkel, sin und cos

1.2.2.1 Vektoren

Physikalische Größen, denen man eine Richtung im Raum zuordnen kann, heißen *Vektoren* – Vector ist der „Reisende". Vektoren kann man durch einen Betrag und eine Richtung im Raum kennzeichnen. Für die Richtung benötigt man zwei Winkel. Wenn nur eine Ebene infrage kommt, genügt der Betrag und ein Winkel. Vektorielle Größen werden üblicherweise als *fettes* Formelzeichen geschrieben und in Zeichnungen als Pfeil der gemeinten Richtung eingetragen. Mit einem festen Maßstab wird die Länge dem Betrag zugeordnet.

Meistens verwendet man die *kartesische*, nach RENÉ DESCARTES benannte, Darstellung. Sie beruht auf einer Basis aus drei Vektoren, die paarweise zueinander rechtwinklig sind und dabei so nummeriert werden, dass ihre Richtungen wie Daumen, Zeigefinger und Mittelfinger der rechten Hand – auf die bequemere Art – zueinander gehalten werden können.

Sie haben als Beträge gleichermaßen die Einheit der betreffenden Größenart, bei Längen also 1 m, bei Geschwindigkeiten 1 m/s, bei Kräften 1 N. Sie werden Basisvektoren e_1, e_2 und e_3 oder auch e_x, e_y und e_z genannt. Ein beliebiger Vektor v der gleichen Größenart kann dann als Summe $v = v_x e_x + v_y e_y + v_z e_z$, kurz als $(v_x; v_y; v_z)$ oder $(v_x \mid v_y \mid v_z)$ oder (v_x, v_y, v_z) geschrieben werden. Vorsicht mit dem Komma bei Zahlen mit Dezimalkomma!

In dieser Darstellung sind Addition und Subtraktion von Vektoren sehr einfach auszuführen: Jede Komponente verhält sich wie eine eigenständige Größe. Dass und wie Vektoren miteinander multipliziert werden können, behandeln wir in 1.3.3 und 1.4.1.

1.2.2.2 Betrag, Polarkoordinaten, Winkel, Winkelfunktionen

Der *Betrag* ist eine nichtnegative skalare Größe. Um ihn auszurechnen, wenden wir den pythagoreischen Satz zweimal an.

$$\text{Betrag eines Vektors:} \quad v = |v| = \sqrt{(v_x^2 + v_y^2 + v_z^2)}$$

Der Satz von PYTHAGORAS ist von allen Sätzen der Geometrie, die nicht schon anschaulich ziemlich klar sind, der bei weitem Wichtigste. Zwei Beweismöglichkeiten sind in Bild 1.2.4 zu erkennen.

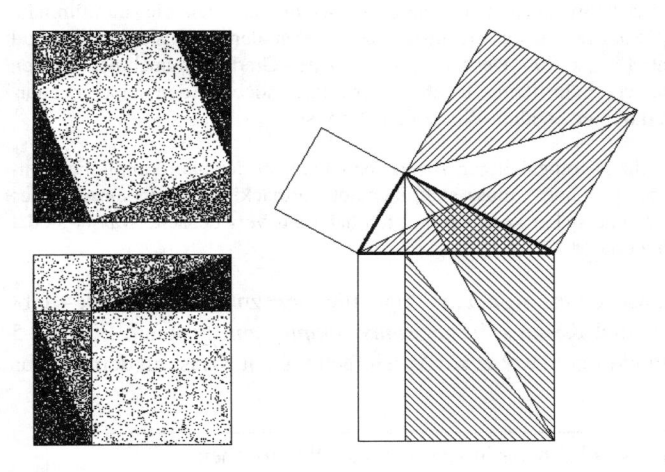

Bild 1.2.4 Zwei Beweisskizzen zum pythagoreischen Satz.
Die rechte zeigt den Beweis von EUKLID, der über den Kathetensatz führt.

In der Ebene benutzen wir manchmal auch *Polarkoordinaten* (r, φ). r ist darin der Betrag, φ der Winkel von der Rechts-Achse gegen den Uhrzeiger bis zum Vektor.

➢ Für die Dimension *Länge/Länge*, also für 1, gibt es im Falle des Winkels auch die metrische Bezeichnung „Radiant" oder „rad", über deren Notwendigkeit man sich streiten kann. Manchmal wird noch ausdrücklich betont, dass ein Winkel im *Bogenmaß* gemessen sei.

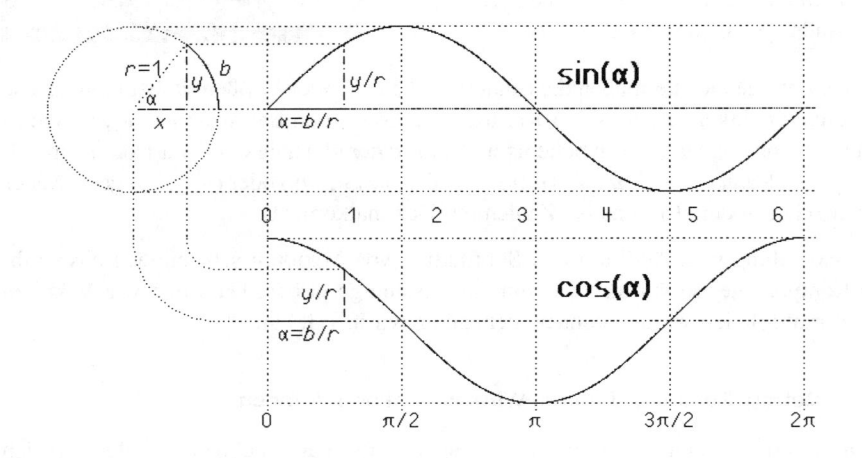

Bild 1.2.5 Zu den Definitionen von Sinus und Kosinus

Als Winkel bezeichnet man bekanntlich bei einem Kreissektor den Quotienten aus Bogenlänge und Radius. Für das Verhältnis aus dem halben Umfang und dem Radius eines Kreises gibt es das Kurzzeichen π (pi). Dieses Verhältnis ist nicht rational. Es ist ungefähr

$$3{,}141\,592\,653\,589\,793\,238\,462\,643\,383\,279\,502\,884\,197\,2\ldots$$

Damit man aber trotzdem eine Torte in zwölf Stücke oder den Himmel in zwölf Tierkreiszeichen einteilen kann, ohne ein Taschenrechner zu nehmen, gibt es immer noch die altertümliche Winkeleinheit Grad: $1° = \pi/180$. Freunde des Dezimalsystems haben der Geodäsie den Neugrad beschert, auch „gon" genannt: $1^g = \pi/200$. Deshalb gibt es für den Grad dann auch den Namen „Altgrad". „gradus" heißt einfach „Schritt" und taucht leider immer noch bei den verschiedenartigsten Größen auf, wie auch durch einen alten Witz zu erfahren ist.

Ein Offizier bei einer nicht sehr leistungsfähigen Armee behauptet in der naturkundlichen Unterweisung: „Wasser siedet bei 90 Grad", muss sich aber auf hartnäckigen Widerspruch eines einfachen Soldaten hin eine Woche später korrigieren: „Ich habe das verwechselt: Wasser siedet bei 100 Grad, der rechte Winkel hat 90 Grad."

Um Polarkoordinaten in kartesische *umzuwandeln* – eigentlich *nur* zu diesem Zweck – gibt es die Winkelfunktionen Sinus und Kosinus, früher *sinus complementi* genannt. Bild 1.2.5 zeigt die Definitionen dieser Funktionen, wobei zur Vereinfachung ein Kreis mit dem Radius 1 Längeneinheit genommen ist.

Kartesische Koordinaten aus Polar-Koordinaten in zwei Dimensionen
$$x = r\cos(\omega); \qquad y = r\sin(\omega)$$

➤ Für die umgekehrte Umwandlung haben wir einerseits den pythagoreischen Satz und für φ die Arcustangens-Funktion, bei der man aber noch einige Fallunterscheidungen bezüglich der Vorzeichen zu treffen hat.

➥ **Knobelaufgabe:** Wissen Sie (noch), wie man die Werte der Winkelfunktionen berechnen könnte, wenn sie nicht tabelliert oder vom Taschenrechner abrufbar wären? Sie brauchen außer den Formeln, die man direkt als exakte Werte aus der Definitionsskizze ablesen kann, vor allem die so genannten Additionstheoreme von sin und cos und Formeln für die Funktionen halbierter Winkel.

1.2.3 Geschwindigkeit

Definitionen: Ändert sich der Ort während einer Zeitspanne Δt um ein Wegstück der Länge Δs, so nennt man $v = \Delta s/\Delta t$ die *mittlere Geschwindigkeit* für diese Zeitspanne.

Wenn die mittlere Geschwindigkeit für alle Abschnitte gleich ist, kann man sie einfach als die *Geschwindigkeit* bezeichnen. Wenn dies nicht so ist, kann man die Zeitspanne so kurz wählen, wie es messtechnisch noch sinnvoll ist, und das Ergebnis als „Momentan-" oder besser *Augenblicks-Geschwindigkeit* oder kurz als Geschwindigkeit *zur betreffenden Zeit* bezeichnen.

Wird der Ort als zeitabhängige Funktion $s(t)$ beschrieben, kann man dieser ihre Ableitung nach der Zeit ds/dt zuweisen. Die kann dann ebenfalls zeitabhängig sein und als Funktion $v(t)$ beschrieben werden.

Wird der Ort als Vektor $r(t)$ in kartesischen Koordinaten $(x(t); y(t); z(t))$ beschrieben, so nennt man den Vektor $v(t) = (v_x(t); v_y(t); v_z(t))$ die Geschwindigkeit, wobei $v_x(t)$ die zur Koordinate $x(t)$ gehörende Geschwindigkeit ist usw. Bei Verwendung von Funktionen sind die Ableitung dx/dt usw. die drei Koordinaten.

➤ Das Wort „mittlere" bedeutet zunächst nur, dass etwas irgendwo zwischen extremen Fällen liegt. Hier, wie auch sonst in der Physik, wird es im Sinne eines arithmetischen Mittelwertes benutzt.

➥ **Knobelfragen zu Mittelwerten:**
Mehrere Rennfahrer wechseln sich beim Lenken eines Wagens nach jeweils gleichen Zeiten ab. Beim Staffellauf wechseln sich die Läufer aber nach jeweils gleichen Teilstrecken ab. Wie findet man in beiden Fällen die mittleren Geschwindigkeiten des ganzen Laufs aus denen der einzelnen Fahrer bzw. Läufer? Den Kehrwert des arithmetischen Mittels von Kehrwerten einer Größe nennt man auch deren *harmonisches Mittel*.

Was ist die mittlere Geschwindigkeit für eine Fahrt aus Hinweg mit Rückenwind und gleich langem Rückweg mit gleich starkem Gegenwind? Wir nehmen an, dass die Geschwindigkeit durch den Wind um die gleiche Differenz gegenüber derjenigen ohne Wind vergrößert oder verkleinert wird.

Es gibt einen wichtigen Spezialfall, bei dem die mittlere Geschwindigkeit zugleich der Mittelwert aus Anfangs- und Endgeschwindigkeit ist. Sie ist dann auch die Geschwindigkeit in der Mitte der Zeitspanne – nicht aber in der Mitte des Weges. Dieser Spezialfall liegt bei konstanter Beschleunigung vor, siehe 1.1.4.

Oft findet man die Definition, die die Ableitung benutzt, am Anfang. Das sieht sehr exakt aus, setzt aber streng voraus, dass die Koordinaten differenzierbare Funktionen der Zeit sind. Bei Ort und Zeit mag das ein akademisches Problem sein. Wenn man aber in der Elektrizität die Stromstärke als dQ/dt definiert, so erweist sich $Q(t)$ wegen der Elementarladung als ausgesprochen unstetig. Man kann die Formeln der Analysis sehr wohl als brauchbare Näherungen etwa bei der Berechnung der Kondensatoraufladung benutzen, solange man die Intervalle so groß lässt, dass die Ladungsdifferenzen zwar klein gegen die gesamten Ladungen, aber immer noch groß gegen die Elementarladung sind, also auf gar keinen Fall gegen null streben.

Für Spezialisten: Könnte man auch eine andere Größe definieren, die mit dem gleichen Recht „Geschwindigkeit" genannt werden kann? Am Ende von 1.2.4 finden Sie dazu eine Knobelaufgabe.

1.2.3.1 * Mehr und weniger Ernsthaftes über Folgen und Reihen

Als mathematische Vorübung für das Folgende betrachten wir die *geometrische Reihe*. Dazu zeichnen wir, wie in Bild 1.2.6, viele Quadrate ohne Zwischenräume auf einer gemeinsamen Grundlinie nach rechts nebeneinander. Deren Seitenlängen bilden eine abnehmende *geometrische Folge* ak^n mit einem konstanten $k < 1$. Wie man leicht einsieht, liegen wegen lauter zueinander ähnlicher Dreiecke die rechten oberen Ecken auf einer Geraden, die die Grundlinie schneidet.

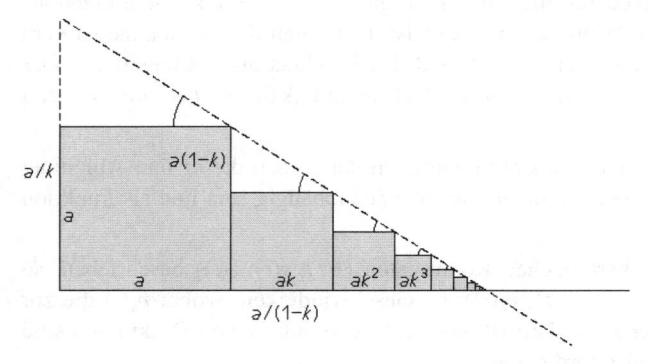

Bild 1.2.6 Beweis der Konvergenz der geometrischen Reihe und Bestimmung ihres Grenzwertes

Das ganz große Dreieck ist a/k hoch und hat wie alle anderen das Kathetenverhältnis $k/(1-k)$. Daraus ergibt sich für die gesuchte Breite dieses Dreiecks $a/(1-k)$. Dieses Ergebnis formulieren wir so: Die Folge der Teilsummen $\sum_{i=0}^{n} ak^i$ heißt *geometrische Reihe* und hat den *Grenzwert* $a/(1-k)$ für $i \to \infty$.

Diese Briefmarke zeigt Orgelpfeifen, deren obere Enden eine Gerade bilden. Aus musikalisch-akustischen Gründen bilden die Längen der Pfeifen eine geometrische Folge, die Längen benachbarter Pfeifen haben also jeweils das gleiche Verhältnis. Wenn nun das Verhältnis aus Breite und Länge überall gleich ist – was aus anderen musikalisch-akustischen Gründen allerdings nicht genau stimmt – und die Zwischenräume vernachlässigbar sind, so sind auch die Geraden korrekt.

Eine Scherzfrage: Ein Mensch geht mit seinem Hund Ungewitter nach Hause, er mit 5 km/h, der Hund mit 15 km/h. Gemeinsam starten sie 1 km vom Haus entfernt. Zuhause angekommen, kehrt Ungewitter um und läuft seinem Herrchen bis zum Treffpunkt entgegen und von da an wieder nach Hause. Das wiederholt er von jetzt an *immer*. Welchen Weg läuft der Hund dabei insgesamt?

1.2.3 Geschwindigkeit

Wir zeichnen mit Bild 1.2.7 ein *Weg-Zeit-Diagramm* und finden darin, dass das Treffen immer in der Mitte der Entfernung stattfindet, die beide bei dem jeweils vorigen Treffen hatten. Der Hund legt aber diese Strecke jeweils ein ganzes Mal (nach Hause) und ein halbes Mal (zum Herrchen) zurück, beim ersten Mal also 1,5 km. Mit der geometrischen Reihe (Grenzwert 2 für $k = 0,5$) bekommen wir als Gesamtweg $2 \cdot 1,5$ km $= 3$ km.

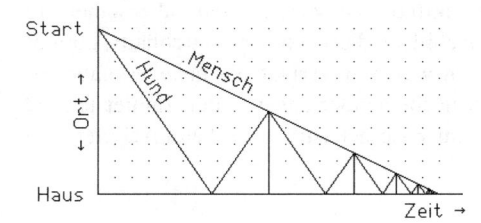

Bild 1.2.7 Weg-Zeit-Diagramm zur Scherzfrage mit dem Hund und dem Menschen

Sie werden vielleicht sagen, dass das auch viel einfacher geht: Der Mensch geht 1 km mit 5 km/h, der Hund ist die gleiche Zeit pausenlos unterwegs mit 15 km/h, also läuft er 3 km weit.

○ Böse Zungen behaupten nun, Mathematiker kämen nicht so leicht auf diese zweite Lösung, Physiker bekämen die erste nicht so leicht (buchstäblich) „auf die Reihe" und bei Doppelbegabungen könne man die Aufgabe als Test für den Begabungsschwerpunkt verwenden. Angeblich hat jemand JOHN VON NEUMANN die Aufgabe in dieser Absicht gestellt, und der hat ohne Zögern geantwortet: „3 km". „Nanu, ich hätte eher gedacht, Sie wären Mathematiker." – „Ja und?" – „Die rechnen das meistens mit einer geometrischen Reihe" – „Hab ich doch auch gemacht".

Wichtiger ist eine andere Frage, an der sich die Geister scheiden: *Wie oft* wendet der Hund? Gute Physikstudenten stellen sofort die Gegenfrage: Wie lang ist der Hund?

Das mathematische Modell ist für *punktförmige* Hunde auf unbeschränkt häufiges Wenden anwendbar, und die Formel gilt für einen Grenzwert. Nach endlicher Zeit ist der Hund mit unendlich vielen Zickzackwegstücken fertig. Wenn Ihnen das nicht physikalisch genug ist, betrachten Sie einen fallenden *Ball*. Der wird am Boden reflektiert und gibt dabei jeweils 10 % der noch vorhandenen Energie ab: Er sollte demnach ebenfalls in endlicher Zeit unendlich oft hüpfen. Für die Höhen und für die Zeitabschnitte ergibt sich jeweils eine geometrische Folge.

In beiden Fällen gibt es aber so kurze Wege, bei denen dann *das Modell unsinnig wird*. Der Hund wendet nicht mehr, wenn er nur noch 10 cm vom Haus entfernt ist. Der Ball wird nicht mehr in vernachlässigbar kurzer Zeit – verglichen mit der Zeit in der Luft – reflektiert, wenn er nur noch 2 mm hoch hüpft oder gar nicht mehr abhebt.

1.2.3.2 * Überholt Achilleus die Schildkröte?

Mit unbeschränkt klein werdenden Intervallen haben wir es auch bei der bekanntesten der Paradoxien von ZENON VON ELEA zu tun. Zenon war Schüler von PARMENIDES (ebenfalls aus Elea) im heutigen Campanien. Beide Eleaten waren der Überzeugung, dass nur das Sein existieren kann, das Nichtsein jedoch nicht, und *also* auch nicht die Mischungen aus beiden wie Werden, Entstehen, Verwandlung oder auch Bewegung. Mit diesem Wort „Bewegung" war – auch bei ARISTOTELES – nicht nur die Ortsveränderung im Raum gemeint, sondern überhaupt jede Veränderung oder Umwandlung. Mit welchen spitzfindigen Argumenten Zenon den Begriff der Bewegung als *in sich widersprüchlich* aufzudecken versucht, kann man im Physikbuch von Aristoteles lesen. Der lehnt diesen Unfug entschieden ab. Das neunte Kapitel des VI. Buches handelt davon, ebenso das zweite, welches Bewegung und Zeit als Kontinuum behandelt.

In der Paradoxie (Nr. 2 bei Aristoteles) findet ein Wettrennen zwischen einem sehr schnellen und einem langsamen Läufer statt. Man nennt sie aus alter Gewohnheit „Achilleus und die Schildkröte". Fairerweise bekommt die Schildkröte eine Vorgabe, darf also näher am Ziel starten. Nun argumentiert Zenon: Während Achilleus diese Vorgabe durchläuft, kommt auch die Schildkröte ein Stück weiter, das für den weiteren Verlauf die neue Vorgabe ist. Wir denken uns nun diesen Ablauf unendlich oft nacheinander angewendet: Immer hat die Schildkröte einen Vorsprung, auch wenn dieser immer kleiner wird. Also kann Achilleus sie nicht überholen und nicht einmal einholen.

Mit unserer geometrischen Reihe sehen wir sofort ein, dass damit nur Zeiten erfasst sind, die *früher* als der Überholzeitpunkt liegen, denn auch die Zeitintervalle addieren sich zu einer geometrischen Reihe. In seinen *Carmina Mathematica* verweist der frühere Aachener Mathematikprofessor Hubert Cremer, der als Student gelegentlich Übungsaufgaben in Gedichtform abgegeben hat, bei diesem Thema auf ein Analysis-Lehrbuch: „Oh Zenon, Zenon, alter Wicht, kennst du den Kowalewski nicht?", und er empfiehlt am Schluss noch ein anderes: „Und die Moral von der Geschicht: Es geht halt ohne Mangoldt nicht!".

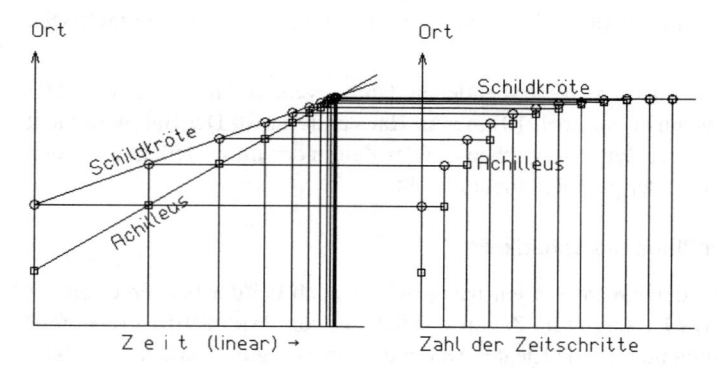

Bild 1.2.8 Diagramme zu Zenons Paradoxon mit Achilleus und der Schildkröte

Kann man sich nun auch ohne Analysiskenntnisse vor dem Trugschluss hüten? Das Argument selbst ist ja nicht von der Hand zu weisen, dass bei jedem der gedachten Teilvorgänge ein neuer Vorsprung herauskommt. Der Fehler liegt darin, dass man das Ergebnis leichtsinnigerweise auf *alle* Zeiten ausdehnt: Es gilt nur für die bei den gedachten Schritten vorkommenden Zeitpunkte, dass die Schildkröte „nie" eingeholt wird. Das wird noch klarer, wenn man sich das Weg-Zeit-Diagramm in ein Diagramm umzeichnet, bei dem die Orte gegen die Nummern der Denkschritte aufgetragen werden. Die Zeitachse wird dadurch so verzerrt, so transformiert, dass der Überholpunkt ins Unendliche entwischt. Dass es dahinter auch noch Zeit gibt, gerät hier buchstäblich aus dem Blick. Man kann diese Überlegungen vielleicht auch bei Fragen nach Endlichkeit oder Unendlichkeit der Zeit in der Kosmologie bedenken.

1.2.3.3 * Unendlich viele Schritte vor dem ersten?

Das bei Aristoteles als erstes behandelte Paradoxon ist eigentlich noch schlimmer: Eine Bewegung kann gar nicht stattfinden, weil sie nicht in endlicher Zeit in Gang kommen kann. Denn bevor etwas irgendwo ankommt, muss es erst einmal den *Mittelpunkt* der Strecke erreichen, bevor es das tut, muss es den Mittelpunkt der ersten Hälfte erreichen und so weiter *ad infinitum*.

Für Aristoteles ist das einfach falsch, denn ihm ist völlig klar, dass zu den kleineren Wegstücken auch *im selben Verhältnis* kleinere Zeitspannen gehören. Für ihn sind Länge und Zeit teilbar, und zwar in Teile von endlicher Größe, aber beliebig oft und daher beliebig fein. Daher kann es nach seiner Meinung auch keine Atome – im Sinne DEMOKRITS – geben.

1.2.3.4 * Ruht der fliegende Pfeil?

Das dritte Paradoxon Zenons bestreitet die Möglichkeit von Bewegung ebenfalls rundheraus. Wenn ein fliegender *Pfeil* zu jedem *Zeitpunkt* an einem Ort *ruht*, so ruht er die ganze Zeit und kann sich infolgedessen überhaupt nicht bewegen. Genauer wäre, dass der Pfeil mit jedem Ende an genau je einem Ort ruht. Nach Aristoteles ergibt sich der Trugschluss einfach „aus der Fehlannahme, dass die Zeit aus Jetzten sich zusammensetze".

LUCIANO DE CRESZENZO schreibt in seiner amüsanten *Geschichte der griechischen Philosophie* ([Teil 1] *Die Vorsokratiker*):

> *Wenn Zenon heute leben würde, würde er vielleicht sagen: „Wenn Ihr mir nicht glaubt, versucht doch einmal ein Foto zu machen, und sagt dann selber, ob der Pfeil sich bewegt oder ob er stillsteht".*

Nun wissen wir, dass es bei einem Foto auf die Belichtungszeit ankommt. Ist sie kurz genug, verschwindet die *Bewegungsunschärfe* in der wellenoptisch und durch die Korngröße bestimmten Unschärfe. Lassen wir die Belichtungszeit auf null schrumpfen, so geht zwar die Bewegungsunschärfe auch auf null, aber ebenso die Intensität, und es gibt kein Bild.

Man kann daraus lernen, dass die *Redeweise* vom *Ruhen* in Zeit*punkten* missverständlich ist und eigentlich einen Grenzübergang ernster nimmt als es gut ist. Lässt man die Zeit- und die Wegintervalle gegen null laufen, so ist für uns der Grenzwert des Quotienten wichtig. 0/0 ist nicht definiert. Es macht daher *wenig* Sinn zu fragen, was in einer Zeitspanne der Länge null *geschieht*. In solchen Spannen kann naturgemäß nichts geschehen.

Von daher ist auch zu fragen, wie gut die bequeme *Sprechweise* ist, mit der man Linien, Flächen und Volumina als *Punkt*mengen bezeichnet. Es sind unendlich viele Punkte, sogar überabzählbar viele *darin*, aber macht es Sinn anzunehmen, eine Linie sei *nur* eine Menge von Punkten? Ihre Länge können wir nicht als Produkt aus unendlich vielen Nullen bestimmen, sondern nur aus endlich vielen endlichen Längen. Wenn ein Punkt keine Länge und kein

Volumen hat, kann eine Menge von Punkten allenfalls ein Gebilde, das so etwas hat, beliebig dicht bevölkern, aber eigentlich nicht dasselbe sein.

Das gilt nur für Punkte im Sinne der Mathematik. EUKLID hat sie als das definiert, was keine Teile hat. In der *Physik* benutzt man das Wort ganz anders: Ein Punkt hat einen bestimmten Ort, aber seine Ausdehnung ist *unwichtig*. Eine *Punktladung* hat außerdem eine bestimmte elektrische Ladung, eine *Punktmasse* – auch Massenpunkt genannt – hat eine bestimmte Masse. Ob eine Lichtquelle punktförmig ist, kommt auf die Fragestellung und auf Größen wie Lochdurchmesser oder Entfernungen an. So sind für die meisten optischen Betrachtungen Sterne trotz ihrer gewaltigen Größe punktförmig, Ionen im Kristallgitter aber haben verschiedene Durchmesser, auf die es sehr wohl ankommen kann.

➤ ANTISTHENES war der erste Kyniker. Das waren genügsame, angeblich wie Hunde – $\varkappa v v \iota \varkappa o \varsigma$ heißt hündisch – herumstreunende Philosophen. Am bekanntesten ist heute DIOGENES. Unsere Bezeichnung „zynisch" tut ihnen unrecht. Vielleicht tröstet es Sie, was Antisthenes gemacht hat, als er ein Paradoxon von Zenon nicht widerlegen konnte. Er lief pausenlos vor ihm auf und ab, bis der Leugner jeglicher Bewegung die Geduld verlor und ihn anblaffte: „Kannst du nicht mal stehen bleiben?"

In 1.3 und 1.4 werden wir uns mit zwei Größen befassen, die bewegte Objekte auch in richtigen Zeitpunkten haben: Impuls und Bewegungsenergie.

1.2.3.5 * Wo steht der superflinke Greifarm?

Noch eine rätselhafte Anwendung der geometrischen Reihe. Ein Roboter mit einem superflinken Greifarm legt eine rote Kugel von einem linken Topf in den rechten und wieder zurück. Für die Umlagerung Nr. *n* benötigt er dabei jeweils 2^{-n} Sekunden. Er fängt mit Umlagerung Nr. 1 von links nach rechts an, 0,5 s, dann kommt Nr. 2 von rechts nach links, 0,25 s, und so fort. Er ist also nach einer Sekunde mit *unendlich vielen* Umlagerungen *fertig*.

Aber in welchem Topf befindet sich die rote Kugel nach dieser Sekunde?

➥ **Knobelaufgabe:** Welches Naturgesetz kann uns davor bewahren, dieses Rätsel ernst nehmen zu müssen?

Ein Trick könnte gelingen: Wir rücken die Töpfe rechtzeitig näher zueinander, bis sie *am selben Ort* stehen. Dort ist auch die Kugel hinterher.

1.2.3.6 Überholen ohne Beschleunigen

Aufgabe:

Welchen Weg und welche Zeit beansprucht ein Überholvorgang, bei dem ein punktförmiges Fahrzeug von 100 km/h durch ein anderes punktförmiges von 120 km/h überholt wird – oder allgemein bei den Geschwindigkeiten v_1 und v_2? Der zu beachtende Sicherheitsabstand für die beiden Spurwechsel ist dabei der so genannte „Tacho-Halbe-Abstand" – allgemein $v \cdot 1{,}8$ s – mit v als Geschwindigkeit des *jeweils hinteren* Fahrzeugs). Zeichnen Sie bitte auch ein Weg-Zeit-Diagramm dazu.

Lösung:

Siehe dazu Bild 1.2.9. Aus der Sicht des zu überholenden Fahrzeugs, also in dem Bezugssystem, in dem dieses ruht, hat das überholende die Geschwindigkeit $v_2 - v_1$. Der Vorgang dauert solange, wie man mit dieser Differenz benötigt, um die Summe der beiden (verschiedenen!) Sicherheitsabstände $(v_2 + v_1) \cdot 1{,}8$ s zu durchlaufen. Die Zeit ist also 1,8 s $(v_2+v_1)/(v_2-v_1) = 20$ s. Das schnellere Fahrzeug legt dabei den gesamten Überholweg von 1,8 s $v_2 \cdot (v_2 + v_1)/(v_2 - v_1) = 660$ m zurück!

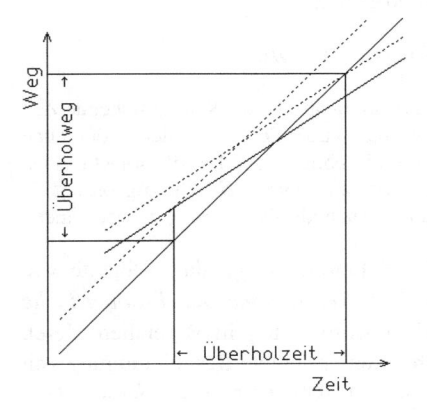

Bild 1.2.9 Überholen ohne Beschleunigung: durchgezogen die beiden Fahrzeuge, gestrichelt das vordere Ende ihres jeweiligen „Tacho-Halbe-Abstands" vor ihnen

Dabei ist der „Tacho-Halbe-Abstand" keineswegs übertrieben sicher. Er hilft nur beim Bremsen des vorausfahrenden Fahrzeuges, nicht aber, wenn dieses gegen einen Pfeiler oder einen Geisterfahrer fährt.

Damit wechseln wir vom Thema Geschwindigkeit zur *Beschleunigung*.

1.2.4 Beschleunigung

Wenn wir fragen, wie schnell sich eine Geschwindigkeit ändert, können wir in allen angeführten Definitionen der Geschwindigkeit die Geschwindigkeit v durch die Beschleunigung a und den Weg s durch die Geschwindigkeit v ersetzen.

Definitionen: Ändert sich die Geschwindigkeit während einer Zeitspanne Δt um eine Differenz Δv, so nennt man $a = \Delta v/\Delta t$ die *mittlere Beschleunigung* für diese Zeitspanne.

Wenn die mittlere Beschleunigung für alle Abschnitte gleich ist, kann man sie einfach als die *Beschleunigung* bezeichnen. Wenn dies nicht so ist, kann man die Zeitspanne so kurz wählen, wie es messtechnisch noch sinnvoll ist, und das Ergebnis als „Momentan-" oder besser *Augenblicks-Beschleunigung* oder kurz als Beschleunigung *zur betreffenden Zeit* bezeichnen.

Wird die Geschwindigkeit als zeitabhängige Funktion $v(t)$ beschrieben, kann man dieser ihre Ableitung nach der Zeit dv/dt zuweisen. Die kann dann ebenfalls zeitabhängig sein und als Funktion $a(t)$ beschrieben werden.

Wird die Geschwindigkeit als Vektor $v(t)$ in kartesischen Koordinaten $(v_x(t); v_y(t); v_z(t))$ beschrieben, so nennt man den Vektor $a(t) = (a_x(t); a_y(t); a_z(t))$ die Beschleunigung, wobei $a_x(t)$ die zur Koordinate $v_x(t)$ gehörende Beschleunigung ist usw. Bei Verwendung von Funktionen sind die Ableitung dv/dt usw. die drei Koordinaten.

Wir sehen gewissermaßen der Tachonadel bei ihren Wanderungen zu.

➤ Das Wort „Beschleunigung" enthält sprachlich keine Andeutung auf die im Nenner stehende Zeit und wird in gewisser Weise auf den Kopf gestellt, wenn man außer dem Schnellerwerden auch das Langsamerwerden und die *bloße Richtungsänderung* einschließt. Die Physik braucht einen Begriff, der alles dies zusammenfasst, das Wort ist ihm aber mit einiger Willkür zugeordnet. In der Technik werden *rückwärts gerichtete* Beschleunigungen auch als *Verzögerungen* bezeichnet.

Folgerungen für konstante Beschleunigungen: Die Erfahrung zeigt, dass Objekte wie Äpfel, Blumentöpfe und Sportler, die nur von der *Schwerkraft nahe der Erdoberfläche* beeinflusst werden – also bei vernachlässigbar kleiner Luftreibung in Bereichen, deren Ausdehnung klein gegen den Erdradius ist – eine nach unten gerichtete Beschleunigung von $9{,}8 (m/s)/s$ oder rund $10 m/s^2$ erfahren. Man spricht dann von einem *homogenen Schwerefeld*. Homogen bedeutet *räumlich gleichmäßig*. Wie weit die Homogenität aber reicht, hängt von der verlangten Genauigkeit ab. Streng genommen gibt es überhaupt keine homogenen Schwerefelder. Praktisch kann man aber bei allen Vorgängen *nahe dem Erdboden* mit ihnen rechnen, bei der Astronautik aber entschieden nicht. Näheres finden Sie in Kapitel 2.

Falls Sie Autofahrer/in sind und trotzdem lange leben wollen, sind *Bremsvorgänge* sehr wichtig für Sie. Dabei kann man sehr gut mit konstanten Beschleunigungen rechnen: bei trockener Straße mit $7 m/s^2$ nach hinten, bei Schnee mit weniger als $1 m/s^2$.

Eine sehr anschauliche Methode zur Berechnung – im Kopf! – von Wegstrecken bei konstanter Beschleunigung benutzt die *Merton-Regel*.

> Merton-Regel
> Die mittlere Geschwindigkeit bei einer konstanten Beschleunigung ist die Geschwindigkeit bei Halbzeit.

○ Nehmen wir an, wir starten mit $5 m/s$ nach oben und fallen dann 3 Sekunden lang. Nach der Hälfte der Zeit haben wir $15 m/s$ nach unten hinzubekommen, also $10 m/s$ nach unten erreicht. Das ist nach der Regel nun die mittlere Geschwindigkeit für die 3 Sekunden, wir fallen also $30 m$ tief.

Die Regel ist nach dem Merton-College in Oxford benannt, wo im beginnenden 14. Jahrhundert THOMAS BRADWARDINE, WILLIAM HEYTESBURY und RICHARD SWINESHEAD mathematisch ihrer Zeit weit voraus waren. Die folgende geometrische Deutung aus der Mitte des 14. Jahrhunderts geht auf NICOLE ORESME zurück.

Wir tragen die Augenblicks-Geschwindigkeit nach oben über einer nach rechts laufenden Zeitskala auf. Bei Oresme heißen die Koordinaten „latitudo", Breite, und „longitudo", Länge, wie auch heute noch bei den geographischen Koordinaten. Ändert sich die Geschwindigkeit gleichmäßig mit der Zeit, so ist der Graph linear. Wenn wir ihn in viele gleich breite senkrechte Streifen zerlegen, so entsprechen deren Höhen den Wegstücken zu den Zeitabschnitten. Ihre Summe entspricht also der trapezförmigen Fläche zwischen Kurve und Zeitachse. Auch ohne Integralrechnung können wir – wie Oresme – das Trapez durch ein flächengleiches Rechteck mit der mittleren Geschwindigkeit als Höhe ersetzen.

1.2.4 Beschleunigung

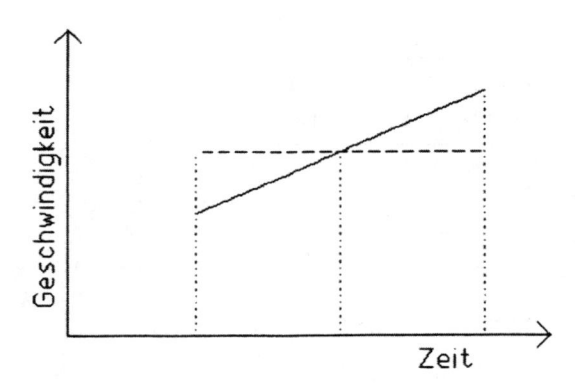

Bild 1.2.10 Darstellung einer gleichmäßig sich ändernden Geschwindigkeit und ihres Mittelwertes nach Nicole d'Oresme, gleichwertig mit der Merton-Regel

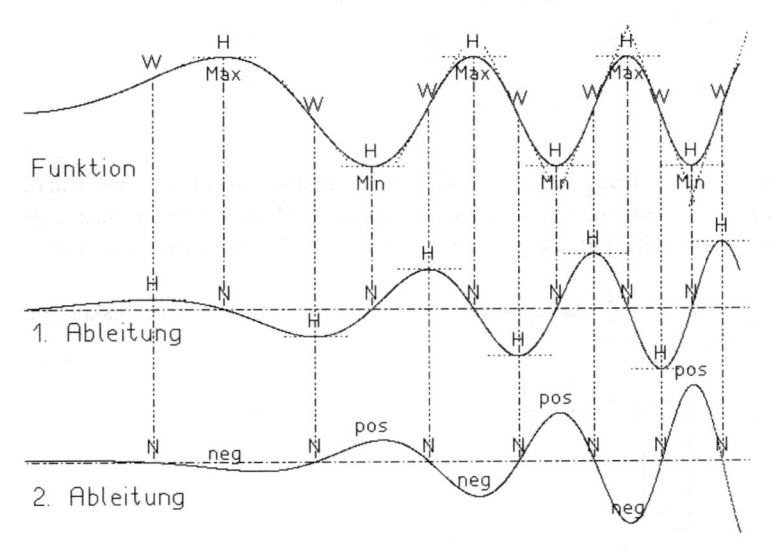

Bild 1.2.11 Zur Kurvendiskussion mit den ersten beiden Ableitungen. Nullstellen N, relative Extrema Max, Min als Horizontalstellen H, sowie Wendestellen W als Extrema der ersten Ableitung

Der Weg während der Zeit t bei einer Anfangsgeschwindigkeit v_0 und einer Beschleunigung a ist nach der Merton-Regel also

$$s = t\left(v_0 + \frac{at}{2}\right) = v_0 t + \frac{at^2}{2}.$$

➤ Die einfache Umrechnung zu beiden Seiten des zweiten Gleichheitszeichens entspricht einem Wechsel der *Sichtweise*. Die rechte Seite deutet den Vorgang sozusagen mit einer Galilei-Transformation, indem sie den von der Anfangsgeschwindigkeit herrührenden Teil abspaltet. Sie ist aber wegen des unanschaulichen Zeit-Quadrats wesentlich abstrakter.

Leiten wir zur Probe die Formel für den Weg nach der Zeit ab, so finden wir $v_0 + at$, wie es sein soll. Wie man umgekehrt eine Funktion finden kann, deren Ableitung man kennt, werden wir mit der Integralrechnung in 1.4.2 behandeln.

Tabelle 1.2.4 Kurvendiskussion

1. Ableitung → / 2. Ableitung ↓	df/dx < 0 f(x) fallend	df/dx = 0 f(x) horizontal	df/dx > 0 f(x) steigend
$d^2f/dx^2 < 0$ f(x) nach unten gekrümmt		rel. Maximum	
$d^2f/dx^2 = 0$	W	W	W
	W	W	W
$d^2f/dx^2 > 0$ f(x) nach oben gekrümmt		rel. Minimum	

Bild 1.2.11 zeigt den Zusammenhang zwischen einer ziemlich abwechslungsreichen Kurve und ihrer ersten und zweiten Ableitung (der Ableitung von der Ableitung). Wenn man x als Zeit deutet, stellen die Kurven den Ort, die Geschwindigkeit und die Beschleunigung dar.

Mit diesen Ableitungen können wir nun entsprechend Tabelle 1.2.4 die Kurvendiskussion vertiefen, siehe auch Ende von 1.2.1.

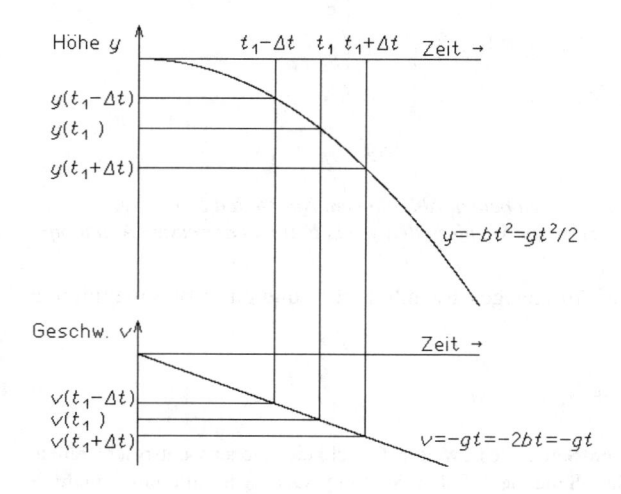

Bild 1.2.12 Freier Fall ohne Differenzialrechnung (Man betrachtet den zeitlichen Mittelpunkt eines beliebig großen Zeitintervalls.)

Bild 1.2.12 zeigt eine Herleitung der Beschleunigung – falls diese konstant ist – ohne Differenzialrechnung. Es sei aus Messungen bekannt, dass der Ort quadratisch von der Zeit abhängt mit einem Vorfaktor $-b$. Man wählt dann ein Zeitintervall der Dauer Δt, das symmetrisch zu einem Zeitpunkt t liegt, und teilt die Geschwindigkeitsänderung durch die Intervalldauer. Unabhängig von der Dauer kommt exakt $v = -2bt$ heraus. Man nennt $-2b$

die Beschleunigung. Erst bei nichtlinearen Abhängigkeiten der Geschwindigkeit von der Zeit muss man zum Grenzwert kleiner Zeitintervalle übergehen.

Bild 1.2.13 zeigt den senkrechten Wurf im homogenen Schwerefeld, also für konstantes negatives a. Beachten Sie besonders das Zusammentreffen des Nulldurchgangs von v mit dem Extremum von y. Was heißt das anschaulich?

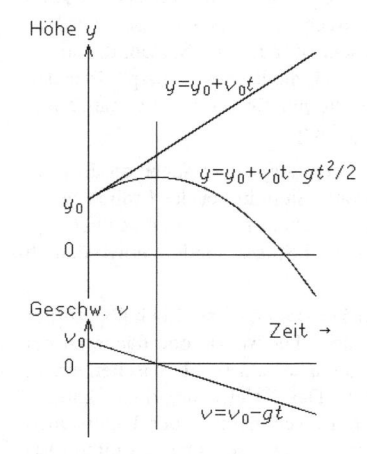

Bild 1.2.13 Senkrechter Wurf mit Schwerkraft

➥ **Knobelaufgabe zu einem Brief von GALILEI an seinen Freund SARPI:** Galilei hat in diesem Brief behauptet, die Geschwindigkeit (velocità) nehme beim freien Fall auf gleichen Wegen um gleiche Differenzen zu. Trifft das für die in 1.1.3 definierte Geschwindigkeit zu? Kann man eine andere vektorielle Größe definieren, die mit gleichem Recht „Geschwindigkeit" heißen kann und für die Galileis Behauptung stimmt? Wie lauten dann die Formeln für beschleunigte Bewegungen?

1.2.5 Relativitätsprinzip

Wenn man auf einem Bahnhof in einem komfortablen Zug sitzt, kann es einem geschehen, dass man eine Bewegung sieht, aber nicht feststellen kann, ob der eigene Zug oder der auf dem benachbarten Gleis angefahren ist. Wenn man nahe am Fenster sitzt, hält man eher den eigenen Zug für den fahrenden, sonst den anderen, in beiden Fällen also den, der im Gesichtsfeld weniger Platz einnimmt, der also somit kleiner erscheint.

Tatsächlich kann man *nach* dem Anfahren – nach dem Beschleunigen – ohne Beobachtung von Objekten außerhalb der beiden Züge nicht mehr feststellen, welcher der beiden sich bewegt. Bei geschlossenen Fenstervorhängen bemerkt man die Bewegung des eigenen Zuges an Geräuschen und an Mängeln der Federung. Man kann aber nicht feststellen, ob man vorwärts oder rückwärts fährt. Diese Erfahrungen gelten in der Physik ganz allgemein.

Relativitätsprinzip: Wenn sich zwei *Bezugssysteme* – reale oder auch nur gedachte Gebilde mit karierten Wänden und Uhren – mit einer konstanten Geschwindigkeit und *ohne Drehungen* relativ zueinander bewegen und in beiden *die gleichen Bedingungen und die gleichen Einflüsse von außen* herrschen, so kann man durch kein mechanisches Experiment feststellen, ob eines davon in Ruhe ist.

Jedes kann also mit der gleichen Berechtigung als ruhend bezeichnet werden. Unbeschleunigte Bewegung ist nicht absolut, sondern stets nur relativ feststellbar.

Der geschilderte Sachverhalt im Bahnhof entspricht dem genau. Ein anderes gutes Beispiel beschreibt Schiffe, die auf hoher See aneinander vorbei fahren, allerdings idealisiert, indem man von der Kugelgestalt der Erde absieht. Dabei kann außerdem das Wasser gegen den Meeresboden in Bewegung sein. Auf beiden Schiffen fallen Dinge, die jemand von einer Mastspitze fallen lässt, geradlinig am Mast entlang.

➤ Der Satz ist eine der allgemeinsten und folgenreichsten Aussage der gesamten Physik. Er kann mit keiner anderen Aussage erklärt werden, die vergleichbar einfach wäre. Solch ein Satz wird oft als *Prinzip* (Anfangssatz) bezeichnet. Das geschah allerdings sehr oft auch mit Sätzen, die später sehr gut auf andere zurückgeführt werden konnten, so beim „archimedisches Prinzip" über den hydrostatischen Auftrieb. Leider geschah es auch mit Sätzen, die nur für leicht zu behandelnde Sonderfälle gelten, etwa beim so genannten „Unabhängigkeitsprinzip".

Das Relativitätsprinzip wurde zuerst von GALILEI benutzt, um dem Argument gegen die Erddrehung zu begegnen, dass ein von einer Turmspitze fallengelassener Stein hinter der Erdbewegung zurückbleiben müsste (Westabweichung). Galilei wandte es also durchaus falsch auf eine Drehung, nämlich die der Erde an. Tatsächlich kommt der Stein nicht unter der Spitze, sondern *etwas* östlich davon an: Ostabweichung wegen der Drehung der Erde.

NEWTON glaubte an einen *absoluten* Raum und führt dazu den *Eimerversuch* an. Ein halbgefüllter Eimer hängt an einem Seil und dreht sich mit dem Wasser darin. Die Wasseroberfläche ist bei vorhandener Drehung gewölbt, in Ruhe dagegen eben. Man kann also sehr wohl zwischen einem nichtrotierenden und einem rotierenden System unterscheiden. Das Relativitätsprinzip handelt jedoch nicht von Drehungen, sondern von unbeschleunigten Bewegungen – der Unterschied zwischen diesen scheint weder Galilei noch Newton klar gewesen zu sein. Die erwähnte Ostabweichung und FOUCAULTs Pendelversuch zeigen, dass die Erde sich dreht, zwar nicht gegen *einen* absoluten Raum, wohl aber gegen *jedes* Inertialsystem gleichermaßen, siehe 1.3.1.

Nach einem Prinzip, das EINSTEIN nach ERNST MACH benannt hat, soll das *lediglich* eine Drehung gegen die Gesamtheit der Sterne und Galaxien sein. Ob sich der Eimer gegen die Sterne und Galaxien dreht oder alle diese Objekte sich verabreden und gemeinsam um den Eimer laufen, sollte nach diesem Prinzip das gleiche sein.

○ Ein Vorgang soll in einem Koordinatensystem durch die Orts-Koordinaten r und die Geschwindigkeitskoordinaten v beschrieben werden. Bezüglich eines anderen, zweiten Koordinatensystems soll der gleiche Vorgang durch r' und v' beschrieben werden. Das zweite Bezugssystem soll sich relativ zum ersten mit (vektoriell) konstanter Geschwindigkeit u bewegen. Die Klassische Mechanik nimmt dann für die Umrechnung der Koordinaten die Gültigkeit der *Galilei-Transformation* an: $r' = r - ut$; $v' = v - u$. Die Nullpunkte müssen passend gewählt sein ($r' = r$ für $t = 0$), die Zeit t gilt – sozusagen selbstverständlich – als unverändert in allen Systemen. Galilei hat diese Transformation nirgends formuliert und auch kaum ins Auge gefasst, aber trotzdem ist sie nach ihm benannt.

➤ Die Galilei-Transformation gilt allerdings nur für Geschwindigkeiten, die klein gegen die des Lichtes sind. Die Spezielle *Relativitätstheorie* beruht auf dem gleichen Relativitätsprinzip, beachtet aber außerdem, dass die Vakuum-Lichtgeschwindigkeit in jedem Inertialsystem den gleichen Betrag hat. Dazu benutzt sie die *Lorentz-Transformation*, in der auch die Zeit transformiert werden muss. Das widerspricht unserer Anschauung völlig – außer im Grenzfall kleiner Geschwindigkeiten, in dem KM und SRT miteinander übereinstimmen.

1.2.6 Wurfparabel

Wurf ohne Reibung: Wirft man zur Zeit $t = 0$ von einem Ort, in den wir unseren Ortsnullpunkt legen, einen Ball mit der nach oben gerichteten Anfangsgeschwindigkeit v_{y0} los, so gelten nach dem vorigen Abschnitt, wenn man die *Luftreibung vernachlässigt*, die Gleichungen: $v = v_0 - gt$ und $y = v_{y0}t - gt^2/2$. Dabei ist es nach dem *Relativitätsprinzip* gleichgültig, ob man das auf der Straße oder in einem gleichmäßig waagerecht fahrenden Bus bei $v_{x0} = const$ macht. In beiden gelten die gleichen Bedingungen: das Schwerefeld und (fast) *keine Luftreibung*.

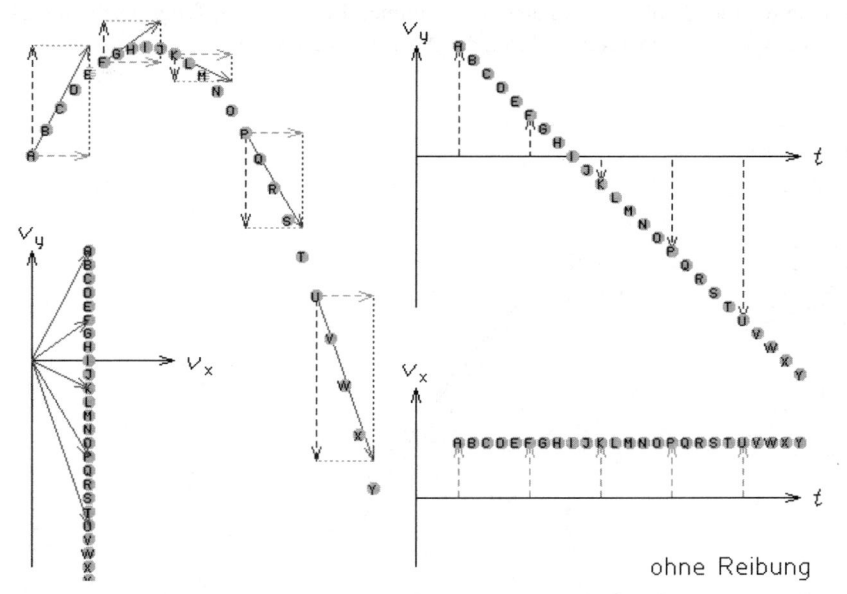

Bild 1.2.14 Bewegung ohne Reibung im homogenen Schwerefeld, Wurfparabel
Links oben: Ortsraum. Links unten: Geschwindigkeitsraum. Rechts: beide Geschwindigkeitskomponenten über gleicher Zeitachse aufgetragen

Sehen wir von der Straße aus den im Bus fallenden Ball, so hat er *für uns* die Anfangsgeschwindigkeit v_{x0}, die er auch beibehält, sodass $x = v_{x0}t$ gilt. Denken wir uns nun den Bus weg, der ja keinen Einfluss nehmen soll, so ist das Ganze ein reibungsfreier, aber ansonsten allgemeiner *Wurf*, der auf der Straße am Ort (0; 0) mit der Anfangsgeschwindigkeit $(v_{x0}; v_{y0})$ stattfindet.

Aus den Gleichungen für x und y können wir die Zeit entfernen, indem wir eine nach ihr auflösen und dann in die andere einsetzen. Wir bekommen die Formel einer nach unten, in Richtung der Schwerebeschleunigung geöffneten *Wurf-Parabel*

$$y = -\frac{gx^2}{2v_{x0}^2} + x\frac{v_{y0}}{v_{x0}}.$$

Bild 1.2.14 zeigt sie links oben. An die Bahn sind Geschwindigkeitspfeile angetragen. Wenn man diese von einem gemeinsamen Nullpunkt aus zeichnet, bekommt man die Darstellung im Geschwindigkeitsraum, im Bild links unten. Dabei stellt sich die Bewegung erstaunlich einfach dar. Der die Geschwindigkeit anzeigende Punkt wandert senkrecht mit konstantem

Tempo nach unten – er ist so etwas wie eine Tachonadel! Wo findet man hier den Scheitelpunkt der Bahn? Wie die Bewegung *mit* Reibung aussieht, sehen wir in Aufgabe 1.2.6.2.

➢ Dass die Bahn im Ortsraum eine Parabel ist, sollte uns nicht überraschen. x hängt linear von der Zeit ab, und für den senkrechten Wurf gibt die Auftragung von y gegen t eine Parabel, wie wir sehen konnten.

1.2.6.1 Weiteste Wurfparabel

Aufgabe:

Wie muss man werfen, damit man bei einem bestimmten Betrag der Anfangsgeschwindigkeit möglichst weit auf der Waagerechten durch die Abwurfhöhe kommt?

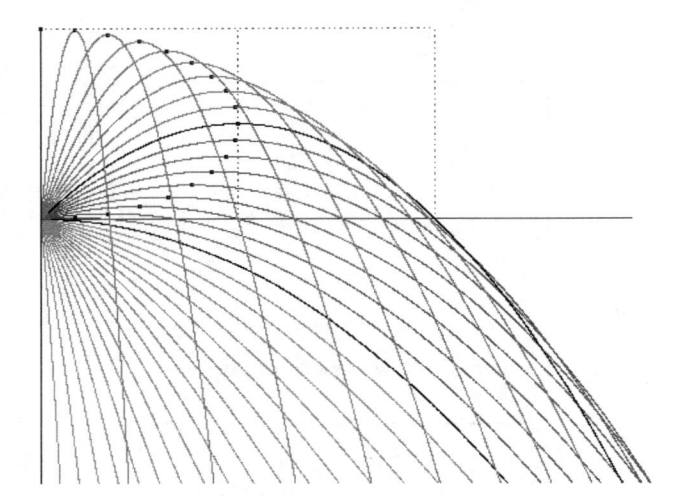

Bild 1.2.15 Wurfparabeln ohne Reibung mit gleicher Energie
Die Startwinkel sind in Schritten von 5° gestaffelt. Durchgezogen sind die Startwinkel 0° und 45°. Das Bild kann auch räumlich rotationssymmetrisch zum linken Rand ergänzt gedacht werden. Die Einhüllfläche aller Parabeln ist dann ein Paraboloid. Die Maxima (Scheitelpunkte) bilden ein Rotationsellipsoid, dessen Höhe gleich seinem waagerechten Radius ist. Die gepunkteten Hilfslinien bilden zwei Quadrate und erlauben das Ablesen weiterer Besonderheiten.

Lösung:

Während der Dauer des Wurfs findet eine Beschleunigung mit $-g$ von v_y nach $-v_y$ statt. Das dauert also $t = 2v_y/g$, und die Weite ist damit $x = 2v_y v_x/g$.

Wir nehmen nun v_x als Variable und setzen nach Pythagoras $v_y = \sqrt{v^2 - v_x^2}$. Dann leiten wir die Wurfweite x als Funktion von v_x nach v_x ab und suchen die Nullstelle, also den Extremwert der Weite. Wir finden ihn bei $v_x = \sqrt{v/2}$, also bei 45° Abschusswinkel.

Dass man nicht weit kommt, wenn man zu steil wirft, ist klar. Wenn man zu flach wirft, berührt man den Boden unnötig früh, das ist auch nicht überraschend, vielleicht aber die Symmetrie des Optimums. Weitere schöne Eigenschaften sehen Sie in den computergezeichneten Bahnen. Die Beträge der Anfangsgeschwindigkeiten sind alle gleich. Die eingezeichneten Scheitelpunkte der Bahnen liegen auf einem Ellipsoid, siehe Bild 1.2.15. Kann man das auch herleiten?

1.2.6 Wurfparabel

Auf Sportarten wie Kugelstoßen und Weitsprung sind unsere Ergebnisse nur bedingt anwendbar. Die Parabelstrecken der Schwerpunkte der Objekte haben Anfang und Ende nicht auf gleicher Höhe. In beiden Fällen ist ein flacherer Start günstiger.

Wer lieber mit Winkelfunktionen rechnet, kann auch $v_x = v\cos(\varphi)$ und $v_y = v\sin(\varphi)$ setzen. Dann ist $x = v^2 \cos(\varphi)\sin(\varphi) = v^2 \sin^2(2\varphi)/2$. Man sucht nun das Extremum durch Nullsetzen von $dx/d\varphi$ und findet es bei $\pi/4$.

1.2.6.2 * Wurf mit Reibung, Simulation WURF

Wie läuft ein Wurf bei vorhandener Reibung ab? Dass man im bisher behandelten Fall ohne Reibung und in wenigen anderen Fällen die Abhängigkeit der Höhe von der Zeit berechnen kann, ohne über die waagerechte Bewegung etwas wissen zu müssen, wird in vielen Büchern einem angeblich allgemein gültigen „Unabhängigkeitsprinzip", das auch oft mit einem *Überlagerungsprinzip* verwechselt wird, zugute gehalten. Richtig ist – im Gültigkeitsbereich der Klassischen Mechanik – Folgendes: Wirken die Ursachen für mehrere Beschleunigungen (also Kräfte) gleichzeitig, so gilt für diese Beschleunigungen die Vektoraddition (*Überlagerung, Superposition*).

Das führt aber *nur* in wenigen einfachen Fällen dazu, dass man einen *gesamten* Bewegungsvorgang komponentenweise so berechnen kann, als gäbe es die anderen Komponenten jeweils nicht. Eine konkrete Frage dazu: Folgt der Schattenwurf an eine senkrechte Wand für einen schrägen Wurf der gleichen Zeitabhängigkeit wie ein senkrechter Wurf?

Die Besonderheit tritt genau in den Fällen ein, in denen v_x und a_x nicht von y und nicht von v_y abhängen sowie v_y und a_y nicht von x und nicht von v_x, wenn die Komponenten der Vektoren also voneinander entkoppelt sind.

Was *Entkopplung* bedeutet, sieht man am deutlichsten bei der iterativen (schrittweisen, genauer zeitschrittweisen) *Simulation* des Wurfs im homogenen Schwerefeld. Wir geben hier nur den Kern des Computer-Programms an:

```
repeat
   v:=sqrt(vx*vx+vy*vy);
   a:=ReibKonst*Potenz(v,ReibExpon);
   ax:=-a*vx/v;
   ay:=-a*vy/v;
   vx:=vx+ax*dt;
   vy:=vy+ay*dt-g*dt;
   x:=x+vx*dt;
   y:=y+vy*dt;
   Zeichne(x,y);
   Zeichne(vx,vy);
until false;
```

Darin sind `x` und `y` Orts-Koordinaten, `v`, `vx` und `vy` Geschwindigkeiten, `a`, `ax`, `ay` und `g` Beschleunigungen, `dt` ein hinreichend kurzer Zeitschritt. `ReibKonst` und `ReibExpon` sind wählbare Konstanten. `Potenz` und `Zeichne` benennen geeignete Unterprogramme mit nahe liegendem Inhalt.

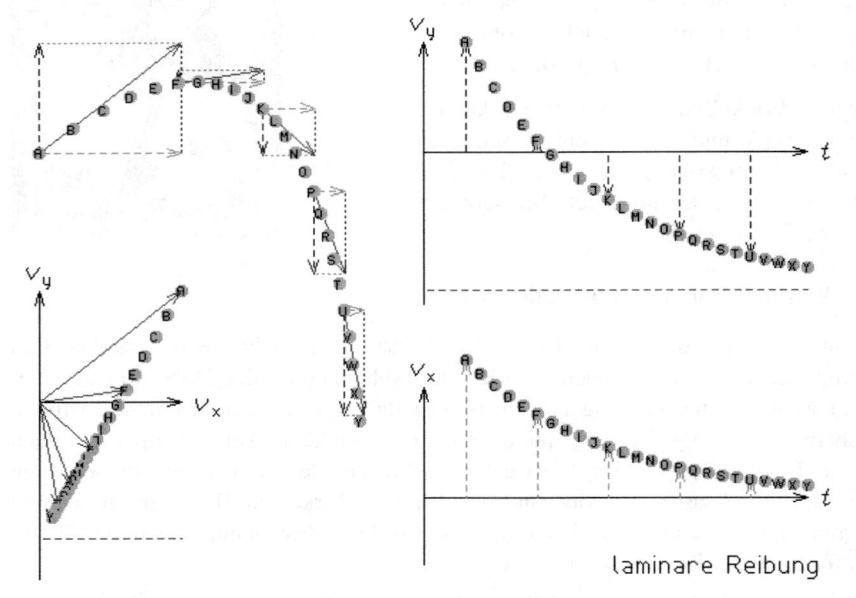

Bild 1.2.16 Wurf bei laminarer Reibung (Die Reibungskraft ist proportional zum Betrag der Geschwindigkeit, daher `ReibExpon:=1`*; sonst wie Bild 1.2.14.)*

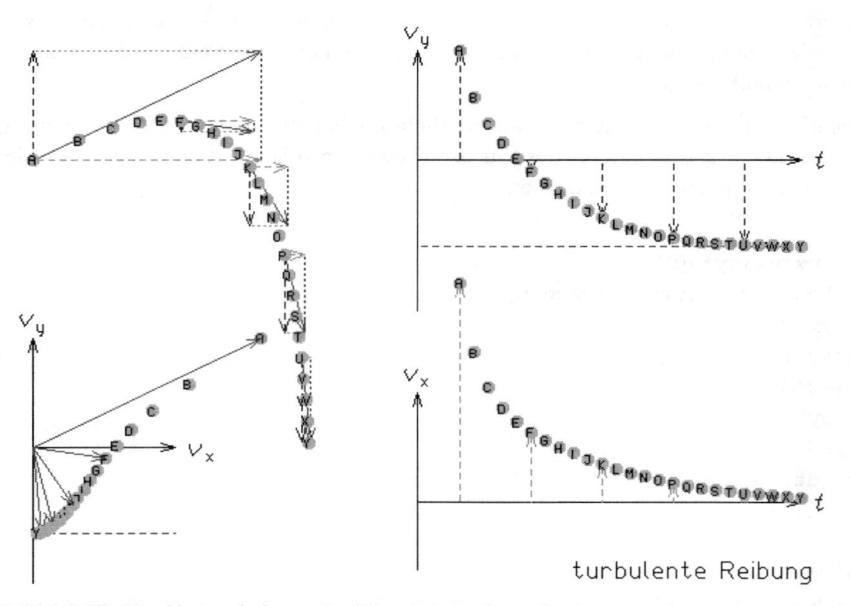

Bild 1.2.17 Wurf bei turbulenter Reibung (Die Reibungskraft ist proportional zum Quadrat der Geschwindigkeit, daher `ReibExpon:=2`*; sonst wie Bilder 1.2.14 und 1.2.16.)*

1.2.6 Wurfparabel

Hier hängt a_x nicht nur von v_x, sondern auch von v_y ab und umgekehrt a_y nicht nur von v_x, sondern auch von v_y. Nur für `ReibExpon = 1` und/oder `ReibKonst = 0` entkoppeln die Größen.

Betrachten wir noch einmal den Bus, aber jetzt *mit Luftreibung*. Diese bewirkt eine Beschleunigung, die von *der* Geschwindigkeit abhängt, die der Ball *gegen die Luft* hat, und zur Geschwindigkeit entgegengerichtet ist. Wenn wir nun das Relativitätsprinzip auf den Wurf im Bus und den Wurf auf der Straße anwenden wollen, so müssen wir in beiden die gleichen Bedingungen haben.

Wenn der Ball auf der Straße senkrecht geworfen wird, so ist das dasselbe wie im fahrenden Bus, aber nur wenn dessen Fenster luftdicht geschlossen sind. Ansonsten erfolgt der schräge Wurf auf der Straße unter den gleichen Bedingungen wie der senkrechte in einem Bus, der dann eher einem offenen Lastwagen ähnelt, also gar keine Wände hat.

Nun gibt es einen Spezialfall der Reibung, bei dem sich die Komponenten der Bewegung sozusagen zufällig entkoppeln lassen: wenn die Reibungsbeschleunigung proportional zur Relativgeschwindigkeit ist (laminare Reibung, im Programm bei `ReibExpon:=1`). Bei turbulenter Reibung ist der Betrag der Reibungsbeschleunigung dagegen quadratisch von der Relativgeschwindigkeit abhängig, und die Behauptung von der Unabhängigkeit gilt nicht.

➢ Viele Erscheinungen aus der Mechanik, die durchaus in der Schule behandelt werden, widersprechen dem angeblichen Unabhängigkeitsprinzip so stark, dass es nicht verwunderlich ist, wenn dann keine Rede mehr von ihm ist. So kann man den Planetenumlauf zwar durchaus als eine Schwingung in einem Potenzialtopf behandeln, aber keineswegs, indem man jede Projektion für sich allein berechnet. Ein Sturz durch das Innere der Sonne – die für Planeten dazu als durchlässig gedacht wird – läuft zeitlich ganz anders ab als ein Umlauf.

1.2.6.3 Erweiterter grafischer Fahrplan

Aufgabe:

Skizzieren Sie bitte zu einer gemeinsamen Zeitachse den Ort, die Geschwindigkeit und die Beschleunigung eines Fahrzeuges, das in einer Dimension mit konstanten Beschleunigungen vorwärts fährt und dabei zwischendurch auch anhält (idealisierte Straßenbahn).

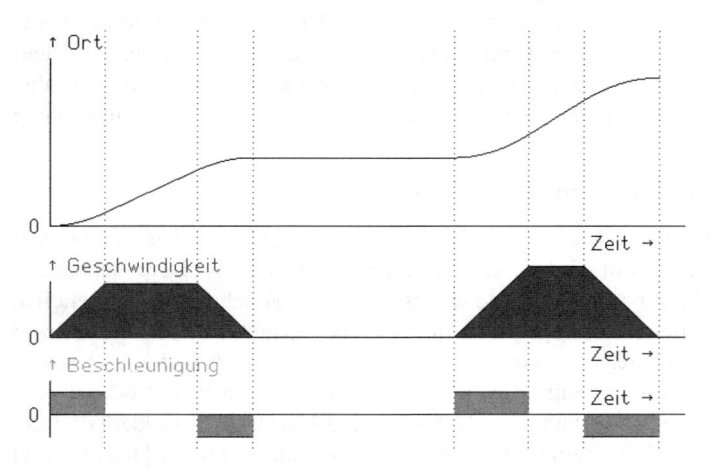

Bild 1.2.18 Erweiterter grafischer Fahrplan

Lösung:

Das Fahrzeug fährt stets vorwärts, aber beschleunigt dabei vorwärts und rückwärts jeweils gleichförmig. Wenn man annimmt, dass die Kraft und damit auch die Beschleunigung beliebig plötzlich verändert werden kann, aber endlich bleibt, ist die Geschwindigkeitskurve stetig, also frei von Sprungstellen, und der eigentliche grafische Fahrplan ist differenzierbar, also frei von Knickstellen.

1.2.7 * Geschicklichkeitsspiele zur Beschleunigung

Hier wird die Kinematik mit einem Geschicklichkeitsspiel behandelt und mehreren Varianten eines Brettspiels, das Ort und Zeit diskretisiert beschreibt, darunter auch mit einer Computersimulation. Diese kann als Spiel, aber auch als Ausgangspunkt aller Simulationen zur Kinematik aufgefasst werden.

1.2.7.1 * Labyrinth mit verstellbarer Neigung

Man kann Spiele kaufen, bei denen eine Platte in zwei zueinander rechtwinkligen Achsen aus der Waagerechten gekippt werden kann. Das erfolgt über zwei Stellräder (mit Untersetzung). Die Platte hat Löcher und Holzleisten als Wegbegrenzungen in Form eines Labyrinths. Durch so ein Labyrinth soll eine Kugel so gesteuert werden, dass sie ohne durch ein Loch zu fallen das Ziel erreicht. Da das Ganze im Schwerefeld benutzt wird, führt die Neigung der Platte zu einer waagerechten Beschleunigung in jeweils die Richtung, in die die Kugel abwärts rollen könnte. Dabei überlagern sich die Schwerkraft nach unten und eine elastische Kraft der Unterlage schräg nach oben. Aber nur aus dem Stand rollt die Kugel in die jeweils abschüssige Richtung. Wenn sie bereits in Bewegung ist, wird ihre Geschwindigkeit etwas zu dieser Richtung hin umgelenkt und eventuell auch betragsmäßig vergrößert oder verkleinert. Bei dem Spiel kommt es also darauf an, zwischen Geschwindigkeit und Beschleunigung gut zu unterscheiden. Durch Drehen an den Stellknöpfen wählt man *direkt* die Beschleunigung und damit *indirekt* die Geschwindigkeit, die ihrerseits den Weg beeinflusst.

Eine Variante des Spiels benutzt eine Glasplatte mit Füßen aus Schaumstoff unter den vier Ecken und aufgeklebte Schaumstoffstreifen als Heckenlabyrinth. Durch Drücken auf den Rand kann man die auf einem genau waagerechten Tisch liegende Platte gezielt neigen. Man kann aber auch festlegen, dass man jeweils nur eine Ecke oder eine Seitenmitte der Platte bis ganz auf den Tisch drückt. Damit verwendet man nur noch drei Werte für die Beschleunigungskomponente in x-Richtung und drei in y-Richtung. Zusammen ergeben sich neun Wertekombinationen einschließlich der waagerechten Positionen, die keine Beschleunigung für die Kugel bewirken.

1.2.7.2 * Beschleunigung auf kariertem Papier

Wendet man diese Regel auf ein Brettspiel an, bei dem durch die Spielzüge ein Zeittakt gegeben oder zumindest dargestellt wird, so kann man auch noch den Ort diskret behandeln. Er ist mathematisch auf abzählbar viele Punkte eingeschränkt. Real nehmen wir die endlich vielen Kästchen eines karierten Blatts Papier. Die *Spielregel* besagt nun, dass man nach einem Zug, der um v_x (positiv oder negativ, aber ganzzahlig) Kästchen nach rechts und um v_y Kästchen nach oben gewandert ist, beim folgenden Zug wahlweise um $v_x - 1$ oder wieder um v_x oder um $v_x + 1$ nach rechts und um $v_y - 1$, v_y oder $v_y + 1$ nach oben wandern darf. So bestimmt also jeder Zug die Wahlmöglichkeiten des jeweils folgenden. Jedes Mal sind 3 mal 3, also 9 Möglichkeiten erlaubt.

Man kann sich zum Ziel setzen, mit möglichst wenigen Zügen durch ein vorher gemaltes Labyrinth zu laufen oder einen Zielpunkt zu erreichen oder eine Ziellinie zu durchqueren. Die *Spielregel* schränkt die Bahnkurven dabei derartig ein, dass in großen Schritten, also schnell, durchlaufene Stücke nur schwach gekrümmt sein können. Das ist nichts anderes als die beim Kurvenfahren entscheidende Folge einer begrenzten Zentripetalkraft, siehe 1.3.7, oder die Eigenschaft der Wurfparabel, umso schwächer gekrümmt zu sein, je schneller ihr Scheitel durchlaufen wird. Dabei fassen wir den Takt der Spielzüge als lineare, maßstäbliche Darstellung der Zeit auf. Dann spielt die Änderung der Schrittweiten um $+1$ oder -1 die Rolle der Beschleunigung.

1.2.7.3 * Computer-Spiel BESCHLEUNIGUNG

Das Spiel auf kariertem Papier lässt sich einfach auf den Computer übertragen:

```
x:=0; y:=0; vx:=0; vy:=0; dt:=1;
repeat
   Tastenabfragen;
   Zeichne(10*x,10*y);
   if Ziffertaste in [1,4,7] then vx:=vx-dt;
   if Ziffertaste in [3,6,9] then vx:=vx+dt;
   if Ziffertaste in [1,2,3] then vy:=vy-dt;
   if Ziffertaste in [7,8,9] then vy:=vy+dt;
   x:=x+vx*dt;
   y:=y+vy*dt;
   Pause(0.3);
until Taste='q';
```

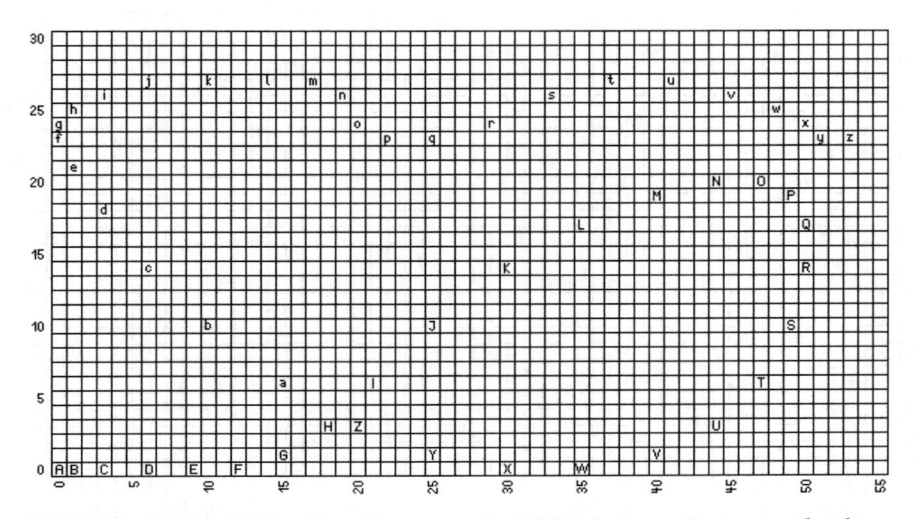

Bild 1.2.19 Wie das Spiel auf dem Computer oder auf dem karierten Papier aussehen kann

Dabei werden die Tasten des Ziffernblocks im Sinne einer Beschleunigung in je eine Richtung benutzt. Taste 6 gedrückt bedeutet: Nach rechts beschleunigen! Taste 9: Nach rechts oben beschleunigen! Das bereitzustellende Unterprogramm Tastenabfragen übergibt der Variablen Ziffertaste je nach zuletzt oder gleichzeitig mit der Abfrage gedrückter Taste des Ziffernblocks einen Wert zwischen 1 und 9. Die Auswertung dieser Variablen ändert die Geschwindigkeits-Komponenten, diese dann die Orts-Koordinaten.

Bild 1.2.19 zeigt einen Lauf eines solchen Programms, wobei allerdings die einzelnen Punkte nacheinander durch die Buchstaben A B C ... Z a b c ... z angezeigt werden.

Natürlich kann man solche Programme zu ganzen Spielen ausbauen mit vorgelegten Labyrinthen, in denen man beispielsweise bei einer Wandkollision wieder an den Start zurückgesetzt wird. Man kann aber auch die Beschleunigung statt über den Ziffernblock mit der Maus steuern. Man kann zusätzlich bestimmte Regeln festlegen, etwa die Beschleunigung ortsabhängig (Feder) und/oder geschwindigkeitsabhängig (Reibung) machen. Dann geht von hier aus der Weg zu allen kinematischen Simulationsprogrammen, die uns Verläufe von Bewegungen aus Bewegungsgesetzen heraus vorführen.

Überlegung zu einer Optimierung: Wie kommt man am schnellsten auf einer geraden Bahn am Ziel mit der Geschwindigkeit null an, wenn man mit Geschwindigkeit null startet und vor- und rückwärts den gleichen Beschleunigungsbetrag verwenden kann? Spielen Sie auf dem Computer, schreiben Sie Zahlenfolgen auf, zeichnen Sie Diagramme!

1.2.7.4 * Differenzenfolgen und arithmetische Folgen

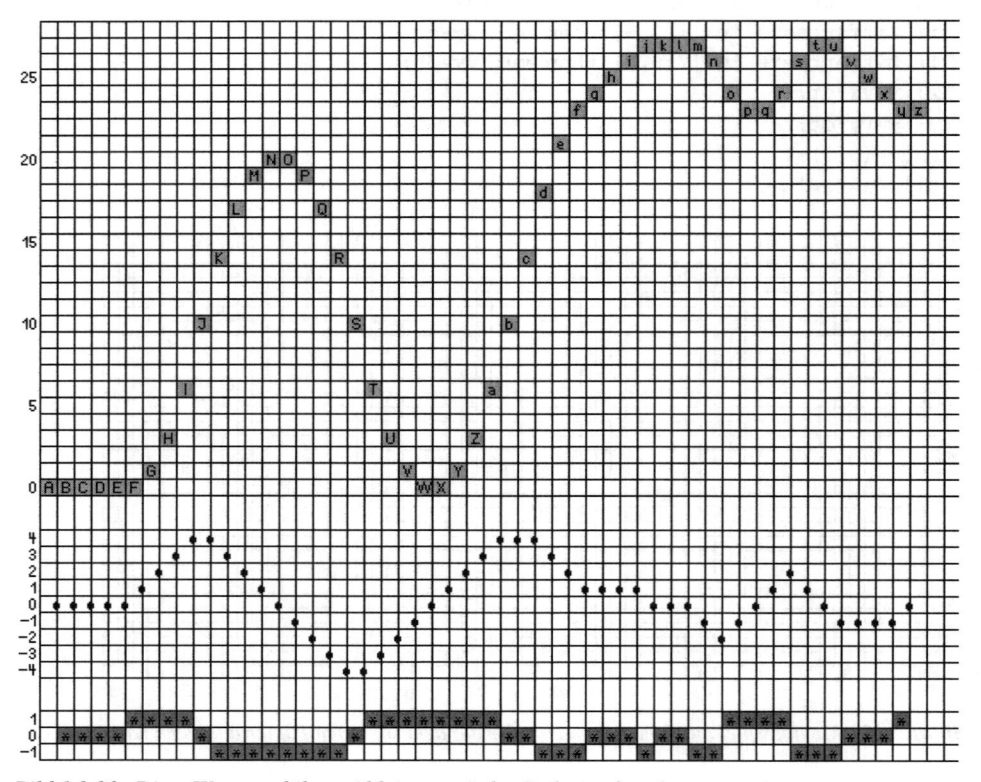

Bild 1.2.20 Die y-Werte und ihre „Ableitungen" der Reihe nach aufgetragen

Bild 1.2.20 zeigt im oberen Teil die y-Werte von links nach rechts nebeneinander. Darunter stehen die Differenzen zwischen jeweils zwei aufeinander folgenden y-Werten. Ganz unten

1.2.7 Geschicklichkeitsspiele zur Beschleunigung

sind die Differenzen von je zwei benachbarten solchen Differenzen aufgetragen. Die Ähnlichkeit mit dem erweiterten grafischen Fahrplan in Bild 1.2.18 ist keineswegs zufällig.

Die gleichen Daten sind in Tabelle 1.2.5 aufgelistet. Die Spalte v_x zeigt dabei jeweils die Differenz der beiden links daneben stehenden x-Werte, sie zeigt also die *Differenzenfolge* zu der Folge der x-Werte. In gleicher Weise zeigt die Spalte a_x die Differenzenfolge zu v_x und damit die Differenzenfolge *zweiter Ordnung* zu x.

Wenn man sich vorstellt, dass der Vorgang nicht nur in einem starren Zeittakt, sondern für *kontinuierlich viele* Werte dazwischen dargestellt wird, kommt man zur Ableitung. Die Differenzierung ist also eine (unendlich feine) Verfeinerung der Bildung einer Differenzenfolge.

Eine Folge, deren *Differenzenfolge n-ter Ordnung* aus lauter gleichen Gliedern besteht, heißt *arithmetische Folge n-ter Ordnung*. So kann man den schrägen Wurf dadurch beschreiben, dass alle $a_x = 0$ und alle a_y negativ und von gleichem Betrag sind. Die Bahn besteht dann aus Punkten, die auf einer Wurfparabel liegen.

Tabelle 1.2.5 Zahlen für y aus Bild 1.2.20 und für x ergänzt

t	x	v_x	a_x	y	v_y	a_y
A	0			0		
B	1	1		0	0	
C	3	2	1	0	0	0
D	6	3	1	0	0	0
E	9	3	0	0	0	0
F	12	3	0	0	0	1
G	15	3	0	1	1	1
H	18	3	0	3	2	1
I	21	3	0	6	3	1
J	25	4	1	10	4	0
K	30	5	1	14	4	−1
L	35	5	0	17	3	−1
M	40	5	0	19	2	−1
N	44	4	−1	20	1	−1
O	47	3	−1	20	0	−1
P	49	2	−1	19	−1	−1
Q	50	1	−1	17	−2	−1
R	50	0	−1	14	−3	−1
S	49	−1	−1	10	−4	0
T	47	−2	−1	6	−4	1
U	44	−3	−1	3	−3	1
V	40	−4	−1	1	−2	1
W	35	−5	0	0	−1	1
X	30	−5	0	0	0	1
Y	25	−5	0	1	1	1
Z	20	−5	0	3	2	1
a	15	−5	0	6	3	1
b	10	−5	1	10	4	0
c	6	−4	1	14	4	0
d	3	−3	1	18	3	−1
e	1	−2	1	21	2	−1
f	0	−1	1	23	1	−1
g	0	0	1	24	1	0
h	1	1	1	25	1	0
i	3	2	1	26	1	0
j	6	3	1	27	1	−1
k	10	4	0	27	0	0
l	14	3	−1	27	0	0
m	17	2	−1	27	−1	−1
n	19	1	−1	26	−2	−1
o	20	2	1	24	−1	1
p	22	3	1	23	0	1
q	25	4	1	23	1	1
r	29	4	0	24	2	−1
s	33	4	0	26	1	−1
t	37	4	0	27	0	−1
u	41	4	0	27	−1	−1
v	45	3	−1	26	−1	0
w	48	2	−1	25	−1	0
x	50	1	−1	24	−1	0
y	51	1	1	23	0	1
z	53	2		23		

1.2.7.5 * Ungenauigkeiten aufgrund der iterativen Berechnung

Die spezielle Folge $x_n = n^2$, also ..., 9, 4, 1, 0, 1, 4, 9, 16, ... für $n = \ldots, -3, -2, -1, 0, 1, 2, 3, 4, \ldots$ hat als Differenzenfolge die Folge der ungeraden Zahlen. Im genannten Abschnitt ist das ..., −5, −3, −1, 1, 3, 5, 7, ..., siehe Tabelle 1.2.5. Als Differenzenfolge zweiter Ordnung liefert das die konstante Folge, jedes Glied ist 2. Wenn wir die Glieder nach üblicher

Weise nummerieren, bekommt die Differenz aus den Gliedern Nr. n und Nr. $n+1$ die Nummer n. Stellen wir uns aber vor, dass diese Nummern ja auch Zeitpunkte anzeigen können, ist es vielleicht sinnvoller, der Differenz die Nummer $n + 1/2$ oder den Zeitpunkt $t + 1/2$ zu geben.

Tatsächlich entspricht die Differenz ja der mittleren Geschwindigkeit zwischen den „Zeitpunkten" t und $t + 1$, und nach der Merton-Regel ist das – bei konstant beschleunigten Bewegungen genau und sonst immer noch als brauchbare Näherung – die Geschwindigkeit mitten im Zeitintervall.

Geben wir als Anfangsort x_0 und als Anfangsgeschwindigkeit v_0 vor, so brauchen wir eigentlich als erste Geschwindigkeit die zwischen den Zeiten 0 und 1, also um $1/2$ herum. Wenn wir das nicht beachten, machen wir einen Fehler, der auf zwei Arten klein gehalten werden kann:

- Wir machen einen besonderen Schritt der halben Länge und achten dabei darauf, dass jede verwendete Größe für die Mitte des jeweiligen Intervalls stimmt (oder jedenfalls besser stimmt als für das eine oder andere Ende). Man nennt das *Halbschrittverfahren*.
- Wir machen die Zeitschritte so klein, dass die Fehler unwichtig sind.

Statt des Halbschrittverfahrens, das wegen der Merton-Regel in vielen praktischen Fällen bereits einige Fehlersorten völlig vermeidet, kann man auch ausgefeilte Methoden der numerischen Mathematik anwenden, etwa das Runge-Kutta-Verfahren. Abgesehen vom theoretischen Aufwand muss man häufig fragen, ob ein primitives Verfahren mit entsprechend feinerem Zeitraster nicht oft in gleicher Rechenzeit ebenso gut ist. Für die Beispiele in diesem Kurs wird das primitivste Verfahren verwendet, da es hier hauptsächlich auf die Durchsichtigkeit des Verfahrens und nicht auf eine hohe Genauigkeit ankommt. Wenn die ablesbare Genauigkeit durch die Bildauflösung der grafischen Darstellungen begrenzt ist, hat man mit heute üblichen Rechnern kein Problem mit primitiven Verfahren.

1.2.7.6 * Iterationsungenauigkeit bei Computer-Berechnungen

Aufgabe:

Vertauschen Sie im Programm aus 1.2.6 die Reihenfolge einiger Zeilen innerhalb der Repeat-Schleife. Beobachten Sie die Änderung der Bahnkurve bei verschieden großen Zeitschritten dt als Folge davon. Es lohnt kaum, die Ergebnisse systematisch auszuwerten. Sie erhalten aber einen Eindruck davon, wo Ungenauigkeiten auftreten und wo man sie vernachlässigen kann. Allgemein sollte man bei jeder vergleichbaren Simulation ausprobieren, ob sich die Wahl von dt deutlich auswirkt: Wenn ja, sind die Ergebnisse entsprechend ungenau!

1.2.7.7 * Physik als Datenreduktion

Betrachten wir noch einmal die Tabelle 1.2.5. Es fällt auf, dass in den Spalten für x und für y größere Zahlen stehen als in den für a_x und a_y. Wodurch werden die Werte begrenzt? x und y geben einen Ort an, der irgendwo im gesamten Spielfeld liegen kann. Dabei gibt es für jede der beiden Angaben so viele Möglichkeiten, wie der Quotient aus der Länge bzw. der Breite und dem Rastermaß, der räumlichen Auflösung, beträgt. Will man ein Auto oder sonst etwas Bewegliches in Mitteleuropa – sagen wir in einem Gebiet von 1 000 km mal 1 000 km – auf 1 m genau lokalisieren, so gibt es eine Million mögliche Werte für x und ebenso viele für y, also 10^{12} Kombinationen und damit 10^{12} mögliche Ortsangaben. Wir brauchen also für jede in diesem Sinne genaue Ortsangabe zwölf Dezimalziffern.

1.2.7 Geschicklichkeitsspiele zur Beschleunigung

Wenn unser Zeittakt eine Sekunde beträgt, so müssen wir für jede Sekunde zwölf Dezimalziffern notieren. Für einen ganzen Tag sind das 12 mal 86 400, also etwas mehr als eine Million Dezimalziffern.

Mit dieser Datenmenge können wir aber nicht nur die Bewegung eines Autos, das sich auf eine physikalisch mögliche Weise im genannten Gebiet bewegt auf 1 m und auf 1 Sekunde genau für einen ganzen Tag beschreiben. Ebenso können wir ein Objekt beschreiben, das kreuz und quer durch die Landschaft springt wie die Spielsteine bei Mühle im Endspiel.

Für die Differenzenfolge zweiter Ordnung sind nur noch kleine Zahlen möglich – Spalten a_x und a_y in der Tabelle. Beim Auto liegen sie wegen der durch die Haftung der Reifen auf den Straßen begrenzten Beschleunigung ungefähr zwischen -5 m/s² und $+4$ m/s^2. Beim Brettspiel haben die Spielregeln die analoge Auswirkung. Aus der angenommenen Orts- und Zeitauflösung folgt, dass beim Auto für a_x und für a_y jeweils etwa zehn verschiedene Werte auftreten können. Beim Brettspiel sind es jeweils drei Werte. Was in jedem Zeitschritt passiert, ist also von der Vorgeschichte und der augenblicklichen Wahl dieser beiden Werte abhängig.

Wir müssen also nur die Anfangswerte für Ort und Geschwindigkeit kennen und dann für jede folgende Sekunde nur noch die beiden Beschleunigungswerte. Das sind zwei Dezimalziffern für das Auto und nicht einmal ganz eine Dezimalziffer beim Brettspiel. Diese Daten ersetzen uns vollständig das ganze Protokoll der Spalten für x und y mit ihren zwölf Ziffern.

Wegen der Begrenzung der Beschleunigung kann man die mögliche Bewegung also mit zwei Ziffern für jede Sekunde statt mit zwölf Ziffern gleichermaßen vollständig beschreiben. Der Grund liegt darin, dass das Auto nicht unregelmäßig springen kann, sondern an begrenzte Beschleunigungen gebunden ist. Allgemeiner heißt das: Es müssen *Regeln eingehalten* werden, die wir in der Physik als *Naturgesetze* und *Grenzen von Wertebereichen* formulieren können. Das Regelhafte der Natur erlaubt uns also, das tatsächliche Geschehen mit weniger Daten gleichermaßen genau zu beschreiben als man denkbares unregelmäßiges Verhalten beschreiben müsste.

Wenden wir das auf den Wurf im homogenen Schwerefeld an, so hat a_y immer den gleichen negativen Wert, und a_x ist dauernd null. Hier genügt also sogar außer diesen beiden Mitteilungen die Angabe der Anfangswerte für Ort und Geschwindigkeit, und wir können den ganzen folgenden Verlauf eindeutig berechnen.

In diesem Sinne ist die Kompression von Datenmengen ohne Datenverlust, auch *Datenreduktion* genannt, das vielleicht wichtigste Merkmal der Physik überhaupt.

Unser Gehirn betreibt Datenreduktion sehr effektiv vor allem in den Bereichen, die mit Computern nur sehr mühsam und unvollkommen nachgeahmt werden können, besonders beim Verstehen natürlicher Sprachen und beim Auswerten von Netzhaut-Bildern. Von „künstlicher Intelligenz" spricht man, wenn ein Computer dennoch so etwas nachahmt. Statt ein Bild punktweise oder einen Satz buchstabenweise zu verarbeiten, merkt sich das Gehirn Strukturen und Abkürzungen. Ein Punktmuster wie Strecke, Kreis oder Quadrat auf dem Bildschirm durch ein Programm mit kurzen Formeln und wenigen Daten so eindeutig anzugeben wie durch Aufzählen jedes einzelnen gefärbten Punktes des Musters, entspricht dem gleichen Prinzip.

➤ Die Briefmarke zu Ehren von ROGER SPERRY, der die Defekte bei unterbrochenem Zusammenwirken der Hirnhälften untersucht hat, stellt einige Inhalte symbolisch dar, überspitzt aber die Arbeitsteilung zwischen linker und rechter Hälfte erheblich.

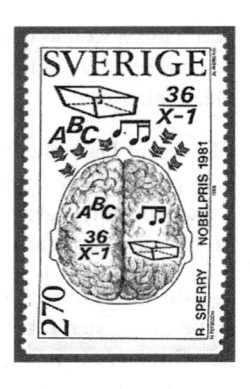

1.3 Das Nullsummenspiel der Impulse

Bisher haben wir mechanische Vorgänge in 1.1 als Kinematik nur mit den unmittelbar anschaulichen geometrischen Größen und der Zeit beschrieben. Nun kommt als zusätzliche Grundgröße die Masse hinzu. Diese thematisiert den Unterschied zwischen einem leichten Wasserball und einer Eisenkugel. Die folgenden Abschnitte sind jeweils einer der Erhaltungsgrößen zugeordnet: hier dem Impuls, in 1.4 der Energie und in 1.5 dem Drehimpuls. Wir werden später im Kapitel 7 sehen, dass Masse und Energie *von Natur aus* – aber in unserem Maßsystem nicht formal – das Gleiche sind, jedoch nicht das Gleiche wie die *Ruhemasse*.

Trotzdem macht es in der für kleine Geschwindigkeiten – im Vergleich zur Lichtgeschwindigkeit – geltenden Klassischen Mechanik (KM) einen Sinn, die zwei Aspekte getrennt zu beschreiben. Es handelt sich bei bei Energie und Masse nämlich um eine Größe, die sich im Gültigkeitsbereich der KM etwa in der neunten oder zehnten Stelle hinter dem Komma, oft auch nur in der 16., ändert. Wenn es um *Differenzen* dieser Größe geht, nehmen wir diese Stellen ernst, verschieben den Nullpunkt ganz weit, sprechen von Energie und messen diese in Joule. Den Nullpunkt wählt man dafür zweckmäßig, aber ansonsten weitgehend willkürlich. Wo die gesamte Größe aber als *Faktor* auftritt, müssen wir den nicht verschobenen Nullpunkt nehmen. Dann können wir sie meistens hinreichend genau als konstant betrachten. Wir nennen sie dann Masse und messen sie in Kilogramm. Das ist weitgehend vergleichbar mit der Entfernung eines Ortes vom Erdmittelpunkt. Ein Spaziergänger kann einen beliebigen Nullpunkt nehmen, etwa den Amsterdamer Normal-Pegel NAP, auf seinem Weg von Höhe sprechen, diese in wenigen Metern angeben und den Abstand vom Erdmittelpunkt als konstant ansehen. Der Astronaut, der die Erde umkreist, und der Astronom, der die Mondbahn beschreibt, vereinfachen ihre Rechnungen, indem sie sich nicht auf den Erdboden, sondern auf den Erdmittelpunkt beziehen, Erdradien als Maßstab verwenden und Differenzen von wenigen Metern meist vernachlässigen können.

Bei hohen Geschwindigkeiten gilt die KM nicht mehr, wohl aber immer noch die Spezielle Relativitätstheorie (SRT), und die Änderungen können alle Dezimalstellen betreffen.

Ein *Nullsummenspiel* ist allgemein ein Spiel, bei dem Geld weder verschwindet noch vermehrt wird. Es wird nur umverteilt – in Abhängigkeit vom Zufall oder von der Intelligenz der Teilnehmer. Die „Null" bezieht sich dabei auf die Summe der Änderungen bei allen Beteiligten. Genau dies trifft für die Erhaltungsgrößen der Physik zu. Für den Impuls wollen wir uns das besonders klar vor Augen führen, weil man dann viele Missverständnisse über Kräfte vermeiden kann.

1.3 Das Nullsummenspiel der Impulse

Die *Dynamik* – bei der Bewegungen ebenfalls wesentlich sind – geht über die *Kinematik* hinaus. Die *Statik* dagegen handelt von ruhenden Systemen. In beiden Fällen spielen *Kräfte* die Rolle von Ursachen, die man sich zur Erklärung ausdenkt, wobei es allerdings auch zu vielen Unklarheiten kommt.

○ GRAF BOBBY denkt über das Vollgießen einer Kaffeetasse nach. Dass eine leere Tasse leer bleibt, wenn man nichts tut, ist klar. Dass man etwas hineingießen muss, damit sie voll wird, schreibt er einer geheimnisvollen „Leerbleibetendenz" der Tasse zu, die sich in einer Schluckkraft äußert, aber auch nur wenn man etwas hineingießt.

Schön blöd? Also gut: Er hat gar nicht über das Kaffee-Eingießen in eine Tasse nachgedacht, sondern darüber, wie man ein liegen gebliebenes Auto ohne Benzin in Bewegung setzen kann. Wenn man nichts macht, bleibt es in Ruhe. Das wundert keinen. Wenn man aber „Bewegung hineintun" will, so sträubt es sich mit einer Trägheitskraft, und benimmt sich wie ein störrischer Esel. Es sträubt sich aber ebenso, wenn man es wieder stoppen will. Seit GALILEI spricht man in der Physik hierbei von Trägheit und meistens auch von Kräften, auch von der „Trägheitskraft". Wir werden im Folgenden sehen, dass das „Hineintun von Bewegung" in ein Fahrzeug fast genau so einfach und klar beschrieben werden kann wie das Hineintun von Kaffee in eine Tasse. Wir bilden dazu für „Bewegung" einen präzisen Begriff. Dieser wird heute in der Physik *Impuls* genannt.

Die meisten Lehrbücher beginnen die Dynamik mit dem Abschnitt „Dynamik des einzelnen Massenpunktes". Stellen Sie sich vor, ein Buch über Soziologie finge mit der „Soziologie des Einsiedlers" an: Der Hohn der Physiker wäre ihm sicher. Auch die Dynamik ist aber eine Beschreibung von *Wechselwirkungen*. Der Glaube, ein Mensch oder ein Tier oder ein Fahrzeug – das aufgrund genau dieses Irrtums „Selbstbeweglich", nämlich „Automobil" genannt wird! – könne sich ganz allein bewegen, auch wenn es ganz allein im Universum wäre, ist eine falsche Interpretation von Beobachtungen. Ungeschicktes Lehren verstärkt das noch – vermutlich oft, ohne durchschaut zu werden.

In dem Bestreben, so einfach wie möglich anzufangen, blendet man erst einmal alles andere als die eine Punktmasse, die man untersuchen will, aus. Damit sie trotzdem noch irgend etwas tut oder zumindest „erleidet", fasst man den Einfluss vom Rest der Welt in Kraftfeldern zusammen. Diese müssen nun erst einmal als existierend angenommen werden und über ihre Eigenschaften erfährt man nur etwas aus ihren Wirkungen auf unsere einsame Punktmasse. Dass in Wirklichkeit alle Wirkungen wechselseitig sind, fällt beim „Rest der Welt" nun wirklich nicht auf und bleibt unter der Schwelle der Messbarkeit. Es scheint dann eine erlaubte Vereinfachung zu sein, davon nicht zu reden. Über die Natur der Wechselwirkung werden dadurch aber völlig falsche Merkmale vorgetäuscht.

Der einfachste Fall einer Wechselwirkung besteht zwischen zwei einfachen Objekten und nicht zwischen einem Objekt auf der einen Seite und vielen Milliarden auf der anderen, die sich scheinbar gar nicht verändern, siehe 4.1.3.1.

➤ In der Kinematik in 1.1 haben wir die Bewegungen einzelner Objekte in Raum und Zeit beschrieben, insbesondere solche, die im homogenen Grenzfall eines Schwerefeldes vorkommen. Natürlich ist es nicht falsch, davon ausgehend die Einflüsse auf solche Objekte einseitig *formal* zu beschreiben – sozusagen nur von der Empfängerseite her, mit „von der Außenwelt kommenden einwirkenden Kräften". Es führt nur erfahrungsgemäß zu falschen Vorstellungen über das Wesen der Kraft. Wer meint, ein Begriff wie „Ein-Körper-Problem" könne wörtlich gemeint sein und nicht nur als Abkürzung für eine sinnvolle Näherungsbeschreibung, der irrt.

Was Zahlungsverkehr zwischen Giro-Konten ist, wird man kaum richtig verstehen, solange man sich vorstellt, es gäbe nur ein einziges derartiges Konto. Will man also die Mechanik nicht nur *kinematisch beschreiben*, sondern *dynamisch verstehen*, so muss man sich mit Wechselwirkungen befassen.

1.3.1 Inertialsysteme

Es zeigt sich, dass die Physik unterschiedlich kompliziert ist, je nachdem, ob wir die Natur von einem rotierenden Karussell oder von einem feststehenden Tisch aus beschreiben. Wir bevorzugen entschieden die einfachste Beschreibung. *Physik ist* – frei nach EINSTEIN – *der Versuch, die Natur so einfach wie möglich zu beschreiben, aber auch nicht einfacher.*

Um Koordinaten sinnvoll angeben zu können, muss vereinbart sein, wo ihr Nullpunkt ist und in welche Richtungen sie zu nehmen sind. Nicht nur unterschiedliche kartesische Koordinatensysteme sondern ebenso Kugel- oder Zylinderkoordinatensysteme lassen sich zur Beschreibung eines Vorgangs nutzen. Wenn mehrere *Koordinatensysteme* vorkommen, die mit zeit*un*abhängigen Rechenvorschriften ineinander umgerechnet werden können, so gehören sie zu einem gemeinsamen *Bezugssystem*. Bezugssysteme stellt man sich am besten ganz konkret als Fahrzeuge oder Zimmer auf der Erdoberfläche vor. Mit schachbrettartiger Bemalung der Wände und mit Uhren legt man in ihnen Koordinatensysteme fest.

Wir stellen uns nun ein Bezugssystem vor, in dem Gegenstände, die man ganz wörtlich „in Ruhe lässt" – also nicht beeinflusst und vor äußeren Einflüssen bewahrt – auch wirklich am gleichen Platz bleiben. Da sie reibungsfrei sein sollen, würden sie schon beim leisesten Anstoß in Bewegung geraten. Wenn wir uns auf zwei Dimensionen beschränken, können wir das recht gut mit einem Luftkissentisch erreichen. Dabei dient die Luftströmung nur dazu, die Schwerkraft auszugleichen und die Reibung zwischen dem Tisch und den Gleitern zu vermeiden. Wir können uns also auch die Schwerkraft und die Luftkissen wegdenken und brauchen uns dann nicht mehr auf die Tischebene zu beschränken. Dass Objekte in einem solchen System „von selbst" in Ruhe *bleiben*, ist ziemlich selbstverständlich, und kaum jemand würde einen Grund oder eine Kraft dafür suchen. Einen Grund sucht man naiverweise immer nur für Änderungen von irgendetwas.

Nun betrachten wir das Ganze aus einem Bezugssystem, das sich mit konstantem Geschwindigkeitsvektor hierzu bewegt, etwa von einer fahrenden Rolltreppe oder einem vorbeikommenden Schiff aus. Die im ersten System ruhenden Gegenstände haben bezüglich dieses zweiten Systems konstante Geschwindigkeiten. Nach dem *Relativitätsprinzip* – das wir als Erfahrung für einige Fälle zur Kenntnis genommen haben, siehe 1.2.5, und als gültig annehmen – gilt aber in beiden Systemen die gleiche Mechanik mit den gleichen Bedingungen: Alles wird unbeeinflusst gelassen, aber eben nicht in Ruhe, sondern in gleich bleibender Bewegung.

Wir können also sagen: Es gibt eine Menge von Bezugssystemen, die sich gegeneinander mit konstanten Geschwindigkeitsvektoren bewegen und in denen unbeeinflusste Objekte ihre Geschwindigkeitsvektoren nicht mit der Zeit ändern. Diese Aussage wird *Trägheitsgesetz* oder auch *Trägheitsprinzip* genannt. Genau die Bezugssysteme, für die die Aussage gilt, werden *Inertialsysteme* genannt.

Die Einflüsse, von denen hier so verschämt die Rede ist, werden wir als Impulsänderungen oder als Kräfte, als Impulsänderung pro Zeit also, kennzeichnen. In der traditionellen Form ist das Prinzip eine außerordentliche Zumutung: Wir sehen dauernd Bewegungen scheinbar von selbst aufhören.

Dass es aber mindestens ein System gibt, in dem alles in Ruhe bleibt, was in Ruhe ist und nicht beeinflusst wird, erscheint nahezu selbstverständlich. Das Relativitätsprinzip setzen wir auch – zumindest unbewusst – voraus, wenn wir im ICE Kaffee eingießen. Aus beidem zusammen folgt das Trägheitsgesetz. Es bleibt nach wie vor eine Herausforderung, aber vielleicht sind wir jetzt eher geneigt, nicht mehr nach den Gründen für das Nicht-Aufhören von Bewegungen zu suchen, die ja in einem bestimmten System gar nicht existiert haben.

➢ Zum Wort „Trägheit" sei noch gesagt: Das Relativitätsprinzip verallgemeinert die Aussage, dass Ruhe nicht von selbst aufhört, zu der viel weiter gehenden Behauptung, dass jede beliebige Geschwindigkeit sich nicht von selbst ändert. Für den ersten Fall ist „träge" sprachlich einigermaßen angemessen. Zum zweiten Fall – der ja in gewisser Weise das Gegenteil dazu ist – „Trägheit" zu sagen, zeugt von Willkür. Ich frage mich, ob so das Verständnis des gemeinten Sachverhaltes nicht mehr behindert als gefördert wird. Das lateinische Wort für „Trägheit" ist „inertia", was auch noch „Untätigkeit" oder „Ungeschicklichkeit" bedeutet.

Tische auf dem Erdboden stellen fast genau Inertialsysteme dar. Wegen der Erddrehung stimmt es nicht ganz genau. FOUCAULT hat die Abweichung mit seinem Pendelversuch gezeigt. Tische oder Kabinenwände in anfahrenden oder kurvenfahrenden Fahrzeugen sind entschieden keine Inertialsysteme.

➢ Wir werden immer Inertialsysteme benutzen, ohne es ausdrücklich jedes Mal zu sagen. Wegen gewisser Sinnesempfindungen – und deren mehr oder weniger naiven Deutungen – werden wir uns in 1.3.8 aber auch mit Körpern in beschleunigten Bezugssystemen befassen.

1.3.2 Impuls, Masse und Impulssatz

Die Definitionen der Schlüsselbegriffe Impuls und Masse sind eng mit Naturgesetzen verknüpft. Ohne diese Gesetze – zumindest ohne Teilaussagen von ihnen – wären die Begriffe nicht sinnvoll. Wir schalten eine Modellvorstellung dazwischen, die die Deutung der Masse als Materiemenge hervortreten lässt.

1.3.2.1 Gleiche Teilchen behalten ihren „Mittelpunkt"

Was tun mehrere Teilchen von gleicher Art – wie Billardbälle oder noch besser Münzen oder Carrom-Scheiben der gleichen Sorte – in einem Inertialsystem? Auf einem möglichst reibungsfreien Tisch können wir es für zwei Dimensionen ausprobieren. Für drei Dimensionen wird es zum Gedankenexperiment, bei dem wir uns vorstellen müssen, was ohne Schwerkraft wäre, wenn wir nicht gerade in einem Labor auf einer Umlaufbahn sind.

Die Antwort ist: Die Vektorsumme der Geschwindigkeiten gleicher Teilchen ist in einem abgeschlossenen Inertialsystem über die Zeit hinweg konstant, geschehe was da wolle.

Das ist ein ziemlich starker Satz. Wir könnten glauben, dass es anders wäre. Die Beobachtung von Vorgängen mit einem übergroßen Partner namens Erde, dessen Geschwindigkeitsänderungen unmessbar klein sind, legt auch andere Deutungen nahe. Wir kommen in 1.3.2.4 darauf zurück.

1.3.2.2 Die Materiemenge als Bewertungsfaktor: „Masse"

Was geschieht, wenn die Teilchen oder Objekte ungleicher Art sind? Dazu stellen wir uns wie in 1.1.8 vor, es gäbe wirklich nur eine einzige Art von Bausteinen. Wir denken an Protonen oder Neutronen, ohne vorläufig den hier nur geringen Unterschied zwischen ihnen zu beachten. Die Bausteine lassen wir nun in festen Wandergruppen zusammen laufen: einen Fußball aus m_B solchen Bausteinen und einen Torwart aus m_T Bausteinen der gleichen Art.

Wenn es sich wirklich um eine einzige Sorte von Bausteinen und sonst nichts handeln würde, können wir einfach alle Geschwindigkeitspfeile addieren: m_B-mal den des Fußballs und m_T-mal den des Torwarts. Wenn vernachlässigbar wenige Bausteine vom Ball zum Menschen oder umgekehrt wechseln, muss gelten

$$m_B \cdot v_{B,\text{vorher}} + m_T \cdot v_{T,\text{vorher}} = m_B \cdot v_{B,\text{nachher}} + m_T \cdot v_{T,\text{nachher}}.$$

Die m_i geben in dieser naiven Vorstellung also ganz einfach die natürlichen Zahlen der immer gleichen Bausteine an, aus denen wir uns die Objekte zusammengesetzt denken.

In Wirklichkeit geht das nicht ganz so einfach, denn wir kommen bei der mikroskopischen Beschreibung nicht mit einer einzigen Bausteinsorte aus. Auf der anderen Seite haben wir es in der KM immer mit gewaltig großen Stückzahlen zu tun. Wir können uns daher hinreichend kleine unterschiedliche Bausteine denken und die Verhältnisse, die Quotienten ihrer Anzahlen, passend wählen. Ob eine 23-stellige Zahl dann ganzzahlig ist oder nicht, fällt nicht mehr auf.

In 1.1.8 haben wir bereits den naiven Begriff von der Materiemenge benutzt und diese – keinem Geringeren als SIR ISAAC folgend – „Masse" genannt. Der Masse ist die Einheit „Kilogramm" zugeordnet – mit Bezug auf das *Urkilogramm* in SÈVRES.

Es stellt sich heraus, dass wir genau diesen Begriff auch hier brauchen: nicht nur hier, auch im weiteren Verlauf der gesamten Mechanik! Alles, was man sich sonst in Verbindung mit dem Wort „Masse" vorstellen mag – oder glaubt sich vorstellen zu müssen ohne es zu können – klärt nichts darüber hinaus. Es lässt Einfaches unnötig kompliziert erscheinen. Der Unterschied zwischen 2 kg Wasser und einem 1 kg Blei ist einfach, dass das eine doppelt so viel Materie ist wie das andere, alles andere sind dann Folgen davon.

Ein Objekt, das in unserer Modellvorstellung aus α-mal so vielen Bausteinen besteht wie das Urkilogramm, hat dann also die Masse $m = \alpha$ kg.

Wenn n Objekte mit den einzelnen Massen m_1 bis m_n sich nur gegenseitig beeinflussen und also vom Rest der Welt unbeeinflusst bleiben, gilt mit diesen Festlegungen

$$m_1 \cdot v_{1,\text{vor}} + \ldots + m_n \cdot v_{n,\text{vor}} = m_1 \cdot v_{1,\text{nach}} + \ldots + m_n \cdot v_{n,\text{nach}}.$$

Objekte, bei denen es im jeweiligen Zusammenhang nur auf die Masse, den Ort und die Geschwindigkeit, nicht dagegen auf Größe, Gestalt, inneren Aufbau, Rotation oder innere Bewegungen ankommt, nennen wir *Punktmasse* oder *Massenpunkt*. Das ist analog zur Punktladung bei der Elektrizität. Das missverständliche „n" in „Massenpunkt" soll nicht die Mehrzahl, sondern den Genitiv anzeigen, wie in „Frauenkirche".

➤ Die in Schulbüchern auftretende Unterscheidung zwischen einer „trägen" und einer „schweren" Masse, deren Gleichheit dann als großartiges Naturgesetz verkündet wird, beruht auf einer völlig überflüssigen Einführung ein und derselben Größe über zwei verschiedene Messverfahren, so als ob es verschiedene Größen wären. Wir werden in Kapitel 2 das Gravitationsgesetz als ein Naturgesetz darstellen, in dem die bereits hier definierte „träge" oder „Impuls-"Masse vorkommt und außer der Feldkonstanten keine neue Größe. Die Präzisionsexperimente, die man als „Prüfung der Gleichheit von träger und schwerer Masse" bezeichnet, testen einfach die Rolle der Masse im Gravitationsgesetz. Sie haben bisher keine Notwendigkeit zu einer Abänderung gezeigt.

Zu den unergründlichen Inkonsequenzen des Metrischen Systems gehört, dass bei der Masse die Basiseinheit den Faktor „Kilo" in ihrem Namen führt. Ein Millionstel dieser Basiseinheit heißt nun ein Milligramm.

1.3.2.3 Der Impuls als Bewegungsgröße

Die Bedeutung der soeben gefundenen Gleichung gibt Anlass zur Definition einer neuen Größe, die den Geschwindigkeitsvektor v mit dem Bewertungsfaktor m multiplikativ zusammenfasst und die heute *Impuls* genannt wird, obwohl die alte Bezeichnung „Bewegungsgröße" in mancher Beziehung treffender, aber ebenfalls nicht selbsterklärend ist.

> Definition des Impulses: $\quad p = m \cdot v, \quad$ (*Masse* mal *Geschwindigkeit*)

➢ „Impuls" bedeutet wörtlich so viel wie „Stoß". Ältere Schulbücher verwenden das nur für plötzliche Änderungen der Bewegungsgröße. Die Frage, was „plötzlich" ist, lässt sich nur sehr willkürlich entscheiden. Außerdem ist es unsinnig, für eine Größe den einen Namen und für Differenzen solcher Größen einen anderen Namen zu benutzen. Die heutige Physik benutzt einheitlich das Wort „Impuls". NEWTON nannte diese Größe „motus". Die gegebene Definition gilt über die KM hinaus auch in der SRT, allerdings ist m dann nicht mehr von der Geschwindigkeit unabhängig.

Die metrische Einheit des Impulses ist aufgrund der Definition $1 \, \text{kg} \cdot \text{m/s}$, wir verwenden für sie auch eine andere Bezeichnung: Newtonsekunde, $N \cdot s$, siehe 1.3.3.1.

Es zeigt sich, dass der Impuls neben der Energie – die in allen Teilgebieten der Physik dominiert – und neben dem *etwas* weniger wichtigen Drehimpuls die charakteristische Hauptrolle der Mechanik spielt. Der Grund liegt im folgenden Satz.

1.3.2.4 Die Erhaltung des Impulses

Mit der Definition aus 1.3.2.3 können wir den Satz aus 1.3.2.2 nun so formulieren:

Wenn n Teilchen nur miteinander und nicht mit dem Rest der Welt mechanisch wechselwirken – „ein abgeschlossenes System bilden" – so ist die Summe ihrer Impulse in jedem Inertialsystem eine Konstante. Der Wert dieser Konstanten hängt von der Wahl des jeweils konkreten Inertialsystems ab.

> Erhaltung des Impulses: $\quad \sum p_i = \text{const.}$

In vielen Büchern wird der Eindruck erweckt, als hätte dies nur für den Rückstoß und für Raketen Bedeutung und hätte nichts mit Newtons Axiomen zu tun, siehe 1.3.9.4. Tatsächlich ist die Erhaltung des Impulses – zusammen mit der Erhaltung des Drehimpulses – die Basis der gesamten Mechanik, auch über die KM hinaus.

Wir werden sehen, dass sich so ziemlich alle Unklarheiten über Kräfte in Wohlgefallen auflösen, wenn wir sie konsequent als Beschreibungen des Gebens und Nehmens von Impulsänderungen auffassen.

Tatsächlich ist die Impulserhaltung eine ziemlich starke Aussage, die sich bei naiver Betrachtung der alltäglichen Dinge nicht gerade aufdrängt. Stellen Sie sich vor, Sie wollen einem Kind klarmachen, dass Wasser beim Umgießen nicht mehr und auch nicht weniger wird. Dazu nehmen Sie ein Teesieb voll Wasser und gießen den Inhalt in die Nordsee, also in den Ozean. In einem zweiten Versuch holen Sie dann mit dem Sieb Wasser aus dem Meer zurück. Nicht besonders geschickt, oder? Einerseits läuft dauernd etwas Wasser aus dem Sieb und versickert irgendwo. Andererseits kann man nicht besonders leicht nachmessen, ob sich die Wassermenge im Meer ändert.

Wie macht man es richtig? Statt des Teesiebes nimmt man Becher, aus denen nichts ausläuft. Als zweites Gefäß nimmt man erst einmal einen gleich großen Becher, dann verschiedene größere, bei denen das Nachmessen noch möglich, aber schon etwas schwieriger werden kann – ganz bestimmt probiert man es nicht anfangs mit dem Meer. Schon bei einer Badewanne ist der Unterschied von einer Becherfüllung kaum noch nachzuweisen. Man wird aber kaum daran zweifeln, dass der Erhaltungssatz über das Wasser auch noch dann gilt, wenn die Unterschiede der Gefäßgrößen das Nachmessen erschweren oder wie beim Ozean unmöglich machten – soweit es das Umgießen betrifft, vom Verdunsten oder von chemischen Vorgängen ist hier nicht die Rede.

Wie sieht es nun mit der Erhaltung des Impulses aus? Wenn ein Sprinter startet, so stößt er sich von Startblöcken ab, die am Rest des Planeten befestigt sind. Seine Impulsänderung kann man deutlich an seiner nun sehr groß gewordenen Geschwindigkeit sehen. Die ebenso große Impulsänderung des Restes des Planeten bemerkt man aber nicht, weil die Masse so groß und die Geschwindigkeitsänderung so klein ist – analog zur Oberfläche und Höhe des Meeres beim Wasser.

Dem undichten Teesieb entspricht beim Impuls ein Objekt mit Reibung, über das Impulse in schwer kontrollierbarer Weise in die Umgebung wandern. Vermeidung von Reibung entspricht dem Abdichten gegen solche Impulsverluste. Luftkissen, Glatteis oder Ähnliches taugen dazu – ganz analog auch zur Isolation elektrischer Kabel oder zur Wärme-Isolation. Mit der Erhaltung des Impulses ist es kaum komplizierter als mit den Wassermengen.

Leider machen wir jedoch die meisten Erfahrungen – auch in der Schulphysik – sozusagen nicht mit den kleinen Bechern, sondern mit den undichten Teesieben und dem riesigen „Rest der Welt". Die Erhaltung kann uns so nicht auffallen. Allerdings ist zuzugeben, dass der Impuls als Vektor nicht ganz so einfach zu handhaben ist wie Wassermengen, Energie oder elektrische Ladungen: Wir müssen uns immer drei Impulskomponenten als Erhaltungsgrößen vorstellen – in x-, y- und z-Richtung.

➤ Kein Geringerer als DESCARTES hat sich bei seinen vermeintlichen Stoßgesetzen dadurch hoffnungslos verrannt, dass er die Richtungen des Impulses nicht zur Kenntnis nahm. Erst sein Schüler CHRISTIAAN HUYGENS brachte hier Klarheit. Mit reibungsarmen Vorrichtungen – wie Luftkissentisch oder schwimmenden Schiffen – können wir die Impulserhaltung näherungsweise zeigen, aber auch durch noch so viele Experimente nicht wirklich beweisen. Der eigentliche Grund für die Glaubwürdigkeit dieser Aussage ist aber, dass alle Erfahrungen damit zusammenpassen und ihr nicht widersprechen, auch wenn man gezielt nach Widersprüchen sucht.

➤ Wir haben den Impulssatz hier als außerordentlich allgemein gültige Erfahrung formuliert. Vorausgesetzt wurde, dass wir wissen, was ein Inertialsystem ist. Man kann umgekehrt auch verlangen, dass der Impulssatz gilt und damit die Inertialsysteme charakterisieren. Dabei wird dann die Gleichmäßigkeit des Raumes – seine Symmetrie gegenüber Verschiebungen – zur entscheidenden Erfahrung, die auch anders sein könnte, aber sich bisher immer bestätigt hat. Allgemein besteht ein tiefer Zusammenhang zwischen Symmetrieprinzipien und Erhaltungsgrößen in der modernen Physik.

1.3.2.5 Ruhesystem und Schwerpunktsystem

Einerseits ist der Gesamtimpuls zeitlich konstant, andererseits sind alle Inertialsysteme in der KM einander gleichwertig. Man kann daher fragen, ob es nicht vorteilhaft ist, statt des Systems, in dem der Zuschauer steht, dasjenige zu verwenden, in dem der gesamte Impuls der betrachteten Objekte, die ja *nur miteinander* wechselwirken, den speziellen Wert null hat.

1.3.2 Impuls, Masse und Impulssatz

Tatsächlich bringt das vor allem beim elastischen Stoß beträchtliche Vereinfachungen und Berechnungsmöglichkeiten von erstaunlicher Eleganz, siehe 1.4.8.2.

Wir definieren zunächst den Schwerpunkt S der Punktmassen mit den Massen m_i und den Ortsvektoren r_i entsprechend 1.1.4.

$$\text{Schwerpunkt:} \quad S = \frac{\sum m_i \cdot r_i}{\sum m_i}.$$

Koordinatenweise ist $S = (x_0; y_0; z_0)$, somit

$$x_0 = \frac{\sum m_i \cdot x_i}{\sum m_i}, \quad y_0 = \frac{\sum m_i \cdot y_i}{\sum m_i}, \quad z_0 = \frac{\sum m_i \cdot z_i}{\sum m_i}.$$

Der Schwerpunkt müsste genauer „gewichteter Mittelpunkt" des Ortes heißen: Mathematisch haben wir es mit den gewichteten arithmetischen Mittelwerten der einzelnen Koordinaten zu tun. Die Bezeichnung „Schwerpunkt" deutet die Rolle an, die er bei der Behandlung im homogenen Schwerefeld spielen kann. Treffender wäre „Massenmittelpunkt" – englisch „centre of mass".

➤ Es muss vor der zu allgemeinen Auslegung der Aussage gewarnt werden, man könne sich einen Körper durch eine gleiche Masse an seinem Schwerpunkt ersetzt denken und einfach damit rechnen. Das ist nur für wenige einfache Dinge korrekt. Für die Berechnung der potenziellen Energie, der Drehmomente an einer Waage im homogenen Schwerefeld, siehe 1.1.4, oder für die Schwerkraft bei einer kugelsymmetrischen Massenverteilung gilt es. Es gilt *nicht* für Trägheitsmomente, siehe 1.5, oder für die Schwerkraft auf ellipsoidförmigen Planeten.

Wir leiten beide Seiten der Definitionsgleichung des Schwerpunktes nach der Zeit ab. Links finden wir die Geschwindigkeit v_0 des Schwerpunktes. Rechts steht dann das gewichtete Mittel der einzelnen Geschwindigkeiten und damit auch der Quotient aus dem gesamten Impuls und der gesamten Masse:

$$v_0 = \frac{dS}{dt} = \frac{\sum m_i \cdot v_i}{\sum m_i} = \frac{\sum p_i}{\sum m_i}.$$

Falls wir nun ein System haben, dessen Schwerpunkt im Labor-System nicht ruht, so können wir uns in Gedanken in ein anderes Inertialsystem begeben, in dem der Schwerpunkt ruht, das *Ruhsystem*. Rechnerisch machen wir das durch Subtraktion der Geschwindigkeit v_0 von allen anderen Geschwindigkeiten. Er ruht dann zunächst einmal an der Stelle, an der er im Laborsystem zum Zeitnullpunkt war. Man kann den Nullpunkt nun auch noch um diesen Vektor verschieben, sodass der Schwerpunkt im Nullpunkt des neuen Systems ruht, dem *Schwerpunktsystem*. Oft wird diese unproblematische Verschiebung nicht weiter beachtet, und man unterscheidet dann nicht ausdrücklich zwischen Ruhsystem und Schwerpunktsystem.

➤ In diesem Sinne ist es auch nicht so wesentlich, ob man die Planeten in einem System beschreibt, in dem die Sonne – genauer der Schwerpunkt von Sonne *und* Planeten etc. – im Nullpunkt ist oder woanders. Entscheidend ist viel mehr, dass die Sonne – genauer der Schwerpunkt – darin die Geschwindigkeit null hat. Das System sollte also vor allem *heliostatisch* sein und nicht unbedingt *heliozentrisch*.

Der gesamte Wechsel von einem Inertialsystem in ein anderes ist eine Galilei-Transformation, siehe 1.2.5. Es ist klar, dass dabei die Impulse und ihre Summen im Allgemeinen andere

Werte annehmen. Die Erhaltung gilt für die Vektorsumme *aller* beteiligten Objekte für *alle* Vorgänge in jeweils dem *gleichen* Inertialsystem.

1.3.3 Kräfte als einseitige Sichten auf Wechselwirkungen

Wenn ein Apfel nach unten fällt und dabei immer schneller wird, so sucht man nach einer Ursache dafür. Man nennt sie Kraft, in diesem Fall „Schwerkraft", noch „genauer" die Schwerkraft *der Erde*. Meistens sagt man dann: „Die Erde beschleunigt den Apfel nach unten".

Diese Zuordnung im Sinne von Täter und Opfer – grammatisch Subjekt und Akkusativ-Objekt – ist im Lichte der Impulserhaltung ein gedanklicher Trugschluss.

In einem Experiment in einem Schulbuch wird gezeigt, dass ein Magnet eine eiserne Kugel anzieht. Dazu legt man den Magneten auf den Tisch und rollt die Kugel so, dass sie an einem Ende des Magneten vorbeizielt. Sie läuft in einem Bogen näher zum Magneten hin. Dieser Versuch zeigt aber nur die halbe Wahrheit. Die andere Hälfte versteckt er durch die Haftung zwischen Magnet und Tisch. Legt man den Magneten nämlich auf Röllchen – auf Glaskugeln oder einen kleinen Wagen – so sieht man, dass auch der Magnet beschleunigt wird.

Wegen der Impulserhaltung kann das gar nicht anders sein: Objekte können sich nur gegenseitig beschleunigen. Die Einwirkung ist *stets* eine wechselseitige. Der fallende Apfel ist ein extrem irreführendes Beispiel, bei dem es so aussieht, als würde nur ein einziges Objekt beschleunigt.

Nehmen wir zwei Bälle, die an die Enden eines gespannten Gummibandes geknüpft sind. Nach dem Loslassen werden sie aufeinander zu beschleunigt. Die übliche Formulierung – in der physikalischen Fachsprache! – ist, dass sie gegenseitig „aufeinander Kräfte ausüben". Es handelt sich aber um einen einzigen Vorgang. Dieser kann nicht ohne Widerspruch zur Impulserhaltung in zwei unabhängig voneinander mögliche Vorgänge zerlegt werden – auch nicht gedanklich. Dieser Sprachgebrauch macht viele Aussagen über „eine Kraft" unklar und zieht große Probleme bei der Zuordnung von Vorzeichen nach sich.

Wir werden Klarheit dadurch anstreben, dass wir den von Natur aus unteilbaren Vorgang „Wechselwirkung" nennen. Das Wort „Kraft" verwenden wir – auch weil es sonst meistens so benutzt wird – für jeweils eine der zwei Seiten der Medaille. Die Kraft beschreibt daher die Impulsänderung *eines* Objekts, und zwar bezogen auf die dabei ablaufende Zeit. Wir nehmen als Kraft den Quotienten aus dieser Impulsänderung und dem Zeitintervall. Das ist wie bei der Beschleunigung, die im Sinne der physikalischen Fachsprache auch nicht einfach eine Geschwindigkeitsänderung ist, sondern der Quotient aus dieser und dem Zeitintervall.

1.3.3.1 Die Definition der resultierenden Kraft

In der Kinematik haben wir die allmähliche Änderung der Geschwindigkeit zum Anlass genommen, die Beschleunigung zu definieren. Da auch allmähliche Impulsänderungen in Natur und Technik überall auftreten, machen wir es hier analog.

> Der Quotient aus Impulsänderung und dafür benötigter Zeit oder die Ableitung des Impulses nach der Zeit wird *Kraft* genannt:
> $$\frac{d\boldsymbol{p}}{dt} = \boldsymbol{F}$$

1.3.3 Kräfte als einseitige Sichten auf Wechselwirkungen

Diese Kraft ist genauer eine Kraftsumme oder „resultierende Kraft". Die *Einheit* der Kraft ist das *Newton*, N, und es gilt $1\,\text{N} = 1\,\text{m} \cdot \text{kg}/\text{s}^2$.

Damit bestehen zwischen vier Größen vier Beziehungen. Drei davon sind Definitionen und eine ist ein Naturgesetz. Wir haben freie Wahl, die formalen Rollen zu verteilen.

Tabelle 1.3.1 Hauptakteure: Vier Größen, vier Beziehungen.

Geschwindigkeit v	$p = m \cdot v$	Impuls p
$a = dv/dt$		$F = dp/dt$
Beschleunigung a	$F = m \cdot a$	Kraft F

In Tabelle 1.3.1 stehen unten die zeitlichen Ableitungen der oberen Größen. Von links nach rechts gelangt man durch Multiplikation mit der Masse, umgekehrt also durch Division.

➤ In diesem Buch wird die untere Gleichung als Folgerung aus den drei anderen aufgefasst, die dann Definitionen sind. Diese Wahl weicht von den meisten Büchern ab. Sie folgt aber den Büchern über Punktmechanik von G. FALK und der Argumentation darin: Beim Übergang von der KM zur SRT und zur QM wird die Kraft zu einer komplizierten und sehr schwerfälligen Größe, wogegen der Impuls seine zentrale Rolle deutlicher macht als sie in der KM üblicherweise gesehen wird. Impuls und Energie gehören gewissermaßen zu den Opportunisten unter den mechanischen Größen.

Im Sinne dieser Definition ist die Kraftsumme *nichts anderes* als die zeitliche Änderungsrate des Impulses, wie auch die Beschleunigung nichts anderes ist als die Änderungsrate der Geschwindigkeit. Beide Größen sind entsprechend Vektoren. Damit ist die Kraftsumme – bei konstanter Masse – auch nichts anderes als das Produkt aus Masse und Beschleunigung.

➤ Leider wird die Kraft oft wesentlich vielseitiger gesehen. Ein tieferer Blick in die Natur wird mit ihr in Aussicht gestellt, erzeugt wird aber vor allem große Konfusion. Man nennt nämlich seit der Antike so ziemlich alles, was man mit Bewegungen und anderen physikalischen Vorgängen in Verbindung bringt – und sich dabei als deren Ursache vorstellen kann – „Kräfte". Diese unterscheidet man mehr oder weniger konsequent durch Adjektive oder Doppelwörter voneinander. Die oben definierte Kraft ist dann nur noch eine von ziemlich vielen und hört auf den Namen „eingeprägte Kraft" oder „auf den Körper einwirkende Kraft". Bei NEWTON ist es die *vis impressa*.

1.3.3.2 Eine Kraft zwischen zwei Punktmassen

Der einfachste Fall einer gegenseitigen Beschleunigung, also einer Wechselwirkung, kann zwischen zwei Objekten auftreten, die wir uns vereinfacht als Punktmassen vorstellen. In der Realität können das zwei nicht zu große Bälle an den Enden eines fast masselosen Gummibandes sein.

Die Erhaltung des Impulses bedeutet nun, dass immer dann, wenn der eine Ball der Masse m_1 eine Beschleunigung a_1 hat, der andere mit der Masse m_2 zur gleichen Zeit die Beschleunigung $a_2 = -a_1 \cdot m_1/m_2$ haben muss. Es gilt daher ein „Reaktionsprinzip".

> Newtons drittes Gesetz als „Reaktionsprinzip" *actio* gleich *reactio*:
> $$\frac{\Delta p_1}{\Delta t} = -\frac{\Delta p_2}{\Delta t}$$

Wenn sich zeitlich die Länge des Gummibandes ändert, werden sich auch die Beträge der vorkommenden Kräfte – die Impulsänderungsraten – ändern. Wir werden viel mit Wechselwirkungen zu tun haben, bei denen die Abstände der Punktmassen eine entscheidende Rolle spielen, aber auch mit solchen, bei denen es auf Geschwindigkeiten ankommt.

Über die Richtungen der beiden Kräfte haben wir damit noch keine Aussagen. Beim gespannten Gummiband hat die Anziehung, die Attraktion, offensichtlich jeweils die Richtung zum Partner.

Ebenso gibt es auch abstoßende Wechselwirkungen. Anschaulich sind diese mit Wendelfedern zu realisieren, die durch hinein gesteckte Rohre gegen Verbiegen gesichert sind, wie bei Teleskop-Federn.

Die Mechanik kann auf diese Weise auch Wechselwirkungen behandeln, bei denen der leere Zwischenraum – sozusagen ganz ohne Gummiband – der Vermittler zu sein *scheint*: „Fernwirkungen" bei Gravitation und Elektrostatik.

> ➤ Diese Vorstellung ist nie wirklich akzeptiert worden, höchstens als formale Beschreibung. Heute betrachten wir die „Kraftfelder" nicht als bloßen Zwischenraum mit Eigenschaften, sondern als Partner beim Austausch von Impulsen und Energien. Im Teilchenbild bestehen diese Partner aus Bosonen. Trotzdem ist die Punktmechanik auf die genannten Fälle anwendbar. Aber schon im magnetostatischen Feld (Gleichstrom) ist dieses Bild unzureichend. Die Punktmechanik ist dann keine geeignete Beschreibung, denn die dabei anwendbare Lorentz-Kraft beschreibt nicht die Wechselwirkung zwischen geladenen Teilchen, sondern nur *eine* Seite der Wechselwirkung zwischen einem Magnetfeld und einem Teilchen.

Gibt es auch Wechselwirkungen, bei denen die Impulsänderungen – die Richtungen der Impulse selbst haben damit nichts zu tun! – andere Richtungen haben können als parallel oder antiparallel zum Abstandsvektor der Punktmassen? Betrachten wir einen Besenstiel mit dem ein Ball unter einem Schrank herausgeschubst werden soll. Falls wir den Ball genau vorwärts wegschieben können, brauchen wir den Stiel nur am Ende anzufassen. Er kann beliebig dünn sein, wenn er nur nicht wegknickt. Wir können das in Form einer Strecke idealisieren. Falls wir den Ball jedoch seitwärts beschleunigen müssen, biegt sich der Stiel umso mehr, je dünner er ist. Die Idealisierung als Linie und seiner Enden als Punkte ist dann nicht mehr sinnvoll. Stattdessen ist es besser, den Stiel – in Gedanken – durch ein fachwerkartiges Gerüst aus mehreren dünnen Stangen zu ersetzen, siehe 1.3.6.2.

Diese Überlegungen führen auf ein Modell von Punktmassen, zwischen denen nur solche Impulsdifferenzen wandern, die die Richtung des Abstandsvektors oder die Gegenrichtung haben. Es gibt also nur reine Anziehungs- oder Abstoßungs-Wechselwirkungen. Die komplizierteren Fälle erklären wir dann mit – immer noch vereinfachten – Systemen aus mehreren Punktmassen und „linienförmigen" Wechselwirkungen. Oft sind solche Konstruktionen in der Natur, Technik oder Baukunst zu finden. Fachwerke in Gerüstbauweise, gotische Kathedralen und der Eiffel-Turm sind nur einige davon.

Wir werden in 1.5 sehen, dass die Einschränkung auf Anziehung und Abstoßung zwischen Punktmassen außer dem Erhaltungssatz des Impulses zusätzlich einen weiteren erfüllen, nämlich den des Drehimpulses.

Welche Bewegung die beiden Bälle an dem Gummiband oder einer ähnlichen Verbindung über längere Zeiten hinweg ausführen, hängt natürlich davon ab, wie die Stärke der Wechselwirkung vom Abstand abhängt. Im Falle des Gesetzes von HOOKE finden wir die harmonische Schwingung, siehe 4.1.3, im Falle der Schwerkraft die Umläufe eines Planeten und der Sonne um ihren gemeinsamen Schwerpunkt, siehe 2.2.2.

1.3.3.3 Punktmechanik mit mehr als zwei Punktmassen

Wenn nicht nur zwei, sondern n Punktmassen miteinander wechselwirken, so kann es sein, dass wir für alle $n \cdot (n-1)/2$ Paare aus ihnen die Wechselwirkung beachten müssen. Wir müssen dann für jede Punktmasse alle aus den Wechselwirkungen folgenden Kräfte vektoriell addieren und aus diesen jeweiligen Summen und den Massen die Beschleunigungen berechnen.

Im Allgemeinen ändern sich dadurch die Abstände und damit auch die Richtungen und die Beträge der Kräfte. Das wird schon bei drei Objekten so schwierig, dass es nur für Spezialfälle ohne Näherungsverfahren berechenbar ist.

Es gibt aber viele interessante Fälle, auch für mehr als drei Punktmassen, in denen Rechnungen möglich und nützlich sind.

○ Ein Polizist trifft nachts einen Mann, der auf allen Vieren um eine Laterne herum kriecht und etwas sucht – seinen Schlüssel. Der Polizist hilft ihm suchen und fragt nach einer halben Stunde: „Sind Sie sicher, dass Sie den Schlüssel hier verloren haben?" – „Nein, dort drüben." – „Und warum suchen Sie dann hier?" – „Hier ist es so schön hell."

Sehr hell, auch im Sinne dieses Witzes, ist unser Sonnensystem. Obwohl es in ihm vier Planeten gibt, die massereicher als die Erde sind – und durchaus in vergleichbaren Entfernungen – kann man die Bewegungen der Erde so berechnen, als ob sie mit der Sonne allein auf der Welt wäre. Diese starke Vereinfachung zu einem System aus zwei Punktmassen kommt der Wirklichkeit schon ziemlich nahe.

Es gibt andere Fälle, bei denen einige Wechselwirkungen so stark sind, dass sie einen Teil der Punktmassen nahezu starr miteinander verbinden, sodass deren Bewegungen stark eingeschränkt sind. Wir bilden dann die Modellvorstellung des *starren Körpers*, siehe 1.5.

Relativ einfach wird es auch in der Statik, wenn trotz vorhandener Kräfte alles in Ruhe bleibt – genauer gesagt, unbeschleunigt ist, siehe 1.3.6.

1.3.3.4 Parallel- und Hintereinanderschaltung in einer Dimension

Wenn alle beteiligten Impulse und vor allem deren Änderungen und damit auch die Kräfte (fast) genau in einer Richtung liegen, etwa von links nach rechts oder umgekehrt, gibt es einfache Regeln für die Parallel- und für die Reihenschaltung.

Spannt man mehrere Pferde parallel vor einen Wagen, so ist der gesamte Impuls, der in den Wagen geht, die Summe der Beiträge der einzelnen Pferde. Das ist eine Folge davon, dass bei Vektoren gleicher Richtung und Orientierung der Betrag der Summe die Summe der Beträge der einzelnen Vektoren hat.

Leitet man eine Impulsänderung hintereinander über Seile oder eine Kette, so kann man salopp sagen, dass „die Kraft an jeder Stelle gleich" ist. Im Falle des Schiebens nimmt man hintereinander geschaltete Stangen. Das ist aber nur dann korrekt, wenn die Masse der Kette oder der Stangen und/oder deren Beschleunigung vernachlässigbar klein ist. Dann geht nämlich kein Impuls in die einzelnen Glieder, der nicht von der entgegengesetzten Seite aus ausgeglichen würde.

Wir stellen uns die Kette aus kleinen Punktmassen mit Gummifäden dazwischen vor. Alle Gummifäden müssen mit den gleichen Beträgen an ihren jeweils benachbarten Punktmassen ziehen. Sie müssen ihnen also in jedem Zeitintervall Impulsänderungen von gleichem Betrag geben.

In einer anderen Sprechweise – die im *Karlsruher Physikkurs* bevorzugt wird – läuft die Impulsänderung einfach durch die Kette, ohne dass von ihr etwas unterwegs zurückgelassen würde.

Beide Verzweigungsgesetze – Spezialisierungen der Vektoraddition auf eine Dimension – sind nichts anderes als die Knotenregel, die Sie vermutlich aus der Elektrizität kennen. Allgemein lautet diese so: Wenn eine Erhaltungsgröße wandert, so läuft in jeden Verzweigungsknoten oder in jeden Punkt einer Leitung gleichzeitig so viel hinein wie heraus, falls dort nichts von ihr abgegeben oder aufgenommen wird.

Das ist so trivial, dass man besser sagen sollte: Der Impulsvektor und damit auch seine Links-Rechts-Komponente ist eine Erhaltungsgröße.

In diesem Sinne ist auch KIRCHHOFFs Knotenregel eine Formulierung der Ladungserhaltung. Ein anderes Beispiel handelt von Autos, die in eine Kreuzung einfahren.

Tabelle 1.3.2 Parallel- und Reihenschaltung in Mechanik und Elektrizität

Mechanik (Elastizität)	**Impuls**, Kraft	Längenänderung
Elektrizität	**Ladung**, Stromstärke	Spannung
Parallelschaltung	additiv	überall gleich
Reihenschaltung	überall gleich	additiv

Beachten Sie, dass auch bei mehr als zwei Pferden vor einem Wagen diese Pferde einzeln über Seile direkt mit dem Wagen verbunden sind. Nicht so trivial ist die Frage, ob die Gewichtskräfte von aneinander gehängten Gewichtstücken eine Parallel-Schaltung oder eine Hintereinander-Schaltung haben, siehe 1.3.3.9.

1.3.3.5 Kräfte als Enden von Impulsströmen

Die schaltungsmäßigen Analogien zwischen dem elektrischen Strom und der Mechanik – zumindest für die eindimensionalen Fälle – führen zu einem Bild und einer Sprechweise, die im *Karlsruher Physikkurs* von F. HERRMANN und Mitarbeitern einem großen Teil der Mechanik und insbesondere auch der Statik zugrunde gelegt werden: Wenn ein Knotenpunkt von links dauernd nach links gerichtete Impulsänderungen und von rechts ebenso starke nach rechts gerichtete bekommt – wenn also von beiden Seiten an ihm gezogen wird –, so kann man das auch als eine von links nach rechts durch den Knoten wandernde und nach links gerichtete Impulsänderung auffassen. Ebenso gut kann man es *stattdessen* als eine nach links wandernde, aber nach rechts gerichtete, auf jeden Fall also eine „rückwärts reisende" Impulsänderung auffassen.

Gummibänder, gespannte Federn, aber ebenso auch das Schwerefeld treten dabei als Leiter für Impulse auf – besser für Impulsänderungen. Luftkissen und Schmiermittel dagegen wirken als Isolatoren. Wir können – unabhängig von der Frage nach Nah- oder Fernwirkung oder sonst der Natur des „vermittelnden Mediums" – hinsichtlich der Orientierungen klar zwischen Anziehung und Abstoßung unterscheiden.

Teilt man den während eines Zeitintervalls durch einen Leiter wandernden Impuls durch dieses Zeitintervall, kommt man zu einer Impulsstromstärke. Analog dazu gibt die elektrische

1.3.3 Kräfte als einseitige Sichten auf Wechselwirkungen

Tabelle 1.3.3 Das Wandern von Impulsänderungen

Anziehung	**Abstoßung**
Impuls-Änderung wandert **rückwärts**	Impuls-Änderung wandert **vorwärts**
verlängerte Feder	verkürzte Feder
elektrische Ladungen ungleicher Vorzeichen	elektrische Ladungen gleicher Vorzeichen
Gravitation	

Stromstärke an, wie viel Ladung pro Zeit durch einen Leiter wandert. Der bedeutende Unterschied ist allerdings, dass beide elektrische Größen Skalare sind, die mechanischen aber Vektoren.

➤ Wenn man zu den Stromdichten übergeht, um die Verteilung auf dem Leiterquerschnitt zu beschreiben, so bekommt man als elektrische Stromdichte einen Vektor, als Impulsstromdichte dagegen einen Tensor. Im Prinzip betreibt man dann die komplizierte Kontinuumstheorie elastischer Körper. Man kann das etwas entschärfen, indem man – wie auch meist in der Elektrizität – nur linienförmige Leiter betrachtet und die drei Impulskomponenten einzeln als Erhaltungsgrößen wandern lässt. In schräg laufenden Leitern laufen sie allerdings nicht unabhängig voneinander, sondern in zahlenmäßigen Verhältnissen, die Winkelfunktionen der Richtung sind.

Ist nun Kraft dasselbe wie eine Impulsstromstärke? Betrachten wir dazu das gespannte Gummi zwischen den beiden Bällen. Es gibt nur einen Impulsstrom, den wir wahlweise als eine Wanderung von linksgerichtetem Impuls nach rechts *oder* als eine von rechtsgerichtetem Impuls nach links beschreiben können. Die beiden Bälle werden aber in verschiedener Orientierung beschleunigt: der linke nach rechts und der rechte nach links. Entsprechend haben die an ihnen messbaren Kräfte – in üblicher Redeweise „die auf sie wirkenden Kräfte" – verschiedene Vorzeichen, aber den gleichen Betrag wie die Impulsstromstärke. Das liegt daran, dass immer einer der beiden Bälle als Absender und der andere als Empfänger der gleichen Impulsdifferenz auftritt.

In einem gewissen Sinne sind die an den beiden Enden des Impulsleiters auftretenden Kräfte die Vorder- und die Rückseite eines einzigen Impulsstromes. Es ist völlig willkürlich, welche Seite wir als Vorderseite ansehen.

➤ Die Wahl einer Impulsrichtung zur Beschreibung des Impulsstromes bricht also die von Natur aus vorliegende Symmetrie der Situation. Der Vergleich mit den beiden Seiten einer Münze soll betonen, dass ein einziger unteilbarer Vorgang durch *zwei* Kräfte – in üblicher Wortbedeutung – beschrieben wird.

1.3.3.6 Kraftmessung

Nach unserer Definition kann man eine Kraft einfach über eine Beschleunigung messen. Das geht aber nur dann recht einfach, wenn die Kraft auf dem ganzen Weg, der aufgrund der Beschleunigung durchlaufen wird, konstant ist. Beim homogenen Schwerefeld ist das erfüllt. Meistens schaltet man gegen die zu messende Kraft eine andere oder mehrere andere, sodass ein gemeinsamer Knotenpunkt unbeschleunigt bleibt.

Einige Objekte, Feder und Dehnungsmessstreifen etwa, verformen sich in geometrisch oder elektrisch wirksamer Weise, wenn sie an benachbarte Objekte Impulsänderungen geben – auf diese „Kräfte ausüben". Sie eignen sich daher gut als Kraftmessgeräte.

Wir diskutieren dazu ein schulübliches Verfahren, mit dem gezeigt wird, wie man eine Feder mit einer Kraftskala ausrüsten kann. Die Feder hängt an einem Stativhaken. An ihr hängt ein

Gewichtstück bekannter Masse. Man findet, dass die Feder etwas länger ist als ohne dieses Gewicht. Die Verformung hat also etwas damit zu tun, dass das Gewichtstück von der Feder nach oben beschleunigt wird, und zwar gerade so stark, dass die Beschleunigung nach unten – die von der Erde verursacht wird und deren Wert wir kennen – additiv zu null ausgeglichen wird.

Bei dieser Beschreibung beschleunigt sowohl die Feder als auch die Erde das Gewichtstück. Wenn eins von beiden fehlte, fänden wir die Beschleunigung durch das andere als Beginn einer Bewegung vor. Da beide Beschleunigungen bis aufs Vorzeichen gleich sind, ist die Bedingung für den Fall „Statik" erfüllt. Daher kann man die „Kraft" bequem ablesen. Dass sich der Gleichgewichtszustand so problemlos herstellen lässt, hat damit zu tun, dass die Feder und die Schwere verschiedene Abstandsgesetze haben.

Kann man nun auch sagen, dass die Schwerkraft die Feder dehnt? Erstaunlicherweise nicht, denn wenn wir eine Feder fallen lassen, ist sie nicht gedehnt. Der etwas elastisch verbogene Stativhaken dehnt sie aber auch nicht von alleine. Vielleicht aber schaffen es beide gemeinsam, indem sie an verschiedenen Enden der Feder ziehen? Zu einer Antwort ändern wir den Versuch etwas ab, indem wir ihn drehen.

1.3.3.7 * Die Ankunft des Impulses heißt auch „Trägheitskraft"

Wie ist es, wenn die Feder waagerecht liegt und gedehnt ist, mit einem Ende am Stativ befestigt, am anderen das reibungsfrei gelagerte Gewichtstück? Die Feder wird das Gewichtstück zum Stativ hin beschleunigen. Aber wer oder was hält sie während des Beginns der Bewegung gedehnt, nachdem wir sie losgelassen haben?

Wenn man der Meinung ist, eine gedehnte Feder zeige immer an, dass an ihren beiden Enden jemand zieht, so muss man auch behaupten, dass eine beschleunigte Punktmasse sich so verhält wie jemand, der an der Feder zieht, von der aber wiederum gesagt wird, dass sie ihn ziehe. Diesen Einfluss der Punktmasse auf die Feder – oder auf die Hand eines Menschen – kann man man eine „Trägheitskraft" nennen. Der Streit in Schulbüchern und anderswo über dieses Thema lässt aber vermuten, dass dieser Begriff nicht zur Klarheit führt. Was ist überhaupt die Ursache wovon? Übt die Feder auf ihre Nachbarn Kräfte aus, weil sie verformt ist, oder ist sie verformt, weil die Nachbarn Kräfte auf sie ausüben? Beides führt doch wohl zu einem gedanklichen Zirkel.

> Newton nannte die beschleunigende Kraft „vis impressa", eingedrückte Kraft und definierte ausdrücklich außerdem noch eine „vis insita", eine innewohnende Kraft, mit der sich ein Körper der Beschleunigung widersetzt. Diese fasste er als synonym zum „impetus" auf. Vom Standpunkt der Impulswanderung beschreibt die *vis impressa* den aus der Außenwelt ankommenden Impuls und die *vis insita* die Eigenschaft des Objekts, diesen Impuls schlucken zu können. Wenn man das Eingießen von Kaffee in eine Tasse so beschreibt, wie hier das Eingeben eines Impulses in ein Objekt beschrieben wird, wirkt das lustig. Bei allem Respekt vor Newtons Formulierung der Dynamik in den *principia* – die zu den folgenreichsten und genialsten Taten menschlicher Intelligenz gehört – bin ich doch der Meinung, dass die spätere Entwicklung der KM und der gegenwärtigen Schulphysik gut daran tun, Trägheitskräfte nur als formalen Kniff und am besten gar nicht zu formulieren. Es mindert nicht den Respekt vor einem großen Erfinder, wenn man elegante Weiterentwicklungen benutzt.

Wir können die ganze Punktmechanik – und einiges darüber hinaus – sehr gut verstehen, wenn wir uns Federn als Geräte vorstellen, die selbst fast keine Masse haben, aber eine Wechselwirkung ausüben, die darin besteht, dass sie an die angeschlossenen Punktmassen dauernd entgegengesetzt gleich große Impulsdifferenzen geben. Wenn die Punktmasse diese einfach nur aufnimmt und nicht von anderer Seite kompensiert bekommt, wird sie beschleunigt. Das ist alles.

➢ Falls wir doch einmal die Masse der Feder nicht vernachlässigen können, denken wir sie uns in dünne Scheiben mit Masse und masselose kurze Federn dazwischen aufgeteilt.

In 1.3.8 werden wir dem Wort „Trägheitskraft" in einer anderen Deutung begegnen, die dem Wort heute meist gegeben wird. Für Objekte, die in einem beschleunigten Bezugssystem *ruhen*, stimmen die Zahlenwerte für beide Deutungen miteinander überein.

1.3.3.8 Das Gesetz von Hooke

ROBERT HOOKE hat 1679 einen besonders einfachen Zusammenhang zwischen Kraft und Längenänderung gefunden, der in vielen Anwendungen mehr oder weniger genau zutrifft oder zumindest erwünscht ist, nämlich die Proportionalität zwischen beiden.

➢ Um seine Priorität zu sichern, ohne das Gesetz zu verraten, hat er es zuerst als Anagramm – als alphabetisch sortierte Buchstabenfolge – veröffentlicht: „ceiiinosssttuv". Die Auflösung ist „Ut tensio sic vis", „Wie die Dehnung, so die Kraft." „Tensio" heißt hier keinesfalls „Spannung", wie man wegen des Englischen glauben könnte.

Das heißt zunächst einmal für einen Draht oder eine Wendelfeder, dass zu jeder Zugkraft F eine Längenänderung ΔL gehört mit der Beziehung $F = D \cdot \Delta L$. D ist eine Konstante der jeweiligen Feder und wird daher *Federkonstante* genannt.

Schalten wir mehrere Drähte parallel zueinander, so haben wir bei gleicher Verlängerung die Summe der Kräfte. Bei einheitlicher Drahtsorte können wir einfach einen entsprechend größeren Querschnitt nehmen. Hängen wir mehrere gleichartige Drähte aneinander, so addieren sich bei gleicher Kraft die Verlängerungen. Mit einer Materialkonstanten E für *Elastizitätsmodul*, englisch *Young's modulus*, und der Querschnittsfläche A kann man nun formulieren: $Z = F/A = E \cdot \Delta L/L$. Man nennt Z *Zugspannung*. Wenn man statt des Drahtes einen Stab nimmt, der nicht knickt, gilt das Gleiche auch für seine Verkürzung unter *Druckspannung*.

➢ Beachten Sie die formale Analogie zwischen der Federkonstanten und dem elektrischen Leitwert sowie dem Elastizitätsmodul und der elektrischen Leitfähigkeit, siehe 3.2.5. In beiden Fällen geht es um die Umrechnung zwischen einer Körper- und einer Materialkonstanten anhand von Querschnitt und Länge. In beiden Fällen geht es um den Transport einer Erhaltungsgröße, um Impuls und elektrische Ladung.

Außer der Längenänderung gibt es auch noch die elastische *Scherung*, bei der Kräfte betrachtet werden, die nicht rechtwinklig auf einer Fläche, sondern tangential in ihr wirken. Dabei wird ein Rechteck in ein Parallelogramm verformt. Das Gesetz von Hooke gilt auch in diesem Fall. Es sei hier nur noch erwähnt, dass die Längenänderung einer Wendelfeder auf einer solchen Scherung ihres Drahtes beruht, die zugleich auch als Verdrillung beschrieben werden kann.

Dass ein elastischer Gegenstand bei zu großer Kraft zerreißen kann, ist klar, aber auch sonst muss das Gesetz von Hooke nicht immer gelten. Insbesondere muss ein verformter Gegenstand nach dem Loslassen nicht genau in die alte Form und zur alten Länge zurückkehren. *Plastizität* und elastische *Hysteresis*, griechisch für „Zurückbleiben", treten auf.

1.3.3.9 Die Schwerkraft im homogenen Grenzfall

Obwohl wir erst im Kapitel 2 die Schwerkraft genauer behandeln werden, soll hier ein vorläufiger Blick auf sie geworfen werden, wie auch schon in 1.1 und 1.2. Wir betrachten den Grenzfall, den wir nahe der Oberfläche eines Planeten haben, ein *homogenes Feld*.

➤ Zum Lernen der Mechanik ist die Schwerkraft eigentlich als untypisches Beispiel eher ungünstig – fast so schlimm wie die Muskelkraft – aber experimentell sehr bequem und schwer zu vermeiden.

Denken Sie sich ein 6 370 km langes unsichtbares Gummiband zwischen einem Apfel oben und einer $6 \cdot 10^{24}$ kg schweren Punktmasse unten. Es ist so stark gespannt, dass der Apfel mit 9,8 m/s^2 nach unten beschleunigt wird, wenn er nicht am Baum festgewachsen ist oder irgendwie sonst festgehalten wird. Das ähnelt der Schwerkraft nicht zu weit über dem Erdboden, siehe 2.2.

Wenn man nun die Höhe über dem Erdboden um einige Meter ändert, so dürfen wir erwarten, dass eine Änderung der Beschleunigung bei dem so langen Gummiband in der sechsten Dezimalstelle bleiben wird. Für die wirkliche Schwerkraft auf der Erde ist das ebenso, obwohl das Schwerefeld und das Gummiband ganz verschiedene Abstandsgesetze haben, was sich aber erst bei größeren Unterschieden auswirkt. In ähnlicher Weise ändert sich auch nur sehr wenig an der Richtung der Beschleunigung, wenn wir alles einige Meter seitwärts verlagern.

In diesem Bereich – einige Meter seitwärts und vertikal – bleibt daher die Kraft nach Betrag und Richtung *fast* genau gleich, ist also ortsunabhängig. Das ist keine besondere Eigenschaft der Schwerkraft, sondern allein Folge des Verhältnisses aus Ortsunterschied und solchen Größen wie Federlängen oder Planetenradien.

❍ Haben die Gewichtstücke oben und unten Haken, kann man leicht mehrere zugleich an eine Feder hängen. Das sieht dann aus wie eine Hintereinanderschaltung. Die unsichtbaren vom Erdmittelpunkt ausgehenden Gummifäden, die uns die Schwerkraft veranschaulichen sollen, müssen wir uns aber durch die unteren hindurchgezogen denken bevor sie in die einzelnen Gewichtstücke oben münden.

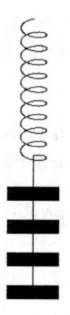

Bild 1.3.1
Feder und Gewichtsstücke

Auch bei dem Apfel müssen wir uns die einzelnen Gummifäden, die die Schwerkraft darstellen sollen, so denken, dass sie einzeln in den verschiedenen Atomen des Apfels enden und nicht etwa an seiner Außenhaut. Die Schwerkraft bezeichnet man mit dem Schlagwort „Volumkraft". Dies ist aber weniger deutlich als unsere Modellvorstellung hier. Die Schwerkraft greift sozusagen nicht punktweise und auch nicht nur an der Oberfläche, sondern auf das gesamte Volumen verteilt an, jedenfalls wenn die Dichte überall gleich ist. Sie verteilt die Impulse an alle einzelnen Massen gleichermaßen, und zwar einfach deswegen, weil sie allen die gleiche Beschleunigung gibt. Mehr dazu in 1.3.8.1 bis 1.3.8.3.

1.3.3.10 Kraftschluss und Haftung

Impulse wandern nicht nur vorwärts und rückwärts durch Stangen und Seile. Sie können auch seitwärts „die Spur wechseln", nämlich von einem Objekt zu einem anderen wandern, wenn beide nebeneinanderher laufen und dabei Kontakt haben. Dieser Kontakt kann in dauerhaften Verbindungen wie Schrauben, Niete oder Schweißnähten bestehen, aber auch durch geometrisches Greifen wie bei Zahnrädern oder Zahnstangen geschehen. Wenn er aber – zumindest makroskopisch gesehen – nur durch Berührung der Oberflächen unter gegenseitigem Andrücken zustandekommt, spricht man in der Physik und der Technik von *Reibung*.

➤ Sprachlich ist das zunächst nur dann gerechtfertigt, wenn sich die Flächen zueinander – aneinander entlang – bewegen. „Haftreibung" ist eigentlich in sich so unlogisch wie „ruhender Verkehr" aber trotzdem gebräuchlich.

Es gibt noch einen anderen wichtigen Unterschied zwischen den Reibungsvorgängen mit und denen ohne Relativbewegung. Haften kann ohne Energieumsatz beliebig lange andauern. Die echten Reibungsvorgänge entwerten dagegen ständig Energie, indem sie Entropie erzeugen. Sie wandeln *Exergie* in *Anergie* um, siehe 6.2.4.

Den zahlenmäßigen Zusammenhang zwischen der tangential übertragbaren Kraft und der Andruckkraft beim Kraftschluss durch Haftung kann man sich mit einer geometrischen Modellvorstellung erklären. Dazu deutet man die aneinander liegenden Grenzflächen wie in Bild 1.3.2 als ineinander greifende Zacken. Nun kommt es nur noch auf deren Winkel an, wenn man reibungsfreies Gleiten entlang der Zackenflanken annimmt. In Wirklichkeit läuft Reibung wesentlich komplizierter ab, was allein schon durch die Beeinflussbarkeit durch chemische Zusätze deutlich wird: Öl zum Schmieren, Kolophonium oder Talk zum Greifen.

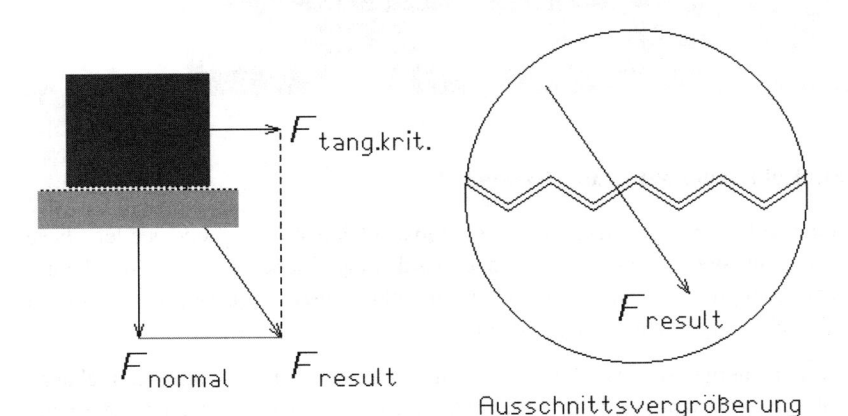

Bild 1.3.2 Modellvorstellung zum Haften
Der Haftkoeffizient gibt an, welches Verhältnis die zur Grenzfläche parallele Kraft zu der zu ihr rechtwinklig stehenden mindestens haben muss, damit Kraftschluss besteht. Die Modellvorstellung dazu ist unsere reibungsfreie gezackte Grenze mit den zu zugehörigen einheitlichen Steigungen.

Dieser Winkel ist vor allem von den beteiligten Materialien samt Schmierstoff abhängig. Man kann ihn sich modellmäßig so erklären, als ob die mikroskopischen Oberflächen mit diesem Winkel gegen die „mittleren" Flächen zickzackartig gewellt und ansonsten völlig reibungsfrei wären.

Das Bild 1.3.2 zeigt den Grenzfall. Wenn die waagerecht gezeichnete Komponente – etwa die Zugkraft bei einem Fahrzeug – größer ist, gleiten die Flächen aneinander. Im anderen Fall sind sie relativ zueinander in Ruhe – etwa beim Abrollen von Reifen ohne Rutschen.

Der *Haftkoeffizient* ist der Tangens des betrachteten Haft-Winkels. Die zugehörigen Kraftkomponenten rechtwinklig und parallel zur Grenzfläche werden üblicherweise *Normalkraft* und *Haftkraft* genannt, womit eigentlich „maximale Haft(reibungs)kraft" gemeint ist.

➢ Der Tangens ist definiert als $\tan(\alpha) = \sin(\alpha)/\cos(\alpha)$.

Die Bezeichnung „Reibung" in Verbindung mit Haftung ist vom Sprachsinn her nicht angebracht. Auch sachlich ist das nur sehr bedingt sinnvoll, da bei Haftung *keine* Energieentwertung stattfindet. Einige Autoren, etwa R. W. POHL, wundern sich, dass die Umgangssprache hier nicht von „Reibung" spricht. Dabei hat man es doch eher mit einer Willkür der Fachsprache zu tun, die verschiedene Dinge wegen formaler Ähnlichkeit und nur teilweiser Gemeinsamkeiten in einen Topf wirft, der von nichts anderem als der Umgangssprache entlehnt ist.

Die Impulsleitung nennt man im Fall von Haftung auch „Kraftschluss". Haftung ist im Straßenverkehr sehr erwünscht, im Gegensatz zur echten Reibung. Haftung hat eher etwas mit Zahnrädern oder Zahnstangen als mit Reibung zu tun.

1.3.3.11 * Ein Heimexperiment zur „Trägheit"?

Nehmen Sie eine volle und eine leere Konservendose gleicher Größe und stellen diese nebeneinander auf ein Stück Papier, das auf dem Tisch liegt. Ziehen Sie dann das Papier das eine mal stark ruckartig, das andere mal eher allmählich unter den Dosen weg, also mit verschiedenen Beschleunigungen. Was geschieht?

In manchen Physikbüchern wird dieser Versuch – immer nur mit *einer* Dose oder Kaffeekanne auf einmal – als „Beweis der Trägheit" beschrieben, und in den meisten davon wird die Masse als Trägheit erklärt. Der Witz ist nur, dass beide Dosen genau bei den gleichen Beschleunigungen dem Papier folgen. Bei zu großen Beschleunigungen folgen dann beide nicht mehr. Die einzige Größe, in der sich die Dosen des Versuchs deutlich unterscheiden, ist peinlicherweise die Masse, an deren Größe der Effekt aber nicht wirklich hängt. Mit der genau gleichen Berechtigung könnte man auch den reibungsfreien freien Fall – der ja ebenfalls unabhängig von der Größe der Masse verläuft – als Beweis für die Trägheit der Masse vorführen. In Wirklichkeit handelt unser Versuch vom Haftkoeffizienten, der angibt, mit welchem Teil des Betrages der Fallbeschleunigung man das Papier seitwärts maximal ziehen darf, damit die Metalldose mitkommt. Dieser Haftfaktor ist, wie wir wissen, eine

Eigenschaft der Stoffkombination, hier also von Metall auf Papier. Im Straßenverkehr spielt dies im Winter ebenfalls eine wichtige Rolle, siehe 1.4.5.2.

1.3.3.12 Die Muskelkraft als eine besonders untypische Kraft

Stellen Sie sich vor, Sie hätten die Zoologie der Säugetiere in einem Land zu unterrichten, in dem Schnabeltiere die Säugetiere sind, die man als Kind zuerst zu sehen bekommt. Das wird sehr mühsam, denn Sie müssten zeigen, dass die meisten Säugetiere in vielen Eigenschaften völlig anders sind.

So geht es uns auch mit der Kraft, wenn wir sie an dem so vertrauten, aber sehr untypischen „Musterbeispiel" der Muskelbetätigung lernen sollen. Nehmen wir ein näher liegendes Beispiel. Sie wollen ein Auto mit laufendem Motor an einer roten Ampel daran hindern, rückwärts einen Hang hinabzurollen. Weil die Handbremse nicht gut zieht, machen Sie es mit laufendem Motor und schleifender Kupplung. Das ist eine Art Notlösung, und niemand wird es als eine besonders typische Art ansehen, ein Auto festzuhalten.

Wenn wir aber mit unserer Muskelkraft einen Koffer tragen oder auch nur am ausgestreckten Arm halten, so geschieht Vergleichbares. Unsere Skelettmuskeln sind optimiert für schnelle Bewegungen der Arme und Beine und können nur unelegant etwas ohne Bewegung halten.

In den Muskelfasern sind nämlich lange Moleküle, die sich bei Energiezufuhr – aus der Nahrung und Atmung – knicken können. Sie verkürzen sich und sind mit einem Ende an anderen langen Molekülen festgehakt. Weil viele Moleküle das zugleich tun, verkürzt sich schnell die ganze Muskelfaser. So wird unsere Hand mitsamt einem Handball beschleunigt. Wenn nun das Festhaken dauerhaft wäre, könnten wir ohne *dauernde* Anstrengung – nur mit anfänglicher – einen Koffer halten. Die Muskeln hätten dann mehr Ähnlichkeit mit Stahlfedern. Tatsächlich rutschen aber die Muskelfasern in die alten Positionen zurück. Für die schnellen Bewegungen, die in der Evolution der Säugetiere – zusammen mit der von der Außentemperatur unabhängigen hohen Nervenleitgeschwindigkeit – entscheidend waren, ist das kein wesentlicher Nachteil.

Wenn wir aber einen Koffer halten, so müssen die Muskeln ständig Energie umsetzen, obwohl wir nur am Anfang welche in den Koffer geben.

Die Sinnesempfindung, die wir beim Tragen eines Koffers haben, entspricht offenbar weitgehend dem Energieumsatz unserer Muskeln und kümmert sich nicht um die nach außen abgegebene Energie oder um die statische Kraft. Das ist keine gute Voraussetzung, um daraus den physikalischen Begriff der Kraft, wie er heute in der Mechanik benutzt wird, zu entwickeln.

1.3.3.13 Ist die Kraft mehr als nur die Impulsänderungsrate?

Trotzdem bleibt die Frage, ob die Kraft nicht „mehr" ist als nur dp/dt oder $m \cdot d^2x/dt^2$. NEWTON hat das zweite Gesetz in seinen *Principia*, siehe 1.3.9.4, keineswegs als Definition der Kraft aufgefasst – auch wenn manche Schulbücher das so darstellen. Vielmehr sah er Kräfte als Ursachen von Impulsänderungen an, und Ursachen sind von anderer Art als deren Wirkungen. Es ist fast wie beim Unterschied zwischen einer Tat und einem Täter. Auch in heutigen Büchern redet man von Kräften fast immer wie von Tätern, die irgendwo herrschen und irgendetwas beschleunigen oder verhindern, allgemeiner: auf etwas „wirken".

➢ Man kommt offenbar schwer los von der Vorstellung, dass jede Änderung von einem Subjekt verursacht sein müsse, das man sich wie eine Verallgemeinerung von Mensch oder Tier denkt. Es scheint nicht auszureichen, dass ein Impuls von einem Objekt zu einem anderen überwechselt – wie ein Floh von einem Hund zu einem anderen –, es muss auch gleich noch etwas für den Wechsel verantwortlich gemacht werden.

○ Viele Beispiele, die wegen ihrer Alltäglichkeit für besonders unterrichtstauglich gehalten werden, zeigen eine Asymmetrie zwischen den Partnern der Impulsübergabe. So scheint es klar, dass die Erde den Apfel oder den Mond anzieht und in der Bewegung ändert, dass ihr selbst dabei aber nichts geschieht. Im Falle der Beteiligung von Muskelkraft ist die Unterscheidung von aktivem und passivem Partner noch deutlicher: Das Pferd zieht den Wagen, aber bremst der Wagen auch das Pferd? Bei näherem Hinsehen stellt sich aber heraus, dass es für den Impuls und seine Übertragung *keine* sinnvolle Unterscheidung zwischen Aktiv und Passiv gibt, zwischen Tun und Nichtstun oder auch Erleiden. So eine Unterscheidung passt eher zur Energieübertragung.

Das Wort „Kraft" hat in der Physik Verbreitung gefunden, lange bevor man erkannt hatte, dass Impuls und Bewegungs-Energie zwei verschiedene Größen sind. „Kraft" war auch fachsprachlich noch lange mit „Energie" vermischt, und zwar nicht nur im Sinne schlampiger Sprechweisen.

Wenn man heute von „starker" und „elektromagnetischer" Kraft – besser von „starker Wechselwirkung" und „elektromagnetischer Wechselwirkung" – redet, so meint man nicht so sehr die Impulsänderung oder deren Rate, sondern jeweils einen Effekt, der überwiegend mit Formeln über die Energie beschrieben wird. Diese Effekte erlauben – verursachen? – den Austausch mehrerer Bilanzgrößen zwischen Teilchen, die diese mit sich führen, siehe 8.3.

„Kraft" war also zunächst ein Mischbegriff für fast alles. Man sollte ihn heute nur in zwei getrennten Bedeutungen verwenden:

- im Sinne von 1.3.3.1 als Messgröße, die gleich dem Quotienten des an einem Objekt ankommenden Impulses und der dabei ablaufenden Zeit ist
- im Sinne von 8.3 als allgemeines Phänomen, bei dem Bilanzgrößen getauscht werden, wobei jeweils eine Sorte von Bosonen beteiligt ist, wie Photonen, Gluonen, Gravitonen oder Weakonen.

1.3.4 Beispiele zur Dynamik

Wir wenden unsere Impulsbetrachtungen nun auf beschleunigte Bewegungen und in 1.3.5 sowie 1.3.6 auf statische Gleichgewichte an.

1.3.4.1 Richtungsänderung

Aufgabe:

Eine Kugel von 10 g fliegt mit 100 m/s nach Norden. Welchen Impuls muss man ihr mit einem Hammerschlag geben, damit sie danach mit dem gleichen Geschwindigkeitsbetrag (a) nach Süden, (b) nach Osten fliegt? Es ist jeweils Betrag und Richtung des Impulses gefragt.

Lösung:

Der Impuls der Kugel hat vor und nach dem Stoß den Betrag $1 \, \text{kg} \cdot \text{m/s}$ und die jeweils geforderte Richtung. (a) Um hinterher nach Süden zu fliegen, muss sie $2 \, \text{kg} \cdot \text{m/s}$ in Richtung nach Süden aufnehmen. (b) Um die Richtung um einen rechten Winkel zu ändern, und zwar von Norden nach Osten, muss die Kugel $1{,}41 \, \text{kg} \cdot \text{m/s}$ in Richtung nach Südost aufnehmen.

1.3.4 Beispiele zur Dynamik

Man findet diese Werte als Differenzvektoren im Impulsraum. Wegen der Impulserhaltung muss der Impuls eines anderen Objektes den gleichen Impuls abgeben oder einen der entgegengesetzten Richtung aufnehmen – hier geht es um den Hammerschlag! Alternativen zum Hammerschlag sind der Arm des Schützen mit Gewehr, der Tennisschläger, der Fuß eines Fußballspielers, die Erde mit Straßenbelag.

➤ Richtungen werden in der Physik meistens nach dem Ziel benannt, Windrichtungen jedoch nach der Herkunft. Der Westwind weht aus dem Westen nach Osten. Das kommt vermutlich daher, dass man sich beispielsweise den Nordwind als einen Gott vorgestellt hat, der im Norden wohnt und gelegentlich pustet. Bei einem Vektor denkt man offenbar eher an einen Menschen, der irgendwo hin will.

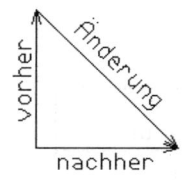

Bild 1.3.3 Von „nach Nord" nach „nach Ost"

1.3.4.2 Inelastischer Stoß

Als *Stoß* bezeichnet man eine Impulsübertragung, die räumlich und zeitlich weitgehend lokalisiert ist. Billardbälle werden so gespielt. Ein Stoß heißt *total inelastisch*, wenn die beteiligten Objekte hinterher zusammen bleiben und dann eine gemeinsame Geschwindigkeit haben: Knetgummi, Autos dank Knautschzone, Ball plus Torwart.

Aufgabe:

Mit welcher Geschwindigkeit sollte sich ein Torwart einem Fußball entgegenwerfen, damit er nach dem Einfangen ohne weiteres still stehen kann? Wie schnell bewegt er sich nach dem Einfangen, wenn er vorher stillsteht? Wir nehmen als Massen rund 0,5 kg und 50 kg an und als Geschwindigkeit des Balls 30 m/s.

Lösung:

Der Impuls des ankommenden Balls ist 15 N · s. Falls der Torwart vorher stillsteht, haben beide zusammen nachher diesen Impuls, also rund die Geschwindigkeit 0,3 m/s. Wenn der Torwart dagegen hinterher stillstehen will, muss er dem Ball mit 0,3 m/s entgegenkommen.

➤ Dramatischer als der Impuls – und schon eher ein Grund, in die falsche Ecke zu springen – ist bei diesem inelastischen Stoß die Abbremsung auf wenigen Zentimetern Weglänge, um die sich der Ball und der Körper des Torwarts verformen. Dazu gehören nur wenige Millisekunden für die Impulsübergänge. Das ist eine Kraft in der Größenordnung von über 1 000 N, weit über dem eigenen Körpergewicht, konzentriert auf die Arme oder die Brust.

Wir werden sehen, dass bei inelastischen Stößen in der Regel eine Energieentwertung stattfindet. Der Vorgang ist daher nicht umkehrbar, es sei denn mit einer noch weiter gehenden Energieentwertung, etwa durch Sprengung. Der elastische Stoß wird besonders klar mithilfe von Impuls- *und* Energiebilanzen beschrieben, siehe 1.4.8.

1.3.4.3 Die Erde fällt auf den Apfel (?)

Dass ein Apfel auf die Erde fällt, weiß jeder. Wo bleibt aber dabei die Symmetrie der Impulserhaltung?

Aufgabe:

Berechnen Sie bitte die Geschwindigkeiten vor und nach einem eine Sekunde lang dauernden Fall. Berechnen Sie auch die zugehörigen Kräfte und Impulse. Nehmen Sie dazu an, dass der Apfel 0,2 kg und die Erde $6 \cdot 10^{24}$ kg Masse haben. Die Vorzeichen der Vektorkomponenten sollen nach oben positiv zählen.

Lösung:

Tabelle 1.3.4

	Apfel	Erde	zusammen (Schwerpunkt)
Masse	0,2 kg	$6 \cdot 10^{24}$ kg	$6 \cdot 10^{24}$ kg
Geschwindigkeit vorher	0	0	0
Impuls vorher	0	0	0
Impuls nachher	-2 N·s	$+2$ N·s	0
Geschwindigkeit nachher	-10 m/s	$3,3 \cdot 10^{-25}$ m/s	0
Kraft	-2 N	$+2$ N	0

Das ist alles recht einfach. Es führt noch einmal drastisch vor Augen, dass man zwar die Geschwindigkeit der Erde und ihre Beschleunigung vernachlässigen kann, dass aber das gegenseitige Fallen von Apfel und Erde bezüglich der Impulse und der Kräfte völlig symmetrisch ist. So zu tun, als änderte nur der Apfel seinen Impuls, ist wie die sprichwörtliche Rechnung ohne den Wirt – womit wir wieder bei der Analogie zwischen Erhaltungsgrößen und Zahlungsmitteln wären!

➢ Wenn man zur Kenntnis nimmt, dass es in der Mechanik im Grunde um das Geben und Nehmen von Impulsen – sowie Drehimpulsen und Energien – geht, macht es also wenig Sinn, die Dynamik an einer einzigen Punktmasse einzuführen. Das ist der leider sehr verbreitete Versuch, etwas einfacher erklären zu wollen als es möglich ist. Einer der dann kaum vermeidbaren Fehler ist, eine Kraft prompt doppelt zu zählen, wenn das „andere Objekt" zur Sprache kommt.

Dass das Geben an das eine Objekt zugleich ein Nehmen beim anderen ist, wird üblicherweise durch die Betragsgleichheit von „Kraft und Gegenkraft" ausgedrückt: Drittes Gesetz von Newton. Wenn Graf Bobby 50 € von seinem Konto auf meines überweist, sind die „Einzahlungen" auf die beiden Konten von gleichem Betrag, aber von verschiedenem Vorzeichen. Man könnte auch eine von den beiden als „Gegeneinzahlung" bezeichnen, und manche Witze beruhen auf der wenig intelligenten Behauptung, es seien insgesamt 100 € gezahlt worden: 50 € von Bobby und 50 € an mich.

Es sei nicht verschwiegen, dass die Zuteilung von Vorzeichen in der Mechanik – wegen des Vektorcharakters – willkürlicher ist als beim Geld. Die Fehler sind daher verzeihlicher. Man kann aber auf jeden Fall Klarheit bekommen, wenn man nach den Impulsänderungen der beteiligten Objekte fragt. Man spricht dabei wie von Konten für Impulse und auch anderen Größen, aber nicht von Tätern und Opfern. Aufeinander irgendetwas auszuüben, einander zu beherrschen, nach gewissen Änderungen zu trachten oder diese auch nur zu „verursachen" ist hier nicht nötig. Es ist auch gar nicht so klar, ob der Apfel *oder* die Erde das Fallen *verursacht*.

1.3.4.4 Der Versuch von Atwood – Die Fallmaschine

Aufgabe:

Man hängt wie in Bild 1.3.4 zwei Gewichtstücke mit den Massen m_1 und m_2 an die Enden eines leichten Seils, das über eine Rolle mit ortsfester Achse gehängt ist. Berechnen Sie bitte die Beschleunigung aus einer Bilanz der zeitbezogenen Impulsänderungen – das ist dasselbe wie eine Kraftbilanz, nur mit klarerem Blick auf die Vorzeichen. Wir setzen voraus, dass die Rolle sich so leicht drehen lässt, dass beide Teile des Seiles stets mit gleich großer Kraft gespannt sind.

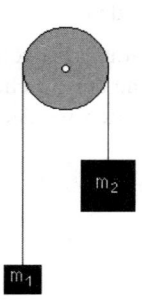

Bild 1.3.4 Die Fallmaschine von ATWOOD

Lösung:

Der Betrag der nach unten gerichteten Fallbeschleunigung sei g. Wir zählen alle Impulse und die Beschleunigungen a_1 und a_2 nach oben positiv und betrachten die Impulsänderungen pro Zeit:

$$\frac{dp_1}{dt} = m_1 \cdot a_1 = F_{\text{Seil}} - m_1 \cdot g, \qquad \frac{dp_2}{dt} = m_2 \cdot a_2 = F_{\text{Seil}} - m_2 \cdot g$$

Das bedeutet: Das Seil gibt dauernd beiden Gewichten gleiche Impulse nach oben, die Schwerkraft beiden ungleiche nach unten. Da das Seil seine Länge nicht ändert, muss $a_1 + a_2 = 0$ sein. Durch Subtraktion der beiden Gleichungen voneinander findet man das Ergebnis:

$$-a_1 = a_2 = g \cdot \frac{m_1 - m_2}{m_1 + m_2}.$$

1.3.4.5 Ein Standard-Versuch mit der Luftkissenbahn

Aufgabe:

Ein Gleiter der Masse m_0 auf einer waagerechten Luftkissenbahn wird wie in Bild 1.3.5 mit einem Faden über eine sehr leichte Umlenkrolle von einem herabsinkenden Gewicht der Masse m_1 beschleunigt. Auch hier sorgt die Rolle dafür, dass beide Teile des Fadens gleich stark gespannt sind und daher pro Zeit die gleichen Impulsbeträge weitergeben.

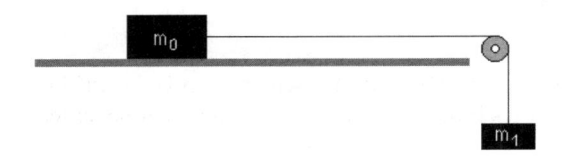

Bild 1.3.5 Gleiter auf waagerechter Luftkissenbahn und herabsinkendes Gewicht

Lösung:

Der Gleiter wird waagerecht beschleunigt: $dp_{x0}/dt = m_0 \cdot a = F_{\text{Faden}}$. Das Gewicht bewegt sich mit dem gleichen Betrag a nach unten. Also gilt für die positive y-Richtung: $dp_{y1}/dt = -m_1 \cdot a = F_{\text{Faden}} - m_1 \cdot g$. Einsetzen von $F_{\text{Faden}} = m_0 \cdot a$ liefert $a = m_1 \cdot g/(m_0 + m_1)$.

1.3.4.6 Das Verlassen der Fähre

Aufgabe:

Beim Anfahren von Autos auf festem Boden wird Wesentliches dadurch verschleiert, dass der Straßenbelag auf eine großräumige Weise mit dem Rest des Planeten verbunden ist.

Wir betrachten darum, siehe Bild 1.3.6, ein Auto von 1 000 kg Masse mit einem Anhänger von 500 kg, das eine Fähre mit der Beschleunigung $1 \, \text{m/s}^2$ zu verlassen beginnt. Damit diese nicht wegschwimmt, ist sie mit einem Tau am Ufer festgebunden. Mit welchen Kräften werden dieses Tau und die Anhängerkupplung durch das Beschleunigen belastet?

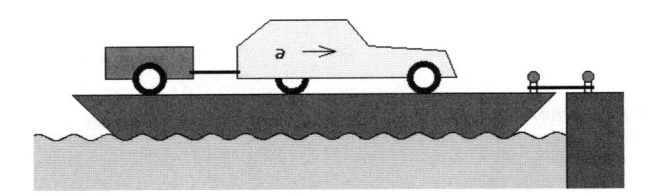

Bild 1.3.6
Die festgebundene Fähre

Lösung:

Das Auto nimmt pro Sekunde 1 000 N · s nach vorne gerichteten Impuls auf, der Anhänger 500 N · s pro Sekunde: 500 N · s/s = 500 N Impulsstrom. Diese 500 N wandern durch die Anhängerkupplung vom „Kraftwagen" nach hinten, also rückwärts wie es bei Zugspannung sein muss. Der gesamte Impuls von 1 500 N · s wird pro Sekunde der Fähre entnommen. Anders gesagt: Die Fähre bekommt vom Auto in jeder Sekunde einen Impuls dieses Betrages nach hinten. Damit sie nicht wegschwimmt, muss das Tau einen ebenso großen nach vorne vermitteln. Dieser wandert rückwärts vom Ufer zur Fähre, es gibt also auch hier Zugspannung.

Die Anhängerkupplung ist also mit 500 N gespannt, das Tau – andere beschleunigende Fahrzeuge soll es nicht geben – mit 1 500 N. Das System ist nur dann abgeschlossen, wenn es mitsamt dem „Rest der Erde" betrachtet wird: Auto und Anhänger nehmen zusammen 1 500 N · s pro Sekunde nach vorne auf, der Rest der Erde den gleichen Betrag nach hinten.

1.3.5 Statik oder Dynamik: Das ist hier die Frage!

Diese Frage ist sehr oberflächlich. Die folgenden Beispiele zeigen, dass etwas von Weitem wie Statik aussehen kann, jedoch bei näherer Betrachtung voller Dynamik steckt.

1.3.5.1 Erbsen fallen auf eine Waage

Aufgabe:

Was zeigt eine Briefwaage an, wenn pro Sekunde 100 harte Erbsen aus 1 m Höhe auf ihre Waagschale fallen, jede je einmal elastisch nach oben reflektiert wird und dann neben der Waage herunterfällt?

1.3.5 Statik oder Dynamik: Das ist hier die Frage!

Lösung:

Wir berechnen die zur Falltiefe gehörende Geschwindigkeit zu 5 m/s und schätzen einen Wert für die Masse einer Erbse: 0,000 1 kg. Nun dividieren wir für die harten Erbsen den doppelten Impuls pro Erbse und für die weichen den einfachen Impuls durch die mittlere Zeit 0,01 s. So findet man knapp 0,1 N, entsprechend dem Gewicht von 10 g.

➤ Bei der Lösung setzen wir voraus, dass sich die Waage bereits in die Gleichgewichtsposition gesetzt hat.

1.3.5.2 Hüpfen

Aufgabe:

Wie stark drückt jemand auf den Boden, der beim Laufen oder Hüpfen nur 20 % der Zeit Bodenkontakt hat? Genauer gefragt: Wie stark ist das gemittelt über die gesamte Zeit? Wie stark ist es im Zeitmittel der Bodenkontakte allein?

Lösung:

Im gesamten Zeitmittel drückt er mit seinem normalen Gewicht auf die Unterlage, denn die Schwerkraft gibt ihm Impulse nach unten, unabhängig von irgendwelchen anderen Kräften. Wenn er trotzdem im Zeitmittel nicht auf- oder absteigt, sondern nur hüpft, muss er vom Boden genau die ausgleichenden Impulse bekommen. Wenn er also nur 20 % der Zeit Bodenkontakt hat, so drückt dieser währenddessen 5-mal so stark wie bei gleichmäßiger Belastung.

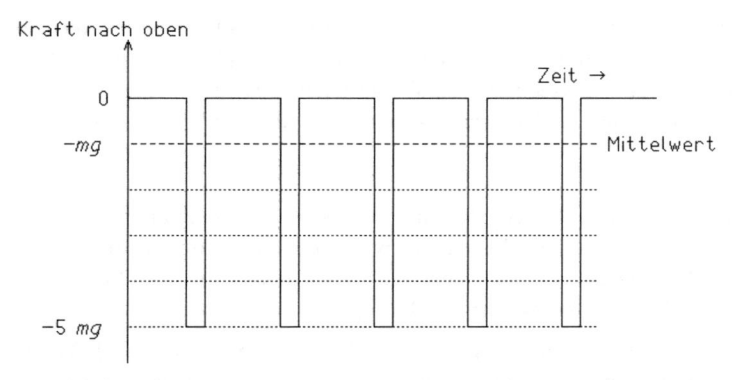

Bild 1.3.7 Hüpfen auf der Badezimmerwaage: Im Zeitmittel ist die Belastung der Waage die gleiche wie im Stillstand.

1.3.5.3 Hubschrauber

Aufgabe:

Mit welcher Geschwindigkeit muss ein Hubschrauber die Luft nach unten blasen, um zu schweben? Seine Masse ist $m = 2\,000$ kg, der Rotor hat 10 m Durchmesser, die Dichte der Luft ist $d = 1{,}3 \text{ kg/m}^2$.

Lösung:

Die Gewichtskraft muss durch den zeitbezogenen Impuls der nach unten gedrückten Luft kompensiert werden, also durch das Produkt aus Luftgeschwindigkeit, Dichte und Querschnitt des Luftstroms. Für diesen Querschnitt setzen wir näherungsweise die von den Rotorblättern überstrichene Fläche.

Bei $m = 2\,000$ kg muss pro Sekunde ein Impuls von knapp $20\,000$ N $\cdot$ s zwischen Hubschrauber und Luft übertragen werden. Die bewegte Luft hat bei 5 m Kreisradius einen Querschnitt von rund $A = 80$ m^2.

Wir stellen uns jetzt vor, dass eine Säule der Höhe h mit der Geschwindigkeit v in der Zeit $t = h/v$ durch die vom Rotor überstrichene Fläche geschoben wird. Deren Masse ist $A \cdot h \cdot d$, ihr Impuls $A \cdot h \cdot d \cdot v$. Der Impuls soll aber $20\,000$ N $\cdot$ s sein. Wenn $t = 1$ s, also $h = v \cdot 1$ s ist, ergibt sich $v^2 = 20\,000$ N $\cdot$ s$/(A \cdot d \cdot 1$ s$) = 200$ m$^2/$s^2, also $v = 14$ m/s. Diese Windgeschwindigkeit wird nach Beaufort als Windstärke 6 bis 7 bezeichnet: steifer Wind bis steife Brise.

➢ Später werden wir lernen, dass das Produkt aus Kraft und Geschwindigkeit die Leistung ist. Der Hubschrauber wendet zum Schweben also $20\,000$ N $\cdot$ 14 m/s = 300 kW Leistung auf. Wenn er außerdem noch steigen und vorwärts kommen soll, muss er natürlich über mehr Leistung verfügen können. Die fünfsitzige „Aerospatiale *Gazelle*" hat 440 kW.

1.3.5.4 Tennis auf dem Wasser

Aufgabe:

Zwei Boote, die mit einem langen Gummiseil aneinander gebunden sind, schwimmen auf dem Wasser. Auf jedem der Boote befindet sich ein Tennisspieler. Sie spielen mit einem 60 g schweren Ball, der jede Sekunde von einem der beiden geschlagen wird und sich zwischen beiden mit 30 m/s bewegt. Wie stark ist das Gummiseil im Gleichgewicht gespannt?

Lösung:

Der Impuls des Balls ist 1,8 kg $\cdot$ m/s. Bei jedem Schlag wird seine Richtung umgekehrt, der Schläger gibt ihm also 3,6 N $\cdot$ s in die jeweils neue Vorwärtsrichtung. Damit geben sich die beiden Boote alle zwei Sekunden gegenseitig einen solchen Impuls in die Abstoßungsrichtung. Im Zeitmittel ist das eine Abstoßungskraft von 1,8 N.

Das Gummiseil ist im Gleichgewicht mit 1,8 N gespannt. Es bringt somit pro Sekunde 1,8 N $\cdot$ s von nach links gerichtetem Impuls nach rechts *oder, anders gesagt,* von nach rechts gerichtetem Impuls nach links. Es gleicht damit die Impulstransporte des Balls aus.

➢ Der gemeinsame Schwerpunkt bleibt dabei mit und ohne Gummiseil erhalten, die Tennisbälle betreiben auf jeden Fall Dynamik, aber von Weitem ist es *mit* dem Gummi wie Statik. Bei den folgenden Beispielen betrachtet man eigentlich nur die makroskopische Statik und thematisiert nicht die eventuell vorhandene interne Dynamik, etwa in den Muskelfasern.

Es dient der Klarheit, sich zumindest *jede* abstoßende Kraft als derartiges Ballspiel mit wandernden Impulsen vorzustellen. In der modernen Teilchenphysik ordnet man allen Kräften vermittelnde Bosonen zu, siehe 8.3. Leider hat man für die Anziehung kein so anschauliches Modell.

Noch allgemeiner ist es immer nützlich, sich auch gleichmäßige Kräfte als große Zahl kleiner Impulse vorzustellen, etwa wie kleine Hammerschläge. Über die Orientierungen dieser Hammerschläge – etwa hin zur Kurveninnenseite – gibt es viel weniger Unsicherheit als über Kräfte und Gegenkräfte.

1.3.6 Beispiele zur Statik

1.3.6.1 Haben acht Pferde so viel Kraft wie sechzehn?

Als der Magdeburger Bürgermeister OTTO VON GUERICKE (gesprochen: Gericke) demonstrierte, wie groß die Kraft ist, mit der der Luftdruck zwei leergepumpte Halbkugeln gegeneinander drückt, wenn sie leergepumpt sind, spannte er auf beiden Seiten je acht Pferde daran. Hoffentlich folgert nur der Laie daraus, dass die Kraft größer gewesen sei, als wenn er nur acht Pferde genommen und das Seil mit dem anderen Ende an einem Baum festgebunden hätte. In der Sprache der Impulsleitung: Die rechten Pferde geben Impuls nach rechts in die Seile. Wegen des Luftdrucks leiten die sonst getrennten Halbkugeln den Impuls, die linken Pferde nehmen ihn auf und geben ihn in den Erdboden wieder nach rechts zu den rechten Pferden. Darum ist das Seil zwischen ihnen gespannt. Was mit dem Erdboden ist, wird klar, wenn man sich das Ganze auf einem lose liegenden Teppichboden vorstellt: Die Pferde würden ihn einfach zwischen sich zusammenschieben!

○ Mal wieder eine Analogie mit Geld: Ein Bürgermeister kündigt an, er wolle einerseits 5 000 € beim Aufstellen von Parkverbotsschildern einsparen und andererseits 5 000 € für die Schulsternwarte spenden. Sind das zusammen 10 000 €?

Symmetrischer kann man die Magdeburger Halbkugeln so beschreiben: Die linken Pferde geben Impuls nach links an die Seile und den Vakuumtopf. Nach rechts geben sie genau so viel an den Erdboden. Die rechten Pferde machen es umgekehrt, und so werden der Boden auf Druck und die Seile auf Zug belastet.

Die Frage der Überschrift ist also so zu beantworten, dass Pferde überhaupt keine Kraft „haben", sondern dass *zwischen* ihnen und den Halbkugeln oder dem Baum Kräfte *sind*. Zwischen acht Pferden und einem Baum kann dabei die gleiche Kraft sein wie zwischen acht nach links und acht nach rechts ziehenden Pferden. Der entscheidende Unterschied zwischen dem Baum und den Pferden liegt nicht in der – physikalisch verstandenen – Kraft, sondern in der maximal möglichen Leistung: Ein Pferd kann rund *eine Pferdestärke*, also 736 Watt, umsetzen. Ein Baum hat in diesem Sinne keine Leistung. Die rechte Gruppe von acht Pferden hilft der linken also nicht beim Erzeugen des Impulsstromes – und damit den Kräften –, sondern übernimmt die Hälfte der Energiezufuhr zum Spannen der Seile.

➤ Diese Aufgabe zeigt in besonders schöner Weise die wichtigsten Unterschiede auf zwischen dem, was in der Mechanik als Kraft definiert ist und dem, was Laien sich darunter vorstellen, und worauf auch Physiker gar nicht so selten hereinfallen, und sei es nur in der üblichen Wortwahl. Außerhalb der Fachsprache meint man mit „Kraft" gar nicht selten die tatsächlich umgesetzte oder aber auch die installierte Leistung, wie beim parkenden Auto und schlafenden Pferd. Das ist natürlich eine spezielle Eigenschaft von Maschinen, Tieren oder Menschen, nicht aber von Bäumen oder Haken für die Wäscheleine.

Leider spricht man aber auch von der physikalisch gemeinten Kraft – also der in Newton messbaren Größe – so, als ob sie von einem aktiven Objekt ausginge und auf ein passives wirkte. Das ist so unangemessen wie die Beschreibung eines räumlichen Abstands als orientiert durchlaufenen Weg („Die Bahnhofstraße läuft vom Bahnhof zum Rathaus").

1.3.6.2 Statische Netze (Fachwerk)

In 1.3.2.2 haben wir linienförmige Impulsleiter, nämlich Stangen oder Stäbe und Seile oder Drähte betrachtet, die sich nur verlängern und verkürzen, aber nicht biegen sollen. Wie funktioniert aber ein Hebel? Bei Belastung muss er sich etwas biegen, und man beschreibt das üblicherweise dadurch, dass man die unterschiedlich starken Dehnungen und Stauchungen in seinen Schichten oder Fasern betrachtet. Hier soll gezeigt werden, dass Hebel durch Dreiecke aus Stäben und/oder Seilen ersetzt werden können.

In der Architektur gibt es von Fachwerkhäusern und gotischen Kathedralen bis zum Stahlskelettbau eine Tradition, in der die Statik auch deutlich sichtbar auf linienförmige Elemente konzentriert wird. In anderen Fällen – etwa mit tragenden Flächen – kann uns die Fachwerkkonstruktion als Modell dienen.

Wir beschreiben dies in zwei Dimensionen durch Federn, die wir uns wie idealisierte Teleskop-Federn vorstellen: Sie lassen sich zusammendrücken, ohne seitwärts wegzuknicken. Wenn sie nur auf Zug beansprucht werden, kann man sie durch Seile oder Drähte ersetzen.

An den „Knoten" – bei Seilen kann man das wörtlich nehmen, sonst sinngemäß – sind die Federn gelenkig punktförmig miteinander verbunden. Im Idealfall beschreiben wir abgeschlossene Systeme, also Systeme, die mit der Außenwelt keine mechanischen Wechselwirkungen haben. Es kann aber auch sinnvoll sein, ein System enger zu begrenzen, im homogenen Schwerefeld ist das sogar unvermeidlich. In sämtlichen Fällen der Statik muss die Summe aller „grenzüberschreitenden" Impulse null sein. Ein Teil davon wird mit den *Lagerkräften* beschrieben.

An den Knoten stellen wir uns *beliebige* Punktmassen vor. Die Federn geben stets an beide Enden entgegengesetzt gleiche Impulsänderungen ab, die bei Druck nach außen und bei Zug nach innen gerichtet sind. Damit sind sie parallel zu der Linie gerichtet, die durch diese Endpunkte geht.

➢ Auch die Schwerkraft zwischen zwei Punktmassen im Planetensystem oder die Coulombkraft zwischen zwei Punktladungen können wir uns so im Modell vorstellen. Dass die Impulserhaltung mit dieser Spielregel gewährleistet wird, ist klar. Darüber hinaus gilt auch die Drehimpulserhaltung, die nicht aus der Impulserhaltung heraus folgt. Es gibt außerhalb der Mechanik Fälle, in denen auch Felder als Träger von Impuls und Drehimpuls mitwirken, beispielsweise die Lorentz-Kraft.

1.3.6.3 Das goldene Fass

Aufgabe:

Über dem Eingang des Wirtshauses „Zum Goldenen Faß" – in alter Orthografie – hängt ein entsprechend gefärbtes Fass. Das ist vermutlich leer, aber trotzdem recht schwer. Es hängt an zwei sehr leichten Stangen, die an der Hauswand befestigt sind. Die obere kann auch durch eine Kette oder ein Seil ersetzt sein, wie wir sehen werden. Bestimmen Sie aus einer Zeichnung mit Vorgabe der Geometrie und aus dem Gewicht des Fasses die Kräfte in den Stangen und an den Befestigungen, die Lagerkräfte. Zeigen Sie, dass diese Schwerkraft und die Lagerkräfte vektoriell zusammen null sind.

Lösung:

Das Bild 1.3.8 zeigt durchgezogen die Kraftpfeile an den Enden der dicht gepunktet gezeichneten Stange und des gestrichelten Seils. Die weit gepunkteten waagerechten und senkrechten Hilfslinien zeigen zwei Gruppen von jeweils deckungsgleichen Kraftdreiecken. Aus ihnen kann man unmittelbar die Verhältnisse der Kraftbeträge ablesen, sowie die Bedeutung der Lagerkräfte: Diese müssen vertikal die Schwerkraft ausgleichen, und waagerecht heben sie sich gegenseitig auf. Damit bleibt die ganze Anordnung in Ruhe.

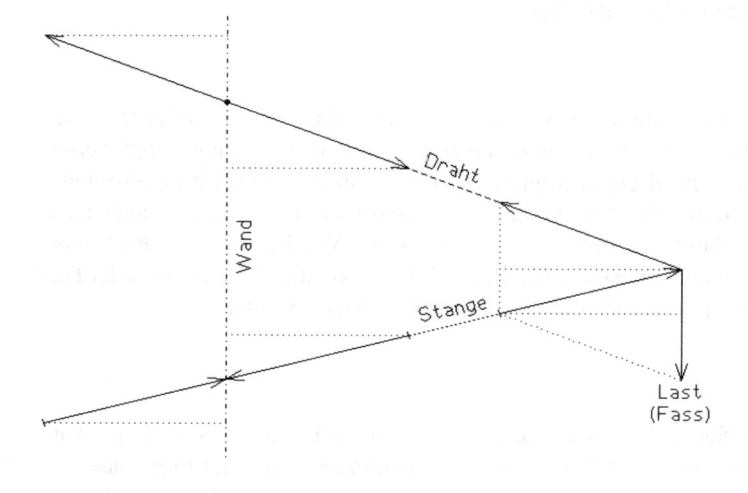

Bild 1.3.8 Statik an fester Wand

Beachten Sie bitte, dass die Betragsgleichheit der Kräfte an den Enden jeweils einer Stange oder eines Seiles zu den Modelleigenschaften gehört und wegen der gedachten Masselosigkeit aus der Impulserhaltung folgt. Dass in jedem Knoten die Summe der einlaufenden Impulse und damit auch der Kräfte null ist, ist dagegen eine besondere Voraussetzung, die die Statik von der Dynamik unterscheidet.

Die Lagerkräfte bedeuten zunächst, dass entsprechend kräftige Haken und Dübel in der Wand sein müssen. Sie fordern aber auch, dass die Wand gegen Umfallen und gegen Einsinken in den Boden gesichert sein muss.

Wenn man nur das System aus den drei Knotenpunkten und ihren Verbindungen betrachtet, so erscheinen die Schwerkraft und die beiden Lagerkräfte als Impulswanderungen zwischen diesem System und der Außenwelt. Man kann das System durch ein Fachwerk, das die Wand und den Fußboden einschließt, erweitern. Die Schwerkraft ersetzt man durch ein gespanntes

– „zu kurzes" – Seil vom Fass nach unten. Der Computer findet dann die Kraftpfeile mit dem in Bild 1.3.9 skizzierten Knoten, Stangen und Seilen per Programm.

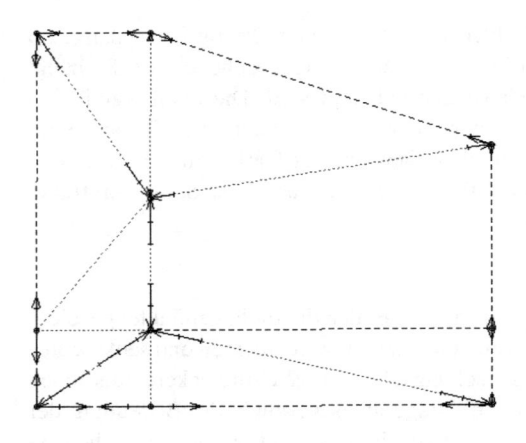

Bild 1.3.9 Statik im abgeschlossenen System

1.3.6.4 Balkenwaage und Briefwaage

Aufgabe:

Ein Dreieck aus einem Stab und zwei Seilen ersetzt den Hebel einer ungleicharmigen Balkenwaage, der an einem Stativhaken hängt und an dessen Enden Lasten gehängt werden können. Zeigen Sie bitte anhand der Kraftpfeile – ohne Benutzung von Drehmomenten – das Hebelgesetz in der Form: Die Produkte aus den Lastkräften und ihren Abständen von der Drehachse haben auf beiden Seiten den gleichen Betrag. Wie kann man es einrichten, dass eine Briefwaage bei kleinen Lasten schon deutlich auslenkt, aber bei zunehmender Last anteilig weniger? Im Prinzip ließen sich so beliebig große Lasten anzeigen.

Lösung:

Betrachten Sie die schraffierten Kraftdreiecke in Bild 1.3.10 und ihre perspektivische Ähnlichkeit mit den Dreiecken *ABD* und *ACD*. Aus der gemeinsamen Seite *AD* folgt, dass sich die Lasten an *B* und *C* umgekehrt verhalten wie die Längen *BD* und *DC* und damit auch umgekehrt wie die Abstände, die *B* und *C* von der Vertikalen durch *A* haben.

Bei einer Balkenwaage ist das Dreieck typischerweise sehr schlank und gleichschenklig. Bei einer Briefwaage kann es in einem besonders übersichtlichen Spezialfall gleichschenklig-rechtwinklig sein. Man braucht dann für einen großen Anzeigebereich nur *ein* Gewicht mit bekannter Masse, – wir nehmen 100 g – das bei unbelasteter Waage im tiefsten Punkt genau unter der Drehachse hängt. Eine gleich große Last stellt die Waage symmetrisch: Drehung um 45°. Eine unendlich große Last dreht sie um 90°. Dabei bekommt man trotz eines sehr großen Messbereiches von einigen Kilogramm eine brauchbare Ablese-Genauigkeit für kleine Lasten, etwa Standard-Briefe von 20 g. Zeichnen Sie bitte selbst!

➢ Allgemein sind unsere beiden Waage-Typen im Modell Winkelhebel, an denen lauter vertikale Kräfte ziehen.

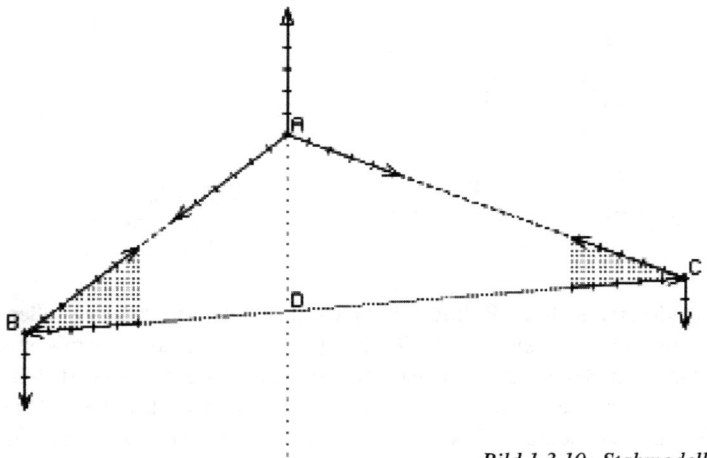

Bild 1.3.10 Stabmodell für eine Balkenwaage

1.3.6.5 Die Eleganz der Schrägseilbrücke

Wenn dieses Buch schon „Brücke zur Physik" heißt, soll auch eine Aufgabe über eine Brücke darin sein. Natürlich wählen wir eine der einfachsten Form aus. Seit Jahrzehnten zunehmend gibt es sie wegen ihrer Eleganz und Ökonomie über unseren mittelgroßen Flüssen: die Schrägseilbrücke.

Aufgabe:

Im einfachsten Fall sind die Seile parallel zueinander und symmetrisch, siehe Bild 1.3.11. Wir nehmen an, dass die entscheidende Last das Gewicht G der Fahrbahn ist, die in $2n$ Abschnitte unterteilt gedacht wird. Jedes der n Seile trägt zwei davon: an jedem Seilende einen Teil. Klären Sie bitte die dabei auftretenden Kräfteverhältnisse.

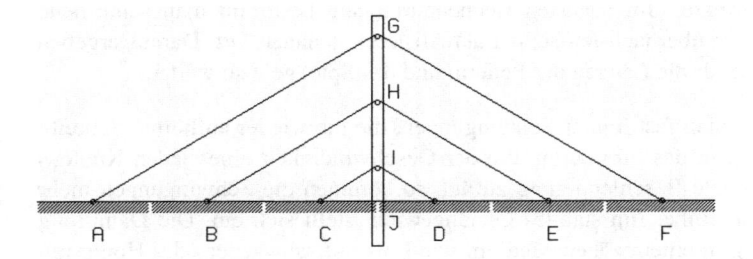

Bild 1.3.11 Schrägseilbrücke mit drei Seilen und zwei mal drei Fahrbahnstücken

Lösung:

Betrachten wir zuerst die senkrechten Komponenten. Jedes Seil hält einen Abschnitt der Last und belastet genau damit den Pfeiler, sodass dessen unteres Ende einfach die Gesamtlast halten muss. Entsprechend der Neigung der Seile gehört dazu jeweils auch eine waagerechte Kraft. Am Pfeiler addieren sie sich wegen der Symmetrie paarweise zu null.

*Bild 1.3.12
Kräfte an der
Schrägseilbrücke*

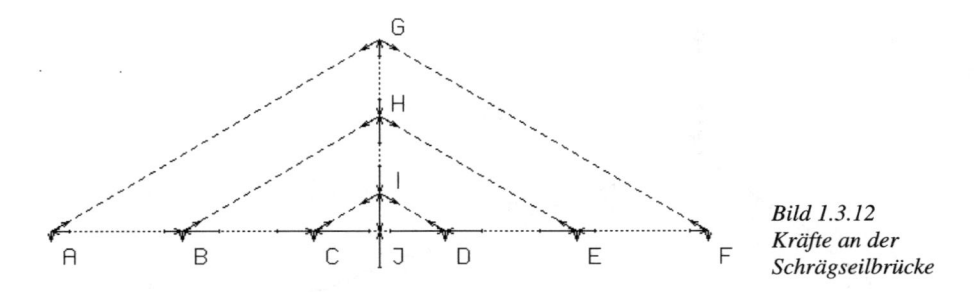

In den Straßenabschnitten addieren sich die Beträge aber nach innen zu einer relativ großen Druckkraft. Für 45° Neigung der Seile, also 100 % Steigung, wäre sie gerade so groß wie die Gewichtskraft. Bei flacheren Seilen ist sie entsprechend größer – entsprechend dem Kotangens des Winkels. Bei dieser vereinfachten Rechnung ist vorausgesetzt, dass die Brücke die Ufer überhaupt nicht belastet, sondern frei auf dem Pfeiler steht. Das ist ideal zur Konstruktion einer Drehbrücke.

1.3.6.6 * Ein Computerprogramm findet Gleichgewichte

Wenn sich ein Fachwerk-Netz nicht maschenweise von den gegebenen Kräften aus berechnen lässt, kommt man zu Gleichungssystemen. Man kann aber auch ein Modell – ein Computerprogramm! – benutzen, das den Knoten irgendwelche Massen und den Federn Federkonstanten zuweist. Dann berücksichtigt man Längenänderungen der Federn rechnerisch. Diese können ohne weiteres weit hinter dem Dezimalkomma auftreten. Das Programm startet mit willkürlich angenommenen Kräften, beispielsweise fast überall null, und berechnet aus dem Unterschied der genauen Länge einer Feder zu ihrer vorgegebenen „Ruhelänge" die Kraft, also die pro Zeit nach beiden Seiten abgegebenen Impulsänderungen.

Dann addiert man alle Impulsänderungen jedes einzelnen Knotens und bestimmt daraus seinen Beschleunigungsvektor. Im nächsten Rechendurchgang bestimmt man seine neue Geschwindigkeit sowie im übernächsten seinen aktualisieren genauen Ort. Daraus ergeben sich nun die neuen Werte für die Längen der Federn, und das Spiel geht so weiter.

Ohne Reibung bekommt man fast immer Schwingungen, die nie wieder aufhören. Schreibt man nun eine Dämpfung in das Programm, die der Geschwindigkeit eines jeden Knotens eine zu ihr entgegengesetzte Beschleunigung zufügt, so kommen die Schwingungen mehr oder weniger schnell zur Ruhe. Ein stabiles Gleichgewicht stellt sich ein. Die Dämpfung entspricht der Bewegung in einem zähen Medium wie Luft mit schwacher oder Honig mit starker Wirkung. In der Praxis wird sie aber eher durch den plastischen Verformungsanteil der Federverformungen verursacht.

➢ Wenn man nur die Berechnung des Gleichgewichtszustandes beabsichtigt, kann man sogar die Massen sehr klein und die Dämpfung sehr stark machen. Statt der Schwingung gibt es nur ein Kriechen mit Geschwindigkeiten, die fast genau die Richtung der Kräfte haben. Beachten Sie, dass die Physik von ARISTOTELES weitgehend der Grenzfall der klassischen Mechanik für sehr starke Dämpfung ist. Dabei ist das zähe Medium am Wechselspiel der Impulse – und auch der Energien – wesentlich beteiligt.

1.3.7 Punktmassen auf Kreisbahnen

Es sei daran erinnert, dass der Winkel als Quotient aus Bogenlänge und Radius in einem Kreissektor definiert ist, siehe 1.1.3 und Bild 1.3.13. Im Gegensatz zu willkürlicheren Winkeleinheiten wird das immer noch als „Bogenmaß" besonders hervorgehoben.

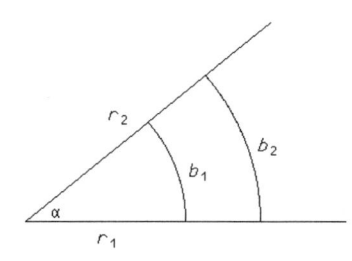

Bild 1.3.13 Zur Winkeldefinition

Definition der Winkelgeschwindigkeit
$$\omega = \frac{d\varphi}{dt} = \frac{v_{\text{Umfang}}}{r}, \quad \text{Einheit } 1/\text{s oder } 1\,\text{rad/s}$$

Definition der Winkelbeschleunigung
$$\frac{d\omega}{dt} = \frac{a_{\text{Umfang}}}{r}, \quad \text{Einheit } 1\,\text{s}^{-2} \text{ oder } 1\,\text{rad/s}^2$$

○ Wie stark sich die Entfernung dabei auswirkt, wird klar, wenn man bedenkt, mit wie großer Winkelgeschwindigkeit man die Bewegung einer Fliege und mit wie kleinen man die von Flugzeugen oder gar von Sternen beobachtet.

Ein Punkt auf einer Kreisbahn mit Radius r und $v_{\text{Umfang}} = v$ hat, siehe Bild 1.3.14, eine *zum Zentrum des Kreises gerichtete Beschleunigung*, die man *Zentripetalbeschleunigung* nennt.

Zentripetalbeschleunigung: $\quad a_z = \dfrac{v^2}{r} = r\omega^2$

➥ **Knobelaufgabe:** Ist die Zentripetalbeschleunigung zum Radius oder zu seinem Kehrwert proportional? Betrachten Sie dazu sowohl eine rotierende Karussellplattform – in Form einer vollen Kreisfläche – als auch ein Motorrad, das auf eine enge Kurve zu fährt. Helfende Frage: Was ist in den einzelnen Fällen konstant oder nur wenig veränderbar?

Beachten Sie, dass wegen des Vektorcharakters der Größen das bloße Ändern der Richtung bei konstantem Betrag der Geschwindigkeit eine Beschleunigung bedeutet. Das erfordert auch *im Inertialsystem* eine Kraft in der gleichen Richtung wie diese Beschleunigung. Damit ein Objekt überhaupt auf einem gebogenen Weg läuft, muss es der zum Krümmungsradius r gehörende und zur Innenseite gerichteten Kraft ausgesetzt sein, die man *Zentripetalkraft* nennt.

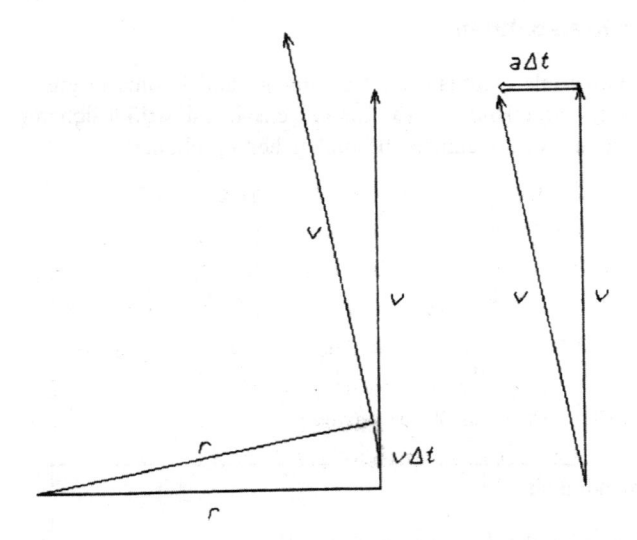

Bild 1.3.14 Der Geschwindigkeitsvektor behält bei dieser „gleichförmigen Kreisbewegung" seinen Betrag und dreht seine Richtung um den gleichen Winkel wie der Radius. Die Differenz des Geschwindigkeitsvektors und damit auch die (Zentripetal-)Beschleunigung sind daher antiparallel zum Radius. Die Winkel sind hier übertrieben groß gezeichnet.

Zentripetalkraft: $F_z = m \cdot a_z$

Wenn die Zentripetalkraft mangels Kraftschlusses nicht zustandekommt oder viel zu klein ist, bewegen sich Fahrzeuge einfach unbeschleunigt weiter, ohne Rücksicht auf die Fahrbahnmarkierung oder die Absichten des Fahrers: Glatteis, zu hohes Tempo, Aquaplaning, Abheben vom Boden!

↳ **Knobelaufgabe:** Zeigen Sie mit Kenntnissen über den Scheitelkrümmungskreis einer Parabel – das ist der größte Kreis durch den Scheitel, der nur diesen einen Punkt mit ihr gemeinsam hat – *oder* durch Vergleich von Kreis- und Parabelgleichung mit Vernachlässigung einer nahe dem Scheitel verschwindend kleinen Größe, dass im Nahbereich eines Bahnpunktes, in dem eine

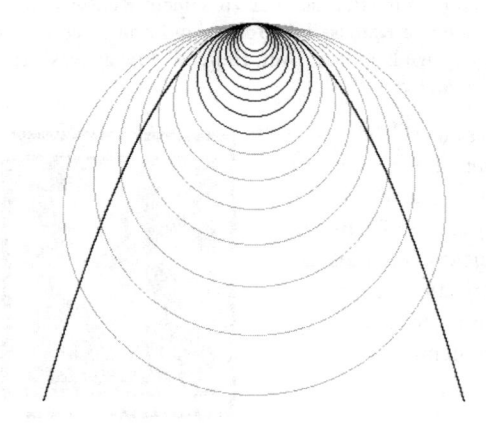

Bild 1.3.15 Parabel, viele Scheitelkreise, ein Scheitelkrümmungskreis

Kraft rechtwinklig zur Geschwindigkeit wirkt, kein Unterschied zwischen der Wurfparabel und der „gleichförmigen" Kreisbewegung besteht. Erst wenn sich ein Stück weiter herausstellt, ob die Kraft – deren Betrag unverändert sei – immer auf das gleiche Zentrum gerichtet ist oder davon abweicht, entscheidet sich die Frage nach Kreis oder Parabel. Anders gesagt: Nahe dem Parabelscheitel kann man Parabel und Kreis wechselseitig als Näherungsbeschreibung nehmen, je nachdem, was einem einfacher erscheint.

1.3.7.1 Ein Doppelstern kommt selten allein ...

... aber nicht immer sind beide sichtbar. 1844 fand FRIEDRICH WILHELM BESSEL, dass der für uns – nach der Sonne – hellste Stern, also Sirius, einen „Begleiter" hat. Wegen seines kleinen Durchmessers leuchtet dieser sehr schwach und konnte erst 1862 direkt gesehen werden: Er ist der als erster entdeckte Weiße Zwerg. Sein Durchmesser – nicht seine Masse – ist vergleichbar mit dem der Erde!

➤ Wenn Sie mich fragen, was mich an der Physik – und anderen wie die Physik vorgehenden Naturwissenschaften – am meisten fasziniert, so sind es solche Entdeckungen unsichtbarer Objekte, die keine Spekulation bleiben, sondern handfest bestätigt werden. Die Entdeckung des Uranus, des Germaniums und des Omega-Minus-Teilchens sind weitere berühmte Beispiele.

Aufgabe:

Obwohl wir das eigentlich benötigte Gravitationsgesetz erst später behandeln, soll wegen der grundsätzlichen Bedeutung für die Mechanik schon hier etwas über die Doppelsterne – und Planeten oder Monde – herausgefunden werden. Dazu nehmen wir den einfachsten Spezialfall an: Der eine Stern soll in einem sinnvoll gewählten Bezugssystem auf einem Kreis laufen, die Winkelgeschwindigkeit und sein Bahnradius seien relativ direkt messbar, und die Masse sei aus anderen Eigenschaften des Sterns abgeschätzt und soll als bekannt gelten. Was kann man nun über den *anderen* Stern wissen?

Lösung:

Dieser muss ebenfalls auf einem Kreis laufen, und zwar mit der gleichen Winkelgeschwindigkeit und um den gleichen Mittelpunkt. Die Bahnradien verhalten sich umgekehrt wie die Massen, denn der Schwerpunkt ist unbeschleunigt und hier sogar im gewählten Bezugssystem in Ruhe. Aus den gegebenen Daten kann man die Zentripetalbeschleunigung und damit die Schwerkraft zwischen den beiden Sternen berechnen. Mit dem Gravitationsgesetz findet man daraus den Abstand der Sterne voneinander, also die Summe der Bahnradien. Damit findet man dann auch den noch fehlenden Radius und die bisher unbekannte Masse.

Das Schwerefeld zwischen beiden Sternen gibt ständig einander entgegengerichtete Impulse an die beiden Sterne, die ihren Lauf nach innen hin – zentripetal – krümmen.

➤ Die Überschrift soll auch darauf hinweisen, dass das Einfachste in der Dynamik ein Problem mit *zwei* Punktmassen ist. So genannte „Ein-Körper-Probleme" sind nur als Grenzfälle mit sehr ungleichen Massen oder als formale Rechentricks zur Behandlung von Zwei-Körper-Problemen sinnvoll. Begrifflich sind sie dagegen weniger klar.

Wir haben das Gravitationsgesetz hier nicht als Formel benutzt, sondern nur die Tatsache verwendet, dass zu einer bestimmten Entfernung eine bestimmte Kraft gehört. Das zeigt auch, dass es im Spezialfall von Kreisbahnen mit einem Gummiband statt der Gravitation nicht anders wäre!

1.3.7.2 Bremsen in der Kurve

Aufgabe:

Geben Sie bitte einen Zusammenhang zwischen der Geschwindigkeit und dem minimal möglichen Bahnkrümmungsradius für ein Auto an. Die Zentripetalkraft wird durch den Kraftschluss zwischen Reifen und Straßenbelag begrenzt. Sie ist etwa halb so groß wie die Gewichtskraft des Wagens. Der Zusammenhang soll als Formel und auch als Tabelle in km/h für einen typischen PKW angegeben werden. Warum ist es gefährlich, *in* einer Kurve zu bremsen?

Lösung:

Wenn der Kraftschluss – auch „Haftreibungskraft" genannt – halb so groß wie die Gewichtskraft ist, so kann der Wagen mit $a = 5$ m/s^2 in *irgendeine* Richtung beschleunigt werden. Genau seitwärts führt das zur Kurvenfahrt mit dem Krümmungsradius $r = v^2/a$ mit konstantem Geschwindigkeitsbetrag v. Für 36 km/h ist der Radius 20 m, für 144 km/h beträgt er 320 m.

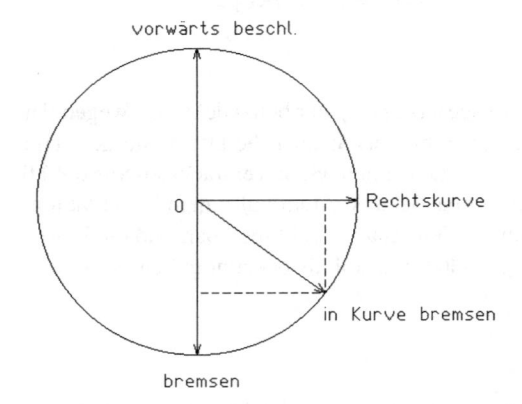

Bild 1.3.16 Kamm'scher Kreis: Beschleunigung mit begrenztem Betrag bei Kurvenfahrt

Wenn man während einer Kurvenfahrt knapp unter diesen Werten bremst, kommt zur seitwärtigen Beschleunigung eine rückwärtige der gleichen Größenordnung hinzu. Der Betrag der Summe steigt auf etwa das 1,4-fache. Die nötige Kraft übersteigt dann den Kraftschluss zwischen Reifen und Straße. Das Auto wird dann weder seitwärts noch rückwärts beschleunigt, sondern fährt ohne Rücksicht auf die Kurvenform der Straße geradeaus weiter. Dieser Effekt kann durch Überhöhung der Straße – Innenneigung der Fahrbahn – und durch die Lastverlagerung beim Bremsen auf die Vorderräder etwas gemildert werden, endet aber trotzdem nicht selten tödlich.

1.3.7.3 Kurvenüberhöhung und Glatteis

Aufgabe:

Bei Glatteis sei der Haftfaktor 0,1. Wie stark kann eine Straße in einer Kurve seitwärts geneigt sein, ohne dass stillstehende Wagen seitwärts herunterrutschen können? Wie schnell kann man maximal bei einem allgemeinen Krümmungsradius r und speziell bei $r = 10$ m fahren?

1.3.8 Kann man Trägheitskräfte spüren?

Lösung:

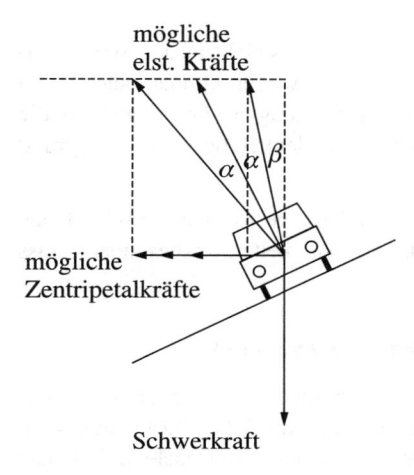

Bild 1.3.17 Kurvenüberhöhung
Die elastische Kraft zwischen Straße und Fahrzeug kann bei vorgegebenen Bedingungen wie Rauigkeit und Wetter maximal um einen Winkel α von der Richtung rechtwinklig zur Straße abweichen. Falls β nicht verschwindet, würde der Wagen sonst sogar beim Geradeausfahren und auch aus dem Stillstand rutschen. So stark geneigt sollte die Straße nicht gebaut werden.

Die Straße kann um 10 % (Höhe zu waagerecht gemessener Breite) geneigt sein. Diese Neigung liefert eine Zentripetalkraft von 10 % der Gewichtskraft eines jeden Wagens. Die Haftung kann ihrerseits bis zu 10 % nach innen oder nach außen beitragen. Es steht also ein Bereich von 0 % bis 20 % zur Verfügung, für die Zentripetalbeschleunigung also von null bis $0{,}2g$. v darf also zwischen null und $\sqrt{0{,}2g \cdot r}$ liegen. Bei $r = 10$ m ist das bis zu 4,5 m/s oder 16 km/h. Das ist übrigens auch etwa die Geschwindigkeit, die man nach 1 m Tiefe beim freien Fall erreicht.

1.3.8 Kann man Trägheitskräfte spüren?

Kaum ein Begriff der Physik – außer dem Gesetz von Ohm – erfreut sich bei Laien so großer Bekanntheit wie die „Zentrifugalkraft". Unter Physiklehrern gibt es dagegen fast einen Glaubensstreit darüber, ob man sie benutzen soll oder besser nicht. Dabei geht es nicht nur um „Ockhams Rasiermesser", also das Prinzip, auf entbehrliche Begriffe oder Sätze zu verzichten, sondern um das heillose Durcheinander der Argumentationen, die mit ihr und anderen Scheinkräften – nicht nur von Schülern – formuliert werden.

Wenn wir alle Bewegungen – wie bisher – in Inertialsystemen beschreiben, so gibt es nur solche Kräfte, die wir aus Ladungen, Abständen, Relativgeschwindigkeiten oder elastischen Verformungen berechnen können. NEWTON bezeichnete diese als „eingeprägte" Kräfte. Addieren sie sich vektoriell für eine Objekt nicht zu null, so gibt es proportional und parallel zu ihrer Summe eine Beschleunigung, also eine Impulsänderung dieses Objekts relativ zu jedem Inertialsystem. An dieser Beschreibung fehlt nichts.

Das wichtigste Argument, trotzdem noch eine Komplikation einzufügen, ergibt sich aus den über unseren ganzen Körper verteilten Nervenenden. Mit deren Hilfe merken wir unter anderem, ob wir Boden unter den Füßen oder eine Matratze unter dem Rücken haben.

Wir können unseren Körper durch einen elastischen Gegenstand ersetzt denken, etwa einen sehr weichen Ball aus Schaumstoff, dessen Verformungen man gut erkennen kann, oder durch ein Gerüst, bei dem man die Abstände benachbarter Bausteine *genau* messen kann. Manchmal ist auch eine Wendelfeder hilfreich, die so gewickelt ist, dass im spannungsfreien Zustand alle

Windungen den gleichen Abstand voneinander haben, und die aufrecht stehen kann, ohne umzuknicken.

Dehnungsmessstreifen sind Sensoren, in denen die Änderungen des elektrischen Widerstandes aufgrund von Verformungen besonders empfindlich erfasst werden können, auch wenn diese geometrisch kaum zu bemerken sind. Für unsere Betrachtungen können wir uns die erwähnten Nervenenden so ähnlich vorstellen. Auch sie geben elektrische Signale aufgrund sehr schwacher Verformungen.

Im Folgenden betrachten wir diese Varianten unseres Modell-Körpers in vier verschiedenen Situationen. Die ersten drei Situationen haben viele Gemeinsamkeiten, insbesondere, dass man nichts spürt.

1.3.8.1 Echte und so genannte Schwerelosigkeit: Volumenkraft

Fall Nr. 1: Der „kräftefreie" als einfachster Fall. Der Körper befindet sich mit *vektoriell* konstanter Geschwindigkeit in einem Inertialsystem, ohne dass irgendwelche Kräfte einwirken, also ohne dass Impulse in ihn hineinwandern. Das bedeutet, dass auch die Geschwindigkeiten aller Teile und alle gegenseitigen Abstände gleich bleiben. Wir finden also keine Abweichungen von der gleichmäßigen Form, die Nerven melden nichts, und das Bewusstsein nennt das „Schwerelosigkeit". Dieser Fall ist auf der Erde nicht realisierbar, wohl aber an bestimmten Stellen des Sonnensystems, wo sich mehrere Schwerkräfte ausgleichen, also zum Nullvektor addieren. Außerdem kommt er in vielen Übungsaufgaben vor.

Fall Nr. 2: Der gleiche Fall wie Nr. 1, diesmal aber von einem Fahrzeug aus gesehen, das mit einer konstanten *Beschleunigung* vorbeifliegt. Relativ zu diesem beschleunigten System haben alle Teile unseres Modell-Körpers die gleiche Beschleunigung. Ihre gegenseitigen Abstände ändern sich dadurch nicht. Natürlich gibt es auch keine elastischen Verformungen oder Nervenreizungen, was ja auch seltsam wäre: nur weil ein *Beobachter* beschleunigt vorbeikommt.

Fall Nr. 3: Etwas Neues, da es nun eine „eingeprägte" Kraft gibt. Diese soll eine *Schwerkraft* sein, und zwar in dem einfachen Grenzfall, dass das Feld *homogen* ist. Jedes Teilchen bekommt nun die gleiche Beschleunigung, und zwar relativ zu einem (jeden) Inertialsystem. Die gegenseitigen Abstände der Teilchen ändern sich aber auch dadurch nicht. Es gibt deshalb auch keine gequetschten Nervenenden, die etwas Besonders zu melden hätten. Das Bewusstsein nennt den Zustand „Schwerelosigkeit", weil es ihn nicht vom Fall Nr. 1 unterscheiden kann und glaubt, genau diesen vor sich zu haben. Der Witz ist nur, das hier gerade die einzige vorhandene Kraft die Schwerkraft ist.

> ○ Ich habe lange Zeit über JULES VERNE und seine vermeintliche Unkenntnis der Klassischen Mechanik gelästert. Er hat in seiner literarischen Vorwegnahme der Reise zum Mond geschrieben, dass die Reisenden nur am Librationspunkt zwischen Erde und Mond – wo sich die Anziehungskräfte von beiden zu null addieren – Schwerelosigkeit gespürt hätten. Was das Spüren angeht, hatte der geniale Verne Unrecht. Man kann ihm aber zu Gute halten, dass die Bezeichnung Schwerelosigkeit im wörtlichen Sinne wirklich nur für die Librationspunkte passend ist. Bezogen auf die „nackte" Physik hatte VERNE also eher Recht, nicht aber hinsichtlich der viel jüngeren Psychophysik.

Während fast der ganzen Reise von der Erde zum Mond, nämlich genau wenn die Triebwerke abgeschaltet sind und das Raumschiff nur vom Schwerefeld beschleunigt wird, spürt man tatsächlich „Schwerelosigkeit" – besser gesagt: nichts. Speziellere Fälle dazu sind Umlaufbahnen um den Erdmittelpunkt und freier Fall oder reibungsfreier Wurf im homogenen Feld, also nahe am Erdboden. Durch die Luft geworfene oder frei fallende Federn sind also entspannt – Luft als Näherung für das Vakuum genommen.

Im homogenen Fall ist Nr. 3 nicht von Nr. 2 zu unterscheiden. Beide sind nur durch kinematische Messungen, nicht aber anhand von Verformungen oder Nervenreizen – abgesehen von der Augennetzhaut – von Fall Nr. 1 zu unterscheiden.

Die bisher betrachteten Fälle haben gemeinsam, dass man sie weder spüren noch an eventuellen Verformungen sehen oder messen kann. Man kann sie nur von außen kinematisch beobachten. Wenn die einzelnen Teile Impulsänderungen „von außen" bekommen, so geschieht das ohne Beteiligung oder Beeinflussung der anderen Teile. Jede Masse bekommt unabhängig von ihrer Größe die gleiche Beschleunigung, also Geschwindigkeitsänderung. Im inhomogenen Feld ist diese vom Ort abhängig, im homogenen ist sie überall gleich. In diesem Sinne ist das Schwerefeld ein reines Beschleunigungsfeld, und die Schwer*kraft* ist eine Größe, die in der Beschreibung eigentlich völlig überflüssig ist.

In einer etwas militaristischen Sprechweise wird den Kräften üblicherweise ein „Angriffspunkt" zugeordnet, nicht selten der Schwerpunkt eines Körpers. Stellen Sie sich dazu vor, Sie wollten eine Glasscheibe durch einen Hammerschlag auf ihren Schwerpunkt beschleunigen. Das Wort „Angriff" wäre treffend, denn Sie würden die Scheibe vermutlich zerstören. Weniger sprödes Material wird dagegen die Impulse elastisch so verteilen, dass die Platte heil bleibt und nach abklingenden Schwingungen als Ganzes beschleunigt ist. Bei Glas sollten Sie zweckmäßiger viele kleine Hammerschläge zugleich auf die gesamte Platte verteilen. Wenn Sie statt einer Platte ein Gebilde nehmen, das nach allen Seiten ausgedehnt ist, so sollten Sie die Hammerschläge auf das gesamte Volumen verteilen, genauer: auf alle Teil-Massen.

Die Schwerkraft hat genau die Eigenheit, den einzuspeisenden Impuls nicht an einen Punkt und auch nicht nur auf die Oberfläche zu liefern, sondern gleichmäßig über alle Massen im Volumen zu verteilen. Die gleiche Beschleunigung aller Teile ist der eigentliche Vorgang. Man nennt die Schwerkraft darum auch – nicht ganz genau treffend – eine *Volumenkraft*. Andere Beispiele gibt es kaum, allenfalls die Coulomb-Kraft bei einer Wolke elektrisch geladener Teilchen, einer „Raumladungswolke".

➢ Die Ununterscheidbarkeit der Fälle Nr. 2 und Nr. 3 ist die Grundidee der Allgemeinen Relativitätstheorie (ART). In der ART gibt es keinen Unterschied zwischen Schwerefeld und beschleunigtem Bezugssystem. Allerdings sind die Dinge leider nur im homogenen Grenzfall so einfach.

1.3.8.2 Der Marsch der Impulse durch die Strukturen: Oberflächenkraft

Fall Nr. 4: Wirklich etwas Anderes, denn die Impulse wandern nun in einen Körper durch dessen elastische Strukturen hinein. Als einfaches Beispiel nehmen wir einen *Eisenbahnzug*, der nach rechts *anfährt*. Die Lokomotive ganz rechts in Bild 1.3.18 – an der Spitze des Zuges, wie bei langen Zügen üblich – gibt nach rechts gerichtete Impulse an die Waggons. In der gleichen Zeit geht genauso viel nach links gerichteter Impuls über die Räder und die Schienen an den Rest der Erde. Der Impuls für die Waggons muss sich auf alle verteilen, wenn der Zug als Ganzes beschleunigt fahren soll, ohne auseinander zu reißen. Das bedeutet, dass die Anhängerkupplung – Haken und Öse – zwischen der Lok und dem ersten Waggon sehr viel Impuls leiten muss. Die Kupplung zwischen dem vorletzten und dem letzten leitet aber vergleichsweise nur noch sehr wenig.

Nun denken wir uns die Anhängerkupplungen durch nahezu masselose Federn ersetzt und die Waggons durch Punktmassen dazwischen. Die nach rechts beschleunigenden Impulse werden nach wie vor von rechts nach links eingespeist. Die rechten, also nahe der Lok befindlichen Federn sind dabei stark gedehnt, die linken weniger, siehe 1.3.3.5 und folgende Abschnitte.

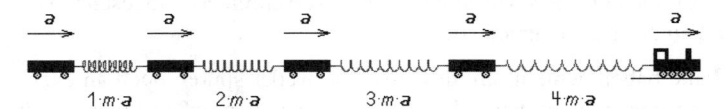

Bild 1.3.18 Anfahrender Zug: Die Lok sorgt für überall gleiche Beschleunigung

Nun erweitern wir das Modell unwesentlich, nämlich zu einem dreidimensionalen Gebilde aus Punktmassen und Federn dazwischen. Kristallgitter, Hochhäuser oder Wirbeltiere, nicht nur deren Skelette, kann man auf gleiche Weise modellieren. Nach wie vor sollen über eine gewisse Zeit Impulse von einer Seite einwandern, also durch eine Seitenfläche hindurch, und sich im ganzen Gebilde so verteilen, dass es seine Form kaum ändert und als Ganzes beschleunigt wird.

Wir wissen schon, dass die Schwerkraft sich ohne Zutun in dieser Weise verteilt, ohne elastische Strukturen zu benötigen. Die anderen Kräfte, die in der Mechanik behandelt werden, können das aber nicht selbst, sondern liefern die Impulse erst einmal an der Oberfläche ab. Der Körper muss nun selbst mit seinem elastischen inneren Aufbau dafür sorgen, dass er nicht zerrissen wird, sondern dass es zu der genannten Verteilung der Impulse kommt, notfalls auf dem Wege über ab*klingende* Schwingungen. Das erinnert keineswegs zufällig an Musikinstrumente, denn diese funktionieren so!

Alle Kräfte, die auf diese Weise *erst einmal* einen Teil der Oberfläche mit Impulsen beliefern – anders als die Schwerkraft es tut – nennt man *Oberflächenkräfte*, was auch nicht besonders treffend ist.

Dass es nun auf die innere Struktur des Körpers ankommt, sieht man besonders deutlich beim Ziehen an der Oberfläche: Sie kann abgerissen werden, es kann aber auch der gesamte Körper mitbeschleunigt werden.

Wenn ein Gegenstand von *einer* Oberflächenkraft „erfasst" wird, so ist er *ungleichmäßig* verformt: an der Seite, von der die Impulse einwandern, am stärksten und am anderen Ende am wenigsten. Diese Verformung ist bei vorwärts wandernden Impulsen, also bei Druck, eine Verkürzung, bei Zug eine Verlängerung, siehe 1.3.3.5.

Fasst man eine Wendelfeder an einem Ende an und beschleunigt sie ziehend waagerecht über den Tisch, so ist sie am angefassten Ende am stärksten verlängert, am anderen überhaupt nicht.

Beschleunigt man sie dagegen, ohne dass sie ausweicht oder umknickt, drückend, so ist sie am angefassten Ende stark verkürzt und am anderen nicht. Diese Feder ist natürlich nicht masselos, sondern ist im Modell als Kette aus Punktmassen und masselosen Federn dazwischen zu denken.

Kennt man die Form der Feder ohne Oberflächenkräfte, kann man aus einer davon abweichenden Form ablesen, dass eine Oberflächenkraft da ist, von welcher Seite sie kommt und ob sie zieht oder drückt. Bei Kenntnis der Federkonstanten kann man auch die Stärke der Kraft, also ihren Betrag, ablesen. Falls der Körper eingebaute *Messfühler* wie Dehnungsmessstreifen oder Nervenenden besitzt, so können „Oberflächenkräfte" *auch ohne Messung von Bewegungen* erfasst werden – im Gegensatz zu Volumenkräften! Denken sie daran, dass das Wort „Oberflächenkraft" nur darauf hinweist, dass dabei die Impulse von einem Teil der Oberfläche her „eindringen" und im Volumen Unterschiede verursachen.

Man kann also durchaus mit einer einzigen, einseitigen Kraft einen Körper verformen. Er ist dann als Ganzes gegen Inertialsysteme beschleunigt, und er ist ungleichmäßig verformt. Will man eine Feder *gleichmäßig* dehnen, so muss man an beiden Enden ziehen.

1.3.8.3 Vom Gefühl der Ruhe im Schwerefeld

Bisher haben wir die vier Fälle einzeln betrachtet. Nun kombinieren wir sie und fangen mit einem Fall an, der uns als reine Untätigkeit erscheint: Jemand liegt auf dem Rücken auf einer Matratze. Er weiß ganz genau, wo unten ist.

Was macht ein Ball, der auf dem Boden liegt? Sozusagen nichts, aber trotzdem ist er *ungleichmäßig* elastisch verformt, nämlich unten zusammengedrückt aber oben nicht.

Wie wir gesehen haben, ist das die Folge der nach oben gerichteten Impulse, die vom Boden aus in den Ball wandern. Die Schwerkraft liefert genau so viel Impuls nach unten, aber ohne selbst unmittelbar eine Verformung zu verursachen.

Das Zusammenspiel beider Kräfte bringt also die Beschleunigung auf null. Die Verformung hängt aber allein von der elastischen Oberflächen-Kraft ab. Nur indirekt hat die Schwerkraft damit zu tun: Wenn der Boden oder die Matratze unter dem liegenden Menschen ortsfest ist, stellt sich *dessen* oder *deren* Verformung so ein, dass es ein Gleichgewicht gibt. Die unterschiedliche Ortsabhängigkeit der Kräfte macht das möglich.

Der Mensch spürt mittels seiner Nerven etwas, das objektiv der ungleichmäßigen elastischen Verformung des Balls entspricht. Was er spürt, bringt er aber in seinem unreflektierten Bewusstsein – naiv – nur mit der Schwerkraft in Verbindung. Er spürt seine Orientierung relativ zu der Richtung, in die losgelassene Gegenstände fallen. Diese Richtung nennt er „unten".

Wenn man einen Tennisball oder besser noch einen weichen Schaumstoffball durch einen starken Schlag mit einem Tennisschläger beschleunigt, so werden die an den Schläger grenzenden Teile des Balls stark zusammengedrückt. Die Wirkung ist hier viel stärker als bei den unteren Teilen eines auf dem Boden liegenden Balls. Das Prinzip ist das gleiche.

Menschen kommen von Natur aus kaum in eine solche Situation, wohl aber in modernen Verkehrsmitteln und auf dem Rummelplatz. Darauf ist ihr Gehirn jedoch in keiner Weise vorbereitet. In einem startenden Flugzeug werden die Passagiere noch auf der Startbahn von den Rückenlehnen sekundenlang stark nach vorne beschleunigt. Was sie spüren, ist das Gleiche wie beim Liegen auf dem Rücken im Schwerefeld, nur stärker. Sie interpretieren das naiverweise *analog* dazu: Sie meinen, irgendetwas Schwerkraftähnliches würde sie nach hinten(!) gegen die Rückenlehne drücken. Oft wird das dann in der Physik als eine „Trägheitskraft" bezeichnet, die stets gegen die Beschleunigung orientiert ist.

Bei Kurvenfahrten im Auto ist es fast genauso. Die Gurte oder notfalls die Seitenwände des Wagens beschleunigen die Insassen zur Kurveninnenseite. Das fühlt sich an wie *bei* einer schwerkraftähnlichen Kraft nach außen. Die wird dann prompt „Zentrifugalkraft" genannt und somit zum Spezialfall der Trägheitskraft gemacht.

Wir halten aber fest: In allen diesen Fällen gibt es im Körper ungleichmäßige Verformungen, die von den Nerven erfasst werden. Vom Bewusstsein werden diese Verformungen im Sinne der einzigen *natürlichen* Variante gedeutet, nämlich dem Liegen oder Stehen im Schwerefeld. Das Schwerefeld selbst trägt aber *nichts* dazu bei. Wir merken keinen Unterschied zwischen einer wirklichen Beschleunigung und einer durch die Schwerkraft verhinderten, wenn die gleiche Oberflächenkraft da ist.

1.3.8.4 Wo ist beim Kettenkarussell unten?

Die Gondeln laufen auf einem waagerechte Kreis. Die Ketten ziehen nach „schräg oben innen", die Schwerkraft vertikal nach unten. Die Beschleunigung ist daher zentripetal, also waagerecht nach innen.

Wir denken uns nun unseren Schaumstoffball als Fahrgast. Wie ist er verformt? Die Sitzbank drückt ihn nach „schräg oben innen". Das ist die einzige Oberflächenkraft, also ist er so verformt, dass die Teile nahe der Sitzbank am stärksten zusammengedrückt sind. Der Mensch als Fahrgast findet bei geschlossenen Augen, dass „Unten" dort ist, wo die Sitzbank der Gondel und wo seine Füße sind. Der nicht mit fahrende Zuschauer erkennt das als „schräg unten außen".

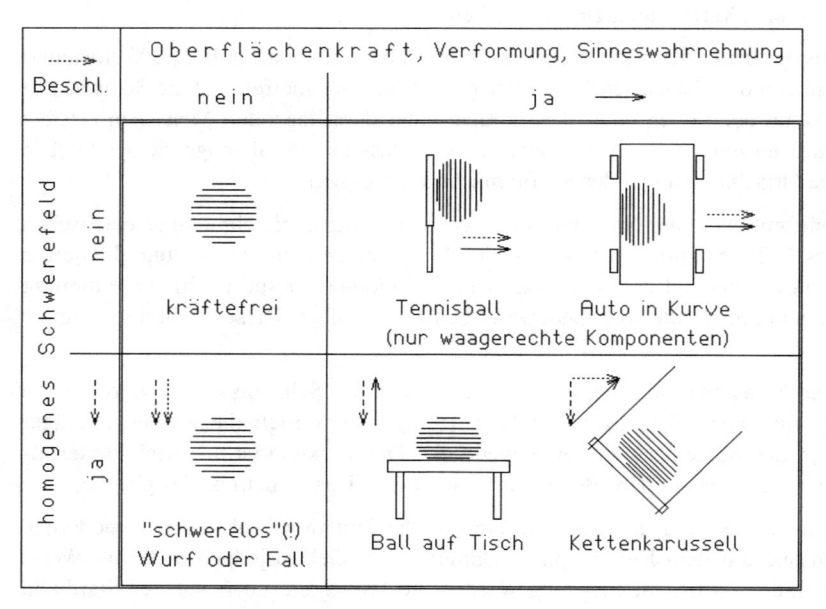

Bild 1.3.19 Oberflächenkraft und Verformung

Das Bild 1.3.19 zeigt die Fälle *1* und *3* mit und ohne Kombination von Fall *4*. Die gepunkteten Pfeile zeigen die Beschleunigungen, die gestrichelten die Schwerkraft und die durchgezogenen die Oberflächen-Kräfte mit ihrer jeweiligen Orientierung. Der Ball ist entsprechend verformt skizziert. Es wird noch einmal deutlich, dass die im Körperinneren messbaren oder von uns spürbaren Kräfte nur die Oberflächenkräfte sind.

➢ Im Formalismus mit der Trägheitskraft findet man das meist so erklärt: Die Schwerkraft zieht nach unten, und die Trägheitskraft „wirkt" gegen die Beschleunigung, also waagerecht nach außen.

1.3.8 Kann man Trägheitskräfte spüren?

Beides überlagert sich zu der empfundenen „Unten"-Richtung. Die beschleunigte Bewegung wird dabei allerdings als Ursache und nicht als Folge einer Kraft beschrieben, was kaum zur Plausibilität beiträgt.

Unser Nervensystem erfasst die „Oberflächenkräfte" mit Nervenenden, die in der Haut aber auch *im* Körperinneren verteilt sind. Das nennt man den somatoviszeralen Sinn. In einigen Situationen machen sich besonders die Nervenenden deutlich bemerkbar, die normalerweise die Füllung des Magens kontrollieren. Weitere Nervenenden liegen in speziellen Teilen der Innenohren, im Vestibularapparat. Mit den drei Bogengängen in jedem Innenohr wird speziell die Drehung des Kopfes gegen ein Inertialsystem wahrgenommen. Die Flüssigkeit in den Gängen bewegt sich bei kurzen Drehungen fast nicht mit. Bei unnatürlich lange dauernden Drehungen ändert sich das und führt bei offenen Augen von Unwohlsein bis zur Übelkeit.

➤ „Wenn Ihnen beim Karussell-Fahren übel wird, machen Sie sich nichts daraus, es sind nur Scheinkräfte" sagte FRITZ SAUTER in einer Vorlesung über Theoretische Mechanik. Der Astronaut REINHARD FURRER erklärte das „Übel" zutreffender. Er sagte etwa Folgendes: Wenn die Auswertung der Netzhautbilder und die der Relativbewegung der Flüssigkeit im Innenohr zu verschiedenen Deutungen über die Bewegung des eigenen Körpers führen, geht der Körper unbewusst von der manchmal sinnvollen Annahme aus, dass er etwas Giftiges gegessen hat, und versucht die Rettung durch Erbrechen.

Der Wechsel in ein mitlaufendes beschleunigtes Bezugssystem ist durchaus eine korrekte Interpretation, bringt aber oft mehr Komplikationen mit sich als Erleichterungen für das Verständnis. Das Bezugssystem „verursacht" dann Beschleunigungen, die man mit den Massen malnehmen kann!

1.3.8.5 * Das scheinbare Schwerefeld

Die Betrachtungen zum Kettenkarussell kann man verallgemeinern. Ein Objekt der Masse m befindet sich in einem Bezugssystem in Ruhe. Das Bezugssystem hat gegen die Inertialsysteme eine Beschleunigung a, die zeitlich nicht konstant sein muss. Dabei gibt es nur eine gesamte Kraft $+m \cdot a$.

Befindet man sich in einem Schwerefeld der Beschleunigung g, so bleibt man in Ruhe, wenn zusätzlich eine Kraft $-m \cdot g$ da ist.

Wir fragen nun nach einer Oberflächenkraft, die ein Objekt im Schwerefeld g in Ruhe – allgemeiner: unbeschleunigt – hält, relativ zu einem mit a beschleunigten Bezugssystem. Wir finden $F_{ob} = m \cdot (a - g)$. Wer diese Kraft „in sich spürt", glaubt sich in einem Schwerefeld der Beschleunigung $g - a$ zu befinden. Die Vorzeichen von g und a sind dabei entscheidend!

Der einfachste Spezialfall ist $a = g$. Das gilt im freien Fall, beim Wurf oder im Orbit sowie auf der Mondreise während die Triebwerke abgeschaltet sind. Das ist die *scheinbare*, aber üblicherweise so genannte „Schwerelosigkeit".

Beim Beschleunigen in Personenaufzügen sind beide Vektoren vertikal. Auf einer Badezimmerwaage im Aufzug kann man daher $m \cdot (g - a)/g$ ablesen. Bei Karussells oder kurvenfahrenden Verkehrsmitteln haben die Vektoren meistens verschiedene Richtungen, die sich auch noch zeitlich ändern.

1.3.8.6 Warum fällt der Fahrgast nicht aus der Achterbahn?

Aufgabe:

Viele Bücher erwarten auf die Frage der Überschrift in Verbindung mit der Skizze in Bild 1.3.20 die formale Antwort: „Zentrifugalkraft". Sie sollen einfacher antworten und trotzdem die Wahrnehmung des Fahrgastes berücksichtigen.

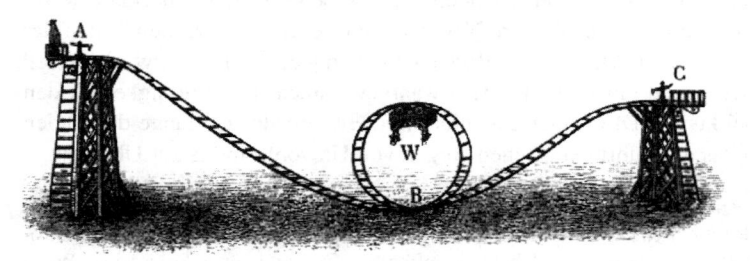

Bild 1.3.20 Achterbahn

Lösung:

Wenn die Gondel den oberen Scheitelpunkt einer Schleife schneller als mit einer bestimmten Geschwindigkeit durchquert und über sich keine Schienen hätte, so würden sie auf einer Wurfparabel weiterfliegen. Sie würde fallen – oder soll man wirklich sagen, dass es kein Fallen mehr ist, wenn ein Objekt sich gleichzeitig seitwärts bewegt?

Wenn nun die Schienen über der Gondel im Inneren dieser Parabel liegen, so drücken sie die Gondel zusätzlich nach innen, also im oberen Teil der Schleife nach unten. Diese fällt daher sogar schneller als ohne Schienen! In diesem Sinne ist die Frage „Warum fällt der Fahrgast nicht?" ungefähr so sinnvoll wie die Frage „Warum ist der Mond viereckig?"

Trotzdem hat der Fahrgast nicht das Gefühl, dass er in Richtung Erdboden fällt. Er fühlt sich im oberen Scheitel mit allerdings sehr schwacher scheinbarer Schwerkraft in den Sitz gedrückt – gegen den Himmel! Gegenüber dem Normalzustand fühlt er sich daher leicht angehoben – vom Sitz weg. Wenn er die Augen schließt, hat er während der ganzen Fahrt das Gefühl, abwechselnd in einem stärkeren und schwächeren Schwerefeld zu sitzen, aber immer aufrecht, kaum anders als in einem auf und ab beschleunigenden Aufzug. Die Begründungen ergeben sich aus 1.3.8.3 bis 1.3.8.5.

1.3.9 * Historische Bemerkungen

Diese Anmerkungen sollen nicht nur zeigen, dass unsere Fachbegriffe in jahrtausendelangem Ringen geklärt werden mussten. Sie können Ihnen vielleicht auch helfen, sich eigener gedanklicher Probleme bewusst zu werden. Schließlich ist die Physik nicht die Natur selbst, sondern das Bild, das sich Menschen mit ihren Gehirnen von ihr machen. In vielen Lehrbüchern werden *äußerlich* historische Wege nachgezeichnet, dabei aber klammheimlich im Sinne moderner Darstellungen umgedeutet.

1.3.9.1 * Aristoteles

ARISTOTELES war vermutlich der einflussreichste Wissenschaftler *und* Philosoph aller Zeiten. Als Philosoph werden ihm am ehesten noch PLATON und KANT als gleichgewichtig zugesellt. Seine Physik wird dagegen heute aus moderner Überheblichkeit häufig als „vorwissenschaftlich" abqualifiziert. Sein Weltbild wurde mehr als anderthalb Jahrtausende lang

1.3.9 Historische Bemerkungen

fast unkritisch anerkannt. Das liegt nur zum Teil daran, dass das Christentum bis zum Beginn der Scholastik von der Natur buchstäblich nichts wissen wollte. Gegen seinen Lehrer Platon betont Aristoteles die Bedeutung der Erfahrung für das Wissen.

Bewegung ist für ihn nicht nur Ortsveränderung, sondern jede Veränderung. Ohne Veränderung gibt es keine Zeit. Die Zeit wirkt für sich allein als Verfall. Die Ursache einer Bewegung muss ohne Zwischenraum auf das zu Bewegende wirken. Von selbst laufen *natürliche* Bewegungen ab: Das Feuer und das Leichte streben nach oben, das Erdhafte und das Schwere nach unten. Der Ort selbst ist dabei die Ursache einer Bewegung. Mit „unten" ist dabei die jeweilige Richtung zum Mittelpunkt der Welt gemeint, wo sich *infolgedessen* auch der Mittelpunkt der Erdkugel eingefunden hat. Mit Gewalt können wir auch unnatürliche Bewegungen antreiben, beispielsweise etwas Schweres heben oder werfen. Davon handelt die Mechanik in der Antike.

Wenn eine Kraft eine Last in einer bestimmten Zeit um eine Strecke bewegt, so kann sie die halbe Last doppelt so weit oder in der halben Zeit bewegen. Eine halb so große Kraft bringt aber möglicherweise gar keine Bewegung zustande, denn sonst könnte ein einzelner Mann ein Schiff in Bewegung setzen. Hier hat Aristoteles Pech mit dem gewählten Beispiel: Gerade bei Schiffen braucht man keine Mindestkraft, um sie – wenn auch dann ganz allmählich – in Bewegung zu setzen, weil die Reibung im Wasser bei kleinen Geschwindigkeiten verschwindet. Bei großen Landfahrzeugen kann aber die Behauptung wegen der Reibung stimmen.

Konzentrisch um die in der Mitte der Welt ruhende Erde drehen sich die Sphären, die Kugelflächen, an denen der Mond, die Sonne und die Planeten sowie ganz außen die Sterne befestigt sind. Da der Raum endlich ist, die Zeit aber unendlich, kann es am Himmel nur die vollkommene Bewegungsart geben, die unendlich lange in endlichem Raum möglich ist: die Kreisbewegung. Die Erde selbst kann sich aber nicht drehen, da sie nicht himmlischer Natur ist. Für Erde und Himmel gelten völlig verschiedene Gesetzmäßigkeiten.

Die Körper sind beliebig fein zerteilbar. Es gibt keinen leeren Raum, weder um die Welt herum noch zwischen Teilen eines Körpers. Wäre es anders, müssten sich Teilchen im leeren Raum wegen fehlender Beeinflussungen ewig geradeaus und mit gleicher Geschwindigkeit bewegen, falls sie nicht ruhen.

> *Niemand könnte wohl sagen, weswegen denn (im Leeren) etwas in Bewegung Gesetztes einmal irgendwo zum Stillstand kommen sollte: warum hier eher als da? Also, entweder wird (alles in) Ruhe sein, oder es muss notwendig ins Unbegrenzte fortgehende Bewegung sein, wenn nicht etwas Stärkeres dazwischentritt.*

Diese Vorstellung – Φυσικη, Buch Δ, Kapitel 8 – ist für Aristoteles so absurd, dass er daraus die Unmöglichkeit des Vakuums folgert. Er hat also das Trägheitsgesetz für diesen von ihm als unmöglich angesehenen Fall als selbstverständlich vorausgesetzt und korrekter als GALILEI angewendet. Anders als Galilei, hat er allerdings entschieden nicht daran geglaubt!

➢ Die Geschichte der physikalischen Begriffe ist also manchmal verwickelter, als sie in Schulbüchern dargestellt wird!

1.3.9.2 * Buridan und die Impetustheorie

JEAN BURIDAN gehörte zu den *Nominalisten*. Das waren solche Scholastiker, die die Begriffe nur als Namen anerkannten und nicht als eigenständige Realität, im Gegensatz zu den konservativeren so genannten (Begriffs-)*Realisten*. Buridan erklärte im 14. Jahrhundert die Tatsache, dass ein geworfener Stein nicht stehen bleibt und sofort herunterfällt, sondern weiterfliegt, mit einer ihm beim Werfen eingepflanzten und während des Fluges fortbestehenden „Kraft". Diese wurde *impetus* oder *vis impressa* genannt.

Der Impetus ist proportional zur Geschwindigkeit und zur Materiemenge. Er wurde aber selbst von NEWTON noch nicht mit dem Impuls identifiziert, sondern als gleichartig zu anderen Kräften benannt. Wer unter den heutigen Studenten der Meinung ist, es gebe im Scheitelpunkt einer Wurfparabel eine Kraft nach vorne, argumentiert unbewusst in der Sprache der Impetustheorie oder der von ARISTOTELES, der hier eine etwas unklare Mitwirkung des Mediums angenommen hatte.

➢ Es soll hier zumindest andeutungsweise erwähnt werden, dass das „christliche Abendland" den verloren gegangenen Anschluss an die Antike, besonders an Aristoteles, durch die Vermittlung des Islams, besonders über das tolerante und multi-kulturell blühende Kalifat von Cordoba, bekommen hat. Von hier führte der Weg über die Scholastik in die Renaissance und damit auch zur neuzeitlichen Physik.

Die gleiche Bezeichnung „vis impressa" verwendet Newton später für eine andere Kraft, die einen Gegensatz dazu bildet, wogegen er „impetus" mit „vis insita" gleichsetzt, siehe 1.3.9.4.

1.3.9.3 * Galileo Galilei

GALILEO GALILEI war ein ungestümer Verfechter des in der Antike von ARISTARCHOS begründeten und im 16. Jahrhundert von COPERNICUS wieder aufgestellten heliozentrischen Weltbildes: Nicht die Erde, sondern die Sonne steht im absolut ruhenden Mittelpunkt der Welt. Es kommt zu einer paradoxen Zuspitzung. Die römische Kirche, vertreten durch Kardinal BELLARMIN, ist anfangs bereit, beide Weltbilder *als mathematische Hypothesen* zu tolerieren. Aber Galilei beharrt auf einer *absolut* ruhenden Sonne als Realität, bis er vor der Folterdrohung nachgibt und *nur* zu lebenslangem Hausarrest verurteilt wird. In der Auffassung der Klassischen Mechanik bei NEWTONs Nachfolgern entspricht der Wechsel zwischen Erde und Sonne der Relativität des Raumes. Von Galilei stammen das Relativitätsprinzip und die später Galilei-Transformation genannten Umrechnungen also nur vermeintlich.

Ein wichtiges Argument gegen die im heliozentrischen Bild nötige tägliche Drehung der Erde ist das Ausbleiben der Westabweichung. Ein von einer Turmspitze fallengelassener Stein sollte hinter der Erddrehung zurückbleiben. Eine Kanone sollte nach Westen weiter als nach Osten schießen können. Im zweiten Tag des „Dialogo" wird das mit dem Fallenlassen von Steinen von der Mastspitze eines Schiffs verglichen, bei dem keine Abweichung vom gleichen Vorgang auf dem Festland zu bemerken sei, der Stein lande in beiden Fällen unmittelbar am Fuß des Mastes. Salviati – der im Dialogo Galileis Meinungen vertritt – ist *ohne Experimente* fest davon überzeugt, dass man daraus nicht schließen kann, ob das Schiff sich bewegt, und das, obwohl das Schiff im Gegensatz zur Erddrehung eine unnatürliche Bewegung ausführt.

1.3.9 Historische Bemerkungen

Er postuliert hier also ein Relativitätsprinzip, aber genau genommen nicht das der Klassischen Mechanik, sondern eines für Drehungen um den Erdmittelpunkt, das nicht korrekt ist.

Kaum anders ist es mit dem Trägheitsgesetz. Salviati fragt, was eine reibungsfreie Kugel auf einer geneigten und was sie auf einer genau waagerechten Ebene tun werde, wenn sie erst in Ruhe sei, und was nach einem Anstoß. Die Antwort enthält die Aussage, dass auf der waagerechten Ebene die Kugel unbegrenzt weit mit gleicher Geschwindigkeit weiterrollt. Allerdings entpuppt sich diese Ebene wenige Zeilen später als eine zur Erde konzentrische Kugeloberfläche. Unendliche geradlinige Bahnen waren Galilei genau so fremd wie den Aristotelikern und ihrem Lehrer selbst.

Galilei gilt als Erfinder von Relativitätsprinzip und Trägheitsgesetz, obwohl er beide durchaus nicht korrekt verwendet hat. Er hat diese auch mehr dogmatisch als naturwissenschaftlich begründet: Salviati braucht keine Experimente dazu! Tatsächlich gibt es bei den fallenden Steinen auf der sich drehenden Erde eine kleine Ostabweichung: Wieso? CHRISTIAAN HUYGENS hat ein geradliniges Relativitätsprinzip, auch mit Schiffen, aber ohne Bezug zur Erdkrümmung, benutzt. Newton hat seine (krümmungsfreie) Fassung des Trägheitsgesetzes, sein erstes Gesetz, als eine Erkenntnis von Galilei bezeichnet.

➤ Heute können wir Galilei trotzdem als einen der wichtigsten Wissenschaftler würdigen, ohne ihn mit Legenden zu überhöhen und ohne sein Denken moderner darzustellen als es tatsächlich war. Das Verlassen aristotelischer Sichtweisen fiel nicht nur ihm, sondern auch noch Newton schwer. Aristotelische Sichtweisen leben verbal noch in unseren Lehrbüchern stärker als es uns bewusst ist.

1.3.9.4 * Sir Isaac Newton

NEWTON gilt als der Begründer der Klassischen Mechanik. Er würde sich aber vermutlich sehr darüber wundern, dass sie in der heute üblichen – durchaus klareren und sinnvollen – Formulierung als „Newton'sche" bezeichnet wird. 1687 erschienen seine *Philosophiae Naturalis Principia Mathematica*, die „Grundlagen der mathematischen Naturlehre", das unbestritten wichtigste Buch über Physik, das es bisher gibt. Es beginnt mit der Definition der Materiemenge oder Masse, die wir schon in 1.1.8 betrachtet haben. Die mit Recht berühmtesten Sätze des Buches sind die *drei Gesetze* oder *Axiome*, die in vielen Schulbüchern mehr umgedeutet als zitiert werden, siehe Tabelle 1.3.5.

➤ So gesehen, besagt das erste Gesetz, dass ein Impuls nicht von selbst aufhört. Das zweite beschreibt, wie der Impuls von einer von außen kommenden Kraft verändert wird. Wer hier – wie auch mancher große Physiker – meint, das erste Gesetz sei im zweiten enthalten, hätte nur dann Recht, wenn im zweiten stünde, dass Impulse *nur* durch Kräfte geändert werden. Gerade für die mit „nur" ausgedrückte Teilaussage spendiert Sir Isaac ein eigenes Gesetz, nämlich das Erste, und man darf wohl vermuten, weil es alles andere als selbstverständlich ist. Gerade das erste Gesetz ist es ja, das der aristotelischen Deutung der Erfahrungen widerspricht, die wir auf Schritt und Tritt machen.

Tabelle 1.3.5 Newtons drei Gesetze

Principia, NEWTON 1687	Übersetzung, DELLIAN 1988	Schulbuch, HÖFLING 1978
Lex I. Corpus omne perseverare in statu suo quiescendi vel movendi uniformiter in directum, nisi quatenus a viribus impressis cogitur statum illum mutare.	**Gesetz I**: Jeder Körper verharrt in seinem Zustande der Ruhe oder der gleichförmig geradlinigen Bewegung, sofern er nicht durch eingedrückte Kräfte zur Änderung seines Zustandes gezwungen wird.	Das erste Newton-Axiom: Jeder Körper behält seine Geschwindigkeit nach Betrag und Richtung solange bei, wie er nicht durch äußere Kräfte gezwungen wird, seinen Bewegungszustand zu ändern.
Lex II. Mutationem motus proportionalem esse vi motrici impressae, et fieri secundum lineam rectam qua vis illa imprimitur.	**Gesetz II**: Die Bewegungsänderung ist der eingedrückten Bewegungskraft proportional und geschieht in der Richtung der geraden Linie, in der jene Kraft eindrückt.	Das zweite Newton-Axiom: Um einer Masse m die Beschleunigung a zu erteilen, ist eine Kraft F erforderlich, die gleich dem Produkt aus der Masse und der Beschleunigung ist.
Lex III. Actioni contrariam semper et aequalem esse reactionem: sive corporum duorum actiones in se mutuo semper esse aequales et in partes contrarias dirigi.	**Gesetz III**: Der Einwirkung ist die Rückwirkung immer entgegengesetzt und gleich, oder: die Einwirkungen zweier Körper aufeinander sind immer gleich und wenden sich jeweils in die Gegenrichtung.	Das dritte Newton-Axiom: Wirkt ein Körper A auf einen Körper B mit der Kraft F_1, so wirkt der Körper B auf den Körper A mit einer Kraft F_2, die den gleichen Betrag, aber die entgegengesetzte Richtung wie F_1 hat.

Ein entscheidender, heutzutage aus durchaus guten Gründen verdrängter Punkt ist die Asymmetrie des zweiten Gesetzes. Sir Isaac formuliert – durchaus anders als das Buch, in dem Sie gerade lesen – keine Gleichheit und erst recht keine Identität von Kraft und Impulsänderungsrate, sondern eine *einseitige* Kausalbeziehung: wenn Kraft, dann Impulsänderung. Erst LEIBNIZ fordert, dass Ursache und Wirkung einander gleich sein sollen – zahlenmäßig und dem Wesen nach!

➢ Wenn wir wie in diesem Kurs die Impulserhaltung als zentrale Aussage der Mechanik auffassen und die Kraft als Zeitableitung des Impulses *definieren*, erscheinen die Axiome nur als zaghafte und ungeschickte Formulierungen von Definition und Erhaltungssatz.

Für Newton war „Kraft" aber fast noch dasselbe wie für ARISTOTELES. Sie war Ursache für Änderung der Geschwindigkeit und auch Ursache für das Ausbleiben oder Behindern einer solchen Änderung. Der Begriff diente für fast alles, was bei Bewegungen irgendwie nach einer Erklärung verlangt. Der Impetus der Scholastik wird auch von Newton noch als Kraft gesehen, nicht als Impuls – was wir nahe liegend fänden – und *auch* „vis insita" genannt und als Trägheitskraft gedeutet. Diese tritt sozusagen dann auf, wenn man einen Körper beschleunigen will.

1.4 Energie in der Mechanik

In 1.1 haben wir den Energiebegriff bereits benutzt und für den speziellen Fall der Höhe im homogenen Schwerefeld auch Zahlenverhältnisse gebildet. Es gab deutliche Anzeichen dafür, dass Bewegungen und elastische Verformungen Energie vorübergehend speichern können. Wir gehen nun systematischer vor und beginnen mit einem Zustand, der besonders augenfällig mit einem Energieinhalt verknüpft ist, nämlich der Bewegung.

1.4.1 Kinetische Energie

Die alte Streitfrage, ob man die Masse mit der Geschwindigkeit oder ihrem Quadrat multiplizieren muss, um eine vernünftige Größe für die Bewegung zu erhalten, hat zwei richtige Antworten erhalten. Die vektorielle Größe $m \cdot v$ heißt Impuls p – bei NEWTON „motus", also Bewegung. Die skalare Größe $m \cdot v^2$ wurde früher von LEIBNIZ „vis viva", lebendige Kraft, genannt. Wir teilen diese skalare Größe – wegen späterer Formeln – durch zwei und erhalten die *Bewegungsenergie*, die *kinetische Energie*.

$$\text{Definition der Kinetischen Energie:} \quad W_{\text{kin}} = \frac{m \cdot v^2}{2} = \frac{p^2}{2m}$$

Die metrische *Einheit der Energie* ist daher $1 \text{ m}^2 \cdot \text{kg/s}^2 = 1 \text{ N} \cdot \text{m}$, ein Newtonmeter. Sie wird auch ein Joule, 1 J genannt. Die Einheit der Leistung ist $1 \text{ J/s} = 1 \text{ W}$, ein Watt, siehe 1.4.4.2. Ein Joule ist daher auch eine Wattsekunde: $1 \text{ J} = 1 \text{ W} \cdot \text{s}$.

○ In der Energiewirtschaft wird oft das 3 600 000-fache davon als Einheit benutzt: eine Kilowattstunde, 1 kWh. In der Atomphysik ist das Produkt aus der metrischen Einheit der elektrischen Spannung, ein Volt, und der natürlichen Einheit der elektrischen Ladung, der Elementarladung e_0, eine sinnvolle Einheit für Energien einzelner Teilchen, also 1 eV, was unlogischerweise ein „Elektronenvolt" gesprochen wird. Außer J und eV sind eigentlich alle anderen Energieeinheiten in der Physik überflüssige Zöpfe.

Wir beschäftigen uns jetzt mit den *Änderungen* der kinetischen Energie und stellen zunächst die Frage: Wie ändert sich die kinetische Energie mit der Geschwindigkeit? Präziser gefragt: Wie wächst diese Energie, wenn die Geschwindigkeit etwas zunimmt?

Wegen des quadratischen Zusammenhanges ist das vergleichbar mit der Frage nach dem Flächenzuwachs eines Kreises bei Zunahme des Durchmessers. Wir bilden die Ableitung dW_{kin}/dv und erhalten $m \cdot v$ oder $dW_{\text{kin}} = m \cdot v \cdot dv$. Man darf das so umschreiben, weil unsere *Differenziale* zwar kleine, aber immer noch endlich große Werte haben. Im allgemeinen Fall gehören sie nicht zur Kurve, sondern zu deren Tangente. Bei gleichem Zuwachs von v wächst also W_{kin} umso stärker, je größer die Geschwindigkeit v bereits ist.

Davon ausgehend ergeben sich weitere Abhängigkeiten. Der Geschwindigkeitszuwachs dv bedeutet, dass eine Zeit dt lang eine Beschleunigung a erfolgt, die zumindest während dieser kurzen Zeit als konstant angenommen werden kann: $dv = a \cdot dt$. Für das Wegstückchen gilt $ds = v \cdot dt$ und die Kraft ist $F = dp/dt = m \cdot a$. Es gilt daher

$$dW_{\text{kin}} = m \cdot v \cdot dv = m \cdot a \cdot v \cdot dt = m \cdot a \cdot ds = F \cdot ds = F \cdot v \cdot dt.$$

Diese Zeile besagt, wie sich Zuwächse an kinetischer Energie verhalten:

- mit der Geschwindigkeit: proportional zum Impuls $m \cdot v$
- mit dem Weg: proportional zur Kraft $F = m \cdot a$

- mit der Zeit: proportional zu $m \cdot a \cdot v = F \cdot v$, also dem Produkt aus Impuls und Beschleunigung oder dem aus Kraft und Geschwindigkeit. Wir nennen dieses Produkt „Leistung", P.

Wenn die beschleunigende Kraft konstant ist, so muss die kinetische Energie proportional zum Weg wachsen: $W_{kin} = F_{const} \cdot s$. Bei Fahrzeugbremsen ist sie in guter Näherung mit negativem Wert konstant, sie muss dann beim Bremsen entsprechend abnehmen. Ist die Leistung P konstant – Motor bei Vollgas und stufenlosem Getriebe –, so nimmt die kinetische Energie proportional mit der Zeit zu: $\Delta W_{kin} = P_{const} \cdot t$. Ein Fall fehlt: Warum kann dieser nicht stattfinden, wenn die entscheidende Größe konstant sein soll?

Was machen wir aber, wenn F oder P während des gesamten Vorgangs *nicht* konstant sind? Wir zerhacken den Vorgang in viele kleine und addieren die Beiträge für dW_{kin} auf. Das mathematische Werkzeug zur formelmäßigen Behandlung liefert uns die Integralrechnung – wieder durch übertrieben feine, unendlich viele Schritte, siehe 1.4.2. Für den Fall, dass der Weg weder die gleiche noch die entgegengesetzte Richtung wie die Kraft hat, verwenden wir das Skalarprodukt, siehe 1.4.3.

1.4.1.1 Wirkungsgrad von Windkonvertern nach Betz

Aufgabe:

Windmühlenflügel verlangsamen den Wind von der Geschwindigkeit v_0 auf v. Wir nehmen mit A. BETZ (1926) an, dass dies für den Wind gilt, der die von den Flügeln überstrichene Fläche A durchquert, und dass der Durchsatz – Masse pro Zeitintervall – mit dem Mittelwert aus alter und neuer Geschwindigkeit erfolgt. Welcher Teil der kinetischen Energie des Windes – als Funktion von v/v_0 – wird vom Windkraftwerk aufgenommen? Bei welchem Faktor v/v_0 ist dieser *Wirkungsgrad* maximal, und wie groß ist er dann?

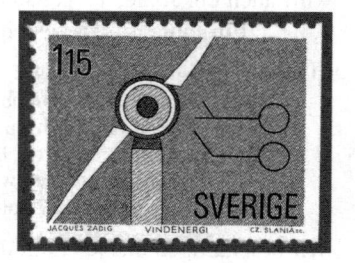

Lösung:

Mit der Luftdichte ϱ ist die entnommene Leistung $P = (v_0 + v) \cdot A \cdot \varrho \, (v_0^2 - v^2)/4$. Ableiten nach v und Nullsetzen gibt ein Maximum bei $v/v_0 = 1/3$ und $P_{max} = v_0^3 \cdot A \cdot \varrho \cdot 8/27$. Das ist 16/27 oder 59 % der insgesamt im Wind fließenden kinetischen Energie $A \cdot \varrho v_0^3 / 2$.

➤ Moderne Windkonverter sind Schnellläufer mit zwei oder drei wie Flugzeugflügel profilierten Rotorblättern, deren Umfangsgeschwindigkeit wesentlich größer als die Windgeschwindigkeit ist. Sie kommen dem theoretischen Optimum ziemlich nahe. Ihr Nachteil liegt in der starken

Abhängigkeit (dritte Potenz!) von der Windgeschwindigkeit: Sie müssen starke Winde ohne Schaden überstehen und laufen bei schwachen nicht an.

Wenn man mehrere Windkonverter hintereinander setzt, gewinnt man fast nichts hinzu, weil der einströmende Wind jeweils nur $(1/3)^3$ anzapfbare Energie führt.

In technischer Hinsicht ist der Betz-Wirkungsgrad eine physikalische Grenze für diese Art eines Energiewandlers und darin dem Carnot-Faktor, siehe 6.2, für die „Wärmekraftmaschinen" ähnlich.

1.4.2 Das Integral – ganz anschaulich streifenweise

Das Integral ist eine *Verallgemeinerung des Produktes*. Wir stellen uns vor, wir sollten die Fläche einer Straße bestimmen. Falls die Breite überall gleich ist, müssen wir nur die Länge mit dieser Breite malnehmen. Ist die Breite aber vom Ort abhängig, also von der Koordinate entlang der Länge, so zerlegen wir die Straße in viele kurze Stücke, bestimmen für jedes die Breite, daraus den Beitrag zur Fläche und summieren fortgesetzt.

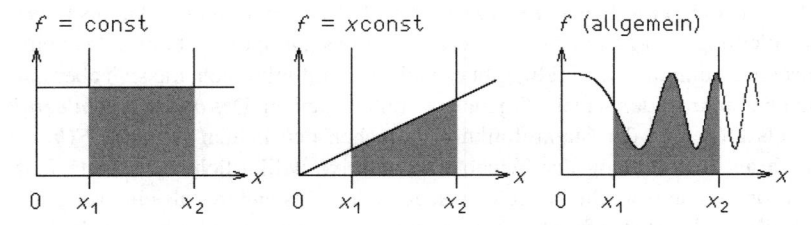

Bild 1.4.1 Das Integral als Fläche zwischen einer Kurve und der x-Achse

Bild 1.4.1 zeigt Flächen zwischen einer gegebenen Kurve $f(x)$, der x-Achse und zwei Vertikalen bei $x_1 = a$ und $x_2 = b$, den so genannten *Integrationsgrenzen*. Das Ergebnis nennt man *das bestimmte Integral*.

$$\text{Das bestimmte Integral:} \quad \int_a^b f(x)\,\mathrm{d}x$$

Falls nicht beide Grenzen festgelegt sind, gibt es eine Schar von Funktionen, die man das *unbestimmte Integral* nennt. Wenn eine der Grenzen, etwa a, fest bleibt, kann man das unbestimmte Integral als Funktion der anderen Grenze, b, auffassen. Die Wahl der festen Grenze ist prinzipiell willkürlich.

$$F(b) = \int_{a=\text{const.}}^{b} f(x)\,\mathrm{d}x$$

Das Integralzeichen erinnert an ein S und deutet so auf seinen Zusammenhang mit einer Summe hin, die verschieden hohe Rechtecke einsammelt: die Produkte aus den verschiedenen Funktionswerten mit den Schrittlängen $\mathrm{d}x$ in x-Richtung.

Wenn die Koordinaten nicht beide Längen bedeuten, sondern stellvertretend für irgendwelche physikalischen Größen gezeichnet werden, so ist die Fläche als *deren* Produkt zu deuten – etwa Kraft mal Weg oder Beschleunigung mal Zeit.

In den Fällen von Rechteck und Dreieck ist die Flächenbestimmung sehr einfach. Im allgemeinen Fall sind die Methoden der *Integralrechnung* zuständig.

Für das Ableiten kennen wir schon einige Rechenregeln. Die können wir auch hier einsetzen, weil es einen fundamentalen *Zusammenhang zwischen Ableitung und Integral* gibt. Diesen Zusammenhang, den *Hauptsatz der Analysis*, zeigt das Bild 1.4.2 anschaulich. Oben und unten sind jeweils die gleichen hellen und dunklen Rechtecke aneinander gehängt. Oben nähern die Diagonalen der Rechtecke eine Kurve so genau an, wie es bei der gegebenen Schrittweite geht. Unten sind sie an eine gemeinsame x-Achse gelegt, und zwar so, dass jeweils das linke Ende der betreffenden Diagonale in ihr liegt.

Die untere Kurve ist die Steigungsfunktion zur oberen, also im Prinzip ihre Ableitung – was man sehen kann. Die obere zeigt umso größere Differenzen in der Höhe, je größer die Fläche zwischen der unteren und ihrer Nulllinie ist, und zwar jeweils zwischen zwei begrenzenden x-Werten. Natürlich werden die nach unten hängenden Flächen dabei negativ gezählt.

Die obere Kurve stellt somit eine *Stammfunktion* $F(x) = \int f(x) \mathrm{d}x$ der unteren dar, also *eine* Funktion, deren Ableitung die untere ist – von der die untere sozusagen abstammt. Da beim Ableiten ein konstanter Summand flachfällt, gibt es viele Stammfunktionen, die sich aber nur in solchen konstanten Summanden – meist C genannt – unterscheiden. Das *bestimmte Integral* findet man dann als Differenz der Stammfunktion zwischen den beiden Grenzen $F(b) - F(a)$ – anschaulich als Bestimmung der Fläche. Die additive willkürliche Konstante fällt bei dieser Subtraktion gerade weg. Sie bedeutet anschaulich nichts anderes als eine vertikale Verlagerung der Nulllinie der Stammfunktion, was ja auf die Steigungen in ihr keinen Einfluss hat.

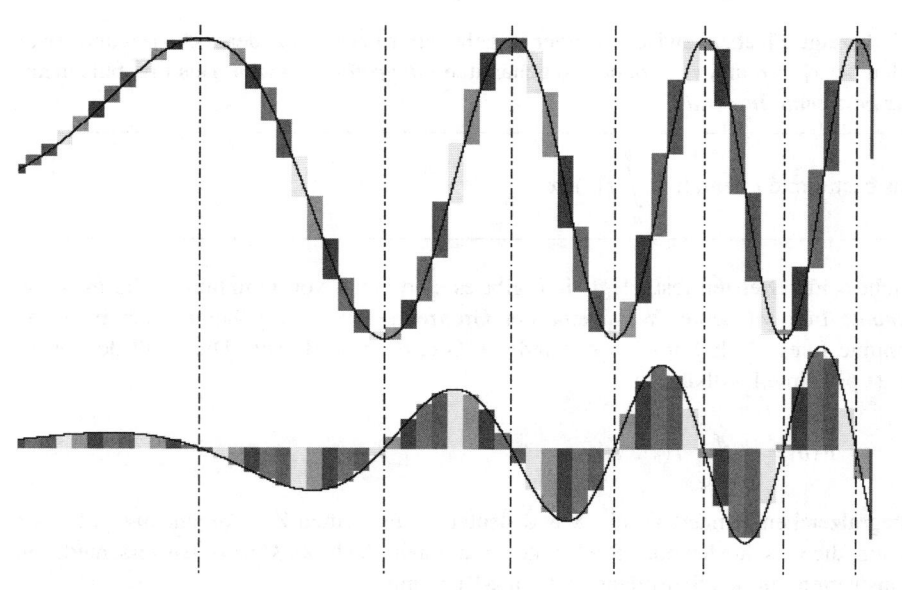

Bild 1.4.2 Zum Hauptsatz der Analysis
Die Diagonalen der Rechtecke formen – denkbar beliebig genau – eine Kurve, deren Ableitung durch ihre Höhen dargestellt werden. Die Flächen zwischen der unteren Kurve und ihrer x-Achse kann oben als Höhendifferenz einer Kette von aneinander hängenden Rechtecken abgelesen werden.

Einige der Ableitungsregeln aus 1.2.1 können wir nun unmittelbar auch für die Integration anwenden.

> **Linearität der Integration**
> $$\int (af(x) + bg(x))\mathrm{d}x = a\int f(x)\mathrm{d}x + b\int g(x)\mathrm{d}x$$

Die Linearität ist für Flächen auch anschaulich ziemlich klar.

Für Potenzen kann man die folgende Regel durch Ableiten bestätigen.

> **Integral der Potenz:** $\quad \int x^n \mathrm{d}x = \dfrac{x^{n+1}}{n+1} + C \quad$ für $\quad n \neq -1$

Der Ausschluss von $n = -1$ ist zwingend, denn es gilt $\int \mathrm{d}x/x = \ln(x) + C$ mit ln als „natürlichem" Logarithmus.

➢ Leider gibt es viele Formeln, die man nur mit komplizierten Verfahren exakt integrieren kann – oder gar nicht. Oft muss man grafische oder numerische Verfahren verwenden, sich also mit Näherungen zufrieden geben – wie auch beim Suchen von Nullstellen. Für einzelne zahlenmäßige Ergebnisse ist das kein großes Problem. Will man aber mit einer Formel weiterrechnen, so hilft notfalls eine „Reihen-"Darstellung als „unendliche" Summe von Funktionen. Die darf man in günstigen Fällen gliedweise integrieren.

1.4.3 Das skalare Produkt zweier Vektoren

Vektoren kann man mit Zahlen als Faktoren multiplizieren. Das folgt weitgehend aus der Addition von Vektoren. Was soll aber das Produkt zweier Vektoren sein? Die Physik benötigt tatsächlich gleich zwei solche Produkte. Das zweite sparen wir für 1.5.1 auf und sehen uns zunächst das erste an.

Wenn wir eine Kraft mit einem Wegstück malnehmen, um die Zunahme der kinetischen Energie zu bekommen, so geht das zunächst nur, wenn beide die gleiche Richtung haben. Wir haben auch schon gesehen, dass bei entgegengesetzten Richtungen statt der Zunahme eine Abnahme vorliegt, wie beim Steigen im homogenen Schwerefeld. Wenn das alles wäre, kämen wir ohne weiteres mit Zahlen und ihren Vorzeichen aus. Wenn sich etwas waagerecht im Schwerefeld bewegt, so nimmt die kinetische Energie weder zu noch ab – im Scheitel beim nicht senkrechten Wurf ist das der Fall.

Wir stellen uns nun vor, dass eine schräge Bewegung durch Überlagerung ihrer senkrechten Komponente und ihrer waagerechten ersetzt wird. Allgemein ist die eine parallel oder antiparallel zur Kraft, die andere ist rechtwinklig dazu. Die zweite Komponente trägt nichts zur Energieänderung bei, nur die erste.

Wir benötigen also eine Produktbildung, bei der von einem Vektor nur die Komponente mitspielt, die parallel oder antiparallel zum anderen ist. Soll das Produkt nun selbst auch eine Richtung bekommen? Unser Anwendungsbeispiel spricht dagegen, denn die kinetische Energie ist unabhängig von der Richtung, kann also kein Vektor sein.

➥ **Knobelaufgabe:** Was spricht mathematisch dagegen, aus zwei Vektoren ein Produkt zu bilden, das den gleichen Betrag wie das Skalarprodukt hat, aber auch eine Richtung besitzt – etwa die des Kreuzprodukts, siehe 1.4.1? Helfende Frage: Ist es sinnvoll, dass die Richtung undefiniert ist, wenn der Betrag ungleich null ist?

> Definition des Skalarprodukts $a \cdot b = |a||b_{\|a}|$

Dabei ist $|b_{\|a}|$ der Betrag der in Richtung von a laufenden Komponente von b. Das ist die Länge des Schattens, der von b rechtwinklig auf die Gerade durch a fällt, die „Projektion von b auf a".

Es gilt, wie in Bild 1.4.3 dargestellt:

$$a \cdot b = |a||b| \cos(\varphi_{a,b}),$$

wobei $\varphi_{a,b}$ der Winkel zwischen a und b ist. Auf die Reihenfolge der Faktoren kommt es also nicht an:

$$a \cdot b = |a| \, |b_{\|a}| = |b| \, |a_{\|b}| = b \cdot a.$$

Auch aus den Komponenten der Vektoren lässt sich das Skalarprodukt bequem berechnen:

$$a \cdot b = a_x b_x + a_y b_y + a_z b_z.$$

Wir brauchen in den meisten einfachen Anwendungen aber die in der Definition angegebene Form direkt.

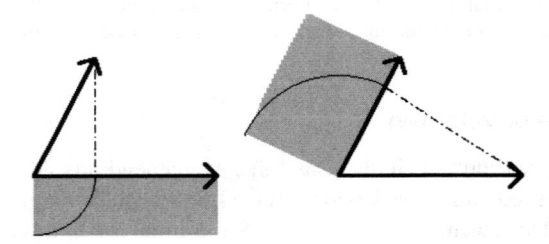

Bild 1.4.3 Zum Skalarprodukt
Man kann es als Produkt aus der Länge des einen Vektors und der Länge der rechtwinkligen Projektion des anderen auf ihn auffassen.

➢ Die Bezeichnung „inneres Produkt" für das Skalarprodukt ist nicht ganz logisch. Diese Multiplikation bildet ja zwei Vektoren nicht in die Menge der Vektoren, sondern in die der Zahlen, die den Vektoren sozusagen zugrunde liegen, ab. Das Skalarprodukt wird immer mit einem halbhohen Punkt geschrieben, und man sollte diesen Punkt auch möglichst dafür reservieren.

1.4.4 Kann man Energie aufbewahren?

Mit dem Skalarprodukt können wir zu einer ortsabhängigen Kraft die kinetische Energie einer Punktmasse, die nur von ihr beeinflusst wird, auch dann berechnen, wenn die Kraft weder konstant ist noch ständig die Richtung des Weges hat:

$$\Delta W_{\text{kin}} = \int F \cdot ds = \int (F_x \cdot dx + F_y \cdot dy + F_z \cdot dz).$$

Im Allgemeinen wird sich die kinetische Energie bei Bewegung ändern, nur unter besonderen Bedingungen nicht, wie bei der gleichmäßigen Bewegung auf einer Kreisbahn.

Verfolgen wir ein nach oben geworfenes Objekt, so nimmt seine kinetische Energie wegen der Schwerkraft ab. Sie nimmt aber wieder zu, wenn das Objekt zurückkommt. Das führt uns zu der Vermutung, dass hinter dem Vorgang eine Größe steckt, die weder vernichtet noch erzeugt wird. Diese Größe, die zwischen der relativ handfesten kinetischen Form und einer versteckten Form wechseln kann, nennen wir insgesamt *Energie* und verwenden dann keinen Zusatz in der Bezeichnung.

1.4.4 Kann man Energie aufbewahren?

Es wird immer alles viel einfacher und berechenbarer, wenn man Größen hat, die *bilanzierbar und unvergänglich* sind. Wir versuchen, die Energie als eine solche Größe zu etablieren. Das ist bis heute gelungen, wenn auch nicht mühelos.

Greifen wir wieder auf das Gleichnis mit dem Geld zurück. Als Kinder lernen wir Münzen kennen und vertrauen dem Sparbuch erst dann, wenn wir die Einzahlung als reversibel erfahren haben. Die Gutschrift auf dem Konto ist *potenzielles* Geld, das Radeln auf einen Berg ist Zuwachs *potenzieller Energie*. Die potenzielle Energie bekommen wir bergab in kinetische zurückgewechselt – wegen Reibung nicht ganz vollständig.

Bild 1.4.4 zeigt für senkrechten Wurf und Fall die kinetische Energie und spiegelbildlich dazu die potenzielle.

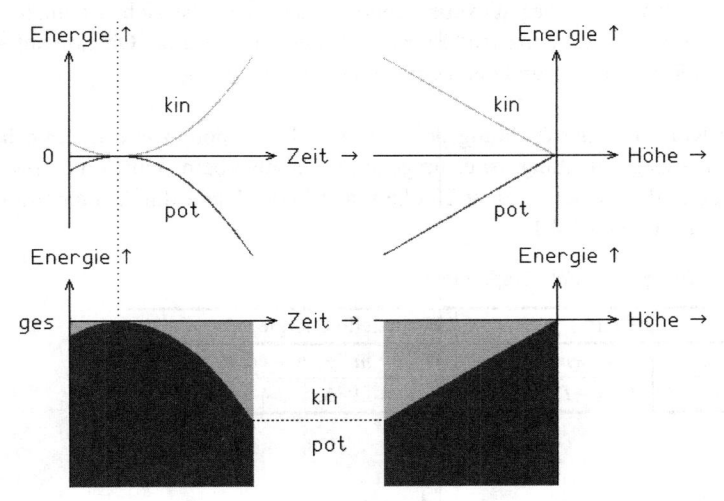

Bild 1.4.4 Energieverhältnisse beim senkrechten Wurf und freien Fall ohne Reibung
Die kinetische Energie nimmt mit der Höhe bis auf null bei der Scheitelhöhe ab. Die potenzielle Energie kann als Funktion der Höhe so definiert werden, dass die Summe beider konstant bleibt. Speziell kann die Summe als Nullpunkt gewählt werden.

Die versteckte Energie, die wir wieder in kinetische zurückverwandeln können, nennt man *potenzielle Energie* oder auch *Lageenergie*. „Lageenergie" trifft bei der Schwerkraft und bei Federkräften zu, kaum jedoch in anderen Fällen, etwa bei chemischen Umwandlungen.

Wenn keine Reibung im Spiel ist, können wir die potenzielle Energie vollständig wieder zurückbekommen. Wir definieren sie also so, dass sie zusammen mit der kinetischen konstant bleibt. Ist dagegen Reibung beteiligt, so wirkt sie sich nur bei der kinetischen Energie aus. Hier ist Reibung immer nur mit Relativbewegung gemeint, nicht aber Haftung, die völlig zu unrecht in diesen Topf geworfen wird.

Für *alle* beschleunigenden Kräfte, somit auch für Reibungskräfte mit $F_{Reib} \downarrow\uparrow s$, gilt mit $F = F_{kons} + F_{Reib}$:

$$dW_{kin} = F \cdot ds \quad \text{und} \quad \Delta W_{kin} = \int F \cdot ds.$$

Wir *definieren* nun die potenzielle Energie so, dass wenigstens bei $F_{Reib} = 0$ die „mechanische" Energie $W = W_{kin} + W_{pot}$ konstant bleibt.

> **Definition der potenziellen Energie**
> $$dW_{pot} = -F_{kons} \cdot ds \quad \text{also} \quad \Delta W_{pot} = -\int F_{kons} \cdot ds$$

Das negative Vorzeichen steht hier genau zu dem Zweck, eine Erhaltungsgröße zu bekommen. Die Beschleunigung ist ein Wechsel zwischen einer weniger versteckten und einer mehr versteckten Sorte von Energie – ähnlich dem Geldwechsel beim Konto. Kräfte, die keine Reibungskräfte sind, heißen *konservativ*, denn sie erlauben uns ja die *Erhaltung* der Summe der beiden betrachteten Energieanteile. Reibungskräfte sind dagegen immer der Geschwindigkeit entgegengesetzt – relativ zum Medium oder anderen angrenzenden Objekten. Bei üblichen Bezugssystemen sind sie daher den Wegstückchen entgegengerichtet. Sie ziehen demnach stets Energie aus der gesamten „mechanischen" Energie. Damit heizen sie die Objekte auf – bei Fahrzeugen speziell die Bremsen – und dann ein wenig die Umgebung.

Hat eine konservative Kraft also die Richtung des Weges, füllt sie potenzielle Energie in kinetische um. Hat sie die Gegenrichtung, ist es umgekehrt, wie man beim Wurf im Schwerefeld und beim Spannen oder Stauchen einer Hooke'schen Feder leicht durch Integration nachvollziehen kann, siehe Tabelle 1.4.1.

Tabelle 1.4.1 Potenzielle Energie bei Schwerefeld und Feder

	Kraft	Potenzielle Energie
Homogenes Schwerefeld	$F = -m \cdot g$	$W_{pot} = m \cdot g \cdot h + \text{const}$
Feder mit Hooke-Gesetz	$F = -D \cdot \Delta x$	$W_{pot} = D \cdot \Delta x^2 / 2 + const$.

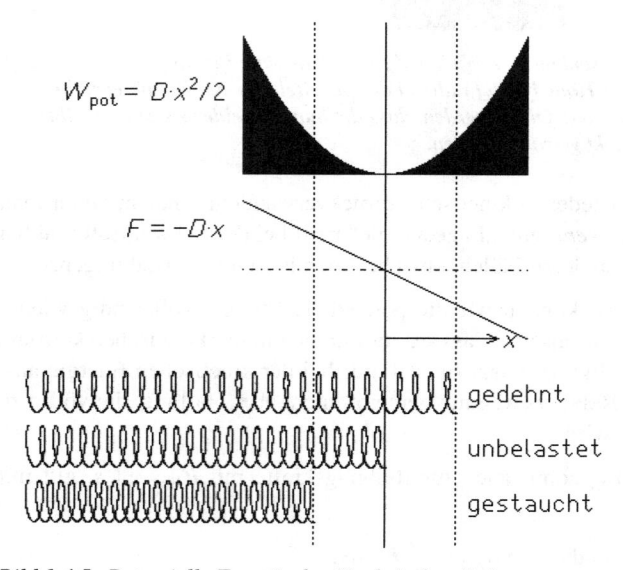

Bild 1.4.5 Potenzielle Energie der Hooke'schen Feder
Unten: Federzustand. Mitte: Kraft, mit der das rechte Ende der Feder bei der jeweiligen Position nach rechts drückt. Oben: Längenabhängigkeit ihrer potenziellen Energie als Parabel-Topf.

1.4.4 Kann man Energie aufbewahren?

Zur Hooke'schen Feder gehört also ein parabelförmiger Potenzialtopf, dessen Scheitel man normalerweise als Nullpunkt wählt, siehe Bild 1.4.5.

Der Nullpunkt der potenziellen Energie ist im Prinzip willkürlich – formal wegen der Konstanten beim Integrieren. Der Nullpunkt der kinetischen Energie ergibt sich zwanglos aus dem gewählten Bezugssystem. Damit ist dann auch der Nullpunkt der gesamten mechanischen Energie der Nullpunkt der potenziellen. Bedenken sollte man, dass die kinetische Energie bei Wechsel des Inertialsystems andere Werte bekommt.

Dass potenzielle Energie beispielsweise in einer Feder „sitzt", leuchtet ein. Bei der Schwerkraft soll sie demnach im Schwerefeld stecken, also im Raum zwischen „Apfel und Erde". Kinetische Energie wird man in den bewegten Körpern annehmen. Beim Wechsel von einem Inertialsystem zu einem anderen können das jedoch ganz andere sein.

Was bedeutet der Satz von der Erhaltung der Energie nun eigentlich, wenn wir ihn doch anscheinend durch bloße Begriffserweiterung retten können? Die Reibungsenergie und sogar die Energie von spurlosen Teilchen, deren Existenz jahrzehntelang ungewiss war, der Neutrinos, wurden in die Bilanz aufgenommen, nachdem einige Schwierigkeiten geklärt waren.

In den Naturwissenschaften ist eine Aussage nur dann bedeutend, wenn man klar sagt, unter welchen *denkbaren* Umständen wir sie als widerlegt fallen lassen. Die Behauptung „Das Wetter wird morgen schön" lässt sich unter allen Umständen verteidigen, ihre Kontradiktion „…wird nicht schön" ebenso: Man muss nur *hinterher* aussuchen dürfen, ob man den Eisverkäufer oder den Regenschirmverkäufer zum Schiedsrichter ernennt. Wenn man aber eine Wette darüber abschließt, ob *morgen* eine bestimmte Marke auf dem Thermometer oder im Messrohr für den Regen überschritten wird, hat man klare Kriterien: Die Aussage ist dann im Sinne von SIR KARL POPPER *falsifizierbar*.

Was müsste nun passieren, damit wir gewillt wären, den Energiesatz fallen zu lassen? Erstaunlicherweise etwas, was man früher ersehnt hat, nämlich die Erfindung eines *Perpetuum Mobile*. Wörtlich heißt das „ewig in Bewegung". Gemeint ist eine Maschine, die beliebig lange mehr Energie abgeben kann, als sie dazu aufnehmen muss.

Eine solche Maschine würde sicher weniger „gegen die Anschauung verstoßen" als Flugzeuge, die schwerer als Luft sind, oder als unsere alltägliche Datentechnik. Dem entsprechend haben viele Erfinder mit großem Aufwand an Geld, Zeit und Intelligenz die Konstruktion eines Perpetuum Mobile versucht. Dass sie es trotzdem nicht geschafft haben, wiegt schwerer als die richtige Vermutung von SIMON STEVIN oder die Beobachtungen und Formulierungen von MAYER, JOULE und V. HELMHOLTZ. Schon frühzeitig war selbst LEONARDO DA VINCI, einer der genialsten Erfinder aller Zeiten, der immerhin Fluggeräte entworfen hat, aber vielen nur als Maler bekannt ist, von der Unmöglichkeit des Perpetuum mobile überzeugt – wohl deshalb, weil er eine Zeit lang selbst versucht hat, eins zu bauen.

1.4.4.1 Stabhochsprung

Aufgabe:

Ein Sportler erreicht beim Anlauf 10 m/s. Er benutzt einen elastischen Stab, um eine vertikal nach oben gerichtete Geschwindigkeit etwa der gleichen Größe zu bekommen. Wie hoch kann er auf diese Weise springen und wie lange dauert der Sprung? Zeichnen Sie bitte dazu die Höhe, die Vertikalgeschwindigkeit und die Beschleunigung über einer gemeinsamen Zeitachse auf. Beziffern Sie das Bild entsprechend.

Lösung:

Bei rund 10 m/s^2 dauert es 1 s bis sich die vertikale Geschwindigkeit um 10 m/s ändert, in diesem Fall also auf null abnimmt. Die zugehörige Höhe ist 5 m. Am einfachsten berechnet man das aus der im Zeitmittel 5 m/s hohen Geschwindigkeit und der Zeit von 1 s.

Solche Höhen werden beim Stabhochsprung tatsächlich erreicht. Der Stab nimmt die Energie elastisch auf und „lenkt sie nach oben um" – ähnlich wie ein schräg gestelltes Trampolin. Das gibt dem Springer etwa die gleiche Energie wieder, aber einen völlig anders gerichteten Impuls. Natürlich ist der Stab nicht verlustfrei, andererseits arbeitet der Springer auch noch während des Sprunges mit Beinen und Armen. Er bekommt außerdem die Höhe zwischen Boden und eigenem Schwerpunkt gratis angerechnet, da er diesen kaum über die Latte hinaus heben muss. Bei günstiger Körperkrümmung bleibt der Schwerpunkt sogar darunter, jedenfalls beim normalen Hochsprung.

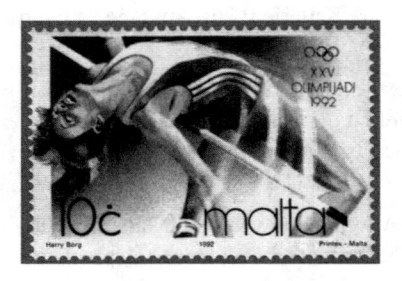

1.4.4.2 Die Leistung

Wir *definieren* die Leistung als Energieumsatz pro Zeitintervall.

> Leistung $P = dW/dt$, Einheit Watt, $1\text{ W} = 1\text{ N} \cdot \text{m/s} = 1\text{ m}^2 \cdot \text{kg/s}^3$

Umsatz kann dabei sowohl Durchsatz, wie beim Transport, als auch Umwandlung der Sorte bedeuten. So kann ein zweiadriges Kabel, das zu einem Tauchsieder führt, 1 kW durchlassen, oder genauer: führen. Der Tauchsieder selbst wandelt 1 kW um. Der Grundumsatz eines Menschen – entspannt und in Ruhe – ist etwa 80 W. Bei Geräten oder Leitungen, die betriebsmäßig eine bestimmte Leistung umsetzen oder leiten können, spricht man unabhängig davon, ob sie es gerade auch tun, von *installierter* Leistung – etwa bei Kraftwerken und Motoren. Umgangssprachlich sagt man oft nur „Leistung", auch wenn die „installierte" gemeint ist.

1.4.4.3 Von menschlicher Leistung

Aufgabe:

a) Wie groß ist Ihre Leistung, wenn Sie in 7 Minuten eine 100 m hohe Treppe im Kölner Dom hochsteigen?
b) Je Kilogramm liefern Nahrungsmittel bei der Oxidation zwischen 15 MJ (Proteine, Kohlenhydrate) und 37 MJ (Fett). Den Grundumsatz eines Menschen runden wir zu 100 W. Wie viel muss er täglich für diesen Grundumsatz essen, wenn er auf Fett verzichtet?

Lösung:

a) Bei einer Masse von 70 kg bedeuten 100 m Höhe die Arbeit von knapp 70 kJ. Auf 420 s verteilt ist das die Leistung von rund 160 W.
b) Ein Tag dauert 86 400 s und fordert rund 9 MJ Grundumsatz. Wenn 1 kg Protein oder Zucker 15 MJ liefert, muss man etwa 600 g davon essen. Für die Dombesteigung muss der Mensch knapp 5 g Zucker zusätzlich essen. Um sein Gewicht zu halten, darf man also je nach Häufigkeit von derartigen Anstrengungen alles essen, was nicht viel mehr als rund 10 MJ verwertbare Nahrung enthält.

1.4.4.4 Was Autos so leisten

Aufgabe:

Welcher Zusammenhang besteht zwischen der Maximalgeschwindigkeit und der Leistung eines Autos, wenn der Energieumsatz im Wesentlichen durch die quadratisch von der Geschwindigkeit abhängige turbulente Reibung verursacht wird?

Lösung:

Bei konstanter Geschwindigkeit geht die gesamte Leistung des Motors in die Reibung, bei großen Geschwindigkeiten fast vollständig in die Luftreibung. Die Kraft folgt dabei der Formel $k \cdot v^2$. Für den Weg $v \cdot t$ ist die Arbeit also $k \cdot v^3 \cdot t$, die Leistung also $k \cdot v^3$. Die Höchstgeschwindigkeit liegt bei voller Leistung des Motors vor. Sie ist also bei sonst gleichen Bedingungen der dritten Wurzel der Leistung proportional. Der Brennstoffverbrauch ist bei gegebenem Weg – von der Wohnung zur Uni – zu v^2 proportional, bei gegebener Zeit – am Sonntag eine Stunde spazieren fahren – zu v^3. Die Konstante k ist das Produkt aus der halben Dichte der Luft, dem Querschnitt des Wagens und dem von der Form des Wagens abhängigen c_w-Wert.

1.4.5 Energieentwertung durch Reibung

Wenn etwas langsamer wird, muss die Energie nicht unbedingt umkehrbar umgewandelt werden: Beim Bremsen passiert etwas anderes als beim Bergauf-Rollenlassen. Beim Abwärtsrollen kommt die kinetische Energie zurück, beim Anwärmen der Bremsen aber nicht. MAYER und JOULE haben gefunden, dass die Erwärmung von Bremsen und ähnlichen Geräten *proportional* zu dem Verschwinden der „mechanischen" Energien ist.

Der dabei auftretende Proportionalitätsfaktor ist für alle Geräte und Stoffe gleich, also *universell*. Leider hat er deswegen den Namen „mechanisches Wärmeäquivalent" bekommen, gemeint war damit aber eine „abgeschwächte Gleichheit", denn man benutzte noch verschiedene Maßeinheiten für Wärme und mechanische Energie. Was aber absolut *nicht* zutrifft, ist eine Gleich*wertigkeit*: Die Wärme, besonders nach ihrer Verteilung auf die Umgebung, ist die absolute Sackgasse im Spiel der Energieumwandlungen! Ihre Nutzungsmöglichkeit beschränkt sich auf das Heizen, während die anderen Energieformen fast beliebig wandelbar sind.

Was nur so eingeschränkt nutzbar ist, hat wirtschaftlich geringeren Wert, hier aus einem handfesten physikalischen Grund. In der Bilanz des Energiesatzes tritt die Wärmemenge sozusagen zum vollen Nennwert auf, ihr technischer und wirtschaftlicher Wert ist aber weitaus geringer, siehe 6.2.4. Beim Bremsen und auch beim elektrischen Heizen mit Ohm-Widerständen wird *Energie entwertet*: unwiderruflich!

Die Reibung ist keineswegs ein kleiner störender Effekt, ohne den sich die Mechanik viel schöner unterrichten ließe. Reibung hängt vielmehr mit einer der wichtigsten Eigenschaften unserer Welt zusammen, nämlich, dass wir die Zeit nur in einer von zwei denkbaren(?) Richtungen erleben können. Es gibt einen *Zeitpfeil*.

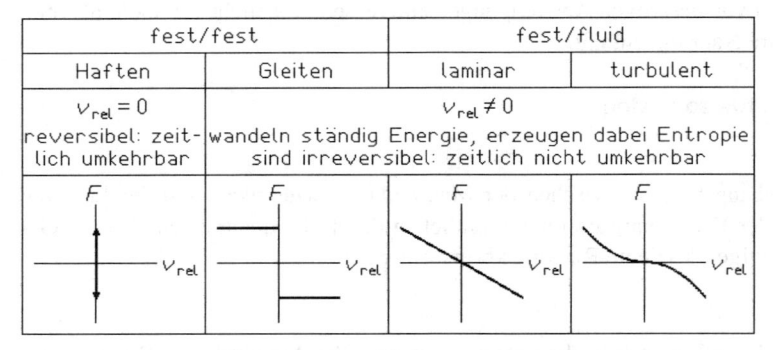

fest/fest		fest/fluid	
Haften	Gleiten	laminar	turbulent
$v_{rel} = 0$ reversibel: zeitlich umkehrbar	$v_{rel} \neq 0$ wandeln ständig Energie, erzeugen dabei Entropie sind irreversibel: zeitlich nicht umkehrbar		

Bild 1.4.6 Reibung ohne Haften als Energieentwertung

Ohne Reibung sähe die Welt völlig anders aus. Unter anderem gäbe es keine stabilen Gleichgewichte, aber stattdessen eine endlose Zappelei. Die käme uns aber normal vor, falls es uns dann überhaupt gäbe.

Wir können nun die Auswirkung einer insgesamt ein Objekt beschleunigenden Kraft auf die Energiebilanz übersichtlich darstellen, indem wir sie in eine Reibungskraft und eine konservative Kraft aufspalten, siehe Tabelle 1.4.2.

Tabelle 1.4.2 Kraftaufspaltung und Energiebilanz

Kraftbilanz	$F_{beschl} = F_{kons} + F_{reib}$
Kinetische Energie	$\Delta W_{kin} = (F_{kons} + F_{reib}) \cdot \Delta s$
Potenzielle Energie	$\Delta W_{pot} = -F_{kons} \cdot \Delta s$
Innere Energie	$\Delta W_{inn} = -F_{reib} \cdot \Delta s$
Energiebilanz	$\Delta W_{kin} + \Delta W_{pot} + \Delta W_{inn} = 0$

Beachten Sie hierin die Vorzeichen und besonders, dass die Reibungskraft stets zur Geschwindigkeit entgegengerichtet ist, gemessen an der Umgebung, zu der der reibende Kontakt besteht, also zu Luft, Schiene, Straßenbelag, Tischfläche, ...

1.4.5 Energieentwertung durch Reibung

1.4.5.1 Ein Erbsenmodell für das Mischen von Impulsen

Aufgabe:

a) In einem Topf A sind $(1 + a) \cdot N/2$ gelbe Erbsen und $(1 - a) \cdot N/2$ grüne. In einem Topf B sind umgekehrt $(1 + a) \cdot N/2$ grüne und $(1 - a) \cdot N/2$ gelbe. Zusammen sind es also N gelbe und N grüne, und in jedem Topf sind genau N Stück. Nun wird per Zufall aus jedem Topf eine Erbse genommen und in den anderen getan. Wie groß ist der Erwartungswert – das Produkt aus Wahrscheinlichkeit und „Gewinn", der hier $+1$ oder -1 sein kann – für die Zunahme an gelben Erbsen im Topf A? Was wird nach einiger Zeit geschehen, wenn a am Anfang nahe bei $+1$ oder -1 war?

b) Statt der gelben Erbsen denken wir uns nun Punktmassen mit einer gemeinsamen Geschwindigkeit v nach rechts und statt der grünen Punktmassen mit $-v$. Alle Massen seien gleich. Bestimmen Sie bitte für einen der beiden Töpfe
  - den Impuls
  - die Geschwindigkeit des Schwerpunktes (die mittlere Geschwindigkeit oder den gesamten Impuls geteilt durch die Masse)
  - die gesamte kinetische Energie
  - die „äußere" kinetische Energie, berechnet aus der mittleren Geschwindigkeit und der Gesamtmasse
  - die „innere" kinetische Energie als Differenz der gesamten und der äußeren.

Was ändert sich, wenn Teilchen aus den beiden Töpfen miteinander die Geschwindigkeiten vertauschen? Was hat das mit Reibung oder inelastischen Stößen zu tun?

Lösung:

a) Der Erwartungswert ist $-a$. Dieser Wert tendiert also langfristig in die Nähe von null, und zwar umso genauer, je größer N ist. Beim Mischen von Erbsen ist das nicht weiter erstaunlich.

b) Bei dem Modell mit den Punktmassen bleiben Energie und Impuls erhalten, aber die äußere Energie – vorhanden bei $a \neq 0$ – tendiert dazu, per Zufall zu innerer zu werden. Aneinander reibende Objekte mit unterschiedlicher Geschwindigkeit gleichen ihre Geschwindigkeiten einander an. Sie verlieren dabei *äußere* kinetische Energie zugunsten der inneren, was zu Erwärmung führt. Ebenso geht es beim inelastischen aufeinander Prallen, siehe 1.4.8.10. Stellen Sie sich dabei vor, dass die Moleküle nahe der Kontaktfläche einzeln elastisch zusammenstoßen.

Um ein Modell zu finden, bei dem eine Menge aus Teilchen mit entgegengesetzten Impulsen zusammen bleibt, denken Sie sich einen leichten Rahmen um die Teilchen herum. Dieser Rahmen hat die gedachte Eigenschaft, den Impuls von Teilchen, die auf der einen Seite herauslaufen, mit dem Impuls von Teilchen, die auf der anderen Seite herauslaufen, zu vertauschen. Das geht genau dann auf, wenn der Rahmen sich mit der Geschwindigkeit des Schwerpunktes bewegt. In der Realität gibt es statt des Rahmens für Festkörper oder auch für Tropfen einen gemeinsamen Potenzialtopf. Eigentlich müssten wir die potenzielle Energie auch mit berücksichtigen, das bringt aber nichts qualitativ Neues für unsere Betrachtung.

Das Bemerkenswerte bei diesen Vorgängen ist ihre *Nichtumkehrbarkeit* in der *Zeit*. Diese ist *nicht* in den mechanischen Naturgesetzen verankert! Genau wie bei den Erbsen wird sie durch den Wahrscheinlichkeitsansatz eingeführt. Damit ist die Wahrscheinlichkeit nicht nur ein wichtiger Begriff der Mathematik, sondern auch ein Schlüsselbegriff zum Verständnis der Natur.

1.4.5.2 Bremsdiagramme

Aufgabe:

Am Ort null taucht ein Hindernis vor einem Fahrer auf, das ihn zu einer Vollbremsung veranlasst. Es vergeht aber eine volle Sekunde Reaktionszeit, bis die Bremse aktiv wird. Die Bremsbeschleunigung sei dann -7 m/s^2. Zeichnen Sie bitte in Bremsdiagrammen für verschiedene Anfangsgeschwindigkeiten

a) den Ort als Funktion der Zeit,
b) v gegen den Weg,
c) v^2 gegen den Weg.

Beziffern Sie die Achsen und geben Sie an der v^2-Achse auch die entsprechenden Falltiefen an.

Lösung:

Das Bild 1.4.7 ist vom Prinzip her besonders einfach, aber zum Ablesen muss man genau hinschauen.

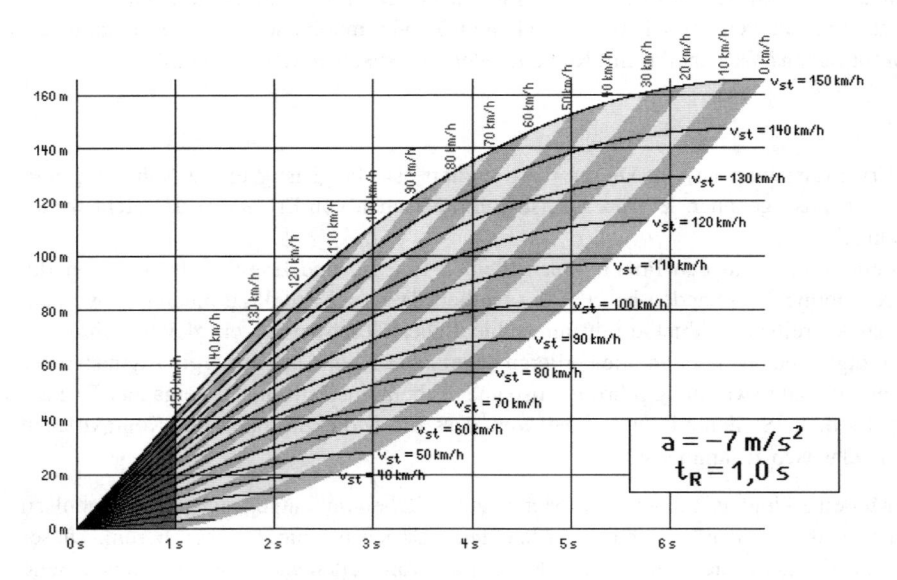

Bild 1.4.7 Bremsen als Weg-Zeit-Diagramm
Die oberen Zahlen geben die auf der gepunkteten aufsteigenden Kurve jeweils durch Bremsen erreichte Geschwindigkeit an.

Die Kurven der Bilder 1.4.8 und 1.4.9 bestehen aus einem waagerechten Teil für die Reaktionszeit und einem gebogenen oder geradlinigen Abfall bei der Bremsung. Das entspricht der linearen Abnahme der kinetischen Energie bei konstanter Kraft über dem Weg. Die Knickpunkte zwischen beiden Teilen lassen sich in Bild 1.4.8 durch eine Gerade, in Bild 1.4.9 durch eine Parabel verbinden.

1.4.5 Energieentwertung durch Reibung

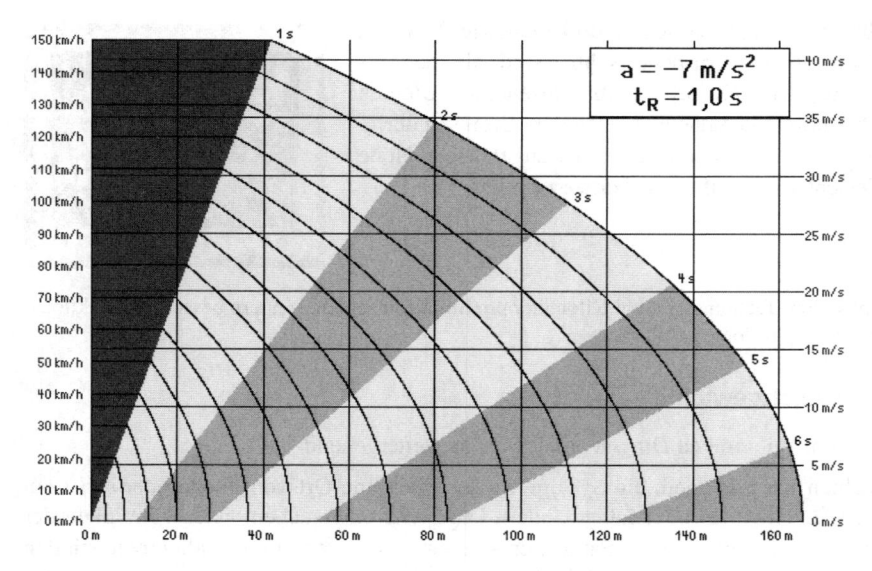

Bild 1.4.8 Derselbe Sachverhalt in anderer Auftragung

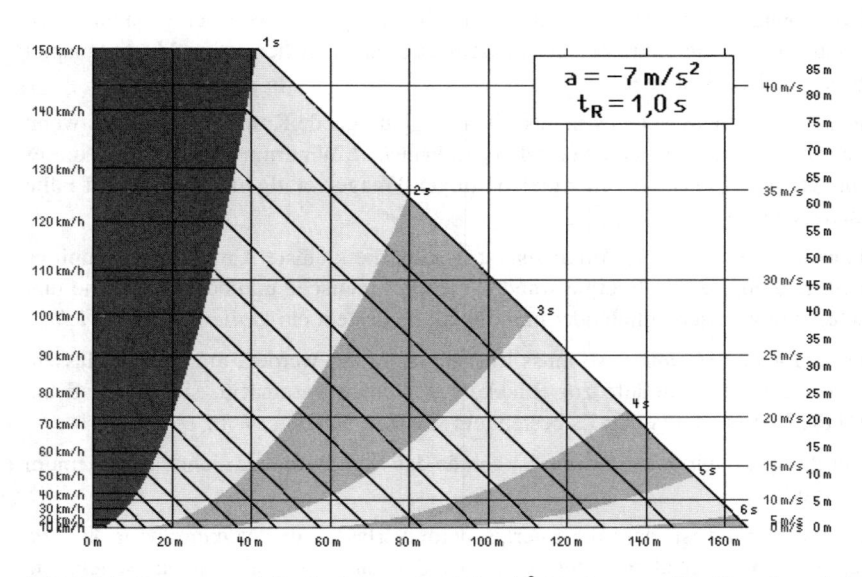

Bild 1.4.9 Bremsen nach 1 s Reaktionszeit mit 7 m/s² Verzögerung. Die Energie und damit die zugehörige Falltiefe ist über dem Weg aufgetragen. Eine besonders informative Darstellung.

Man kann aus den Diagrammen ablesen, wie sich der Anhalteweg (Reaktionsweg plus Bremsweg) verlängert. Wenn eine zu hohe Geschwindigkeit – hinsichtlich des jeweiligen Abstands, bei dem man noch zum Stillstand käme – gefahren wird, vergrößert sich die Aufprallgeschwindigkeit gegenüber dem Idealwert null. Das kann man ebenfalls ablesen. Der Bremsweg ist bei der Bremsverzögerung $7\,\mathrm{m/s^2}$ rund 1,4-mal so groß wie die zur kinetischen Energie gehörende Falltiefe, bei $5\,\mathrm{m/s^2}$ ist er etwa doppelt so groß.

Es ist zu bedenken, dass Geschwindigkeiten wie 20 km/h oder 30 km/h nur insofern beherrschbar sind, als man aus ihnen meist noch wirksam auf null abbremsen kann. Bleiben diese Geschwindigkeiten dagegen nach dem Bremsen übrig, so muss man sich nur vorstellen, aus der zugehörigen Höhe mit dem Gesicht voran auf etwas Hartes zu fallen.

➢ Vielleicht sollten Tachometer nicht Kilometer pro Stunde anzeigen, sondern besser die Reaktionswege und die äquivalenten Falltiefen.

1.4.6 Gleichgewichte

Wir befassen uns mit einigen Dingen aus 1.1 etwas weitergehend.

Dazu betrachten wir allgemein ein System, in dem sich eine Ortskoordinate oder sonst ein Parameter wie Drehwinkel oder Länge ändern kann. Wir untersuchen die Abhängigkeit der potenziellen Energie von diesem Parameter – genauer die der Summe aller potenziellen Energien. Wir denken uns die potenzielle Energie nach oben und den Parameter nach rechts aufgetragen. Für die Bewegung einer reibungsfreien Punktmasse auf einem Fußboden mit Dellen und Erhebungen unterscheidet sich ein solches Diagramm von der geometrischen Gestalt nur durch die Skalenfaktoren. Daher ist dieser Fall gleichermaßen Musterbeispiel und Analogie für andere Systeme.

Aufgrund unserer Kenntnisse sehen wir, dass die beschleunigende Kraft verschwindet, wenn der Graph eine Horizontalstelle hat. Es besteht *Gleichgewicht*. Wir erinnern daran, dass dieses Wort die symmetrische Belastung einer gleicharmigen Waage verallgemeinert, oft auf Fälle mit ungleichen Gewichten!

Ist die Horizontalstelle ein *lokales Maximum*, so genügt die kleinste Abweichung, damit es verlassen wird. Die potenzielle Energie wandelt sich in kinetische und/oder in Wärme um. Eine Rückkehr ist unwahrscheinlich oder unmöglich: Es besteht ein *labiles Gleichgewicht*.

Ist die Stelle ein *lokales Minimum*, so muss Energie zugeführt werden, um es zu verlassen. *Schwingungen* – dauernde Anläufe zur Rückkehr – werden verursacht, siehe 4, und bei Reibung wird die Energie entwertet: Es besteht ein *stabiles Gleichgewicht*.

Woher kommt diese Asymmetrie? Warum ist gerade das Minimum und nicht das Maximum der Energie stabil?

Der entscheidende Grund ist, dass die Energie beim Verlassen des Maximums in kleinen Portionen unregelmäßig nach allen Seiten verteilt werden kann. Es ist aber unwahrscheinlich, dass solche Portionen passend von allen Seiten zeitgleich kommen, um aus einem Minimum herauszuhelfen.

Das gilt auch in der Atomphysik. Dort zeigt sich, dass nur bei der Temperatur null Kelvin ausschließlich die niedrigsten Energiestufen besetzt sind, bei hinreichend hohen Temperaturen dagegen auch weit höhere.

Das Bild 1.4.10 zeigt diese Gleichgewichtsformen schematisch. Als *metastabil* bezeichnet man die Mischform, bei der an einem Hang oder auf einem Gipfel eine schwache Delle sitzt. Gegen kleine Energiezufuhren ist das System stabil, gegen größere aber instabil –

1.4.7 Hydrostatik

wie beispielsweise bei einem aufrecht stehenden Bleistift. Genau genommen ist das labile Gleichgewicht der theoretische Grenzfall eines metastabilen.

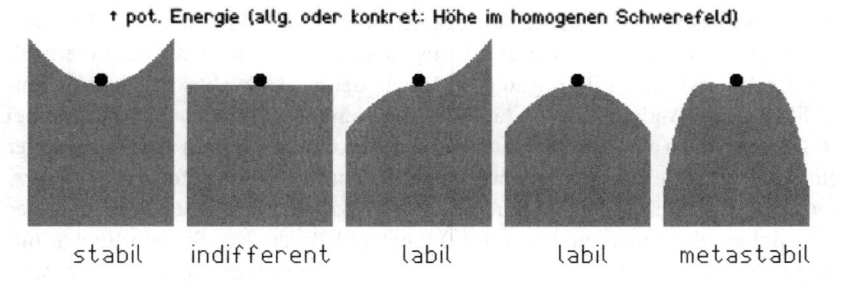

↑ pot. Energie (allg. oder konkret: Höhe im homogenen Schwerefeld)

stabil   indifferent   labil   labil   metastabil

Bild 1.4.10 Fälle von Gleichgewicht

Falls die potenzielle Energie einem homogenen Schwerefeld zugeordnet ist – also nicht in Federn oder in Sprengstoff steckt –, kann man sie unmittelbar an der Höhe des *Schwerpunktes* ablesen. Auch die stabile Eintauchtiefe eines auf dem Wasser schwimmenden Schiffes ergibt sich so als Minimum der Höhe des gemeinsamen Schwerpunktes von Schiff und Wasser: Sowohl zum Anheben *als auch* zum tieferen Eintauchen muss Energie zugeführt werden.

Auch die in 1.1 behandelten passiven *einfachen Maschinen* und Beispiele aus der Hydrostatik sind am leichtesten so zu verstehen.

Sie können *keine Kräfte umlenken oder einsparen*: Die Lagerkräfte sorgen dafür, dass der Impulssatz gültig bleibt! Was man aber kann, sei am Flaschenzug erläutert. Statt ein schweres Objekt mit 3 000 N direkt um 10 cm zu heben, kann man an einem Seil mit (etwas mehr als) 500 N nach unten ziehen und das Objekt 60 cm heben. Der Haken an der Decke muss dabei natürlich mit (etwas mehr als) 3 500 N nach oben ziehen – ohne Bewegung und daher auch ohne Energieeinspeisung. Analogie aus der Elektrotechnik: Der Transformator nimmt so viel Energie auf wie er abgibt, aber Spannung und Stromstärke können dabei verändert werden.

1.4.7 *   Hydrostatik

In 1.1 haben wir mit sehr einfachen Vorkenntnissen grundlegende Erscheinungen der Hydrostatik erklärt. Es sollte Ihnen jetzt nicht schwer fallen, diese Erklärungen mit expliziten Energiebetrachtungen zu wiederholen. Daher sollen hier einige Bemerkungen ausreichen.

Flüssigkeiten haben ein annähernd konstantes Volumen, können aber ihre Gestalt sehr leicht den Gegebenheiten anpassen. Was dabei unter dem Einfluss der Schwerkraft und der Oberflächenenergie geschieht, kann sehr weitgehend aus Gleichgewichten erklärt werden. Kräfte und Drücke müssen dazu nicht herangezogen werden.

Die übliche Formulierung, Flüssigkeiten seien *inkompressibel*, ist für den Kenner eine nützliche Modellbeschreibung, führt aber nicht nur Laien zu falschen Schlussfolgerungen. Unter dem Einfluss des Luftdrucks wird *jede* Flüssigkeit immer *etwas* zusammengedrückt, nicht anders als eine Feder, die unter einer Druckkraft steht. Ohne jegliche geometrische Änderung „wüssten" die Atome sozusagen nicht, dass sie auf ihre Nachbarn Kräfte ausüben müssen. Der sinnvolle Aspekt der Modellvorstellung besteht in beiden Fällen darin, dass man die Längen- und Volumenänderung *als solche* vernachlässigen kann, nicht aber in ihrer Verknüpfung mit den Kräften.

Mathematisch etwas aufwendiger als die Betrachtungen in 1.1 sind Berechnungen von Schwerpunktshöhen und von deren Extremwerten. Damit kann man zum Beispiel das Schwimmen von Schiffen und die Stabilität ihrer Eintauchtiefe erklären.

Ebenso kann man ein besonders wichtiges Gesetz der Hydrostatik beweisen, den *Satz von Archimedes*. Er sagt, dass auf einen untergetauchten oder eingetauchten Körper eine nach oben gerichtete Kraft wirkt, deren Betrag so groß ist wie der der Gewichtskraft der von ihm „verdrängten" Flüssigkeit. Andere Beweise laufen über tiefenabhängige Druckkräfte, was bei Quadern oder Säulen einfach aussieht, bei unregelmäßig geformten Körpern aber schwieriger wird. Speziell für den Fall eines ganz untergetauchten, aber beliebig geformten Körpers, gibt es eine außerordentlich einfache Begründung. Wir denken uns erst einen Bereich in der homogenen Flüssigkeit, der genau die Form des fraglichen Körpers hat. Sie ist offenbar mit ihrer Umgebung im Gleichgewicht. Alle von außen durch ihre gedachte rundum geschlossene Oberfläche einwandernden Impulse gleichen die Schwerkraft aus. Nun ersetzen wir diesen Bereich der Flüssigkeit durch eine feste Haut der fraglichen Form mit der gleichen mittleren Dichte, etwa durch eine Flasche. Es besteht nach wie vor ein indifferentes Gleichgewicht. Nun entnehmen wir der Flasche etwas Inhalt oder füllen zusätzlichen hinein: Genau den Anteil der Schwerkraft für diese Differenz müssen wir nun nach unten oder nach oben ausgleichen, um das Gleichgewicht wieder einzustellen. Dazu könnte man einen Stock oder eine Angel nehmen.

➤ Ich finde, dass diese Überlegung ein Muster für eine elegante Beweisidee ist: Sie kommt völlig ohne Rechnungen aus und ist trotzdem nicht weniger physikalisch als andere. Leider wird sie in Schulbüchern oft weniger eleganten Beweisen nachgeordnet oder fehlt völlig.

1.4.7.1 * Kapillarität

Bekanntlich steigt Wasser in dünnen Röhrchen – „Kapillare" von capillus, lateinisch für Haupthaar – höher als rundherum. Der Effekt ist besonders stark, wenn diese innen „haarfein" sind. Der Effekt heißt *Kapillarität* und hat seinen Grund darin, dass in diesem Fall in der Energiebilanz aus 1.4.4 noch ein Oberflächenterm wichtig wird.

Bricht man einen festen Körper auseinander, so muss man die Bindungen zwischen benachbarten Atomen auftrennen. Dazu muss man eine Energie hineinstecken, die proportional zur Zahl der unmittelbar beteiligten Atome ist. Bei ein und demselben Material ist diese also proportional zur neu entstehenden Oberfläche. Der Quotient aus dieser Energie und der neuen Oberfläche wird *Oberflächenspannung* genannt und meist mit σ (sigma) bezeichnet.

Im Prinzip geschieht das gleiche, wenn eine Flüssigkeit ihre Oberflächengröße ändert, etwa wenn Tropfen ihre Form ändern oder in kleinere Tropfen zerplatzen. Das geht also nur unter Energiezugabe, etwa aus der Höhenenergie beim Herunterfallen.

Ob etwas an Luft oder an Vakuum grenzt, ist dabei meist nicht so wichtig, denn Luft hat relativ wenige Atome im Vergleich zu Flüssigkeiten. Steht aber Wasser in Kontakt mit Glas, so wird Energie frei, wenn sich die Wasser-Glas-Grenzfläche verkleinert und sich die Wasser-Luft-Grenzfläche ebenso stark vergrößert. Das Wasser bildet daher eine dünne Schicht auf dem Glas: Man spricht von *Benetzung*.

Ragt ein oben und unten offenes Glasröhrchen senkrecht durch eine Wasseroberfläche, so ist es von innen und außen mit einer solchen Wasserhaut benetzt, jedenfalls in der Nähe des Wasserfüllstands. Nun wird gefragt, ob Energie abgegeben wird, wenn das Wasser innen höher steigt. Die Wasser-Luft-Grenzfläche ist die einzige, die sich dabei ändert: Sie verkleinert sich. Andererseits wird dabei die Höhenenergie vergrößert werden.

Wären nun beide Energieänderungen von der gleichen Potenz der Steighöhe abhängig, so würde je nach den Materialkonstanten entweder nichts passieren, oder das Wasser würde beliebig hoch steigen. Tatsächlich gibt es aber eine Gleichgewichtshöhe y. Ändert man sie in Gedanken um dy nach oben, so muss die Masse $dy \cdot \pi \cdot r^2 \cdot \varrho$ um y vom Flüssigkeitsspiegel der Umgebung gehoben werden, das erfordert die Energie $dy \cdot y \cdot \pi \cdot r^2 \cdot \varrho \cdot g$. Zugleich wird aber die benetzte Fläche, also eine Wasser/Luft-Grenzfläche um $dy \cdot 2\pi \cdot r$ kleiner, es wird also die Energie $dy \cdot 2\pi \cdot r \cdot \sigma$ frei. Im Gleichgewicht (das übrigens stabil ist) müssen beide zusammen null sein:

$$dy \cdot y \cdot \pi \cdot r^2 \cdot \varrho \cdot g = dy \cdot 2\pi \cdot r.$$

Also ist die Gleichgewichts-Steighöhe

$$y = \frac{2\sigma}{r \cdot \varrho \cdot g}.$$

Sie ist somit proportional zum Kehrwert des Innenradius der Kapillare, aber natürlich auch zu den Kehrwerten der Dichte der Flüssigkeit und der Fallbeschleunigung.

1.4.8 Energiebetrachtungen zu Stößen

1.4.8.1 Was ist ein elastischer Stoß?

Als besonders typisch für einen *Stoß* gilt normalerweise das Prallen eines Billardballes auf einen anderen. Wir fassen den Begriff *etwas allgemeiner*, verlangen aber immer noch, dass die gegenseitige Beeinflussung – Austausch von Impuls, Energie und Drehimpuls – nur auf einem relativ kurzen Weg und in relativ kurzer Zeit stattfindet. Die beteiligten Objekte sollen sich hinreichend weit und lange vorher und auch nachher gleichförmig bewegen, also mit konstantem Geschwindigkeitsvektor. Natürlich ist diese Eingrenzung bei harten Kugeln enger als bei der unendlich weit reichenden Schwerkraft. Aber auch bei der Schwerkraft kann es sinnvoll sein, sie nur in einem begrenzten Bereich zu beachten, der dann groß gegen die Radien der Körper, aber klein gegen die zu betrachtenden Wege sein muss. Zwischen der berührungslosen Abstoßung zweier aufeinander zu gleitender Magnete und dem Stoß „harter" Stahlkugeln oder von Billardbällen besteht nur ein *quantitativer* Unterschied hinsichtlich der „Stoßdauer". Dass wir die Zeit des Austauschs bei Billiardbällen nicht mit bloßen Augen auflösen, ist physikalisch nicht so entscheidend wie die in allen genannten Fällen sinnvolle Möglichkeit einer sehr einfachen – idealisierenden – mathematischen Beschreibung.

Die Beeinflussung muss nicht unbedingt abstoßend sein, sie kann auch anziehend sein. Es ist sogar möglich, Sinnvolles über Stöße auszusagen, bei denen man nichts über die Art der Beeinflussung weiß. Denken Sie sich ein kleines Kind, das auf einen schweren Erwachsenen zuläuft und dabei seine Laufrichtung fast umkehrt. Es kann dabei auf ihn gestoßen sein, es kann sich aber auch an ihm festgehalten haben und um ihn herum geschwungen sein wie um eine Säule am Treppenabsatz. Bei Billardbällen liegt gewiss Abstoßung vor, bei der Ablenkung von *Raumsonden* durch Planeten Anziehung. Von weitem muss man das aber nicht unbedingt sehen können.

Ein Stoß heißt *elastisch*, wenn nachher die Summe der kinetischen Energien die gleiche wie vorher ist – im gleichen Bezugssystem gemessen. *Während* der Begegnung ist sie vorübergehend kleiner. Im gemeinsamen Schwerpunktsystem kann sie bei Abstoßung sogar null sein, nämlich wenn die Bewegung in einer einzigen Geraden verläuft. Das ist dann ein *zentraler Stoß*, etwa bei einer Kugel, die auf den Mittelpunkt einer ruhenden Kugel gezielt wird. Es macht streng genommen keinen Sinn, von einer *Erhaltung* der Bewegungsenergie *beim* elastischen Stoß zu sprechen, denn gerade *während des Stoßes* hat diese fast immer andere Werte. Nur der Wert davor stimmt mit dem Wert danach überein. Man sagt von einem Hochspringer ja auch nicht, dass beim Sprung seine Höhe erhalten bleibt, nur weil sie hinterher die gleiche ist wie vorher.

Neben elastischen Stößen gibt es auch inelastische. Bei denen wird ein Teil der kinetischen Energie in innere Energie umgewandelt – mit Temperaturerhöhung, wie bei Reibung. Außerdem gibt es den sehr wichtigen Fall, dass die kinetische Energie zunimmt. Durch Freisetzen von chemischer Energie nimmt bei Verkehrsmitteln mit Verbrennungsmotoren, bei Sprengstoffen und auch bei Tieren oder Menschen – etwa einem startender Sprinter oder Radfahrer – die Bewegungsenergie zu.

Beim *elastischen* Stoß findet also nur eine vorübergehende Veränderung der potenziellen Energie aber keine Erwärmung statt. Bei elastischen Bällen ist es eine vorübergehende Erhöhung wegen der Federkraft, bei Planeten eine Erniedrigung wegen der Schwerkraft. Reibungsfreiheit ist in der Makrophysik – im Gegensatz zur Atomphysik – bestenfalls näherungsweise der Fall. Selbst bei astronomischen Objekten gibt es Reibung. Ein Ergebnis davon sehen Sie mit bloßen Augen, nämlich dass der Mond uns immer das gleiche Gesicht zeigt.

Wir betrachten – *ohne rechnen zu müssen* – elastische Stöße zur Vereinfachung und als Schlüssel zum allgemeinen Fall zuerst im *Schwerpunktsystem*. Damit meint man ein Inertialsystem, in dem der gemeinsame Schwerpunkt ruht.

1.4.8.2 Elastischer Stoß zweier Punktmassen im SPS

Aufgabe: Was sagen der Impulssatz und die soeben gegebene Begriffsbestimmung des elastischen Stoßes über die klassische (nicht-relativistische) Begegnung zweier Punktmassen aus? Betrachten Sie dazu den Vorgang im gemeinsamen Schwerpunktsystem (SPS).

Lösung:

Im SPS ist die Summe der Impulse null. Das gilt vor, während und nach dem Stoß! Die beiden einzelnen Impulse sind also in jedem Augenblick antiparallel zueinander und von gleichem Betrag. Sie können sich aber im Rahmen dieser Einschränkung beliebig im Raum ändern – also drehen –, ohne dem Impulssatz zu widersprechen.

Wenn die Impulsbeträge sich im Laufe des Stoßes ändern, müssen sie es wegen der Impulserhaltung beide gleichermaßen tun. Sie können durchaus auch unverändert bleiben. Die kinetische Energie ist für jede einzelne Punktmasse proportional zum Quadrat des Impulses: $p^2/2m$.

Es gibt also für ein System aus zwei Punktmassen genau die drei möglichen Fälle der Tabelle 1.4.3 in ihrem SPS.

Der auch denkbare Fall, dass ein Impulsbetrag größer und der andere kleiner wird, ist wegen der Impulserhaltung *bei zwei Objekten in ihrem SPS* nicht möglich!

Also bekommt beim elastischen Zweier-Stoß *im Schwerpunktsystem* jede der beiden Punktmassen *einzeln* ihre vorherige kinetische Energie und ebenfalls ihren Impulsbetrag zurück.

1.4.8 Energiebetrachtungen zu Stößen

Tabelle 1.4.3 Stoßformen

Zwei Punktmassen im gemeinsamen *SPS*	genau drei Fälle für einen *Stoß*		
Beide Impulsbeträge werden *einzeln*	größer	gleich	kleiner
Beide kinetische Energien werden *einzeln*	größer	gleich	kleiner
Bezeichnung des Stoßes		**elastisch**	**inelastisch**
Beispiel	Explosion	Stahl	Knetgummi

Die Impulsrichtungen sind stets einander entgegengerichtet. Welche Richtungen dabei im konkreten Fall auftreten, kann von der Form der Körper – bei Punktmassen wird allerdings ausdrücklich davon abgesehen – abhängen, vom genauen Verlauf der Bahnkurven oder auch vom Zufall, siehe übernächste Aufgabe 1.4.8.4.

Wie der elastische Stoß in einem anderen Inertialsystem aussieht, kann in der klassischen Mechanik sehr einfach mit der Galilei-Transformation durch Addition oder Subtraktion von Geschwindigkeitsvektoren ermittelt werden. Davon handeln die nächsten Aufgaben.

1.4.8.3 Der schlechte Billardspieler

Aufgabe:

Eine Punktmasse stößt elastisch, aber nicht besonders zielgenau auf eine bisher ruhende *gleicher* Masse. Welche geometrische Figur kann man aus den drei beteiligten und von null verschiedenen Impulsvektoren zeichnen? Dies beschreibt auch den Stoß zweier Billardbälle, wenn man von real auftretender Reibung und von Rotationseffekten absieht.

Lösung:

Im SPS bewegen sich zwei Bälle mit gleichen Impulsbeträgen und wegen gleicher Masse auch gleichen Geschwindigkeitsbeträgen aufeinander zu. Hinterher bewegen sie sich mit neuen Richtungen, aber gleichen Beträgen ebenfalls entgegengerichtet voneinander weg. Die Spitzen aller vier von einem gemeinsamen Nullpunkt aus gezeichneten Geschwindigkeitsvektoren im SPS liegen also auf einem Kreis und markieren paarweise Durchmesser, siehe Bild 1.4.11. Die Spitze von einem der *vorher* geltenden Pfeile ist der Geschwindigkeitsnullpunkt des *Laborsystems* – des Billardtischs mit dem vorher ruhenden Ball. Die anderen drei Pfeile bilden daher nach THALES die Seiten eines rechtwinkligen Dreiecks. Dabei steht die Hypotenuse für den stoßenden Ball vor dem Stoß. Die anderen beiden sind rechtwinklig zueinander und zeigen die Geschwindigkeiten der beiden Bälle nach dem Stoß an.

Einen Spezialfall erhalten wir, wenn einer der beiden Bälle in der Stoßrichtung mit voller Energie läuft, während der andere stehen bleibt. Das geschieht beim *zentralen*, auf die Ballmitte gezielten Stoß. Mit umgekehrter Rollenverteilung gilt das ebenso beim völligen Vorbeischießen durch einen besonders schlechten Spieler! Im Grenzfall eines (fast) stehen bleibenden Balles erfolgt eine Ablenkung von (fast) 90° zur Stoßrichtung. Allgemein gilt, dass *der* Ball nach dem Stoß mehr Energie hat, dessen Richtung weniger von der Stoßrichtung abweicht.

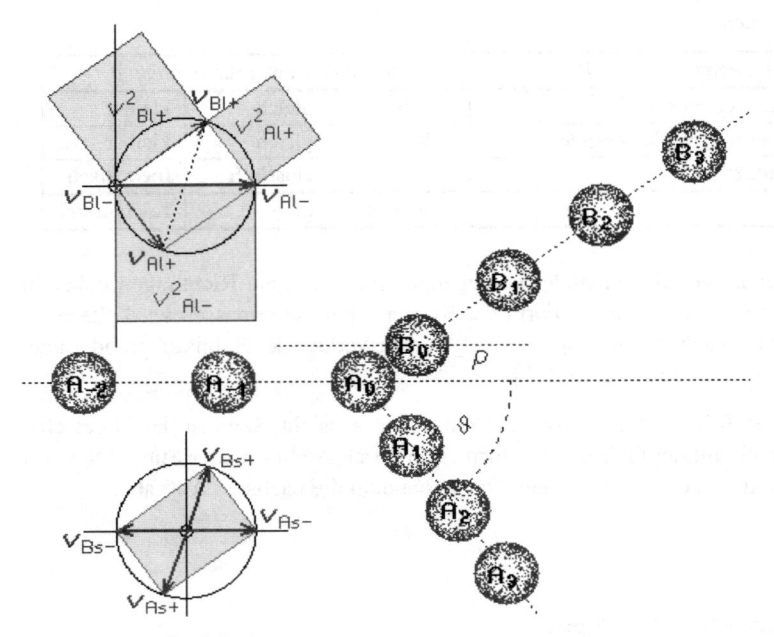

Bild 1.4.11 Billard-Stoß
Indices: A und B für die beiden Bälle, S Schwerpunktsystem, L Laborsystem (Tisch), − vor und + nach dem Stoß, die Zahlen stehen für gleiche Zeitschritte. Die Pfeildiagramme unterscheiden sich wesentlich nur in ihren Nullpunkten.

1.4.8.4 * Der gute Billardspieler

Aufgabe:

Der gute Billardspieler minimiert besonders bei einem direkten Stoß den Einfluss des Zufalls. Er plant die Richtungen und Geschwindigkeiten, die die Bälle nach dem Stoß haben sollen. Wir betrachten allgemein Kugeln (Billardbälle, Atome) oder zylindrische Scheiben (Carrom, Münzen). Als *Stoßparameter* bezeichnet man dann den Abstand der Verlängerung der Bahnkurve des Mittelpunktes des stoßenden Teilchens vom Mittelpunkt des ruhenden – alles vor dem Stoß. Geben Sie bitte die Impulse, Energien und Richtungen als Funktion des Verhältnisses aus dem Stoßparameter und der Summe der Radien beider Objekte an.

Lösung:

Beim Kontakt der Objekte hat die Verbindungsgerade zwischen beiden Mittelpunkten gegen die Stoßrichtung einen Winkel α. Das Verhältnis aus Stoßparameter und Radiensumme ist $sin(\alpha)$, wir nennen es ξ. Damit finden wir die Werte aus Tabelle 1.4.4.

1.4.8 Energiebetrachtungen zu Stößen

Tabelle 1.4.4 Elastischer Stoß im Detail

	Ball vorher ruhend	Ball stoßend	Summe Bälle
Impulsbetrag vorher	0	p	p
Richtung vorher	—	0	0
p_x vorher	0	p	p
p_y vorher	0	0	0
kinetische Energie vorher	0	$p^2/(2m)$	$p^2/(2m)$
Impulsbetrag nachher	$-p\sqrt{1-\xi^2}$	$p\xi$	—
Richtung nachher	$-\arcsin(\xi)$	$-\arcsin(\xi)+\pi/2$	—
p_x nachher	$p(1-\xi^2)$	$p\xi^2$	p
p_y nachher	$-p\xi\sqrt{1-\xi^2}$	$p\xi\sqrt{1-\xi^2}$	0
kinetische Energie nachher	$p^2(1-\xi^2)/(2m)$	$p^2\xi^2/(2m)$	$p^2/(2m)$

1.4.8.5 Tischtennisball contra Schläger

Aufgabe:

Ein Tischtennisball mit 30 m/s Geschwindigkeit relativ zum Tisch wird von einem viel schwereren Schläger reflektiert, der mit -1 m/s relativ zum Tisch geführt wird. Welche Geschwindigkeit bekommt der Ball?

Lösung:

Wenn wir die Richtung, in die der Ball zuerst läuft, positiv zählen, so hat er *relativ zum Schläger* vorher 31 m/s und nachher -31 m/s, relativ zum Tisch also -32 m/s.

Begründung: Im SPS haben Schläger und Ball entgegengesetzt gleiche Impulse. Wegen der sehr großen Masse des Schlägers im Verhältnis zu der des Balls ist die Geschwindigkeit des Schlägers relativ zum SPS vernachlässigbar. Für den *elastischen* Stoß eines sehr leichten Körpers gegen einen sehr schweren gilt daher mehr oder weniger genau ein *Reflexionsgesetz*: Im SPS kehrt sich die Geschwindigkeit des leichten Körpers um. Beim Stoß gegen eine Wand gilt dies für die zur Wand rechtwinklige Komponente, die anderen Komponenten werden nicht verändert.

1.4.8.6 Ein Ball will hoch hinaus

Heimexperiment

Nehmen Sie einen sehr leichten und einen sehr schweren Ball. Halten Sie beide wenige Dezimeter über einem Tisch so übereinander, dass der leichte auf dem Scheitel des schweren liegt. Lassen Sie dann beide zugleich fallen. Der leichte springt dabei erstaunlich hoch und übertrifft die Starthöhe bei weitem.

Erklärung

Ohne formale Rechnung kann man im Anschluss an die vorige Aufgabe 1.4.8.5 so argumentieren: Beide Bälle kommen mit der zur Falltiefe gehörenden Geschwindigkeit $-v$ unten an. Zuerst stößt der schwere Ball mit der Erdkugel zusammen – genauer: mit dem mit ihr fest verbundenen Tisch. Dafür gilt im Bezugssystem der ruhenden Erde – genauer: im gemeinsamen Schwerpunktsystem von schwerem Ball und Erde –, dass der Ball reflektiert wird und mit $+v$ nach oben fliegt. Dabei stößt er aber sofort auf den leichten. Wir wechseln zum gemeinsamen Schwerpunktsystem der beiden Bälle. Das ist ziemlich genau das Ruhsystem des weitaus schwereren Balles. Der leichte Ball hat hierin die Geschwindigkeit $-2v$ und wird mit $+2v$ reflektiert. Relativ zur Erde ist das die Geschwindigkeit $+3v$. Damit hat er die neunfache kinetische Energie, verglichen zu der kurz vor dem Doppelstoß.

Die Scheitelhöhe ist daher im theoretischen Grenzfall das Neunfache der Starthöhe. Der Grenzfall bedeutet eine verschwindende Energieentwertung. Der große Ball ist sowohl „unendlich mal schwerer" als der leichte als auch „unendlich mal leichter als die Erde". Zwei der drei Idealisierungen werden praktisch bei weitem nicht erfüllt. Trotzdem kommt es im Experiment zu beachtlichen Höhen. Dieses Experiment gehört wegen seiner technischen Einfachheit, der Verfügbarkeit der Hilfsmittel und wegen des Verblüffungseffekts zu den schönsten, die ich kenne. Beachten müssen Sie nur, dass der leichte Ball nach dem Fallen recht genau den Scheitel des schweren trifft. Sonst springt der kleine Ball seitwärts weg. Das ist weniger beeindruckend.

1.4.8.7 Swing-by

Aufgabe:

Eine Raumsonde umrundet einen Planeten in einer Haarnadelkurve – genauer in einer Hyperbel. Vor der Kurve hat die Sonde eine zum Planeten entgegengesetzte Richtung. Beim Umrunden kehrt sie ihre Richtung fast genau um, siehe Bild 1.4.12. Der Planet bewegt sich *heliostatisch* – in einem Inertialsystem, in dem die Sonne ruht – mit 10 km/s. Vor der Kurve hat die Sonde -25 km/s, ebenfalls heliostatisch. Wie ändert sich der Betrag ihrer Geschwindigkeit zwischen dem Zustand weit vor der Begegnung und dem weit danach?

Lösung:

Wir betrachten nur die Komponenten in der Bewegungsrichtung des Planeten. *Relativ zum Planeten* hat die Sonde -35 km/s. Diese werden in der Haarnadelkurve – einer sehr spitzen Hyperbel – zu $+35$ km/s umgekehrt. Heliostatisch sind das dann $+45$ km/s.

Die Voyager-Sonden, denen wir detaillierte Nahaufnahmen der äußeren Planeten und ihrer Satelliten verdanken, haben durch solche Planeten-Swing-bys ihren Geschwindigkeitsbetrag erhöht und ohne Treibstoffverbrauch Energie aufgenommen. Der Effekt war aber nur etwa halb so stark wie maximal möglich, weil sie ihre Richtung nicht ganz so weit ändern sollten.

Beachten Sie, dass die Energie zwar in jedem Inertialsystem erhalten bleibt, die Aufteilung zwischen Sonde und Planet in unterschiedlichen Inertialsystemen aber verschieden ist. In dem System, in dem der Planet nahezu ruht, ist die Energie der Sonde vorher und nachher genau gleich, auch der kinetische Teil für sich ist es, da die potenzielle nur vom Abstand abhängt. Eigentlich sind Planetenbahnen gekrümmt. Während der kurzen Zeit des Swing-by aber ist jede Planetenbahn nahezu geradlinig: Die Bahn-Tangenten sind gute Näherungen.

1.4.8 Energiebetrachtungen zu Stößen

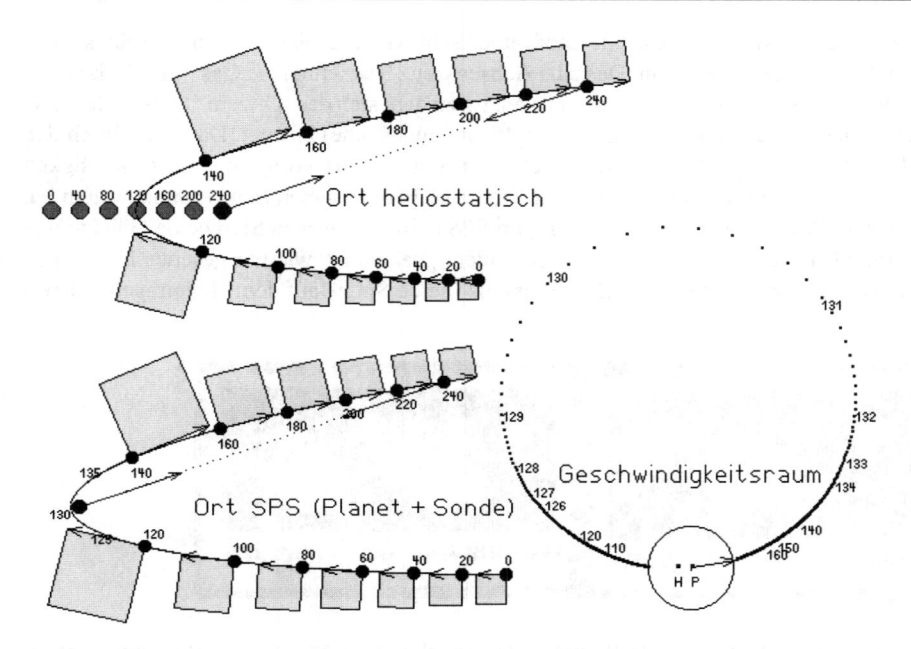

Bild 1.4.12 *Swing-by einer Raumsonde um einen wandernden Planeten. Der Vorgang wird sowohl heliostatisch als auch im SPS gezeichnet sowie im Geschwindigkeitsraum.*

Bild 1.4.12 zeigt eine Computersimulation der Raumsonde im Schwerefeld des Planeten. Der Vorgang ist sowohl heliostatisch aufgetragen als auch in einem Inertialsystem, in dem der Planet ruht – eigentlich der gemeinsame Schwerpunkt von Planet und Sonde. Beachten Sie in den beiden Darstellungen die Größe der Geschwindigkeitspfeile jeweils in gleichen Abständen vom Planeten. Die Gleichheit in dem einen System folgt aus der speziellen Form der Energieerhaltung im SPS, die Ungleichheit in dem anderen ist der Trick der Astronauten.

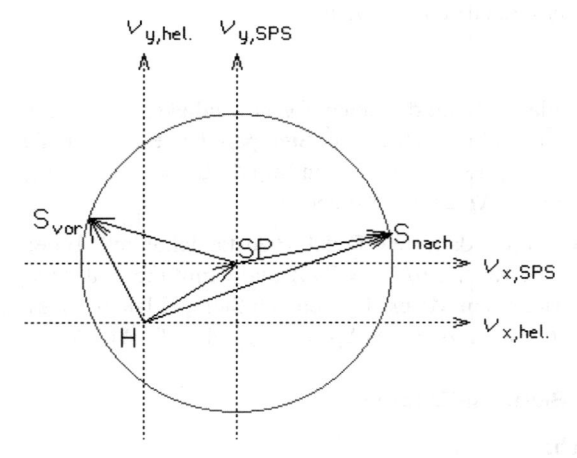

Bild 1.4.13 *Geschwindigkeitsdiagramm für einen elastischen Stoß einer sehr kleinen und einer sehr großen Masse, Swing-by*

Bild 1.4.13 zeigt, wie der elastische Stoß einer sehr kleinen Masse an einer sehr großen vektoriell behandelt werden kann. Das eine Achsenkreuz bezeichnet die Geschwindigkeit null für das System des Beobachters (Sonne, H), relativ zu dem sich das schwere Objekt (Planet, P; zugleich gemeinsamer Schwerpunkt SP von Planet und Sonde) bewegt. Das wird durch den Pfeil H $\rightarrow$ SP angezeigt. Das leichte Objekt, die Sonde, habe vorher die Geschwindigkeit H $\rightarrow$ S$_{vor}$. Relativ zum Planeten und damit auch zum gemeinsamen Schwerpunktsystem hat sie also SP $\rightarrow$ S$_{vor}$. Wir wissen bereits, dass im SPS beim elastischen Stoß beide Objekte ihre Geschwindigkeitsbeträge wiederbekommen – nicht „behalten", wie wir gesehen haben. Der für „nachher" geltende Pfeil SP $\rightarrow$ S$_{nach}$ muss also seine Spitze auf dem eingetragenen Kreis haben.

Bei realen Swing-bys ist vor allem für optimale Ablenkungen – also für fast Richtungsumkehr – zu beachten, dass Planeten nicht punktförmig sind. Unterschreitet die Annäherung den Planetenradius, kommt es zum Crash.

1.4.8.8 Molekül und Stempel

Aufgabe:

Ein Molekül mit der Geschwindigkeitskomponente v_x wird von einem mit der Geschwindigkeit v_s in der x-Richtung zurückweichenden Stempel elastisch reflektiert. Welchen Impuls und welche Energie gibt es dabei ab? Bringen Sie dies auch in Verbindung mit dem Druck, der nichts anderes ist als Impulsabgabe pro Fläche und pro Zeit.

Lösung:

Ein mit v_x ankommendes Molekül wird elastisch mit der neuen Geschwindigkeit $-v_x + 2v_s$ reflektiert, denn im Bezugssystem des „unendlich schweren" Stempels hat es vorher die Geschwindigkeit $v_x - v_s$ und nachher $v_s - v_x$. Es gibt daher den Impuls $\Delta p = 2m(v_x - v_s)$ und die Energie $\Delta W = 2m \cdot v_s(v_x - v_s) = v_s \cdot \Delta p$ an den Stempel ab.

Wie oft muss sich dieser Vorgang wiederholen, damit ein Druck P zustandekommt? Teilen wir P durch die Fläche A, so haben wir die Kraft $\Delta p / \Delta t = P \cdot A$ und damit die Zeit $\Delta t = \Delta p / (A \cdot P)$, nach der jeweils im Mittel wieder ein Molekül gegen den Stempel laufen muss. Die ausgehende Leistung ist also $\Delta W / \Delta t = v_s \cdot \Delta p \cdot P \cdot A / \Delta p = v_s \cdot P \cdot A = P \cdot \Delta V / \Delta t$.

1.4.8.9 Die Unfallforschung der Biertisch-Experten

Aufgabe aus einem Schul-Übungsbuch:

An einem Biertisch diskutieren Autofahrer. Einer behauptet: Wenn zwei gleich schwere Wagen mit je 100 km/h frontal zusammenstoßen, so ist der Stoß genau so schlimm, als würde

1.4.8 Energiebetrachtungen zu Stößen

einer mit 200 km/h auf einen ruhenden gleich schweren Wagen prallen, denn es kommt nur auf die Relativgeschwindigkeit an. Ein Physikstudent mischt sich ein: Im zweiten Fall ist die Energie viel größer, also muss der Stoß auch schlimmer sein.

Was sagen Sie dazu? Berechnen Sie die kinetischen Energien in beiden Fällen vor und nach dem als total inelastisch betrachteten Stoß.

Lösung:

Die kinetische Energie eines Wagens der Masse m mit 100 km/h ist $m \cdot 5\,000$ km^2/h^2. Wir nennen das hier kurz fünf Einheiten. Beide zusammen haben also vor dem Stoß zehn Einheiten und hinterher null Einheiten. Diese zehn Einheiten werden also bei dem Aufprall durch Verformung und Erwärmung umgesetzt. Im zweiten Fall haben wir vorher 20 Einheiten und hinterher noch zehn. Beim Stoß werden daher ebenfalls zehn Einheiten umgesetzt. Die Autofahrer am Biertisch haben recht. Ganz allgemein gilt die Klassische Mechanik in jedem Inertialsystem gleichermaßen. Es kommt wirklich nur auf die Relativgeschwindigkeit an – beide Male 200 km/h. Der Student hat nur ein bisschen recht: Im System des ruhenden Beobachters, also der Straße, bewegen sich beide Wagen im zweiten Fall nach dem Stoß noch immerhin mit 100 km/h weiter. Sie werden vermutlich gegen ein weiteres Hindernis fliegen, wenn sie nicht gerade auf dem Großen Salzsee sind. Beachten Sie auch, dass es hier um Wagen gleicher Masse geht und nicht um Lastwagen, Brückenpfeiler oder Hauswände, die im Wesentlichen am Ort stehen bleiben, wenn man dagegen fährt.

1.4.8.10 Ein elastisches Modell für den inelastischen Stoß

Wir denken uns hier ein Modell aus, das wir dann schrittweise im Computer berechnen lassen. Zwei Bälle werden – ziemlich willkürlich – durch je vier Punktmassen modelliert. Je eine Punktmasse ist schwer, drei sind leicht. Untereinander sind alle vier durch je fünf Federn *elastisch* verbunden, so als ob sie Moleküle wären. Zunächst sind die je vier Punktmassen relativ zueinander in Ruhe. Die beiden Bälle bewegen sich aber frontal aufeinander zu.

Das Programm berechnet beim Unterschreiten eines vorgegebenen Mindestabstandes einen plötzlichen elastischen Stoß. Bei den gewählten Bedingungen kommt das nur einmal vor. Im übrigen funktioniert alles genau so wie im Programm für die Bewegung von Punktmassen zwischen denen Hooke-Federn geschaltet sind, siehe 1.3.6.6. In diesem Fall hier führt das nach dem Kontakt der beiden „Bälle" zu fortlaufenden Schwingungen der vier Punktmassen in jedem Ball.

Die leeren Kreisflächen in Bild 1.4.14 deuten die Massen an, die Pfeile ihre Geschwindigkeiten. Die Federn zwischen den Massen werden nach dem augenblicklichen elastischen Zustand codiert: durchgezogen für kräftefrei, gepunktet für verkürzt und daher drückend, gestrichelt für verlängert und daher ziehend. Diese Teile der Bilder sind räumlich maßstäblich. Die zusätzlichen Bilder jeweils darunter zeigen die Anteile kinetischer Energie für alle acht Punktmassen und potenzieller Energie für alle zehn Federn in schematischer Zuordnung als Kreisflächen. Die kinetischen Energien sind hell. Zusätzlich waagerecht und enger schraffiert sind die Anteile, die zur Schwerpunktsgeschwindigkeit des einzelnen Balles gehören. Die Federenergien sind dunkel.

Vor einem Stoß sehen die zeitlich aufeinander folgenden Bilder alle wie oben in Bild 1.4.14 aus, nur der Abstand der Bälle zueinander nimmt schrittweise ab. Die gesamte Energie ist solange den beiden Schwerpunktsbewegungen zugeordnet: Es gibt keine innere, sondern nur

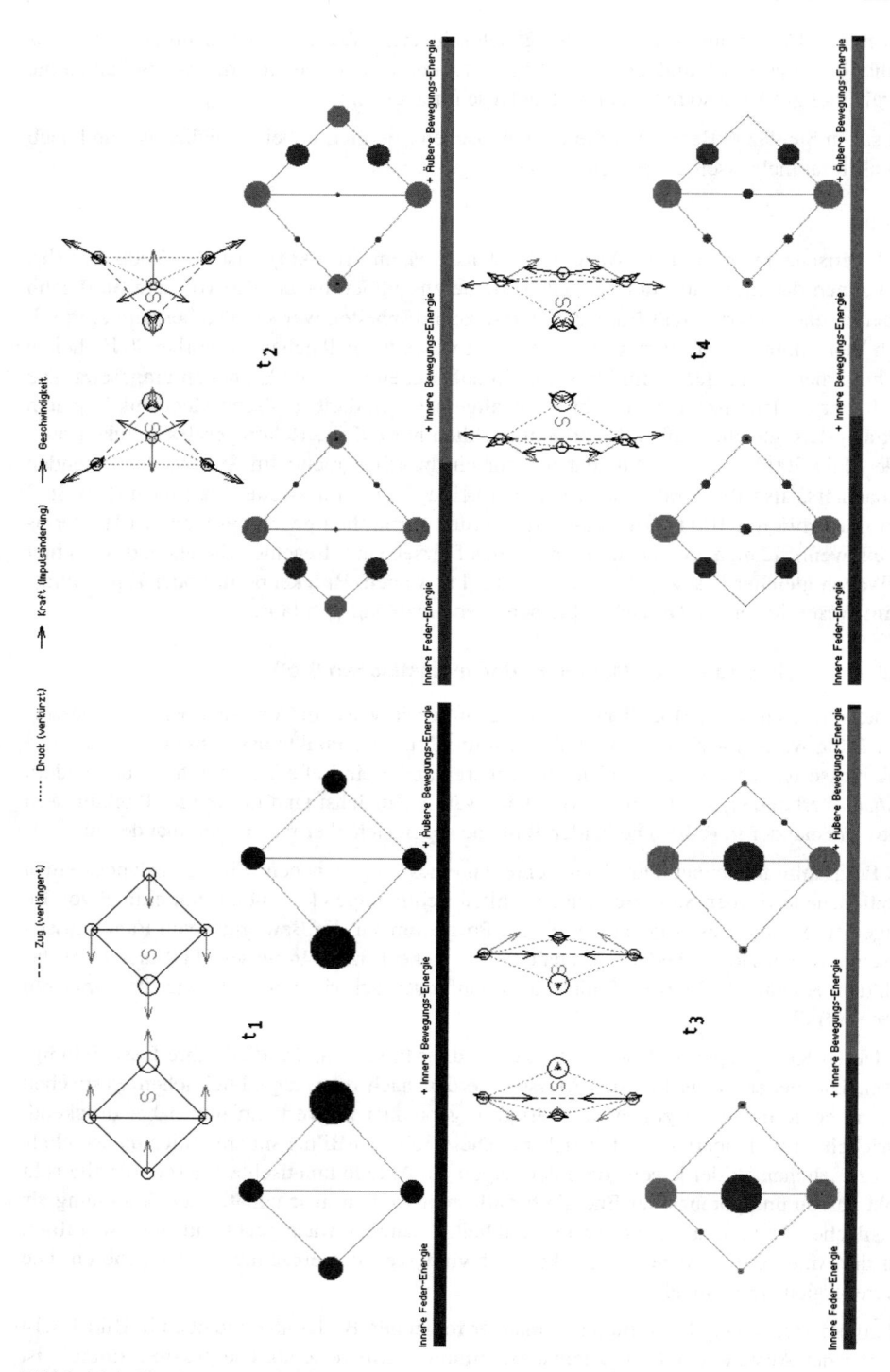

Bild 1.4.14 Simulation von Inelastizität durch ein elastisches Modell

äußere Energie. Das ist idealtypisch für den absoluten Nullpunkt der Temperatur. Die Wörter „innen" und „außen" beziehen sich hier offenbar auf Grenzen jeweils um einen Ball herum.

Nach dem Stoß, Bild 1.4.14 Mitte und unten, verteilt sich die Energie in ständigem Wechsel auf die Punktmassen und die Federn. Die zu den Schwerpunktsbewegungen der beiden Bälle gehörenden „äußeren" Energien erreichen im gerechneten Beispiel nicht einmal 1 % der Gesamtenergie. Das zeigt sehr deutlich, wie beim inelastischen Stoß äußere Energie in innere umverteilt wird – ähnlich wie im Erbsenmodell 1.4.5.1. In gewisser Weise wird so eine geordnete Bewegung unter Einhaltung aller Erhaltungssätze in ungeordnete Bewegungen umgewandelt.

Betrachtet man die beiden Gruppen von Punktmassen – die beiden „Bälle" –, so ist der hier modellierte Stoß inelastisch. Betrachtet man dagegen die Wechselwirkungen zwischen den acht einzelnen Punktmassen, so sind sie allesamt elastisch.

Die fast exakte Nicht-Umkehrbarkeit in der Zeit ergibt sich aus der unendlichen Zahl von „unordentlichen" Startmöglichkeiten. Um als Ergebnis nach dem Stoß eine Bewegung zu bekommen, bei der sich alle Punktmassen „ordentlich" parallel zueinander bewegen und nicht schwingen, müsste man sehr spezielle Startbedingungen wählen. Auch nur weniger starke Schwingung als vorher zu erhalten, ist praktisch unmöglich. Nur dann, wenn man genau den Endzustand unserer Simulation zum Start wählt, bekäme man die Umkehr heraus.

Die Umkehrung des inelastischen Stoßes ist daher extrem unwahrscheinlich, praktisch also unmöglich – zumindest ohne Beteiligung weiterer Energiespeicher.

➢ Das Programm verteilt die Impulse nach dem Hooke-Gesetz um und berechnet auch die Energie passend dazu. Impulse und Energie werden bis auf Rechenungenauigkeiten im Programm als Erhaltungsgrößen treu ausgegeben.

Die hier angenommene Ausgangssituation ohne innere Energie ist zwar nahe liegend, aber unrealistisch. Schnell fahrende Autos haben eine rund 100-mal größere innere Energie aufgrund der Temperatur als äußere, wenn sie mit rund 1/10 der thermischen Molekülgeschwindigkeit fahren, siehe Kapitel 6. Nach dem Bremsen oder nach einem Unfall haben sie nur noch innere.

1.5 Drehimpuls und Starrer Körper

Bisher haben wir alle Objekte erfolgreich als Punktmassen beschrieben – selbst so gewaltige Dinge wie Sterne. Es kann aber vorkommen, dass man schon kleine Objekte genauer ansehen muss als bei Punkten nötig – etwa Eistänzerinnen oder gar Moleküle.

Ob die „Punktmasse", der „starre Körper" oder der „elastische Festkörper" die geeignete *Modellvorstellung* ist, hängt nicht von der Größe und den Eigenschaften des Objektes ab, sondern vom untersuchten Phänomen. Einen Radiergummi kann man hochwerfen und auf die Höhe achten. Man kann ihn aber auch mit *Effet* starten und auf die Drehung achten. Man kann auch Phänomene beim Biegen des Gummis zwischen den Fingern untersuchen. Um die Schwierigkeiten in Grenzen zu halten, befassen wir uns nicht mit der Präzession von Kreiseln, sondern nur mit Körpern, die sich um eine ortsfeste Achse drehen können. Auch dabei begegnen uns schon die wichtigsten Begriffe der Mechanik starrer Körper.

1.5.1 Das Kreuzprodukt zweier Vektoren

Am Ende einer Stange lassen wir seitwärts einen Vektor – Geschwindigkeit, Impuls, Kraft – wirken. Dieser Vektor und die Stange, die wir ebenfalls als Vektor beschreiben können, spannen eine Ebene auf. Uns interessiert der Zusammenhang der Vektoren mit einer Drehbewegung in dieser Ebene. Dabei muss auch zwischen den zwei Möglichkeiten des Drehsinns unterschieden werden.

Zur Formalisierung definieren wir das *Kreuzprodukt* der beiden Vektoren **A** und **B**. Es soll zum Produkt der Beträge proportional sein, aber verschwinden, wenn beide die gleiche Richtung haben.

Definition: Das *Kreuzprodukt* $A \times B$ hat als Betrag $|A \times B| = |A||B|\sin(\varphi_{A,B})$. Zwei Richtungen stehen auf der von den Vektoren aufgespannten Fläche rechtwinklig. Eine davon bewegt sich wie eine Rechtsschraube voran, wenn sie so gedreht wird, dass man von **A** über den kleineren der beiden Winkel nach **B** gelangt. Diese Richtung bekommt auch das Kreuzprodukt zugeordnet.

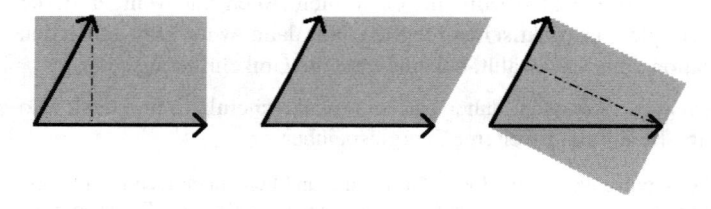

Bild 1.5.1 Der Betrag des Kreuzproduktes ist proportional zur aufgespannten Fläche

Man kann sich gut merken: Wenn beide Faktoren Längen sind, entspricht der Betrag dem Flächeninhalt des aufgespannten Parallelogramms. Bild 1.5.1 zeigt drei Möglichkeiten der geometrischen Konstruktion.

Aus der Definition folgt auch: Bei Vertauschung der Reihenfolge der Faktoren kehrt sich das Vorzeichen des Kreuzproduktes um: $A \times B = -B \times A$. Die Richtungen kann man sich auch so merken: Der Mittelfinger der rechten Hand zeigt die Richtung von $A \times B$ an, wenn man ihn rechtwinklig zum Daumen, der in Richtung von **A** zeigt, und auch rechtwinklig zum Zeigefinger, der in Richtung von **B** weist, hält. Dazu muss man die bequemere der beiden Möglichkeiten für den Zeigefinger nehmen.

> ➤ Eigentlich sollten wir uns bei einem Kreuzprodukt immer einen *Drehsinn* und eine *Flächengröße* in der aufgespannten Fläche denken. Dass man dieses Produkt als Vektor darstellen kann, ist nur „zufällig" im dreidimensionalen Raum so. In n Dimensionen hat das verallgemeinerte Kreuzprodukt nämlich $n \cdot (n-1)/2$ Dimensionen. Aus diesem Grund ist die ebenfalls übliche Bezeichnung „Vektorprodukt" weniger gut.
>
> Spiegelt man die Vektoren im Raum an *einer* Ebene, so ist das Kreuzprodukt der gespiegelten Faktoren *entgegengerichtet* gleich dem Spiegelbild des Kreuzproduktes der ursprünglichen Faktoren. Vor allem aus diesem Grunde, aber auch wegen des inhaltlichen Unterschiedes zwischen Vektoren, die etwas mit einer Translation und anderen, die etwas mit einer Drehung um eine Achse zu tun haben, unterscheidet man zwischen den *polaren* Vektoren – den eigentlichen Vektoren – und den *axialen* oder Pseudo-Vektoren. So sind Weg, Geschwindigkeit, Impuls, Kraft oder elektrisches Dipolmoment polar. Drehimpuls, Drehmoment oder Induktion dagegen sind axial.

1.5.2 Der Drehimpuls und seine Erhaltung

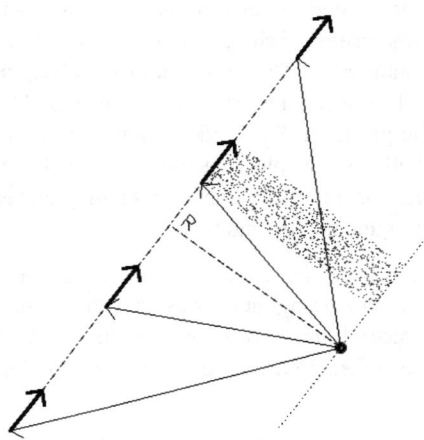

Bild 1.5.2 Bewegt sich eine Punktmasse unbeschleunigt, so bleibt der Drehimpuls bezüglich einer festen Achse konstant. R: rechter Winkel.

Bild 1.5.3 Eine gegenseitige Anziehungs- oder Abstoßungskraft zwischen zwei Punktmassen im Innern eines Körpers trägt nichts zum Drehimpuls bei. R: rechter Winkel.

Wir wählen irgendwo im Raum eine ortsfeste Achse, die auch nur eine gedachte Gerade zu sein braucht. Den Abstandsvektor von der Achse zu einer Punktmasse mit dem Impuls p nennen wir r.

> Definition des Drehimpulses: $L = r \times p$

➤ Mit „Abstand" eines Punktes von einer Geraden ist in der Geometrie immer der kürzeste Abstand gemeint. Wir bleiben in diesem Kurs bei ebenen Bewegungen: Nur die Achsen und die zu ihnen parallelen Kreuzprodukte stoßen rechtwinklig durch unsere Zeichnungen.

Ist p konstant, so ändert sich zwar r dauernd, aber L nicht, denn die zu p rechtwinklige Komponente $r_{\perp p}$ – in Bild 1.5.2 gestrichelt – ist stets gleich. Ohne Kraft erfolgt keine Änderung des Drehimpulses – immer in Bezug auf die gleiche Achse.

Wirkt zwischen zwei Punktmassen eine Kraft, so ändern sich beide Impulse um entgegengerichtet gleiche Differenzen. Die Drehimpulse – für die gleiche Achse – ändern sich ebenso, siehe Bild 1.5.3.

> Satz über die Erhaltung des Drehimpulses:
> *Innere Kräfte*, die anziehend oder abstoßend *zwischen* Teilen eines Körpers wirken, die also weder von noch nach außen wirken, *ändern nicht* die Vektorsumme aller *Drehimpulse* des gesamten Körpers.

Die Erhaltung des Drehimpulses folgt keineswegs allein aus der des Impulses. Sie folgt nur aus dieser in Verbindung mit der Aussage, dass alle Kräfte Zentralkräfte sind – rein anziehend oder rein abstoßend.

1.5.2.1 Zentralkraft und Flächensatz

Wir betrachten ein Objekt – einen Planeten oder einen Stein an einem Faden – mit einem Impuls *p*, das von einem besonderen Punkt *S* – gemeinsamer Schwerpunkt von Planet und Sonne oder die Hand, die den Faden hält – den Abstand *r* hat. Durch *S* geht eine Achse, die rechtwinklig zu *r* und zu *p* steht. Der auf *diese* Achse bezogene Drehimpuls des Objektes bleibt konstant, wenn es nur Kräften unterliegt, die genau zu *S* hin oder genau von *S* weg gerichtet sind. Für die Schwerkraft ist das der Fall, und Kepler hat eine entsprechende Beobachtung als zweites Gesetz, den *Flächensatz*, formuliert: *r* überstreicht in gleichen Zeiten gleiche Flächen. (Wieso sind beide Aussagen gleichbedeutend?)

Diese Aussage folgt keineswegs aus dem Erhaltungssatz des Drehimpulses in der oben gegebenen allgemeinen Formulierung. Der Erhaltungssatz besagt nur etwas über die Summe der Drehimpulse. Die Aussage hier geht aber darüber hinaus: Bezogen auf die durch S gehende Achse – und nur auf diese bezogen! – behalten Planet und Sonne *einzeln* ihre Drehimpulse.

Beachten Sie aber, dass ein Körper bezüglich verschiedener Achsen jeweils auch verschiedene Drehimpulse hat, falls der Impuls nicht null ist. Es muss also immer klar sein, um welche Achse es geht. Dieses Gesetz gilt auch für beliebige Verformungen, denken Sie etwa an mehrere Astronauten, die gemeinsam wilde Turnübungen machen, oder näherungsweise auch an Eistanzpaare oder den Körper eines einzelnen lebendigen Menschen.

1.5.3 Drehmoment

Die zeitliche Ableitung des Drehimpulses wird *Drehmoment* genannt.

> Definition des Drehmoments: $M = \dfrac{dL}{dt}$

Aus $L = r \times p$ folgt $dL = r \times dp + dr \times p$. Nun ist aber $dr \times p = o$ – wieso? – und für das Drehmoment ergibt sich daher

$$M = r \times F$$

Diese Formel kann man auch als Definition des Drehmomentes auffassen. Die zuvor gegebene Definition ist dann der abgeleitete Drehimpuls-Satz.

Wir stellen uns jetzt vor, dass an einem Teil eines Körpers – dem Kurbelgriff an einem Rad – eine Kraft angreift. Die Kraft kann den Impuls dieses Teiles und damit seinen Drehimpuls ändern. Dabei kann der Körper seine Form ändern, oder der betroffene Teil kann sogar herausgerissen werden.

1.5.3.1 Unterarm

Aufgabe:

Wie können Sie experimentell das maximale Drehmoment bestimmen, das Sie mit Ihrer rechten Hand um den Unterarm als Achse aufbringen können?

Lösung:

Fassen Sie dazu eine leichte, aber steife Stange in deren Schwerpunkt mit der Hand so an, dass sie zusammen mit dem Arm ein waagerechtes T bildet. Belasten Sie dann ein Ende der Stange zunehmend mit Gewichten, bis Sie das T nicht mehr waagerecht halten können.

1.5.4 Starrer Körper und Trägheitsmoment

Wir wenden uns jetzt dem wichtigen Fall zu, in dem *innere Kräfte* dafür sorgen, dass der Körper als Ganzes seine Form behält. Alle gegenseitigen Abstände von Punkten in ihm sollen stets fast genau gleich bleiben – daher die Bezeichnung *starrer Körper*. Der gesamte Drehimpuls muss sich auch dabei zeitlich so ändern, wie das dem von äußeren Kräften verursachten Drehmoment entspricht.

Die Drehachse soll räumlich fest liegen. Dafür sind elastische Kräfte bei der Lagerung einer materiellen Achse zuständig. Die inneren Kräfte müssen nun den Drehimpuls so verteilen, dass die Winkelgeschwindigkeit für alle Teile des starren Körpers stets einen ortsunabhängigen Wert hat, der sich aber zeitlich ändern kann. Solange das Drehmoment wirkt, muss ein starrer Körper daher eine Winkelbeschleunigung aufweisen. Ein *absolut* starrer Körper könnte keine elastischen inneren Kräfte haben. Er würde bei *jeder* Belastung zerreißen – es sei denn, sie gäbe zufällig allen Teilen eine gemeinsame Winkelbeschleunigung $d\omega/dt$.

Um das genauer zu untersuchen, denken wir uns den starren Körper in kleine Teile der Masse dm zerlegt. Diese umlaufen die Achse auf Kreisen mit verschiedenen Radien r. Zu einer bestimmten Zeit haben alle die gleiche ortsunabhängige Winkelgeschwindigkeit ω. Der Drehimpuls ist also

$$L = \int r(\omega r) dm = \omega \int r^2 dm.$$

Die kinetische Energie ist $1/2 \int (\omega r)^2 dm = (\omega^2/2) \int r^2 dm$. Da ω für alle Teile gleich ist, dann man es aus dem Integral als Faktor herausziehen.

Das in beiden Formeln vorkommende Integral heißt *Trägheitsmoment*.

$$\boxed{\text{Definition des Trägheitsmoments:} \quad \Theta = \int r^2 dm}$$

Falls man den Körper als Ansammlung von endlich vielen Punktmassen beschreibt, erscheint statt des Integrales die Summe $\sum_i r_i^2 m_i$.

In allen Fällen ist r der Abstand des jeweiligen Massenelementes von der *Drehachse*, nicht etwa von einem Mittel*punkt*!

Für die Winkelbeschleunigung eines *starren* Körpers gilt nun:

$$\boxed{M = \Theta \frac{d\omega}{dt}}$$

Für ein und denselben starren Körper ist das Trägheitsmoment kein fester Wert. Für verschiedene Richtungen der Achse ist er unterschiedlich. Auch für zueinander parallel liegende Achsen ist er im Allgemeinen nicht gleich. Nach dem hier nicht näher behandelten *Satz von Steiner* ist das Trägheitsmoment für eine Achse durch den Schwerpunkt stets kleiner als für parallel dazu laufende Achsen.

1.5.4.1 Eine Latte als Falltür

Aufgabe und Heimversuch:

Kann eine um 30° oder 40° „halb" geöffnete Falltür schneller zufallen als eine kleine Kugel aus der gleichen Starthöhe auf den Boden fällt?

Anleitung zum Experiment: Wir nehmen eine Latte als Falltür und eine Kugel. Auf der Oberseite der Latte bringen wir zwei Näpfe an: einen flachen ganz am Ende und einen etwas höheren mit Knetgummiauskleidung etwas weiter innen. Die Kugel wird in den äußeren gelegt. Sie fällt nach dem Loslassen des Lattenendes – wenn man es richtig anstellt – *von oben* in die zweiten Napf!

Anleitung zur theoretischen Behandlung: Berechnen Sie das Trägheitsmoment einer plattenförmigen Falltür bezüglich der Achse sowie das im Schwerefeld vorhandene Drehmoment, das vom Öffnungswinkel der Falltür abhängt. Bestimmen Sie die Winkelbeschleunigung und daraus die Umfangsbeschleunigung. Für nicht zu große Winkel ist dann die Schlussfolgerung eindeutig.

Lösungen:

Die Falltür denken wir uns dünn und rechteckig. In Gedanken zerlegen wir sie in viele schmale Streifen parallel zur Achse. Die Streifen haben die radiale Breite db und die Masse dm. Dabei gilt natürlich mit der gesamten Türbreite b rechtwinklig zum Scharnier und der gesamten Masse m, dass $dm/db = m/b$ ist. Der Abstand eines Streifens von dieser Achse ist r. Jeder Streifen trägt zum Trägheitsmoment bezüglich der Achse $dm \cdot r^2$ bei. Ist g die Fallbeschleunigung und φ der Winkel zwischen der Tür und der Horizontalen, trägt jeder Streifen zum Drehmoment $g \cdot dm \cdot r \cdot \cos(\varphi)$ bei.

Integrieren wir beides zwischen $r = 0$ und $r = b$, so finden wir das Trägheitsmoment $\Theta = m \cdot b^2/3$ und das Drehmoment $M = m \cdot g \cdot b \cdot \cos(\varphi)/2$. Die Division M/Θ gibt die Winkelbeschleunigung $d\omega/dt = (3/2) \cdot g \cdot \cos(\varphi)/b$. Die Umfangsbeschleunigung $r \cdot d\omega/dt$ ist am äußeren Rand – für $r = b$ – daher $(3/2) \cdot g \cdot \cos(\varphi)$. Für hinreichend kleine Winkel φ ist dies größer als g und ziemlich genau nach unten gerichtet. In diesem Bereich fällt das äußere Ende der Falltür also schneller als die Kugel im freien Fall.

Will man wissen, wie die Bewegung für einen gesamten Bereich abläuft, muss man die Winkelbeschleunigung zeitlich integrieren. Das geht sehr einfach und praktisch beliebig genau durch Aufsummieren ziemlich kleiner Schritte in einer Programmschleife. Das Bild 1.5.4 zeigt die Computerrechnung eines Wettlaufs zwischen einem Falltürrand und einer frei aus der gleichen Höhe fallenden Kugel. Die theoretische Lösung für die gesamte Bewegung führt auf ein elliptisches Integral, das aber letztlich auch nur in tabellierter Form aus Näherungsrechnungen vorliegt. Unser Problem ist identisch mit dem Schwerependel bei großen Ausschlägen. Die Näherung als harmonischer Oszillator darf man dann gerade nicht machen.

Das Drehmoment bekommt man ebenfalls richtig heraus, wenn man die Masse im Schwerpunkt vereinigt denkt. Für das Trägheitsmoment wäre ein solches Vorgehen aber völlig falsch. Der Grund liegt darin, dass die Entfernungen im Drehmoment nur linear vorkommen, im Trägheitsmoment aber quadratisch.

1.5.4 Starrer Körper und Trägheitsmoment

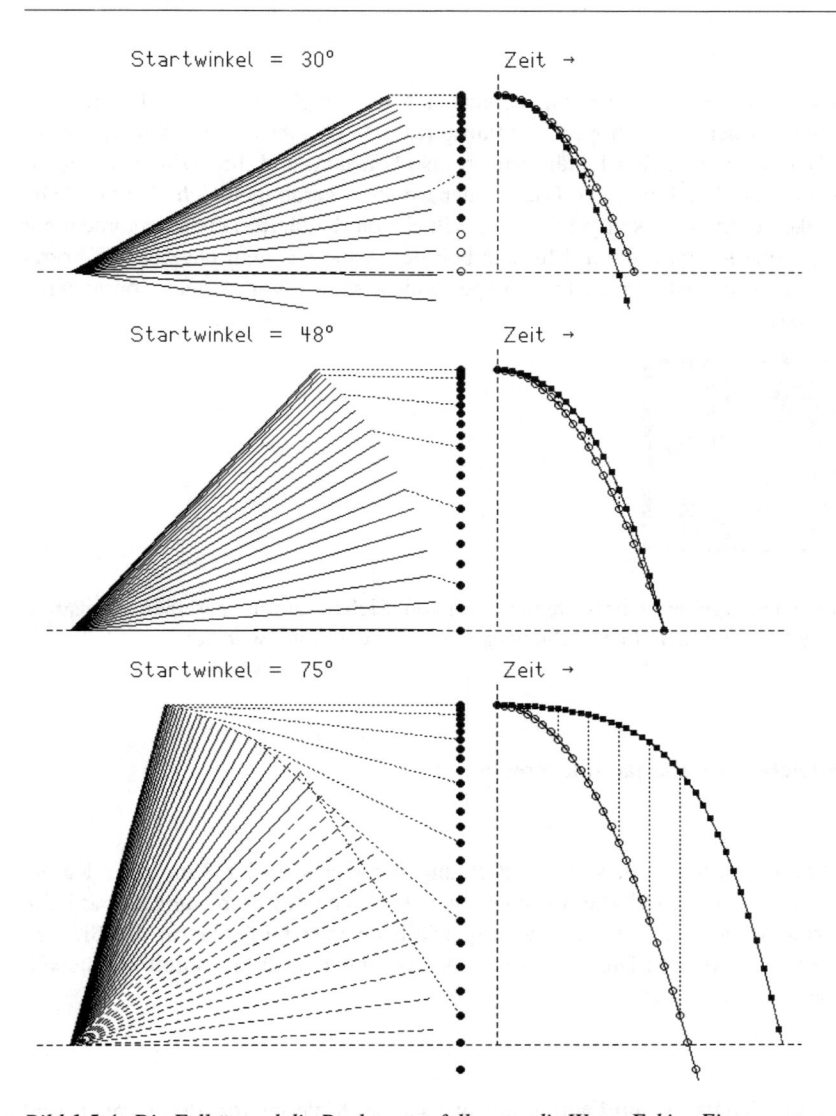

Bild 1.5.4 Die Falltür und die Punktmasse fallen um die Wette. Eckige Eintragungen: oberes Ende der Falltür, Kreise: Kugel, Zeitschritte alle gleich lang. Bei 30° gewinnt die Falltür, bei etwa 48° Startwinkel sind beide gleichzeitig am Boden, bei 75° gewinnt die Kugel, die Positionen der Falltür sind dann gestrichelt, wenn die Punktmasse den Boden bereits erreicht hat.

1.5.4.2 Von der Tätigkeit der Eistänzerin

Aufgabe:

Eine Eistänzerin kann durch Ausstrecken oder Anziehen der Arme ihr Trägheitsmoment zur vertikalen Körperachse praktisch um den Faktor zwei ändern. Der Drehimpuls bleibt dabei konstant. Wie ändert sich die Winkelgeschwindigkeit? Wie steht es mit der Erhaltung der Energie?

Lösung:

Wenn die Eistänzerin die Arme anzieht, halbiert sich das Trägheitsmoment. Da der einzige Bodenkontakt in der Drehachse an der Fußspitze erfolgt, gibt es kein nennenswertes Drehmoment. Der Drehimpuls der Eistänzerin ist also konstant, und ihre Winkelgeschwindigkeit verdoppelt sich. Die kinetische Energie der Rotation verdoppelt sich ebenfalls: Die verdoppelte Winkelgeschwindigkeit geht quadratisch ein, das halbierte Trägheitsmoment nur linear. Die nötige Energie wird durch Muskelarbeit der Arme aus dem chemischen Vorrat – Traubenzucker und Sauerstoff im Blut – umgewandelt, so wie wir es auch von anderen Muskelarbeiten kennen.

Ein Student fasste das Ergebnis sehr treffend zusammen: Sich zusammenzureißen ist anstrengender als sich gehen zu lassen. Für Drehbewegungen gilt das sogar wörtlich.

1.5.4.3 Speichen auf Biegen und Brechen

Aufgabe:

Überlegen Sie bitte *qualitativ*: In welcher Richtung verbiegt sich der Arm einer Kurbel bei Belastung, wie verbiegen sich die Speichen eines Rades beim Beschleunigen und beim Bremsen? Denken Sie sich die Speichen durch Sperrklinken ersetzt, oder betrachten Sie eine Freilaufnabe: Welche Sorte von Drehimpulsen kann von außen nach innen und welche von innen nach außen geleitet werden?

Lösung:

Stellen Sie sich die Pedalarme am Fahrrad aus biegsamem Material vor. Beim Treten sind sie in Vorwärtsrichtung der Drehung gebogen, beim Bremsen umgekehrt. Bei Rädern ohne Freilauf können Sie dadurch bremsen, dass Sie langsamer treten. Wenn man dem Drehimpuls das positive Vorzeichen gibt, wenn er zum Vorwärtsfahren des Fahrrades gehört, gilt: Die Pedalarme biegen sich genau dann „nach vorn", wenn positiver Drehimpuls von den Füßen zur Achse oder negativer von der Achse zu den Füßen transportiert wird. In diesen Fällen greift die Freilaufkupplung, sie ist also eingekuppelt. Die Speichen am Fahrrad sind bewegliche eingehakte Drähte, die nur auf Zug beansprucht werden können. Sie sind an der Nabe exzentrisch angebracht. Beim Beschleunigen oder beim Fahren gegen äußere Reibung wird jede zweite von ihnen gedehnt. Beim Bremsen wird gerade die andere Hälfte gedehnt. Allgemein wirken Drehmomente auf „starre Körper" in der Regel punktuell oder lokal. Elastische Verformungen sind nötig, um sie derart auf den gesamten Körper zu verteilen, dass er sich annähernd starr dreht – wie beispielsweise ein Kurbelrad.

1.5.5 Analogien zwischen Translation und Rotation

Für die Drehbewegungen haben wir Gesetze gefunden, die ähnlich aussehen wie die für die Geradeausbewegungen, die Translationen. Die Gegenüberstellung erleichtert uns das Behalten sehr. Für die Rotation sind in der rechten Spalte der Tabelle 1.5.1 die Beträge der Größen angegeben.

Tabelle 1.5.1 Gegenüberstellung von Translation und Rotation

Translation (geradlinige Bewegung)	Rotation (um eine bestimmte Achse)
Zeit t	Zeit t
Ortsvektor x	Winkel φ
Geschwindigkeit $v = dx/dt$	Winkelgeschwindigkeit $\omega = d\varphi/dt$
Beschleunigung $a = dv/dt = d^2x/dt^2$	Winkelbeschleunigung $d\omega/dt = d^2\varphi/dt^2$
Masse m	Trägheitsmoment $\Theta = \int r^2 dm$
Impuls $p = m \cdot v$	Drehimpuls $L = \Theta \cdot \omega$
Kraft $F = dp/dt = m \cdot a$	Drehmoment $M = dL/dt = \Theta \, d\omega/dt$
kinetische Energie $W_{kin} = (m/2)v^2$	kinetische Energie $W_{kin} = (\Theta/2)\omega^2$

➤ **Anwendung**: Wenn Sie wissen, dass für die kinetische Energie bei der Translation die Formel $(m/2)v^2$ gilt, so *erinnert* Sie die Analogie daran, dass sie für die Drehbewegung $(\Theta/2)\omega^2$ ist. Die meisten Begriffe sind von vornherein analog zueinander definiert. Ein entscheidender Unterschied besteht zwischen der einfach strukturierten Masse und dem komplizierteren Trägheitsmoment, weil dieses auch von der Verteilung der Masse bezüglich der Drehachse abhängt.

2 Gravitation und Astronomie

Das Gravitationsgesetz wurde im Zusammenhang mit der Mechanik entdeckt. Es betrifft eine der vier uns heute bekannten Kräfte der Natur und steht damit in Parallele zur Coulomb-Kraft, siehe Kapitel 3, insbesondere 3.1, und zu den Kernkräften, siehe 8.3 bis 8.5. Die Mechanik behandelt die Auswirkungen von Kräften generell *unabhängig* von ihrer Entstehung. In der Mechanik haben wir die einfachste Form der Schwerkraft – das homogene Schwerefeld – bereits benutzt. Ebenso haben wir die lineare Hooke'sche Federkraft kennen gelernt, die ihre tiefere Erklärung in der Festkörperphysik hat und dort als Folge der Coulomb-Kraft auftritt.

Jetzt wenden wir uns dem Gravitationsgesetz zu. Wir betrachten nicht nur Punktmassen sondern auch ausgedehnte kugelförmige Objekte, wie sie in der Astronomie – zumindest als gute Näherungen – oft vorkommen. Das erfolgreiche Gravitationsgesetz hat beim Siegeszug der Physik eine Schlüsselrolle gespielt – begonnen mit dem Verständnis unseres Planetensystems durch NEWTON, über die Auffindung des Neptun bis hin zur Astronautik heute. Bis vor 100 Jahren war es Vorbild und Muster für alle Naturgesetze und für die Art, auf die man hoffte, die gesamte Natur verstehen zu können.

Der Astronomie ist bei uns hier mehr Raum als in anderen Physikbüchern gewidmet. Eigentlich ist das aber immer noch zu wenig, denn es gibt kaum ein Teilgebiet der Physik, das in der Astronomie nicht gebraucht wird. Das Spektrum ihrer Aktivitäten reicht von international finanzierten Großgeräten bis zu den Beiträgen von begeisterten Amateuren, die nirgendwo so wie in der Astronomie zur – im doppelten Sinne – weltweiten Forschung beitragen können.

Kulturgeschichtlich ist die Astronomie wohl der älteste Versuch der Menschen, einerseits ewigen Fragen nachzugehen und andererseits so praktischen Dingen wie der Zeitbestimmung, einem Kalender oder der Ortsbestimmung auf hoher See. Durch akribische Beobachtungen und mathematische Beschreibungen wurde ein Bild der Welt über Spekulationen hinaus entworfen. Vermischungen mit religiösen Vorstellungen und Gewohnheiten – beispielsweise beim Osterdatum – und Hoffnungen, persönliche Schicksale vorhersagen zu können, waren dabei kaum vermeidlich: Aus „Astrologus" wurde das schöne Wort „Strolch".

In der Kosmologie trifft die Astronomie auch heute auf Grenzen des Wissens, die zwar nicht zur Resignation beim Fragen, wohl aber zur Bescheidenheit bei den Antworten veranlassen sollten – auch sonst sind Antworten in der Naturwissenschaft ja immer nur vorläufig.

Der Aufstellung des Gravitationsgesetzes war der Wechsel des Weltbildes vorangegangen. 1609 beschreibt JOHANNES KEPLER in der *Astronomia Nova* seine Bemühungen, die Planetenbahnen, insbesondere die des Mars, anhand der sorgfältigen Messungen von TYCHO BRAHE zu deuten. Brahes Messungen waren ausschließlich Peilungen – ohne Fernrohr. Sehr mühsam bricht Kepler mit der antiken Auffassung, dass am Himmel nur Kreise und aus Kreisen überlagerte Figuren möglich seien – COPERNICUS hatte sich davon noch nicht lösen können. Kepler deutet die Bahnkurven von Erde und Mars als Ellipsen und formuliert eher beiläufig die ersten beiden seiner berühmten Gesetze. Zehn Jahre später publiziert er in *Harmonices Mundi* ein drittes Gesetz.

Keplers drei Gesetze

- Die Planeten laufen auf Ellipsen, bei denen in einem der Brennpunkte die Sonne steht.
- Die Strecken zwischen Sonne und Planet überstreichen in gleichen Zeiten gleiche Flächen.
- Die Quadrate der dritten Wurzeln aus den Umlaufzeiten verhalten sich wie die Mittelwerte aus maximalen und minimalen Abständen zwischen der Sonne und dem jeweiligen Planeten.

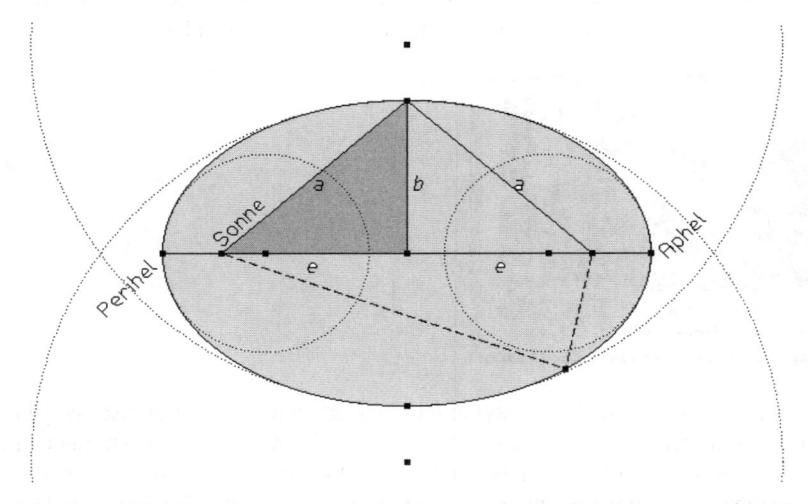

Bild 2.0.5 Ellipse als Bahnkurve eines Planeten mit Mittelpunkt, Brennpunkten, Scheitelpunkten und Mittelpunkten der Scheitelkrümmungskreise. Die Summe der Längen der gestrichelten Strecken zwischen irgendeinem Punkt der Ellipse und den beiden Brennpunkten ist immer gleich der Länge 2a der großen Achse. Die Abstände der Brennpunkte von den Apsiden (Perihel und Aphel) sind kleiner als der Scheitelkrümmungsradius.

Nennt man die große Halbachse der Ellipse a, die kleine b und den Abstand zwischen dem Mittelpunkt und einem Brennpunkt e, so gilt geometrisch $a^2 = b^2 + e^2$. Der kleinste Abstand des Planeten zur Sonne ist $a - e$, der größte ist $a + e$, der Mittelwert aus diesen beiden also *a*. Der sonnennächste Bahnpunkt ist das *Perihel* – „bei der Sonne" – der sonnenfernste das *Aphel* – „weg von der Sonne", siehe Bild 2.0.5.

Der Sammelbegriff für Perihel und Aphel ist *Apsiden*, die Mehrzahl von Apsis. In freihändigen Zeichnungen – leider auch in Büchern – findet man oft die Brennpunkte zu weit zur Mitte gezeichnet, sodass die Eigenschaft des Perihels nicht zum Ausdruck kommt, dass es der sonnennächste Punkt der Bahn ist. Bei Bahnen um die Erde heißen die Apsiden – die Punkte mit der stärksten Krümmung der Bahn – Perigäum und Apogäum, bei Doppelsternen Periastron und Apastron oder Perizentrum und Apozentrum, wenn man sie jeweils auf den gemeinsamen Schwerpunkt bezieht.

2.1 Newtons Gravitationsgesetz

1683 stellte NEWTON das Gesetz auf, mit dem sich die Gravitation im Sonnensystem fast völlig exakt beschreiben lässt: Die Kraft geht bei Punktmassen proportional mit den sich anziehenden Massen und proportional mit dem Kehrwert des Quadrates ihres gegenseitigen Abstands. In der Nähe von Neutronensternen und eventuellen Schwarzen Löchern versagt das jedoch, wie wir heute wissen. 1687 zeigt Newton in den *Philosophiae Naturalis Principia Mathematica*, wie man aus dem Gesetz die Entfernungsabhängigkeit für jeden Punkt einer Keplerschen Ellipsenbahn finden kann.

Wir machen es uns einfacher. Wir nehmen als gegeben an, dass die Anziehungskraft immer zur Sonne zeigt – zu dem einen der Brennpunkte – und dass der Betrag der Kraft, außer von den beiden Massen, nur von deren Abstand, aber nicht von der Richtung abhängt.

Von der Ellipse brauchen wir *nur* die Spiegelsymmetrie bezüglich der *kleinen* Achse. Wegen dieser Symmetrie sind die Krümmungsradien in Aphel und Perihel einander gleich, nennen wir sie r_{kr}. Der Drehimpuls des Planeten bezüglich der Achse durch die Sonne – genauer durch den Schwerpunkt des Sonnensystems – ist konstant, es gilt der Flächensatz. Die Geschwindigkeiten in den beiden Apsiden verhalten sich somit umgekehrt wie die Abstände von der Sonne. Die Zentripetalkraft mv^2/r_{kr} hängt quadratisch von dieser Geschwindigkeit ab, also quadratisch mit dem Kehrwert des Abstandes zwischen Planet und Sonne. Wenn wir Keplers drittes Gesetz auf Kreisbahnen anwenden, finden wir die gleiche Abhängigkeit.

Newton hat es auch als ziemlich plausibel angesehen, dass die Anziehungskraft proportional zu den Materiemengen – also zu den Massen – ist, die sich da anziehen. Das kann auch kaum anders sein, wenn die Kraft auf ein Objekt die Summe der Kräfte auf seine Teile sein soll.

➤ Eine *begriffliche* Unterscheidung zwischen der im Impulssatz auftretenden „trägen" und der im Gravitationsgesetz auftretenden „schweren" Masse, die sozusagen nur zufällig immer im selben Verhältnis zueinander stehen, ist überhaupt nicht nötig, auch wenn das in einigen Physikbüchern einen beachtlichen Platz einnimmt. Man muss das Gravitationsgesetz von vornherein als Naturgesetz ansehen und nicht als Definition der „schweren Masse" – was ja ohne Schwerkraft ohnehin sinnlos wäre. Die Allgemeine Relativitätstheorie hat als eine zentrale Aussage die Nichtunterscheidbarkeit der beiden vermeintlichen Sorten von Masse. Dass die in der Lorentz-Kraft vorkommende Ladung die gleiche ist wie die im Coulomb-Gesetz, ist ein Parallelfall dazu.

2.1.1 Flüsse und Flussdichten

Um das Gravitationsgesetz in einer Form aufschreiben zu können, aus der sich wichtige Folgerungen sehr leicht ziehen lassen, sei hier ein mathematischer Begriff eingeschoben. Der gibt schon mit seinem Namen zu erkennen, dass er eigentlich zu einem Transport passt: das *Flussintegral*.

Eine bilanzierbare Größe – Masse, Ladung, Energie, Wasser, Menschen, Fahrzeuge, zollpflichtige Waren – wandert durch eine (zumindest gedachte) Grenzfläche. Man kann dann nicht nur angeben, wie viel in einer bestimmten Zeit durch einen bestimmten Teil der Grenzfläche oder durch die gesamte Fläche wandert, sondern man kann auch entsprechende Quotienten bilden. Das ist besonders sinnvoll, wenn deren Werte sich nicht völlig unregelmäßig ändern.

Am bekanntesten und gebräuchlichsten sind diese Quotienten bei der Anwendung auf die elektrische Ladung oder die Energie: Wenn durch einen Draht in einer Zeit Δt eine Elektrizitätsmenge ΔQ wandert – die Ladung ΔQ fließt –, so nennt man den Quotienten $\Delta Q/\Delta t$ den *Fluss* elektrischer Ladung, die *elektrische Stromstärke*. Wandert durch ein Fenster in der Zeit Δt die Energiemenge ΔW, so ist $\Delta W/\Delta t$ der *Energiefluss*. Bei vollständigen Außen-Grenzen von elektrischen Quellen oder Verbrauchern wird der Energiefluss auch als *Leistung* oder *Leistungsaufnahme* bezeichnet.

Der allgemeine Begriff „Fluss" bedeutet also die zeitliche Rate der Wanderung der jeweils zu benennenden bilanzierbaren Größe durch eine Grenzfläche oder ein angegebenes Stück von ihr. Als Symbol wird der große griechische Buchstabe Φ bevorzugt, wohl weil er in der Renaissance wie „f" gesprochen wird. (Wäre das in der Antike auch schon so gewesen, hätten die Römer ihn wohl nicht mit „ph", sondern mit „f" transkribiert!)

Bekanntlich gibt es Probleme, wenn man eine große Stromstärke in einem dünnen Draht hat. Es ist daher sinnvoll, auch Quotienten zu bilden, bei denen die Abmessung der Grenzfläche oder eines Teils von ihr im Nenner steht. Man definiert als *Flussdichte* einer bilanzierbaren Größe G den Quotienten $\Delta G/(\Delta t \Delta A)$, wenn die Menge ΔG in der Zeit Δt durch ein Flächenstück der Größe ΔA wandert. Das Flächenstück muss rechtwinklig zur Richtung der Wanderung orientiert sein. Im Falle der elektrischen Ladung hat man dann die elektrische *Stromdichte*. Im Falle der von der Sonne auf die Erde strömenden Energie ist es die *Solarkonstante*. (Dieser Einstrahlung wirkt ein etwa gleich großer Abfluss von Energie durch die infrarote Abstrahlung der Erde entgegen.)

Ist das betrachtete Flächenstück nicht rechtwinklig zur „Wanderrichtung", sondern wird es mehr oder weniger stark streifend durchlaufen, so erweist es sich als sinnvoll, Flussdichten als Vektoren zu definieren. Besonders anschaulich ist das bei der Sonneneinstrahlung auf die Weinbaugebiete Mitteleuropas. Waagerechte Ebenen werden nicht hinreichend warm, und der Weinbau findet nur auf den Südhängen einiger Mittelgebirge statt. Beachten Sie die unterschiedliche Bedeutung des Wortes „Ebene" in der Geometrie und in der Geographie. Geometrisch gesprochen, ist ein Hang eine geneigte Ebene.

Formal ordnet man nun einem jeden Flächenstück einen „Flächen"-Vektor d$\mathbf{A}$ zu, der rechtwinklig zu ihr ist. Er kann nach der einen oder anderen Seite zeigen. Oft kann man durch die Orientierung sinnvoll „innen" und „außen" unterscheiden. Die Länge des Vektors soll maßstäblich zur Größe der von ihm vertretenen Fläche sein. Die an seinem Ort als räumlich annähernd konstant angenomme Flussdichte wird nun als der Vektor $\mathbf{g}$ definiert, für den das Skalarprodukt $\mathbf{g} \cdot \mathrm{d}\mathbf{A}$ so groß ist wie der Fluss dΦ durch diese Fläche.

Man betrachtet nun ein Objekt mit einer geschlossenen Außengrenze – denken Sie dabei an eine vollständige Wurstpelle. Den Fluss durch diese gesamte Grenze kann man in Gedanken so bestimmen: Man teilt die Fläche in sehr viele kleine Stücke d$\mathbf{A}$, die durchaus verschiedene Richtungen haben, aber so klein sind, dass die Flussdichte für jedes einzelne ziemlich genau räumlich konstant ist. Dann bildet man für jedes Stückchen das Skalarprodukt $\mathbf{g} \cdot \mathrm{d}\mathbf{A}$ und summiert diese Werte für die gesamte geschlossene Oberfläche auf. Je nach Feinheit der Zerteilung kann dabei Verschiedenes heraus kommen. Wenn man Glück hat – in der Physik also meistens – gibt es einen definierten Grenzwert für die Grenzfälle der Zerteilung in unendlich viele Flächenstücke von verschwindend kleinen Flächeninhalten. Solche Grenzwerte werden bekanntlich als Integrale bezeichnet. Wir bekommen als *gesamten* Fluss aus dem Objekt heraus – oder in das Objekt hinein, je nach Orientierung – den Wert

$$\Phi = \int \mathrm{d}\Phi = \int \mathbf{g} \cdot \mathrm{d}\mathbf{A}.$$

Für den Fall der Energie können wir uns als Beispiel einen mit Brennstoff gefüllten Ofen vorstellen, in dem Feuer brennt und der dabei die Energie durchaus ungleichmäßig in die verschiedenen Richtungen entsendet.

Solange wir die Begriffe Fluss und Flussdichte auf bilanzierbare Größen anwenden, die durch die Gegend wandern, ist das Ganze ziemlich anschaulich.

Der eigentliche Clou, bei dem wir die Anschaulichkeit verlassen, ist aber nun die Anwendung dieser Begriffe auf gewisse Größen in Feldern, bei denen durchaus *keine* Wanderung angenommen wird, etwa bei der Schwerkraft und beim Elektromagnetismus. Allein die mathematische Analogie der Formeln und des Vektor- oder des Skalar-Charakters gewisser Größen führt hier zu sehr nützlichen Formulierungen. Dabei werden die auf das Fließen bezogenen Bezeichnungen benutzt, dürfen aber nicht im wörtlichen Sinne aufgefasst werden. Wer gesagt bekommt, die Bahnhofstraße „laufe" von der Post zum Bahnhof, wird deswegen nicht gleich eine waagerechte Rolltreppe vermuten, sondern das als eine Art von dichterischer Ausdrucksweise verstehen. Nicht anders ist das mit den Flüssen und Flussdichten, die elektrische, magnetische oder gravitative Felder sehr elegant beschreiben. Licht, Energie oder Wasser können aber wirklich wandern!

2.1.2 Das Gravitationsgesetz mit Flussdichten formuliert

Nach diesem Einschub können wir nun das Gravitationsgesetz NEWTONs so formulieren, dass nicht nur die übliche Zwei-Punkte-Formel herauskommt, sondern auch einige andere wichtige Spezialitäten mühelos behandelt werden können.

In der Nähe eines schweren Objekts – Erde, Sonne, eine Kugel der Cavendish-Drehwaage – zeigt jedes andere „Probe"-Objekt eine nur vom Ort abhängige „Fall"-Beschleunigung $\mathbf{g}$.

Diese Beschleunigung hängt *nicht* von der Masse m des Probe-Objekts ab. Die Beschleunigung kann durch Gegenschalten einer Kraft $-m\mathbf{g}$ vermieden werden. Man kann $+m\mathbf{g}$ als die auf das Probe-Objekt wirkende Schwerkraft bezeichnen und seine Masse m als eine für die Gravitation typische ladungsartige Größe – die „schwere Masse" – auffassen. Die Beschleunigung $\mathbf{g}$ ist dann analog zu einer Feldstärke. Sie kann direkt als Feldstärke der Gravitation verstanden werden.

➢ Auf feinsinnige verbale Unterscheidungen zwischen dieser Größe und den Messwerten, die man für sie erhält, wenn man den Auftrieb der Luft nicht korrigiert oder nicht berücksichtigt, dass die rotierende Erde kein Inertialsystem ist, sei hier nur kurz hingewiesen. Bei anderen Messgrößen erfindet man auch keine verschiedenen Wörter für die Sache selbst und für unkorrigierte Messergebnisse, die in der Praxis vorkommen.

Die Feldstärke $\mathbf{g}$ an den verschiedenen Orten bezüglich einer Masse-Verteilung – beispielsweise der in der Erde – lässt sich nun durch eine einzige Formel erfassen. Wir denken uns eine geschlossene Oberfläche um alle mitwirkenden Objekte – außer dem Probe-Objekt – beispielsweise um die gesamte Erde. Das für den Beschleunigungsvektor $\mathbf{g}$ genommene Flussintegral $\int \mathbf{g} \cdot \mathrm{d}\mathbf{A}$ über die gesamte (gedachte!) Oberfläche hängt nur von der von ihr umschlossenen Masse ab, wie sich herausstellt. Die Feldstärke ist – mit einer universellen Konstanten – zu dieser Masse proportional. Wenn wir diese Konstante vorläufig G' und die gesamte eingeschlossene Masse M nennen, so gilt die Gleichung: $\int \mathbf{g} \cdot \mathrm{d}\mathbf{A} = -G'M$. Das Vorzeichen ist negativ, weil d$\mathbf{A}$ nach außen zeigen soll, aber $\mathbf{g}$ nach innen zeigt. Leider hat man nicht dieses G', sondern $G = G'/(4\pi)$ als universelle Gravitationskonstante eingeführt. Unser Gravitationsgesetz von Newton hat also nun die – von ihm selbst so nicht aufgestellte – Form als Flussintegral:

$$\int \mathbf{g} \cdot \mathrm{d}\mathbf{A} = -4\pi GM$$

So schön einfach die Formel auch ist, sie gestattet uns nur unter besonderen Symmetrievoraussetzungen eine einfache Berechnung der Beschleunigung für einen willkürlich gewählten Ort. Wie wir sehen werden, kommt man aber im täglichen Leben und in der Astronomie solchen Bedingungen oft ziemlich nahe.

2.1.3 Spezialisierung auf Kugelsymmetrie

Viele Objekte haben zumindest in guter Näherung die Eigenschaft, dass die Masse in ihnen vom Mittelpunkt aus gesehen richtungsunabhängig – isotrop – verteilt ist. Die Dichte hängt also höchstens von der Radiuskoordinate ab oder ist als homogene Verteilung konstant. Im Folgenden soll unter *Kugelsymmetrie* genau dieses verstanden werden. Planeten oder deren Monde, die nicht zu klein sind und sich nicht zu schnell drehen, erfüllen diese Bedingung gut. Auch viele Sterne und sogar Sternhaufen können vereinfacht so betrachtet werden. Gegenbeispiele sind Kleinplaneten und kleine Planetenmonde mit ihren völlig unregelmäßigen Formen, Jupiter mit seiner deutlichen Abplattung und große Sterne in engen Doppelsternsystemen mit ihrer Tropfenform. Zu welcher Gruppe die Erde gehört, ist eine Frage der geforderten Genauigkeit. Ihre Abplattung – im Modell als Ellipsoid mit etwas kürzerer Achse als Rotationsachse – hat zur Folge, dass die Fallbeschleunigung an ihren Polen etwas stärker ist als am Äquator. (Vorsicht vor zu einfachen Erklärungen: Bei *viel* stärkerer Abplattung kehrt sich das um!)

Wir setzen also eine kugelsymmetrische Massenverteilung voraus, am einfachsten vorstellbar als eine Kugel aus konzentrischen Kugelschalen mit jeweils einer bestimmten Dichte. Wir fragen nach der Fallbeschleunigung an einem beliebigen Punkt des Außenraums. Dazu denken wir uns eine Kugeloberfläche, die die ganze Masse umschließt und konzentrisch zu den Kugelschalen ist. Unser Flussintegral liefert natürlich die gesamte eingeschlossene Masse M. Die Kugelsymmetrie liefert aber weitere Daten. Die Fallbeschleunigung hat an allen Stellen der Kugeloberfläche den gleichen Betrag, und sie zeigt von jedem Punkt zum Mittelpunkt der Kugel. Damit werden die Ausrechnungen des Skalarprodukts trivial, und wir können es aus dem Integral ausklammern. Da die Oberfläche einer Kugel vom Radius r den Betrag $4\pi r^2$ hat, finden wir als Betrag der Beschleunigung für ein kugelsymmetrisches Objekt der Masse M im Abstand r von seinem Mittelpunkt das radiale Gravitationsgesetz

$$g = \frac{GM}{r^2}.$$

Dass darin 4π nicht vorkommt, liegt an der historisch bedingten, aber an sich unsystematischen Festlegung von G – mit unserem G' käme es vor. Wenn man beide Seiten noch mit der Masse m eines Probe-Objekts multipliziert, bekommt man die allgemein übliche Formulierung. Es ist durchaus nicht nebensächlich, dass es keineswegs nur als Näherung für große Entfernungen, sondern für den gesamten Außenraum jeder kugelsymmetrisch gepackten Kugel gilt, also bis herab zu ihrer Oberfläche.

Wenn wir von den Feinheiten absehen, die vor allem der Abplattung der Erde zuzuschreiben sind, können wir also die Schwerkraft zwischen einem Apfel und der Erde so berechnen, als säße die gesamte Masse der Erde in ihrem Mittelpunkt.

> *Rückblick auf die Formulierung mit dem Fluss:* Das Gravitationsgesetz kann weder in der einen noch in der anderen Form aus etwas hergeleitet werden, das schon anderweitig bekannt wäre. Es ist also ein Axiom. Üblicherweise beginnt man mit der Form für zwei Punktmassen und leitet dann mit dem Satz von GAUSS (aus der Vektoranalysis) die Form mit dem Fluss oder die damit erreichbaren Folgerungen her. Ich halte es an dieser Stelle für einfacher, gleich das Axiom mit dem Fluss zu formulieren und dann die wichtigen Spezialfälle so einfach daraus herzuleiten, wie es hier geschieht.

2.1.4 Im Inneren einer Hohlkugel

Wir bleiben bei der kugelsymmetrisch gepackten Kugel und fragen, wie es im Innern mit der Fallbeschleunigung aussieht. Dazu stellen wir uns Tunnel im Inneren vor. Diese erlauben den Probe-Objekten hinreichende Bewegungen, die Masseverteilung ändern sie aber nicht wesentlich. Wir können uns auch ein Raumschiff in einem Kugel-Sternhaufen – einem kugelsymmetrischen Haufen von sehr vielen Sternen – vorstellen, das aber keinem einzelnen Stern extrem nahe kommen soll. Gilt dann im Inneren – etwa im Abstand r vom Mittelpunkt einer Kugel mit dem größeren Radius R – die gleiche Formel? Natürlich muss man dabei nicht die ganze Masse von Null bis R einsetzen, sondern nur die Masse, die von der kleineren Kugel mit dem Radius r umschlossen wird.

Aber ist damit schon alles klar? Machen die Kugelschalen, die einen größeren Innenradius haben, als das Probe-Objekt vom Zentrum entfernt ist, nichts aus? Dazu denken wir uns die Hohlkugel aus lauter sehr dünnen Kugelschalen aufgebaut, deren Oberflächen jeweils gleichmäßig mit Masse belegt sind. Dann betrachten wir schmale Doppelkegel mit kleinen

Raumwinkeln, die ihre Spitze in einem punktförmigen Probe-Objekt im Kugel-Inneren haben. Die Kegel erfassen auf zwei Seiten jeweils einen Teil derselben dünnen Kugelschale. Diese Teile sollen so klein sein, dass wir sie wieder als Punktmassen auffassen können, siehe Bild 2.1.1. Dann gilt das quadratische Abstandsgesetz. Die Größe der Teile nimmt aber mit dem Quadrat des Abstandes zu, sodass das Abstandsgesetz sozusagen gerade neutralisiert wird. Aber die Pyramiden schneiden die Hohlkugel ja schief an. Macht das keinen Fehler? Da die Verbindungslinie zwischen beiden eine Sehne in der Kugelschale ist, hat der zugehörige Winkel auf beiden Seiten den gleichen Betrag. Die beiden Gravitationswirkungen, die jeweils von einem der durch die schmalen Doppelkegel erfassten Massestücke der Hohlkugel bewirkt werden, heben sich am Ort des Probe-Objekts gegenseitig auf.

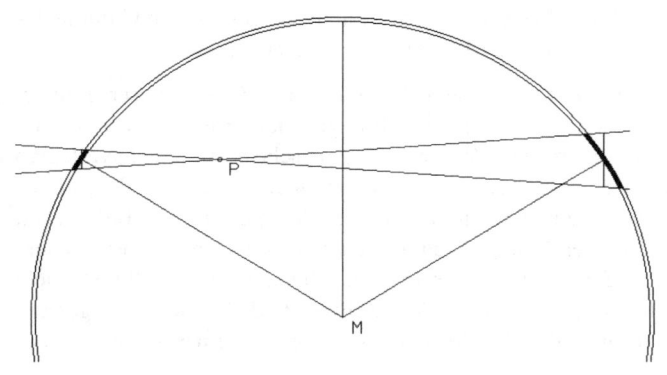

Bild 2.1.1 Je zwei sich gegenüber liegende Stückchen einer Hohlkugel heben sich in ihrer Gravitation auf einen Punkt im Inneren auf.

Daraus folgt, dass eine in ihrer Wandschicht gleichmäßig mit Masse gefüllte Hohlkugel in ihrem Hohlraum keine Gravitation bewirkt. Das besagt keineswegs, dass in diesem Hohlraum kein Schwerefeld sein könnte: Die ganze Masse-Verteilung kann ja in einem Schwerefeld eines zusätzlichen Objektes liegen. Nichts kann dessen Gravitation abschirmen!

➤ Im elektrostatischen Feld scheint das anders auszusehen. Das liegt daran, dass dort Ladungen wandern können. Dies vorausgesetzt, wird das Gleichgewicht genau dann erzielt, wenn ein feldfreier Raum erreicht ist – das Minimum der potenziellen Energie!

2.1.5 Energie des Gravitationsfeldes

Wenn ein Probe-Objekt der Masse m in einem Gravitationsfeld der Beschleunigung g ein Wegstück ds gegen dessen Richtung „nach oben" wandert – *sich* bewegt(?), bewegt *wird*(?) –, so verliert es d$W = -mg \cdot$ ds an Bewegungsenergie. Wenn dabei keine anderen Kräfte im Spiel sind als die Gravitation – insbesondere keine Reibung –, so nehmen wir an, dass diese Energie im Gravitationsfeld gespeichert wird. Auf dem umgekehrten Weg wird sie wieder rückerstattet. Das Feld bekommt mit dieser Annahme – die sich als sinnvoll und nützlich erweist – einen sehr handfesten Charakter. Der (leere?) Raum hat nicht nur die geheimnisvolle Eigenschaft, Dinge beschleunigen zu können. Der Raum ist auch Träger von Energie und möglicherweise auch noch anderer bilanzierbarer Größen, etwa von Impuls. Der Raum ist damit ein Objekt, kaum anders als ein „materieller Körper" ein Objekt ist.

Die Schulphysik gibt sich einige Mühe zu zeigen, dass es auch unsichtbare „Körper" gibt, etwa Luft. Das läuft dann darauf hinaus, dass die Luft Kräfte zeigt, wenn man versucht, ihr Volumen zu ändern oder auch nur konstant zu halten, ohne Benutzung der übrigen Atmosphäre. Nichts anderes tut das Schwerefeld zwischen Erde und Apfel, wenn man versucht, es in die Länge ziehen oder an einer eigenmächtigen Verkürzung zu hindern.

➤ Aus Sicht der modernen Physik ist der wesentliche Unterschied zwischen Feldern und „gewöhnlicher Materie" vor allem, dass Felder keine Fermionen brauchen um zu existieren. Felder sind gewissermaßen Bosonenwolken.

Es ist sicher sinnvoll, die Durchsichtigkeit von Luft – und damit ihre Unsichtbarkeit – in mechanischer Hinsicht als unwesentlich zu betrachten. Auch bei Glas erklärt sich die Unsichtbarkeit so: Unsere Augen nutzen „nur" ganz gezielt ein durchsichtiges Frequenzfenster. Das Schwerefeld sollte man sich ebenfalls als ein Objekt vorstellen, das zwar erfreulicherweise durchsichtig ist, aber sonst große Ähnlichkeit mit einem System aus gespannten Gummibändern hat, die alle Dinge durchdringen und alle paarweise zueinander ziehen.

Wenn ein Ball hoch geworfen wird, gibt er auf dem Weg nach oben Bewegungsenergie ab. Man sagt gewöhnlich: „Er verwandelt sie in potenzielle Energie" und ordnet diese weiterhin dem Ball zu, so als ob der Ball die Energie von der einen Hosentasche in die andere verlagern würde. Wenn er aber nicht von der Schwerkraft, sondern von einem Gummiband gebremst würde, wäre sonnenklar, dass diese Zunahme an potenzieller Energie nicht im Ball steckt, sondern im Gummiband. Man kann den Ball nämlich gegen ein anderes Objekt austauschen: Der Ball ginge leer aus, nicht aber das Band. Bei der Schwerkraft kann man die Objekte nicht so einfach austauschen, aber trotzdem sollte man dem Schwerefeld die gleiche Eigenheit zukommen lassen, die die elektromagnetischen Felder als Träger von Energie auch in der Schulphysik genießen.

2.1.6 Energie in einem Feld aus Punktmasse und kugelsymmetrischem Objekt

Das kugelsymmetrische Objekt der Masse M kann ein idealisierter Planet oder großer Planetenmond sein, wenn nötig mit (gedachten) dünnen Bohrungen darin. Die Punktmasse m sei unser Probe-Objekt. Wenn sich dessen Radiuskoordinate um dr ändert, ändert sich die Energie des Gravitationsfeldes um $mg \cdot dr$. Im Außenraum des Planeten ist der Betrag der Schwere-Beschleunigung $g = MG/r^2$. Die Zunahme der Feldenergie mit zunehmendem r ist daher $dW_g = m\,dr\,MG/r^2$. Integriert man das über den Radius, bekommt man $W_g = C - mMG/r$. C ist die zunächst noch unbekannte Integrationskonstante.

Um diese sinnvoll zu bestimmen, müsste man nun das Integral auch für den Innenraum auswerten. Dazu benötigt man aber die radiale Dichteverteilung im Planeten. Für reale Planeten ist diese Verteilung viel schwerer und unzuverlässiger zu bestimmen als die Gesamtmasse M. Wir beschränken uns auf zwei Extremfälle: die homogene Kugel mit räumlich konstanter Dichte und die Hohlkugel mit sehr dünner Kruste, in der die ganze Masse steckt, siehe 2.1.4. Der andere theoretische Grenzfall, in dem auch die Masse M punktförmig konzentriert ist, geht überhaupt nicht, denn das Integral ist dann nicht mehr endlich.

Entfernt sich das andere „Ende" des Integrationsweges immer weiter, wird alles sehr einfach: Das Integral bleibt durchaus endlich, wenn der Radius unbegrenzt zunimmt. Es nimmt im Grenzfall den Wert unserer – zunächst formalen – Integrationskonstanten C an. Wir können sie also sinnvollerweise W_∞ nennen und erhalten dann die Formel für die Energie des Schwerefeldes zwischen den betrachteten Objekten mit den Massen m und M.

> Energie des radialen Schwerefeldes: $W_g = W_\infty - mMG/r$

Diese Formel gilt für alle Mittelpunkts-Entfernungen r, bei denen das Probe-Objekt im Außenraum der Kugel ist.

Leider ist es üblich, W_∞ auf Null zu setzen. Das scheint zwar bequem, ist aber reine Willkür. Die mochte gerechtfertigt sein, als man noch nicht ahnte, dass Energie und Masse nur zwei Namen – und zwei Messvorschriften – für ein und dieselbe Sache sind und weshalb auch das Wort „Masse" in der Hochenergiephysik nur noch im Sinne von „Ruhemasse" verwendet wird. Kein Mensch würde sagen, dass alle Gegenstände die leichter als 1 kg sind, negative Massen haben sollen. Statt 0,8 kg hätten wir es dann mit $-0{,}2$ kg zu tun. Ein völlig verschwundener Gegenstand hätte dann -1 kg Masse – in Worten: minus ein Kilogramm. Die praktizierte Willkür ist aber *noch* drastischer: Durch sie sind alle Gravitationsenergien negativ!

Die Summe aus der Bewegungsenergie und der Energie des Schwerefeldes kann größer oder kleiner als W_∞ sein. Sie müssen sich leider daran gewöhnen, dass sie in allen Büchern als positive und negative Energien erscheinen. Denken Sie aber daran, dass das nur eine eingefahrene Ausdrucksweise ist, die im beschriebenen Sinn zu verstehen ist.

2.1.7 Gravitations-Potenziale

Wenn wir die Masse m unseres Probe-Objekts ändern, ändert sich – ändern wir – proportional dazu die Feldenergie. Im analogen Fall des elektrostatischen Feldes führt das zur Unterscheidung von Energie einerseits und Spannung (Potenzial) andererseits. Auch bei der Gravitation ist so eine Unterscheidung sinnvoll. Wenn ein leichter und ein schwerer Mensch den gleichen Bergweg aufwärts durchwandern, fügen sie dem Schwerefeld unterschiedliche Energiebeträge zu. Wenn man diese aber durch die Massen der beiden Menschen – hier als Probe-Objekte verstanden! – dividiert, bekommt man den gleichen Quotienten. Dieser hängt nur vom Höhenunterschied zwischen Start und Ziel ab. Diese Größe ist also eine Eigenschaft des Weges. Von der Leibesfülle der Wanderer ist sie unabhängig.

Im Gebirge kann man das hinreichend genau durch das homogene Schwerefeld idealisieren und kommt mit der Höhendifferenz als wesentlicher Größe aus. Will man aber eine Rakete zum Mars schicken, so müssen wir die Formel für die Energie im radialen Schwerefeld anwenden. Auch hier tritt die Masse der Rakete als Faktor auf, der von den übrigen Größen unabhängig ist. Dividiert man durch ihn, bekommt man eine „Potenzialdifferenz", die von den Positionen von Erde und Mars im Sonnensystem, aber nicht mehr von der Masse der Rakete abhängt.

Da man auch Bewegungsenergien durch die in ihnen „vorkommenden" Massen dividieren kann und dabei die halben Quadrate der Geschwindigkeiten erhält, besteht ein sehr einfacher Zusammenhang zwischen Geschwindigkeit v und Gravitationspotenzial V – im Gültigkeitsbereich der nichtrelativistischen Mechanik. Die durch die Masse „gekürzte" Energiebilanz der reibungsfreien Bewegung im Schwerefeld ist

$$\Delta V + \Delta(v^2/2) = 0.$$

So kann man nahe am Erdboden mit 10 m/s Anlauf 5 m hoch springen, mit 30 m/s aber 90 m hoch, was zu Fuß nicht mehr gelingt. Mit 11 km/s Absprunggeschwindigkeit vom Erdboden schafft man es dann bis zum Mond.

2.1.8 Gegenüberstellung einiger Größen

In den Ecken der Tabelle 2.1.1 stehen vier der hier behandelten Größen, dazwischen ihre jeweiligen Beziehungen. Drei davon kann man frei wählen und zur Definition verwenden, die vierte liegt dann fest. Mein Vorschlag ist, von der Beschleunigung auszugehen.

Tabelle 2.1.1 Feldstärke, Kraft, Energie und Potenzial im Schwerefeld

F: (Schwer-)Kraft $F_g = -GmM/r^2$	$F = mg$	g: Feldstärke der Gravitation g: Schwerebeschleunigung, $g = -GM/r^2$
$dW_g = -F \cdot ds$		$dV = -g \cdot ds$
W_g: potenzielle Energie $W_{grav} = W_\infty - GmM/r$	$W_g = mV$	V: Potenzial $V = V_\infty - GM/r$

Später kommen wir zum elektrischen und zum magnetischen Feld. In Tabelle 2.1.2 sind aber schon einige der zueinander analogen Größen aufgeführt.

Tabelle 2.1.2 Vergleich von Feldern

	„Ladung"	„Ladungsdichte"	Flussdichte
Gravitation	Masse m	Dichte ϱ	Schwerebeschleunigung g
elektrisches Feld	Ladung Q Elektrizitätsmenge	Ladungsdichte ϱ	$\varepsilon_0 E$
magnetisches Feld	[gibt es nicht]	[gibt es nicht]	Induktion B

ε_0 ist darin eine formale Größe, die „elektrische Feldkonstante". Diese hat nur etwas mit dem metrischen Maßsystem und nichts(!) mit der Natur zu tun.

2.1.9 Bestimmung der Feldkonstanten G nach Cavendish

Wie kann man die Erde wiegen – vornehmer: wägen? Mit einer Federwaage ist das ganz einfach. Man macht an einem Ende das Urkilogramm fest und am andern Ende die Erde, und zwar mit einem Stativ. Diese ungewohnte Formulierung ist durchaus ernst gemeint! Die Kraft kann man dann aus der Verlängerung der Feder bestimmen. Allerdings benötigt man dazu noch den Zahlenwert der Feldkonstante G. Den bekommt man, wenn man die Schwerkraft zwischen zwei Objekten mit bekannten Massen misst.

CAVENDISH hat aus einem 1,8 m langen Holzstab, zwei Bleikugeln von je 0,73 kg Masse und einem etwa 1 m langen senkrecht hängenden Draht ein Drehpendel gebaut. Die Verdrillung des Drahtes sorgt für das Feder-Drehmoment. Die Enden des Stabes mit den Bleikugeln pendeln dann um eine Mittellage – „Ruhelage" zu sagen wäre missverständlich.

Man stellt nun zwei große Bleikugeln – bei Cavendish je 158 kg – vom Draht aus gesehen einmal rechtsseitig und dann linksseitig zu den kleinen. Die Schwerkräfte zwischen den kleinen und den großen Bleikugeln lenken die Mittellagen des Drehpendels dabei verschieden aus, siehe Bild 2.1.2. Die Schwerkraft der Erde hat damit nichts zu tun. Aus der Schwingungsfrequenz und dem Trägheitsmoment kann man den Quotienten von Drehmoment und Winkelauslenkung bestimmen. Aus diesem Quotienten und der Verlagerung der Mittellagen folgt der Wert für die Schwerkraft zwischen den Bleikugeln. Heute verwendet man – auch im Schulversuch – kürzere Hebelarme und misst die Drehungen mit Lichtstrahlen und Spiegeln.

*Bild 2.1.2 Zwei Positionen der großen Bleikugeln an der Drehwaage nach Cavendish
Beachten Sie die kleinen Unterschiede in den Stellungen der Zeiger nach dem Auspendeln.*

Die universelle Gravitationskonstante G, also die Feldkonstante der Gravitation, ist im Vergleich zu anderen Naturkonstanten ausgesprochen ungenau bekannt. Ihr Wert ist $6{,}67 \cdot 10^{-11}$ m$^3 \cdot$ s$^{-2} \cdot$ kg^{-1}.

Als Folge davon sind auch die absoluten Massen astronomischer Objekte nicht genauer bestimmbar. Die Schwerebeschleunigung g auf der Erde ist dagegen wesentlich genauer messbar. Sie zeigt dabei durch Richtung und Betrag nicht nur Abhängigkeiten von der Höhe über dem Meeresspiegel und von der geographischen Breite, sondern auch von topografischen Details, entsprechend der lokalen Zusammensetzung der Erdkruste. Solche Messungen finden normalerweise in Luft – mit Auftrieb! – und im Bezugsystem der Erde statt, das eine Rotation pro Tag macht. Die Messungen liefern daher nicht direkt die Schwerebeschleunigung.

2.1.10   Berechnung der Erdmasse

Aufgabe:

Bestimmen Sie bitte die Masse der Erde aus der Fallbeschleunigung am Boden und aus dem Erdumfang.

Lösungskommentar:

Nach einer alten Definition des Meters soll der Umfang der Erde 40 Millionen Meter sein – über die Pole gemessen, der Äquator ist etwas länger. Wir nehmen Kugelgestalt und richtungsunabhängigen inneren Aufbau als hinreichend genaue Näherung an. Wir können dann so rechnen, als wäre die Masse im Erdmittelpunkt versammelt.

2.1.11   Fallbeschleunigung bei gleicher Dichte

Aufgabe:

Wie hängt die Fallbeschleunigung auf den Oberflächen kugelförmiger homogener Planeten von den Dichten d und den Planetenradien R ab?

Lösung:

Der Zusammenhang $g = 4\pi R d G/3$ ist in Dichte und Radius linear – man bekommt ihn durch Einsetzen des Kugelvolumens. Hat also ein anderer Planet beispielsweise den vierfachen Durchmesser, aber nur 1/4 der Dichte, so ist die Fallbeschleunigung auf beiden Oberflächen gleich. Das trifft im Vergleich zur Erde ungefähr für Uranus und für Neptun zu. Auf den Mond angewendet folgt: 1/4 des Radius und 2/3 der Dichte der Erde liefert 1/6 der Fallbeschleunigung der Erde.

2.1.12 Bilder von Feldlinien und Potenzialflächen

Das Gravitationsfeld kann zeichnerisch durch Feldlinien oder Schnitte von Äquipotenzialflächen (mit der Zeichnungsebene) oder durch beides dargestellt werden – ebenso wie das elektrostatische Feld. Schwere-Feldlinien sind gedachte orientierte Kurven, die an jedem Ort die Richtung der Beschleunigung auf eine zusätzliche Probemasse haben. Dass sich etwas genau auf ihnen bewegt, kann nur bei sehr starker Reibung geschehen. Die Feldlinien „enden" jeweils in Massen, fangen aber weit draußen in der Außenwelt an. Das Feldlinienbild sieht genau so aus wie das von negativen elektrischen Ladungen – elektrische Probeladungen sind als positive Ladungen definiert.

Die Probemasse muss nicht unbedingt winzig klein sein, wenn die anderen Massen während der Messung nicht wandern können. Man misst mit der Probemasse nicht das Feld, zu dem sie selbst beiträgt, sondern das, was ohne sie da wäre! Will man das gemeinsame Feld von ihr und den bisherigen Massen messen, muss man die Probemasse zum Bestandteil der Masseverteilung erklären und eine weitere Masse als neue Probemasse einführen.

Äquipotenzialflächen sind gedachte Flächen, auf denen man eine Probemasse ohne Änderung der potenziellen Energie – der Feldenergie – verschieben kann. Die Feldlinien stehen also stets rechtwinklig zu ihnen.

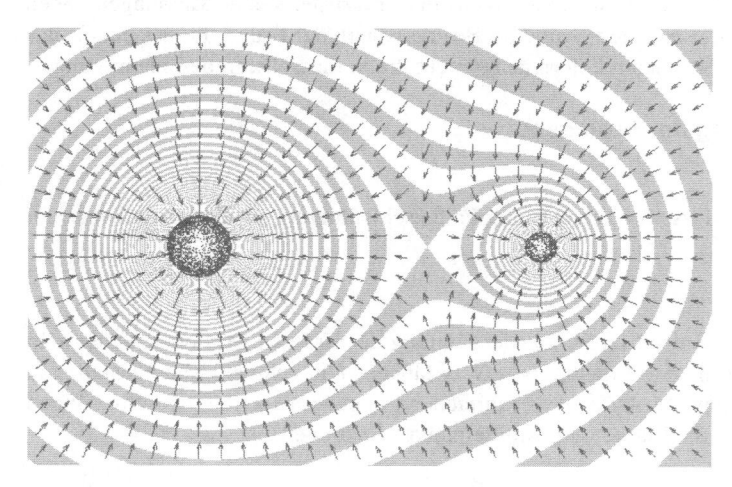

Bild 2.1.3 Das Gravitationsfeld zweier Punktmassen sieht genau so aus wie das elektrische Feld zweier negativer Punktladungen.

Bild 2.1.3 zeigt einen Schnitt durch das Schwerefeld von zwei verschieden großen Punktmassen. Man kann jede von ihnen als Probemasse im radialsymmetrischen Feld der anderen denken, insbesondere wenn man die Schwerkraft zwischen beiden berechnen will. Die Feldlinien im Bild zeigen dagegen, wie beide gemeinsam auf eine (dritte) Masse als Probemasse wirken. Obwohl die beiden gezeigten Massen sich natürlich gegenseitig anziehen, werden sie keineswegs durch Feldlinien miteinander verbunden, sondern durch querliegende gewissermaßen getrennt. Im elektrischen Feld gehört das genau gleich aussehende Feldlinienbild zur Abstoßung!

2.1.13 Die Jakobsleiter

Aufgabe:

Im 18. Kapitel der Genesis träumt Jakob von einer Leiter, die von der Erde bis an den Himmel reicht. Eine solche Leiter ist zugegebenerweise sehr lang – unendlich lang. Zum Glück nimmt aber die Schwerebeschleunigung oben immer weiter ab, und zwar in einer solchen Weise, dass das Integral längs des Weges endlich ist. Vergleichen Sie bitte den Energiebedarf für einen unendlich hohen Aufstieg im Schwerefeld der Erde – oder Ausstieg aus ihm(?) – mit einer entsprechend großen Anzahl von Bergwanderungen mit je 1 km Höhendifferenz. Anders gefragt: Wie hoch müsste das Schwerefeld reichen, wenn die Schwerebeschleunigung überall so groß wäre wie am Erdboden? Dabei soll das gleiche Potenzial erreicht werden wie sonst im Unendlichen. Kann man das schaffen? Nutzen Sie auch eine Dimensionsbetrachtung für einen Überschlag.

Lösung:

Beginnen wir mit dem Überschlag. Wir suchen eine Höhe, die nur vom Radius der Erde abhängt, denn die andere Größe der Erde, ihre gemittelte Dichte, bestimmt zwar ebenfalls die Kräfte und Beschleunigungen, dies aber am Boden und an jedem anderen Ort im gleichen Sinne. Sie fällt also bei der Bestimmung der „Ersatzhöhe" wieder heraus. Wenn eine Länge von einer anderen Länge und sonst nichts abhängt, können diese nur proportional zueinander

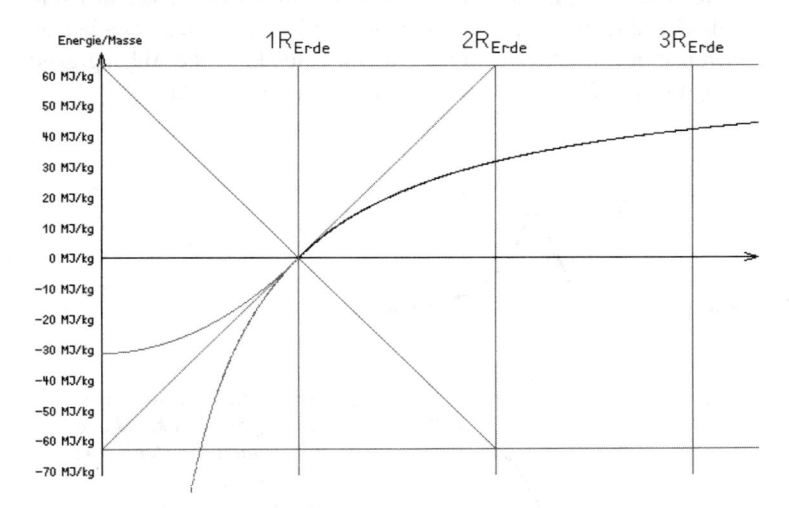

Bild 2.1.4 Potenzial im Gravitationsfeld einer Punktmasse, im Außenraum auch für die isotrope Kugel gültig. Die Steigung entspricht der Fallbeschleunigung.

sein. Häufig auftretende Faktoren sind zwar 1, 2, 1/2 oder auch Wurzeln daraus, jedoch können wir zunächst nur raten. Mit 1 liegen wir in dieser Aufgabe richtig.

Um nicht rätseln zu müssen betrachten wir Bild 2.1.4. Denken wir uns die Hyperbel, die das Potenzial im Außenraum als Funktion des Abstandes vom Erdmittelpunkt anzeigt, so ist sie zusammen mit ihrer Fortsetzung bei jeder Wahl der Skalenfaktoren zur Winkelhalbierenden symmetrisch. Nun steht es uns frei, die Skalen so zu wählen, dass der für den Erdboden zuständige Punkt auf dieser Winkelhalbierenden liegt. Die Tangente durch ihn an die Hyperbel stellt die Potenzialkurve für das gedachte homogene Feld dar, das am Boden mit dem tatsächlichen überein stimmt. Sie schneidet die Orts-Achse offensichtlich beim doppelten Erdradius. Also müsste man in einem homogenen Schwerefeld der Beschleunigung von 9,8 m/s^2 etwa 6370 km hoch steigen, um das gleiche Potenzial zu erreichen wie bei unendlicher Entfernung von der Erde. Vom Einfluss der Sonne haben wir auf den Weg ins Unendliche in Gedanken abzusehen, was in Wirklichkeit aber nicht gestattet ist.

In gewisser Weise ist das ein Ausstieg aus dem Schwerefeld der Erde. Er entspricht also 6370 Bergwanderungen auf jeweils einen 1000 m hohen Berg, was man in wenigen Jahrzehnten durchaus schaffen kann, wenn man nichts Besseres zu tun hat. Es ist klar, dass man sich zwischendurch gut ernähren muss. Das ist kein Problem bei jeweils 1000 m Anstieg. Für den Aufstieg zum Himmel oder auch nur bis zum Mond reicht aber kein Rucksack voll Schokolade, auch wenn der so schwer ist wie man selbst. Bekanntlich braucht man mehrere Raketenstufen, um mit chemischen Brennstoffen – die nicht wesentlich mehr Energie als Schokolade liefern – den Mond zu erreichen. Das heißt: die Nutzlast beim Himmelsweg ist deutlich kleiner als der mitzunehmende Brennstoffvorrat, beim Bergsteigen reichen aber jeweils kleine Rationen.

2.1.14 Radiale Abhängigkeiten von Beschleunigung und Potenzialen

Aufgabe:

Wir erweitern die vorige Aufgabe und betrachten eine homogen gefüllte Kugel und eine Hohlkugel, die nur aus einer gleichmäßig mit Masse belegten dünnen Kruste besteht. Die beiden Gesamtmassen sollen übereinstimmen. Skizzieren Sie bitte für beide Fälle die Abhängigkeit der Schwerebeschleunigung und des Potenzials vom Abstand zum Mittelpunkt.

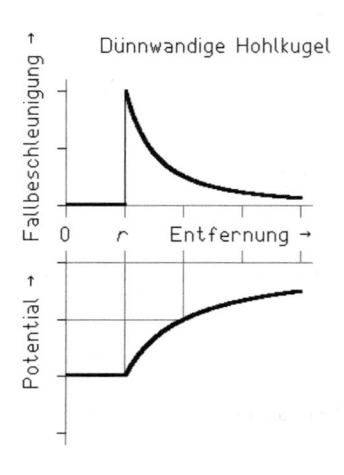

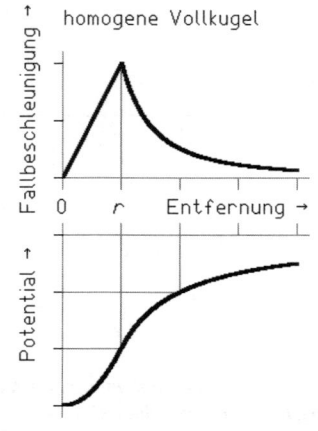

*Bild 2.1.5 Vergleich von homogener Vollkugel und dünnwandiger Hohlkugel gleicher Masse
Beachten Sie die völlige Übereinstimmung im Außenraum.*

2.2 Kreisbewegungen im Schwerefeld

Die Physik hat vor 300 Jahren großes Glück gehabt: Die meisten Bewegungen im Sonnensystem lassen sich erstaunlich gut mit einer Wechselwirkung aus jeweils nur zwei Objekten erklären, deren Abstand groß gegen ihre Durchmesser ist, also als Wechselwirkungen von jeweils zwei Punktmassen. Daher konnte NEWTON das erstaunlich einfache Gesetz dieser Wechselwirkung – das Gravitationsgesetz – finden. Die Feinheiten, die dadurch auftreten, dass es denn doch mehr als zwei Objekte sind, die sich gegenseitig anziehen, konnte man nachträglich durch Anwendung desselben Gesetzes berücksichtigen. Solche schwachen zusätzlichen Wirkungen bezeichnet man als *Störungen*. Die Störungsrechnung gipfelt in so beachtlichen Leistungen wie der Auffindung eines bis dahin nicht bekannten Planeten – Neptun 1846, durch die Rechnungen von LE VERRIER – und der Landung von Menschen auf dem Mond 1969.

Zu Beginn des 20. Jahrhunderts hat sich eine ähnliche Situation ergeben: Die Natur stellte „freundlicherweise" ein so einfaches System wie das Wasserstoffatom zur Ausbildung der Quantenmechanik zur Verfügung, die dann mit geeigneten Verfeinerungen auch auf so komplizierte Gebilde wie Moleküle oder Festkörper anwendbar wurde.

> ➤ Wir behandeln hier die Dynamik zweier – einmal auch dreier – Objekte für den rechnerisch besonders einfachen Spezialfall von Kreisbahnen. Für die wichtigsten astronomischen Objekte trifft dieser Fall durchaus mehr oder weniger genau zu und führt uns auf viele wichtige Dinge. In 2.3 wird dann der allgemeinere Fall mit Bahnen auf Ellipsen, Parabeln und Hyperbeln – den Kegelschnitten – behandelt.

2.2.1 Gibt es Kreisbahnen um den gemeinsamen Schwerpunkt?

Aufgabe:

Können zwei Sterne mit den Massen m_1 und m_2 solche Geschwindigkeiten v_1 und v_2 haben, dass sie um ihren gemeinsamen Schwerpunkt kreisen? Welcher Zusammenhang besteht zwischen Umlaufzeit und Abstand? Wie ist die Energiebilanz? Wie sieht der Grenzfall für sehr verschieden große Massen aus? Anleitung: Benutzen Sie die Winkelgeschwindigkeit.

Lösung:

Zusammenhang zwischen Umlaufzeit und Abstand

Die Abstände von diesem gemeinsamen Schwerpunkt seien r_1 und r_2, ihre Summe sei r. Damit sind $r_1 = r \cdot m_2/(m_1 + m_2)$ und $r_2 = r \cdot m_1/(m_1 + m_2)$.

Die Schwerkraft zwischen ihnen ist dann $m_1 m_2 G/r^2$. Wenn es wie gewünscht klappen soll, muss das gleichermaßen die Zentripetalkraft $m_1 v_1^2/r_1$ für den einen Stern als auch $m_2 v_2^2/r_2$ für den anderen sein. Die Winkelgeschwindigkeit ω um den Schwerpunkt muss für beide gleich sein, denn der Schwerpunkt muss stets auf der Verbindungslinie der Objekte liegen. Es ist also $\omega = v_1/r_1 = v_1/r_1$.

Die Zentripetalkraft ist daher $m_1 v_1^2/r_1 = \omega^2 r_1 m_1 = \omega^2 r m_1 m_2/(m_1 + m_2)$. Sie ist gleich der Schwerkraft $m_1 m_2 G/r^2$. Also ist $\omega^2 = (m_1 + m_2) \cdot G/r^3$. Mit der Umlaufzeit $T = 2\pi/\omega$ führt das zu einem außerordentlich bemerkenswerten Ergebnis.

> Keplers drittes Gesetz: $r^3 = T^2 4\pi^2 G \cdot (m_1 + m_2)$

Die zweite Potenz der Umlaufzeit ist proportional zur dritten Potenz des Abstandes, wobei der auftretende konstante Faktor die Feldkonstante G und die Summe der beiden Massen enthält. Das ist das dritte der Gesetze von KEPLER, aber hier nur für den Spezialfall von Kreisbahnen gezeigt. Kepler hingegen hat es allgemeiner für Ellipsenbahnen formuliert, aber nur für den Grenzfall sehr verschieden großer Massen, sodass die viel größere als ruhend angesehen werden kann. Bei der Ellipsenbahn ist statt r dann die große Halbachse der Ellipse einzusetzen.

Insgesamt haben wir also gefunden, dass es für jedes Paar von zwei Sternen mit beliebigen Massen und einem beliebigen Abstand – oder Planeten oder Stern und Planet oder Planet und Satellit oder sonst zwei astronomischen Objekten – die Möglichkeit gibt, dass sie um ihren gemeinsamen Schwerpunkt kreisen. Die Umlaufzeit errechnet sich dann – abgesehen von den Konstanten – allein aus der Summe der Massen und dem Abstand.

➤ Was wir hier noch nicht gezeigt haben ist, dass sie auch auf anderen Kurven laufen können, die bei Darstellung im gemeinsamen Schwerpunktsystem Kegelschnitte sind: Ellipse mit dem Spezialfall Kreis, Parabel oder Hyperbel. Auf jeden Fall dürfen sie dabei vom Rest der Welt nicht gestört werden, wenn die Rechnung richtig bleiben soll! Zum Glück kann man die Berücksichtigung solcher Störungen meistens als Verfeinerung der Rechnung betrachten (Störungsrechnung).

Der Grenzfall der hier berechneten Kreisbahnen für sehr verschiedene Massen bedeutet einfach, dass das schwere Objekt im gemeinsamen Schwerpunktsystem still sitzt. Seine Masse kommt praktisch allein in der Formel für Radius und Umlaufzeit vor. Es ändert sich also nichts, wenn die weitaus leichtere etwas schwerer oder leichter gewählt wird.

➤ Es ist leider üblich, diesen Grenzfall als „Ein-Körper-Problem" zu bezeichnen, so als ob ein Körper allein eine beschleunigte Bewegung machen könnte. Analog dazu wären Bücher über die Sozialkontakte des Einzelgängers oder die Geldgeschäfte des Einsiedlers, die sich aber nicht finden lassen.

Ein anderer Grenzfall liegt bei gleichen Massen vor. Beide Objekte laufen auf einem gemeinsamen Kreis – wenn sie überhaupt auf Kreisen laufen, was sie ja nicht müssen.

Energiebilanz

Wir kehren zu den beliebig großen Massen zurück, die um ihren Schwerpunkt kreisen. Die Energie des Schwerefeldes ist $W_\infty - m_1 m_2 G/r$. Wenn wir alles richtig einsetzen ist die Bewegungsenergie $m_1 m_2 G/2r$. Wir bilden die Summe aus beiden.

> Energie bei Kreisbahnen: $W_\infty - \dfrac{m_1 m_2 G}{2r}$

Die Bewegungsenergie beider Objekte zusammen ist also genau halb so groß wie die Energie, die man dem Schwerefeld zuführen müsste, um den Abstand unendlich groß zu machen.

Für die hier betrachteten Kreisbahnen gilt das für jeden Zeitpunkt, für Ellipsenbahnen nur in den „flachen" Scheitelpunkten der Ellipsen.

Die zuvor betrachteten Sonderfälle liefern hier überhaupt keine Besonderheiten. Lediglich die Aufteilung der Bewegungsenergie auf beide Objekte hängt vom Massenverhältnis ab, und zwar sind die Anteile umgekehrt proportional zu den Massen der beiden – was leicht nachzurechnen ist. Die Schwereenergie ist natürlich keinem der beiden zuzuordnen, sondern sitzt im Feld dazwischen.

Die Sonne hat somit nur einen kleinen Anteil an der Bewegungsenergie des Sonnensystems.

Drehimpuls und seine Aufteilung

Wie teilt sich nun der Drehimpuls auf? Da beide Objekte zwar verschiedene Geschwindigkeiten haben wenn ihre Massen ungleich sind, aber trotzdem die gleiche Winkelgeschwindigkeit ω, so ist die Formel $L = m\omega r^2$ für den Drehimpuls sehr nützlich. Wir finden, dass sich auch der Drehimpuls umgekehrt wie die Massen aufteilt.

Im Sonnensystem wandert zwar auch die Sonne um den Schwerpunkt, den sie mit den Planeten gemeinsam hat, aber die beiden großen Planeten haben den Löwenanteil des Drehimpulses.

2.2.2 Zu Keplers drittem Gesetz

In der vorigen Aufgabe haben wir das dritte Gesetz von Kepler für den Spezialfall der Kreisbahnen gefunden, das in gleicher Form auch für Ellipsenbahnen gilt, wenn man statt r die große Halbachse der Ellipsen einsetzt. Bei Doppelsternen sind die Massen beider Komponenten von gleicher Größenordnung. Planeten sind dagegen wesentlich leichter als die Sterne, zu denen sie gehören, ebenso sind Monde wesentlich leichter als die Planeten, um die sie laufen. Die Summen aus den jeweils zwei beteiligten Massen sind dann kaum größer als die größere von ihnen. Dass diese dann „Zentralkörper" genannt wird, ist nur bedingt akzeptabel.

2.2.2.1 Diagramm zu Keplers drittem Gesetz

Aufgabe:

Zeichnen Sie bitte für die Planeten und die größeren Monde einiger Planeten die Logarithmen der Umlaufzeiten gegen die Logarithmen der Bahnhalbachsen in ein Diagramm. Die Logarithmen sollen zur gleichen Basis gehören, die nötigen Zahlenwerte sind in vielen Nachschlagewerken zu finden.

Lösung:

Bild 2.2.1 zeigt die Umlaufzeiten und großen Bahnachsen einiger Planeten der Sonne und einiger ihrer Monde in der vorgeschlagenen doppelt-logarithmischen Darstellung.

Die Monde zum gleichen Planeten und die Planeten der Sonne liegen in diesem Bild jeweils auf einer Geraden der Steigung $3/2$ – Potenzen treten hier als Steigungen auf. Gleiche Geschwindigkeiten kann man an den Hilfslinien der Steigung Eins ablesen.

Verlängert man die Linie, auf der die Planeten liegen, bis weit nach unten – das geht auch rechnerisch –, so findet man den Schnittpunkt mit der Linie der Lichtgeschwindigkeit. Der

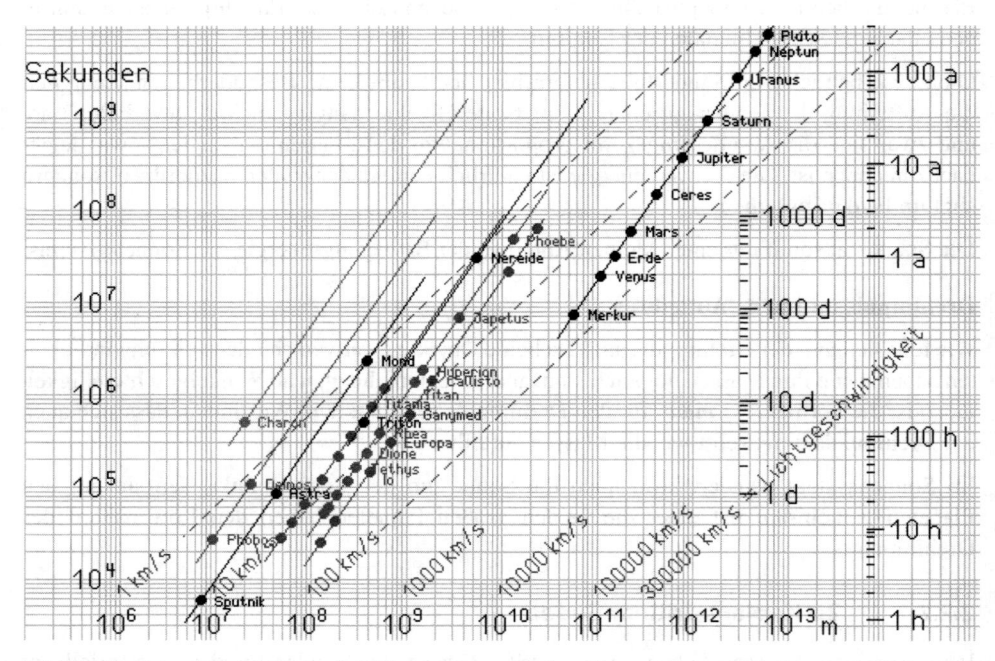

Bild 2.2.1 Doppelt-logarithmisches Diagramm zu Keplers drittem Gesetz mit allen großen Planeten unseres Sonnensystems und einigen Monden

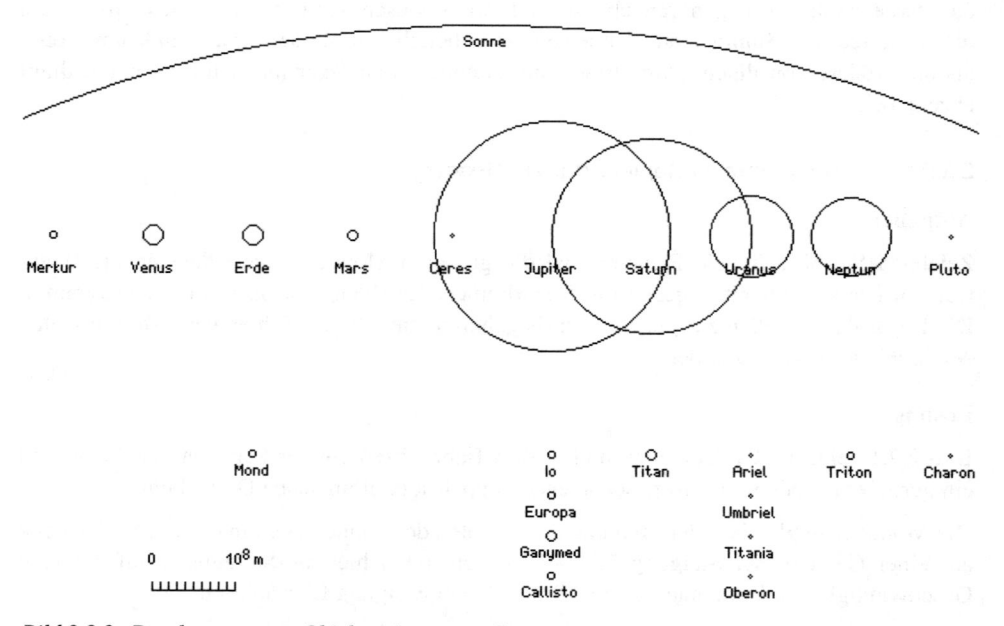

Bild 2.2.2 Durchmesser von Objekten in unerem Sonnensystem in gemeinsamem Maßstab

liegt bei nur wenigen Kilometern. So klein müsste dann die Sonne sein, damit ein Planet über ihrer Oberfläche mit Lichtgeschwindigkeit laufen könnte. Ein so kleiner Durchmesser würde zu einem Schwarzen Loch gehören. Die Sonne ist aber zu leicht für dieses Schicksal, sie wird „nur" als Weißer Zwerg enden.

Für die Erde sind außer dem Mond zwei besonders wichtige Satelliten eingetragen: ein relativ oberflächennaher – also besonders schnell, aber auf niedrigem Potenzial – und ein Fernmeldesatellit, der synchron zur Erddrehung umläuft.

Dass es durchaus Planeten gibt, die kleiner als einige Monde der ganz großen Planeten sind, ist in Bild 2.2.2 zu sehen. Es enthält die Durchmesser der größeren Objekte des Sonnensystems.

So ist Merkur kleiner als einige Monde. Pluto ist möglicherweise ein dem Neptun abhanden gekommener Mond. Eigentlich ist er nur ein relativ früh entdecktes Exemplar des äußeren Kleinplaneten-Gürtels, so wie Ceres der größte Kleinplanet des inneren Gürtels ist. Körper des inneren Gürtels bewegen sich hauptsächlich zwischen der Mars- und der Jupiter-Bahn, einige aber auch bis in die Erdbahn hinein, was für uns nicht ganz ohne Restrisiko ist.

2.2.3 Potenzialtopf des Sonnensystems

Aufgabe:

Skizzieren Sie bitte das Potenzial im Schwerefeld der Sonne. Tragen Sie für die Planeten – auf Kreisbahnen laufend – jeweils auch die auf eine Probemasse bezogene Bewegungsenergie ein. Ergänzen Sie auch noch die Tiefe der (überlagerten) Potenzialtöpfe der einzelnen Planeten an ihren Oberflächen und die Bewegungsenergien von Probemassen, die auf den Äquatoren mitrotieren. Was bedeutet das Bild für die Astronautik?

Lösung:

Die Potenzialskala in Bild 2.2.3 ist in Gigajoule pro Kilogramm kalibriert und zusätzlich im Hinblick auf Atomphysik und Chemie in eV pro atomare Masseneinheit u. Als Null-Punkt ist, wie konventionell üblich, das Potenzial in unendlicher Entfernung von der Sonne gewählt.

Die waagerechte Achse ist mit einem gleitenden Maßstab versehen, um die inneren Planeten deutlicher zu zeigen. Ohne diese Verzerrung wären die beiden durchgehenden Kurven Hyperbeln. Die untere zeigt das Potenzial für Probemassen in der jeweiligen Entfernung von der Sonne. Die obere ist um die auf die Probemasse bezogene Bewegungsenergie höher, die einer Kreisbahn auf dem jeweiligen Radius zukommt. Was dann noch zum konventionellen Null-Potenzial fehlt, entspricht der Energie, die man braucht, um von der Umlaufbahn aus unendlich weit von der Sonne zu entkommen, nachdem man aber schon erfolgreich den jeweiligen Planeten verlassen hat. Anders gesagt: Man kreist vorher ganz ohne Planeten auf einer Kreisbahn um die Sonne.

Jeder Planet führt seinerseits einen Potenzialtopf mit sich, von dem hier nur die Tiefe angezeigt wird. Für Jupiter ist dies ausführlich beschriftet: Das tiefste eingetragene Niveau entspricht einer Probemasse auf einem nicht rotierenden Punkt der Oberfläche des Planeten, einem seiner Pole. Das nächsthöhere entspricht einem Punkt, der mit dem Äquator des Planeten rotiert. Die Differenz entspricht der Energieersparnis beim Start eines Satelliten in Rotationsrichtung, auf der Erde also beispielsweise von Kourou in Guayana nach Osten. Das Niveau in der halben Tiefe des Planeten-Topfes gehört zu einem knapp über der

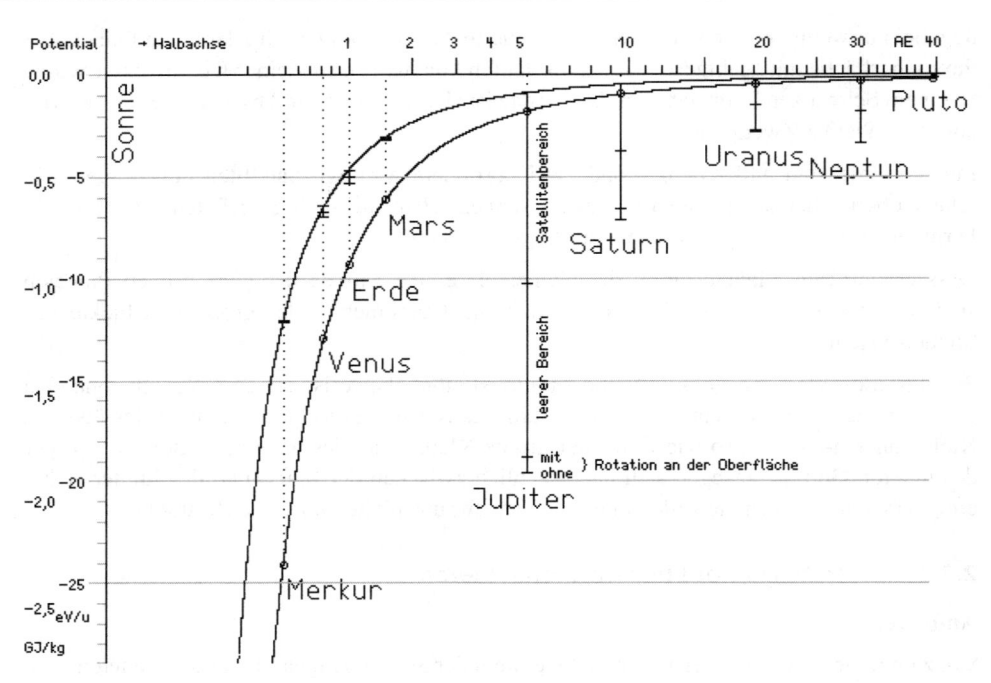

Bild 2.2.3 Potenzialtopf des Sonnensystems, Energieskala linear, radiale Skala verzerrt

Oberfläche des Planeten laufenden Satelliten. Darunter, „leerer Bereich", stürzt ein Satellit nach einem teilweisen Durchlaufen einer Kepler-Ellipse wieder auf den Planeten zurück: Interkontinental-Rakete, im Grenzfall sehr kleiner Energie auch Wurfparabel am Boden.

2.2.4 Titius-Folge

Für die großen Bahnhalbachsen der Planeten Merkur bis Saturn gibt es eine von JOHANN DANIEL TITIUS (1729–1796) gefundene und 1772 veröffentlichte Regelmäßigkeit, siehe Tabelle 2.2.1. Die Differenzenfolge ist nach seiner Regel eine geometrische Folge, allerdings fällt Merkur heraus, und zwischen Mars und Jupiter gibt es eine Lücke. Diese war schon KEPLER aufgefallen. Andererseits passen die damals noch nicht entdeckten Planeten Uranus und Pluto hervorragend in die Folge – nicht jedoch Neptun.

Tabelle 2.2.1 Titius-Folge und Halbachsen der Planetenbahnen.
Alle Zahlen sind auf die Erdbahnhalbachse normiert, also in AE angegeben.

Planet	Merkur	Venus	Erde	Mars		Jupiter	Saturn	Uranus	Neptun	Pluto
Halbachse	0,387	0,723	1,00	1,524		5,205	9,576	19,28	30,14	39,88
nach Titius	(0,4)	0,7	1	1,6	2,8	5,2	10,0	19,6	38,8	
Differenz		(0,3)	0,3	0,6	1,2	2,4	4,8	9,6	19,2	38,4

Diese näherungsweise Regelmäßigkeit wird durch kein bisher bekanntes Naturgesetz erzwungen. Das gilt auch für die Tatsache, dass fast alle Umläufe im Sonnensystem Achsen haben, die mehr oder weniger genau parallel zu der des Erdumlaufs liegen. Es liegt nahe, die Ursache im Umfeld der Entstehung des Sonnensystems zu suchen. Wenn man das annimmt, ist es zwar nicht zwingend, aber doch vernünftig, anzunehmen, dass es zwischen Mars und Jupiter noch etwas geben sollte. Wir kennen „dort" inzwischen Tausende von Kleinplaneten, wissen aber nicht zweifelsfrei, warum es so viele und so kleine sind.

2.2.5 Planetenjäger seit 200 Jahren

> In Detektiv- oder Spionagegeschichten – wie in HITCHCOCKS nach meiner Meinung schönstem Film *North by Northwest*, in der deutschen Fassung *Der unsichtbare Dritte* – werden gelegentlich Leute gesucht und auch gefunden, die niemand zu sehen bekommen hat und deren Existenz ungewiss ist. In der Naturwissenschaft ist es gar nicht so ungewöhnlich, dass man Planeten, Elemente, Fossilien oder Teilchen – das Neutrino beispielsweise – zuerst nur beschreiben kann, daraufhin gezielt sucht und dann auch wirklich findet. Das ist für die Beteiligten mindestens so spannend wie ein Krimi. Wenn die damit verbundenen Leidenschaften in den Publikationen nicht so vornehm verschwiegen würden, wäre das auch für die Nachwelt erkennbar.

Seit der Antike kennen die Menschen außer den Sternen, die uns – in unserem Laborsystem – sozusagen im Gleichschritt umrunden, noch sieben „Wandelsterne" (Planeten), die ihre Positionen zwischen diesen „Fix"-Sternen (fixus lateinisch für fest) ständig ändern: Sonne, Mond, Merkur, Venus, Mars, Jupiter und Saturn. Entgegen einem anderslautenden Gerücht war es seit der Antike allen Gebildeten – außer dem Kirchenlehrer LACTANTIUS und anderen Außenseitern – klar, dass die Erde eine Kugel und nicht etwa eine Scheibe ist. Aber man sah aus durchaus plausiblen und überwältigenden Gründen die Erde als ruhend an. Man erklärte die Bewegung der Gestirne mit acht konzentrischen Kugeln (Sphären), auf deren innerster der Mond und auf deren äußerster alle Fixsterne befestigt sind. „Unordentliche" Erscheinungen wie Meteore oder Wetter waren nur unterhalb der Mondsphäre denkbar, also *sublunar*. Wir bezeichnen heute noch die Wetterkunde als Meteorologie.

Dieses Weltbild wurde im Abendland durch die Beobachtung von Nova- und Supernova-Ausbrüchen erschüttert und durch GALILEIs Entdeckungen mit dem Fernrohr: Venusphasen, Jupitersatelliten, Sonnenflecken, Saturn-„Henkel". Die Entdeckungen liefern aber keine Entscheidung zwischen dem heliostatischen Modell und TYCHO BRAHEs geostatischem! Im heliozentrischen Modell wird nun die Erde selbst zum Planeten, Sonne und Mond werden aber nicht mehr als Planeten bezeichnet.

Am 13. März 1781 fand der Musiker und Astronom FRIEDRICH WILHELM HERSCHEL – er war aus Hannover nach England gekommen und er war mit JOSEPH HAYDN befreundet – bei seiner planmäßigen Durchmusterung des Himmels mit seinem selbstgebauten Spiegelteleskop mit 15 cm Spiegeldurchmesser ein Objekt, das sich zu einem Scheibchen vergrößern ließ und das sich bewegte. Er hielt es erst für einen Kometen oder auch einen nebligen Stern. Aber in den folgenden Wochen wurde ihm und seinen Kollegen klar, dass der siebente Planet der Sonne entdeckt war. So eine Entdeckung hatte es noch nie gegeben – schließlich waren alle bisherigen Wandelsterne schon „immer" bekannt gewesen! Nach einigem Streit und Durcheinander bekam der neue Planet den Namen Uranus: Außer Jupiter (Zeus) gab es nun nicht nur dessen Kinder Venus (Aphrodite), Mars (Ares) und Merkur (Hermes) sowie Jupiters Vater Saturn (Kronos) am Himmel, sondern auch seinen Großvater Uranos (den Himmelsgott) im Sonnensystem.

Wie beobachtet man aber einen Planeten, der immerhin 84 Jahre für einen Umlauf braucht, ohne Jahrzehnte zu warten? BODE und andere Astronomen suchten in alten Sternkatalogen und fanden, dass Uranus seit 1690 durch den Astronomer Royal (den königlich-englischen

Chefastronomen) FLAMSTEED und dann durch andere dutzendemale als Stern vermerkt worden war – nicht aber als Planet erkannt worden war. So konnte man die Bahn über einen vollen Umlauf nachzeichnen. Erstaunlicherweise hielt sich Uranus aber nicht ganz präzise an Keplers Gesetze. Zwischen den alten und den neuen Daten schien sich die Ellipse verändert zu haben. Mehrere Astronomen – ORIANI, GERSTNER, LALANDE, DELAMBRE – berechneten Bahnstörungen, die von den beiden schwersten Planeten Jupiter und Saturn ausgingen. Sie kamen dabei zu einem vorläufig befriedigenden Ergebnis.

Das Interesse der damaligen Planetenforscher wendete sich nun der Lücke zwischen der Mars- und der Jupiterbahn zu. Bode schloss aus der nun erstaunlich genau um ein Glied ergänzten und damit noch gewichtiger gewordenen TITIUS-Reihe, dass es dort noch einen Planeten geben müsse. Das hatte auch schon Kepler vermutet, während GEORG WILHELM FRIEDRICH HEGEL 1801 in seiner Jenaer *Dissertatio de orbitis planetorum* das für Spekulation hielt und *darum* bei sieben Planeten blieb.

➤ Das hat dann zu der hämischen Legende geführt, er hätte geglaubt bewiesen zu haben, dass es nur sieben Planeten geben könne. Das ist genau so verquer wie die ebenfalls im aufgeklärten 19. Jahrhundert verbreitete Mär, die Scholastiker hätten untersuchen wollen, wie viele Engel auf eine Nadelspitze passen. Es passt eben nicht in die Klischeevorstellung, dass hier ausgerechnet ein idealistischer Philosoph eine Spekulation ablehnt, die vielleicht gar nicht so schlecht ist, aber doch zunächst einmal unbewiesen.

Was im gleichen Jahr geschah spricht daher *nicht* gegen Hegel: GIUSEPPE PIAZZI (1746–1826) fand zufällig am 1. Januar 1801 – am ersten Tag des Jahrhunderts – einen „Kometen ohne Schweif und ohne Hülle", wie er vorsichtig schrieb, obwohl er doch schon ahnte, dass er einen (den?) Planeten der Titius-Lücke gefunden hatte. Leider entwischte der Planet seinen Beobachtern für fast den ganzen Rest des Jahres hinter der Sonne. Erst in der Silvesternacht fanden ZACH und unabhängig davon WILHELM OLBERS das Objekt wieder. Die Stelle, wo zu suchen war, hatte der brillante 23-jährige KARL FRIEDRICH GAUSS berechnet. Damit war auch klar, dass es wirklich ein Planet war, und Piazzi nannte ihn *Ceres Ferdinandea*. Ceres passt mit ihrer Halbachse von 2,767 AE hervorragend auf den freien Platz in der Titius-Reihe (2,8 AE). Sie hat aber einen Schönheitsfehler, der Herschel an seinem Fernrohr zweifeln ließ: die kümmerliche Größe mit einem Durchmesser von nur rund 1000 km.

Weniger zufällig wurden in den folgenden Jahren weitere Kleinplaneten entdeckt. Olbers hatte mit einigen Freunden 1800 den nach einem Ort nahe bei Bremen benannten Club der *Lilienthaler Detektive* gegründet und den Himmel in Zonen eingeteilt, um planmäßig nach dem vermuteten Planeten zu suchen. Nun war ihnen Piazzi zuvorgekommen, aber sie suchten weiter. Olbers fand am 28. März 1802 einen zweiten Kleinplaneten, den er Pallas nannte. Pallas hat fast die gleiche Bahnhalbachse wie Ceres, läuft aber mit ziemlich großer Exzentrizität und großer Bahnneigung bezüglich aller Bahnebenen der Großplaneten durch die Mars-Jupiter-Lücke.

➤ Das fand Herschel so Planeten-untypisch, dass er die leider heute noch oft verwendete, aber völlig irreführende Bezeichnung *Asteroid* erfand. Wenn überhaupt ein Planet stern*ähnlich* ist, dann am ehesten Jupiter. Die Kleinplaneten sind so ziemlich die Objekte am Himmel, die den Sternen am unähnlichsten sind.

In den folgenden Jahren wurden noch zwei einigermaßen große Kleinplaneten gefunden: Juno 1804 durch HARDING und Vesta – mit 250 km Durchmesser der kleinste davon – 1807 wieder durch Olbers. Seitdem sind Tausende weitere (kleinere) Planeten gefunden worden. Zusammen besitzen sie nicht mehr als 1/1000 der Erdmasse. Sie laufen fast alle zwischen

Mars und Jupiter, einige kreuzen dabei aber auch auf einer gestreckten Ellipse die Erdbahn. 1937 kam Hermes der Erde auf 600 000 km nahe, war also nicht sehr viel weiter entfernt als der Mond.

Der Planet Neptun wurde am 23. September 1846 von JOHANN GOTTFRIED GALLE zusammen mit dem Studenten HEINRICH LOUIS D'ARREST in Berlin „entdeckt". Aber was heißt das? Hat Galle Neptun als Planeten erkannt? Ja und nein: Winkelgeschwindigkeit und Sehwinkel – bei Planeten sollten diese im Gegensatz zu den Sternen erkennbar sein – schienen zunächst unter der Beobachtungsgrenze zu liegen. Trotzdem konnte Galle sicher sein, denn zwei andere Astronomen hatten *ausgerechnet*, dass man einen Planeten an der Stelle finden müsste, an der Galle gesucht hatte. Aber nicht jeder hatte ein so starkes Fernrohr wie Galles Chef, JOHANN FRANZ ENCKE, den wir vor allem als Entdecker des nach ihm benannten Kometen kennen.

An diesem Tag hatte Galle nämlich einen Brief von URBAIN JEAN JOSEPHE LEVERRIER mit der Bitte bekommen, an einer bestimmten Stelle des Himmels nachzusehen. Aber erst musste er den widerstrebenden Encke überreden, überhaupt beobachten zu dürfen. Encke gönnte ihm auch sonst keinen Erfolg und brachte sich damit selbst um den Ruhm – ausgleichende Gerechtigkeit der Geschichte. Zusammen mit d'Arrest fand Galle den achten Großplaneten der Sonne. In der nächsten Nacht bestätigten die beiden zusammen mit Encke, der nun natürlich auch mitmachte, die Planetennatur. Sie konnten die Bewegung und den scheinbaren Durchmesser nun messen und fanden sie mit Leverriers Vorhersagen in erstaunlicher Übereinstimmung, ebenso wie die auf ein Grad genaue Position. Encke schrieb in einer Gratulation an Leverrier: *Ihr Name wird für immer mit dem hervorragendsten nur denkbaren Beweis der Gültigkeit einer universellen Gravitation verbunden sein.*

Einige Tage später erreichte ein Brief von Leverrier mit den gleichen Angaben auch die Sternwarte Pulkowo bei St. Petersburg. Der dortige Chef WILHELM STRUVE hatte aber bereits aus der Zeitung – schneller als durch die Post! – von der Berliner Entdeckung erfahren. Immerhin konnte er ebenfalls allein aus Leverriers Daten auch seinerseits den neuen Planeten finden, was sehr für deren Genauigkeit spricht und dafür, dass diese auch in Berlin entscheidend für den Erfolg gewesen waren.

Galle war fair genug, das Recht der Namensgebung, das ihm prinzipiell zustand, Leverrier zu überlassen. Es gab trotzdem noch einigen Streit um den Namen, aber heute heißt der achte Planet *Neptun*, wie es Leverrier vorgeschlagen hatte.

Es ist oft schwer zu entscheiden, ob man bei einer Entdeckung oder einer Erfindung die theoretische Arbeit – von einer vagen Idee bis zur ausgefuchsten Berechnung – oder die Ausführung (Messung, Industriereife) bei der Namensgebung höher bewerten soll. Meist hält man sich an das letztere, weil es klarer festzulegen ist. Damit tut man brillanten Geistern wie SMEKAL, der den RAMAN-Effekt vorhergesagt hat, und LORENTZ, der den ZEEMAN-Effekt vorhergesagt hat, sicher Unrecht. Bei der Entdeckung des Neptun ist klar, dass die entscheidende Leistung die Berechnung war.

Aber außer Leverrier hat noch ein Astronom, nämlich JOHN COUCH ADAMS, die Position des unbekannten Planeten errechnet, sogar etwas früher, aber vom Missgeschick verfolgt. Bis vor wenigen Jahren nahm man an, dass seine Rechnungen ebenso gut wie die von Leverrier zur Auffindung hätten führen können. Neuerdings weiß man aber, dass sie doch wesentlich ungenauer waren. Adams wollte sich mit seinen Ergebnissen vom Herbst 1845, an den Astronomer Royal wenden, also den Chef der Sternwarte Greenwich, GEORGE BIDDELL AIRY. Leider war der gerade verreist, und Adams hinterließ einen Brief, für den sich Airy nach seiner Rückkehr zwar bedankte, den er aber nicht weiter beachtete. Ein erneuter Besuch scheiterte unter anderem daran, dass Airy aus medizinischen Gründen genau um 15.30 Uhr essen zu müssen glaubte. Der Butler wagte es daher nicht, Adams vorzulassen. Aber auch als Airy die Berechnungen doch noch bekam, hielt er nicht viel davon. Obwohl in der Mathematik eine Funktion nach ihm benannt ist, war er ein Gegner theoretischer Methoden und außerdem ein krankhafter Pedant und missgünstiger Chef, vermutlich schlimmer als Encke. Er nahm Adams nicht ernst. Zur Erklärung der Unstimmigkeiten der Bahn des Uranus neigte er eher zur Vermutung, dass das Gravitationsgesetz verfeinert werden müsste. Er kritisierte brieflich an den Berechnungen von Adams herum und entmutigte ihn weitgehend.

Währenddessen legte Leverrier seine Berechnungen der Académie des Sciences in Paris vor und wurde damit zum rechnerischen Entdecker des neuen Planeten.

Airy wurde von BREWSTER und anderen für seine unrühmliche Rolle heftig beschimpft, was ihn aber nicht einsichtiger machte. Es gab auch einen nationalistisch getönten Streit zwischen Engländern und Franzosen. Zum Glück gab es einen versöhnlichen Schluss. JEAN BAPTISTE BIOT schrieb 1847 von *fälschlich als Patriotismus bezeichnetem geographischen Egoismus* und *einer gemeinsamen Nation der Denker*. Leverrier habe zwar formal die Priorität, aber Adams sei trotzdem der erste Mensch, der von dem neuen Planeten gewusst habe. JOHN HERSCHEL, der Sohn Wilhelm Herschels, lud Adams und Leverrier gemeinsam zu sich ein. Beide, die ihre übereinstimmende Entdeckung getrennt gemacht hatten, blieben ihr Leben lang Freunde.

Wer sollte Weltbürger sein, wenn nicht die Naturwissenschaftler und speziell die Astronomen?

2.2.6 * Ringe und Monde – die Roche-Grenze

Aufgabe:

Betrachten Sie bitte zwei Staubkörnchen, die mit etwas verschiedenen Bahnradien gemeinsam einen Planeten umkreisen. Welche Bedingung muss erfüllt sein, damit ihre gegenseitige Schwerkraft stärker ist als der Unterschied ihrer Anziehungen zum Planeten? Wie groß sind daher genähert die größten Ringe und die kleinsten Mondbahnen zu jeweils ein und demselben Planeten? Die Masse des Planeten und der Körnchen drückt man dazu durch die mittleren Dichten und die Radien aus.

Lösung:

Der Planet habe die Dichte d_p und den Radius R. Jedes Staubkörnchen habe d_s und r. Die Körnchen kreisen in den Abständen $A - r$ und $A + r$ um den Planeten und haben irgendwann ihren kürzesten gegenseitigen Abstand $2r$ voneinander.

Wir berechnen für diese Situation die gegenseitige Massenanziehung der Körnchen und die Differenz der vom Planeten auf die Körnchen ausgeübten Anziehungen. Überwiegt die erstere, können sich Monde bilden, im anderen Fall formen sich Ringe aus unabhängig kreisenden Körnchen. Der kritische Grenzradius, die ROCHE-Grenze, ergibt sich dann durch

Gleichsetzen. Die Gleichung erlaubt einige Vereinfachungen, und es ergibt sich der kritische Bahnradius $A = 8^{1/3}R(d_p/d_s)^{1/3}$. Dieser hängt *nicht* von der Größe der Körnchen ab. Bei gleicher Dichte von Staub und Planet ist der kritische Bahnradius also rund das 2,5-fache des Planetenradius. Monde mit höherer Dichte können etwas weiter innen laufen, leichtes Material nur etwas weiter außen. Im wesentlichen laufen die Planeten-Monde tatsächlich außerhalb, die Ringe hingegen rotieren innerhalb der Roche-Grenzen ihrer Planeten.

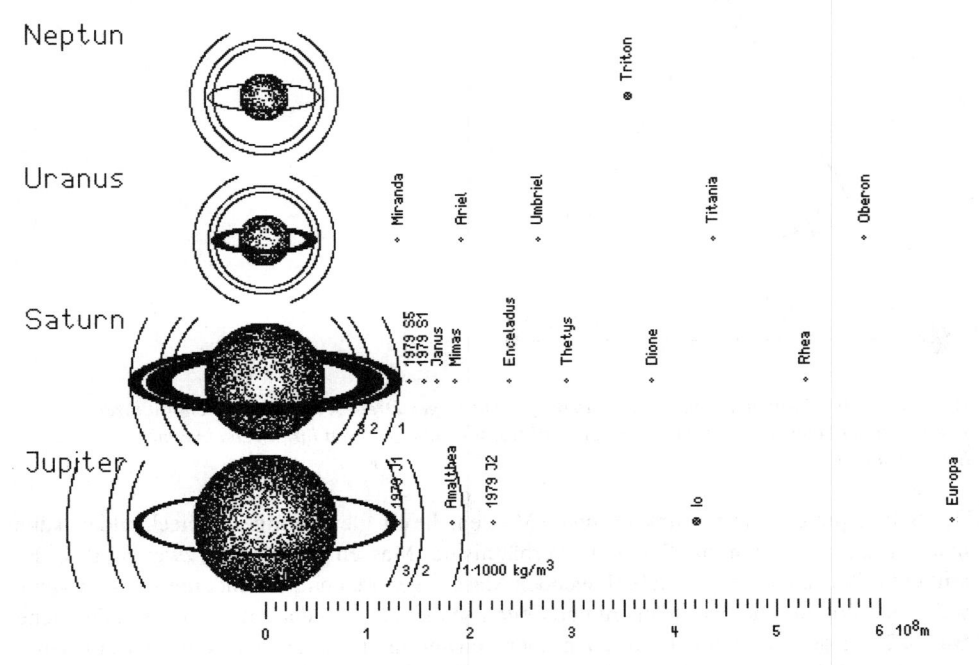

Bild 2.2.4 Roche-Grenzen zwischen Ring- und Mondbahn-Bereichen für die vier großen Planeten, die sowohl Monde als auch Ringe haben

Das Bild 2.2.4 zeigt die großen Planeten der Sonne mit den perspektivisch dargestellten stärksten Ringen und den innersten Monden, die jeweils auf einer Geraden eingetragen sind. Die Roche-Grenzen sind für die Dichten ein-, zwei- und dreitausend Kilogramm pro Kubikmeter – bezüglich Ring-Brocken und Monde – als Kreise eingezeichnet.

2.2.7 * Trojaner

Die Bewegung von mehr als zwei – auch nur punktförmigen – Objekten im gemeinsamen Schwerefeld ist im Allgemeinen nicht ohne Näherungsverfahren berechenbar. Zu den lösbaren Spezialfällen gehört der Fall, der mit einigen Kleinplaneten verknüpft ist. Diese haben die gleiche Umlaufperiode wie Jupiter und sind nach Streitern aus dem Trojanischen Krieg benannt.

Aufgabe:

Die allgemeine Aussage ist die Folgende: Drei Punktmassen können beim Umlauf um ihren gemeinsamen Schwerpunkt ein starr drehendes gleichseitiges Dreieck bilden. Der Beweis geht erstaunlich einfach und fast ohne Rechnung. Zeichnen Sie dazu in ein gleichseitiges

Dreieck Parallelen zu den Seiten durch den Schwerpunkt. Nutzen Sie das zum Eintragen von Beschleunigungspfeilen.

Lösung:

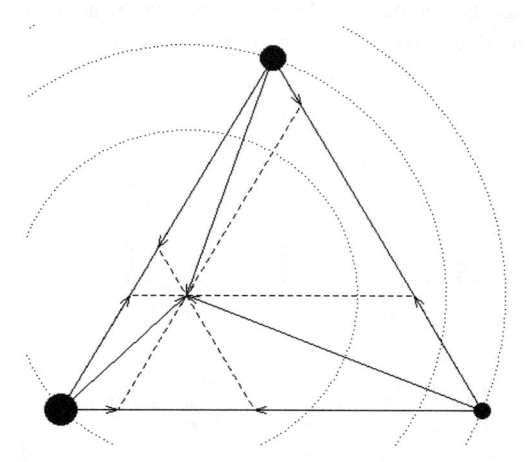

Bild 2.2.5 Drei Punktmassen, die ein starres gleichseitiges Dreieck bilden, können mit ihrer gegenseitigen Schwerkraft mit konstanter Winkelgeschwindigkeit um ihren gemeinsamen Schwerpunkt kreisen.

Den Schwerpunkt von drei punktförmigen Massen, die ein gleichseitiges Dreieck bilden, kann man finden, indem man die Seiten im Verhältnis der Massen aufteilt, und zwar so, dass die mittleren Stücke zu den gegenüberliegenden Massen gehören und die anderen zu den jeweils weiter entfernten. Die Parallelen zu den Seiten schneiden sich dann im Schwerpunkt, siehe Bild 2.2.5. Das kann man so einsehen: Der Schwerpunkt von zwei Ecken liegt auf deren gemeinsamer Seite, deren Abstand zur zugehörigen Schwerlinie verhält sich zum Abstand der dritten Ecke von dieser Schwerlinie umgekehrt wie die Summe der beiden Massen auf der einen Seite zur Masse auf der anderen.

Wegen der gleichen Abstände der Objekte voneinander – nur dann klappt es! – sind alle Beschleunigungen zu den jeweiligen beiden Partnern einfach proportional zu deren Massen. Die Resultierenden zeigen auf den gemeinsamen Schwerpunkt aller drei Objekte. Im Bild sind die Beschleunigungspfeile in einem solchen Maßstab gezeichnet, dass ihre Spitzen diesen Schwerpunkt treffen.

Von der Zentripetalbeschleunigung auf Kreisbahnen wissen wir, dass sie für gleiche Winkelgeschwindigkeit proportional zum Bahnradius sein muss. Genau das ist hier laut Zeichnung der Fall.

Bemerkenswerterweise können die drei Massen beliebig sein. Im realen Fall der Trojaner sind alle drei sehr verschieden. Mit Sonne und Jupiter gibt es nicht nur ein gleichseitiges Dreieck in der Bahnebene, sondern zwei. Die eine Ecke läuft 60 Grad vor Jupiter, die andere 60 Grad nach ihm um den gemeinsamen Schwerpunkt aller beteiligten Objekte, vor allem also von Sonne und Jupiter. Die Kleinplaneten laufen keineswegs genau auf diesen Ecken, sondern schwanken langfristig um diese Ecken herum. Dabei laufen sie bezüglich der festgehalten Geraden zwischen Sonne und Jupiter auf nierenförmigen Bahnen um die Ecken der Dreiecke herum. Im Inertialsystem sind das natürlich kreisnahe Kurven um den Schwerpunkt des Sonnensystems.

LAGRANGE fand 1772 – noch kein einziger Kleinplanet war entdeckt – die theoretische Möglichkeit dieser exakten Lösungen des Drei-Körper-Problems und auch die einfacheren Lösungen mit drei Objekten auf einer Geraden, die aber keine stabilen Bahnen erlauben. Die Kleinplaneten mit Bahnen um die stabilen Punkte wurden erst im 20. Jahrhundert gefunden.

Dem Jupiter vorauslaufende Kleinplaneten sind Achilles, Agamemnon, Ajax, Antilochus, Diomedes, Menelaos, Nestor, Odysseus (alle nach Griechen benannt) und Hektor. Dem Jupiter nachlaufende sind Aeneas, Anchises, Priamus, Troilus (nach Trojanern benannt) und Patroklus. Vielleicht hat die Inkonsequenz der Namenszuordnungen – Hektor und Patroklus sind bei den damaligen Feinden einsortiert – auch etwas Versöhnliches. Im Gegensatz zu den Sagengestalten, deren Gewalttaten zu verherrlichen immer noch als humanistische(!) Bildung gilt, sind diese Kleinplaneten ausgesprochen friedlich.

2.2.8 *   Kant und die Gezeitenreibung

1754 veröffentlicht IMMANUEL KANT eine Schrift mit dem Titel *Untersuchung der Frage, ob die Erde in ihrer Umdrehung um die Achse, wodurch sie die Abwechslung des Tages und der Nacht hervorbringt, einige Veränderung seit den ersten Zeiten ihres Ursprunges erlitten habe, welches die Ursache davon sei, und woraus man sich ihrer versichern könne? welche von der Königl. Akademie der Wissenschaften zu Berlin zum Preise für das jetzt laufende Jahr aufgegeben worden.*

Er diskutiert dazu die *Gezeitenreibung* des Wassers auf der Erde und schätzt, dass die Erde bereits nach zwei Millionen Jahren relativ zur Mondposition aufhören sollte zu rotieren, schwächt diese Aussage dann aber etwas ab. Zutreffend erklärt Kant ebenfalls mit der Gezeitenreibung, dass sich der Mond relativ zur Erde nicht mehr dreht und uns immer das gleiche Gesicht zeigt. Dazu nimmt er an, dass der Mond früher flüssig gewesen sei und damit die Gezeitenreibung wirksamer war. Kant spricht dabei von einer *Naturgeschichte des Himmels* in dem Sinne, dass sich wie in der Geschichte der Menschen Vorgänge ereignen, die, anders als etwa die Jahreszeiten, nicht nur einfach Wiederholungen voneinander sind.

Man ist heute sicher, dass sich das Erde-Mond-System langfristig verändert. Die Gezeiten beruhen bekanntlich darauf, dass die Gravitationskraft entfernungsabhängig ist. Die Gravitationskraft zieht die dem Mond zugewandte Seite der Erde stärker und die abgewandte schwächer an als die für das insgesamt bewirkte Kreisen um den Erde-Mond-Schwerpunkt nötige Zentripetalkraft. Dadurch wird – vereinfacht gesagt – die Hydrosphäre der Erde etwas zum Mond hin und vom Mond weg in die Länge gezogen. Das Gleiche gilt – in geringerem Ausmaß – auch bezüglich der Sonne. Beide Effekte überlagern sich. Die Erde dreht sich nun unter dieser etwas deformierten Hydrosphäre, sodass wir Ebbe und Flut beobachten. Besonders auffällig wird das in den Mündungstrichtern mancher Flüsse. Dabei wird Energie aus der Relativbewegung gezogen – das Wasser erwärmt sich dadurch aber nur sehr wenig. Der Tag wird dabei um etwa 16 Mikrosekunden pro Jahr länger. Bezogen auf einen Tag ist das weniger als ein Billionstel Tag. In den von Kant veranschlagten zwei Millionen Jahren wird der Tag also nur um 16 Sekunden länger und gleicht sich damit noch lange nicht dem Monat an.

Die jahreszeitlichen Schwankungen der Winkelgeschwindigkeit der Erdrotation – vor allem aufgrund von Festland-Eis – sind dagegen viel stärker. Sie betragen etwa eine Millisekunde pro Tag, führen aber zu keinem langfristigen Trend.

Aufgabe:

Das Trägheitsmoment der Erde ist $0{,}8 \cdot 10^{38}$ kg·m². Die Masse des Mondes ist etwa $1/80$ der Erdmasse, seine Entfernung von der Erde $3{,}8 \cdot 10^8$ m, sein Radius ist 1 738 km und ein Monat dauert $27{,}5 \cdot 86\,400$ s $\approx 2{,}4 \cdot 10^6$ s. Der Tag soll pro Jahr um 16 Mikrosekunden länger werden. Wo bleibt der Drehimpuls der Erde bei der Bremsung durch die Gezeiten? Was macht der Mond dabei? Welchen gemeinsamen Wert streben Tages- und Monatslänge durch die Gezeitenreibung an?

Lösung:

Die Winkelgeschwindigkeiten für die Erddrehung und für den Mondumlauf sind $\omega_e = 2\pi/86\,164\,\mathrm{s}^{-1} = 7{,}3 \cdot 10^{-5}\,\mathrm{s}^{-1}$ und $\omega_m = 2\pi/(27{,}5 \cdot 86\,400)\,\mathrm{s}^{-1} = 2{,}6 \cdot 10^{-6}\,\mathrm{s}^{-1}$. Wir finden also:

Tabelle 2.2.2 Erde-Mond-System

	Trägheits-moment	Winkelge-schwindigkeit	Drehimpuls	kinetische Energie
Erddrehung	$0{,}8 \cdot 10^{38}$ kg·m²	$7{,}3 \cdot 10^{-5}$ s^{-1}	$5{,}8 \cdot 10^{33}$ J·s	$2{,}1 \cdot 10^{29}$ J
Mondumlauf	$1{,}1 \cdot 10^{40}$ kg·m²	$2{,}6 \cdot 10^{-6}$ s^{-1}	$2{,}9 \cdot 10^{34}$ J·s	$3{,}7 \cdot 10^{28}$ J
Mondrotation	$8{,}9 \cdot 10^{34}$ kg·m²	$2{,}6 \cdot 10^{-6}$ s^{-1}	$2{,}3 \cdot 10^{29}$ J·s	$3 \cdot 10^{23}$ J

Im Mondumlauf steckt also rund fünf mal so viel Drehimpuls wie in der Erddrehung, aber nur ein Sechstel an kinetischer Energie, siehe Tabelle 2.2.2. Die Rotation des Mondes kann in beiden Beziehungen gegenüber seinem Umlauf um die Erde vernachlässigt werden.

16 μs Änderung einer Größe, die 86 164 s – ein Sterntag – beträgt, ist eine relative Änderung von $1{,}86 \cdot 10^{-10}$. Wegen $1/(1+\alpha) \approx 1-\alpha$ für $\alpha \ll 1$ ist die Winkelgeschwindigkeit der Erddrehung nach einem Jahr um $\Delta\omega = \omega_e 1{,}86 \cdot 10^{-10} = 1{,}36 \cdot 10^{-14}\,\mathrm{s}^{-1}$ kleiner. Der Drehimpuls wird folglich um $-\Delta L = 1{,}08 \cdot 10^{24}$ J·s kleiner. Aus $W_{\mathrm{rot}} = \Theta\omega^2/2$ folgt durch Ableiten $\mathrm{d}W_{\mathrm{rot}}/\mathrm{d}\omega = \Theta\omega$ und daraus $\mathrm{d}W_{\mathrm{rot}} = \mathrm{d}\omega\,\Theta\omega = -7{,}8 \cdot 10^{19}$ J. Diese Energie verliert die Erdrotation pro Jahr als Folge der Gezeitenreibung.

○ Als Leistung ist das 2,5 TW und somit fünf Zehnerpotenzen weniger als die Sonneneinstrahlung auf die Erde. 2,5 TW entspricht rund $1/40$ des Energieumsatzes aller Lebewesen auf der Erde oder einem Viertel des technisch-wirtschaftlichen Energieumsatzes der Menschen. Bleibt es bei dieser jährlichen Energieabgabe aus der Erdrotation, so kann es einige Milliarden Jahre dauern, bis sich die Längen von Tag und Monat angenähert haben.

2.2.8 Kant und die Gezeitenreibung

Keplers drittes Gesetz koppelt über eine Konstante C die Winkelgeschwindigkeit mit dem Bahnradius: $\omega = CR^{-3/2}$. Der Drehimpuls des Mondumlaufs ist $L = mR^2\omega$. Also gilt zusammengefasst $L = CmR^{1/2}$ und abgeleitet $dL = 1/2\, CmR^{-1/2}dR$. Division dieser Gleichungen liefert $dL/L = 1/2\, dR/R$ oder $dR = 2RdL/L$. Weil der Drehimpuls des Systems Erde-Mond eine Erhaltungsgröße ist, muss die Drehimpulsänderung der Erde die des Mondumlaufs genau ausgleichen. Damit kennen wir alle Werte und erhalten für die jährliche Vergrößerung des Mondbahnradius durch Gezeitenreibung 0,028 m.

Schreiben wir schließlich das dritte Gesetz Keplers in der Form $T = CR^{3/2}$ (mit einem anderen C als oben), leiten das ab und formen um, so ergibt sich ganz analog zu oben $dT = 3/2\, TdR/R$. Mit R nimmt also auch die Umlaufzeit T des Mondes zu. Setzt man die Werte ein, ergibt sich die jährliche Änderung der Monatslänge zu 0,26 ms.

Durch die Gezeitenreibung entfernt sich der Mond demnach pro Jahr um 2,8 cm und braucht für einen Umlauf nach einem Jahr 0,26 ms länger.

Die potenzielle Energie nimmt mit dem Abstand zu, und zwar einfach um das Produkt aus den knapp 3 cm und der Anziehungskraft der Erde auf den Mond, also um $6 \cdot 10^{18}$ J – immerhin 1/13 der Energie, die die Erdrotation abgibt. Die kinetische Energie des Mondes nimmt aber natürlich ab, und zwar um die Hälfte der Änderung der potenziellen, also $3 \cdot 10^{18}$ J, sodass der Mond und das Schwerefeld zwischen Erde und Mond gemeinsam nur $3 \cdot 10^{18}$ J aufnehmen. Es bleibt also noch einiges an Reibungswärme übrig – und für Gezeitenkraftwerke.

Der gesamte Drehimpuls ist nach der Tabelle $L = 3{,}5 \cdot 10^{34}$ J · s. Für den Drehimpuls eines Objekts der Masse m auf einer Kreisbahn um eine Masse M gilt wegen des Gravitationsgesetzes $L = m(rMG)^{1/2}$. Daraus ergibt sich $r = 5{,}5 \cdot 10^8$ m, also rund das 1,4-fache des jetzigen Bahnradius. Nach dem dritten Gesetz Keplers gehört dazu die $1{,}4^{3/2}$-fache Umlaufzeit, also etwa 46 Tage als gemeinsame Dauer von Sterntag und Monat.

Die Bewegung des Mondes gehört zu dem Kompliziertesten, was die Himmelsmechanik zu bieten hat. Wir haben hier in dieser relativ umfangreichen Aufgabe einen ziemlich einfachen Aspekt behandelt. Sie hat uns die Macht des Drehimpulssatzes und die von Keplers drittem Gesetz, das aus dem Gravitationsgesetz und der Formel der Zentripetalkraft folgt, gezeigt. Die Näherungsrechnung im Umgang mit sehr großen und sehr kleinen Zahlen war effektiv. Bei diesem Beispiel kann man sich fragen, ob es einen sehr kleinen oder einen sehr gewaltigen Effekt beschreibt.

Lesen wir zum Schluss noch einmal Kant. In der erwähnten Arbeit heißt es:

Es ist wahr, wenn man die Langsamkeit dieser Bewegung mit der Schnelligkeit der Erde, die Geringschätzung der Quantität des Gewässers mit der Größe dieser Kugel, und die Leichtigkeit der ersten zu der Schwere der letzteren zusammenhält, so könnte es scheinen, dass ihre Wirkung für nichts könne gehalten werden. Wenn man aber dagegen erwägt, dass dieser Antrieb unablässig ist, von jeher gedauert hat und immer währen wird, dass die Drehung der Erde eine freie Bewegung ist, in welcher die geringste Quantität, die ihr benommen wird, ohne Ersetzung verloren bleibt, dagegen die vermindernde Ursache unaufhörlich in gleicher Stärke wirksam bleibt, so wäre es ein einem Philosophen sehr unanständiges Vorurteil, eine geringe Wirkung für nichtswürdig zu erklären, die durch eine beständige Summierung dennoch auch die größte Quantität endlich erschöpfen muss.

2.3 Kombinationen von Kreisbewegungen

Hier werden verschiedene Erscheinungen behandelt, die auf mehreren gleichzeitigen Umläufen und Rotationen beruhen. Die Umläufe werden im Wesentlichen wieder als Kreisbahnen verstanden, bei denen also die Abweichung der Ellipsenformen von Kreisen unwesentlich ist.

2.3.1 Winkelgeschwindigkeiten und Synoden

Aufgabe: Tage

Die gemittelte Periode der Tageslängen – der *mittlere Sonnentag*, auch als Zeiteinheit „Tag" verwendet – war früher zu 86 400 Sekunden festgesetzt. Die Sekunde ist jetzt mit der Caesium-Uhr – auf 14 Dezimalstellen reproduzierbar – festgelegt. Nutzbar ist das mit jeder funkgesteuerten Uhr. Die Tageslänge ist von Natur aus viel ungleichmäßiger, für uns hier aber konstant.

Die Jahreszeiten wiederholen sich alle 365,2422 mittlere Sonnentage – das ist durch Messung bekannt. Vom Himmelsnordpol gesehen, laufen alle Planeten im Gegenuhrzeigersinn um die Sonne. Vom Sonnenaufgang im Osten wissen wir, dass auch die Erdrotation diesen Drehsinn hat. Wie lange dauert die Drehung der Erde?

Lösung:

Da Erdumlauf und Erddrehung im gleichen Sinn erfolgen, wiederholen sich die Tageszeiten auch betragsmäßig mit der Differenz der Winkelgeschwindigkeiten dieser Bewegungen. Das sieht man anhand von Extremfällen ein. Bei gleichen Winkelgeschwindigkeiten würden die Tageszeiten ewig dauern. Ohne Erddrehung ginge für uns die Sonne einmal pro Erdumlauf auf und unter. Ohne Umlauf – was als Grenzfall eines sehr langsamen Umlaufs denkbar wäre – würden sich die Tageszeiten dann einmal pro Erddrehung wiederholen.

Die Differenz der Winkelgeschwindigkeiten ist $2\pi/(86\,400 \text{ s}) = 7{,}272\,205 \cdot 10^{-5}/\text{s}$. Der Erdumlauf erfolgt mit $1{,}991\,063\,8 \cdot 10^{-7}/\text{s}$, was man nachrechnen sollte. Also dreht sich die Erde mit der Summe dieser Winkelgeschwindigkeiten, mit $7{,}292\,115\,6 \cdot 10^{-5}/\text{s}$. Das führt zur Periode 86 164,1 s der Erddrehung, dem *siderischen Tag*.

Man kann auch diesen durch 86 400 teilen und das Ergebnis dann eine *Sternsekunde* nennen. Das kann sogar praktisch sein, wenn man dabei den Überblick nicht verliert. Die Astronomie ist der bei Weitem älteste Teil der exakten Physik und hat eine Fülle solch verwirrender Bequemlichkeiten aufgehäuft.

Aufgabe: Monate

Die Periode der Mondphasen – der *synodischer Monat* – ist 29,5306 Tage. Auch der Mond läuft von Norden aus gesehen im Gegenuhrzeigersinn. Wie lange dauert ein Umlauf?

Lösung:

Zum synodischen Monat gehört die Winkelgeschwindigkeit $2{,}4626 \cdot 10^{-6}/\text{s}$. Wir addieren die des Erdumlaufs und finden $2{,}661\,706 \cdot 10^{-6}/\text{s}$ und damit die Umlaufdauer 27,3216 Tage. (Warum darf man nicht subtrahieren?)

Aufgabe: Jahre

Bisher haben wir die Umlaufdauer der Erde um die Sonne mit der Periode der Jahreszeiten gleichgesetzt. Schon in der Antike war es aber HIPPARCHOS und auch anderen bekannt, dass

2.3.1 Winkelgeschwindigkeiten und Synoden

das nicht genau stimmt. Die Periode der Jahreszeiten – das *tropische Jahr* – ist etwas kürzer als die gegen den Sternhimmel gemesse Umlaufperiode, das *siderische Jahr*. Die Erdachse bewegt sich in 25 800 Jahren einmal auf einem Doppelkegelmantel um die Richtung, die auf der Erdbahnebene rechtwinklig steht. Anders gesagt: Der Himmelsnordpol wandert in dieser Zeit um den Pol der Ekliptik. Noch anders formuliert: Die Schnittpunkte von Himmelsäquator und Ekliptik – Frühlingspunkt und Herbstpunkt – wandern durch die Tierkreis-Sternbilder. Diese Wanderung heißt *Präzession*. Das Verb dazu ist „präzedieren" (praecedere lateinisch für voranschreiten). Die Physik hat das Wort auch auf die Achsenverlagerung anderer Kreisel als die Erde übertragen.

Wie lange dauert das siderische Jahr? Vergleichen Sie diese Jahreslängen mit den Jahreslängen des julianischen und des gregorianischen Kalenders.

Lösung:

Wenn das siderische Jahr länger sein soll, müssen wir die Winkelgeschwindigkeit der Präzession $7{,}72 \cdot 10^{-12}$/s von der schon berechneten Winkelgeschwindigkeit der Jahreszeiten subtrahieren. Wir finden $1{,}990\,986\,6 \cdot 10^{-7}$/s und damit das siderische Jahr zu 365,256 36 Tage.

Jeder Sonnen-Kalender ist auf das tropische Jahr ausgerichtet. Seit der Antike waren Kalender mit 365,25 Tagen im Gebrauch – jedes vierte Jahr ist ein Schaltjahr. So ist es im *julianischen Kalender*, benannt nach C. IULIUS CAESAR, der naheliegenderweise die Jahre noch nicht auf Christi Geburt bezogen hat, wie wir es heute tun – vermutlich mit sieben Jahren Fehler. Unser Anno Domini 1582 eingeführter gregorianischer Kalender hat 97 Schalttage in 400 Jahren. (In manchen nicht-katholischen Ländern wurde die Umstellung erst später vorgenommen.) Er nähert die 365,2422 Tage also durch 365,2425 Tage an. 1900 war kein Schaltjahr, das letzte Jahr des vergangenen Jahrtausends – also 2000 – war eins. Das neue Jahrtausend hat übrigens am 1. Januar 2001 um 0 Uhr der jeweiligen lokalen Zonenzeit begonnen – bei uns MEZ (Mitteleuropäische Zeit).

Tabelle 2.3.1 Tag, Monat Jahr, Definitionen und Werte

Tag Umdrehung der Erde	Monat Umlauf des Mondes	Jahr Umlauf der Erde
gegen Sternhimmel **siderischer Tag** 86 164,099 s 23 h 56 min 4,099 s	gegen Sternhimmel **siderischer Monat** 27,321 66 d 27 d 7 h 43 min 11,5 s	gegen Sternhimmel **siderisches Jahr** 365,256 366 d 356 d 6 h 9 min 9 s
gegen Frühlingspunkt **Sterntag** 86 164,091 s 23 h 56 min 4,091 s	gegen Frühlingspunkt **tropischer Monat** 27,321 58 d 27 d 7 h 43 min 4,7 s	gegen Frühlingspunkt **tropisches Jahr** 365,242 199 d 365 d 5 h 48 min 46 s
gegen Sonne **mittlerer Sonnentag** 1 d 86 400 s	gegen Erde **synodischer Monat** 29,530 59 d 29 d 12 h 44 min 2,9 s	

Der Unterschied zwischen den beiden Jahreslängen schlägt auch auf den Monat und den Tag durch. Das führt zu der sprachlich absurden und willkürlichen Unterscheidung zwischen *siderischem Tag* und *Sterntag*. (Beide haben den gleichen Wortsinn; sonst sehr ordentliche

Nachschlagewerke ignorieren oft diesen Unterschied und werfen die Bezeichnungen durcheinander.)

Anregungen: Wie rechnet man die synodischen und die siderischen Umlaufzeiten der anderen Planeten ineinander um? Synodisch bezieht sich hier auf die Erde. Die Gezeiten wiederholen sich im Wesentlichen mit der Periode der Drehung der Erde gegen den Mond. Wie berechnet man diese?

2.3.2 Datumsgrenze

Aufgabe:

Als Mr. Fogg in JULES VERNEs Roman „In 80 Tagen um die Welt" die Erde umrundet hatte, blieb ihm noch ein Tag übrig, um die Wette doch noch zu gewinnen. Erklären Sie bitte „die Sache mit der Datumsgrenze".

Lösung:

Fogg hatte auf seiner Reise die Tage so gezählt wie er eingeschlafen und aufgewacht ist. Je weiter er dabei nach Osten gereist ist, umso früher lagen am jeweiligen Ort die Tageszeiten im Vergleich zu einem festen Punkt der Erde wie London, dem Startpunkt.

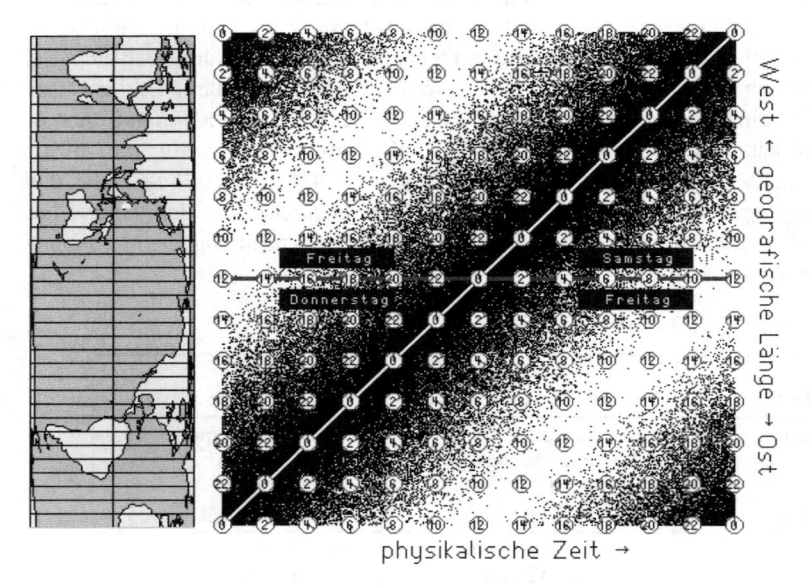

Bild 2.3.1 Zeitzonen und Datumsgrenze, idealisiert und ohne Sommerzeit

Am einfachsten wäre es, man würde auf der ganzen Erde die Londoner Zeit verwenden und hätte dann an verschiedenen Orten zu verschiedenen Uhrzeiten Mittag, aber überall die gleiche Uhrzeit. Das andere Extrem bestand darin, überall die Uhren auf 12 zu stellen, wenn am jeweiligen Ort der wahre, von der Sonnenuhr angezeigte Mittag ist. Seit man genaue Uhren hat, stellt man ihren Gang – die Winkelgeschwindigkeit der Zeiger in der Sprache der Uhrmacher – so ein, dass im Jahresmittel der Mittag um 12 Uhr ist, also auf eine *mittlere Sonnenzeit*. Seitdem man mit der Eisenbahn verreist, ist man zur *Zonenzeit* übergegangen. Länder oder Landesteile, die im Idealfall 15 Grad Längendifferenz, also 1 Stunde Abstand im wahren Mittag haben, werden zu Zeitzonen zusammengefasst. So muss man nur bei längeren Bahnreisen die Uhr verstellen, und dann jeweils um eine ganze Stunde. (Die Zonenzeit wird in Flugplänen als „local time" bezeichnet, was nur bedingt richtig ist.)

Zur gleichen Zeit haben verschiedene Orte verschiedene „Uhrzeiten" gemäß den lokalen Tageszeiten. Man sagt sogar oft, im Osten sei es zur gleichen Zeit „später" als im Westen. Wenn man nun in Gedanken ohne Zeitaufwand die Erde umrundet, müsste es 24 Stunden später oder früher sein, aber trotzdem das gleiche Datum gelten. Man muss irgendwo einen Schnitt machen und tut dies weit gehend auf einem Meridian, der durch den Pazifischen Ozean geht. Wenn in der Londoner Zeitzone Mittag ist, ist auf der Datumsgrenze Mitternacht, und man schreibt überall auf der Erde das gleiche Datum. Etwas später ist in Australien schon der nächste Tag auf dem Kalender, wie es Bild 2.3.1 zeigt.

Physikalisch steckt natürlich nichts hinter dem Ganzen. Die „Uhrzeit" hat nur wenig mit der (physikalischen) Zeit zu tun. Wenn jemand in den Ferien später aufstehen und später schlafen gehen will, kann er dazu auch seinen Wecker verstellen und behaupten, bei ihm sei es immer früher(!) als bei anderen Leuten. Der Unfug mit der Sommerzeit ist nicht intelligenter!

2.3.3 Mondphasen

Aufgabe:

Welche Gestalt hat der von der Sonne beleuchtete Teil des Mondes wirklich und auf einem Foto? Wodurch und wie stark ist der Neumond beleuchtet? Was ist „Halbmond", was das „erste Viertel"? Wie kommt es zu der Merkregel, dass der zunehmende Mond wie der obere Bogen von einem altmodisch-handschriftlichen „z", der abnehmende wie der Bauch von einem „a" aussieht? Gilt das auch in Australien? Wie ist es am Äquator?

Lösungen:

Wenn wir den Mond als kugelförmig und sehr klein gegen den Erdbahnradius annehmen, ist der von der Sonne beleuchtete Teil in guter Näherung eine Halbkugel-Oberfläche. Davon ist ein Zweieck – zwischen zwei Mondgroßkreisen – der Erde zugewandt. Dessen Bild auf einem Foto ist eine Fläche, die von einem Halbkreis und einer halben Ellipse begrenzt ist, wie es das Bild 2.3.2 schematisch zeigt.

Mit „Neumond" war ursprünglich die wieder-erscheinende Mondsichel gemeint. Heute bezeichnet man aber damit die Phase, in der der Mond am genauesten zwischen Erde und Sonne steht. Wir blicken dann auf seine Nachtseite, sehen diese aber wegen der gleichzeitig leuchtenden Sonne nicht. Etwa zwei Tage vor und nach Neumond ist die Sichel ganz unbedeutend und wir sehen die Nachtseite schwach grau während der Dämmerung. Diese Mondhälfte hat dann nahezu „Voll-Erde". Dadurch wird sie immerhin fast 100-mal so stark von der Erde beleuchtet wie wir bei Vollmond: Die Querschnittsfläche der Erde ist rund 15-mal größer als die des Mondes, der Abstand ist nahezu gleich, und die Erdoberfläche reflektiert das Sonnenlicht etwa 6-mal stärker als der Mond, der aus dunkelgrauem Gestein besteht.

Wir bleiben weiter auf der Erde und beschreiben den Mond aus dieser Perspektive. Mit „Halbmond" ist gemeint, dass der Mond wie ein Halbkreis aussieht, mit „erstem Viertel" – und auch mit den letzten – meint man das Gleiche, nur bezieht man es dann auf den Anteil vom Umlauf ab Neumond und nicht auf den Anteil des sichtbaren Zweiecks vom vollen Mond.

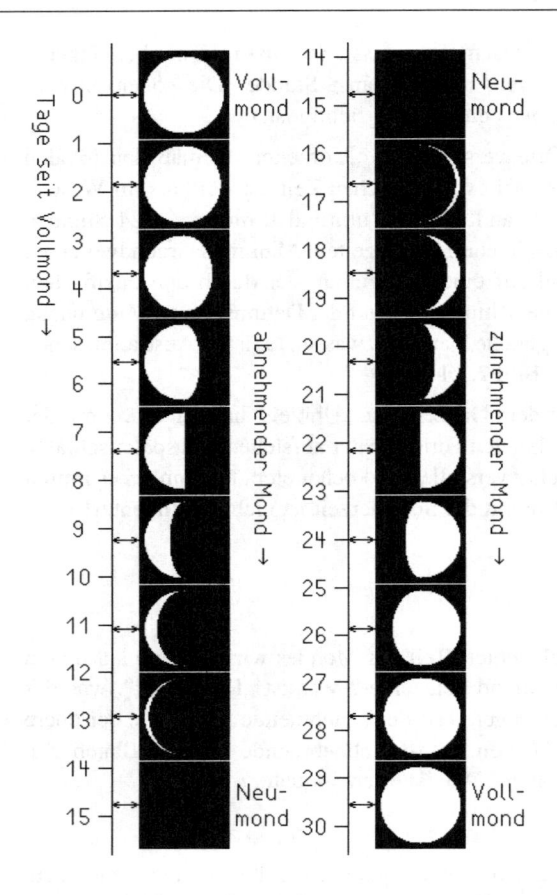

Bild 2.3.2 Mondphasen

Der Fixsternhimmel dreht sich einmal am Tag um uns – weil wir uns gegen ihn drehen. Die Sonne durchläuft in einem Jahr dabei einen Kreis durch die Sternbilder der Ekliptik. Der Mond läuft etwa 13-mal so schnell wie die Sonne auf ungefähr der gleichen Bahn am Himmel. Er überholt sie daher etwa 12-mal im Jahr. Wenn er auf dieser Bahn 1/4 Umlauf vor oder hinter ihr ist, sehen wir ihn als Halbmond.

Ist der Mond längs der Bahn durch die Tierkreissternbilder hinter der Sonne, so holt er auf und wir sehen eine abnehmende Sichel. Wenn er die Sonne von unserem Blickpunkt aus erreicht hat, steht er nahezu zwischen ihr und uns und ist als Neumond praktisch unsichtbar. Entsprechend ist der nahe der Ekliptik vor der Sonne her laufende Mond zunehmend. Er ist dann auf dem Weg von der Neumond- zur Vollmond-Stellung.

Wir stellen uns vor, vom Nordpol der Erde aus Sonne und Mond zu verfolgen. Wir ignorieren den Unterschied zwischen Ekliptik und Himmelsäquator – der ist zwar für die Jahreszeiten entscheidend, kann aber bei der Erklärung des Mond-Verhaltens unbeachtet bleiben. Ebenso lassen wir unbeachtet, ob Tag oder Nacht ist. In abnehmender Phase steht der Mond dann rechts von der Sonne, also ist seine linke Hälfte beleuchtet. Umgekehrt steht er als zunehmender Mond links von ihr und seine rechte Hälfte ist hell.

Blickt man aber vom Südpol, so zeigt unser Kopf in die entgegen gesetzte Richtung, unsere Augen blicken aber in die gleiche. Folglich sind links und rechts jetzt umgekehrt. Der

2.3.3 Mondphasen

Beobachter hat sich so gedreht wie ein Radschläger nach einer halben Umdrehung, also um eine – zum Glück nur gedachte – Achse von vorne durch den Bauch nach hinten.

Komplizerter wird es am Äquator. Sonne und Mond gehen dort immer ungefähr im Osten auf und im Westen unter. Beide laufen fast durch den Zenit – den Punkt am Himmel über dem Kopf. Der Halbmond hat vom Äquator aus gesehen die helle Seite also entweder oben oder unten. Wenn er über dem Kopf steht trifft „oben" und „unten" nicht mehr zu. Die helle Seite zeigt dann entweder nach Westen oder Osten. Aber wann tritt welche Lage genau ein?

Die Erde dreht sich nach der Seite, die wir Osten nennen, darum gehen alle Sterne für Beobachter auf dem Äquator in der östlichen Hälfte des Horizontes auf und in der westlichen Hälfte unter. Dazwischen liegen 11 Stunden und 58 Minuten. Sonne und Mond laufen in der gleichen Richtung über den Himmel, in der die Erde sich dreht. Das spiegelt sich am Himmel als Zurückbleiben gegenüber den Sternen: Der Sonnentag dauert 4 Minuten länger als die 23 Stunden und 56 Minuten der Erddrehung.

Wir bleiben am Äquator. Der abnehmende Halbmond geht gegen Mitternacht im Osten als Halbkreis nach unten auf, steht am Morgen etwa im Zenit mit der hellen Seite nach Osten, und geht mittags als nach oben zeigender Halbkreis im Westen unter. Von der Erde gesehen, läuft er der Sonne um 1/4 Umlauf voraus. Am Sternhimmel – also den Tierkreissternbildern gemessen – läuft er ihr aber um den gleichen Winkel nach, aber mit aufholender Tendenz. Deswegen sehen wir immer weniger von seiner angestrahlten Hälfte und nennen ihn abnehmend.

Für den zunehmenden Halbmond ist vieles einfach umgekehrt. Er geht als oberer Halbkreis gegen Mittag im Osten auf. Abends zeigt er im Zenit mit der hellen Seite nach Westen. Gegen Mitternacht geht er als nach unten zeigender Halbkreis im Westen unter.

Wenn der Zuschauer am Äquator beim Mond-Aufgang zum Horizont schaut und dabei aufrecht steht und sich dann in einem geeigneten Liegestuhl im Laufe der nächsten rund 12 Stunden nach hinten um eine halbe Drehung kippen lässt, sieht er den zunehmenden Mond immer als obere Kreishälfte – um den Preis, dass er selbst am Schluss auf dem Kopf steht.

Tabelle 2.3.2 Gleichzeitiger Anblick des Halbmondes von verschiedenen Standpunkten

	Nordpol	Äquator nach Osten	Äquator nach Westen	Südpol
zunehmend	◐	◠	◡	◑
abnehmend	◑	◡	◠	◐

Nun wohnen wir in Europa weder an einem Pol noch am Äquator. Wir sehen daher eine Mischung aus den hier diskutierten Orientierungen des Halbmondes. Auch haben wir ja die Neigung der Ekliptik gegen den Äquator und die der Mondbahn unbeachtet gelassen. Wenn wir nur auf den Unterschied zwischen links und rechts achten, können wir aber ganz gut an der Orientierung den zu- von dem abnehmenden Mond unterscheiden. Das geschieht in Australien in umgekehrter Zuordnung wie in Europa. Die Tabelle 2.3.2 beantwortet zusammenfassend die Frage bezüglich der Merkregel zu den Mondphasen.

➢ Oft wird die geostatisch beschriebene Bewegung von Sonne und Mond am Himmel als „scheinbare" Bewegung bezeichnet. Wir sollten dann auch die Bewegung eines Flugzeuges, das mit weniger als 1 km/s über dem Erdboden fliegt, eine scheinbare Bewegung nennen: Heliostatisch bewegt sich das Flugzeug zusammen mit der Erde meistens in eine ganz andere Richtung und ist dabei erstaunlich schnell – 30 km pro Sekunde – und zusammen mit der Sonne noch schneller. Davon ist aber noch seltener die Rede.

Die Sonne ist weit weg und der Mond nahe bei uns – der Faktor ist rund 400. Daher ist es eine gute Näherung, die Sonne als „unendlich" entfernte Lichtquelle aufzufassen. Parallaktische Effekte spielen bei den Mondphasen keine Rolle.

2.3.4 Tycho Brahes geostatisches Bild – Modell und Simulation

Wir haben die Bewegung der Planeten in einem System beschrieben, in dessen Mitte die Sonne *ruht*. Man nennt es „heliozentrisch" oder treffender „heliostatisch", denn das Ruhen ist wichtiger als die Lage des Nullpunkts. Aufgrund unserer Schulbildung halten wir dieses System auch für das einzig Vernünftige.

Dabei übersehen wir leicht, dass wir die gleichen Kepler-Gesetze auf unseren Mond in einem geostatischen – und geozentrischen – System anwenden. Auf die Jupiter-Satelliten wenden wir sie in einem jovistatisch-jovizentrischen System an, für andere Planeten entsprechend. Wir glauben außerdem ja keineswegs, dass die Sonne wirklich ruht. Vielmehr läuft sie mit uns in rund 200 Mio. Jahren einmal um die Mitte unserer Spiralgalaxie – Galaxis, Milchstraßensystem – herum. Das macht die Sonne mit rund 200 km/s, also fast 1/1000 der Lichtgeschwindigkeit.

Für uns Menschen ist die Erde zunächst einmal ein ziemlich unermesslicher Boden, auf dem wir stehen. Die Sonne ist ein heller Ball, der morgens im Osten aufsteigt und abends im Westen untergeht. Es ist gar nicht so einfach, sich handfest vorzustellen, dass wir auf einer rotierenden Kugel wie eine Mikrobe auf einem Fußball sitzen und unsere Tangentialebene – die Horizontebene – dabei so mitnehmen, dass sie über die irgendwo ruhende Sonne zweimal am Tag hinwegstreicht. Wenn Sie entsprechende Turnübungen machen, weiß Ihr Gehirn ganz genau, was sich dreht und was nicht – geostatisch. Das Gehirn beurteilt – aus vernünftigen Gründen – eine sichtbare Bewegung immer so, dass es annimmt, dass sich der kleinere Partner bewegt und der größere nicht. Ob Sie im Bahnhof den eigenen oder den benachbarten Zug für den anfahrenden halten, hängt davon ab, wie nahe Sie an dem Fenster sitzen, durch das Sie gerade schauen. Nun können wir zwar lesen und vielleicht auch berechnen, dass die Sonne im Durchmesser 100-mal größer ist als die Erde – direkt sehen können wir es nun einmal nicht.

Die Bereitwilligkeit, mit der wir das in der Schule *gegen* jede Anschauung akzeptieren, spricht nicht für eine Erziehung zu kritischem Nachfragen. Unser anerzogenes Wissen berechtigt uns keineswegs zum mitleidigen Lächeln über Leute, die ihre Schwierigkeiten mit solchen Vorstellungen ernst nehmen. Der große Physikpädagoge MARTIN WAGENSCHEIN zitiert dazu KEPLERS Ringen mit der Vorstellung, dass sich die riesige Erde „herumwalzen" solle.

Entgegen einer weit verbreiteten Legende ist die Kugelgestalt der Erde seit der Antike unbestritten. ERATOSTHENES hat ihren Umfang richtig und auf etwa 10 % genau aus Schattenmessungen in Alexandria und Syene, dem heutigen Assuan, bestimmt. COLUMBUS ist möglicherweise dafür ausgelacht worden, dass er statt dieses richtigen Wertes leichtsinnigerweise einen viel zu kleinen angesetzt hat. Die Portugiesen kannten schon die ganze afrikanische Westküste und wussten daher von der Größe der Erdkugel mehr als Columbus.

2.3.4 Tycho Brahes geostatisches Bild – Modell und Simulation

Auch das heliozentrische Weltbild – Erde kreist um Sonne – ist in der Antike aufgestellt worden – von ARISTARCHOS VON SAMOS. COPERNICUS hat es also nicht erfunden. Besonders mutig verteidigt hat er es auch nicht, sondern sein Buch *De revolutionibus* absichtlich erst kurz vor seinem Tod veröffentlicht.

GALILEI machte sich zum leidenschaftlichen Verfechter des neuen heliostatischen Weltsystems als dem einzig wahren. Er geriet damit in einen lebensgefährlichen Konflikt mit der römischen Kirche, die immerhin im Jahre 1600 GIORDANO BRUNO wegen vergleichbarer „Irrlehren" in Rom hatte lebendig verbrennen lassen. Galilei gab aber schließlich der Gewalt entgegen seiner Überzeugung nach und bekam nur Hausarrest. BERTOLT BRECHT hat in seinem Theaterstück die Kirche engstirniger dargestellt, als sie war, und Galilei als feige denunziert.

Galilei gilt mit einigem Recht als Erfinder des Relativitätsprinzips, siehe 1.1.5. Er wollte nämlich damit begründen, dass auf einer rotierenden Erde ein von einer Turmspitze fallender Stein nicht westlich vom Turm ankommt, sondern an seinem Fuß. Er hat es aber keineswegs so ernst genommen, dass er beide Weltsysteme als gleichermaßen sinnvolle oder zumindest zulässige Beschreibungen akzeptiert hätte. Nicht mehr aber hatte die Kirche (Kardinal BELLARMIN) zu Beginn des Konfliktes von ihm verlangt: Er solle seine Meinung als *eine* Hypothese bezeichnen. Galilei glaubte dagegen – wie auch noch NEWTON – an den *absoluten* Raum, in dem entweder die Sonne oder die Erde ruhen konnte. Er glaubte nicht an die Auswahl zwischen gleichberechtigten Systemen, wie es die Klassische Mechanik *nach* Newton – später als dieser, aber gegen seine Meinung – bezüglich der Inertialsysteme schließlich tut. Bellarmin akzeptierte also eine Relativität und war damit um Jahrhunderte weiter.

Stellen Sie sich – etwa auf einem Tisch – ein Planetarium mit einer ruhenden Sonne vor. Die Planeten umlaufen diese und werden von ihren Monden umlaufen. Dann denken Sie sich den Tisch mit jedem Bein auf je einen Drehteller gestellt, die ihn gerade so bewegen, dass seine Kanten stets parallel zu sich bleiben und seine Beine auf Kreisen laufen. Das lässt sich so einrichten, dass dann das Modell der Erde im Zimmer stets an seinem Ort bleibt. Relativ zu dem Zimmer läuft jetzt die Sonne um die ruhende Erde. Die anderen Planeten laufen um die wandernde Sonne auf Kreisen. Um die Erde aber laufen sie auf verschlungenen Bahnen. Genau diese verschlungenen Bahnen – mit Stillstand und zeitweiser Rückläufigkeit – sehen wir von der Erde aus bei den sonnennahen Planeten – insbesondere bei Venus und Mars.

Dieses „Weltsystem" entspricht dem geostatischen von TYCHO BRAHE. Alle Venusphasen und anderen Schatten, alle Winkelmessungen und auch die Entfernungsmessungen *innerhalb* des Systems werden davon nicht beeinflusst! Ob sich der Tisch mit dem Planetarium bewegt oder nicht kann man so nicht entscheiden. Zwischen dem heliostatischen und dem – von Brahe modernisierten – geostatischen System lässt sich also so auch nicht unterscheiden.

Bisher sieht diese Argumentation so aus, als sei das Relativitätsprinzip der Grund für eine Gleichberechtigung beider Systeme. Das stimmt aber nicht. Das korrekte Relativitätsprinzip – der Klassischen Mechanik und Speziellen Relativitätstheorie, nicht das von Galilei – gilt nur für Systeme, die sich gegeneinander mit konstanten Geschwindigkeitsvektoren, also unbeschleunigt, bewegen. Tatsächlich ist das heliostatische System fast genau ein Inertialsystem. Genauer: Jedes System, das sich nicht gegen die Fixsterne dreht und in dem der Schwerpunkt des Sonnensystems mit konstantem Geschwindigkeitsvektor läuft, ist ein Inertialsystem. Da die Bewegung der Erde relativ zur Sonne oder der Sonne relativ zur Erde aber eine Kreisbewegung ist – also beschleunigt ist – kann ein geostatisches System kein Inertialsystem sein.

Außer der Gravitation würde man in ihm zur Beschreibung der Beschleunigungen Zusatzkräfte benötigen. Insbesondere bräuchte man eine riesige Kraft zum Herumschleudern der Sonne auf dem Kreis mit dem Radius, der der Abstand zwischen Erde und gemeinsamem Erde-Sonne-Schwerpunkt ist. Die gegenseitige Anziehung reicht bei gleicher Winkelgeschwindigkeit gerade für den Abstand zwischen dem Schwerpunkt der Sonne und dem gemeinsamen Sonne-Erde-Schwerpunkt als Radius.

Dynamisch ist das heliostatische System als recht genaues Inertialsystem also bevorzugt vor dem geostatischen. Genau genommen aber nur insoweit, als man den Umlauf um die Mitte der Galaxis als geradlinig annähert. *Kinematisch* allerdings sind beide Systeme gleichberechtigt, jedenfalls solange man keine Objekte außerhalb des Sonnensystems heranzieht.

Wenn man sich seitwärts bewegt, verschieben sich auf der Netzhaut die Bilder verschieden weit entfernter Objekte gegeneinander. Der dazu gehörige Sehwinkelunterschied heißt *Parallaxe*. Schon Kepler hat versucht, die zur Erdbahn gehörende Parallaxen von Sternen zu messen – allerdings erfolglos. Erst BESSEL ist das 1838 gelungen. Seitdem dient dieses Verfahren zur Bestimmung der Entfernung relativ naher Sterne. Aber schon 1725 fand BRADLEY einen damit verwandten Effekt, der den wenig informativen Namen „Aberration" erhielt. Einige Jahre später konnte Bradley die Aberration richtig deuten. Bewegen wir uns mit der Geschwindigkeit v seitlich zu dem ankommenden Licht der Geschwindigkeit c, so müssen wir das Fernrohr um den Winkel v/c nach vorn neigen. Da die Erde mit $3 \cdot 10^4$ m/s um die Sonne läuft, ist der Winkel 10^{-4} rad, entsprechend 1 mm Ablenkung auf 10 m Länge.

2.3.4 Tycho Brahes geostatisches Bild – Modell und Simulation

Eine schöne Analogie: Der Regen kommt genau von oben. Sie halten einen Schirm genau über sich und gehen abwechselnd vor- und rückwärts. Welche Teile Ihrer Füße werden dabei jeweils nass?

Sie können sich leicht klarmachen, dass die Aberration für alle Sterne unabhängig von ihrer Entfernung gleich ist, anders als die Parallaxe, und dass sie um ein Vierteljahr gegen jene versetzt ihre Extremwerte erreicht.

Damit Sie nicht glauben, es käme bei der Aberration nicht auf die Seitwärtsbewegung des absendenden Sternes an: v ist die Differenz zwischen seiner und unserer Geschwindigkeitskomponente quer zum Lichtstrahl – einen absoluten Raum gibt es für das Licht nicht, wie die Spezielle Relativitätstheorie ausführt. Da der Stern seine Bewegung aber im Laufe unseres Jahres kaum ändert, jedenfalls nicht umkehrt, liefert seine Bewegung relativ zur Sonne oder zum Mittelpunkt der Erdbahn einen konstanten Fehler für seine Positionsmessung. Unsere Bewegung aber finden wir als Schwankung der Messung seiner Position mit unserem Jahr als Periode wieder.

Mit Aberration und Parallaxenmessung stellt man also fest, dass die Erde *relativ zur Gesamtheit der Fixsterne* im Laufe eines Jahres auf einem Kreis mit 150 Millionen km Radius läuft – mit $3 \cdot 10^4$ m/s und genau einmal umlaufender Richtung. Das passt gerade zu der heliostatischen Erdbahn. Im geostatischen Bild läuft nicht nur die Sonne auf einem Kreis mit 150 Millionen km Radius einmal im Jahr um uns herum. Jeder Fixstern läuft ebenfalls auf einer Bahn mit dem gleichen Radius in einem Jahr um einen jeweils eigenen Mittelpunkt herum.

Es liegt nun nahe, dies alles für einen erdrückenden Beweis der alleinigen Richtigkeit des heliostatischen Systems zu halten. Dann müssten wir eigentlich statt „Sonnenuntergang" von morgen ab „Aufsteigen des Horizonts über die Sonne" sagen. Dass wir dazu nicht bereit sind, macht uns vielleicht toleranter. Das geostatische System ist zwar nicht so nützlich für dynamische Beschreibungen, aber es ist immerhin unser Laborsystem, von dem aus wir messen und beobachten.

Der tiefere Sinn der kopernikanischen Wende liegt darin, dass wir dieses geostatische System nur noch als unser privates System auffassen und nicht als ein absolut gültiges.

Die kinematische Gleichwertigkeit der Systeme von Copernicus und Tycho Brahe – jeweils in der Vereinfachung mit Kreisbahnen um die Sonne – kann sehr eindrucksvoll mit einem einfachen Programm gezeigt werden, dessen Kern etwa so aussieht:

```
repeat { Zeitschritte }
for i:=1 to 4 do { 4 Objekte }
begin
  w[i]:=w[i]+wg[i];
  Punkt(xc+r[i]*cos(w[i]), yc+r[i]*sin(w[i]),Farbe[i]);
  Punkt(xt+r[i]*cos(w[i])-r[3]*cos(w[3]),
        yt+r[i]*sin(w[i])-r[3]*sin(w[3]), Farbe[i]);
end;
until false;
```

Darin sind die indizierten Variablen `r[ ]` und `w[ ]` Polarkoordinaten von Sonne, Venus, Erde ($i = 3$) und Mars. `xc`, `yc`, `xt`, `yt` sind die Bildschirmkoordinaten der Nullpunkte der beiden Teilbilder (kopernikanisch und tychonisch). `Punkt` ist ein Unterprogramm, das

Punkte oder Planetensymbole an den alten Stellen löscht und an den neuen einträgt. Die Koordinaten müssen natürlich vor der Schleife deklariert und mit Werten belegt werden, ebenso die Winkelgeschwindigkeiten wg[ ]. Verbindet man außerdem noch die Planeten und die Sonne mit Linien, so sieht man deutlich, dass die daraus entstehenden Graphen in beiden Systemen zu jeder Zeit gleich aussehen. Zugleich sieht man aus dem Programmtext, dass sich beide damit erzeugte Teilbilder 2.3.3 nur um die Subtraktion der heliozentrischen Erdkoordinaten unterscheiden.

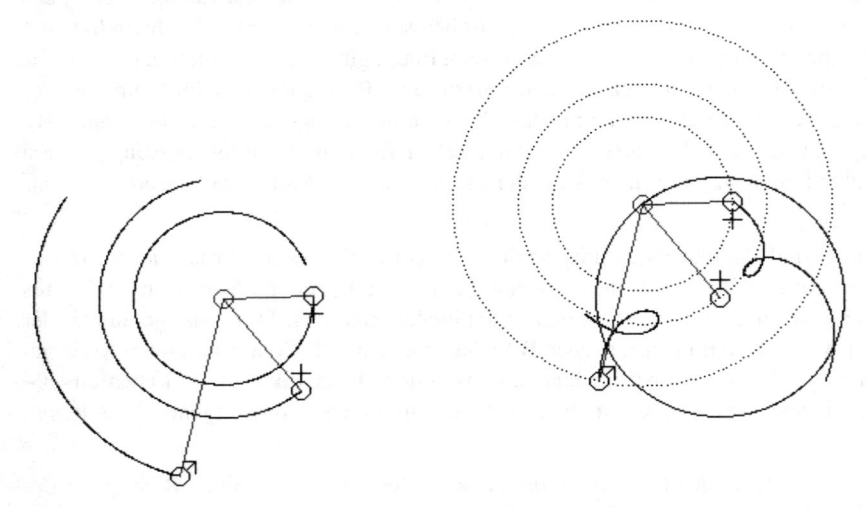

Bild 2.3.3 Simulation heliostatisch nach Aristarchos und Copernicus (links), die gleichen Bewegungen geostatisch nach Tycho Brahe (rechts).
Die mitwandernden Kreisbahnfiguren sind punktiert, der aktuelle Stand ist mit den traditionellen Symbolen eingetragen

2.3.5 Heliostatische Mondbahn

Aufgabe:

Zeigen Sie bitte durch eine einfache Abschätzung, dass der Mond überall auf seiner Bahn stärker von der Sonne als von der Erde angezogen wird. Welche Konsequenz hat das für die Gestalt der heliostatischen Mondbahn?

Lösung:

Mit vereinfachten Zahlen kann man das im Kopf abschätzen. Die Sonne ist etwa 300 000-mal so schwer wie die Erde, aber nur 400-mal so weit wie die Erde vom Mond entfernt. Da die Entfernung im Gravitationsgesetz quadratisch im Nenner steht, ist die Schwerkraft der Sonne auf den Mond $300\,000/400^2 \approx 2$-mal so stark wie die der Erde. Der Mond wird also *stets* stärker zur Sonne als zur Erde beschleunigt. Bei Vollmond steht die Erde zwischen Mond und Sonne – wir blicken auf seine beleuchtete Hälfte – und beide Anziehungen auf den Mond verstärken sich in gleicher Richtung. Die Bahn des Mondes ist dann sehr stark – also eng – gekrümmt. Bei Neumond steht der Mond zwischen Erde und Sonne – seine beleuchtete Hälfte ist für uns kaum sichtbar – und die Vektorsumme hat den Betrag der algebraischen Differenz. Die Bahnkrümmung ist minimal, der Krümmungsradius also maximal. Aber auch

2.3.5 Heliostatische Mondbahn

jetzt steht die Sonne auf der Kurveninnenseite! Die heliozentrische Mondbahn ist deshalb abwechselnd schwächer und stärker nach innen gekrümmt, auch an den Stellen, wo die Erde weiter außen läuft – zu Neumond.

Bild 2.3.4 zeigt einen Ausschnitt der heliostatischen Mondbahn. Wie Sie leicht erkennen können, befindet sich der Mond links und rechts in Vollmondstellung, in der Mitte in Neumondstellung.

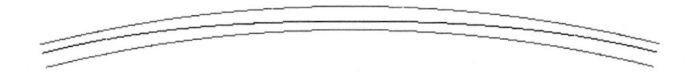

Bild 2.3.4 Ausschnitt der heliozentrischen Mondbahn zwischen zwei konzentrischen Kreisen

Darstellungen der Überlagerung der Felder von Sonne und Erde – in diesen bewegt sich der Mond – zeigt Bild 2.3.5.

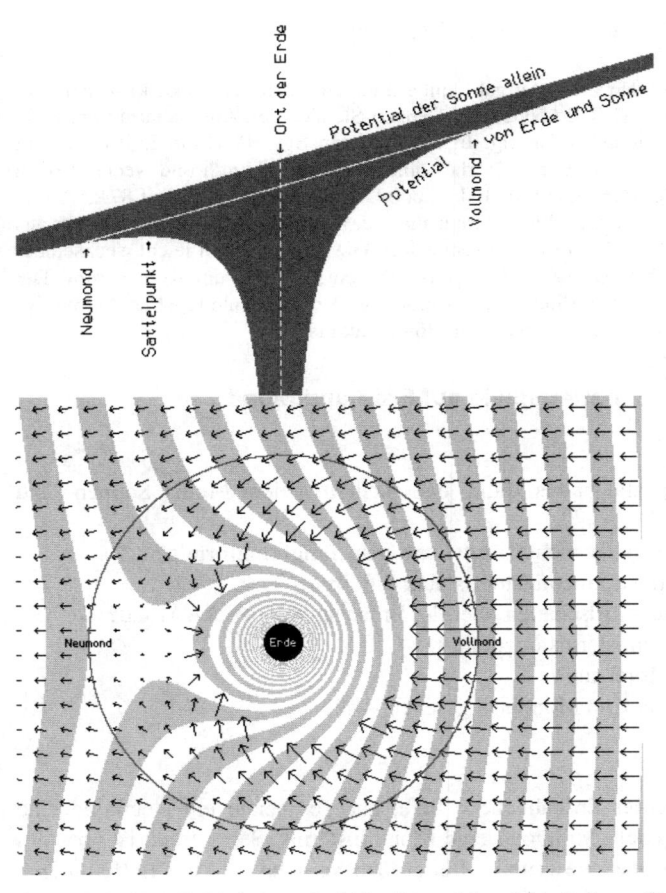

Bild 2.3.5 Mondbahn (geostatisch) im Potenzialtopf der Erde am Hang des Potenzials der Sonne. Oben: Schnitt senkrecht zur Ekliptik längs Linie Sonne–Erde. Unten: Potenzialstufen als helle und dunkle Streifen sowie auf den Mond wirkende Beschleunigungspfeile

○ Bild 2.3.6 zeigt links, wie die Mondbahn beim Verhältnis der Bahnradien 4 : 1 für Sonne zu Mond aussähe. In der Mitte ist das Verhältnis 40 : 1 und rechts entspricht es bei 400 : 1 der Realität. Das Verhältnis der Umlaufzeiten ist in den drei Fällen konstant gelassen worden. Bei genauem Hinsehen ist im letzten Fall der Wechsel von starker und schwacher Krümmung höchstens als Andeutung von Ecken zu erkennen.

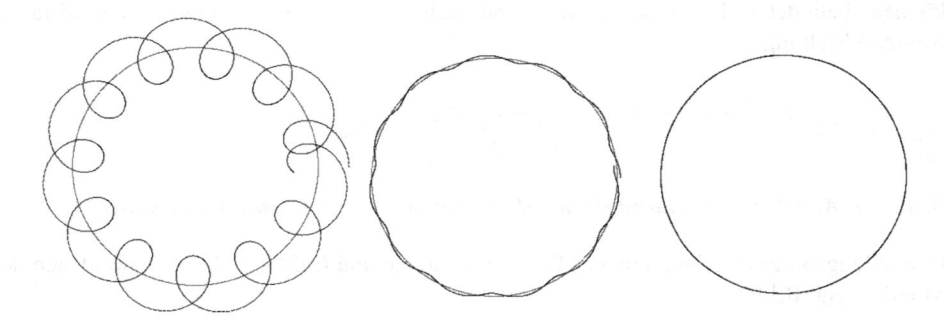

Bild 2.3.6 Hypothetische Mondbahnen heliostatisch betrachtet

Den Wechsel der Sichtweise, den diese Aufgabe unter anderem auch bezweckt, kann man auf ein nicht ganz ernst gemeintes Modell übertragen. Denken Sie sich den Autobahnring um Köln kreisförmig und in jeder Richtung dreispurig. In der mittleren Spur fährt ein Lastwagen mit 90 km/h. Ein Kleinwagen – die rote Ente – überholt ihn rechts mit 93 km/h und wechselt dann wenige Meter vor ihm von der rechten auf die linke Spur. Dann verlangsamt sie auf 87 km/h und lässt den Lastwagen vor, bis sie einige Meter hinter ihm ist. Nun wechselt sie ganz nach rechts und überholt wieder. Dieses Spiel setzt sich pausenlos fort. Die Ente fährt mit leicht wechselnder Geschwindigkeit – 87 km/h bis 93 km/h – fast genau auf einem Kreis um Köln herum. Der Lastwagenfahrer jedoch gewinnt den Eindruck, er werde von der roten Ente regelrecht umkreist. Genau auf diese Art werden wir Erdbewohner vom Mond umkreist!

2.3.6 Finsternisse – Schattenspiele auf Erde und Mond

Aufgabe:

a) Warum gibt es nur knapp alle halben Jahre und nicht in jedem Monat Sonnen- und Mondfinsternisse?
b) Warum sind Sonnenfinsternisse manchmal total und manchmal ringförmig?
c) In welcher Richtung läuft die Sonnenfinsternis über die Erde?
d) Wandert der Mond durch den Erdschatten oder der Erdschatten über den Mond?
e) Wie lange dauert eine Mondfinsternis ungefähr?
f) Wie sieht der verfinsterte Mond aus?
g) Wie sieht die Mondfinsternis vom Mond aus gesehen aus?

Lösungen:

a) Wenn der Mond genau in der Erdbahnebene liefe, gäbe es bei jedem Neumond eine Sonnenfinsternis und bei jedem Vollmond eine Mondfinsternis. Seine Bahn ist aber um gut 5 Grad gegen die Erdbahnebene geneigt. Bei großen Verhältnissen aus Entfernungen zu Durchmessern könnten die Finsternisse extrem selten sein. Tatsächlich gibt es nach jeweils knapp einem halben Jahr jeweils mehrere Finsternisse, wenn auch nicht unbedingt totale.

b) Zufällig sind die Sehwinkel von Sonne und Mond für uns ungefähr gleich. Die Kernschattenspitze des Mondes – durch Sonnenlicht begrenzt – reicht daher ungefähr bis zur Erde. Wenn die Erdbahn und die geostatische Mondbahn genau kreisförmig wären, würde dieser Punkt immer wieder in gleicher Weise die Erde streifen. Wegen der leicht von Kreisen abweichenden Ellipsengestalten beider Bahnen, siehe 2.4, läuft die Schattenspitze jedoch manchmal durch die Erde – es gibt dort an der Oberfläche eine totale Sonnenfinsternis – und manchmal zieht die Spitze über der Erdoberfläche vorbei. Nur der andere Teil des Doppelkegels, zu dem man die kegelmantelförmige Grenze des Kernschattens ergänzen kann, streift dann die Erde. Wo dies geschieht, sieht man die Sonne eine kurze Zeit lang ringförmig. Die Bezeichnung „ringförmige Finsternis" beschreibt das ebenso unmissverständlich wie zweifelhaft – nicht die Finsternis ist ringförmig, sondern das Erscheinungsbild der Sonne.

c) Die Spitze des Kernschattens des Mondes läuft etwa so schnell wie der Mond selbst – mit 1 km/s relativ zur Erde. Als Neumond läuft er so, dass der Schatten auf der Erde von Westen nach Osten wandert. Die tägliche Erdrotation beträgt selbst auf dem Äquator nur etwas weniger als 0,5 km/s Wanderung von Westen nach Osten. Der Kernschatten läuft also bei der totalen Sonnenfinsternis mit etwa 0,5 km/s am Äquator oder mit fast 1 km/s nahe den Polen über die rotierende Erde – stets von Westen nach Osten.

d) Was sich wohin bewegt ist natürlich eine Frage des Bezugssystems. Es ist aber schon sinnvoll, den Fixsternhimmel als „Hintergrund" zu nehmen und die Erde als Ort des Beobachters. Der Erdschatten wandert dann am Himmel, weil die Sonne in unserem Rücken einmal im Jahr herumläuft. Mit der rund 12-fachen Winkelgeschwindigkeit läuft der Mond um uns. Fast mit dieser Geschwindigkeit wandert der Mond daher durch den an sich unsichtbaren Erdschatten.

e) Der Mond läuft etwa 12 Grad pro Tag „über" den Himmel. Da zum Monddurchmesser für uns auf der Erde etwa 0,5 Grad Sehwinkel gehört, verschiebt er sich in einer Stunde also um seinen eigenen Durchmesser. Der Erdschatten wandert nur mit etwa 1/12 dieser Winkelgeschwindigkeit, was man für diese Abschätzung vernachlässigen kann. Aber wie groß ist der Erdschatten? Da die Erde etwa den 4-fachen Durchmesser des Mondes hat und dessen Kernschattenkegel bekanntlich ungefähr so lang wie der Mondbahnradius ist, ist der zu ihm ähnliche Kernschattenkegel der Erde 4-mal so lang. In der Entfernung des Mondes hat er dann 3/4 des Durchmessers der Erde. Das sind rund 3 Monddurchmesser. Wenn der Mond mitten durch den Erdschatten läuft, ist er also rund 2 Stunden ganz in ihm.

f) Während dieser Totalitätsphase ist der Mond keineswegs unsichtbar. Er wäre es aber, wenn die Erde keine Lufthülle hätte. Diese bricht Sonnenlicht in den Kernschatten hinein, und zwar vor allem langwelliges, also rotes, denn auf langen Wegen durch die Luft (Sonne nahe dem Horizont) wird kurzwelliges, blaues Licht großenteils zur Seite gestreut. Der verfinsterte Mond sieht darum dunkelrot aus.

g) Vom Mond aus erscheint die „irdische" Mondfinsternis als Verfinsterung der Sonne. Die Erde, zu deren Durchmesser vom Mond aus gesehen ein rund 4-mal so großer Sehwinkel wie zur Sonne gehört, schiebt sich vor die Sonne und verdeckt sie rund 2 Stunden lang. Es ist „Neuerde" und man sieht die Atmosphäre als rötlichen Saum – wie auch sonst beim Blick auf die Nachtseite der Erde. Das müsste wirklich sehr eindrucksvoll zu beobachten sein!

2.3.7 Gezeiten

Aufgabe:

Wie stark unterscheidet sich die Schwerebeschleunigung des Mondes an den beiden Punkten der Erdoberfläche, die am nächsten und am fernsten zum Mond sind? Wie ist die entsprechende Wirkung der Sonne in Vergleich zum Mond? Der Erdradius kann als klein gegen die beiden Bahnradien angesehen werden.

Lösung:

Fangen wir mit der allgemeinen Lösung an. Ein Objekt der Masse M beschleunigt zwei Punkte, die von ihm die Abstände $R + r$ und $R - r$ haben. Dabei ist r im konkreten Fall der Erdradius, M und R sind die Masse und der Abstand der Erde von der Masse. Wir suchen also $MG/(R - r)^2 - MG/(R + r)^2$ und erhalten in der Näherung, in der r klein gegen R ist, $4MGr/R^3$.

Die Sonne ist von uns etwa 400-mal so weit entfernt wie der Mond. Die dritte Potenz davon ist 64 Millionen, die Sonne ist aber nur etwa 25 Millionen mal so schwer wie der Mond. Also sind die Beschleunigungsunterschiede vom Mond auf der Erde etwa doppelt so groß wie die der Sonne. Die mittleren Beschleunigungen, also die für den Erdmittelpunkt berechneten, bewirken die einander überlagerten Kreisbahnen der Erde um die Sonne und um den gemeinsamen Schwerpunkt von Erde und Mond. Die genannten Differenzen ziehen aber die Erde – insbesondere ihre Wasserhülle – in die Länge. Ein Flutberg ist dem Mond zugewandt, einer ihm abgewandt, ein schwächerer der Sonne zugewandt und ein weiterer ihr abgewandt. Bei Neumond und Vollmond liegen alle vier Flutberge in der Geraden, in der Erde, Mond und Sonne ungefähr liegen. Es gibt dann *Springflut*.

Die Erde dreht sich in 24 Stunden unter den von der Sonne verursachten und mit der etwas größeren Periode von knapp 25 Stunden unter den vom Mond verursachten je zwei Flutbergen.

Auf dem freien Ozean ist der Effekt nicht sehr auffällig. Er führt aber zu Strömungen, die sich besonders in einigen Flussmündungen zu mehreren Metern Höhendifferenz aufsteilen. Anregung: Wie lange dauert es von einer Springflut bis zur nächsten?

2.4 Kegelschnitt-Bahnen im Schwerefeld

2.4.1 Keplers zweites Gesetz und der Drehimpuls

KEPLER hat das Gesetz 1609 in der *Astronomia Nova* sinngemäß so formuliert: Die Verbindungslinien von einem Planeten zur Sonne überstreichen in gleichen Zeiten gleich große Flächen. Dabei ist das Massenverhältnis als so groß vorausgesetzt, dass zwischen der Sonne und dem gemeinsamen Schwerpunkt nicht unterschieden werden muss. Da die Masse des Planeten konstant ist, ist der Flächeninhalt eines schmalen Dreiecks, das zu einem Wegstück auf der Bahn gehört, proportional zum Drehimpuls des Planeten, siehe Bild 2.4.1.

In der Mechanik haben wir gesehen, dass der Drehimpuls als Vektor genommen eine Erhaltungsgröße ist. In einem isolierten System bleibt er also konstant. Betrachtet man speziell zwei Punktmassen in ihrem gemeinsamen Schwerpunktsystem, die sich unter dem Einfluss ihrer gegenseitigen Schwerkraft bewegen, so behält *jede einzelne* von ihnen ihren Drehimpuls bezogen auf diesen Schwerpunkt bei, denn die Kräfte zeigen jeweils genau zu diesem hin. Diese Aussage geht also über die bloße Erhaltung des Gesamtdrehimpulses hinaus.

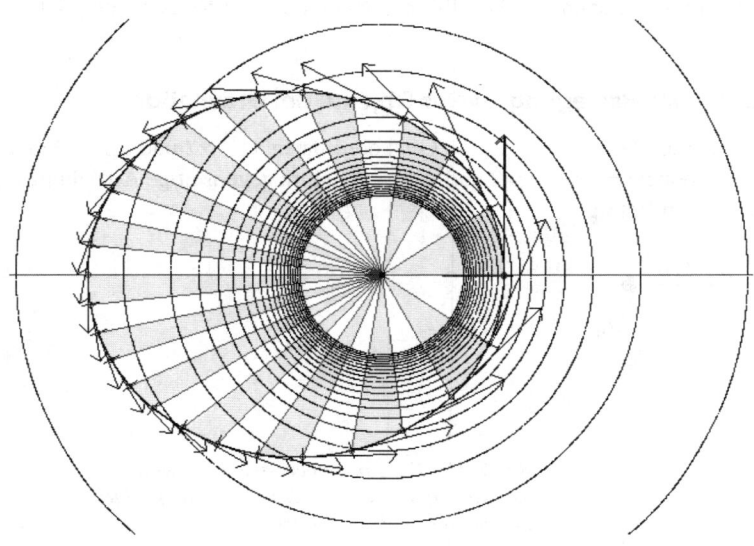

Bild 2.4.1 Illustration des Flächensatzes, die Ellipsenform und Potenzialniveaus sind eingezeichnet

2.4.2 Allgemeines über die Bahn

Haben zwei Punktmassen irgendwelche Geschwindigkeiten und beschleunigen sie sich gegenseitig durch reine Zentralkräfte – Anziehungskräfte oder Abstoßungskräfte –, so bewegen sich sich in ihrem gemeinsamen Schwerpunktsystem in einer festen Ebene. Anderenfalls würde sich ja die Richtung des zum Drehimpuls gehörenden Vektors ändern. Ist die Kraft nur von der Entfernung abhängig – aber weder von der Vorgeschichte noch der Geschwindigkeit oder Sonstigem –, so kommt es zu einer Besonderheit, wenn die Kraft irgendwann rechtwinklig zum Abstand steht: Der Abstand hat in diesem Bahnpunkt ein Extremum. Der spätere Teil der Bahn ist das Spiegelbild der bisherigen Bahn bezüglich dieser Abstandslinie. Außerdem sind die Bahnen der beiden Objekte stets symmetrisch zueinander. Bezüglich des gemeinsamen Schwerpunktes ist das eine Drehstreckung um 180 Grad mit dem umgekehrten Massenverhältnis.

Für die spezielle Entfernungsabhängigkeit der Kraft, die das Gravitationsgesetz für Punktmassen hat, ergeben sich – wie wir in 4.2.8 sehen werden – für die Bahnkurven von zwei Objekten im gemeinsamen Schwerpunktsystem nur drei mögliche Kurvenformen. Diese fasst man als Kegelschnitte zusammen, weil sie beim Schneiden eines Kegelmantels mit einer Ebene auftreten. Es sind die Ellipse mit dem Kreis als Spezialfall, ein Ast der Hyperbel und als Grenzfall zwischen beiden die Parabel, die in der Analysis der quadratischen Abhängigkeit zugeordnet ist. Das trifft auch in der Elektrostatik und Atomphysik – sofern man diese klassisch behandelt – für das Coulomb-Gesetz bei Punktladungen zu.

Sind die Objekte unendlich weit voneinander entfernt, so ist die potenzielle Energie – also die des Schwerefeldes der beiden – so groß wie sie nur sein kann. Wir haben sie W_∞ genannt, leider wird sie aber üblicherweise als Nullpunkt der Energie benutzt. Wenn bei endlichem Abstand auch Bewegungsenergie vorhanden ist, kann die konstante Summe aus

Bewegungsenergie und potenzieller Energie größer, kleiner oder gleich W_∞ sein. Ist sie kleiner, so ist der Abstand der Objekte beschränkt, das System also „gebunden". Von den drei genannten Kurvenformen kommt dann nur die Ellipse infrage, mit dem Kreis als möglichen Spezialfall.

2.4.3 Simulation der Bewegung zweier Objekte bei Gravitation

Zwei Punktmassen haben die Massen m1, m2, die Ortskoordinaten x1, x2 und y1, y2 und die Geschwindigkeitskomponenten vx1, vx2 und vy1, vy2. Ihre gegenseitige Anziehungskraft hat beim Abstand r den Betrag f.

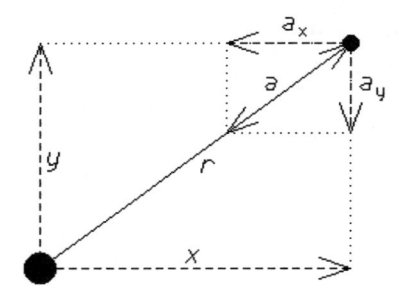

Bild 2.4.2 Die Komponenten der Schwerebeschleunigung und die des Ortsvektors bilden zueinander ähnliche Dreiecke

Aus den zueinander ähnlichen Dreiecken in Bild 2.4.2 folgt die Aufspaltung dieser Kraft und damit der Beschleunigungen in die Komponenten ax1 ... Wegen des Impulssatzes sind die Kräfte auf die beiden Objekte in jedem Augenblick spiegelbildlich zueinander – hier durch das Minuszeichen bewerkstelligt!

Das Programm setzt nicht die Verwendung des Schwerpunktsystems voraus. Es zeichnet sechs verschiedene Bilder gleichzeitig oder – mit Steueranweisungen, die hier nicht wiedergegeben sind – wahlweise den Ortsraum (x, y), den Geschwindigkeitsraum (vx, vy) und den Potenzialtopf (r, Energie), jeweils in einem beliebigen Inertialsystem, dem „Laborsystem", und im gemeinsamen Schwerpunktsystem beider Punktmassen.

sqrt ist die Quadratwurzelfunktion, sqr das Quadrat, repeat ... until klammert die Wiederholungsschleife, die den Zeitablauf aus lauter kleinen Schrittchen dt der Dauer abbildet.

Am Anfang sind die Konstanten (GravKonst, m1, m2, W0) und Startwerte der Koordinaten und Geschwindigkeitskomponenten (x1, vx1...) festzulegen. In einer Luxusausführung des Programms kann das durch Mausklicken auf Skalen und in den Diagrammen geschehen.

Von grafischen Zutaten und Eingabe-Möglichkeiten sehen wir hier aber ab. Der Kern des Programms – in TurboPascal, mit Unterprogrammen die selbstredende Namen haben – ist dann folgender:

```
Repeat
{Rechnung:}
dx:=x2-x1; dy:=y2-y1;
r:=sqrt(dx*dx+dy*dy);
f:=GravKonst*m1*m2/r/r;
ax1:= f/m1*dx/r; ay1:= f/m1*dy/r;
ax2:=-f/m2*dx/r; ay2:=-f/m2*dy/r;
```

2.4.3 Simulation der Bewegung zweier Objekte bei Gravitation

```
vx1:=vx1+ax1*dt; vy1:=vy1+ay1*dt; vx2:=vx2+ay2*dt; vy2:=vy2+ay2*dt;
x1:=x1+vy1*dt; y1:=y1+vy1*dt; x2:=x2+vx2*dt; y2:=y2+vy2*dt;

{Darstellung im Laborsystem:}
EnergieLab:=W0+m1*(vx1*vx1+vy1*vy1)/2
        +m2*(vx2*vx2+vy2*vy2)/2-GravKonst*m1*m2/r;
Zeichne(x1,y1); Zeichne(x2,y2);
Zeichne(vx1,vy1); Zeichne(vx2,vy2);
Zeichne(r,EnergieLab);

{Darstellung im Schwerpunktsystem:}
xs:=(m1*x1+m2*x2)/(m1+m2);
ys:=(m1*y1+m2*y2)/(m1+m2);
vxs:=(m1*vx1+m2*vx1)/(m1+m2);
vys:=(m1*vy1+m2*vy2)/(m1+m2);
EnergieSPS:=W0+m1*(sqr(vx1-vxs)+sqr(vy1-vys))
        +m2*(sqr(vx2-vxs)+sqr(vy2-vys))-GravKonst*m1*m2/r;
Zeichne(x1-xs,y1-ys); Zeichne(x2-xs,y2-ys);
Zeichne(vx1-vxs,vy1-vys); Zeichne(vx2-vxs,vy2-vys);
Zeichne(r,EnergieSPS);
TastenAbfrage;
until Taste='q';
```

Probiert man dieses Programm aus, kommt man auf einige Vermutungen, die sich in der Realität und theoretisch bestätigen lassen, siehe Tabelle 2.4.1. Die Bahnkurven im SPS-Ortsraum (SPS für Schwerpunktsystem der beiden Punktmassen) sind Ellipsen, wenn die Energie kleiner als W_∞ – im Programmtext W0 genannt – ist. Sonst sind sie Teile eines Hyperbelastes oder im Grenzfall ein Stück einer Parabel. Jedes Mal ist der gemeinsame Schwerpunkt dabei ein Brennpunkt der Kegelschnittkurve. Im Laborsystem sind die Bahnkurven dagegen ziemlich verwickelt. Das wird oft verschwiegen!

Im Geschwindigkeitsraum finden wir dagegen stets Kreise oder Kreisbögen. Das gilt sogar im Laborsystem. Dort ist lediglich der Nullpunkt, der die Geschwindigkeit des als ruhend angesehenen Zustands anzeigt, versetzt.

Tabelle 2.4.1 Auswirkung der Gesamtenergie bei Kegelschnitt-Bahnen im Schwerpunktsystem

Gesamtenergie	kleiner als W_0	gleich W_0	größer als W_0
Lauf	periodisch, endlich	unendlich	unendlich
Bahn im Ortsraum	Ellipse	Parabel	Hyperbel
Kurve im Geschwindigkeitsraum	Kreis mit Nullpunkt darin	Kreis, der für $t = \infty$ Nullpunkt schneidet	Kreis außerhalb vom Nullpunkt

Das Programm kann nicht nur Doppelsterne, Sonne mit Planet und Planet mit Mond simulieren, sondern ebenso gut auch bei passendem Abbildungsmaßstab den schiefen reibungsfreien Wurf einer Kugel oder Rakete auf einem Planeten. Auch solche Bahnen sind Stücke von Kegelschnitten, die allerdings im Erdinneren nur theoretisch Fortsetzung finden.

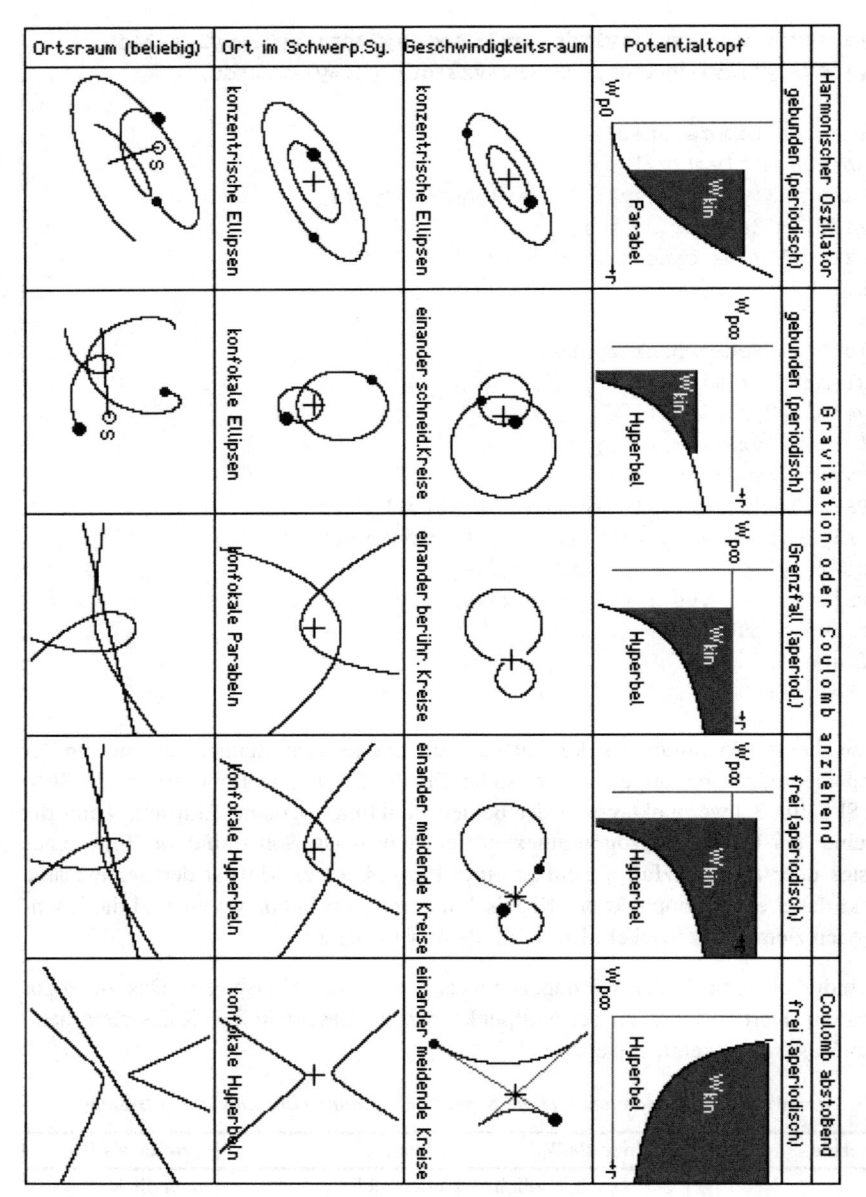

Ortsraum (beliebig)	Ort im Schwerp.Sy.	Geschwindigkeitsraum	Potentialtopf		
	konzentrische Ellipsen	konzentrische Ellipsen	Parabel	Harmonischer Oszillator	gebunden (periodisch)
	konfokale Ellipsen	einander schneid.Kreise	Hyperbel		gebunden (periodisch)
	konfokale Parabeln	einander berühr. Kreise	Hyperbel	Gravitation oder Coulomb anziehend	Grenzfall (aperiod.)
	konfokale Hyperbeln	einander meidende Kreise	Hyperbel		frei (aperiodisch)
	konfokale Hyperbeln	einander meidende Kreise	Hyperbel		Coulomb abstoßend frei (aperiodisch)

Bild 2.4.3 Ergebnisse der Simulation,
Vergleich zu harmonischem Oszillator und elektrostatischer Abstoßung

Bild 2.4.3 zeigt die verschiedenen Fälle und Darstellungen und zum Vergleich auch die Abstoßung. Die kommt zwar nicht bei der Schwerkraft, aber in der Elektrostatik bei Ladungen gleichen Vorzeichens – etwa im Rutherford-Versuch – vor. Außerdem ist ebenfalls zum Vergleich der harmonische Oszillator in zwei Dimensionen, also ein System mit einer abstands-proportionalen Zentralkraft angegeben. Auch dabei treten Ellipsen auf, jedoch liegt dann der Mittelpunkt – und nicht einer der Brennpunkte – im gemeinsamen Schwerpunkt.

2.4.4 Die Kepler-Ellipse und Bahnexzentrizitäten

Besonders wichtig und interessant sind für uns astronomische Objekte, die regelmäßig wieder in unsere Nähe kommen. Das sind dann Objekte, die auf gebundenen Bahnen laufen. Solche Bahnen sind meistens mehr oder weniger genau Ellipsen – wegen der Störungen durch „Dritte" jedoch nicht ganz genaue.

Über generelle Eigenschaften von Ellipsen haben wir schon einiges am Anfang dieses Kapitels erfahren. Es gehört zu den geometrischen Eigenschaften der Ellipse, dass bei kleinen Abweichungen vom Kreis der Abstand der Brennpunkte voneinander und vom Mittelpunkt wesentlich deutlicher zu sehen ist als der Längenunterschied der Halbachsen. Schwach exzentrische Ellipsenbahnen sehen also fast noch wie Kreise aus, die aber schon deutlich aus ihrem Mittelpunkt gerückt sind. Das folgt unmittelbar aus dem bekannten Zusammenhang $a^2 = b^2 + e^2$, mit a als großer, b als kleiner Halbachse und e als halbem Brennpunktabstand. Bild 2.4.5 vergleicht die Ellipse der Marsbahn mit $e/a = 0{,}093$ mit einem Kreis.

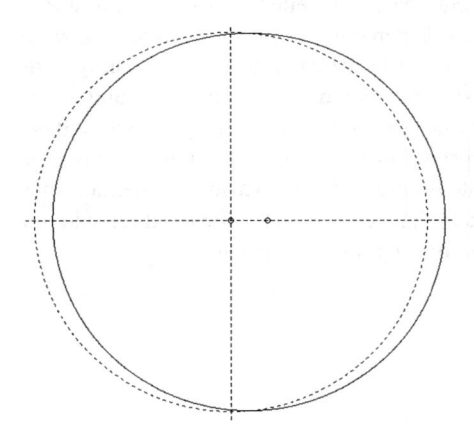

Bild 2.4.4 Die Marsbahn ist fast so rund wie ein Kreis, aber deutlich exzentrisch

Die Erdbahn hat eine Exzentrizität von $e/a = 0{,}017$. Minimale und maximale Entfernung unterscheiden sich also um reichlich 3 %, die entfernungsbedingte Sonneneinstrahlung steigt daher um rund 7 % vom Aphel zum Perihel. Entgegen mancher landläufigen Vermutung spielt das für den Temperaturverlauf während des Jahres keine bedeutende Rolle – das Perihel fällt übrigens in den Winter der Nordhalbkugel.

2.4.4.1 Perigäumsdrehungen

Für die Planeten bleiben die Richtungen der Bahnachsen am Himmel – verglichen mit den Richtungen zu den Sternen und Galaxien – fast genau gleich. Eine für Planeten nur ganz langsame Drehung wird als *Periheldrehung* oder als Drehung der Apsidenlinie bezeichnet. Diese ist für Merkur besonders stark, nämlich eine volle Umdrehung der Ellipsengestalt pro rund einer Million Umläufe – etwa 200 000 Jahre. Sie ist zum größten Teil mit Newtons Gravitationsgesetz erklärbar. Ein kleiner verbleibender „Rest" wird erst durch die Allgemeine Relativitätstheorie erklärt. Er spielte für die Akzeptanz dieser Theorie eine große Rolle.

Die Achsen der Mondbahn laufen dagegen bereits in nur 8,85 Jahren einmal herum. Statt einer Ellipse ist das eher eine Rosettenbahn. Das hat auch zur Folge, dass die Zuordnung der totalen und der ringförmigen Sonnenfinsternisse zu den Jahreszeiten nicht fest ist. Dass der

Mond nur um die Erde läuft, ist eine grobe Näherung, siehe 2.3.5. Folglich kann man nicht erwarten, dass er auf einer Kepler-Ellipse läuft. Der Einfluss der Sonne bewirkt hauptsächlich die große Winkelgeschwindigkeit der Perigäumsdrehung.

2.4.4.2 Punctum aequans

Aufgabe:

Zeigen Sie bitte, dass von dem „anderen" Brennpunkt der Kepler-Ellipse aus gesehen die Winkelgeschwindigkeit in den beiden Apsiden gleich ist.

Lösung:

Nach dem Flächensatz verhalten sich die Winkelgeschwindigkeiten von der Sonne aus – genauer: dem gemeinsamen Schwerpunkt – in den Apsiden umgekehrt wie die Abstände $a-e$ im Perihel und $a+e$ im Aphel. In den Apsiden ist die Geschwindigkeit rechtwinklig zum Abstand. Vom anderen Brennpunkt aus sind die Abstände gerade umgekehrt $a+e$ und $a-e$. Damit sind die Verhältnisse aus Geschwindigkeit und Abstand – die Winkelgeschwindigkeiten – gleich. In den Apsiden gilt das für alle Ellipsen. Für Ellipsen mit kleiner Exzentrizität e/a trifft das aber in guter Näherung für die gesamte Bahn zu. Will man also ein kinematisches Planetenbahnmodell laufen lassen, so kann man den Planeten auf einer Ellipse führen und mit einem gleichmäßig laufenden Zeiger vom zweiten Brennpunkt herumschieben.

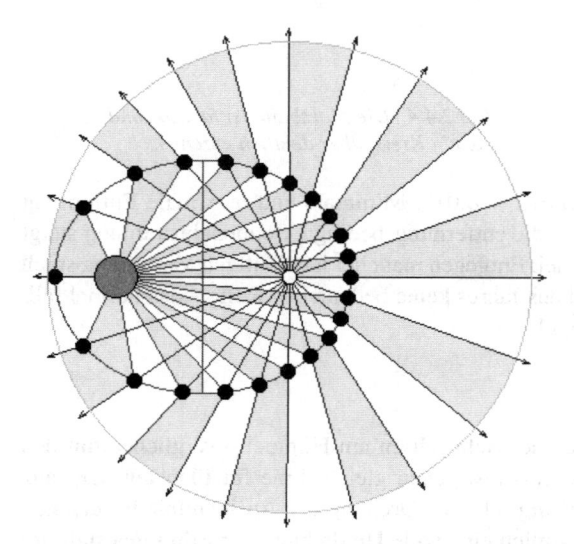

Bild 2.4.5 Von der Sonne gesehen, läuft ein Planet auf exzentrischer Bahn mit ungleichmäßiger Winkelgeschwindigkeit. Vom anderen Brennpunkt aus gesehen, dem Punctum aequans, läuft er aber fast gleichmäßig.

Bild 2.4.5 zeigt einen Planeten in gleichen Zeitabständen. Im linken Brennpunkt ist die Sonne, rechts das Punctum aequans. Selbst für diese ziemlich stark exzentrische Ellipse ist die Näherung erstaunlich gut.

2.4.4.3 Jährlicher Anteil der Zeitgleichung

Für einen Teil der Anzeigeabweichung der Sonnenuhr von der gleichförmig laufenden physikalischen Zeit – der „Zeitgleichung" – ist die Exzentrizität der Erdbahn verantwortlich. Es ist der Teil der Differenz, der mit ganzjähriger Periode schwankt. Die Erde dreht sich sehr gleichmäßig in 86 164 s um ihre Achse und wandert dabei *im Mittel* um 1/365,25 des vollen Winkels um die Sonne, aber nicht an jedem einzelnen Tag mit genau diesem Betrag. Im Bahnstück des Perihels läuft sie überdurchschnittlich schnell, am Aphel entsprechend langsamer. Wenn man die Anzeige der Richtung zur Sonne, die die Sonnenuhr liefert, als Zeitmessung deutet, hat man damit einen Messfehler, der aber in Tabellen oder durch grafische Ablesehilfen ausgeglichen werden kann. Trotz der geringen Exzentrizität summieren sich die kleinen Änderungen der Winkelgeschwindigkeit bis zu über sieben Minuten auf. Der andere und etwas größere Anteil der „Zeitgleichung" hat eine halbjährige Periode. Dieser beruht auf der Schrägstellung der Erdachse gegen die Erdbahnachse und ist phasenverschoben.

2.4.4.4 Längen-Libration des Mondes

Die geostatisch betrachtete Mondbahn ist mit $e/a = 0{,}055$ stärker exzentrisch als die Erdbahn mit $e/a = 0{,}017$. Wie wir gesehen haben, dreht sich der Mond relativ zur Erde im Mittel nicht mehr, nämlich als Folge der Gezeitenreibung. Gegen die Sterne dreht er sich aber sehr gleichmäßig. Genau wie die Erde mit ungleichmäßiger Winkelgeschwindigkeit um die Sonne läuft, läuft der Mond in seinem Perigäum schneller um die Erde als im Apogäum. Entsprechend dem Flächensatz gehört zur größeren Bahnexzentrizität der Mondbahn auch eine stärkere Differenz zur gleichförmigen Rotation: Für uns wird abwechselnd links und rechts ein Teil der „Rückseite" des Mondes sichtbar. Man nennt das „Libration in der Länge" – sie beträgt maximal fast acht Grad.

➤ Außerdem führt der Winkel zwischen der Mondachse und sowohl der Mondbahnachse als auch der Erdbahnachse zu einer Libration in der Breite – maximal fast sieben Grad. Man sieht also abwechselnd etwas über seine beiden Pole hinweg.

2.4.5 Newton-Exponent aus erstem und zweitem Kepler-Gesetz

Dass die Schwerkraft proportional zu den beiden jeweils beteiligten Massen ist – also zu deren Produkt – und dass sie die Richtung des Abstandes hat, kann man mehr oder weniger selbstverständlich finden. Dass die Entfernungsabhängigkeit aber den Exponenten -2 hat, steht zwar nach heutiger Auffassung in engem Zusammenhang mit der Dreidimensionalität der Welt – Stichwort: Flussintegral. Trotzdem ist das nicht ganz so klar wie etwa bei der Energiestromdichte einer rundum strahlenden punktförmigen Quelle. Tatsächlich konnte NEWTON auf Keplers Gesetze zurückgreifen. Wir wollen das auf eine sehr einfache Weise auch tun. Eine Möglichkeit besteht in der Anwendung des dritten Kepler-Gesetzes auf eine Kreisbahn. Das ist die Umkehrung unserer Argumentation in 2.2.1. Wir können aber stattdessen auch die ersten beiden Gesetze verwenden.

Aufgabe:

Leiten Sie aus der Ellipsengestalt der Bahn und dem Flächensatz den Exponenten der Entfernungsabhängigkeit der Kraft ab. Hinweis: Der Krümmungsradius der Ellipse mit den Halbachsen a und b ist in beiden Apsiden b^2/a.

Lösung:

Im Perihel ist der Abstand $a - e$. Die Kraft sei $mMGr^q$ mit dem noch zu bestimmenden Exponenten q, also im Perihel $mMG(a-e)^q$. Sie muss als Zentripetalkraft eine Masse m mit einer Geschwindigkeit v_p auf dem Krümmungsradius b^2/a halten. Daher ist $mMG(a-e)^q = v_p^2 a/b^2$. Für das Aphel gilt entsprechend $mMG(a+e)^q = v_a^2 a/b^2$. Nach dem Flächensatz ist $v_p/v_a = (a+e)/(a-e)$. Setzt man ein und dividiert beide Gleichungen durch einander, findet man $q = -2$.

➤ Es ist eigentlich erstaunlich, dass die Bahnkurve an beiden extremen Stellen den gleichen Krümmungsradius hat, da doch die Bedingungen völlig verschieden sind. Ihre Symmetrie zur *großen* Achse ist sozusagen physikalisch klar, die zur *kleinen* aber eine merkwürdige Folge der Tatsache, dass sie eine Ellipse ist. Je nach Definition der Ellipse ist diese Symmetrie entweder von Anfang an klar oder aber erstaunlich. Wenn man einen Zylinder mit einer Ebene schneidet, muss eine Kurve mit zwei Symmetrieachsen heraus kommen. Beim Schnitt von Kegel und Ebene kann man es aber kaum glauben – kein geringerer als DÜRER hatte seine Probleme damit.

2.4.6 Hohmann-Ellipsen

Aufgabe:

Wie kann man mit einem Raumschiff von einer kreisförmigen Planetenbahn auf eine ebenfalls kreisförmige mit größerem Radius fahren, wenn man nur an zwei Stellen mithilfe des Triebwerks kurzzeitig in Fahrtrichtung beschleunigen will? Betrachten Sie dazu die Krümmungsradien b^2/a einer Ellipse mit den Halbachsen a und b in ihren Apsiden – den engeren Scheitelpunkten mit der stärksten Krümmung.

Lösung:

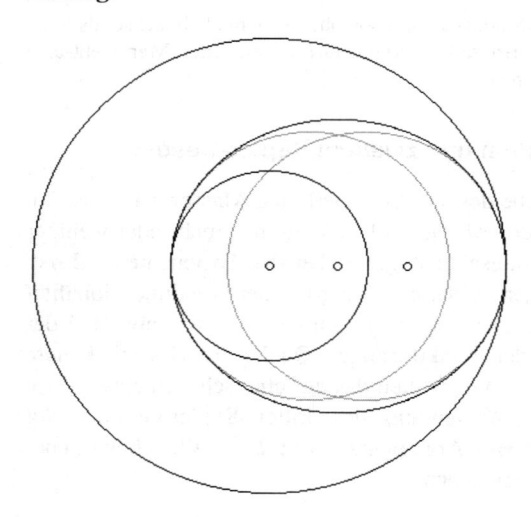

Bild 2.4.6 Hohmann-Ellipse mit ihren Apsiden-Krümmungskreisen zwischen zwei kreisförmigen Planetenbahnen

Bild 2.4.6 zeigt zwei konzentrische Kreise und eine – nach WALTER HOHMANN benannte – Ellipse mit Brennpunkten, Mittelpunkt und Scheitelkrümmungskreisen. Die Ellipse berührt den kleineren Kreis von außen und den größeren von innen. Die Krümmumgskreise sind größer als die kleine und kleiner als die große Kreisbahn.

2.4.7 Kreise im Geschwindigkeitsraum

Das Raumschiff hat bereits den Planeten verlassen, der auf der inneren Kreisbahn läuft, läuft aber selbst noch auf dieser Kreisbahn. Dann beschleunigt es kurzzeitig aber kräftig in Vorwärts-Richtung, also tangential. Es vergrößern sich damit der Betrag der Geschwindigkeit und die Bewegungsenergie. Da sich an der Anziehung zur Sonne in dieser kurzen Zeitspanne nichts ändert, wird damit der Kurvenradius größer. Ziel des Manövers ist, dabei den Apsis-Krümmungskreis der Hohmann-Ellipse zu erreichen. Ohne weiteres Brennen des Triebwerks kann das Raumschiff nun auf dieser Ellipse bleiben. Nach einem vollen Umlauf würde es wieder die kleinere Kreisbahn berühren. Das ist aber nicht der Sinn der Sache. Vielmehr zündet man nach einem halben Ellipsenumlauf noch einmal für kurze Zeit das Triebwerk. Man beschleunigt wieder vorwärts, um die Geschwindigkeit zu erreichen, die den jetzt erreichten Abstand von der Sonne – den großen Kreisradius – bei der dort vorhandenen Schwerkraft als Kurvenradius hat. Die halbe Hohmann-Ellipse ist nicht die schnellste Möglichkeit um etwa zur Marsbahn zu kommen, vermeidet aber unnötiges Abbremsen und kommt daher mit dem minimalen Energieumsatz aus.

Die Summe aus Gravitations- und Bewegungsenergie hängt bei einer Ellipsenbahn nur von der Länge ihrer großen Achse ab, und zwar quadratisch im Nenner. Die Hohmann-Ellipse liegt also energetisch zwischen den beiden Kreisbahnen, etwas höher als deren Mittelwert, siehe Bild 2.4.7.

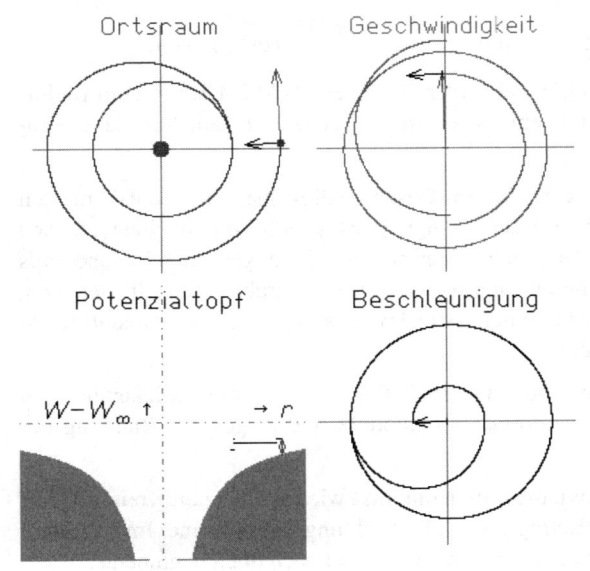

Bild 2.4.7 Ablauf mit halber Hohmann-Ellipse im Ortsraum und in drei anderen Darstellungen

2.4.7   Kreise im Geschwindigkeitsraum

Aufgabe:

Wie kann man beweisen, dass die Kurvenformen im Geschwindigkeitsraum immer Kreise sind, was die Computergrafiken vermuten lassen? Im Mechanik-Buch von SOMMERFELD findet sich dazu eine erstaunlich einfache Rechnung.

Schreiben Sie bitte die x- und die y-Komponenten der Beschleunigung einer Punktmasse in einem radialen Schwerefeld als Funktionen des Abstandes r von dessen als unbeweglich angenommenen Zentrum und des von dort aus vorliegenden Positionswinkels φ. Benutzen Sie die Konstanz des Drehimpulses bezüglich des Zentrums (Kepler II), um in diesen Funktionen r zu ersetzen und bestimmen Sie darauf die beiden kartesischen Komponenten der Geschwindigkeit v_x und v_y als Funktionen von φ. Was für eine Kurve gibt das im Geschwindigkeitsraum? Diskutieren Sie insbesondere die Fälle, in denen diese Kurve den Punkt $v = 0$ *um*läuft, *durch*läuft und „außen vor" lässt. Was für Geschwindigkeiten findet man für „unendlich große" Radien in diesen Fällen?

Lösung:

Der Drehimpuls der laufenden Punktmasse bezüglich des Orts-Nullpunktes ist $L = mr^2\omega$ und bleibt konstant, weil die Kraft stets dorthin gerichtet ist – zweites Gesetz Keplers wegen der Zentralkrafteigenschaft. Die Beschleunigung hat nach NEWTON die Komponenten

$$\frac{dv_x}{dt} = -\frac{MG\cos(\varphi)}{r^2} \quad \text{und} \quad \frac{dv_y}{dt} = -\frac{MG\sin(\varphi)}{r^2}.$$

Einsetzen von r^2 aus der ersten Beziehung gibt

$$\frac{dv_x}{dt} = -\frac{mMG}{L}\cos(\varphi)\frac{d\varphi}{dt} \quad \text{und} \quad \frac{dv_y}{dt} = -\frac{mMG}{L}\sin(\varphi)\frac{d\varphi}{dt}.$$

Dieses sind wegen der Kettenregel offensichtlich Ableitungen von

$$v_x = -\frac{mMG}{L}\sin(\varphi) + C_1 \quad \text{und} \quad v_y = +\frac{mMG}{L}\cos(\varphi) + C_2.$$

Das wiederum ist die Parameterdarstellung eines Kreises, siehe Bild 2.4.8, mit dem Radius mMG/L im Geschwindigkeitsraum und dem Mittelpunkt (C_1, C_2). Der Radius ist zum Drehimpuls umgekehrt proportional.

Wir vergleichen jetzt in Bild 2.4.8 die Kreise im Geschwindigkeitsraum (rechts) mit den Bahnen im Ortsraum (links). Die Startgeschwindigkeit ist jeweils durch einen „dicken Punkt" rechts angezeigt, dem stets der gleiche Startpunkt links zugeordnet ist, ebenfalls „dick" markiert. Der unterste Kreis liefert eine Kreisbahn, der darüber eine Ellipsenbahn, dann kommt die Parabelbahn und schliesslich zwei Hyperbelbahnen. Die Punktabstände entsprechen jeweils gleichen Zeitdauern.

Die gestrichelten Hilfslinien verbinden für Hyperbelbahnen die Geschwindigkeiten nach unendlich langer Zeit mit dem Geschwindigkeits-Nullpunkt und zeigen die Richtung der Asymptoten an.

Ist der Kreis konzentrisch zum Geschwindigkeits-Nullpunkt wie im untersten Kreis, so läuft die Geschwindigkeit mit konstantem Betrag durch alle Richtungen der Ebene. Im Ortsraum ist das der Durchlauf vom „dicken Punkt", am rechten Scheitel nach oben beginnend.

Ist der Kreis im Geschwindigkeitsraum exzentrisch, umschließt aber den Geschwindigkeits-Nullpunkt – im zweituntersten Fall dargestellt –, so liegt eine geschlossene Bahn mit einem maximalen und einem minimalen Geschwindigkeitsbetrag im Perihel und im Aphel vor. Wie beim Kreis wird auch diese Bahn immer wieder durchlaufen. (Warum muss die Bahn geschlossen sein?) Das ist dann die aus Keplers erstem Gesetz bekannte Ellipse, was aber nicht ohne zusätzliche Rechnung gefolgert werden kann.

Geht der Kreis durch den Nullpunkt, so wird gerade dieser Wert in endlicher Zeit nicht erreicht. Im Bild werden nur drei Viertel überdeckt – vom Start aus bis in unendliche Zeit hinein, „wenn" er die Geschwindigkeit Null erreicht. Zu beiden Seiten des Nullpunktes ist

2.4.7 Kreise im Geschwindigkeitsraum

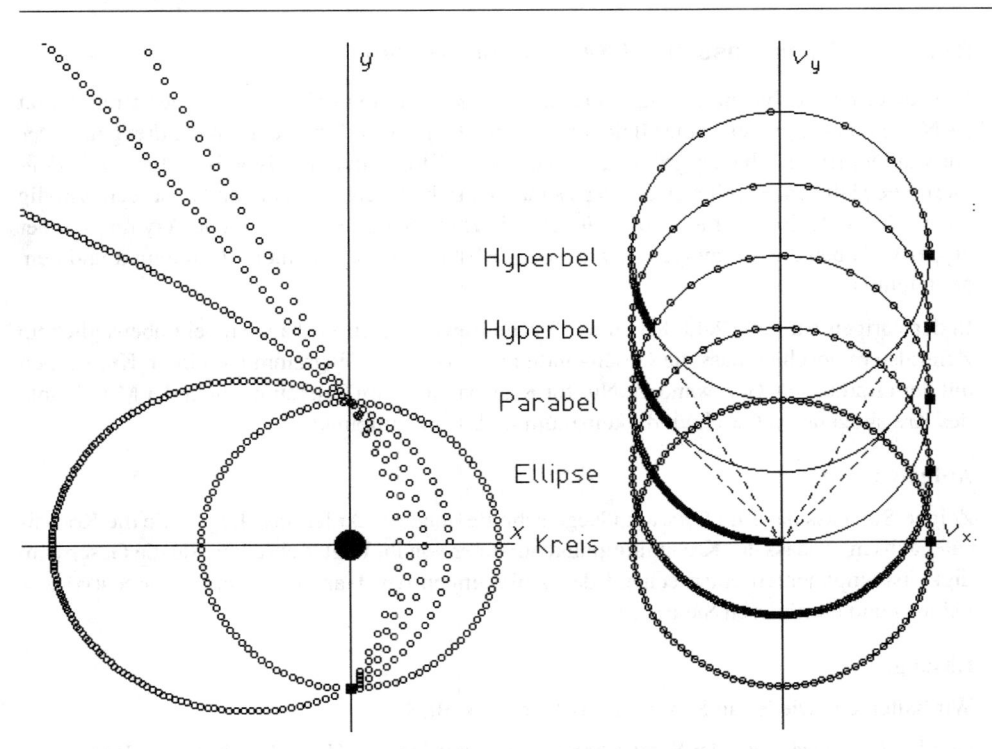

Bild 2.4.8 Computergrafik der Abläufe im Geschwindigkeitsraum und im Ortsraum bei Kepler-Bewegung
Die fünf Bewegungen haben jeweils den gleichen Startpunkt $x = 0$, $y < 0$ im Ortsraum und im Geschwindigkeitsraum gleiche Startwerte für v_x. Daher haben alle den gleichen Drehimpuls, aber mit verschiedenen Startwerten für v_y. Man kann die Koordinatenrichtungen so wählen, dass eine der beiden Integrationskonstanten Null ist. Hier ist $C_1 = 0$.

die Geschwindigkeit beliebig klein und – ebenso beliebig genau – entgegengesetzt gerichtet. Dazu gehören im Ortsraum die „unendlich fernen Enden" der Parabelbahn als Grenzfall zwischen Ellipse und Hyperbel. Der Grenzfall kann als „unendlich lange" Ellipse oder als Hyperbel, deren Asymptoten einen verschwindenden Winkel zwischen sich einschließen, aufgefasst werden.

Bleibt der Nullpunkt außerhalb des Kreises – die oberen zwei Kreisbögen –, so gibt es jeweils zwei Tangenten vom Nullpunkt an ihn. Nur der *äußere* Teil zwischen den beiden Berührpunkten kann durchlaufen werden – mit dem maximalen Geschwindigkeitsbetrag bei der größten Nähe zum Zentralkörper. Die Berührpunkte selbst zeigen die asymptotischen Geschwindigkeiten weit draußen an. Ihre Richtungen werden unmittelbar von den Tangenten angezeigt. Sie sind identisch mit den Richtungen der asymptotischen Geraden für die Bahnkurve. Die Bahn ist hierbei ein Hyperbel-Ast. Im Ortsraum ist hier nur die linke Tangente zu sehen, da die Simulation ja im Endlichen anfängt. Wenn es statt der Anziehungskraft eine Abstoßungskraft gibt – mit Minimum statt Maximum des Geschwindigkeitsbetrages bei größter Nähe – ist der andere Teil des Kreises zwischen den beiden Berührungspunkten aktuell.

2.4.8 Punktmassen auf Kegelschnittbahnen

Die Kegelschnitte haben in Polarkoordinaten (r, φ) von ihrem eingeschlossenen Brennpunkt als Nullpunkt die gemeinsame Gleichung $r = p/(1-\varepsilon \cos(\varphi))$, wobei ε für die drei genannten Kurven kleiner, gleich oder größer als 1 ist. Für die Ellipse und die Hyperbel ist $\varepsilon = e/a$ definiert. Die Halbachsen a liegen auf der Geraden durch die Brennpunkte und b ist rechtwinklig dazu. Für die Ellipse gilt $e^2 = a^2 - b^2$, für die Hyperbel $e^2 = a^2 + b^2$. Die Asymptoten der Hyperbel haben die Steigungen b/a, e ist der Abstand zwischen einem Brennpunkt und dem Mittelpunkt.

In der vorigen Aufgabe 2.4.8 haben wir für die Bewegung eines Planeten bei unbeweglichem Zentralstern gesehen, dass die Geschwindigkeit im (v_x, v_y)-Diagramm auf einem Kreisbogen mit dem Radius mMG/L wandert. Nur für Kreisbahnen – im Ortsraum – liegt der Mittelpunkt des Kreisbogens im Geschwindigkeitsraum in dessen Nullpunkt.

Aufgabe:

Zeigen Sie, dass dazu im Ortsraum Kegelschnitte gehören. Anleitung: Legen Sie die Koordinatenachsen so, dass der Kreismittelpunkt auf einer von ihr liegt. Schreiben Sie die Geschwindigkeitskomponenten entsprechend den Ableitungen der Transformation $x = r\cos(\varphi), y = r\sin(\varphi)$ und eliminieren Sie dr/dt.

Lösung:

Wir halten uns wieder an Sommerfelds Mechanik-Buch.

Den Faktor $-mMG$ aus der Schwerkraft nennen wir kurz K. Unser Ergebnis aus der vorigen Aufgabe lautet nun bei passender Drehung des Koordinatensystems

$$v_x = +\frac{K}{L}\sin(\varphi) \quad \text{und} \quad v_y = C - \frac{K}{L}\cos(\varphi).$$

Die Transformation $x = r\cos(\varphi), y = r\sin(\varphi)$ zwischen cartesischen und polaren Koordinaten liefert die Geschwindigkeiten

$$v_x = \frac{K}{L}\sin(\varphi) = \frac{dx}{dt} = \frac{dr}{dt}\cos(\varphi) - r\frac{d\varphi}{dt}\sin(\varphi) \quad \text{und}$$

$$v_y = -C - \frac{K}{L}\cos(\varphi) = \frac{dy}{dt} = \frac{dr}{dt}\sin(\varphi) + r\frac{d\varphi}{dt}\cos(\varphi).$$

Um dr/dt zu eliminieren, multiplizieren wir die obere Zeile mit $-\sin(\varphi)$ und die untere mit $\cos(\varphi)$ und addieren dann beide:

$$-C\cos(\varphi) - \frac{K}{L} = r\frac{d\varphi}{dt}.$$

Infolge der Zentralkraft ist der Drehimpuls $L = mr^2 d\varphi/dt$ konstant. Es folgt

$$r = \frac{L}{m\dfrac{K}{L} - mC\cos(\varphi)},$$

also ein Kegelschnitt mit dem Kraftzentrum – Nullpunkt des Ortsraums – als einem Brennpunkt.

Falls C kleiner als K/L ist, handelt es sich im Ortsraum um eine Kepler-Ellipse, speziell für $C = 0$ um einen Kreis. Im Geschwindigkeitsraum hatten wir bereits gesehen, dass der dortige Kreis den Radius K/L und den Abstand C des Mittelpunktes vom Nullpunkt hat. In

2.4.8 Punktmassen auf Kegelschnittbahnen

diesem Falle umschließt der Kreis den Nullpunkt. Daher kommen dann alle Winkel vor, was notwendig, aber nicht hinreichend für eine geschlossene Bahn ist. Dass die Bahn tatsächlich geschlossen ist, folgt aus der Periodizität der Kosinus-Funktion.

Entsprechend sind auch die Zusammenhänge zwischen Orts- und Geschwindigkeitsraum für die Hyperbel und den Grenzfall Parabel.

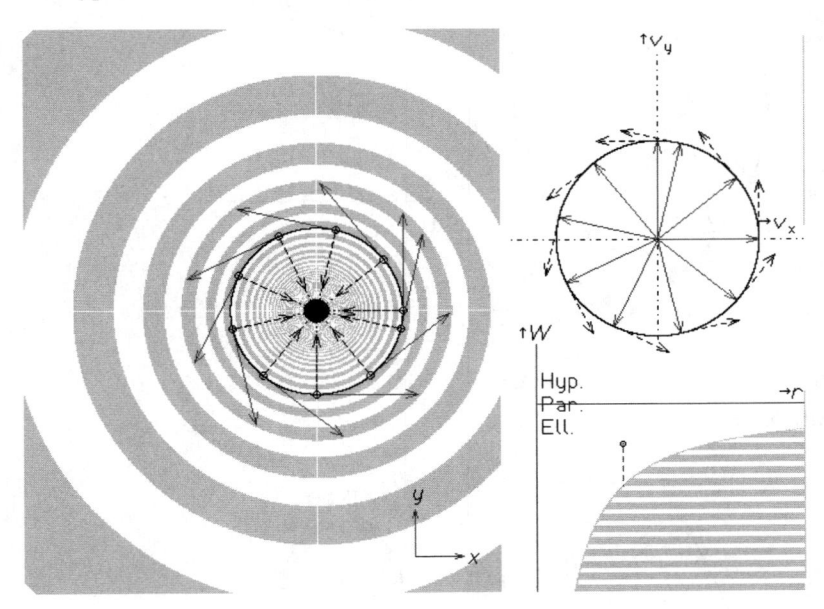

Bild 2.4.9 Kreisbahn

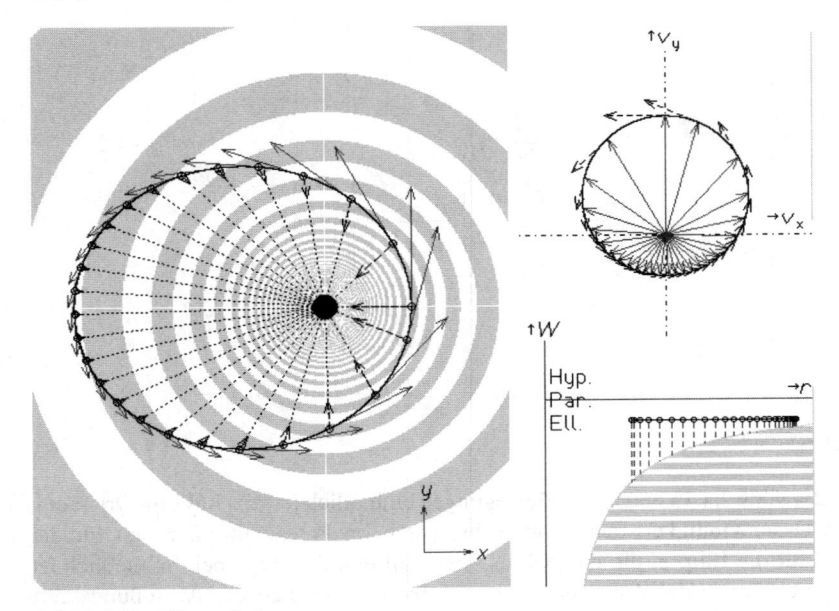

Bild 2.4.10 Ellipsenbahn

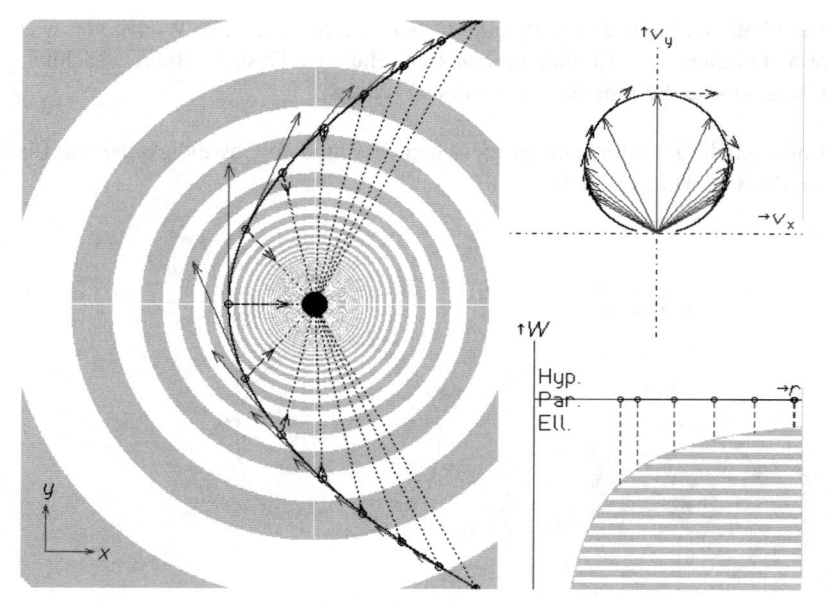

Bild 2.4.11 Parabelbahn

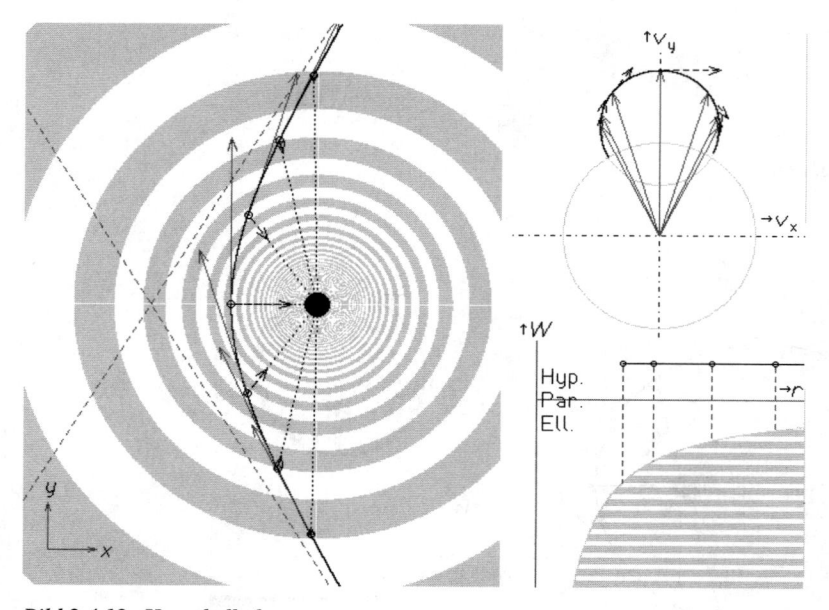

Bild 2.4.12 Hyperbelbahn

Die fünf Bilder 2.4.9 bis 2.4.13 zeigen die Bewegungen einheitlich jeweils links im Ortsraum, rechts oben im Geschwindigkeitsraum und rechts unten im Potenzialtopf, zuerst für die Kreisbahn, dann für die Ellipse, die Parabel als Grenzfall und die Hyperbel. Schließlich ist noch zum Vergleich der in der Astronomie nicht vorkommende Fall der Abstoßungskraft hinzugefügt, der aber bei der RUTHERFORD-Streuung auftritt. Auch dort ist es eine Hyperbel, aber es ist der andere Ast, und vom Kreis im Geschwindigkeitsraum wird ein Teil des anderen Bogens durchlaufen. Beachten Sie auch die Zuordnung der Bahnformen zu der Energie im Potenzialtopf.

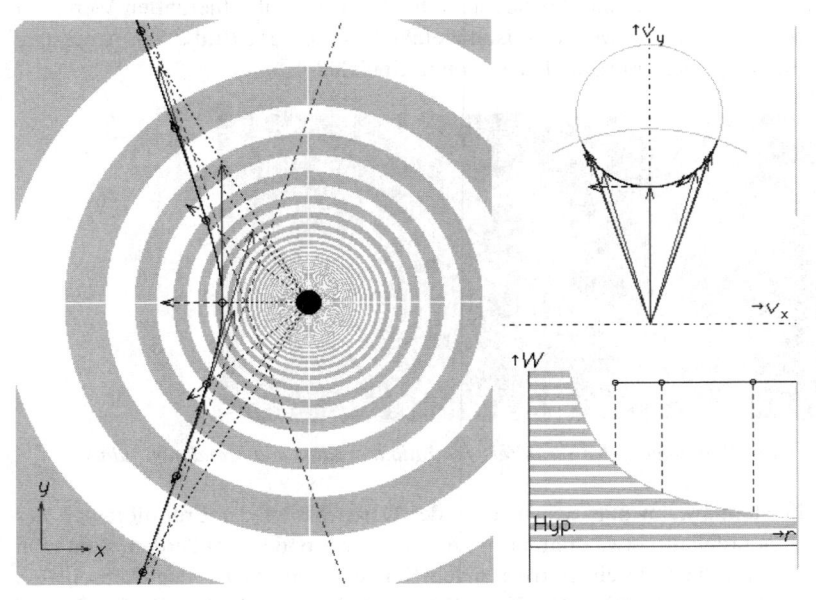

Bild 2.4.13 *Hyperbelbahn bei Abstoßung als Vergleich (Rutherford-Streuung)*

2.5 Die Weite des Raumes

Stellen Sie sich vor, die Erde wäre dauernd mit undurchsichtigen Wolken bedeckt, etwa wie Venus. Das Leben wäre vermutlich kaum anders, nur für uns gäbe es einen erheblichen Unterschied: Die Physik wäre sehr arm, nicht nur durch das Fehlen der Astronomie, sondern es gäbe auch kaum eine Gravitationstheorie, und das Coulomb-Gesetz und das Bohrsche Modell hätten es viel schwerer gehabt, gefunden – erfunden? – worden zu sein.

2.5.1 Entfernungen

Fast jedes Kind weiß, dass die Sonne weiter weg als der Mond ist. Viele werfen mit Zahlenangaben über astronomische Objekte nur so um sich und auch maßstäbliche Modelle mit entsprechend großen Kugeln im Garten sind manchen vertraut. Wie kommt man aber an solche Daten, wenn man nicht einmal ein Fernrohr, sondern nur einen Winkelmesser hat? Was kann man mit bloßen Augen sehen? Zunächst einmal kann man das Verhältnis von Durchmesser und Entfernung des Mondes buchstäblich über den Daumen am ausgestreckten Arm peilen: Es ist etwa 1 : 110. Für die Sonne ergibt sich ziemlich genau das gleiche Verhältnis, wie man bei Sonnenfinsternissen sehen kann. Peilen Sie aber mit Ihren Augen nicht direkt die Sonne ungefiltert an, wenn Sie die Augen noch brauchen! Falls Sie zur Mehrheit der Bevölkerung gehören sollten, die Finsternisse und Mondphasen nicht erklären kann, nehmen Sie bitte einen Atlas und wechseln schnell zur Minderheit!

Das Verhältnis von Mond- und Sonnenentfernung hat ARISTARCHOS VON SAMOS – der Erfinder des heliozentrischen Weltmodells – zu bestimmen versucht, indem er den Winkel zwischen Sonne und Mond genau bei Halbmond gemessen hat. Die Idee ist gut, die Messung funktioniert aber praktisch nicht und Aristarchos erhielt einen recht fehlerhaften Wert. Der richtige Wert – den wir weiter verwenden – ist ungefähr 1 : 400, siehe Bild 2.5.1. Anregung: Wieso geht die Messung zwar prinzipiell, aber praktisch nicht?

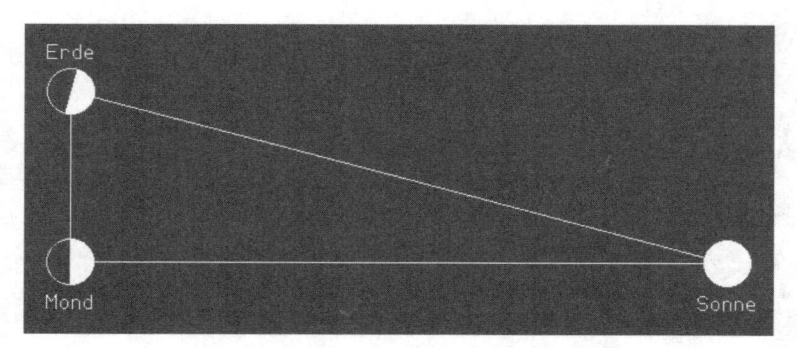

Bild 2.5.1 Aristarchos' Bestimmung des Verhältnis von Erdbahnradius und Mondbahnradius

Bei einer Mondfinsternis kann man sehen, dass der Kernschatten der Erde dort, wo der Mond durch ihn hindurchläuft, etwa dreimal so groß wie der Mond ist. Außerdem sieht man ziemlich deutlich, dass die Erde einen kreisrunden Kernschatten wirft – der Halbschatten hingegen ist praktisch nicht erkennbar. Der Kernschattendurchmesser der Erde in der Gegend des Mondes ist um einen Monddurchmesser kleiner als der Erddurchmesser. Das erkennt man aus dem Entfernungsverhältnis von 1 : 400 und dem ebenso großen Größenverhältnis von Mond und Sonne. Die Durchmesser von Erde und Mond verhalten sich somit wie 4 : 1.

Jetzt brauchen wir nur noch den Erddurchmesser, um Entfernungen im Planetensystem an unsere irdische Skala anschließen zu können. Wenn Sie einige 100 km nach Süden oder Norden fahren, können Sie aus der gefahrenen Entfernung und den Schattenlängen senkrechter Stangen zur gleichen Tageszeit an beiden Orten den Erdumfang bestimmen. ERATOSTHENES hat das in Ägypten zwischen Assuan – damals Syene – und Alexandria gemacht und wahrscheinlich einen guten Wert bekommen. Man kennt leider den Umrechnungsfaktor von seiner Längeneinheit in unsere nicht besonders gut und kann daher kein exaktes Urteil fällen. Der richtige Wert für den Umfang ist rund 40 000 km. (Darauf beruhte dann die älteste Meter-Definition, heute gilt dafür der Anschluss an die Sekunde und die Lichtgeschwindigkeit.)

Man kann auch von zwei Punkten der Erde aus den Mond vor dem Hintergrund der Sterne anpeilen und daraus die Entfernung des Mondes bestimmen – vorausgesetzt man kennt wieder den Abstand der Punkte auf der Erde. (Umgekehrt kann man auf hoher See so die Uhrzeit des Heimathafens, oder die Greenwich-Zeit, bestimmen: Vor der Erfindung genauer Uhren – HARRISONs Chronometer 1765 – konnte man nur so unterwegs die geographische Länge bestimmen.)

Bis 1838 hat es gedauert, um auch Entfernungen von Objekten außerhalb des Sonnensystems – nämlich einiger Sterne – durch Winkelmessung (Parallaxe) bestimmen zu können (BESSEL).

Dabei vergleicht man präzisest gemessene Sternpositionen zu verschiedenen Jahreszeiten. Das ist dann sozusagen Stereosehen mit zwei Augen, die um den Durchmesser der Erdbahn auseinander liegen. Weil die Winkel so klein sind funktioniert das aber nur für relativ nahe Sterne. Erst durch Messungen vom Satelliten Hipparcos aus – ohne die störende Erdatmosphäre – hat sich die Genauigkeit und damit der Entfernungsbereich erheblich vergrößert. Wesentlich weiter kommt man aber nur mit indirekten Methoden, Statistik und Schätzungen.

Die wichtigste davon kann man sich mit einer Analogie klarmachen. Sie beobachten einen entfernten Vogelschwarm mit einem Fernglas und stellen fest, dass die vergleichsweise kleineren Vögel des Schwarms die Flügel schneller schlagen als die größeren. Die Größenvergleiche sind dabei Sehwinkelbestimmungen. Wenn Sie dann später einen Vogel gleicher Art beobachten, können Sie aus dessen Flügelschlag und dem Sehwinkel darauf schließen, ob dieser Vogel weiter oder kürzer entfernt ist als der Vogelschwarm. Kennt man von einem dieser Vögel die Größe, kann man natürlich auch die Entfernung ausrechnen.

Manche veränderlichen Sterne – insbesondere die vom Typus des Sterns Delta im Sternbild Cepheus, δ-Cephei – zeigen eine schwankende Helligkeit. Die Periode der Schwankung ist umso kürzer, je kleiner ihre Strahlungsleistung ist. Das weiß man von solchen δ-Cephei-Sternen, die zu einem gemeinsamen Sternhaufen gehören und daher von uns nahezu gleich weit entfernt sind. So bilden die δ-Cephei-Sterne – sprachlich inkorrekt kurz „Cepheiden" genannt – so etwas wie Kilometersteine in der Galaxis.

2.5.2 * Größen und Energieflüsse

Die Astronomie als ältester Zweig der Physik schleppt eine Menge altertümlicher Bezeichnungen und Maßeinheiten durch die Jahrtausende ihres Bestehens. Auch Amateur-Astronomen werden davon nicht verschont. Stellen Sie sich vor, jemand sortiert die Helligkeit von Straßenlaternen nicht nach der Leistung, sondern nach scheinbaren und absoluten Größenklassen – wie heute noch in der Astronomie für deren Objekte üblich. Solange die objektive Messung von kleinen Intensitäten (Energiestromdichten) nicht funktionierte und von einer Entfernungsmessung keine Rede sein konnte, waren Schätzungen scheinbarer „Größenklassen" das beste, was man bekommen konnte und insofern vernünftig.

Nun kann man schon lange die Verhältnisse der Energiestromdichten von Sternen bestimmen, und man hat auch über deren Entfernungen von uns klare Vorstellungen. Man könnte also ohne Weiteres – zumindest als gute Schätzungen – in die Tabellenwerke schreiben, wie viel Watt der Stern in der linken Schulter des Orion aussendet und wie viel davon auf einem Quadratmeter einer Fernrohröffnung auf der Erde ankommt.

Wie bei Schulnoten bekommen bei den Größenklassen die helleren Sterne die niedrigeren Zahlen – ursprünglich nur von 1 bis 5 oder 6. Die Differenz von fünf Größenklassen – im logarithmischen Maßstab! – bedeutet dabei den Faktor 100, einer Zehnerpotenz entsprechen 2,5 Stufen. Eine Stufe dieser logarithmischen Skala – man nennt das auch eine „Magnitude" – steht für den Faktor $100^{1/5} \approx 2{,}5$. Diese Magnituden werden sowohl für die Leistung („absolute" Magnitude) als auch für die bei uns zu messenden Energiestromdichten („scheinbare" Magnitude) verwendet. Die Leistung eines Sterns – seine Energieabgabe pro Zeit – wird aber auch oft in Vielfachen von der der Sonne angegeben. Das bezeichnen die Astronomen dann liebevoll als „Leuchtkraft". Entfernungen werden in astronomischen Tabellen grundsätzlich nicht in Metern angegeben, sondern in Kilometern, Erdbahnradien (AE), Lichtjahren (Lj), Parsec (pc) oder Vielfachen davon (kpc, Mpc). Ein Parsec ist die Entfernung, für die zum Erdbahnradius der Sehwinkel 1 Winkelsekunde gehört, also $\pi/(180 \cdot 3600) \approx 5 \cdot 10^{-6}$. Dieser Wirrwarr überflüssiger Einheiten zwingt zu häufigeren Umrechnungen als eigentlich nötig. Andererseits sind Einheiten stets Konvention und nichts Absolutes. Viele der Einheiten der Astronomie – auch wenn diese ansonsten unkonventionell erscheinen – haben direkten Bezug zur Praxis der Messungen. Vergessen wir nicht, dass auch wir in vielen unserer Überlegungen statt die Werte in SI-Einheiten zu bestimmen direkt Quotienten gebildet haben.

Aufgabe:

Wir stellen uns die Leistungen beliebiger astronomischer Objekte und deren Entfernungen von uns doppelt-logarithmisch gegeneinander aufgetragen vor. Unterschiede der spektralen Verteilung der Strahlung der Objekte seien hier vernachlässigt. Für uns gleich hell aussehende Objekte – von denen also die gleichen Energiestromdichten kommen, die daher einer gemeinsamen scheinbaren Größenklasse angehören – liegen jeweils auf einer Geraden. Welche gleiche Steigung haben alle diese Geraden? Versuchen Sie bitte, ein solches Diagramm zu zeichnen, das von kleinen Monden bis zu ganzen Galaxien reicht.

Lösung:

Die folgenden Bilder zeigen eine viele Größenordnungen umfassende Übersicht mit mehreren Skalen und zwei Ausschnittsvergrößerungen dazu.

Bild 2.5.2 umfasst viele Sorten astronomischer Objekte – aber nur ganz wenige konkrete sind eingetragen. Von Kleinplaneten, Monden unserer Planeten, über die Planeten selbst, die Sonne und andere Sterne reicht die Palette bis zu Sternhaufen und Galaxien. Nach rechts ist die Leistung logarithmisch aufgetragen, nach oben die Entfernung von der Erde, ebenfalls logarithmisch, und zwar mit der gleichen Schrittweite. Alle Proportionalitäten werden daher durch die Steigung Eins angezeigt.

In doppelter Entfernung kommt nur noch ein Viertel der Energiestromdichte an. Das drückt sich in der Steigung 1/2 der Geraden aus, auf denen jeweils gleich hell erscheinende Objekte liegen. Diese Objekte haben die gleiche scheinbare Magnitude.

Bild 2.5.3 ist eine Ausschnittsvergrößerung, die die Sterne umfasst – ohne unsere Sonne. Einige von ihnen sind namentlich angezeigt. Noch etwas kleiner ist der Bereich in Bild 2.5.4 mit den besonders hellen Sternen gewählt.

➤ Von der Sonne bekommen wir bekanntlich außerhalb der Atmosphäre rund 1,4 kW/m². Unsere Augen sehen noch bei nur etwa 10 pW/m² und große Fernrohre registrieren Licht bei etwa 1 aW/m² – p steht für pico als 10^{-12}, a für atto als 10^{-18}. Diese Beispiele zeigen, wieso Astronomen ihre Magnituden für zweckmäßig halten. Mit ein wenig Beobachtungspraxis weiß

2.5.2 Größen und Energieflüsse

man, wie ein Stern erster und einer fünfter Größe dem Auge erscheint, wie diese und solche zehnter Größe im Okular eines Fernrohrs aussehen. Elektronische Messungen an Großen Teleskopen reichen heute bis zur 30. Größe – 25 Größen weiter als unser Auge, zehn Zehnerpotenzen im linearen Maßstab.

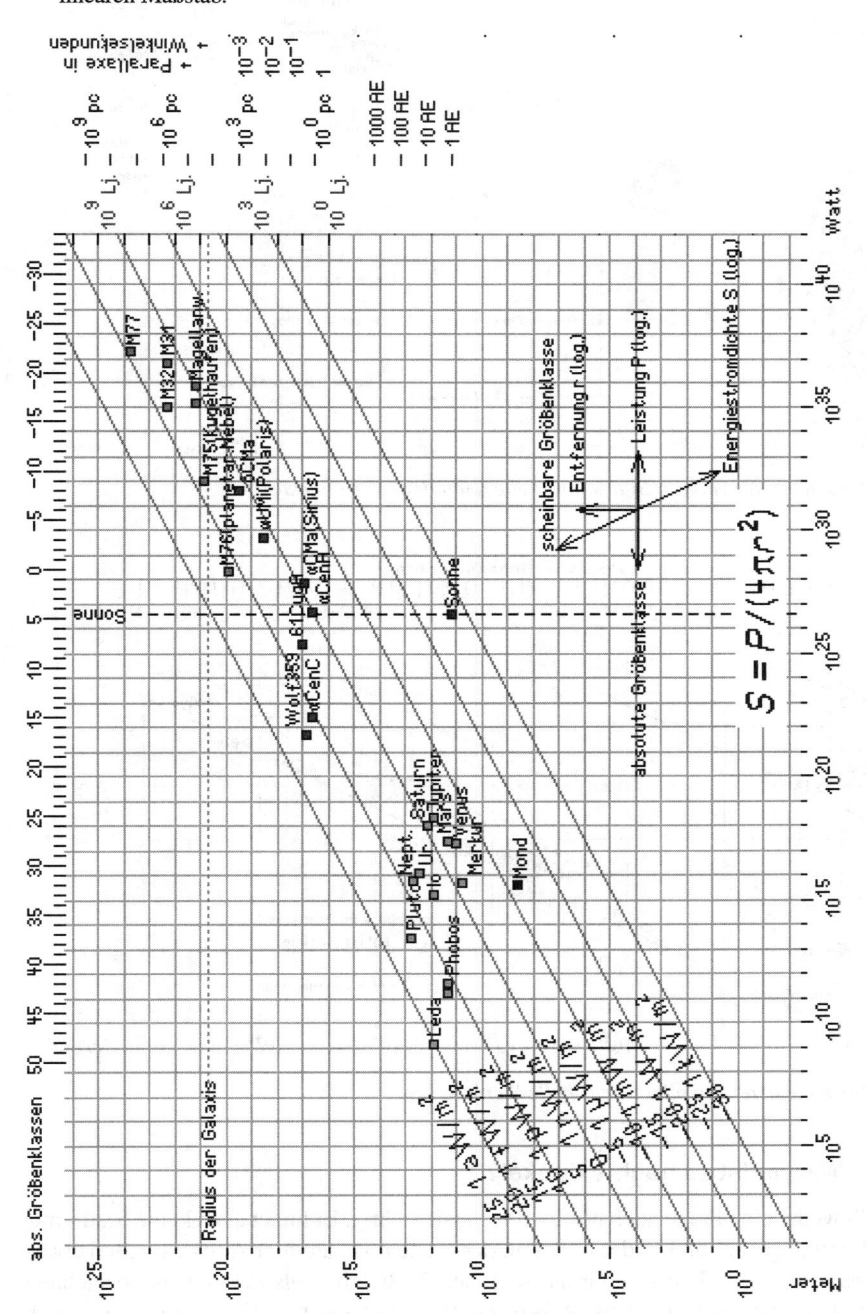

Bild 2.5.2 Leistungen und Entfernungen astronomischer Objekte

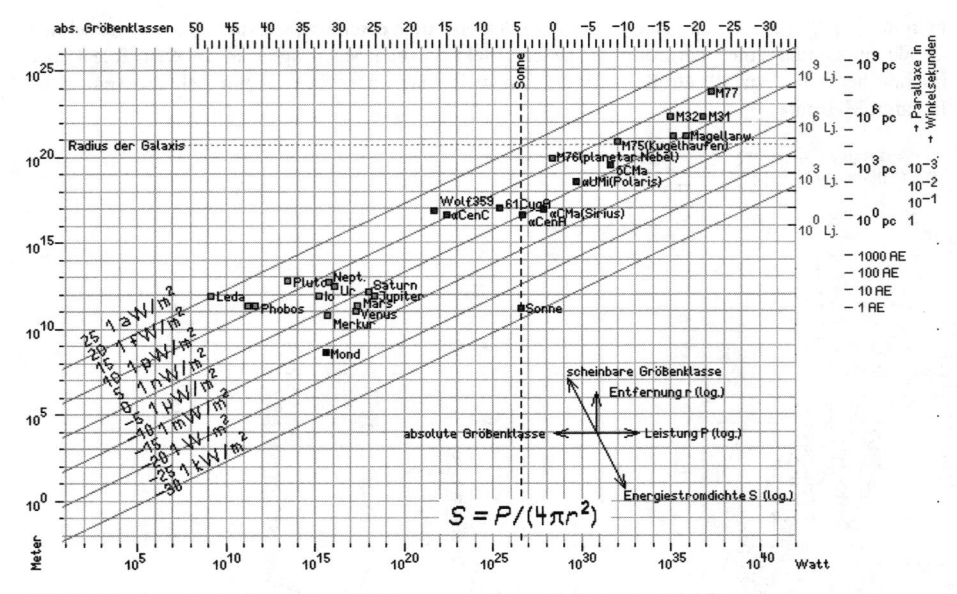

Bild 2.5.3 Ausschnitt des vorigen Bildes: nur helle und/oder nahe Objekte

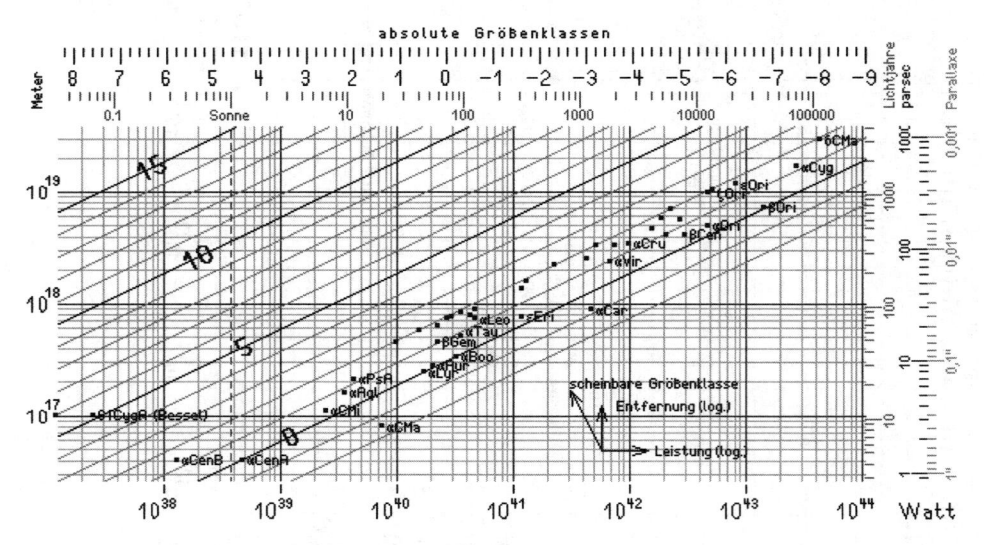

Bild 2.5.4 Noch kleinerer Ausschnitt: nur helle Sterne

2.5.3 Warum ist es nachts dunkel?

Jemand stellt weder eine Frage noch beantwortet er sie richtig. Er findet auch keine bestimmte falsche Antwort als erster und findet weder an der Frage noch an ihrer Antwort irgend etwas paradox. Das sollte eigentlich kein Grund sein, den Sachverhalt als Paradox zu bezeichnen und nach ihm zu benennen. HEINRICH WILHELM OLBERS hat 1802 den zweiten – auch zweitgrößten – Kleinplaneten Pallas und 1807 noch den vierten – und viertgrößten – Vesta

2.5.3 Warum ist es nachts dunkel?

gefunden. Trotzdem wird sein Name heute hauptsächlich mit einem angeblichen Paradoxon in Verbindung gebracht, das HERMANN BONDI nach ihm benannt hat.

Wenn man in einem Wäldchen steht und nach allen Seiten herausgucken kann, so kann man daraus folgern, dass der Wald entweder ziemlich klein sein muss oder dünn mit Bäumen besetzt ist oder aber dass die Baumstämme sehr dünn sind. Natürlich darf auch mehreres davon zugleich zutreffen.

Dass es tagsüber hell ist, liegt bekanntlich daran, dass wir einen Stern in nur 150 Millionen Kilometer Entfernung unmittelbar vor uns haben. Die Querschnittsfläche der Sonne ist gut $10^{18}\,\text{m}^2$. Mit diesem Wert und mit ihrer Glühtemperatur von rund 6 000 K gehört sie durchaus zu den normalen Sternen.

Wie dicht müssten solche Sonnen rund um uns vorhanden sein – Besetzungsdichte ϱ in m^{-3} – damit der Himmel an jeder Stelle so hell wie die Sonne wäre? (Wegen Hautkrebs bräuchten wir uns dabei allerdings keine Sorgen zu machen, denn es gäbe uns dann natürlich nicht.)

Wenn wir durch eine Schicht der Dicke dr blicken, so wird eine beliebige Fläche dahinter zum Bruchteil $A\varrho\,dr$ abgedeckt, falls darin Objekte mit dem jeweiligen Querschnitt A und mit der Besetzungsdichte ϱ anwesend sind. Die Objekte dürfen sich dabei nicht auch noch gegenseitig verdecken. Die Formel gilt also zunächst nur für geringe Bedeckung. Wir denken uns nun die Schicht so dick ($\int dr = r$), dass $A\varrho r = 1$ wird. Ohne *gegenseitige* Verdeckung wäre die Schicht nun gerade undurchsichtig, also voll bedeckend. Für unregelmäßige Verteilung ergibt eine genauere Rechnung, dass der Abdeckungsgrad statt 1 nur $1 - \exp(-1) = 0{,}63$ ist. Wir müssen also für eine stärkere Bedeckung eine dickere Schicht nehmen – für unsere Überlegungen reichen aber 63 % Abdeckung. Die Rechnung gilt erstaunlicherweise auch für konzentrische kugelschalenförmige Schichten. Das kann man als Knobelaufgabe auffassen und mit Raumwinkeln ausrechnen.

➤ Es ist leicht einzusehen, dass eine Lichtquelle umso kleiner auf der Netzhaut abgebildet wird, je weiter sie entfernt ist. Dann sendet sie auch weniger Licht in die Öffnung unseres Auges. Beides geht quadratisch mit der Entfernung und hebt sich gegenseitig auf. Wir sehen die Oberflächen der Lichtquellen unabhängig von der Entfernung mit der gleichen *Leuchtdichte* strahlen. Auf der Netzhaut, einem Film oder jedem anderen Empfänger bekommt das flächenhafte Bild eine von der Entfernung unabhängige Energiestromdichte.

Daraus kann man nun folgern, dass der Himmel rundherum annähernd sonnenhell wäre, wenn $A\varrho r > 1$ wäre. Welche Schichtdicke kommt nun für den Himmel infrage? Die entscheidende Antwort – HARRISON gab sie 1965 – ist: Die Schichtdicke ist die Länge, die das Licht während der Lebensdauer der Sterne durchlaufen kann. Diese kann man aus dem Tempo der Kernfusion in der Sonne abschätzen. Sie liegt in der gleichen Größenordnung wie die Zeit seit dem Urknall, also bei 10^{10} Jahren. Somit liegt r bei 10^{26} m. Sollte das Universum kleiner sein, so ist natürlich sein Radius einzusetzen. Ist es aber größer, so wird dadurch die Luxusbeleuchtung nicht heller.

Damit finden wir für die Mindestbesetzungsdichte für einen nahezu sonnenhellen Rundumhimmel den Wert $\varrho = 10^{-44}$ Sterne/m^3. Unser Universum ist aber zum Glück weitaus dünner besiedelt. Es gibt etwa 10^{-58} Sterne/m^3, denn es gibt etwa 10^{21} Sterne in einem Umkreis von 10 Milliarden Lichtjahren, also 10^{26} m.

Als erster hat sich KEPLER 1610 mit dem Problem befasst. Er hat sich nicht über die nächtliche Dunkelheit gewundert, sondern nur aus ihr gefolgert, dass das Universum räumlich endlich sei – ungerechtfertigt, wie wir gesehen haben. HALLEY meinte 1721, dass die weit entfernten Sterne irgendwie zu schwach wären. JEAN PHILIPPE LOYS DE CHÉSEAUX meinte 1744, dass es zwischen den Sternen feines Material gibt, das Licht verschluckt. Olbers meinte dieses 1823 auch – das Buch von Chéseaux hatte er im Schrank und vermutlich hat er auch darin gelesen. JOHN HERSCHEL machte 1848 klar, dass bei hinreichend langer Zeit solcher Staub wie in einem Backofen genau so heiß wie die Sterne werden und dann selbst genau so hell strahlen müsste. Die interstellare Materie gibt es tatsächlich. Sie absorbiert auch Strahlung, aber diese reicht nicht aus, um sie glühen zu lassen.

Im gleichen Jahr 1848 schrieb EDGAR ALLAN POE seinen Essay *Heureka*. Darin meint er, dass in einem endlos ausgedehnten Universum – an das er entschieden nicht glaubt – in jeder Richtung ein Stern zu sehen sein müsste, es sei denn, dass die Entfernungen so ungeheuerlich sind, dass uns noch kein Lichtstrahl von dort überhaupt erreicht habe. Harrison sieht darin eine große Nähe zu seiner eigenen Erklärung. Er findet jedenfalls Poes Erklärung treffender und klarer als viele noch heute verbreitete.

Die Krümmung des Raumes und die Expansion werden als Argumente angeführt. Dadurch werden nur die Zahlenwerte etwas verändert. Nach Harrison ist die Erklärung der nächtlichen Dunkelheit also weitgehend unabhängig von einer Expansion oder anderen kosmologischen Parametern. Die Dunkelheit ist ganz schlicht und einfach die Folge davon, dass die Sterne *nicht größer sind, nicht länger leuchten und nicht dichter gesät sind* als es der Fall ist.

Beim Modell mit dem Wald bringt eine Expansion auch wenig. Was die Zeit betrifft, so müssen wir uns als Modell einen Wald vorstellen, in dem entweder die Bäume nur extrem kurz leben oder aber das Licht nur ganz langsam läuft.

2.5.4 * Hertzsprung-Russell-Diagramm

EJNAR HERTZSPRUNG fand 1911 eine Korrelation zwischen der absoluten Größe von Sternen und ihrer Spektralklasse. HENRY N. RUSSELL zeichnete 1913 erstmalig ein solches Diagramm, in dem die meisten Sterne auf einer schwach gekrümmten Kurve liegen. Diese Sterne heißen daher „Hauptreihensterne". Unsere Sonne ist einer davon. Qualitative Ähnlichkeiten und Übergänge in den Spektren der Sterne waren die ursprünglichen Indizien der Spektral-Klassifikation, die mit Buchstaben gekennzeichnet wurde. Das stammt aus einer Zeit, als der Zusammenhang mit der Temperatur noch unbekannt war. In der Reihenfolge O B A F G K M – traditionell von links nach rechts aufgetragen – lassen sich die Spektralklassen abnehmenden Temperaturen zuordnen. Selbst Astronomen brauchen Eselsbrücken, um sich solche Buchstabenfolgen zu merken: O Be A Fine Girl Kiss Me. Die Buchstaben R N S (Right Now, Smack!) gibt es auch als Spektralklassen, bilden aber nicht die Fortsetzung der Temperaturskala.

Aufgabe:

Zeichnen Sie ein Diagramm, in dem nach oben die Radien kugelförmiger Sterne und *nach links* deren effektive Oberflächen-Temperatur aufgetragen sind. Die Skalen sollen jeweils logarithmisch sein. Die Temperatur soll von 3 000 K bis 40 000 K reichen. Beziffern Sie die

2.5.4 Hertzsprung-Russell-Diagramm

Radien und Leistungen in Bezug zur Sonne – vier Zehnerpotenzen nach oben und unten. Die Oberflächen-Temperatur der Sonne ist 5 860 K. Tragen Sie die Werte für einige bekannte Sterne ein.

Anleitung: Das Gesetz von STEFAN und BOLTZMANN besagt, dass der Faktor 10 in der absoluten Temperatur an der Oberfläche bei gleichem Radius die Leistung auf das 10^4-fache steigert. Bei gleicher Temperatur ist die gesamte Strahlungsleistung proportional zur Oberfläche.

Lösung:

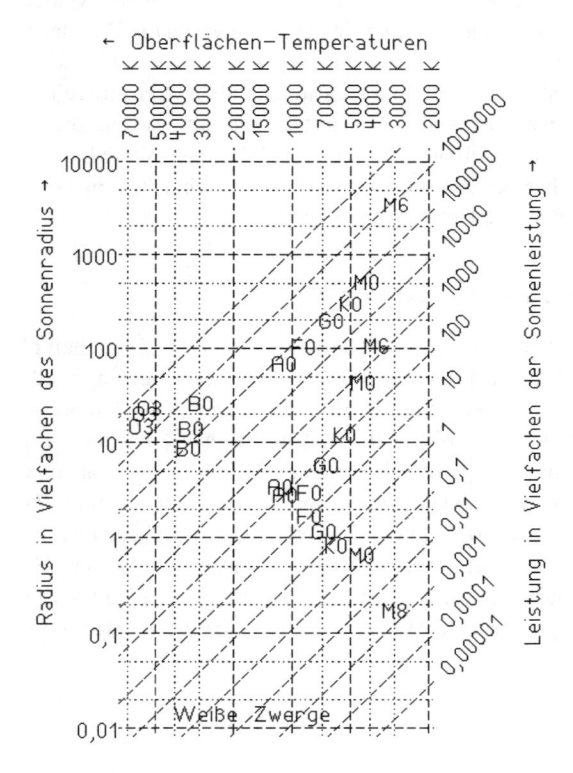

Bild 2.5.5
Temperatur-Radius-Diagramm in doppelt-logarithmischer Darstellung

Gegenüber dem Hertzsprung-Russell-Diagramm (HRD) ist unsere Darstellung in Bild 2.5.5 im Sinne einer Scherung verzerrt, denn wir tragen hier die Logarithmen der Radien und nicht die absoluten Magnituden nach oben auf – außerdem verwenden wir statt der Spektralklasse die logarithmische Temperaturskala. Sterne mit gleichen Leistungen liegen daher auf geneigten Geraden. Die Strecken für den Faktor Zehn sind hier waagerecht viel größer gewählt als vertikal.

Die Massen der Sterne sind durch verschieden große Kreisflächen angedeutet. Außer den Hauptreihensternen (normale Zwerge, Typ V, zu ihnen gehört auch die Sonne), die im HRD gefunden wurden, gibt es auch Riesen (IV und III) und Überriesen (I und II), sowie die Weißen Zwerge (bekanntestes und als erstes gefundes Beispiel: Sirius B). Die am stärksten strahlenden Sterne sind Rote Riesen aufgrund ihrer wahrhaft gigantischen Oberflächen, obwohl ihre äußeren Schichten nur maßvolle Temperaturen haben.

2.5.5 Hubble

1929 fand HUBBLE, dass sich Galaxien im Mittel umso schneller von uns weg bewegen, je weiter sie bereits entfernt sind. Die heutigen Messwerte lassen sich so deuten, dass vor etwa 15 Milliarden Jahren eine heute immer noch fortlaufende Explosion gestartet ist. Zu dieser *Expansion* seit dem *Urknall* gibt es ausführliche Theorien der Evolution des Universums. Ob diese Expansion durch die Schwerkraft nur abgeschwächt wird oder aber bis zur Umkehr gelangt war lange umstritten. Man nahm an, dass sich unser Universum nahe an den Grenzbedingungen zwischen beiden Möglichkeiten befände und gerade dadurch Gelegenheit hatte, uns Menschen zu erzeugen. Es wurde spekuliert, ob in einem wieder zusammenstürzenden Universum eventuell vorhandene intelligente Lebewesen die Zeit dann zwangsläufig in einer solchen Richtung erleben müssen, dass sie die Bewegung der Galaxien – wie wir – als Expansion beschreiben. Falls keine Umkehr stattfindet, haben wir es mit einer Asymmetrie der Zeitrichtungen im Großen zu tun. Andernfalls gilt die Asymmetrie zumindest für die bisherigen und viele noch kommende Milliarden Jahre. Verblüffender Weise häufen sich in den letzten Jahren immer deutlicher gemessene Werte, die – scheinbar(?) – nur den Schluss zulassen, dass sich die Expansion derzeit noch beschleunigt!

2.5.6 Der Zeitpfeil in der Astronomie – Evolution

Haben Sie sich schon einmal darüber gewundert, dass die Wetterkunde „Meteorologie" heißt? Von der Antike bis zum 16. Jahrhundert galt als herrschende Meinung, dass nur unterhalb (innerhalb, *sublunar*) der Mondsphäre so unregelmäßige Erscheinungen wie Meteore – das Aufleuchten von Meteoriten – und eben das Wetter ihren Platz haben. Der Mond und alles, was noch weiter draußen ist, gehört zum Himmel und muss auf *ewig gleichen* und kreisförmigen Bahnen laufen – notfalls auf zu Epizykeln kombinierten. Als Tycho Brahe 1572 einen Supernova-Ausbruch sah und als „stella nova" (lateinisch für neuen Stern) bezeichnete, war das nicht nur wie in unseren Tagen 1987 eine Gelegenheit zu neuen Kenntnissen. Es war ein Abschied von einem fundamentalen Lehrsatz – vergleichbar mit der Spaltung von Atomkernen 1938 als einer Umwandlung zwischen Atomen, was die Chemie bis dahin als Wunschtraum der Alchimisten abgelehnt hatte.

Noch vor 200 Jahren war das Weltbild der Wissenschaft in diesem Sinne quasi-statisch. Die Objekte der Astronomie laufen auf unveränderlichen Bahnen. Das Uhrwerk – und damit die Spitzentechnologie des 18. Jahrhunderts – war das Gleichnis für die Welt: Ein Schöpfer hat es gebaut und angeworfen. Seitdem läuft alles unverändert weiter. Auch die Arten von Lebewesen in der Biologie wurden als unverändert und unveränderlich angesehen. Erst das 19. Jahrhundert brachte den Entwicklungsgedanken in den Vordergrund, ausgehend von der Biologie, aber auch von der Thermodynamik. Unser heutiges Weltbild kann man so zusammenfassen: Die Welt existiert nicht, sie geschieht!

2.5.7 * Wie kann man – falls überhaupt – die Hohlwelttheorie widerlegen?

Um 1930 gab es einige Leute, die – unter anderem von sich selbst – für Wissenschaftler gehalten wurden und die behaupteten, man könne beweisen, dass die Welt eine Hohlkugel mit dem Erdradius r_0 als Radius sei. Die Sterne seien nahe dem Mittelpunkt und wir liefen auf der Innenfläche der Hohlkugel herum.

Aufgabe:

Entkräften Sie bitte folgende Gegenargumente, mit denen man versuchen könnte die Hohlwelttheorie zu widerlegen: Je höher man auf einen Turm steigt, umso mehr Erdoberfläche kann man überblicken. Von einem näherkommenden Schiff wird am Horizont zuerst die Mastspitze sichtbar. Jupiter hat einen viel größeren Durchmessser als die Erde. Es gibt Tages- und Jahreszeiten ...

Präzisieren Sie die Theorie dazu so, dass jeder Punkt, der „in Wirklichkeit" vom Erdmittelpunkt den Radius $r > 0$ und zwei Winkelkoordinaten hat, in den Punkt der Hohlweltbeschreibung versetzt wird mit $r' = r_0^2/r$ und den unveränderten Winkelkoordinaten. Wie ändert sich dabei die Größe dr eines „kleinen" Objektes ($dr \ll r$) bei radialer Bewegung?

Die genannte Transformation heißt auch „Inversion an der Kugel". Diese ist kreis- und winkeltreu: Kreise werden in Kreise überführt, und Geraden in Kreise *durch* den Kugelmittelpunkt und umgekehrt, siehe auch KNOPP: Elemente der Funktionentheorie, dort nur zweidimensional für die komplexe Ebene. Ist die Hohlwelttheorie also falsch oder „nur" – was viel schlimmer wäre! – extrem unpraktisch und in unnötigem Maße geozentrisch und damit anthropozentrisch, was seit COPERNICUS als verdächtig gilt?

Lösung:

Außer dem Mittelpunkt der Erde bekommt jeder Punkt der Welt eineindeutig einen Bildpunkt zugeordnet. Jeder Beschreibung eines Objektes oder Vorganges entspricht also eine im Sinne der Hohlwelttheorie, die *ebenso* richtig ist – allerdings sind die physikalischen Gesetze in ihr ziemlich verwickelt. So laufen die Lichtstrahlen nicht geradlinig, sondern auf Stücken von Kreisen, die durch den Hohlwelt-Mittelpunkt gehen. Das wäre an sich noch nicht tödlich für die Theorie, wenn es nicht eine viel einfachere, nämlich die gebräuchliche gäbe. Die Transformation ist an sich nicht komplizierter als manches aus der Physik des 20. Jahrhunderts, nur bringt sie keine Vorteile. Außerdem ist sie vor-copernicanisch: Man wird nicht erwarten, dass ein auf dem Mars wohnender Hohlwelttheoretiker ebenfalls den Mittelpunkt der Erde und nicht den seines Planeten wählen wird.

Es ist heute in der Naturwissenschaft Konsens, dass die Erde sich in der Welt nur dadurch auszeichnet, dass wir selbst hier wohnen. Das berechtigt uns natürlich dazu, ein geozentrisches Laborsystem zu benutzen – in dem somit die Sonne auf- und untergeht und die Sterne über den Himmel ziehen. Wir halten es aber nicht für sinnvoll in der Erde den Mittelpunkt der Welt zu sehen, wie es in der Antike und noch im Mittelalter nahe liegend und vernünftig war. Die Astronomie der letzten 400 Jahre – vor allem von GALILEI bis HUBBLE – hat uns in dieser Hinsicht Bescheidenheit gelehrt. Anlass zur Bescheidenheit gibt auch die Biologie des 19. und 20. Jahrhundert hinsichtlich unserer Rolle in der Biosphäre der Erde.

So führt uns die Beschäftigung mit etwas so Absurdem wie der Hohlwelttheorie zu wesentlichen Aussagen über die Kriterien, mit denen wir Ergebnisse der Wissenschaft bewerten. Einfachheit und Vorhersagefähigkeit sind wichtiger als Plausibilität. Wenn ROMAN U. SEXL Vorträge über das Thema „Hohlwelt" in dem hier skizzierten Sinne hielt, so schloss er sie mit mit einem scherzhaften Argument zugunsten dieser Theorie: Unsere Schuhsohlen sind konvex gekrümmt und nicht konkav.

3 Elektrodynamik

„Das Wesen der Elektrizität wird jedem, der damit in Berührung kommt, schlagartig klar" lautet ein Spruch aus der Zunft derer, die früher mit angelecktem Zeigefinger auf Spannung testeten. Etwas ernsthafter gesehen, scheinen uns unsere Sinne ausgesprochen indirekt über dieses Thema zu informieren.

Wenn Sie versuchen, sich eine Welt ohne Elektrizität vorzustellen, so denken Sie vielleicht an einen großen Stromausfall und an die Lebensbedingungen vor 200 Jahren. Das zeigt ungefähr die Rolle der Elektrotechnik in unserer Zivilisation, bei der Energie und Daten in großem Umfang mit elektrischen Erfindungen transportiert und gewandelt werden, die ihrerseits aufgrund der Entdeckungen zustandekamen.

Wenn wir aber „ohne Elektrizität" nicht nur als „ohne Kenntnisse über Elektrizität" auffassen, sondern so, dass es gar keine elektrischen Ladungen oder Feldstärken gäbe, dann fallen die Optik und die Chemie flach. Es gäbe vielleicht nicht einmal Atomkerne aus nur wenigen Nukleonen und sicher keine Elektronenhüllen um sie herum. Was man so „mechanische Kräfte" nennt, sind außer der Gravitation nichts anderes als Nebeneffekte elektrischer Anziehung zwischen Teilen von Atomen – Festigkeit und Elastizität, Oberflächenspannung.

Man kann einige Grundbegriffe an Systemen aus ruhenden Ladungen in weitgehender Analogie zur Gravitation einführen und kommt so zur *Elektrostatik* in 3.1. Bei der Bewegung von Ladungen befassen wir uns dann zuerst mit der Ladungserhaltung und dem Energieumsatz im elektrischen Feld in 3.2, in 3.3 dann mit der Wechselwirkung zwischen elektrischen Strömen – dem *Magnetismus*. Die Grundlagen der Elektrodynamik runden wir dann mit der Induktion in 3.4 ab. Die elektromagnetischen Schwingungen und Wellen behandeln wir im Zusammenhang des ansonsten eigenständigen Kapitels 4.

Die Bezeichnung *Elektrodynamik* (ED) wird heute meistens nicht mehr im Gegensatz zur *Elektrostatik* verstanden, sondern umfassend als die ganze klassische Theorie der Elektrizität und der Wellenoptik, wie sie MAXWELL und HERTZ formuliert haben. Dass die Ladungen eine ganzzahlige Struktur haben, kommt in ihr nicht vor – wir werden uns die Ladungserhaltung aber trotzdem damit plausibel machen. Im Gegensatz zur Klassischen Mechanik (KM) ist die ED mit der Speziellen Relativitätstheorie (SRT) verträglich formulierbar. Die moderne

Theorie der elektromagnetischen Wechselwirkung ist die Quantenelektrodynamik (QED), die von DIRAC, FEYNMAN und SCHWINGER formuliert wurde. Diese ist nicht nur mit der ED und damit auch der SRT, sondern auch mit der Quantenmechanik verträglich. WEINBERG, GLASHOW und SALAM haben vor wenigen Jahrzehnten die QED mit der Theorie der Schwachen Wechselwirkung zur *elektroschwachen Theorie* vereinigt. Die elektromagnetische und die schwache Wechselwirkung benehmen sich nur bei niedrigen Energien oder „großen" Entfernungen – mehr als etwa 1/100 des Nukleonendurchmessers – verschieden.

3.1 Elektrostatik

Dieser Teil der Elektrodynamik handelt von den Wechselwirkungen ruhender geladener Objekte. Als zentrale Größen werden die Elektrizitätsmenge – die elektrische Ladung – und die elektrische Feldstärke eingeführt, die auch außerhalb der Elektrostatik sehr bedeutsam sind.

3.1.1 Coulomb-Gesetz

Nachdem sich NEWTONs Gravitationsgesetz als außerordentlich machtvoll erwiesen hatte, lag es nahe, auch für die Grundlagen der Elektrizität ein Gesetz zu suchen. Eine mathematisch ähnliche Form galt dafür als plausibel. Wir gehen jedoch einen Schritt weiter und besinnen uns auf die elegante Formulierung mit der Flussdichte, die bei der Gravitation kugelsymmetrischer Objekte so nützlich gewesen ist.

Es gibt offenbar eine Eigenschaft eines Teils der Materie, die Anziehungs- und Abstoßungskräfte mit sich bringt. Unter gewissen Umständen kann sie ganz oder teilweise von einem Objekt zu einem anderen überspringen. Die Eigenschaft zeigt eine mengenartige Struktur und tritt in zwei Arten auf, die sich gegenseitig neutralisieren können. In Anlehnung an das Verhalten positiver und negativer Zahlen – besonders anschaulich bei Kontobewegungen – hat man diese Arten mit den Vorzeichen + und – bezeichnet. Die Zuordnung erfolgte willkürlich. Sie hat sich später als etwas unglücklich erwiesen, da die Sorte, die bei Wanderungen die weitaus wichtigere Rolle spielt, das Minuszeichen bekommen hat. In der Schulphysik hat das zu einigen krampfhaften und verwirrenden Bezeichnungen geführt.

Diese mengenartige Größe heißt sinnvollerweise *Elektrizitätsmenge* oder auch *elektrische Ladung*, was zu manchem Missverständnis Anlass gab. Sie ist ein Skalar mit einem Vorzeichen und hat damit – jedenfalls in der klassischen Physik – die Struktur reeller Zahlen. Die Atomphysik zeigt jedoch, dass sie stets in ganzzahlig Vielfachen einer bestimmten Größe auftritt, nämlich der von MILLIKAN 1909 gemessenen *Elementarladung* $e_0 = 1{,}610^{-19}$ A · s. Damit ist die Struktur der Ladung eigentlich die der ganzen Zahlen. Dass in der subatomaren Physik – nämlich bei den *Quarks* – Bruchteile von e_0 vorkommen, nämlich ganzzahlige Vielfache von $e_0/3$, ändert daran prinzipiell nichts. In einem strengeren Sinne müsste eigentlich nun diesem kleineren Wert die Bezeichnung Elementarladung zukommen. Es gibt jedoch Eigenschaften der Quarks, die zur Folge haben, dass sie nur in Verbindungen – als Baryonen und Mesonen – auftreten, die nach außen keine Drittel, sondern nur ganzzahlige Vielfache von e_0 zeigen.

Die wichtigste Aussage über die elektrische Ladung ist von jeher fast als Selbstverständlichkeit angesehen worden: Sie bleibt in jedem isolierten System erhalten. Ladung kann also nicht erzeugt, sondern nur getrennt oder auf Wanderschaft geschickt werden. In vielen

3.1.1 Coulomb-Gesetz

Fällen wandern die Teilchen – insbesondere die Elektronen – und nehmen dabei ihre Ladung stets mit. Gerade solche Musterbeispiele lassen kaum Zweifel an der Ladungserhaltung aufkommen. Es ist aber keineswegs denknotwendig, dass auch bei der Umwandlung von Teilchen in andere – beispielsweise von Elektron und Positron in zwei Photonen wie im Positronen-Emissions-Tomografen – die Ladungsbilanz die Erhaltungseigenschaft aufweist.

Zwischen zwei geladenen Objekten findet man eine Kraft in Anziehungs- oder Abstoßungsrichtung. Hat man mindestens drei Ladungen, die nicht alle das gleiche Vorzeichen haben, kann man finden, dass zu den gleichen Vorzeichen die Abstoßung und zu ungleichen die Anziehung gehört. Das sollte sich jeder bitte selbst näher überlegen!

Fügt man zwei geladene Objekte zu einem zusammen, so folgt aus der Additivität der Ladung, dass bei unveränderter Umgebung nun die Summe der Kräfte wirksam ist. Die Proportionalität der elektrischen Kraft zur Ladung des betroffenen Objekts ist damit keine Überraschung. Erkundet man mit einem Objekt einer bestimmten Ladung – als positiv vorausgesetzt, im Folgenden als *Probeladung* bezeichnet – die Kräfte in einem Umfeld anderer geladener Objekte, so ist damit klar, dass diese Kräfte allesamt zur Ladung des Probekörpers proportional sind. Es ist daher sinnvoll, die entscheidenden Eigenschaften der einzelnen Punkte in diesem Umfeld durch den Quotienten aus dem jeweils dort auf den Probekörper wirkenden Kraft-Vektor $\boldsymbol{F}$ und dem (skalaren) Wert der Probeladung q zu kennzeichnen. Diese Größe wird als *elektrische Feldstärke* $\boldsymbol{E}$ bezeichnet und ist ein Vektor.

> Definition der elektrischen Feldstärke: $\boldsymbol{F}_{el} = q\boldsymbol{E}$

Das Wort Feldstärke deutet an, dass auch von einem physikalischen Objekt namens *Feld* die Rede sein wird. Wir werden sehen, dass das durch eine räumliche Verteilung solcher Feldstärken beschriebene Feld mehr ist als nur eine abstrakte Eigenschaft des Raumes. Das Feld erweist sich auch als Träger von Energie und anderen Größen.

3.1.1.1 Elektrische Flussdichte

Zunächst wollen wir untersuchen, wie die Feldstärke von der räumlichen Verteilung der Ladungen abhängt. Der klassische Weg ist, erst einmal die Kraft zwischen zwei Punktladungen zu messen und das Ergebnis als fundamentales Gesetz zu formulieren. Bei komplizierteren Ladungsverteilungen sind dann die Vektoren zu addieren. Mathematisch einfacher ist es, ein – zunächst kompliziert aussehendes – Fundamentalgesetz anzunehmen und dann einfache Konsequenzen daraus zu ziehen. Bei der Gravitation ist uns dieser Weg mit der Flussdichte gelungen.

Es zeigt sich, dass auch die elektrische Feldstärke eine mathematische Rolle wie eine Flussdichte spielen kann. Aus *rein formalen* Gründen des metrischen Einheitensystems wird sie dazu mit einer universellen Konstanten ε_0 und zwecks Berücksichtigung einer gewissen Materialeigenschaft auch noch mit einem Faktor ε multipliziert. ε_0 nennt man *elektrische Feldkonstante*, ε hat im leeren Raum den Wert 1.

> Definition der elektrischen Flussdichte: $\boldsymbol{D} = \varepsilon_0 \varepsilon \boldsymbol{E}$

Nun stellen wir uns einen Volumenbereich vor, in dem sich Ladungen befinden sollen. Der Bereich wird von einer geschlossenen Oberfläche umhüllt. Diese wird in „unendlich kleine" Stückchen zerlegt. Jedem Stück wird ein zu ihm rechtwinklig stehender Vektor dA zugeordnet, dessen Betrag die Größe der Fläche angibt.

An den Orten der einzelnen Flächenstückchen muss man nun die Feldstärke E bestimmen, auf die Flussdichte D umrechnen und dann mit dA skalar multiplizieren. Die einzelnen Produkte DdA müssen nun auf der gesamten Oberfläche aufsummiert werden. Im Grenzfall gegen null strebender Größen der Flächenstückchen wird das formal als Flächen-Integral $\int D \mathrm{d}A$ geschrieben.

Das Naturgesetz besteht nun darin, dass dieses Integral nur von der gesamten elektrischen Ladung im Volumenbereich, der von der Fläche umhüllt wird, abhängt. Wegen des ominösen Faktors ε_0 ist das Integral sogar gleich der Summe der Ladungen. Wir haben damit das COULOMB-*Gesetz* für die Flussdichte formuliert.

> Coulomb-Gesetz für die Flussdichte
> $$\sum q_i = \int D \mathrm{d}A \quad \text{Integration über geschlossene Fläche}$$

3.1.1.2 Kugelsymmetrische Ladungsverteilungen

Wir betrachten nun speziell den Außenraum einer Kugel, in der Ladungen richtungsunabhängig um den Mittelpunkt verteilt sind. Die räumliche Ladungsdichte ist daher nur vom Abstand von diesem Mittelpunkt, aber von keiner Winkelkoordinate abhängig, also *isotrop*. Das kann eine homogen gefüllte Kugel sein, eine Hohlkugel oder eine Kugelschale, aber auch eine einzelne Punktladung in der Mitte. Für alle diese Fälle folgt aus der Symmetrie, dass die Feldstärke radial zum Mittelpunkt oder von ihm weg zeigt und in gleichen Entfernungen von ihm den gleichen Betrag hat.

Um diesen Betrag der Feldstärke für eine Entfernung r zu bestimmen, die größer als der Kugelradius ist, denken wir uns nun eine Kugeloberfläche mit diesem Radius r um den Mittelpunkt. Die Feldstärke und damit auch die Flussdichte ist wegen der Kugelsymmetrie überall gleichsinnig oder gegensinnig parallel zum Vektor des Flächenelementes gerichtet, also radial einwärts oder auswärts. Der im Skalarprodukt auftretende Kosinus hat dann stets den Betrag eins. Man kann ihn und den Betrag der Flussdichte vor das Integral ziehen. Dieses enthält dann nur noch die Flächenelemente dA und stellt den Betrag der Kugeloberfläche $4\pi r^2$ dar. Wir können nun den Betrag E der Feldstärke im Abstand r vom Mittelpunkt einer kugelförmigen Ladungsverteilung der gesamten Ladung q, die auf einen Bereich mit einem kleineren Radius beschränkt ist, angeben.

> Coulomb-Gesetz für Punktladung oder Außenraum einer isotropen Kugel
> $$E = \frac{q}{4\pi\varepsilon\varepsilon_0 r^2}$$

Aus der Definition der Feldstärke ergibt sich damit auch die Kraft zwischen zwei Punktladungen q_1 und q_2 im gegenseitigen Abstand r.

> Coulomb-Gesetz für die Kraft zwischen zwei Punktladungen
> $$F_{Coul} = \frac{q_1 q_2}{4\pi\varepsilon\varepsilon_0 r^2}$$

In dieser Form wird das Coulomb-Gesetz meistens angegeben. Wir haben es hier als einfache Folgerung aus der wesentlich aussagekräftigeren – wenn auch scheinbar abstrakteren – Formulierung für die Flussdichte gewonnen. Auf diese Weise ersparen wir uns hier einige Gesetze der Vektoranalysis. Dass das Coulomb-Gesetz wirklich gilt, muss ohnehin die Übereinstimmung mit der Realität erweisen.

Zum Begriff „Punktladung" sei noch – analog zur „Punktmasse" – angemerkt, dass er auf jedes Objekt angewendet werden kann, bei dem es auf die Ladung und den Ort, aber nicht auf die Abmessungen ankommt. Je nach Fragestellung kann beispielsweise ein Ion hinreichend klein sein, wenn es durch ein Massenspektrometer fliegt, oder auch schon zu groß für eine Punktmasse oder Punktladung, nämlich wenn man sich für die Ladungswolken in seiner Elektronenhülle interessiert.

Wenn Sie ältere Bücher, insbesondere theoretisch orientierte, ansehen, finden Sie Formulierungen ohne die Faktoren 4π und ε_0. Das hat folgenden Hintergrund: Man kann die Einheit der elektrischen Ladung beliebig wählen und damit dem Produkt dieser Konstanten $4\pi\varepsilon_0$ jeden gewünschten Wert zuweisen, so auch die Eins. Bezüglich 4π ist das nur scheinbar einfacher, denn dieser Faktor taucht dann an weniger passenden Stellen auf.

Das metrische System leistet sich den Luxus, die Einheit „Ampere-Sekunde" so zu definieren, dass im Coulomb-Gesetz die elektrische Feldkonstante ε_0 mit ihrem krummen Zahlenwert $0{,}89 \cdot 10^{-11}$ und der Einheit $A \cdot s/(V \cdot m)$ auftritt und dass die Feldstärke und die Flussdichte völlig verschiedene Einheiten bekommen, nämlich V/m und As/m². Trotz solcher Kapriolen dieses Systems sollten wir froh sein, dass mit seinem Vordringen auch in die Lehrbücher das verwirrende Durcheinander der verschiedenen Varianten verschwindet, die – nur teilweise zu Recht – früher als elegant empfunden wurden. Ein einheitliches Einheitensystem mit einigen Seltsamkeiten ist besser als die ständige Unsicherheit darüber, welches System in dem gerade benutzten Buch verwendet wird und wie herum das umzurechnen sein könnte.

Die $1/r^2$-Abhängigkeit hatten vor COULOMB (1785) schon PRIESTLEY (1767 aus der Kräftefreiheit im Inneren einer geladenen Hohlkugel) und CAVENDISH (1771) gefunden. Coulomb hat die gleiche Abhängigkeit auch für die Kraft zwischen Magnetpolen gefunden. MILLIKAN hat 1909 an kleinen Öltröpfchen, die fast zwangsläufig zufallsverteilt schwach geladen waren, ganzzahlige Werte für die Ladungen herausgefunden. Er hat dazu die Geschwindigkeiten der Tröpfchen gemessen, die sich in einem senkrechten elektrischen Feld befanden und bei Gleichgewicht von Schwerkraft und Reibung langsamer oder schneller ab- oder aufstiegen.

3.1.1.3 Dipole

Aufgabe:

a) Eine Ladung $+Q$ sitzt am Ort mit den kartesischen Koordinaten (0; 0,001 m; 0), eine zweite $-Q$ befindet sich in (0; -0,001 m; 0).
Bestimmen Sie bitte die elektrische Feldstärke am Ort (1 m; 0; 0).

b) Wie groß ist die Feldstärke am gleichen Ort für $10\,Q$ bei (0; 0,0001 m; 0) und $-10\,Q$ bei (0; -0,0001 m; 0)?

Lösung:

a) Jede Ladung allein erzeugt in 1 m Abstand eine Feldstärke vom Betrag $E = Q/(4\pi\varepsilon_0 1\,\text{m}^2)$. Die x-Komponente der Feldstärke ist dort fast genauso groß wie die Feldstärke selbst, die y-Komponente ist dagegen nur $E/1000$. Wegen der entgegengesetzten Ladungsvorzeichen, heben sich an diesem Ort die x-Komponenten auf. Die y-Komponenten addieren sich zu $E/500$.

b) Der Betrag und die x-Komponenten sind nun 10-mal so groß. Die x-Komponenten heben sich wieder auf. Für die y-Komponenten ergeben sich aber die gleichen Werte wie in Teil (a). Die Feldstärke ist also genauso groß wie in (a).

Man sieht an diesem Zahlenbeispiel für eine spezielle Richtung, dass es in großer Entfernung nur auf das Produkt aus dem (gleichen) Betrag der einzelnen Ladung und dem Abstand der Ladungen voneinander ankommt. Es ist deshalb sinnvoll, dieses Produkt als eine eigenständige Größe zur Beschreibung eines Dipols zu formulieren. Man nennt dieses Produkt *Dipolmoment*.

3.1.1.4 Mechanisches Modell zum Dipol

Aufgabe:

Zwei Reagenzgläser sind mit einem gemeinsamen Korken verschlossen. Sie sind so gefüllt, dass sie gemeinsam die gleiche mittlere Dichte wie Wasser haben. Einzeln haben sie aber sehr ungleich schwere Füllungen.

a) Wie verhält sie sich das Reagenzglas-Pärchen im Wasser bei Auslenkungen aus der bevorzugten Richtung?
b) Vergleichen Sie das bitte mit den Effekten für einen elektrischen Dipol in einem äußeren elektrostatischen Feld.
c) Wie ist das Verhalten in einer Flüssigkeit, deren Dichte mit der Tiefe zunimmt?

Lösung:

a) Die Schwerkraft auf das Pärchen wird durch den statischen Auftrieb im Wasser ausgeglichen. Für die schwerere Hälfte allein überwiegt aber die Schwerkraft, für die leichtere überwiegt der Auftrieb – formal wie eine negative Schwerkraft wirkend. Im homogenen Wasser schwebt das Ganze beschleunigungsfrei mit dem schweren Ende nach unten. Wird es aus dieser Orientierung ausgelenkt, gibt es ein rücktreibendes Drehmoment, das wegen des Trägheitsmomentes zu (harmonischen) Schwingungen führt.
b) Bis hier ist alles analog zum elektrischen Dipol, wenn man das Schwerefeld dem elektrischen Feld gegenüberstellt und den Unterschied zwischen der Masse des einzelnen Reagenzglases und der des von ihm verdrängten Wassers zur elektrischen Ladung analog setzt.
c) Die höhenabhängige Dichte in der Flüssigkeit ist dagegen keine gute Analogie zum inhomogenen Feld, obwohl in beiden Fällen Kräfte entstehen können. Im inhomogenen Feld wird der Dipol in den Bereich größerer Feldstärke gezogen, im hydrostatischen Beispiel dagegen in den Bereich, dessen Dichte mit seiner eigenen mittleren Dichte übereinstimmt. Im elektrischen Fall wäre dem ein Dipol im homogenen Feld analog, bei

dem die Ladungen gleichsinnig ortsabhängig wären, was keinen Sinn gibt. Die Analogie ist also nur für das homogene Feld brauchbar.

3.1.2 Vergleich von Elektrostatik und Gravitation

Das elektrostatische Feld und das Gravitationsfeld – in der relativ einfachen Newtonschen Fassung, ohne allgemein-relativistische Effekte – haben große Ähnlichkeiten in ihrer Struktur und damit in der mathematischen Beschreibung. Es zeigt sich aber, dass die unterschiedliche Zahl der Ladungsarten – zwei in der Elektrostatik, aber nur eine für die Gravitation – die an sich extrem schwache Gravitation oft zur weitaus stärkeren Kraft machen kann.

Tabelle 3.1.1 Gegenüberstellung von Gravitation und Elektrostatik

	Gravitation	**Elektrostatik**
Ladungsvorzeichen:	nur positive Massen	positive *und* negative Ladungen
Kraftrichtung:	gleiche Massen anziehend	gleiche Ladungen abstoßend, ungleiche Ladungen anziehend
Abschirmung:	keine	wenn Ladungen beider Vorzeichen vorhanden sind und mindestens eine Sorte beweglich ist
Stärke:	extrem schwach	sehr stark
Reichweite:	unbeschränkt	unbeschränkt, aber durch Abschirmung erheblich beeinträchtigt
Wirkung:	auf alles	nur auf geladene Teilchen, außerhalb von Atomkernen sind die meisten Objekte nahezu neutral
typische Anwendungen:	Astronomie, Bergsteigen	Kerne, Atombau, Chemie

3.1.3 * Ein Balanceakt und der Satz von Earnshaw

Ein schwebender magnetischer Kreisel namens „Levitron" hat in unserem Kollegenkreis für Aufmerksamkeit gesorgt. Wie funktioniert das Schweben in Kombination von elektromagnetischen Feldern und Schwerefeld? Schon eine viel einfachere Version ist interessant: Eine elektrische Punktladung im homogenen Schwerefeld soll über einem ringförmigen und elektrisch geladenen waagerechten Drahtring schweben. Die Punktladung und der Ring sind gleichsinnig geladen. Es ist klar, dass es mitten über dem Ring eine Höhe gibt, in der die elektrostatische Abstoßung der Schwerkraft die Waage hält. Ist das Gleichgewicht stabil? Weiter oben ist die Coulomb-Kraft schwächer, darunter stärker, wogegen die Schwerkraft von der Höhe nicht abhängt – wenn man sich auf die etwa fünf ersten Stellen beschränkt. Das spricht für die Stabilität. Oder haben wir etwas übersehen?

Bemerkenswerterweise hat EARNSHAW bereits um 1842 festgestellt, dass es in *statischen* elektrischen oder magnetischen Feldern keine derartigen *stabilen* Gleichgewichte gibt, ausgenommen mit diamagnetischen Proben.

Zu diesen gehören auch die Supraleiter. Diese sind sogar ideale Diamagnetica und können darum in geeigneten statischen Magnetfeldern schweben. Seit Entdeckung der „Hochtemperatur"-Supraleiter – den Supraleitern *mit nicht ganz so tiefen* Sprungtemperaturen – bekommt man das oft zu sehen.

Wenn wir uns das Schwerefeld durch ein überlagertes homogenes elektrostatisches Feld – passend zur Masse unserer Punktladung – ersetzt denken, so vereinfacht sich die Frage. Gibt es ein elektrostatisches Feld zwischen irgendwelchen Ladungen mit einem Punkt darin, an dem eine Punktladung im stabilen Gleichgewicht sitzen kann? Dafür müsste im Falle einer positiven Punktladung rund um diesen Punkt die Feldstärke von *allen* Seiten auf diesen Punkt gerichtet sein. Das ist aber nach unseren Kenntnissen über den elektrischen Fluss, die wir auch hier anwenden können, nur dann der Fall, wenn an diesem Punkt negative Ladung sitzt. Das soll aber nach Voraussetzung gerade nicht der Fall sein. Wenn die Feldstärke also, wie in unserem Beispiel, von oben und von unten auf den Punkt zeigt, dann muss sie seitwärts von ihm wegzeigen. Das ist sicher, ohne dass wir es noch extra berechnen müssten! Unsere Punktladung ist also über dem Drahtring in einem labilen Gleichgewicht wie ein Seiltänzer.

○ Bei verschiedenen Verhältnissen von Masse und Ladung der Punktladung – oder bei verschiedenen Ladungen des Drahtringes – ist dieser labile Gleichgewichtspunkt unterschiedlich hoch. Es stellt sich heraus, dass es zwei davon gibt. Statt des unteren Punktes kann es sogar eine Kreislinie voller labiler Gleichgewichtspositionen geben. Diese ist etwas höher und kleiner als der Drahtring. Mit Computerzeichnungen des Feldes kann man sie sehr schön bestimmen.

➢ Wir haben hier ein bemerkenswertes Beispiel für die Aussagefähigkeit allgemeiner Sätze kennen gelernt, wobei man nicht einmal rechnen muss.

3.1.4 Elektrische Spannung, Potenzial

In der Mechanik haben wir das Skalarprodukt aus Kraft und Wegstückchen als Zuwachs der kinetischen Energie behandelt. Unter gewissen Umständen – dem Ausbleiben von Reibung – haben wir das Negative davon als Zuwachs der potenziellen Energie definiert.

Wenden wir das nun auf eine *positiv* geladene Punktmasse (m, Q) an, so gibt die elektrische Feldstärke E an jedem Ort an, wie groß diese beschleunigende Kraft F ist, nämlich $+QE$. Der Zuwachs an kinetischer Energie auf dem Wegstück ds ist also $+QE \cdot ds$ und für den an potenzieller Energie erwarten wir $-QE \cdot ds$. In der Elektro*statik* geht das auch ohne Probleme, denn in diesem Teilgebiet der Elektrodynamik hat E freundlicherweise die Eigenschaft, dass ein Wegintegral auf einem geschlossenen Weg null ist. Fast nur in diesem Fall kann man von der potenziellen Energie sprechen und sie als Produkt eines *Potenzials* und der Ladung auffassen. Das Wegintegral über $-E \cdot ds$ kann man aber allgemein definieren und als elektrische Spannung bezeichnen.

> Definition der elektrischen Spannung
> längs eines Weges zwischen zwei Punkten A und B
> $$U = - \int_A^B \boldsymbol{E} \cdot d\boldsymbol{s} \quad \text{Einheit: Volt, } 1\text{ V} = 1\text{ W}\cdot\text{s}/(\text{A}\cdot\text{s}) = \text{W/A}$$

In der Elektrostatik und auch beim Gleichstrom ist die Spannung nur von den Endpunkten und nicht vom Verlauf des Weges abhängig. *Nur dann* kann man einem Punkt das Potenzial null zuweisen und allen anderen Punkten als *Potenzial* die Spannung, die ein – jeder! – Weg vom Nullpunkt zu ihm hat.

Wenn jemand ganz allgemein die Spannung als Potenzialdifferenz definieren will, so bekommt er Probleme beim Transformator und anderen alltäglichen Geräten. Dort gibt es zwar Spannungen, aber keine so einfachen Potenziale (siehe Induktion in 3.4).

Das von einer Punktladung Q verursachte Potenzial hat im Abstand r den Wert

$$U = \frac{Q}{4\pi\varepsilon\varepsilon_0 r} + \text{const.}$$

Läuft eine Ladung gegen die Feldstärke, so nimmt ihre kinetische Energie ab und ihre potenzielle zu. Sie läuft sozusagen bergauf. Solche Analogien zum Schwerefeld auf der Erde sind sehr nützlich. Ist die Ladung positiv, so hat sie sich auch an einen Ort mit höherem Potenzial begeben. Für negative Ladungen gilt aber gerade das Umgekehrte!

Tabelle 3.1.2 Umrechnungsschema für die Elektrostatik

Kraft F	$F = QE$	elektrische Feldstärke E
$dW_p = -F \cdot ds$		$dU = -E \cdot ds$
potenzielle Energie W_p	$W_p = QU$	elektrische Spannung (Potenzial) U

3.1.5 * Bilder von Feldern und Feldlinien

Man kann zu jeder gegebenen räumlichen Verteilung von endlich vielen Ladungen (x[i]; y[i]; z[i]; Q[i]) mit (i:= 1 bis n) für jeden Punkt des Raumes (x; y; z) die Feldstärke (ex; ey; ez) und das Potenzial u mit dem Coulomb-Gesetz berechnen.

```
{ Berechnung fuer einen Punkt des elektrischen Feldes }
ex:=0; ey:=0; ez:=0; u:=0;
for i:=1 to n do { Ladungen als Quellen }
begin
   r:=sqrt((x-x[i])*(x-x[i])+(y-y[i])*(y-y[i])+(z-z[i])*(z-z[i]));
   ex:=ex+Q[i]*(x-x[i])/r/r/r/4/pi/epsilon0;
   ey:=ey+Q[i]*(y-y[i])/r/r/r/4/pi/epsilon0;
   ez:=ez+Q[i]*(z-z[i])/r/r/r/4/pi/epsilon0;
   u:=u+Q[i]/r/4/pi/epsilon0
end;
```

Man kann nun jedem Punkt einen Pfeil mit der Richtung der elektrischen Feldstärke mit einer zu seinem Betrag maßstäblichen Länge zuordnen. Leider neigen diese Pfeile dazu, sich nahe der Ladungen zu durchkreuzen und in der Nähe von Gleichgewichtspunkten nur noch

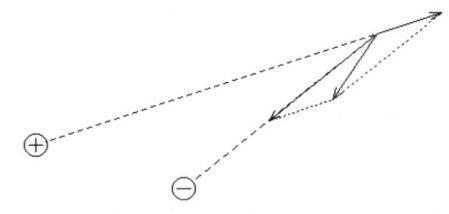

Bild 3.1.1 Bestimmung der Feldstärke, die von zwei Punktladungen verursacht wird, als Vektoraddition. Zur Bestimmung der elektrischen Feldstärke aus endlich vielen Ladungen: jede Ladung verursacht an jedem Punkt je nach Vorzeichen eine abstoßende oder anziehende Feldstärke. Ihr Betrag ist natürlich von der Entfernung und dem Betrag der Ladung abhängig. Alle an einem Punkt wirksamen Feldstärken müssen nun nur noch vektoriell addiert werden.

Bild 3.1.2 Feldbilder für zwei und vier Punktladungen

3.1.5 Bilder von Feldern und Feldlinien

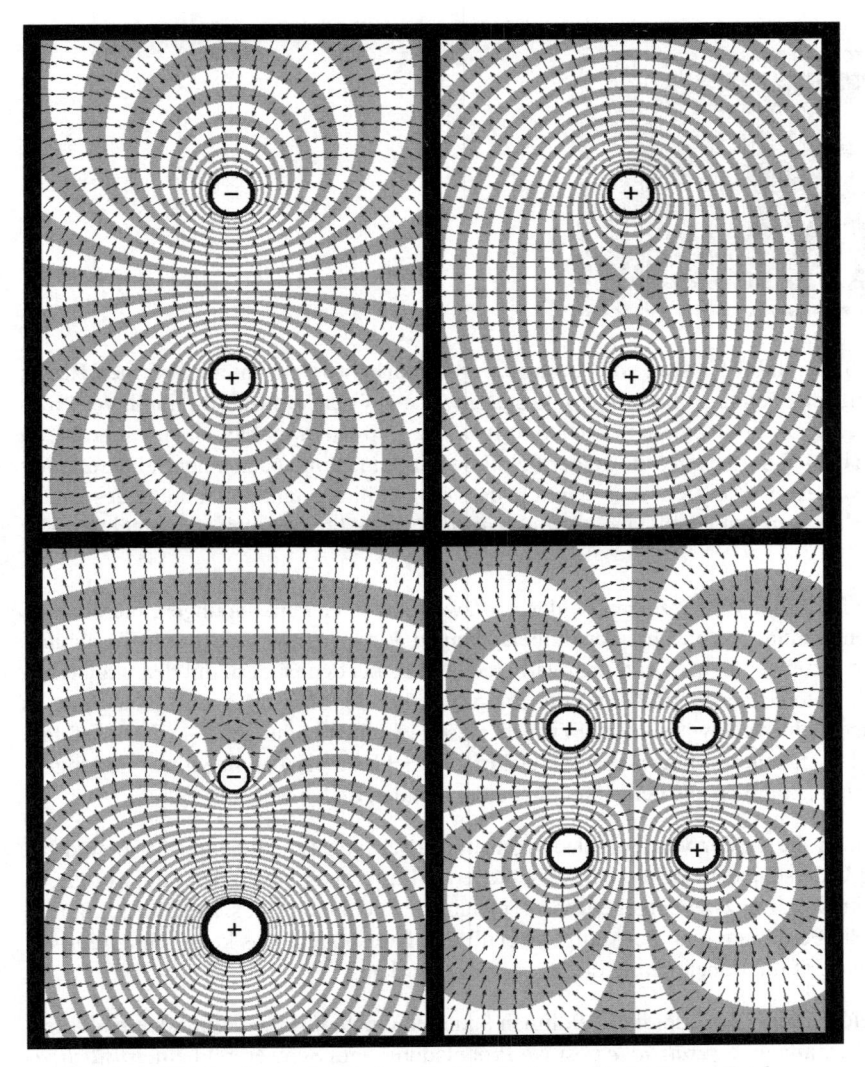

Bild 3.1.3 Feldbilder für zwei und vier geladene Linien rechtwinklig zur Zeichnung

als Punkte zu erscheinen. Sehr gebräuchlich sind *Feldlinien* zur Darstellung von Feldern. Sie entstehen, indem man Startpunkte wählt und jeweils sehr kleine Schritte in die jeweilige Richtung der Feldstärke macht – auch mit dem Computer.

Wer behauptet, Ladungen würden auf Feldlinien entlanglaufen, hat entweder vergessen zu sagen, dass er ein Medium mit starker Reibung voraussetzt, oder er hat den Unterschied zwischen Geschwindigkeit und Beschleunigung nicht begriffen. Die – mit dem Satz von Gauß zusammenhängende – Tatsache, dass mehrere Feldlinien nebeneinander dort dichter zusammenlaufen, wo die Feldstärke größer wird, führt zu der missverständlichen Formulierung, die Feldstärke sei die volumenbezogene Dichte der Feldlinien, so als ob es eine definierte Anzahl von ihnen gäbe.

Die Bilder 3.1.2 und 3.1.3 sind vom Computer gezeichnet worden. In einem feinen Raster wurde jeweils das Potenzial berechnet und stufenweise auf dem Bildschirm durch verschiedene Farben angezeigt. In einem zweiten Schritt wurde von Gitterpunkten in einem gröberen Raster nach beiden Seiten ein Stück einer Feldlinie gezeichnet und nach einer Seite mit einer Pfeilspitze versehen. Man sieht sehr deutlich, dass die Feldlinien und die Schnitte des Bildes mit den Flächen gleichen Potenzials – *Äquipotenzialflächen* – überall zueinander rechtwinklig sind.

Die ersten vier dieser Bilder zeigen Felder von zwei bzw. vier Punktladungen, die anderen vier die von Ladungen, die auf „unendlich" langen Linien rechtwinklig zur Zeichnung gleichmäßig verteilt sind. Man erkennt relativ leicht, dass bei den Bildern mit den ungleichen Beträgen die untere Ladung stärker als die obere ist. Über der oberen Linien-Ladung gibt es eine Gleichgewichtsstelle wie sonst nur zwischen zwei gleichen Ladungen. Gravitationsfelder zwischen Massen sehen genauso aus wie elektrische Felder zwischen *negativen* Ladungen: Alle Feldlinien „kommen aus dem Unendlichen und enden in den Massen".

Vergleicht man die Felder von Punktladungen mit denen von Linienladungen, so sind bei ersteren die Unterschiede der Stärke in verschiedenen Entfernungen von den Ladungen noch wesentlich krasser. Bei zwei entgegengesetzt gleichen Linienladungen, siehe Bild 3.1.3 oben links, sind die Feldlinien und die Äquipotenziallinien Kreisbögen. Das kann mit *konformen Abbildungen* der Funktionentheorie elegant gezeigt werden.

Aus den Feldstärkepfeilen oder den Feldlinien kann man nicht nur per definitionem ablesen, in welche Richtung eine *zusätzliche* positive Probeladung – im Schwerefeld eine *zusätzliche* Probe-Masse – beschleunigt wird. Man kann auch sehen, in welche Richtungen Kräfte *zwischen den felderzeugenden* Ladungen – im Schwerefeld Massen – wirken.

Tabelle 3.1.3 Kräfte zwischen felderzeugenden Ladungen und Massen

allgemeiner Fall:	ungleichnamige Ladungen ziehen sich an	gleichnamige Ladungen ziehen sich an
Beispiel:	elektrisches Feld	Schwerefeld
Wirkung bezüglich Feldlinien:	Feldlinien „wollen" sich verkürzen und seitwärts abdrängen	Feldlinien „wollen" sich seitwärts anziehen
Wirkung bezüglich Feldstärkerichtung:	entlang der Feldstärkerichtung anziehend, quer dazu abstoßend	*quer* zur Feldstärkerichtung anziehend

3.1.6 Kondensator und Energiedichte

Wir betrachten zwei dünne Platten jeweils der Fläche A, die sich zueinander parallel im Abstand b befinden. Dieser Abstand soll klein gegen Länge und Breite der Platten sein. Eine Platte sei mit der Elektrizitätsmenge $+Q$ geladen, die andere mit der entgegengesetzten Menge $-Q$. Dabei sollen die Ladungen über die Flächen der Platten gleichmäßig verteilt sein. Das trifft nur ungefähr zu, aber je kleiner b wird, desto besser. Eine Probeladung zwischen beiden wird, abgesehen vom Randbereich, fast genau rechtwinklig zu den Platten beschleunigt. Im Außenraum – also außerhalb des Quaders, der die Platten einschließt – wird eine Probeladung von der einen Platte fast genauso stark angezogen wie von der anderen abgestoßen. Die Feldstärke ist dort praktisch null.

Diese so genannte *Abschirmung* besteht also nicht etwa darin, dass leitfähige Platten eine Barriere für die Coulomb-Kraft wären. Sie kommt zustande, weil die Coulomb-Kraft über alle Entfernungen hinweg ungehindert wirkt. Die verschiedenen Ladungsvorzeichen können zu einer Addition zu null führen, siehe Bild 3.1.4. Bei unserer Plattenanordnung erfolgt die Abschirmung wegen der antisymmetrischen Ladung der Platten, in anderen Fällen durch geeignete Wanderung beweglicher Ladungsträger.

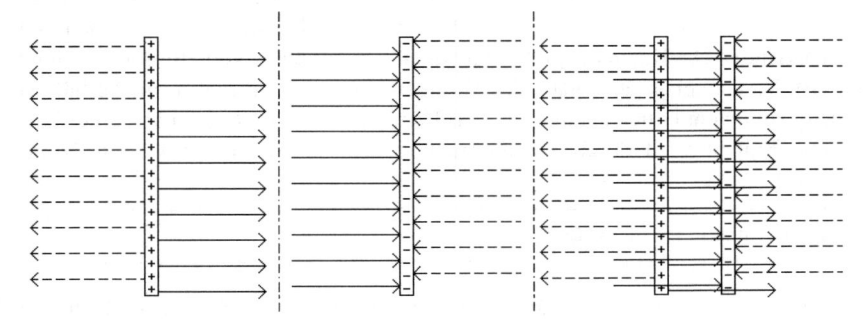

Bild 3.1.4 Feldstärkevektoren beiderseits geladener Platten, in der einen Richtung durchgezogen, in der anderen gestrichelt. Links: positive Plattenladung. Mitte: negative Plattenladung. Rechts: Durch Überlagerung gibt es zwischen den Platten eine Verstärkung, im Außenraum dagegen Auslöschung.

Wir kommen also anschaulich zu einem vereinfachten Bild vom Feld des *Plattenkondensators*: Im Quader zwischen den Platten ist die Feldstärke überall gleich und rechtwinklig zu den Platten gerichtet, außen ist es null.

Im Randbereich kann das nicht stimmen. Wenn man am Rand die Platten durch Zufügen eines zweiten Kondensators der gleichen Art fortsetzt, muss sich die Feldstärke dort verdoppeln. Andererseits sollte dieser verdoppelte Wert der gleiche sein wie mitten im Kondensator. Die Feldstärke hat also am Rand genau den halben Wert wie im eigentlichen Innenraum. Diese Ungenauigkeit ist aber umso belangloser, je kleiner b im Verhältnis zu Länge und Breite der Platten ist, und wird daher meistens nicht weiter beachtet.

Um nun den Zusammenhang zwischen der Feldstärke E im Inneren des Plattenkondensators und der Ladung Q zu bestimmen, wenden wir das Coulomb-Gesetz in der Fassung für den elektrischen Fluss auf eine eng anliegende Umhüllung um eine der geladenen Platten an. Diese geschlossene Hüllfläche besteht fast nur aus zwei Stücken von jeweils der Fläche A:

außen mit der Feldstärke null und innen mit dem gesuchten Wert E. Zum Flussintegral trägt nur die innere bei, und zwar einfach mit dem Wert $EA\varepsilon\varepsilon_0 = Q$. Damit ist die Feldstärke

$$E = \frac{Q}{A\varepsilon\varepsilon_0}.$$

Die Feldstärke ist unabhängig vom Plattenabstand b, solange dieser hinreichend klein ist. (Im anderen Extremfall, wenn die Platten sehr weit voneinander entfernt lägen, könnten wir sie als Punktladungen auffassen.)

Wandert eine Probeladung q von einer Platte zur anderen, am einfachsten auf einem Weg der Länge b, so bekommt sie aus dem Feld die Energie qbE und erhöht damit ihre Bewegungsenergie. Falls sie in der umgekehrten Richtung unterwegs ist, gibt sie diese Energie an das Feld ab. Die elektrische Spannung zwischen beiden Platten ist also

$$U = bE = \frac{Qb}{A\varepsilon\varepsilon_0}.$$

Die Spannung ist also proportional zur Ladung Q, falls wir an der Geometrie (b, A) und am Material des Zwischenraums (ε) nichts ändern.

$A\varepsilon\varepsilon_0/b = Q/U$ ist daher eine Konstante des jeweiligen Plattenkondensators und hat den nicht besonders klaren Namen *Kapazität* bekommen. Er zeigt nicht etwa an, wie viel Ladung auf einen Kondensator passt – was sprachlich sinnvoll wäre, aber physikalisch nur hinsichtlich des Durchschlagsrisikos. Die Kapazität gibt vielmehr an, wie groß das Verhältnis aus Ladung und Spannung ist. Vergleichbar dazu wäre, das Volumen einer Pressluftflasche als Verhältnis aus der Luftmenge und dem Druck anzugeben. Das Formelzeichen der Kapazität ist meistens C, die metrische Einheit wird durch Verstümmelung des Namens FARADAY zu *Farad* gebildet: $1\,\text{F} = 1\,\text{A} \cdot \text{s/V}$.

> Definition der Kapazität: $\quad C = Q/U$

Falls Sie sich die Formel nicht merken können, denken Sie an Rinder: Kuh gleich Kuh also $Q = CU$.

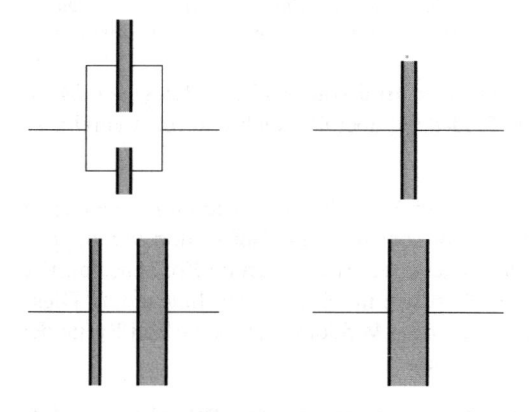

Bild 3.1.5 Die Parallelschaltung von Kondensatoren kann als Addition paralleler Flächen vollzogen und daher auch als Addition der Kapazitäten berechnet werden. Die Hintereinanderschaltung kann als Addition der Zwischenraumdicken aufgefasst werden. Den Kehrwert der gesamten Kapazität berechnet man als Addition der Kehrwerte der einzelnen Kapazitäten.

3.1.6 Kondensator und Energiedichte

Bei der *Parallelschaltung* von Kondensatoren, siehe Bild 3.1.5 oben, addieren sich wegen der gleichen Spannung nicht nur die Ladungen, sondern auch die Kapazitäten. Bei der *Hintereinanderschaltung*, siehe Bild 3.1.5 unten, sind die Ladungen gleich – dies wegen gemeinsamer Ladestromstärken – und es addieren sich die Spannungen. Der Kehrwert der gesamten Kapazität ist die Summe der Kehrwerte der einzelnen Kapazitäten.

Noch einfacher kann man das einsehen, wenn man sich die parallelen Kondensatoren als *Platten*kondensatoren – was sie ja nicht wirklich sein müssen – mit gleichem Abstand vorstellt und dann einfach die Flächen addiert. Für die Hintereinanderschaltung stellt man sich entsprechend Plattenkondensatoren mit gleichen Flächen vor und denkt sich die miteinander verbundenen Platten miteinander verschmolzen und daher als überflüssig ganz weg. Es addieren sich dann noch die Plattenabstände. Wenn Sie diese Argumente verstanden haben, brauchen Sie keine Formeln dazu auswendig zu lernen.

Um die Energie des geladenen Kondensators der Kapazität C zu berechnen, denken wir uns, dass er bis zu einer Ladung Q und Spannung U aufgeladen sei. Nun werde die zusätzliche positive Ladung dQ von der negativen Platte zur positiven geschoben. Dazu ist die Kraft $dF = E\,dQ$ nötig, und wegen der Weglänge b muss der Kondensator die Energie $dW = dF\,b = Eb\,dQ$ bekommen. E ist, wie wir wissen, $Q/(bC)$, also ist $dW = (Q/C)\,dQ$. Die gesuchte elektrische Energie des Kondensators ist das bestimmte Integral dazu. Als Nullpunkt des Energieinhaltes nehmen wir den ungeladenen Zustand.

Energie im Kondensator: $\quad W_{\text{el}} = \dfrac{QU}{2} = \dfrac{CU^2}{2} = \dfrac{Q^2}{2C}$

Beim Aufladen eines Kondensators mit festem Plattenabstand ist gerade diese Energie einzufüttern. Wir können sie auch als Funktion der Feldstärke $E_{\text{Kond}} = Q/(A\varepsilon_0)$ angeben und durch das Volumen dA dividieren. Dabei ist ε wieder die Materialkonstante, wobei im Vakuum $\varepsilon = 1$ ist.

Energiedichte des elektrischen Feldes: $\quad w_{\text{el}} = \dfrac{\varepsilon\varepsilon_0 E^2}{2}$

Man nimmt also an, dass die Energie des Kondensators im Zwischenraum zwischen den Platten sitzt. Die Lokalisierung ist keineswegs gesichert, aber sie passt zu allen Energiemessungen an abgegrenzten Objekten.

Mit welcher Kraft ziehen sich die Platten eines Kondensators an? Das Produkt aus der Ladung einer Platte und der Feldstärke im Inneren ist eine plausible Vermutung, aber leider falsch. Der Fehler besteht darin, dass zu dieser Feldstärke beide Platten je zur Hälfte beitragen, eine jede Platte sich aber sozusagen als Probeladung nur im Feld der anderen befindet. Wir sollten also die Hälfte vermuten. Zur Sicherheit besinnen wir uns auf den Zusammenhang zwischen Kraft $\boldsymbol{F}$ und Energieumsatz dW bei kleinen Verschiebungen $d\boldsymbol{b}$, also $dW = \boldsymbol{F}\,d\boldsymbol{b}$. Wegen der gleichen oder entgegengerichteten Richtungen gilt speziell $dW = F\,db$. Beim Vergrößern des Plattenabstandes um db wird also dem elektrischen Feld die Energie dW zugeführt. Dabei bleiben die Feldstärke E und damit die Energiedichte $E^2\varepsilon_0/2$ konstant, aber das Volumen nimmt um $A\,db$ zu. Es ist also tatsächlich $F = AE^2\varepsilon\varepsilon_0/2 = CU^2/2b = Q^2/(2bC)$. Darin tritt der Plattenabstand b nur scheinbar auf, denn er steckt sozusagen im Nenner von C noch einmal.

Wir haben hier einige Aussagen am Spezialfall des Plattenkondensators hergeleitet, die allgemein auch für andere Bauformen gelten. Mit dem Coulomb-Gesetz in der Fassung für den elektrischen Fluss kann man Zylinder oder Kugeln ebenfalls relativ einfach behandeln.

Dass „Elektrizitätsmenge" die bessere Bezeichnung für die Ladung Q wäre, sieht man daran, dass ein Kondensator oder eine Batterie beim Auf*laden* keineswegs eine Änderung dieser Größe erfährt, sondern eine Erhöhung der Energie. Wenn man sagt, ein Kondensator sei mit Q geladen, so bedeutet das: mit $+Q$ auf der einen Platte und mit $-Q$ auf der anderen.

3.1.6.1 Wo steckt der Fehler?

Aufgabe:

Ein geladener Kondensator wird parallel an einen zweiten gleichartigen Kondensator geklemmt. Wie sind die Ladungen, die Spannung und die Energien an den beiden Kondensatoren nach dem Einstellen eines neuen Gleichgewichtszustandes? Was ist in der Energiebilanz das Problem?

Lösung:

Die Ladung verteilt sich auf beide Kondensatoren. Da sie zusammen die doppelte Kapazität haben, halbiert sich die Spannung. Auf jedem sitzt daher ein Viertel der ursprünglichen elektrischen Feld-Energie. Beide zusammen haben also nur noch die Hälfte der ursprünglichen Energie. Das hat eine Erklärung, die über die reine Elektrostatik hinausgeht. Beim Parallelschalten der beiden Kondensatoren beginnen Schwingungen, bei denen die Energie zeitweise ganz in den Magnetfeldern der Umladeströme sitzt. Diese Schwingungen werden gedämpft. Sie exportieren daher Energie, und zwar einerseits durch ohmsches Heizen der Drähte, die ihrerseits Wärme an die Umgebungsluft abführen, und andererseits durch das Abstrahlen elektromagnetischer Wellen, wie bei einem Radiosender, nur dass hier keine Energie nachgefüttert wird. Im neuen Gleichgewicht ist dann gerade die Hälfte der ursprünglichen Energiesumme abgewandert.

3.1.6.2 Elektrostatisches Haften

Aufgabe:

Ein Blatt Schreibpapier wird von einer anderen Fläche so angezogen, dass die unterschiedliche Ladung beider Flächen zum Haften von unten, also gegen die Schwerkraft ausreicht. Berechnen Sie bitte die Ladung sowie die flächen- und die volumenbezogene Ladungsdichte im Papier. Wie verhält sich die Zahl der entsprechenden Elektronen zur Ladung der insgesamt im Papier vorhandenen Atome?

Lösung:

Wir betrachten das Papier und die andere Fläche gemeinsam als Plattenkondensator. Die Kraft zwischen den Platten ist unabhängig vom Abstand $Q^2/(2A\varepsilon_0)$. Die flächenbezogene Kraft ist also $Q^2/(2A^2\varepsilon_0)$ und hängt somit nur von der Flächenladungsdichte Q/A ab. Die Schwerkraft, die hier überwunden werden soll, ist Ags, wenn s die flächenbezogene Masse ist. Bei Schreibpapier ist das etwa 0,08 kg/m². Für die flächenbezogenen Kräfte muss also im Gleichgewicht $Q^2/(2A^2\varepsilon_0) = gs$ gelten. Daher ist $Q/A = 4 \cdot 10^{-6}$ A · s/m² oder $2,5 \cdot 10^{13}$ Elementarladungen pro m². Wenn man als mittlere Massenzahl der Atome im Papier 10 annimmt, bedeutet das, dass von den rund $5 \cdot 10^{24}$ Atomen pro m² nur eins je 50 Milliarden Atome ionisiert sein muss.

3.1.7 * Polarisierbarkeit

Wir stellen uns ein Atom in einem Plattenkondensator vor, wobei zunächst zwischen den Platten ein Vakuum bestehen soll. Der Abstand der Platten sei d, die Fläche jeder Plattenseite A, der Betrag der Ladung jeder Platte Q. Der mit $+q$ positiv geladene Kern des Atoms und der Schwerpunkt der negativen Elektronenhülle mit der Ladung $-q$ sind gegeneinander verschiebbar. Wir nehmen an, dass die Verschiebung bei nicht zu großen Feldstärken nach dem Hooke'schen Gesetz geht. Der Abstand s zwischen den Ladungsschwerpunkten ergibt sich als Quotient der Coulomb-Kraft Eq und einer Federkonstanten k. Das Dipolmoment $m = sq$ des Atoms ist dann proportional zur Feldstärke E und zu q^2/k, einer Eigenschaft des Atoms, die angibt, wie leicht sich ein Atom polarisieren lässt.

Wir füllen das Vakuum mit weiteren Atomen. Die Teilchendichte der Atome nennen wir n – den Quotienten aus ihrer Anzahl im Raum und dem Volumen. Dann wird $\xi = nm/E = nqs/E = nq^2/k$ die *Polarisierbarkeit* des Stoffes genannt.

Fassen wir mehrere gleiche Atome, die sich hintereinander in Dipolrichtung befinden und gleichgerichtet sind, zusammen, so wirken sie nach außen wie ein Dipol der gleichen Ladung, aber mit der Summe der Dipollängen. Das gilt entsprechend auch für beliebige andere Dipole. Denken Sie sich dazu den Pluspol des einen Dipols mit dem Minuspol des anderen zur Deckung gebracht, dann können Sie diese beiden Ladungen auch weglassen. Befinden sich gleichartige Dipole parallel zueinander, so können wir sie durch einen der gleichen gemeinsamen Länge, aber mit der Summe der Ladungen des jeweils gleichen Vorzeichens ersetzen. In beiden Fällen ist also das Dipolmoment additiv für Dipole gleicher Richtung.

Ist der ganze Raum im Kondensator mit dem Volumen Ad mit solchen Atomen bei der Teilchendichte n gefüllt, so bilden diese also ein Dipolmoment $AdE\xi$. Dabei ist E die Feldstärke, die sich einstellt. Diese ist kleiner als sie ohne das Material bei derselben Ladung der Kondensatorplatten wäre. Wir können uns das gesamte Dipolmoment aus zwei Ladungen $-Q'$ und $+Q'$ entstanden denken, welche an den Flächen des Füllmaterials sitzen, die an die Kondensatorplatten angrenzen, und zwar jeweils mit dem entgegengesetzten Vorzeichen, denn so wurden die Dipole ja erzeugt. Wenn das ganze Dipolmoment $AdE\xi$ ist, so ist $Q' = AE\xi$. Die Ladung, die jetzt das resultierende Feld E erzeugt, ist nur noch $Q - Q'$ auf der einen und $Q' - Q$ auf der anderen Seite.

Ohne das Material hätten wir bei der Ladung Q die Feldstärke $E_0 = Q/(A\varepsilon_0)$, mit ihm jedoch $E = (Q-Q')/(A\varepsilon_0)$. Setzen wir $Q' = AE\xi$ und $Q = E_0 A\varepsilon_0$ ein, so gibt das $E = E_0/(1 + \xi/\varepsilon_0)$ oder mit der Abkürzung $\varepsilon = 1 + \xi/\varepsilon_0$ auch $E_0 = \varepsilon E$.

Die Spannung im homogenen Feld ist nach wie vor $U = Ed$. Die Kapazität $C = Q/U$ für den Plattenkondensator folgt zu $C = A\varepsilon\varepsilon_0/d$.

Die Anwesenheit des polarisierbaren Materials erniedrigt also bei festgehaltenen Plattenladungen die Feldstärke, weil sich Dipole darin bilden. Besteht das Material aus Molekülen, die von sich aus schon Dipole sind, so richten sich diese einfach aus. Hält man dagegen – etwa durch Anlegen einer spannungsstabilen Batterie – die Spannung fest, so geht mehr Ladung auf den Kondensator.

Was geschieht nun mit der Energie? Im Vakuum ist sie $AdE^2/2\varepsilon_0$. Unsere Dipole nehmen beim Trennen ihrer Ladungsschwerpunkte von null auf die erreichte Länge s die Energie sqE aus dem Feld. Wir stellen uns vor, die positiven wandern um $s/2$ in die Richtung zur negativen Platte und die negativen um den gleichen Weg zur anderen. Da sie aber dabei sozusagen eine innere Feder spannen, nehmen sie zugleich $ks^2/2$ auf. Setzen wir unsere bisherigen Formeln ineinander ein, so finden wir als Energiedichte des Feldes in einem Medium $\varepsilon\varepsilon_0 E^2/2$, also um den Faktor ε mehr als ohne das Medium. Dieser Faktor ist stets größer als 1, wenn auch manchmal nur sehr wenig.

Es gibt zu diesem Thema noch einige Vokabeln, die an sich überflüssig wären, wenn sie nicht in vielen Büchern verwendet würden. Am wichtigsten ist die *elektrische Verschiebung D* mit $D = \varepsilon\varepsilon_0 E_0$. Dabei wird ε als *Dielektrizitätskonstante* des Materials bezeichnet, oft auch als „relative" im Gegensatz zur „absoluten" $\varepsilon\varepsilon_0$, für die aber manchmal auch nur ε benutzt wird. Die Silbe di kommt hier von dia, griechisch für durch oder zwischen, bei Dipol hingegen von dis, griechisch für zweifach.

Kehren wir noch einmal zum Wesentlichen zurück. Moleküle, die aufgrund ihres Aufbaus ein Dipolmoment haben, richten sich im elektrischen Feld mehr oder weniger vollständig aus, und zwar umso besser, je niedriger die Temperatur ist. Hohe Temperatur erlaubt sozusagen den Luxus hoher potenzieller Energie bei der unvollständigen Ausrichtung der Dipole. In Molekülen ohne Dipolmoment oder bei Atomen verschieben sich die positiven und negativen Ladungsschwerpunkte unter dem Feldeinfluss etwas gegeneinander und bilden ebenfalls Dipole. In jedem Fall bilden diese Dipole ein Feld, das dem der Kondensatorplatten entgegenwirkt und es mehr oder weniger stark abschwächt. Bei gleicher Plattenladung sind Feldstärke und Feldenergie um den Faktor ε kleiner als ohne Medium. Bei gleicher Spannung und damit auch gleicher Feldstärke ist aber die Ladung mit Material um den Faktor ε größer als ohne das Material, und die Feldenergie ebenfalls.

In dieser einfachen Form gilt das nur für die Elektrostatik und für „langsame" Wechselfelder. Was langsam ist, bestimmen dabei die Eigenfrequenzen der Atomhüllen. So benimmt sich Wasser bei Mikrowellen noch fast wie in der Elektrostatik, nicht mehr dagegen im Wechselfeld des „sichtbaren" Lichts.

3.2 Elektrischer Gleichstrom

Das entscheidende Kennzeichen elektrischer Ströme ist die gegenseitige Anziehung oder Abstoßung ihrer Träger, also ihrer Leiter. Von zwei nebeneinander hängenden Drähten verbinden wir die benachbarten Enden mit je einem der beiden Anschlüsse einer elektrischen Quelle – etwa mit einem Auto-Akku. Die Drähte sind dann „stromdurchflossen". Die Ströme in den Drähten sind aus Symmetriegründen *parallel* zueinander orientiert. In diesem Fall *ziehen sich die Drähte an*. Verbinden wir aber zwei benachbarte Enden miteinander und die anderen beiden Enden mit den Anschlüssen der elektrischen Quelle, so sind die Ströme in den Drähten *antiparallel* zueinander orientiert. (Das können wir auch ohne weitere Kenntnisse über Polaritäten sagen.) In diesem Fall *stoßen sich die Drähte ab*. Diese Kräfte beschreiben wir in 3.3 mithilfe des Magnetfeldes genauer. Hier beschreiben wir zunächst nur den Strom als Transport elektrischer Ladung.

3.2.1 Elektrische Stromstärke

Beim Aufladen und Entladen beispielsweise eines Kondensators bewegen sich elektrische Ladungen.

> Definition der elektrischen Stromstärke:
> Durchsetzt in der Zeit dt die elektrische Ladung dQ eine Fläche, so ist
> $$I = \frac{dQ}{dt}$$
> die *elektrische Stromstärke durch diese Fläche*.
> Einheit: Ampere, 1 A

➤ Die Einheit der Stromstärke ist nach ANDRÉ MARIE AMPÈRE benannt. Bei der Fläche, die die Ladung durchsetzt, denken wir meistens an einen Leiterquerschnitt. Wie man sieht, geht beim Aufbau des metrischen Systems die Stromstärke der Ladung voraus. Auf die amtliche Messvorschrift für das Ampere kommen wir in 3.3.

➤ Die Bezeichnung „Stromstärke" ist keineswegs besonders treffend. „Stärke" passt vom Wortsinn eher auf die Leistung des Stromes. In der Elektrotechnik wird die Unterscheidung zwischen *Starkstrom* und *Schwachstrom* übrigens nicht nach der Stromstärke, sondern nach der Spannung vorgenommen. Ein treffenderer Name statt Stromstärke wäre Ladungsfluss gewesen. Viele Missverständnisse von Schülern und Laien beruhen auf im Alltag erworbenen zutreffenden Kenntnissen über den Energiefluss, die aber wegen der unglücklichen Wortwahl „Stromstärke" falsch auf den Ladungsfluss angewendet werden. Die laxe Sprechweise mit „Strom" statt „elektrische Stromstärke" erschwert die Klarheit zusätzlich. Der *elektrische Strom* ist eine Gesamtheit aus Energiewanderung und Magnetismus und oft – aber nicht immer – auch Ladungswanderung. Ein elektrischer Strom *ohne* Ladungstransport ist der so genannte *Verschiebungsstrom*, siehe 3.4.6. In diesem Sinne ist unsere obige Definition nicht vollständig. Sie ist vor allem nicht umkehrbar: Aus einer beispielsweise magnetisch gemessenen Stromstärke kann man nicht immer auf das Wandern von Ladungen schließen.

Die elektrische Stromstärke ist ein Skalar. Man kann diesen sinnvoll als Skalarprodukt aus zwei Vektoren auffassen. Der eine ist eine orientierte Fläche, die nach Inhalt und Richtung durch einen Pfeil symbolisiert wird, der auf ihr rechtwinklig steht. Der andere ist die passend zu definierende elektrische Stromdichte. In vielen einfachen Anwendungen kann man festlegen, welches Vorzeichen wir der Stromstärke zuweisen – beispielsweise positiv, wenn durch den Ladungstransport die positive Ladung einer bestimmten Kondensatorplatte vergrößert wird.

3.2.2 Knotenregel

Aus der Erhaltung der elektrischen Ladung folgt für *unverzweigte Stromkreise*, dass die elektrische Stromstärke an jeder Stelle gleich ist. Für *verzweigte Stromkreise* ergibt sich die

Knotenregel von KIRCHHOFF: An einer Verzweigungsstelle – einem *Knoten* – elektrischer Leiter ist die Summe aller einlaufenden elektrischen Stromstärken *im Gleichgewicht* null.

Uns interessiert, wie dieses Gleichgewicht zustande kommt. Falls die Summe der Stromstärken am Knoten ungleich null ist, nimmt die Ladung zu oder ab. Fasst man einen Knoten mit seiner Umgebung als (beliebig kleine) Kondensatorplatte auf, so hat das Konsequenzen für das Potenzial. Dieses verändert sich – und damit die Spannungen an den anliegenden Drahtstücken – so lange, bis die davon beeinflussten Stromstärken tatsächlich zusammen null ergeben.

Das geht bei der Elektrizität sehr schnell. Bei einer *hydromechanischen Analogie* aber geht es so langsam, dass man es sich gut vorstellen kann. Jedem Knoten entspricht ein senkrechter Zylinder, in dem das Wasser steigen kann. Die Fußpunkte der Zylinder sind durch Leitungen miteinander verbunden. Ein spezieller Zylinder wird stets mit Wasser zum Überlaufen gefüllt. Ein anderer läuft stets ganz aus. Die anderen Zylinder stellen sich nun aufgrund der Schaltung der Leitungen und der Leitwerte auf Gleichgewichts-Füllhöhen ein. Erst wenn dieses Gleichgewicht erreicht ist – theoretisch nach unendlich langer Zeit –, fließt in jeden Zylinder genauso viel hinein wie aus ihm heraus. Es herrscht dann – ganz wörtlich – *Fließgleichgewicht*.

➤ Die Knotenregel gilt allgemein für Ströme von Erhaltungsgrößen, die in den Verzweigungspunkten nicht in wesentlichen Mengen gespeichert werden – etwa für Autos, die in eine Straßenkreuzung einfahren. Da die Kraft als Strom der Erhaltungsgröße Impuls aufgefasst werden kann, haben wir in der Mechanik eine Knotenregel, die besagt: Ein Knoten, an dem die Vektorsumme aller Kräfte null ist, bleibt unbeschleunigt. Seile oder Stangen, die hintereinander geschaltet sind, werden vom gleichen Impulsstrom durchflossen, in ihnen herrscht also die gleiche Kraft. An Verzweigungen in parallel zueinander geschalteten Impulsleitern – Federn, Seile – teilt sich die Kraft additiv auf, *weil der Impuls eine Erhaltungsgröße ist*.

3.2.3 Energietransport

Zwischen Leitern, die parallel zueinander von elektrischen Strömen durchflossen werden, besteht immer eine Anziehungskraft, im Falle entgegengerichteter Ströme herrscht immer Abstoßung. Diese *magnetische Wirkung* ist *unabhängig vom Material der Leiter*. Vom Material im Zwischenraum der Leiter kann die Wirkung aber beeinflusst werden, siehe 3.3. Ist die Kraft mit einer *Bewegung* verbunden, kann der Stromkreis entweder Energie aufnehmen oder abgeben. Energieaufnahme trifft für einen Generator zu, Energieabgabe beim Motor.

3.2.3 Energietransport

In bestimmten Stoffen oder Stoffsystemen kann der elektrische Strom außerdem *Erwärmung*, Lichterzeugung oder *chemische* Umwandlungen bewirken und dabei ebenfalls Energie abgeben. Heizdraht, Glühdraht in der Glühbirne stehen für viel Erwärmung und wenig Licht, Leuchtröhre und Leuchtdiode für immer noch viel Wärme, aber etwas mehr Licht. Elektrolyse oder ein Akku beim Aufladen sind wesentlich chemische Prozesse. Elektrischer Strom kann durch *Lichtaufnahme* (Photozelle), *chemische Umwandlung* (Batteriezelle, Akku beim Entladen) oder durch ein *Temperaturgefälle* (Thermoelement) Energie aufnehmen und dadurch auch überhaupt erzeugt werden. Bei elektrochemischen Prozessen reagiert jeweils eine *ganze* Zahl von Elektronen – meist ein oder zwei – mit je einem Atom oder Ion des Materials.

Zur Messung der elektrischen Stromstärke eignen sich Kraftmessungen zwischen dem zu untersuchenden und einem anderen Stromkreis. Statt des zweiten Stromkreises kann auch die Kraftwirkung auf einen Magneten in der Umgebung des Stromkreises genutzt werden. Beides knüpft direkt an die Definition der Stromstärke an. Man kann auch in den Stromkreis Drehspulgeräte oder Elektrolyse-Geräte direkt einbauen. Auf der Elektrolyse im „Coulometer" beruhte eine frühere Definition der Ampere-Sekunde. Obwohl die Messungen der Kräfte berührungsfrei erfolgen, sind sie im Prinzip aber keineswegs rückwirkungsfrei auf den zu messenden Stromkreis. Eine Beeinflussung des Messvorgangs auf die zu messende Größe muss also entweder sehr klein gehalten oder direkt berücksichtigt werden.

Nimmt man nur zur Kenntnis, dass der elektrische Stromkreis *geschlossen* ist und Ladungen im Kreis herumführt, so bleiben Ursache und technischer Zweck des Stromes völlig unklar.

Das Bild 3.2.1 zeigt, wozu wir den elektrischen Strom überhaupt benutzen.

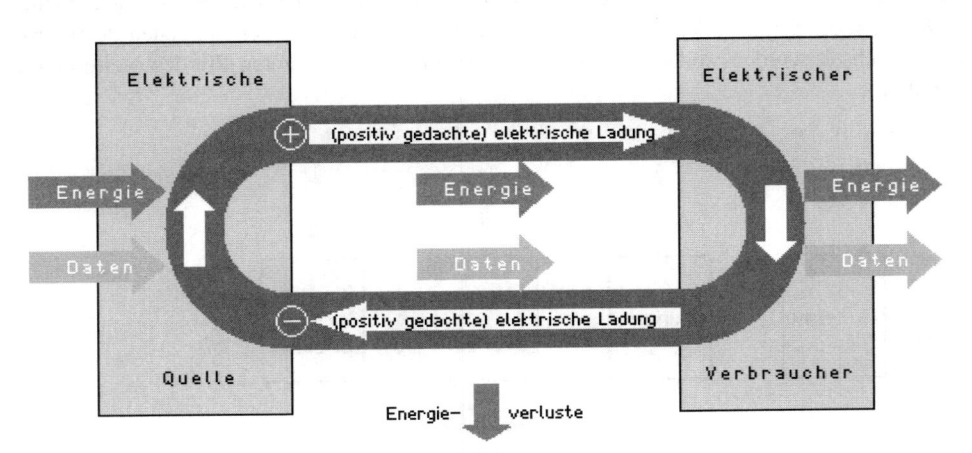

Bild 3.2.1 Der elektrische Strom als Transport-System

> Wenn man sich die Schaltbilder von Batteriezellen oder Kondensatoren ansieht, findet man nur den Ladungsfluss getreu gemalt, aber nicht den geschlossenen Stromkreis. Tatsächlich ist es der Verschiebungstrom, der den Kreis schließt, siehe 3.4.6.

Bekanntlich laufen die Elektronen von Minus nach Plus, aber nur im *äußeren Teil* des Stromkreises. Im Inneren der elektrischen Quelle müssen sie im selben Sinne weiterlaufen, also dort von Plus nach Minus. Woran merken die Elektronen aber, ob sie innen oder außen sind?

Ähnliche Kreisläufe kennen wir bei der Fahrradkette oder dem Wasser in der Zentralheizung, von einem Zimmer-Springbrunnen oder dem Regenwasser. Dass dabei etwas, dessen Menge erhalten bleibt, im Kreis läuft, ist für sich allein weder verständlich noch sinnvoll. Zugleich wird jedoch *Energie transportiert*, oft auch Information – genauer *Daten*. Das erfolgt aber keineswegs im Kreis, sondern im Allgemeinen von einem *Wandler* zu einem anderen. Die *elektrische Quelle* – Generator, Batterie, Akku beim Entladen, Thermoelement, Photozelle – nimmt Energie auf und speist sie und gegebenfalls auch Daten – denken wir an ein Mikrofon – in den elektrischen Strom ein. Elektrische *Verbraucher* – Lampe, Heizgerät, Motor, Akku beim Auflladen – entnehmen dem Stromkreis Energie und geben sie ab oder speichern sie. Der *Akku* wird keineswegs mit elektrischer Ladung geladen, sondern mit chemischer Energie. Er ist stets elektrisch neutral und selbst seine Pole sind fast genau neutral – im Gegensatz zu denen eines geladenen Kondensators. Im Falle des Lautsprechers gibt der Strom vor allem Daten ab. Der Stromkreis wird also von der Quelle zum Verbraucher von Energie und auch Daten durchflossen und dient in der Anwendung als Transportmittel dazu. In Quelle, Leitung und Verbraucher wird jeweils ein Teil der Energie zu Wärme *entwertet*, die sich auf die Umgebung verteilt. Eine Ausnahme für diese Eigenschaften stellt die Supraleitung dar.

Ein *Verstärker* ist ein Gerät, das einen Datenfluss von einem Strom geringen Energieflusses einem Strom größeren Energieflusses aufprägt. Das einfachste Beispiel ist ein *Relais*. Das ist ein Elektromagnet, der mit einem relativ schwachen Strom einen Schalter für einen starken Strom schließen kann. Fließt kein Strom durch den Elektromagneten, unterbricht eine Feder den Kontakt. Wenn man sich das Schalten als eine Datenübertragung im Sinne eines Morse-Signals vorstellt, werden hier Daten vom schwachen Strom dem starken aufgeprägt oder mitgegeben. Mit „stark" und „schwach" ist hier im Prinzip die Leistung gemeint, nicht allein die Stromstärke. „Relais" bezeichnete früher die Stationen, an denen Postpferde ausgewechselt wurden, sodass die Schnell-Kutschen mit ausgeruhten Pferden weiterfahren konnten.

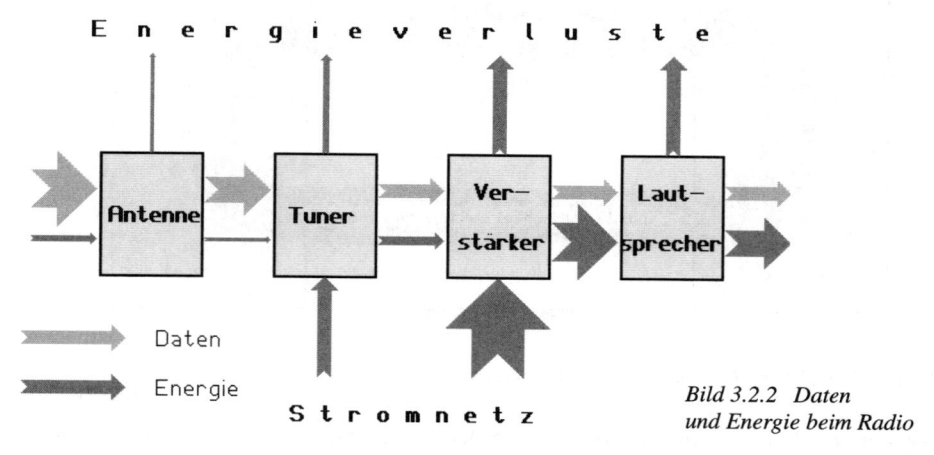

Bild 3.2.2 Daten und Energie beim Radio

Das Bild 3.2.2 zeigt den Daten- und Energiefluss beim Radiohören. Die *Antenne* erhält viele Daten auf einem äußerst energieschwachen drahtlosen Wechselstrom – einer elektromagnetischen Welle. Sie nimmt daraus einen Teil heraus, der zu dem Wellenlängenbereich gehört, auf die sie durch ihre Bauweise abgestimmt ist und leitet ihn weiter. (Bei UKW ist die Wellenlänge rund 3 m.) Der *Tuner* filtert noch enger, sodass nur die Signale von einem einzigen Sender übrig bleiben. Diese prägt er einem Wechselstrom auf, der stark genug ist, um ziemlich störungsfrei weitergeleitet werden zu können. Der *Verstärker* gibt die Daten auf einen Strom, der so stark ist, dass er den *Lautsprecher* antreiben kann, der die Signale zusammen mit Schallenergie abgibt. Die Bezeichnung „Verstärker" verschleiert also, dass die Energie durchweg aus dem Stromnetz kommt und großteils auch wieder als Verlust die Geräte verlässt. Man kann wegen der Energieerhaltung nicht aus einer kleinen Leistung eine große machen. Man kann aber immerhin die Daten vom schwachen Strom auf den starken übertragen. Dass man die Stromstärke auf Kosten der Spannung größer machen kann, hat damit nicht viel zu tun. Ein Transformator ist keineswegs ein Verstärker!

Zwischen zwei Stellen eines Stromleiters kann der Strom Energie aufnehmen, abgeben oder keines von beiden tun. Der Quotient aus der zugehörigen Leistungsaufnahme oder Leistungsabgabe *auf einem solchen Teilstück* und der elektrischen Stromstärke darin ist die *elektrische Spannung* zwischen beiden Stellen.

Die Aussage, die Spannung sei die Ursache für einen elektrischen Strom, ist nur für den „äußeren" Teil der elektrischen Quelle sinnvoll. Man erweitert diese Aussage oft auf den inneren Teil im Sinne einer Größe, die den antiquierten Namen „elektromotorische Kraft" mit der Abkürzung „EMK" führt und die bis auf das Vorzeichen mit einer so genannten „Urspannung", der Klemmenspannung der Quelle für verschwindende Stromstärke, übereinstimmt. Heiße Debatten werden über die Notwendigkeit solcher Bezeichnungen geführt. Stellen Sie sich vor, bei einem Zimmerspringbrunnen behauptet jemand, die Ursache des Wasserkreislaufs sei die Wasserhöhe, jedenfalls außen. Damit das innen auch noch stimmt, führt man eine in Metern angebbare „hydromotorische Kraft" ein, die zwar keine Höhe, sondern eher eine Tiefe ist, die man aber jedenfalls gegen die Höhe verrechnen muss. Es ist offenbar sinnvoller die Ursache des Wasserkreislaufs dadurch zu beschreiben, dass mit einer Pumpe Energie in das Wasser gespeist wird, die sich beim Plätschern dann als Reibungswärme verkrümelt.

➢ Dialog zwischen Dozent und Praktikumsteilnehmer: „Wie laufen im Stromkreis die Elektronen?" – „Von Minus nach Plus natürlich." – „Also nicht im Kreis herum?" – „Doch, natürlich im Kreis!" – „Wie soll das gehen?" – „Naja: Im äußeren Teil laufen sie von Minus nach Plus, und innen von Plus nach Minus." – „Und woher wissen die Elektronen, ob sie im inneren oder im äußeren Teil des Stromkreises sind?"

Wir wissen: Beim Springbrunnen weiß es das Wasser von der Pumpe, von der es unter Druck gesetzt wird und Energie bekommt. Beim Generator werden wir die Lorentzkraft finden, und bei Batterien sind es chemische Umwandlungen, die auch dann noch genügend Energie abwerfen, wenn die Elektronen dabei gegen das elektrische Feld bewegt werden.

3.2.4 Maschenregel

Die elektrische Spannung ist für aufeinander folgende Teilstücke eines unverzweigten Stromkreises *additiv* und für den ganzen Kreis *in einem festgehaltenen Umlaufsinn* null. Dabei sind die Vorzeichen in den energieabgebenden Teilen, den Verbrauchern und Leitungen, negativ. In diesen Fällen wird das oft als *Spannungsabfall* bezeichnet. In Energie aufnehmenden Teilen, den elektrischen Quellen, ist dann das positive Vorzeichen zu nehmen. Man kann es jedoch auch genau umgekehrt machen und beide Vorzeichen umkehren. Das alles gilt auch für jede einzelne Masche in einem verzweigten Stromkreis und wird als *Maschenregel* von KIRCHHOFF bezeichnet.

Betrachten wir zwei Leiterstücke zwischen einem Pluspol und einem Minuspol genauer und denken uns eine positive Ladung einmal im Kreis herumgeführt. Sie nimmt auf dem einen

Teil Energie aus dem elektrischen Feld auf und gibt sie in dem anderen Teil genau zurück. Im gesamten Kreis sind Energieaufnahme und auch – nach Division durch die Ladung – die Spannung null, wie es die Maschenregel formuliert. Wir können aber auch beide Leiterstücke als Parallelschaltung zwischen den beiden Polen auffassen. Dann stellen wir fest, dass die Spannung gleich ist. Dabei denken wir uns jedoch eine positive Ladung auf den beiden Wegen vom gleichen Start – etwa dem Pluspol – zum gleichen Ziel unterwegs. Bei Gebirgswanderungen finden wir dazu die Analogie. Zwei verschiedene Wege von einem Gipfel zu einem Punkt im Tal haben den gleichen Höhenunterschied mit dem gleichen Vorzeichen. Der Rundwanderweg aber hat den aufsummierten Höhenunterschied null.

Im Stromkreis ist zu fragen, wie die beiden Pole und die Spannung zwischen ihnen überhaupt entstehen. Welchen Weg gehen die Ladungen denn nun wirklich – nicht nur im Gedankenversuch? Tatsächlich laufen sie im Gleichstromkreis rundherum, auch durch die elektrische Quelle. In der Quelle laufen sie gegen die elektrische Feldstärke. Dass sie das dort tun, ist die Folge eines Antriebs, der – mechanische oder chemische – *Energie von außen* in den Stromkreis hineinpumpt. Die Analogie dazu ist der angeführte Wasserkreislauf in einem Springbrunnen, der mit einer Pumpe angetrieben wird.

Wendet man die Maschenregel auf Verzweigungen an, in deren Ästen wir uns zueinander *parallele* Stromrichtungen vorstellen, so haben wir es dort mit gleichen Spannungen zu tun. Die Spannungen von *hintereinander* geschalteten Leitungsstücken dagegen addieren sich. Eine Analogie dazu finden wir bei Federn. Die Längenänderungen parallel geschalteter Federn müssen gleich sein. Die von hintereinander geschalteten addieren sich.

3.2.5 Ohm-Widerstand

Stromstärke I und Spannung U sind *prinzipiell unabhängig* voneinander. Im Falle von Bildröhren oder Leuchtstoffröhren lassen sich beide unabhängig voneinander beeinflussen. Es gibt jedoch einige wichtige Klassen von Leitern, in denen innere elektrische *Reibungseffekte* dominieren und relativ einfache Zusammenhänge bewirken. Wir sprechen dann vom *ohmschen Widerstand* insbesondere von Metallen, Halbleitern und Elektrolyten. In solchen Widerständen findet eine Abgabe von Energie als *Joule'sche Wärmeproduktion* statt. Die abgegebene Leistung ist

$$P = RI^2.$$

Die Spannung ist daher $U = RI$. Dabei erweist sich R als weitgehend konstante Größe und ist so als *ohm*scher Widerstand definiert. Die Einheit ist das Ohm, $1\,\Omega = 1\,\text{V/A}$.

➤ Das Adjektiv „ohmsch" unterscheidet den elektrischen Reibungswiderstand vom kapazitiven und vom induktiven Widerstand. Diese treten bei Wechselströmen auf und haben nichts mit Reibung zu tun. In diesem Sinne ist „Widerstand" eine Zusammenfassung von ganz verschiedenen Effekten. Das ist ganz analog zur veralteten Verwendung dieses Begriffs in der Mechanik. Früher sprach man dort auch von Trägheitswiderständen und Reibungswiderständen und meinte Gegen-Kräfte. Überhaupt ist dieser Begriff sehr anthropomorph: Da will eine Spannung einen Strom durch einen Draht schicken, der Draht aber sträubt sich. Mir scheint eine andere *Leitvorstellung* sinnvoller: Da läuft ein Strom durch einen Draht, der aber nimmt *Wegezoll*, indem er Energie herausnimmt – es tritt Spannungsabfall auf. Der Draht *heizt* sich und die Gegend damit auf. Dass der Begriff *Widerstand* je nach Zusammenhang einen Effekt, eine Messgröße und ein Bauelement bezeichnet, führt kaum jemals zu Missverständnissen. Die einfache Form des Ohm-Gesetzes täuscht mehr Plausibilität vor als gegeben ist: Es besteht eine weitgehende Analogie zur viskosen Reibung der Mechanik. Bei flüssigen Leitern wird die Analogie zur Identität.

3.2.5 Ohm-Widerstand

Aufgrund der Definition sind hintereinander geschaltete Widerstände additiv – wegen der Spannungen bei gemeinsamer Stromstärke. Kehrwerte von Widerständen definiert man als *Leitwerte*. Nebeneinander geschaltete Leitwerte sind dann ebenfalls additiv – wegen der Stromstärken bei gemeinsamer Spannung.

Da man lange und dicke Drähte als Neben- und Hintereinanderschaltung von dünnen und kurzen Drähten auffassen kann, folgt sofort, dass der ohmsche Widerstand bei gleichem Material proportional zur Länge l und zum Kehrwert der Querschnittsfläche A ist. Als *Materialkonstante* definiert man daher sinnvollerweise den *spezifischen Widerstand* $\varrho = RA/l$ sowie die elektrische *Leitfähigkeit* $l/(RA)$ als Kehrwert davon.

3.2.5.1 Falsche Glühbirnen

Aufgabe:

Zwei für 110 V bestimmte Glühlampen, die bei 110 V die Leistungsaufnahmen 40 W und 100 W haben, werden hintereinander an 230 V geschlossen. Ist das sinnvoll?

Lösung:

Die Leistungen bei der Nennspannung verhalten sich wie 40 zu 100, die Stromstärken bei gleicher Spannung ebenso. Die Widerstände verhalten sich also umgekehrt wie 10 zu 4. Werden beide in Reihe geschaltet, so teilen sie sich die Spannung im Verhältnis 10/14 zu 4/14. Wenn die 40-Watt-Birne auf diese Weise an 10/14 des rund Doppelten ihrer Nennspannung gelegt wird, so ist das um den Faktor 10/7 mehr als ihre Nennspannung. Es ist also zu erwarten, dass sie das nicht lange aushält. Bis dahin wird die andere nur sehr schwach leuchten.

3.2.5.2 Spannungsteiler mit Last

Aufgabe:

An eine Batterie mit konstanter Spannung von 6 V ist ein Widerstand von 1 Ω angeschlossen. Eine Glühbirne wird zwischen einem Ende dieses Widerstandes und seinem Mittelpunkt angeschlossen. Bei der sich dabei einstellenden Glühdrahttemperatur hat die Birne ebenfalls einen Widerstand von 1 Ω. Bestimmen Sie bitte die Spannung an der Birne, die Stromstärke in ihr und die Leistung, die sie aus dem Stromkreis entnimmt und mit der sie sich und die Umgebung aufheizt. Welche Leistung gibt die Batterie ab? Anleitung: Prüfen Sie für berechnete oder geratene Werte nach, ob die Kirchhoff-Regeln erfüllt sind, ob die Werte zu den jeweiligen Widerständen passen und ob die Leistungsbilanz stimmt.

Lösung:

Bild 3.2.3 dient zur Veranschaulichung der Gegebenheiten. Eine Hälfte des Widerstandes bildet mit der Birne eine Parallelschaltung von $1/3$ Ω. Diese bildet zusammen mit der anderen Hälfte eine Reihenschaltung von insgesamt $5/6$ Ω. Die Stromstärke bei 6 V ist daher 7,2 A, die gesamte Leistung also 43,2 W.

Die Spannung teilt sich wie die hintereinander liegenden Widerstände: 2,4 V an der überbrückten Hälfte des Widerstandes und an der Birne, die restlichen 3,6 V an der anderen Hälfte. Ebenso teilt sich die Leistung auf: 17,3 W und 25,92 W. Durch die Birne fließt ein Drittel der Stromstärke, von den 7,2 A insgesamt also der Teil 2,4 A. Von den 17,3 W der Parallelschaltung wird ebenfalls ein Drittel in der Birne umgesetzt, also 5,8 W. Probe: 2,4 A mal 2,4 V ist ebenfalls 5,8 W.

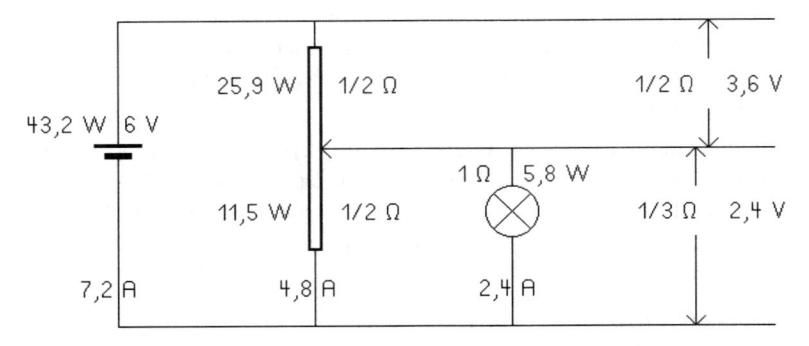

Bild 3.2.3 Belasteter Spannungsteiler mit Abgriff am Mittelpunkt

Die Birne setzt nur knapp 1/6 derjenigen Leistung um, die sie bei der vollen Spannung hätte. Wenn man die Formel für den unbelasteten Spannungsteiler anwendet, erwartet man stattdessen beim Abgriff in der Mitte 1/4 der vollen Leistung. Das trifft aber nur dann zu, wenn die Birne viel weniger Leistung aufnimmt als der Widerstand. Aus Gründen der Effizienz ist das jedoch nicht wünschenswert.

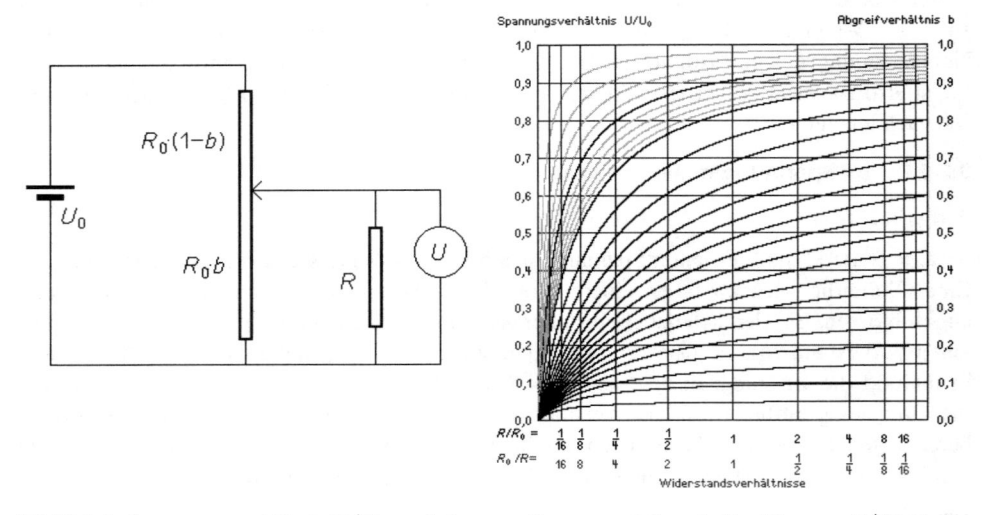

Bild 3.2.4 Spannungsverhältnis U/U_0 am belasteten Spannungsteiler als Funktion von $R/(R_0 + R)$. Jede einzelne Kurve gilt für ein Abgreifverhältnis b zwischen null und eins, das rechts am Rand abgelesen werden kann.

Das Bild 3.2.4 zeigt die allgemeine Lösung als Kurvenschar für verschiedene Abgreifpunkte und alle Widerstandsverhältnisse zwischen null und unendlich. Dunkle Kurven zeigen die Werte für 0 bis 1 in Schritten von 0,1.

3.2.5.3 Vielfachdrehspulgerät

Aufgabe:

Ein Drehspulmessgerät, das bei 0,1 mA und 0,1 V Vollausschlag zeigt, soll so ergänzt werden, dass es zusätzlich die Messbereiche 1 V, 10 V und 100 V sowie 1 mA, 10 mA, 100 mA und 1 A bekommt.

Lösung:

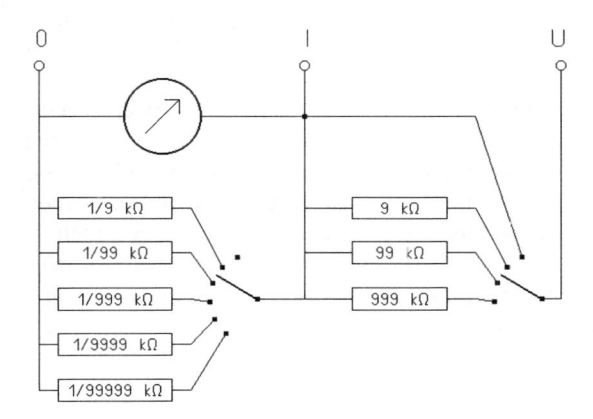

Bild 3.2.5 *Messbereichserweiterung eines Drehspulgerätes*

Das Drehspulgerät selbst hat einen Widerstand von $10^{-1}/10^{-4}$ V/A $= 1\,000\,\Omega$. In der Schaltung in Bild 3.2.5 sind die zusätzlichen Widerstände für die geforderten Messbereiche eingetragen.

3.2.6 * Leitungsmechanismen

Durchquert ein elektrischer Strom *Materie* und nicht nur Vakuum, so ist er mit dem Transport von Ladungsträgern verbunden – im Fall des Wechselstroms mit einer oszillierenden Bewegung der Ladungsträger. In *Metallen* sind das bewegliche Elektronen – pro Atom meist nur eins oder zwei –, die bei höherer Temperatur durch die dann stärkeren Gitterschwingungen mit den Atomrümpfen zusammenstoßen. Diese grobe Beschreibung genügt hier zunächst. Bei *Supraleitung* kommt unterhalb einer materialtypischen *Sprungtemperatur* überhaupt kein Widerstand zustande. Einige Metalle sind Supraleiter, haben aber sehr tiefe Sprungtemperaturen. Seit wenigen Jahren – MÜLLER und BEDNORZ, Nobel-Preis 1987 – findet man Verbindungen mit so relativ hohen Sprungtemperaturen, dass lohnende technische Anwendungen erhofft wurden. Die bisher gefundenen Materialien sind allerdings für solche Anwendungen noch nicht stabil genug.

In reinen oder dotierten – gezielt „verunreinigten" – *Halbleitern* sind die Ladungsträger ebenfalls Elektronen oder unbesetzte Plätze für Elektronen in einem regulär mit positiv geladenen Atomrümpfen besetzten dreidimensionalen Gitter. Diese *Defektelektronen* wirken wie positive Ladungen. Analog dazu ist ein leerer Platz im Kino, der „wandert". Nicht die Sitze wandern, sondern die Menschen bewegen sich dabei in die entgegengesetzte Richtung. Die Leitfähigkeit von Halbleitern wächst exponentiell mit der Temperatur.

➢ Seit der Erfindung des Transistors – dem Schaltelement für Verstärker aus Halbleitern als Nachfolger der Vakuumröhre – in der Mitte des 20. Jahrhunderts befinden wir uns in einer technischen Revolution der Datentechnik und der Informationstechnik, wie sie nur mit der Erfindung der Landwirtschaft im Neolithikum und den Erfindungen von Dampfmaschine, Elektromotor und Verbrennungsmotor im 18. bis 19. Jahrhundert vergleichbar ist. Dabei spielten die inzwischen mikroskopisch kleinen Bauelemente der Halbleitertechnik eine entscheidende Rolle – auch in Verbindung mit Techniken, die optische und magnetische Effekte nutzen.

Elektrolyten sind Schmelzen oder Lösungen von Salzen, Säuren oder Basen. Sie enthalten positive und negative Ionen, wie H_3O^+ oder OH^-. Diese Ionen wandern beim Stromdurchfluss. Zur Kathode – Minuspol, „Abweg" – wandern die positiv geladenen, die *Kationen* heißen. Zur Anode – Pluspol, „Aufweg" – wandern die negativen *Anionen*.

Das *Vakuum* und die *Gase* leiten *an sich* den Strom nicht. In Vakuum-Röhren oder Leuchtstofflampen, die typische Beispiele sind, werden jedoch Elektronen zunächst durch Heizfäden thermisch freigesetzt. Der Feldwirkung entsprechend werden diese Elektronen in Richtung Anode beschleunigt und durchqueren das Vakuum. Sind Gasmoleküle vorhanden, werden durch Elektronen-Stöße hoher Energie einige Gasmoleküle ionisiert – die Zahl der Ladungsträger steigt, aus dem Gas wird ein *Plasma*. Es entsteht eine entscheidend von der Vorgeschichte abhängige Leitfähigkeit, die eine Strom*stärke*begrenzung von außen erforderlich machen kann. Bei der Leuchtröhre dient dazu die Drosselspule.

3.2.7 Exponentialfunktionen und Logarithmen

Die Zuordnung $y_x = a^x$ mit ganzzahligem x und positivem a heißt *geometrische Folge*. Jedes Glied y_x darin ist das *geometrische Mittel* seiner beiden Nachbarn y_{x-1} und y_{x+1}. Dieser Mittelwert wird „geometrisch" genannt, weil y_x als Seite eines Quadrates mit der gleichen Fläche wie ein Rechteck aus den Seiten y_{x-1} und y_{x+1} konstruiert werden kann – was besonders einfach mit dem Höhensatz geht. Eine konkrete Anwendung ist der Kontostand nach jeweils einem Jahr, wenn es Zinsen gibt – auch auf die bisherigen Zinsen, was dann die so genannten Zinseszinsen sind. Bild 3.2.6 zeigt ein grafisches Verfahren zur Erzeugung einer geometrischen Folge mit einer logarithmischen Spirale als Interpolation.

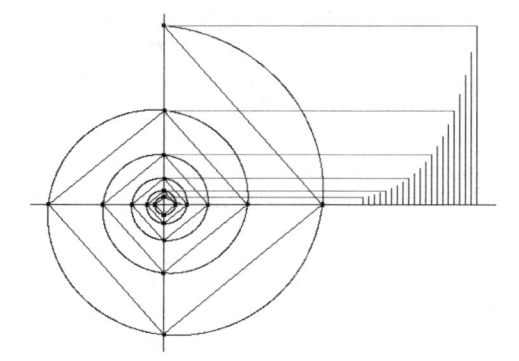

Bild 3.2.6 Eine Kette von aufeinander rechtwinklig stehenden Strecken zwischen den Strahlen eines Achsenkreuzes erzeugt eine geometrische Folge. Die Interpolation ist eine logarithmische Spirale. Rechts aufgetragen: die Achsenabschnitte, die ebenfalls eine geometrische Folge bilden.

3.2.7 Exponentialfunktionen und Logarithmen

Bildet man nun geometrische Mittelwerte auch zwischen y_x und y_{x+1} und nennt sie entsprechend $y_{x+1/2}$, so gewinnt man neue Werte, die man immer enger *interpolieren* (zwischenschalten) kann. Man kommt zu einer Zuordnung $y(x) = a^x$, bei der man jedem reellen x beliebig nahe kommen kann. Für *reelle* Variable x nennt man diese Zuordnung bei konstantem a *eine Exponentialfunktion* – eine Variable bildet den Exponenten einer Potenz. Speziell hat man die Exponentialfunktion zur Basis a.

Ohne mathematische Strenge kann man die *Ableitung von Exponentialfunktionen* folgendermaßen herleiten:

$$\frac{\mathrm{d}a^x}{\mathrm{d}x} = \lim_{h \to 0} \frac{a^{x+h} - a^x}{h} = \lim_{h \to 0}\left(a^x \frac{a^h - 1}{h}\right) = a^x \lim_{h \to 0} \frac{a^{h-1}}{h}.$$

Falls dieser Grenzwert existiert – was er tut, ohne dass wir es hier beweisen –, hängt er jedenfalls nicht von x ab, sondern nur von a. Die Ableitung ist daher zur Funktion selbst überall proportional mit dem gleichen Faktor: $\mathrm{d}a^x/\mathrm{d}x = \mathrm{const} \cdot a^x$. Diese Konstante ist übrigens $\ln(a)$.

Da wir Zahlen meistens im Dezimalsystem (Basis 10) angeben und in der Informatik auf das Binärsystem (Basis 2) zurückgreifen, wären 10 oder 2 sinnvolle Werte für a im praktischen Gebrauch der Exponentialfunktionen – und wohl auch zum elementaren Verständnis der Zusammenhänge! Es ist aber in der Mathematik gebräuchlich, *den* speziellen Wert für a zu bevorzugen, für den die Konstante den Wert 1 hat, und der nach LEONHARD EULER mit „e" benannt worden ist. Leider ist e weder ganzzahlig noch rational, gehört also erst recht nicht zu den natürlichen Zahlen. Nichtsdestoweniger wird $y(x) = \mathrm{e}^x$ die *natürliche Exponentialfunktion* genannt. Eine andere Schreibweise dafür ist $y(x) = \exp(x)$. Insbesondere werden ihre umgekehrte Notation $x = \ln(y)$ sowie ihre Umkehrfunktion $y = \ln(x)$ *natürlicher Logarithmus* genannt. Vorgänge aus der Natur – etwa Wachstum, Zerfall, Reibung – kann man jedenfalls mit jeder Basis gleichermaßen gut beschreiben.

> Grundlegende Eigenschaften der exp-Funktion
> $$\exp(x_1 + x_2) = \exp(x_1) \cdot \exp(x_2), \qquad \frac{\mathrm{d}(\exp(x))}{\mathrm{d}x} = \exp(x).$$

Ein ziemlich genauer Wert von e – den aber kaum ein Physiker so genau braucht – ist 2,717 281 828 459 045 234 360 287 471 352 662 497 757 247 093 699...

Nützlich ist dagegen die Abschätzung

$$2^{10} \approx \mathrm{e}^7 \approx 10^3$$

Bild 3.2.7 zeigt drei wichtige Exponentialfunktionen und ihre ersten Ableitungen (grau), nämlich 2^x, $\mathrm{e}^x = \exp(x)$ und 10^x. Prüfen Sie nach, dass stets $a^0 = 1$ und $a^1 = a$ ist. Leider zeigen die Diagramme nicht annähernd wirkungsvoll die dramatische Abbildung gigantischer Größenordnungen auf handliche Zahlen durch diese Funktionen und ihre Umkehrungen (Logarithmen). Besonders diese Eigenschaft wird bei der Potenzschreibweise und letztlich schon beim Ziffernstellensystem genutzt.

Die *Differenzialgleichung* $\mathrm{d}y/\mathrm{d}x = a \cdot y(x)$ mit konstantem a hat die Lösung $y = y_0 \cdot \exp(ax)$ mit dem – zunächst beliebig wählbaren – Anfangswert y_0. Davon kann man sich durch Probe überzeugen!

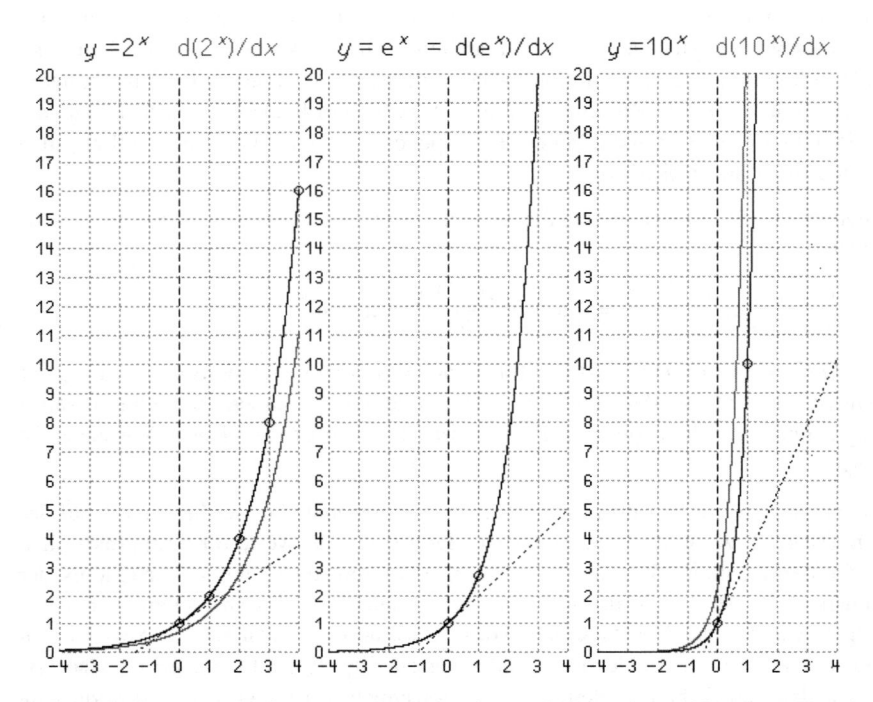

Bild 3.2.7 *Exponentalfunktionen zu den Basen 2, e und 10 mit ihren Ableitungen. Für die Basis e fällt die Ableitung mit der Funktion zusammen.*

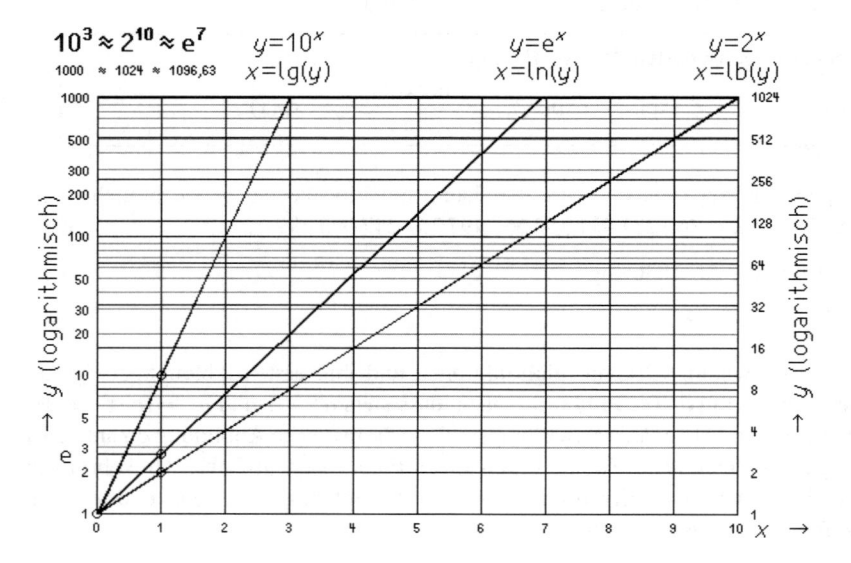

Bild 3.2.8 *Logarithmisches Nomogramm zum Umrechnen von Logarithmen oder Exponentialfunktionen*

➤ **Knobelaufgabe:** MAX FRISCH sprach anlässlich seiner Ehrenpromotion an der TU Berlin von den Dinosauriern, die nach über 200 Millionen Jahren ausgestorben sind, und stellte die Frage: „Können Sie sich ein Wachstum über 200 Millionen Jahre vorstellen?". Bekanntlich ist ein *Wirtschaftswachstum* von 1 % pro Jahr sehr wenig, eigentlich mehr eine Stagnation. Versuchen Sie, mit dem einen Prozent im Kopf zu rechnen. Als Zwischenergebnis kann dienen, dass 1 % Zuwachs im Jahr eine Verdopplung nach 69 Jahren und eine Verzehnfachung nach 230 Jahren bedeutet.

3.2.7.1 Aufladen und Entladen eines Kondensators

Ein Kondensator wird über einen Widerstand erst mit einer Batterie mit konstanter Spannung aufgeladen und anschließend über den gleichen Widerstand wieder entladen, siehe Bild 3.2.9. Der Minuspol der Batterie (Spannung U_b) sei dazu fest mit einer Platte des Kondensators verbunden. Die andere Platte wird über den Widerstand R abwechselnd mit den beiden Polen der Batterie verbunden. Die Spannung zwischen ihr und dem Minuspol sei U, die Stromstärke durch den Widerstand I.

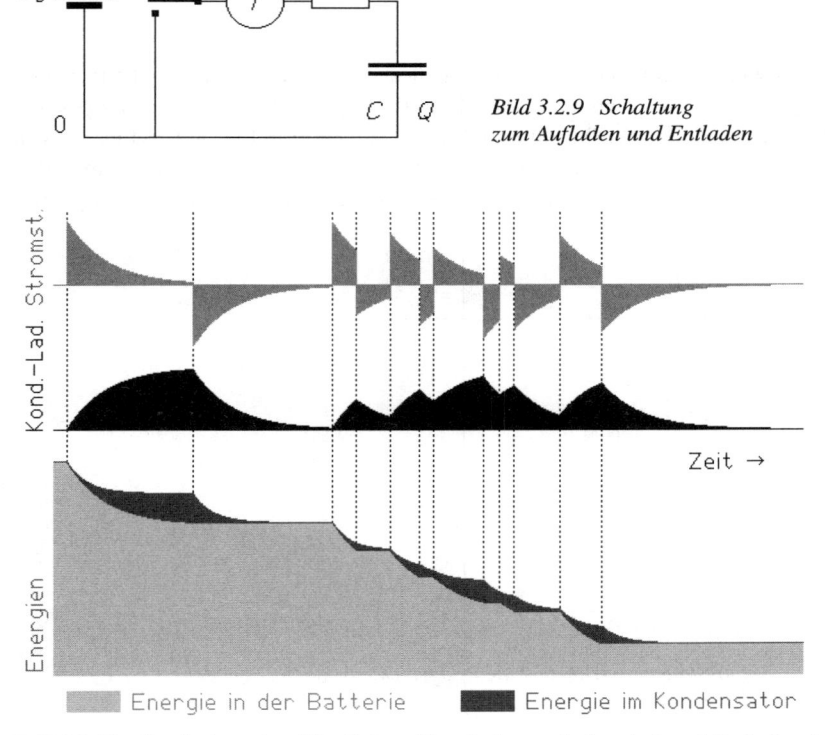

Bild 3.2.9 Schaltung zum Aufladen und Entladen

Bild 3.2.10 Simulation mit willkürlichem Umschalten zwischen Auf- und Entladen, jeweils bei den gepunkteten Zeitmarken

Das Bild 3.2.10 zeigt eine Computersimulation der Vorgänge bei willkürlichem Tastendrücken für das Umschalten. Die Zeitachse gilt für alle drei Anzeigen zugleich.

Aufgabe:

a) Wie ändern sich dabei seine Spannung, sein elektrischer Energieinhalt und die elektrische Stromstärke mit der Zeit?
b) Wie viel Energie gibt die Batterie bei den beiden Vorgängen ab?
c) Welche Zeiten kann man dabei jeweils als charakteristisch angeben? Dazu gibt es zwei Möglichkeiten, sie haben mit den Zahlen 2 und e zu tun. Wo schneidet in einem Höhe/Zeit-Diagramm die Tangente mit der Anfangssteigung die Zeit?

Lösung:

a) Zuerst sei der Kondensator ungeladen. Wir schalten dann zur Zeit $t = 0$ ein. An den Enden des Widerstandes gibt es die Spannung $U_b - U$. Im Widerstand ist die Stromstärke $I = (U_b - U)/R$ und die Heizleistung $(U_b - U)^2/R$. Die Spannung U als Funktion der Zeit müssen wir noch berechnen. In der Schaltskizze könnte man auf die Idee kommen, dass die Batterie einfach Elektronen aus der unteren Platte abziehen könnte, ohne sich um den Widerstand zu kümmern. Tatsächlich muss sie aber genauso viele Elektronen auf die andere Platte über den Widerstand schicken.

Der Kondensator wird mit dem genannten I aufgeladen: $dQ/dt = I$. Für ihn gilt außerdem $Q = CU$. Wir können daher unsere Beziehungen zur folgenden Differenzialgleichung zusammen fassen:

$$dQ/dt = U_b/R - Q/(CR).$$

Was wissen wir ganz allgemein über die Lösung dieser Gleichung? Zur Einschaltzeit sind $Q = 0$ und $dQ/dt = U_b/R$. Nach *sehr* langer Zeit ist $Q = U_b C$. Über diese Aussage sollte man gründlich nachdenken. Wir haben es daher mit einer Kurve für $Q(t)$ zu tun, die von null aus mit der Steigung U_b/R startet und dann in die Horizontale $Q = U_b C$ einmündet. Auf die Spannung am Kondensator umgerechnet liefert das die beiden Geraden in Bild 3.2.11.

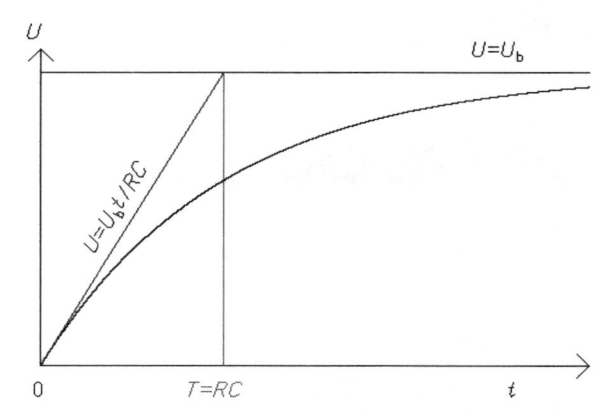

Bild 3.2.11 Die Anfangstangente schneidet die waagerechte Asymptote bei der charakteristischen Zeit $T = RC$.

➤ Solche Überlegungen sind nicht nur nützlich, um die Plausibilität der dann noch nötigen Berechnung zu prüfen, sondern auch in solchen Fällen, in denen man die Rechnung nicht beherrscht.

Wir setzen daher als Lösung an $Q = U_b C - k \exp(-t/T)$ mit zwei noch unbekannten Konstanten k und T.

3.2.7 Exponentialfunktionen und Logarithmen

Ableiten und Einsetzen bestätigt den Ansatz unter der Bedingung, dass $T = RC$ ist. k finden wir aus dem Startverhalten: Für $t = 0$ ist $dQ/dt = k/T$, also ist $k = U_bC$. Damit ist die fertige Lösung

$$Q = U_bC(1 - \exp(-t/(RC))) \quad U = U_b(1 - \exp(-t/(RC))).$$

Die Stromstärke ist $I = dQ/dt = U_b \exp(-t/(RC))/R$.

b) Die elektrische Feldenergie im Kondensator ist $U_b^2 C(1 - \exp(-t/(RC)))^2/2$. „Nach" dem Aufladen – für sehr großes t – nähert sich das dem Wert $U_b^2 C/2$.
Für die Heizleistung folgt der Ablauf $U_b^2 \exp(-2t/(RC))/R$. Während des ganzen Aufladens verbrät der Widerstand, wie wir durch Integration nach der Zeit finden, die Energie $U_b^2 C/2$. Das ist genauso viel, wie der Kondensator beim Aufladen bekommt. Der Widerstand verzögert somit nicht nur das Aufladen, sondern verlangt als Wegezoll genauso viel Energie wie er durchlässt. Mit diesem Anteil heizt er erst sich und schließlich die Umwelt.
Beim Entladen geht die gesamte Feldenergie des Kondensators zum Heizen drauf. Am ohmschen Widerstand ist die abfließende Stromstärke proportional zur noch vorhandenen Spannung. Die Ladung ändert sich daher entsprechend $CdU/dt = U/R$. Diese Differenzialgleichung hat die Lösung $U = U_b \exp(-t/(CR))$, was man durch Ableiten bestätigt. Die Stromstärke $I = U_0 \exp(-t/(CR))/R$ beginnt also mit U_0/R und hätte den Kondensator nach der Zeit RC völlig entladen, wenn sie konstant bliebe.

c) Diese Zeit $T = RC$ ist also sowohl *charakteristisch* für den Aufladevorgang als auch für den Entladevorgang. Beide werden zwar nie ganz fertig, trotzdem hängt ihr Voranschreiten genau von dieser *Zeitkonstante* ab. Das Argument der exp-Funktion, also $-t/(RC)$ ist -1 für die Zeit $T = RC$. Die Spannung ist dann also $U_0 \exp(-1) = 0{,}38 U_0$. Auf die Hälfte des Startwertes ist sie schon nach der Zeit $RC \ln(2) = 0{,}693 RC$ gefallen – wegen $\exp(-0{,}693) = 0{,}5$ oder $\ln(1/2) = -0{,}693$ oder $\ln(2) = 0{,}693$. Allgemein kann man sich für exponentielles Abklingen merken und in Bild 3.2.12 finden: Die Halbwertszeit ist etwa 70 % der charakteristischen Zeit.

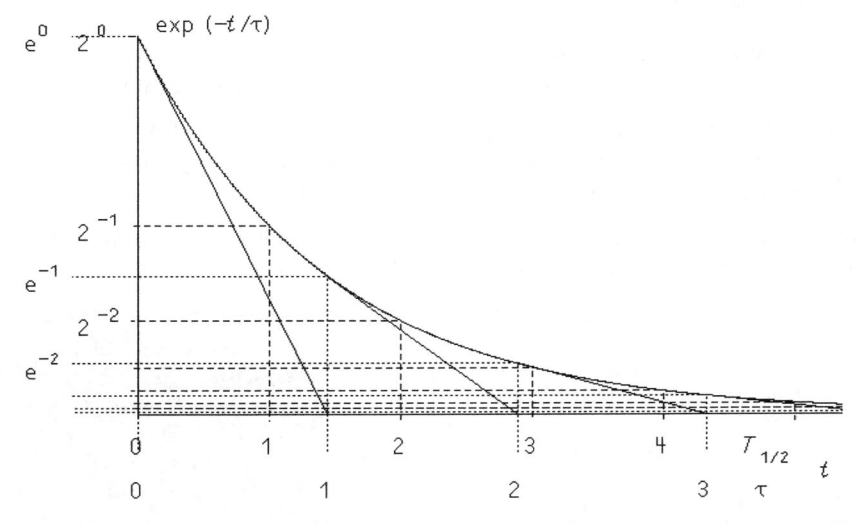

Bild 3.2.12 Faktoren von 2 und von e und ihre Zusammenhänge mit Halbwertszeit und charakteristischer Zeit T bei einer fallenden Exponentialfunktion.

3.3 Magnetfeld und Lorentz-Kraft

Wir beschreiben hier die Wechselwirkung zwischen Gleich-Strömen und/oder bewegten geladenen Teilchen und benutzen dazu die Induktion B und die Lorentz-Kraft. Wenn die Elektrizität heute in unserer Zivilisation eine so große Rolle spielt, so beruht dies wesentlich auf dem Elektromagnetismus, also der magnetischen Wirkung des elektrischen Stroms. Auch in der Datentechnik hat der Magnetismus einen wichtigen Part, aber nicht den wichtigsten. Wir erinnern uns, dass die mechanische Wirkung – die Kraftwirkung – das entscheidende Kriterium für das Vorhandensein von Strömen ist. Sie ist somit nicht nur eine begleitende Eigenschaft wie die chemische, thermische oder optische Wirkung, die an bestimmte Materialien gebunden sind.

➤ Bei aller Eleganz elektrischer Maschinen und Verkehrsmittel darf nicht übersehen werden, dass mit ihnen Umweltschäden nicht von vornherein vermeiden, sondern allenfalls vom Verbraucher ferngehalten werden. Bei U-Bahn statt Bus werden sie aus der Stadtmitte an den Rand verlegt. Bei den bisher üblichen Primärenergieproduktionen werden sie sogar oft noch durch zusätzliche Umwandlungsverluste vergrößert.

3.3.1 Ampère-Kraft

Kraftwirkung zwischen Stromleitern: Die Leiter von parallel zueinander fließenden elektrischen Strömen ziehen sich gegenseitig an, die von antiparallel fließenden stoßen sich ab.

Die metrische *Basiseinheit* der elektrischen Stromstärke – ein *Ampere*, 1 A – ist über eine Kraftmessung bei einem solchen Versuch festgelegt. Theoretisch benötigt man dazu unendlich lange Drähte. Praktisch erfolgt die Messung mit Spulen in einer *Stromwaage*.

Unsere vorläufige Definition mit Festlegung der elektrischen Feldkonstanten bekommt damit den Charakter einer Erfahrungstatsache mit einem Messwert für ε_0.

➤ Wenige Wochen, nachdem ØRSTED die Beeinflussung einer Magnetnadel durch einen elektrischen Strom entdeckt hatte und so erstmalig ein Zusammenhang zwischen Elektrizität und Magnetismus gefunden worden war, der über Ähnlichkeiten hinausgeht, entdeckte AMPÈRE 1820 die Kraft zwischen Stromleitern. Damit konnte er folglich den Magnetismus ganz allgemein als einen Effekt elektrischer Ströme erklären.

3.3.2 Lorentz-Kraft und Definition von B

Nähere Einzelheiten werden über eine vektorielle Größe B berechnet, die als *magnetische Induktion* oder als *magnetische Flussdichte* bezeichnet wird. In neueren Physikbüchern steht dafür auch normwidrig *magnetische Feldstärke*, da sie der elektrischen Feldstärke E in mancher Beziehung analog ist.

Alle Namen sind nicht besonders glücklich – außer dem Namen „magnetische Feldstärke", der aber leider für eine andere Größe vergeben ist, nämlich für die *magnetische Erregung* H. *Induktion* ist außerdem auch die Bezeichnung für einen Vorgang, siehe 3.4. *Flussdichte* erweckt die falsche Vorstellung einer Bewegung, obwohl es nur um die beim Satz von Gauß behandelte formale Analogie geht. „Magnetische Kraftflussdichte" ist zum Glück veraltet – Kräfte können nicht fließen.

Die *Induktion* ist durch die Lorentz-Kraft *definiert* – das ist jene Kraft, die auf ein Teilchen der elektrischen Ladung Q wirkt, das sich mit der Geschwindigkeit v durch ein Magnetfeld der Induktion B bewegt.

Lorentz-Kraft: $\quad F_L = Qv \times B$

Um B zu messen, muss man also im Prinzip Ladungen in mehrere verschiedene Richtungen auf die Reise schicken und ihre Beschleunigungen messen. Wenn die Geschwindigkeit zufällig die Richtung von B hat, ist die Lorentz-Kraft null, da sie ein Kreuzprodukt ist.

3.3.2.1 Induktion und Hall-Effekt

Fließt ein elektrischer Strom quer zu einem Magnetfeld, so tritt zwischen den Leiterrändern aufgrund der Lorentz-Kraft eine Spannung auf. Dabei verlagern sich Ladungen so lange, bis die elektrostatische Kraft die Lorentz-Kraft kompensiert.

Aufgabe:

a) Wie groß ist diese Spannung, die man *Hall-Spannung* nennt?
b) Erklären Sie bitte, wie aufgrund der Lorentz-Kraft an den Enden eines „gewaltsam" quer durch ein Magnetfeld geschobenen Leiters eine Induktionsspannung entsteht.
c) Verstärken oder schwächen sich diese Effekte, wenn positive *und* negative bewegliche Ladungsträger beteiligt sind?

Lösung:

a) Bewegen sich Teilchen positiver Ladung e mit der mittleren Geschwindigkeit v quer zum Magnetfeld der Induktion B, so werden sie von der Lorentz-Kraft mit dem Betrag

veB beschleunigt. Das geht so lange, bis durch ihre Verlagerung ein elektrisches Feld der Stärke E entsteht, das die entgegengerichtete Kraft $-eE$ verursacht. Es ist also $veB - eE = 0$. Geschieht dies überall in einem Quader der Höhe h, dann ist die Feldstärke entlang der gesamten Höhe gleich. Das Integral darüber liefert die nach HALL benannte elektrische Spannung $U = hE = -hvB$. Die mittlere Teilchen-Geschwindigkeit nennt man auch *Driftgeschwindigkeit*. Im Bild 3.3.1 ist das Magnetfeld nach hinten, d. h. in Blickrichtung(!), gerichtet, die gewählte positive Ladung bewegt sich nach rechts, die Lorentz-Kaft auf so eine Ladung wirkt dann nach oben. Oben entsteht ein Überschuss, entsprechend unten ein Mangel an positiven Ladungen.

Zusatzfrage: Was ändert sich bei der Bewegung negativer Ladungen in Gegenrichtung?

○ Da man U und B messen kann, wie auch die Stromstärke I des waagerecht laufenden Stromes, erhält man eine nähere Auskunft über den Leitungsmechanismus im verwendeten Material. Befinden sich in einem Quader der Höhe h, der Breite b in Magnetfeldrichtung und der Länge L in Stromrichtung $hbLn$ Ladungsträger – n gibt also an, wie viele Teilchen pro Volumen beteiligt sind – und bewegen sie sich im Mittel mit v in die Strom-Richtung, so haben sie sich in der Zeit L/v um eine volle Quaderlänge L weiterbewegt. Die elektrische Stromstärke ist also $I = hbLne/(L/v) = ehbnv$. Die Hall-Spannung $U = BI/(ebn)$ ist also proportional zur Induktion, zur Stromstärke und zum Kehrwert der Dicke des Leiters in Magnetfeldrichtung. Außerdem hängt sie von der Ladungsdichte ne der beweglichen Ladungsträger ab.

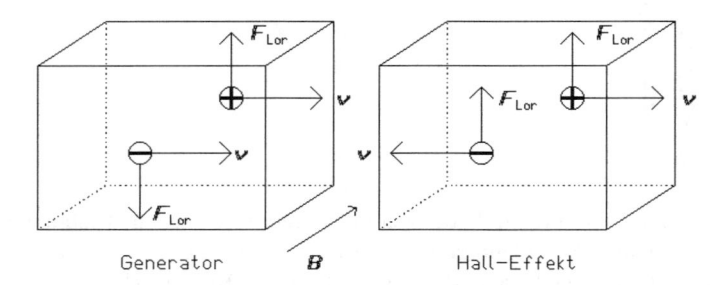

Bild 3.3.1 Perspektivische Zeichnung bewegter positiver und negativer Teilchen in einem Magnetfeld

b) Im Generator geschieht fast das Gleiche, nur werden die fraglichen Ladungsträger *primär* nicht als elektrischer Strom bewegt, sondern mit dem gesamten Leiter mechanisch, siehe auch Bild 3.3.1. Die Beziehung $U = hE = -hvB$ gilt auch hier. Bei der Herleitung der Beziehung spielte die Ursache für v keine Rolle.

○ Praktisch handelt es sich im Generator meist um Drehungen von Spulenwindungen in einem Magnetfeld. Wir betrachten eine rechteckige Spule von N Windungen mit den Seiten $2r$ als Durchmesser bei der Kreisbewegung und l parallel zur Drehachse. Dann ist $\omega = v/r$ die Winkelgeschwindigkeit der Drehung und es gilt $h = l$. Die induzierte Spannung ist dann $U = 2Nlr\omega B$, da von jeder Windung zwei Stücke der Länge l beteiligt sind. Im einfachsten Fall dreht sich eine solche Spule in einem homogenen Magnetfeld. Die Geschwindigkeit v läuft darin im Kreis, sodass sich eine induzierte Wechselspannung ergibt: $U = 2Nlr\omega B\cos(\omega t)$. Diese Spannung ist also proportional zu B, zur Spulenfläche $2rl$, zur Winkelgeschwindigkeit ω und zur Zahl N der Windungen. Das gleiche Ergebnis bekommt man auch aus dem Induktionsgesetz.

c) Im Spulendraht des Generators werden die relativ zum Draht unbeweglichen Atomrümpfe und die Elektronen, von denen ein gewisser Teil leicht beweglich ist, gleichermaßen bewegt, nämlich mechanisch „von außen". Wenn auch beweglich positive Ladungsträger darin wären, würden sie von der Lorentz-Kraft entgegengesetzt abgelenkt und die Spannung daher verstärken.

Zur Zusatzfrage: Beim Hall-Effekt ist es ein elektrischer Strom, der die primäre Bewegung verursacht. Träger von Ladungen verschiedener Vorzeichen bewegt der Strom also entgegengerichtet. Die Lorentz-Kraft beschleunigt sie deshalb in die gleiche Richtung, was aber wiederum zu gegenläufigen Beiträgen zur Hall-Spannung führt. Falls in einem Halbleiter also Elektronen *und* Löcher *gleichermaßen* leiten, können sich ihre Wirkungen beim Hall-Effekt ausgleichen.

3.3.3 Durchflutungsgesetz

Mit der Definition aus 3.3.2 ist aber noch nicht gesagt, wie man B aus einer bekannten Stromverteilung berechnet. Es gibt mehrere Formeln, die Stromstärke und Induktion verbinden, siehe 3.3.4. Die einfachere – nicht immer einfach anwendbare – ist das *Durchflutungsgesetz*. Wir betrachten eine Fläche, die von elektrischen Strömen der gesamten Stromstärke I durchflossen wird. Dabei beachten wir die Vorzeichen für den Richtungssinn. Nun integrieren wir die Induktion längs des Randes der gewählten Fläche.

$$\text{Durchflutungsgesetz:} \quad \oint \frac{\boldsymbol{B} \cdot \mathrm{d}\boldsymbol{s}}{\mu_0} = I, \quad \text{Randkurve geschlossen}$$

Im metrischen System tritt in diesem Gesetz die *magnetische Feldkonstante* $\mu_0 = 4\pi \cdot 10^{-7}$ V·s/(A·m) $= 1{,}257 \cdot 10^{-6}$ V·s/(A·m) auf. Wegen hydrodynamischer Analogien und alter Deutungsversuche wird μ_0 auch als *Permeabilität des Vakuums* bezeichnet. Tritt zusätzlich die Materialkonstante μ, die *relative Permeabilität* auf, so ist stets μ_0 durch $\mu\mu_0$ zu ersetzen. Die Werte für μ sind entweder nahe bei Eins, sodass man sie praktisch nur bei Präzisionsmessungen beachten muss, oder aber sie sind nicht konstant, sondern von der Vorbehandlung des Materials abhängig. Als *Hysteresis* – „Nachwirkung" trifft letzteres bei vielen *Ferromagnetika* zu.

Nach AMPÈRE kann man sich auch *Permanentmagnete* aus kleinen Stromkreisen aufgebaut denken. Man denkt dabei an „Elementarmagnete", die sich parallel zueinander ausrichten oder schon ausgerichtet sind. Man könnte hier an kreisende Elektronen in den Atomen denken. Der auffälligste Effekt, nämlich der Ferromagnetismus, beruht jedoch nicht darauf, sondern auf der Eigenschaft von Elektronen, ein Magnetfeld zu erzeugen, so *als ob* sie sich wie kleine Kreisel drehen würden (Spin).

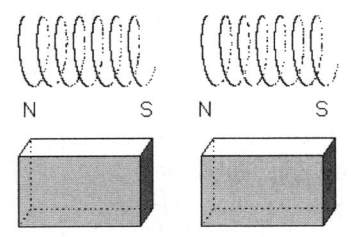

Bild 3.3.2 Vergleich zwischen Spulen und Permanentmagneten. Die einander zugewandten Enden sind „ungleichnamige Pole", wenn die Magnete im gleichsinnig hintereinander stehen.

Ein stabförmiger Permanentmagnet hat bekanntlich zwei verschiedene Enden. Die werden „Pole" genannt, so als ob man sie genau lokalisieren könnte. Die Pole verhalten sich analog zu elektrischen Ladungen: Gleichartige stoßen sich ab, ungleichartige ziehen sich an.

Wie verträgt sich das damit, dass sich parallel laufende Ströme anziehen und nicht etwa abstoßen? Wir können uns die Spule als eine Staffel von gleichsinnig durchflossenen Windungen vorstellen, siehe Bild 3.3.2. Dabei kommt es überhaupt nicht auf den Schraubensinn der Wicklung an. Worin unterscheiden sich nun die Windungen an den Stirnseiten voneinander? Sie sind parallel zueinander orientiert, aber man schaut von verschiedenen Seiten auf sie, wenn man sie *von außen* ansieht. Sie unterscheiden sich wie Vorderseite und Rückseite einer durchsichtigen Folie, auf die man einen kreisförmig gebogenen Pfeil gemalt hat. Auch die Permanentmagnete ziehen sich an, wenn sie in paralleler Orientierung hintereinander in einer Linie hängen.

3.3.3.1 Der Magnetismus der Erde

Der Planet Erde hat in der Nähe seines Mittelpunkts gewaltige Kreisströme und daher ein relativ starkes Magnetfeld. Eine – kurze! – Spule im Erdkern würde Gleiches bewirken. Als *Magnetpole* der Erde werden die Punkte auf ihrer Oberfläche bezeichnet, durch die die Symmetrieachse dieses Feldes läuft. Da man die Enden der Kompassnadel voreiligerweise zuerst mit den Namen der „Himmelsrichtungen" belegt hat in die sie zeigen, heißt nun der nördliche Magnetpol der Erde „magnetischer Südpol" und umgekehrt. Die magnetische Achse hat nicht genau die Richtung der Rotationsachse der Erde und geht nicht einmal genau durch den Erdmittelpunkt. Außerdem wandern die Pole im Laufe der Jahrzehnte. Während der gesamten Erdgeschichte haben sich der Kreisstrom und daher auch das Magnetfeld schon sehr oft *umgepolt*. In einer Million Jahre wechselt die Orientierung mehrfach, aber unregelmäßig, vermutlich chaotisch. Das – spontane? – Umpolen selbst dauert wenige Jahrtausende.

3.3.3.2 Magnetfeld eines Drahtes

Aufgabe:

Berechnen Sie bitte aus dem Durchflutungsgesetz die Induktion im Abstand r von einem dünnen Draht mit der elektrischen Stromstärke I.

Lösung:

Ein Kreis um den Draht mit dem Radius r wird von einem Strom der Stromstärke I „durchflutet". Die Induktion hat auf seinem Umfang – dem Flächenrand – aus Symmetriegründen überall den gleichen Betrag und überall eine Richtung längs dieses Umfangs. Das Integral im Durchflutungsgesetz reduziert sich auf die Multiplikation mit dem Kreisumfang zu $B \cdot 2\pi r$.

Magnetische Induktion eines geraden Drahts: $B = \dfrac{I\mu_0}{2\pi r}$

3.3.3.3 Lange Spule

Aufgabe:

Berechnen Sie bitte aus dem Durchflutungsgesetz die Induktion im Inneren einer langen Spule mit Radius R und Länge L. Die Induktion im Inneren der Spule soll nahezu konstant und weit außerhalb der Spule sehr gering sein. Nutzen sie die Symmetrieeigenschaften der Spule.

Lösung:

Wir wählen einen geschlossenen Weg, der der Länge nach durch die Spule geht und sich außen weiträumig schließt. Er wird von jeder der n Windungen der Spule einmal durchstoßen, also von der Stromstärke nI „durchflutet". Da nach unserer Annahme – tatsächlich in guter Näherung – die Induktion nur im Innern ungleich null ist, trägt nur dieses Stück der Länge L zum Wegintegral etwas bei, das daher den Wert $nI\mu_0$ hat und zugleich BL ist.

Magnetische Induktion einer langen Spule: $B = \dfrac{nI\mu_0}{L}$

Bei der „langen" Spule kommt es also für die Induktion außer der Stromstärke nur auf die *Zahl der Windungen pro Länge* n/L an, aber nicht auf den Radius. An den Stirnflächen, die sozusagen die Grenze zwischen innen und außen bilden, hat die Induktion den halben Wert. Das wird klar, wenn man eine Spule aus zwei einzelnen der Länge nach zusammengesetzt denkt.

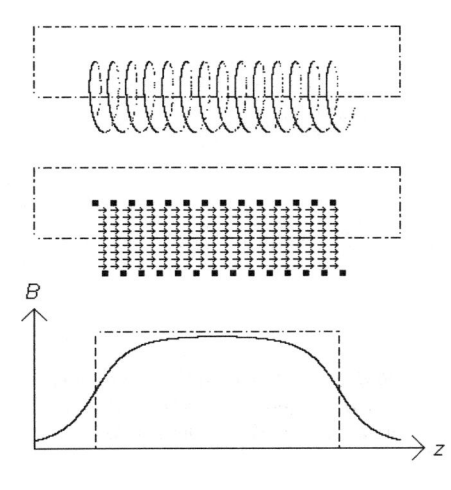

Bild 3.3.3
Schematische Darstellungen zur „langen" Spule

Bild 3.3.3 zeigt oben die Spule leicht perspektivisch und darunter im Schnitt mit Induktionspfeilen an den Stellen, wo sie in vereinfachender Beschreibung allein vorhanden sind. Der Integrationsweg ist in beiden Teilbildern strichpunktiert dargestellt. Der Betrag der stets axial gerichteten Induktion auf den Punkten der Spulenachse ist darunter als Funktion des Ortes aufgetragen, gestrichelt die Vereinfachung, mit der wir rechnen. Siehe auch Bild 3.3.6, das aber keine Auskunft über die Stärke der Induktion gibt, sondern nur über die Richtungen.

3.3.4 * Biot-Savart-Gesetz und Helmholtz-Spulen

Eine andere Methode zur Berechnung eines Magnetfeldes aus einer Stromverteilung, die manchmal besser anwendbar ist als das Durchflutungsgesetz, ist das Gesetz von BIOT und SAVART. Es besagt, dass man die von einem Stromkreis an einem bestimmten Ort erzeugte Induktion so berechnen kann, als ob jedes Leiterstück ds einen Beitrag dB lieferte, der rechtwinklig sowohl zur Richtung des Leiterstücks als auch zu dessen Abstandsvektor r vom gewünschten Ort gerichtet ist.

Biot-Savart-Gesetz: $$d\boldsymbol{B} = \frac{I\mu_0 \boldsymbol{r} \times d\boldsymbol{s}}{4\pi r^3}$$

Um nach diesem Gesetz B für den gesuchten Punkt zu erhalten, muss man also nur noch über alle Leiterstücke integrieren.

Wir bestimmen damit zuerst B im Mittelpunkt einer kreisförmigen Spule mit Radius R und Windungszahl n. Im Mittelpunkt der Kreisschleife haben alle Beiträge dB die gleiche Richtung, nämlich axial zum Kreis. Man kann also die Wegstücke ds zum Kreisumfang $2\pi R$ integrieren und alle übrigen Faktoren mit $r = R$ als Konstanten beibehalten.

Magnetische Induktion in der Mitte der Kreisspule: $$B = \frac{nI\mu_0}{2R}$$

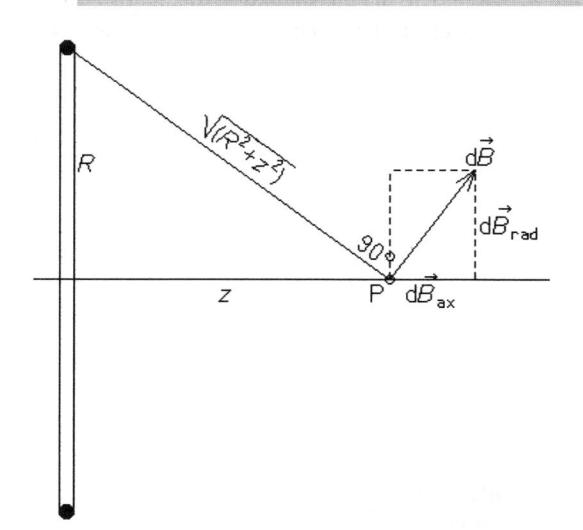

Bild 3.3.4 Zum Gesetz von Biot und Savart, angewendet auf eine Kreisspule und einen Punkt auf ihrer Achse

Wir befassen uns nun auch mit anderen Punkten auf der Rotationsachse dieser Kreisspule, siehe Bild 3.3.4. Die radialen – von der Achse wegzeigenden – Komponenten von dB ergänzen sich dort zusammen zu null. Die axialen Komponenten, die sich aufsummieren, verhalten sich zum Betrag der dB wie R/r. Außerdem ist nach Pythagoras $r = \sqrt{(R^2 + z^2)}$. Also ist $B = nI\mu_0 R/(2(R^2 + z^2)^{3/2})$. Für $z = 0$ bestätigt sich das vorige Ergebnis.

3.3.4 Biot-Savart-Gesetz und Helmholtz-Spulen

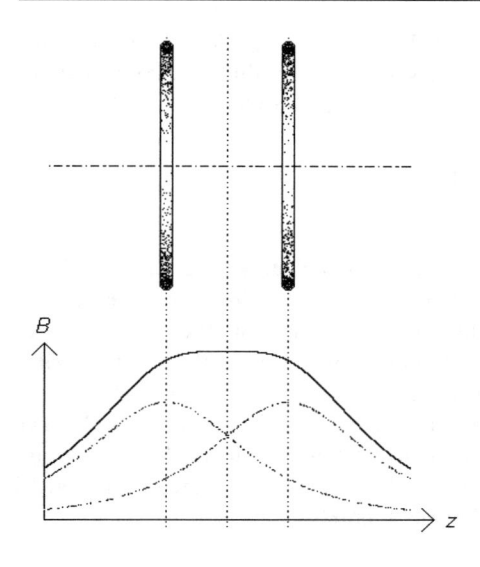

Bild 3.3.5 Zwei Kreisspulen im Abstand ihres Radius bilden ein Helmholtz-Spulenpaar. Die Kurven zeigen den Betrag der Induktion von den einzelnen Spulen und ihre Summe für Punkte auf der gemeinsamen Achse. In der Mitte zwischen beiden Spulen addieren sich die Wendepunkte der Kurven zu einem besonders flachen Maximum.

HELMHOLTZ hat zwei gleichsinnig jeweils mit I durchflossene gleiche Spulen mit einer gemeinsamen Achse im Abstand R nebeneinander aufgestellt. Die Induktion im gemeinsamen Mittelpunkt ist dabei interessant. Dort ist $R = 2z$ und damit B insgesamt $(0,8/\sqrt{5})nI\mu_0/z = 0,71 nI\mu_0/R$. In der Nähe dieses Mittelpunktes ändert sich die Induktion nur sehr wenig mit dem Ort, siehe Bild 3.3.5. Man kann diese *Helmholtz-Spulen* also gut verwenden, um ein annähernd homogenes Magnetfeld zu erzeugen, ohne dass die Windungen sehr eng darum herum sein müssen. Man kann damit auch das magnetische Erdfeld lokal gut ausgleichen.

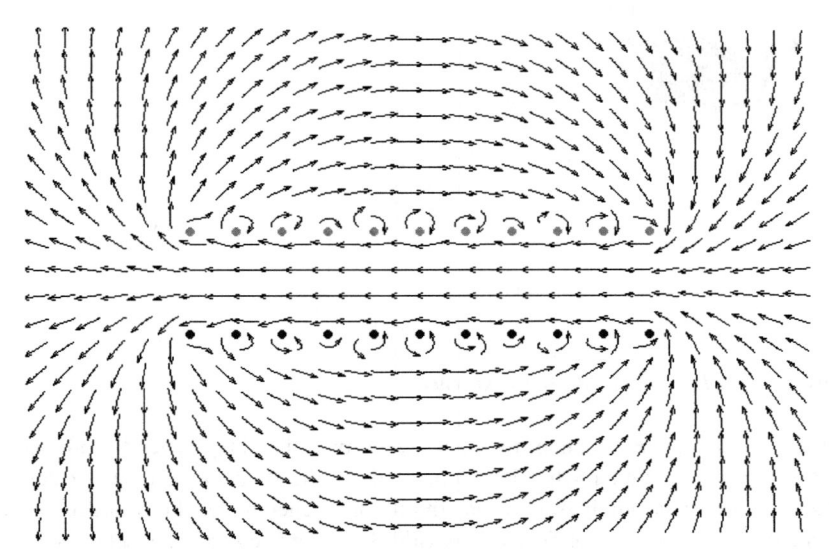

Bild 3.3.6 11 Paare von Leitern durch die Zeichnung hindurch als Annäherung an eine Spule aus 11 Windungen

Bild 3.3.6 zeigt das Magnetfeld von 5 Windungen. Es ist nach dem Gesetz von Biot und Savart gerechnet, allerdings mit der Vereinfachung, als ob es 10 geradlinige Leiter wären, die die Zeichnung mit den jeweiligen Orientierungen der Ströme durchschneiden.

3.3.4.1 Messung der Spezifischen Ladung

Aufgabe:

Elektronen werden mit 100 V fast aus der Ruhe heraus beschleunigt und dann in ein zu ihrer Bewegung quer gerichtetes homogenes Magnetfeld geschossen. Wie stark muss dessen Induktion B sein, damit die Elektronen darin auf einer Kreisbahn von 10 cm Durchmesser laufen? Entwerfen Sie bitte Zahlenbeispiele für Helmholtz-Spulenpaare (R, I, n), die in ihrer Mitte diese Induktion haben. Welche Zahlenangabe über Elektronen kann man mit diesem Versuch bestimmen, wenn alle genannten Größen gemessen werden? Wie bewegen sich Ionen gleich großer Ladungen – nämlich $+e_0$ und $-e_0$ – aber unterschiedlicher Masse, die mit gleicher Beschleunigungsspannung in ein quer zu ihrer Startrichtung gerichtetes Magnetfeld geschossen werden? Das wird beim *Massenspektrometer* praktisch genutzt.

Lösung:

Die zunächst vergleichsweise fast ruhenden Elektronen laufen durch das elektrische Beschleunigungsfeld der Spannung U und erhalten aus ihm die kinetische Energie $mv^2/2 = eU$. Die für die Kreisbahn zum Radius r nötige Zentripetalkraft für diese Umfangsgeschwindigkeit muss als Lorentz-Kraft in einem Feld passender Induktion B entstehen, also ist $mv^2/r = erB$. Setzt man ein, ergibt sich $B = \sqrt{2Um/e}/r = 2{,}3 \cdot 10^{-4}$ Tesla. Mit dem Ergebnis der vorigen Aufgabe und beispielsweise $R = 0{,}2$ m und $n = 20$ findet man die nötige Spulen-Stromstärke von rund 2,5 A.

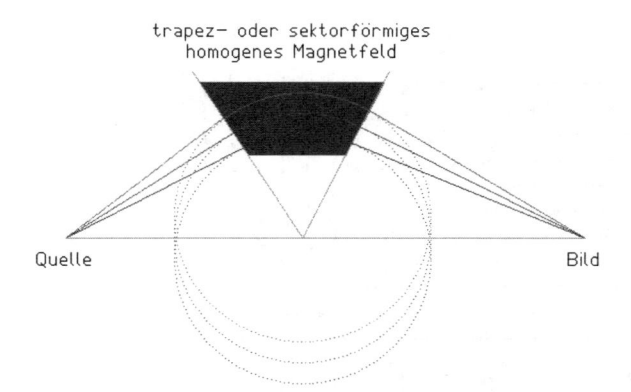

Bild 3.3.7 Magnetisches Sektorfeld als Massenspektrometer

Die Beziehung $B = \sqrt{2Um/e}/r$ gilt auch für Ionen, wenn man die entsprechend größeren Massen einsetzt. Filtert man geometrisch solche Ionen heraus, die Bahnen mit einem festen Radius durchlaufen, kann man durch Ändern der Induktion nacheinander die Mengen der Ionen der verschiedenen Massen registrieren. Das Bild 3.3.7 zeigt ein magnetisches Sektorfeld, das aus geometrischen Gründen Ionen genau gleicher Masse und genau gleicher kinetischer Energie, die von einem Punkt in *etwas* verschiedene Richtungen starten, auf einen

Spalt – rechtwinklig zur Zeichnung stehend – fokussiert. Das funktioniert nur bei geringen Abweichungen der Startrichtungen der Ionen voneinander. Die kinetische Energie ist aber wegen der thermischen Verteilung und wegen des Durchgriffs des Beschleunigungsfeldes in den Erzeugungsraum der Ionen hinein nicht genau einheitlich. Das vermindert die Massen-Auflösung – die Qualität der Spektren. In *doppelt-fokussierenden* Geräten werden die Ionen zusätzlich durch ein elektrisches Ablenkfeld – einen Zylinder-Kondensator-Sektor – geschickt. Die energiebedingte Ablenkung wird dabei rückgängig macht, jedoch nicht die massenbedingte.

3.4 Induktionsvorgang und Wechselstrom

3.4.1 Induktionsgesetz

Bisher kennen wir das Magnetfeld als – notwendige! – Begleiterscheinung des elektrischen Stromes. Es kommt nun ein zweiter Effekt hinzu, der den gleichen Namen hat wie unsere Feldgröße B, nämlich die *Induktion*. Das Wort sagt auch hier nicht mehr, als dass da etwas „herbeigeführt" wird. Wir betrachten eine Fläche A, in der eine rechtwinklig zu ihr gerichtete Induktion B herrscht. B oder eine Komponente davon ist also parallel zu dem Vektor, der diese Fläche symbolisiert, gerichtet. Das Skalarprodukt $A \cdot B$ – allgemeiner das Flächenintegral $\int B \cdot dA$ – wird *magnetischer Fluss* Φ genannt. Manchmal findet man dafür auch noch den ungenauen Namen „magnetischer Kraftfluss". Ist Φ konstant, so geschieht weiter nichts. Ändert sich der magnetische Fluss aber mit $d\Phi/dt$, so erzeugt das gleichzeitig eine elektrische Feldstärke, die auf dem Umfang der Fläche das Linienintegral U hat.

$$\text{Induktionsgesetz: } U = -\oint E \cdot ds = \frac{d}{dt}\int B \cdot dA$$

erstes Integral: geschlossener Rand, zweites Integral: berandete Fläche

Bild 3.4.1 Cartoon in Anlehnung an „Klimmen en dalen" von M. C. Escher 1960

Dabei gilt also *nicht* mehr, wie in der Elektrostatik, dass die Spannung zwischen zwei Punkten vom Weg *unabhängig* ist. Umspannt ein *fast* geschlossener Leiter eine Fläche mit einem magnetischen Fluss, so kann man während der Änderung des Flusses an seinen Enden diese *induzierte* Spannung U abgreifen. Wenn die Änderung durch Bewegung des Leiters im Magnetfeld erfolgt, wird der gleiche Sachverhalt auch mit der Lorentz-Kraft beschrieben –

manche Lehrbücher behandeln das als Schneiden von Feldlinien. Falls die Flussänderung aber durch eine Änderung des Betrages von **B** entsteht, geht diese Beschreibung nicht. Beispiel für den ersten Fall ist der *Wechselstromgenerator*, für den anderen der *Transformator*.

3.4.2   Wechselstromgenerator

Dreht sich eine Spule mit n Windungen der jeweiligen Fläche A mit der Winkelgeschwindigkeit ω in einem einigermaßen homogenen Magnetfeld der Induktion **B** derart, dass die Drehachse rechtwinklig zu diesem Vektor steht, so ist $\Phi = AB\cos(\omega t)$, also $d\Phi/dt = -\omega AB \sin(\omega t)$. In jeder der n Windungen wird daher die Spannung $-\omega AB \sin(\omega t)$ induziert.

> Spannung beim Wechselstromgenerator, unbelastet
> $$U = -n\omega AB \sin(\omega t)$$

Das ist eine *Wechselspannung* der Amplitude $n\omega AB$ und der Kreisfrequenz ω. Die Frequenz ist also $f = \omega/2\pi$, die Periode $T = 2\pi/\omega$, für alle t gilt $\sin(\omega(t+T)) = \sin(\omega t)$.

Sind an die Enden der Spule – von „außen" – keine Verbraucher angeschlossen, fließt durch die Spule kein Strom. Man kann die Spule (nahezu) mühelos drehen, so als ob gar kein Magnetfeld da wäre. Das nennt man *Leerlauf*. Schließt man dagegen beispielsweise einen *Heizwiderstand* $R_{außen}$ an und nennt den eigenen ohmschen Widerstand der Spule R_{innen}, so findet man als Heizleistung $P = U^2/(R_{innen}+R_{außen})$. Im Falle eines *Kurzschlusses* ist $R_{außen} \ll R_{innen}$) und die Heizleistung fällt im Generator selbst an.

Woher kommt die Leistung beim Generator? Der Strom im Draht der Spule kann als Bewegung von Ladungsträgern durch das Magnetfeld beschrieben werden. Das führt über die Lorentzkraft zu einem Drehmoment, das der Drehbewegung der Spule entgegengerichtet ist. Dieses Drehmoment muss vom „Betreiber" des Generators ausgeglichen werden. Das Produkt dieses Drehmoments mit der Winkelgeschwindigkeit ist die *Leistung*, die mechanisch in den Generator eingefüttert werden muss – im Schulversuch von dem kurbelnden Menschen oder im Kraftwerk von der Dampfmaschine oder Turbine.

➥ **Knobelaufgabe:** Zeigen Sie die Gleichheit dieser mechanisch eingegebenen Leistung mit der Heizleistung rechnerisch.

3.4.2.1   Erdinduktor

Aufgabe:

Wie groß sind Amplitude und Effektivspannung der Wechselspannung, die entsteht, wenn man eine kreisförmige Spule von 100 Windungen und 10 cm Durchmesser in optimaler Orientierung 10-mal pro Sekunde um einen ihrer Durchmesser dreht?

Lösung:

Die Antwort „null" ist genauso richtig wie die Behauptung, dass ein waagerecht geworfenes Objekt waagerecht weiterfliegt. In beiden Fällen sollte man aber bei der Aufgabe stillschweigend annehmen, dass sich der Versuch auf der Erde abspielt. Das Magnetfeld der Erde ist dabei ebenso präsent wie ihr Schwerefeld. Auf langsame Elektronen in Vakuumgefäßen wirkt dieses Magnetfeld weitaus stärker als das Schwerefeld.

Die Induktion am Erdboden ist bei uns etwa $5 \cdot 10^{-5}$ V $\cdot$ s/m^2 und schräg nach Norden und unten gerichtet. (Der Kosinus der Missweisung stört uns kaum.) Die Achse sollte also

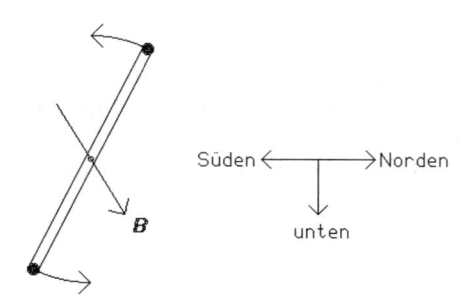

Bild 3.4.2 Erdinduktor

waagerecht in West-Ost-Richtung liegen. Die Fläche einer Windung ist rund 0,008 m², die Kreisfrequenz 63 s^{-1}. Der magnetische Fluss durch eine Windung ändert sich also sinusförmig zwischen $-4 \cdot 10^{-7}$ V · s und $+4 \cdot 10^{-7}$ V · s. Bei entsprechender Wahl des Zeitnullpunktes ist das $4 \cdot 10^{-7}$ V · s · sin(t 63/s). Die induzierte Spannung pro Windung ist die Ableitung davon: 0,025 mV cos(t 63/s). Für 100 Windungen entsprechend findet man 2,5 mV cos(t 63/s).

3.4.3 Effektivwerte

Beim Heizen eines ohmschen Widerstandes bewirkt ein Wechselstrom der Spannungsamplitude U_a die Leistung $(U_a^2/R)\cos^2(\omega t)$. Wegen der aus den Additionstheoremen folgenden Beziehung $(\cos(x))^2 = (1 + \cos(2x))/2$ ist im Zeitmittel $U_a^2/(2R)$. Eine Gleichspannung mit dem gleichen Heiz*effekt* ist also $U_a/\sqrt{2}$. Diese Spannung wird *effektive Spannung* U_{eff} des Wechselstroms genannt. Entsprechend nennt man bei einer Stromstärkeamplitude I_a den Wert $I_{\text{eff}} = I_a/\sqrt{2}$ die *effektive Stromstärke*. Die im Haushalt verwendete *Netzspannung* hat die Frequenz 50 Hz und $U_{\text{eff}} = 230$ V. (Der Index „eff" gehört an das U und nicht an die Einheit!) Das Bild 3.4.3 zeigt einen Gleichstrom und einen Wechselstrom mit gleicher effektiver Stärke.

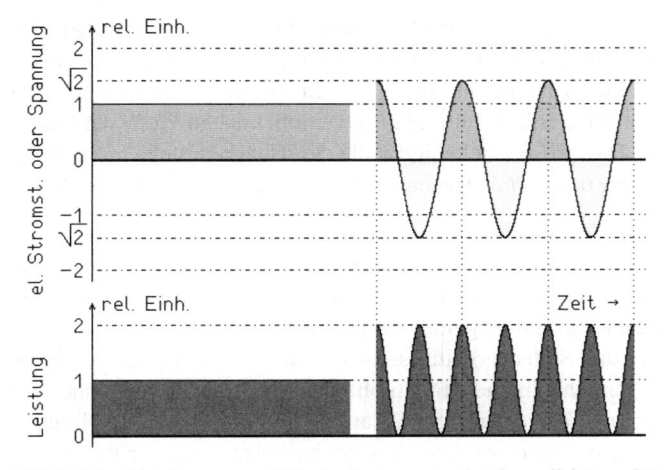

Bild 3.4.3 Gleichstrom und Wechselstrom mit gleicher effektiver Stärke

Aufgabe:

Bestimmen Sie bitte die elektrische Stromstärke und die Heizleistung, die die Spannung $U\cos(\omega t)$ an einem ohmschen Widerstand R erzeugt. Wie groß ist diese Leistung im Zeitmittel? Welche konstante Spannung bewirkt die gleiche Leistung? Wie groß ist der Gleichstrom dabei? Im Haushalt verwenden wir eine Effektivspannung von 230 V. Wie groß ist die Amplitude der Wechselspannung?

Lösung:

$I = U/R \cos(\omega t)$ und $P = U^2(\cos(\omega t))^2/R$. Im Zeitmittel über ganze Perioden ist das $P = U^2/2R$. $I_{\text{eff}} = I/\sqrt{2}$ und ebenso $U_{\text{eff}} = U/\sqrt{2}$. Die Amplitude unserer Netzspannung ist also 325 V.

3.4.4 Zeigerdiagramm und Drehstrom

Raffinierterweise gibt es im öffentlichen Stromnetz drei Leitungen, in denen sich die Spannungen nur in der Phasenlage um jeweils ein Drittel der Periode unterscheiden. Im Prinzip kann man sich dazu drei um jeweils $2\pi/3$ gegeneinander verdrehte Spulen im gleichen Magnetfeld des Generators denken – man spricht von *Drehstrom*. Welche Spannung herrscht nun zwischen zwei solchen Leitungen?

Für diese und noch wichtigere Fragen verwenden wir das *Zeigerdiagramm*. Um eine zu einer sin- oder cos-Funktion proportionale Größe darzustellen, denken wir uns einen rotierenden Zeiger, dessen Länge die Amplitude und dessen Winkelgeschwindigkeit die Kreisfrequenz symbolisieren. *Eine* kartesische Komponente des Ortes der Zeigerspitze – etwa x – stellt dabei die gemeinte Größe dar. Die andere ist eigentlich überzählig. Das Bild 3.4.4 zeigt links Zeigerdiagramme und rechts die Zeitabhängigkeiten von zwei sinusförmigen Wechselspannungen oder Wechseltromstärken gleicher Frequenz. Falls sich die Werte in jedem Augenblick additiv verhalten, kann man aus einem solchen Zeigerdiagramm ablesen, dass die Summe ebenfalls sinusförmig von der Zeit abhängt. Das geschieht mit der gleichen Frequenz, aber mit einer zeitlichen Verlagerung der Nulldurchgänge, der *Phasenverschiebung* und mit einer Amplitude, die man mit einer Vektoraddition der beiden Zeiger ermitteln kann. Die jeweiligen y-Werte der Zeigerspitzen in Bild 3.4.4 sind die augenblicklichen Werte der beiden Spannungen und ihrer Summe. Das gilt für beliebige Fälle der Überlagerung, so auch bei unterschiedlichen Kreisfrequenzen oder Winkelgeschwindigkeiten ω, mit denen die Zeiger sich drehen.

Besonders einfach wird es für sinusförmige Zeitabhängigkeiten mit *gleicher Kreisfrequenz* ω, die sich aber immer noch in der Amplitude und in der Phasenlage unterscheiden können. Das gesamte Vektorbild läuft dann mit dieser gemeinsamen *Winkelgeschwindigkeit* ω starr um und ändert daher die Winkel und Seitenverhältnisse in sich nicht. Daher können wir die Beziehungen zwischen den Phasenwinkeln und den Amplituden geometrisch – zeichnerisch oder rechnerisch mit Benutzung von Winkelfunktionen – aus dem Vektordreieck bestimmen, ohne uns dabei um diese Drehung zu kümmern. Das ist auch der tiefere Sinn der Benutzung der Kreisfrequenz und des gemeinsamen Kurzzeichens ω für beide Größen.

3.4.4 Zeigerdiagramm und Drehstrom

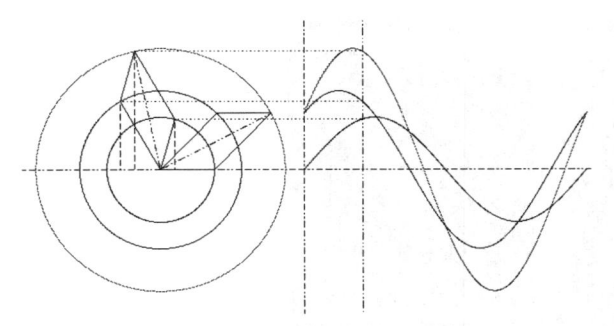

Bild 3.4.4 Zusammenhang zwischen Zeigerdiagrammen und zeitabhängiger Darstellung von Schwingungen. Die Zeit läuft nach rechts. Bei konstanten Frequenzen dreht sich im Zeigerdiagramm eine starre Figur, sodass auch ohne Drehung die Abhängigkeiten grafisch ausgewertet werden können.

3.4.4.1 Drehstrom

Aufgabe:

Beim „Drehstrom" des Haushaltsnetzes hat jede der drei um je eine drittel Periode zeitlich gegeneinander verschobenen „Phasenleitungen" gegen den gemeinsamen „Null-Leiter" die Effektivspannung 230 V. Bestimmen Sie bitte anhand des Zeigerdiagramms die Effektivspannung zwischen zwei Phasenleitungen und die Amplituden.

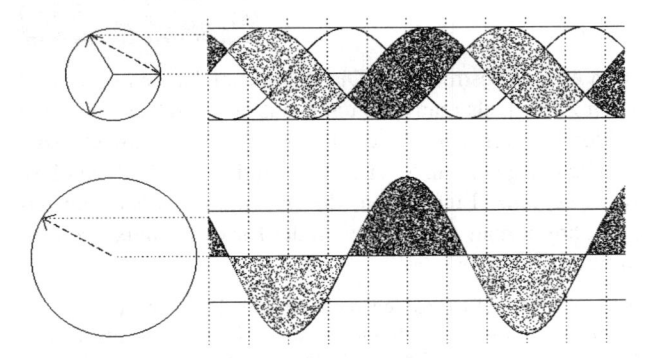

Bild 3.4.5 Dreiphasen-Drehstrom, oben alle drei Phasen, links Zeigerdiagramm, rechts Spannung gegen die Zeit aufgetragen, unten Differenz zweier Phasen

Lösung:

Die Nennspannung unseres Netzes ist 230 V. Dabei handelt es sich um die Effektivspannung zwischen einer Phase und dem Nullleiter, dessen Amplitude also 325 V ist. Wenn drei solche Spannungen um jeweils ein Drittel der Periode versetzt sind, finden wir aus dem Diagramm als Amplitude der Differenzspannung das $\sqrt{3}$-fache, also rund 560 V. Die Effektivspannung zwischen zwei Phasenleitungen ist also rund 400 V. Genauere Rechnungen sind unsinnig angesichts der Schwankungen der tatsächlichen Spannungen um die Nennspannung herum.

3.4.5 *   Komplexe Zahlen

In Physik und Elektrotechnik kann man diese Zeiger – die Punkte (x, y) der nach GAUSS benannten Ebene oder die geordneten Paare aus den reellen Zahlen (x, y) der Zeigerspitzen – auch als *komplexe Zahlen* deuten. Diese werden wie Vektoren addiert und subtrahiert. Für ihre Multiplikation jedoch gilt, dass die *Beträge* – ihre Pfeillängen vom Nullpunkt aus, also $\sqrt{x^2 + y^2}$ – multipliziert und ihre Winkel gegen die Null-Richtung – die positive x-Achse – addiert werden.

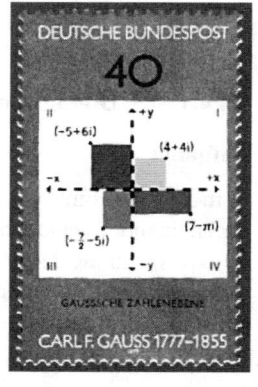

Geometrisch ist diese Multiplikation eine Drehstreckung. Die komplexen Zahlen (x, y) sind insofern eine Erweiterung der *reellen* Zahlen, als man die Punkte auf der x-Achse – also alle $(x, 0)$ – mit den reellen Zahlen x identifizieren kann. Die angegebenen Rechenregeln sind dann genau die der reellen Zahlen. Alle übrigen komplexen Zahlen sind *imaginär*. Komplexe Zahlen der Form $(0, y)$ heißen *rein-imaginär*. Eine davon, die *imaginäre Einheit*, hat das eigene Symbol $i = (0, 1)$. Für (x, y) schreibt man auch $x + iy$. In der Elektrotechnik, wo i für die Stromstärke benutzt wird, schreibt man $x + jy$.

○ Die imaginäre Einheit löst formal das mit reellen Zahlen nicht lösbare Problem, aus -1 die Quadratwurzel zu ziehen. Das ist der Grund für die geheimnisumwitterte Benennung „imaginär". Die zweite Lösung ist $-i = (0, -1)$, also $i^2 = (-i)^2 = -1$. Das sollte man nachrechnen – überprüfen!

➢ Die auf diesen komplexen Zahlen aufgebaute Analysis heißt *Funktionentheorie*. Sie zeichnet sich durch größere Eleganz als die reelle Analysis aus. Insbesondere zeigt sich in der Funktionentheorie die sehr enge Verwandtschaft zwischen den Winkelfunktionen sin und cos mit der Exponentialfunktion exp.

3.4.6 *   Induktivität

Eine „lange" Spule – ein schraubenförmig gewickelter Draht – habe n Windungen, eine Länge l, die groß gegen den Durchmesser ist, und einen Querschnitt A. Der ohmsche Widerstand dieser Spule, eventuell zusammen mit einem in Reihe geschalteten weiteren ohmschen Widerstand, sei R. Legt man an die Spule eine konstante Spannung U, so fließt *nach einiger Zeit* ein Strom der konstanten Stromstärke $I = U/R$. Das Magnetfeld der Induktion $B = I\mu_0 n/l$ besteht fast nur im Inneren der Spule und ist dort fast überall gleich stark, siehe Aufgabe 3.3.3.3.

Schaltet man die Spannung ab, nachdem sie unmittelbar vorher kurzgeschlossen war, so geht die Stromstärke nicht ebenso schnell wie das Abschalten auf null zurück, sondern mit einer gewissen Steigung dI/dt. Das hat eine Induktionsänderung $dB/dt = (dI/dt)\mu_0 n/l$ zur Folge und damit eine induzierte Spannung von $U_{\text{ind}} = -(dI/dt)\mu_0 n A/l$. Diese tritt nun anstelle der bisherigen Spannung auf. Sie hängt andererseits mit I über R nach $U_{\text{ind}} = RI$ zusammen. Für I und seine Ableitung dI/dt gilt also die Differenzialgleichung $dI/dt = -IR/L$. Darin ist L speziell für unsere „lange Spule" $n^2\mu_0/l$. Diese Größe wird *Induktivität* genannt. Die Differenzialgleichung hat die Lösung $I = I_0 \exp(-tR/L)$ mit der Anfangssteigung $(dI/dt)_0 = -R/L$ beim Zeitpunkt des Abschaltens der ursprünglichen Spannung.

Auch andere Spulen und sogar einfache Drähte haben eine Induktivität, die allerdings nicht so einfach zu berechnen ist. Diese Induktivität hängt sowohl von der Gestalt ab als auch mit einem Materialfaktor μ vom Füllungsmaterial. μ_0 ist dann durch $\mu\mu_0$ zu ersetzen.

Nach dem Abschalten der Spannung treibt die Spule einen Strom mit einer abklingenden Heizleistung $UI = -RI^2 \exp(-2Rt/L)$ an und setzt dabei die Energie $LI^2/2$ als Heizung im ohmschen Widerstand frei. Woher kommt diese Energie? Wir behaupten: aus dem Magnetfeld der Spule. Was wir hier für den speziellen Fall der „langen Spule" berechnet haben, gilt für alle Induktivitäten: Sie enthalten die *magnetische Energie* $LI^2/2$. Setzen wir das Volumen der Spule lA und unsere Formel für die Induktion in dieser Spule ein, erhalten wir als *Energiedichte* des magnetischen Feldes $B^2/(2\mu\mu_0)$. Diese Formel gilt ganz allgemein und ist analog zur Energiedichte des elektrischen Feldes $\varepsilon\varepsilon_0 E^2/2$.

3.4.7 * Maxwell-Gleichungen in Integral-Form

Die klassische Elektrodynamik, die auch die ganze Wellenoptik enthält – analog zur Mechanik, die die Akustik einschließt – beruht auf vier Gleichungen, in denen MAXWELL sie zusammengefasst hat. Wir schreiben sie als Integrale und skizzieren ihren Inhalt.

$$\int_{\text{Umrandung}} \frac{\boldsymbol{B} \cdot d\boldsymbol{s}}{\mu_0} = \frac{d}{dt} \int_{\text{Fläche}} \varepsilon_0 \boldsymbol{E} \cdot d\boldsymbol{A} + \int_{\text{Fläche}} \boldsymbol{j} \cdot d\boldsymbol{A}.$$

Das ist das um den Beitrag des *Verschiebungsstroms* ergänzte *Durchflutungsgesetz*. Das Magnetfeld entsteht sowohl bei einer elektrischen Stromdichte als auch bei einer Änderung der elektrischen Feldstärke. Die Formel liefert nicht die Induktion selbst, sondern ihr Wegintegral auf einer Schleife. Diese Schleife umschließt die Fläche, durch die der Strom fließt und in der sich auch die elektrische Feldstärke ändert.

$$\int_{\text{Umrandung}} \boldsymbol{E} \cdot d\boldsymbol{s} = -\frac{d}{dt} \int_{\text{Fläche}} \boldsymbol{B} \cdot d\boldsymbol{A}.$$

Dies ist das *Induktionsgesetz*. Es ist der vorigen Formel analog. Man tauscht die Feldstärken gegeneinander aus, fügt ein Minuszeichen ein und beachtet, dass es keine magnetischen Ladungen und daher auch keine magnetischen Ströme gibt. Das Minuszeichen ist entscheidend dafür, dass es elektromagnetische Wellen gibt. Das Produkt der Feldkonstanten ergibt dabei $1/c^2$ mit der Phasengeschwindigkeit c dieser Wellen im Vakuum.

$$\int_{\text{geschlossene Oberfläche}} \varepsilon_0 E \cdot dA = \int_{\text{Volumen}} \varrho \cdot dV = \sum Q_i.$$

Das ist der Satz von GAUSS für die Coulomb-Kraft, also eine andere Form des Coulomb-Gesetzes. Die elektrische Feldstärke ergibt sich aus Ladungen als Volumenintegral über die Ladungsdichte. In dieser Formel findet man aber die Feldstärke nicht direkt, sondern nur ihr integriertes Skalarprodukt mit den Flächenstückchen. Diese müssen eine geschlossene Oberfläche bilden, die die Ladungen umschließt. Wir haben gesehen, dass dieses Integral für Kugeln ganz einfach zu bilden ist.

$$\int_{\text{geschlossene Oberfläche}} B \cdot dA = 0.$$

Das ist die Entsprechung zur vorigen Formel. Da es aber keine magnetischen Ladungen gibt, fällt die rechte Seite weg. Die Induktion ist *quellenfrei*. Der magnetische Fluss „läuft" also rundherum in sich zurück, wenn man ihn sich als Bewegung vorstellt – so wie die Straße zum Bahnhof „läuft".

In den meisten Formelsammlungen findet man die Maxwell-Gleichungen nicht in dieser „integralen", sondern in der „differenziellen" Form mit den Symbolen div und rot. Dahinter steckt ein Grenzübergang, bei dem man die umhüllten Volumina und die umrandeten Flächen gegen null schrumpfen lässt. Auch werden oft die Polarisationseffekte in die Formeln einbezogen. Dabei sind zusätzliche Vektoren D für $\varepsilon\varepsilon_0 E$ und H gebräuchlich. Auf der Briefmarke bedeutet die Formel $C = K + \dot{D}$, dass die gesamte Stromdichte gleich der Summe aus der Leitungsstromdichte und der Ableitung von D nach der Zeit, der „Verschiebungsstromdichte" ist.

3.4.8 * Michael Faraday

Wenn in diesem Buch an einigen Stellen einzelne Personen aus der Geschichte der Physik besonders hervorgehoben werden, so verdient MICHAEL FARADAY dieses in besonderer Weise. Er ist nicht nur der bedeutendste Erforscher der Elektrizität, sondern wohl der größte Experimentalphysiker, von dem wir wissen, und auch ein bedeutender Chemiker.

Faraday wurde am 22. September 1791 in Newington bei London als drittes Kind eines Schmieds geboren. Auch er erlernte zunächst ein klassisches Handwerk und wurde Buchbinder. Dabei hatte er Gelegenheit zum Lesen wissenschaftlicher Bücher und bekam Kontakt zu deren Besitzern. 1813 wurde er Laborgehilfe des berühmten Chemikers H. DAVY. Dieser erkannte Faradays Fähigkeiten und förderte ihn.

Man kann ohne Übertreibung sagen, dass Faradays Entdeckungen ausgereicht hätten, einer größeren Zahl von Forschern Plätze in der Geschichte zu sichern. Am 29. August 1831 – dem vielleicht wichtigsten Datum des 19. Jahrhunderts – entdeckte Faraday die Induktion. In den folgenden Jahren beschrieb er die damit verbundenen Erscheinungen als Nahwirkungen.

3.4.8 Michael Faraday

Als anschauliches Konzept dafür kam er auf die Beschreibung mit Feldlinien. MAXWELL fand dann dafür mathematische Formeln, deren heutige Form auf H. HERTZ zurückgeht. 1834 entdeckte Faraday die Zusammenhhänge zwischen elektrischem Strom und chemischen Umsetzungen bei der Elektrolyse. Diese Gesetze sind heute nach ihm benannt. 1837 folgte die Entdeckung der Dielektrizitätskonstanten. 1843 entdeckte er den feldfreien Innenraum im „Faraday-Becher". 1846 fand er den Diamagnetismus der Metalle Antimon und Wismut. Ergänzend erwähnen wir noch, dass er das Benzol entdeckte, die Lichtstreuung an Kolloiden und außerdem der Erfinder rostfreien Stahls ist.

Bemerkenswert sind auch Entdeckungen, die ihm aufgrund ungenügender Messempfindlichkeiten entgingen. So hat er nach vielen gegenseitigen Einflüssen mechanischer, elektrischer und optischer Größen gesucht, unter anderem auch nach dem von Magnetfeldern auf Spektrallinien. Dieser Effekt wurde später von LORENTZ theoretisch vorhergesagt und kurz darauf von ZEEMAN gefunden, nach dem er dann zu Recht benannt worden ist.

Faraday war der erste bedeutende Wissenschaftler, der auch regelmäßig Vorträge für die Jugend hielt. Berühmt ist besonders die auch gedruckt erschienene Weihnachts-Vorlesungsfolge über die Naturkunde der Kerze, in der er viel Physik und Chemie vorführte – „Lectures on the Chemical History of a Candle".

Am 25. August 1867 starb Michael Faraday in Hampton Court bei London. In seinen letzten Lebensjahren hatten seine geistigen Fähigkeiten stark nachgelassen. Von den Zeitzeugen wird er – auch auf der Höhe seines Ruhmes – als Mensch von großer Bescheidenheit und Liebenswürdigkeit im wahren Sinn dieses Wortes beschrieben.

4 Schwingungen und Wellen

4.1 Schwingungen

4.1.1 Federpendel qualitativ

Wir betrachten eine Punktmasse, die sich waagerecht reibungsfrei bewegen kann, beispielsweise auf einer Luftkissenbahn. Eine Feder soll so befestigt sein, dass sie die Punktmasse zu einem Punkt hin beschleunigt, den wir als Nullpunkt nehmen. Die Beschleunigung soll umso stärker sein, je weiter die Masse vom Nullpunkt entfernt ist. Statt einer Feder können wir auch mehrere nehmen oder die Bahn so wölben, dass die Neigung mit der Schwerkraft eine entsprechende waagerechte Beschleunigung bewirkt. In beiden Fällen ist der *Potenzialtopf* eine *Mulde* mit dem Nullpunkt als lokalem Minimum, siehe Bild 1.3.4. Wenn wir das „je – desto" im strengen Sinne einer Proportionalität – Gesetz von HOOKE – interpretieren, so hat die Mulde die Form einer Parabel und zwar von zweiter Ordnung.

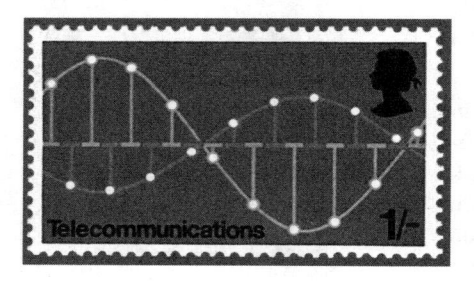

Lenken wir die Punktmasse aus, so wird sie zum Nullpunkt zurückbeschleunigt. Wenn die Reibung schwach genug ist, bleibt sie dort nicht etwa stehen, sondern erreicht im Gegenteil ihren größten Geschwindigkeitsbetrag und schießt dann weit über das Ziel hinaus. Die Punktmasse pendelt also hin und her, bis sie durch die unvermeidliche Reibung im Nullpunkt und damit im *stabilen Gleichgewicht* bleibt.

Wenn wir uns vorstellen, dass die beschleunigende Kraft abwechselnd zu beiden Seiten weist, aber immer den gleichen Betrag hat, so setzt sich die Schwingung im Ort-Zeit-Diagramm pro Periode aus zwei Parabelstücken zusammen, siehe linker Teil in Bild 4.1.1. Tatsächlich ist die Feder aber zwischendurch kräftefrei. Nehmen wir nun eine Kraft an, die abwechselnd zu beiden Seiten zeigt und zwischendurch jeweils null ist, dann finden wir im Diagramm eine Kombination aus Geraden und Parabelstücken (mittlerer Teil im Bild). Sehen wir uns schließlich die Umkehrpunkte und die Durchgänge durch die Mittellage an. In den Umgebungen dieser Punkte sind es tatsächlich Parabelstücke und Geradenstücke. Die richtige Kurve sollte also an den Umkehrpunkten bei zeitweilig fast konstanter Kraft parabelförmig und an den Durchgängen durch die Mitte bei annäherndem Wegfall der Kraft geradlinig sein. Sie muss also abwechselnd zwischen diesen Geraden und Parabeln vermitteln. Rechts im Bild sind diese Kurventeile so aneinander gefügt, dass ein plausibler Übergang mit den Augen ergänzt werden kann. Die Kombination sieht der Sinuskurve, die die exakte Rechnung ergeben wird, schon sehr ähnlich. Auch die anderen beiden Bilder zeigen Kurven, die auf den ersten Blick mit Sinuskurven verwechselt werden können. Wir haben also allein schon aus den Kenntnissen über konstant beschleunigte Bewegungen durch Betrachtung von vier Stellen *ohne weitere Rechnungen* einen recht guten Eindruck von der Form der Kurve. Wenn wir in einem schwierigeren Beispiel mathematisch nicht weiterkommen, können wir wenigstens so einige vernünftige Abschätzungen ohne Rechnung machen. Hier gehen wir etwas tiefer in die Mathematik und können damit unsere bisherigen Ergebnisse bestätigen. Wir richten also unseren Verdacht auf eine Gruppe von Funktionen, nämlich sin und cos, die sich in diesem Zusammenhang nur durch die Wahl eines Nullpunktes unterscheiden.

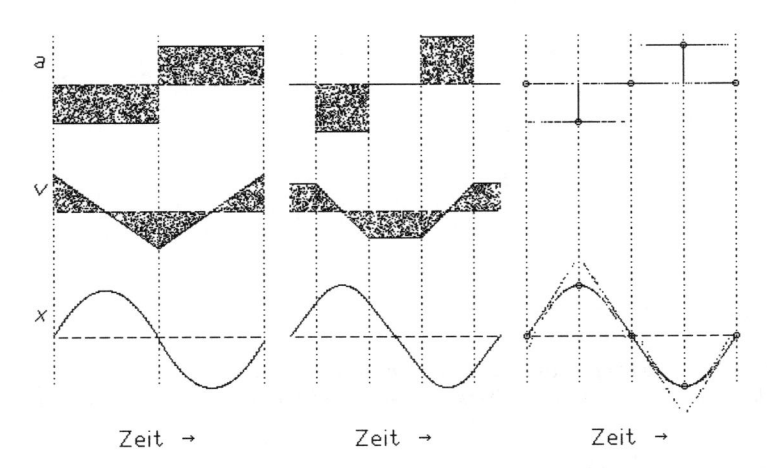

Bild 4.1.1 Beschleunigung, Geschwindigkeit und Ort
Links: Die Beschleunigung ist abwechselnd positiv und negativ. Mitte: Zwischendurch ist die Beschleunigung null. Rechts: Folgerungen aus dem Verhalten der Beschleunigung nahe den Nulldurchgängen des Ortes und nahe der Umkehrpunkte. Für den Ort ergeben sich in allen drei Fällen Stücke von Parabeln mit geraden oder noch nicht bestimmten Übergängen.

4.1.2 Sinus und Kosinus und ihre Ableitungen

Wir kennen diese Funktionen bisher aus ihren *Definitionen*. Sind x und y rechtwinklige Koordinaten eines Punktes und r und φ die zugehörigen Polarkoordinaten, so sind

$$\cos(\varphi) = \frac{x}{r} \quad \text{und} \quad \sin(\varphi) = \frac{y}{r}.$$

Oft brauchen wir die *Funktionen von Summen*. Aus Bild 4.1.2 können wir – jedenfalls für spitze Winkel – die Beweise zu diesen *Additionstheoremen* ablesen:

> Additionstheoreme für Kosinus und Sinus
> $\cos(a + b) = \cos(a)\cos(b) - \sin(a)\sin(b)$
> $\sin(a + b) = \sin(a)\cos(b) + \cos(a)\sin(b)$

Daraus folgt unter anderem $\cos(a)\cos(b) = (\cos(a + b) + \cos(a - b))/2$.

Weitere Eigenschaften von cos und sin, vor allem über Symmetrie und Periodizität, lassen sich aus Diagrammen ablesen oder aus Definitionen berechnen. Das betrifft auch viele Eigenschaften der Umkehrfunktionen arcsin, arccos sowie den Quotienten $\tan(a) = \sin(a)/\cos(a)$.

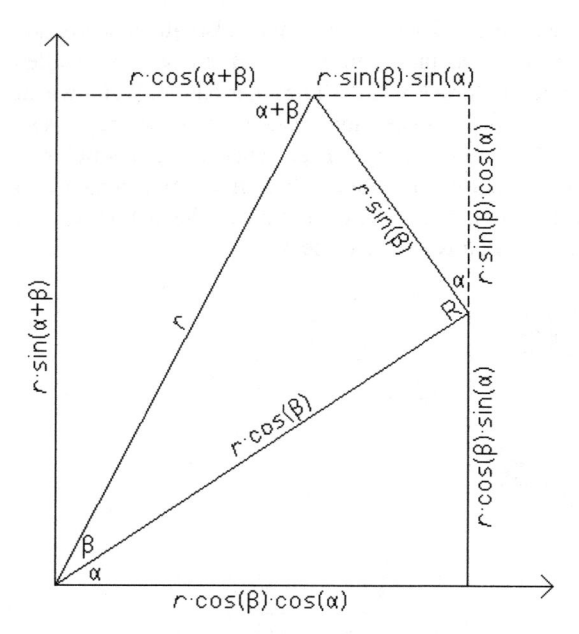

Bild 4.1.2 Zur Herleitung der Formeln für cos und sin von Summen von Winkeln (Additionstheoreme). Hier sind die Argumente als Winkel gedeutet und darum griechisch bezeichnet.

Die *Ableitungen* kann man herleiten, indem man

$$\frac{\cos(a(t+\Delta t))-\cos(at)}{\Delta t}$$

nach den Additionstheoremen umrechnet und den Grenzwert für Δt gegen null bildet. Das geht entsprechend auch für den Sinus. Wir brauchen zur Berechnung dieser Grenzwerte Näherungsfunktionen für $\cos(at)$ und $\sin(at)$ nahe $t=0$, nämlich 1 und a, die wir anschaulich aus der Geometrie der Definitionen entnehmen können.

Ableitungen für Kosinus und Sinus
$(d/dt)\cos(at+b) = -a\sin(at+b)$
$(d/dt)\sin(at+b) = a\cos(at+b)$

Dass eine zeitliche Verschiebung um b beim Ableiten erhalten bleibt, ist schon anschaulich klar, weil es nur um eine Verlagerung des Nullpunktes der Zeit geht. Ganz allgemein gilt also für die Funktionen cos und sin, dass sie ihren Ableitungen *wechselseitig* bis auf konstante vorzeichenbehaftete Faktoren proportional sind.

4.1.3 Ungedämpftes Federpendel, quantitativ behandelt

Beim Federpendel schwingt ein Objekt der Masse m unter dem Einfluss einer ortsabhängigen Kraft $F = -Dx$. Zwischen x und $a = d^2x/dt^2$ besteht wegen $F = ma$ eine Differenzialgleichung:

4.1.3 Ungedämpftes Federpendel, quantitativ behandelt

> **Differenzialgleichung der ungedämpften harmonischen Schwingung**
> $$\frac{d^2x}{dt^2} = -\frac{xD}{m}$$

Der – zunächst geratene – Ansatz $x = x_a \cos(\omega t + const)$ erfüllt die Differenzialgleichung, wenn $\omega^2 = D/m$ ist, was man schnell nachrechnet. Damit ist die allgemeine Lösung der Gleichung für ungedämpfte harmonische Schwingungen gefunden.

> **Lösung der Schwingungsgleichung**
> $$x = x_a \cos(\varphi) = x_a \cos(\omega t + \varphi_0) \quad \text{mit} \quad \omega^2 = D/m$$
> - Elongation x, Amplitude x_a
> - Phasenwinkel φ, Phasenkonstante φ_0
> - Kreisfrequenz ω, Periode $T = 2\pi/\omega$, Frequenz $f = 1/T = \omega/2\pi$

Die Periode T – die Wiederkehrzeit – hat wegen $\cos(a+2\pi) = \cos(a)$ den genannten Wert. Die Bezeichnung „Kreisfrequenz" für ω ist eher irreführend, „Winkelfrequenz" wäre treffender. Die Wahl des gleichen Symbols wie für die Winkelgeschwindigkeit hat dagegen wegen der Darstellbarkeit im Zeigerdiagramm Sinn, siehe 3.4.4. Bild 4.1.3 zeigt die Zusammenhänge der Bezeichnungen mit dem Funktionsgraphen.

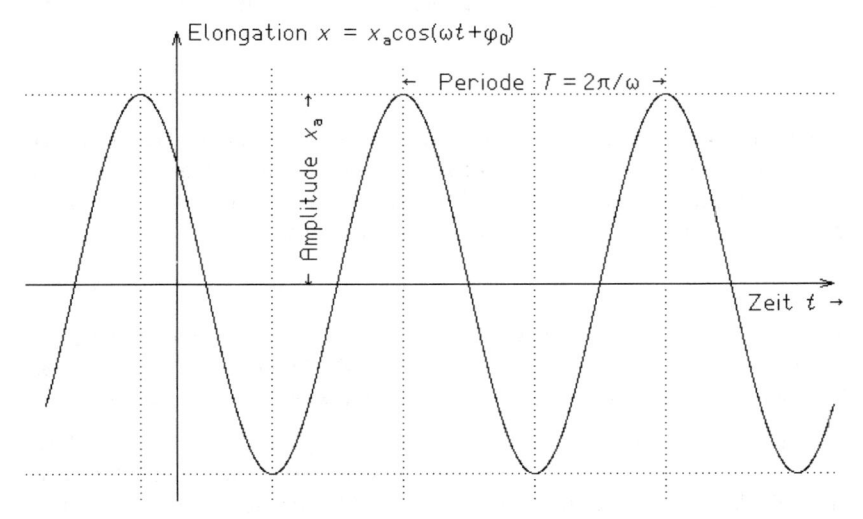

Bild 4.1.3 Bezeichnungen bei einer kosinusförmigen Schwingung

Alle schwingfähigen Systeme mit der *gleichen Form* der Differenzialgleichung wie oben heißen *harmonische Oszillatoren*. Bei ihnen hängt die Frequenz nicht von der Energie ab. Die Abhängigkeit der potenziellen Energie von der Elongation Funktion zweiter Ordnung entspricht also einer Parabel.

➢ Mit „gleicher Form" ist gemeint, dass man die Bezeichnungen der Variablen so umdeuten kann, dass die Differenzialgleichung wieder ein Gerät beschreibt. Dann können wir erwarten, dass auch ihre Lösungen ebenso mögliche Vorgänge an diesem Gerät beschreiben. Als Beispiel kann das Federdrehpendel in Aufgabe 4.1.3.1 dienen.

Um eine *Differenzialgleichung* mit ihren Lösungen auf ein anderes Problem zu *übertragen*, muss man nicht unbedingt die Formelzeichen auswechseln, es genügt eigentlich schon, sie nur anders zu *deuten* – x einmal als Länge, dann als Winkel. Andererseits ist man aber stark von Gewohnheiten geprägt. Versuchen Sie einmal, x^a für konstantes x nach a abzuleiten. Es geht, aber etwas langsamer als üblich. Unsere Gewohnheit, Unbekanntes x zu nennen, kommt von dem arabischen Wort „schaj" für „Sache", das die Spanier mit x abkürzten, was sie damals wie unser „sch" aussprachen.

➢ In der Physik sind die Namen der Einheiten und ihre Festlegungen genormt. Für die Bezeichnungen der Größen gibt es nur mehr oder weniger gute Übereinstimmungen zwischen den Autoren. Die *Formelzeichen* für die Größen sind aber im Prinzip völlig frei wählbar, obwohl auch hier gewisse Traditionen bestehen – etwa dass man die magnetische Erregung H nennt, weil ursprünglich ihre Horizontalkomponente so bezeichnet wurde.

Ein fauler, aber pfiffiger Student sollte eine Klausur über die Formel $E = h\nu$, bei uns heißt sie $W = hf$, schreiben. Da er vom Fotoeffekt keine Ahnung hatte, schrieb er einen Aufsatz über das Ohm'sche Gesetz. Er deutete E als Spannung, h als Widerstand und ν als Stromstärke.

4.1.3.1 Das freie Federpendel

Bisher haben wir uns das Federpendel mehr oder weniger stillschweigend mit einem Ende am Rest unseres Planeten befestigt gedacht. Üblicherweise wird das als die einfachste Form eines Oszillators angesehen. In 1.3 haben wir aber gesehen, dass es eine Dynamik einer einzelnen Punktmasse nur im Zusammenhang mit der Außenwelt geben kann, die dabei nur scheinbar passiv ist.

Aufgabe:

Behandeln Sie bitte ein Federpendel aus zwei anfänglich ruhenden Punktmassen und einer dazwischengeschalteten „masselosen" Hooke'schen Feder, die beim Start gespannt ist. Benutzen Sie dazu das gemeinsame Schwerpunktsystem und unsere Kenntnisse über die Reihenschaltung von Federn, damit es so einfach wie möglich wird.

Lösung:

Wir sehen sofort, dass sich die ganze Bewegung in einer Linie durch den Schwerpunkt abspielen wird, die wir als x-Achse wählen. Hat die erste Punktmasse mit der Masse m_1 in diesem Schwerpunktsystem den Ort x_1, so hat die andere den Ort $x_2 = -x_1 \cdot m_1/m_2$. Die Länge der Feder teilt sich also auch in jedem Augenblick im gleichen Verhältnis auf die beiden Seiten der x-Achse auf, es bleibt also stets dieselbe materielle Stelle der Feder im Schwerpunkt. Exakt gilt das nur im Grenzfall vernachlässigbarer Federmasse. Dann kann die Feder als eine Reihenschaltung von zwei Federn betrachtet werden, deren Längen sich umgekehrt wie die Massen der angehängten Objekte verhalten. Damit verhalten sich die Federkonstanten D_1 und D_2 dieser Teile wiederum umgekehrt, also gerade so wie die Massen. Mit der Federkonstanten D der ganzen Feder ist wegen $1/D = 1/D_1 + 1/D_2$ nun $D_1 = D \cdot (m_1 + m_2)/m_2$ und entsprechend $D_2 = D \cdot (m_1 + m_2)/m_1$.

Wenn wir nun benutzen, was wir über ein Federpendel wissen, bei dem „das andere" Ende der Feder ortsfest ist, können wir sogleich folgern, dass beide Teile unseres Systems mit dem gemeinsamen $\omega = \sqrt{D_1/m_1} = \sqrt{D_2/m_2} = \sqrt{D/\mu}$ schwingt. Die Abkürzung $\mu = (m_2 m_2)/(m_1 + m_2)$ wird formal als *reduzierte Masse* bezeichnet.

4.1.3 Ungedämpftes Federpendel, quantitativ behandelt

- Ein Grenzfall ist besonders interessant. Für sehr ungleiche Massen ist μ mehr oder weniger genau gleich der kleineren Masse. Wenn also eine Feder zwischen der Erde und einer Eisenkugel sitzt, so kann man die Mitbewegung der Erde vernachlässigen und die frühere Rechnung rechtfertigen.
- Ebenso wichtig ist der Spezialfall für gleiche Massen $m_1 = m_2$. Der liegt beispielsweise bei vielen Molekülen mit zwei gleichen Atomkernen vor. Dann ist $\mu = m_1/2$ und ein solches System schwingt mit der gleichen Frequenz wie eine einzelne der beiden Massen mit der halben statt der ganzen Feder, also mit der doppelten Federkonstanten.
- ➤ Bei diesen Rechnungen haben wir entscheidend die Erhaltung des Schwerpunkts benutzt. Es soll noch angedeutet werden, wie die Impulse hier wandern. Die Dehnung der *gesamten* Feder bestimmt, wie viel Impuls pro Zeit an die Massen gegeben wird: an beide gleich viel, aber mit entgegengesetzter Orientierung. Auch die fast gar nicht mitbewegte Erde bekommt in jedem Augenblick so viel Impulsbetrag wie die kleine Eisenkugel – allerdings fast gar keine Energie. Man kann den weitaus schwereren Partner nur in Bezug auf die Geschwindigkeit und die Bewegungsenergie als nahezu passiv – sozusagen als unbeteiligtes Spielfeld – ansehen, keineswegs aber im Hinblick auf den Impuls. Wörter wie „Lagerkraft" oder „Stativ" machen das nicht hinreichend deutlich.
- Die Aufgabe kann noch erweitert werden, indem man quer zur Feder Startgeschwindigkeiten zulässt, es gibt dann gleichzeitig Schwingungen in zwei Dimensionen, die im Schwerpunktsystem konzentrische Ellipsen geben, falls die Länge der ungespannten Feder vernachlässigbar klein gegen die der gespannten ist. Ein sehr interessanter und besonders einfacher Spezialfall – ohne diese Einschränkung – ist das Umkreisen des gemeinsamen Schwerpunktes bei konstanter Federlänge.

4.1.3.2   Federdrehpendel

Aufgabe:

Behandeln Sie unter Verwendung der Analogieregeln das Federdrehpendel nach dem Vorbild des Federpendels. Ein starrer Körper – etwa die Unruhe einer Taschenuhr – mit dem Trägheitsmoment Θ schwingt unter dem Einfluss des zum Auslenkungswinkel φ proportionalen rücktreibenden Drehmoments $M = -K\varphi$.

Lösung:

Das Drehmoment M hängt einerseits von der Winkelauslenkung φ über die Winkelrichtgröße K ab und bestimmt andererseits über das Trägheitsmoment Θ die Winkelbeschleunigung:

$$M = -K\varphi = \frac{\Theta \, d^2\varphi}{dt^2}.$$

Das ist analog zum geradlinigen Federpendel mit

$$F = -Dx = \frac{m \, d^2 x}{dt^2}.$$

Beachten Sie, dass sich die formale Ähnlichkeit – reines Austauschen der Symbole – von diesem Ansatz ohne weiteres auf das Ergebnis überträgt. Die Lösungen sind also

$$x = x_a \cos(\sqrt{D/m} \cdot t + k) \quad \text{und} \quad \varphi = \varphi_a \cos(\sqrt{K/\Theta} \cdot t + k).$$

Anders gesagt: Die Mathematik hängt nicht von der Bedeutung der Symbole ab!

4.1.3.3 Energien beim Federpendel und beim Federdrehpendel

Aufgabe:

Geben Sie bitte für das Federpendel und für das Federdrehpendel die kinetische und die potenzielle Energie an. Zeigen Sie, dass die Summe beider konstant bleibt. Analysieren Sie bitte die Situation in den Umkehrpunkten und für die Nulldurchgänge der Bewegung.

Lösung:

Aus der vorigen Aufgabe entnehmen wir die Elongationen, berechnen ihre Ableitungen und dann die Energien. Als Nullpunkt der potenziellen Energie ist die entspannte Feder gewählt.

Tabelle 4.1.1 Analogie harmonischer Oszilatoren

Federpendel	Federdrehpendel
Ort $x = x_\mathrm{a} \cos(\sqrt{D/m} \cdot t + k)$	Winkel $\varphi = \varphi_\mathrm{a} \cos(\sqrt{K/\Theta} \cdot t + k)$
Geschwindigkeit $\mathrm{d}x/\mathrm{d}t = -x_\mathrm{a}\sqrt{D/m} \cdot \sin(\sqrt{D/m} \cdot t + k)$	Winkelgeschwindigkeit $\mathrm{d}\varphi/\mathrm{d}t = -\varphi_\mathrm{a}\sqrt{K/\Theta} \cdot \sin(\sqrt{K/\Theta} \cdot t + k)$
Energiebilanz $\begin{aligned} W_\mathrm{pot} + W_\mathrm{kin} &= Dx^2/2 + mv^2/2 \\ &= Dx_\mathrm{a}^2 \cos^2(\sqrt{D/m} \cdot t + k)/2 \\ &\quad + Dx_\mathrm{a}^2 \sin^2(\sqrt{D/m} \cdot t + k)/2 \\ &= Dx_\mathrm{a}^2/2 \end{aligned}$	Energiebilanz $\begin{aligned} W_\mathrm{pot} + W_\mathrm{kin} &= K\varphi^2/2 + \Theta(\mathrm{d}\varphi/\mathrm{d}t)^2/2 \\ &= K\varphi_\mathrm{a}^2 \cos^2(\sqrt{K/\Theta} \cdot t + k)/2 \\ &\quad + K\varphi_\mathrm{a}^2 \sin^2(\sqrt{K/\Theta} \cdot t + k)/2 \\ &= K\varphi_\mathrm{a}^2/2 \end{aligned}$

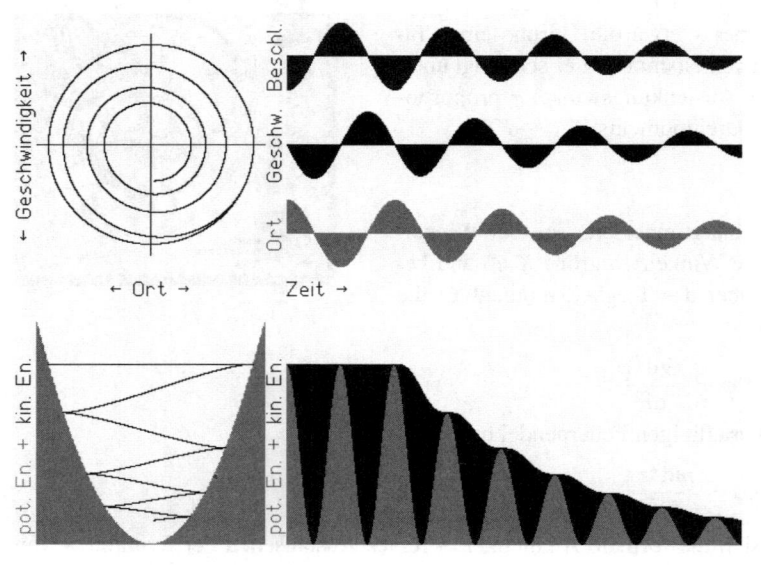

*Bild 4.1.4 Federpendel erst ohne und dann mit schwacher Dämpfung.
Links oben: Darstellung im Phasenraum; links unten: Darstellung im Potenzialtopf; rechts daneben: die jeweiligen Zeitabhängigkeiten. Die potenzielle Energie ist in der Energiebilanz grau, die kinetische schwarz dargestellt.*

In beiden Fällen ist die Energie zeitlich konstant, nur die Aufteilung auf kinetische und potenzielle Energie ändert sich. Zweimal pro Schwingung steckt die ganze Energie im kinetischen Anteil. Die Beträge der Ableitungen der Elongation haben jeweils ihr Maximum, die Elongation hat dabei einen Nulldurchgang. Zweimal steckt die ganze Energie im potenziellen Anteil, in der Feder. Dabei sind die Maxima der Beträge der Elongationen erreicht, es sind die Nullstellen dieser Ableitungen.

Das Bild 4.1.4 zeigt im rechten Teil oben die Elongation und darunter die beiden Energieanteile über einer gemeinsamen Zeitachse. Während der ersten Periode ist die Energie konstant. Die Fortsetzung erfolgt aber mit plötzlich eingeschalteter und zur Geschwindigkeit proportionaler Reibung, siehe auch 4.1.6 und die dort gezeigten Bilder mit ähnlichem Aufbau.

➥ **Knobelaufgabe:** Wenn wir das Federpendel senkrecht schwingen lassen, so ist das zwar experimentell sehr bequem, die Energiebilanz ist aber neu und anders zu bilden.

4.1.4 Elektrischer Schwingkreis

Wir beginnen mit zwei *Einschaltvorgängen*:

- Man legt eine Gleichspannung U an einen Kondensator der Kapazität C, der in Reihe mit einem ohmschen Widerstand R geschaltet ist. Nach dem Einschalten fließt zunächst ein Strom der Stromstärke $I = dQ/dt = U/R$. Die Ladung wächst also mit dieser Anfangssteigung, geht dann aber in die Sättigung $Q = CU$, wie man sich auch ohne Differenzialgleichung überlegen kann.
- Man legt eine Gleichspannung U an eine Spule der Induktivität L, die in Reihe mit einem ohmschen Widerstand R geschaltet ist, der auch den ohmschen Widerstand des Spulendrahtes mit einschließt. Nach dem Einschalten wächst die Stromstärke zunächst mit der Anfangssteigung $dI/dt = U/L$ und geht dann in die Sättigung $I = U/R$.

Schließt man zwischen die Anschlüsse eines geladenen Kondensators der Kapazität C – anfängliche Ladung Q_a und Spannung U_a – eine Spule der Induktivität L mit vernachlässigbarem ohmschem Widerstand, so treibt die Spannung am Kondensator gegen die Induktivität einen anwachsenden Strom an, der die Spannung abbaut. Es gilt daher sowohl $U = Q/C$ als auch $U = -L\,dI/dt = -L\,d^2Q/dt^2$. Für Q liefert das die Differenzialgleichung

$$\frac{Q}{C} = -\frac{L\,d^2Q}{dt^2}.$$

Die Lösung dafür ist ganz ähnlich wie beim mechanischen Oszillator zu finden:

$$Q = Q_a \cos(t/\sqrt{LC} + \varphi_0).$$

Damit ist auch die Bezeichnung *Schwingkreis* für die Schaltung aus Kondensator und Spule verständlich.

4.1.5 * Analogien zwischen mechanischen und elektrischen Größen

Vergleicht man die Differenzialgleichungen und ihre Lösungen für das Federpendel und für den elektrischen Schwingkreis miteinander, so kann man die einen in die anderen überführen, indem man einfach bestimmte Buchstabensymbole gegeneinander austauscht. Bei den geradlinigen Bewegungen und den Rotationsbewegungen haben wir das schon ähnlich gemacht. Die mathematischen Operationen gelten unabhängig von der Bedeutung der Symbole.

So kann man die Ladung zum Ort und die Spannung zur Kraft analogsetzen, die Induktivität zur Masse und die Kapazität zum Kehrwert der Federkonstanten. Diese Analogien sind sehr einleuchtend, weil man Kraft und Spannung gleichermaßen als Ursachen zu betrachten gewohnt ist.

Tabelle 4.1.2 Analogiezuordnungen bei mechanischen und elektrischen Oszillatoren. Die mit (*) gekennzeichneten Analogien erfolgen nicht direkt, sondern über eine Ableitung oder Integration.

Ältere elektrische Analogie	Mechanik	Neuere elektrische Analogie
Parallelschaltung	Hintereinanderschaltung	Hintereinanderschaltung
Hintereinanderschaltung	Parallelschaltung	Parallelschaltung
Zeit t	Zeit t	Zeit t
Spannungsstoß $\int U \, dt$	Impuls p (**Erhaltungsgröße**)	Ladung Q (**Erhaltungsgröße**)
Ladung Q	Ortskoordinate x	Spannungsstoß $\int U \, dt$
Spannung U	**Kraft** $F = dp/dt$	**Stromstärke** $I = dQ/dt$
Stromstärke I	Geschwindigkeit $v = dx/dt$	Spannung U
Kapazität C	Kehrwert der Federkonstante $1/D$	Induktivität L
Induktivität L	Masse m	Kapazität C
Stromableitung dI/dt	Beschleunigung a	Spannungsableitung dU/dt
ohmscher Widerstand R	Reibungskonstante $r = F_r/v$	ohmscher Leitwert $1/R = I/U$
elektrische Energie $Q^2/2C$	Feder-Energie $Dx^2/2$	magnetische Energie $LI^2/2$
magnetische Energie $LI^2/2$	kinetische Energie $mv^2/2$	elektrische Energie $CU^2/2$
Heizleistung $P = UI$	Heizleistung $F_r v$	Heizleistung IU
Eigenkreisfrequenz $\sqrt{1/LC}$	Eigenkreisfrequenz $\sqrt{D/m}$	Eigenkreisfrequenz $\sqrt{1/LC}$
Kondensator $U = Q/C$	Feder $F = -Dx$	Spule $U = -L dI/dt$ (*)
Spule $U = L dI/dt$	Beschleunigung $F = ma$	Kondensator $Q = CU$ (*)
Spannungsabfall $U = IR$	viskose Reibung $F_r = vr$	Heizstrom $I = U/R$

Ein wesentlicher Nachteil dabei zeigt sich aber bei *der Parallelschaltung und der Hintereinanderschaltung* solcher Systeme. Wege – Federauslenkungen – sind hintereinander additiv und Kräfte sind parallel additiv. Stromstärken sind aber parallel additiv und Spannungen hintereinander. Wenn man also auch verzweigte Systeme ohne geometrische Umstülpungen behandeln will, verwendet man besser eine Analogie, bei der die einander analogen Größen das gleiche Verhalten bei Verzweigungen haben.

Da der Impuls ebenso wie die Ladung eine *Erhaltungsgröße* ist, muss er sich wie diese bei *Verzweigungen* additiv verhalten, ebenso dann die Kraft als seine Ableitung nach der Zeit. Zeit und Leistung bleiben auch hier zu sich selbst analog.

Die Tabelle 4.1.2 zeigt beide Analogiezuordnungen. Verwenden Sie aber immer nur eine der beiden Möglichkeiten, nie beide durcheinander. Dass es zwei verschiedene gibt, zeigt, dass der „innere Zusammenhang" begrenzt ist. Bei der vermutlich auch für Sie neuen Analogie reicht wegen der Schaltungstreue aufgrund der Erhaltungseigenschaften dieser Zusammenhang weiter. Diese Analogie wurde 1932 von W. HAEHNLE und 1933 von F. A. FIRESTONE vorgeschlagen.

Im Sinne dieser neueren Analogie ist eine Geschwindigkeitsdifferenz die Ursache für einen Impulsaustausch in Richtung des Abbaus der Differenz. Die Reibung tritt dabei als Leitwert für den Impulsstrom auf. Die Masse gibt an, wie viel Impuls man in einen Körper hineinfüllen muss, damit er eine bestimmte Geschwindigkeit erreicht. Das ist analog zur Kapazität, die angibt, welche Ladung bei einem Kondensator für eine bestimmte Spannung nötig ist.

4.1.6 Dämpfung

4.1.6.1 Qualitatives zur Dämpfung

Dämpfung von Schwingung bedeutet Umwandlung von mechanischer oder elektromagnetischer Energie in Wärme. Dabei nimmt die Amplitude ab. In der Mechanik geschieht das durch Reibung, die eine negative Beschleunigung bei vorhandener Relativgeschwindigkeit erzeugt – beispielsweise durch *Gegenwind*.

Bild 4.1.4 zeigt für den harmonischen Oszillator, dass die Energie nicht gleichmäßig exponentiell, sondern fast stufenweise abnimmt. Die folgende Überlegung und die exakte Rechnung zeigen, dass das kein Fehler der Computer-Rechnung ist: Die Reibung findet nur bei der Bewegung statt. An den Umkehrpunkten vergeht also einige Zeit fast ohne Energieentwertung.

Bei starker Dämpfung kann ein System, das sonst schwingfähig wäre, auch ohne Überschwingen ins Gleichgewicht gehen. Das nennt man den *aperiodischen Kriech-Fall*, siehe Bild 4.1.5. Die am schnellsten ablaufende aperiodische Bewegung eines Systems erfolgt im *aperiodischen Grenzfall*, siehe Bild 4.1.6. Bei Messinstrumenten mit Zeigern ist genau das erwünscht.

➤ Der Aufbau der Bilder zu den Schwingungsvorgängen ist in 4.1.3.3 beschrieben.

4.1.6.2 * Harmonischer Oszillator bei starker Dämpfung – Kriechfall

Für ein Federpendel mit der Punktmasse m, der Federkonstanten D und der besonders einfach berechenbaren viskosen Reibungskraft $F_r = -rv$ gilt die Differenzialgleichung

$$m \left(\frac{d}{dt} \right)^2 x = -Dx - r\frac{d}{dt}x.$$

Wir vermuten, dass eine Anfangsbewegung nach einiger Zeit im Nullpunkt zum Stillstand kommt.

Aufgabe:

Probieren Sie, die Differenzialgleichung mit einer Exponentialfunktion der Zeit zu lösen. Machen Sie zunächst den Ansatz $x = x_1 \exp(kt)$ und bestimmen Sie die Bedingung für k. Für hinreichend starke Reibung gibt es zwei mögliche Werte für k. Wo ist die Grenze dafür? Probieren Sie auch die Überlagerung

$$x = x_1 \exp(k_1 t) + x_2 \exp(k_2 t)$$

und bestimmen Sie bitte die Werte für x_1 und x_2 als Funktionen von vorgegebenen Startwerten $x_{t=0}$ und $(dx/dt)_{t=0}$.

Lösung:

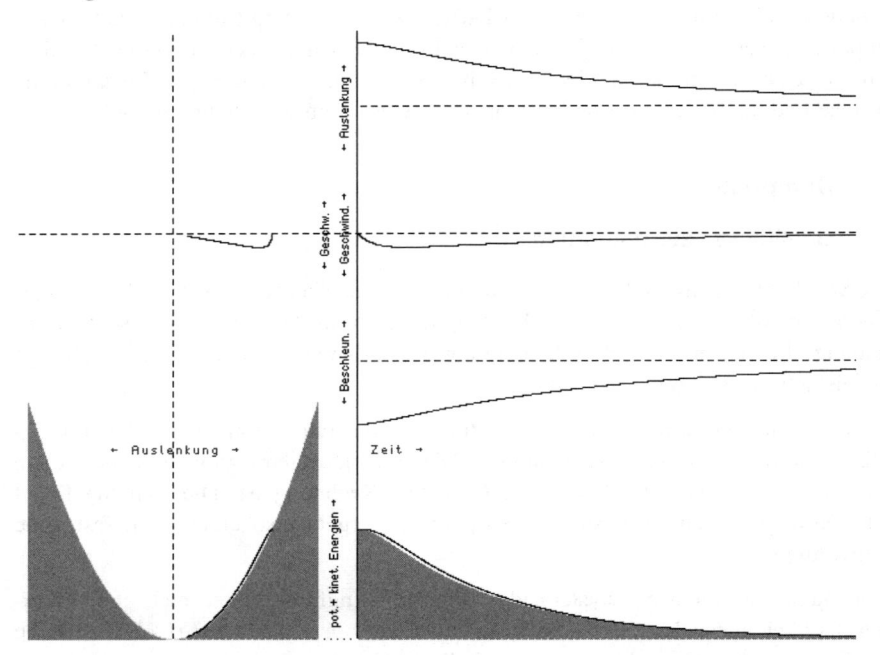

Bild 4.1.5 Aperiodischer Fall bei starker Dämpfung des harmonischen Oszillators

Aus dem Ansatz $x = x_1 \exp(kt)$ ergeben sich die Ableitungen $(d/dt)x = kx_1 \exp(kt)$ und $(d/dt)^2 x = k^2 x_1 \exp(kt)$. Setzt man das in die Differenzialgleichung ein, findet man als Bedingung eine quadratische Gleichung für k:

$$k^2 = -\frac{r}{m}k - \frac{D}{m}.$$

➤ Eine Gleichung wie $x^2 + 2mx + c = 0$ löst man am übersichtlichsten durch quadratische Ergänzung. Wegen $(x+m)^2 = x^2 + 2mx + m^2$ kann man sie als $(x+m)^2 = m^2 - c$ schreiben und mit $x + m = \pm\sqrt{m^2 - c}$, also $x_{1,2} = -m \pm \sqrt{m^2 - c}$ lösen.

Unsere quadratische Gleichung hat für den Fall, dass $r^2 > 4mD$ ist, die beiden Lösungen

$$k_{1,2} = -\frac{r}{m} \pm \sqrt{\frac{r^2 - 4mD}{m}}.$$

Im Fall $r^2 = 4mD$ fallen beide Lösungen zusammen, siehe 4.1.6.3. Wenn wir imaginäre Zahlen vermeiden und mit reellen Zahlen auskommen wollen, müssen wir für den Fall schwacher Reibung $r^2 < 4mD$ einen anderen Ansatz wählen, siehe 4.1.6.4.

Stets sollte es aber physikalisch möglich sein, dass man die Bewegung mit einem beliebigen Startwert $x_0 = x_{t=0}$ und einer ebenfalls beliebigen Anfangsgeschwindigkeit $v_0 = (dx/dt)_{t=0}$ beginnen kann. Für die starke Reibung $r^2 > 4mD$ kommen wir dazu aber nicht mit unserem Ansatz aus. Das Problem lässt sich lösen, wenn wir die Überlagerung mit zwei Werten x_1 und x_2 und den beiden oben genannten Werten für k nehmen:

$$x = x_1 \exp(k_1 t) + x_2 \exp(k_2 t).$$

Die Werte für x_1 und x_2 finden wir durch Einsetzen mit exp(0) = 1 als

$$x_1 = \frac{v_0 - k_2 x_0}{k_1 - k_2} \quad \text{und} \quad x_2 = \frac{v_0 - k_1 x_0}{k_2 - k_1}.$$

Die Summe zweier Lösungen für eine Differenzialgleichung ist immer dann ebenfalls eine Lösung, wenn die Differenzialgleichung – wie in unserem Fall – *linear* ist.

4.1.6.3 * Aperiodischer Grenzfall

Aufgabe:

In der vorigen Aufgabe kann man für den Fall $r^2 = 4mD$ mit der dort gefundenen Lösung nicht beliebige Startwerte für x und v erfüllen. Zeigen Sie bitte, dass es in diesem Grenzfall mit dem Ansatz $x = (x_{t=0} + v_{t=0} t) \exp(-r/2m)$ geht.

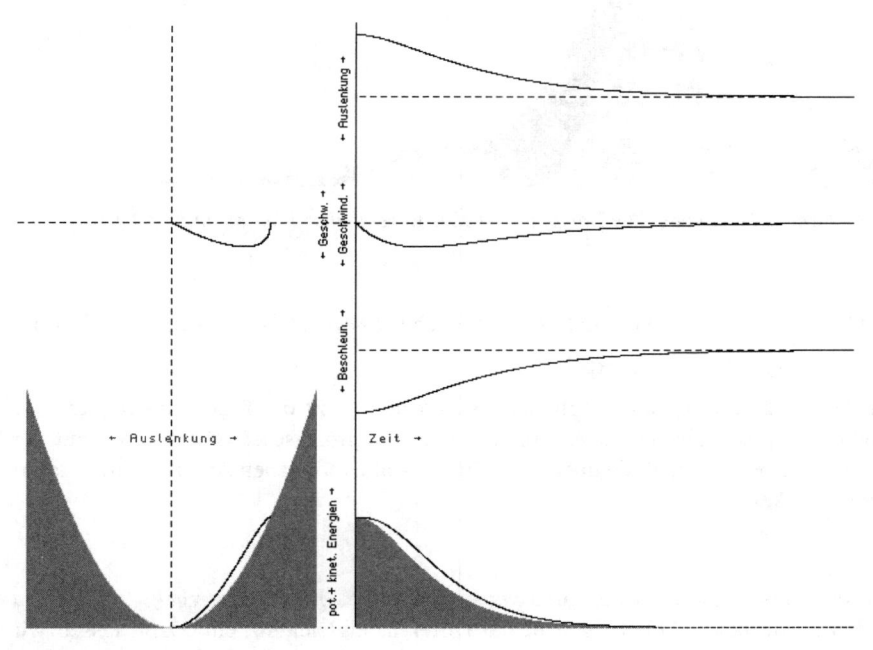

Bild 4.1.6 Aperiodischer Grenzfall

Lösung:

Wenn man beim Ableiten die Produktregel richtig anwendet und alles in unsere Differenzialgleichung aus 4.1.6.2 einsetzt, geht alles restlos auf.

4.1.6.4 * Periodischer Fall bei schwacher Dämpfung

Wenn die Reibung schwach ist, muss etwas stattfinden, was im Grenzfall von gar keiner Reibung in die uns schon bekannte Schwingung übergeht. Wir erwarten also eine Schwingung, die aber immer schwächer werden muss. Wenn wir Glück haben, geht es mit einem Produkt aus einer Winkelfunktion und einer Exponentialfunktion.

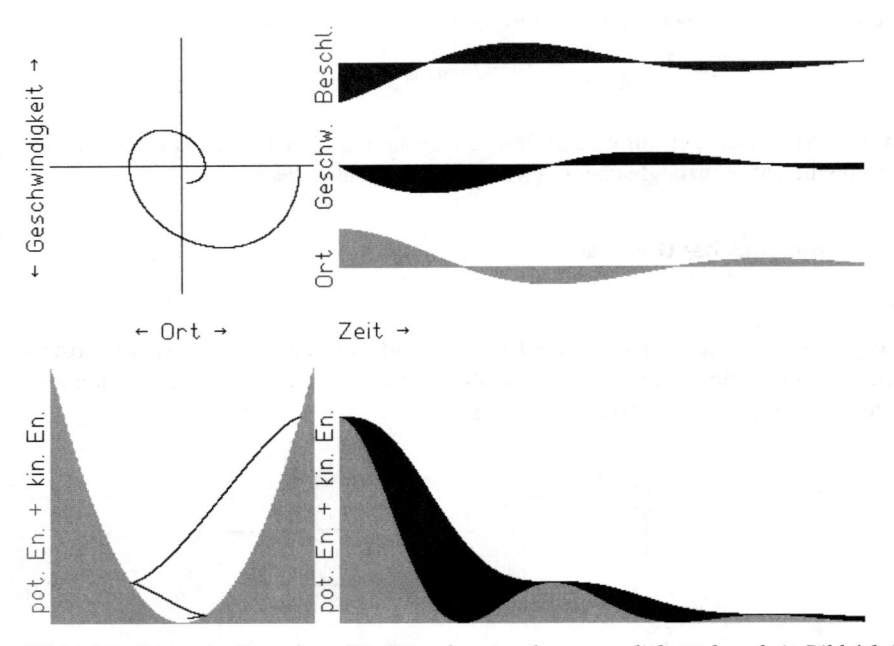

Bild 4.1.7 Schwache Dämpfung. Die Dämpfung ist aber wesentlich stärker als in Bild 4.1.4.

Aufgabe:

Versuchen Sie bitte die Lösung der Differenzialgleichung $m(d/dt)^2 x = -Dx - r(d/dt)x$ mit

$$x = x_a \cos(\omega t + \varphi_0) \exp(kt).$$

Beachten Sie aber, dass ω nicht verpflichtet ist, für alle r mit der Eigenkreisfrequenz für $r = 0$, genannt ω_0, übereinzustimmen. Tut es das? Wie groß ist k? Erfassen wir mit der vorgeschlagenen Lösung – falls sie überhaupt eine ist – alle möglichen Anfangswerte für Ort und Geschwindigkeit?

Lösung:

Wir leiten den Ansatz zweimal ab – und verwenden dabei die *Produktregel* – und setzen die Funktion sowie beide Ableitungen in die Differenzialgleichung ein. Dann fassen wir so zusammen, dass eine Summe der Form $A \sin(\ ) + B \cos(\ )$ entsteht. Da die gesuchten Zusammenhänge für alle Zeiten t stimmen sollen, müssen die Faktoren von $\cos(\omega t + \varphi_0)$ und die von $\sin(\omega t + \varphi_0)$ jeweils zusammen null ergeben. Aus den letzteren können wir

$$k = -\frac{r}{2m}$$

ablesen. Aus der ersten Bedingung folgt dann

$$\omega^2 = \frac{D}{m} - \left(\frac{r}{4m}\right)^2.$$

Im Grenzfall für $r = 0$ ist das das $\omega = \sqrt{D/m}$, welches wir aus 4.1.3 kennen. Wir kürzen dieses jetzt mit ω_0 ab. Die Kreisfrequenz ist also mit Reibung kleiner als ohne. Bei kleinen Reibungskoeffizienten macht das kaum etwas aus. Bei großen – nahe am aperiodischen Grenzfall – geht es aber rapide gegen unendlich lange Schwingungen.

Wenn man ω, ω_0 und $r/2m$ als Längen eines Dreiecks aufträgt, so ist dieses rechtwinklig. Anschaulich gedeutet ist $r/2m$ die Hälfte des Verhältnisses aus negativer Reibungsbeschleunigung und Geschwindigkeit.

Die Lösung enthält genügend Freiheiten für alle Möglichkeiten der Anfangswerte für Ort und Geschwindigkeit, denn außer der Amplitude x_a kann die Phasenkonstante φ_0 passend gewählt werden. Statt der bisherigen Form cos mit Phasenkonstante kann man auch die Summe zweier Funktionen cos und sin, aber jeweils ohne Phasenkonstante nehmen:

$$x = (x_c \cos(\omega t) + x_s \sin(\omega t)) \exp(kt).$$

Machen Sie sich bitte klar, wie man das ineinander umrechnen kann. Begrenzt wird das System natürlich durch reale Gültigkeitsgrenzen, insbesondere bei der Federkonstanten D.

4.1.7 Rückkopplung und Resonanz

Wenn man dafür sorgt, dass die Punktmasse stets oder meistens Rückenwind hat oder sonstwie überwiegend in Richtung der augenblicklichen Geschwindigkeit beschleunigt wird, so wird Leistung zugeführt. Die Dämpfung wird ausgeglichen, es erfolgt *Entdämpfung*. Die Schwingung kann derart auch aus der Ruhe heraus angefacht werden. Das Aufschaukeln großer Kirchenglocken beim Läuten kann als Beispiel dienen.

Wird die auf die Schwingung einwirkende Beschleunigung oder elektrische Spannung von der Schwingung selbsttätig – nämlich phasenabhängig – gesteuert, nennt man das *Rückkopplung*. Die Rückkopplung ist positiv, wenn sie zur Verstärkung der Schwingung führt. Reibung kann in diesem Sinne auch als eine negative Rückkopplung beschrieben werden. Entdämpfung durch positive Rückkopplung gelang zuerst mechanisch bei Uhren, elektrisch bei der MEISSNER-Schaltung.

Ist die antreibende Kraft oder Spannung von selbst periodisch, so werden hohe Amplituden dann erreicht, wenn sie die Eigenfrequenz des Oszillators hat. Man spricht dann von *Resonanz*. Ohne Reibung kann die Amplitude theoretisch unbegrenzt wachsen, praktisch natürlich nicht. Beim *Tuner* eines Radios ist Resonanz erwünscht. Bei klapprigen Teilen von Autos, die bei bestimmten Geschwindigkeiten auf Holperstrecken schwingen, ist dagegen Resonanz schädlich, zumindest aber nervtötend.

In fast allen Büchern wird die mechanische Schwingung durch die Zeitabhängigkeit ihrer Ortsauslenkung dargestellt. Dann wird untersucht, wie ihre Amplitude bei bestimmten Reibungskoeffizienten von der Frequenz der antreibenden Kraft abhängt und welche Phasenbeziehung sich einstellt. Es ist aber sinnvoller, die Schwingung durch die Zeitabhängigkeit der Geschwindigkeit darzustellen. Dann zeigt sich nämlich, dass die maximale Geschwindigkeitsamplitude immer – also bei starker wie bei schwacher Reibung – genau dann vorliegt, wenn die antreibende Kraft die Frequenz des frei und ungedämpft schwingenden Oszillators hat.

Diese Eigenfrequenz weicht durchaus von der des frei, aber gedämpft schwingenden ansonsten gleichen Oszillators ab! Bei dieser Geschwindigkeits-Resonanz sind Kraft und Geschwindigkeit genau in Phase. Das bedeutet, dass die maximal mögliche Leistung eingespeist und durch die Reibung auch wieder abgegeben wird. Betrachtet man demgegenüber entweder – wie traditionell üblich – die Ortsauslenkung oder die Beschleunigung, was genauso sinnvoll – aber nicht sinnvoller – wäre, so sind die Sachverhalte, besonders bei starker Dämpfung, komplizierter. Manche Autoren sprechen sogar von dreierlei Sorten von Resonanz, die sozusagen bei starker Reibung bei verschiedenen Frequenzen auftreten oder sogar ausbleiben. Wenn man jedoch den Energiefluss als entscheidend ansieht, sollte man das Wort Resonanz nur auf das Maximum der Geschwindigkeitsamplitude anwenden.

Bild 4.1.8 zeigt die Geschwindigkeits-Resonanz mit einer besonderen Frequenzskala. Alle Frequenzen von null bis unendlich werden auf eine endliche Strecke abgebildet. Dabei liegen Kehrwerte symmetrisch zur Mitte. Auf diese Weise sind die Kurven streng symmetrisch.

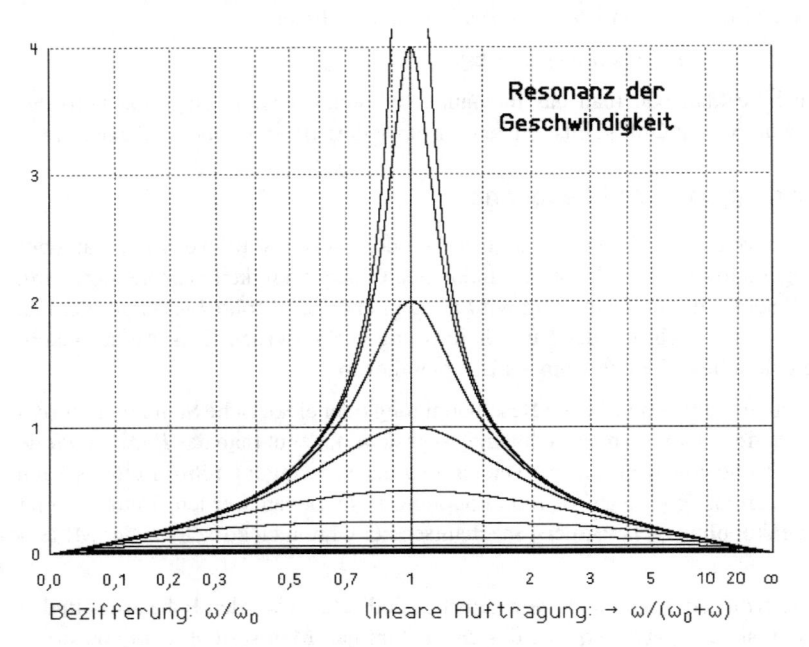

Bild 4.1.8 Geschwindigkeitsresonanz für verschieden starke Dämpfungen. ω ist die Kreisfrequenz der antreibenden Kraft, ω_0 die der ungedämpften freien Schwingung, die Eigenkreisfrequenz. Die oberste Kurve zeigt den Vorgang ohne Dämpfung.

4.1.8 * Anharmonische Schwingungen

Nur der harmonische Oszillator hat bei allen Energien die gleiche Eigenfrequenz. Vor allem wegen dieser Eigenschaft wird er in der Technik meistens angestrebt. Außerdem lässt sich die harmonische Schwingung infolge des parabolischen Potenzialtopfs besonders leicht analytisch berechnen. In Fällen anharmonischer Schwingungen ist man dagegen meist auf numerische Vefahren angewiesen.

Ist ein Potenzialtopf in der Mitte *flacher* und am Rand steiler als eine Parabel – etwa eine Funktion höherer als zweiter Ordnung –, so nähert man sich dem *Kastenpotenzial*. Bild 4.1.9 demonstriert das. Eine Kugel zwischen zwei Reflektoren auf einer Ebene oder ein Gleiter auf einer Luftkissenbahn zwischen Reflektoren dient als Beispiel für ein Kastenpotenzial. Verliert ein solcher Oszillator Energie durch Reibung, so nimmt die Periode zu, denn der Boden des Kastens wird nun langsamer durchlaufen.

Ist der Topf dagegen *spitzer* als die Parabel, so steigt die Frequenz mit fallender Energie. Bild 4.1.11 zeigt einen V-förmigen Topf mit dieser Eigenschaft. Beim freien Fall mit idealer Reflexion am Boden lässt sich der Effekt direkt wahrnehmen und verstehen.

4.1.8 Anharmonische Schwingungen

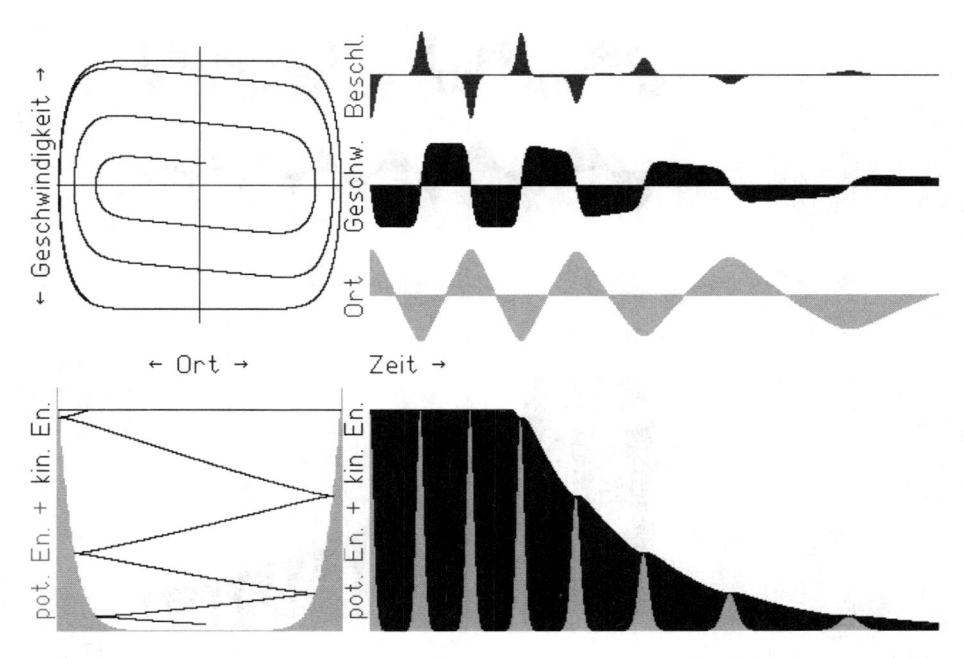

Bild 4.1.9 Annäherung an das Kastenpotenzial

Ein häufig auftretendes anderes Beispiel dafür ist die *Wackelschwingung*, bei der ein Quader abwechselnd um zwei Kanten ein Stückchen weit rotiert. Der Schwerpunkt pendelt dabei auf zwei Kreisbögen um diese Kanten und nimmt als tiefste Lage deren Schnittpunkt ein.

Besonders gut geht das, wenn man wie in Bild 4.1.10 ein Lineal mit der Mitte auf einen kleinen Quader legt und dann kippeln lässt.

Bild 4.1.10 Experiment zur Wackelschwingung

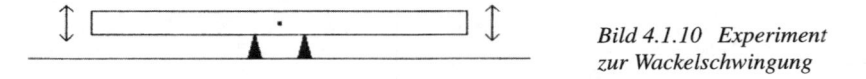

Tabelle 4.1.3 Einfluss der Form des Potenzialtopfs auf die Schwingung

Potenzialtopf	Energie abnehmend	
	Frequenz	Periode
spitzer als Parabel (Wackelschwingung)	steigt	fällt
Parabel (harmonischer Oszillator)	bleibt gleich	bleibt gleich
kastenförmiger als Parabel	fällt	steigt

Das *Programm*, mit dem die Bilder für die Abläufe bei den unterschiedlichen Schwingungen gefertigt sind, ist hier aufgelistet. Auf einige Unterprogramme ist aus Platzgründen verzichtet worden. Anhand der Bilder können Sie diese aber leicht rekonstruieren oder durch andere ersetzen.

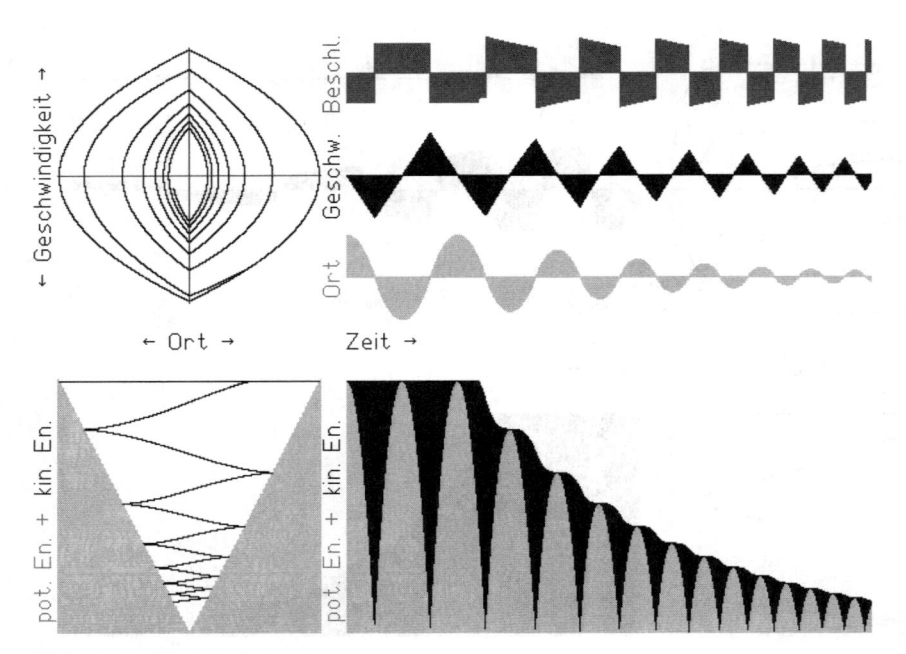

Bild 4.1.11 Wackelschwingung

```
program Oszillator
uses dos,crt,graph,Paket10,saveload;
var a,x,v,m,d,p,skt,t,t1,dt,dx,r,Wpot,Wkin:extended;
var i,j,k:integer;
function Pot(x:extended):extended;
  begin
  Pot:=d/2*PotR(abs(x),p);
  end;
begin
xoff:=0;yoff:=0;
readln(j);
m:=1;d:=1;t:=0;dt:=0.001;dx:=1e-5;
Grafik;
case j of
  1: begin p:=2; r:=0.2; x:=0; v:=1; t1:=100; skt:=20; end;
  2: begin p:=2; r:=1; x:=0.7; v:=0.7; t1:=100; skt:=50; end;
  3: begin p:=2; r:=2; x:=0.7; v:=0.7; t1:=0; skt:=50; end;
  4: begin p:=2; r:=4; x:=0.7; v:=0.7; t1:=0; skt:=50; end;
  5: begin p:=8; r:=0.2; x:=0; v:=1; t1:=100; skt:=20; end;
  6: begin p:=1; r:=0.2; x:=0; v:=1; t1:=100; skt:=20; end;
  end;
Strichel(300,0,300,480,'k',schwarz);
Strichel(300+t1,0,300+t1,480,'k',schwarz);
Text(160,230,chr(27)+' O r t '+chr(26),0,2,1,0);
```

```
Text(20,362,chr(27)+' Geschwindigkeit '+chr(26),pi/2,2,1,0);
Text(285,120,'pot. + kin. Energie '+chr(26),pi/2,2,1,0);
Text(20,120,'pot. + kin. Energie '+chr(26),pi/2,2,1,0);
Text(530,230,'Zeit '+chr(26),0,2,0,0);
Text(285,270,'Ort Geschw. Beschl.',pi/2,2,0,0);
Linie(0,360,640,360,schwarz);
Linie(150,0,150,480,schwarz);
for i:=-150 to 150 do
  if Pot(i/100)<0.6 then LinieZ(150+i,0,150+i,Pot(i/100)*400,0.3);
repeat
  a:=-(Pot(x+dx)-Pot(x))/dx/m;
  v:=v+a*dt;
  if t*skt>t1 then v:=v-v*r*dt;
  x:=x+v*dt;
  t:=t+dt;
  Wpot:=Pot(x);
  Wkin:=m/2*v*v;
  Punkt(150+100*x,360+100*v,schwarz);
  Linie(300+t*skt,440+30*a,300+t*skt,440,schwarz);
  LinieZ(300+t*skt,360+30*v,300+t*skt,360,0.7);
  LinieZ(300+t*skt,280+30*x,300+t*skt,280,0.3);
  Punkt(150+100*x,(Wpot+Wkin)*400,schwarz);
  LinieZ(300+t*skt,Wpot*400,300+t*skt,0,0.3);
  Linie(300+t*skt,Wpot*400,300+t*skt,(Wpot+Wkin)*400,schwarz);
  until t*skt>340;
repeat until keypressed; {Fangschleife}
if readkey='*' then sav; {Ausstieg und Bildspeichern}
end.
```

4.1.9 * Anfangswertempfindlichkeit

Bei nicht konstanter Energie können nichtharmonische Oszillatoren *chaotische Bewegungen* ausführen. Typisch ist dabei, dass man bei einer Wiederholung mit nur ganz geringen Abweichungen der Startbedingungen zunächst tatsächlich auch eine Wiederholung des Vorganges sieht, dann aber ziemlich plötzlich einen völlig abweichenden Verlauf. Die in der klassischen Physik verlangte Reproduzierbarkeit und das in ihr angenommene *starke Gesetz der Kausalität* erweisen sich dabei als ungültig.

Was dagegen in der klassischen Physik – also außerhalb der Quantenphysik – gilt, ist das *schwache Gesetz der Kausalität*. Das kann man aber nie korrekt anwenden, da man einen Start immer nur auf endlich viele Kommastellen genau wiederholen kann, also nur *fast genau*. Gerade das reicht bei chaotischen Systemen eben nicht.

> **Starkes Gesetz der Kausalität:**
> *Fast genau* gleiche Ursachen haben auch *fast genau* gleiche Wirkungen.
> **Schwaches Gesetz der Kausalität:**
> *Genau gleiche* Ursachen haben *genau gleiche* Wirkungen.

Ein einfaches Beispiel für die Empfindlichkeit gegenüber Anfangsbedingungen ist ein Potenzialtopf mit mehreren Minima wie in Bild 4.1.12. Bei vorhandener Reibung kann es von beliebig kleinen Änderungen der Starthöhe oder Startgeschwindigkeit abhängen, in welchem der Minima das System zur Ruhe kommt. Noch unübersichtlicher wird ein solcher Vorgang bei periodischer Anregung der Schwingung.

➢ Wenn man chaotische Systeme auf dem Computer simuliert, muss man dafür sorgen, dass rechentechnische Effekte – Iterationsschrittweite, Stellenzahl der Fließpunktzahlen – nicht einen stärkeren Einfluss auf die Ergebnisse haben als Unterschiede in den Anfangswerten.

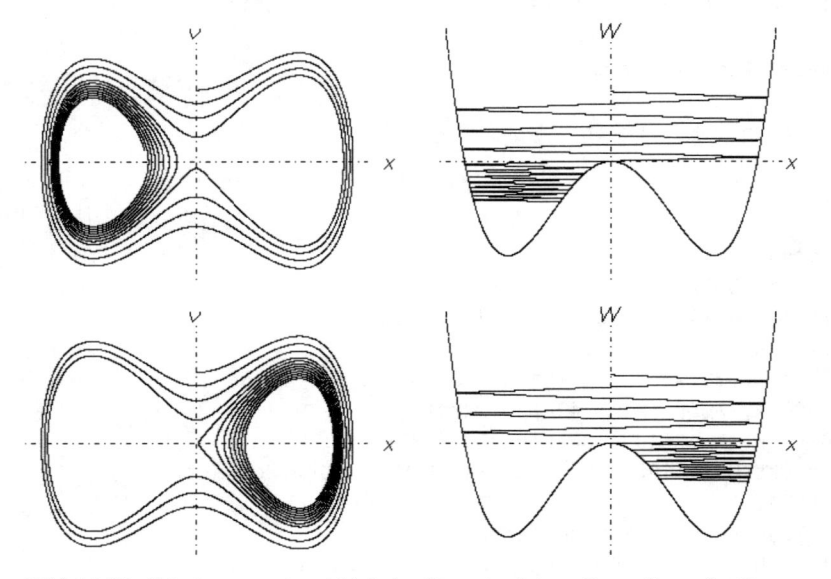

Bild 4.1.12 Schwingung mit zwei lokalen Energieminima. Darstellung des Vorgangs im Phasenraum und im Energietopf. Die beiden ansonsten gleichen Fälle haben lediglich etwas verschiedene Startgeschwindigkeiten. Die beiden Läufe unterscheiden sich längere Zeit überhaupt nicht merklich, dann aber drastisch. Der eine endet im linken lokalen Energieminimum, der andere im rechten. Ein beliebig kleiner Unterschied hat also sehr große Folgen.

4.1.10 *   Schwerependel

Ein *starrer Körper* befindet sich im homogenen Schwerefeld und ist um eine ortsfeste Achse drehbar. Sein Schwerpunkt hat den Abstand l von der Achse und sein Trägheitsmoment ist Θ. Die maximale rechtwinklig zu dieser Achse vorhandene Komponente der Schwerebeschleunigung g_0 sei $g = g_0 \cdot \cos(\alpha)$. Ein Pendel mit variabel einstellbarem α wird nach ERNST MACH benannt. Machen Sie sich bitte die Lage im Raum klar! Das Drehmoment kann einfach so berechnet werden, als wäre die ganze Masse im Schwerpunkt. Das ist eine angenehme Besonderheit des Drehmoments im *homogenen* Schwerefeld!

Aufgabe:

Betrachten Sie bitte bei den möglichen Bewegungen des Geräts die Grenzfälle der Schwingung mit kleinen Winkelamplituden und der schnellen Rotation. Wovon hängt die Frequenz im zuerst genannten Grenzfall ab? Geben Sie diese Formel auch für die noch weiter gehende

4.1.10 Schwerependel

Idealisierung an, in der der starre Körper – das „Physikalische Pendel" – nur aus einer Punktmasse und einer masselosen Stange besteht und so zum „Mathematischen Pendel" schrumpft. Wie verhält sich eine Pendeluhr im freien Fall oder in einem beschleunigten Aufzug?

Lösung:

Ist φ die Winkelauslenkung aus dem stabilen Gleichgewicht, so ist das wegen der rücktreibenden Orientierung negativ geschriebene Drehmoment $M = -mgl\sin(\varphi)$. Es gilt die Differenzialgleichung $\Theta(d/dt)^2(\varphi) = -mgl\sin(\varphi)$.

Ist $\varphi \ll 1$, so ist $\sin(\varphi) \approx \varphi$. Wir bekommen dann den harmonischen Grenzfall $\Theta(d/dt)^2(\varphi) = -mgl\varphi$. Dessen Lösung kennen wir aus 4.1.3.2. Die Kreisfrequenz ist dabei $\omega = \sqrt{mgl/\Theta}$.

Speziell für den Fall des „Mathematischen Pendels" ist $\Theta = ml^2$ und wir erhalten $\omega = \sqrt{g/l}$. Die Masse kommt darin bemerkenswerterweise nicht mehr vor, wohl aber die Fallbeschleunigung.

Diese Formeln gelten nur für kleine Auslenkungen! Für einen anderen Bereich bekommen wir unsere zuklappende Falltür aus 1.5.4.1. Diesmal schnappt sie nicht zu, sondern fällt durch die Waagerechte und geht noch schneller durch die Senkrechte, von wo der Ablauf gespiegelt weitergeht.

Bei sehr großen Winkelgeschwindigkeiten schließlich dreht sich das Gerät nahezu gleichmäßig, mit nur geringer Modulation durch den Einfluss des Schwerefeldes im schnellen Überschlag.

In 1.3.8.5 haben wir gesehen, dass man durch innere mechanische Effekte nicht zwischen homogenen Schwerefeldern und konstant beschleunigten Bezugssystemen unterscheiden kann. Das gilt nicht nur für Sensoren, sondern auch für Pendeluhren. In einem mit $\boldsymbol{a}$ beschleunigten System – einem Oberflächenstück der rotierenden Erde, einem anfahrenden Aufzug – mit dem Schwerefeld $\boldsymbol{g}$ ist die Kreisfrequenz daher $\omega = \sqrt{|\boldsymbol{g} - \boldsymbol{a}|/l}$. Im freien Fall, auf der Wurfparabel oder in der Umlaufbahn ist der Wert also null.

> Historisch hat die Pendeluhr bei GALILEI und HUYGENS und noch später für astronomische Zwecke eine große Rolle gespielt. In der Seefahrt und für Taschenuhren oder Armbanduhren war aus nahe liegenden Gründen das Federdrehpendel überlegen.

In Bild 4.1.13 sind die Vorgänge bei Schwerependeln mit Reibung gezeigt. Verfolgen Sie dabei die zueinander gehörenden Punkte der Teilbilder! Es beginnt mit dem Übergang vom schnellen Überschlag zur Schwingung – oben bis kurz nach dem ersten Umkehren –, dann darunter bis zum fast schon harmonischen Grenzfall, der ganz unten bei mäßiger Startauslenkung abläuft. Die liegende „8" im harmonischen Grenzfall zeigt an, dass die senkrechte Geschwindigkeitskomponente zweimal pro Periode die Orientierung hin und zurück wechselt, die waagerechte aber nur einmal. Mit einem periodischen Rückenwind kann man ein Pendel aufschaukeln. Die Energiezufuhr erfolgt dabei überwiegend in Richtung der augenblicklichen Geschwindigkeit und nicht gegen sie. Wie man hier sieht, muss ein waagerechter wechselnder Wind die gleiche Frequenz haben wie das Pendel, ein senkrechter aber die doppelte! Darum kann man ein Fadenpendel auch dadurch „füttern", dass man mit dem Doppelten seiner Frequenz das obere Fadenende vertikal bewegt.

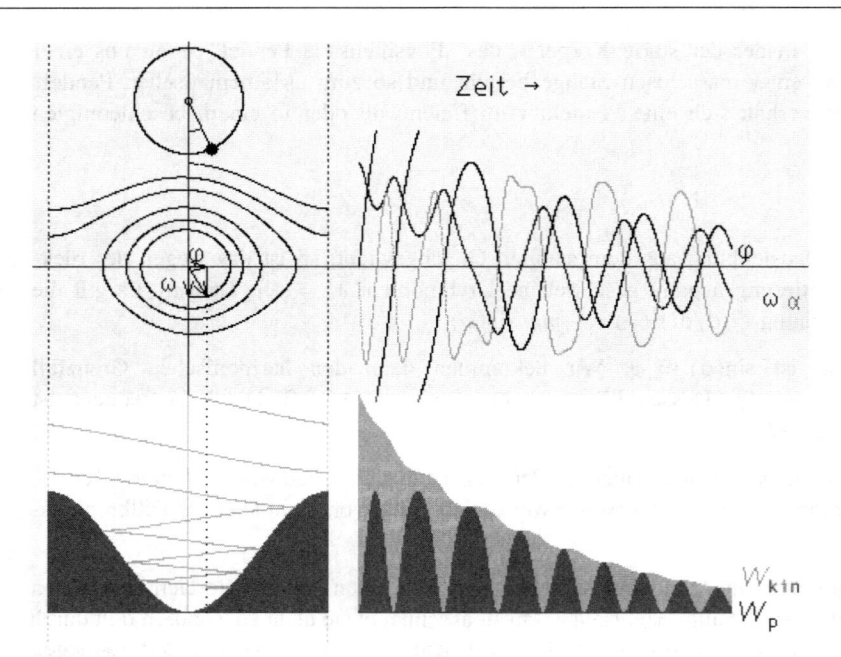

Bild 4.1.13 Schwerependel mit Reibung

4.1.10.1 *   Das Konische Pendel als extremes Kettenkarussell

Eine Punktmasse, die im homogenen Schwerefeld an einem Faden hängt, kann auf einem waagerechten Kreis laufen. Das ist zwar keine Schwingung, folgt aber bemerkenswerterweise einer Formel, die einer Formel für eine Schwingung verwandt ist.

Aufgabe:

Bestimmen Sie bitte die Kreisfrequenz als Funktion des Abstandes h der Kreisbahnebene vom oberen festen Endpunkt des Fadens.

Lösung:

Mit dem Kreisbahnradius r und der Winkelgeschwindigkeit ω ist die Zentripetalkraft $F_z = m\omega^2 r$. Sie ist die Summe aus einer schräg nach oben gerichteten Fadenkraft und der Schwerkraft mg nach unten. Im stationären Fall spannt sich der Faden entsprechend. Dann verhalten sich aus geometrischen Gründen die Beträge von Zentripetalkraft und Schwerkraft wie r zu h. Überprüfen Sie das bitte mit einer Skizze! Für die Winkelgeschwindigkeit erhält man dann $\omega = \sqrt{g/h}$.

➤ Das erinnert sehr stark an die Formel für das „Mathematische Pendel". Allerdings gilt die neue Formel für alle möglichen Winkel bis an den Grenzfall heran, dass der vom Faden umlaufene Kegel – oder Konus, daher der Name dieses Falles – zu einer waagerechten Kreisfläche entartet. Dieser Fall wird allerdings nie erreicht, denn die begrenzte Reißfestigkeit verhindert zu schnelle Drehungen. Nur im anderen Extrem, nämlich für einen Radius, der klein gegen die Fadenlänge und damit auch klein gegen h ist, ist auch h dasselbe wie die Fadenlänge. Dann unterscheiden sich das konische und das mathematische Pendel nur noch wie ein umlaufendes Objekt und sein Schattenbild bei waagerechtem Licht.

4.1.11 * Schwebungen

➤ Konische Pendel wurden gelegentlich in Uhren verwendet, allerdings mit bescheidener Genauigkeit, aber gut für Leute, die sich vom Ticken anderer Uhren gestört fühlen.

4.1.11 * Schwebungen

Ertönen zwei Stimmgabeln gleichzeitig, die sich etwas in der Frequenz unterscheiden, so hört man nicht zwei Töne, sondern einen Ton, der fortlaufend lauter und leiser wird. Dieser Effekt wird als *Schwebung* bezeichnet. Das Bild 4.1.14 zeigt den Spezialfall gleicher Amplituden. In unserem konkreten Fall überlagern sich elf Schwingungen des einen Tons mit neun Schwingungen des anderen, was sich zyklisch fortsetzt. Wenn beide gleichphasig sind – etwa zu Beginn und entsprechend am Ende, aber auch in der Mitte des Zyklus – verstärken sie sich. Mitten dazwischen – nach einem Viertel und drei Vierteln des Zyklus – sind sie gegenphasig und löschen sich aus.

Im Bild 4.1.14 ist diese Überlagerung als Summe der jeweils gleichzeitigen Funktionswerte gezeichnet. Man erkennt dadurch den Effekt der Schwebung. Ebenfalls eingezeichnet sind die beiden harmonischen Einhüllkurven.

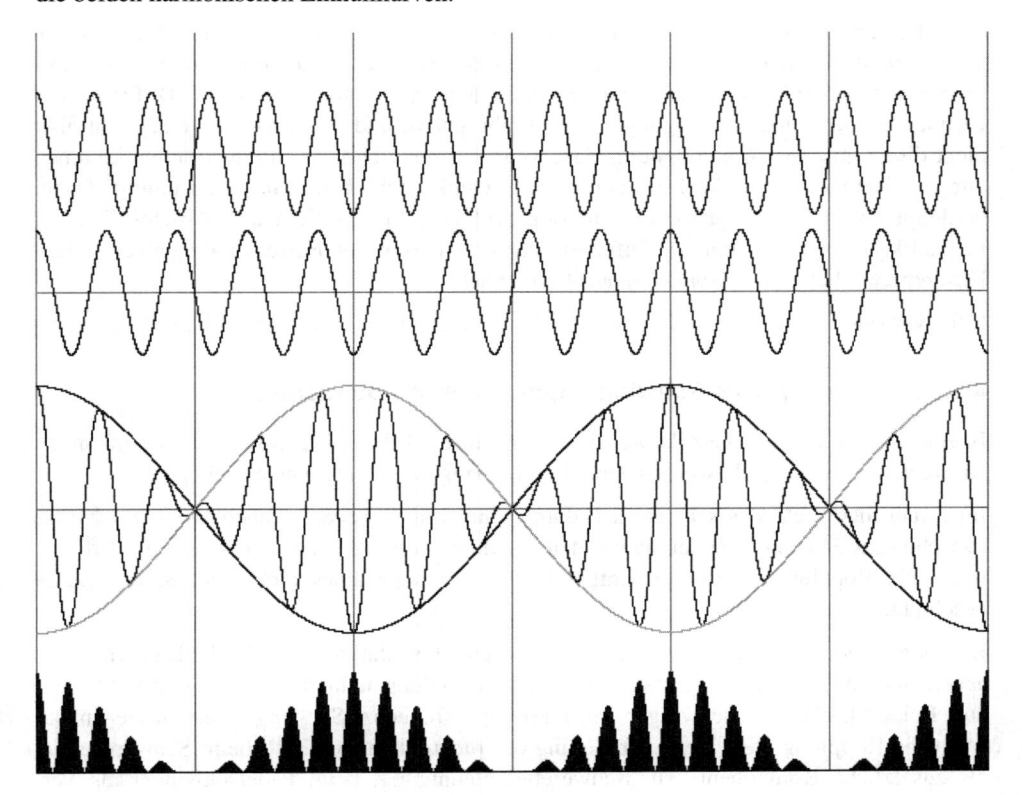

Bild 4.1.14 Schwebungen. Oben: Zwei Schwingungen gleicher Amplitude mit etwas verschiedenen Frequenzen. Auf neun Schwingungen der einen kommen elf der anderen. Mitte: Überlagerung als Summe, Mittenfrequenz doppelter Amplitude gepunktet sowie zwei Einhüllkurven. Unten: Die quadrierte Überlagerung mit ihrer Einhüllkurve. Die Frequenzverdopplung infolge des Quadrierens führt zu unserem Hörempfinden der Schwebung.

Die mathematische Behandlung der Schwebung benutzt nichts weiter als ein Additionstheorem. Mit zweckmäßiger Wahl des Zeitnullpunktes seien die beiden Schwingungen

$$x_1 = A\cos(\omega_1 t) \quad \text{und} \quad x_2 = A\cos(\omega_2 t).$$

Wir benennen die Kreisfrequenzen nun um:

$$\omega_1 = \omega_m + \Delta\omega \quad \text{und} \quad \omega_2 = \omega_m - \Delta\omega$$

und finden als Umkehrung

$$\omega_m = \frac{x_1 + x_2}{2} \quad \text{und} \quad \Delta\omega = \frac{x_1 - x_2}{2}.$$

Anwenden des Additionstheorems für Kosinus auf die Schwingungen liefert

$$x_1 = A\cos(\omega_1 t) = A\cos(\omega_m t)\cos(\Delta\omega t) - A\sin(\omega_m t)\sin(\Delta\omega t)$$
$$x_2 = A\cos(\omega_2 t) = A\cos(\omega_m t)\cos(\Delta\omega t) + A\sin(\omega_m t)\sin(\Delta\omega t).$$

Die gesuchte Summe ist daher

$$x_1 + x_2 = 2A\cos(\omega_m t)\cos(\Delta\omega t).$$

Darin beschreibt $2A\cos(\omega_m t)$ eine Schwingung der Mittenfrequenz ω_m – dem arithmetischen Mittelwert der beiden Einzelfrequenzen – und der Summe $2A$ der Einzelamplituden. Der andere Faktor gehört zur Einhüllkurve. Diese hat als Frequenz die halbe Differenz der Frequenzen der Einzelschwingungen. Die Einhüllkurve und ihre Frequenz entspricht aber nicht direkt unserer Hörempfindung. Erst wenn wir die Überlagerung quadrieren, kommen wir zu einem Maß für die Leistung, die etwa unser Ohr beim Hören aufnimmt. Dabei verdoppelt sich die Frequenz der Einhüllkurve! Das Anschwellen und Abschwellen der Lautstärke erfolgt also mit der Differenz der Frequenzen der Einzelschwingungen. Diese Differenz wird als *Schwebungsfrequenz* bezeichnet.

Nahe verwandt mit der Schwebung ist die Amplitudenmodulation, siehe 4.1.13.

4.1.12 * Gekoppelte Schwingungen, qualitativ betrachtet

Beeinflussen sich zwei Oszillatoren so, dass aufgrund der Differenz ihrer Auslenkungen Kräfte auf beide ausgeübt werden, sind ihre Schwingungen miteinander gekoppelt.

Im Experiment geht das sehr einfach durch eine weiche Feder vernachlässigbarer Masse zwischen zwei nebeneinander hängenden Pendeln. Verblüffender erscheinen die Effekte, wenn die Kopplung nahezu unsichtbar über ein gemeinsames nicht ganz starres Stativ geschieht.

Besonders deutlich werden die Effekte, wenn beide Oszillatoren die gleiche Eigenfrequenz haben. Schwingen sie im Gleichtakt, so wirkt die Kopplung nicht, denn es tritt keine Differenz auf. Beide Oszillatoren schwingen mit ihrer Eigenfrequenz. Schwingen sie im Gegentakt, wirkt die Kopplung wie eine Vergrößerung der rücktreibenden Kraft, beim Schwerependel als zusätzliche Komponente zur Schwerebeschleunigung, beim Federschwinger als Vergrößerung der Federkonstanten. Als Folge davon erhöht sich die Frequenz gegenüber der Eigenfrequenz der freien Schwingung.

Interessant wird es, wenn man den einen Oszillator startet und der zweite dabei in Ruhe ist. Die Kopplung bewirkt, dass der zweite nicht in Ruhe bleibt. Energie vom ersten Oszillator wird auf den zweiten übertragen – der erste schwingt schwächer, der andere stärker. Das geht so weit, bis der erste Oszillator zur Ruhe gekommen ist und seine anfängliche Energie dem anderen zugekommen ist. Nun läuft alles „rückwärts" ab. Es ergeben sich also gegenphasige Schwebungen der Amplituden der einzelnen Oszillatoren.

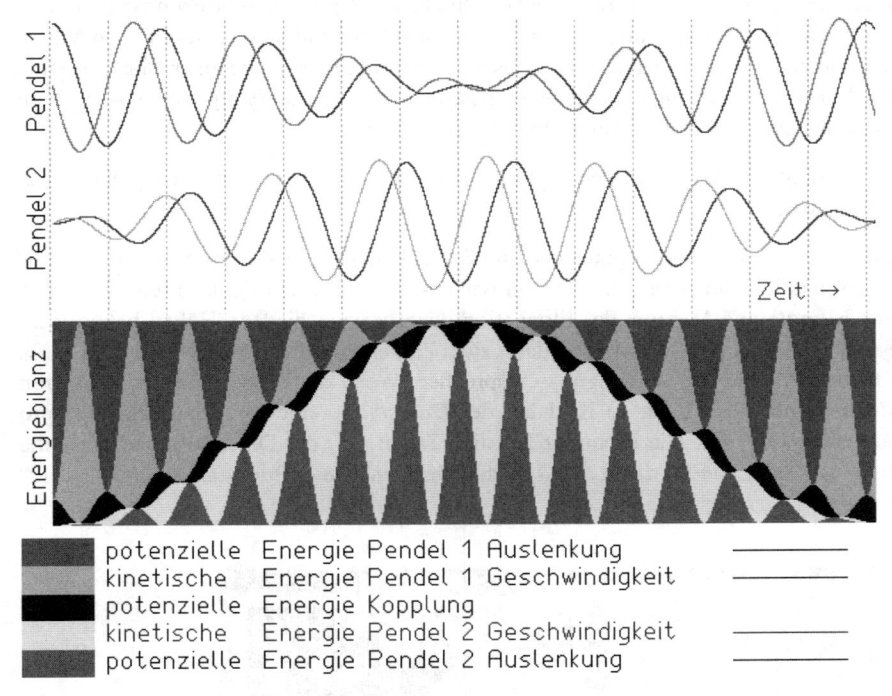

Bild 4.1.15 Gekoppelte Schwingungen

Das Bild 4.1.15 zeigt einen solchen Fall. Zunächst sind die Auslenkungen beider Oszillatoren dunkel und die Geschwindigkeiten hell dargestellt. Darunter ist der zeitliche Verlauf von potenzieller und kinetischer Energie beider Oszillatoren und dazwischen schwarz die in der Kopplungsfeder steckende potenzielle Energie aufgetragen. Die Summe dieser fünf Terme ist konstant. Die kinetische Energie der Kopplungsfeder soll stets vernachlässigbar klein sein. Natürlich ist die Summe nur dann konstant, wenn keine Reibung vorliegt.

4.1.13 * Datenfluss, Amplitudenmodulation und Bandbreite

Wenn man ein Musikstück, Sprache oder auch nur einen zeitlichen Temperaturverlauf übertragen oder speichern will, so bedeutet das die Erfassung einer Funktion der Zeit mit endlichem Datenfluss. Macht man das digital, also mit einer Übertragung von Ziffern, so zerlegt man zunächst die Zeit in hinreichend feine Intervalle. Auch für die andere Größe – den Luftdruck, die Auslenkung einer Membran beim Schall oder eben die Temperatur –, die man allgemein als Elongation bezeichnen kann, muss man eine Anzahl unterscheidbarer Stufen finden. Kennt man die Spanne der Werte der Elongation, die man erfassen will und kennt man die Unsicherheit, mit der diese Werte gemessen werden können – meist begrenzt die Rauschamplitude das Signal –, so liegt mit dem Quotienten dieser Größen die maximale Anzahl sinnvoller Elongationsintervalle vor. Natürlich kann man sich auch schon mit weniger als dem vollen Signal-Rausch-Verhältnis begnügen.

Wenn man es mit k Stufen und dem Zeitintervall t zu tun hat, muss man also in der Spieldauer Nt gerade N Zahlen zwischen 1 und k erfassen. Falls es zehn Stufen gibt, entspricht das N *Dezimalziffern*. Wenn $k = 100$ ist, so sind es $2N$ Dezimalziffern, allgemein erhält man $N\lg(k)$ Dezimalziffern. In der Informatik ist es üblich, sich k binär geschrieben vorzustellen. Dann nimmt man den Logarithmus zur Basis Zwei, also $\text{lb}(k)$ und braucht somit auch $N\text{lb}(k)$ Binärziffern, also Nullen oder Einsen. Man fasst die Informationsmenge einer Binärziffer als Einheit der Informationsmenge auf und nennt diese ein bit – von binary digit abgekürzt. Dann braucht man also $N\text{lb}(k)$ bit an gesamter Informationsmenge.

Wegen $2^{10} = 1024 \approx 1000 = 10^3$ bedeutet ein bit – also jede Binärziffer – fast genauso viel wie 0,3 Dezimalziffern.

Was hat das mit unseren Schwingungen zu tun? Wir können den Zusammenhang hier nur grob und anschaulich andeuten. Dazu stellen wir uns eine Schwingung der Frequenz f vor, bei der die Minima und Maxima der Elongation dauernd verschiedene Höhen bekommen. Grob gesagt, kann man pro Schwingung dann zwei Zahlen zuordnen. Unser Intervall t muss also der halben Periode der Schwingung entsprechen. Wenn die Zahl der unterscheidbaren Höhenstufen immer noch k ist, so ist daher der *Datenfluss* – die Informationsmenge pro Zeit – einfach $2f\text{lb}(k)$ bit. Die Frequenz hat die Einheit s^{-1}, der Datenfluss hat daher die Einheit bit/s. BAUDOT zu Ehren wird das – nach Abhacken zweier Buchstaben – auch „baud" genannt.

Bei einer *Compact Disc* ist $k = 2^{16} \approx 10^{4,8} \approx 65\,000$. Als Frequenz nimmt man $f = 22$ kHz, was nicht übertrieben weit über der Hörgrenze liegt. Der Datenfluss ist somit $16 \cdot 44\,000$ bit/s $\approx 700\,000$ bit/s. Das entspricht mehr als 200 000 Dezimalziffern je Sekunde pro Stereokanal. Stellen Sie sich also vor, dass da in jeder Sekunde ein ganzes Telefonbuch voller Zahlen in Ihren Kopfhörer gelesen wird und der Membran sagt, wohin sie rücken soll.

Wenn das Signal/Rausch-Verhältnis der Elongationen k ist, so ist das der Leistungen k^2. Im Beispiel mit der CD ist das also $2^{32} = 10^{9,6}$. Auch hierfür gibt es besondere Namen. An den Logarithmus zur Basis 10 hängt man noch die Einheit Bel als Verzierung. Diese Bezeichnung erfolgte zu Ehren von BELL, dem Telefonmiterfinder, dem immerhin nur ein Buchstabe abgehackt wurde. Damit es auch etwas feiner ohne Kommazahlen geht, ist aber vor allem die Einheit Dezibel – abgekürzt dB – gebräuchlich. Allgemein wird sie nur bei Leistungsverhältnissen von Schwingungen und Wellen, nicht bei Amplituden verwendet.

Den $10^{9,6}$ werden also 96 dB zugeordnet. $20\lg(k)$ ist allgemein die Zahl der Dezibel. Umgekehrt können wir sagen: Wenn das Signal/Rausch-Verhältnis a dB und die maximal übertragbare Frequenz f sind, so bedeutet das einen Datenfluss von $fa/10$ Dezimalziffern.

4.1.13 Datenfluss, Amplitudenmodulation und Bandbreite

Beim Rundfunk laufen elektromagnetische Wellen durch den Zwischenraum von der Sendeantenne zur Empfangsantenne und liefern dort Schwingungen ab. Per Resonanz filtert sich ein Tuner – der „Abstimmer" – einen schmalen Frequenzbereich heraus, der vom gewünschten Sender kommt.

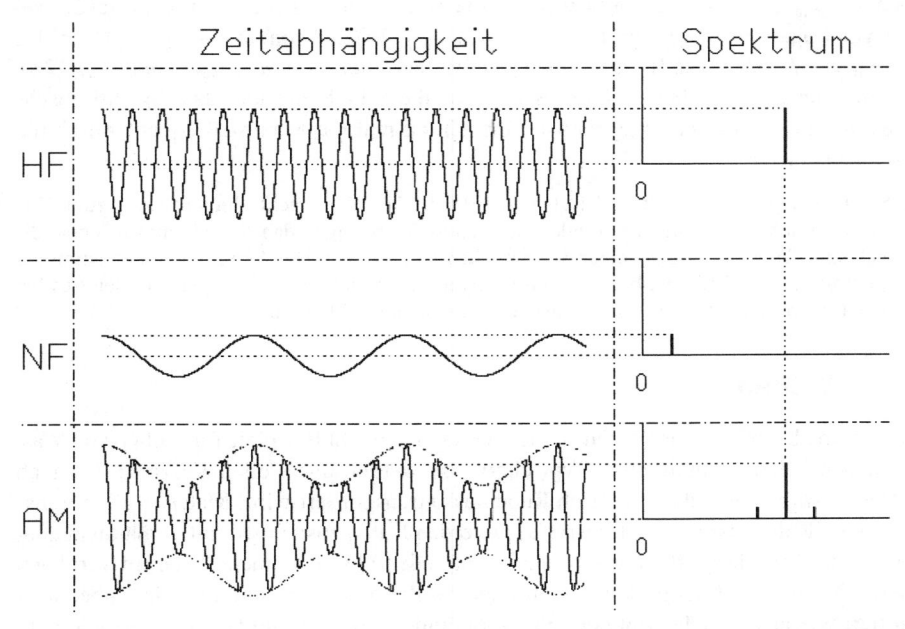

Bild 4.1.16 Amplitudenmodulation, hier zur Anschaulichkeit mit einem sehr kleinen Verhältnis der beteiligten Frequenzen

Wir betrachten der Einfachheit halber die *Amplitudenmodulation*, abgekürzt AM, die beim analogen Fernsehen für das Bildsignal und beim Hörfunk noch für Kurzwellen, Mittelwellen und Langwellen benutzt wird. Eine *Trägerschwingung* $A_{HF} \cos(\omega_{HF} t)$ mit ω_{HF} im entsprechenden hochfrequenten Bereich (HF) wird mit dem zu übertragenden Niederfrequenz-Signal (NF) moduliert, siehe Bild 4.1.16. Wir nehmen an, dass es sich zunächst einfach um $A_{NF} \cos(\omega_{NF} t)$ handeln soll. Beim Hörfunk könnte das ein Stimmgabelton sein, beim Fernsehbild vielleicht ein weiches Streifenmuster. Bei der AM wird nun die Amplitude der HF zeitlich verändert: A_{HF} wird durch $A_{HF} + A_{NF} \cos(\omega_{NF} t)$ ersetzt. Gesendet wird daher

$$(A_{HF} + A_{NF} \cos(\omega_{NF} t)) \cdot \cos(\omega_{HF} t),$$

also eine HF-Schwingung mit zwei zueinander symmetrischen NF-Einhüllkurven. Wegen der aus den *Additionstheoremen* folgenden Identität

$$\cos(a)\cos(b) = \frac{\cos(a+b)+\cos(a-b)}{2}$$

ist das dasselbe wie

$$A_{HF}\cos(\omega_{HF}t) + A_{NF}\frac{\cos((\omega_{HF}+\omega_{HF})t)}{2} + A_{NF}\frac{\cos((\omega_{HF}-\omega_{HF})t)}{2},$$

also eine Überlagerung von drei harmonischen Schwingungen. Wenn man daher mit einem scharfen, schmalbandigen Frequenzfilter auf die Suche geht, findet man nicht nur den Träger ω_{HF}, sondern auch die beiden symmetrisch zum Träger liegenden *Seitenfrequenzen* $\omega_{HF}+\omega_{NF}$ und $\omega_{HF}-\omega_{NF}$.

Wird nicht nur ein einziger Ton übertragen, sondern eine Überlagerung von Kreisfrequenzen zwischen $\omega_{NF,\,min}$ und $\omega_{NF,\,max}$, so gibt es im Frequenzspektrum außer dem Träger zwei *Seitenbänder* – von $(\omega_{HF}-\omega_{NF,\,max})/(2\pi)$ bis $(\omega_{HF}-\omega_{NF,\,min})/(2\pi)$ und von $(\omega_{HF}+\omega_{NF,\,min})/(2\pi)$ bis $(\omega_{HF}+\omega_{NF,\,max})/(2\pi)$. Diese Bänder haben jeweils die *Bandbreite* $(\omega_{NF,\,max}-\omega_{NF,\,min})/(2\pi)$. Für den möglichen Datenfluss kommt es hier auf die Bandbreite und das Signal/Rausch-Verhältnis an. In den bisher angegebenen Formeln ist nun die Maximalfrequenz durch die Bandbreite zu ersetzen.

➢ Die Schwingungsformen in Bild 4.1.16 und Bild 4.1.14 sehen recht ähnlich aus – zum Verwechseln ähnlich, wenn die Amplituden bei den sich überlagernden Schwingungen ebenfalls ungleich sind. Trotzdem gibt es einen wesentlichen Unterschied: Die Amplitudenmodulation hat ein Spektrum aus drei Linien, bei der Summe zweier harmonischer Schwingungen bleibt es bei nur zwei Linien im Spektrum, den Frequenzen der beiden Oszillatoren.

4.2 Wellen

Eine allgemeine Definition für Wellen ist nicht einfach, obwohl Beispiele für Wellen von Wasseroberflächen jedem geläufig sind. Typischerweise werden mit Wellen *Energien*, oft auch *Daten transportiert*, ohne dass zugleich Ruhemasse transportiert wird. Materiewellen transportieren auch Ruhemasse – bei der Briefpost werden Daten zusammen mit verhältnismäßig viel Materie transportiert, offenbar sehr unelegant, jedenfalls zunehmend teuer im Vergleich zu anderen Methoden. Energie kann auch ohne Wellen und ohne mitlaufende Ruhemasse transportiert werden. Gleichstrom oder eine rotierende Achse wie im heckgetriebenen Auto mit Frontmotor, wo das Bauteil dann witzigerweise Kardan-„Welle" heißt, sind Beispiele.

Wenn wir in der Physikgeschichte nachsehen, bei welchen Gelegenheiten man etwas als Wellen „entlarvt" hat – Licht, Röntgenstrahlen, Elektronen –, so schlägt das folgende Kriterium durch.

Es gibt Fälle, in denen die Energiedichte oder die Energiestromdichte sich nicht additiv verhalten. Wohl aber sind dabei gewisse Größen, von denen diese *quadratisch* abhängen, additiv – etwa der Luftdruck oder die elektrische Feldstärke. So kann man mit einem Lautsprecher – in Verbindung mit einiger Elektronik und nur annähernd – für Ruhe sorgen, indem man Lärm auslöscht. Durch Öffnen eines Lichtweges kann man eine Stelle auf einem Schirm dunkler machen! Weil so etwas paradox erscheint, wurde es *Interferenz* – Störung – genannt. So heißt es immer noch, obwohl es mathematisch relativ einfach beschrieben werden kann.

Dass Licht durch kleine Öffnungen auch „um die Ecke" gehen kann, wurde schon 1650 von GRIMALDI entdeckt und heißt seitdem *Beugung* oder *Diffraktion* (von diffringere, lateinisch für zerbrechen). Das hört sich so an, als wäre etwas dazu nötig, das das Licht vom geraden Weg abbringt.

Wir werden uns im Folgenden auf sinusförmige ungedämpfte Wellen beschränken, weil sie am einfachsten sind und weil man alle anderen Wellenformen nach FOURIER als Summen, als Überlagerungen von ihnen darstellen kann.

Das folgende dreiteilige Kapitel 4.2.1 über die Wellengleichung begründet, wie es zu Wellen kommt. Wir greifen später nicht darauf zurück.

4.2.1 * Wellengleichung

4.2.1.1 * Die Differenzialgleichung für Wellen auf einer Saite

Wir denken uns die Saite als waagerechte Kette aus vielen gleichen Punktmassen der einzelnen Masse Δm im gegenseitigen Abstand Δx. Dabei muss Δx stets klein gegen die später betrachteten Wellenlängen sein. Er muss aber nicht notwendigerweise mit dem Abstand der Atome im Material übereinstimmen, sondern nur sehr klein, aber größer als null sein. Die einzelnen Punktmassen sind dann dazu passend zu nehmen. *Makroskopisch* ist also nur der Quotient Masse pro Länge für $\Delta m/\Delta x$ festgelegt.

Diese hier als fast geradlinig und nahezu waagerecht angenommene Kette ist mit einer Kraft F gespannt. Aufgrund der zu betrachtenden Schwingungen und Wellen auf ihr hat sie aber einen Verlauf, den wir als ebene Kurve mit der Funktion $y(x)$ beschreiben können. Wir denken uns die Punktmassen auf einer solchen Kurve ohne Knicke. Obwohl sie sehr flach ist, betrachten wir ihre erste und zweite Ableitung und zeichnen diese nach oben stark übertrieben. Der linke Teil des Bildes 4.2.1 zeigt ein Stück mit drei Punktmassen als Kurve und zwei Sehnen zwischen je zwei Punktmassen dazu. Die Sehnen zwischen den Punktmassen wirken wie Federn, die an jeder einzelnen Masse nach beiden Seiten ziehen. Die waagerechte Komponente der Zugkraft ist auf beiden Seiten genau gleich.

Wenn auch noch die Richtung genau entgegengesetzt ist, die Punktmasse also *genau* zwischen ihren beiden Nachbarn liegt, ist die resultierende Kraft null. Wir nehmen allgemein an, dass die beiden Sehnen nicht genau in einer Geraden liegen. Die glatte Kurve, die wir betrachten, ist also gekrümmt.

Die Steigung dieser Kurve ist $s = dy/dx$. Die Sehnen, um die es uns eigentlich geht, haben jeweils solche Steigungen, die die Kurve auch ziemlich genau in der Mitte zwischen ihren Enden hat. Streng gilt das nur dann, wenn alle höheren Ableitungen von $y(x)$ als die zweite verschwinden. Die Änderung der Steigung von einer Sehne bis zur nächsten ist $\Delta x\, ds/dx$, denn ds/dx gibt ja gerade an, wie stark sich s mit x ändert. Nennen wir also die Steigung etwa der linken Sehne s, so hat die nächste, um Δx weiter rechts liegende, die Steigung $s + \Delta x\, ds/dx$.

Rechts im Bild sind die beiden Sehnen noch einmal gezeichnet, nun aber zugleich als Richtungen für die beiden Kräfte, die an der mittleren Punktmasse angreifen. Die Zeichnung

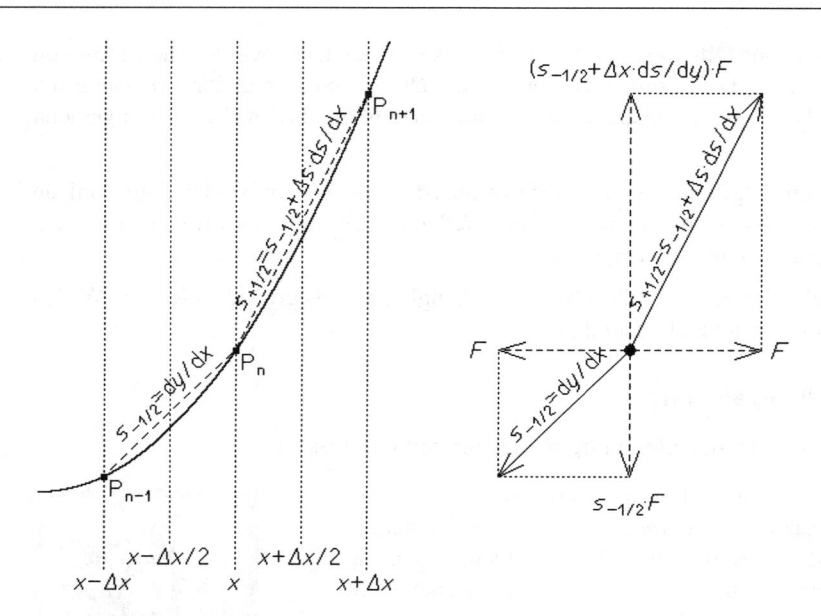

Bild 4.2.1 Zur Herleitung der Wellendifferenzialgleichung für die Saite. Links: Geometrie der gekrümmten Saite, stark überhöht. Rechts: Kraftdiagramm, ebenfalls stark überhöht.

ist nach wie vor stark überhöht. In Wirklichkeit sind die senkrechten Kräfte klein gegen die waagerechten. Wir müssen aber nicht die Beträge und Winkel in schrägen Richtungen beachten, sondern nur die Steigung als Verhältnis von Komponenten für die Kennzeichnung der Richtung verwenden. So stört das die Überlegungen nicht, sondern hilft nur durch klar sichtbare Unterschiede bei den senkrechten Komponenten.

Waagerecht haben wir Kraftkomponenten genau vom Betrag F. Die senkrechten Komponenten verhalten sich zu ihnen jeweils wie die Steigung zu eins. Diese soll aber zu beiden Seiten verschieden sein. Wenn wir links die Steigung s haben, so zieht eine Kraft, die nur ganz wenig größer als F ist, nach links unten – nur im Bild ist die Höhe stark übertrieben. Das teilt sich auf in genau F nach links und Fs nach unten. Nach rechts oben haben wir die gleiche waagerechte Komponente F, aber $F + \Delta x (\mathrm{d}s/\mathrm{d}x)$ nach oben, denn hier ist die Steigung anders. Das macht zusammen $F\Delta x(\mathrm{d}s/\mathrm{d}x)$ nach oben, und wegen $s = \mathrm{d}y/\mathrm{d}x$ ist das dasselbe wie $F\Delta x(\mathrm{d}^2 y/\mathrm{d}x^2)$.

Die Kraft auf eine Punktmasse in der Saite ist also zur Zugkraft proportional und zur zweiten Ableitung der Kurvenform. Die ist ein Maß für die Krümmung und zeigt in die Richtung zum Kurveninneren, speziell im gezeichneten Beispiel also nach oben. Machen Sie sich bitte klar, dass es anders kaum sein kann, wenn die Abstände gleich bleiben, die Punktmassen also nur quer schwingen. Ohne Krümmung gibt es dann die Kraftsumme null an jeder Punktmasse.

Wir haben bisher nur die Geometrie der Saite *zu einem bestimmten Zeitpunkt* diskutiert und daraus die Kraft bestimmt. Wenn wir nun auch die Zeit als veränderlich ansehen, also zum Vorgang übergehen, müssen wir das Festhalten der einen Größe, bisher der Zeit, beim Ableiten der anderen, bisher der Ortskomponente y, besonders hervorheben. Man nennt eine solche Ableitung eine *partielle* Ableitung und schreibt sie mit einem besonders geformten d, nämlich einem ∂, also hier für die zweite Ableitung nach dem Ort $\partial^2 y/\partial x^2$.

4.2.1 Wellengleichung

Für jeden einzelnen Ort ist die dort gerade vorhandene Kraft natürlich mit der Beschleunigung verknüpft, also der zweiten Ableitung des Ortes – hier y – nach der Zeit. Auch das ist wieder partiell zu machen, jeweils an einer bestimmten unveränderten Stelle für x. Die Kraft ist also $\Delta m \partial^2 y/\partial t^2 = F \Delta x \partial^2 y/\partial x^2$. Mit $m/L = \Delta m/\Delta x$ führt das zur Wellengleichung der Saite:

> Wellengleichung der Saite: $\quad \dfrac{\partial^2 y}{\partial t^2} = F \dfrac{L}{m} \cdot \dfrac{\partial^2 y}{\partial x^2}$

Das ist eine Differenzialgleichung für die Saite als Funktion von Ort x und Zeit t, also eine partielle Differenzialgleichung.

In Worten besagt sie, dass die Beschleunigung einer jeden einzelnen Stelle umso größer ist, je stärker sie dort gekrümmt ist, je stärker sie gespannt ist und je größer das Verhältnis aus ihrer Länge zu ihrer Masse ist. Man sieht schon vor jeder weiteren Rechnung, dass stark gespannte dünne Saiten mit höherer Frequenz schwingen werden als loser gespannte schwerere.

4.2.1.2 * Verallgemeinerungen der Wellengleichung und ihrer Lösungen

Statt der Seitwärts-Auslenkung kann man y auch anderen physikalischen Größen zuordnen, etwa dem Luftdruck, einer elektrischen Spannung oder einer Feldstärke. Man kann dann formal genau die gleichen Differenzialgleichungen für eine Ortskoordinate x und die Zeit t finden, bei denen natürlich statt FL/m andere Konstanten auftreten. Das Schöne ist, dass man die Lösungen dieser Differenzialgleichung dann nicht nur für die Saite, sondern auch für den Schall oder elektrische Wellen an Drähten oder für Wellen durch den leeren Raum verwenden kann.

Wir bleiben hier bei unserer Saite und suchen nach einer Funktion $y(x,t)$ von Ort und Zeit, die ständig die Differenzialgleichung erfüllt. Wir denken an Schwingungen und vermuten daher einen cos-förmigen Zusammenhang mit der Zeit, also etwa $y = y_a \cos(\omega t + f(x))$, wobei y_a und ω zwei noch nicht näher bekannte Konstanten und $f(x)$ eine jedenfalls nicht von der Zeit, aber vermutlich vom Ort abhängige Funktion sein sollen. Für partielle Ableitungen nach der Zeit kann man die Funktion $f(x)$ also als konstant behandeln. Das gibt $\partial^2 y/\partial t^2 = -\omega^2 y$ und würde zwar eine Schwingungsgleichung erfüllen, nicht aber unsere Differenzialgleichung.

Nun beachten wir die Symmetrie zwischen Ort und Zeit: Die beiden partiellen Ableitungen sollen ja bis auf einen konstanten Faktor gleich sein. Also könnte es klappen, wenn y vom Ort in ähnlicher Weise abhängt wie von der Zeit. Wir probieren es also mit

$$y = y_a \cos(\omega t + kx)$$

und finden nach dem Einsetzen in die partielle Differenzialgleichung immer noch $\partial^2 y/\partial t^2 = -\omega^2 y$ aber außerdem $\partial^2 y/\partial x^2 = -k^2 y$. Beim Einsetzen zeigt sich, dass wir *eine* Lösung gefunden haben, jedenfalls wenn $\omega^2/k^2 = FL/m$ ist.

Bevor wir uns ansehen, was das bedeutet, suchen wir nach möglichen Verallgemeinerungen. Kann die Lösung auch anders lauten?

Zunächst einmal stellt sich heraus, dass man statt Kosinus auch genauso gut den Sinus nehmen kann oder auch die Summe von beiden, sogar mit verschiedenen y_a. Machen Sie sich bitte klar, dass das Hinzufügen einer beliebigen Konstante φ_0 im Argument der Winkelfunktion auf dasselbe hinausläuft und letztlich eine Verschiebung des Zeitnullpunktes ersetzt. Wir können also auch schreiben:

$$y = y_a \cos(\omega t + kx + \varphi_0).$$

Es kommt aber noch besser: ω und k liegen nicht einzeln fest, sondern nur ihr Verhältnis zueinander. Wir finden daher für jedes ω eine Lösung – jedenfalls mathematisch und für die Fälle, in denen die Differenzialgleichung zutreffend ist. Auch eine Summe aus beliebig vielen solchen Funktionen mit verschiedenen ω und den jeweils dazu passenden k und mit beliebigen y_a ist eine Lösung. Das erkennt man, wenn man zunächst zwei solche Funktionen einsetzt und ableitet und sich dann vorstellt, dass man immer neue addiert.

Den Zusammenhang zwischen ω und k kennen wir schon für die Saite: $\omega^2/k^2 = FL/m$. Wir verwenden – zunächst nur als Abkürzung – das Symbol c für ωk. Damit gelangen wir zu einer allgemeinen Formulierung der Wellen-Differenzialgleichung:

Differenzialgleichung für Wellen: $\dfrac{\partial^2 y}{\partial t^2} = \dfrac{1}{c^2} \cdot \dfrac{\partial^2 y}{\partial x^2}$

Die „einfache" Lösungsfunktion heißt nun $y = y_a \cos(\omega t + \omega x/c + \varphi_0)$, die als Summe zusammengesetzte Lösung entsprechend

$$y = \sum_i y_{ai} \cos(\omega_i(t + x/c) + \varphi_{0i}).$$

Solche Funktionen können schon ziemlich wild aussehen. Was müssen sie trotzdem gemeinsam haben? Sie hängen nicht von Ort und Zeit unabhängig voneinander ab, sondern nur von der Kombination $t + x/c$. Geht man also in der Zeit ein Stück Δt vorwärts, so findet man dort dasselbe wie zur vorher betrachteten Zeit an dem Ort, der um $c\Delta t$ – nach links – zurückliegt, denn $t + \Delta t + (x - c\Delta t)/c = t + x/c$.

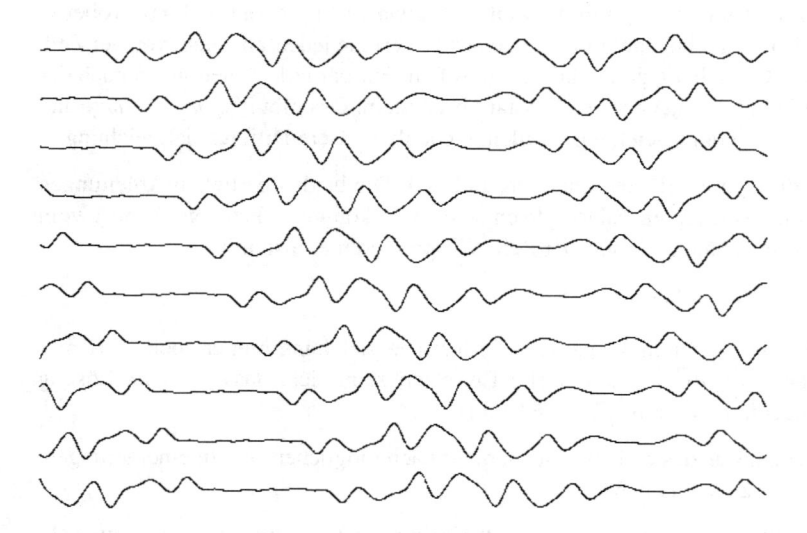

Bild 4.2.2 Welle. Das Bild kann als 10 Augenblicksaufnahmen der Ortsabhängigkeit gedeutet werden oder als 10 Zeitabhängigkeiten an verschiedenen Stellen, durch die die Welle läuft.

4.2.1 Wellengleichung

Anders gesagt: Das *Erscheinungsbild* der Funktion – samt Extremwerten, Nullstellen, Wendestellen – wandert mit der Zeit nach links. Unsere Konstante c ist dabei nichts anderes als die Geschwindigkeit der Wanderung der Erscheinung. Erscheinung heißt griechisch $\varphi\alpha\sigma\iota\varsigma$, und man nennt die Geschwindigkeit c daher auch die *Phasengeschwindigkeit*.

➤ Die Geschwindigkeit des Lichtes wurde zuerst 1675 von OLE RØMER bestimmt. Er hat die gemessenen (scheinbaren) Differenzen der Umlaufzeit eines Jupitermondes als die Änderung der Lichtlaufzeit erkannt, die durch die unterschiedliche Stellung der Erde zum Jupiter zustande kommt. Die Entfernung schwankt um den vollen Erdbahndurchmesser zwischen Konjunktion und Opposition des Planeten.

Warum wandert aber unser Bild ausgerechnet nach links und nicht nach rechts? In unseren Beziehungen lag nur $\omega^2/k^2 = FL/m = c^2$ fest, und wir haben bisher nur die positive Wurzel $c = +\sqrt{\omega^2/k^2}$ verwendet. Ebenso gut können wir aber die negative nehmen und finden dann nach rechts laufende Erscheinungsbilder. Wir können auch beides mischen:

$$y = f_{\text{links}}(t + x/c) + f_{\text{rechts}}(t - x/c),$$

wobei die beiden Funktionen f ziemlich beliebig aussehen können. Sicherheitshalber setzen wir sie noch einmal in die Wellen-Differenzialgleichung ein. Dazu verwenden wir die Kettenregel $dy(u(v))/dv = (dy/du)(du/dv)$ und die Setzungen $u_{\text{links}} = (t + x/c)$ und $u_{\text{rechts}} = (t - x/c)$. Damit finden wir:

$$\frac{\partial^2 y}{\partial t^2} = \frac{\partial^2 y}{\partial u^2} \quad \text{und} \quad \frac{\partial^2 y}{\partial x^2} = \frac{1}{c^2} \cdot \frac{\partial^2 y}{\partial u^2},$$

was offenbar für beliebige $\partial^2 y/\partial u^2$ die Wellen-Differenzialgleichung erfüllt.

Wir nennen nun alle Funktionen der Form $y = f(t + x/c)$ *nach links oder nach rückwärts laufende Wellen* und die der Form $y = f(t - x/c)$ *nach rechts oder nach vorwärts laufende Wellen*. Die Bedeutungen der Parameter wird in 4.2.2 näher behandelt.

Wenn es Reibungseffekte – Dämpfung – gibt, werden die Differenzialgleichungen etwas komplizierter und die Lösungen erst recht.

4.2.1.3 * Stehende Wellen

Die Überlagerung vorwärts und rückwärts laufender Wellen mit gleicher Amplitude und natürlich auch gleicher Frequenz führt zu den so genannten *stehenden Wellen*.

Wir nehmen $A\cos(\omega(t + x/c))$ und $A\cos(\omega(t - x/c))$ als die beiden Wellen an, wobei wir die Phasenkonstanten durch die Wahl der Nullpunkte für x und t auf null setzen können. Das Additionstheorem des cos liefert für die Summe dieser beiden Wellen

$$2A\cos(\omega t)\cos(\omega x/c) = 2A\cos(\omega t)\cos(2\pi x/\lambda).$$

An bestimmten Stellen x ist der zweite cos null, dort passiert also nie etwas. Solche Stellen nennt man *Knoten*. Sie liegen, wie wir hier sehen, gerade um eine halbe Wellenlänge auseinander, denn cos hat pro Periode zwei Nullstellen. Andererseits ist auch zu bestimmten Zeiten – den Nullstellen der ersten cos-Funktion – alles in der Null-Position.

Bei schwingenden Saiten oder Luftsäulen von Musikinstrumenten haben wir es genau hiermit zu tun. Die Saite ist an beiden Enden festgemacht, die stehenden Wellen auf ihr müssen also *mindestens* hier Knoten der Auslenkung haben. Ist L die Länge der Saite, so sind daher nur bestimmte Wellenlängen und Frequenzen möglich.

Tabelle 4.2.1 Stehende Wellen einer Saite

Saitenlänge L, Phasengeschwindigkeit c $n = 1, 2, 3, \cdots$	Wellenlängen $2L/n$	Frequenzen $cn/2L$

Die Frequenzen einer bestimmten Saite sind demnach zu den natürlichen Zahlen proportional. Entsprechendes gilt für die Luftsäulen in Blasinstrumenten und Orgeln. Sie haben an beiden Enden Knoten für den Luftwechseldruck und es gelten die gleichen Formeln.

○ Eine Ausnahme sind „gedackte" Orgelpfeifen. Diese sind am oberen Ende geschlossen. Ihre Längen sind dann jeweils ein Viertel der größten Wellenlänge und allgemein ein ungerades Vielfaches des Viertels einer jeden für stehende Wellen möglichen Wellenlänge.

➤ Ein Seehund ist kein Hund, sondern nur etwas Ähnliches wie ein Hund. Ob man stehende Wellen als eine Sorte richtiger Wellen auffasst oder nur als etwas Ähnliches, hängt davon ab, wie wichtig man die Tatsache nimmt, dass sie die Energie nicht weiter als um einen Teil der Wellenlänge transportieren. Eigentlich wird die Energie dabei nur hin und her geschüttelt. Soll man das als Transport gelten lassen? Auf jeden Fall sollte klar sein, was mit „stehender Welle" gemeint ist.

4.2.2 Elongation und Energiestromdichte

Die Gleichung $a = a_a \cos(2\pi(t/T - x/\lambda)) = a_a \cos(\omega(t - x/c))$ beschreibt eine mit der *Phasengeschwindigkeit* $c = \lambda/T$ in die positive x-Richtung laufende ebene Welle mit der *Amplitude* a_a, der *Periode* T und der *Wellenlänge* λ. ω wird – nicht besonders glücklich – *Kreisfrequenz* genannt, $f = 1/T = \omega/2\pi$ ist die *Frequenz*. Ein Augenblicksbild, also $t = $ const, zeigt dabei eine reine sinusförmige Ortsabhängigkeit. Für einen festen Ort x zeigt dieselbe Gleichung eine Schwingung mit einer von diesem x abhängigen Phasenkonstanten.

Eine allgemeinere Form von ungedämpft mit c nach rechts laufenden Wellen ist jede beliebige Funktion von $(t - x/c)$. Man kann sie stets als Überlagerung von hinreichend vielen sinusförmigen Wellen beschreiben.

Im Falle des *Lichtes* und aller anderen elektromagnetischen Wellen, von den längsten Radiowellen bis zu den kürzesten Gammastrahlen, gibt es als Elongationen *elektrische Feldstärken*, die rechtwinklig zur Ausbreitungsrichtung gerichtet sind, und zugleich Vektoren der *magnetischen Induktion*, die zu beiden rechtwinklig sind. Letztere sind im freien Wellenfeld – weit weg von der Sendeantenne – gleichphasig mit der elektrischen Feldstärke.

Der Träger der elektromagnetischen Wellen wurde früher „Äther" genannt. Seit sich herausgestellt hat, dass man nichts über seinen Bewegungszustand aussagen kann – als Ergebnis des Michelson-Versuchs –, sondern dass die Wellen relativ zu jedem Inertialsystem die gleiche

4.2.2 Elongation und Energiestromdichte

Geschwindindigkeit haben, spricht man nicht mehr vom Äther, sondern vom Vakuum, siehe SRT in Kapitel 7. Dieses ist aber nach modernen Anschauungen keineswegs einfach nur leerer Zwischenraum, sondern ein ziemlich aktives Objekt.

➢ Dieses und auch gewisse Ähnlichkeiten zwischen Lebewesen und technischen Errungenschaften werden in den folgenden beiden Witzen angesprochen:

Ein Laie lässt sich von einem Physiker – angeblich EINSTEIN – die Telegrafie erklären und hört: „Denken Sie sich einen Dackel. Wenn Sie ihn vorne streicheln, wedelt er hinten mit dem Schwanz, und wenn Sie auf den Schwanz treten, bellt er vorne. Und nun denken Sie sich einen ganz langen Dackel, den Kopf in München und den Schwanz in Hamburg. So geht Telegrafie." – „Das leuchtet mir ein. Aber sagen Sie mal, es soll auch drahtlose Telegrafie geben. Wie geht denn das?" – „Genauso, nur ohne Dackel."

Ein Junge aus Nîmes und einer aus Marseille streiten um die ältere Kultur in ihren Heimatstädten. „Ist doch klar: als die Römer Nîmes gründeten, hatten sie schon Telegrafie." – „Kann ja jeder sagen, woher wisst ihr das?" – „Man hat Ausgrabungen gemacht und die Drähte gefunden." – „Na gut, aber das ist noch gar nichts: Als die Griechen Marseille gründeten, hatten sie schon drahtlose Telegrafie."

Gehören die Zeigertelegrafen der Vergangenheit zur drahtlosen oder einer anderen Sorte von Telegrafie?

Das *Verhältnis der Amplituden* von E und B ist im Vakuum die Lichtgeschwindigkeit. Das Kreuzprodukt $E \times B/\mu_0$ – man nennt es *Poynting-Vektor* – beschreibt die Energiestromdichte. Es hat die Richtung der Ausbreitung und ist das Verhältnis aus Leistung und Fläche.

Wegen der Proportionalität zwischen E und B ist der Energiestrom also zum *Quadrat* einer Elongation proportional, also zu E^2 oder ebenfalls zu B^2.

Man kann auch für andere elektromagnetische Felder – auch in der Umgebung eines Gleichstromkreises – den Poynting-Vektor bestimmen und über geschlossene Flächen integrieren – etwa um eine Batterie oder um einen Heizwiderstand. Man findet dabei stets die elektromagnetisch einströmende oder ausströmende Leistung. Die Annahme der Lokalisierung der Energieströmung entsprechend dem Poynting-Vektor ist allerdings nicht zwingend. Immerhin bedeutet sie, dass die Leistung nicht durch die Drähte, sondern an ihnen entlang durch den Raum fließt. Andere Lokalisierungen des Energiestroms benötigen allerdings außer messbaren Feldstärken nicht eindeutig messbare Potenziale.

Im Falle des *Schalls* in Luft gibt es für die Elongation keine Vektoren, sondern die beiden Skalare *Luftwechseldruck* – Luftdruck minus seinem zeitlichen Mittelwert – und *Schnelle*. Die Schnelle ist die zum Schall gehörende Komponente der Molekülgeschwindigkeit. Sie ist von der thermischen Bewegung der Moleküle und vom Wind zu unterscheiden. Die Elongationen von Druck und Schnelle sind im gleichen Medium zueinander proportional.

Ihr Produkt ist also proportional zum *Quadrat* einer der beiden Elongationen. Auch hier liefert dieses Produkt wieder die *Energiestromdichte*, den Quotienten aus der Leistung und dem Querschnitt, durch den sie geht. Oft wird die Energiestromdichte auch als *Intensität* bezeichnet. Im Falle der Materiewellen ist über die Natur der Elongation nichts weiter bekannt, siehe Kapitel 8, insbesondere 8.1.1.4.

Treffen sich nun mehrere Wellen der gleichen Art, so *addieren* sich an jeder Stelle und zu jeder Zeit die *Elongationen* – man nennt das *Überlagerung*.

Der *Witz der ganzen Wellenphysik* ist nun, dass man den Energiestrom beim Zusammentreffen mehrerer Wellen *nicht* als Addition der einzelnen Energieströme, sondern als Quadrat der Summe der zugehörigen Elongationen bestimmen muss. Als Merk-Slogan für das „Prinzip" bei Interferenz dient uns: Elongationen *erst* addieren und *dann* quadrieren!

> Eine andere schlagwortartige Formulierung ist „Licht plus Licht gibt Dunkelheit". Die finde ich allenfalls geeignet, um das Unverständnis zu dokumentieren, wenn man auf der Basis eines Strahlenmodells bleibt. Gemeint ist damit, dass eine durch ein kleines Loch hindurch beleuchtete Stelle dunkler werden kann, wenn noch ein zweites Loch geöffnet wird, also allenfalls mehr Licht hinzukommen sollte, siehe Bild 4.2.3. Schön paradox, oder? Genauso gut kann man das gegenseitige Ausweichen zweier Autos auf die paradoxe Formel bringen, dass „Auto plus Auto gleich Zwischenraum" sei. Da, wo das eine Auto alleine fahren würde, fährt nun keins, weil beide sich seitwärts ausweichen. Das ändert nichts daran, dass nun zwei Autos unterwegs sind. Dass an einer bestimmten Stelle trotzdem weniger los ist, überrascht nicht sonderlich – jedenfalls bei den Autos.

Als *ungestörte Überlagerung* bezeichnet man den Fall, dass sich mehrere Größen – wie Feldstärkevektoren oder Luftdruckdifferenzen – je für sich so verhalten, als wären die anderen nicht da. Man kann sie dann – gegebenenfalls vektoriell – an jeder Stelle zur richtigen Gesamtgröße addieren, überlagern.

Das Phänomen der *Interferenz* kann man nun so kennzeichnen:

- Für die *Energieströme* bei Wellen – bei Materiewellen Massenströme – gibt es *keine ungestörte Überlagerung*. Das konnte man zunächst nicht verstehen und empfand es als „Störung" und Paradoxie.
- Für die *Elongationen* aber gilt die *ungestörte Überlagerung*. Damit haben wir die Erklärung im Griff.

Wir beschränken uns bei *Interferenzmustern* auf den Fall, dass von einigen Stellen Wellen *gleicher* Amplitude, Frequenz und Phasenlage ausgehen. Das können mehrere Spalte in einer Wand sein, die rechtwinklig von hinten von einer ebenen Welle erreicht wird. Auch beliebige Stellen innerhalb eines ausgedehnten Spaltes können als Ausgangspunkte dienen. Wir fragen nun, mit welchen *Phasenverschiebungen* gegeneinander solche Wellen an einem bestimmten Punkt eines Auffangschirmes ankommen. Die Antwort erhalten wir aus einer geometrischen Betrachtung der Pfadlängen.

Ein relativ anschauliches und sehr vielseitig anwendbares Verfahren zur genauen oder überschlägigen Ermittlung von Interferenzmustern benutzt *Zeigerdiagramme*, siehe 3.4.4. In einem Zeigerdiagramm symbolisiert die Richtung des Zeigers eine Phasenlage, seine Länge die Amplitude. Die Überlagerung mehrerer Wellen gleicher Frequenz finden wir durch Vektoraddition, also durch Aneinandersetzen der einzelnen Zeiger mit den entsprechenden Richtungen.

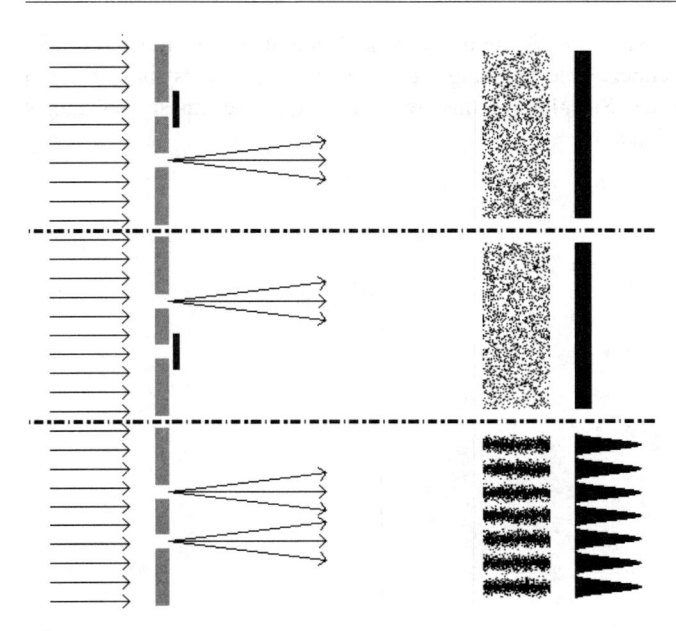

Bild 4.2.3 Interferenz als Paradox. Von links kommt etwas: Schall, Licht oder gar Materie. Die beiden Löcher können wahlweise geöffnet sein. Rechts: Ortsabhängigkeit der Intensität in großer Entfernung rechts von den Löchern, zuerst als Helligkeitsmuster, daneben als Funktion. Ohne Wellenvorstellung ist es nun paradox, dass bestimmte Stellen mehr „abbekommen", wenn nur ein Loch offen ist, als wenn beide offen sind.

Eine volle Umdrehung des Zeigers bedeutet eine volle Wellenlänge Wegunterschied. Grafisch gibt das Streckenzüge, die manchmal Bögen annähern. Der Summenzeiger zwischen Anfang und Ende gibt außer der Phasenlage durch seine Länge auch die *Amplitude der Überlagerung* an. Das Quadrat der Länge entspricht der Intensität an der zugehörigen Stelle. Wir sehen uns das im Folgenden bei einigen Grundmustern an.

4.2.3 Zwei dünne Spalte

In einer undurchlässigen Wand seien zwei Spalte, Bild 4.2.4, der Breite b an den Orten $(0, +d/2)$ und $(0, -d/2)$. Dabei sei d von gleicher Größenordnung wie λ, hingegen sei $b \ll \lambda$. Eine ebene Welle erreiche beide Spalte von hinten mit gleicher Phasenkonstante. Wir fragen nun nach den Amplituden – den maximalen Elongationen – und Intensitäten auf einem Auffangschirm in einem großen Abstand $x = l \gg \lambda$ vom Doppelspalt. Wir begnügen uns dabei mit der Darstellung in einem Schnitt rechtwinklig zu den Spalten.

Dazu stellen wir uns vor, dass jeder Ort (l, y) auf dem Schirm von Wellen erreicht wird, die von den beiden Spalten kommen. Die Entfernungen eines solchen Punktes von den beiden Spalten unterscheiden sich um Strecke BC. Das ist die Differenz $d \sin(\alpha)$, wobei $\tan(\alpha) = y/l$ ist. Für $y \ll l$ ist der Unterschied also dy/l. Ist dies gerade das ganzzahlig-Vielfache einer Wellenlänge, so überlagern sich beide Wellen gleichphasig, ihre Amplituden addieren sich also. Die ganzen Zahlen $\cdots, -2, -1, 0, 1, 2, \cdots$ werden hier als *Ordnung* bezeichnet. Ist jedoch die Differenz eine halbe Wellenlänge von einem ganzzahlig-Vielfachen entfernt, so löschen sich die Wellen aus. In den anderen Fällen findet man die Amplitude relativ einfach mit der Vektoraddition von zwei Zeigern – was natürlich auch für die Extremfälle gilt. Die Intensität – die flächenbezogene Leistung – ergibt sich bis auf konstante Faktoren beim Quadrieren der Amplitude. Sie gibt für die zwei dünnen Spalte ein sinusförmiges Streifenmuster, siehe Bild 4.2.3 unten.

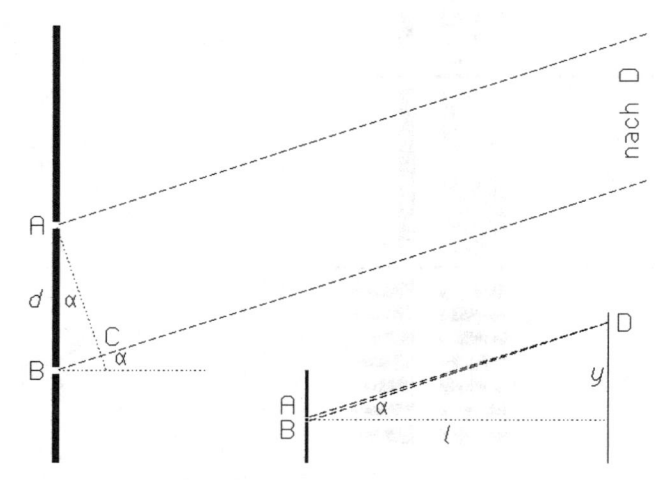

Bild 4.2.4 Geometrie am ideal-feinen Doppelspalt. Rechts unten: Gesamtansicht. Im Hauptbild: Vergrößerung des linken Endes. Die Wand wird von links phasengleich von einer ebenen Welle erreicht. Die Spalte A und B senden daher Zylinderwellen aus – im Schnitt des Bildes Kreiswellen, siehe auch Bild 4.2.5. Von C aus ist es genauso weit nach D wie von A aus. Von B aus ist es aber etwas länger.

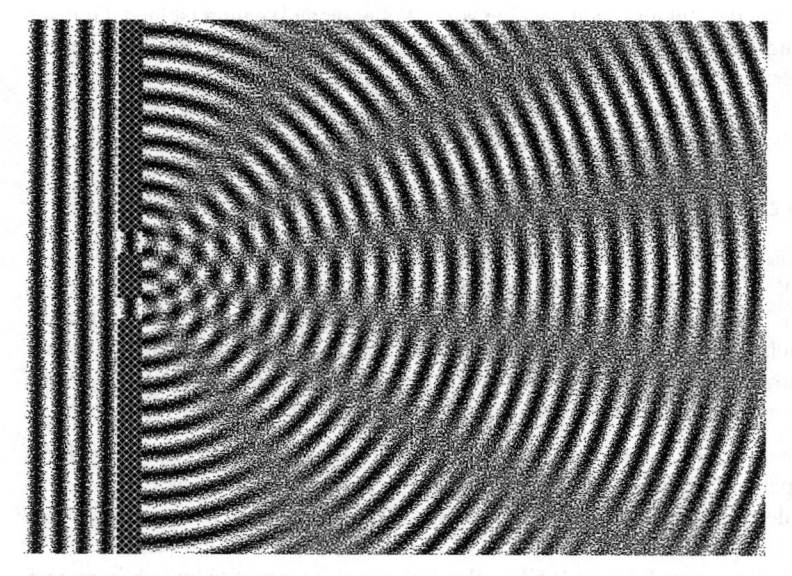

Bild 4.2.5 Interferenz am Doppelspalt. Der Schirm ist am rechten Bildrand zu denken. Die Bereiche der Auslöschung und die der am stärksten ausgeprägten Wellenerscheinungen bilden in dieser Zeichnung Hyperbeln – also Orte gleicher Differenzen. Im Raum sind das Hyperbelzylinderschalen bei Spalten und Rotations-Hyperboloide bei Punktquellen.

4.2.3 Zwei dünne Spalte

Wenn wir einen der beiden Spalte schließen, verschwinden diese Streifen. Wir erhalten überall die Hälfte der mittleren Intensität, wie in Bild 4.2.3 oben bereits dargestellt. Das Paradoxe ist, dass es beim Öffnen des zweiten Spaltes Stellen gibt, die dunkler werden – beim Schall entsprechend leiser. Mit der Wellenvorstellung ist das nicht mehr paradox. Bild 4.2.5 zeigt eine Augenblicksaufnahme der Wellen. D ist hier am Bildrand angenommen, sodass AD und BD nicht mehr fast parallel sind, wie in Bild 4.2.4 und für die einfache Rechnung angenommen.

Das Bild 4.2.6 zeigt ein Modell mit beweglichen Streifen zum Erklären der Maxima beim Zusammentreffen gleicher Phasen bei bestimmten Richtungen und von Nullstellen – also Minima – bei anderen.

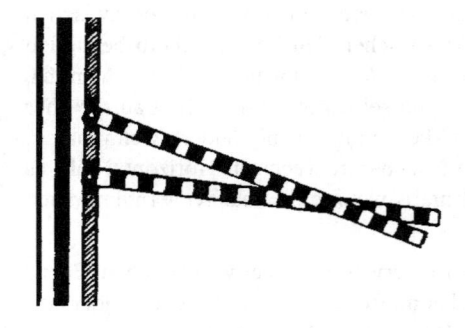

Bild 4.2.6 Modell mit zwei um die Spaltorte drehbaren Streifen aus Papier oder Folie. An Stellen, an denen die hellen und dunklen Streifen sich decken, gibt es Interferenzmaxima. An Stellen mit „Gegentakt" wie im Bild gibt es Nullstellen, also Minima.

Bild 4.2.7 zeigt in ähnlicher Weise mit einem Papierstreifenmodell – beidseitig übereinstimmend gestreift und nach Bedarf gefaltet –, wie es bei Reflexionen an den beiden Grenzflächen dünner Schichten zu Interferenzerscheinungen kommt. Jeder kennt das von Ölfilmen auf Pfützen, Luft zwischen Glas und von glasgerahmten Diapositiven. Für die Wirkung kommt es auf den Blickwinkel und die Schichtdicke an.

Farbige Streifen entstehen, wenn zu verschiedenen Richtungen Maxima für verschiedene Wellenlängen gehören. Das kann einerseits bei fast gleicher Richtung wegen örtlich verschiedener *Schichtdicken* geschehen, und andererseits, bei überall gleicher Schichtdicke, für verschiedene *Betrachtungsrichtungen*.

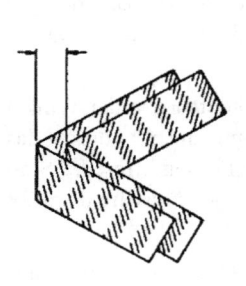

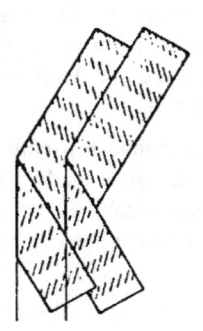

Bild 4.2.7 Modell zur Interferenz an dünnen Schichten mit Streifen, die auf Vorder- und Rückseite übereinstimmend gestreift sind und gefaltet werden. Der Phasensprung, der bei Reflexion stattfindet, ist hier nicht beachtet. Für das Prinzip ist er unwesentlich.

4.2.3.1 Lautsprecher übereinander

Aufgabe:

Wenn statt eines Lautsprechers für einen Kanal mehrere aufgebaut werden, so befinden sie sich übereinander und nicht etwa nebeneinander. Warum ist das zweckmäßig? Berechnen Sie bitte überschlägig, was mit Schall geschieht, wenn er von zwei im Abstand von einem Meter übereinander installierten Sendern gleichphasig abgestrahlt wird.

Lösung:

Wir nehmen der Einfachheit halber einen abgestrahlten Ton von 1 000 Hz an. In Luft ist die Wellenlänge dabei etwa 0,3 m. In 1 m Abstand senkrecht übereinander stehend angeordnet, liegt das Maximum nullter Ordnung in der waagerechten Ebene mitten zwischen den Lautsprechern. In Richtungen, die vom Punkt zwischen den Lautsprechern bezüglich der Waagerechten nach oben oder nach unten um rund 1/6 rad abweichen, liegen Minima, bei 1/3 rad liegen Maxima erster Ordnung. Frontal und seitwärts strahlen die Lautsprecher ziemlich gleichmäßig ab, wodurch auch die Lautstärke sich nur wenig ändert, wenn man in gleicher Entfernung und gleicher Höhe zu einem Nachbarort wechselt. Horizontal gibt es ein sehr breites Maximum nullter Ordnung – jedenfalls wenn die Lautsprechermembranen deutlich kleiner als die Wellenlängen sind.

Da sich die Zuhörer – insbesondere ihre Ohren – normalerweise in einer waagerechten Ebene aufhalten, stören die Minima darunter und darüber kaum. Bei waagerecht nebeneinander aufgestellten Lautsprechern würde man dagegen beim Wandern der Reihe nach für verschiedene Tonhöhen an verschiedenen Stellen Minima und Maxima bemerken.

4.2.4 Gitter aus *n* Spalten

Wir haben beim Doppelspalt bisher nur gefragt, wo es phasengleiche Überlagerung und wo es Auslöschung gibt. Wenn wir zu mehr als zwei Spalten oder zu Spalten mit merklicher Breite übergehen, werden auch die Zwischenwerte interessant. Wir besinnen uns auf die *Zeigerdiagramme*, siehe auch Bild 3.4.4.

Dazu denken wir uns einen Zeiger in Drehung und identifizieren die Höhe seiner Spitze mit der Elongation der Schwingung, die wir beschreiben wollen. Wenn sich mehrere Zeiger drehen, so können wir uns ihre Vektorsumme denken. Die zugehörige Höhe entspricht der – für jeden Augenblick einzeln zu bestimmenden – Summe der Elongationen der zugehörigen Schwingungen. Die Zeigerlängen bedeuten dabei die Amplituden, und die Winkelgeschwindigkeiten die mit 2π multiplizierten Frequenzen.

Zeigen zwei Zeiger zur gleichen Zeit in verschiedene Richtungen, so entspricht der Winkel zwischen ihnen der Verspätung, mit der der eine im Vergleich zum anderen durch das Maximum und durch andere markante Phasen geht. Er ist also die Phasendifferenz. Statt als Winkel kann man diese auch als Bruchteil der Periode angeben. Der Phasenwinkel 2π entspricht einer vollen Periode.

Sind alle Frequenzen gleich, so bleiben die Phasendifferenzen konstant. Das Gebilde aus den vektoriell addierten Zeigern verformt sich dann nicht und rotiert wie ein starres Gebilde. Das setzen wir im Folgenden stets voraus. Da uns nur die Längen und Winkel des starren Gebildes interessieren – nicht die absoluten Phasenwinkel der Schwingungen, sondern nur die Differenzen zwischen ihnen – können wir die gemeinsame Rotation völlig ignorieren.

4.2.4 Gitter aus n Spalten

Die Bilder 4.2.8 bis 4.2.14 sind nach dem folgenden gleichen Schema aufgebaut und berechnet.

Wir denken uns eine von hinten mit einer ebenen Welle phasengleich belieferte Fläche. In der Fläche befinden sich nebeneinander liegende Streifen, die entweder als Spalte oder Teile von Spalten durchlässig sind. Alles andere ist undurchlässig. Unten in den Bildern sind die durchlässigen Spalte als schwarze Striche markiert. Das haben wir uns als stark vergrößertes Bild des Spaltträgers vorzustellen. Die tatsächlichen Abstände liegen sinnvollerweise in der Größenordnung der benutzten Wellenlänge.

Wir wollen wissen, wo es auf einer weit entfernten Wand Maxima gibt oder wie die Verhältnisse dort allgemein sind. Die seitwärtige Koordinate auf der Wand – in Bild 4.2.4 hieß sie y – ist diesmal auch seitwärts aufgetragen. Wir gehen auf ihr nun schrittweise entlang und fragen jedes Mal, mit welchen Phasendifferenzen die Wellen von den einzelnen Spalten – oder sogar von Bereichen innerhalb breiter Spalte – ankommen. Für jede solche Welle zeichnen wir einen gleich kurzen Zeiger. Alle diese kleinen Zeiger für die verschiedenen Spalte addieren wir vektoriell, hängen sie also zu einem Polygonzug zusammen.

Bei gleichen Richtungen gibt das ein gestrecktes Polygon mit der algebraischen Summe der einzelnen Längen – in Bild 4.2.8 sind es vier. Das gestreckte Polygon ist ein Maximum. Im anderen Extrem schließt sich das Polygon und die Vektorsumme ist null. Das bedeutet die gegenseitige Auslöschung an der betreffenden Stelle der Wand – am „Ziel". Liegt die Summe zwischen den Extremen, ist sie gestrichelt gezeichnet. Die dünnen Linien markieren, zu welcher konkreten Stelle das jeweilige Zeigerdiagramm gehört.

Über den Polygonen sieht man nun von links nach rechts, wie groß die Amplituden an den einzelnen Stellen der Wand sind. Das wurde für jeden im Bild aufgelösten Punkt gerechnet, nicht nur für die wenigen Stellen der eingetragenen Zeigerdiagramme. Darüber sind die quadrierten Werte als Intensitäten – als Leistungsdichte – aufgetragen. Ganz oben ist diese in ein Helligkeitsmuster umgesetzt, das als fotografisches *Negativ* gemeint ist. Maxima sind schwarz, Nullstellen als Minima weiß dargestellt.

Bei vier Spalten finden wir zwischen den Hauptmaxima jeweils drei Nullstellen und zwei Nebenmaxima. Das lässt sich einfach erklären. Nur für die Phasendifferenzen $\pi/2$ und $3\pi/2$ zwischen den Wellen, die von je einem Spalt und dem nächsten kommen, bilden die vier Zeiger ein geschlossenes Quadrat. Aber auch vier Zeiger mit aufeinander folgender Richtungsumkehr π summieren sich zu null. Weitere Möglichkeiten gibt es nicht – es liegen also diese drei Nullstellen im Intervall zwischen null und π. Die Nebenmaxima finden wir, wenn sich drei der vier Seiten zu einem Dreieck schließen und die vierte wieder über die erste fällt, also in voller Länge übrig bleibt. Das geschieht sowohl bei $\pi/3$ als auch bei $2\pi/3$ Phasendifferenz von einem Zeiger zum nächsten und liefert die zwei Nebenmaxima.

Mit dem Zeigerdiagramm können wir also den Zusammenhang zwischen der Geometrie der Spalte und dem Interferenzmuster verstehen. So können wir die Erklärungen sofort auf n statt vier Spalte in gleichen Abständen anwenden. Es gibt zwischen den Hauptmaxima jeweils $n-1$ Nullstellen und $n-2$ Nebenmaxima, deren Höhe bei großer Zahl n der Spalte sehr klein wird. Diese Behauptungen sollte man aber einzeln genau analysieren.

Wenn gleichzeitig mehrere verschiedene Wellenlängen vorliegen, so treten nur die Maxima zur Ordnung null an derselben Stelle auf. Für die anderen Ordnungen findet man die Maxima nach den Wellenlängen getrennt. Die Maxima liegen umso weiter auseinander, je größer das Produkt aus der Nummer der Ordnung und der Zahl der Spalte ist.

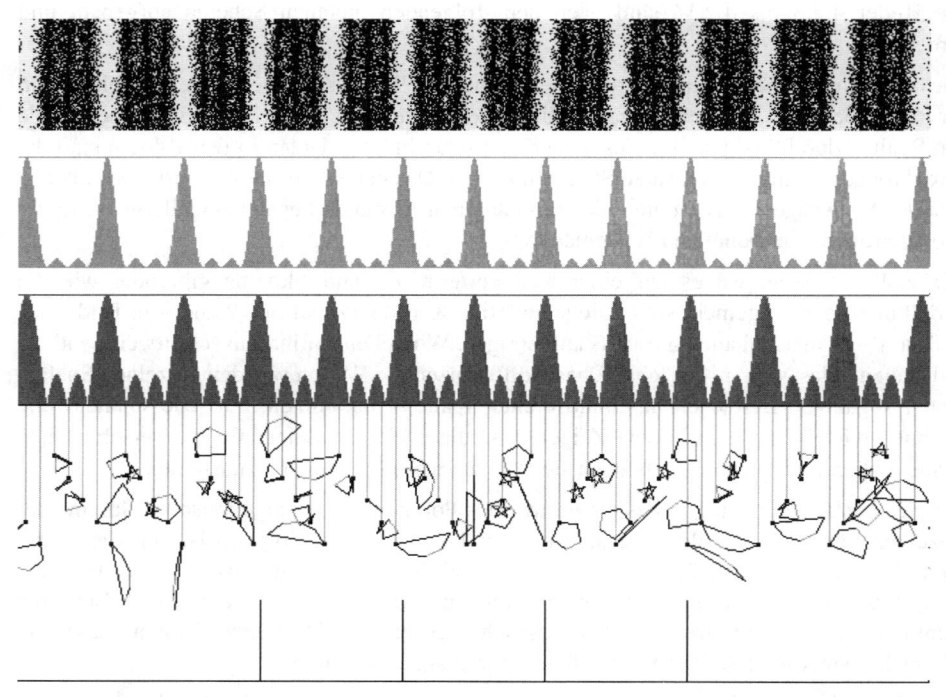

Bild 4.2.8 *Interferenz an vier dünnen Spalten. Oben: Helligkeitsmuster. Darunter: Intensitätsverlauf. Darunter: Amplitudenverlauf. Darunter: Zeigerdiagramme zu einigen Punkten der Wand. Ganz unten sind die vier Spalte vergrößert angedeutet.*

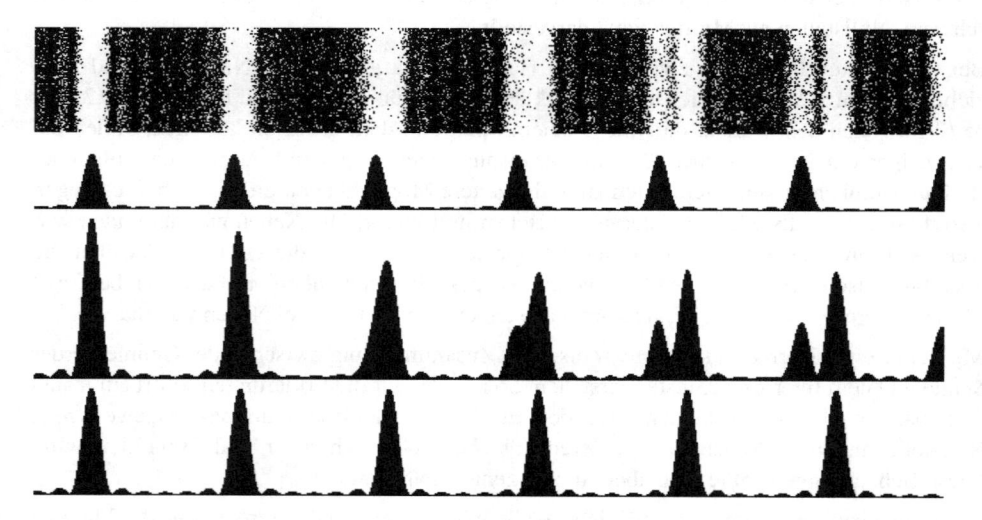

Bild 4.2.9 *Zur Auflösung: Die Interferenzmuster mit zwei etwas verschiedenen Wellenlängen überlagern sich. Links bei der nullten Ordnung fallen sie zusammen, bei der vierten sind sie knapp, bei der fünften Ordnung deutlich aufgelöst.*

Die „Breite" der einzelnen Hauptmaxima ist dagegen zur Wellenlänge und zum Kehrwert der Zahl der beteiligten Gitteröffnungen proportional. Als Breite kann man etwa den Abstand der Stellen auf den beiden Flanken des Maximums nehmen, die die halbe Höhe haben. – Es ist noch festzulegen, ob man das für die Amplituden der Schwingungen oder ihre Quadrate, also für die Intensitäten, nehmen will.

Damit ist die Grundlage für die *Spektroskopie* mit Beugungs-Gittern gegeben.

Im Bild 4.2.9 sind von links nach rechts die Ordnungen null bis fünf für zwei verschiedene Wellenlängen gerechnet. Man sieht, dass man Linien in einem Spektrum noch gut auflösen kann, wenn der Abstand ihrer Mitten mindestens so groß wie ihre Breite ist.

Als *Auflösungsvermögen* eines Gitterspektralapparates, nämlich als Verhältnis einer Wellenlänge zu der bei ihr noch trennbaren Wellenlängendifferenz $\lambda/\Delta\lambda$, findet man daher – zumindest ungefähr – das Produkt aus der Ordnungszahl und der Zahl der beteiligten Gitterspalte.

4.2.5 Breite Spalte

Ein *Einzelspalt*, dessen Breite klein gegen die Wellenlänge ist, lässt die Welle fast gleichmäßig in alle Richtungen durch. Das ist anders, wenn die Breite b in der Größenordnung der Wellenlänge ist.

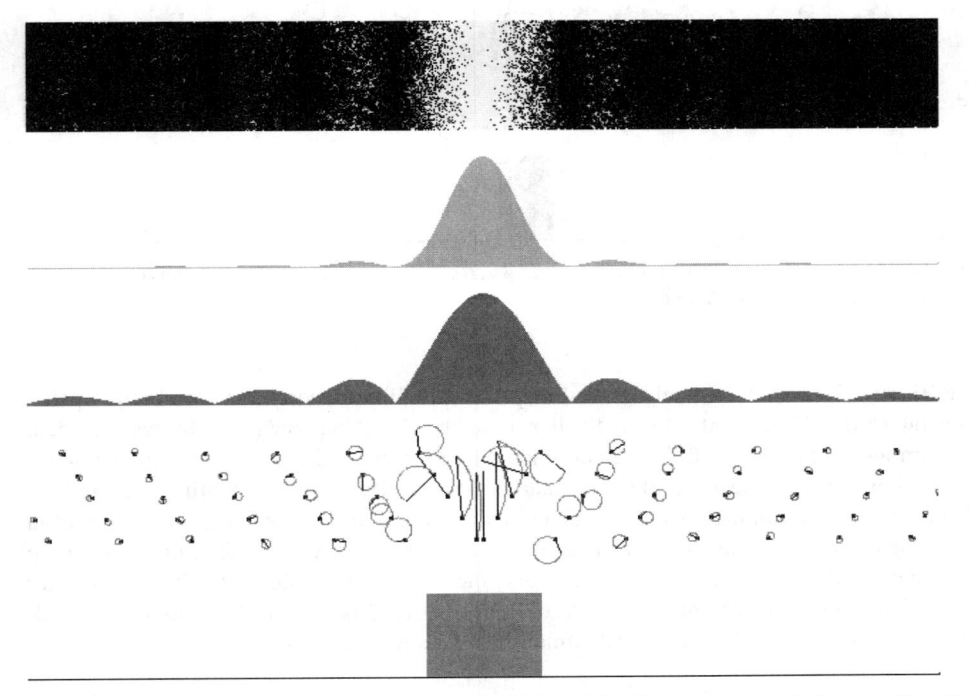

Bild 4.2.10 Ein ziemlich breiter Spalt. Alle Nullstellen und das Hauptmaximum haben annähernd gleiche Abstände voneinander.

Um das zu untersuchen, teilen wir ihn in Gedanken in viele schmale Spalte und wenden darauf das Zeigerdiagramm an. Ist $b\sin(\alpha)$ ein ganzzahlig-Vielfaches der Wellenlänge – aber nicht null –, so schließt sich das Zeigerdiagramm zu einem kreisnahen Vieleck, siehe Bilder 4.2.10 und 4.2.11. Dort verschwinden dann also Amplitude und Intensität. Hätte man statt des Einzelspaltes zwei dünne Spalte an seinen Enden, so wären an den Stellen dieser Minima gerade Maxima. – Ein geschlossener Kreis aus Zeigern addiert sich zu null, der erste und der letzte davon aber allein ist nahezu das Doppelte des Einzelnen.

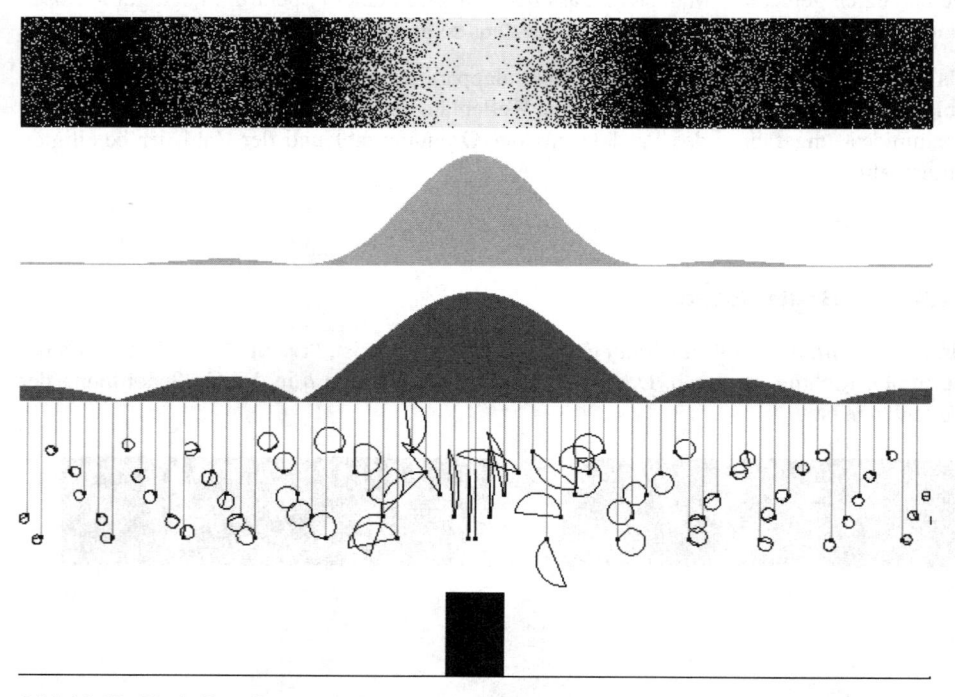

Bild 4.2.11 Ein halb so breiter Spalt wie in Bild 4.2.10. Die Abstände im Interferenzmuster sind infolgedessen jeweils doppelt so groß.

Die Bilder 4.2.12 bis 4.2.14 zeigen das Entsprechende für vier, zehn und zwei breite Spalte. Gegenüber den Fällen mit dünnen Spalten bestehen die Polygonzüge nicht aus Geraden, sondern aus Kurven, gemäß den feinen Phasenunterschieden, die auf das Konto der Spaltbreiten kommen. Da dieser Effekt umso stärker ist, je weiter wir aus der Mitte – der nullten Ordnung – herauskommen, sind die Hauptmaxima nicht alle so hoch wie das nullte. Man kann sogar die Verteilungen von n dicken Spalten dadurch gewinnen, dass man die Kurve für einen Spalt der gemeinsamen Dicke und die Kurve für n dünne Spalte miteinander multipliziert. Dabei erscheint die erste Verteilung als Einhüllkurve des Ergebnisses. Das gilt für die Amplitudenverläufe und für die Intensitätskurven gleichermaßen.

➢ Lernen Sie bitte keine bloßen Formeln, sondern Sachverhalte und Erklärungsmuster, indem Sie die Bilder und die Zeigerdiagramme durchschauen!

4.2.5 Breite Spalte

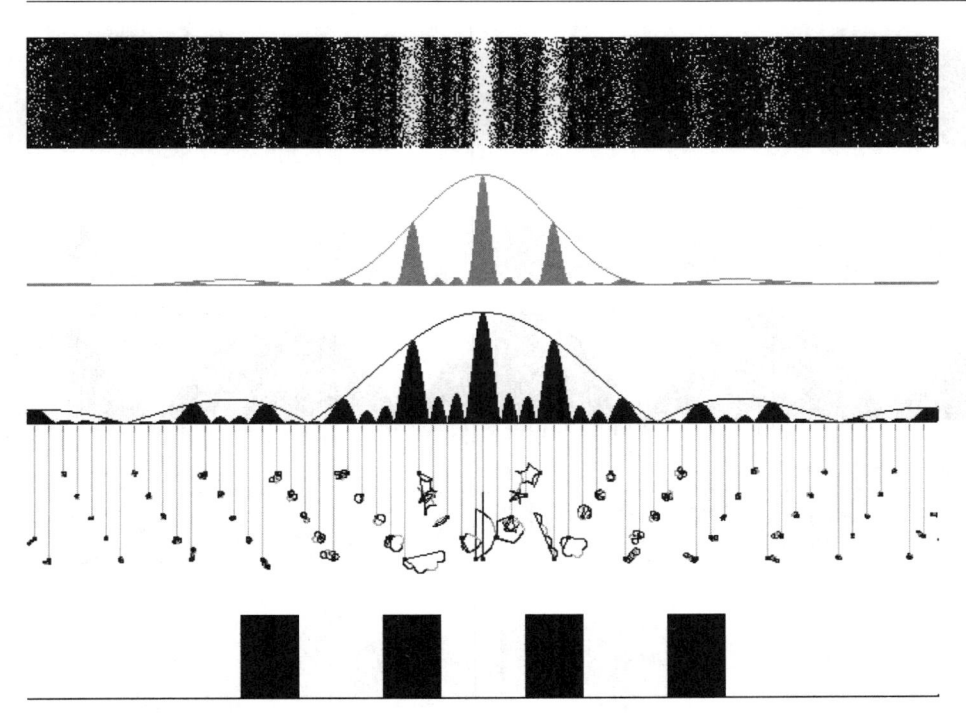

Bild 4.2.12 Vier ziemlich dicke Spalte

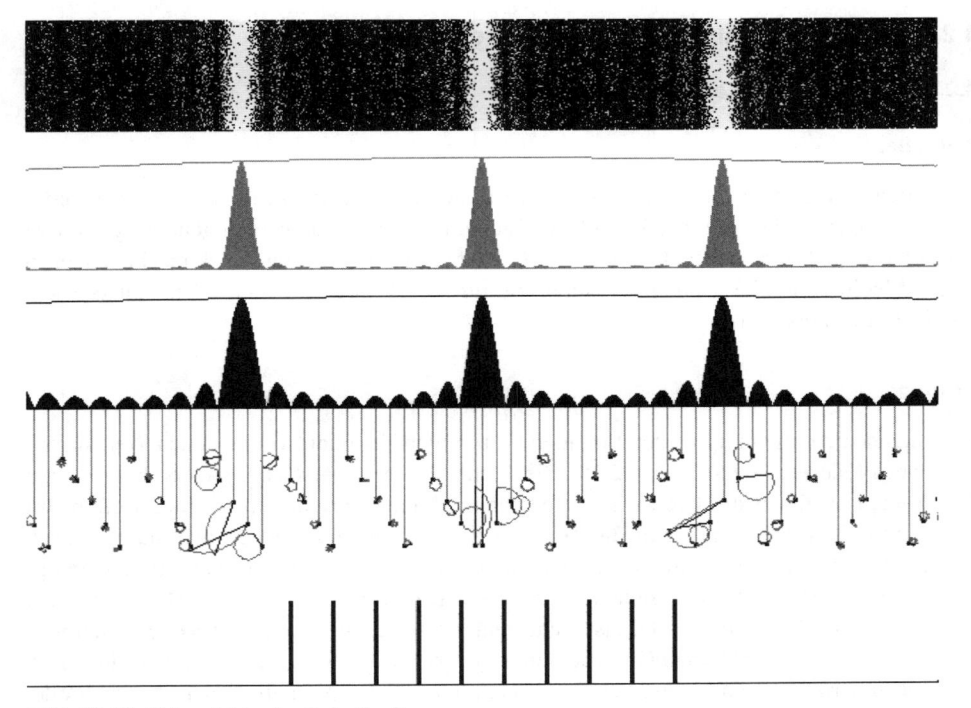

Bild 4.2.13 Zehn nicht sehr dicke Spalte

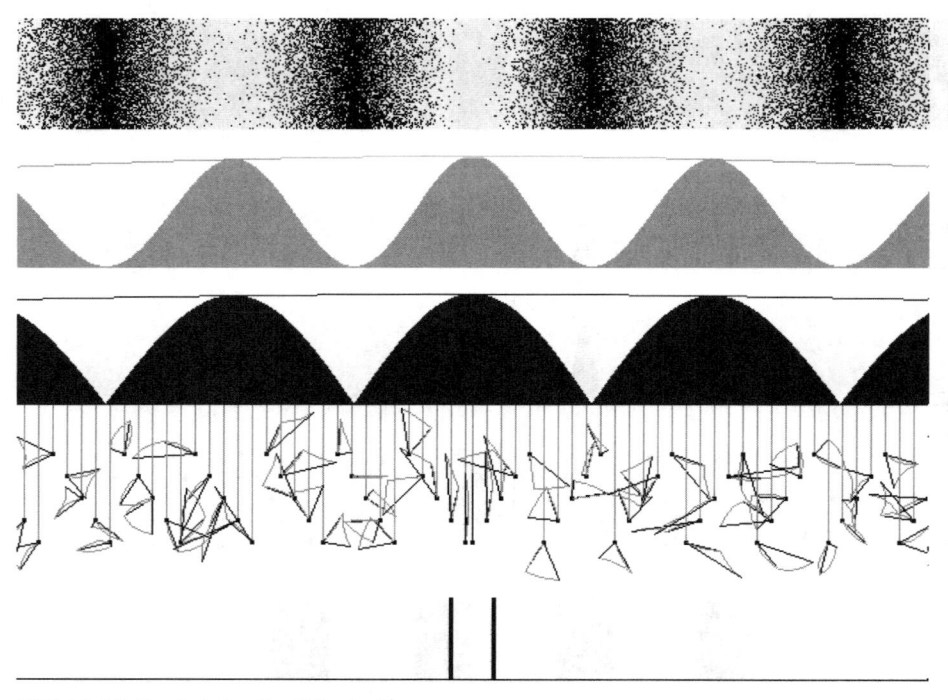

Bild 4.2.14 Zwei nicht sehr dicke Spalte

4.2.6 Weitere Anwendungen und Fermat-Prinzip

4.2.6.1 Brechung einer Welle

Aufgabe:

Eine ebene Welle trifft schräg auf eine Grenzfläche zwischen zwei Medien mit verschiedenen Phasengeschwindigkeiten. In welcher Richtung geht es dahinter gleichphasig weiter? Betrachten Sie dazu zwei Pfade, die an der Grenzfläche den gleichen Knick machen, aber in jedem Medium parallel zueinander laufen. Stimmt das Ergebnis mit dem Brechungsgesetz von SNELLIUS überein?

Lösung:

Wir zeichnen rechtwinklig zu den für einen bestimmten Zeitpunkt vorhandenen Wellenfronten zwei Pfade ein, siehe Bild 4.2.15. Die Pfade sollen so weit auseinander liegen, dass die Fronten an ihnen die Grenze mit einer ganzzahligen Periode Unterschied treffen. Im Bild sind das vier Wellenlängen für AC. Von den beiden Treffpunkten aus muss es nach rechts mit der gleichen Bedingung weitergehen. Wegen der kleineren Phasengeschwindigkeit gehören aber jetzt zur gleichen Zahl Perioden eine kürzere Länge BD. Es gilt also $\sin(ABC) : \sin(BAD) = c_1 : c_2$. Das ist nichts anderes als das Brechungsgesetz von Snellius – bis auf die an sich überflüssige Umbenennung $n_i = c_0/c_i$. Das gesamte Computerbild 4.2.15 zeigt gewissermaßen einen räumlich ausgeschnittenen Schnappschuss einer ebenen Welle, die durch eine Grenzfläche gebrochen wird.

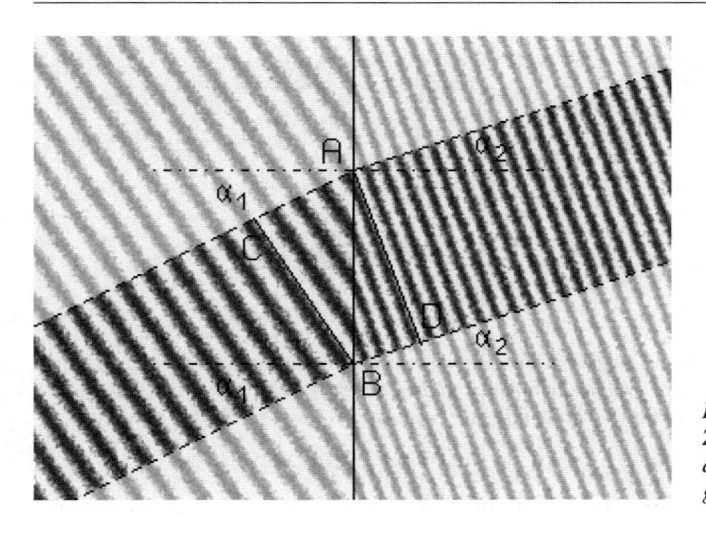

Bild 4.2.15
Zur Herleitung des Brechungsgesetzes

4.2.6.2 Strahlenoptik als Grenzfall

Aufgabe:

Stellen Sie sich ein Reflexions-Gitter oder ein Durchlass-Gitter vor, bei dem die Spalte völlig ungleiche Abstände voneinander haben. Welche Ordnung der Interferenz tritt trotzdem noch auf?

Lösung:

Wenn man Gitter verschiedener Gitterkonstanten gegeneinander austauscht, bleiben die Hauptmaxima nullter Ordnung an ihrer Stelle. Alle anderen wandern proportional zum Kehrwert der Gitterkonstanten nach außen. Ein durchsichtiges Fenster oder einen Spiegel kann man als ein Objekt betrachten, das im Gegensatz zum Gitter nicht nur an bestimmten regelmäßig verteilten Stellen Wellen durchlässt oder reflektiert, sondern an sehr vielen unregelmäßig verteilten Stellen. Die Maxima mit Ordnungen größer oder kleiner als null löschen sich dabei aus. Was bleibt, ist nur die nullte Ordnung, die man üblicherweise mit der Strahlenoptik beschreibt. Anders gesagt: Die Strahlenoptik handelt von den Fällen, in denen es nur auf die nullte Ordnung ankommt.

4.2.6.3 Exakte Abbildungen

Aufgabe:

Begründen Sie bitte im Wellenmodell

- die Abbildung der Brennpunkte eines gestreckten Rotationsellipsoids wechselseitig aufeinander
- die Abbildung des Brennpunkts des Rotationsparaboloids
- die Abbildung des Kugelmittelpunktes auf sich selbst.

Verwenden Sie dafür die Beschreibungen der entsprechenden Flächen als geometrische Örter.

Lösung:

Abbildung bedeutet wellentheoretisch, dass alle Pfade, die von Startpunkt zum Zielpunkt führen, gleich viele Wellenlängen auf Bruchteile einer Wellenlänge genau im jeweiligen

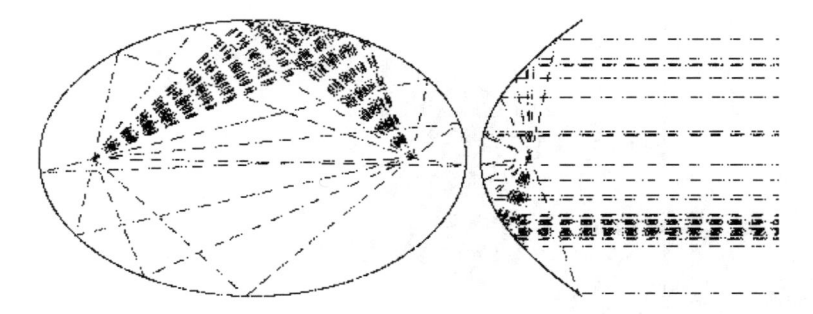

Bild 4.2.16 Exakte Abbildungen zwischen den Brennpunkten eines Rotationsellipsoids und zwischen dem Brennpunkt eines Rotationsparaboloids und einem „unendlichen fernen Punkt" auf seiner Achse. Die gezeichneten Pfade sind gleich lang, ihre Streifenmuster können als Wellen gedeutet werden.

Medium enthalten. In einem einzigen Medium heißt das einfach, dass die Wege gleich lang sein müssen.

- Das gestreckte Rotationsellipsoid ist der geometrische Ort für alle Punkte mit einer konstanten Entfernungssumme zu den beiden Brennpunkten – daher die exakte Abbildung als Spiegel.
- Jedes spiegelnde Rotationsparaboloid bildet seinen Brennpunkt auf einen „unendlich weiten" Punkt auf der Innenseite seiner Achse ab, denn jeder Punkt auf dem Paraboloid hat von einer gewissen Ebene – rechtwinklig zur Achse, aber auf der Außenseite – und vom Brennpunkt gleiche Abstände. Scheinwerfer und – in umgekehrter Richtung – Spiegelteleskope und „Satellitenschüsseln" nutzen diese Eigenschaft.
- Dass alle Wege vom Kugelmittelpunkt zur Oberfläche und zurück gleich lang sind, weiss – hoffentlich – jeder.

➤ Alle anderen wichtigen Anwendungen gewölbter Oberflächen in der Optik liefern nur näherungsweise scharfe Abbildungen. Dass – wie in modernen Fotoobjektiven – trotzdem so scharfe Bilder entstehen, liegt im raffinierten Gegeneinanderschalten und damit weitgehenden Kompensieren von Fehlern.

○ Elliptische Zylinder werden benutzt, um LASER in einer Brennlinie von der anderen Brennlinie aus mit Lichtenergie zu beliefern. Paraboloid-Spiegel werden in der Astronomie mit sichtbarem Licht einschließlich der Nachbarbereiche und mit Radiowellen – vom Millimeter-Bereich bis zum Dezimeter-Bereich – mit größtem Erfolg benutzt. Die Abweichungen ihrer Oberflächen von der idealen Form müssen wesentlich kleiner als die jeweils benutzte Wellenlänge sein.

4.2.6 Weitere Anwendungen und Fermat-Prinzip

➤ NEWTON setzte bei seinen Fernrohrentwürfen auf Spiegelteleskope. Er glaubte, dass man die unerwünschte Dispersion – und die dadurch verursachten Farbfehler – bei Linsen nicht beherrschen könnte. Mit unterschiedlichen Glassorten, deren Dispersionen sich aufheben, ohne dass sich ebenfalls die Brechungen aufheben, gelang dies dann doch – was Newton nicht für möglich gehalten hatte. Solche Achromaten und Apochromaten sind heute bei Fotoobjektiven und kleineren Fernrohren gebräuchlich. Bei sehr großen Linsen über etwa einem Meter Durchmesser ist die Homogenität des Glases nicht gut zu erreichen. Die hochgenaue Oberflächenform bei Spiegeln ist auch für große Teleskope demgegenüber leichter auszuführen. Für Autoscheinwerfer oder zum Sammeln von Sonnenenergie braucht man natürlich keine so große Genauigkeit.

❍ Versucht man, einen ausgedehnten Bereich des Himmels aufzunehmen, so bildet der Parabolspiegel nur die Mitte scharf und die Umgebung sehr unscharf ab, der Kugelspiegel aber alles gleichermaßen unscharf. BERNHARD SCHMIDT (1879–1935) hat 1930 eine Korrekturplatte – und ein Rezept zu ihrer Herstellung – erfunden, mit der ein Kugelspiegel einen großen Bereich extrem scharf und außerdem sehr lichtstark abbilden kann. So ein System nennt man heute Schmidt-Spiegel oder Schmidt-Kamera. Die korrigierende Platte ist aus Glas und sitzt im Abstand des Krümmungsradius vor dem Spiegel. Ihr Profil ist von innen nach außen so gestaltet, dass alle Pfade vom Objektpunkt zum Bildpunkt ziemlich genau gleich viele Wellen enthalten. Die Abweichungen der langen Wege einer Wellenfront in Luft werden mit den kurzen, aber unterschiedlich langen Wegen im Glas kompensiert. Zur Herstellung hat Schmidt eine dünne planparallele Glasplatte mit einer Vakuumapparatur verformt und in diesem Zustand die äußere Oberfläche definiert kugelförmig abgeschliffen. Nach dem Entspannen nahm die Platte dann die zur Korrektur des Kugelspiegels erforderliche Form an.

4.2.6.4 * Wie eine Linse funktioniert

Die Funktionsweise der Korrekturplatte des Schmidt-Telekops, siehe 4.2.6.3, wirft die Frage auf: Wie funktioniert eine Linse? Die übliche Erklärung ist natürlich im Strahlmodell die Anwendung der Brechung auf gekrümmte Flächen, siehe Kapitel 5 und 4.2.6.1.

Bild 4.2.17 zeigt, wie man sich eine Augenblicksaufnahme einer Welle vorstellen kann, wenn sie mit einer Linse von einem Punkt auf einen anderen fokussiert wird. Alle Konvex-Linsen sind in der Mitte dicker als außen. Die Wellen sind in der Linse wegen der kleineren Phasengeschwindigkeit kürzer als in Luft. Auf diese Weise wird der Teil der Welle, der auf dem geraden Weg läuft, durch den dicken Teil der Linse verzögert. Dadurch kommt dieser Teil nicht früher an als die auf den Umwegen laufenden Teile. Genauer gesagt: Alle Pfade zwischen dem Gegenstandspunkt und dem Bildpunkt enthalten gleich viele Wellen, unabhängig vom Pfad.

Bild 4.2.17 Eine Kugelwelle durchquert eine Linse und trifft sich wieder mit gemeinsamer Phasenlage in einem Bildpunkt

➤ Man spricht – nicht sonderlich glücklich – vom „optischen Lichtweg" im Gegensatz zum geometrischen, wenn man die Wegstücke mit der Brechzahl multipliziert. Was gemeint ist, ist die Phasenlaufzeit oder noch besser die Zahl der Wellen auf dem ganzen Weg. Leider ist das Wort „Wellenzahl" für wieder etwas anderes reserviert, nämlich für den Kehrwert einer Wellenlänge. Auch das ist kein Glanzpunkt unserer Terminologie, denn „Zahlen" werden eigentlich nicht in 1/m gemessen.

Graf Bobby fährt mit dem Rad zur Arbeit, 3 km weit. Davon muss er aber das Rad 300 m weit durch den Hauptbahnhof schieben und hat dort nur ein Viertel der sonstigen Geschwindigkeit. Er behauptet nun, der ganze Weg sei in einem gewissen Sinn 3,9 km lang. Vielleicht hat Graf Bobby auch den Begriff der optischen Weglänge erfunden!

Die gleichen Laufzeiten bedeuten die Phasendifferenz null und damit Interferenz nullter Ordnung. Alle Wellen, die vom Gegenstandpunkt starten, können also beim Durchqueren einer passend aufgestellten Linse in einem Bildpunkt gleichphasig zusammentreffen – ungleichphasig aber auch fast überall sonst.

➤ Bei Licht bekommt man nur bei LASER-Anwendung so ordentliche Verhältnisse wie im Bild. Das Stichwort dazu heißt *Kohärenz*.

4.2.6.5 * Fermat-Prinzip

Nach dem Prinzip von FERMAT „wählt" das Licht zwischen zwei Punkten stets den Weg mit dem kleinsten Zeitbedarf. Dabei nimmt es mögliche Brechungen oder Reflexionen an Grenzflächen und geometrische Umwege in Kauf. In Wirklichkeit kann es auch den längsten Weg nehmen, beispielsweise wenn ein Spiegel stärker gekrümmt ist als das Ellipsoid, das Startpunkt und Zielpunkt als Brennpunkte hat. Bei den hier betrachteten *optischen Abbildungen* sind sogar alle Wege gleich schnell.

Wellenoptisch ist alles ganz einfach: Zwei Pfade, die an benachbarten Stellen gebrochen oder reflektiert werden, müssen auf Bruchteile von Perioden genau gleich lange Laufzeiten haben, damit es Interferenz nullter Ordnung gibt. Trägt man also die Laufzeit gegen eine Koordinate eines solchen Punktes auf, so muss diese Funktion an den in der Strahlenoptik vorkommenden Stellen eine *Horizontalstelle* haben – nicht jedoch unbedingt ein Minimum, wie Fermat glaubte und wie in fast allen Lehrbüchern immer noch steht.

ROMAN U. SEXL spottete über das Fermat-Prinzip: „Das Licht weiß zwar nicht wo es hin will, aber es ist immer schon eher dort." – Tatsächlich hat man zu Fermats Zeit das Prinzip als einen Beweis für das Herrschen von (göttlicher?) Vernunft in der Natur angesehen. Auch in modernen Optikbüchern fehlt meistens der leiseste Hinweis darauf, dass es keineswegs auf ein Minimum der Laufzeit „des Lichtes" ankommt, sondern nur darauf, dass die Phasenlaufzeit als Funktion einer Koordinate, die einen Knickpunkt des Weges anzeigt, eine Horizontalstelle haben muss. Das kann ein Minimum sein, aber auch ein Maximum, oder eben in dem zentralen Fall der optischen Abbildung ein konstantes Stück der Funktion.

4.2.6.6 * Überzählige Pfade?

Aufgabe:

Was ist mit den möglichen Wegen – Pfaden –, die das Licht verschmäht, weil sie nicht die kürzesten sind? Anders gefragt: Wenn von einer punktförmigen Lampe A Licht über einen Spiegel einen punktförmigen Detektor B trifft, so benutzt es nach Fermat – und nach dem Reflexionsgesetz, das man auch mathematisch aus dem Fermat-Prinzip herleiten kann – dazu einen bestimmten Punkt P des Spiegels. Anscheinend kann man den Rest des Spiegels einfach zukleben. Darf man das wirklich und kann man auch beliebige Teile des übrigen Spiegels zukleben, ohne dass sich etwas am Ort des Detektors ändert?

Lösung:

Wenn man beim teilweisen Zukleben des Spiegels Punkte offenlässt, die zusammen ein solches Gitter bilden, das in B nicht gerade ein Minimum erzeugt, dann beeinflussen diese Stellen den Empfänger in B durchaus. Der Rest des Spiegels außerhalb von P und dessen näherer Umgebung wirkt also nur *als Ganzes* neutral. Es reflektiert gemeinsam solche Wellenzüge, die sich überlagert auslöschen.

Programmier-Aufgabe:

Betrachten Sie – zur weiteren Klärung – in einer Ebene, die rechtwinklig zum Spiegel durch A und B geht, der Reihe nach „alle" Punkte P des Spiegels. Ermitteln Sie über ein Zeigerdiagramm, was geschieht, wenn auf allen diesen Wegen Licht läuft. Im Computerprogramm geht man in vielen kleinen, aber gleich großen Schritten voran.

Lösung:

```
for i:=0 to 3200 do
    begin
    x:=i/10;
    Punkt(xx0+x,yy0+100,schwarz);
    Punkt(xx1+xx,yy1+yy,schwarz);
    if i mod 130=0 then
        begin
        Block(xx0+x,yy0+100,d,d,zen,schwarz);
        Block(xx1+xx,yy1+yy,d,d,zen,schwarz);
        Strichel(xx0+x1,yy0+y1,xx0+x,yy0+y,'k',schwarz);
        Strichel(xx0+x2,yy0+y2,xx0+x,yy0+y,'k',schwarz);
        Text(xx0+x,yy0+90,chr(97+i div 130),zen,schwarz);
        Text(xx1+xx,yy1+yy-10,chr(97+i div 130),zen,schwarz);
        end;
    l:=sqrt(sqr(x1-i/10)+sqr(y1-100))+sqrt(sqr(x2-i/10)+sqr(y2-100));
    w:=(l/wl-trunc(l/wl))*2*pi;
    xx:=xx+cos(w);
    yy:=yy+sin(w);
    end;
```

Das Programm, dessen zentrale Schleife hier wiedergegeben ist, berechnet für „alle" Pfade – immerhin über 3 000 – die genaue Weglänge, daraus die zueinander relative Phasenverschiebung und baut damit ein Zeigerdiagramm zusammen, siehe Bild 4.2.18. Punkte, die weit von P entfernt sind, liefern dabei schon bei kleinen Verlagerungen große Phasendifferenzen. Alle Phasenlagen treten so fast gleichmäßig auf und löschen sich gegenseitig aus. Solche Punkte erzeugen die spiraligen Enden im Zeigerdiagramm. Nahe bei P ist aber ein größeres Stück mit einer fast genau gleichen Phasenlage, das sich im Zeigerdiagramm als langes gestrecktes Mittelstück darstellt. Die Beiträge der Spiralenden kann man also weglassen, ohne dass sich viel ändert.

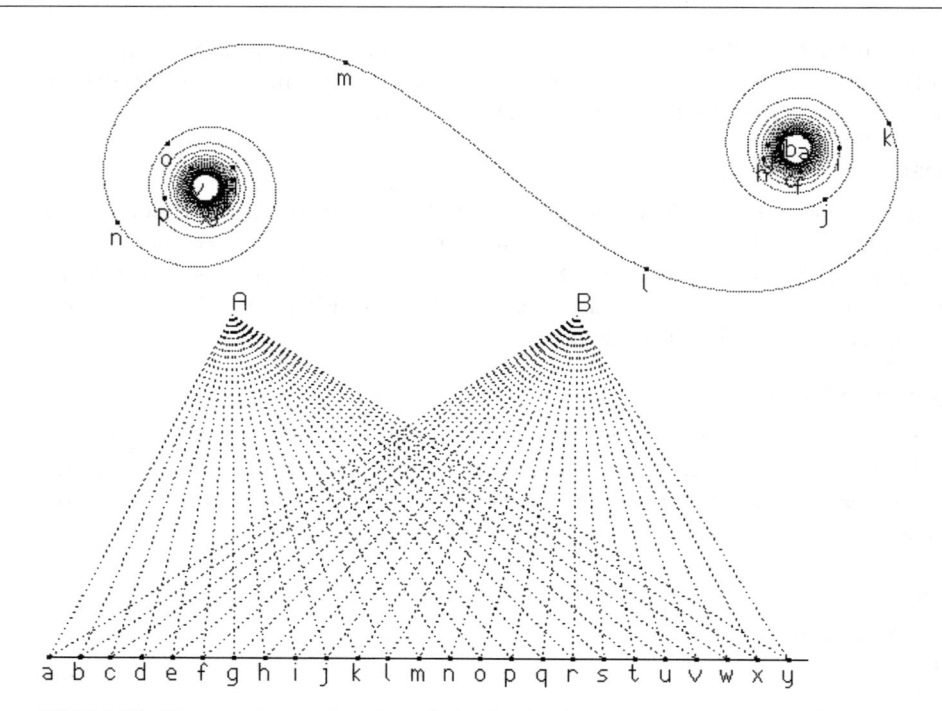

Bild 4.2.18 *Die gepunkteten über einen Spiegel ay laufenden Pfade AaB bis AyB zwischen A und B sind unterschiedlich lang. Überlagern sie sich alle, so gibt es als Zeigerdiagramm die Doppelspirale. Deren gestrecktes Mittelstück gehört zu den Reflexionen nahe am strahlenoptisch einzigen Reflexionspunkt.*

Lässt man nur die unteren Kreisbögen in ihnen weg, so ist das anders. Man hat in diesem Fall die Bedingung für ein Interferenzmaximum erfüllt, wenn man die entsprechenden Stücke des Spiegels beim Zudecken übrig lässt.

4.2.7 *   In Luft hören

Schall hat in Luft bei Zimmertemperatur eine Geschwindigkeit von etwa 344 m/s. Das Verhältnis zwischen der Druckamplitude und der Geschwindigkeitsamplitude – der „Wellenwiderstand" – ist 414 kg · m^{-2}s^{-1}. (Beim Licht im Vakuum ist die entsprechende Größe das Verhältnis der Amplituden von $E/(B/\mu_0) = c\mu_0 = 377\ \Omega$.)

Die kleinste für Menschen noch hörbare Intensität ist eine Energiestromdichte von rund 1 pW/m^2, also ein millionster Teil eines Mikro-Watt je Quadratmeter. Die Frequenz dafür liegt bei einigen kHz. Das ist im typischen Frequenzbereich des Schreiens von Kleinkindern und somit bestens angepasst. Die Schmerzschwelle liegt bei 1 W/m^2, also 12 Zehnerpotenzen in der Intensität über der Hörschwelle.

Die Schnelle ist der von der Schallwelle verursachte Anteil der Geschwindigkeit der Moleküle.

Unser Hörorgan ist das mit Wasser gefüllte *Innenohr* – genauer betrachtet ist es die *Schnecke* darin. Der andere Teil, das *Labyrinth*, hat mit dem Hören nichts zu tun, sondern ist für die Wahrnehmung von Drehungen und anderen Beschleunigungen zuständig. Um zu vermeiden, dass der Schall aus der Luft an der Grenze zum Innenohr fast völlig reflektiert wird, haben an der Luft lebende Säugetiere ein *Mittelohr* zwischen dem *Trommelfell* und dem Innenohr. Das Mittelohr ist mit Luft gefüllt.

Tabelle 4.2.2 Effektivwerte zum Schall

	Intensität	Schalldruck	Schnelle	absoluter Schallpegel
Hörschwelle	1 pW/m^2	20 μPa	50 nm/s	0 phon
mittlere Lautstärke	1 μW/m^2	20 mPa	50 μm/s	60 phon
Schmerzschwelle	1 W/m^2	20 Pa	50 mm/s	120 phon
Vergleich	*Sonnenlicht auf Erde:* 1 kW/m^2	*Luftdruck* 100 kPa	*Fußgänger* 1,5 m/s	

Der oft nötige Druckausgleich erfolgt mit Außenluft aus dem Rachen über die *Eustachische Röhre*. Das ist wichtig bei Luftdruckwechsel im Flugzeug, im Fernsehturmlift, aber auch schon beim flotten Autofahren bergab. Gähnen und Schlucken erfolgen dann reflexartig. Das Mittelohr enthält drei kleine Knochen – die stammen von Knochen mehrgelenkiger Kiefer von Reptilien ab –, die als *Hebelsystem* benutzt werden. Sie machen aus den vom ankommenden Luftschall erzeugten Schwingungen des Trommelfells kürzere, aber kräftigere Schwingungen, die sie an das Innenohr weitergeben. Die Drehachsen werden je nach Bedarf im Sinne größerer oder kleinerer Empfindlichkeit verstellt. So wirkt das Mittelohr als *Impedanzanpassung* und verringert die durch Reflexion auftretenden Verluste.

Dabei ist die Anpassung nicht perfekt, eine weitere Steigerung der Empfindlichkeit jedoch würde nur das thermische Rauschen der Luftmoleküle hörbar machen. Daraus ließen sich keine nützlichen Daten erzielen. Noch bessere Kopplung fände also keine Belohnung in der *Evolution*.

Die subjektive Empfindung einer *Lautstärke* nimmt ganz grob um gleiche Schritte zu, wenn die Intensität jeweils um das gleiche Verhältnis zunimmt. Gleichartige Eigenschaften wurden von FECHNER für alle Sinnesorgane vermutet. WEBER hat gefunden, dass die Schwelle der Wahrnehmbarkeit von Reizdifferenzen proportional zum vorhandenen Reiz ist. Viele Bücher mischen daraus ein „Weber-Fechner-Gesetz" zusammen. Den Erkenntnissen von Weber und Fechner angepasst ist eine *logarithmische* Skala. Aus physikalischer Sicht ist das aber nur bedingt sinnvoll. Dabei wird dem Faktor Zehn bei der Intensität – dem Faktor $\sqrt{10}$ bei einer Amplitude – ein additiver Zuwachs von 10 dB zugeschrieben, jedenfalls für 1000 Hz. Alles, was sich – auch bei anderen Frequenzen – genauso laut anhört wie an der Hörschwelle, bekommt definitionsgemäß die Lautstärke 0 Phon. Was sich so laut anhört, wie etwas, das bei 1000 Hz dazu die um den Faktor k größere Intensität haben müsste, bekommt die Lautstärke

$10\lg(k)$ phon. Das dem Gehör angepasste Phon ist also nur bei 1000 Hz dasselbe wie das der Technik nähere Dezibel.

Um *Lärm* zu messen, kann man nicht einfach die gesamte Schallintensität zwischen den Frequenzgrenzen 20 Hz und 20 kHz erfassen, sondern hat zu berücksichtigen, dass die Empfindlichkeit an den Grenzen weit geringer ist als bei etwa 2 kHz bis 5 kHz. Der Schall wird dazu mit einem entsprechenden Frequenzfilter bewertet. Ein genormtes Filter mit der Kennzeichnung A führt dann zu der Angabe mit der Einheit dB(A). Nur junge Menschen hören Schall bis an die Frequenzgrenzen 20 Hz und 20 kHz – vorausgesetzt, der Walkman wurde nicht permanent zu laut eingestellt und Discos wurden gemieden.

○ Man kann es nicht anders sagen: Die Logarithmusfunktion ist die größte Verharmloserin, die gebräuchlich ist. Zehn Flugzeuge machen nur 10 dB(A) mehr Krach als eins, und hundert nur 20 dB mehr als das erste.

Graf Bobby ist Finanzminister und ab sofort will er die Staatsverschuldung in dB angeben. Dann sieht man nicht mehr die schrecklich vielen Nullen hinter der Eins, und eine Verdopplung in seiner Amtszeit erscheint nur als Zuwachs um 3 dB. Das sieht doch recht harmlos aus, oder?

Wer immer noch meint, dass es physiologische Gründe zugunsten der logarithmischen Skala gebe, bedenke, dass die Lichttechnik eine lineare Skala verwendet und einen doppelt so großen Energiefluss auch doppelt so groß nennt. Lediglich die Astronomie verwendet für Energiefluss und Energieflussdichte logarithmische Maße, die sich zahlenmäßig an die Schätzwerte aus dem Altertum anlehnen, als von Messungen noch keine Rede sein konnte.

Betrachten wir nun einen angenehmeren Aspekt der Akustik, nämlich ihre Beziehung zur *Musik*. Die meisten Musikinstrumente erzeugen aus physikalischen Gründen nicht Schwingungen von reinen Sinus-Tönen einzelner Frequenzen, sondern immer Gemische aus Grundtönen und vielen *Obertönen* je Grundton. Die Frequenzen der Obertöne sind ganzzahlig-Vielfache der Grundfrequenz. Manchmal ist der Grundton selbst nicht dabei – bei der G-Saite der Geige oder bei kleinen Radio-Lautsprechern. Solche *harmonischen* Obertöne haben vor allem die Saiteninstrumente und die Blasinstrumente. Bei ihnen sind vor allem Längen wichtig. Im Gegensatz dazu liefern die mehr flächenartigen Schlagzeuge *anharmonische* Obertöne.

Zum akustischen Erkennen der Instrumente sind nicht nur die Obertonspektren, sondern auch deren zeitliches Verhalten beim *Einschwingen* und *Ausklingen* wichtig. Diese Abläufe sind etwa beim Streichen und Zupfen der gleichen Saiten extrem verschieden.

Töne mit einem Verhältnis der Grundfrequenzen von 2 : 1 haben viele gemeinsame Obertöne, siehe Bild 4.2.19, und bekommen daher in der Musik die gleichen Namen. Der Tonhöhenunterschied zwischen ihnen entspricht der Frequenzverdopplung und wird eine *Oktave* genannt. Weil dazwischen meistens noch sechs weitere Töne benutzt werden – Dur-Tonleiter – kommt man auf acht Töne. Das sind aber nur sieben Stufen Tonhöhenunterschied, nicht acht: Der musikgeschichtliche Trick ist, die nullte Stufe mit eins zu zählen und schon hat man mit der Oktave die Nummer Acht erreicht. Den umgekehrten Fehler macht ein – mit Graf Bobby verwandter – Mathematiker, der einen seiner fünf Koffer vermisst, denn er zählt: 0, 1, 2, 3, 4. Auch bei anderen Verhältnissen, die man mit kleinen ganzen Zahlen beschreiben kann, wie 3 : 2, 5 : 4, 3 : 4, stimmen die Obertöne zu einem großen Teil überein.

Erklingen zwei Töne mit einem solchen Frequenzverhältnis gleichzeitig, so wird das als angenehm empfunden – es herrscht *Konsonanz*. Bei anderen Verhältnissen sind fast alle Obertöne verschieden, es gibt also insgesamt sehr viele davon und der Klang wird als unangenehm oder scharf empfunden – es herrscht *Dissonanz*. Man kann nun Tonleitern mit

4.2.7 In Luft hören

Frequenzverhältnissen aufstellen, die viele exakte Konsonanzen ermöglichen und erhält die *reine Stimmung*.

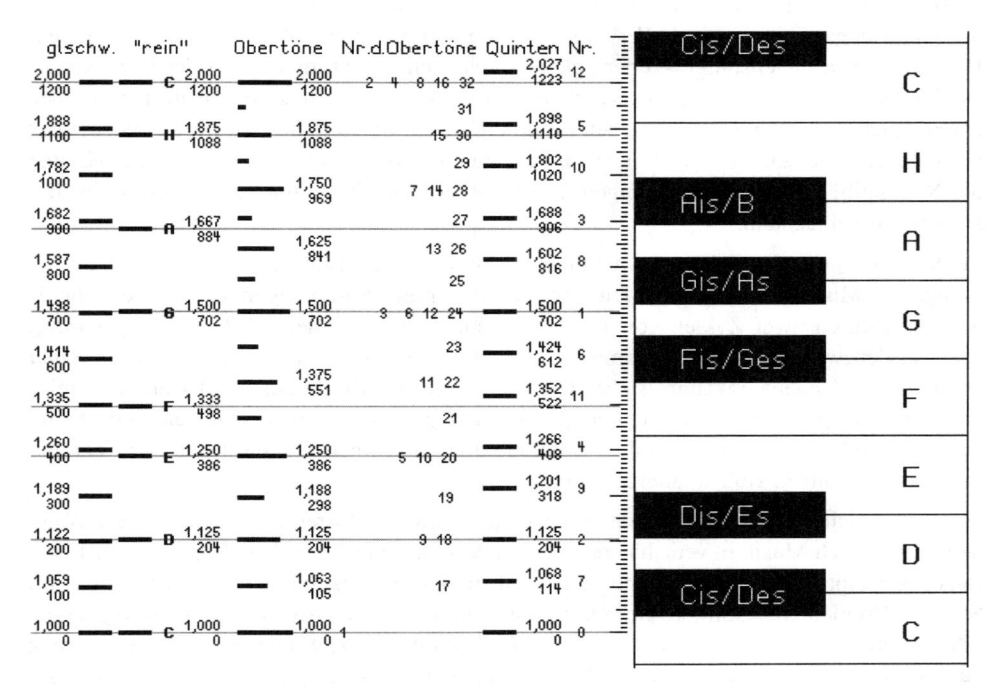

Bild 4.2.19 Frequenzverhältnisse innerhalb einer Oktave. Links: „gleichschwebend", gleichstufig. Die Logarithmen bilden eine arithmetische, die Frequenzen eine geometrische Folge. Daneben: Tonbezeichnung der C-Dur Tonleiter und Frequenzverhältnis des zum Grundton C „reinen" Tons, dem mit niedrigzahligen Verhältnis. Daneben: Frequenzverhältnisse der Obertöne. Die Frequenzen der Obertöne wurden durch Potenzen von 2 dividiert, um sie aus höheren in die vorliegende Oktave setzen zu können. Daneben: Nummern der Obertöne (Faktoren). Daneben: Frequenzverhältnis aufeinander gesetzter Quinten (Frequenzverhältnis 3/2), die dem Ton am nächsten kommen. Daneben: Anzahl der dazu nötigen Quinten. Zwölf Quinten „übereinander" ($3/2^{12} = 129{,}75$) sind ungefähr dasselbe wie sieben Oktaven ($2^7 = 128$). Der Unterschied ist das pythagoreische Komma, als Frequenzverhältnis $1{,}013\,643$. Ganz rechts sind die Klaviertasten gezeichnet und die Namen aller Noten angegeben.

Die „reine" Dur-Tonleiter beruht auf solchen relativ einfachen Frequenzverhältnissen. Je mehr aber die dazwischen geschobenen Halbtöne benutzt werden, umso weniger lässt sich das konsequent einhalten.

Seit dem 18. Jahrhundert hat sich für *Tasteninstrumente* ein Kompromiss durchgesetzt, bei dem die Oktave im Sinne einer *geometrischen Folge* der Frequenzen in zwölf gleiche Tonhöhenschritte eingeteilt wird. Man hat dann die 12. Wurzel aus 2 als Faktor, wobei aber außer bei den Oktaven gar keine genauen Verhältnisse aus niedrigen ganzen Zahlen mehr vorkommen. Das nennt man gleichstufige – oder „gleichschwebende" – Stimmung. In der *Notenschrift* werden die Tonhöhen bemerkenswerterweise wie die *Logarithmen* der Frequenzen nach oben eingetragen – allerdings nur in sieben Schritten, die in der Notation gleich aussehen, aber verschieden sind, statt der zwölf gleichen Schritte pro Oktave. Auch bei der zeitlichen Länge der Noten gibt es geometrische Folgen: Die Dauer wird in Zweierpotenzen unterteilt bis hin zu Vierundsechzigsteln.

Leider wird die heute bei Tasteninstrumenten übliche gleichstufige Stimmung fast immer – sogar in Musik-Lexika – mit den „wohltemperierten" Stimmungen verwechselt, die J. S. BACH durch zwei Zyklen von Praeludien und Fugen in allen 24 Tonarten gewürdigt hat. Bei den wohltemperierten Stimmungen werden die mit dem *pythagoreischen Komma* verbundenen Ungenauigkeiten, siehe Bildunterschrift 4.2.19, so auf die Tonarten verteilt, dass alle ohne grobe Schönheitsfehler spielbar sind, aber trotzdem verschieden bleiben. Bei der gleichstufigen Stimmung ist die Verteilung aber gleichmäßig, sodass sich alle Tonarten nur in den absoluten Höhen unterscheiden.

Man kann sich dann die Mühe mit den vielen schwarzen Tasten eigentlich sparen. Wenn auch heute noch Musik in verschiedenen Tonarten unterschiedliche Empfindungen auslöst – falls überhaupt – so kann das damit zu tun haben, dass Blasinstrumente und die Saiten von Streichinstrumenten bestimmte Grundtöne haben und die anderen Töne durch Umwegventile oder Abgreifen der Saite erzeugt werden. Das beeinflusst die Klangfarben. Im Gegensatz zu Tasteninstrumenten können diese Instrumente nicht so leicht gleichstufig gestimmt oder gespielt werden.

4.2.8 * Farben sehen

In seinem Buch *Opticks* beschreibt NEWTON 1704 das *Aufspalten* von weißem Licht mit Prismen in Anteile unterschiedlicher Brechzahlen. Für jede Brechzahl gibt es dabei eine zugehörige Farbe. Durch *additive* Mischung, also Übereinanderprojizieren verschiedener Spektrallichter, kann man alle Farben und auch wieder Weiß erzeugen.

GOETHE befasste sich zeitlebens mit nichts so sehr wie mit Farben – das Faust-Drama vielleicht ausgenommen. Er entdeckte Nachbildeffekte, die er in seiner *Farbenlehre* im *didaktischen Teil* beschrieb. Er polemisierte maßlos gegen Newton, auch in dem von Goethe selbst so betitelten *polemischen Teil* der Farbenlehre. Weiß und tiefes Rot sind für Goethe unzerlegbare Wahrnehmungen – anders als Orange oder Blaugrün. Das scheint nicht mit der Rolle von Newtons Spektralfarben als vermeintlichen Grundfarben vereinbar zu sein, bei denen nur ein orangestichiges Rot vorkommt und überhaupt kein Purpur.

4.2.8 Farben sehen

Fast 100 Jahre nach Newtons *Opticks* bestimmte YOUNG die Wellenlängen von Licht und erklärte die Farben aus drei Grundfarben. Das führte später HELMHOLTZ als Dreifarbentheorie weiter. Der Physiologe HERING dagegen stellte eine Theorie von den Gegenfarben-Paaren Blau/Gelb, Rot/Grün und Weiß/Schwarz auf, was ungenauerweise Vierfarbentheorie genannt wurde.

Wir wissen heute, dass alle hier skizzierten Aussagen richtig und durchaus miteinander vereinbar sind. Man muss aber zwischen der nackten Optik und der Datenverarbeitung in unserem Gehirn unterscheiden.

Das Licht einer einheitlichen „Sorte" hat im Teilchenbild eine bestimmte Teilchenenergie und in der Wellenbeschreibung eine eindeutig damit verknüpfte Frequenz und – bei gleichem Medium – eine damit ebenso festliegende Wellenlänge und Phasengeschwindigkeit, also auch Brechzahl. Außerdem hat es eine Polarisationsrichtung, die aber für Menschen nicht unmittelbar wahrnehmbar ist – mit gewissen Filtern aber schon. Damit ist die Physik im engeren Sinne zum Thema Farben schon fertig.

Jetzt kommen aber noch die Empfänger. Sie sprechen auf jeweils einen ganzen *Bereich* von Frequenzen an, was man durch *Empfindlichkeitskurven* darstellen kann. Das gilt für Fotofilme ebenso wie für CCD-Chips und auch für die Sehzellen in unserer Netzhaut.

Die meisten von uns haben vier Sorten Sehzellen: höchstempfindliche Stäbchen für schwaches Licht und drei Sorten von Zapfen für normal helles Licht. Die Zapfen haben ihre Maxima bei Frequenzen, die einzeln von uns rot, grün und blau gesehen werden. Die Empfindlichkeitskurven überlappen sich dabei aber. Jedes Gemisch aus Frequenzen, aber auch reines Spektrallicht, erregt zwei oder drei Sorten von Zapfen, aber eben jeweils in einem bestimmten Mischungsverhältnis – vorausgesetzt, die Frequenzen liegen im Bereich unserer Wahrnehmung.

Die Informationen, die die Sehzellen jetzt über eine Richtung aus der Außenwelt – optisch auf einen engen Bereich auf der Netzhaut projiziert – abgeben, entsprechen also drei voneinander unabhängigen Zahlen. Das lässt sich als Punkt oder Vektor in einem symbolischen dreidimensionalen Raum beschreiben. Die Basisvektoren dieser Darstellung entsprechen den Farben, die wir sehen, wenn jeweils nur eine Zapfensorte angeregt wird: *rot, grün und violett*. Dieser Umstand ist wichtiger als die erwähnten Lagen der Maxima. Insofern sind diese drei die *Grundfarben im Bereich der Zapfen*, entsprechend der Theorie von Young und v. Helmholtz. Weiß ist *hier* etwas Zusammengesetztes.

Farbfehlsichtigkeiten beruhen auf spektralen Verschiebungen der Empfindlichkeitskurven der Zapfensorten oder – seltener – dem Fehlen einer Sorte Zapfen. Farbfehlsichtigkeiten treten bei etwa 8 % der männlichen Bevölkerung auf. Die häufigsten Formen werden rezessiv auf dem x-Chromosom vererbt und sind daher bei Frauen sehr selten – diese haben zwei x-Chromosomen, und die Farbfehlsichtigkeit tritt nur auf, wenn die beiden gleichermaßen betroffen sind.

Die Daten werden auf dem Weg zur Großhirnrinde *umcodiert*. Schon in der Sehnervenkreuzung – die ordnet die je zwei Netzhauthälften den Hirnhälften zu – liegen sie in einer anderen Struktur vor. Man kann sie nun mit einem dreidimensionalen Koordinatensystem im Sinne der Theorie von Hering beschreiben. Dem Mittelpunkt kommt ein neutrales Grau zu und den drei Dimensionen die Polaritäten Blau/Gelb, als Rot/Grün und als Hell-Dunkel. Im Sinne dieser Koordinaten können wir jede Farbe ganz naiv beschreiben. Jeder, der nicht farbfehlsichtig ist, versteht, was ein dunkles Grün mit Tendenz zu Blau oder aber zu Gelb ist.

○ Auch beim *Farbfernsehen* werden nacheinander verschiedene Systeme der Codierungen der Farben benutzt. In der Kamera und auf dem Bildschirm erfolgt die Darstellung mit Grundfarben. Jeder der drei Farbauszüge enthält die zu den Koordinaten gehörenden entsprechenden Intensitäten. Bei der Modulation der Wellen zur Funkübertragung nutzt man Polaritäten ähnlich wie bei der Hering-Theorie. Das hat vor allem den Vorteil, dass einer der drei Auszüge das Graustufenbild ist. Das war – besonders früher – wichtig, weil dadurch auch noch „Schwarz-Weiß"-Geräte verwendet werden können.

4.2.9 * Hologramme als Speicher optischer Information

Schaut man durch ein Fenster auf ein Objekt, so ist klar, dass die gesamte Information durch dieses *Fenster* kommen muss. BARON VON MÜNCHHAUSEN hat angeblich ein Trompetensignal, das bei Eiseskälte in der Trompete eingefroren war, erst beim Auftauen gehört. In gewisser Weise ist ein Hologramm eine eingefrorene optische Information, wie sie durch ein Fenster läuft. Wir wollen uns für einen einfachen Spezialfall klarmachen, wie das gehen kann. Dazu nehmen wir nur eine einzige Lichtsorte, also Licht einer einzigen Wellenlänge und Frequenz. Unser Hologramm wird daher einfarbig.

Die Amplituden der elektrischen und magnetischen Feldstärke sind an jedem Punkt des Fensters, durch das das Licht geht, nahezu gleich groß. In der Pupille als Fenster unserer Augen ist das ebenso, auf der Netzhaut aber nicht mehr. Die Bildinformation steckt in der Fenster-Fläche also *nicht* in der Amplitude der Wellen, sondern vielmehr in der Phasenlage der Wellen in der Fläche zu einem jeden Zeitpunkt. Wenn wir diese Phasenlage für einen Zeitpunkt und alle Orte einer solchen Fenster-Fläche kennen, und außerdem die Laufrichtung der Wellen als bekannt ansehen, so liegt auch fest, wie es weitergeht. Mit den Augen wird diese Information offenbar so transformiert, dass unser Gehirn schließlich die Objekte daraus orten kann.

Wir müssen also die Phaseninformationen für alle Punkte der Fensterfläche zu einem einzigen Zeitpunkt aufzeichnen, um das Bild „einzufrieren". Mit einem Kameraverschluss, dessen Öffnungszeit klein gegen die Periode der Lichtwellen wäre, käme man der Sache schon sehr nahe. Den aber gibt es nicht, und die Filmempfindlichkeit müsste dabei auch sehr hoch sein.

Nun besinnen wir uns auf einen Trick, mit dem wir auch ohne schnellen Verschluss Augenblicksaufnahmen zaubern können, jedenfalls dann, wenn es sich um periodische Vorgänge handelt: die *Stroboskopie*. Dabei beleuchtet man einen schwingenden Gegenstand mit einem periodischen Blitzlicht. Trifft man mit dem Blitzlicht die gleiche Periode, so scheint das Objekt stillzustehen. Weicht man wenig von ihr ab, so sieht man die periodische Bewegung stark verlangsamt und eventuell auch rückläufig. Scheinbar zu langsam oder rückwärts laufende Speichen in Western-Filmen finden ganz ähnlich ihre Erklärung.

Wir brauchen also einen Trick, um das Licht genau einmal pro Schwingung an- und auszuschalten oder zumindest so ähnlich zu beeinflussen. Dazu verwenden wir die Interferenz. Eine zusätzliche Lichtquelle der gleichen Periode leuchtet das ganze Fenster gleichmäßig mit einer *Referenz-Welle* der gleichen Amplitude aus, die auch das Objekt dort abliefert. Dabei ist der Unterschied aber, dass die Referenzwelle alle Punkte des Fensters – vereinfachend gesagt – mit jeweils der gleichen und vom Objekt abhängigen Phase erreicht, wogegen die Objektwelle überall im Fenster verschiedene, jedenfalls nicht vom Objekt abhängige Phasen hat. Nun gibt es Stellen, durch die beide Wellen – also die Objektwelle und die Referenzwelle – *dauernd* mit gleicher Phase laufen, und andere, durch die sie stets gegenphasig laufen. Allgemein gibt

4.2.9 Hologramme als Speicher optischer Information

es für jede Stelle des Fensters eine *zeitlich konstante Phasendifferenz zwischen den beiden Wellen*.

Wenn wir nun eine Fotoplatte eine Zeit lang an die Stelle des Fensters setzen und später entwickeln, so gibt es an den einzelnen Stellen unterschiedlich starke Schwärzung, und zwar am stärksten an den zuerst genannten Stellen mit der Gleichphasigkeit und überhaupt keine Wirkung an den Stellen mit Gegenphase.

Die Phaseninformation ist damit auf dem Hologramm gespeichert. Es gibt verschiedene Methoden, wie es weitergeht. Am klarsten zu verstehen ist das *Phasenhologramm*. Wäscht man erst beim Fixieren das übrig gebliebene Silberbromid und danach noch das schwarze Silber heraus, so wird die Trägerschicht an den geschwärzten und den ungeschwärzten Stellen etwas verschieden dick. In der Schicht läuft das Licht mit einer kleineren Phasengeschwindigkeit. Wenn es also eine etwas dickere Schicht durchläuft, erreicht es das Auge etwas später und etwas stärker phasenverspätet als bei einer dünneren Schicht. Wir nehmen an, dass der Unterschied zwischen den ursprünglich geschwärzten und den nicht geschwärzten Stellen gerade eine halbe Periode ausmacht.

Schicken wir nun wieder eine Referenzwelle durch das fertige Hologramm, so kommt die Referenzwelle mit der gleichen Phaseninformation aus jeder einzelnen Stelle heraus, die bei der Aufnahme dort jeweils vorgelegen hat. Man kann also das Objekt dort sehen, wo es bei der Aufnahme gestanden hat, obwohl es jetzt nicht da ist.

Das Hologramm vertritt dabei wirklich das Fenster. *Alles*, was man durch das Fenster hätte sehen können, kann man nun beim Betrachten des beleuchteten Hologramms sehen! Dabei kann man insbesondere das Objekt aus all den Richtungen sehen, aus denen man es auch durch das Fenster hätte sehen können. Man sieht es also nicht nur in dem Sinne dreidimensional wie bei einem Stereofoto, sondern hat auch noch eine gewisse Auswahl der Blickrichtung. Das ist besonders eindrucksvoll, wenn das Objekt ein geschickt platziertes optisches Gerät – Spiegel, Lupe, Mikroskop – enthält. Man kann dann unter Umständen einen Teil des Objekts wahlweise durch das Gerät und an ihm vorbei betrachten – wohlgemerkt nur, wenn das Objekt bei der Aufnahme des Hologramms anwesend war!

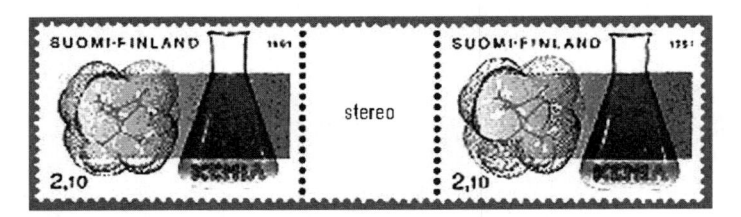

Bild 4.2.20 Stereobild auf einem Briefmarkenpaar. Schaut man zugleich mit dem rechten Auge auf das rechte Bild und mit dem linken auf das linke – üben, üben, ···–, so sieht man das Molekül und insbesondere das Gerüst der Verbindungslinien der Atomkerne darin räumlich, aber natürlich immer vom selben Standpunkt aus, anders als beim Hologramm.

Man findet oft die irreführende Behauptung, jedes Stück des Hologramms enthielte die ganze optische Information über das Objekt. Wenn man ein Hologramm in Stücke teilt – gedanklich oder tatsächlich –, enthält jedes Stück diejenigen Informationen über das Objekt, die man durch den zugehörigen Ausschnitt des Fensters hätte sehen können. Im Hologramm liegen die Informationen also nicht wie beim Foto nach Objektpunkten geordnet vor, sondern nach

Blickrichtungen geordnet. In der Objektivlinse eines Fotoapparates oder vor der Frontfläche des Auges ist das ebenso der Fall.

Damit löst sich auch das Paradox, dass ja sonst ein beliebig kleiner Krümel des Hologramms die ganze Information enthalten müsste. Wenn man nur noch ein winziges Loch als Fenster hat, wird die Sicht wegen der Beugung sehr unscharf.

Umgekehrt stört ein scharfer Kratzer auf einem Hologramm – ganz anders als bei einem normalen Foto – das Bild nur ganz wenig. Die Beugung bewirkt die Verteilung der Störung über einen großen Bereich.

Das Stereofoto verdient den Namen „starr" – was die Bedeutung von $\sigma\tau\varepsilon\varrho\varepsilon o\varsigma$ ist – besonders. Es gibt zwar ein räumliches, also dreidimensionales Bild, legt den Betrachter dabei aber auf einen einzigen Beobachtungspunkt fest, nämlich den Standort der Stereokamera während der Aufnahme. Das Hologramm dagegen legt den Betrachter nur auf den Fensterausschnitt fest und erlaubt ihm dabei unter anderem, von einem Würfel bis zu fünf Seiten zu sehen, aber immer nur jeweils drei gleichzeitig.

Die Holografie wurde 1947 von DENES GÁBOR (1900–1979) erfunden, der dafür 1971 den Physik-Nobelpreis bekam. Die Methode kam aber erst in Schwung, nachdem 1960 mit dem LASER eine hinreichend genau monofrequente und hochkohärente Lichtquelle erfunden worden war. Zum Betrachten bestimmter Hologramme genügt sogar das Licht der Sonne oder einer einigermaßen „punktförmigen" Glühlampe. In diesen Fällen – den Weißlicht-Hologrammen – filtert eine Schicht auf dem Hologramm die benötigte einzelne Wellenlänge aus dem weißen Licht heraus.

5 Strahlenoptik

5.1 Lichtstrahl als Modell

Wir haben in 4.2.6 gesehen, dass der Verlauf von Wellen mit den Gesetzen von Reflexion und Brechung beschrieben werden kann, wenn die von Null verschiedenen Interferenzordnungen keine Rolle spielen. Das ist der Fall, wenn weder periodische Strukturen noch Öffnungsabmessungen von der Größenordnung der Wellenlänge auftreten.

Dabei bleiben von der Welle nur noch die Richtung der Energiestromdichte und von den Materialeigenschaften nur noch die Verhältnisse der Phasengeschwindigkeiten von Bedeutung. Diese Vereinfachung ist etwa vergleichbar zu derjenigen von einem starren Körper zu einer Punktmasse in der Mechanik, wobei die räumlichen Abmessungen keine Rolle spielen. In solchen Fällen kann man mit vergleichsweise sehr geringem Aufwand einen großen Teil wichtiger Effekte und Geräte behandeln.

Das zentrale Modell des Lichtes in dieser Vereinfachung ist der *Lichtstrahl*, von dem angenommen wird, dass er in einem homogenen Medium geradlinig ist.

- In der Praxis prüft man allerdings Geradlinigkeit kaum jemals anders als durch einen Vergleich mit Lichtstrahlen. Nichthomogene Fälle treten bei der atmosphärischen Refraktion auf, die – nicht nur – die Sonne am Horizont höher und flachgedrückt erscheinen lässt, oder bei unruhiger Luft über einem warmen Boden Trugbilder liefert.

5.1.1 Gültigkeitsgrenzen aufgrund des Wellencharakters

In der Mathematik versteht man unter einem Strahl eine Halbgerade. Die kann man sich als Grenzfall eines Rechteckes mit der Breite Null und *einem* Ende im Unendlichen vorstellen. Sehr dünne Lichtbündel – insbesondere LASER-„Strahlen" – scheinen das Modell gut zu realisieren. Man sollte nun – nach mehreren Jahren Geometrie und nur wenigen Stunden Wellenoptik – meinen, ein Strahl müsste der Strahlenoptik umso genauer gehorchen, je schmaler er ist, am besten ohne Breite unendlich schmal.

> Ein Kollege aus einer anderen Naturwissenschaft fragte mich einmal: „Sagen Sie mal – Sie sind doch Physiker – wie weiß der Lichtstrahl eigentlich, wenn er einen Spiegel in einem mathematischen Punkt trifft, woher er gekommen ist und wohin er dann gehen muss?" So gute Fragen sollten auch Physiker öfter stellen! Tatsächlich „wüsste" der Lichtstrahl dann nichts mehr und würde fast gleichmäßig in alle Richtungen des Halbraums laufen. Das ist genau wie beim Durchgang durch ein Loch, dessen Durchmesser klein gegen die Wellenlänge ist, wodurch Wellen in alle Richtungen des Halbraumes gelangen. Die Richtungen, die wir für die Reflexion und die Brechung wellenoptisch bestimmen, sind umso schärfer, je breiter das Lichtbündel ist, das die Grenzfläche trifft. Lassen wir die Breite gegen Null schrumpfen – mit der Absicht, exakte Strahlen zu realisieren –, werden die Richtungen immer unschärfer.

↪ **Knobelaufgabe:** Kann eine Lochkamera so viele Bildpunkte auflösen wie Ihr Fernsehgerät?

5.1.2 Gültigkeitsgrenzen aufgrund des Teilchencharakters

Eine andere Begrenzung der Anwendbarkeit kommt aus der *Quantisierung*, siehe Kapitel 8. Bei sehr schwachen Intensitäten – für Auge und Messgeräte durchaus noch erfassbar –

kommt Licht zeitlich und räumlich nicht mehr so gleichmäßig an, wie es Strahlen oder auch Wellen beschreiben, sondern eher statistisch wie Schrotkörner.

Man kann das als Strom von Paketen mit bestimmten Energiemengen beschreiben. Wie wir später erfahren werden, müssen solche Pakete auch noch Impuls und Drehimpuls transportieren. Sie werden *Photonen* oder *Lichtquanten* genannt. Dabei ist die Energie des einzelnen Teilchens proportional zur Frequenz der zugehörigen Welle. Das gilt ebenso für den Impuls, während der Drehimpuls stets den gleichen Betrag hat.

Wellenbild und Teilchenbild sind für uns allerdings *anschaulich* nicht miteinander zu vereinbaren. Das Strahlenbild ist eine gemeinsame Vereinfachung beider Darstellungsformen und benutzt weder die Größe der Energie der einzelnen Photonen noch die der Frequenz. Es ist also wenig sinnvoll zu sagen, das Licht „bestehe aus Strahlen". Wohl aber kann man vieles – insbesondere viele Eigenschaften handelsüblicher optischer Geräte – weitgehend mit ihnen erklären.

Die Strahlenoptik wird oft als *geometrische Optik* bezeichnet, weil ihre Formeln nicht auf den zeitlichen Ablauf Bezug nehmen.

5.1.3 * Historische Anmerkungen

Die Sinus-Abhängigkeit der Lichtbrechung wurde um 1600 von TH. HARRIOT und 1620 von WILLEBRORD SNELLIUS gefunden. DESCARTES schrieb dem Licht endliche Geschwindigkeiten zu, die sich aber bei ihm wie die Kehrwerte der – uns bekannten – Phasengeschwindigkeiten verhalten.

Die meisten Schulbücher vermitteln mit der Gegenüberstellung von NEWTONs Teilchen und HUYGENS' Wellen ein zu stark vereinfachtes Bild.

Newton hatte eine Beschreibung mit Teilchen benutzt, die er aber zur Erklärung der von ihm entdeckten „Farben dünner Schichten" – also eines mit Wellen zwanglos erklärbaren Effektes – mit ziemlich gekünstelten zeitlich *periodischen* „Anwandlungen" und einer recht unklaren „Seitlichkeit" ausstatten musste. Die Teilchen mussten durch das Vakuum laufen können. Das war aber für Newton kein sehr großes Problem, da er – etwa in scharfem Gegensatz zu LEIBNIZ – an Atome und leere Zwischenräume glaubte.

Huygens ließ nur Nahwirkungen gelten. Er fasste die Ausbreitung des Lichtes als unregelmäßig aufeinander folgende Stoßwellen in einem sehr feinen und sehr harten Medium – dem „Äther" – auf. Mit seinem *Prinzip der einhüllenden Fronten* und dem Äther konnte er die Reflexion, die Brechung und sogar die Doppelbrechung erklären. Uns mag es erstaunen, dass bei ihm weder Frequenzen noch Wellenlängen vorkommen und dass er nicht Newtons Ringe und auch nicht die 1650 von GRIMALDI entdeckte Beugung behandelte.

Die Rollen scheinen hier seltsam vertauscht. Newton spricht von Teilchen, behandelt Farben und Interferenzerscheinungen und wirft so typisch wellentheoretische Aspekte wie Periodizität und Seitlichkeit – wenn auch unklar formuliert – in die Debatte. Huygens spricht von Wellen, erklärt aber gerade die typischen Welleneffekte nicht und verwendet auch nicht deren Kenngrößen.

Zu Beginn des 19. Jahrhunderts wurden die entscheidenden Effekte der Wellenoptik und der Polarisation – der Transversalität des Lichts – entdeckt und sogleich im Sinne von Wellen erfolgreich gedeutet. Die wichtigsten Wissenschaftler dabei waren YOUNG, FRESNEL und

MALUS. Damit beherrschte die Wellentheorie des Lichtes das ganze 19. Jahrhundert. ERNST ABBE nutzte sie entscheidend unter anderem zur Perfektionierung des Mikroskops.

Der Fotoeffekt und andere Quanteneffekte, die seit dem Ende des 19. Jahrhunderts gefunden und seit dem Beginn des 20. Jahrhunderts im Teilchenbild gedeutet wurden, führten zur Quantenmechanik. Wellen und Teilchen werden darin nur noch als anschauliche Grenzfälle der ansonsten abstrakten mathematischen Beschreibung aufgefasst.

5.1.4 Grundregeln der Strahlenoptik

Wir deuten im Folgenden die Aussagen der Strahlenoptik als Vereinfachungen der Wellenoptik.

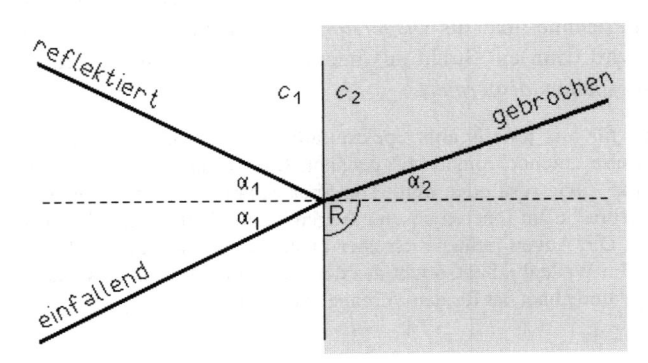

Bild 5.1.1
Brechung und Reflexion

In der Ebene, die den einlaufenden Strahl enthält und rechtwinklig zu einer optischen Grenzfläche steht, gibt es einen reflektierten Strahl und einen gebrochenen Strahl – falls das zweite Medium durchsichtig ist. In Bild 5.1.1 ist das dargestellt.

Sind c_i die *Phasengeschwindigkeiten* des Lichtes im jeweiligen Stoff und c_0 die im Vakuum, so gilt für die Winkel zwischen Lichtstrahlen und den zur Oberfläche rechtwinkligen „Normalen" das Brechungsgesetz.

$$\text{Brechungsgesetz:} \quad \frac{\sin(\alpha_1)}{\sin(\alpha_2)} = \frac{c_1}{c_2} = \frac{n_2}{n_1}, \quad \text{mit} \quad n_i = \frac{c_0}{c_i}$$

Die physikalisch eigentlich überflüssigen *Brechzahlen* $n_i = c_0/c_i$ werden in der technischen Optik zur Kennzeichnung optischer Gläser benutzt und sind besser handhabbar als die Angaben von Phasengeschwindigkeiten.

➢ Leider wird die Brechzahl auch als „Brechungsindex" bezeichnet, obwohl in der Physik sonst nur ganzzahlige Werte als Indices bezeichnet werden. Eine noch ältere Bezeichnung in Anlehnung an überwundene Modellvorstellungen ist „optische Dichte". Diese Bezeichnung ist bestenfalls für *Gase* sinnvoll. Ist ein Gas *wesentlich* dichter als ein anderes der gleichen Zusammensetzung, so ist die Brechzahl *etwas* größer.

Trifft ein Strahl auf eine Grenzfläche durchsichtiger oder undurchsichtiger Medien, so gibt es stets einen reflektierten Strahl. Genau dann, wenn es nach dem Brechungsgesetz möglich ist, gibt es zusätzlich einen gebrochenen Strahl. Ist das nicht möglich – nämlich genau wenn sich $\sin(\alpha_2) > 1$ ergibt – spricht man von *Totalreflexion*.

➢ Die Intensitätsverhältnisse dabei lassen sich strahlenoptisch formulieren und wellenoptisch verstehen. Bei einfachen Anwendungen betrachtet man an Linsenoberflächen nur die Brechung und an Spiegeln nur die Reflexion an der Metallschicht. Unter dieser Vernachlässigung der Verzweigung der Strahlen kann man zu der Behauptung kommen, Lichtwege seien *umkehrbar* – sonst gilt das nicht.

Die Phasengeschwindigkeit ist meistens kleiner als die Vakuumlichtgeschwindigkeit c_0 und nur in seltenen Fällen größer. Da mit der Phasengeschwindigkeit weder Information noch Energie oder Materie transportiert werden kann, ist der seltenere Fall aber kein Widerspruch zur Relativitätstheorie. Ein krasser Vergleich: Wenn im zeitlichen Abstand von einer Nanosekunde und im räumlichen Abstand von einem Kilometer zwei Ereignisse stattfinden, so kann man zwischen ihnen formal eine Geschwindigkeit berechnen, mit der sich aber nur scheinbar etwas bewegt.

Die Abhängigkeit der Phasengeschwindigkeit – und damit auch der Brechzahl – von der Frequenz oder der Wellenlänge bezeichnet man als *Dispersion*. Bei Brechung – etwa beim Durchgang durch ein Prisma – wird dann ein Strahl aus uneinheitlichen Wellenlängen in unterschiedliche Richtungen aufgespalten, *dispergiert*.

➢ Licht einheitlicher Frequenz hat *für uns* jeweils eine Spektralfarbe – etwa rot. Es wird statt *monofrequent* meist ungenauerweise „monochromatisch" genannt. Das ist ungenau, weil auch jede Mischung nur eine Farbe hat – wie rosa oder weiß. Die Spektralfarbe wird meistens mit der Wellenlänge in Verbindung gebracht. Im Inneren unserer Augen ist die Wellenlänge deutlich anders als in Luft oder Vakuum. Die Augen richten sich aber nicht danach, sondern nach der Energie der einzelnen Photonen. Im Wellenbild entspricht das der Frequenz. Ob man diese dann mit c_0 formal in eine Wellenlänge umrechnet, ist für den Vorgang irrelevant.

5.2 Paraxiale Optik

Wir beschränken uns im Folgenden auf den sehr einfachen Grenzfall, dass alle Strahlen gegen eine gemeinsame *optische Achse* nur Winkel bilden, die *sehr klein gegen* 1 sind. Solche „achsennahen" Strahlen nennt man *paraxial*. Dann darf $\sin(x)$ durch das Argument x ersetzt werden, was das Brechungsgesetz vereinfacht. Wir können also die Winkel selbst oder auch die Steigung der Strahlen gegen die optische Achse nehmen, was zahlenmäßig alles hinreichend genau gleich ist.

Wir setzen im Folgenden auch voraus, dass alle Strahlen in einer gemeinsamen Zeichenebene liegen, die aber um die optische Achse beliebig gedreht vorgestellt werden darf. An solchen Strahlen kann man die meisten wichtigen Effekte untersuchen. Leider klappt das aber nicht immer. Astigmatismus als häufiger Sehfehler benötigt Bündel „schiefer" Strahlen zur Erklärung.

5.2.1 Brechung an einer Kugelfläche

Eine Linse bricht das Licht sowohl beim Eintreten durch die vordere und beim Verlassen durch die hintere Grenzfläche. Wir nehmen die brechenden Flächen von Linsen als Teile von Kugeloberflächen an. Die Kugelmittelpunkte sämtlicher solcher Kalotten sollen auf der optischen Achse liegen – das nennt man *zentriert*, obwohl *koaxial* treffender ist. Ebene Flächen werden als Kugeln mit unendlich großem Radius aufgefasst. Das ist bequem, zumal man meist den Kehrwert des Radius braucht, der dann also Null ist – eine Ebene ist eben nicht gekrümmt. Es ist üblich, die positive Richtung auf der optischen Achse durch die Ausbreitungsrichtung des von links einfallenden Lichts vorzugeben. Trifft das Licht in Achsenrichtung eine Fläche, deren Mittelpunkt rechts – später – liegt, wird der Krümmungsradius positiv genommen. Eine in Laufrichtung hohle Fläche hat dann einen negativen Wert für den Radius. Für eine Linse mit zwei „nach außen" gewölbten Flächen ist der eine Radius positiv, der andere negativ.

Linsen mit Kugelflächen und Gruppen solcher Linsen spielen in der Strahlenoptik die Hauptrolle, aber schon die einzelne gewölbte Grenzfläche ermöglicht eine optische Abbildung. Fast so funktioniert unser Auge. Die Linse des Auges können wir zunächst vernachlässigen, auch wenn sie wesentlich unterstützend und zur Feineinstellung – Akkommodation – benötigt wird.

Aufgabe:

- Vereinfachen Sie das Brechungsgesetz für Strahlen, die nur kleine Winkel gegen die optische Achse haben.
- Bestimmen Sie aus der Steigung m_0 eines Strahls, der im Abstand y von der optischen Achse eine kugelförmige Grenzfläche des Radius r trifft die Steigung m_1, mit der er weiterläuft. Die Medien links und rechts der Grenzfläche haben die Brechzahlen n_0 und n_1.
- Welchen Krümmungsradius r muss die Grenzfläche eines Auges ohne Linse haben, damit achsenparallele Lichtbündel im Abstand L – dort denken wir uns dann die Netzhaut – fokussiert ankommen? Als Brechzahl für das Augeninnere nehmen wir 4/3, für Luft 1.

Lösung:

- Für Winkel $\alpha_i \ll 1$ vereinfacht sich das Brechungsgesetz zu $\alpha_0 n_0 = \alpha_1 n_1$.
- Eine Skizze wie in Bild 5.2.1 hilft, aus der Steigung m_0 und dem Winkel $\varphi = y/r$ der Normalen zur optischen Achse den für die Brechung nötigen Winkel α_0 zu finden und entsprechend auch α_1: $\alpha_0 = m_1 + y/r$ und $\alpha_1 = m_2 + y/r$. Einsetzen in das vereinfachte Brechungsgesetz und Auflösen nach m_1 gibt

$$m_1 = \frac{m_0 n_0}{n_1} - \frac{y}{r}\left(1 - \frac{n_0}{n_1}\right).$$

Darin beschreibt der erste Summand die Brechung für $1/r = 0$, also für eine Fläche ohne Krümmung. Der zweite Summand berücksichtigt die Krümmung und ist proportional zum Abstand y von der optischen Achse.

- Für einfallende Strahlen parallel zur Achse ist $m_0 = 0$ und der erste Summand verschwindet. Wenn die Strahlen dann aus der Höhe y nach der Länge L die optische Achse erreichen sollen, muss $m_1 = -y/L$ sein. Mit $n_0 = 1$ und $n_1 = 4/3$ finden wir dann $r = L/4$.

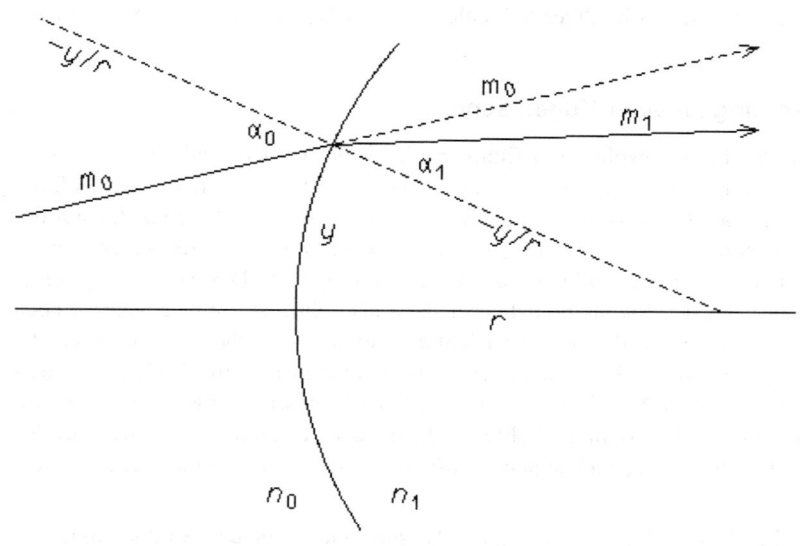

Bild 5.2.1 Brechung an einer kugelförmigen Grenzfläche

○ Wäre das Auge einfach kugelförmig, so wäre natürlich $r = L/2$ statt $L/4$, was für eine scharfe Abbildung nicht reicht. Die umhüllende Augenhaut ist aber tatsächlich im vorderen, durchsichtigen Teil – der Cornea – vorgewölbt. Der Radius ist dort rund 8 mm. Wäre das Innere homogen, ergäbe sich bei etwa 24 mm Augenlänge zwar nicht $L/4$ aber immerhin $L/3$. Die Wölbung bewirkt daher nur rund 3/4 der benötigten Brechung.

➤ Der Rest und die Feinabstimmung für die zusätzliche Brechung für nahe Objekte werden von der Linse bewirkt. Falls diese operativ entfernt worden ist – „grauer Star" als Trübung macht das nötig –, muss eine entsprechend starke künstliche Augenlinse eingesetzt werden und zusätzlich eine Brille für andere Objektentfernungen benutzt werden. Bevor es künstliche Augenlinsen gab, mussten die Patienten eine Starbrille mit besonders starkem Glas von rund 5 cm Brennweite tragen.

5.2.2 Dünne Linse als zwei koaxiale Kugelschalen „ohne Abstand"

Mit dem umindizierten Ergebnis $m_2 = m_1 n_1/n_2 - (y/r_1)(1 - n_1/n_2)$ der vorigen Aufgabe berechnen wir nun eine „ganze" Linse, bestehend aus zwei zentrierten Kugelflächen. Am Krümmungsradius steht jetzt noch der kennzeichnende Index. Außer der Forderung paraxialer Strahlen nehmen wir zur Vereinfachung an, dass der Zwischenraum zwischen den Flächen vernachlässigbar kurz sei. Das nennt man eine *dünne Linse*. Dann darf man die Änderung von y zwischen der ersten und zweiten Grenzfläche einfach vernachlässigen.

Für die zweite Fläche gilt die Gleichung mit geänderten Indices:

$$m_3 = \frac{m_2 n_2}{n_3} - \frac{y}{r_2}\left(1 - \frac{n_2}{n_3}\right)$$

Setzt man m_2 aus der ersten Gleichung ein, folgt

$$m_3 = \frac{m_1 n_1}{n_3} - \frac{y}{r_1} \cdot \frac{(n_2 - n_1)}{n_3} - \frac{y}{r_2} \cdot \frac{(n_3 - n_2)}{n_3}$$

Falls die Linse auf beiden Seiten vom gleichen Medium Luft umgeben ist, setzen wir $n_1 = n_3 = 1$ und für das Glas $n_2 = n$. Die Gleichung vereinfacht sich damit zu

$$m_3 = m_1 - \frac{y}{r_1}(n-1) - \frac{y}{r_2}(1-n) = m_1 - y\left(\frac{1}{r_1} - \frac{1}{r_2}\right)(n-1).$$

Der für eine solche Linse durch Material und Form festgelegte konstante Faktor $(1/r_1 - 1/r_2)(n-1)$ wird als *Brechwert* oder *Brechstärke* bezeichnet. Sein Kehrwert liefert die *Brennweite f*. Wir gelangen damit zur 1693 von HALLEY gefundenen Linsenschleiferformel.

Linsenschleiferformel: $\quad \dfrac{1}{f} = (n-1)\left(\dfrac{1}{r_1} - \dfrac{1}{r_2}\right)$

Mit der in 5.2.1 beschriebenen Festlegung für die Vorzeichen der Radien liefert das bei Sammellinsen positive, bei Zerstreuungslinsen negative Werte für Brennweite und Brechwert.

Eine dünne Linse lenkt einen paraxialen Strahl der Steigung m, der sie im Abstand y von der Achse trifft, um y/f zur Achse hin ab. Die Änderung der Steigung ist also $-y/f$.

Knickformel: $\quad \Delta m = -\dfrac{y}{f}$

Diese Formel, deren Benennung nicht allgemein üblich aber zweckmäßig ist, werden wir im Folgenden vielfach benutzen.

Wir fügen noch ein paar Vokabeln hinzu. Für Sammellinsen sagt man auch Konvexlinsen, für Zerstreuungslinsen Konkavlinsen – cavea steht für Höhle. Wenn man beide Linsen-Seiten kennzeichnen will, spricht man auch von plankonvexen und plankonkaven, bikonkaven und bikonvexen oden konvexkonkaven und konkavkonvexen Linsen. Das hintere Adjektiv zeigt vereinbarungsgemäß den überwiegenden Effekt an. Im Rahmen der paraxialen Näherung spielen diese Unterscheidungen keine Rolle, sie werden aber schon bei etwas dickeren Linsen und Brillengläsern wichtig. Die Bezeichnung „Brechkraft" für den Brechwert ist nicht besonders glücklich, da diese Größe in reziproken Metern und nicht in Newton gemessen wird. Für m^{-1} ist in der Augenoptik auch die Bezeichnung „Dioptrie", abgekürzt dpt, gebräuchlich, deren Name allerdings nur anzeigt, dass da etwas durchsichtig ist.

5.2.3 Anwendungen der Knickformel

Die Formel für die Ablenkung eines Strahls durch eine dünne Linse kann auf mehrere Arten verwendet werden. In den Aufgaben von 5.2.4.1 und 5.2.4.4 benutzen wir sie im Sinne der analytischen Geometrie mit Geradengleichungen. Wir finden damit Gesetze über die Abbildung und wenden diese auf Mikroskope oder Fernrohre an.

5.2.3.1 *   Computerzeichnung von Strahlengängen

Ebenso kann man in einem Computerprogramm mit entsprechenden Rechenvorschriften in einer Wiederholungsschleife mit

```
m[i]:=m[i-1]-y[i]/f[i]
y[i]:=y[i-1]+l[i]*m[i]
```

einen Lichtstrahl – mit einer Doppelschleife auch mehrere Lichtstrahlen – durch beliebig viele Zwischenräume mit den Längen `l[i]` und dazwischen befindliche dünne Linsen der Brennweiten `f[i]` fädeln. Die `y[i]` sind die Höhen der Strahlen über der optischen Achse bei den einzelnen Linsen und die `m[i]` ihre Steigungen in den einzelnen Zwischenräumen. Die Bilder 5.2.2, 5.2.8 und 5.2.9 wurden mit einem solchen Programm gezeichnet.

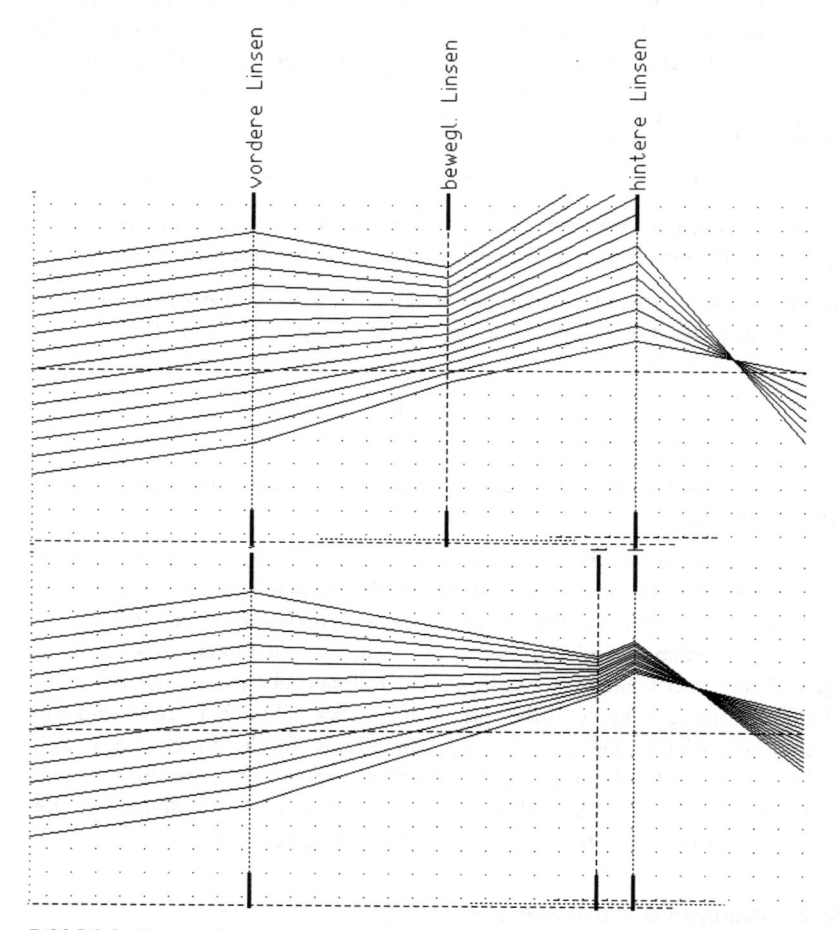

Bild 5.2.2 Zoom-Objektiv in zwei Stellungen. Nur die mittlere der drei Linsen verändert ihre Position. Das gleiche Objekt – hier ein Punkt weit links im Unendlichen, um einen bestimmten Winkel unterhalb der optischen Achse liegend – wird abgebildet. Oben: Weitwinkelposition, Bildpunkt nahe der optischen Achse. Unten: Tele-Position, Bildpunkt etwa dreimal so weit von ihr entfernt. Ein ausgedehntes Objekt erscheint als Bild in Tele-Stellung also rund dreimal so groß wie bei der Weitwinkel-Stellung. Die waagerechten Strecken zeigen, soweit sie nicht aus der Zeichnung herausragen, die Brennweiten der einzelnen Linsen an.

Ein Lichtstrahl der Steigung m ändert also zwischen zwei Linsen mit dem Zwischenraum der Länge l seinen Abstand von der optischen Achse von y nach $y + ml$. Das ist eigentlich eher die Definition von m und ansonsten triviale analytische Geometrie der Geraden. Die Linse ändert die Richtung der Strahlen, und zwar umso stärker, je größer ihr Brechwert ist und

5.2.3 Anwendungen der Knickformel

je weiter von der Achse sie getroffen wird. Der Zwischenraum ändert diesen Abstand, und zwar umso stärker, je länger er selbst ist und je stärker die Steigung des Strahls ist. Diese beiden Aussagen sind sehr symmetrisch zueinander. Dass man trotzdem die Bedeutung des Zwischenraums unterschätzt, liegt vermutlich daran, dass er fast kostenlos ist – verglichen mit den Linsen. Um die Bedeutung von Zwischenräumen zu betonen, sei hier zur Erholung CHRISTIAN MORGENSTERN zitiert:

> Es war einmal ein Lattenzaun,
> mit **Zwischenraum**, hindurchzuschaun.
> Ein Architekt, der dieses sah,
> stand eines Abends plötzlich da -
> und nahm den Zwischenraum heraus
> und baute draus ein großes Haus.
> Der Zaun indessen stand ganz dumm,
> mit Latten ohne was herum.
> Ein Anblick gräßlich und gemein.
> Drum zog ihn der Senat auch ein.
> Der Architekt jedoch entfloh
> nach Afri- od- Ameriko.

5.2.3.2 Zeichnerisches Verfahren

Auch für *zeichnerische* Lösungen ist die Knickformel sehr nützlich, siehe Bild 5.2.3. Man muss sich dabei nicht nur auf die üblichen drei „ausgezeichneten" Strahlen beschränken, sondern kann so beliebige Strahlen zeichnen – insbesondere auch solche, die für eine Blendenbegrenzung wichtig sind. Das Rezept dazu ist folgendes: Man zeichnet zuerst den

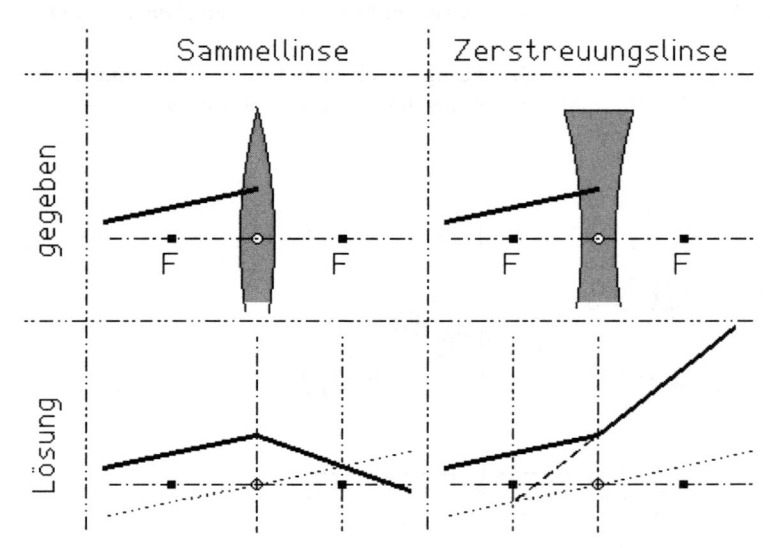

Bild 5.2.3 Wie zeichnet man einen Strahl, der eine dünne Linse irgendwo trifft? Man zeichnet einen Hilfsstrahl, der parallel zu ihm durch den Linsenmittelpunkt geht und nimmt dessen Schnittpunkt mit der richtigen Brennebene. Durch diesen geht auch der gesuchte Strahl oder scheint zumindest durch ihn zu kommen.

einlaufenden Strahl bis zur Linsenebene. Dann zeichnet man einen zu ihm parallelen Strahl vom Mittelpunkt der Linse bis zur Brennebene – der Ebene durch den Brennpunkt, rechtwinklig zur optischen Achse. Der gesuchte auslaufende Strahl trifft diesen Hilfsstrahl in der Brennebene, lässt sich also nun direkt eintragen. Nun gibt es zu jeder Linse zwei Brennebenen. Sie sehen bei der Ausführung ohne weiteres, welche bei Sammellinsen zuständig ist und welche bei zerstreuenden.

Beachten Sie bitte, dass das ganze Verfahren nur für die paraxiale Näherung gilt, bei der also *alle* Strahlen nur kleine Winkel gegen die optische Achse bilden. Man kann aber sehr vorteilhaft zur deutlicheren Darstellung und zur genaueren zeichnerischen Lösung die Zeichnungen überhöhen, also für die Richtung quer zur optischen Achse einen größeren Abbildungsmaßstab verwenden als für die Längsrichtung. Das ist nicht anders als bei *überhöhten* Querschnitten durch Gebirge im Atlas. Dabei werden alle Höhen und damit auch alle Steigungen *im selben Verhältnis* zu groß dargestellt. Für die vergrößerten Winkel gelten durchaus kompliziertere Abhängigkeiten. Wir wenden unsere Formeln und zeichnerischen Methoden aber nur auf Höhen und Steigungen an, sodass es keine Probleme gibt.

5.2.3.3 Ausgezeichnete Strahlen

Aufgabe:

Zeigen Sie bitte mit unserer Steigungsänderungsregel, dass *in paraxialer Näherung* die folgenden Aussagen gelten, die auch in den Bildern 5.2.4 und 5.2.5 dargestellt sind.

- Strahlen durchlaufen den Linsenmittelpunkt geradlinig.
- Achsenparallele Strahlen haben nach dem Durchgang durch eine sammelnde Linse einen gemeinsamen Punkt im Abstand der Brennweite f oder scheinen bei einer zerstreuenden Linse von einem solchen Punkt zu kommen. So einen Punkt nennt man *Brennpunkt* oder Focus F.
- Brennpunktstrahlen laufen nach dem Durchgang durch eine Sammellinse parallel zur Achse, entsprechendes gilt für Strahlverlängerungen bei Zerstreuungslinsen.

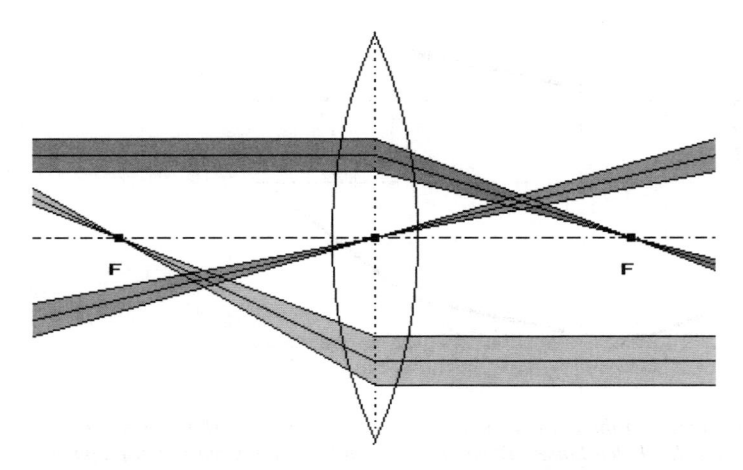

Bild 5.2.4 Strahlenbündel durch die Brennpunkte und den Mittelpunkt einer Sammellinse

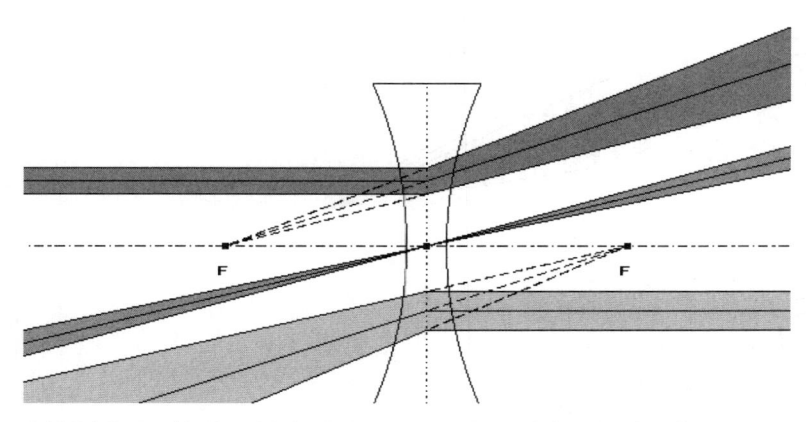

Bild 5.2.5 Strahlenbündel durch die Brennpunkte und den Mittelpunkt einer Zerstreuungslinse

Lösung:
- Für die Mittelpunktsstrahlen ist $y = 0$, damit $\Delta m = 0$ und es geht ohne Knick weiter.
- Für achsenparallel eintreffende Strahlen in der Höhe y geht es mit der Steigung $-y/f$ weiter, was im Abstand f stets auf die Höhe Null führt und dort den so definierten Brennpunkt erzeugt.
- Wir lesen dazu die vorige Überlegung einfach „rückwärts".

5.2.4 Optische Abbildung

Abbildung bedeutet strahlenoptisch, dass Strahlen, die von einem Objektpunkt kommen, sich in einem anderen Punkt kreuzen oder so laufen, als kämen sie von einem gemeinsamen Punkt. Im ersten Fall entsteht ein *reeller Bildpunkt*, im anderen spricht man von einem *virtuellen Bildpunkt*, der dabei nicht einmal für das Licht erreichbar sein muss. Bei der Mauer, an der ein Spiegel hängt, ist das so. *Reelle und virtuelle Bilder sind dreidimensional* wie ihre Objekte, im Allgemeinen aber verzerrt. In der Praxis bildet man meist flache Objekte in einer Ebene – etwa Diapositive – auf eine andere Ebene ab – etwa eine Projektionswand. Am einfachsten ist es, wenn beide Ebenen rechtwinklig zur optischen Achse liegen.

Sind g und b die Entfernungen von Objektpunkt und Bildpunkt von der Linsenebene und G und B die Abstände von der optischen Achse, so gilt für diese Beträge die *Maßstabsformel* und mit der Brennweite f die *Abbildungsformel* für dünne Linsen. G nennt man vereinfachend „Gegenstandsgröße" und B entsprechend „Bildgröße". Dann sind g und b entsprechend „Gegenstandsweite" und „Bildweite", siehe Bild 5.2.6.

$$\text{Abbildungsformel:} \quad \frac{1}{f} = \frac{1}{b} + \frac{1}{g}$$

$$\text{Maßstabsformel:} \quad \frac{B}{G} = \frac{b}{g}$$

In der Aufgabe 5.2.4.1 wird eine Herleitung für beide Formeln vorgerechnet.

Flache reelle Bilder kann man fotografieren, indem man den Film oder den CCD-Chip in den Bildpunkten platziert. Mit einer streuenden Ebene in der gleichen Position kann man das

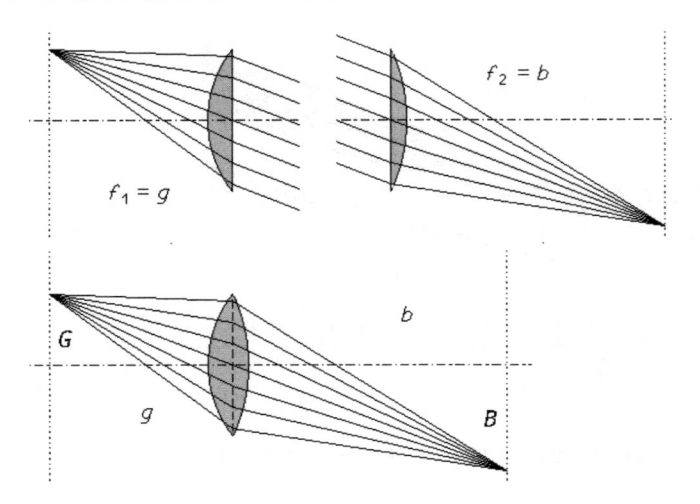

Bild 5.2.6 Eine konvexe Linse bildet einen Objektpunkt in einen reellen Bildpunkt ab, wenn $g > f$ ist.

Bild auch „auffangen" und dann wesentlich lichtschwächer schräg von der Seite betrachten. Man kann aber auch die durch die Bildpunkte weiterlaufenden Strahlen mit einem Okular als Lupe so beeinflussen, dass sie dann direkt ins Auge gelangen. Auf der Netzhaut unseres Auges ergeben sie dann ein reelles Bild, das wir ziemlich lichtstark sehen. Bei Mikroskop und Fernrohr nutzt man das, siehe 5.2.4.3 und 5.2.4.4.

Für ein Auge oder einen Fotoapparat kann es nur darauf ankommen, was eine Ebene vor seiner Front durchquert. In der strahlenoptischen Beschreibung ist das eine Gesamtheit von Strahlen, die diese Ebene an den einzelnen Stellen mit jeweils einer bestimmten Richtung und Intensität durchquert. Ob eine Gruppe von Strahlen geradlinig von einem Objektpunkt kommt oder direkt vor dem Auge oder Objektiv nur genau so zusammengesetzt ist, als ob sie von einem solchen käme – in Wirklichkeit aber irgendwelche Spiegel oder Linsen hinter sich hat –, kann dann nicht mehr unterschieden werden. Das gilt sowohl für fotografierte Bilder als auch für das Netzhautbild beim Auge.

Menschen, Kameras oder Entfernungsmesser erfassen die Lage und Größe eines Bildes oder Objektes allein aufgrund der Divergenz der Strahlen, die zur Abbildung beitragen, orten also jeweils einen echten oder scheinbaren Herkunftspunkt.

Unser Gehirn kalkuliert nicht – oder höchstens über bewusste Überlegungen – ein, ob die Strahlen direkt von einem Objekt oder aber durch ein mehr oder weniger trickreiches – optisches – Gerät zu uns kommen. Das Bild 5.2.7 zeigt dies für das besonders häufige Beispiel des ebenen Spiegels. Das scheinbare Objekt wird in der Optik „Spiegelbild" genannt.

Mit „Bild" ist in der Optik also ein scheinbares Objekt gemeint, dessen Punkte den echten Objektpunkten einzeln zugeordnet sind. Wenn Laien und Schüler das Spiegelbild in der Spiegelebene vermuten, so verstehen sie vermutlich unter „Bild" etwas anderes, nämlich eine Lokalisierung optischer Informationen, die dort tatsächlich vorliegt, allerdings ohne Punkt-zu-Punkt-Zuordnung – ähnlich wie in einem Hologramm, siehe 4.2.9. Wenn man einen Spiegel „benutzt", gibt es zwei Möglichkeiten. Weiß man oder merkt man, dass man es tut, dann *sieht* man das wirkliche Objekt „im Spiegel". Merkt man es nicht – etwa in einem

Laden, der längere Regale vortäuscht als er hat –, dann *meint* man zusätzliche Gegenstände zu sehen. In beiden Fällen sieht man aber eigentlich keine *Bilder* wie in einer Galerie.

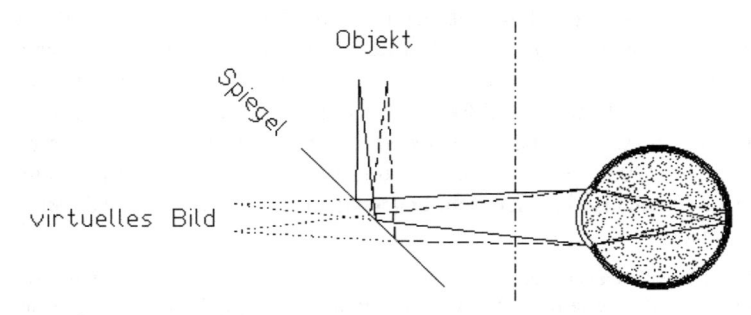

Bild 5.2.7 Das Auge sieht ein virtuelles Bild von einem Objekt – hier aus 2 Punkten. Rechts von der strichpunktierten Linie gibt es keinen Unterschied zwischen dem gezeichneten Fall und dem, dass sich am Ort des virtuellen Bildes wirklich ein entsprechend aussehendes Objekt befindet.

5.2.4.1 Objektiv als dünne Linse

Aufgabe:

Zeigen Sie bitte mit unserer Steigungsänderungsregel, dass paraxiale Lichtstrahlen, die von einem Punkt $(-g, G)$ mit unterschiedlichen Steigungen m ausgehen, nach dem Durchgang durch eine am Ort Null befindliche Linse der Brennweite f so laufen, dass sie einen gemeinsamen Schnittpunkt (b, B) haben und dass dabei die bekannten *Linsen-Abbildungs-Formeln* $1/f = 1/g + 1/b$ und $b/g = B/G$ gelten.

Lösung:

Ein Strahl, der von $(-g, G)$ mit der Steigung m_1 ausgeht, trifft die Linsenebene bei $y_1 = G + m_1 g$. Dort ändert er seine Steigung zu $m_2 = m_1 - y_1/f = m_1(1 - g/f) - G/f$. Im Abstand x hinter der Linse gilt also die Geradengleichung $y = y_1 + m_2 x = G + m_1 g + m_1 x - m_1 g x/f - G x/f = G(1 - x/f) + m_1(g + x - gx/f)$ zwischen x und y. Wir betrachten nun die Stelle x, für die die Klammer $(g + x - gx/f)$ Null ist – also für $1/f = 1/g + 1/x$. Dort ist die Höhe $y = G(1 - x/f)$ oder mit der gerade gefundenen Bedingung umgerecht $-y/G = x/g$. Sie hat also dort einen von m_1 unabhängigen Wert. Das bedeutet aber, dass sich alle Strahlen vom Punkt $(-g, G)$ nach Durchgang durch die Linse an dieser Stelle (x, y) wieder treffen. Wir nennen dann noch $x = b$ und $y = -B$ und haben die Linsen-Abbildungs-Formeln abgeleitet. Beachten Sie bitte, dass bei dieser Herleitung gezeigt wird, dass sich *alle* betreffenden Strahlen dort treffen – nicht nur drei wie es häufig sonst gezeigt wird. Wozu soll das Minuszeichen an der Gegenstandsweite und an der Bildgröße dienen?

5.2.4.2 Zwischenring

Aufgabe:

Eine Spiegelreflexkamera hat ein Objektiv von 50 mm Brennweite, das so verschoben werden kann, dass man aus Objektweiten zwischen Unendlich und einem halben Meter scharfe Bilder bekommen kann. Welchen Bereich hat man zur Verfügung, wenn man zwischen den Kamerakörper und das Objektiv einen 20 mm langen Zwischenring setzt?

Lösung:

Wir rechnen zweckmäßig in Kehrwerten von Längen. Der Brechwert des Objektivs als Kehrwert der Brennweite ist 20 m^{-1}. Der Fokussierbereich durch Verschieben des Objektivs reicht – ohne Zwischenringe – von 0 m^{-1} bis 2 m^{-1}. Der Kehrwert der Bildweite variiert dabei also zwischen 20 m^{-1} und 18 m^{-1}. Die Bildweite selbst reicht von 50 mm bis 55,6 mm. Der Zwischenring verschiebt das zu 70 mm bis 75,6 mm. Die Kehrwerte davon sind 14,3 m^{-1} und 13,24 m^{-1}. Diese müssen wir von dem Brechwert 20 m^{-1} abziehen und wieder zu Entfernungen umkehren: 1 m/(20 − 14,3) = 175,4 mm und 1 m/(20 − 13,24) = 147,9 mm. *Mit* dem Zwischenring kann man also in einem sehr engen Nahbereich scharfe Aufnahmen – „Makro-Aufnahmen" – machen.

➤ In unserer Rechnung werden alle Gegenstandsweiten von dem als dünne Linse gedachten Objektiv aus gemessen. In der Fotografie misst man aber von der Filmebene aus und muss dann jeweils die Bildweite addieren. Bei einer engen Blende bekommt man bekanntlich über einen weiten Entfernungsbereich akzeptabel geringe Unschärfen. Das gilt vor allem bei Landschaftsaufnahmen. Bei den hier behandelten Nahaufnahmen ist die Schärfentiefe jedoch nur sehr gering.

5.2.4.3 Mikroskop

Aufgabe:

In einem Mikroskop wird das Okular der Brennweite f_2 mit seiner Brennebene in die Ebene gelegt, in der das Objektiv der Brennweite f_1 ein Bild eines flachen Objekts erzeugt.

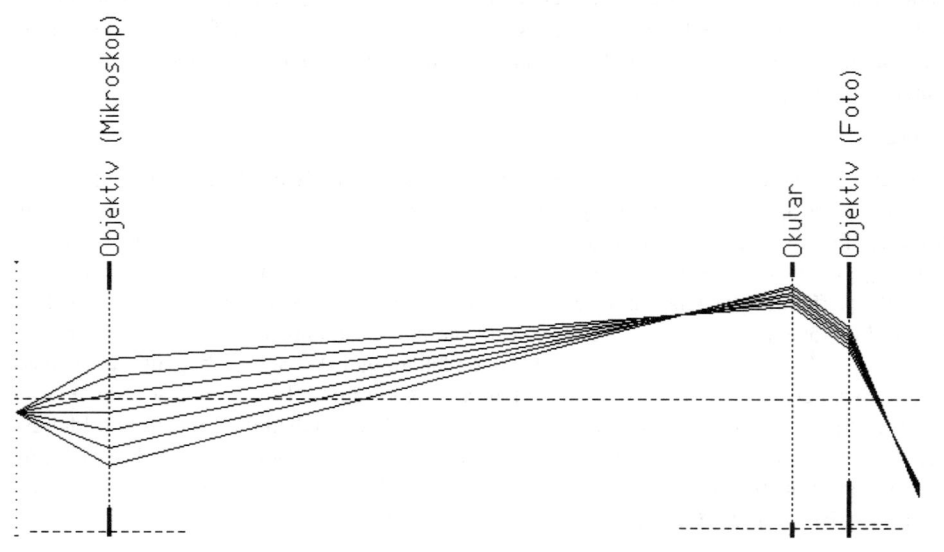

Bild 5.2.8 Mikroskop mit einem nachgeschalteten Fotoapparat. Das Mikroskop bildet ein sehr nahes Objekt ins Unendliche ab, wobei der Sehwinkel wesentlich größer wird als er bei der deutlichen Sehweite von definitionsgemäß 25 cm für das freie Auge wäre.

Um welchen Faktor ist der Sehwinkel bei Benutzung des Mikroskops größer als beim Betrachten des Objekts mit freiem Auge aus der Entfernung D? Verwenden Sie für die Rechnung die so genannte *optische Tubuslänge d*, das ist der Abstand zwischen den einander zugewandten Brennpunkten.

5.2.4 Optische Abbildung

Lösung:

Als Objektgröße nehmen wir den Abstand G eines Objektpunktes von der optischen Achse. Seine Entfernung von der Linsenebene des Objektivs beträgt g. Wenn $b = f_1 + d$ der Abstand von dieser Linsenebene bis zum reellen Zwischenbild ist, so hat das Zwischenbild die Größe Gb/g. Der Sehwinkel durch das Okular ist also $Gb/(gf_2)$. Ohne Mikroskop hätte man in der Entfernung D den Sehwinkel G/D. Die Winkelvergrößerung durch das Mikroskop ist also $bD/(gf_2)$. Setzen wir darin die optische Tubuslänge $d = b - f_1$ und die Abbildungsgleichung für das Objektiv $1/f_1 = 1/g + 1/b$ ein, so ist die Winkelvergrößerung $d \cdot D/(f_1 \cdot f_2)$. Die Vergrößerung eines Mikroskops ist also proportional zum Abstand der einander zugewandten Brennpunkte und zu den beiden Brechwerten.

➢ Man könnte nun meinen, dass man durch eine große Tubuslänge und kleine Brennweiten von Objektiv und Okular nahezu beliebig stark vergrößern kann. Geometrisch für die Strahlen stimmt das auch. Real geht das aber nicht, denn die Auflösung von Objektpunkten ist prinzipiell durch die Beugungserscheinungen, die das Objektiv bewirkt, begrenzt – dann gilt gerade die Strahlenoptik nicht mehr.

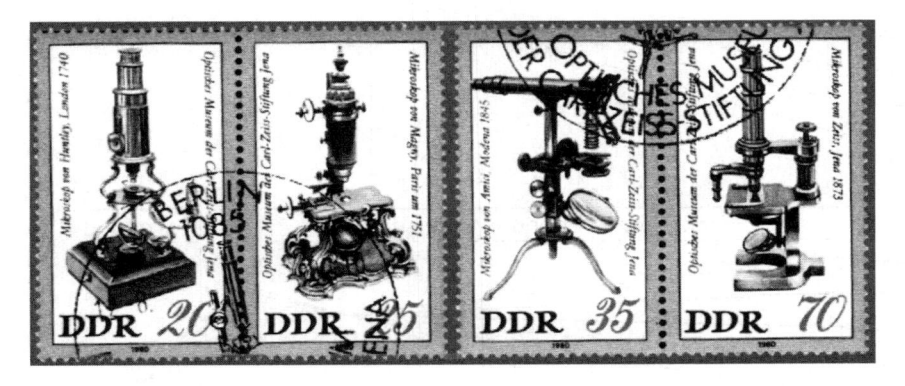

5.2.4.4 Fernrohre

Aufgabe:

Zeigen Sie bitte, dass ein Bündel zueinander paralleler Strahlen mit gemeinsamer Steigung m ein Paar von Linsen, deren Abstand gleich der Summe ihrer Brennweiten ist, wieder als Parallelbündel verlässt. Beachten Sie dabei die Vorzeichen der Brennweiten! Eine solche Anordnung führt zum *teleskopischen Strahlengang*. Welche Vergrößerung hat ein Fernrohr aus zwei Linsen mit 200 mm und 10 mm Brennweite?

Lösung:

Von einem fernen Objekt kommen zueinander nahezu parallele Strahlen der gemeinsamen Steigung m_1 und treffen in unterschiedlichen Höhen y_1 die erste Linse – das Objektiv der Brennweite f_1. Sie bekommen dort neue Steigungen $m_2 = m_1 - y_1/f_1$ und treffen auf die zweite Linse – das Okular. Das ist in der Entfernung L hinter der ersten und hat die Brennweite f_2. Dort kommen die Strahlen in der Höhe $y_2 = y_1 + m_2 L = y_1 + m_1 L - L y_1/f_1$ an. Sie erhalten im Okular die neue Steigung $m_3 = m_2 - y_2/f_2 = m_1 - y_1/f_1 - y_1/f_2 - m_1 L/f_2 + L y_1/(f_1 f_2) = y_1(-1/f_1 - 1/f_2 + L/(f_1 f_2)) + m_1(1 - L/f_2)$. Diese Steigung ist genau dann einheitlich – gibt also wieder ein Parallelbündel –, wenn die Klammer $(-1/f_1 - 1/f_2 + L/(f_1 f_2))$ verschwindet, also wenn $L = f_1 + f_2$ ist. In diesem Falle ist die neue Steigung $m_3 = m_1(1 - L/f_2) = -m_1 f_1/f_2$ um den negativen Quotienten der Brennweiten von Objektiv und Okular größer als die alte.

Das negative Vorzeichen bedeutet, dass man bei positiven Brennweiten – Kepler-Fernrohr aus zwei Sammellinsen, einer langbrennweitigen Objektivlinse und einer kurzbrennweitigen Okularlinse – ein *umgekehrtes* vergrößertes Bild sieht. Bei zerstreuendem Okular – holländisches Fernrohr, auch nach GALILEI benannt, der es verbessert hat – ergibt sich dagegen das positive Vorzeichen, und daraus folgt ein aufrechtes Bild. Der Abstand der Linsen ist auch hier die algebraische Summe der Brennweiten, also die Differenz ihrer Beträge, siehe Bild 5.2.9.

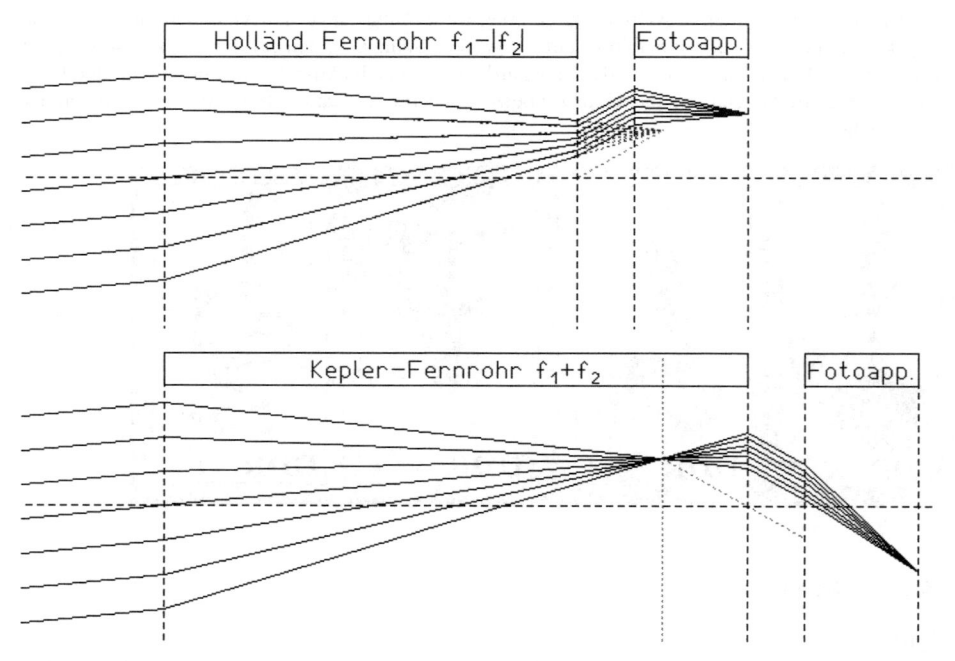

Bild 5.2.9 Kepler-Fernrohr mit reellem Zwischenbild und holländisches Fernrohr, jeweils mit einem Fotoapparat dahinter zur reellen Abbildung.

Das Vergrößern der Steigung der Strahlen gegenüber der optischen Achse, also des Sehwinkels, bedeutet eine Ausschnittsvergrößerung und ist der Hauptzweck des Fernrohres. Dieser Vergrößerungsfaktor ist für 200 mm Objektivbrennweite und 10 mm Okularbrennweite $200/10 = 20$.

○ Der Vorteil, dass ein holländisches Fernrohr bei kürzerer Bauweise direkt ein aufrechtes Bild liefert, wird von einem schwerwiegenden Nachteil begleitet. Nur für ein im Vergleich zum entsprechenden Keplerschen Fernrohr kleinen Bereich der Sehwinkel liegen die okularseitigen Strahlen so nahe der optischen Achse, dass sie durch die Cornea des Auges laufen. Diesen Effekt nennt man einleuchtend „Schlüsselloch-Blick".

➢ Auf Fernrohren – insbesondere Ferngläsern – wird außer dieser Vergrößerung sinnvollerweise auch noch der Objektivdurchmesser in Millimetern angegeben. Das die Größen dabei durch ein Kreuz abgetrennt werden, was wie ein Produkt aussieht und auch so gesprochen wird, ist nur

5.2.4.5 Brillenoptik

Unsere Augen haben eine annähernd konstante Bildweite b, aber wegen der Verformbarkeit der Linse einen variablen Brechwert $1/f = B = B_0 + B_1$, wobei B_1 in der Kindheit zwischen 0 m^{-1} und etwa 12 m^{-1} und im Alter zwischen 0 m^{-1} und 1 m^{-1} liegt. Ein Auge heißt kurzsichtig, normalsichtig oder übersichtig, je nachdem, ob der annähernd konstante Anteil B_0 größer, gleich oder kleiner $1/b$ ist.

Aufgabe:

Stellen Sie das bitte in einem Diagramm dar, in dem Sie B_1 vertikal gegen den Kehrwert der Gegenstandsweite $1/g$ auftragen. Für verschieden-sichtige Augen sind die Geraden dabei gegeneinander verschoben. Schreiben Sie auch einige Werte für g an die Skala. Diskutieren Sie daran den Fall, dass jemand nur zwischen 30 cm als *Nahpunkt* und 1 m als *Fernpunkt* scharf sehen kann, und verordnen Sie ihm eine Brille. In welchem Bereich kann er mit dieser dann scharf sehen? Diskutieren Sie auch die Daten Ihrer eigenen Augen und Brillen – falls vorhanden. Warum brauchen manche Menschen im Alter nur eine Brille und andere zwei verschiedene – oder eine *bifokale*?

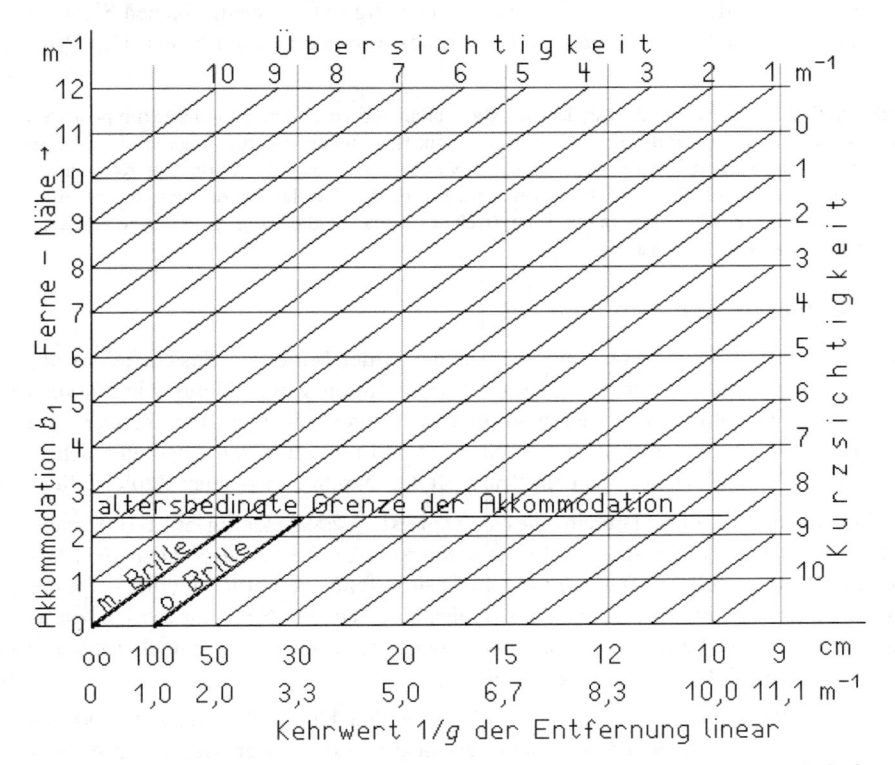

Bild 5.2.10 Nomogramm zur Brillenoptik, auch mit speziellen Eintragungen zur Aufgabe

Lösung:

Die Kurven in Bild 5.2.10 sind Geraden mit der Steigung Eins. Für normalsichtige Augen ist das die Gerade durch den Nullpunkt. Für kurzsichtige Augen liegen die Geraden soweit darunter, dass sie den Fernpunkt auf der Abszissenachse anzeigen. Der Nahpunkt wird jeweils durch den altersabhängige Maximalwert von B_1 bestimmt. Die vertikale Verschiebung gibt den Betrag des Brechwertes der nötigen Brille an. Im speziellen Fall verordnet man $-1\,\mathrm{m}^{-1}$ und erreicht eine Sehweite zwischen 43 cm und Unendlich. Beachten Sie, dass auf unserer Kehrwert-Anzeige der Bereich zwischen Nahpunkt und Fernpunkt einfach waagerecht verschoben wird, und zwar bei einer Fernbrille so weit, dass der Fernpunkt bei Unendlich ist. Beim Lesen wird dieser Kurzsichtige also die Brille absetzen. Kurzsichtige brauchen zum Weitsehen lebenslang eine „zerstreuende", „negative" Brille. In der Jugend brauchen stark Kurzsichtige aber selten eine Lupe. Im Alter können viele von ihnen ohne Brille lesen, nämlich dann, wenn ihre Fernbrillen rund $-3\,\mathrm{m}^{-1}$ haben. Normalsichtige brauchen im Alter eine Lesebrille, Übersichtige schon früher und im Alter zusätzlich eine Fernbrille.

5.2.4.6 * Objektpunkt → Linse → Bildpunkt

Programmiervorschlag:

Lassen Sie den Computer eine optische Achse und einen Schnitt durch eine Linsenebene mit ihren zwei Brennpunkten zeichnen. Steuern Sie dann einen Objektpunkt mit Cursor oder Maus willkürlich über den Bildschirm und lassen Sie das Programm den jeweils dazugehörigen reellen oder virtuellen Bildpunkt gleichzeitig mitzeichnen. Machen Sie auch den *Brechwert* und sein Vorzeichen durch Tastendruck veränderbar, am besten über Null hinweg.

➥ **Knobelaufgabe:** Machen Sie sich klar, dass für alle reellen und virtuellen Bildpunkte mit positiven und mit negativen Brechwerten gilt: $1/b = 1/g - \mathrm{sgn}(g)/f$, wenn g und b links von der Linse negativ und rechts von ihr positiv sind und das Vorzeichen von f der optischen Konvention folgt – positiv wenn sammelnd, negativ wenn zerstreuend. Was hat das Vorzeichen von g hier zu suchen? Bedenken Sie dabei, dass in der Analytischen Geometrie die Steigung auf eine gedachte Wanderung *von links nach rechts* bezogen ist.

5.2.5 * Bemerkungen zum Auge

Unsere Augen sind Fernsehkameras vergleichbar, die in der Mitte des Gesichtsfeldes auf 10 m Entfernung ein Streifenmuster von 3 mm Periode auflösen. Zum Ablesen eines Nonius und zum beidäugigen Entfernungssehen nutzt man, dass unter günstigen Bedingungen eine Versetzung einer Linie um 3 mm bis 5 mm noch in 100 m Entfernung von Auge und Gehirn ausgewertet wird. Das entspricht nur einem Bruchteil des Durchmessers einer Zapfenzelle!

Das Gesichtsfeld reicht – ohne Drehung des Augapfels! – schläfenseitig etwa 100° weit. Bei einem Fotoapparat nennt man Objektive mit solcher Fähigkeit *Fisheye-Objektive*. Die Winkelauflösung ist im äußeren Bereich unseres Gesichtsfelds wesentlich kleiner – für die meisten Weitwinkelobjektive gilt das analog. In Außenbereichen der Netzhaut werden bereits Informationen aus benachbarten Sehzellen zusammengefasst. Insgesamt enthält jeder der beiden Sehnerven über 800 000 getrennte Leitungen.

Diese werden in der *Sehnervenkreuzung* so auf die beiden Hirnhälften verteilt, dass das rechte Hirn alles von den rechten Netzhauthälften, also von der linken Hälfte der Außenwelt bekommt, und umgekehrt. Dabei befassen sich relativ große Teile der Hirnrinde mit

5.2.5 Bemerkungen zum Auge

den achsennahen Teilen der Netzhautbilder und deuten die perspektivischen Versetzungen zwischen beiden Bildern im Sinne der Entfernungsmessung.

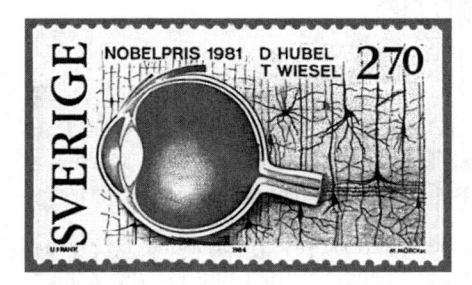

Dass wir trotz der kopfstehenden Netzhautbilder die Welt *aufrecht* sehen, liegt daran, dass es im Kopf kein kleines Männchen gibt, das ein kopfstehendes Bild ansieht, sondern dass die Hirnrinde erst in Zusammenarbeit mit dem Tastsinn eine Zuordnung zwischen den Teilen der Bilder und Oben und Unten vornimmt – und das innerhalb von Wochen auch wieder umlernen kann. Wenn man Umkehrbrillen aufsetzt und Wochen später wieder absetzt erhält man die Bestätigung dafür.

Die Rolle der *Linse* wird in vielen Physikbüchern im Sinne einer groben Analogie zu Fotoapparaten verfälscht. Wir haben das in 5.2.1 erläutert. Die Formänderung der Augenlinse durch Muskeln im Auge wird in den ersten vier bis sechs Lebensjahrzehnten zum Scharfstellen, zur *Akkommodation*, benutzt. Ab durchschnittlich rund 45 Jahren ist die Linse so weit verhärtet, dass auch für Normalsichtige eine Sehhilfe nötig wird, siehe 5.2.4.5.

➥ **Knobelaufgabe:** Welche Entfernungsunterschiede kann man aufgrund der Noniussehschärfe in 1 m und in 10 m Entfernung erkennen? Schätzen Sie dazu den Abstand Ihrer Augen voneinander ab. Mit richtig angeordneten Taschenspiegeln können Sie auch so sehen, als ob dieser Abstand wesentlich größer wäre oder auch so, als ob die beiden Augen gegeneinander ausgetauscht wären. Was bekommen Sie dann zu sehen?

6 Thermodynamik und kinetische Gastheorie

Die Thermodynamik handelt von der Energie und der Temperatur. Sie ist damit eine Rahmentheorie, die sich nicht auf eine bestimmte Kraft konzentriert, ähnlich wie die Mechanik, die von Energie und Impuls handelt und anders als die Elektrodynamik.

Dabei geht die Thermodynamik im engeren Sinne makroskopisch vor, ohne Bezug auf atomistische Modelle. Nur bei der so genannten Stoffmenge werden indirekt die Zahlenverhältnisse verschiedener Atome oder Moleküle berücksichtigt. Die Thermodymamik hat vier *Hauptsätze*.

- 1. Erhaltung der Energie – MAYER, JOULE, V. HELMHOLTZ
- 2. Nichtabnahme der Entropie – KELVIN, CLAUSIUS
- 3. Nichterreichbarkeit der Temperatur 0 K – NERNST
- 0. Transitivität der Temperaturgleichheit

Der „Nullte Hauptsatz" wurde früher für selbstverständlich gehalten und daher nicht als solcher formuliert. Er besagt, dass dann die Gleichheit der Temperatur zweier Objekte vorliegt, wenn zwischen ihnen trotz Wärmeleitfähigkeit per saldo keine Wärme fließt, also thermisches Gleichgewicht besteht. Sind dann A und B miteinander in einem solchen Gleichgewicht und ebenso B und C, so ist es eine Erfahrungstatsache, aber keine logische Notwendigkeit, dass auch A und C miteinander im Gleichgewicht sind oder aufgrund ihrer Temperaturen im Falle des Kontaktes sein werden.

Nernst hat scherzhaft darauf hingewiesen, dass es nicht mehr als drei Hauptsätze geben könne, denn die Anzahl der Entdecker bildet eine arithmetische Folge und gibt für den vierten Null.

Im weiteren Sinne gehört auch die *Statistische Physik* zur Thermodynamik. Ihr Programm ist die Rückführung der Thermodynamik auf die Klassische Mechanik und die Quantenmechanik, was in der *Statistischen Mechanik* und *Quantenstatistik* gelingt. In beiden Fällen wird der Bezug zu Atomen und Molekülen hergestellt. Wegen der stets sehr großen Anzahlen beteiligter Teilchen sind aber nur statistische Aussagen sinnvoll. Ein besonders einfacher und früher Teil der Statistischen Mechanik ist die *kinetische Gastheorie*, vor allem, wenn man sich auf *ideale Gase* beschränkt. Damit werden wir beginnen.

Im Gegensatz zu den antiken Vorstellungen – vor allem bei ARISTOTELES – geben weder die Klassische Mechanik noch die Quantenmechanik eine Begründung für die Alltagserfahrung, dass fast kein Prozess zeitverkehrt ablaufen kann. Die Zunahme der Entropie *beschreibt* gerade das. Demonstrationsversuche zur Mechanik suchen dies meist zu verschleiern, indem dabei die Reibung minimiert wird. Im atomistischen Bild sind es scheinbar unphysikalische Begriffe wie Wahrscheinlichkeit und Datenmenge, die dem Zeitpfeil die Richtung vorgeben.

Für ein physikalisches Bild der Welt, auch der ganz alltäglichen, scheint mir der thermodynamische Zeitpfeil *noch* wichtiger zu sein als der Anblick eines mit 99 % der Lichtgeschwindigkeit vorbeifahrenden utopischen Omnibusses, obwohl es dazu faszinierende Filme gibt.

6.1 Ideales Gas

6.1.1 Ideales Gas als Modell

Als *Moleküle* bezeichnet man in der Chemie Gebilde aus mehreren Atomkernen mit einer *gemeinsamen Hülle* aus Elektronen, wie sie durch Umstrukturierung der Hüllen aus Atomen entstehen können. In der Physik, besonders der der Gase, benötigt man hingegen einen Sammelbegriff für solche Moleküle und Atome und spricht deshalb auch von *einatomigen* und von *mehratomigen* Molekülen.

Gase können in gewissen Fällen als Gebilde aus vielen einzelnen Molekülen, die klein gegen ihre mittleren Abstände sind und sich in ihren Bewegungen nur bei Zusammenstößen beeinflussen, recht genau beschrieben werden. Das nennt man *ideales Gas* – nicht zu kalt, möglichst chemisch inaktiv oder niedrigsiedend, verdünnt, jedenfalls nicht komprimiert, im verwendeten Bezugssystem ruhend, also kein Wind. Luft und noch genauer Edelgase erfüllen diese Bedingungen unter normalen Umständen recht gut. Die Aussage, das ideale Gas beschreibe die Gasmoleküle als punktförmig, ist nicht sinnvoll. Mehratomige Moleküle, bei denen von der inneren Struktur keineswegs völlig abgesehen wird, lassen sich durchaus als ideale Gase beschreiben, siehe 6.1.4, nur müssen deren Abstände groß gegen die Durchmesser sein.

Es ist jedoch zu beachten, dass manche wichtigen Effekte mit diesem Modell nicht erklärbar sind, vor allem das Kondensieren und das Gefrieren, aber auch schon quantitative Eigenschaften im Vorfeld davon.

6.1.2 Vom Impuls zum Druck

Wir betrachten ein Molekül der Masse m und einer Geschwindigkeit mit der x-Komponente v_x in einem quaderförmigen Kasten, der in der x-Richtung die Länge L und quer dazu zwei Wandflächen der Größe A hat. Damit ist sein Volumen $V = AL$. Das Molekül wird von allen Wänden, die es trifft, reflektiert. Wir nehmen *zunächst* an, dass L so klein ist, dass Stöße mit anderen Molekülen keine Rolle spielen. Dann dauert es jeweils die Zeit $2L/v_x$ von einem Stoß gegen die rechte Wand bis zum nächsten Stoß gegen dieselbe Wand. Dabei gibt das Molekül jeweils das Doppelte der x-Komponente seines Impulses an diese Wand ab, also $2mv_x$. Die Kraft gegen diese Wand ist also im Zeitmittel $2mv_x/(2L/v_x) = mv_x^2/L$. Der Beitrag dieses Moleküls zum Druck ist somit $p_{\text{Molekuel}} = mv_x^2/V$.

Nun befinden sich aber viele Moleküle im Kasten. Die Anzahl sei N und wir nehmen an, dass alle von gleicher Masse sind. Die Moleküle haben durchaus sehr verschiedene Geschwindigkeiten. Wenn wir deren Quadrate addieren und mit m/V malnehmen, bekommen wir den gesamten Druck. Nun ist die Summe der Quadrate das N-fache des arithmetischen Mittels der Quadrate. Das führt zur statistischen Beschreibung. Wir notieren den Mittelwert von v_x^2 mit spitzen Klammern, also $\langle v_x^2 \rangle$. Damit erhalten wir $pV = mN\langle v_x^2 \rangle$.

Nun haben die Moleküle auch noch Geschwindigkeitskomponenten in die y- und in die z-Richtung. Weil keine Richtung vom Gas bevorzugt werden soll – im Kasten herrscht Windstille – gilt statistisch $\langle v_x^2 \rangle = \langle v_y^2 \rangle = \langle v_z^2 \rangle$. Für jedes einzelne Molekül gilt für den Betrag v die Beziehung $v^2 = v_x^2 + v_y^2 + v_z^2$. Summiert man das für alle Moleküle auf und teilt durch die Anzahl N, so findet man $\langle v^2 \rangle = 3\langle v_x^2 \rangle$. Das Produkt aus Druck und Volumen eines idealen Gases ist also

$$pV = mN\langle v^2 \rangle/3.$$

Wenn dieser Druck an den Wänden eines jeden hinreichend klein gedachten Kastens herrscht, so kann man auch viele Kästen zu einem großen Gefäß zusammengesetzt denken und nur noch den Druck auf dessen Wände betrachten, da sich der auf den gedachten Zwischenwänden aufhebt. Die Moleküle stoßen dann viel öfter gegenseitig zusammen als mit den Wänden.

➢ Beachten Sie, dass $\langle a^2 \rangle$ etwas anderes ist als $\langle a \rangle^2$. Rechnen Sie das am Beispiel der Zahlen von 1 bis 5 nach! Besonders drastisch ist der Unterschied zwischen $\langle v_x^2 \rangle$ und $\langle v_x \rangle^2$. Aus Symmetriegründen ist $\langle v_x \rangle = 0$, also auch das Quadrat davon. Hingegen ist jede Größe $\langle a^2 \rangle$ nur dann Null, wenn jedes einzelne a Null ist.

6.1.3 Thermische Zustandsgleichung

Wir führen nun die Bezeichnung T für $m\langle v_x^2 \rangle/k$ ein, was gleich ist mit $m\langle v^2 \rangle/(3k)$. Die universelle Konstante k ist nach LUDWIG BOLTZMANN benannt. Sie tritt *bei dieser Art der Einführung* als reine Anpassung an die historisch bedingte Einheit *Kelvin* für T auf. Von diesem T hängt erfahrungsgemäß ab, wie kalt oder heiß sich ein Objekt anfühlt. Wir nennen T darum die *Temperatur* und können sie – jedenfalls für das ideale Gas – als ein Maß für die mittlere kinetische Energie der Moleküle auffassen. Wir müssen noch die Einschränkung machen, dass nur der Translationsanteil und nicht der Rotationsanteil dieser Energie bei dieser Gleichsetzung mitzählt, mehr darüber in 6.1.4.

Unsere Aussage über das Produkt aus Druck und Volumen lässt sich nun mit der Temperatur schreiben.

> Thermische Zustandsgleichung des idealen Gases: $pV = NkT$

Die Einheit der Temperatur ist Kelvin, K, und die Boltzmann-Konstante hat den Wert $k \approx 1{,}38 \cdot 10^{-23}$ J/K.

➢ Unser Empfinden von Warm und Kalt hängt aber nicht nur von der Temperatur ab, sondern auch von der Wärmeleitfähigkeit und noch von anderen Größen. Unser Wärmesinn und unser Kältesinn sind nämlich hauptamtlich eine hervorragende Warnanlage aber kein geeichtes Thermometer.

6.1.3.1 * Historische Bemerkungen

Für konstante Temperatur haben TOWNLEE und BOYLE gemeinsam 1662 den Zusammenhang $pV = $ const gefunden, 1679 hat ihn MARIOTTE noch einmal gefunden. 1802 erfand GAY-LUSSAC das Gasthermometer, indem er die Ausdehnung der Luft mit der Temperaturänderung maß. 1808 erklärte DALTON die Regelmäßigkeiten bei chemischen Reaktionsbilanzen im Teilchenbild. Diese Atomhypothese besagt, dass die Mengenverhältnisse zweier Stoffe, die sich miteinander verbinden, in einem einfachen Zahlenverhältnis stehen, etwa 1 : 2 oder 2 : 3 – „Gesetz der multiplen Proportionen". Im folgenden Jahr fand Gay-Lussac, dass sich Gase in einfachen Volumenverhältnissen miteinander verbinden. 1811 formulierte AVOGADRO die Vermutung, dass das Volumen eines Gases proportional zur Zahl der Teilchen darin sei, und dabei zwar von Druck und Temperatur, nicht aber von der chemischen Art des Gases abhängt.

1827 fand der Botaniker ROBERT BROWN Bewegungen von sehr kleinen botanischen und mineralischen Körnchen, die er unter dem Mikroskop beobachtete. Diese Zitterbewegung wurden erst um 1860 als Effekt der Wärmebewegung gedeutet und 1905 durch EINSTEIN als solche theoretisch erklärt. Dass Wärme überhaupt etwas mit innerer Bewegung zu tun haben könnte, war bereits im 17. und 18. Jahrhundert neben der Wärmestoff-Theorie eine verbreitete Meinung, hatte aber erst sehr spät Folgen.

Die thermische Zustandsgleichung enthält außer den direkt messbaren makroskopischen Größen die zunächst noch unbekannte riesige Teilchenzahl oder – nach Umrechnung – die Masse des einzelnen Moleküls. 1866 hat LOSCHMIDT ihre Größenordnung bestimmt.

6.1.3.2 * Teilchenzahl als so genannte Stoffmenge

Die Zustandsgleichung wird meistens in der Form $pV = nRT$ geschrieben. Dabei ist $n = N/N_A$ und $R = kN_A$. Die Zahl N_A ist nach AVOGADRO – früher im deutschsprachigen Raum nach LOSCHMIDT – benannt. Sie gibt an, wie viele Atome in 12 g Kohlenstoff des Nuklids ^{12}C enthalten sind.

Man kann dann auch sagen, dass in einem Reagenzglas $0{,}07 N_A$ Moleküle H_2SO_4 sind, statt zu sagen, dass es $4{,}2 \cdot 10^{22}$ Moleküle H_2SO_4 sind. Nun könnte man statt N_A auch ein kürzeres sprechbares Wort nehmen, etwa „mol". Leider akzeptiert die DIN-Norm mol nicht als Kurzwort für eine natürliche Zahl, sondern schreibt vor, dass das die Einheit der Größe „Stoffmenge" sei.

○ Das führt zu der Konsequenz, dass 2 g Wasserstoff, also N_A Moleküle H_2 oder $2N_A$ Atome H zugleich 1 mol H_2 und 2 mol H ist.

➢ Laut Vorschrift ist also etwa bei Bezug auf Atome eine doppelt so große Stoffmenge vorhanden wie bei Bezug auf deren zweiatomige Moleküle. In der Didaktik der Physik und Chemie gibt es immer wieder heiße Debatten über die Unsinnigkeit dieser Festlegungen. Nach meiner Meinung ist die Bezeichnung „Stoffmenge" mit dieser Bedeutung der Gipfel von Irreführung und Misshandlung der Sprache. Was würden Sie von einem Bäcker halten, der behauptet, ein Dutzend halbe Brötchen und ein Dutzend ganze Brötchen seien die gleiche Stoffmenge? Man geht der Sache am besten aus dem Wege, indem man „mol" einfach durch die Zahl N_A ersetzt und dann in Teilchen weiterdenkt. Das Wort „Dutzend" fasst man auch am einfachsten als Spezialausdruck für die Zahl 12 und das Wort „Prozent" für 0,01 auf.

6.1.3.3 Luftmoleküle im Zimmer

Aufgabe:

- Wie viel Luft befindet sich in einem Seminarraum oder Hörsaal? Wir suchen die Größenordnung der Zahl der Moleküle und der Masse.
- Wie verändern sich die kinetischen Energien *der jeweils anwesenden* Luftmoleküle in diesem Raum, wenn die Temperatur bei konstantem Druck erhöht wird?

Lösung:

- 10^5 Pa Druck, 300 K Temperatur und einige Hundert Kubikmeter Volumen sind vernünftige Werte. In 1 m³ gibt es wegen $pV = NkT$ dann rund $2{,}5 \cdot 10^{25}$ Moleküle. Das gilt auch für andere Gase bei diesen Bedingungen.

  Die *atomare Masseneinheit* ist u $\approx 1{,}66 \cdot 10^{-27}$ kg. Die mittlere Masse von Luftmolekülen ist 29 u – wegen 4/5 N_2 mit 28 u und 1/5 O_2 mit 32 u. Das führt pro Kubikmeter auf eine Masse von 1,3 kg. In Seminarräumen oder Hörsälen befinden sich also einige Hundert Kilogramm Luft!

- Wird bei konstantem Druck geheizt, so heißt das, dass in der Gleichung $pV = NkT$ die Temperatur um einen gewissen Faktor steigt. Zum Ausgleich muss die einzige nicht festgelegte Größe, nämlich N, um den gleichen Faktor abnehmen. Es werden also Moleküle durch Schlüssellöcher und Ritzen das Zimmer verlassen. Die kinetische Energie der einzelnen Moleküle steigt um den gleichen Faktor, aber die Summe der Bewegungsenergie von allen gleichzeitig im Zimmer befindlichen Molekülen bleibt somit konstant.

  ➢ Beim Heizen der Luft wird also nicht die Energie *im Zimmer* vergrößert, sondern nur die Temperatur. Das gilt jedoch nicht für die mitgeheizten festen und flüssigen Körper im Zimmer, die ja nicht durch Schlüssellöcher entweichen.

6.1.3.4 Heißluftballon

Aufgabe:

Die Luft in einem Heißluftballon von 3 m³ Volumen wird auf 400 K geheizt. Wie viel darf er vorher bei 300 K kalt mitsamt der Nutzlast wiegen, damit er abheben kann?

Lösung:

Die Dichte der Luft im Ballon fällt durch das Heizen von 1,2 kg/m³ auf 300/400 des Wertes, also um 0,3 kg/m³. Ein 3 m³ großer Ballon wird somit um 0,9 kg leichter. Gehäuse samt Nutzlast dürfen also diese Masse haben. Die Haut sollte leichter als Schreibpapier von 80 g/m² sein, damit noch etwas für Nutzlast übrig bleibt und der Ballon auch steigt und nicht nur schwebt. Eine Abschätzung der Oberfläche für Kugelform liefert 10 m².

6.1.4 * Spezifische Wärmekapazität

Die *kinetische Energie der Translation* ist für N Moleküle $3/2\, NkT$. Bis hierhin kann man den Eindruck haben, die Temperatur sei nichts anderes als eine umgerechnete Angabe der mittleren Energie pro Teilchen. Eine gewisse Eigenständigkeit bekommt der Begriff der *Temperatur* aber durchaus. Wenn ein Objekt eine höhere Temperatur hat als ein zweites, so ist das ein Anlass für eine Energiewanderung vom ersten zum zweiten. Dieser Vorgang kann über Stöße der Moleküle als *Wärmeleitung*, durch Wanderung der Moleküle selbst als *Konvektion* oder durch einen Überschuss elektromagnetischer *Strahlung* in dieser Richtung vonstatten gehen.

6.1.4 Spezifische Wärmekapazität

Hängt es nun einfach von der Energie pro Molekül ab, ob und in welcher Richtung *per saldo* Energie wandert? Es stellt sich heraus, dass es auf die *translatorische kinetische Energie* ankommt, also auf die Größe $3/2\,kT$. Für ein ideales Gas aus *einatomigen* Molekülen – recht genau also für ein Edelgas weit über dem Siedepunkt – ist das gerade die Energie, die ohne Änderung des inneren Aufbaus der Moleküle verändert werden kann.

Bei Molekülen aus zwei Atomen – etwa bei 99 % der Luft – oder aus mehr Atomen steckt aber auch noch zugleich Energie in der Rotation. Wenn die Kerne in jedem Molekül auf jeweils einer Geraden liegen, ist das die Menge kT, in den sonstigen Fällen $3/2\,kT$. Ein N_2-Molekül enthält also im Mittel bei gleicher Temperatur $5/3$ der kinetischen Energie eines Ar-Atoms. Im Allgemeinen treten noch weitere Energieanteile auf, besonders drastisch bei festen Körpern.

Man nennt $dW/dT/M$ die *spezifische Wärmekapazität*, wobei M die Gesamtmasse ist. Für das ideale Gas ist die entsprechende auf einzelne Moleküle umgerechnete gemittelte Größe für einatomige Moleküle $3/2\,k$, für gestreckte mehratomige $5/2\,k$ und für die übrigen $3k$. Das ist etwas vereinfacht und gilt auch nur für den Fall, dass das Volumen des Gases trotz der Temperaturänderung konstant gehalten wird. Bei konstantem Druck sind die Werte jeweils um k größer.

Tabelle 6.1.1 Wärmekapazität ein- und mehratomiger idealer Gase

Wärmekapazität	Volumen ist konstant		Druck ist konstant	
ohne Vibrationen	molekular	molar	molekular	molar
Molekül mit einem Atomkern	$3/2k$	$3/2kN_0$	$5/2k$	$5/2kN_0$
Atomkerne auf einer Linie	$5/2k$	$5/2kN_0$	$7/2k$	$7/2kN_0$
sonstige Anordnung	$6/2k$	$6/2kN_0$	$8/2k$	$8/2kN_0$

➢ Die Werte der Tabelle 6.1.1 gelten nur angenähert und nur für „normale" Temperaturbereiche. Bei sehr hohen Temperaturen kommen Schwingungen der Atomrümpfe gegeneinander hinzu, bei CO_2 auch schon bei mittleren Temperaturen. Die Moleküle haben dann trotz ihrer gestreckten Form eher Werte wie „geknickte".

○ Dass die Rotationsenergie von der Form der Moleküle abhängt, hat mit den Trägheitsmomenten zu tun. Für ein gestrecktes Molekül – alle Atomkerne liegen auf einer Geraden – gibt es bezüglich dieser Achse ein sehr kleines Trägheitsmoment. Nun sagt die Quantenmechanik, dass es für den Drehimpuls eine Stufenleiter mit der Schrittweite $h/2\pi$ gibt. Um eine jede Achse kann sich das Molekül daher entweder überhaupt nicht oder aber im ersten Schritt mit $h/2\pi$ drehen. Bei einem extrem kleinen Trägheitsmoment zu einer bestimmten Achse gehört aber zu diesem Drehimpuls eine besonders hohe Energie. Daher finden um solche Achsen Schwingungen nur bei ziemlich hohen Temperaturen statt, um die anderen beiden Achsen aber schon bei ganz gewöhnlichen.

○ Dass die molare Wärmekapazität bei konstantem Druck um kN_0 größer ist als bei konstantem Volumen, liegt daran, dass sich bei konstantem Druck das Volumen vergrößern muss. Die Moleküle geben dabei an die zurückweichenden Wände Energie ab, die sie durch Heizen nachgeliefert bekommen und die zu einer leichten Anhebung der Atmosphäre im Schwerefeld führt, siehe 1.4.8.8 und 6.2.1.

○ Bewegt sich ein ideales Gas relativ zum Beobachter, so haben seine Moleküle im System dieses Beobachters eine größere Energie – es herrscht Wind. Die Differenz trägt aber nicht zur Temperatur bei, sondern wird makroskopisch über die Windgeschwindigkeit als Bewegungsenergie beschrieben. Selbst bei Orkan über 32 m/s ist das weniger als 1% der gesamten Bewegungsenergie, wie man leicht abschätzen kann.

Der hauptsächliche Zweck dieses Abschnitts war die Klärung, inwieweit die Temperatur eine eigenständige physikalische Größe ist. Die *Temperatur* ist demnach nicht einfach ein Maß für die gesamte Energie pro Teilchen, wohl aber für die *mittlere translatorische kinetische Energie* pro Molekül im gemeinsamen *Schwerpunktsystem*.

6.2 Der Stirling-Kreisprozess

6.2.1 Isotherme Volumenänderungen

Wir nehmen an, dass N Moleküle ein ideales Gas mit dem Volumen V und dem Druck p bei einer Temperatur T_h bilden und in einem Zylinder mit einem Stempel eingeschlossen sind. Der Druck p sei wesentlich größer als der der Umgebung, etwa der umgebenden Atmosphäre. Die Temperatur werde durch einen guten Kontakt zu einer Heizung hoch auf T_h konstant gehalten, etwa durch Heißwasser oder durch einen temperaturgeregelten elektrischen Tauchsieder.

Bild 6.2.1 Zylinder mit Stempel und Gasfüllung

Dieses Gas drückt den Stempel der Fläche A mit der Kraft $F = pA$ nach außen. Dabei vergrößert sich sein Volumen. Der Druck nimmt dann gemäß der Zustandsgleichung des idealen Gases $p = nkT_h/V$ entsprechend ab.

Das Gas gibt dabei an den Stempel und die dahinter sitzende Außenluft die mechanische Energie $\int F dx = \int pA dx = \int p dV$ ab, die in Bild 6.2.2 schraffiert ist, siehe auch Aufgabe 1.4.8.8. Diese Energieabgabe wird üblicherweise als „Volumenänderungsarbeit" oder noch ungenauer als „Volumenarbeit" bezeichnet. Daran ist so viel richtig, dass sie *in diesem Fall* proportional zur Volumenänderung ist. Entscheidend für den Energieumsatz ist aber das Verschieben einer Wand um diese Volumenänderung, nicht die Vergrößerung des Volumens des Gases selbst, denn die Energie des idealen Gases hängt nicht vom Volumen ab. Bei der isothermen Expansion wird die abgegebene mechanische Energie durch Wärmeleitung nachgeliefert – vom heißen Wasser oder vom Tauchsieder. Dazu muss natürlich dort immer eine *etwas* – aber beliebig wenig – höhere Temperatur vorhanden sein.

Das sieht nun so aus, als könnte man einfach Energie aus heißem Wasser ziehen und als mechanische Arbeit weitergeben, also „Wärme in Arbeit umwandeln". Immerhin hat sich das Gas selbst dabei in seinem Volumen und damit auch in seiner Dichte verändert, auch wenn seine innere Energie nicht angezapft worden ist. Ein Kaffeeautomat tauscht in vergleichbarer Weise Geldstücke gegen Becher voll Kaffee, aber er ist nachher in einem anderen Zustand als vorher. Ohne Nachfüllen geht das auch nicht beliebig lange. Mit dem Volumen des Gases ändert sich eine Größe, die Entropie, die ebenso wie die Energie für den Zustand des Gases entscheidend ist, siehe 6.3.

Auch unser Gas muss zwischendurch wieder komprimiert werden. Dass dabei nichts Nützliches geschieht, wenn eine solche Kompression bei derselben Temperatur passiert, ist klar. *Im günstigsten Fall* macht man alles rückgängig.

6.2.1 Isotherme Volumenänderungen

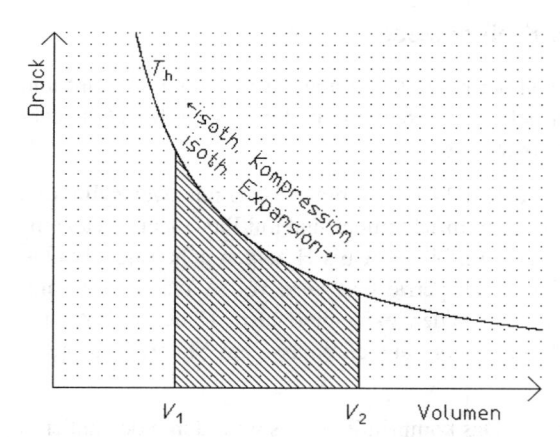

Bild 6.2.2 Isotherme Expansion und isotherme Kompression als Umkehrung davon. Die schraffierte Fläche entspricht der Arbeit, die dabei gegen eine gleich große Wärmemenge getauscht wird.

Wenn man wenigstens einen Teil der mechanisch gewonnenen Energie behalten will, empfiehlt sich eine niedrigere Temperatur für eine *isotherme Kompression*, etwa T_t. Die *doppelt* schraffierte Fläche in Bild 6.2.3 zeigt die Energie, die das Gas dabei von Außenluft und Stempel bekommt und an das Kühlwasser mit T_t als Abwärme abgeben kann.

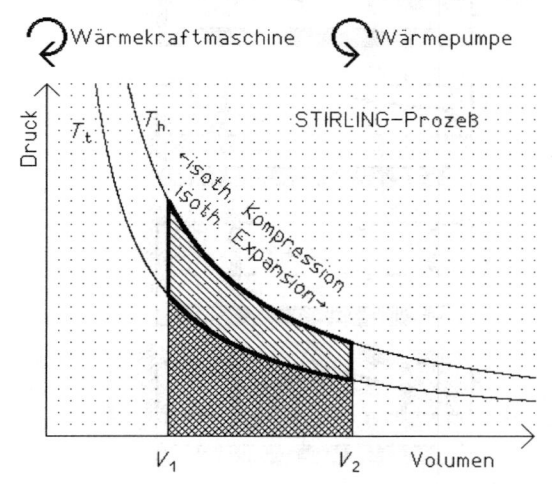

Bild 6.2.3 Kompression und Expansion, jeweils isotherm, aber bei zwei verschiedenen Temperaturen. Mit einem Zwischenspeicher für Energie, dem „Regenerator", ist das ein Stirling-Kreisprozess. Wird die stark umrandete Kurve mit dem Uhrzeiger umlaufen, haben wir die Wärmekraftmaschine, anders herum haben wir die Wärmepumpe. Die einfach schraffierte Fläche zeigt die Netto-Abgabe oder Netto-Zufuhr mechanischer Arbeit. Die Flächen unter den beiden Isothermen zeigen die Energie an, die bei den einzelnen Takten zwischen Wärme und Arbeit getauscht werden.

Die beiden Flächen gehen durch Streckung im Verhältnis der Temperaturen auseinander hervor – wegen der Gasgleichung, und zwar speziell der Proportionalität zwischen T und p bei jeweils einem festen Volumen. Sie stehen also einfach im Verhältnis T_h/T_t zueinander. Man muss kein Integral ausrechnen, um dieses Flächenverhältnis zu bekommen.

6.2.2 Der Stirling-Prozess als Kreisprozess

Noch haben wir nicht geklärt, wie man von der einen Isotherme auf die andere kommt und das Gas abwechselnd an die beiden „Wärmebäder" anschließt. In der *Stirling-Maschine* geht das sehr trickreich, jedoch keineswegs vollkommen.

Von den vielen technischen Varianten zeigt Bild 6.2.4 eine symmetrische mit zwei Zylindern, die an verschiedene Temperaturbäder angrenzen. Ihre Stempel sind mit Pleuelstangen an eine gemeinsame Schwungscheibe gekoppelt. Die Teilbilder A bis H zeigen acht Augenblicksbilder, die sich zyklisch wiederholen. Das eingesperrte Gas wird von A bis D insgesamt komprimiert. Von E bis H entspannt es sich wieder, expandiert also. Dabei strömt auch Gas über den äußeren Kanal mit dem „Regenerator" aus durchlässigem Material mit guter Wärmekapazität, etwa Kupferwolle.

Von C bis F ist die Volumenänderung gering: Das komprimierte Gas wird durch den äußeren Kanal, in dem sich der durchlässige Speicher für thermische Energie befindet, nur vom linken in den rechten Zylinder geschoben. Umgekehrt wird das Gas von F bis B wieder nach links geschoben. Auf diesen beiden Wegen wird die Angleichung an die Temperatur des jeweils bevorstehenden Zylinders zumindest teilweise erreicht.

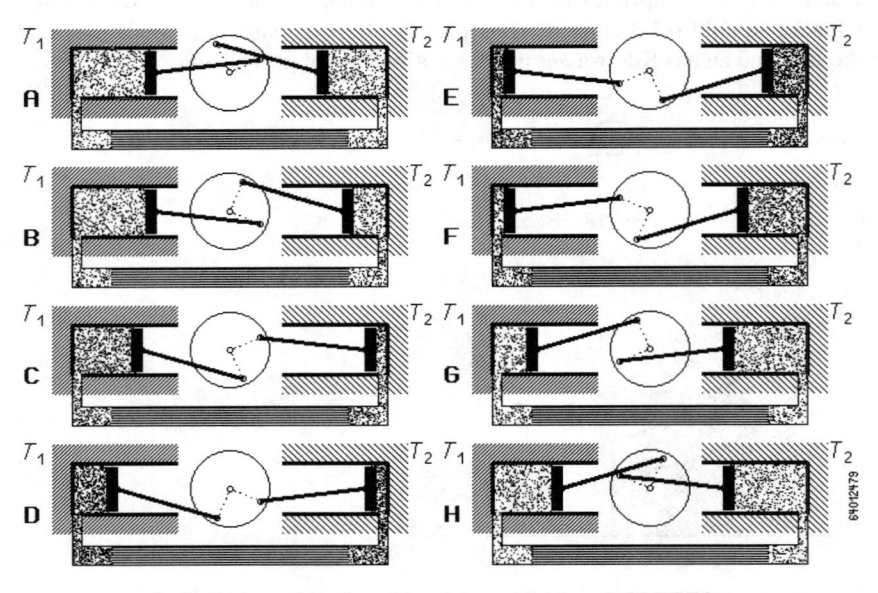

Bild 6.2.4 Symmetrische Form der Stirling-Maschine mit zwei Zylindern. Der durchlässige Regenerator ist waagerecht gestreift dargestellt. Die acht Phasen A bis H bilden einen Zyklus.

Die Kupferwolle nimmt auf dem einen Weg genau so viel Energie aus dem Gas, wie es ihm auf dem Rückweg wiedergibt. So wechselt das Gas zwischen den zwei Temperaturen und gleicht sich mal mehr dem einen und mal mehr dem anderen Temperaturbad an.

Insgesamt ergibt sich ein periodischer Prozess, ein so genannter *Kreisprozess*. Dieser wird *in beachtlicher Idealisierung* durch die Umrandung der *einfach* schraffierten Fläche in

Bild 6.2.3 dargestellt. Bei der bisher diskutierten Abfolge wird er *mit* dem Uhrzeigersinn durchlaufen. Die zwei Temperaturwechsel verlaufen *isochor*, also ohne Volumenänderung. Energetisch geschieht *per saldo* dabei nichts. Dazwischen findet isotherme Expansion bei höherer Temperatur und isotherme Kompression bei niedrigerer statt. Dabei wird aus dem heißen Wasser eine bestimmte Wärmemenge entnommen und ein Teil davon als Abwärme an das Kühlwasser abgeliefert. Die Differenz wird als Arbeit – wegen der macht man das Ganze – an den Stempel abgegeben. Typischerweise ist über die Stempel mittels Pleuelstangen und Schwungscheibe ein elektrischer Generator angeschlossen. Das Verhältnis zwischen der Arbeit und der *angelieferten* Wärmemenge ist der *Carnot-Faktor*.

$$\text{Carnot-Faktor:} \quad \frac{T_h - T_t}{T_h}$$

Als *Wirkungsgrad* bezeichnet man in der Technik das Verhältnis einer *erwünschten* Ausgangsleistung zu der aufzuwendenden Eingangsleistung – hier der mechanischen Arbeit pro Zeit zur Heizwärme pro Zeit. Der Carnot-Faktor ist der *ideale* Wirkungsgrad für den besprochenen Kreisprozess, nämlich wenn er ohne mechanische Reibung und ohne Wärmeleitung an den unerwünschten Stellen stattfände. Der Prozess würde dann der Umrandungskurve bis in jede Ecke hinein folgen. Das ist praktisch ziemlich unmöglich. Aber bei entsprechend konstruiert gedachten Maschinen könnte man sich diesem Fall *beliebig* gut annähern. Mit einfachen Pleuelstangen geht das nicht. Praktisch muss aber so eine theoretisch ideale Konstruktion nicht günstig sein!

Die *tatsächliche* Bilanz hat also die Verluste zu berücksichtigen.

$$\text{Heizung} = \text{Abwärme} + \text{Nutzarbeit} + \text{Verluste}$$

Der Wirkungsgrad ist der Quotient von Nutzleistung zu Heizleistung. Falls die Verluste Null sind, stimmt der Wirkungsgrad mit dem Carnot-Faktor überein.

Die Stirling-Maschine wurde 1815 von dem schottischen Ingenieur JAMES STIRLING erfunden und gemeinsam mit seinem Bruder ROBERT STIRLING, der Theologe war, zum Patent angemeldet.

6.2.3 Wärmepumpe und Wärmekraftmaschine

Trägt man wie in Bild 6.2.3 und wie auch sonst üblich p nach oben und V nach rechts auf, so bedeutet ein Kreisprozess *im Uhrzeigersinn* die Abgabe von Arbeit aus einem Temperaturausgleichsvorgang. Den Temperaturunterschied hält man durch Heizen und Kühlen allerdings aufrecht. Man hat dann eine *Wärmekraftmaschine* bzw. ein Wärmekraftwerk.

Führt man jedoch von außen Arbeit zu, so kann man eine entsprechend *größere* Wärmemenge *gegen* das Temperaturgefälle transportieren. Dann hat man eine *Wärmepumpe* – im Prinzip somit auch einen Kühlschrank. Im (p, V)-Diagramm wie in Bild 6.2.3 läuft der Kreisprozess dabei *gegen den Uhrzeiger*. Das hat aber nur wenig mit dem Umlaufsinn der Kurbel an der Wärmepumpe zu tun. Bringt man an beiden Wärmebädern Thermometer an, so sieht man, dass mit dem einen Drehsinn der Kurbel die Anzeige des einen steigt und die des anderen fällt. Bei umgekehrtem Drehsinn „kurbelt" man auch die Thermometer gerade umgekehrt hoch und runter.

Die gleiche Maschine kann also als *Wärmepumpe* Energie von niedriger Temperatur zu höherer befördern oder umgekehrt als *Wärmekraftmaschine* Energie ausliefern, wenn Energie von einer hohen Temperatur zu einer niedrigeren abfließt. Die Wärmepumpe arbeitet aber nur unter Einspeisung von mechanischer oder – mittelbar – elektrischer Energie. Im Idealfall findet Wärmeleitung nur an den Stellen statt, wo das Arbeitsgas mit dem Wärmebad oder dem Kältebad Kontakt haben soll. Die beweglichen Teile laufen ideal reibungsfrei. Ist dann noch die Temperatur jeweils an den Kontaktstellen auf beiden Seiten nahezu gleich, so haben wir nahezu den theoretischen Fall, dass die Maschine *reversibel* arbeitet. Nur dann wird der Carnot-Faktor für die Verhältnisse der Leistungen erreicht.

Für die Formel ist T_h gleichermaßen die Temperatur des heißeren Wärmebades und die Temperatur des Arbeitsgases zu den Zeiten, wenn es mit ihm in Kontakt ist. Entsprechend ist es für T_t und das Kältebad. Wir verlangen also theoretisch, dass nur diese beiden und nicht vier oder noch mehr verschiedene Temperaturen auftreten. Damit überhaupt Wärme von einem Objekt zu einem anderen geht, muss eine Temperaturdifferenz zwischen ihnen bestehen. Nur solche Energieübergänge werden Wärmemengen genannt, bei anderen Antriebsarten wie Druckdifferenzen sprechen wir von Arbeit. Ist diese Temperaturdifferenz nun *sehr klein*, so könnte sie auch ohne sonstige große Änderung der Verhältnisse ihr Vorzeichen ändern, und die Richtung des Wärmeüberganges könnte sich umkehren. Die Idealvorstellung hiervon ist die Bedingung für *Reversibilität*, für die Umkehrbarkeit eines Vorgangs. Es ist zwar möglich, solche theoretischen Ideale auch praktisch zu erreichen, aber dabei würde die Maschine stillstehen. Für die Praxis wäre das weniger ideal.

Wie schon erwähnt, bezeichnet man als *Wirkungsgrad* das Verhältnis aus einer *erwünschten* Leistungsabgabe und der dazu nötigen Leistungszufuhr. Bei einem Tauchsieder ist er nur deswegen knapp unter Eins, weil auch in der Zuleitung etwas Wärme anfällt. Bei einem elektrischen Motor oder Generator gehören die Erwärmungen von Kupfer und Eisen zu den unerwünschten Leistungen. Man kann diese relativ niedrig halten, aber nicht auf Null bringen.

Wendet man den Begriff nun auf die Wärmekraftmaschine an, so fragt man nach dem Verhältnis aus mechanischer Leistungsabgabe und Heizleistung am heißen Bad – denn nur das kostet Geld. Wenn die beiden Arbeitstemperaturen festliegen, begrenzt unser Carnot-Faktor den Wirkungsgrad nach oben und täuscht einen technischen Mangel vor. Die Frage „Warum ist er denn nur 40 % und nicht 100 %?" zeugt dann von Unkenntnis der Gegebenheiten.

Umgekehrt kann man beim Heizen mit einer *Wärmepumpe* mit weniger elektrischer Leistung auskommen als mit der Widerstandsheizung. Auch hier gibt der Carnot-Faktor die Grenze an, jetzt aber die untere.

Dazu durchlaufen wir die Umrandung des *einfach* schraffierten Bereiches in Bild 6.2.3 *gegen den Uhrzeiger* und erhalten in groben Worten die folgende Bilanz.

> Heizwärmeabgabe + Verluste = Wärmeaufnahme (kalt) + Arbeitseinspeisung

Die Verluste sind die Heizleistungen an den unerwünschten Stellen, typischerweise bei Maschine und Zuleitungen. Die Wärmeaufnahme kann aus der Außenluft oder dem Grundwasser geschehen, jedenfalls kostenlos. Die Heizwärmeabgabe erspart dagegen die teure Speisung eines Widerstandsheizers. Der Gütefaktor – eigentlich ein Wirkungsgrad, aber hier größer als 100 % – ist der Quotient aus Heizwärmeabgabe und typischerweise elektrischer

Arbeitseinspeisung. Falls die Verluste vernachlässigt werden, ist der Gütefaktor gleich dem *Kehrwert* des Carnot-Faktors.

Es scheint, als wäre die Wärmekraftmaschine im Prinzip sehr schlecht – ihr Wirkungsgrad ist immer kleiner als der Carnot-Faktor und damit meist deutlich kleiner als 100 %. Die Wärmepumpe scheint dagegen fast zaubern zu können – der Gütefaktor ist zwar immer kleiner als der Kehrwert des Carnot-Faktors, aber trotzdem meist weit größer als 100 %.

○ Graf Bobby geht zur XYZ-Bank Geld wechseln und wundert sich, dass er für 100 Franken in 100 Münzen zu je 1 Franken nur 60 € in Münzen zu 1 € bekommt. Er findet, dass die XYZ-Bank ein ganz halsabschneiderisches Unternehmen sei. Deswegen geht er zum Rücktauschen zu einer anderen Bank, zur ZYX-Bank. Dort bekommt er für 60 Euro-Stücke erstaunlicherweise 90 Franken-Münzen und schwärmt seitdem pausenlos von der kundenfreundlichen ZYX-Bank.

Der Grund liegt in einer falschen Bewertung. Die Zahl der Münzen mit einer 1 darauf kann offensichtlich nicht allein maßgebend sein, wenn es verschiedene Sorten sind. Wir sehen uns auch für die Energieübertragungen nach einer besseren Bewertung um. Dazu benötigen wir entweder das in der Technik bekannte ziemlich anschauliche Begriffspaar von Exergie und Anergie wie in 6.2.4 oder aber die als unanschaulich berüchtigte Entropie, die in 6.3 behandelt wird.

6.2.4 Bleibt die „Arbeitsfähigkeit" erhalten?

Vielleicht haben auch Sie als Definition gelernt, Energie *sei ein Maß für die Fähigkeit, Arbeit zu verrichten* oder gar diese Fähigkeit selbst. Hoffentlich haben Sie sich dann gewundert, wieso kaltes Wasser trotz der vielen Joule darin dieses Versprechen nicht einlöst. Auch wird die Energieerhaltung so nicht nur zu der ungeheuren Behauptung, die sie ohnehin in Anbetracht unserer Alltagserfahrung ist, sondern sie wird einfach ungültig, wenn man diese Definition ernst nimmt.

Tatsächlich hat Energie zunächst einmal etwas mit der Möglichkeit zu tun, Arbeit abgeben zu können oder – wie wir es dargestellt haben – in Bewegungsenergie umgewandelt werden zu können. Das vernünftige Programm, sie als Erhaltungsgröße zu etablieren, indem man versucht, alle anscheinenden Widersprüche durch Formulieren zusätzlicher Terme für die Bilanz zu lösen, führt bei der *Reibung* und der *elektrischen Heizung* auf die Notwendigkeit zu einer harten *Entscheidung*.

- Entweder wir bleiben bei der generellen Arbeitsfähigkeit der Energie – dann gilt für Energie keine Erhaltung.
- Oder wir retten die Erhaltungseigenschaft – dann gibt es keine generelle Arbeitsfähigkeit der Energie.

Logischerweise sollte man die beiden Fälle nicht mit dem gleichen Namen *Energie* belegen – leider aber geschieht genau dieses. Die Physik wählt die zweite Möglichkeit. Wirtschaft, Politik und Zeitungen wählen die erste und sprechen von Energieknappheit und Energiekrise. 1953 hat Z. RANT für den Teil der Energie, der für die Arbeitsfähigkeit zuständig ist, den Begriff *Exergie* geprägt und 1962 für die verbleibende Differenz den Begriff *Anergie*. Es gilt also eine Bilanz dieser Größen.

Exergie + Anergie = Energie

○ Bei Schaffhausen fällt der Rhein etwa 20 m tief und heizt sich infolgedessen um etwa 50 mK auf. Statt dieser Erwärmung könnte er ein Kraftwerk antreiben, das aus jedem Kilogramm Wasser 200 J abzweigen könnte. Ein Kraftwerk, das die 50 mK Erwärmung rückgängig macht, könnte nur weitaus weniger Arbeit abgeben. Das ist auch jedem Menschen klar. Einen Sturz des Wassers aus 20 m Höhe empfindet man als viel eindrucksvoller als eine Erwärmung um 1/20 Grad.

➤ Graf Rumford hieß eigentlich BENJAMIN THOMPSON und war eine schillernde Gestalt – Spion und Waffenlieferant für mehrere Länder, in seiner Heimat Nordamerika kämpfte er auf der britischen Seite gegen die Unabhängigkeit und in München konzipierte er den Englischen Garten. Beim Bohren von Kanonenrohren untersuchte er 1778 den Zusammenhang zwischen der mechanischen Reibungsarbeit und der Wärmeproduktion. Er fand als erster ungefähr den richtigen Faktor zwischen den Größen, die damals natürlich in verschiedenen Einheiten gemessen wurden.

ROBERT JULIUS MAYER beobachtete 1842 als Schiffsarzt, dass in den Tropen das Blut in den menschlichen Venen – das sauerstoffärmere also – heller ist als in kalten Gegenden, also *weniger* sauerstoffarm. Daraus und aus banalen aber fraglichen Annahmen wie „von nichts kommt nichts" – vornehmer *ex nihilo nihil fit* – und auch aus Messergebnissen folgerte er, dass die Wärme und die Arbeit gemeinsam bilanzierbar sind. Er fand einen brauchbaren Wert des Umrechnungsfaktors der Maßzahlen. JOULE bestimmte 1843 diesen Faktor in sehr aufwendigen Reibungsexperimenten. Er fand auch den Zusammenhang zwischen den elektrischen Größen und der Erwärmung beim Widerstandsheizen, der Joule'schen Wärme. HELMHOLTZ fasste das alles 1847 unter dem Titel *Von der Erhaltung der Kraft* theoretisch zusammen.

Heute gelten Mayer, Joule und Helmholtz als die Entdecker des Ersten Hauptsatzes, also des Satzes von der Erhaltung der Energie. Genauer betrachtet war ihre Rolle, die *Reibung* erfolgreich in die *Energiebilanz* eingebaut zu haben – bei mechanischen und auch elektrischen Vorgängen. Die Erhaltung der mechanischen Energieanteile bei reibungsfreien Vorgängen war schon früher mehr oder weniger klar und selbstverständlich, so für STEVIN. Dass die Energie *zumindest nicht zunehmen kann*, ist durch die geballte Ladung von Arbeitszeit, Intelligenz und Geld von Erfindern wirklich handfest geworden, die bis ins 19. Jahrhundert versucht haben, dies durch die Konstruktion eines *Perpetuum mobile* zu widerlegen. Auch jetzt noch versuchen das manche mit Geld und Arbeitszeit. Nach SIR KARL POPPER kann man sinnvolle naturwissenschaftliche Aussagen nicht beweisen, *verifizieren*, sondern nur widerlegen, *falsifizieren*. Ein einziges funktionierendes Perpetuum mobile würde genügen, die Aussage der Energieerhaltung zu kippen. Doch wenn das *trotz hartnäckiger Versuche* misslingt, hat man einen guten Grund, der Aussage zu vertrauen, aber nur dann.

➤ Der erwähnte Umrechnungsfaktor wurde leider „mechanisches Wärmeäquivalent" genannt. Man war offenbar nicht konsequent genug, die Messungen als Bestimmung des Verhältnisses zweier Einheiten für die gleiche Größe aufzufassen. Weil die Erzeugung von Joule-Wärme und Rei-

6.2.4 Bleibt die „Arbeitsfähigkeit" erhalten?

bung aber keine umkehrbaren Vorgänge sind, wie jeder weiß, ist der Begriff in der Bedeutung „Gleichwertigkeit" denkbar irreführend. Sind ein Kilogramm eingeschmolzene Fünf-Euro-Stücke zu einem Kilogramm nicht eingeschmolzener *gleichwertig*?

○ Der Tourist in Schaffhausen weiß genau, dass die unscheinbare Erwärmung in keiner Weise gleichwertig zum Sturz des Wassers ist – er nimmt sie gar nicht erst zur Kenntnis. Man sieht es am besten ein, wenn man sich vorstellt, man ließe den Rhein gegen eine Wand laufen und erwartet, dass er hochspringt und dabei 1/20 Grad kälter wird.

Wir betrachten nun noch einmal den *reversiblen Stirling-Prozess*. Mit einem Heizofen wird Wasser erhitzt, etwa durch Verbrennen von Kohlen oder Öl. An der T_h heißen Kontaktstelle wird eine Leistung P entnommen. Davon geht der Teil $P(T_h - T_t)/T_h$ als mechanische Leistung an das Schwungrad und von da aus weiter. Der Rest PT_t/T_h geht als Abwärme an das Kühlwasser, von dem wir annehmen, dass es nahe der Umgebungstemperatur ist – nur dann gelten die Definitionen streng. Von jedem Joule, das dem heißen Wasser entnommen wird, kommen also die *Exergie* $1\,\text{J} \cdot (T_h - T_t)/T_h$ und die *Anergie* $1\,\text{J} \cdot T_t/T_h$ heraus. Die Exergie kann man unbeschränkt in andere Energieformen umwandeln. Die Anergie dagegen nützt nichts, kostet nichts und es zahlt auch niemand etwas dafür.

Wenn man nun sagt, dass das heiße Wasser zwar die Leistung P mitbringt, die aber angesichts der eigenen Temperatur T_h und der Umgebungstemperatur T_t aus einer exergetischen Leistung $P(T_h - T_t)/T_h$ und einer anergetischen PT_t/T_h besteht, so macht die Wärmekraftmaschine im reversiblen Idealfall nichts weiter, als den exergetischen Teil möglichst vollständig herauszuholen und den anergetischen Teil *abzuwerfen*.

Wenn trotzdem *noch weniger* Exergie herauskommt, so liegt das an Reibungsverlusten und Wärmeleitungsverlusten, die man nicht ganz, aber beliebig weitgehend vermeiden kann. Das heißt aber nicht, dass das ökonomisch und ökologisch erstrebenswert wäre. Der Herstellungsprozess und die Nutzungsdauer einer Maschine spielen auch eine Rolle. Teilt man den tatsächlichen Wirkungsgrad durch den theoretischen – den Carnot-Faktor –, so bekommt man als Maß für die Verlustfreiheit den *exergetischen Wirkungsgrad*, der kleiner als 1 ist, diesem Wert aber theoretisch beliebig nahe kommen kann, auch bei endlichen Temperaturen.

Das Entsprechende kann man auch auf die *Wärmepumpe* anwenden. Sie mischt zu der angelieferten Exergie kostenlose Anergie aus der Umgebung hinzu und liefert das Gemisch zum Heizen ab. Ihr *exergetischer Wirkungsgrad* ist ebenfalls – theoretisch beliebig wenig – unter Eins. (Denken Sie an Graf Bobby und die Banken.)

Eine simple *Analogie* soll das verdeutlichen. Wenn man aus Milch *Milchpulver* herstellt, indem man Wasser entzieht, hat man in gewisser Weise weniger. Man kann das Pulver aber gut transportieren und lagern und am Ziel wieder mit Wasser auffüllen – alles keine Zauberei. Eine Bilanz und Verlustrechnung bei den beiden einzelnen Schritten in Litern oder Kilogramm ist ganz schön irreführend. Alles wird aber klar, wenn man sich stets auf den Trockenanteil – analog zur Exergie – bezieht.

Wenn man nun den elektrischen Strom nicht zum Betreiben einer Wärmepumpe, sondern zum Widerstandsheizen benutzt, wendet man unnötig viel Exergie auf. Mit einer Wärmekraftmaschine könnte man im günstigsten Falle nur so viel zurückholen, wie man mit der Wärmepumpe gebraucht hätte. Der zuviel aufgewendete Teil ist also beim Heizen aus *Exergie in Anergie umgewandelt* worden. Die Energie ist somit *entwertet* worden. Die umgekehrte Umwandlung von Anergie in Exergie kommt nicht vor, die Entwertung ist unumkehrbar. Dies bietet eine Möglichkeit, auch den Zweiten Hauptsatz relativ griffig zu formulieren.

> Formulierung der ersten beiden Hauptsätze mit Exergie und Anergie
> 1. Hauptsatz: Exergie + Anergie = konstant
> 2. Hauptsatz: Exergie verwandelt sich in Anergie, aber nicht umgekehrt.

Beachten Sie aber, dass eine Stirling-Maschine im idealen, also reversiblen Grenzfall keine Exergie in Anergie umwandelt, sondern nur aussortiert oder zumischt, wie es die oberen Teilbilder in Bild 6.2.5 zeigen.

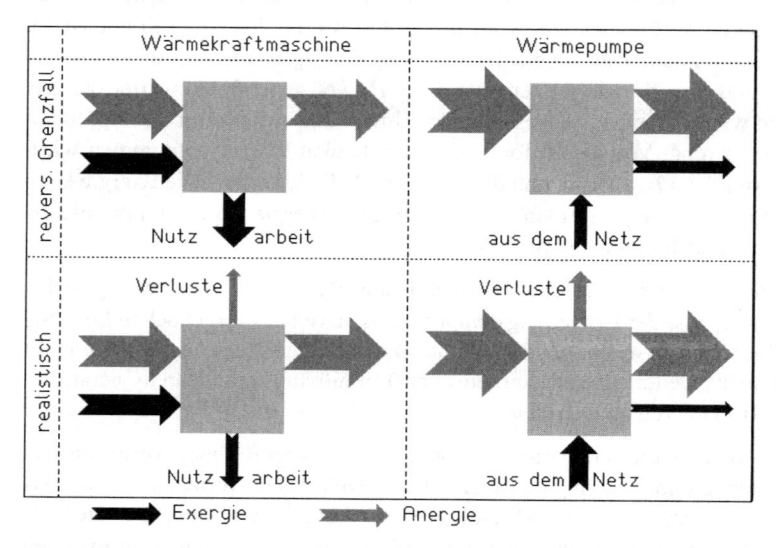

Bild 6.2.5 Flussdiagramm für Exergie und Anergie bei der Stirling-Maschine oder auch einer anderen thermodynamischen Maschine. Oben: theoretischer Grenzfall der Reversibilität. Unten: allgemeiner Fall.

Das Wort „Energie" wird in Wirtschaft und Politik, meistens sogar in der Technik, eher im Sinne von „Exergie" benutzt. Diese ist knapp und muss vor Verschwendung bewahrt werden. Als *Verlust* sehen wir mit Recht jede Entwertung von Energie an, sofern sie nicht absichtlich zum Heizen geschieht. Zwar bleibt die Energie erhalten, aber davon haben wir nichts, die Exergie wird schlicht weniger. Das ist etwa vergleichbar mit einem Wasservorrat in der Wüste. Die Aussage, dass beim Verdunsten oder Verschütten kein Wasser vernichtet wird, ist richtig. Für die Praxis ist aber wichtiger, zu wissen, dass man es trotzdem vermeiden sollte.

Die menschliche Energiewirtschaft – in Industrieländern wie bei uns rund um die Uhr rund 5 kW pro Person – ist gegenüber der Sonneneinstrahlung verschwindend schwach. Sie kann daher die mittlere Temperatur auf der Erde *nicht unmittelbar* wesentlich verändern, wohl aber über begleitende chemische Effekte. Insbesondere der Treibhaus-Effekt ist dabei wirksam. Die Nutzung fossiler Energieträger kann auch aus einem anderen Grund kein Dauerzustand sein. Konzentrierte Vorräte wie Öl und Kohle, die in Hunderten von Jahrmillionen entstanden sind, werden in wenigen Jahrhunderten *ausgebeutet*. Das ist Raubbau im Zeitmaßstab von rund einer halben Million zu Eins.

6.2.4.1 Wärmepumpe

Aufgabe:

Eine Stirling-Maschine soll als Wärmepumpe bei 300 K ein Zimmer mit 1 kW heizen und dabei Energie aus dem Grundwasser bei 280 K entnehmen. Mit welcher elektrischen Leistung muss sie im verlustfreien Idealfall angetrieben werden? Das Volumen des Arbeitsgases ändere sich dabei um den Faktor 2. Welche Masse muss das Gas haben? Ein Tip: Es gilt die Ableitungsregel $d(\ln(x))/dx = 1/x$.

Lösung:

Wenn die Maschine zwischen 280 K und 300 K arbeitet, so ist der Carnot-Faktor 1/15. Für 1 kW Heizleistung braucht sie also im verlustfreien Idealfall 1/15 kW aus dem Stromnetz. Die Wärmeabgabe bei *einem* Zyklus wird durch die isotherme Kompression bestimmt. Im (p, V)-Diagramm wird sie durch die Fläche unter der oberen Isothermen und über der Nulllinie dargestellt. Integriert man $p = NkT/V$ nach dV von *irgend*einem Wert von V bis zum doppelten, so ergibt sich $NkT \ln(2) = 0{,}7 NkT$. Mit $T = 300$ K und der Drehzahl f ist 1 kW = $0{,}7 fNk \cdot 300$ K, also

$$N = \frac{\frac{1}{0{,}7} \text{ kW}}{300 \text{ K} \cdot fk} = \frac{3{,}4 \cdot 10^{23}}{\frac{f}{s^{-1}}}.$$

Wenn wir Luft mit ihrer mittleren Massenzahl 29 als Arbeitsgas annehmen, so ist die theoretisch benötigte Masse 16 g bei einer Drehzahl von einem Zyklus pro Sekunde. Sonst ist es entsprechend weniger oder mehr, bei doppelter Drehzahl genügt die halbe Menge. Vom Druck oder vom Volumen geht nur das Verhältnis zwischen Maximum und Minimum – hier 2 – in diese Rechnung ein.

Zusatzaufgabe: Diskutieren Sie die Ergebnisse bitte auch mit den Begriffen Exergie und Anergie.

6.3 Die Entropie – ein unbekanntes Wesen?

Dieser Begriff erfreut sich allgemeiner Unbeliebtheit und gilt als schwierig. Vielleicht liegt das daran, dass Entropie zwar eine Bilanzgröße, aber keine Erhaltungsgröße ist. Sie hat sogar die ungewöhnliche Eigenschaft, zuzunehmen – und zwar umso mehr, je weniger man aufpasst.

6.3.1 Makroskopische Definition der Entropie

Wenn wir eine Wärmepumpe mit einer Wasserpumpe vergleichen, so finden wir, dass in beiden Fällen mechanische Energie hineingesteckt wird, um etwas – mehr oder weniger wörtlich – hochzuheben. Beide Vorgänge kann man umkehren. Beim „Herunterlassen" bekommt man die Energie zurück, als „Arbeit" und bis auf Verluste, die aber theoretisch beliebig klein gehalten werden können.

Im Falle der Wasserpumpe ist das, was gehoben wird, eine Menge Wasser, abzumessen als Masse oder Volumen. Was wir erhöhen ist ganz wörtlich die Höhe im Schwerefeld und damit dessen Energie. Die Menge des Wassers ändert sich dabei nicht. Die eingesetzte Energie ist proportional zum Produkt aus der Wassermenge und der Höhe. Bekanntlich fließt Wasser „von selbst" nur von der größeren Höhe zur kleineren. Mit einem Wasserrad kann man dann mechanische Energie entnehmen.

Nun sprechen wir auch bei der Temperatur von „hoch" und „niedrig". Vielleicht hat das sogar einen tieferen Sinn, oder eher einen höheren. Jedenfalls fließt *Wärme* „von selbst" nur von der höheren zur tieferen Temperatur, und dabei kann man mechanische Energie entnehmen, wenn man eine Wärmekraftmaschine oder ein Wärmekraftwerk hat. Um die Wärme dagegen umgekehrt zu transportieren, muss man Energie hineinstecken, die dabei zu der Temperaturdifferenz proportional ist. Aber ist nun die Menge der „Wärme" bei dem Transport gleich geblieben, so wie die Wassermenge bei dem anderen Gerät?

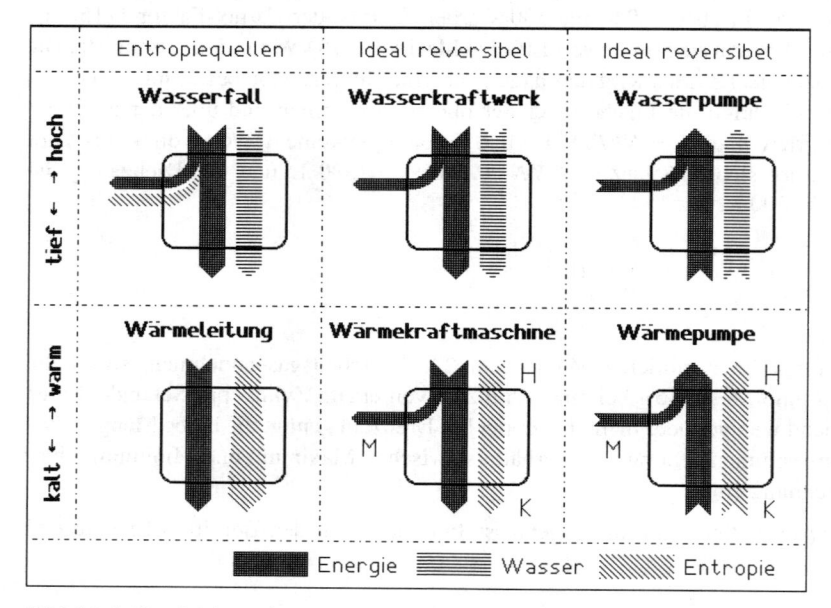

Bild 6.3.1 Vergleich mechanischer und thermischer Flüsse

CARNOT hat in der erwähnten Arbeit genau dieses behauptet. Bei der heutigen Deutung des Wortes „Wärme" – nämlich als Summand in der Energiebilanz – ist das jedoch falsch. Neben *chaleur* benutzte Carnot dafür auch das Wort *calorique*. Das kann aber auch *caloricum* bedeuten, den „Wärmestoff" im Sinne der damals noch verbreiteten Wärmestoff-Vorstellung. Das Caloricum wurde damals zu den chemischen Elementen gerechnet, wie auch das Licht. Vielleicht ist es gar nicht *unsere* Wärme, sondern eine Größe, die wir heute anders nennen?

Betrachten wir eine ideale – also reversibel laufende – Wärme-Kraft-Maschine zwischen den Temperaturen T_t und T_h. In einer gewissen Zeit nimmt diese eine Energie W bei T_h aus dem Heizbad auf und gibt davon den Teil $W \cdot T_t/T_h$ bei T_t an das Kühlwasser ab. Beide Vorgänge nennen wir „Wärmeübergänge" und meinen traditionell den Übergang dieser Energien. Wenn aber Carnot meint, dass da etwas unvermindert wandert, so passt das auf den Quotienten der Energiemengen und der *jeweiligen* Temperaturen, nämlich $W/T_h = (W \cdot T_t/T_h)/T_t$. Die restliche Energie ist $W \cdot (T_t - T_h)/T_h$. Wegen der wird die gesamte Maschine betrieben. Sie geht als „mechanische Arbeit" an den Benutzer der Maschine, etwa an einen Generator.

Man hätte nun den nachfolgenden Generationen das Lernen der Thermodynamik vermutlich sehr erleichtert, wenn man nicht die Energie W_h, sondern den Quotienten W/T_h zur Wärmemenge ernannt hätte. Leider hat man das nicht getan, sondern diesen Quotienten W/T_h *Entropie* genannt. Das heißt wörtlich „Hineinwendung" und soll auf die Nichtumkehrbarkeit hinweisen, die tatsächlich mit dieser Größe beschrieben werden kann. Bemerkenswerterweise wird aber gerade bei dieser Definition verlangt, dass die Energie W auf eine *reversible* Weise, aber trotzdem „als Wärme", durch eine gedachte Wand wandern soll.

Dabei setzen wir voraus, dass jeweils die Temperatur auf beiden Seiten der gleichen Wand fast gleich ist. In der Stirling-Maschine wäre das das Arbeitsgas auf der einen und das Wärmebad oder das Kältebad auf der anderen Seite. „Fast gleich" bedeutet, dass wir mit einer einzigen Temperatur rechnen können, aber damit die Wärme „weiß", in welche Richtung sie wandern soll, muss ein kleiner Unterschied da sein. Die Wärmewanderung ist also *in diesem Sinne reversibel*. Unter diesen Umständen gibt es eine Entropie-Änderung als Quotient aus der gewanderten Wärmemenge und der betreffenden Temperatur.

$$\text{Entropie-Änderung:} \quad \frac{\Delta Q_{\text{rev}}}{T} = \Delta S, \quad \text{Einheit: J/K}$$

Der ideal ablaufende Stirling-Prozess transportiert demnach mit Energiezufuhr eine gleich bleibende Menge an Entropie von der tieferen zur höheren Temperatur. Umgekehrt kann er Energie entnehmen und herausgeben, wenn Entropie von der hohen zur tiefen Temperatur „heruntergelassen" wird.

6.3.2 Entropie beim Stirling-Prozess

Aufgabe:

Stellen Sie bitte zur Aufgabe 6.2.4.1 über das Heizen mit einer Wärmepumpe eine Entropiebilanz auf.

Lösung:

Bei 300 K geht 1 kW in den zu heizenden Raum. Der Entropiestrom ist demnach 10/3 W/K. Aus dem Grundwasser wird bei 280 K die Leistung 14/15 kW entnommen. Der Entropiestrom ist also 50/15 W/K. Beide Werte sind also gleich groß. Die Maschine transportiert somit eine gleich bleibende Menge von Entropie vom Kalten zum Warmen. Sie ist eine *Entropiepumpe*. *Im Idealfall* erzeugt sie weder Entropie noch entnimmt sie welche aus dem Stromnetz oder liefert sie dorthin.

○ Wir werden sehen, dass sie *in Wirklichkeit* noch zusätzliche Entropie produziert, wobei sie selbst warm wird und mehr Energie aus dem Netz nimmt, als für den Idealfall berechnet. In der Idealisierung einer reversibel laufenden Maschine – was allein wegen des unendlich kleinen Tempos technisch keine Optimierung sein kann – wird die Maschine also nur von Energie und Entropie durchflossen, mit der erwähnten Weggabelung.

6.3.3 Die schwierige Klärung des Begriffes Wärme

Unter „Wärme" kann man sich ohne vorherige Erklärungen alles Mögliche vorstellen, am Wenigsten das, was in der Physik gemeint sein soll. Unter „Entropie" kann man sich nur schwer überhaupt etwas vorstellen.

Es kann ein Trost sein, dass die Physiker noch im 18. Jahrhundert beträchtliche Mühe hatten, überhaupt Wärmemenge und Temperatur zu unterscheiden. Ist in zwei Litern lauwarmem Wasser „mehr Wärme" als in einem? Darf man sagen, dass beides „gleich warm" ist? Es ist also eine begriffliche Trennung zwischen der *intensiven* Größe *Temperatur* und der zur Materiemenge proportionalen *extensiven* Größe *Wärmemenge* nötig. Wir messen die Temperatur in Kelvin und die Wärmemenge in Joule, also in der Energieeinheit.

Ist nun Wärme einfach dasselbe wie Energie oder eine von mehreren Sorten der Energie oder etwas noch Anderes? Wäre sie dasselbe, so wäre das Wort überflüssig. Man hat sich entschieden, Wärme als spezielle Sorte aufzufassen, vor allem im Gegensatz zu einer anderen Sorte, nämlich der „Arbeit" – insbesondere dann, wenn es sich um Wanderung oder „Umsetzung" oder Umwandlung von Energie handelt.

Wenn Energie wandert, so kann das mit verschiedenen Umständen zusammenhängen, die man als Ursachen der Wanderung auffassen kann, analog zu Kräften oder elektrischen Spannungen. Ein solcher Umstand ist eine Temperaturdifferenz zwischen den beiden Seiten einer (gedachten) Wand, durch die die Energie geht. Genau in diesem Fall nennt man die *wandernde* Energie *Wärmemenge*.

Alle anderen wandernden Energiebeträge in Maschinen nennt man *Arbeit*. Dieses Wort bedeutet eigentlich „Mühe" und wird im Nibelungenlied im Sinne von schwerem Leid benutzt. In die Physik hat es zu einer Zeit Einzug gehalten, als die meisten Menschen zu ihrem Lebensunterhalt noch mit ihren eigenen Muskeln Energie umsetzen mussten. Heute, wo bei uns die meisten ihr Geld im Sitzen verdienen und zum Vergnügen oder zum Stressabbau im Garten „ackern" oder auf Berge steigen, wäre ein Wort wie „Jogging" für den Energieumsatz passender als „Arbeit".

Wenn man vom Wasser redet, so denkt man in erster Linie an etwas in einem Behälter und erst in zweiter Linie daran, wie man es eingießt oder ausschüttet. Das fließende oder fallende Wasser nennt man immer noch Wasser und höchstens zusätzlich noch anders – Guss, Regen, Schauer. Bei der Energie ist es leider üblich, erst einmal die Gießvorgänge zu benennen. Ist ein Temperaturunterschied beteiligt, nennt man es Wärme, sonst Arbeit. Im zweiten Schritt fragt man dann, ob das auch gespeichert wird. Dann kommt man prompt zu so schönen Begriffen wie „Arbeitsfähigkeit", „Wärmekapazität" oder „latente Wärme", so als ob der Speicher noch unterscheiden könnte, wie er an die Energie gekommen ist. Die Begriffe sind zwar fachsprachlich korrekt, aber inkonsequent. Erinnern Sie sich dazu an das ideale Gas, dessen Energie durch Heizen oder durch Kompression gleichermaßen vergrößert werden kann. Es hat keine getrennte Kontoführung für zugeführte Wärme und zugeführte Arbeit. Es kommt alles in einen Topf, nämlich in die Bewegungsenergie der Moleküle.

Darum besteht heute im Physikunterricht die Konvention, dass Wort „Arbeit" nur in Fällen ohne Verursachung durch eine Temperaturdifferenz zu gebrauchen, das Wort „Wärmemenge" aber für die dank Temperaturdifferenz „überführte" Energiemenge. Ansonsten sagt man immer „Energie". Es wird also weder Arbeit noch Wärme gespeichert. Allerdings gibt es noch keinen vernünftigen Ersatz für unpassende Bezeichnungen wie „Wärmekapazität".

6.3.3 Die schwierige Klärung des Begriffes Wärme

Welchen Sinn macht es nun noch, überhaupt zwischen Arbeit und Wärme zu unterscheiden? Schauen wir dazu auf die Entropie bei dem idealen reversiblen Kreisprozess. Aus dem heißen Bad kommen Energie und Entropie gemeinsam. Ein Teil der Energie geht wunschgemäß an den mechanischen Ausgang – Schwungscheibe, Generator, Anwender. Der Rest der Energie geht zusammen mit der *gesamten* Entropie in das Kühlwasser. Damit kommen wir zu einem übersichtlichen Bild.

> *Wärme* ist eine *Wandergemeinschaft* von Energie *und* Entropie mit der Temperatur als Mischungsverhältnis.
> *Arbeit* ist jede sonstige Energiewanderung.

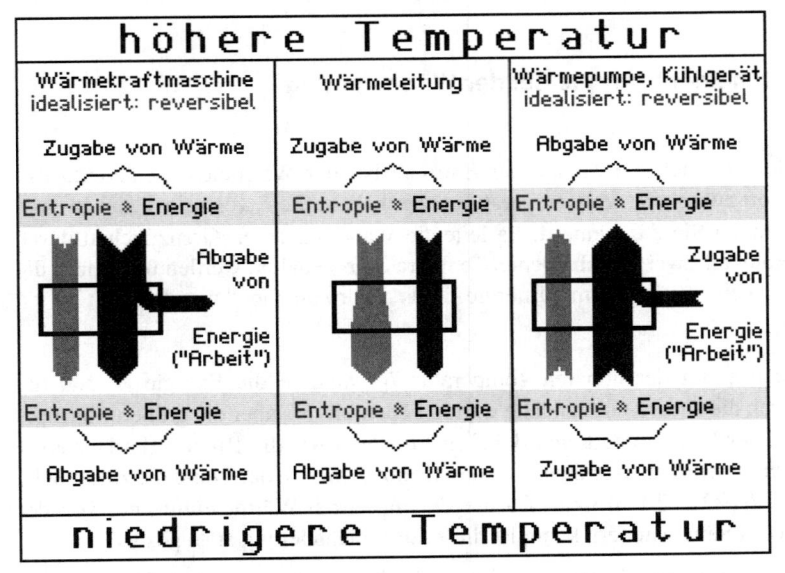

Bild 6.3.2 Wärme als Wandergemeinschaft von Energie und Entropie

Die Wärmekraftmaschine trennt einen Teil der Energie aus dem Energie-Entropie-Strom zwischen heißem und kaltem Bad heraus, sozusagen wie ein Sieb oder ein Filter. Die Temperaturen und der aus ihnen berechnete Carnot-Faktor geben den maximal möglichen Anteil an, der herausgetrennt werden kann. Umgekehrt reichert die Wärmepumpe einen solchen gemischten Strom mit Energie an. Damit dieser Strom überhaupt „nach oben" – gegen das Temperaturgefälle – fließen kann, muss Energie beigemischt werden. Je größer das *relative* Temperaturgefälle ist, wieder angezeigt vom Carnot-Faktor, umso mehr Energie ist nötig.

In diesem Sinne sind Wärme und Arbeit nicht zwei Sorten von wandernder Energie, sondern in beiden Fällen wandert die einzige Sorte Energie, aber mal mit und mal ohne Begleitung von Entropie.

➢ Man kann das auch mit einer Wandergemeinschaft von Pferden und Menschen vergleichen. Dann lässt sich – wie im *Karlsruher Physikkurs* – die Entropie als Träger der Energie darstellen, analog zur elektrischen Ladung, zum Licht, zum Impuls und anderen mengenartigen Trägern. Im Gegensatz zu diesen anderen Bilanzgrößen ist die Entropie jedoch keine Größe, die man auch einzelnen Teilchen der Atomphysik zuordnen kann. Umgekehrt kann man sich solche Teilchen ganz gut als Wandergemeinschaften von Energie, Impuls oder elektrischer Ladung vorstellen, die sich bei Teilchenumwandlungen auch neu gruppieren können, ohne dass irgend etwas verloren geht.

Wir haben die Entropie bisher als eine Größe kennen gelernt, die wie die Energie wandern kann. Damit ist sie bilanzierbar. Wir vermuten, dass sie auch gespeichert werden kann und fragen daher, ob sie erhalten bleibt oder ob es Vorgänge gibt, bei denen sie aus dem Nichts entstehen oder umgekehrt völlig verschwinden kann. Die Summen von Energie und auch von Impulsvektoren können bekanntlich beides nicht – Summen von Impulsbeträgen dagegen können beides. Die Entropie kann nun erstaunlicherweise nur zunehmen, aber nicht abnehmen, was immerhin die weitreichende Konsequenz hat, dass die Zeit eine einseitige Orientierung hat.

6.3.4 Zunahme der Entropie bei der Wärmeleitung

Aufgabe:

Bestimmen Sie bitte, ob sich die Menge der Entropie bei der Wärmeleitung ändert, also beim Energietransport zwischen zwei Temperaturen, der bekanntlich „von selbst" nur in einer Richtung läuft. Nehmen Sie dazu eine dicke leitende Wand an, deren Grenzflächen durch Öfen oder Kühlgeräte auf zwei verschiedenen Temperaturen gehalten werden und durch die in einer bestimmten Zeit eine bestimmte Energie W als „Wärmemenge" wandert.

Lösung:

Durch die Grenzfläche mit der höheren Temperatur T_h wandern die Energie W und die Entropie W/T_h. Durch die andere Grenzfläche wandert ebenfalls W, aber die größere Entropie W/T_t. Der Zustand der Wand ändert sich dabei nicht. Wenn wir die Bilanzierbarkeit ernst nehmen, müssen wir annehmen, dass zwischen den Grenzflächen in der Wand die zusätzliche Entropie $W \cdot (T_h - T_t)/(T_h \cdot T_t)$ entsteht. Da die Energie durch Wärmeleitung nur von der wärmeren zur kälteren Seite wandern kann, ist diese Entropieänderung stets positiv.

Die Wanderung der Energie durch die *ganze* Dicke der Wand ist irreversibel. Sie kann *von selbst* nicht umgekehrt laufen. Durch die einzelnen „unendlich dünnen" Grenzschichten dagegen läuft sie reversibel, weil jede von ihnen auf beiden Seiten beliebig genau jeweils die gleichen Temperaturen hat. Wir werden sehen, dass gerade die Entropieerzeugung der eigentliche Grund für die Irreversibilität ist.

> Diese einfache Aufgabe handelt von dem alltäglichsten Vorgang der ganzen „Wärmelehre". Sie betrifft zugleich den Hauptsatz, der dem theoretischen Verständnis die größten Schwierigkeiten macht. Wie in 1.4.8.10 ist etwas Irreversibles an jeder Stelle im Detail reversibel.

6.3.5 Ausströmversuch von Gay-Lussac

Wenn man ein *ideales* Gas durch ein Loch in ein evakuiertes Gefäß strömen lässt, so ändert sich dabei nicht seine Temperatur – höchstens vorübergehend, wenn ein Gas-Strahl entsteht –, da die kinetische Energie der Moleküle gleich bleibt. Für nicht-ideale Gase ist das anders. Das führt zum *Joule-Thomson-Effekt*, den wir trotz seiner Bedeutung hier aber nicht behandeln.

Denken wir uns speziell ein Gefäß aus zwei zunächst durch eine Wand getrennte Hälften. Nur in einer befinde sich zu Beginn das Gas. Nun öffnen wir ein Loch in der Trennwand. Das Gas verteilt sich auf das doppelte Volumen mit dem halben Druck. Dieser Vorgang ist offensichtlich *irreversibel*. Er läuft nicht von selbst in der umgekehrten Richtung – unabhängig von der Größe des Loches und auch nicht nach Öffnen eines zweiten. Die Energiebilanz hätte nichts gegen eine Umkehr einzuwenden.

Die Energie bleibt unverändert, da die Moleküle nicht gegen *bewegte* Wände laufen und im Falle des idealen Gases auch keine Energie zur Verdünnung umsetzen müssen. Die Temperatur ist in diesem Fall also ebenfalls unverändert.

➢ Man sieht hier, dass die Bezeichnung „Volumenänderungsarbeit" für den Energieumsatz beim Verschieben einer Wand nur formal richtig, sonst aber eher irreführend ist. Es geht dabei nämlich nicht um das Volumen des Gases, sondern um das kräftige Verschieben der Wand. Im Gay-Lussac-Versuch kommt nur das erste von beiden vor, und das setzt gerade *keine* Energie um!

6.3.6 Zweiter Hauptsatz – die nicht abnehmende Entropie

Betrachten wir nun zum Vergleich die *isotherme Expansion*, mit der wir ja ebenfalls das Gas auf das doppelte Volumen und den halben Druck bringen können, indem wir die Wand nicht anbohren, sondern verschieben. Auch dabei bleibt die Temperatur gleich, aber nun aus einem ganz anderen Grund: Die Moleküle geben Energie an den zurückweichenden Stempel ab und schieben ihn damit vor sich her. Aus dem Wärmebad holen sie sich die gleiche Menge Energie, die sie ja zum Aufrechterhalten der gleichen, außen anliegenden Temperatur benötigen. Sie behalten also ihre Energie und Temperatur nur, indem sie Energie – im dynamischen Gleichgewicht – durch sich hindurchschieben. Mit der aufgenommenen Wärmemenge nimmt das Gas zugleich die zugehörige Entropie auf. Dieser Vorgang ist nun bei den üblichen Idealisierungen *reversibel*, also ohne unerwünschte Wärmeleitung, ohne Reibung und ohne merkliche Beschleunigungen.

Wir können auch isotherm komprimieren, müssen dabei aber Wärme etwa an das Kühlwasser abführen. Wir haben die gleiche Menge wie vorhin. Da die Temperatur immer noch die gleiche ist, gehört dazu auch die gleiche Entropiedifferenz, aber jetzt als Abgabe.

Wir können also die Expansion als Volumenvergrößerung bei gleichen Temperaturen vorher und nachher wahlweise reversibel oder irreversibel stattfinden lassen – mit Wärmeabgabe an die Umgebung oder durch Ausströmen. Die Kompression kann aber nicht als Umkehrung des Ausströmens laufen, sondern nur als Umkehrung des reversiblen Prozesses – mit Wärmeaufnahme aus der Umgebung. Dabei sind natürlich auch weniger ideale Abläufe möglich. Der verdünnte Zustand ist durch Volumen, Druck und Temperatur bei einer gegebenen Sorte von idealem Gas hinreichend beschrieben. Ob wir ihn durch Ausströmen oder durch Wandverschiebung erreicht haben, ist dafür belanglos. Es ist derselbe *Zustand*.

Das Bild 6.3.3 zeigt die beiden Arten, das Volumen zu ändern, schematisch. Wenn wir die Wand hin- und herschieben, so bewegen wir abwechselnd Entropie hinein und heraus. Im Idealfall ist das jeweils gleich viel. Wenn wir aber die Verdünnung durch Ausströmen erreichen, können wir über die Entropie zunächst keine Aussagen machen, weil ihre Änderung nur für reversible Vorgänge definiert ist, und dies ist kein solcher.

Wenn wir abwechselnd ausströmen lassen und isotherm komprimieren, so holen wir bei jedem vollen Zyklus Entropie heraus. Da das Ausströmen ohne thermischen Kontakt zur Außenwelt geschehen kann, *wandert* dabei auch keine Entropie. Wenn sie so etwas wie eine Bilanzgröße sein soll, muss sie also zwischendurch entstehen – vermutlich beim Ausströmen. Was wir hier an einem relativ einfachen Beispiel sehen, gilt ganz allgemein.

> **Entropiesatz – Zweiter Hauptsatz der Thermodynamik**
> Entropie kann transportiert und erzeugt, aber nicht vernichtet werden.

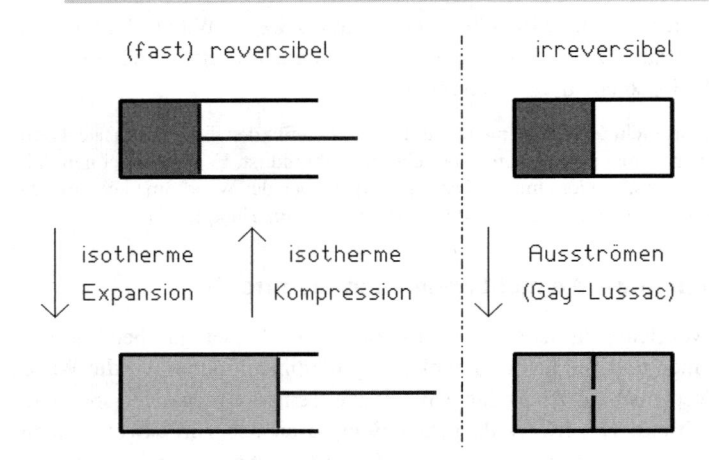

Bild 6.3.3 Zwei Arten der Volumenänderung.
Links: Isotherme Expansion mit isothermer Kompression als Umkehrung ist reversibel möglich. Bei der Expansion wird Entropie aus der Außenwelt genommen und bei der Kompression an sie abgegeben.
Rechts: Ausströmen ins Vakuum führt stets nur irreversibel vom dichten Zustand zum verdünnten. Wenn die Entropie nur vom Zustand abhängt, muss also beim Ausströmen welche erzeugt werden.

Die Vorgänge, bei denen die Entropie nicht zunimmt, aber möglicherweise wandert, sind genau die *reversiblen* Vorgänge. Es gibt solche Vorgänge immer nur näherungsweise. Eine Welt ohne Entropiezunahme wäre möglicherweise so tot wie eine Programmschleife ohne Ausstieg.

Wir wissen ziemlich sicher, dass es kein *Perpetuum mobile* gibt, also keine Maschine, die Energie aus dem Nichts erzeugt. Wir könnten aber vielleicht hoffen, eine Maschine zu bauen, die Energie einfach aus dem Ozean nimmt, wo es auf eine kleine Abkühlung nicht so sehr ankommt. Das nennt man dann ein *Perpetuum mobile zweiter Art*.

Eine Wärmepumpe sieht dem ja schon recht ähnlich. Wenn wir uns aber an die Einzelheiten erinnern, so benötigt sie mechanische Energie, um Wärme zur hohen Temperatur zu bringen. Ein Gerät, in dem die Wärme *ohne* solchen Antrieb vom Kalten zum Warmen fließt, müsste auf der warmen Seite weniger Entropie abgeben als auf der kalten aufnehmen, da zur gleichen Wärmemenge bei der höheren Temperatur die kleinere Entropie gehört. Sie müsste also Entropie verschlucken und vernichten, *und genau das gibt es nicht*.

6.3.7 Wahrscheinlichkeit und Entropie

Wenn wir fragen, warum das Ausströmen irreversibel ist, dann hilft uns die atomistische Betrachtung etwas weiter. Nehmen wir an, das Volumen sei durch das Ausströmen um den Faktor q größer geworden, und es seien insgesamt N Moleküle im Spiel. Nun fragen wir, mit welchen Wahrscheinlichkeiten sie sich im neuen großen und mit welchen im alten kleinen Volumen aufhalten. Eigentlich geht es uns nicht um die Wahrscheinlichkeiten selbst, sondern nur um deren Quotienten. Für jedes einzelne Molekül ist die Wahrscheinlichkeit um den Faktor $p_{q,1} = q$ größer geworden. Wenn nun die Moleküle sich nicht gegenseitig beeinflussen, was wir annehmen, so ist das Verhältnis für alle N zugleich $p_{q,N} = q^N$. Durch die Expansion haben sie also einen Raum besetzt, in dem sie q^N-mal so wahrscheinlich sind wie in dem Startraum. Aus dem vorigen Abschnitt 6.3.6 wissen wir, dass sich die Entropie erhöht hat.

Wir berechnen nun, um wie viel. Die Expansion erfolgt bei $T = $ const isotherm zwischen den Volumina V und qV. Der Druck folgt dem Gesetz der idealen Gase $p = NkT/V$. Die Integration über $p\,dV$ gibt die Arbeit $NkT(\ln(V) - \ln(qV))$ oder $-NkT\ln(q)$. Den Betrag davon gibt das Gas an den Stempel ab, wenn gleichzeitig die gleiche Menge Energie als Wärme bei der aufrecht zu erhaltenden Temperatur T aufgenommen wird. Sonst würde die Temperatur wie im adiabaten Fall abnehmen. Die Entropieänderung ist wegen des reversiblen Vorganges der Quotient aus Wärmemenge und Temperatur, also $\Delta S = Nk\ln(q)$. Sie ist positiv. Es erfolgt also ein Zuwachs der Entropie des Gases bei isothermer Expansion.

Vergleichen wir das mit der Erhöhung der Wahrscheinlichkeit um den Faktor $p_{q,N} = q^N$, so finden wir in beiden nur die Variablen q und N. Wir logarithmieren die Beziehung $p_{q,N} = q^N$ und erhalten $\ln(p_{q,N}) = N\ln(q)$. Das führt auf einen grundlegenden Zusammenhang.

> Boltzmann-Beziehung: $\quad \Delta S = k\ln(p_{q,N})$

Die Entropie ändert sich also proportional zum Logarithmus des Faktors, um den sich die Wahrscheinlichkeit vergrößert. Auch diese Beziehung gilt allgemein und nicht etwa nur für das einfache Beispiel, an dem wir sie berechnet haben. Unser *Entropiesatz* kann nun auch so formuliert werden, wie es BOLTZMANN 1877 tat.

> Die Welt geht von dem weniger wahrscheinlichen Zustand in den wahrscheinlicheren über und nicht (oder nur selten und geringfügig) umgekehrt.

➤ Die nach Boltzmann benannte *Konstante k* haben wir schon in der Zustandsgleichung des idealen Gases benutzt, siehe 6.1. Dort trat sie als Quotient eines gewissen Teils der mittleren Energie eines Moleküls und der Temperatur auf. Hier sieht sie eher wie ein kleiner Beitrag zu einer Entropieänderung aus. Auf jeden Fall ist sie ein Quotient aus einer Energie und einer Temperatur. Das hört sich geheimnisvoller an als es ist. Die Geheimniskrämerei liegt darin, dass wir aus historischen Gründen nahe miteinander verwandten Größen formal völlig verschiedene Dimensionen zuschreiben. Man könnte die Temperatur auch einfach als mittlere Energie pro Freiheitsgrad definieren und bekäme eine dimensionsfreie Entropie.

6.4 * Aus Geschichte und Gegenwart der Energietechnik

Wenn man die Geschichte der Menschen betrachtet, so gibt es mehrere Ereignisse, die wichtiger waren als alle Machtkämpfe zwischen Griechen und Persern, Römern und Karthagern, Morgenland und Abendland, Engländern und Spaniern, Russen und Amerikanern. Die

Erfindung der Landwirtschaft als neolithische Revolution, die Energietechnik seit dem Ende des 18. Jahrhunderts, eingeleitet mit der entscheidenden Verbesserung der Dampfmaschinen durch WATT, und die Datentechnik seit der Mitte des 20. Jahrhunderts, beschleunigt durch die Erfindung des Transistors, sind solche Ereignisse.

Die Energietechnik ist immer noch überwiegend von thermodynamischen Maschinen beherrscht, trotz des gestiegenen Anteils der Elektrotechnik. Dieser Abschnitt soll die Bedeutung der thermodynamischen Energietechnik hervorheben. Sie brauchen keine Rechnungen nachzuvollziehen, sondern können ganz entspannt schmökern!

6.4.1 * Viele Sorten Kreisprozesse

6.4.1.1 * Rückblick auf die Stirling-Maschine

In 6.2 und besonders in 6.2.2 haben wir den Stirling-Kreisprozess kennen gelernt. Damit kann man im Prinzip alle Nutzungen und alle Erzeugungen von Temperaturgefällen betreiben. Kraftwerke und Kühlschranke *können* so funktionieren. Tatsächlich gibt es Stirling-Maschinen nur sporadisch, am ehesten als Lehrmittel.

Wir werfen darum hier einen qualitativen Blick auf einige andere thermodynamische Maschinen und die zu ihrer theoretischen Beschreibung verwendeten „Vergleichs"-Prozesse. Dampfturbinen und Verbrennungsmotoren sind neben und in Verbindung mit Elektromotoren und elektrischen Generatoren die hauptsächlichen *Arbeitspferde* der Energiewirtschaft – eine fast wörtlich zu nehmende Metapher – und damit Träger der energietechnischen Revolution.

Thermodynamische Maschinen können kontinuierlich laufen wie eine Turbine oder aber periodisch wie eine Kolbenmaschine etwa als Stirling-Maschine oder Verbrennungsmotor. Solche Maschinen können offen oder geschlossen sein. Damit ist gemeint, dass das unter Druck gesetzte Arbeitsmittel durchströmt, wie beim Verbrennungsmotor, oder eingeschlossen bleibt, wie bei der Stirling-Maschine. Das Wort „geschlossen" ist zu unterscheiden von „abgeschlossen", was sich auf sämtliche physikalischen Bilanzgrößen, also hier vor allem die Energie bezieht. Natürlich werden alle diese Maschinen von Energie durchströmt, so wie es auch beim elektrischen Stromkreis ist. Leider gibt es für die Gegensätze zu „geschlossen" und „abgeschlossen" keine getrennten Vokabeln, sondern nur das Wort „offen".

Der ideale Stirling-Prozess wird durch zwei Paare von Kurven im (p, V)-Diagramm oder im (S, T)-Diagramm beschrieben: zwei *Isothermen* und zwei *Isochoren*, die ersteren für je eine feste Temperatur, die anderen für je ein festes Volumen.

6.4.1.2 * Isobaren, Isentropen, ...

Alle Kreisprozesse, die außer Verlusten etwas bewirken, müssen in ihren (p, V)- und (S, T)-Diagrammen eine Fläche umlaufen, die die mechanische Arbeit anzeigt. Zur theoretischen Behandlung sind vier Kurventypen gebräuchlich, sowie ein fünfter, der als Kompromiss, aber auch als gemeinsame Verallgemeinerung aufgefasst werden kann. Zu den vieren gehören außer den genannten (Isochore und Isotherme) noch die Isobare und die Adiabate.

Isobaren sind Kurven gleichen Drucks. Bei konstantem Druck gilt für ideale Gase das Gesetz von AMONTONS. *Adiabaten* ergeben sich, wenn der Wärmeaustausch mit der Umgebung aufgrund guter Isolierung oder schneller Durchführung vernachlässigbar ist. Falls das auch noch als reversibel angesehen werden kann, ist die Adiabate auch zugleich eine *Isentrope*, also eine Kurve für konstante Entropie.

In der Praxis treffen weder Adiabaten noch Isotherme exakt zu. Oft handelt es sich um einen dazwischen liegenden Fall. Dieser kann formal aber auch als Verallgemeinerung aller vier Fälle behandelt werden und wird als *Polytrope* beschrieben. Darunter versteht man Kurven der Form $p \cdot V^k = $ const. Für Isobaren gilt dann trivialerweise $k = 0$, für Isothermen ist $k = 1$ und für Isochoren wird formal $k = \infty$. Für die Adiabaten hängt der Wert k bei idealen Gasen von der Art der Moleküle ab. Von 1,4 für H_2O über 1,5 für Luft bis 1,67 für Edelgase geht der Bereich. In den Kompromissfällen mit unvollkommenem Wärmeaustausch liegt dann der Polytropen-Exponent zwischen 1 und dem Wert für die Adiabate des jeweiligen Gases.

Wir sehen uns nun für die insgesamt fünf Fälle an, wie sich die Größen Druck p, Volumen V, Entropie S und Temperatur T gleichzeitig ändern, wenn wir uns auf jeweils einer Kurve befinden und das Gas entspannen. Bei Kompression geschieht natürlich stets in jeder Hinsicht das Gegenteil.

Tabelle 6.4.1 Verhalten idealer Gase beim Entspannen, geordnet nach dem Polytropen-Exponenten

Ideales Gas	$pV^k = $ const	Verhalten bei Expansion				
Kurvenart	k	p	V	S	T	Entdecker
Isobare	0	**const**	*steigt*	*steigt*	*steigt*	Gay-Lussac
Isotherme	1	*fällt*	*steigt*	*steigt*	**const**	Boyle
Polytrope	$1 < k < \varkappa$	*fällt*	*steigt*	*steigt*	*fällt*	
Adiabate, Isentrope	$1,4 < \varkappa < 1,7$	*fällt*	*steigt*	**const**	*fällt*	
Isochore	(∞)	*fällt*	**const**	*fällt*	*fällt*	Amontons

Für das ideale Gas folgt der Zusammenhang zwischen p, V und T aus der thermischen Zustandsgleichung. Die Entropie steigt, wenn Wärme reversibel zugeführt wird, was wir hier stets voraussetzen. Soll das Volumen steigen und steigt auch die Temperatur oder bleibt konstant, muss dazu die Entropie zunehmen. Es bleiben die Fälle zu betrachten, in denen sich Volumen und Temperatur gegenläufig ändern. Der Fall, in dem sich das für die Entropie gerade ausgleicht, ist – *per definitionem* – die Isentrope, also die reversible Adiabate. Für die Polytrope kommt es plausiblerweise noch darauf an, auf welcher Seite der Adiabaten sie liegt. Die Tabelle ist also ziemlich einfach, weil die Kurven nach dem Exponenten k geordnet sind.

6.4.1.3 * Zehn Kombinationen von „Iso-Kurven" als Kreisprozesse

Will man Kreisprozesse mit „Iso-Kurven" der genannten Arten annähern, braucht man mindestens drei Kurvenstücke.

➥ **Knobelaufgabe:** Warum bilden Polytrope keine Zweiecke, obwohl fast alle krumm sind?

Für die meisten technischen Maschinen ist es gebräuchlich, theoretische Vergleichs-Prozesse aus *zwei Paaren gleichartiger* Kurven zuzuordnen. Beispielsweise bilden zwei Isochoren und zwei Isothermen einen Stirling-Prozess. Eine prominente Ausnahme ist der Diesel-Motor, der weiter unten beschrieben wird. Für je zwei Paare aus fünf Sorten von Kurven gibt es zehn Kombinationen. Fast alle haben praktische Anwendung gefunden. Das Bild 6.4.1 zeigt sie links oben im (T, S)-Diagramm und rechts unten im (p, V)-Diagramm. Die beiden zugehörigen Sorten von Kurvenpaaren findet man in der Spalte und Zeile, in der das betreffende Diagramm steht.

Im Bild 6.4.1 sind die Namen der Prozesse halbfett geschrieben, die zwischen Isothermen laufen. Auf diese ist der Carnot-Faktor unmittelbar anwendbar. Der nach Joule benannte

Prozess wurde 1833 von Ericsson und 1867 von Brayton realisiert. Zu den Prozessen von Papin und von Carnot gibt es keine Realisierungen im Sinne von Maschinen, daher stehen die Namen in Klammern.

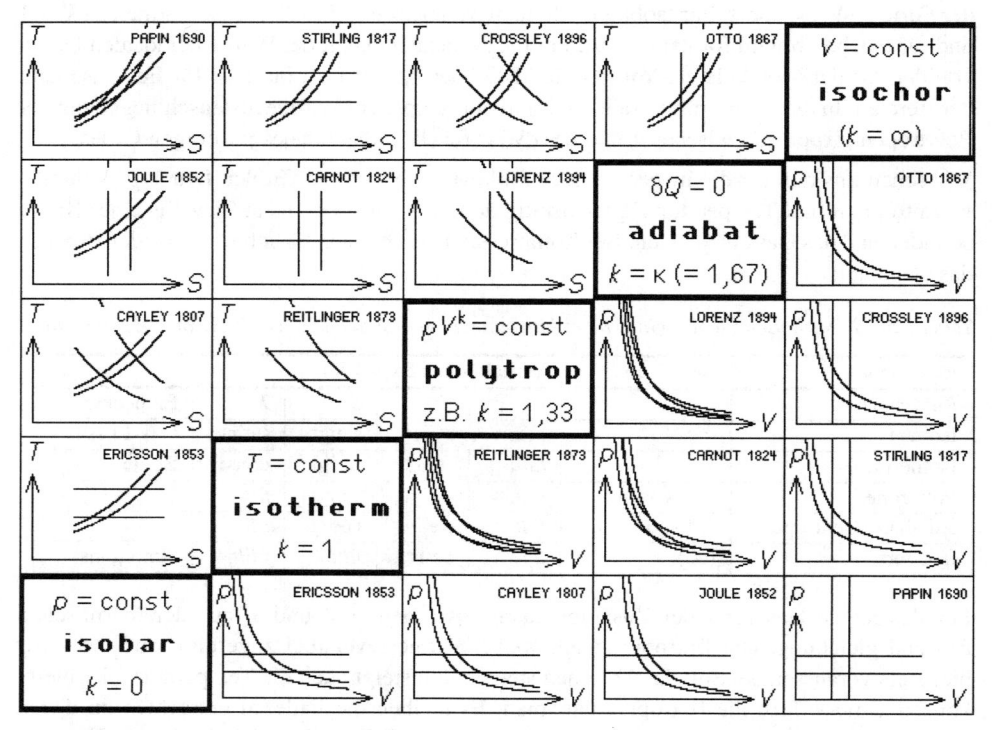

Bild 6.4.1 *Kreisprozesse für ideale Gase zwischen je zwei Paaren von gleichartigen Kurven, den Polytropen, die nach dem Exponenten k geordnet sind. Geht man von einem stark umrandeten Kasten nach links oder oben, findet man die* (S, T)*-Diagramme der Kreisprozesse, in denen sie vorkommen. Rechts und unten sind die* (p, V)*-Diagramme dazu. Isotherm-isentrop gehört so beispielsweise zum Carnot-Prozess* ···

➥ **Knobelaufgabe:** Sind in allen Diagrammen mit dem Uhrzeiger durchlaufene Prozesse Wärmepumpvorgänge? Ordnen Sie dazu für die einzelnen Prozesse die Ecken im (p, V)-Diagramm denen im (S, T)-Diagramm zu.

6.4.1.4 * Die Dampfmaschine und ihr glückloser Erfinder Denys Papin

➢ Wenn PAPIN zu den Wenigen gehört, die in diesem Buch als Personen hervorgehoben werden, so nicht, weil er etwa gleichrangig neben ARISTOTELES, NEWTON, FARADAY oder EINSTEIN stände, sondern als Beispiel für einen der Vielen, die immer noch weit über den Durchschnitt herausragen, aber etwas Pech haben und vergessen werden oder nur noch als Erfinder eines Kochtopfes im Gedächtnis der Nachwelt bleiben.

Die erste Maschine mit Explosionen zur Arbeitsgewinnung haben CHRISTIAAN HUYGENS und sein Gehilfe DENYS PAPIN 1674 in Paris gebaut. Man musste dabei allerdings jede Explosion einzeln anzünden, was nicht nur unbequem, sondern auch gefährlich war.

Mit der Explosion wird die Luft aus einem Kessel durch ein Ventil entfernt. Beim Abkühlen drückt dann die Atmosphäre einen Stempel hinein, wobei Arbeit entnommen werden kann, und zwar auf Wunsch des „Sonnenkönigs" Louis XIV zum Pumpen von Wasser von Paris zu einem Springbrunnen nach Versailles. Der gleiche König widerrief dann das Edikt von Nantes, mit dem Henri IV die reformierte Konfession toleriert hatte. Papin konnte deshalb nicht mehr aus England, wo er mit Boyle zusammengearbeitet hatte, in seine französische Heimat zurück. Er wurde Professor in Marburg und war dann später in Kassel für den hessischen Landgrafen tätig. Der bezahlte ihn allerdings sehr schlecht. Papin verbesserte Pumpen und erfand den Überdruck-Dampfkochtopf. Er erfand auch ein U-Boot, dessen militärische Bedeutung aber in Hessen nur begrenzt war.

1690 kam Papin in Marburg auf die Idee, die Luft nicht durch eine Explosion, sondern durch Verdampfen von Wasser aus dem Kessel zu treiben. Dazu wird nur etwas Wasser eingefüllt und von unten erhitzt. Solange es flüssig bleibt, ändert sich das Volumen dabei nicht. Beim Verdampfen schiebt es dann den Kolben beim konstanten atmosphärischen Druck nach oben. Dort wird der Kolben mit einem Haken befestigt. Nun wird das Feuer weggenommen, und der Dampf kühlt sich ab – leider sehr langsam. Wegen des festgehaltenen Kolbens verläuft das isochor. Dann wird die Arretierung gelöst. Der Kolben wird von der Atmosphäre nun wieder hineingedrückt und kann dabei ein Gewicht heben. Die „Maschine" produziert also wirklich mechanische Energie und benutzt dazu das Feuer. Verloren gegangenes Wasser könnte zurückgewonnen werden, es lohnt sich aber nicht. Gegenüber einer „richtigen" Dampfmaschine fehlen eine effektive Kühlung und eine selbsttätige Steuerung für die Arretierung. Die Arbeit wird nicht mit einem Überdruck, sondern mit dem Unterdruck des kondensierenden Dampfes gegenüber der Atmosphäre erzeugt, weshalb man von einer *atmosphärischen Maschine* spricht. Da das Verdampfen mitspielt, ist Papins originaler Kreisprozess nur sehr bedingt der gleiche wie der ebenfalls isobar-isochore „Papin-Prozess" aus unserer Bildtabelle 6.4.1, den man auch mit einem idealen Gas ausführen kann.

Trotz vieler Ideen zur Verbesserung der Dampfmaschine und zur Idee, diese auf Fahrzeugen und Schiffen einzusetzen, was erst später von anderen verwirklicht werden konnte, und trotz so hervorragender Freunde und Fürsprecher wie Huygens, Boyle und Leibniz, hatte Papin keinen entscheidenden Erfolg. Das lag auch an der nur halbherzigen Unterstützung von möglichen Geldgebern. Papin starb 1712 oder später, man weiß nicht einmal genau, wann.

➤ Es würde hier zu weit führen, die interessante technische Entwicklung der Dampfmaschine und auch der Dampfturbine weiter zu verfolgen. Jedoch sollen noch drei Personen erwähnt werden.

THOMAS SAVERY entwarf 1702 eine Hochdruck-Dampfmaschine mit Kondensation. Er nannte sie „Miner's Friend", da er hoffte, sie zur Entwässerung in Bergwerken einsetzen zu können. Dies gelang aber in befriedigendem Maße erst mit der etwa seit 1710 entwickelten atmosphärischen Niederdruck-Maschine von THOMAS NEWCOMEN. Newcomens Maschine hatte in der Mitte des Jahrhunderts eine beachtliche Verbreitung. 1713 soll ein Junge namens HUMPHREY POTTER die Selbststeuerung erfunden haben – die hatte im Prinzip schon Leibniz vorgeschlagen. Potter verknüpfte die Seile, die er eigentlich dauernd betätigen sollte, sinnreich miteinander.

JAMES WATT, eines der ganz großen erfolgreichen technischen Genies, ließ um 1770 mit seinen Erfindungen und Weiterentwicklungen den Dampf geradezu zur Weltmacht aufsteigen. Die industrielle Revolution wird am stärksten mit seinem Namen verknüpft. Nicht umsonst trägt die metrische Einheit der Leistung seinen Namen.

Wenn in Kreuzworträtseln nach dem Erfinder der Dampfmaschine gefragt wird, ist es daher nicht ganz falsch, dass dort ein Name mit vier Buchstaben gesucht wird. Gerecht und genauer wäre es aber schon, nach einem mit fünf zu fragen, wenn überhaupt von nur einem Erfinder die Rede sein kann.

6.4.1.5 * Carnot und Reitlinger

1824 gab es schon viele leistungsfähige Dampfmaschinen in Europa, aber niemand wusste etwas über ihren physikalischen Hintergrund.

Was halten Sie von jemandem, der behauptet, dass bei einem Kreisprozess Wärme von einer hohen Temperatur zu einer niedrigeren gelassen wird und dabei mechanische Arbeit erzeugt wird, oder umgekehrt unter Verbrauch von Arbeit Wärme gegen das Temperaturgefälle gepumpt wird, und dass dabei das Verhältnis der Arbeitsmengen und der Wärmemengen zueinander nur von den Temperaturen und nicht vom Stoff abhängt? Er hat den vollen Durchblick! Aber nun behauptet er außerdem noch, dass die Wärmemenge dabei unverändert bleibt. Das steht im Widerspruch zum Energiesatz von JOULE und MAYER und kann daher nicht stimmen. Wir haben in 6.3.1 gesehen, dass nicht die Wärmemenge, sondern die dort als nützliche Größe eingeführte Entropie diese zum Wasser in der Wasserpumpe und in dem Wasserkraftwerk analoge Rolle spielt.

Tatsächlich hat SADI CARNOT, der seinen Soldatenberuf zeitweise als Privatgelehrter unterbrach, beides behauptet – das richtige und das falsche. 1824 erscheint seine einzige Veröffentlichung *Réflexions sur la Puissance Motrice du Feu* – „Betrachtungen über die bewegende Kraft des Feuers". Er beschreibt darin ein Gedankenexperiment, bei dem ein Gas nacheinander isotherm und dann adiabat expandiert und anschließend erst isotherm auf einer niedrigeren Temperatur und weiter adiabat komprimiert wird. Auch wird der umgekehrt durchlaufene Kreisprozess besprochen, wenn bei hoher Temperatur komprimiert und bei niedrigerer expandiert wird, wie bei der Wärmepumpe.

Carnot spricht zu dieser Zeit noch von *calorique* als einem unvergänglichen Wärme-Stoff. Erst CLAUSIUS überwindet den Widerspruch zum Energiesatz, der die Umwandelbarkeit zwischen Arbeit und Wärme behandelt – damals als Äquivalenz bezeichnet. Der adiabat-isotherme Kreisprozess wird korrekterweise nach Carnot benannt. Der Wirkungsgrad, der Carnot-Faktor, den wir in 6.2.2 beim Stirling-Prozess kennen gelernt haben, wird großzügigerweise auch nach ihm benannt. Carnot hat immerhin korrekterweise behauptet, dieser Wirkungsgrad sei nicht zu übertreffen und unabhängig vom Stoff. Noch heute findet man jedoch in manchen Büchern die falsche Aussage, alle anderen Kreisprozesse hätten bei gleichen Grenztemperaturen kleinere Wirkungsgrade.

Nun kann man einwenden, dass die Stirling-Maschine den Carnot-Faktor nur in einem idealen Grenzfall erreichen kann, bei dem die Volumenänderungsarbeit verlustfrei in einem Regenerator zwischengespeichert wird. Auf der anderen Seite gibt es die Carnot-Maschine nur als Gedankengegenstand. Der Hauptgrund liegt in dem unverhältnismäßig großen Unterschied der extremen Drücke im Vergleich zu anderen Maschinen mit gleicher beabsichtigter Leistung.

Nicht nur die Stirling-Maschine hat den gleichen idealen Grenzwert des Wirkungsgrades wie der Carnot-Prozess, sondern auch die *Ericsson-Maschine*. EDMUND REITLINGER hat 1873 gezeigt, dass eine zwischen zwei Polytropen und zwei Isothermen arbeitende Maschine ebenfalls den Carnot-Faktor als Grenz-Wirkungsgrad hat. Das gilt damit für *jede* Maschine, die die Wärme nur auf *einer* Isotherme aufnimmt und nur auf *einer* anderen Isotherme abgibt. Da Isobare, Isochore und Isentrope Spezialfälle der Polytrope sind, sind die Stirling-, Carnot- und die Ericsson-Maschine Spezialfälle der Reitlinger-Maschine. Die Carnot-Maschine spielt nur insofern eine Sonderrolle, als sie den theoretischen Fall beschreibt, der dabei ohne Zwischenspeicherung im Regenerator auskommt.

❍ Nur wenn man die Ansicht vertritt, dass der Regenerator nicht eigentlich zum Kreisprozess gehört, lässt sich die irreführende Behauptung rechtfertigen, der Wirkungsgrad sei – jeweils bei gleichen Temperaturen – bei Carnot besser als bei Stirling und Ericsson. Wird die Wärme nicht auf konstanten Temperaturen zu- und abgeführt, so müsste die Carnot-Formel mit gewissen „effektiven" mittleren Temperaturen formuliert werden. Mit den extremen tatsächlichen Temperaturen liefert sie einen höheren Wirkungsgrad als mit solchen Maschinen auch nur theoretisch erreichbar ist.

6.4.1.6 * Ericsson und der Jet-Set

Der aus Schweden stammende Ingenieur JOHN ERICSSON baute 1853 einen Heißluftmotor von rund 220 kW. Er stattete damit ein 72 m langes, nach ihm selbst benanntes Schiff aus. Der Motor arbeitete zwischen zwei Isothermen und zwei Isobaren und hatte daher den Carnot-Faktor als idealen Wirkungsgrad.

Statt mit Hubkolben kann man den Kreisprozess auch mit einer geschlossenen Gasturbine realisieren. Dann bezeichnet man den Prozess als *Ackeret-Keller-Prozess*. Das Gas wird dabei von einer Kompressor-Turbine, einer Art Ventilator, isotherm komprimiert und dann „von außen" auf hohem ungefähr konstantem Druck geheizt. Beim Strömen durch eine zweite Turbine entspannt sich das Gas auf den tiefen Druck. Dabei gibt es mehr Arbeit ab, als der Kompressor benötigt. Verwendet man eine offene Gasturbine, dann ist das Luft-Brennstoff-Gemisch zugleich das Arbeitsgas. Das vereinfacht zwar den Aufbau der Turbine, schränkt aber die Wahl der Brennstoffe ein.

In Fahrzeugen wird die Gasturbine nur dann einem Hubkolbenmotor vorgezogen, wenn es um schnelle und leichte Exemplare geht. Bei der Eisenbahn nutzt der experimentelle TGV 001 Gasturbinen. Bei Flugzeugen im mittleren Geschwindigkeitsbereich um 500 km/h gibt es die Turbo-Prop-Maschinen, bei denen gewöhnliche Propeller von Gasturbinen angetrieben werden. Auch bei den meisten Hubschraubern wird die Gasturbine verwendet, dort *Wellenturbine* genannt.

In Kraftwerken werden Gasturbinen oft für die zeitlich variable Spitzenlast verwendet, während für die Grundlast Dampfturbinen günstiger sind. Bei der offenen Gasturbine in einem Starrflügel-Flugzeug kann das ausströmende Gas direkt zum Vortrieb dienen. Der Propeller soll dabei am Umfang die Schallgeschwindigkeit nicht erreichen.

Strahltriebwerke – *vulgo* „Düsenantrieb" – gibt es seit 1939, erstmals von Heinkel in Rostock bei der He 178 eingesetzt. Man unterscheidet zwei Arten solcher Triebwerke. Das reine Einstrom-Strahltriebwerk – *Turbojet* genannt – wurde beim Überschallflugzeug *Concorde* genutzt, ansonsten aber im zivilen Bereich nur selten. Die heutigen Großflugzeuge haben fast alle die als Zweistrom-, Mantel- oder Bypass-Strahltriebwerke bezeichneten *Turbofans*. Bei denen erzeugt die Gasturbine nicht nur direkt Rückstoss, sondern treibt auch noch einen Ventilator an, den *fan*. Das ist ein etwas kleinerer, von außen nicht sichtbarer Propeller im Mantelbereich.

Die gebräuchlichen Flugzeugtriebwerke sind also nach Flug-Geschwindigkeit und Leistung geordnet: Otto-Kolbenmotor, Turboprop, Turbofan und Turbojet jeweils für Starrflügler sowie Otto-Kolbenmotor und Wellenturbine für Hubschrauber. Wer also um den Globus herum*jettet*, tut dies fast immer mit Turbo*fans*.

6.4.1.7 * Verbrennungsmotoren nach Otto und Diesel

Wie in 6.4.1.4 berichtet, haben HUYGENS und PAPIN schon 1674 die ersten Explosionsmotoren betrieben – frühe Vorläufer unserer Benzinmotoren.

Der *Otto-Motor* wurde 1867 von NIKOLAUS OTTO gebaut. Dieser Motor arbeitet zwischen zwei Adiabaten und zwei Isochoren als offener Kreisprozess mit Hubkolben. Er wird mit einem brennbaren Gemisch aus Gas oder Benzindampf und Luft gespeist. Durch elektrische Zündfunken wird dieses zur Explosion gebracht. In der *Viertakt-Version* mit Ventilen werden zwei der vier „Takte" des Kolbens zum Leeren und Füllen des Zylinders benötigt. Beim *Zweitakter* wird das sozusagen nebenbei erledigt.

Bei dem von RUDOLF DIESEL entwickelten Motor wird der an sich billigere Brennstoff in die hochverdichtete und somit heiße Luft eingespritzt. Damit erfolgt die Verbrennung weniger plötzlich. Im (p,V)-Diagramm ist die obere Rundung breiter, sodass man den Prozess an dieser Stelle durch eine Isobare beschreibt. Beim „Diesel-Prozess" nimmt man diese Isobare anstelle der einen Isochore. Beim „Seiliger-Prozess" kommt die Isobare zur Isochore hinzu. Dieser kann auch als gemeinsame Verallgemeinerung für den Diesel-Prozess und den Otto-Prozess aufgefasst werden.

In beiden Fällen besteht der theoretische Kreisprozess des Dieselmotors aber *nicht* aus zwei Paaren gleichartiger Kurven und fällt daher aus dem Schema von 6.4.1.3 heraus. Seine technische Bedeutung im Straßenverkehr, bei Schiffen und auch noch bei der Eisenbahn muss wohl nicht besonders betont werden.

6.4.2 * Zur Energiewirtschaft – die unsichtbaren Sklaven

Wenn man liest, dass in den alten Bundesländern Deutschlands in einem Jahr 12 600 Petajoule Energie verkauft wurden oder auch „430 Millionen Tonnen SKE", so kann sich darunter natürlich jeder etwas vorstellen – nämlich „irgendwie sehr viel". Dagegen waren die alten Pferdestärken noch relativ anschaulich. Man fühlt sich als Beherrscher vieler Pferde, wenn man mit einem Fuß fünfzig oder gar hundert Pferdestärken aktiviert. Anderseits hält man

6.4.2 Zur Energiewirtschaft – die unsichtbaren Sklaven

den Lebensstil der Reichen im Alten Rom, die Dutzende von Sklaven für sich arbeiten ließen, für unverdienten Luxus.

Wir haben zwar kaum noch persönliche Sklaven in Gestalt von Menschen, aber wir Mitteleuropäer setzen rund fünf Kilowatt rund um die Uhr in Maschinen, Fahrzeugen, Heizanlagen und Fabriken um. Das ist etwa das Fünfzigfache unseres körperlichen Leistungsumsatzes von rund hundert Watt. Das findet man leicht, wenn man den jährlichen Umsatz durch die Zahl der Einwohner und die Dauer des Jahres teilt. Davon entfällt rund ein Kilowatt auf Verkehrsmittel, was also im Zeitmittel sozusagen zehn Sklaven entspricht. Wenn ein Auto hundert Kilowatt hat, setzt es bei voller Fahrt tausendmal so viel um wie der Körper seines Fahrers! Zum Glück steht es aber meistens still. Das Bild 6.4.2 zeigt die wichtigsten Daten der Energiewirtschaft in den alten Bundesländern nach Verwendung und Art der Sekundärenergie. Die Zahlen geben dabei die Leistung pro Person in Watt an.

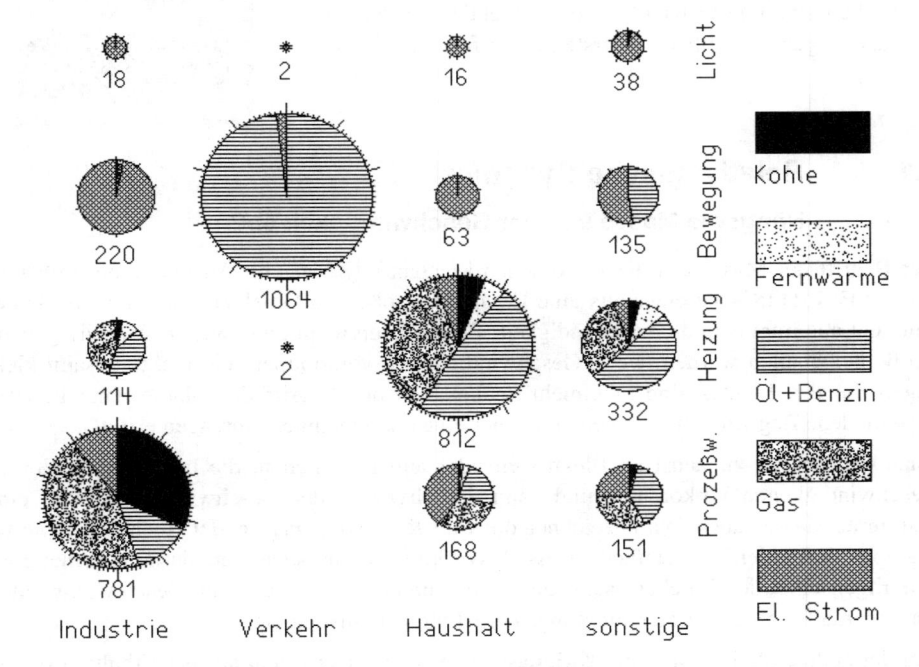

Bild 6.4.2 Aufteilung des Sekundärenergie-Umsatzes in Watt pro Person in den alten Bundesländern Deutschlands, über Tages- und Jahreszeiten gemittelt (Ende 20. Jahrhundert, Zahlen umgerechnet und vereinfacht nach Energieflussbildern von RWE Energie AG).

7 Spezielle Relativitätstheorie (SRT)

Wir folgen hier nicht der historischen Entwicklung und behandeln auch kaum die Effekte, die Raumfahrer in der Nähe der Lichtgeschwindigkeit verunsichern würden. Wir konzentrieren uns auf den in der Atomphysik außerordentlich wichtigen Zusammenhang zwischen Impuls und Energie und hängen noch eine Betrachtung über die Nützlichkeit von Collidern gegenüber Beschleunigern mit ruhendem Target an. Reihenfolge und Gewichtung der folgenden Abschnitte sind also gegenüber üblichen Darstellungen fast umgekehrt.

7.1 Relativistische Dynamik

7.1.1 Hängt die Masse von der Geschwindigkeit ab?

Der Begriff der Masse aus der Klassischen Mechanik (KM) – im Anschluss an NEWTON bis *vor* EINSTEIN – ist einerseits eine Erhaltungsgröße von Objekten und andererseits der Quotient aus Impuls und Geschwindigkeit. Beides kann nicht ohne weiteres für die gleiche Größe beibehalten werden, wenn Geschwindigkeiten vorkommen, die nicht allesamt klein gegen die des Lichtes sind. Vielmehr spaltet sich der Begriff der Masse dann in zwei verschiedene Begriffe auf, von denen je einer eine der genannten Aussagen erfüllt.

Dazu denken wir zunächst an Elektronen oder andere Teilchen, die bei beliebig kleinen Geschwindigkeiten vorkommen und dann, im Grenzfall der Geschwindigkeit Null, eine bestimmte Masse haben. Wir bezeichnen diese als *Ruhemasse* m_0 – in der Hochenergiephysik sagt man dazu allerdings einfach „Masse". Wir können nun behaupten, dass die Ruhemasse eine Eigenschaft des Teilchens sein soll, die es immer, auch bei anderen Geschwindigkeiten hat, jedenfalls solange es sich nicht in andere Teilchen umwandelt.

Auf der anderen Seite gilt in der KM, dass die Masse der Quotient aus der Erhaltungsgröße Impuls und der Geschwindigkeit ist. Auch bei großen Geschwindigkeiten, die *nicht klein gegen die Lichtgeschwindigkeit* sind, gibt es einen Impulsvektor p, der eine Erhaltungsgröße ist. Der Quotient m aus dem Impuls p und der Geschwindigkeit v ist allerdings nicht mehr von der Geschwindigkeit unabhängig: Wie die Erfahrung zeigt, wird m bei Annäherung von v gegen die Lichtgeschwindigkeit c unbegrenzt größer! Das nennt man *Geschwindigkeitsabhängigkeit der Masse*. Der Effekt wurde von WALTER KAUFMANN um die Wende vom 19. zum 20. Jahrhunderts experimentell an Elektronen gefunden. Nach heutigem Wissen folgt er genau der in Einsteins SRT aufgestellten Formel

$$m = m_0 / \sqrt{1 - \left(\frac{v}{c}\right)^2}.$$

Darin sind m_0 die Ruhemasse, v die Geschwindigkeit eines Teilchens oder Körpers von einem Beobachter aus gesehen und c die Lichtgeschwindigkeit im Vakuum. Diese ist für alle Beob-

7.1.2 Das Pythagoras-Dreieck der SRT

achter gleich, unabhängig wie sie sich zu der Lichtquelle bewegen. Das Verhältnis aus Impuls und Geschwindigkeit ist m und wird *dynamische, relativistische* oder *transversale Masse* genannt. Für $v = 0$ ist $m = m_0$. Auch für nicht zu große $v \ll c$ gilt immer noch sehr genau $m \approx m_0$. Kommt v aber in die Größenordnung von c, so strebt m gegen Unendlich. Die obere Kurve in Bild 7.1.1 zeigt m/m_0 nach oben aufgetragen gegen den Geschwindigkeitsbetrag nach rechts.

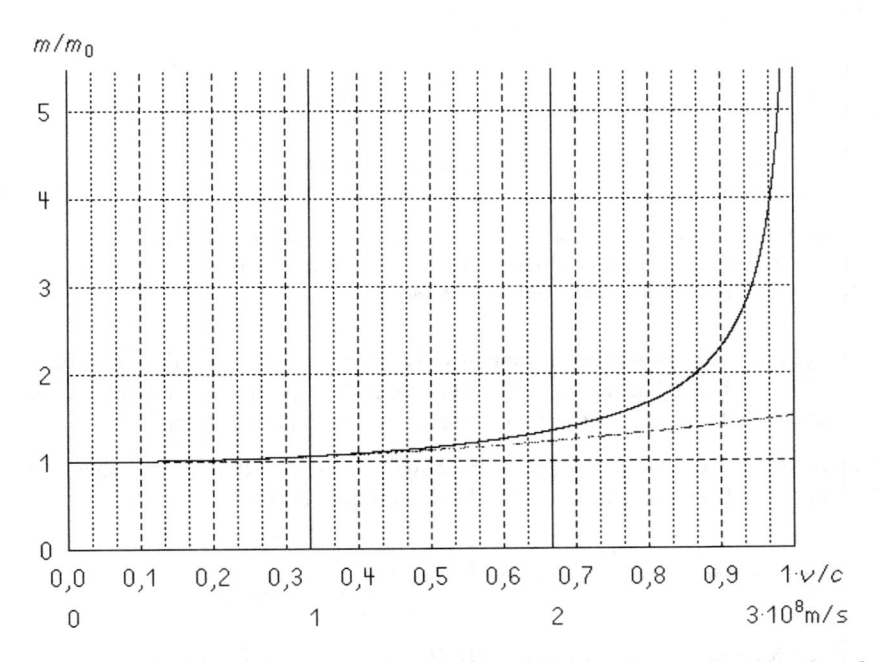

Bild 7.1.1 Abhängigkeit der dynamischen Masse von der Geschwindigkeit. Die schwach ansteigende Parabel betrifft die kinetische Energie, wie sie nach der KM wäre, siehe 7.2.

➤ Kaufmanns Messergebnisse legten einen anderen funktionellen Zusammenhang nahe als Einsteins theoretisch begründete Gleichung, was zunächst einigen Streit über die richtige Formel gab. Für uns ist dabei am wichtigsten, dass man den Zusammenhang *experimentell* finden kann.

7.1.2 Das Pythagoras-Dreieck der SRT

In Bild 7.1.2 ist links der gleiche Sachverhalt wie in Bild 7.1.1 dargestellt, allerdings ist nicht m/m_0 sondern der Kehrwert davon gegen v/c aufgetragen. Der Graph dieser Funktion ist einfach ein Viertelkreis, wie man anhand der Formel und mit dem pythagoreischen Satz leicht einsieht. Die beiden Verhältnisse sind die Katheten in einem rechtwinkligen Dreieck mit der Hypotenuse 1.

Im rechten Teil des Bildes sind die Beschriftungen der Seiten des hervorgehobenen Dreiecks allesamt mit mc^2 multipliziert. Die eine Kathete ist dann $mv \cdot c$, also nach unserem bisherigen Wissen pc, die andere m_0c^2. Bis auf die konstanten Faktoren c und c^2 sind das der Impuls und die Ruhemasse.

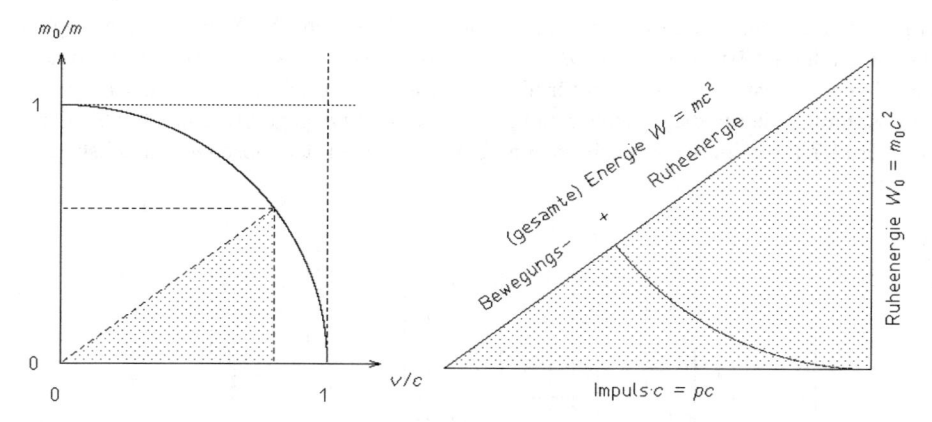

Bild 7.1.2 Links: Die Kurve aus Bild 7.1.1 wird hier so als Kehrwert aufgetragen, dass ein Kreisbogen entsteht. Rechts: Alle Seiten des Dreiecks sind mit mc^2 multipliziert worden. Das liefert uns eine grafische Merkregel für Ruhemasse, Impuls und Energie.

Noch ist nicht geklärt, was es mit der Hypotenuse mc^2 auf sich hat, die hier noch ohne plausiblen Grund mit W bezeichnet ist. Zunächst ist sie einfach proportional zur dynamischen Masse m, so wie die Katheten proportional zur Ruhemasse und zum Impuls sind.

Um zu einer richtigen Vermutung zu gelangen, bilden wir die Differenz zwischen der dynamischen Masse und der Ruhemasse und multiplizieren jeweils mit c^2:

$$c^2(m - m_0) = c\sqrt{m_0^2 c^2 + p^2} - m_0 c^2 = m_0 c^2 \left(\sqrt{1 + \frac{p^2}{(m_0 c)^2}} - 1 \right).$$

Im Grenzfall der KM, also für $v \ll c$ ist das wegen $(1 + a)^2 \approx 1 + 2a$ für $a \ll 1$

$$c^2(m - m_0) \approx m_0 c^2 \left[1 + \frac{p^2}{2(m_0 c)^2} - 1 \right] = \frac{m_0 c^2 p^2}{2(m_0 c)^2} = \frac{p^2}{2 m_0}.$$

Das ist nichts anderes als eine Formel der KM für die *kinetische Energie*. Wir vermuten nun, dass $c^2(m - m_0)$ *immer* die kinetische Energie ist, auch wenn diese Näherung nicht möglich ist. Wir behaupten: Bei der Geschwindigkeit Null hat ein Körper eine *Ruheenergie*, die nur von seiner Ruhemasse abhängt, und bei größeren Geschwindigkeiten kommt die kinetische Energie dazu. Bei zunächst noch kleinen Geschwindigkeiten folgt diese genau der Formel der KM, dann aber weicht sie immer stärker ab als nach der KM. Für die endliche Geschwindigkeit des Lichtes hätte ein Körper mit einer Ruhemasse, die *nicht* Null ist, unendliche Energie. Tatsächlich erreicht er gerade deswegen diese Geschwindigkeit nie.

Das Bild 7.1.1 können wir nun auch als W/W_0 gegen v/c lesen. Die schwach ansteigende Parabel zeigt an, was nach der KM herauskäme.

Das Bild 7.1.3 zeigt die gesamte und die kinetische Energie, mit getrennten Skalen, gegen den Impulsbetrag aufgetragen. Ihr Graph wäre nach der KM eine Parabel $W = p^2/(2m)$, weicht aber nach unten von ihr ab und nähert sich für große W/W_0 der Proportionalität $W \approx pc$.

➤ Diese Asymptote ist auch die Abhängigkeit der gesamten Energie vom Impuls für Teilchen ohne Ruhemasse, für die die Skala der kinetischen Energie nicht gilt.

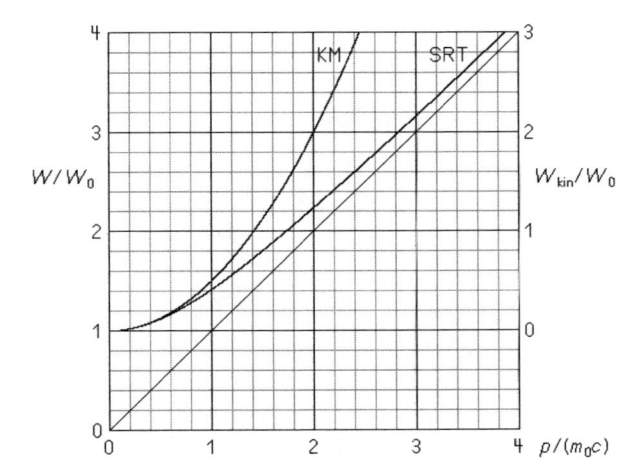

Bild 7.1.3 Die gesamte Energie, Skala links, und die kinetische Energie, Skala rechts, ergeben als Funktion des Impulses eine Hyperbel. Die gesamte Energie bei Teilchen ohne Ruhemasse liefert die Asymptote der Hyperbel. Zum Vergleich ist die kinetische Energie nach der KM auch hier als Parabel eingetragen.

Man kann nun das Dreieck in Bild 7.1.2 als Verknüpfung zwischen Energie, Impuls und Ruhemasse auffassen, genauso gut aber auch als Beziehung zwischen dynamischer Masse, Impuls und Ruhemasse oder als Zusammenhang von Energie, Impuls und Ruheenergie. Da die Ruheenergie mit der Ruhemasse über die Konstante c^2 fest verknüpft ist, und die Energie mit der dynamischen Masse ebenso über die gleiche Konstante, ist es eine reine Geschmacksfrage, was man bevorzugt.

Es gibt einfach keinen Unterschied zwischen Masse und Energie, den wir in der Natur finden können, sondern nur einen, der sich aus verschiedenen Maßeinheiten ergibt. Wir kommen in 7.1.6 näher darauf zurück. Es gibt aber sehr wohl einen Unterschied zwischen den Größen Masse oder Energie *mit Bewegung* und Ruhemasse oder Ruheenergie *im Ruhsystem*. Die Hochenergiephysiker, die sich mit einzelnen Teilchen von sehr hoher Energie befassen – vor allem in Beschleuniger-Anlagen – sprechen von Masse, wenn sie die Ruhemasse oder die Ruheenergie meinen. In diesem Sinne ist auch stets das Wort „masselos" zu verstehen, nämlich als „ohne Ruhemasse". Umgekehrt findet man auch die Bezeichnung „massiv" für Teilchen, die eine Ruheenergie größer als Null haben. Diese können trotzdem in gewissem Sinne punktförmig wie Elektronen sein oder „wolkenförmig" und nahezu leer wie Protonen.

7.1.3 Grenzfälle: klassisch langsam oder relativistisch fast und ganz wie das Licht

Falls der Körper ganz in Ruhe ist, verschwindet der Impuls, und die Energie ist exakt gleich der Ruheenergie. Unser Pythagoras-Dreieck der SRT besteht nur aus der Seite, die die Ruheenergie darstellt.

Bei langsamen Bewegungen – verglichen mit der Lichtgeschwindigkeit – ist das Dreieck sehr lang und spitz, siehe Bild 7.1.4. Die Impulsseite ist dann sehr viel kürzer als die Ruhemasseseite. In diesen Fällen kann man mit genügender Genauigkeit die KM verwenden und insbesondere ihre Formel für die kinetische Energie.

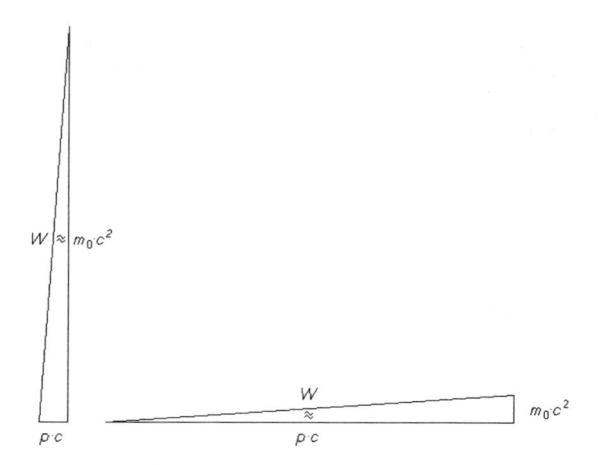

Bild 7.1.4 Links: Grenzfall mit kleinem Impuls und/oder großer Ruheenergie. Wenn unser Dreieck so hoch und schmal ist, ist die KM eine sinnvolle Näherung. Rechts: Grenzfall mit kleiner Ruheenergie und/oder großem Impuls. Wenn unser Dreieck so flach und lang ist, ist die Näherung für Teilchen ohne Ruhemassen (Photonen) eine sinnvolle Näherung.

Ohne Ruhemasse besteht unser Dreieck nur aus der anderen Kathete, die den Impuls darstellt. Wir finden dann die Formel

$$p = \frac{W}{c} = mc.$$

Sie gilt tatsächlich für Photonen, also für die Teilchen des Lichtes und der anderen elektromagnetischen Strahlen und sonstige Teilchen ohne Ruhemasse.

Wenn die Ruhemasse klein gegen p/c ist, also die Ruheenergie klein gegen $p \cdot c$, so ist das Dreieck lang und spitz. Nun ist die Impulsseite nahezu genauso lang wie die Energieseite. Die obige Formel gilt dann in guter Näherung.

Betrachten wir Elektronen und Protonen mit der gleichen kinetischen Energie, etwa 20 MeV. Die Ruhemassen sind ganz grob für das Elektron 0,5 MeV/c^2 und für das Proton 1 GeV/c^2. Die Energie eines solchen Protons ist fast ganz Ruheenergie, die eines solchen Elektrons fast ganz kinetische. Für das Proton ist die KM daher noch eine gute Näherung, für das Elektron aber ist sie völlig falsch.

Über die Anwendbarkeit einer Näherung entscheidet also nicht die kinetische Energie allein, sondern ihr Verhältnis zur Ruheenergie, also auch die Geschwindigkeit oder das Kathetenverhältnis in unserem Pythagoras-Dreieck. Sind beide ungefähr gleich groß – also v etwa zwischen 20 % und 80 % von c, so muss man relativistisch rechnen. Ist v klein gegen c, so ist die KM brauchbar. Ist v nahe an c, so gilt die *hochrelativistische* Näherung, bei der die Ruhemasse keine Rolle mehr spielt und die obige Formel anwendbar ist.

7.1.4 Wechsel des Bezugssystems

Bisher haben wir das Dreieck so interpretiert: Ein und dasselbe Teilchen bewegt sich entweder gar nicht oder mehr oder weniger schnell. Seine gesamte Energie wird in dem einen Fall durch die hier senkrecht gezeichnete Kathete als Ruheenergie angezeigt, im anderen Fall durch die Hypotenuse des Dreiecks. Falls das Teilchen sich nicht bewegt, ist der Impuls natürlich Null, und die waagerechte Kathete auch. Die andere Kathete fällt also mit der Hypotenuse zusammen. Bei Impuls Null sind also Energie und Ruheenergie dasselbe, wie es sich gehört. Zeichnen wir das Dreieck also für ein sich bewegendes Teilchen, so sagen wir: Die Ruheenergie ist die Energie, die es hätte, wenn es sich nicht bewegen würde.

Nun erinnern wird uns an das Relativitätsprinzip, das in der SRT ebenso gilt wie in der KM – die Bezeichnung täuscht sogar vor, als gälte es nur in der Relativitätstheorie. Wenn ein Teilchen sich bewegt, so gibt es immer auch ein Bezugssystem, das mit ihm läuft und von dem aus gesehen es also ruht. Zumindest für die augenblickliche Geschwindigkeit gibt es sogar immer ein Inertialsystem, das so mitläuft – denken Sie an ein Polizeiauto, das neben einem zu schnell fahrenden Auto fährt, oder an einen Kameramann auf einem Motorrad bei einem Radrennen.

Die Aussagen der SRT gelten nur für unbeschleunigte Teilchen, darum können wir diese Einschränkung hinnehmen. Das Inertialsystem, relativ zu dem ein Teilchen ruht, nennen wir *sein* Ruhsystem. Das Teilchen hat nun gleichzeitig zwei verschiedene Energien: In seinem Ruhsystem W_0, und in einem anderen, in dem es einen Impuls $p \neq 0$ hat, W. Zwischen diesen drei Größen gelten die Beziehungen, die unser Dreieck geometrisch darstellt.

Das ist in der KM *qualitativ* nicht anders: Auch dort hat ein Teilchen in einem System, zu dem es sich bewegt, eine größere Energie als in seinem Ruhsystem. Der Unterschied zwischen beiden ist auch dort die Bewegungsenergie. Allerdings gilt dabei eine andere Formel, nämlich $W_{kin} = p^2/(2m)$ anstelle von $W_{kin} = \sqrt{W_0^2 + (pc)^2} - W_0$. Nur für $pc \ll W_0$ stimmen beide überein.

Wir interpretieren nun also W_0 anders: Es ist die Energie, die das Teilchen in seinem eigenen Ruhsystem hat. Das Dreieck rechnet also nicht nur um, was bei einer Änderung des Impulses mit der Energie im gleichen Bezugssystem geschieht, sondern ebenso gut, wie sich die Energien des gleichen Teilchens bei der gleichen Bewegung in zwei Bezugssystemen verhalten, von denen eines sein Ruhsystem ist. Die durch das Dreieck dargestellte Beziehung ist also auch die Energieumrechnung vom Ruhsystem in ein anderes System.

Tabelle 7.1.1 Energieumrechnung

	irgendein Inertialsystem	Ruhsystem
Impulsbetrag	p	0
Energie	$W = \sqrt{W_0^2 + (pc)^2}$	W_0

Machen Sie sich bitte klar, dass es zwei ganz verschiedene Dinge sind, ob ein bisher stehender Bus losfährt, oder ob man einen fahrenden Bus wahlweise von innen oder von der Straße aus beobachtet. In beiden Fällen treten eine Geschwindigkeit und eine Differenz von Bewegungsenergien auf. Nur im ersten Fall geschieht aber überhaupt etwas. Nur in diesem Fall benötigt man ein energieumsetzendes System, wie einen Motor oder ein Pferd.

7.1.5 Systeme aus mehreren Teilchen, Erhaltung und Invarianz

Physik ist deswegen so (relativ!) einfach, weil sie in vielen Fällen sagen kann, dass in einem System bestimmte Größen gleich bleiben, egal, was geschieht, oder egal, von wo aus man es betrachtet. Im ersten Fall spricht man von Erhaltung, im zweiten von Invarianz, obwohl in beiden Fällen Gleichheit und Konstanz gemeint sind. Wir müssen trotzdem hier beides trennen.

Erhaltung bedeutet, dass eine Größe vor und nach einem Vorgang – einem Billardstoß oder auch einer Wasserstoffbombenexplosion – im gleichen Bezugssystem den gleichen Wert hat. Die Summe aller beteiligten Energien und die Vektorsumme aller Impulse haben diese Eigenschaft. Das gilt nicht nur in der KM, sondern auch in der SRT – jedenfalls passen alle Erfahrungen zu dieser kühnen Behauptung! Auch ist man ziemlich sicher, dass die Summe aller elektrischen Ladungen konstant bleibt.

Größen, die nicht erhalten bleiben, sind etwa die Summen der Beträge von Ladungen oder die Summen der Beträge von Impulsen, aber auch die Entropie, die so wenig abnehmen kann wie die Zeitkoordinate. Die einzelnen Summanden in der Energie sind keine Erhaltungsgrößen – sogar nur bei ganz bestimmten Vorgängen bleibt die Bewegungsenergie für sich erhalten oder wenigstens die Summen der als mechanisch bezeichneten Energieanteile.

Bei *Invarianz* geht es um Größen, die ein Objekt zu ein und derselben Zeit hat. Ist da nicht sowieso alles invariant? Wir haben gesehen, dass der Drehimpuls des gleichen Objekts sehr verschieden ist, je nachdem, auf welche Achse er bezogen ist. Ebenso hat ein starrer Körper zugleich für verschiedene mögliche Drehachsen sehr unterschiedliche Trägheitsmomente, dagegen aber in der KM nur einen einzigen Wert für die Masse.

Hat er auch zu einer gegebenen Zeit nur einen einzigen Impuls? Natürlich nicht, denn dieser hängt davon ab, welches Bezugssystem wir als ruhend ansehen – Straße, Fahrzeugboden, Erdbahnebene, ... Ebenso verhält es sich mit der Bewegungsenergie. Energie und Impuls sind also bezugssystemabhängig, sowohl in der KM als auch in der SRT.

Wie steht es mit der Masse? In der KM ist sie unabhängig vom Bezugssystem, also invariant gegen deren Wechsel. Dass die dynamische Masse dies in der SRT nicht sein kann, ist klar, denn sie ist ja bis auf den konstanten Faktor $1/c^2$ nichts anderes als die Energie. Wie verträgt sich das miteinander? Immerhin ist die KM ja für kleine Geschwindigkeiten zutreffend. Man kann den Grenzfall, den die KM darstellt, dadurch kennzeichnen, dass die kinetische Energie und auch die Energieänderungen nur einen sehr kleinen Teil der gesamten Energie ausmachen.

Bei einer chemischen Explosion geht es um einige eV pro Molekül bei einigen Dutzend GeV Gesamtenergie. Die Änderungen spielen sich also in der 9. oder 10. Dezimalstelle ab. Energiebetrachtungen der klassischen Physik und der Chemie verschieben den Nullpunkt daher einfach auf die Ruheenergie, so wie man in der Geographie Höhen nicht vom Erdmittelpunkt, sondern vom Meeresspiegel aus misst. Die Masse ist aber trotzdem proportional zur gesamten Energie und daher in den ersten 9 oder 10 Dezimalstellen genau gleich bleibend.

Wir haben die Situation, dass Masse und Energie von Natur aus nicht zu unterscheiden sind. Nur unser metrisches Einheitensystem macht aus ihnen zwei *formal* verschiedene Größen. Im Gültigkeitsbereich der KM ändert sich diese eine Größe für ein einzelnes Objekt beim Energieaustausch mit anderen Objekten typischerweise in der 9. bis 16. Dezimalstelle nach dem Komma.

Wo diese Größe als Faktor auftritt, nehmen wir das nicht ernst und reden von einer konstanten Masse. Wenn wir aber Differenzen betrachten, so nehmen wir gewissermaßen eine Lupe und schieben den eigentlichen Nullpunkt weit aus unserem Blickfeld. Wir behaupten dann sogar, es gäbe gar keinen Nullpunkt für die Energie, sondern man könne ihn dort hinsetzen, wo es einem gerade am bequemsten erscheint.

Ist nun vielleicht die *Ruhemasse* – gleichbedeutend die *Ruheenergie* – invariant? Hier ist aber schon die Frage sinnlos: Die Ruhemasse ist ja gerade die Masse, die das Objekt in einem ganz bestimmten System hat, nämlich dem mit ihm mitlaufenden. In allen anderen hat sie andere, nämlich größere Werte.

Bei den Erhaltungsgrößen haben wir gesehen, dass bei bestimmten Vorgängen, etwa Stößen, zwar nicht die entsprechenden Größen der einzelnen Objekte, wohl aber ihre (Vektor-)Summen erhalten bleiben. Es macht also offenbar Sinn, nicht nur vom Impuls und der Energie einzelner Objekte, sondern auch ganzer Systeme von Objekten zu sprechen, und darunter ganz einfach die entsprechende Summe zu verstehen.

Betrachten wir nun ein „System" aus zwei Objekten, die sich irgendwie begegnen. Der gemeinsame Impuls ist die Vektorsumme der einzelnen Impulse, die Energie die Summe der einzelnen Energien. Was ist dann mit der Ruheenergie oder Ruhemasse? Wenn sie ebenfalls additiv wäre wie in der KM, kämen wir in Widerspruch zu unserem Dreieck. Tatsächlich gilt das Dreieck auch für Systeme aus mehreren Teilchen, und Impuls und Energie sind additiv und Erhaltungsgrößen. Die Ruheenergie ist dagegen im Allgemeinen nicht die Summe der einzelnen Ruheenergien, und die Ruhemasse also auch nicht die Summe der einzelnen Ruhemassen. Vermutlich weil wir bei der Masse immer an eine Waage denken, ist das durchaus ungewohnt.

7.1.5.1 * Ruheenergie mehrerer Photonen

Ganz besonders erstaunlich ist es, wenn viele Teilchen zusammen eine Ruheenergie haben, obwohl jedes einzelne keine hat. Ich gebe zu, dass ich bis vor kurzem gedacht hatte, die Ruheenergie mehrerer Photonen müsste ebenso verschwinden wie die der einzelnen Photonen, und zwar bis zur Lektüre in dem schönen Buch *Physik der Raumzeit* von E. F. TAYLOR und J. A. WHEELER.

Aufgabe:

Nehmen Sie an, dass sich zwei Photonen der gleichen Energie W irgendwo begegnen. Wir betrachten die drei Fälle, in denen ihre Richtungen parallel, zueinander rechtwinklig und entgegengesetzt sind. Bestimmen Sie jeweils die gemeinsame Ruhenergie, also die gemeinsame Energie in dem System, in dem ihr gemeinsamer Schwerpunkt ruht, sofern es ein solches System gibt.

Lösung:

Die Beträge der einzelnen Impulse sind in allen Fällen W/c, die der Ruheenergien einzeln natürlich Null. Die Beträge der Summenvektoren sind aber verschieden, wie Tabelle 7.1.2 zeigt.

Zeile 6 ergibt sich nach unserem Pythagoras-Dreieck aus den Zeilen 4 und 5. Die Geschwindigkeit des Schwerpunktes in Zeile 7 finden wir, indem wir $v_s = p_{ges}c^2/W_{ges}$ entsprechend Bild 7.1.2 berechnen.

> ➤ Die ganze Sache ist weniger paradox, wenn man bedenkt, dass einzelne oder parallel zueinander laufende Photonen in keinem Inertialsystem ruhen können, sondern relativ zu jedem mit Lichtgeschwindigkeit laufen. Das ist die eigentliche zentrale Aussage der SRT, die Relativität hat sie

ja auch von der KM geerbt. Photonen in verschiedenen Richtungen haben aber eine gemeinsame Schwerpunktsgeschwindigkeit kleiner als c.

Tabelle 7.1.2 *System aus zwei Photonen der jeweiligen Energie W*

Zeile	Fall	parallel	orthogonal	antiparallel
1	Energie einzeln	W	W	W
2	Ruheenergie einzeln	0	0	0
3	Impulsbetrag einzeln	W/c	W/c	W/c
4	Energie zusammen	$2W$	$2W$	$2W$
5	Betrag der Impulssumme	$2W/c$	$\sqrt{2}\,W/c$	0
6	gemeinsame Ruheenergie	0	$\sqrt{2}\,W/c$	$2W$
7	Schwerpunktsgeschwindigkeit	c	$c\sqrt{1/2}$	0

7.1.5.2 Warum Collider so wirtschaftlich sind

1983 wurden im CERN von einer vielköpfigen Arbeitsgruppe erstmalig die Weakonen W^+, W^- und Z^0 erzeugt. Zwei der Wissenschaftler des Teams, CARLO RUBBIA und SIMON VAN DER MEER bekamen 1984 dafür den Nobelpreis. Protonen und Anti-Protonen von je 270 GeV wurden gegeneinander geschossen – die Geräte dazu heißen „Collider". Im Ruhsystem, das hierbei mit dem Laborsystem übereinstimmt, stehen somit $W_S = 540$ GeV zur Verfügung.

Aufgabe:

Kann man auch nur die Teilchen der einen Sorte beschleunigen und auf die anderen, im Laborsystem ruhenden Teilchen – das „Target" – schießen? Auf welche Energie muss man dann die Geschossteilchen beschleunigen? Bestimmen Sie bitte den Zusammenhang zwischen der für beide Teilchen gleichen Ruheenergie W_0, der Energie W_1 des Geschossteilchens und der gesamten Energie W_S im gemeinsamen Schwerpunktsystem. Diskutieren Sie auch die Grenzfälle für kleine und große W_1.

Lösung:

Der Impuls der Geschossteilchen und damit auch die Summe beider Impulse ist im Laborsystem $p = \sqrt{W_1^2 - W_0^2}/c$. Die Summe der Energien ist im Laborsystem $W_1 + W_0$. Im gemeinsamen Schwerpunktsystem ist der Impuls natürlich Null. Für die gesamte Energie im Schwerpunktsystem, die Ruheenergie W_S – diesmal nicht W_0 genannt, da dieses Symbol ja hier schon vergeben ist – erhalten wir

$$W_S^2 = (W_1 + W_0)^2 - (pc)^2 = (W_1 + W_0)^2 - (W_1^2 - W_0^2) = 2W_0(W_0 + W_1)$$

oder

$$\frac{W_S}{W_0} = \sqrt{2\left(1 + \frac{W_1}{W_0}\right)}.$$

Sehen wir uns die Grenzfälle an. Ist W_1 kaum größer als die Ruheenergie, die Bewegungsenergie also klein gegen sie, so haben wir als Gesamtenergie fast nur die Summe $2W_0$ der Ruheenergien der beiden Teilchen.

7.1.5 Systeme aus mehreren Teilchen, Erhaltung und Invarianz

Ist W_1 dagegen groß gegen W_0, so ist W_S etwas größer als $\sqrt{2W_1W_0}$, nimmt also nur mit der Quadratwurzel aus der Geschossenergie zu!

Umgekehrt muss man für ein vorgegebenes W_S unverhältnismäßig große Geschossenergien aufwenden, nämlich knapp $W_S^2/(2W_0)$. Im Falle der 540 GeV wären das völlig utopische 310 TeV, also 310 000 GeV.

Seitdem man in Beschleunigern Energien benutzt, die groß gegen die Ruheenergien der Teilchen sind, sind daher Collider den Targetmaschinen bei Weitem überlegen.

In Bild 7.1.5 ist W_1/W_0 gegen W_S/W_0 entsprechend unserer Formel doppelt-logarithmisch aufgetragen. Man erkennt die stark zunehmende Geschossenergie beim Targetverfahren, wenn im Verhältnis zur Ruheenergie des Teilchens viel Reaktionsenergie gefordert wird. Im Collider braucht man einfach zwei Teilchen mit je der Hälfte der Reaktionsenergie.

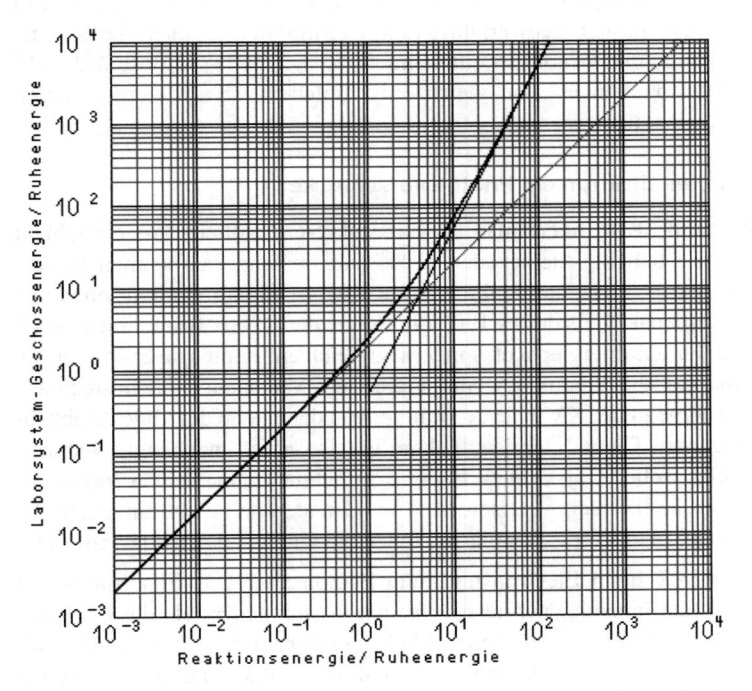

Bild 7.1.5 Energieverhältnisse beim Targetverfahren. Auf der linken Skala ist logarithmisch die Geschossenergie des Teilchens im Laborsystem als Vielfaches seiner Ruheenergie aufgetragen. Die untere Skala zeigt logarithmisch die geforderte Reaktionsenergie, ebenfalls als Vielfaches der Ruheenergie eines Teilchens. Die Kurve wird im oberen Bereich durch eine Gerade der Steigung 2 (quadratischer Zusammenhang), unten durch eine der Steigung 1 (Linearität) angenähert.

7.1.5.3 * HERA

Auch für Teilchen ungleicher Ruheenergien sind Collider die richtige Wahl. Es gelten dann aber etwas allgemeinere Formeln. Wir betrachten dazu ein prominentes Beispiel ganz in unserer Nähe.

Aufgabe:

Im Hadron-Elektron-Collider HERA (Hadron Electron Ring Accelerator) des DESY in Hamburg können Elektronen von 30 GeV und Protonen von 620 GeV gegeneinander geschossen werden. Schätzen Sie bitte die Energie für ein Paar der beiden Teilchen im gemeinsamen Schwerpunktsystem ab.

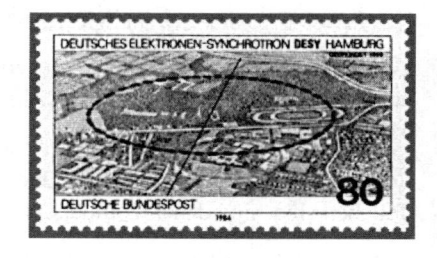

Lösung:

Im Laborsystem ist die Summe der Energien $W = 650$ GeV. Die Summe der Impulse ist wegen der unterschiedlichen Orientierungen der Teichengeschwindigkeiten $p = 590$ GeV/c. Die zugehörige Schwerpunktsenergie ist dasselbe wie die gemeinsame Ruheenergie W_0. In dem System, in dem der gemeinsame Schwerpunkt ruht, ist das durchaus *nicht* die Summe der Ruheenergien von Elektron und Proton! Es gilt vielmehr $W_0 = \sqrt{W^2 - (cp)^2} = 273$ GeV. Bei einer derartigen Kollision können also gleichzeitig Teilchen erzeugt werden, deren Ruhemasse diese Summe nicht überschreiten.

7.1.5.4 * Kann ein freies Elektron ein Photon verschlucken?

In der Klassischen Mechanik (KM) findet man es ganz selbstverständlich, dass ein Objekt mit irgendeiner Masse eine beliebig kleine oder große Energiemenge aufnehmen kann – sofern es davon nicht kaputt geht. Leider denkt man auch beim „Photon" immer noch fast ausschließlich an das Energiepaket, als das es 1905 die Bühne der Physik betrat. Tatsächlich ist das Photon aber nicht nur ein Energiepaket, sondern zugleich ein Impulspaket – und auch ein Drehimpulspaket, was uns aber hier nicht weiter interessiert. Man kann leicht ausrechnen, dass zu jeder Impulsaufnahme in der KM eine bestimmte, von der Masse des Objekts abhängige Energieaufnahme gehört. Diese Energieaufnahme ist also *nicht* unabhängig wählbar. Andererseits kann ein klassisches Objekt auch Energie aufnehmen ohne seinen Impuls zu ändern: elektrisch, chemisch, elastisch – letztere sind im Grunde auch elektromagnetische Energien. So kann die Feder in einer Taschenuhr mit unterschiedlich viel Energie existieren.

Wie sieht es nun in der SRT beim Elektron und dem Photon aus? Das Elektron ist ein einfaches Teilchen, das keine inneren Energiespeicher hat – ganz anders als die Uhrfeder. Das Elektron hat lediglich seine Ruheenergie von 511 keV und eine eindeutig mit dem Impuls verknüpfte Bewegungsenergie. Im Hinblick auf Energie und Impuls hat das Elektron – weil es keine innere Struktur hat – nur einen Freiheitsgrad, und Impulsbetrag und Energie bestimmen sich daher gegenseitig. Beim Photon ist es ebenso, aber obendrein noch etwas einfacher: Energie W und Impulsbetrag p sind proportional zueinander mit c als Faktor.

Betrachten wir nun das rechtwinklige Dreieck aus 7.1.2. Die Zugabe eines Photons müsste die Kathete, die den Impuls anzeigt, um pc länger machen und gleichzeitig die Hypotenuse um $W = pc$. Das kann geometrisch nicht gehen. Besonders einfach ist es bei dem anfangs ruhenden Elektron: Seine Ruheenergie wird von der anderen Kathete angezeigt, die Impuls-Kathete ist noch 0. Für das Dreieck *nach* der Vereinigung müsste dann die neue Kathete so lang sein wie die Hypotenuse.

Die Frage in der Überschrift bezieht sich ausdrücklich auf ein freies Elektron. Darin ist wichtig, dass das Elektron eben kein zusammengesetztes Teilchen wie ein Atom oder ein

Molekül ist, – und dass es frei ist, also nicht etwa ein Elektron in einem solchen Atom. Es ist leider üblich zu sagen, dass bei der Aufnahme eines Photons durch ein Atom oder Molekül ein Elektron aus dessen Hülle diese Energie als kinetische und potenzielle Energie bekomme. Das ist aber bei näherem Hinsehen so ungenau, als würde man sagen, beim Laden eines Kondensators bekäme die linke Platte – oder vielleicht doch eher die rechte? – die Energie. Sinnvoll sagt man, dass das Feld im Kondensator die Energie bekommt. Ebenso bekommt bei der Absorption eines Photons durch ein Atom das elektrische Feld der Atomhülle die Energie des Photons. Es bekommt nicht nur diese, sondern darüber hinaus das, was dem Elektron des Atoms an Bewegungsenergie weggenommen wird. Das Elektron wird dabei ärmer! Es sollte also keine Rede davon sein, dass dieses im Atom gebundene Elektron der Empfänger der Energie sei. Das Gegenteil ist richtig. Allerdings kann man den betreffenden Anteil der Feldenergie in gewisser Weise einem bestimmten Elektron zurechnen: entscheidend ist der Mittelwert des Kehrwertes der Entfernung vom restlichen Atomrumpf.

7.1.5.5 Compton-Effekt: eindimensionaler Fall

Wir behandeln den Compton-Effekt nur für den Spezialfall einer Dimension. Die Zusammenhänge sind dabei erheblich einfacher, und in der grafischen Darstellung wird alles übersichtlich.

Ein Photon trifft mit einem Impuls p_1 (> 0) auf ein bis dahin nahezu ruhendes Teilchen der Ruheenergie W_0, typischerweise auf ein Elektron. Die Diskrepanz in der Impuls- und Energiebilanz wird durch Emission eines Photons mit einem betragsmäßig kleineren Impuls p_2 (< 0) genau in Rückwärtsrichtung ausgeglichen. Man kann das auch so beschreiben, als würde das ankommende Photon unter Energie- und Impulsabgabe reflektiert und bliebe ansonsten identisch mit sich selbst, was immer das heißen könnte.

Das ankommende primäre Photon gibt dabei die Energiedifferenz $c(p_1 + p_2)$ an das Elektron ab, aber zugleich auch die Impulsdifferenz $p_1 - p_2$. Man beachte das negative Vorzeichen von p_2.

Es werden nun W_0 und p_1 als gegeben betrachtet.

Die Energiedifferenz ist $\sqrt{W_0^2 + c^2(p_1 - p_2)^2} - W_0 = c(p_1 + p_2)$. Daraus ergibt sich $p_2 = -W_0 p_1 / (2c \cdot p_1 + W_0)$.

In dem ganz speziellen Fall mit $W_0 = c \cdot p_1$ gibt das Photon $4/3$ seines Impulses und $2/3$ seiner Energie an das Elektron. Das neue Photon hat also $-1/3$ des Impulses und $+1/3$ der Energie des alten. Das Bild 7.1.6 zeigt genau diesen Fall.

Photonen nach rechts oder nach links erscheinen in diesem Bild mit Steigungen des Betrages 1. Die möglichen Zustände des Elektrons liegen als Punkte auf der Hyperbel. Ist diese bereits gezeichnet, kann man die fehlenden Größen dadurch finden, dass man von dem Punkt im Diagramm ausgeht, der zu Impuls und Energie als Vektor im 4-dimensionalen Raum, von dem hier aber trotzdem nur zwei zu sehen sind, ausgeht und mit der Steigung -1 zur Hyperbel heruntergeht.

Wir wollen diesen ganz speziellen Fall mit einem Stoß der KM vergleichen. Im Laborsystem haben dabei das ruhende Elektron und das ankommende Photon die gleiche Energie, also auch die gleiche Masse. Das legt den Vergleich mit einem Billard-Stoß mit einem ruhenden Ball nahe. Auch dabei sind die Massen gleich, und eins der Objekte ruht vorher auf dem Billardtisch als Laborsystem. Bei zentralem Treffen verläuft auch dieser Stoß eindimensional.

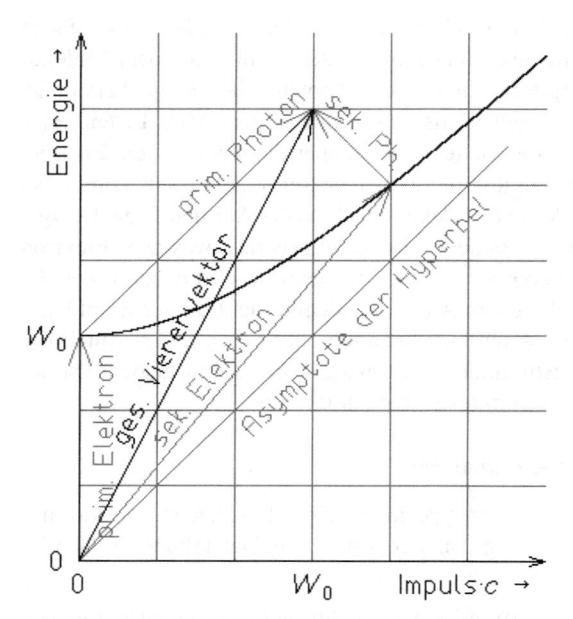

Bild 7.1.6 Energie- und Impulsverhältnisse beim eindimensionalen Compton-Effekt für $W_0 = c \cdot p_1$

Allerdings gibt der stoßende Ball dabei bekanntlich seinen vollen Impuls und seine volle Bewegungsenergie an den anderen ab. Im gemeinsamen Schwerpunktsystem ist die Impulsübergabe die gleiche, aber eine Energieübergabe findet darin nicht statt! Das ist durchaus etwas Anderes als die Abgabe von 4/3 des Impulses und 2/3 der Energie.

7.1.5.6 Der optische Doppler-Effekt

Wir betrachten zwei Photonen der Frequenzen f_1 und f_2, die in genau entgegengesetzten Richtungen durch ein Laborsystem laufen. Sie haben darin die gesamte Energie $h(f_1 + f_2)$ und bei passender Wahl der Vorzeichen den gesamten Impuls $h(f_1 - f_2)/c$. In ihrem gemeinsamen Schwerpunktsystem haben sie eine gemeinsame Frequenz f_0, den Impuls 0 und die gesamte SPS-Energie $2hf_0$.

Nach 7.1.4 gilt nun: $(2f_0)^2 = (f_1 + f_2)^2 - (f_1 - f_2)^2$ oder $f_0 = \sqrt{f_1 f_2}$ und damit $f_2 = f_0^2/f_1$.

Andererseits wissen wir aus 7.1.2 über die Relativgeschwindigkeit zwischen Laborsystem und SPS: $v/c = cp_\mathrm{L}S/W_\mathrm{L}S$ und damit $v/c = (f_1 - f_2)/(f_1 + f_2) = (f_1^2 - f_0^2)/(f_1^2 + f_0^2)$. Umrechnen ergibt $f_1/f_0 = \sqrt{(c+v)/(c-v)} \approx 1 + v/c$.

Licht dessen Frequenz in einem Inertialsystem f_0 ist, hat also in einem mit der Relativgeschwindigkeit v gegen die Ausbreitungsrichtung laufenden Inertialsystem die Frequenz f_1 gemäß der exakten Formel, oder für $v \ll c$ auch nach der genäherten Formel. Sender und Empfänger sind dabei gleichberechtigt. In den Formeln kommt – anders als in der Akustik – keine Geschwindigkeit eines Mediums vor.

DOPPLER fand dieses Ergebnis 1843 auf einem anderen Weg für die Optik. Er vermutete darin den Grund für die unterschiedlichen Farben der Sterne, die aber in Wirklichkeit mit der Temperaturstrahlung zu tun haben und damit den Temperaturen der Sternatmosphären entsprechen. Wohl aber kann man die Verschiebung der Linien in den Spektren der Sterne mit dem Doppler-Effekt erklären und aus ihnen die Relativgeschwindigkeiten zu uns hin oder von uns weg bestimmen. Die *kosmologische Rotverschiebung* entfernter Galaxien hat dagegen nicht direkt etwas mit deren Geschwindigkeiten zu tun. Die Ausdehnung des Raumes und die damit verbundene Vergrößerung der Wellenlängen sind dafür die Ursache, obwohl viele Bücher das mit dem Doppler-Effekt vermischen.

1845 hat BUYS-BALLOT die akustische Version des Doppler-Effektes mit einer Blaskapelle und einem Eisenbahnzug untersucht.

7.1.6 Masse und Energie: identisch oder ineinander umwandelbar?

Es gibt in sonst sehr guten Chemiebüchern Kapitel mit Überschriften wie „Von der gegenseitigen Umwandlung von Masse und Energie" – sogar nicht nur dort. Es wird dann behauptet, weder die Masse noch die Energie bleiben für sich exakt erhalten, sondern nur die Summe aus W und mc^2. Das hört sich sehr klar und unangreifbar an. Manche Kollegen meinen, dass man die Äquivalenz auch so ausdrücken darf.

Auch auf die Gefahr hin, Sie mit den Vergleichen mit dem Bargeld zu nerven: Denken Sie sich einen Haufen von 2-Euro-Stücken auf einer Waage. Nun legt jemand zu Ihrer Freude noch ein paar solcher Münzen dazu. Die Masse und der Geldwert haben sich *gleichermaßen* vergrößert. Niemand wird sagen, dass sich dabei Masse in Geldwert oder umgekehrt verwandelt hätte.

Von einer Umwandlung zwischen zwei Dingen spricht man dagegen nur – aber nicht immer –, wenn das eine weniger und das andere mehr wird. Bei Schnee und Schmelzwasser ist das so.

Was ist nun mit Masse und Energie?

Im September 1905 schrieb Albert Einstein eine Veröffentlichung über eine Folgerung aus seiner gerade in den Druck gehenden Arbeit *Zur Elektrodynamik bewegter Körper*, mit der er die SRT begründete. Die neue und sehr kurze Arbeit hieß *Ist die Trägheit eines Körpers von seinem Energieinhalt abhängig?* (Akk. Physik 18(1905) 635–641). Einstein beantwortet das mit einem klaren Ja.

> *Gibt ein Körper die Energie L in Form von Strahlung ab, so verkleinert sich seine Masse um L/V^2. Hierbei ist es offenbar unwesentlich, dass die dem Körper entzogene Energie gerade in Energie der Strahlung übergeht, sodass wir zu der allgemeineren Folgerung geführt werden:*
> *Die Masse eines Körpers ist ein Maß für dessen Energieinhalt; ändert sich seine Energie um L, so ändert sich die Masse in demselben Sinne um $L/9 \cdot 10^{20}$, wenn die Energie in Erg und die Masse in Grammen gemessen wird.*
> *Es ist nicht ausgeschlossen, dass bei Körpern, deren Energieinhalt in hohem Maße veränderlich ist (z. B. bei den Radiumsalzen), eine Prüfung der Theorie gelingen wird. Wenn die Theorie den Tatsachen entspricht, so überträgt die Strahlung Trägheit zwischen den emittierenden und absorbierenden Körpern.*

Hier wird erstmalig festgestellt, dass zu einer Energie immer eine träge Masse gehört. Von Umwandlung ist keine Rede, und das wäre auch ziemlich absurd.

Gehört aber auch zu jeder Masse eine Energie? Wenn ja, dann ja wohl mit dem gleichen Umrechnungsverhältnis, das in unserem Maßsystem als Quadrat der Lichtgeschwindigkeit auftritt. Zur unscheinbaren Ruhemasse gehört dann eine gewaltig große Ruheenergie. Ob sie sich in Maschinen nutzbar machen lässt, ist eine ganz andere Frage.

Betrachtet man die Umwandlung eines Elektron-Positron-Paares in zwei Photonen oder die Umwandlung eines auf ein schweres Teilchen prallenden Photons in ein solches Elektronen-Positronen-Paar, so geht die Energiebilanz genau dann auf, wenn man die Ruheenergien von Elektron und Positron ernst nimmt.

Wie kommt es nun aber zu der hartnäckigen Redeweise von einer Umwandlung? Wenn man das Wort „Materie" nur auf Teilchen *mit* Ruhemasse anwendet und übersieht, dass elektromagnetische Strahlung – Licht, Radio-, Röntgen- und Gamma-Strahlen – außer Energie noch andere Größen, wie Impuls und Drehimpuls transportiert, dann kann man die Bildung des Elektron-Positron-Paares als Erzeugung von Materie aus Röntgen-Strahlung, vermeintlich aus reiner Energie, und die Umkehrung als „Vernichtung" von Materie auffassen. Wir wissen aber, dass auch ein ruhendes Elektron eine Ruheenergie und das Photon sehr wohl eine Masse hat, nur keine Ruhemasse.

Die Summe der kinetischen und der Ruheenergie ist nur von der dynamischen Masse m abhängig, und zwar mit dem Faktor $c^2 = 9 \cdot 10^{16}$ J/kg. Sie wird als Gesamtenergie bezeichnet. Zunächst einmal ist es eine formale Aussage, wenn wir der Ruhemasse eine Energie zuordnen. Es ist allenfalls noch eine andere Beschreibung der Tatsache, dass die Zufuhr kinetischer Energie bei einer Beschleunigung die dynamische Masse ändert.

Die umgekehrte Lesart hat immerhin zur Vorhersage und größenmäßigen Abschätzung der Freisetzung der Kernenergie durch LISE MEITNER, OTTO FRISCH und SIEGFRIED FLÜGGE geführt. Wenn die Nukleonen nach einer Kernreaktion im Mittel um rund 0,1% leichter sind als vorher, wie sich 1938 bei der Entdeckung der Kernspaltung durch OTTO HAHN und FRITZ STRASSMANN (wenige Wochen davor) gezeigt hat, so scheint das nur wenig Massenverlust zu sein, die zugehörige Energieabgabe ist jedoch gewaltig, nämlich über 200 MeV pro Kern.

➤ In einem auch aus anderen Gründen berechtigterweise umstrittenen Fernsehfilm legte man Lise Meitner die Zahlenangabe „200 Milli-Elektronenvolt" in den Mund. Das ist ein kleiner Lesefehler: meV und MeV verhalten sich wie 1 zu 1 000 000 000. 200 meV pro Atom wäre weniger als bei chemischen Reaktionen. Kernreaktionen sind aber mehr als millionenfach stärker als chemische Reaktionen.

Wir haben schon gesehen, dass die Beschreibung als *Umwandlung von Masse in Energie* – oder auch umgekehrt – eher irreführend ist. Die dynamische Masse und die Gesamtenergie bleiben bei allen Umwandlungen, auch bei der so genannten Zerstrahlung oder Annihilation exakt erhalten. Sie unterscheiden sich ja nur durch den konstanten Faktor c^2.

Was sich tatsächlich ändern kann, bis hin zum völligen Verschwinden oder dem Entstehen aus Null, ist die Summe der beteiligten Ruhemassen. So können sich beliebig langsam laufende Elektronen und Positronen in mehrere Photonen verwandeln, wenn sie sich treffen oder umgekehrt aus Photonen entstehen – *Paarvernichtung* oder umgekehrt *Paarerzeugung*. Die Ruhemasse verschwindet oder entsteht dabei, ohne dass danach oder davor eine entsprechende Ruhemasse anwesend wäre. Die Energie und die dynamische Masse sind jedoch in allen Fällen vorher und nachher genau gleich.

Beachten Sie, dass die Summen der Energien und die der dynamischen Massen in jedem Inertialsystem Erhaltungsgrößen sind, die der Ruhemassen jedoch nicht. Aber andererseits nehmen beim Wechsel des Bezugssystems nicht nur die Impulse, sondern auch die Energien und dynamischen Massen andere Werte an. Sofern keine Umwandlungen oder Reaktionen stattfinden, behalten die Ruhemassen jedoch immer die gleichen Werte, sie sind „lorentzinvariant".

7.1.7 Bindungsenergien: Das Ganze ist weniger als seine Teile!

Wenn man ein Objekt in mehrere einzelne zerlegt, so kann es nötig sein, Energie hineinzustecken, indem man die Teile gegen Anziehungskräfte bewegen muss. Denken Sie dabei an das Trennen von Magneten, aber auch an Ionisation oder Dissoziation sowie an Verdampfung. Durch diese zugeführte Energie wird das System aus den zerlegten Einzelteilen schwerer. Verbinden sich dagegen die Teile miteinander, etwa O-Atome und H-Atome, so wird Energie und damit auch etwas Masse abgegeben, etwa in Gestalt von Lichtteilchen. Was übrig bleibt, ist energieärmer und etwas leichter. Tatsächlich hat die Ruhemasse abgenommen. Bezieht sich die Redeweise, die „Masse" habe abgenommen, auf die Ruhemasse, dann ist sie korrekt. Ansonsten aber ist sie im Prinzip so ungenau wie das Vernachlässigen von gasförmigen Produkten bei der Massenbilanz einer chemischen Reaktion.

Bindungs- und Umwandlungenergien werden in verschiedenen Wissensbereichen in unterschiedlichen Einheiten angegeben, was den Vergleich und den Überblick entscheidend behindert. Die Tabelle 7.1.3 stellt wichtige Größenordnungen für den Anteil der umgewandelten Energie zusammen. Die für die Chemie interessanten Werte für verschiedene chemische Brennstoffe oder auch Nahrungsmittel liegen durchweg im Bereich einiger MJ/kg und verblassen gegenüber der Kernenergie, die sieben Zehnerpotenzen darüber beginnt.

Die Energieabgabe von Kernwaffen wird in Form von „gleichwertigen" Mengen an chemischem Sprengstoff, dem Trinitrotoluol (TNT), dem Dynamit verwandt, angegeben. Kleine Uran- oder Plutoniumbomben haben bis 20 Kilotonnen TNT, also einige 10^7 kg TNT, entsprechend einigen Kilogramm Uran oder Plutonium. Bei großen Wasserstoff-Fusions-Bomben sind es einige 100 Megatonnen TNT.

Tabelle 7.1.3 Energieumsätze als Anteil der Ruheenergien über 13 Zehnerpotenzen

Vorgang	Umsatz/Ruheenergie	pro Nukleon	massebezogen
Bergsteigen (1000 m)	10^{-13}	0,1 meV/u	10^4 J/kg
Eis schmelzen	$3 \cdot 10^{-11}$	3 meV/u	$3 \cdot 10^5$ J/kg
Chemische Bindung	10^{-10}	0,1 eV/u	10^7 J/kg
Erde im Feld der Sonne (*)	10^{-8}	10 eV/u	10^9 J/kg
Kernspaltung	10^{-3}	1 MeV/u	10^{14} J/kg
Kernverschmelzung	10^{-2}	10 MeV/u	10^{15} J/kg
Teilchenumwandlung	10^0	1 GeV/u	10^{17} J/kg
(*) potenzielle Energie der Bindung, die gesamte und die kinetische Energie haben jeweils den halben Betrag davon.			

7.2 * Relativistische Kinematik

7.2.1 * Zum Vergleich: die so genannte Galilei-Transformation

Der zentrale Begriff der relativistischen Kinematik ist das *Ereignis*. Damit kann alles gemeint sein, was hinreichend scharf räumlich *und* zeitlich lokalisierbar ist. Für die Polizei ist ein Verkehrsunfall, von dem notiert wird, *wann und wo* er sich zugetragen hat, ein Ereignis, auch ein Verbrechen, wenn Zeit und Ort bekannt sind. Wenn der Raum auf eine unverzweigte Straße begrenzt ist, genügt für die Ortsangabe oft schon das Ablesen eines Zehntel-Kilometersteins. Zwei verschiedene Ereignisse haben zueinander einen räumlichen und einen zeitlichen Abstand. So kann ein Unfall eines Autofahrers 60 km weiter nördlich und drei Stunden später als ein anderer solcher Unfall passiert sein. In diesem Fall ist es möglich, dass die gleiche Person oder das gleiche Fahrzeug an beiden beteiligt war, denn 20 km/h ist keine unmöglich große Geschwindigkeit. Wer dagegen fünf Minuten nach einem Mord, der in München stattfindet, in Hamburg gesehen wird, hat ein vernünftiges Alibi.

Nun wollen wir den *Wechsel zwischen Bezugssystemen* zulassen. Dabei denken wir etwa an ein Rollband, wie es oft zwischen Messehallen die Fußwege erleichtert, oder an fließendes Wasser und darauf ein Schiff, auf dessen Deck Leute spazieren gehen.

Wir vereinbaren, dass im Folgenden *immer Inertialsysteme* gemeint sind, wenn von einem System die Rede ist, und dass die x-Achsen der Systeme parallel oder auch antiparallel zur Relativbewegung der Systeme liegen sollen.

Ein bestimmtes Ereignis wird als *Nullpunkt* für alle Systeme dazu verwendet, die Uhren an dem jeweiligen Punkt auf Null zu stellen und die Nullmarken der Längenskalen jeweils dort zu fixieren. Wir nennen dies das Ereignis O, analog dazu wie ein Koordinaten-Ursprung O genannt wird – als Erinnerung an „origo" und an die Null. Ein anderes Ereignis E ist jetzt in einem System S – sagen wir auf der Oberfläche des fließendes Wassers – um x weiter vorn und um die Zeit t später als O.

Wenn das Schiff nun mit der Relativgeschwindigkeit v zum Wasser fährt, so finden wir als Ortskoordinate für E auf dem Schiff, dem System S_v den Wert $x_v = x - vt$. Für die Zeit erwarten wir dagegen $t_v = t$, ebenso wie für quer dazu liegende Koordinaten $y_v = y$ und $z_v = z$. Diese Zusammenhänge sind für unsere Anschauung zwingend. Sie werden im Kontrast zu den nach LORENTZ benannten Formeln als Galilei-Transformation bezeichnet und sind für die KM maßgebend.

Bewegt sich nun jemand mit v_1 gegen das System S, und ein zweites System S_v bewegt sich seinerseits mit v gegen S, so bewegt er sich gegen S_v mit $v_v = v_1 - v$. Die Geschwindigkeiten sind also einfach additiv – im Allgemeinen vektoriell.

7.2.2 * Lorentz-Transformation

Leider sind alle diese plausiblen Aussagen nur für kleine Geschwindigkeiten richtig. Mit „klein" ist gemeint: klein gegen die Lichtgeschwindigkeit c. Man kennt nämlich seit rund 100 Jahren Erfahrungen, die sich in einem erstaunlichen Satz zusammenfassen lassen.

> Das Licht hat im Vakuum in jedem Inertialsystem die gleiche Geschwindigkeit, unabhängig von der Geschwindigkeit seiner Quelle.

Machen Sie sich bitte klar, dass diese Eigenschaft in krassem Widerspruch zur Galilei-Transformation der Geschwindigkeiten steht.

Die einfachste richtige Umrechnungsvorschrift für die Koordinaten von Ereignissen ist die Lorentz-Transformation. Wie wir dabei die Koordinaten bezüglich S_v aus denen bezüglich S berechnen, wenn sich S_v mit v gegen S in x-Richtung bewegt, finden wir in Tabelle 7.2.1.

7.2.2 Lorentz-Transformation

Tabelle 7.2.1 Koordinatentransformationen der SRT und der KM

	Raum – Relativbewegung in *x*-Richtung			Zeit
Lorentz	$x_v = (x - vt)/\sqrt{1-(v/c)^2}$	$y_v = y$	$z_v = z$	$t_v = (t - xv/c^2)/\sqrt{1-(v/c)^2}$
Galilei	$x_v = (x - vt)$	$y_v = y$	$z_v = z$	$t_v = t$

Für $v/c \ll 1$ ergibt sich dabei aus der Lorentz-Transformation die Galilei-Transformation als Näherung.

Um nun auf übersichtliche Art Konsequenzen zu ziehen, betrachten wir ein Ereignispaar (O, E) mit den Koordinaten (x, y, z, t) in *allen* zueinander parallel in *x*-Richtung bewegten Inertialsystemen und transformieren es mit der jeweiligen Relativgeschwindigkeit v in die Koordinaten (x_v, y_v, z_v, t_v).

Als besonders interessant stellt sich dabei eine Größe heraus, die eine Art Abstandsquadrat ist:

$$D^2 = (ct_v)^2 - x_v^2 - y_v^2 - z_v^2$$

Wenn man nämlich darin die Lorentz-Transformation einsetzt, zeigt sich, dass dieses Quadrat *unabhängig von* v, also für alle Inertialsysteme den gleichen Wert $D^2 = (ct)^2 - x^2 - y^2 - z^2$ hat. Was heißt das nun?

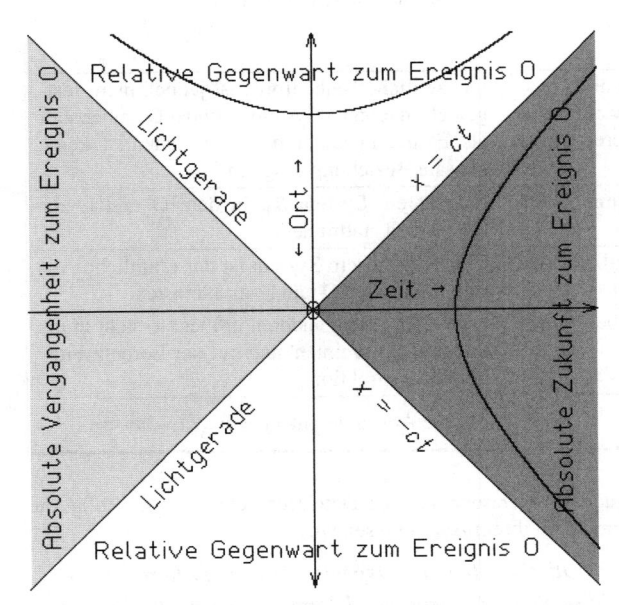

Bild 7.2.1 Das Raum-Zeit-Kontinuum wird durch den Lichtkegel durch einen Ereignispunkt, hier O, in die absolute Zukunft, rechts, die absolute Vergangenheit, links, und die relative Gegenwart, restlicher Raum, bezüglich dieses Ereignisses aufgeteilt. Wenn dies eine kriminelle Tat ist, so kann man die relative Gegenwart auch den „Alibi-Raum" nennen. In 1 + 1 Dimensionen entartet der Lichtkegel zu den zwei hier gezeichneten eindimensionalen Lichtgeraden. Allgemein sind es 3 + 1 Koordinaten, die zu einem 3-dimensionalen Kegel im 4-dimensionalen Raum-Zeit-Kontinuum führen.

Um das deutlich zu sehen, nehmen wir $y_v = z_v = 0$ an und zeichnen ein Ereignis für alle möglichen v in ein (ct_v, x)-Diagramm, siehe Bild 7.2.1. Wegen $D^2 = (t_v)^2 - x_v^2$ liegen die Punkte, die E jeweils für verschiedene v anzeigen, auf einem Hyperbelast mit den *Lichtgeraden* $x = \pm ct$ als Asymptoten, denen sich die Punkte also bei großen Beträgen annähern. Falls $D^2 > 0$ ist, liegen die Scheitelpunkte der Hyperbel bei $x_v = 0$ und $ct_v = +D$ sowie $ct_v = -D$, im Fall $D^2 < 0$ bei $ct_v = 0$ und $x_v = +\sqrt{-D^2}$ und $x_v = -\sqrt{-D^2}$. Wichtige Folgerungen aus diesen beiden Fällen sind in Tabelle 7.2.2 zusammengefasst.

Tabelle 7.2.2 Konsequenzen aus der Lorentz-Transformation

Falls in einem System $D^2 > 0$ ist, dann ist es das auch in allen anderen.	Falls in einem System $D^2 < 0$ ist, dann ist es das auch in allen anderen.
Der mit c multiplizierte zeitliche Abstand ist *größer* als der räumliche Abstand.	Der mit c multiplizierte zeitliche Abstand ist *kleiner* als der räumliche Abstand.
Man kann also mit einer kleineren Geschwindigkeit als c von O nach E oder umgekehrt gelangen.	Man kann also mit einer kleineren Geschwindigkeit als c *nicht* von O nach E oder umgekehrt gelangen.
Die zeitliche Reihenfolge zwischen O und E ist in allen Systemen gleich.	Die räumliche Anordnung zwischen O und E ist in allen Systemen gleich.
O und E liegen *zeitartig* oder *kausal* zueinander.	O und E liegen *raumartig* oder *akausal* zueinander.
Ist E später als O, so liegt es in der *absoluten Zukunft* von O und kommt als kausale Folge von O in Betracht, sonst liegt es in der absoluten Vergangenheit und kommt als kausale Ursache von O in Betracht.	E liegt in der *relativen Gegenwart* von O und kommt weder als kausale Folge noch als kausale Ursache von O in Betracht.
Die räumliche Anordnung ist jedoch nicht festgelegt. In einigen Systemen findet O weiter vorn in x-Richtung statt als E und in anderen weiter hinten.	Die zeitliche Reihenfolge ist jedoch nicht festgelegt. In einigen Systemen findet O früher statt als E und in anderen später, daher ist keine kausale Beziehung möglich.
Es gibt ein System S_0, in dem O und E am selben Ort stattfinden.	Es gibt ein System S_0, in dem O und E zur selben Zeit stattfinden.
Genau in diesem System ist der zeitliche Abstand zwischen O und E am kleinsten.	Genau in diesem System ist der räumliche Abstand zwischen O und E am kleinsten.
Dass er in jedem anderen größer ist, bezeichnet man als (Einstein-)Zeit-Dilatation.	Dass er in jedem anderen größer ist, steht in indirektem Zusammenhang mit der Lorentz-Fitzgerald-Kontraktion.
Für die Zeit gilt $t_0 = t_v \sqrt{1 - v^2/c^2}$.	Für die Abstände gilt $x_0 = x_v \sqrt{1 - v^2/c^2}$.

○ Die Frage nach dem Alibi spielt auch in einer sehr schönen Detektivgeschichte eine Rolle, die ausdrücklich auf die SRT Bezug nimmt. An ihrem Anfang lesen wir:

„So you see," said Parker, „that all the obvious suspects were elsewhere at the time". „What do you mean by 'elsewhere'?" demanded Wimsey, peevishly. Parker had hauled him down to Wapley, on the Great North Road, without his breakfast, and the temper had suffered. „Do you mean that they couldn't have reached the scene of the murder without travelling at over 186,000 miles a second? Because, if you don't mean that, they weren't absolutely elsewhere. They were only relatively and apparently elsewhere."

7.2.2 Lorentz-Transformation

„For heaven's sake, don't go all Eddington. Humanly speaking, they were elsewhere, and if we're going to nail one of them we shall have to do it without going into their Fitzgerald contractions and coefficients of spherical curvature ... "
(Aus DOROTHY L. SAYERS (1893–1957), Absolutely Elsewhere, in: In the Teeth of Evidence, 1939 Victor Gollancz Ltd.)

7.2.2.1 * Myonen lassen sich Zeit mit dem Zerfall

Aufgabe:

In einigen Kilometern Höhe entstehen durch die Höhenstrahlung Myonen. In einem Bezugssystem, in dem die Myonen ruhen, haben sie eine mittlere Lebensdauer von $T = 2{,}2\,\mu s$. Die Anzahl der übrig bleibenden Myonen nimmt proportional zu $\exp(-t/T)$ mit der Zeit t ab. 1941 haben B. ROSSI und D.B. HALL Myonen eines gewissen Energiebereichs mit einem Messgerät registriert. Auf einem 1900 m hohen Berg maßen sie pro Stunde 568 Myonen, auf Meereshöhe dagegen unter den gleichen Bedingungen 412 Myonen pro Stunde. Die Laufgeschwindigkeit v liegt knapp unter der Lichtgeschwindigkeit c. Berechnen Sie bitte v/c.

Anleitung: Die Laufzeit, die wir aus dem Weg und $v \approx c$ berechnen, gilt für das auf dem Erdboden ruhende System, gegen das sich die Myonen mit v bewegen.

Lösung:

Bild 7.2.2 zeigt den exponentiellen Zerfall. Aus den beiden Messwerten ergibt sich $-t/T = \ln(412/568) = -0{,}32$. Die Myonen „erleben" den Weg von der Höhe des Berggipfels bis zur Meereshöhe also in der Zeit $0{,}32\,T = 0{,}7\,\mu s$. Für den auf der Erde ruhenden Beobachter dauert der Weg bei Lichtgeschwindigkeit $1900\,m/c = 6{,}3\,\mu s$, bei der auf den Erdboden bezogenen Geschwindigkeit der Myonen also geringfügig länger. In dem System, in dem die Myonen nicht ruhen, sondern sich mit v bewegen, ist die Dauer nach der Lorentz-Transformation um den Faktor $1/\sqrt{1 - v^2/c^2}$ länger. Nach dem Experiment ist das $6{,}3\,\mu s/0{,}7\,\mu s = 9$. Auflösen liefert $v/c = \sqrt{80/81} = 0{,}994$.

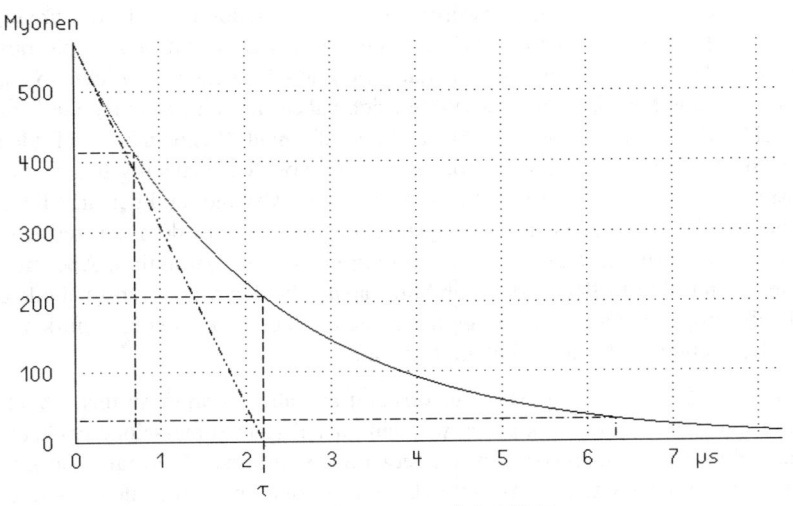

Bild 7.2.2 Exponentieller Zerfall der ursprünglich 568 Myonen

7.2.2.2 * Lorentz-Fitzgerald-Kontraktion: Werden Maßstäbe kürzer?

Eine eigenartige Faszination geht von einem ziemlich nebensächlichen und etwas gekünstelten Effekt aus, der aus der Lorentz-Transformation folgt. Vor allem in älteren zeichnerischen Darstellungen zur Relativitätstheorie kommt die mehr oder weniger scheinbare Verkürzung von Maßstäben beim Wechsel des Bezugsystems vor, die sich FITZGERALD und LORENTZ durchaus als reale Verformung vorgestellt haben. GAMOW hat dann in „volkstümlichen" Zeichnungen als vermeintlich sichtbare Verwandlung Quadrate zu Rechtecken und runde Räder zu elliptischen gemacht. Er hatte dabei allerdings vergessen, dass die Lichtlaufzeit aus der scheinbaren Verkürzung eine scheinbare Drehung macht.

Mit anderen Worten: Wenn wir die Gelegenheit hätten, einen Omnibus zu sehen oder zu fotografieren, der mit 90 % der Lichtgeschwindigkeit an uns vorbeifährt, so würden wir ihn nicht verkürzt, sondern um eine senkrechte Achse gedreht erblicken, so als ob er schleudern würde. In der von ROMAN U. SEXL korrigierend ergänzten Neuausgabe von Gamovs *Mr. Tompkins' seltsame Reisen durch Kosmos und Mikrokosmos* ist das entsprechend berichtigt.

Es ist durchaus weniger aufregend, wenn etwas nur gedreht und nicht drastisch verformt wird. Aber was ist nun Laufzeit-Effekt und was ist „Realität"? Wenn man einen Fotoapparat mit einem beim Belichten quer über das Bild laufenden Schlitzverschluss hat, so kann man auf eine einfach durchschaubare Weise verzerrte Bilder von schnell bewegten Objekten bekommen. Man wird aber nicht behaupten, dass die Objekte – so fotografierte Sportler etwa – davon etwas merken oder gar dicker oder dünner werden.

Entscheidend ist, dass die Lorentz-Transformation nicht den Ort allein transformiert, sondern immer Ort und Zeit zusammen. Wenn wir also vom Abstand zweier Enden eines Maßstabes – also einfach einer Latte – reden wollen, müssen wir nicht nur verlangen, dass die gleichzeitigen Ortskoordinaten der beiden Enden gemeint sind, sondern auch darauf achten, in welchem Bezugssystem sie jeweils gleichzeitig gemessen werden sollen. Das ist sehr ungewohnt für uns, weil gerade das in unserer langsamen Erlebniswelt mit der hinreichend genauen Galilei-Transformation keine Rolle spielt.

Die beiden Bezugssysteme sind völlig gleichwertig, es wäre also schon einmal irreführend, *eins* von beiden als ruhend zu bezeichnen. Wir nennen sie A und B und denken sie uns als hinreichend lange Raumschiffe, die sich in Längsrichtung begegnen oder überholen, jedenfalls eine Geschwindigkeitsdifferenz v zwischen sich haben. In Längsrichtung sind auf Raumschiff A zwei Marken hintereinander im Abstand Δx aufgemalt. Wenn an beiden Enden Lichtblitze aufleuchten, die dies nach Ansicht der Bewohner von A gleichzeitig tun, so tun sie das nach Ansicht der Bewohner von B mit einem zeitlichen Abstand, und der räumliche Abstand ist größer als Δx, denn er ist in dem System am kleinsten, in dem der zeitliche Abstand Null ist, wie wir wissen. Das ist also schon einmal *keine* Kontraktion. Aber nun bitten die Bewohner von B ihre Kollegen, die Lichtblitze an den beiden Marken so zu zünden, dass sie für B gleichzeitig sind. Falls das gelingt, haben sie für B einen kleineren räumlichen Abstand, was zur Bezeichnung „Kontraktion" geführt hat.

Man liest das oft in der Form, dass ein Maßstab verkürzt aussähe, wenn er an uns schnell vorbeifliegt. Man fragt sich dann unwillkürlich, wie denn der Partner seinerseits umgekehrt unsere Maßstäbe sieht oder besser misst. Sind die etwa auch verkürzt? Wer hat denn nun die kürzeren Maßstäbe? Noch paradoxer: Wenn B für den Maßstab in A eine kürzere Länge misst, muss dann A nicht davon wiederum eine noch kürzere messen? Wie soll das aufgehen?

7.2.2 Lorentz-Transformation

In dem Buch von U. E. SCHRÖDER über die SRT wird dazu die folgende Analogie genannt: Wenn zwei Menschen sich rückwärts voneinander entfernen, so sehen sie sich *gegenseitig* kleiner werden. Das trifft die Sache aber nur bedingt: Unser Gehirn kann sehr wohl aufgrund von Erfahrungen eine solche Fehldeutung vermeiden – *Größenkonstanz* nennt sich diese Leistung. Eine Messung mit den Hilfsmittel der Geometrie führt überhaupt nicht zu Widersprüchen.

Die Lorentz-Transformation tut das aber auch nicht. Was in B als kürzere Länge des Maßstabes gemessen wird, ist der räumliche Abstand von zwei Ereignissen, die für B gleichzeitig, aber für A nacheinander sind und dort einen größeren räumlichen Abstand haben. Wenn man aber von A aus Maßstäbe in B messen will, hat man es mit Ereignissen zu tun, die in A und nicht in B gleichzeitig sind.

Es bleibt also dabei: Jeder räumliche Abstand von zwei Ereignissen ist in *dem* System am kürzesten, in dem sie gleichzeitig sind, aber als Länge fasst man normalerweise den räumlichen Abstand von Ereignissen auf, die im System des jeweiligen Betrachters gleichzeitig sind. Inwiefern man das als legitime Ausdehnung des Begriffes „Längenmessung" auf gegenüber dem messenden Beobachter schnell bewegte Objekte gelten lassen will, ist Geschmackssache. Im Gegensatz zu Fitzgerald und Lorentz geht die SRT davon aus, dass mit den Objekten nichts Ernsthaftes passiert, wenn sie sich relativ zu uns bewegen, im Gegenteil. Es gilt ja das in der KM gültige Relativitätsprinzip auch in der nach diesem Prinzip benannten Theorie! Es muss für ein Objekt gleich sein, ob die Beobachter sich relativ zu ihm bewegen oder nicht.

7.2.2.3 Das Additionstheorem der Geschwindigkeiten

Die Vakuum-Lichtgeschwindigkeit c_0 oder kurz c spielt unter den Geschwindigkeiten eine ähnliche Rolle wie der Kugeldurchmesser unter den Längen im Innern einer bestimmten Kugel: Ihr Betrag ist nämlich der größte Betrag von Geschwindigkeiten, jedenfalls in der SRT.

Die KM nimmt an, dass die Relativgeschwindigkeit zwischen zwei Objekten mit den Geschwindigkeiten v_1 und v_2 deren Vektordifferenz sei. Geschwindigkeiten sind nach ihr in dem Sinne additiv, dass folgender Schluss richtig sein sollte: Wenn ein Mensch auf einer Rolltreppe zwei Stufen pro Sekunde geht und die Rolltreppe sich um eine Stufenlänge pro Sekunde bewegt, so kommt der Mensch so schnell voran, als würde er auf der ruhenden Rolltreppe drei Stufen pro Sekunde nehmen oder er ließe sich passiv von der Rolltreppe mitnehmen, die dann aber mit drei Stufen pro Sekunde laufen müsste. Das ist für unsere Anschauung so klar, dass wir uns etwas davon Abweichendes nicht vorstellen können. Die Unabhängigkeit der Lichtgeschwindigkeit vom Bezugssystem widerspricht dem aber – zumindest für große Geschwindigkeiten, also solche, die nicht klein gegen c sind.

Die SRT liefert etwa anhand der Lorentz-Transformation, siehe 7.2.2, einfach durch Division von räumlichen und zeitlichen Abständen im jeweils gleichen System – also von Koordinaten – ein Gesetz, das *an die Stelle* der Additivität aus der KM tritt. In einer Dimension tritt an die Stelle von $v = v_1 + v_2$ der KM – dabei kann v_1 oder v_2 die Relativgeschwindigkeit sein – nun die ebenfalls symmetrische Formel

$$v = \frac{v_1 + v_2}{1 + \dfrac{v_1 v_2}{c^2}}.$$

Für ihre überschlagsmäßige Auswertung kann man ein Nomogramm oder eine tanh-Tabelle verwenden. $\tanh(x) = (\exp(x) - \exp(-x))/(\exp(x) + \exp(-x))$ ist der *Tangens hyperbolicus* von x. Seine Umkehrfunktion heißt *Areatangenshyperbolicus*, artanh. Das Bild 7.2.3 zeigt die Funktion als Nomogramm zur Geschwindigkeitsberechnung.

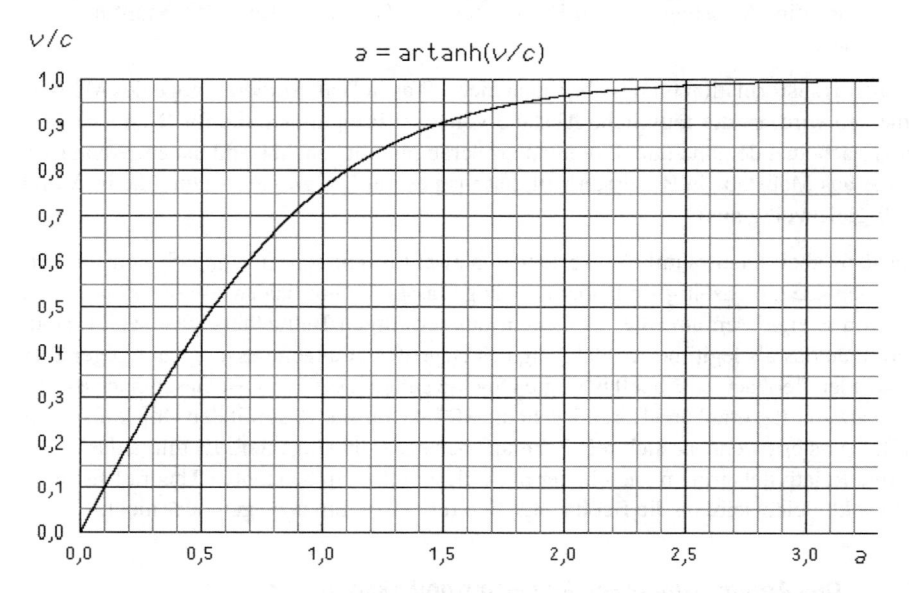

Bild 7.2.3 Nomogramm zu relativistischen Geschwindigkeiten in einer Dimension. Will man zwei Geschwindigkeiten „relativistisch addieren", so dividiert man sie einzeln durch c und sucht zu diesen Quotienten die artanh-*Funktionswerte. Diese werden addiert, und zur Summe wird der Wert der* tanh-*Funktion bestimmt.*

Geschwindigkeits-Transformation, Additionstheorem der SRT
S_v bewegt sich mit v in x-Richtung zu S
$dx_v/dt_v = (dx/dt - v)/(1 - v_v(dx/dt)/c^2)$
$dy_v/dt_v = (dy/dt)\sqrt{1 - v^2/c^2}/(1 - v_v(dx/dt)/c^2)$
$dz_v/dt_v = (dz/dt)\sqrt{1 - v^2/c^2}/(1 - v_v(dx/dt)/c^2)$

➥ **Knobelaufgabe**: Begründen Sie das Verfahren näher, und zeigen Sie die Ähnlichkeit mit dem Multiplizieren durch Addieren von Logarithmen!

7.2.2.4 Unser Gehirn ist zum Sehen der Relativitätstheorie zu langsam!

In Metallen und anderen Leitern von datenverarbeitenden Maschinen laufen Informationen mit Lichtgeschwindigkeit, also mit 30 cm pro Nanosekunde. Bei Taktzeiten von wenigen Nanosekunden müssen daher Leitungslängen in Computern entsprechend berücksichtigt werden, am einfachsten, indem man die Geräte kleiner baut.

Unser Gehirn könnte aufgrund seines Durchmessers ohne Weiteres eine Taktzeit von weniger als einer Nanosekunde haben, hat aber Taktzeiten von einigen Hundertstel-Sekunden, da die Nervenleitgeschwindigkeit in unserem Körper nur wenige Meter pro Sekunde ist. Der Grund dafür liegt in der wesentlichen Beteiligung von Diffusionsprozessen in den Nervenzellen.

Dass das Gehirn trotzdem bei vielen Aufgaben selbst großen Computern überlegen ist, liegt vor allem an der hochgradigen Parallelschaltung von Einzelprozessen und einer noch nicht verstandenen wirkungsvollen Abfrage von komplexen Gedächtnisinhalten wie etwa Bildern.

Wenn zwei Ereignisse kurz nacheinander zu hören oder zu sehen sind, so liegt die Schwelle zum Erkennen der Reihenfolge bei etwa 1/30 Sekunde. Der zugehörige Lichtweg ist immerhin etwa so groß wie der Erddurchmesser! Das ist weit mehr als man mit bloßen Augen ohne Vergleichsmaßstab abschätzen kann.

Das bedeutet, dass die Endlichkeit der Lichtgeschwindigkeit für uns nur mit technischen Hilfsmitteln erfahrbar ist. Relativistische Effekte, die nur bei Geschwindigkeiten von der Größenordnung der Lichtgeschwindigkeit auftreten, kommen in unserer *unmittelbaren* Sinneswahrnehmung nicht vor. Unser Gehirn hat daher keine angeborenen oder mit angeborenen Lernstrategien erreichbaren *anschaulichen* Deutungen für Effekte wie die Lorentz-Drehung oder die Relativität der Gleichzeitigkeit.

Die mathematische Struktur der Relativitätstheorie ist keineswegs eine Hürde, denn sie ist nicht komplizierter als die Geometrie einer Drehung im Raum – die Transformations-Gleichungen unterscheiden sich nur in einigen Vorzeichen und in den Bedeutungen der Zahlen.

Schon die Schallgeschwindigkeit ist für uns bereits ein Grenzfall. Nur in relativ seltenen Fällen, die in der Natur kaum vorkommen, erleben wir ihre endliche Größe, nämlich wenn in einem klar absehbaren Abstand von wenigen 100 Metern zeitlich scharf begrenzte und zugleich laute Geräusche mit sichtbaren Ursachen zu hören sind: Rammen auf einer Baustelle oder die Startklappe beim Sport. Die Verzögerung des Schalles können wir in solchen Fällen deutlich wahrnehmen, empfinden sie aber durchaus als ungewohnt.

Die Relativitätstheorie ist also einem *anschaulichen* Verständnis entzogen, weil unser Gehirn in Erfahrungsbereichen optimiert worden ist, in dem ihre Abweichungen von der KM nicht in Erscheinung treten. Im Rahmen dessen, was unser Gehirn mit den Mitteln mathematischer Symbolik erfolgreich beschreiben kann, ist die SRT aber nicht schwieriger als andere Bereiche der Physik.

7.3 *   Albert Einstein

Wenn man die beiden wichtigsten Physiker aller Zeiten nennen soll, so werden die meisten Physiker wohl NEWTON und EINSTEIN nennen und in diesen beiden gewissermaßen die klassische und die moderne Physik personifiziert sehen. Einstein hat die Spezielle und die Allgemeine Relativitätstheorie beinahe im Alleingang begründet und ganz entscheidend geprägt. Die Quantentheorie hat er neben PLANCK gewissermaßen ausgelöst wie eine Lawine und später bezüglich ihrer „Kopenhagener Deutung" sehr kritisch begleitet. Auf Bildern sehen wir ihn meistens als älteren Herren – etwas zu oft wird das Bild mit ausgestreckter Zunge gezeigt. Die umwälzenden Arbeiten hatte er da schon seit Jahrzehnten hinter sich und ebenso beharrlich wie erfolglos versuchte er, die Gravitation mit der Elektrodynamik zu einer „Einheitlichen Feldtheorie" zu verbinden. Trotz der Erfolge bei der Vereinheitlichung der elektrischen und der *schwachen* Naturkräfte in den letzten Jahrzehnten und trotz der Ansätze zur Verbindung der Quantenchromodynamik mit der elektroschwachen Theorie erweist sich auch heute gerade die Gravitation gegenüber Verschmelzungsversuchen mit den anderen Kräften, also mit der gesamten Quantenphysik als besonders widerspenstig.

Es kann hier nicht um ein angemessenes Lebensbild gehen, sondern nur darum, Sie gespannt zu machen auf ausführlichere Bücher über Einstein und andere Physiker und auch über die Rolle, die die Physik seit Anfang des 20. Jahrhunderts für Politik und Weltgeschichte spielt.

Albert Einstein wurde am 14.3.1879 in Ulm geboren. In München und in Aarau besuchte er die Schule. Er studierte in Zürich an der ETH. 1900 erhielt er das Lehrerdiplom und wurde dann Angestellter im Berner Patentamt.

1905 erscheinen von Einstein in den *Annalen der Physik* neben anderem drei Epoche machende Arbeiten. Ihre Titel sind:

- *Uber einen die Erzeugung und Verwandlung des Lichtes betreffenden heuristischen Gesichtspunkt.* Darin finden wir die Verknüpfung der Wellenlänge mit einer Quantenenergie. Neben PLANCKs Formel von 1901 liefert das die Begründung der Quantentheorie. 1922 erhält Einstein dafür den Physik-Nobelpreis für 1921.
- *Uber die von der molekularkinetischen Theorie der Wärme geforderte Bewegung von in ruhenden Flüssigkeiten suspendierten Teilchen.* Sie ist die Deutung der Brownschen Bewegung, über die auch seine etwa gleichzeitige Doktorarbeit geht.
- *Zur Elektrodynamik bewegter Körper.* Darin begründet er die SRT mit der Lorentz-Transformation und dem Additionstheorem der Geschwindigkeiten.

Im gleichen Jahr folgt in der gleichen Zeitschrift noch eine kurze Arbeit über die vielleicht berühmteste Formel der Physik überhaupt, die wir heute $W = mc^2$ oder auch $E = mc^2$ schreiben – mit diesen Symbolen kommt sie aber darin gar nicht vor, siehe 7.1.6.

1911 sagt er in der Arbeit *Über den Einfluss der Schwerkraft auf die Ausbreitung des Lichtes* die Ablenkung von Lichtstrahlen, die nahe an der Sonne entlanglaufen, richtig voraus. Es folgen 1915 die *Erklärung der Perihelbewegung des Merkur aus der Allgemeinen Relativitätstheorie* und *Die Feldgleichungen der Gravitation*, sowie 1916 *Die Grundlage der allgemeinen Relativitätstheorie*. 1936 sagt er dann Gravitationslinsen und 1937 Gravitationswellen voraus.

Weit über die Fachwelt hinaus berühmt wurde Einstein, als die von EDDINGTON geleitete Sonnenfinsternis-Expedition 1919 das gegenüber der halbklassischen Erwartung doppelt so große Ausmaß der Lichtablenkung bestätigte.

Zuvor, 1914, war er zum Direktor des Kaiser-Wilhelm-Instituts für Physik in Berlin berufen worden. (Aus dieser Institution ging nach dem Zweiten Weltkrieg die Max-Planck-Gesellschaft hervor.) In diesem Jahr war er einer der wenigen prominenten Gegner des Weltkrieges – viele namhafte Intellektuelle dagegen begrüßten den Krieg! Einstein war überzeugter Pazifist und gemäßigter Zionist, also Befürworter eines jüdischen Staates in Palästina. Als 1933 Hitler an die Macht kam, war Einstein gerade in den USA. Er kehrte damals und auch später nie mehr nach Deutschland zurück. Nach der Entdeckung der Kernspaltung durch HAHN und STRASSMANN in Berlin deutete sich die Gefahr einer Kernwaffenentwicklung auf deutscher Seite an. Dass dabei gewaltige Energien freigesetzt werden könnten, wurde anhand von Einsteins Masse-Energie-Äquivalenz früh gesehen. Von manchen Autoren wird das zum Anlass genommen, Einstein zum Erfinder der Atombombe zu machen. Das ist so, als würde man behaupten, Dynamit, für das die Formel ebenfalls gilt, nur daran nicht nachweisbar ist, wäre ohne diese Formel nicht entdeckt worden.

Einstein unterschrieb 1939 einen von LEO SZILARD entworfenen Brief an Präsident F.D. ROOSEVELT mit dem Rat zum Bau amerikanischer Kernwaffen. Ebenso wie Szilard und ROBERT OPPENHEIMER, der die Leitung der Entwicklung der Spaltungsbomben übernahm, war er *für* die Entwicklung, aber *gegen* den Einsatz dieser Bomben gegen Menschen. Präsident TRUMAN entschied bekanntlich anders.

Am 18.4.1955 starb Einstein in Princeton (NJ). Die *Washington Post* brachte eine Karikatur, die nicht nur die Bedeutung, sondern auch das Weltbürgertum Einsteins zum Ausdruck bringt. Sie zeigt mehrere Planeten, von denen einer ein riesiges Schild trägt: ALBERT EINSTEIN LIVED HERE.

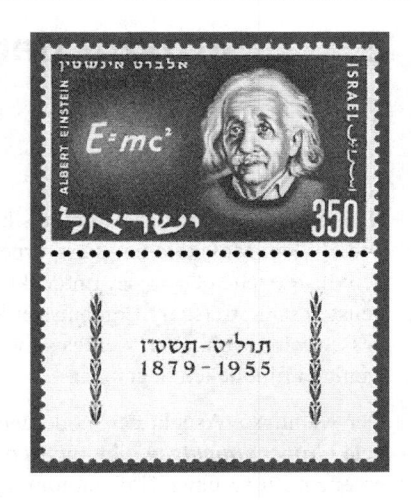

8 Struktur der Materie

Hier behandeln wir die Atomphysik im weiteren Sinn. Wir gehen auf Atome, ihre Kerne und Hüllen, Moleküle und Festkörper ein. Im Gegensatz zu den meisten Darstellungen, die dem historischen Gang der Entdeckungen und Begriffsbildungen folgen, fangen wir mit den neusten und „tiefsten" Ergebnissen an. Das machen wir nicht, weil es in jeder Beziehung besser wäre, wohl aber, weil es so wesentlich kürzer geht. Wir müssen uns hier ohnehin mit wenigen Einblicken begnügen.

Der wichtigste Aspekt der modernen Atomphysik scheint mir zu sein, dass es ausgezeichnete *Größenordnungen* gibt, die sich aus den Zahlenverhältnissen gewisser Naturkonstanten ergeben. Zu so einer Größenordnung gehören jeweils Gebilde mit weitgehender Stabilität. *Nukleonen* haben Durchmesser nahe ihrer Compton-Wellenlänge. *Atome* haben ungefähre Durchmesser, die sich aus der Masse des Elektrons, den elektrischen Ladungen, der elektrischen Feldkonstanten und der Planck-Konstanten zwingend ergeben.

Während Planetensysteme sehr verschieden groß sein können und sich durch äußere Einflüsse beliebig stören lassen, sind H-Atome nur in ein und derselben Größe stabil. Sie können durch äußere Einflüsse angeregt werden, kehren aber wieder exakt in den gleichen Grundzustand zurück und nicht in beliebige nahe benachbarte andere Zustände. Das Vorherrschen *ganzzahliger* Größen in der Atomphysik sorgt also für Stabilität, vergleichbar einem Einstellknopf, der nur in einzelnen Stellungen einrastet. Wenn man ein Planetensystem immer weiter und weiter maßstäblich verkleinert denkt, so treten irgendwann völlig andere Strukturen in den Vordergrund – die Materie zeigt dann ihren Wellencharakter.

8.0 * Historische Anmerkungen

Schon in der Antike wurde die Frage diskutiert, ob man bei immer feinerer Zerlegung der Materie irgendwann zumindest theoretisch auf Bausteine – von einer Sorte oder auch von verschiedenen Sorten – stößt, die nicht weiter zerlegbar sind. Nur durch ihre gegenseitigen Beziehungen wie Anordnung und Bewegung im leeren Raum würden sie die Vielfalt der Erscheinungen erzeugen.

$A\tau o\mu o\varsigma$ bedeutet „unzerschneidbar". $\Lambda\varepsilon\upsilon\varkappa\iota\pi\pi o\varsigma$, $\Delta\eta\mu o\varkappa\varrho\iota\tau o\varsigma$, $E\pi\iota\varkappa o\upsilon\varrho o\varsigma$ und LUCRETIUS waren die wichtigsten Vertreter der antiken Atomtheorie, mit Einschränkungen auch $\Pi\lambda\alpha\tau\omega\nu$ in seinem Dialog $T\iota\mu\alpha\iota o\varsigma$. Ein besonders wichtiger und entschiedener Gegner war $A\varrho\iota\sigma\tau o\tau\eta\lambda\varepsilon\varsigma$. Er lehnte insbesondere auch die Vorstellung vom leeren Raum ab.

8.0 Historische Anmerkungen

In der Neuzeit haben GIORDANO BRUNO, DANIEL SENNERT und JOH. CHRYSOSTOMUS MAGNENUS die im Mittelalter vergessene Atomvorstellung wiederbelebt. Vermutlich wurde Bruno 1600 in Rom vor allem deswegen von der Kirche lebendig verbrannt. GALILEI stimmte der Atomvorstellung in einer Frühschrift und später in den aus dem Hausarrest geschmuggelten *Discorsi* zu, siehe 1.2.4. Magnenus schätzte 1646 in seinem Buch *Democritus reviviscens* aufgrund von Beobachtungen und einiger kühner Annahmen ab, dass ein erbsengroßes Stück Weihrauch aus $7 \cdot 10^{17}$ Teilchen bestehen solle. Das war damals eine fantastische Zahl – aus moderner Sicht aber keineswegs zu hoch gegriffen. Auch NEWTON lässt eindeutig sein atomistisches Weltbild erkennen. In diesem Punkt bleibt Newton aber ohne Einfluss. Die klassische Physik wird bis zum Ende des 19. Jahrhunderts von der *Kontinuumsvorstellung* beherrscht, nicht zuletzt wegen der Erfolge der von ihm selbst und von LEIBNIZ erfundenen Analysis.

1811 deutete DALTON die festen Mengenverhältnisse bei restlosen chemischen Reaktionen und auch die einfachen Quotienten mehrerer solcher Verhältnisse zueinander, die konstanten und multiplen Proportionen, im Sinne von Atomen. Von denen sollte es für jeden chemischen Grundstoff – im modernen Sinn „Element" – genau eine Sorte geben. Damit bekam der zunächst grundsätzlich gemeinte Begriff „Atom" eine enge Zuordnung. Verbindungen aus Atomen heißen heute Moleküle. Seitdem wir den inneren Aufbau der chemischen Atome kennen, musste für die noch kleineren Bausteine ein neues Wort gefunden werden, das eigentlich dasselbe bedeutet. *Elementarteilchen* ist das Wort.

➢ Man mag sich fragen, ob HAHN und MEITNER bei der Deutung der Entdeckung der Atomkernspaltung weniger gezögert hätten, wenn die geteilten Objekte nicht gerade „Unteilbare" genannt worden wären. Heute ist man vorsichtiger mit dem Bausteine-Bild. Die so genannten Elementarteilchen verwandeln sich gegenseitig ineinander, etwa Quarks in Leptonen oder umgekehrt. Man glaubt aber dabei nicht an unwandelbare Bausteine, die nur „eine Etage tiefer" liegen. Trotzdem gibt es auch dazu Spekulationen, beispielsweise das *Rischonen-Modell*, siehe 8.4.2.1.

Für unser heutiges Verständnis ist die Quantenphysik von zentraler Bedeutung. Im Gegensatz zur klassischen Physik treten in ihr gewisse Größen nur als ganzzahlige Vielfache fester Konstanten auf. Außer der elektrischen Ladung sind das vor allem der Drehimpuls und gewisse andere Produkte aus Orts- und Impulskoordinaten, die man auch als „Wirkung" bezeichnet. Die dabei auftretende Konstante h, das *Wirkungsquantum*, ist 1900 von MAX PLANCK zur Berechnung der Temperaturstrahlung „in einem Akte der Verzweiflung" in die Physik eingeführt worden. Planck hatte für diese Größe keine für ihn überzeugende Modellvorstellung! Auch EINSTEIN, der 1905 mit dieser Konstanten den Fotoeffekt erklärte, war sehr vorsichtig mit Deutungen. Er lehnte zeitlebens die Entwicklungen ab, die vor allem in den 20er-Jahren durch HEISENBERG, BORN, PAULI und andere mit überwältigendem

Erfolg, aber immer stärkerer Entfernung von anschaulichen Vorstellungen, vorangetrieben wurden.

NIELS BOHR hat 1913 nicht nur das halbklassische Atommodell aufgestellt, mit dessen Schwächen wir uns noch befassen werden. Er war später in gewisser Weise das geistige Haupt der meisten Quantentheoretiker. Mit seiner *Kopenhagener Deutung der Quantenmechanik* war er der Gegenpol zu dem philosophisch weit konservativeren Einstein. Neben diesem war Bohr sicher der einflussreichste Physiker seines Jahrhunderts. Für die Quantenphysik war er der wichtigste.

8.1 Quantenmechanik

Trotz dieser anspruchsvollen Überschrift geht es hier nur um elementare Betrachtungen zu den beiden wichtigsten Gesetzen, welche die Quantenmechanik (QM) nicht nur von der Klassischen *Mechanik*, sondern von der *klassischen Physik* unterscheidet. Es geht um den *Wellencharakter* mit der *Unbestimmtheit* und um das *Pauli-Prinzip*.

8.1.1 Wellenmechanik und Unbestimmtheit

8.1.1.1 Klassische Unbestimmtheiten bei Schwingungen

Das Bild 8.1.1 zeigt Überlagerungen von Schwingungen. Dabei ist jeweils links das Spektrum aufgetragen, also die Amplitude der Teilschwingung über der Frequenz, mit dem Nullpunkt der Frequenz am linken Rand. Rechts erscheint die Überlagerung als Elongation über der Zeitskala. Die Elongationen wurden vom Computer aus den Spektren durch Addition von Kosinus-Funktionen berechnet. Die sieben Teilbilder der Spektren haben die gleiche Einhüllende, nämlich eine Glockenkurve. Sie unterscheiden sich aber in Anzahl und Abstand der nur endlich vielen Einzelfrequenzen. Die überlagerten Schwingungen werden bei immer dichter liegenden Frequenzen, im Bild von oben nach unten, zu einer Nulllinie, unterbrochen von kurzen Schwingungsbereichen gleicher zeitlicher Verläufe, deren Zwischenräume dabei immer größer werden. Denkt man sich die Glockenkurve mit unendlich vielen Frequenzen vollgepackt, so bleibt nur noch ein einziger kurzer Schwingungsbereich übrig. Dessen Form und Verlauf können wir aber auch schon bei einem Spektrum aus relativ wenigen Frequenzen erkennen.

Wir machen nun im Spektrum die Glockenkurven unterschiedlich schmal oder breit. In Bild 8.1.2 ist das dargestellt. Die Breiten sind hier schrittweise verdoppelt. Aus dem vorigen Bild wissen wir, dass es auf die Anzahl der Frequenzen kaum ankommt. Je breiter die Frequenzverteilung ist, umso schmaler ist der Schwingungsbereich. Das können wir etwa an den hinzuzudenkenden Einhüllkurven als jeweilige Breite zwischen halben Höhen ablesen. Das *Produkt* aus Frequenzbreite Δf und Dauer Δt des Schwingungsbereiches ist also eine Konstante. Diese liegt in der Größenordnung von 1.

Die Bilder 8.1.1 und 8.1.2 kann man auch jeweils links als Auftragung der reziproken Wellenlängen $1/\lambda$ und rechts als Elongation über einer Ortskoordinate x, als Wellenzug, deuten. Dann hat das Produkt aus der Verteilungsbreite der reziproken Wellenlänge $\Delta(1/\lambda)$ und der Länge Δx des Wellenzuges den konstanten Wert der Größenordnung 1.

$$\text{klassische Unbestimmtheit:} \quad \Delta f \Delta t \approx 1 \quad \text{und} \quad \Delta(1/\lambda)\Delta x \approx 1$$

8.1.1 Wellenmechanik und Unbestimmtheit

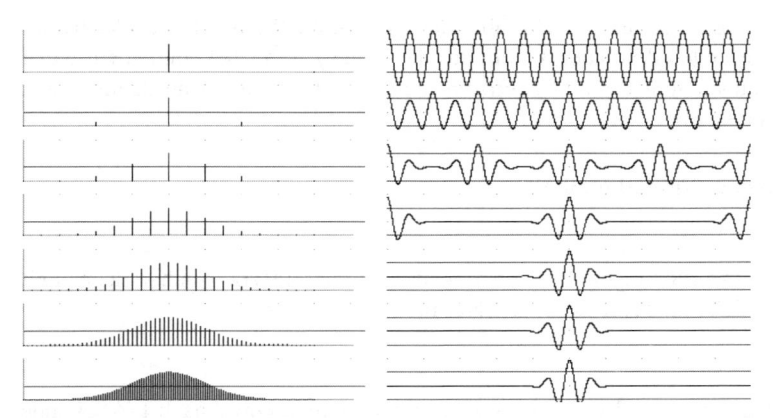

Bild 8.1.1 Überlagerung unendlich ausgedehnter Schwingungen. Rechts: als Funktionen der Zeit aufgetragen. Links: immer dichter ausgefülltes glockenförmiges Frequenzspektrum. Das führt zu einem einmaligen zeitlich begrenzten Schwingen. Diese anschauliche Betrachtung an der Computergrafik entspricht dem Übergang von Fourier-Reihen zum Fourier-Integral. Die Überlagerung ist durch Addition der Elongationen von Kosinus-Funktionen erzeugt, ohne höhere Mathematik.

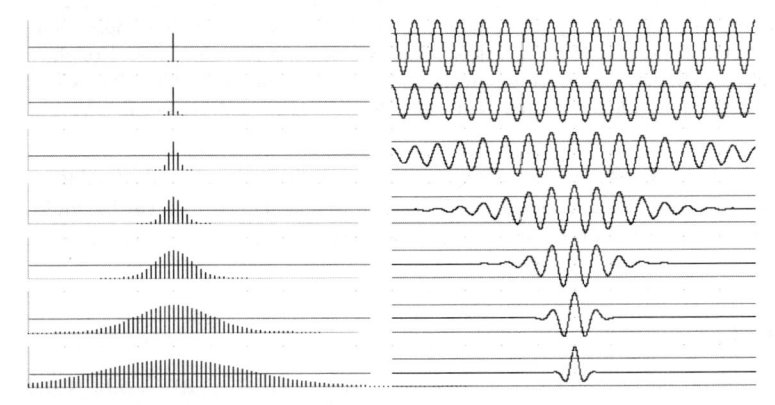

Bild 8.1.2 Verbreiterung der Glockenkurve des Frequenzspektrums. Die zeitliche Ausdehnung der Schwingung ist umgekehrt proportional zur Breite des zugehörigen Frequenzspektrums. Das kann man nachmessen. Dazu eignen sich die Schnittpunkte der zu ergänzenden Einhüllkurven mit den eingezeichneten Halbwertslinien.

Diese hier der Größenordnung nach plausibel gemachten *Unbestimmtheiten* sind *mathematische Eigenschaften* der Schwingungen und Wellen. Sie gelten daher in der Akustik und Optik ebenso wie in der Atomphysik.

❍ Hätten wir statt der Glockenkurve eine Rechteckverteilung für die Frequenzen genommen, so wäre die Einhüllkurve der Elongationen über der Zeit komplizierter. Mit einer derart komplizierten Einhüllkurve für das Spektrum könnte man abgeschnittene Schwingungen konstanter Amplitude erzeugen.

Die Größenordnung des Produktes können wir auch auf eine naive Weise abschätzen. Dazu nehmen wir an, wir könnten bei einer begrenzten Folge von N Schwingungen in der bekannten Zeitdauer Δt die Anzahl durch Mitzählen nur auf *eine* ganze Schwingung genau bestimmen.

Statt N haben wir nun $N\pm 1$ „gemessen". Das überträgt sich auf die Periode $1/f$ als Verhältnis des Messwertes zur gesamten Zeitdauer Δt. Für das ungenaue $f + \Delta f$ bekommen wir daher $N \pm 1 = \Delta t(f \pm \Delta f)$ und damit $1 = \Delta t \Delta f$. Entsprechendes gilt für die Ortsausdehnung und den Kehrwert der Wellenlänge.

8.1.1.2 Akustische Unbestimmtheit

Aufgabe:

Ein Cellist spielt versehentlich einen Ton von 104 Hz statt von 100 Hz. Nach welcher Zeit etwa muss er sich korrigieren, bevor es die Zuhörer merken können?

Lösung:

Wenn der Cellist einen um 4 Hz falschen Ton spielt, so wird man das etwa nach 1/4 Sekunde merken können. Dabei ist vorausgesetzt, dass die Obertöne nicht beteiligt sind. Für diese liefert der Fehlgriff größere Differenzen, nämlich das Vielfache ihrer Frequenzen zu der des Grundtons. Es kommt hier auf die absolute Differenz der Frequenz an, nicht auf die relative, wie bei der Bestimmung des musikalischen Intervalls.

> ➤ Amateurmusiker sind infolgedessen gut beraten, wenn sie entweder solche Instrumente spielen, bei denen die Frequenzen über Tasten oder Bünde, wie bei der Gitarre, festliegen, oder wenn sie Instrumente mit tiefen Tönen, wie Kontrabass, spielen. Am besten sollte man nicht streichen, sondern zupfen. Dabei erklingen die Obertöne nur kurz, und fast nur der tiefe Grundton klingt etwas länger nach. Eine ungenaue Intonation fällt dabei weit weniger auf als bei der Violine *coll'arco*.

Bisher hat das noch nichts Erkennbares mit der Quantenphysik, ja nicht einmal mit Atomphysik zu tun. Wir kommen aber nun, von unseren Einsichten ausgehend, zu zwei Formeln, die Teilchen mit Wellen in Verbindung bringen. Diese stammen von EINSTEIN und von DE BROGLIE.

8.1.1.3 Fotoeffekt

1888 gibt es in Deutschland nacheinander drei Kaiser, und HEINRICH HERTZ erfindet die elektromagnetischen Wellen. Er bestätigt damit MAXWELLs Erklärung des Lichtes. Dabei bemerkt er etwas, was im gleichen Jahr HALLWACHS und bald darauf LENARD näher untersuchen: den *lichtelektrischen* Effekt, kurz *Fotoeffekt*. Negativ geladene Metallplatten verlieren ihre Ladung, wenn man sie mit Licht *hinreichend kurzer* Wellenlänge bestrahlt. Mit Lichtsorten größerer Wellenlänge gelingt das überraschenderweise auch bei sehr großen Intensitäten nicht!

8.1.1 Wellenmechanik und Unbestimmtheit

1905 beschenkt der bis dahin ziemlich unbekannte 26-jährige Angestellte des Berner Patentamtes ALBERT EINSTEIN die Physik mit epochemachenden Arbeiten in den *Annalen der Physik* zu drei Themen, siehe auch 7.3. Eine davon hat den Titel „Über einen die Erzeugung und Verwandlung des Lichtes betreffenden heuristischen Gesichtspunkt". Dort steht diese Zusammenfassung:

In die oberflächliche Schicht des Körpers dringen Energiequanten ein, und deren Energie verwandelt sich wenigstens zum Teil in kinetische Energie von Elektronen. Die einfachste Vorstellung ist die, dass ein Lichtquant seine ganze Energie an ein einziges Elektron abgibt. Wir wollen annehmen, dass dies vorkomme.

Im heutigen Teilchenbild besteht das Licht aus diesen Energiepaketen, die wir *Photonen* nennen und die zugleich Impulspakete sind.

Aus den Messungen des Fotoeffektes ergibt sich ein Zusammenhang zwischen der Frequenz f des Lichts und der kinetischen Energie W_{kin} der Elektronen, die dadurch freigesetzt werden.

Fotoeffekt: $\quad W_{\text{kin}} = hf - W_{\text{Austritt}}$

Darin ist W_{Austritt} eine positive Materialkonstante der Metallplatte, die *Austrittsarbeit*. Die Konstante $h = 6{,}6 \cdot 10^{-34}$ J · s wurde 1900 von PLANCK in die Physik eingeführt. Sie ist das heute nach ihm benannte *Wirkungsquantum*. Sie verknüpft hier – und auch sonst – eine Teilcheneigenschaft mit einer Welleneigenschaft, nämlich die Energie mit der Frequenz. Obwohl man sich Wellen bei einzeln auftretenden Teilchen nicht gut vorstellen kann, sind die Formeln wesentlich für statistische Vorhersagen bezüglich der Teilchen anwendbar.

Wir haben in 2.4 berechnet, wie viel Energie man braucht, um das Sonnensystem zu verlassen. Ist man noch in ihm gefangen – *gebunden* –, hat man eine negative Gesamtenergie, wenn man vom konventionellen Nullpunkt aus rechnet. Ebenso können wir dem Elektron im Metall eine negative Energie zuordnen. Wenn es nun so viel hinzubekommt, dass es über die Nullmarke hinweg kommt, kann es mit dem Rest als kinetischer Energie davonfliegen. Man kann das mit einer Einzahlung auf ein Konto vergleichen, das Schulden aufweist. Man kann es auch mit einem Gefangenen vergleichen, der Geld geschenkt bekommt, davon einen Teil als *Lösegeld* bezahlt und mit dem Rest abreist. Man spricht auch in der Physik von *Ablösearbeit*.

Wenn nun die Energie proportional zur Frequenz ist, wird die materialabhängige *langwellige Grenze* verständlich. Diese Grenze bedeutet aber auch, dass ein Elektron die benötigte Energie auf einen Schlag bekommen muss und nicht etwa aus mehreren kleineren Photonen ansparen kann.

Das Bild 8.1.3 zeigt die Zusammenhänge im Energiediagramm. Die tief gebundenen Energieniveaus im Festkörper sind mit denen in den Atomen gleich, siehe 8.6. Die weniger tief gebundenen haben dagegen eine völlig andere Struktur, eine *Bänderstruktur*.

❍ Die Nullmarke der Energie wird sinnvoll durch ein Elektron festlegt, das ohne kinetische Energie und ohne Bindung an das Atom oder den Festkörper ist. Das nennt man *Vakuumniveau*. Ein gebundenes Elektron – eigentlich das System zusammen mit diesem Atom – hat dann eine negative Energie, deren Betrag man als *Bindungsenergie* bezeichnet.

Der Fotoeffekt gilt als wichtigster Anlass, elektromagnetische Strahlung – Licht, Röntgenstrahlung, ... – *einer* Frequenz mit Teilchen der Energie $W_{\text{Photon}} = hf$ zu beschreiben. Einstein hat das in der erwähnten Arbeit noch nicht mit dieser Entschiedenheit getan.

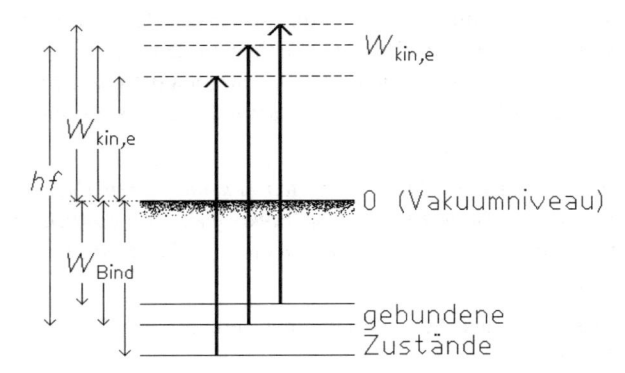

Bild 8.1.3 Energiediagramm zum Fotoeffekt an einem Atom oder einem Festkörper. Beim Festkörper gibt es außer schmalen gebundenen Energieniveaus auch breite „Bänder".

Der Fotoeffekt tritt nicht nur an der Grenze zum Vakuum auf, sondern auch als *innerer Fotoeffekt* und ist dabei entscheidend für Photozellen und Fotowiderstände.

8.1.1.4 Materiewellen

Aus der SRT kennen wir für Teilchen *ohne Ruhemasse*, zu denen die *Photonen* gehören, die Beziehung $W = pc = mc^2$ und mit $W = hf$ ergibt sich daraus $pc = hf$. Wegen $c = f\lambda$ folgt daraus $p = h/\lambda$ oder $\lambda = h/p$. Diese Beziehung zwischen Teilchen- und Wellen-Eigenschaften gilt zunächst für Photonen und Licht. Nach einer kühnen Annahme aus dem Jahr 1924 von DE BROGLIE, „debroj" gesprochen, soll die Formel $\lambda = h/p$ auch für Teilchen *mit Ruhemasse* gelten. Teilchen mit gleichen Impulsbeträgen p sollen also eine Wellenlänge „haben" – die *de Broglie-Wellenlänge* –, die sich in Interferenz- und Beugungserscheinungen äußert.

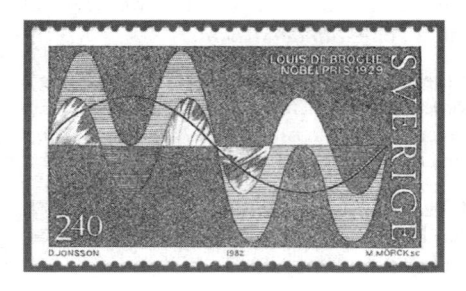

Dabei bleibt völlig offen, welchen Charakter die Elongationen dieser *Materiewellen* haben könnten. Bei den Photonen sind es immerhin die wohlbekannten elektrischen und magnetischen Feldstärken oder Induktionen. Materiewellen werden meist mit dem – stets für Geheimnisvolles zuständigen – Buchstaben ψ bezeichnet. In der in den darauf folgenden Jahren von SCHRÖDINGER formulierten *Wellenmechanik* – das ist *eine* Formulierung der *Quantenmechanik* – braucht man zur Beschreibung im Allgemeinen komplexe Zahlen. Man dachte bei den Wellen zuerst an eine räumliche Verschmierung der Teilchen. Nach MAX BORN gibt aber ihr Betragsquadrat $|\psi|^2$ die *Wahrscheinlichkeit* an, ein Teilchen der fraglichen Art in einem Volumenintervall am entsprechenden Ort zu treffen. Dabei kann man sich dann das Teilchen selbst gewissermaßen punktförmig vorstellen.

Wellenerscheinungen von Elektronen sind 1927 von DAVISSON und GERMER gefunden worden. Zur Untersuchung der Struktur von Festkörpern und insbesondere von deren Oberflächen werden diese Erscheinungen heute mittels *Low Energy Electron Diffraction*, LEED, genutzt.

❍ Beim Licht und den anderen elektromagnetischen Wellen kennen wir die elektrische Feldstärke oder die magnetische Induktion als Elongationen. Auf Drähten sind sie auch mit elektrischer Spannung und elektrischer Stromstärke beschreibbar. Beim Schall gibt es die Schnelle und den Luftdruck oder ähnliche Größen. Alle diese Wellen transportieren Energie und Daten, aber keine Ruhemassen. Die hier behandelten Materiewellen dagegen transportieren *auch* Ruhemasse, nämlich von Elektronen bis hin zu ganzen Atomen oder darüber hinaus. Aber auch hier gibt es Interferenz- und Beugungserscheinungen, die uns das Wellenbild als Beschreibung nahe legen.

8.1.1.5 Quantenmechanische Unbestimmtheit

Während SCHRÖDINGER seine Wellenmechanik auf der nach ihm benannten Differenzialgleichung für ψ aufbaute, stellte HEISENBERG 1927 eine Theorie auf, die zu den gleichen Ergebnissen führt, aber mathematisch ganz anders arbeitet. Er benutzte Matrizen und entwickelte die *Matrizenmechanik*. Heisenberg fand darin eine fundamentale Beziehung, die wir hier skizzenhaft ganz einfach aus unseren bisherigen Formeln erhalten können.

Tabelle 8.1.1 Von der klassischen zur quantenmechanischen Unbestimmtheit

Klassische Unbestimmtheit:	$\Delta f \Delta t \approx 1$	$\Delta x \Delta(1/\lambda) \approx 1$
diese betrifft:	Frequenzunbestimmtheit zu Darbietungs-Dauer	Unbestimmtheit von $1/\lambda$ zu Wellenzügange
Malnehmen mit h liefert:	$\Delta(hf)\Delta t \approx h$	$\Delta x \Delta(h/\lambda) \approx h$
als Welle/Teilchen-Beziehung:	$W = hf$ Einstein	$p = h/\lambda$ de Broglie
Einsetzen liefert:	$\Delta W \Delta t \approx h$ Heisenberg	$\Delta x \Delta p_x \approx h$ Heisenberg
das betrifft:	Energie und Zeit	Ort und Impuls

Die beiden unteren Formeln in der Tabelle 8.1.1 sind die wichtigsten Formen der *Unbestimmtheitsrelation von Heisenberg*.

Die „Ungefähr-Gleich"-Zeichen bedeuten hier, dass man links die aus der Welleneigenschaft *zwingend folgenden* Unbestimmtheiten meint. Wenn man mit den Deltas allgemein Messungenauigkeiten meint, können die linken Seiten der Beziehungen erheblich größer werden. Je nach mathematischer Formulierung der Deltas ergeben sich rechts auch gewisse Bruchteile von h. Uns geht es hier vor allem um die Größenordnungen.

In der klassischen Physik gingen wir davon aus, dass ein Teilchen einen im Prinzip beliebig genau messbaren Ort und einen ebenso beliebig genau messbaren Impuls hat, auch wenn unsere Messmethoden vielleicht nur Enttäuschendes leisten. Die Quantenmechanik besagt hingegen, dass bei einem sehr genau gemessenen Impuls der Ort des betrachteten Teilchens *völlig unbestimmt ist* und umgekehrt.

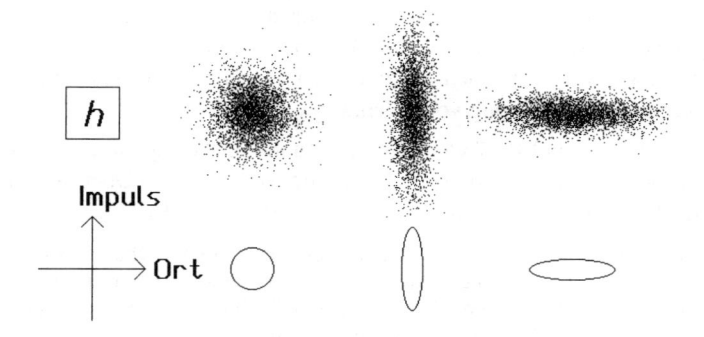

Bild 8.1.4 Unbestimmtheit im Phasenraum aus einer Ortskomponente und der zugehörigen Impulskomponente. Die Wolken zeigen mögliche Kombinationen solcher Unbestimmtheiten an. Das Quadrat ihre Größe ist nämlich gleich der Planck-Konstanten h. Der Kreis zeigt x und p_x für die kleinste Bahn in Bohrs Modell des H-Atoms im gleichen Maßstab an: Das liefert einen Widerspruch!

Für unsere Vorstellung von der Atomhülle bedeutet das, dass ein kreisendes oder schwingendes Elektron mit einem Impulsbetrag, der zur jeweils typischen kinetischen Energie passt, eine Ortsunschärfe von der Größe der ganzen Atomhülle beansprucht. Es kann keineswegs auf einer regelmäßigen Ellipsenbahn darin lokalisiert werden – jedenfalls nicht bei niedrigen „Quantenzahlen". In jedem Augenblick kann es sich vielmehr „irgendwo" darin befinden. Ebenso folgt selbst bei Annahme wesentlich höherer Energien, dass Elektronen nicht Bestandteile der Atomkerne oder der Neutronen sein können.

Bild 8.1.4 zeigt in einem Phasenraum – der Impuls ist gegen den Ort aufgetragen – Punktwolken als mögliche Lokalisierungen von Teilchen. Jede solche Wolke hat eine Fläche, die – gemäß der verwendeten Maßstäbe – der Größenordnung der Planck-Konstanten h entspricht. Zum Vergleich ist auch im gleichen Maßstab eine Ellipse eingezeichnet, wie sie im Planetenbahnmodell zu einer Kreisbahn in der Atomhülle gehören würde. Darin müsste das Elektron in jedem Augenblick genau in einem scharfen Zustand sein, der durch einen Punkt auf dem Kreis dargestellt wird. Tatsächlich ist aber nach Heisenberg die Unbestimmtheit so groß wie die gesamte Ellipse.

8.1.1.6 Wie groß muss die Atomhülle sein?

Aufgabe:

Die kinetische Energie des Elektrons im H-Atom liegt im Mittel bei 13,6 eV. Bestimmen Sie daraus den Impulsbetrag p des Elektrons unter der Annahme, dass der Impuls zwischen $-p$ und $+p$ wechselt. Welche Ortsunbestimmtheit gehört dazu? Vergleichen Sie das bitte mit dem Radius des H-Atoms nach dem Bohr'schen Modell von 53 pm.

Lösung:

Zur kinetischen Energie $W_{kin} = 13{,}6$ eV $= 2{,}2 \cdot 10^{-18}$ J gehört der Impuls $p = \sqrt{2mW_{kin}} = 2 \cdot 10^{-24}$ N $\cdot$ s und eine maximal doppelt so große Impulsänderung. Die Ortsunbestimmtheit liegt demnach in der Größenordnung $h/(2p) = 1{,}6 \cdot 10^{-10}$ m, was ganz gut zum Bohrschen Durchmesser von $1{,}06 \cdot 10^{-10}$ m passt.

8.1.2 Bosonen, Fermionen und Pauli-Prinzip

Alle Teilchen – ob fundamental wie Elektron, Photon oder Quark oder „zusammengesetzt" wie Proton, Meson, Atom oder Molekül – zerfallen in zwei Klassen, die nach FERMI und nach BOSE benannt sind. Formal erkennt man sie an dem Wert einer gewissen Quantenzahl, der *Spin*quantenzahl. Die beschreibt *so etwas wie* eine Eigendrehung, selbst wenn es punktförmige Teilchen sind.

Teilchen				Wechselwirkungen
Fermionen (Spin "halbzahlig")		**Bosonen** (Spin ganzz.)		
Materie	Antimaterie			
Quarks q d s b u c t und Leptonen e^- μ^- τ^- ν_e ν_μ ν_τ	Antiquarks $\bar{q}$ $\bar{d}$ $\bar{s}$ $\bar{b}$ $\bar{u}$ $\bar{c}$ $\bar{t}$ und Antileptonen e^+ μ^+ τ^+ $\bar{\nu}_e$ $\bar{\nu}_\mu$ $\bar{\nu}_\tau$	Graviton Γ		Gravitation
		W^+ W^- Z^0		Schwache W.
		Photon γ		Elektromagn. W.
		Gluonen		Starke W. (Farbkraft)
Baryonen qqq	Antibaryonen $\overline{qqq}$	Mesonen $q\bar{q}$		
Atome, Moleküle, makroskop. Objekte				

(Linke Randbeschriftung: elementar / zusammenges.)

Bild 8.1.5 Klassifizierung der Teilchen und Wechselwirkungen. Mehr Details zu den Fermionen in Bild 8.2.1.

Für diese Teilchen gelten in der Quantenstatistik unterschiedliche Abzählregeln, nämlich die *Bose-Einstein*-Statistik und die *Fermi-Dirac*-Statistik. Wenn wir uns auf die Teilchen konzentrieren, die nach heutiger Beschreibung *nicht zusammengesetzt*, also *fundamental* oder *elementar* sind, so kann man die elementaren Fermionen mit einer gewissen Berechtigung als Bausteine der Materie und die elementaren Bosonen als den Klebstoff dazwischen betrachten, der Kräfte oder *Wechselwirkungen* vermittelt. Einen ersten Überblick über die heutige Ansicht vom Aufbau der Welt gibt Bild 8.1.5.

Bosonen haben ganzzahlige Spin-Quantenzahlen. Zu ihnen gehören besonders die Photonen und die anderen kräftevermittelnden Teilchen, siehe 8.3, aber auch alle Mesonen und manche Atome oder Moleküle.

Fermionen haben Spinquantenzahlen, die nie ganzzahlig, aber stets durch $1/2$ teilbar sind – *halbzahliger Spin*. Zu ihnen gehören die fundamentalen Bausteine wie Elektronen und

Quarks, aber auch die Nukleonen Proton und Neutron sowie manche Atome und Moleküle. Für alle Fermionen gilt das *Pauli-Prinzip*.

> **Pauli-Prinzip**
> In einem atomaren System können nicht zwei *Fermionen* der gleichen Sorte in demselben Zustand sein.

Das System kann etwa ein Atom, Molekül oder Kristall sein, der Zustand wird dabei durch Quantenzahlen gekennzeichnet. Dieses Prinzip spielt eine außerordentlich wichtige Rolle für den Aufbau von Atomen und damit für die gesamte Chemie und Biologie. Das Pauli-Prinzip gilt *nicht* für Bosonen!

8.2 Fundamentale Fermionen: Leptonen und Quarks

Nach der heute, am Beginn des 21. Jahrhunderts gültigen Auffassung können wir die Welt sehr weitgehend als Zusammenwirken von relativ wenigen *Teilchen*sorten beschreiben.

➤ Obwohl einiges dafür spricht, dass diese nun keine innere Struktur mehr haben, ist man vorsichtig geworden mit dem Begriff „Elementarteilchen". Der Teil der Physik, der sich speziell mit ihnen befasst, heißt *Hochenergiephysik*. Damit ist gemeint, dass *pro Teilchen* ausgesprochen große Energien im Spiel sind. Typische Geräte dabei sind Speicherringe, die auf Stadtplänen manchmal ähnlich wie Pferderennbahnen aussehen. Früher waren sie kleiner als solche, die neueren sind aber größer.

Die Zahl der bekannten und zeitweise als Elementarteilchen angesehenen Teilchen ist zwischen 1930 und 1960 auf mehrere Hundert angestiegen. FERMI soll gesagt haben: Wenn ich mir die Namen der vielen neuen Teilchen merken könnte, hätte ich ja gleich Botaniker werden können.

Heute haben wir ein Weltbild mit relativ wenigen Teilchen. Die sind aber keineswegs unwandelbar, gehorchen aber sehr wohl Erhaltungssätzen. Die Hochenergiephysik formuliert die Naturgesetze prinzipiell in Gestalt von Erhaltungssätzen und Symmetrieprinzipien. Beide hängen miteinander zusammen. Sie besagen nicht, warum etwas geschieht, sondern nur ob es geschehen „darf", und wenn ja, vielleicht sogar noch, mit welchen Wahrscheinlichkeiten das passiert.

8.2 Fundamentale Fermionen: Leptonen und Quarks

Zu den Erhaltungsgrößen gehören die Energie, der Impulsvektor und einige Bilanzgrößen, die in geeigneten Maßsystemen ganzzahlig sind. Das sind Quantenzahlen wie die Baryonenzahl oder die Myonenzahl, nicht zuletzt auch die elektrische Ladung.

Was soll man sich unter einem Teilchen vorstellen, wenn es sich in andere umwandeln kann und trotzdem nicht aus kleineren zusammengesetzt ist? Mein persönlicher Vorschlag ist: Einfache Teilchen wie Elektronen, aber auch zusammengesetzte wie Protonen oder Atome sind *Wandergemeinschaften* von Portionen gewisser physikalischer Größen – Energie, Ladung, Baryonenzahl, ... –, die sich insbesondere beim Zusammentreffen neu gruppieren können, ohne dass irgendetwas verloren geht.

Ob man sich einfache Teilchen wie Elektronen oder Photonen punktförmig vorstellen soll oder eher so groß wie ihre Wellenlängen oder wie ihre Wirkungsquerschnitte, ist unter Physiklehrern umstritten. Hochenergiephysiker sprechen von den Teilchen meist wie von Punkten. Auf jeden Fall muss man sich klarmachen, dass unser Nervensystem darauf optimiert ist, zunächst solche Strukturen zu deuten, die man mit bloßen Augen sehen kann. Erkenntnisse über Atomphysik haben von daher prinzipiell den Charakter von Zugaben. Dass sich außer den Bienen auch die Menschen über Farben und Düfte von wild wachsenden Blumen freuen, ist ebenso eine Zugabe der Natur. Man darf nicht verlangen, dass Logik oder Geometrie hier widerspruchsfrei anwendbar sein müssen.

Seit etwa 1960 bewährt sich für die Teilchen, die in einem gewissen Sinne als Bausteine verstanden werden können, ein Ordnungsschema, das sich inzwischen zu der kaum noch angezweifelten Beschreibung der Materie aus Quarks und Leptonen entwickelt hat. Diesen Sorten stehen die „Klebstoffe" gegenüber, traditionell entspricht das der Einteilung in Materie einerseits und Kräfte andererseits.

Elementare Fermionen		Materie			Antimaterie			
		Quarks		Leptonen	Antiquarks		Antileptonen	
Familie (Generation)	1	d	u	e^- ν_e	$\bar{d}$	$\bar{u}$	e^+ $\bar{\nu}_e$	
	2	s	c	μ^- ν_μ	$\bar{s}$	$\bar{c}$	μ^+ $\bar{\nu}_\mu$	
	3	b	t	τ^- ν_τ	$\bar{b}$	$\bar{t}$	τ^+ $\bar{\nu}_\tau$	
Leptonenzahlen	Elektronenzahl			1 1			-1 -1	
	Myonenzahl			1 1			-1 -1	
	Tauonenzahl			1 1			-1 -1	
Farbladungen		b,g,r	b,g,r		$\bar{b},\bar{g},\bar{r}$	$\bar{b},\bar{g},\bar{r}$		
Baryonenzahl		$1/3$	$1/3$		$-1/3$	$-1/3$		
elektrische Ladung		$-1/3$	$+2/3$	-1 -1 -1	$+1/3$	$-2/3$	1 1 1	

Bild 8.2.1 Elementare Fermionen.
Die Leptonenzahl ist getrennt für jede einzelne Familie zu bilanzieren.

Das Bild 8.2.1 zeigt im oberen Teil die zwölf elementaren Fermionen und ebenso viele elementare *Antifermionen*. Im unteren Teil sind einige ihrer Eigenschaften aufgelistet. Die elektrische Ladung ist in Vielfachen der *Elementarladung* e_0 zu verstehen. Quarks mit positiven Baryonenzahlen haben als Farbladungen, siehe 8.3.2, entweder Rot, Blau oder

Grün. *Antiquarks* haben negative Baryonenzahlen und als Farbladungen entweder Antirot (Cyan), Antigrün (Magenta) oder Antiblau (Gelb).

Die *Leptonenzahlen* werden für jede Familie einzeln gezählt.

Teilchen mit negativen Baryonen- oder Leptonenzahlen werden „Antimaterie" genannt. Die Antiteilchen haben stets entgegengesetzte elektrische und Farbladungen gegenüber den „gewöhnlichen" Teilchen. Beide haben aber die gleichen positiven Ruhemassen und die gleichen Lebensdauern – allerdings nur, wenn man sie allein lässt und nicht auf ihre Gegenbilder loslässt.

○ *Antimaterie* hört sich sehr geheimnisvoll an. Genauso gut kann man auch ein Linksgewinde ein Antigewinde oder einen rechten Schuh einen Antischuh nennen. Die Zuordnung zwischen Drehimpuls und Impuls ist bei den beiden Materie-Sorten verschieden. Das ist die *Helizität* – von „helix" für gewunden – also der Schraubensinn.

Die Namen der *Quarks* sind ohne tiefere Bedeutung: d (down), u (up), s (strange), c (charm), b (bottom oder beauty), t (top oder truth). Unsere Materie besteht nahezu ganz aus u, d und e^-, den Elektronen. Die *Familien* werden auch *Generationen* genannt. Das bezieht sich aber nur auf die Reihenfolge der Entdeckung – so wie Amerika nur für die Europäer die Neue Welt war.

➤ Die Bezeichnung „quark" für die rätselhaften Teilchen hat GELL-MANN dem Roman „Finnegans Wake" von Joyce entnommen, an dessen Ende jemand rätselhafte „three quarks" bestellt. Auch die Bezeichnungen der Quarks und ihrer Gruppen sowie der Farbladungen ist weit entfernt von den Namensgebungen in der Physik des 19. Jahrhunderts und davor. Damals beruhten die Namen auf weitgehend ernstgemeinten Deutungsversuchen und weniger auf rein formalen Analogien. Gelegentlich wird allerdings das Neue noch als das Unverstandene benannt – „strange" oder „charm", ähnlich wie früher „Induktion" oder „Influenz". Es überwiegt aber die Wahl flapsiger oder poetischer Namen mit bewusstem Verzicht auf Deutungsversuche. Bei den Farbladungen gibt es allerdings eine schöne Analogie zu unserem Farbensehen. Wenn einige Autoren statt „grün" die Bezeichnung „gelb" für sinnvoller halten, so geschieht das vermutlich aus einer oberflächlichen Kenntnis des Farbensehens heraus.

Die zweite und dritte Familie kommen in der gewöhnlichen Materie nicht vor und stehen hier vor allem der Vollständigkeit halber. Da beispielsweise Z^0-Bosonen, siehe 8.3.4, mit gleichen Wahrscheinlichkeiten in Neutrino-Antineutrino-Paare der bekannten Familien zerfallen, folgert man, dass es mehr als diese drei Familien nicht gibt.

Lepton bedeutete ursprünglich „schlankes Teilchen", keine Bezeichnung mit realem Bezug also. Die Namen der Leptonen der ersten Familie sind *Elektron, Elektronneutrino, Positron*, auch *Antielektron* genannt, und *Antielektronneutrino*.

8.2.1 Nichts ist einfacher als das Elektron

Bekanntlich finden wir das *Elektron* e^- – benannt nach dem gleichlautenden griechischen Wort für Bernstein – in den Hüllen der Atome und Moleküle und als wichtigsten Träger der elektrischen Leitfähigkeit, nämlich in Metallen und Halbleitern.

➤ Die elektrische Datentechnik der ersten Hälfte des 20. Jahrhunderts verwendete Ströme von Elektronen in Vakuumröhren, wie sie heute fast nur noch in Bildröhren genutzt werden. In der zweiten Hälfte nutzte sie zunehmend die Wanderung von Elektronen in Halbleitern. Auf diese Weise wurde „Elektronik" zum Namen für einen Teil der elektrischen Nachrichtentechnik, insbesondere im Bereich der Bauelemente. Von der Sache her könnte man ebenso gut die Chemie als „Elektronik" bezeichnen, denn sie behandelt die Struktur von Elektronenkonfigurationen.

Außer seiner elektrischen Ladung ist die Ruheenergie des Elektrons von 511 keV sehr wichtig. Sie ist die kleinste genau *bekannte* Ruheenergie, außer Null natürlich. Man ist ziemlich sicher, dass Elektronen einzeln nicht zerfallen können. Elektronen werden also als absolut stabil angesehen – sie können sich aber mit anderen Teilchen umwandeln, etwa beim β-Zerfall.

1883 entdeckte THOMAS A. EDISON, dass negative Ladung von einem glühenden Draht durchs Vakuum auf eine andere „Elektrode" fließt – Edison-Effekt genannt. 1897 fand J. J. THOMSON in „Gasentladungsröhren", den Vorläufern unserer Leuchtstofflampen, negativ geladene Teilchenstrahlen. WIEN, WIECHERT und Thomson bestimmten das Verhältnis aus elektrischer Ladung und Masse dieser Teilchen. 1909 fand MILLIKAN die Ladung der Teilchen selbst und damit die Elementarladung. In den Atommodellen bekamen die Elektronen dann die Rolle der Träger der negativen Ladung zugewiesen. In den halbklassischen Modellen von BOHR und SOMMERFELD und im heutigen quantenmechanischen Bild bestehen Atome, Moleküle und alle daraus aufgebaute Materie räumlich fast nur aus „Wolken" von Elektronen. Man kann sich darüber streiten, ob man sich diese wie MAX BORN als leeren Raum vorstellen soll, durch den punktförmige Elektronen unregelmäßig flitzen, oder eher als eine Art Glibber oder Zuckerwatte. Im ersten Bild darf man sich den Raum nicht völlig leer vorstellen. Außer den Elektronen flitzen auch noch Photonen – allerdings nur „virtuelle" – hindurch, die für die Energiedichte des elektromagnetischen Feldes in den Atomen und Molekülen zuständig sind. Im zweiten Bild kommt die beachtliche Bewegungsenergie zu kurz.

Bis zur Entdeckung des Neutrons 1932 glaubte man, dass auch in den Kernen Elektronen wohnen müssten, denn sie kamen ja beim β-Zerfall heraus. Das ging nach dem Motto: „Wo Elektronen herauskommen, müssen auch vorher welche drin gewesen sein!" Eine Abschätzung analog zu unserer Aufgabe 8.1.1.6 zeigt jedoch, dass sie dort gewaltige Bewegungsenergien haben müssten und sonst nicht hineinpassen, wegen ihrer kleinen Masse! Wenn aus einer Limonade-Flaschen viele Gasblasen herauskommen, so folgt daraus nicht, dass diese schon vorher darin gewesen wären. Im Fall von Brausepulver und Wasser ist sogar das Gas, nämlich Kohlenstoffdioxid, noch nicht einmal vorher vorhanden. Ebenso entstehen die Elektronen beim β-Zerfall bei einer Quark-Umwandlung und flutschen sozusagen aus dem Kern heraus, weil es darin zu eng für sie ist – wellenmechanisch gesehen.

8.2.2 Das Positron und andere „Antimaterie"

1930 formulierte PAUL DIRAC eine Quantenmechanik, die im Gegensatz zu der von HEISENBERG und SCHRÖDINGER mit der SRT vereinbar ist. Dabei kam er auch für negative Energien zu formal richtigen Lösungen. Er nahm diese ernst und sagte positiv geladene Antielektronen voraus. Antielektronen und Elektronen sollten sich gemeinsam aus dem Doppelten von 511 keV Energie erzeugen lassen, aber ansonsten sozusagen aus dem Nichts heraus.

○ Er stellte sich dazu die Welt so vor: Es gibt ganz viele Elektronen mit negativen Energien kleiner als -511 keV und relativ wenige mit positiven, größer als 511 keV. Das sind die immer noch sehr vielen, die wir sozusagen sehen. Mit mindestens dem Doppelten von 511 keV kann man dann Elektronen negativer Energie von unten nach oben heben. So bekommt man ein zusätzliches Elektron und einen Platz im „Dirac-See". Das ist ein leerer Platz, der sich wie ein positiv geladenes Teilchen verhält. Das hat eine gewisse Ähnlichkeit mit den leeren Plätzen im Halbleiter oder im Kino, nur dort gibt es solche Plätze wirklich und zwar in ermittelbaren Anzahlen. Immerhin hat aber die fantastische Idee Diracs zur Vorhersage des Positrons geführt. Das Positron hat durchaus positive Werte für Masse und Energie, es ist aber immerhin elektrisch entgegengesetzt zum Elektron, also positiv geladen.

1932 fand CARL DAVID ANDERSON das Positron oder Antielektron in der Höhenstrahlung. Im folgenden Jahr erzeugten IRÈNE JOLIOT-CURIE – eine Tochter von Marie und Pierre Curie – und ihr Mann FRÉDÉRIC JOLIOT, der sich ebenfalls Joliot-Curie nannte, Paare von Elektronen und Antielektronen aus Photonen. 1934 gelang ihnen gemeinsam mit THIBAUD auch die umgekehrte Verwandlung von Elektron-Positron-Paaren zu Photonen. Das nennt man „Teilchenvernichtung", nämlich Vernichtung von Ruhemasse.

Das Positron kommt auch beim β^+-Zerfall aus Atomkernen. Es hat exakt die gleiche *positive* Ruheenergie wie das Elektron und exakt den gleichen Betrag der elektrischen Ladung, aber das andere Ladungsvorzeichen.

Es gibt aber noch eine ganzzahlige Größe, die bei Elektron und Positron einander entgegengesetzt sind: die Leptonenzahl. Genauer betrachtet ist es die Leptonenzahl der Elektronenfamilie. Mit dieser Größe kann man beschreiben, dass das Entstehen eines Elektrons stets mit dem Entstehen oder Verschwinden gewisser anderer Teilchen aus der *Elektronenfamilie* einhergehen muss. Wir sehen uns das bei den Neutrinos genauer an. An dieser Stelle halten wir erst einmal fest, dass die Summen der Leptonenzahlen, siehe Bild 8.2.1, bei den erwähnten Paar-Erzeugungen und Paar-Vernichtungen erhalten bleiben.

Die Bezeichnungen „Vernichtung", „Zerstrahlung" und auch „Antiteilchen" und „Antimaterie" hören sich sehr dramatisch an und scheinen eher zur *science fiction* als zur Physik zu passen. Tatsächlich ist der Unterschied zwischen Antimaterie und „gewöhnlicher" nicht von anderer Art als der zwischen positiven und negativen elektrischen Ladungen oder von Impulsen nach links und solchen nach rechts. Das heißt jedoch nicht, dass in den Vorzeichen der elektrischen Ladung der einzige oder entscheidende Unterschied läge: Die Vorzeichen der Leptonenzahlen und der Baryonenzahlen sind vielmehr maßgebend.

Ruhemasse und damit Ruheenergie sind die Größen, die bei den genannten Umwandlungen entstehen oder vergehen können. Die Erhaltungsgrößen – Energie, Masse, elektrische Ladung, Baryonenzahl, Leptonenzahlen, Impulsvektor, ... – bleiben in ihren Summen exakt erhalten. Zerstrahlen ist also nicht geheimnisvoller als Verdunsten, man benötigt nur wesentlich stärkere Energien pro Teilchen.

Man ist ziemlich sicher, dass es nicht nur zum Elektron, sondern zu jedem Fermion und zu jedem aus Fermionen aufgebauten System ein Gegenstück gibt.

➢ Als man 1996 ganze Atome aus Antiteilchen heil durch eine Apparatur bekam, konnte man in den Zeitungen lesen, die Erzeugung von Antimaterie sei nun gelungen, und auf dem Titelbild des „Spiegel" wurde das so dargestellt, als gäbe es in einer Welt aus Antimaterie Licht in den Gegenfarben. Das ist aber nur für die Farbladungen der Quarks so, und die haben mit Farbe fast nur den Namen gemein. Die Lichtfrequenzen sind bei Antimaterie die gleichen wie bei uns. Wenn aus einer fernen Galaxie Licht zu uns kommt, können wir nicht ohne weiteres sicher sein, dass es nicht aus Antimaterie stammt. Allerdings vermutet man sehr stark, dass alle sichtbaren Objekte am Himmel aus gewöhnlicher und nicht aus Antimaterie bestehen.

Wenn man, salopp gesagt, wissen will, in welcher Ecke des Gehirns das Rechnen und in welcher das Musikhören stattfinden, so nutzt man dafür die Positronen-Emissions-Tomografie (PET). Die Versuchsperson bekommt einen Stoff injiziert, der sich dort anreichert, wo der Stoffwechsel besonders aktiv ist und der β^+-aktiv ist, also Positronen emittiert. Im Gehirn findet ein Positron sofort ein Elektron. Beide umkreisen einander und strahlen ihre Bewegungsenergie ab. Sie haben dann einen Impuls nahe bei Null. Dann wandeln sie sich in zwei Photonen um, die wegen der Erhaltung des Impulses in einander entgegengesetzte Richtungen fliegen, und zwar mit je 511 keV oder nur wenig mehr. Ein Nachweisgerät registriert solche Paare von jeweils genau gleichzeitig wegfliegenden Photonen dieser Energie und ordnet ihre Herkunft in ein Bild ein. Das stellt dann einen Schnitt durch das Gehirn dar, ähnlich wie bei den diagnostisch üblichen Röntgen- und Kernspin-Tomogrammen.

8.2.3 Neutrinos als Poltergeister und Welträtsel

Stellen Sie sich vor, der Kommissar bietet der Staatsanwaltschaft zwei Lösungen für das Verschwinden von Goldbarren an: Entweder hat sich das Gold „in Luft" aufgelöst, oder aber ein unsichtbarer Dieb, vielleicht ein Poltergeist, hat es mitgenommen – kein Anlass also für eine Beförderung des Kommissars. Als man in den 30er-Jahren Fehlbeträge in der Energiebilanz beim β-Zerfall fand, musste man sich entscheiden. Entweder war die Energieerhaltung aufzugeben – kein Geringerer als BOHR war dazu bereit –, oder aber es war an Teilchen zu glauben, von denen man sonst nichts bemerkt. PAULI glaubte an die Teilchen und nannte sie 1931 „Neutronen". Was wir heute so nennen, wurde erst etwas später vermutet und entdeckt. FERMI gab den fraglichen Teilchen ihren heutigen Namen „Neutrino", also „kleines neutrales Teilchen". Erst zwei Jahrzehnte später, 1953 bis 1956, haben CLYDE COWAN und FRED REINES die Teilchen „dingfest" gemacht und mitsamt kinetischer Energie eingefangen. Ihr Experiment nannten sie tatsächlich „Poltergeist", ein Lehnwort aus dem Deutschen!

Als man die Neutrinos suchte, dachte man nur an eine Sorte. Heute unterscheiden wir sechs Sorten in drei Paaren von je einem „gewöhnlichen" und einem Antineutrino. Eins dieser Paare gehört zur selben Familie wie Elektron und Positron, die anderen beiden zu der Myon- und der Tauon-Familie, siehe 8.2.4. Worin unterscheiden sich aber Neutrinos und Antineutrinos der gleichen Familie voneinander, wenn doch beide elektrisch neutral sind? Auf jeden Fall im Vorzeichen der Leptonenzahl. Das klingt sehr formal, aber es drückt nichts anderes aus als die Tatsache, dass man bei einer Umwandlung nicht einfach dort ein Antineutrino nehmen kann, wo man ein Neutrino braucht, und umgekehrt.

○ Bis vor kurzem war unklar, ob *Neutrinos* Ruhemassen haben, wie alle anderen Leptonen und Quarks auch, oder ob nicht. Jetzt weiß man, dass sie eine geringe Ruhemasse besitzen. Einen plausiblen Grund für die unterschiedlichen Werte der Ruhemassen der elementaren Fermionen kennt man übrigens bisher nicht. Die Kosmologen konnten vorher obere Grenzen für die Ruhemassen der verschiedenen Neutrinosorten zu immer niedrigeren Werten abschätzen, hätten aber große Probleme bekommen, wenn sie exakt Null wären. Gerade dies wäre aber für die Eleganz der Theorien schön gewesen. Man hätte dann das Vorzeichen der Leptonenzahl eines Neutrinos mit seiner Helizität verknüpfen können, also mit der Zuordnung der Orientierungen von Impuls und Drehimpuls. Die eine Sorte wäre dann wie fliegende Korkenzieher für Rechtshänder und die andere wie solche für Linkshänder, wie bei den Photonen. Da die Ruheenergie der Neutrinos nun aber positiv ist, ist die Geschwindigkeit kleiner als die des Lichtes. Die Helizität ist daher nicht Lorentz-invariant, sondern hängt von der Wahl des Bezugssystems ab.

➤ Es ist bemerkenswert, dass die Teilgebiete der Physik mit den am weitesten auseinander liegenden Größenordnungen hier sehr eng miteinander verknüpft sind und sich gegenseitig helfen können, aber nicht nur hier. Am Ende des 20. Jahrhunderts war die Frage nach der Ruheenergie der Neutrinos eine der großen offenen Fragen der Physik und wegen der Bedeutung für die Kosmologie in einem sehr wörtlichen Sinne ein „Welträtsel".

8.2.4 Myon und Tauon, des Elektrons schwere Geschwister

Als man nur wenige Elementarteilchen kannte und die Nukleonen zu ihnen zählte, schien es sinnvoll, sie in Leichtgewichte und Schwergewichte einzuteilen, in Leptonen und Baryonen. 1935 stellte YUKAWA eine Theorie auf, in der mittelschwere Teilchen, dementsprechend „Mesonen" genannt, für den Zusammenhalt der Nukleonen in den Kernen verantwortlich gemacht wurden. Bei der Suche fand man ein Teilchen von etwa 200-facher Elektronen-Ruheenergie, das wegen des Anfangsbuchstabens von „Meson", „M", griechisch „My" den Namen „μ-Meson" bekam. Das Teilchen stellte sich aber als Lepton heraus, weil es nicht der starken Wechselwirkung und damit nicht der Farbkraft unterliegt.

Dieses Lepton heißt heute „Myon" oder auch „Muon", das Symbol ist μ^-, und unter Mesonen versteht man heute Hadronen aus einer Quark-Antiquark-Verbindung, siehe 8.4.1. Das Myon ist ein schwerer Bruder – oder wenn es Ihnen lieber ist: eine schwere Schwester – des Elektrons und hat die gleiche elektrische Ladung. Es kommt bei uns nur „vorübergehend" vor, entsteht vor allem durch Höhenstrahlung und zerfällt meistens in ein Elektron und – wegen der einzelnen Erhaltungen der unterschiedlichen Leptonen-Familien-Zahlen – in ein Antielektronneutrino und ein Myonneutrino, in $\bar{\nu}_e$ und ν_μ.

➤ Dieser Zerfall wird in einem berühmten Beispiel der SRT für die Zeit-Dilatation betrachtet. Leider segeln dabei die Myonen in vielen Büchern über die SRT immer noch unter der veralteten Bezeichnung „μ-Meson" aus der Höhe auf die Erde herab.

Zur Myon-Familie gehören außer dem Myon μ^- noch sein ebenso schweres Antiteilchen, das Anti-Myon μ^+, und ein Paar von Neutrinos: Myonneutrino ν_μ und Antimyonneutrino $\bar{\nu}_\mu$.

Die dritte Familie von Leptonen enthält das Tauon τ^-, das Tauon-Neutrino ν_τ und deren beide Antiteilchen τ^+ und $\bar{\nu}_\tau$. Man ist seit 1995 ziemlich sicher, das es genau diese drei Familien von Leptonen und nicht mehr gibt.

8.2.5 Zweimal sechs Sorten Quarks

Es gibt genauso viele Sorten von Quarks wie es welche von Leptonen gibt. Genau wie diese teilen sie sich in drei Familien und je zur Hälfte in Teilchen und Antiteilchen auf. Wegen ihrer sehr unterschiedlichen Ruheenergien sind sie parallel zu den Fortschritten der Beschleunigertechnik entdeckt worden. Dabei wurden zunächst die jeweils bekannten und für elementar gehaltenen Teilchen in Symmetrie-Schemata geordnet. Darunter gab es den in Anspielung auf buddhistische Gedanken benannten „achtfachen Weg". Man musste die Quarks mit neuen Quantenzahlen ausstatten: Isospin, Strangeness und Charme. Ein Jahrhundert zuvor konnte sich in der Chemie das Periodensystem von DÖBEREINER, L. MEYER und MENDELEJEV etablieren, weil es als Ordnungsschema die Entdeckung noch unbekannter Elemente aufgrund von Abschätzungen ihrer Eigenschaften erlaubte. Das war lange bevor die Quantenmechanik etwa mit dem Pauli-Prinzip tiefere „Erklärungen" liefern konnte. Analog gelangen in den 60er-Jahren des 20. Jahrhunderts theoriegeleitete Entdeckungen neuer Teilchen, insbesondere 1964 die des Ω^-.

Im Gegensatz zu den Leptonen und Photonen treten die Quarks nicht einzeln auf, sondern nur in zusammengesetzten Teilchen wie Nukleonen und anderen Baryonen und in Mesonen – darin jeweils zusammen mit einem Antiquark. Damit treten auch ihre Ladungen nicht einzeln auf.

Misst man die elektrischen Ladungen der Quarks in der Einheit e_0, die wir vom Elektron kennen, so findet man solche mit den Beträgen 1/3 und solche mit 2/3. Das heißt natürlich, dass die Elektronenladung zu unrecht und voreilig „elementar" genannt wurde. Das Elektron hat das Minus-Dreifache der wirklich elementaren Ladungseinheit. Bemerkenswerterweise haben aber alle Verbindungen aus Quarks und/oder Antiquarks immer ganzzahlig-vielfache Elektronenladungen!

➤ Dieser Sachverhalt und die Unmöglichkeit, einzelne Quarks zu isolieren, haben zu der inzwischen zurückgehenden Meinung geführt, die Quarks seien eher etwas wie Rechengrößen und keine „richtigen Teilchen" wie die Leptonen. Das erinnert an die Position der Positivisten MACH und OSTWALD vor 100 Jahren. Diese ließen Atome auch nur als Denkmodelle gelten. Während man die Atome inzwischen insofern „sehen" kann, als man sie auf Bildern zählen kann, muss man wohl davon ausgehen, dass Quarks aufgrund von Naturgesetzen nicht voneinander zu trennen sind, siehe 8.3. Trotzdem ist es sinnvoll, Quarks wie die Leptonen als Bausteine unserer Materie anzusehen. Dafür spricht nicht zuletzt die relativ direkte Messung ihrer elektrischen „Drittel"-Ladungen.

Schießt man hinreichend energiereiche Elektronen durch Protonen, so sind die Ergebnisse damit erklärbar, dass in diesen Protonen Punktmassen mit den „Drittel-Ladungen" sind.

○ Das ist eine bemerkenswerte Parallele zu RUTHERFORDS Experiment, das die im Durchmesser fünf Zehnerpotenzen größeren Atome als fast leeren Raum mit kleinen Kernen darin zeigte. Auch die Nukleonen und damit die Atomkerne selbst sind in diesem Sinne immer noch ziemlich leer!

Die Quarks haben, wie ein Teil der Leptonen auch, elektrische Ladung. Außerdem haben sie aber etwas, was Leptonen nicht haben: Quarks nehmen an der Bindungskraft in den Atomkernen teil. Das wird „starke Wechselwirkung" genannt. Ihr ordnet man eine neue Art von Ladung zu, die nur bei Quarks und einem Teil der Gluonen, siehe 8.3.2, vorkommt. Von dieser gibt es bei den Quarks drei Sorten, genannt Blau, Grün und Rot und bei den Antiquarks die Gegenstücke, Antiblau (Gelb), Antigrün (Magenta) und Antirot (Cyan). In 8.3.2 sehen wir uns auch den Grund für die schönen Namen an.

Teilchen wie die Nukleonen, die noch vor einem halben Jahrhundert als elementar angesehen wurden, sind im heutigen Bild Verbindungen von Quarks. Ebenso fasste man vor mehreren Jahrhunderten Wasser noch als Element auf, heute als chemische Verbindung. Im Inneren von Nukleonen und anderen Baryonen sowie den Mesonen flitzen die Quarks ziemlich frei herum.

Wir selbst und alle Dinge, die wir um uns sehen, bestehen fast ganz aus den Quarks u und d und aus Elektronen e^-, zusammengehalten durch Gluonen und Photonen. Das ist angesichts der Vielfalt der Erscheinungen so schwer oder so leicht zu verstehen wie die Tatsache, dass die Literatur mit 26 Buchstaben auskommt, und das Leben sogar mit vier Zeichen: Adenosin, Guanin, Cytosin und Thymin.

8.3 Bosonen und Wechselwirkungen

Fundamentale, also *nicht zusammengesetzte* Bosonen werden als die Vermittler der Kräfte angesehen – analog zu Tennisbällen. Sie werden damit für den Zusammenhalt und für die

Zerfälle verantwortlich gemacht. Es gibt vier solche Kräfte. Der Stärke nach geordnet sind das

1. die Farbkraft mit acht Gluonen, siehe 8.3.2,
2a. die elektromagnetische Kraft mit dem Photon, siehe 8.3.3,
2b. die schwache Kraft mit W^+, W^- und Z^0, siehe 8.3.4,
3. die Gravitation mit dem hypothetischen Graviton, siehe 8.3.5.

2a und 2b lassen sich zur elektroschwachen Kraft vereinigen, dann sind es nur noch drei Kräfte.

8.3.1 Wer leicht ist, kommt weiter!

Zwischen der Reichweite r einer Kraft und der Ruhemasse m_0 der zugehörigen Bosonen besteht ein einfacher Zusammenhang: r ist in der Größenordnung $h/(m_0 \cdot c)$, siehe Tabelle 8.3.1. Für m_0 muss nämlich *mindestens* die entsprechende Ruheenergie $m_0 \cdot c^2$ durch eine Fluktuation des Vakuums, also eine zufällige Schwankung von Energie um 0 herum, zustande kommen. Das geht nach der Energie-Zeit-Unbestimmtheit jedes Mal nur die Zeit $h/(m_0 \cdot c^2)$ lang. Bei maximaler Geschwindigkeit, nämlich der Lichtgeschwindigkeit c, führt das zur Reichweite $h/(m \cdot c)$.

Tabelle 8.3.1 Wechselwirkungen und deren Bosonen. Die Zahlen sind stark gerundet.

Wechselwirkung	Bosonen	Ruhemasse	Reichweite
Gravitation	Graviton(?)	0	∞
Elektromagnetismus	Photon	0	∞
Starke Wechselwirkung	acht Gluonen	$1{,}5 \cdot 10^{-27}$ kg	10^{-15} m
Schwache Wechselwirkung	W^+, W^-, Z^0	$1{,}5 \cdot 10^{-25}$ kg	10^{-17} m

Kräfte mit *ruhemasselosen* Bosonen (Elektromagnetismus, Gravitation) reichen daher *unendlich weit*. Die *schwache* Kraft hat Bosonen von rund $1{,}5 \cdot 10^{-25}$ kg – immerhin rund das 80-fache der Protonenmasse – und reicht darum 10^{-17} m weit, also etwa 1/100 eines Nukleonradius. Die Farbkraft hat 100-mal leichtere Bosonen, die Gluonen, und reicht darum 100-mal so weit, also etwa so weit wie Nukleonen groß sind.

○ YUKAWA hat umgekehrt aus dieser Überlegung für die von ihm vermuteten Vermittler der Anziehung zwischen Nukleonen im Atomkern aus der Reichweite auf die Ruhemasse geschlossen und rund 200 Elektronenmassen abgeschätzt.

○ Dass die Reichweite des Elektromagnetismus in der Praxis nur selten über die Atomkerne in voller Stärke hinausgeht, liegt daran, dass es zwei einander kompensierende Ladungsvorzeichen gibt und die Träger der Ladung sehr oft die Möglichkeit haben zu wandern, siehe 3.1. So „sehen" die meisten Elektronen in einem Atom nicht die volle Ladung des Kerns, sondern einen nur relativ schwach positiv geladenen Rumpf, bestehend aus dem Kern und den meisten anderen Elektronen. Das wirkt als „Abschirmung".

8.3.2 Gluonen – „farbiger Klebstoff" hält die Welt zusammen

Die stärkste aller Kräfte ist die *Farbkraft*. Sie wird durch die *Quantenchromodynamik* (QCD) beschrieben, in der als Bosonen acht Arten von *Gluonen*, also „Leim"-Teilchen vorkommen. Gluonen sind zwar alle elektrisch neutral, aber nur zwei sind „farbneutral" und sechs Arten sind „farbgeladen". Diese Gluonen wirken auf alle farbgeladenen Teilchen, also die Quarks und deren Verbindungen, die Hadronen – etwa das Proton und die Mesonen, siehe 8.4. Die Reichweite ist etwa 10^{-15} m, so weit wie die Größe eines Nukleons, also eines Protons oder Neutrons.

Die Farbkraft zwischen Quarks nimmt mit der Entfernung nicht ab, die Bindungsenergie nimmt mit zunehmendem gegenseitigem Abstand sogar unbegrenzt zu. Das ist fast wie bei einem Gummiband. Es ist ganz anders als bei Gravitation oder Coulomb-Kraft, wo es einen endlichen Grenzwert gibt, der dann meistens zum Nullpunkt ernannt wird. Daher kann man eher neue Quark-Antiquark-Paare erzeugen als Quarks isolieren. Das bedeutet immerhin, dass es *grundsätzlich* nicht gelingen kann, Quarks einzeln irgendwo herauszupflücken – aus ihrem „confinement" – und nicht nur wegen zu schwacher Geräte.

Nur farbneutrale Verbindungen können somit einzeln auftreten. Wie beim Farbensehen Rot, Grün und Blau zusammen neutrales Weiß, *Unbunt* ergeben – etwa auf dem Fernsehbildschirm – neutralisieren sich die Farbladungen der Quarks „gewöhnlicher" Materie erst zu dritt, ebenso wie bei drei Antiquarks der entsprechenden Antifarben.

Überhaupt hat die Analogie zum Farbensehen zur Bezeichnung der Quarks nach Farben geführt. In Bild 8.4.1 wird die Farbladung durch Pfeile symbolisiert. Auch die bei Verbindung von Quarks erfolgende Addition der elektrischen Ladungen führt erst für drei Quarks oder drei Antiquarks auf ganzzahlige Werte, siehe ebenfalls Bild 8.4.1.

8.3.3 Elektromagnetische Kraft und Photon, QED

Die zweitstärkste Kraft ist der *Elektromagnetismus*. Im Rahmen der klassischen Physik wird sie durch die *Elektrodynamik* beschrieben (MAXWELL, HERTZ), ihre Quantentheorie ist die Quantenelektrodynamik (DIRAC, FEYNMAN, SCHWINGER). Im Teilchenbild treten auch hier Bosonen auf, die Photonen.

Die *Photonen* haben keine Ruhemasse und bewegen sich daher stets mit Lichtgeschwindigkeit. Sie reichen unendlich weit, aber mit einer mit $1/r^2$ abnehmenden Intensität, was im dreidimensionalen Raum ziemlich plausibel ist. Ohne Bewegung existieren sie nicht.

Ein Photon der Energie W, siehe Fotoeffekt 8.1, hat den Impuls $p = W/c$ und die dynamische Masse $m = W/c^2$, siehe 7.1.3. Photonen der Energie W können und müssen bei gewissen Versuchen als elektromagnetische Wellen der Frequenz $f = W/h$ beschrieben werden. Im Vakuum gehört dazu die Wellenlänge $\lambda = c \cdot h/W$. Das Spektrum reicht von den längsten Radiowellen über die Mikrowellen, das Infrarot, „sichtbares" Licht, das Ultraviolett und die Röntgenstrahlung bis zu den Gammastrahlen. Die Bezeichnungen beziehen sich dabei oft mehr auf die Herstellungsmethode als auf die Frequenzbereiche. Gammastrahlung kommt aus den Atomkernen, Röntgenstrahlung aus tiefen Zuständen der Atomhüllen. Außerdem ist nicht das Licht sichtbar, sondern mittels Licht sehen wir die Gegenstände!

8.3.3.1 Skalenbeispiele zu Photonen

Aufgabe:

Tragen Sie bitte auf einer logarithmischen Skala Frequenzen, Perioden, und Wellenlängen elektromagnetischer Wellen sowie die Masse, den Impuls und die Energie in J und eV der zugehörigen Photonen auf. Die Wellenlängen sollen von 10^{-11} m bis 10 km reichen.

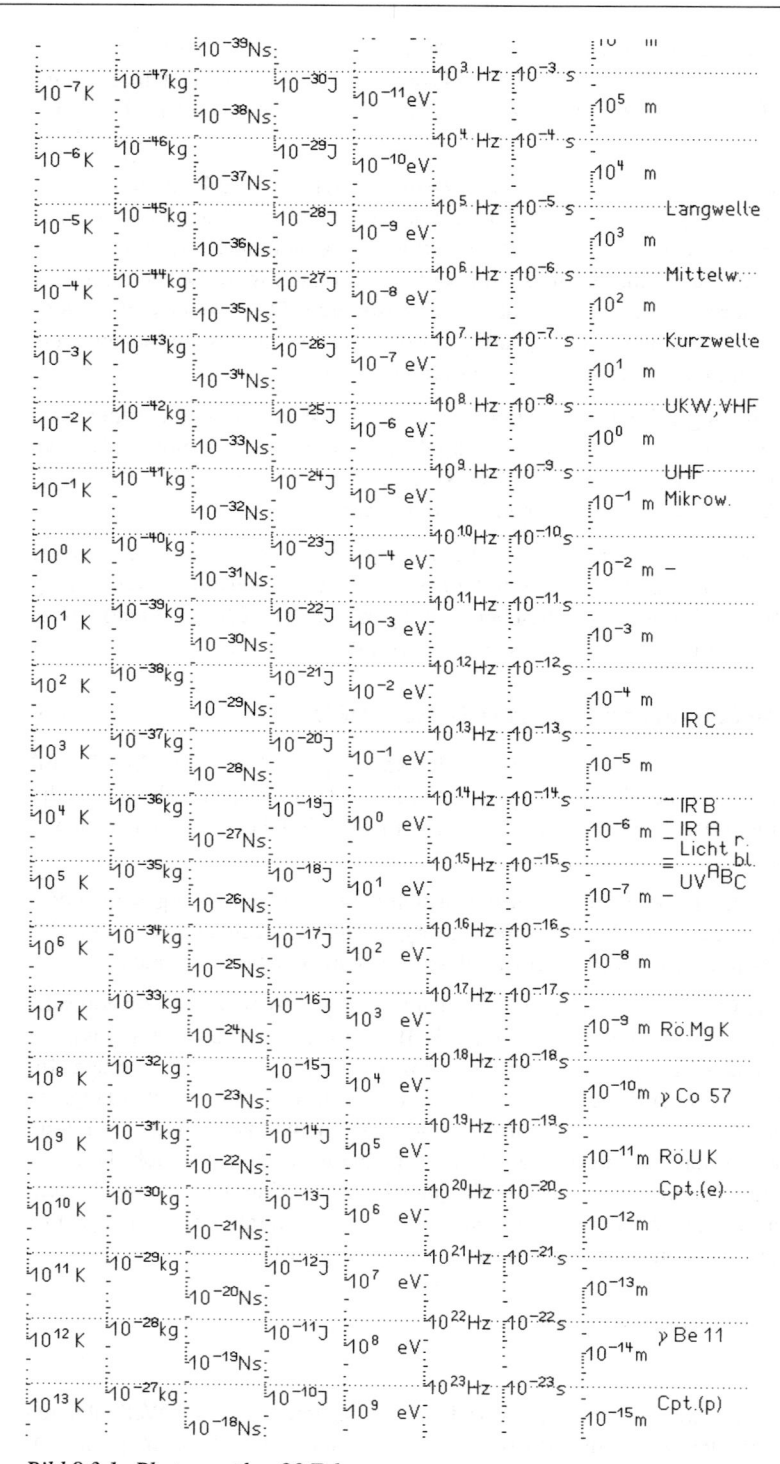

8.3 Struktur der Materie • Bosonen und Wechselwirkungen

Bild 8.3.1 Photonen über 20 Zehnerpotenzen

Markieren Sie darin auch bestimmte Linien des „sichtbaren" Lichtes, siehe 8.6.1.5, und Ihren Lieblings-Radiosender.

Lösung:

Das Bild 8.3.1 zeigt ein derartiges Diagramm.
Zusatz: Wie ist die Temperaturangabe darin zu verstehen?

8.3.3.2 Photoelektronenspektroskopie (PES)

Aufgabe:

Mit Röntgenstrahlen aus einer Röhre mit einer Wolframanode wird auf eine Galliumprobe geschossen. Die Wellenlänge beträgt 21,4 pm. Die K-Absorptionskante von Ga – diese gehört zum Übergang vom K-Niveau zu einem extrem schwach gebundenen Zustand – hat 120 pm Wellenlänge. Mit welcher kinetischen Energie verlassen Elektronen das Gallium, wenn sie von den Röntgenstrahlen aus der K-„Schale" herausgeschossen werden?

Lösung:

Zu 21,4 pm gehört die Frequenz $1,4 \cdot 10^{19}$ Hz und die Photonenenergie $9,3 \cdot 10^{-15}$ J = 58 keV. Zu 120 pm gehört 10,3 keV Photonenenergie. Das ist die Bindungsenergie für Elektronen der K-„Schale" des Galliums. Sie ist die Summe aus negativer potenzieller und halb so großer, aber positiver kinetischer Energie eines Elektrons dieser Schale. Die Elektronen haben nach der Freisetzung nur noch kinetische Energie, und zwar die Differenz 58 keV − 10,3 keV = 47,7 keV. Das ist ähnlich wie bei einem Gefangenen, dem Sie 58 000 € geben und der davon 10 300 € Lösegeld bezahlen muss.

8.3.4 Schwache Kraft und Weakonen, β-Zerfall

Weitaus schwächer als die starke und die elektromagnetische ist die *schwache Kraft*. Sie wird durch die *Weakonen*, „weak" englisch für „schwach", vermittelt. Es gibt die beiden elektrisch geladenen Weakonen W^+ und W^- und das neutrale Z^0. Wegen der großen Ruhemassen der Waekonen von 80- und 90-facher Protonenmasse, reicht die schwache Kraft nur 10^{-17} m weit. Das ist 1/100 des Durchmessers eines Protons!

Die bekanntesten Folgen der schwachen Kraft sind die beiden β-Zerfälle. In beiden Fällen wandeln sich Quarks der ersten Familie ineinander um und geben dabei ein Leptonpaar ab.

Bei dem Zerfall $d \rightarrow u + W^- \rightarrow u + e^- + \bar{\nu}_e$, kurz

$$d \rightarrow uW^- \rightarrow ue^- \bar{\nu}_e,$$

entsteht zwischenzeitlich das Boson W⁻. Dieses zerfällt in ein Elektron – daher *β⁻-Zerfall* – und ein Antielektron-Neutrino. War das d in einem Neutron enthalten, also in der Quarkverbindung ddu, so bleibt dabei das Proton übrig, also die Quarkverbindung uud. Das freie Neutron ist schwerer als das freie Proton. Daher zerfallen freie *Neutronen* auf diese Weise ganz von selbst. Weil dazu aber die schwache Wechselwirkung nötig ist, ist ein Zerfall in kurzer Zeit unwahrscheinlich. Er erfolgt mit einer für Teilchen ziemlich langen Halbwertszeit von rund zehn Minuten.

Der umgekehrte Zerfall wandelt Protonen in Neutronen um:

$$u \rightarrow dW^+ \rightarrow de^+ \nu_e.$$

Er erfolgt unter Abgabe eines Positrons – daher *β⁺-Zerfall* – und eines Neutrinos. Dieser Zerfall kann aber bei *freien* Protonen nicht stattfinden, da diese leichter als Neutronen sind. Er kommt jedoch in Atomkernen und vor allem in der *Sonne* und den meisten anderen Sternen vor. Er ermöglicht die Fusion der Protonen zu Heliumkernen und begrenzt dabei entscheidend das Tempo der gesamten Kernfusion. Liefe der β^+-Zerfall schneller, wäre das für uns verheerend, denn die Strahlungsleistung der Sonne hängt entscheidend davon ab.

Auch der *Einfang* eines Elektrons, meist aus der Hülle des eigenen Atoms, kann ein u in ein d verwandeln:

$$ue^- \rightarrow e^- dW^+ \rightarrow d\nu_e.$$

In allen diesen Fällen kann man leicht die Erhaltung der elektrischen Ladung, der Baryonenzahl und der Elektronen-Leptonenzahl nachrechnen.

8.3.5 * Gravitation und Graviton

Die bei weitem schwächste Kraft ist die *Gravitation*. Sie wird in der klassischen Physik durch NEWTONS Gesetz und genauer durch EINSTEINS Allgemeine Relativitätstheorie (ART) beschrieben. In der ART wird die Gravitation als eine quasi geometrische Eigenschaft des Raumes gedeutet. Im Planetensystem führt das nur zu knapp messbaren Abweichungen von Newtons Gravitationsgesetz, nahe Neutronensternen aber zu beträchtlichen, und bei Schwarzen Löchern erst recht.

Im Teilchenbild gehören zur Gravitation Bosonen, und zwar *Gravitonen* der Ruhemasse 0, denn die Reichweite ist wie beim Elektromagnetismus unendlich. Bisher sind Gravitonen hypothetische Teilchen, ihr Nachweis steht aus. Da es nur *ein* Ladungsvorzeichen gibt, nämlich das positive der Masse, gibt es keine Abschirmung oder Kompensation der Gravitation. So dominiert diese extrem schwache Kraft in den Weiten des Kosmos, aber bekanntlich auch schon im Leben größerer Wirbeltiere.

8.3.6 * Vereinheitlichungen

Die Geschichte der Naturwissenschaften kann als eine Geschichte der *Vereinheitlichungen* der Beschreibungen aufgefasst werden. So war es von NEWTON revolutionär, für die Objekte oberhalb und unterhalb der Mond-„Sphäre" die gleiche Mechanik anzuwenden oder anzunehmen. Eine Vereinheitlichung in der Chemie gelang WÖHLER. Er zeigte, dass organische Verbindungen aus den gleichen Stoffen bestehen wie anorganische. 1828 wandelte er das als *anorganisch* geltende Ammoniumcyanat NH_4CNO in den als *organisch* geltenden Harnstoff $OC(NH_2)_2$ um.

8.3.6 Vereinheitlichungen

Elektrizität und Magnetismus wurden 1820 von ØRSTED (Elektromagnetismus) und 1831 von FARADAY (Induktion) als miteinander wechselwirkend erkannt. 1865 erkannte MAXWELL theoretisch das Licht als *elektromagnetische* Schwingung, was HEINRICH HERTZ dann 1888 experimentell nachwies.

1927 führten HEITLER und LONDON durch quantenmechanische Berechnungen der chemischen Bindung *im Prinzip* die gesamte *Chemie* auf die Atomphysik zurück. Das macht aber noch lange nicht die chemischen Gesetze überflüssig. Außerdem kann man heute noch nicht alle Gesetze genau genug quantenmechanisch ableiten, aber immerhin besteht ein großer Teil der theoretischen Chemie in verschiedenen chemietypischen Näherungsmethoden quantenmechanischer Rechnungen.

EINSTEIN bemühte sich jahrzehntelang vergebens um eine „vereinheitlichte Feldtheorie" für Elektromagnetismus und Gravitation.

Die Entdeckung der Weakonen, insbesondere des neutralen Z^0, steht im engen Zusammenhang mit dem Verschmelzen von schwacher und elektromagnetischer Kraft unterhalb der Reichweite der ersteren und damit oberhalb der Ruheenergie der Weakonen. Die vereinheitlichte *elektroschwache* Theorie von SALAM, GLASHOW und WEINBERG um 1970 wurde 1983 mit den experimentellen Entdeckungen der Weakonen durch RUBBIA, VAN DER MEER und 136 weiterer Mitarbeiter des CERN gekrönt.

Die nächste angestrebte „große Vereinheitlichung", nämlich die von der elektroschwachen und der Farb-Kraft, kann nicht durch den Nachweis entsprechender Teilchen bestätigt werden. Die dazu vermutete Energie übersteigt alle technischen Möglichkeiten in grotesker Weise. Wohl aber sagen einige Physiker solche *Grand Unified Theories* (GUTs) voraus. Während nach unserem Standard-Modell das Proton absolut stabil sein soll wie das Elektron, postulieren einige GUTs den *Zerfall des Protons*. Nach den bisherigen Messungen lebt es länger als 10^{33} Jahre, womit einige GUT-Varianten bereits widerlegt sind.

Versuche, auch die Gravitation in eine einheitliche Theorie aller Kräfte einzubeziehen, werden von vielen Experten als aussichtslos betrachtet. Andere widmen sich diesem Wunschtraum vieler Physiker mit ihrer ganzen Kraft – Stichworte sind *Supersymmetrie* (SUSY), *Superstringtheorie* und *Theory of Everything* (TOE). Ist die Physik am Ende, wenn dieses „Ziel" erreicht werden sollte? Vor 100 Jahren glaubte man dem Ziel, die Natur auf die Klassische Mechanik zurückführen zu können – mit mehr oder wenig großer Eigenständigkeit der Elektrodynamik –, so nahe zu sein, dass für die nächsten Physikergenerationen nur noch langweilige Detailaufgaben übrig bleiben sollten.

Es wäre schon sehr überraschend, wenn nichts Überraschendes mehr käme!

8.4 Teilchenverbindungen

Im Sinne der Überschrift gehört hierher der gesamte Rest des Buches. Wir beschränken uns aber zunächst auf allgemeine Themen. Für speziellere Dinge über die Kerne siehe 8.5 und über die Atome, Moleküle und Festkörper siehe 8.6.

8.4.1 Hadronen als Verbindungen aus Quarks

Alle Verbindungen aus Quarks haben gemeinsam, dass sie farbgeladene Bausteine enthalten und darum der *starken Kraft* unterliegen. Daher heißen sie auch gemeinsam *Hadronen*, ʿαδρος steht für „stark". Farbneutralität kann auf drei Arten erreicht werden, siehe Tabelle 8.4.1, bei denen entweder Baryonen, Antibaryonen oder Mesonen entstehen.

Tabelle 8.4.1 Hadronen als farbneutrale Quarkverbindungen

	Hadronen	
als Verbindung von	Farbladungsbilanz	Bezeichnung
Quark+Quark+Quark	rot+blau+grün = 0	Baryon
Quark+Antiquark	rot+antirot = 0 *oder* blau+antiblau = 0 *oder* grün+antigrün = 0	Meson
Antiquark+Antiquark+Antiquark	antirot+antiblau+antigrün = 0	Antibaryon

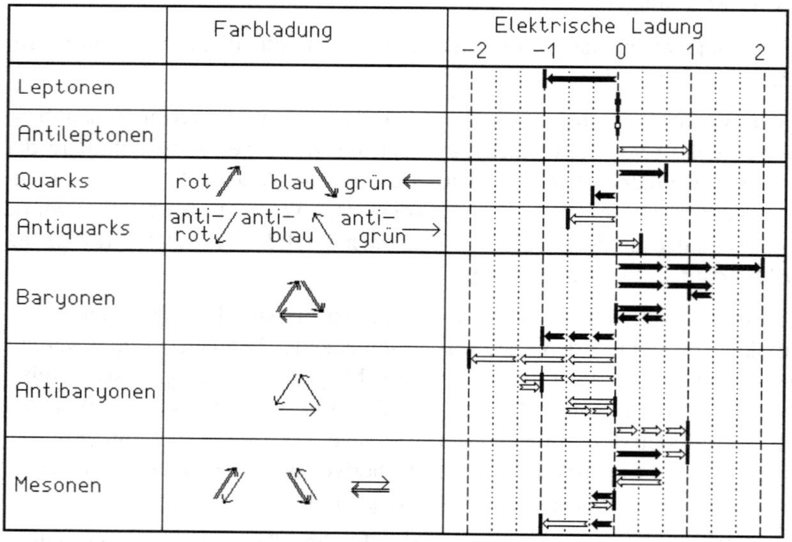

Bild 8.4.1 Farbladungen und elektrische Ladungen bei der Kombination von Quarks zu Hadronen. Zum Vergleich außerdem voran die elektrischen Ladungen bei Leptonen.

Bild 8.4.1 zeigt die Kombination der Farbladungen und der elektrischen Ladung von Hadronen aus denen der Quarks und zum Vergleich die elektrischen Ladungen der Leptonen. Für Antiteilchen sind die elektrischen Ladungen als weiße, für die „gewöhnlichen" Teilchen als schwarze Pfeile gezeichnet. Die Farbladungen sind entsprechend durch einfach oder doppelt gezeichnete Pfeile gekennzeichnet. In dieser symbolischen Darstellung zeigen sie in drei Richtungen der Ebene, zwischen denen je $2\pi/3$ liegt.

Die Quarks sind in den Hadronen „eingesperrt". Versucht man, sie aus diesem *Confinement* herauszureißen, so gelingt das nicht, und man bildet mit der gewaltigen Energie eher neue Paare von ihnen.

Baryonen sind Verbindungen aus drei Quarks – wir erinnern uns an JOYCE. Mit den Farbladungen Blau, Grün und Rot sind *Baryonen* schwer. $B\alpha\varrho\nu\varsigma$ steht für „schwer", wie auch in Barometer oder Barium. Sie haben als bilanzierende Erhaltungszahl die Baryonenzahl $+1$. Ihre elektrischen Ladungen sind in Einheiten der Elementarladung e_0 entweder $+2$, $+1$, 0 oder -1.

Die für uns wichtigsten Baryonen sind die beiden *Nukleonen*, die Atom*kern*bausteine *Proton* ($p^+ = $ uud) und *Neutron* (n = udd). Das Neutron ist um rund 2,5 Elektronenmassen schwerer als das Proton und kann daher auch ohne Beteiligung weiterer Teilchen oder äußerer Felder in Proton, Elektron und Antielektronneutrino zerfallen, siehe 8.3.4. Umgekehrt kann sich ein Proton nur in ein Neutron umwandeln, wenn es in einem Kern eingebaut ist oder die nötige Energie anderweitig bekommen kann, siehe 8.5.4.

Die *noch* schwereren Baryonen und Antibaryonen heißen *Hyperonen*, im Sinne vom „Überteilchen". Die Entdeckungen von bestimmten Hyperonen haben eine entscheidende Rolle für die Bestätigung der Quarktheorie gespielt.

Antibaryonen sind Verbindungen aus drei Antiquarks mit den Farbladungen Antiblau, Antigrün und Antirot, die ebenfalls farbneutrale Verbindungen eingehen können. Antibaryonen haben die Baryonenzahl -1. So gibt es beispielsweise Antiprotonen und Antineutronen. Die elektrische Ladung der Antibaryonen ist entweder $+1$, 0, -1 oder -2.

Mesonen – „mittlere" Teilchen, gemeint ist „mittelschwer" – sind Verbindungen aus je einem Quark und einem Antiquark. Diese müssen entweder rot und antirot oder blau und antiblau oder grün und antigrün geladen sein. Die Baryonenzahlen der Mesonen sind 0. Sie sind gewissermaßen Mischlinge aus „gewöhnlicher" Materie und Antimaterie. Ihre elektrischen Ladungen sind $+1$, 0 oder -1. Mit dem manchmal noch zu lesenden Namen „μ-Meson" sind keine Mesonen gemeint, er steht vielmehr als veraltete Bezeichnung für Myonen, siehe 8.2.4.

8.4.2 * Was sind elementare Teilchen?

Mit $\sigma\tau o\iota\chi\epsilon\iota\alpha$, auf lateinisch „elementa", meinte man seit der Antike so etwas wie Urstoffe oder Anfangsgründe – die der Geometrie etwa, im gleichnamigen Titel des Buchs von EUKLID. Bei der Materie war das unabhängig davon, ob man sie sich wie DEMOKRITOS und auch PLATON aus Atomen aufgebaut gedacht hat oder wie die meisten Vorsokratiker und ARISTOTELES als kontinuierlich.

> In einer Hamburger Fachbuchhandlung fand ich einmal Euklids „Elemente" im Regal für Chemie. Ein Duisburger Buchhändler, dem ich das erzählte, berichtete darauf von einem Buch über Operationsverstärker in einem Regal für Chirurgie.

Als Urstoffe galten bei den Vorsokratikern Erde, Wasser, Luft und Feuer und bei ANAXIMANDROS nur ein nicht näher bestimmtes $\alpha\pi\varepsilon\iota\varrho o\nu$. Platon ordnete in seinem Dialog $T\iota\mu\alpha\iota o\varsigma$ den vier Elementen und einer „fünften Substanz", lateinisch „quinta essentia", die fünf später nach ihm benannten regelmäßigen Polyeder als Strukturen der Atome zu. Von der Quintessenz erwarteten später die Alchimisten wahre Wunder. Aus heutiger Sicht kann man diesen Elementen die Aggregatzustände fest, flüssig, Gas, Plasma und Felder zuordnen, letztere in der Nachfolge des lichtübertragenden „Äthers".

In der Chemie wurde der Begriff des Elementes im heutigen Sinne im 18. Jahrhundert geklärt, nämlich als Stoffe, die nicht in andere Stoffe zerlegt werden können – zumindest nicht mit „chemischen Mitteln", wie man angesichts der Kernphysik sagen muss. Das Aufgreifen der antiken Atomtheorie durch DALTON – mit der Zuordnung von je einer Atomsorte für jedes Element – erklärte außerordentlich anschaulich und einfach den Zusammenhang zwischen Elementen und ihren Verbindungen. Insbesondere erklärte es die Regeln für zusammenpassende Materiemengen. Für diese „Proportionen" gibt es seitdem den Begriff „Stöchiometrie", wörtlich „Elemente-Messung".

Die Benutzung des antiken Wortes „Atom", das ja immerhin „unzerschneidbar" heißt, wirkte über die Chemie hinaus wie ein heiliges Dogma. Immerhin zeigte die Radioaktivität am Ende des 19. Jahrhunderts und die Theorien über den Atomaufbau, dass man wohl den Atomen eine innere Struktur zubilligen muss, aus der sogar einzelne kleine Teile herausfliegen können, wobei sich Elemente in andere umwandeln können. Damit waren die Atome der Chemie eigentlich schon nicht mehr die kleinsten Bausteine, wie DEMOKRITOS gedacht hatte, sondern diese müssten nun noch kleiner sein. Merkwürdigerweise hat aber erst die Spaltung der Atomkerne annähernd in Hälften durch MEITNER und HAHN die Atome im Bewusstsein der Naturwissenschaftler ihrer Unteilbarkeit beraubt.

Natürlich war damit die antike Atomtheorie nicht widerlegt, sondern nur ihre voreilige Zuordnung zu den Atomen der Chemiker. Für die Bausteine der Atome bürgerten sich seitdem Bezeichnungen wie „Elementarteilchen" – sprachlich viel besser zu den Atomen der Chemie passend – und „subatomare Partikel" ein, wörtlich ein Widerspruch in sich! Zuerst sah es so aus, als bestünden alle Atome einfach aus Elektronen und Protonen. Aber im mittleren Drittel des 20. Jahrhunderts kamen immer mehr „Elementarteilchen" hinzu, bald mehr als die Chemie Elemente hatte. Der „Teilchen-Zoo" wuchs und gedieh, nicht zuletzt durch immer stärkere Beschleuniger, in denen man Teilchen mit immer größeren Energien gegeneinander schießen konnte. Zugleich wurden neue Theorien aufgestellt, die Ordnung im „Zoo" schaffen sollten, indem man sich kleinere Bausteine dachte, aus denen die anderen bestehen sollten. Mit dem Wort „Elementarteilchen" wurde man vorsichtiger. FEYNMAN nannte die gesuchten Teilchen „Partonen" im Sinne von „Teil-Teilchen". GELL-MANN nannte sie „Quarks", womit nun sprachlich kein Anspruch auf eine bestimmte Rolle erhoben wird.

Wir haben nun die Situation, dass einige „subatomare Teilchen" wie die Nukleonen Proton und Neutron aus Quarks zusammengesetzt sind, andere jedoch, insbesondere die Elektronen, ebenso „elementar" sind wie die Quarks.

Was heißt nun „elementar"? Sind Teilchen mit dieser Eigenschaft nicht zerlegbar und nicht umwandelbar? Gibt es diese Eigenschaft überhaupt?

8.4.2 Was sind elementare Teilchen?

Das Proton ist in dem Sinne zusammengesetzt, dass man gewissermaßen in seinem Inneren mit energiereichen Elektronen herumstochern kann und dabei außer viel Zwischenraum drei Quarks findet. Das erinnert an RUTHERFORD, der in den Gold-Atomen sehr kleine harte Kerne gefunden hatte. Trotzdem ist das Proton aber nach den bisherigen Erfahrungen und den zur Zeit als gültig angesehenen Erhaltungssätzen stabil. Die von einigen „Groß-Vereinigungs-Theorien" erlaubte Zerfallsmöglichkeit wird untersucht, ist aber bisher nicht gefunden worden.

Auf der anderen Seite ist das Myon nicht zusammengesetzt, sondern genauso „punktförmig" wie das Elektron. Es kann aber ganz allein zerfallen, nämlich in ein Elektron, ein Myon-Neutrino und ein Antielektron-Neutrino. Es tut dies auch, und zwar nach einer Zeit, die für Menschen kurz aussieht, für Teilchen aber ausgesprochen lang ist. Man nennt daher die dafür zuständige Wechselwirkung die „schwache Wechselwirkung". Soll man daraus folgern, dass ein Myon aus den drei genannten Teilchen zusammengesetzt ist? Wir werden sehen, dass das nicht sehr sinnvoll ist.

Das Elektron ist gleichzeitig einfach und stabil. Es hat keine innere Struktur, und es kann nicht zerfallen, also sich nicht allein in etwas anderes umwandeln. Es kann aber mit anderen Teilchen zusammen umgewandelt werden, etwa mit einem u-Quark oder mit einem Positron. Also sind nicht einmal die stabilen und nicht-zusammengesetzten Teilchen unwandelbar!

8.4.2.1 * Ist das Tohu-wa-Bohu einfacher?

Die hier skizzierte Spekulation ist als Denk-Vorübung zum nächsten Abschnitt gedacht. Das aktuelle Bild vom Aufbau der Welt ist am Anfang des 21. Jahrhunderts nach wie vor das mit Leptonen, Quarks und den Bosonen, die den Kräften zugeordnet sind. Deren gegenseitige Umwandelbarkeit ist analog zu den Molekülen im Rahmen der Chemie. Daher ist man veranlasst, nach unwandelbaren Bausteinen fragen, analog zu den Atomen der Chemie, genauer nach den Atomrümpfen.

Wenn man sich in diesem Sinne wünscht, dass die einfachsten Bausteine im Sinne von DEMOKRITOS sich unter allen Umständen gleich bleiben und dass alle Umwandlungen, auch die der Quarks und Leptonen ineinander, als Umgruppierungen verstanden werden können, ist das Rischonen-Modell von CHAIM HARARI in einem gewissen Sinne bestechend.

Er macht die Annahme, dass jedes Lepton und jedes Quark der ersten Familie oder „Generation" aus drei Ur-Bausteinen besteht, von denen es zwei Sorten gebe. Nach der Genesis – 1. Buch Mose, 1,2 – war die Welt am Anfang „wüst und öd", hebräisch „tohu va vohu". In der griechischen Bibelübersetzung ist es ein „Chaos". Unser schönes Wort „Tohuwabohu" hat also einen ziemlich ehrwürdigen Ursprung! In Anspielung auf diesen Urgrund nennt Harari die beiden „Rischonen" *Tohu* T und *Vohu* V. Er braucht auch noch zwei Antirischonen, Antitohu $\overline{T}$ und Antivohu $\overline{V}$. Die „Spielregel" besagt nun, dass sich je drei Rischonen *oder* drei Antirischonen zusammentun können. Das erinnert sehr stark an die Verbindung von drei Quarks zu einem Baryon und von drei Antiquarks zu einem Antibaryon. Man muss sich dazu noch eine Bindungskraft denken, die eine ähnliche Struktur wie die Farbkraft hat, aber zusätzlich zu dieser da ist! Das Tohu hat die elektrische Ladung $e_0/3$, das Antitohu natürlich $-e_0/3$, Vohu und Antivohu sind dagegen elektrisch neutral. Mit diesen Angaben können Sie nun die acht Leptonen und Quarks der ersten Familie – Elektron, Elektronneutrino, u-Quark, d-Quark und ihre Antiteilchen – als Verbindungen aus je drei Bausteinen von nur halb so vielen Sorten beschreiben. Alle Umwandlungen zwischen ihnen lassen sich dann als reine Umgruppierungen darstellen, auch der β-Zerfall. Es klärt sich auch die zunächst noch willkürliche Zuordnung der beiden neutralen Leptonen.

Diesem schönen Erfolg steht aber gegenüber, dass zwar die Zahl der Bausteine halbiert ist, aber dafür die Zahl der Kräfte um eine erhöht werden muss. Für die zweite und dritte Familie, also Myon, Tauon, s-Quark, ... braucht man dann noch einmal zusätzlich die doppelte Anzahl von Rischonensorten. Vor allem kann man leider selbst mit diesem Modell nur die Umwandlungen der Fermionen als reine Umlagerungen unwandelbarer Teilchen erklären, nicht aber das Entstehen und Vergehen von Bosonen. Für Bosonen gibt es ja keine zahlenmäßigen Erhaltungssätze wie die Baryonenzahl für Quarks und die Leptonenzahlen für Leptonen.

Das ändert aber nichts daran, dass es Erhaltungsgrößen gibt, von denen einige sogar in zählbaren Portionen auftreten, also bei geeigneter Wahl der Einheit ganzzahlige Zahlenwerte haben. Man kann nun einen Schritt weiter gehen und sich denken, dass es Bausteine gibt, die nur eine elektrische Ladung $+e_0$ haben und sonst nichts, und andere, die nur eine Baryonenzahl $-1/3$ haben und so weiter. Das läuft darauf hinaus, die Quantenzahlen und Erhaltungsgrößen anstelle der unvergänglichen Bausteine zu akzeptieren.

8.4.2.2 *   Teilchen als Wandergruppen

Stellen Sie sich vor, dass eine Menge Materie von etwas mehr als $511\,\mathrm{keV}$ zusammen mit einem dazu passenden Impuls und einem Drehimpuls vom Betrag $h/4\pi$ sowie der elektrischen Ladung $-e_0$ und der Elektronen-Familien-Leptonzahl 1 auf Wanderschaft geht. Überall wo sie ankommt, erhöhen sich die Masse, die Energie, der Impuls, der Drehimpuls und die Ladung um diese Werte, und wo sie weggeht, nehmen sie entsprechend ab – einige Werte sind dabei vektoriell. Wir vermuten, dass dieses Bündel von physikalischen Größen auch unterwegs beisammenbleibt. Zumindest aber sprechen wir so davon und nennen das ein Teilchen. Im konkreten Fall ist es ein Elektron – ich hoffe, Sie haben es wiedererkannt.

Nun begegnet das Elektron einer anderen Wandergruppe, die in einem Proton in einem Atomkern herumrast. Diese hat $+2e_0/3$ Ladung, die Baryonenzahl $+1/3$, die Leptonenzahlen 0 und eine Farbladung, etwa rot. Meistens passiert nun gar nichts, ganz selten aber doch etwas. Das nennen wir schwache Wechselwirkung! Beide Teilchen werfen in unserem Bild ihr Gepäck auf einen Haufen, der sich nun umgruppiert. Dabei kann man noch die vorübergehende Bildung eines W^--Bosons betrachten. Danach laufen zwei ganz andere Teilchen weiter. Im ehemaligen Proton haben wir nun ein u-Quark weniger und ein d-Quark mehr, statt des Protons haben wir also ein Neutron. Das Elektron hat aufgehört zu existieren – „Elektronen-Einfang". Aber es gibt nun ein Elektronneutrino, das sich ziemlich spurlos aus dem Staub macht, was aber nicht wörtlich gemeint ist.

In diesem Sinne können wir jedes Teilchen, ob einfach oder zusammengesetzt, ob stabil oder instabil, als Wandergruppe von Energie, Impuls, Ladung, Baryonenzahl und weiteren Größen auffassen. Einige können sich ohne Begegnung mit anderen Teilchen und ohne Energiezufuhr aufteilen, etwa das Myon und das Neutron, andere können das nicht, etwa das Elektron und das Proton.

Was geschehen kann, wird dabei durch die Erhaltungssätze entschieden. Die Wartezeit für die Prozesse kann dabei verschieden lang sein. Sie ist für Prozesse, die über die „schwachen" Bosonen W^+, W^- oder Z laufen, im Verhältnis zu den anderen sehr lang.

Die Größen können aber nicht einzeln wandern. Energiequanten und Lichtquanten sind nicht dasselbe. Photonen enthalten nicht nur Energie, sondern auch unvermeidlicherweise Impuls und Drehimpuls, und das nicht zu knapp. Keine anderen Teilchen transportieren so viel Impuls mit so wenig Energie, siehe 7.1.4!

○ Oft liest man die Behauptung, „die Energie" sei gequantelt. Das ist aber nicht in dem Sinne richtig, in dem die elektrische Ladung – wie man seit MILLIKAN weiß – oder der Drehimpuls gequantelt sind. Für diese gibt es bei passenden Maßeinheiten *stets* ganzzahlige Zahlenwerte. Die Energie kann dagegen in nahezu beliebigen Werten auftreten. Eine Quantelung für die Energie ist immer eine Folge der Quantelung anderer Größen – Impuls, Drehimpuls – in bestimmten Systemen, etwa dem Atom. Wenn Erbsen beim Fallen auf einer Treppe immer gleiche Energieportionen umsetzen, liegt der Grund nicht bei der Energie oder den Erbsen, sondern bei der Treppe.

8.5 Atomkerne

8.5.1 Elemente und Nuklide

Nukleonen, also Protonen und Neutronen, können sich zu Atomkernen verbinden, die leichter sind als die Summe dieser Nukleonen. Die Zahl der Protonen in einem Kern wird Z genannt, die der Neutronen N. Der Kern hat also die elektrische Ladung $Z \cdot e_0$ und umgibt sich daher nach Möglichkeit mit Z Elektronen und bildet dann ein neutrales Atom. Er kann aber auch mit anderen Kernen gemeinsam eine Elektronenhülle haben und so ein *Molekül* bilden. Ist ein Kern von einer Elektronenhülle umgeben, die von mehr oder weniger als Z Elektronen gebildet wird, aber trotzdem stabiler ist, liegt ein *Ion* vor.

○ An der Tatsache, dass hier das „Ganze" eine kleinere Masse hat als seine „Teile", sieht man, wie irreführend die übliche Sprechweise ist, der Kern „bestehe" aus diesen Nukleonen. Man kann sich vielmehr Umwandlungen in beiden Richtungen vorstellen, bei denen aber beträchtliche Energien im Spiel sind. Bei der Chemie ist das im Prinzip ebenso, aber nicht in der dritten Kommastelle, sondern erst in der zehnten. Dort fällt es dann nicht mehr auf.

Das chemische Verhalten wird fast nur von der Protonenzahl und der davon abhängigen Struktur der Atomhülle bestimmt. Unterschiede der Atommasse aufgrund verschiedener Neutronenzahlen bei gleicher Protonenzahl wirken sich höchstens geringfügig aus. Man rechnet daher alle Atome mit gleichem Z zum selben chemischen *Element*. Das bekommt im Periodensystem die *Protonenzahl* Z auch als Ordnungszahl.

Atome, die nicht nur in Z, sondern auch noch in N übereinstimmen, gehören zum gleichen *Nuklid*. Nuklide sind daher Teilmengen des gleichen Elements. Sie sind *zueinander Isotope*, denn sie stehen im chemischen Periodensystem *an derselben Stelle* – $\iota\sigma o\varsigma$ bedeutet „gleich" und $\tau o\pi o\varsigma$ „Stelle".

Die Summe $A = Z + N$ wird *Nukleonenzahl* oder auch Massenzahl des Nuklids genannt, früher auch „Atomgewicht". Sie ist also die Zahl der Nukleonen „im Kern". Bei Bedarf schreibt man sie links oben an das Atomsymbol, also etwa ^{238}U oder ^{12}C.

○ Für die Isotope Deuterium und Tritium des Wasserstoffs gibt es noch eigene Elementsymbole D = ^{2}H und T = ^{3}H, und manche Nuklide bekamen vor der Klärung ihrer Elementzugehörigkeit so schöne Namen wie RaCl, heute ^{210}Tl.

Makroskopische Bestimmungen von A führen zu einem gewogenen Mittelwert aufgrund des Isotopenverhältnisses des jeweiligen Elementes. Die Aufteilung auf die Isotope findet man mit *Massenspektrometern*, in denen einzelne Ionen je nach ihrer Masse getrennte Wege nehmen, siehe Aufgabe 3.3.4.1, oder zeitversetzt ankommen.

Tabelle 8.5.1   Kennzahlen für Atomkerne

Z	Protonenzahl bestimmt das Element	ist Ordnungszahl im Periodensystem
N	Neutronenzahl	
$A = Z + N$	Nukleonenzahl	ist Massenzahl, $\approx$ relatives Atomgewicht

Wegen der unterschiedlichen Massen von Protonen und Neutronen *und* wegen der Kernbindungsenergie sind die genauen Massen der Atome den per definitionem ganzzahligen Nukleonenzahlen zwar ungefähr proportional, die Unterschiede sind aber sehr wichtig.

Für die Massen von Atomen verwendet man als spezielle Einheit heute 1/12 der Masse eines ^{12}C-Atoms und nennt sie atomare Masseneinheit u.

➤ In älteren Büchern und aus diesen abgeschriebenen finden sich auch noch Tabellen, die als Einheiten 1/16 der Masse des ^{16}O-Atoms, die alte physikalische Skala, oder 1/16 der mittleren Atommasse im natürlichen Sauerstoff, die alte chemische Skala, verwenden. Der Grund liegt darin, dass chemische Atommassenbestimmungen meistens gut mit Oxidation gehen. Im Massenspektrometer findet man dagegen bequem lange Kohlenstoffketten als Vergleichsmassen.

8.5.2   Abmessungen und Form der Kerne

Atomkerne sind in guter Näherung Kugeln mit dem Radius $r_0 A^{1/3}$, wobei r_0 etwa 1,3 fm ist. Masse und Ladung sind dabei im Innern weitgehend gleichmäßig im Volumen verteilt, und fallen im Wesentlichen auf 1 fm Radiusdifferenz vom Maximum fast auf Null ab.

Abweichungen von der Kugelform kann man als Tendenzen zu gestreckten oder abgeplatteten Rotations-Ellipsoiden beschreiben.

➤ Das macht sich als elektrisches *Quadrupolmoment* bemerkbar und ist auffällig, wenn Z und/oder N von gewissen bevorzugten „magischen" Zahlen verschieden sind. Solche magischen Zahlen sind vor allem 20, 28, 50, 82, 126. In formaler Analogie zu Zahlen für die Elektronen der Atomhülle gab das Anlass zu einem Schalenmodell für Kerne.

8.5.3   Bethe-Weizsäcker-Formel

Für die genauen Werte der Atommassen – eigentlich für die Bindungsenergien, wir formulieren es hier etwas anders – in Abhängigkeit von Z und N gibt es eine *semi-empirische* Formel. Sie stammt von BETHE und C. F. VON WEIZSÄCKER (1935) und greift in ihrer Struktur auf zum Teil erstaunlich anschauliche Modellvorstellungen zurück. Mit wenigen Zahlenwerten passt sie aber die vielen Messwerte recht gut an.

Tabelle 8.5.2   Bethe-Weizsäcker-Formel

$m_\text{Atom} \cdot c^2 =$	$m_\text{Atom} \cdot c^2 / A =$	Konstanten	Deutung
$(Z m_\text{H} + N m_\text{n}) c^2$	$(Z m_\text{H} + N m_\text{n}) c^2 / A$	–	Ruheenergien von p, n und e
$-k_\text{v} A$	$-k_\text{v}$	$k_\text{v} = 14\,\text{MeV}$	$-$Bindung+kinetische Energie
$+k_\text{s} A^{2/3}$	$+k_\text{s} A^{-1/3}$	$k_\text{s} = 13\,\text{MeV}$	+Oberflächenkorrektur
$+k_\text{c} Z^2 A^{-1/3}$	$+k_\text{c} Z^2 A^{-4/3}$	$k_\text{c} = 0{,}6\,\text{MeV}$	+Coulomb-Abstoßung
$+k_\text{a} (N-Z)^2 A^{-1}$	$+k_\text{a} (N-Z)^2 A^{-2}$	$k_\text{a} = 19\,\text{MeV}$	+Asymmetrieterm

8.5.3 Bethe-Weizsäcker-Formel

Die Formel der Tabelle 8.5.2 zeigt, dass sich die Masse eines Atoms zunächst einmal aus denen der „darin enthaltenen" Protonen, Neutronen und Elektronen zusammensetzt. Das ist hinreichend genau $m_{\text{H-Atom}} = m_\text{H} = m_\text{p} + m_\text{n}$. Durch die Farbkraft zwischen den Nukleonen wird diese Masse deutlich vermindert. Die kinetische Energie der Nukleonen im Kern und ihre elektrostatische Coulomb-Energie – positiv, da Protonen sich gegenseitig abstoßen – erhöhen die Masse aber wieder. Wenn die Gesamtmasse nicht kleiner ist als die Summe der Massen der „Bestandteile", dann ist der Kern des entsprechenden Atoms sehr instabil – aber nicht nur dann. In der Tabelle fehlt noch der auch für den Betazerfall sehr wichtige *Paarungsterm* sowie auch noch ein kleiner negativer Term aufgrund der elektrostatischen Bindung zwischen Kern und Elektronenhülle.

➤ Die Konstanten in der Tabelle sind Ergebnisse von vielen Messungen und verschiedenen Anpassungsrechnungen. Man findet je nach Quelle durchaus unterschiedliche Werte. Die Vorzeichen werden oft umgekehrt angegeben: Bindung erscheint dann positiv, Lockerung negativ. Das ist ziemlich genau das gleiche, als würde man einem in einem Brunnen liegenden Stein – besser dem Schwerefeld, das er mit der Erde gemeinsam hat – eine höhere Energie zuschreiben als einem auf dem Boden liegenden. Wenn von „Bindungsenergie" die Rede ist, muss man daher immer erst herausfinden, welche Vorzeichen der Autor benutzt. Bei der Masse gibt es dagegen kein Vertun: Sie ist umso kleiner, je stärker ein System im Inneren gebunden ist.

Wir werfen nun kurze Blicke auf die einzelnen Summanden.

8.5.3.1 Volumenterm

Aus praktischen Gründen tabelliert man nicht die Kernmasse, sondern die Atommassen, also die Massen mitsamt der Hülle. Zunächst einmal bringen jedes Nukleon und jedes Elektron ihre Ruhemassen mit. Das Atom mit einem stabilen Kern ist aber wesentlich leichter: fast 1 %.

Diese *Massendifferenz* müsste eine Energie mitbringen, mit der man dann den Kern in einzelne Nukleonen zerreißen könnte. Umgekehrt würde diese Masse und ebenso die zugehörige Energie bei einer Synthese aus einzelnen Nukleonen frei und abgestrahlt. Die Nukleonen sind also aneinander gebunden, und das trotz der gewaltigen elektrostatischen Abstoßung, die nur beim Wasserstoff mit seinem einzigen Proton fehlt.

Bisher haben wir die *starke Wechselwirkung* nur im Inneren der Nukleonen kennen gelernt, die farbneutral, also sozusagen abgesättigt sind. Dabei bewegen sich die Quarks ziemlich schnell und unregelmäßig in den Nukleonen, sodass die Ladungsschwerpunkte der drei Farben zeitweise außerhalb der Mitte sind.

Wenn in einem Nukleon die rote Ladung stark nach rechts verschoben ist, so werden die Quarks in einem benachbarten Nukleon zwar ebenfalls unregelmäßig verteilt sein, aber die blauen und grünen werden etwas mehr nach links gehen und damit eine Anziehungskraft *zwischen* den Nukleonen erzeugen.

Der analoge Effekt besteht auch für die elektrostatische Kraft zwischen elektrisch neutralen Atomen, etwa Edelgasatomen. Die gegenseitige Beeinflussung der Ladungen heißt Influenz, die interatomare Kraft ist nach VAN DER WAALS benannt. Ohne sie gäbe es keine Edelgaskristalle.

Die „starke Kernkraft" ist also nur ein „Überschwappen" der Farbkraft zwischen den eigentlich neutralen und gesättigten Nukleonen. Sie hält immerhin noch Bleikerne gegen die

Coulomb-Kraft zusammen. Von jedem Nukleon aus wirkt sie nur auf die unmittelbar benachbarten Nukleonen. Ihre Bindungsenergie und damit ihr Beitrag zur Massen*erniedrigung* ist also proportional zu A und damit zum *Volumen*, und zwar rund 32 MeV pro Nukleon. Frage für einen analogen Fall: Wie oft klingen die Gläser, wenn auf einer *Stehparty* jeder mit den unmittelbar um ihn herum Stehenden anstößt?

Nun ist der Volumenterm in der Formel aber nicht 32 MeV pro Nukleon, sondern nur rund 14 MeV. Die Differenz 18 MeV gehört zur *kinetischen Energie* der Nukleonen, und zwar zu dem niedrigsten Wert, den sie im Kern haben kann. Der ergibt sich aus der Unbestimmtheit und ist besonders niedrig, wenn $Z = N$ ist, beim „symmetrischen Aufbau".

8.5.3.2 Oberflächenterm

Was tun auf der Party die Gäste, die am Rande stehen? Sie haben weniger Nachbarn als die anderen und stoßen daher seltener mit den Gläsern an. Entsprechend ist es bei den Nukleonen: Die an der Oberfläche des Kerns tragen weniger zur Bindung bei. Es gibt also einen korrigierenden *positiven* Beitrag zur Masse, der proportional zur Oberfläche oder zu $A^{2/3}$ ist. Pro Nukleon ist er also proportional zu $A^{-1/3}$.

Dieser Effekt ist völlig analog zur Oberflächenenergie bei Tropfen und Lamellen aus Flüssigkeiten. Dort spielen die Atome oder Moleküle die Rollen unserer Nukleonen.

8.5.3.3 Asymmetrie-Term

Die schon erwähnte kinetische Energie der Nukleonen im Kern ist durch das Pauli-Prinzip und die Unbestimmtheit gegeben. Sie kann am kleinsten werden, wenn $Z = N$ ist. Dieser Mindestwert bildet einen Sockelbetrag und ist im Volumenterm enthalten. Das sind die erwähnten 18 MeV pro Nukleon. Kerne mit *asymmetrischen* Zahlen, also mit $Z \neq N$ müssen aber höhere kinetische Energien haben. Auch das kann man plausibel machen.

Je zwei Neutronen „benötigen" im „Phasenraum" aus drei Ortsdimensionen und drei Impulsdimensionen ein Volumen der Größe h^3, wobei h die Planck-Konstante der Unschärferelation ist. Zwei Protonen brauchen das ebenfalls, aber es darf dasselbe sein. Das ist vergleichbar mit dem Verhalten vieler Säugetiere: Die Rudelführer beanspruchen Territorien, die sich aber mit denen anderer Tierarten überlappen können. Bei den Nukleonen sehen wir das Pauli-Prinzip als Grund an. Fermionen der gleichen Art aber mit verschiedenen Drehimpuls-Orientierungen können im Phasenraum einen gemeinsamen Platz besetzen, wobei für den zuständigen Spin jeweils zwei Werte möglich sind. Für N Neutronen brauchen wir also das Phasenraumvolumen $N \cdot h^3/2$ und für Z Protonen entsprechend $Z \cdot h^3/2$.

Nun wissen wir bereits, dass der Ortsanteil des Volumens ziemlich genau proportional zu $A = Z+N$ ist. Die Impulsraumvolumina verhalten sich also bei festgehaltener Nukleonenzahl A wie die Phasenraumvolumina. Wir suchen stabile Kerne, also solche mit möglichst geringer Energie. Da mit dem Impulsbetrag p die Bewegungsenergie $p^2/(2m)$ verknüpft ist – die Nukleonenmasse m ist hinreichend groß für diese klassische Näherung –, müssen wir die benutzten Bereiche im Impulsraum so wählen, dass die Energien möglichst niedrig sind. Das ist offenbar dann der Fall, wenn die mittleren Impulsbeträge möglichst klein sind, die Impulse also im Inneren einer Kugel um den Impuls-Nullpunkt liegen.

Wenn wir Kerne mit fester Nukleonenzahl A betrachten, so ist noch die Aufteilung auf Protonen und Neutronen zu klären. Der Kern kann diese notfalls durch einen β-Übergang ändern, um energieärmer zu werden. Ohne zu rechnen, überlegen wir uns, ob es eine Aufteilung mit besonders geringer Bewegungsenergie gibt. Das geht fast so einfach wie das Aufsuchen hydrostatischer Gleichgewichte in 1.1.2.

Nehmen wir an, die Protonenzahl Z sei größer als die Neutronenzahl N. Dann ist die Impulskugel der Protonen größer als die der Neutronen. Die energiereichsten Protonen hätten dann einen größeren Impulsbetrag und also auch eine größere Bewegungsenergie als die energiereichsten Neutronen.

Wenn sich nun ein Proton in ein Neutron umwandelt – mit entsprechender Beteiligung der Leptonen –, wird die Impulskugel der Protonen etwas kleiner und die der Neutronen etwas größer. Es wandert sozusagen ein Teilchen vom Rand der größeren Kugel zum Rand der kleineren und braucht „für Pauli" weniger Bewegungsenergie als vorher.

Damit wird klar, dass sich für festes, nicht zu kleines A das Pauli-Prinzip bei der kleinsten Bewegungsenergie erfüllen lässt, wenn die Nukleonen im Kern je zur Hälfte Protonen und Neutronen sind. Diese Sockel-Energie ist bereits im Volumenterm der Formel enthalten. Für „asymmetrisch" zusammengesetzte Kerne ist dann mehr Bewegungsenergie erforderlich, diese „Asymmetrie-Energie" wird empirisch – aus Messergebnissen abgeleitet – als proportional zu $(N - Z)^2$, also quadratisch, angenähert.

Warum haben aber nun die meisten Kerne, und besonders die schweren, deutlich mehr Neutronen als Protonen? Den Grund finden wir in der Coulomb-Energie: Die Summe von Asymmetrie-Energie und Coulomb-Energie muss bei festem A minimal sein.

8.5.3.4 Coulomb-Term

Die elektrostatische Abstoßung wirkt zwischen allen Protonen gegenseitig – denken Sie an die *Analogie* mit den Partygästen, die sich aber diesmal entschließen, dass *jeder jedem* zuprostet. Die Abstoßung ist daher zu Z^2 proportional – eigentlich zu $Z \cdot (Z - 1)$, aber wir brauchen nur eine für große Zahlen sinnvolle Näherung. Wie macht sich die Gesamtzahl A der Nukleonen bemerkbar? Ihre dritte Wurzel ist proportional zum Radius und damit auch zum mittleren Abstand von Protonen im Kern – die Protonen sind bemerkenswerteweise gleichmäßig im Volumen verteilt! Die Coulomb-Energie ist proportional zum Mittelwert des Kehrwertes des paarweisen Abstandes. Dieser ist zwar nicht gleich dem Kehrwert des mittleren Abstandes, aber zu ihm proportional. Damit kommen wir insgesamt zur Proportionalität des Coulomb-Terms zu $Z^2 A^{-1/3}$.

Den zugehörigen Faktor kann man klassisch aus dem mittleren Nukleonenvolumen im Kern berechnen – man braucht nämlich nur die Elektrostatik.

8.5.3.5 Paarungsterm

Ein weiterer Term beschreibt die anschaulich nicht so gut deutbare Tatsache, dass die Massen bei *ungeradzahligem* Z etwas größer sind als bei geradem und ebenso bei *ungeradem* N. Bei geradzahligem A sind also die *doppelt-ungeraden* Kerne deutlich schwerer und damit instabiler als die *doppelt-geraden*, falls diese überhaupt existieren.

8.5.4 Isobarenschnitte und Beta-Zerfälle

Wir betrachten nun Nuklide mit gleicher Massenzahl A, siehe Bild 8.5.1. Weil ihre Massen *ungefähr* gleich sind, heißen sie „Isobaren" – auf der Wetterkarte sind Isobaren fast aus dem gleichen Grund die Linien mit gleichem Luftdruck. Das Bild zeigt für vier Massenzahlen nach unten den Volumenterm und schichtweise darüber den Oberflächen-, den Coulomb- und den Asymmetrieterm, jeweils pro Nukleon und auf MeV umgerechnet. Nach rechts ist jeweils $N - Z$ aufgetragen. Die *genauen* Massen der Atome bilden ebenso wie die obersten Kurven über der Asymmetrie $N-Z$ eine Kurve mit einem *Minimum*, das wegen des Asymmetrieterms in der Mitte bei $N - Z = 0$ liegen sollte, wegen des Coulomb-Terms aber zu größeren N verschoben ist, da dieser umso größer ist, je mehr Protonen beteiligt sind. Diese Verschiebung spielt bei kleinen A keine Rolle und wird bei großen überproportional stärker, sodass beim schwersten stabilen Nuklid, dem ^{209}Bi, 126 Neutronen auf 83 Protonen kommen.

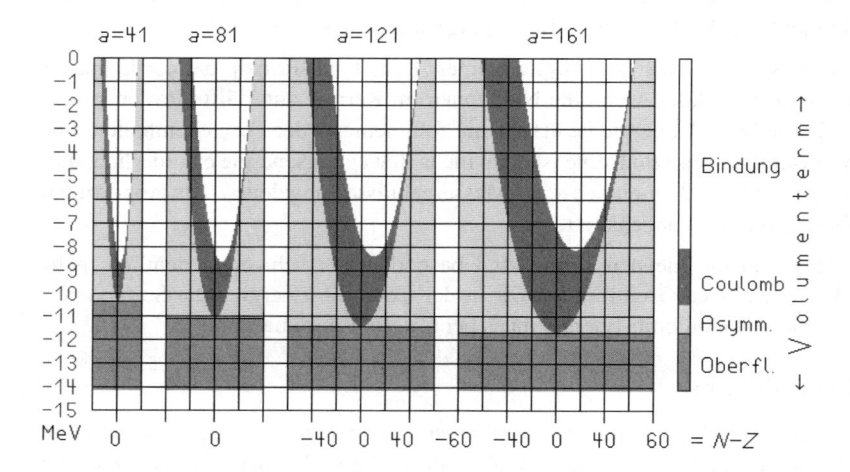

Bild 8.5.1 Vier Isobarenschnitte. Die Energieskala ist auf je ein Nukleon bezogen. Die Null-Linie oben bedeutet, dass Protonen, Neutronen und Elektronen einzeln vorliegen, der untere Rand zeigt die Bindung durch die Farbkraft (weit nach unten außerhalb des Bildes, noch ohne die Verminderung durch die Oberfläche) und den für alle Nuklide gleichen Sockelwert der kinetischen Energie (positiv, also wieder zurück nach oben, ohne den Asymmetrie-Anteil) an. Der dunkelgraue Streifen unten zeigt die Verminderung der Bindung durch die an der Oberfläche fehlenden Bindungen, der hellgraue den in diesem Bild durchaus symmetrisch auftretenden „asymmetrischen" Beitrag zur kinetischen Energie, der von der Ungleichheit zwischen Z und N kommt. Der ganz dunkle Bereich zeigt die Coulomb-Energie, die nur zwischen den Protonen verursacht wird und daher hier asymmetrisch erscheint. Für sich alleine bildet er eine Parabel mit dem Scheitel jeweils am rechten Ende bei $Z = 0$. Der Paarungseffekt tritt in diesem Bild mit ungeraden Nukleonenzahlen nicht auf, siehe aber Bild 8.5.2. Der Abstand zwischen der Summe aller Anteile, also dem oberen Rand des schwarzen Bereichs und der Null-Linie oben ist der Betrag der Netto-Bindungsenergie pro Nukleon.

Betrachten wir zunächst die Atome mit *ungeradem A*. Bei ihnen spielt der Paarungsterm keine Rolle, er ist für alle gleich oder null, je nach Art der Festlegung. Alle Massen liegen dann auf einer Parabel. Wie in Aufgabe 8.5.4.1 begründet wird, können alle Atome, die schwerer sind als das leichteste von diesen Isobaren, durch β^--Zerfall oder durch Elektroneneinfang in dieses leichteste übergehen, notfalls in mehreren Schritten. Wenn die Massendifferenz groß genug ist – nämlich mindestens zwei Ruhemassen des Elektrons –, ist statt des Einfangs auch der β^+-Zerfall möglich und findet konkurrierend statt. Für ungerade A gibt es also stets nur ein wirklich stabiles isobares Nuklid.

8.5.4 Isobarenschnitte und Beta-Zerfälle

Bei *geradem* A ist zwischen doppelt-geraden und doppelt-ungeraden zu unterscheiden, die abwechselnd auf zwei Parabeln liegen, die um den doppelten Paarungterm verschieden sind. Da die erwähnten Zerfälle nicht doppelt auftreten – oder nur extrem selten –, kann ein Zerfall nur zwischen den beiden Parabeln wechseln. So kommt es oft vor, dass auf der unteren Parabel, also für doppelt-gerade Unterschiede, mehrere stabile Atome sitzen, die nicht durch β-Zerfall oder Einfang leichter werden können. Auf der oberen können dagegen nur in sehr wenigen Fällen stabile Atome sitzen, nämlich wenn ihr Minimum tief zwischen die besetzten Stellen der oberen Parabel eintaucht, siehe Bild 8.5.2.

Die Wahrscheinlichkeit eines Zerfalls – und damit gegenläufig die Halbwertszeit – hängt sehr stark von der Massendifferenz ab.

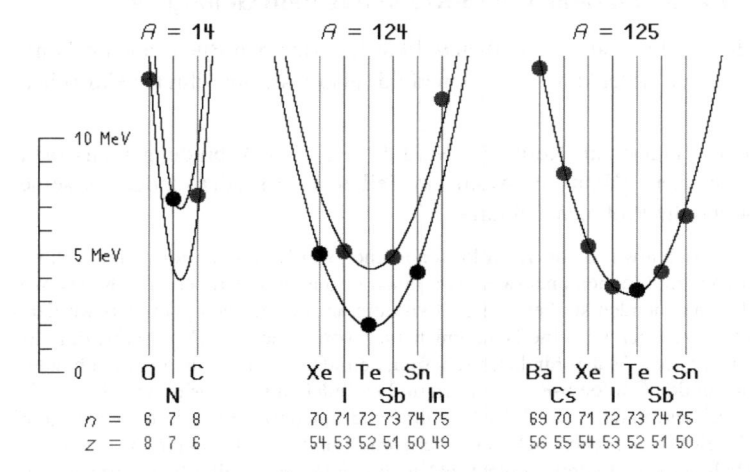

Bild 8.5.2 Isobarenschnitte für die Nukleonenzahlen 14, 124 und 125 und Beta-Stabilität. Die Kreise zeigen empirische Daten. Dunkle Kreise bedeuten stabile Nuklide, helle instabile. Die Parabeln folgen der Bethe-Weizsäcker-Formel. Die Skala links gilt für Massendifferenzen ganzer Atome. Bei geraden Nukleonenzahlen gibt es zwei Parabeln, die sich um den doppelten Paarungsterm unterscheiden. Stabil gegen β-Zerfall ist ein Nuklid, wenn es nicht einen unmittelbaren Nachbarn mit geringerer Atommasse hat.

8.5.4.1 Massenbilanz bei Betazerfällen

Damit eine Umwandlung stattfinden kann, bei der sich die Objekte vorher nur langsam bewegen, muss die Ruheenergie der direkt beteiligten Objekte vorher größer sein als nachher. Die Differenz kann in kinetische Energie umgesetzt werden, unter anderem auch von ruhemasselosen Teilchen, die ebenfalls emittiert werden können.

Aufgabe:

Welche Bedingungen gelten für die Massen von Mutterkern und Tochterkern und welche für die Massen der entsprechenden neutralen Atome bei den beiden Sorten des β-Zerfalls und des Elektroneneinfangs?

Lösung:

Bei den β-Zerfällen werden außer dem ruhemassearmen Antineutrino oder normalen Neutrino ein Elektron oder ein Positron emittiert. Der Tochterkern muss daher um geringfügig mehr als eine Ruhemasse des Elektrons leichter sein als der Mutterkern. Beim Einfang muss die Masse des Mutterkerns mindestens so groß sein wie die des Tochterkerns minus einer Elektronen-Ruhemasse. Für die neutralen Atome – deren Massen werden normalerweise tabelliert – sieht die Bilanz etwas anders aus. Bei der Elektronenemission β^- erhöht sich die Kernladungszahl. Die Hülle muss also zur Wiedererlangung der Neutralität später ein weiteres Elektron aufnehmen. Das Tochteratom ist dann also geringfügig wenig leichter als das Mutteratom. Das gleiche kommt für den Elektroneneinfang heraus – das Atom bleibt ja bei dem Vorgang als Ganzes neutral –, während für einen β^+-Zerfall das Mutteratom um mindestens zwei Elektronenmassen schwerer sein muss als das Tochteratom.

8.5.5 Alpha-Zerfälle: mit Heisenberg-Kredit aus dem Gefängnis

α-, β- und γ-Zerfälle haben ihre Namen ziemlich willkürlich nach den Buchstaben bekommen, und zwar aufgrund der Ablenkung im Magnetfeld, also als Folge ihrer elektrischen Ladungsvorzeichen $+$, $-$, 0.

Die α-Teilchen sind nichts anderes als Kerne des Nuklids ^{4}He, also Verbindungen aus zwei Protonen und zwei Neutronen. Wenn ein Atom ein Teilchen aussendet, ändert es seine Nukleonenzahl um -4 und die Protonenzahl um -2.

○ Den α-Zerfall stellt man sich etwa so vor: Zwei Protonen und zwei Neutronen formieren sich im Kern zu einem α-Teilchen und rennen unentwegt von innen gegen die Oberfläche des Kerns, wo sie fast immer von der anziehenden starken Wechselwirkung am Entweichen gehindert werden. Diese Oberfläche wirkt sozusagen wie eine Gefängnismauer, vornehmer: als *Potenzialwall*. Falls die Teilchen es doch durch diese Mauer hindurch schaffen, befinden sie sich außen nur noch unter dem Einfluss der abstoßenden Coulomb-Kraft – Kern und α-Teilchen sind positiv geladen –, die sie dann vom Kern weg beschleunigt. In der KM würde die kinetische Energie entweder zum Überwinden des Walls reichen oder eben nicht. Die Wellenmechanik liefert aber eine Wahrscheinlichkeit auch für den Fall, dass die Energie „eigentlich" nicht reicht. Die ist allerdings extrem stark – nämlich exponentiell – abhängig von dem Fehlbetrag und von der Dicke des Walls. Dieser Effekt, der auf der Zeit-Energie-Unbestimmtheit beruht, also unscharfe Energie für sehr kurze Prozesse bedeutet, wird in Anspielung auf eine mögliche Ausbrecher-Strategie als *Tunneleffekt* bezeichnet.

○ Er hat eine Analogie in der Wellenoptik. Eine Luftschicht zwischen zwei Glasplatten erzwingt bei geeigneten Einfallswinkeln Totalreflexion. Ist die Schicht aber hinreichend eng – in der Größenordnung der Wellenlänge –, so geht das Licht teilweise hindurch, und zwar umso mehr, je dünner die Luftschicht ist. Die Strahlenoptik hingegen kennt nur ein Entweder-Oder. Eine relativ einfache Rechnung nach diesem Modell liefert allein aus den Größen der Kerne und den Energiewerten der Alphateilchen – typisch 4 MeV bis 8 MeV – gute Abschätzungen der Halbwertszeiten von Millisekunden bis zu Milliarden von Jahren! Für energieärmere Kerne werden die Halbwertszeiten unmessbar lang. Solche Kerne sind also von stabilen nicht zu unterscheiden. Für energiereichere als 8 MeV werden die Halbwertszeiten unmessbar kurz. Derart instabile Kerne zerfallen sofort nachdem sie aus anderen Kernen entstanden sind.

➤ Die Bezeichnung „Tunneleffekt" klingt relativ anschaulich, darf jedoch nicht sehr ernst genommen werden. Aber auch als Analogie ist sie nicht besonders treffend, denn wenn man einen Tunnel gräbt, so sollte die Länge des Tunnels eine Rolle spielen, kaum aber die Höhe des Berges darüber. Ich bevorzuge darum ein anderes Bild, in dem das Teilchen – hier der vorgeformte Helium-Kern – „tatsächlich" über die Hürde springt, obwohl ihm ein Teil der Energie dazu „eigentlich" fehlt. Die Unbestimmtheit zwischen Zeit und Energie können wir salopp so interpretieren, dass man sich für sehr kurze Zeiten Energien ausleihen kann – nicht nur beim Tunneleffekt! „Heisenberg-Kredit" ist eine schöne Wortprägung dafür, ich weiß leider nicht, auf wen sie zurückgeht. Der Kredit darf umso höher sein, je schneller man ihn wieder zurückgibt. Das „erklärt" zumindest qualitativ, dass die Chance zum Überspringen des Walls dann besonders groß ist, wenn die Dicke gering ist *und* wenn die Differenz der zu überwindenden Höhe und derjenigen Höhe, bis zu der die Energie reicht, besonders klein ist.

8.5.6 Stabilitätstal

Bisher haben wir die genaue Masse für isobare Nuklide angesehen. Nun dividieren wir die Masse wieder durch A und tragen sie in Gedanken über der (N, Z)-Ebene auf. Der Volumenterm erscheint dabei als Konstante in der Höhe, der Oberflächenterm hebt die Ecke mit kleinen A an, der Coulomb-Term legt sozusagen eine Schicht darüber, die parabelförmig zu großen Z ansteigt und zu großen A hin etwas abfällt, also in diagonaler Richtung. Der Asymmetrieterm für sich allein bildet ein tiefes Tal entlang der Diagonale $Z = N$. Zusammen mit den übrigen Termen, vor allem mit dem Coulomb-Term, gibt es ein *Stabilitätstal*, das bei kleinen A in der Diagonale $Z = N$ beginnt und dann zu größeren N hin abbiegt, siehe Nuklidkarte Bild 8.5.3. Die in den Bildern 8.5.1 und 8.5.2 gezeigten Schnitte, die Isobarenschnitte, gehen senkrecht durch das Gebirge, jeweils schräg von links oben nach rechts unten. In Bild 8.5.4 ist ebenfalls ein senkrechter Schnitt durch das Gebirge gezeigt, aber diesmal entlang des Stabilitätstales, also über der gebogenen Linie der Minima aus den einzelnen Isobarenschnitten. Sein Minimum liegt etwa beim Eisen. Der Paarungsterm ist hier nicht dargestellt.

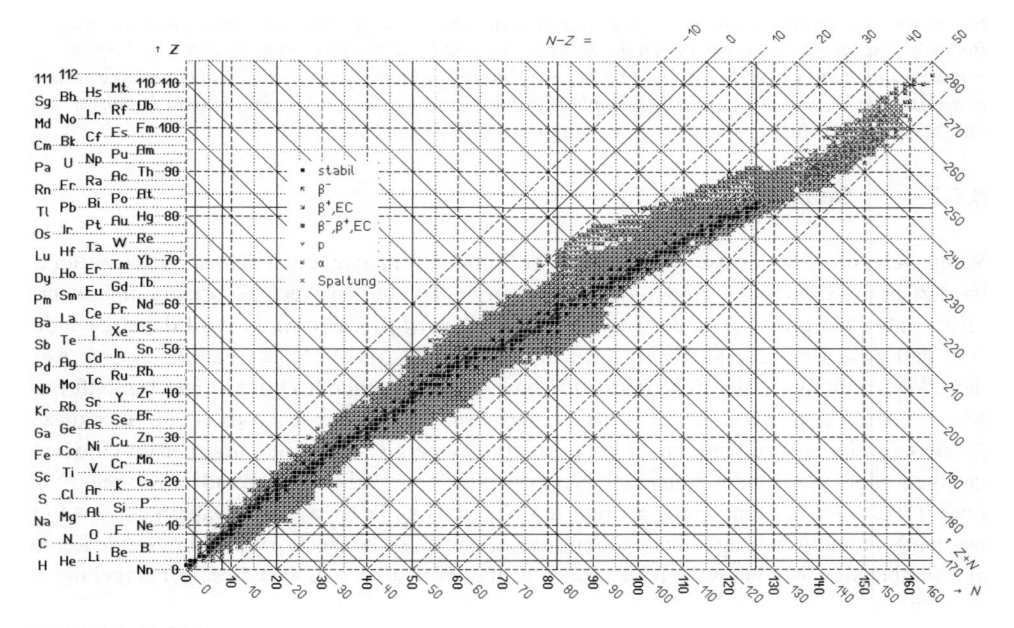

Bild 8.5.3 Nuklidkarte

Kerne, die *schwerer* als die des Eisens sind, können im Prinzip durch α-Zerfall oder Spaltung Energie abwerfen, solche die *leichter* sind, können es durch Fusion, also Verschmelzung. Allerdings gibt es dabei auch Hemmungen – dieses Wort ist aus dem Uhrmacherhandwerk in die Psychologie gekommen, es ist also nicht anthropomorph.

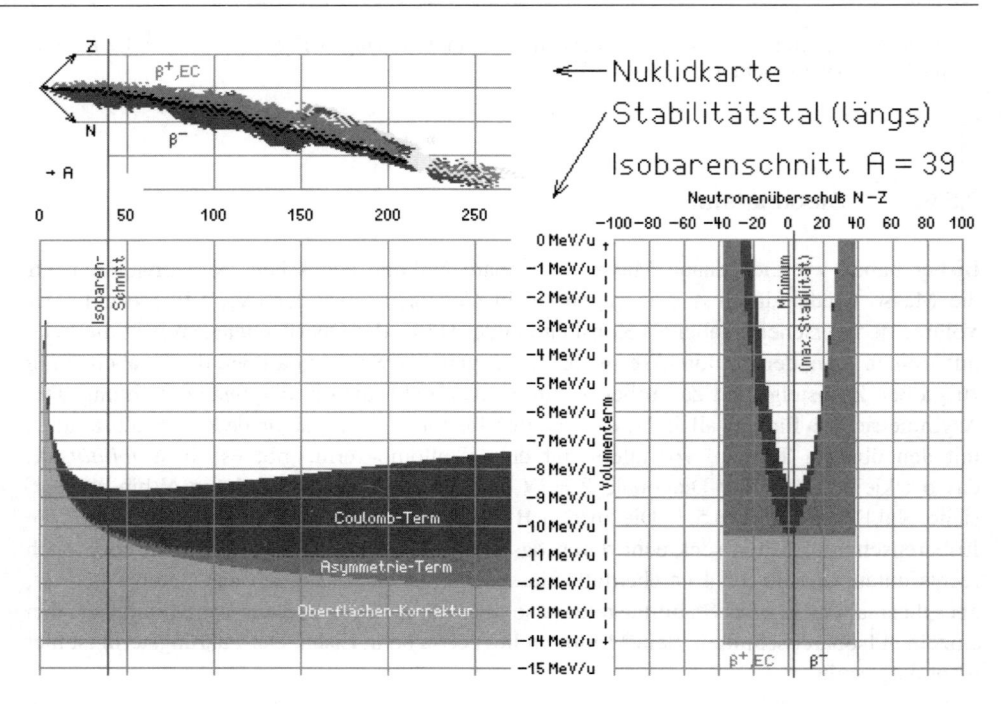

Bild 8.5.4 Stabilitätstal. Das Bild ist ein Längsschnitt durch die Minima der Isobarenschnitte der Bethe-Weizsäcker-Formel, von denen die Bilder 8.5.1 und 8.5.2 einige zeigen, und ist im Übrigen genauso aufgebaut wie diese. Wichtig ist besonders das Minimum bei 50 bis 60 Nukleonen. Zerfälle und Fusionen können von beiden Seiten mit Energiefreisetzung diesem Minimum näher kommen. Insofern ist dieses Bild der Schlüssel zur ganzen Kernenergietechnik.

8.5.7 Spaltung

Wenn sich ein schwerer Kern wie Uran oder Plutonium in zwei etwa halb so große aufteilt, wird zwar die Oberfläche größer – es wird Energie der starken Wechselwirkung *aufgenommen* –, aber ein großer Teil der *Coulomb-Energie wird frei*. Per saldo wird dabei Energie frei, und zwar rund 200 MeV pro Kern. Das entspricht fast 0,1 % der ganzen Masse. Auf dem Weg dahin macht der Kern Formänderungs-Schwingungen bis hin zu einer Hantelform. Die gesamte Energie des Kerns ist daher *zwischendurch* größer als vorher. Um über diese *Hemmschwelle* zu kommen, benötigt er Anregungsenergie. Die kann entweder durch einen heftigen Stoß von einem *schnellen* Neutron oder aber bei den ungeraden Kernen ^{235}U oder ^{239}Pu durch Einfang eines gebremsten Neutrons geliefert werden. Dabei geht der frei werdende Paarungsbeitrag in Schwingungsenergie über, sodass nicht zufällig *ungerade* Kerne gut spaltbar sind. Mit langsamen Neutronen geht es besonders gut, weil diese gut eingefangen werden.

Vergleicht man die Spaltung eines schweren Kerns mit dem Entspannen einer zuvor eingerasteten Feder, so spielt die Coulomb-Energie die Rolle der Federenergie, während die starke Wechselwirkung die Rolle der Arretierung spielt und beim Lösen Energie aufnimmt. In einem Kernkraftwerk wird also ebenso wie im Kohlekraftwerk Coulomb-Energie freigesetzt! Bei der Fusion ist die Rollenverteilung umgekehrt, siehe 8.5.8.

8.5.7 Spaltung

Wegen der Abweichung des Stabilitätstals von der Diagonalen werden bei Spaltungen auch einige Neutronen frei. Wenn das spaltbare Material in ausreichender Menge und Konzentration vorliegt, findet eine *Kettenreaktion* statt – einige Kilogramm genügen für die *kritische Masse*. Mindestens eins der freigesetzten Neutronen spaltet dann einen weiteren Kern. Im Kernreaktor müssen schnelle und sichere Regelungskreise wirken, um diese Zahl genau auf 1 zu halten. In Plutonium- oder Uran-*Bomben* wird das spaltbare Material bei der Zündung durch chemische Sprengstoffe aus zwei einzeln *unterkritischen* Massen zu einer *überkritischen* Masse zusammengeführt. Die Stärke dieser so genannten Atombomben ist daher nach oben und nach unten eng begrenzt. Die beiden einzigen auf Menschen abgeworfenen nuklearen Waffen waren eine U-Bombe sowie eine Pu-Bombe von Sprengwirkungen, die 14 und 20 Kilotonnen Trinitrotoluol entsprechen, kurz: kt TNT. Sie wurden im August 1945 von den USA unter Präsident Truman auf die Städte Hiroshima und Nagasaki abgeworfen und führten zum Tod von etwa 200 000 Menschen.

8.5.7.1 * Historische Anmerkungen

Die Kernphysik begann 1896, als HENRI BECQUEREL bei der Untersuchung der Fluoreszenz von $UK(SO_4)_2$, das er einer Röntgenstrahlung aussetzte, bemerkte, dass der Film auch geschwärzt wurde, wenn gar nicht bestrahlt worden war. MARIE und PIERRE CURIE gingen der Sache weiter nach und stellten 1898 fest, dass die Uran-Atome ohne äußeren Anlass strahlen. Das nannten sie *Radioaktivität*. Sie fanden diese Eigenschaft auch bei Thorium und bei zwei Elementen, die sie neu entdeckten. Die nannten sie Radium und Polonium – Frau Curie stammte aus Polen und hieß vor ihrer Ehe Sklodowska. Dass sich bei der Radioaktivität Elemente ineinander umwandeln, war zunächst so ungeheuer, dass die Curies es 1898 eher für möglich hielten, dass die Energie im Widerspruch zum Entropiesatz aus der Umgebung stammen könne.

➤ Die Familie Curie ist verdientermaßen dreimal vom Nobelkomitee geehrt worden. 1903 bekamen Marie und Pierre zusammen mit Becquerel den Physikpreis, Marie allein 1911 den Chemiepreis, und ihre Tochter IRÈNE CURIE zusammen mit deren Mann FRÉDÉRIC JOLIOT 1935 ebenfalls den Chemiepreis. Marie Curie war die erste Frau, die in den Naturwissenschaften so erfolgreich und anerkannt war. Noch eine Generation später wurde LISE MEITNER in Berlin von dem traditionsbewussten Institutsleiter EMIL FISCHER am Arbeitsplatz diskriminiert. Das ist ganz wörtlich zu verstehen: Sie durfte nur in einer ehemaligen Holzwerkstatt im Keller arbeiten. Ihre Arbeit wurde, wie es einmal etwas sarkastisch formuliert wurde, durch den Nobelpreis für OTTO HAHN gekrönt, denn zur Zeit der entscheidenden Veröffentlichung war sie im Exil, um Hitlers Henkern zu entkommen, und konnte die gemeinsame Arbeit nur noch brieflich fortsetzen.

Ende 1938 fanden Otto Hahn und FRITZ STRASSMANN in Berlin, die seit langem zusammen mit Lise Meitner an künstlicher Radioaktivität geforscht hatten, dass beim Beschuss von Uran mit Neutronen nicht nur schwerere Atome entstehen, sondern anscheinend auch Barium und benachbarte Elemente. Das bedeutete immerhin das Zerplatzen von großen Atomkernen in etwa halb so große, womit sich das „unteilbare" Atom als teilbar erwiesen hätte. In der ersten ausführlichen Veröffentlichung mit dem Titel „Über den Nachweis und das Verhalten der bei der Bestrahlung des Urans mittels Neutronen entstehenden Erdalkalimetalle" (in *Die Naturwissenschaften*, 27(1939)11-15, nach einer kurzen Notiz noch 1938) schrieben sie ganz vorsichtig:

Als Chemiker müssten wir aus den kurz dargelegten Versuchen das oben gebrauchte Schema eigentlich umbenennen und statt Ra, Ac, Th die Symbole Ba, La, Ce einsetzen. Als der Physik in gewisser Weise nahe stehende „Kernchemiker" können wir uns zu diesem, allen bisherigen Erfahrungen der Kernphysik widersprechenden, Sprung noch nicht entschließen. Es könnten doch noch vielleicht eine Reihe seltsamer Zufälle unsere Ergebnisse vorgetäuscht haben.

Die nächste Arbeit (*27*(1939) S. 89–95, drei Wochen später) begann dann mit einem Abschnitt, der die Überschrift „Endgültiger Beweis für das Entstehen von Barium aus dem Uran" trug.

Kurz vor diesen Entdeckungen hatte Lise Meitner aus Deutschland fliehen müssen, da ihre österreichische Staatsbürgerschaft nach dem „Anschluss" ihrer Heimat sie nun nicht mehr vor Hitlers Rassenterror schützte. Von ihren Berliner Kollegen über die Ergebnisse informiert, schrieb Meitner zusammen mit ihrem Neffen OTTO ROBERT FRISCH (Nature *143*(1939)239-240) als Deutung: *Disintegration of uranium by neutrons: a new type of nuclear reaction.* Hier erscheint erstmalig die Vokabel *fission* auf Atomkerne angewendet:

It seems therefore possible that the uranium nucleus has only small stability of form, and may, after neutron capture, divide itself into two nuclei of roughly equal size (...). These two nuclei will repel each other and should gain a total kinetic energy of c. 200 Mev., as calculated from nuclear radius and charge. This amount of energy may actually be expected to be available from the difference in packing fraction between uranium and the elements in the middle of the periodic system. The whole „fission" process can thus be described in an essential classical way, without having to consider quantum-mechanical „tunnel effects"...

Die korrekte Energieabschätzung – 200 MeV pro Kern – hörte NIELS BOHR in Kopenhagen und berichtete in Amerika darüber. Als Hahn sie in Berlin in der *New York Times* lesen konnte, hielt er sie für eine *echt amerikanische Übertreibung.* Noch im gleichen Jahr, in dem Hitler den II. Weltkrieg beginnt, diskutiert SIEGFRIED FLÜGGE (Naturwissenschaften *27*(1939)402-410) Fragen der gesteuerten Kettenreaktion: *Kann der Energieinhalt der Atomkerne technisch nutzbar gemacht werden?*

Während des Krieges kommt es zu einem sehr ungleichen Wettrüsten. Stark vereinfacht, waren auf der deutschen Seite vor allem einige Physiker beteiligt, die nicht ausgewandert oder verjagt waren, von denen aber die prominenteren dem Regime distanziert gegenüberstanden, zum Teil aus konservativer oder vermeintlich unpolitischer Haltung. Sie strebten im Auftrag der Wehrmacht, aber ohne starke Ressourcen die Kettenreaktion an. Auf der amerikanischen und britischen Seite kamen zu den patriotischen Forschern einige der fähigsten Physiker Europas, die vor allem aus Deutschland, Italien und Ungarn geflohen oder emigriert waren. Gerade sie und ebenso amerikanische Juden, besonders ROBERT OPPENHEIMER, suchten zu verhindern, dass Hitler Kernwaffen bekäme. Einer dieser Europäer war LEO SZILARD, der zu der Idee der Anwendung von Kernenergie durch die Lektüre des 1913(!) erschienenen

Romans *The World set Free*, also „Befreite Welt" von H. G. WELLS, dem Autor von *Time Machine*, angeregt worden war.

➤ In diesem Zukunftsroman werden für die folgenden Jahrzehnte unter anderem die Entwicklung nukleargetriebener Fahrzeuge und ein mit Kernwaffen geführter Krieg – man muss wohl sagen – *prophezeit*. Den Erfinder der Bombe lässt Wells in diesem Roman notieren: „Fühlte mich wie ein Schwachsinniger, der einem Kinderhort eine Truhe voll geladener Revolver geschenkt hatte".

Szilard entwarf den Brief an Präsident F. D. ROOSEVELT mit dem Vorschlag, Kernwaffen zu entwickeln, den EINSTEIN unterschrieb. Angesichts der Bedrohung durch Nazideutschland hatte dieser seinen Pazifismus aufgegeben. Mit großer Anstrengung und gewaltigen Mitteln lief das „Manhattan Project". Unter Beteiligung vieler bedeutender Physiker – einer der jüngeren war FEYNMAN – wurden in Los Alamos unter der Leitung von Robert Oppenheimer drei Spaltungsbomben hergestellt. Eine davon wurde als Test gezündet, die anderen beiden auf Hiroshima und Nagasaki abgeworfen. Szilard, Oppenheimer und andere, die diesen Einsatz gegen Menschen im Gegensatz zur Herstellung und eventuell einem Demonstrationseinsatz nicht für vertretbar hielten, hatten keinen nennenswerten Einfluss auf die Politik. Wegen dieser Haltung und der Verweigerung der Mitarbeit an der von EDWARD TELLER betriebenen Entwicklung der Wasserstoff-Fusionsbombe, wegen seiner Nähe zu kommunistischen Idealen und zu einigen Kommunisten in seiner persönlichen Umgebung war Oppenheimer in den folgenden Jahren Verdächtigungen, Bespitzelungen und Verhören durch amerikanische Behörden ausgesetzt. Das erscheint fast wie ein Vorgriff auf die Behandlung SACHAROWS, der im nuklearen West-Ost-Wettrüsten in der Sowjetunion erst den Rückstand seines Landes verkleinerte und dann wegen seines Einsatzes für Bürgerrechte verbannt wurde.

➤ E. BAGGE, K. DIEBNER, W. GERLACH, O. HAHN, P. HARTECK, W. HEISENBERG, H. KORSCHING, C. F. V. WEIZSÄCKER und K. WIRTZ, die wichtigsten deutschen Physiker, die im Krieg in Berlin an der versuchten Reaktorentwicklung beteiligt waren, sowie VON LAUE, für den das gar nicht zutraf, wurden Mitte 1945 von den Briten für ein halbes Jahr in einem Landhaus, *Farm Hall*, in Godmanchester nahe Cambridge interniert. Dort wurden sie heimlich abgehört: „Operation Epsilon". Die Übersetzungen der Abhörprotokolle sind 1993 veröffentlicht worden und auch als Rückübersetzung erhältlich. Die Originale blieben nicht erhalten. Am 6. August 1945 notierte Major RITTNER in Farm Hall:

Shortly before dinner on the 6th August I informed Professor Hahn that an announcement had been made by the B.B.C. that an atomic bomb had been dropped. Hahn was completely shattered by the news and said that he felt personally responsible for the deaths of hundreds of thousands of people, as it was his original discovery which had made the bomb possible. He told me that he had originally contemplated suicide when he realised the terrible potentialities of his discovery and he felt that now these had been realised and he was to blame.

Nach dem Krieg wandten sich die meisten Kernphysiker in Westdeutschland der energiewirtschaftlichen Nutzung der Kernenergie zu. Dies betrachteten sie als friedliche Alternative zu der von den Großmächten daneben betriebenen Kernwaffenentwicklung. Im April 1957 veröffentlichten F. Bopp, M. Born, R. Fleischmann, W. Gerlach, O. Hahn, O. Haxel, W. Heisenberg, W. Kopfermann, M. von Laue, H. Maier-Leibnitz, J. Mattauch, F. A. Paneth, W. Paul, W. Riezler, F. Straßmann, W. Walcher, C. F. von Weizsäcker und K. Wirtz den *Göttinger Appell*. In diesem warnten sie vor den so genannten *taktischen Atombomben*, über die nach den Absichten der Regierung Adenauer die Bundeswehr verfügen sollte – und forderten die Bundesregierung auf, auf den Besitz von Atomwaffen jeder Art zu verzichten. Persönlich verweigerten sie die Mitarbeit an der Herstellung oder Erprobung solcher Waffen und bekannten sich zu einer friedlichen Verwendung der Atomenergie.

Der Bundestag beschloss 1958 tatsächlich die nukleare Bewaffnung der Bundeswehr mit seiner Unions-Mehrheit. Diese Bewaffnung wurde allerdings durch die Verbündeten verhindert, und 1974 ratifizierte die Bundesrepublik unter der Regierung Brandt den „Atomwaffensperrvertrag" mit dem Verzicht auf eigene Kernwaffen.

Der Streit um die Stationierung alliierter Kernwaffen in Westdeutschland ist noch nahe Vergangenheit, und der Streit um die Risiken der energiewirtschaftlichen Nutzung – vor 45 Jahren sah man die diese Nutzung ohne Einschränkungen positiv – bestimmt unsere Gegenwart.

Von den rund 4 kW an Sekundär-Energie, die bei uns pro Kopf rund um die Uhr kommerziell umgesetzt werden, entfallen etwa 18 % auf elektrischen Strom und davon wiederum etwas mehr als ein Drittel auf Kernenergie (alte Bundesländer 1991).

8.5.8 Kernfusion

Entsprechend der steilen Flanke der Kurve in Bild 8.5.4 ist die Fusion energetisch am wirkungsvollsten bei der Umwandlung von Wasserstoff in Helium. Dabei muss die gewaltige elektrostatische Abstoßung überwunden werden, wozu sehr hohe Temperaturen nützlich sind: 10^7 K helfen. Es gibt mehrere Varianten der Reaktion mit verschiedenen Folgen von Zwischenschritten. *Per saldo* werden in der Sonne und in anderen *Hauptreihensternen* vier Protonen in einen ^4He-Kern, zwei Positronen und zwei Elektronneutrinos umgewandelt. Auf der Stufe der Quarks werden zwei u-Quarks in zwei d-Quarks und die Positronen und Neutrinos verwandelt, wie beim β^+-Zerfall. Die zu dieser Umwandlung nötige *schwache* Wechselwirkung ist maßgebend für das außerordentlich *langsame* Brennen der Sonne, das sich daher über Milliarden von Jahren erstreckt.

Vergleichen wir wieder die energiefreisetzende Umwandlung mit dem Entspannen einer arretierten Feder, so ist es bei der Fusion – anders als bei der Spaltung – die starke

Wechselwirkung, die Energie abgibt. Das Coulomb-Feld nimmt im entstehenden Helium-Kern ebenfalls gewaltige Mengen von Energie auf, und zwar nicht nur vorübergehend. Da das Coulomb-Feld diese Energie aber schon *während* der räumlichen Annäherung aufnimmt, die starke Wechselwirkung aber sozusagen erst kurz vor dem Kontakt der Nukleonen ihre etwas größere Menge abgibt, muss auch bei der Fusion eine Energiebarriere überwunden werden.

Die Energie – je nach Art der Zwischenschritte verschieden, aber im MeV-Bereich gelegen – zerteilt sich auf dem Weg zur Sternoberfläche in immer kleinere Portionen. Das sind Photonen, die im Bereich Sonnenoberfläche nur noch wenige eV Energie haben, also als „sichtbares" Licht ankommen und durch den leeren Zwischenraum auch zu uns gelangen. Auf der Erde werden die meisten dieser Photonen in noch kleinere zerteilt und weiter abgestrahlt. Entsprechend der kleineren Temperatur – 300 K auf der Erde statt 6 000 K auf der Sonne – werden sie um den Faktor 20 geteilt.

Auch auf der Erde gibt es Kernfusionen, einerseits in „Wasserstoffbomben" und andererseits in Versuchsanlagen für Fusionskraftwerke. Fusionsbomben werden mit „normalen" Plutoniumbomben gezündet und können wesentlich stärker gebaut werden als diese: bis zu Hunderten von Megatonnen TNT. Bomben, die vergleichsweise weniger Gebäude zerstören und mehr Menschen durch Strahlung umbringen, heißen *Neutronenbomben*.

8.5.8.1 Sonnenenergie

Aufgabe:

Von der Sonne kommen bei uns $1,4\,\text{kW/m}^2$ an, das ist die Solarkonstante. Die „Astronomische Einheit" ist $1,5 \cdot 10^{11}$ m. Schätzen Sie bitte die Leistung der Sonne ab.

Die Masse der Sonne ist $2 \cdot 10^{30}$ kg. Wie lange kann die Sonne so strahlen, wenn sie 10 % ihres Wasserstoffs in Helium umwandelt und dabei rund 1 % dieser Masse abstrahlt?

Lösung:

Eine Kugelfläche mit dem Radius $1,5 \cdot 10^{11}$ m hat eine Oberfläche von $2,8 \cdot 10^{23}$ m^2. Insgesamt leistet die Sonne also $4 \cdot 10^{26}$ W.

In jeder Sekunde sind das $4 \cdot 10^{26}$ W $\cdot$ s mit der Masse $4 \cdot 10^{26}$ W $\cdot$ s$/c^2 = 4,4 \cdot 10^9$ kg. Wenn die Sonne rund 1/1000 ihrer Masse, also $2 \cdot 10^{27}$ kg, bei der Fusion von H zu He abgeben kann, dann kann das $2 \cdot 10^{27}$ kg$/(4,4 \cdot 10^9$ kg/s$) = 5 \cdot 10^{17}$ s lang so gehen. Das sind 15 Milliarden Jahre – deutlich mehr als das bisherige Alter von Sonne und Sonnensystem.

➤ Natürlich geht diese Fusion nicht so gleichmäßig über die gesamte Zeit und kann später sogar durch andere Fusionsprozesse abgelöst werden. Trotzdem lässt unsere Überschlagsrechnung erkennen, dass die Lebensdauer von Sternen nicht beliebig groß gegen das Alter des sichtbaren Teils des Universums – die Metagalaxis – ist.

8.5.8.2 Massebezogene Leistungen

Aufgabe:

Vergleichen Sie bitte das Verhältnis aus Leistung und Masse für die Sonne, einen lebenden Menschen, ein fahrendes Auto und eine brennende Weihnachtsbaumkerze.

Lösung:

Die in der vorigen Aufgabe errechnete gewaltige Leistung der Sonne von $4 \cdot 10^{26}$ W ist im Verhältnis zur Masse von $2 \cdot 10^{30}$ kg eher klein. Dieses Verhältnis ist nämlich nur $2 \cdot 10^{-4}$ W/kg. Ein lebender Mensch bringt es schon in Ruhe auf 80 W/(80 kg) = 1 W/kg, ein Personenauto auf 100 kW/(1000 kg) = 100 W/kg, und eine Kerze von 0,03 kg brennt rund zwei Stunden und liefert dabei 1,2 MJ, also grob 200 W/kg. Selbst ein rostendes Auto ist „intensiver" als die Sonne. Ganz grobe Abschätzung: Die chemische Umsetzung der Gesamtmasse des Autos erfolgt in Jahrzehnten mit vergleichbarem Quotienten aus Energie und Masse.

➤ Der Grund der geringen Intensität im Fall der Sonne liegt in der Beteiligung der schwachen Wechselwirkung an der Fusion. Wäre sie stärker, so wäre ihre Lebensdauer entsprechend kleiner. Die zum Leben passende Temperatur wäre in einem größeren Abstand von der Sonne zwar zu finden, aber die biologische Evolution hätte nicht Milliarden Jahre Zeit gehabt. Es gäbe dann vermutlich keine einigermaßen intelligenten Wesen, die sich darüber Gedanken machen können.

8.5.9 Zerfallskonstante

Spontane, also nicht durch besondere Maßnahmen herbeigeführte, Kernzerfälle lassen sich durch eine für das jeweilige Nuklid und seine Zerfallsart angebbare *Zerfallskonstante* λ beschreiben. Der Erwartungswert der von n vorhandenen Kernen während der Zeit Δt zerfallenden Kerne ist $\Delta n = -\lambda n \Delta t$. Das Intervall Δt ist dabei so klein, dass n sich darin kaum ändert – andererseits kann man den Erwartungswert nur genau kontrollieren, wenn genügend viele Kerne zerfallen.

Die Beziehung $\Delta n = -\lambda n \Delta t$ kann man in die Differenzialgleichung $dn = -\lambda n dt$ überführen. Diese kann man mit dem Ansatz $n = n_{t=0} \exp(-\lambda t)$ lösen. Er beschreibt die Anzahl der noch nicht zerfallenen Kerne als Funktion der Zeit, und das umso genauer, je mehr Kerne beteiligt sind. Kein einzelner Kern ist dabei verpflichtet, zu einer bestimmten Zeit zu zerfallen. Insbesondere „weiß" er nicht, wie viele Kerne es noch gibt und wie viele schon zerfallen sind. Auch sein bisheriges Alter hat keinen Einfluss!

Nach der Zeit $1/\lambda$ ist der jeweilige Vorrat auf den relativen Anteil $1/e = \exp(-1)$ geschrumpft. Nach $0{,}69/\lambda$ ist er dabei auf die Hälfte geschrumpft, was die *Halbwertszeit* definiert. Eine Faustregel für Überschlagsrechnungen: $2^{10} \approx 10^3 \approx \exp(7)$, siehe 3.2.7.

8.5.9.1 Halbwertszeiten

Aufgabe:

Charly Brown hat eine Tafel Schokolade bekommen und möchte jeden Tag davon essen, unbegrenzt viele Tage lang. Wann hat er nur noch ein Atom, wenn er an jedem Tag die Hälfte oder sogar nur 10 % der noch vorhandenen Schokolade verspeist?

Lösung:

Wegen $2^{10} = 1024 \approx 1000 = 10^3$ geht der Vorrat nach je 10 Halbierungen auf rund 1/1000 zurück. Wenn die Tafel Schokolade rund $4 \cdot 10^{24}$ Atome enthält, so dauert es 82 Tage, bis noch 1 Atom übrig ist. Wenn er jeden Tag nur 10 % verspeist, dauert eine Halbierung rund 7 Tage, er kommt also 7-mal solange aus. Wegen gerundet $0{,}9^7 = 0{,}5$ oder $lb(0{,}9) = lg(0{,}9)/lg(2) = \ln(0{,}9)/\ln(2) = 0{,}1/0{,}7 = 1/7$ ist das so. Eine wichtige Faustregel für Zinseszinsen oder wachsende Einwohnerzahlen: bei x Prozent jährlich dauert die Verdopplung $70/x$ Jahre, etwas genauer $69{,}3/x$ Jahre.

8.5.9.2 Das verschwundene Nuklid

Aufgabe:

Wie klein muss die Halbwertszeit eines Nuklids sein, wenn es heute auf der Erde nicht auffindbar ist, vor $5 \cdot 10^9$ Jahren aber möglicherweise sehr weit verbreitet war? Diese Aufgabe hat trotz ihrer extrem unklaren Eingangsdaten eine erstaunlich wenig unscharfe Antwort!

Lösung:

Natürlich müssen wir zur Beantwortung der vorliegenden Frage noch ein Modell „basteln", um überschlägig rechnen zu können. Wie man weiß, kommen heute ^{56}Fe und ^{28}Si ausgesprochen häufig als Bestandteile der Erde vor. Im Extremfall könnte sie fast ganz aus einem Nuklid bestanden haben und wir nehmen dafür eins mit 50 Nukleonen an. Erinnern wir uns, dass der Wert der atomaren Masseneinheit in der Größenordnung von 10^{-27} kg liegt, dann können in einem Kilogramm $2 \cdot 10^{25}$ Kerne stecken. Aber auch dann, wenn nur 1/1 000 davon anfangs vorhanden gewesen wäre, wäre das noch nicht als ausgesprochen selten anzusprechen. Als ausgesprochen selten wollen wir dagegen ansehen, wenn die heute verbliebene Konzentration irgendwo zwischen 1 000 Atomen und 1 Atom pro untersuchtem Kilogramm liegt. Das gibt eine Spanne für den Abnahmefaktor von rund 10^{25} bis 10^{19}. Wegen $2^{10} = 1024 \approx 10^3$ bedeuten jeweils zehn Halbwertszeiten eine Abnahme um drei Zehnerpotenzen. Je nach dieser Wahl ergeben sich damit $25 \cdot 10/3 = 83$ bis $19 \cdot 10/3 = 63$ Halbwertszeiten, bis das Nuklid praktisch verschwunden ist. Bei einem Alter der Erde von $5 \cdot 10^9$ a entspricht das $60 \cdot 10^6$ a oder $80 \cdot 10^6$ a.

Diese Halbwertszeiten unterscheiden sich also nur um den Faktor 4/3, während die angenommenen Abnahmefaktoren sich um den Faktor 1 000 000 unterscheiden. Das ist natürlich nichts anderes als die extrem stark abwiegelnde Gewohnheit der Logarithmusfunktion. Wenn man einen Sachverhalt herunterspielen will, braucht man ihn nur logarithmisch darzustellen!

8.6 Atome, Moleküle und Festkörper

8.6.1 Atome und ihre Hüllen

Die Atomkerne umgeben sich mit Elektronen und bilden dabei Atome, Moleküle oder Festkörper, die Kristalle. *Atome* haben eine eigene abgeschlossene Elektronenhülle von rund einigen 10^{-10} m Durchmesser, ebenso die Ionen, die aber einzelne Elektronen zu viel oder zu wenig haben und daher elektrisch nicht neutral sind.

8.6.1.1 Rosinenkuchen oder Planetensystem oder was sonst?

Vor 100 Jahren gab es viele Modellvorstellungen über den Aufbau der Atome aus negativen Elektronen und einem positiven „Rest". So stellte sich J. J. THOMSON das Atom wie einen Rosinenkuchen aus positivem Teig und kleinen Elektronen als Rosinen darin vor. 1911 fand RUTHERFORD, dass Gold-Atome für schnelle α-Teilchen – nach heutiger Beschreibung Helium-Kerne – fast ganz durchlässig sind, wobei aber ein kleiner Teil von ihnen kräftig abgelenkt wird. Dieses Verhalten lässt sich mit der Annahme deuten, dass die Atome sehr kleine, fast punktförmige positiv geladene Kerne mit fast der gesamten Masse haben. Um diese Kerne laufen dann die Elektronen. Das ist wie bei den Planeten und der Sonne, nur ist hier nicht das Schwerefeld wichtig, sondern das elektrostatische Coulomb-Feld. Mathematisch sind beide völlig analog zueinander.

Wir betrachten zunächst nur einen Kern mit einem einzigen Elektron, also das Atom H oder die Ionen He$^+$, Li^{++}, ... und beliebige Isotope davon.

Ein Kern mit Z Protonen und irgendeiner Zahl von Neutronen hat um sich ein elektrisches Feld mit der Feldstärke $Z \cdot e_0 K/r^2$ und mit dem elektrischen Potenzial $V = V_0 + Z \cdot e_0 K/r$. K steht als Abkürzung für $1/(4\pi\varepsilon_0)$. Zu einem Elektron, das aus dem Unendlichen bis zum Abstand r herangelassen wird, gehört daher die Absenkung der potenziellen Feld-Energie um $Z \cdot e_0^2 K/r$.

Es ist ebenso gebräuchlich wie irreführend, dieses in abgekürzter Redeweise einfach als eine negative Energie dieser Größe zu bezeichnen und so zu tun, als gehörte diese Energie dem Elektron.

Wenn die KM anwendbar wäre, so gehörte dann zu einer Kreisbahn mit dem Radius r – auch zu einer Ellipsenbahn mit der großen Halbachse r – die kinetische Energie vom halben Betrag, also $Z \cdot e_0^2 K/2r$. Zum Trennen des Elektrons vom Kern aus dem Abstand r heraus bis ins Unendliche brauchte man daher die Bindungsenergie der gleichen Größe $Z \cdot e_0^2 K/2r$. Nur für relativ große r jedoch trifft die KM ziemlich genau zu, man spricht dann von „Rydberg-Atomen".

BOHR hat in seinem Modell von 1913 die Kreisbahnen im Atom ernst genommen und etwas gewaltsam Quanten-Bedingungen für die Auswahl tatsächlich möglicher Radien gefordert, außerdem eine teilweise Ungültigkeit der Elektrodynamik! Die verlangt nämlich, dass kreisende, also beschleunigte Ladungen ihre Energie wie ein Radiosender abstrahlen müssen. 1915 hat SOMMERFELD das Modell noch verfeinert, indem er bestimmten Eigenschaften Ellipsenbahnen zuordnete.

Dieses Bohr-Sommerfeld-Modell hat in der Geschichte der modernen Physik eine hervorragende Schlüsselstellung gehabt. Es ist aber durch die spätere Entwicklung der Quantenphysik – auch daran hatten Bohr und Sommerfeld große Anteile – so überholt worden wie das geozentrische Weltbild oder wie die Phlogiston-Theorie. Es ist sehr lehrreich, sich mit überholten Theorien zu befassen, und angemessen, ihre Erfinder hoch zu ehren. Es ist aber überhaupt nicht angebracht, überholte Bilder – von Elektronenbahnen oder von Elektronenschalen – so in Lehrbüchern zu verbreiten, als wären sie auf dem Stand der Zeit. Das gilt, wie im Folgenden zu sehen ist, vor allem für die „inneren Bahnen".

8.6.1.2 Die Unbestimmtheit bestimmt die Mindestgröße

Nach dem bisher Gesagten könnte sich ein Elektron beliebig nahe beim Kern aufhalten – damit ist gemeint: längere Zeit, nicht nur gelegentlich auf Durchreise. Da der Kern viel schwerer als das Elektron ist, ist er im gemeinsamen Schwerpunktsystem nahezu in Ruhe und trägt zur Bewegungsenergie nur sehr wenig bei. Nach HEISENBERG gilt für die Schwankungen von Ortskoordinate x und Impulskomponente p_x die Beziehung $\Delta x \cdot \Delta p_x \approx h$. Setzen wir für Δx den doppelten radialen Abstand $2r$, so finden wir als Impulsschwankung $h/2r$. Ein ungefährer Mittelwert p des Impulsbetrages ist davon die Hälfte. Für die Bewegungsenergie des Elektrons mit der Masse m liefert das ganz grob $p^2/(2m) = h^2/(32 \cdot m \cdot r^2)$. Diese muss kleiner als $Z \cdot e_0^2 K/r$ sein, wenn wir an den Vorgang der Annäherung denken, bei dem ja auch noch Bindungs-Energie abgegeben wird. Der „mittlere" Abstand r – wir werden das noch zu präzisieren haben – wird also durch eine Ungleichung beschränkt: $r > 4\pi\varepsilon_0 h^2/(32 \cdot Z \cdot e_0^2 m) \approx 50$ pm.

Das ist ungefähr der Radius, der im Bohrschen Modell von 1913 der innersten „erlaubten Planeten-Bahn" als exakter Radius zukommt, nämlich 53 pm.

Ist das nun eine Übereinstimmung? Zahlenmäßig ja, aber die Bilder sind denkbar verschieden. Nach Heisenberg ist der Durchmesser von rund 100 pm so etwas wie die Pinselbreite, mit der wir den Ort malen dürfen, ohne mehr Genauigkeit vorzutäuschen als die Natur bietet. Nach dem alten Bohr-Modell wäre es dagegen der Durchmesser einer „unendlich genauen" Kreisbahn.

Wenn jemand sich – vielleicht Graf Bobby? – bei einem Auto mit 100 PS vorstellt, dass da 100 richtige lebendige Pferde vorne unter der Haube sind, dann kommt er zur richtigen Berechnung der Leistung des Wagens. Trotzdem wissen wir, dass der Platz dort nicht ausreicht, und dass das Ganze daher irgendwie nicht stimmen kann. Seit Heisenberg wissen wir auch, dass das Planetenmodell der Atomhüllen nicht sehr realistisch sein kann, obwohl es manche Zahlen genau berechnen lässt.

Wir wissen also nun, wie das Atom *nicht* aussieht.

8.6.1.3 Wellenfunktionen

1926 stellte SCHRÖDINGER seine Differenzialgleichung für Materiewellen auf, die neben Newtons Axiomen und Maxwells Gleichungen zu den wichtigsten Gleichungen der Physik gehört. Ihre Lösungen sind nur manchmal reelle, allgemeinen aber komplexe Wellenfunktionen von Ortskoordinaten. Die Wellenfunktionen werden meistens ψ genannt. Ihre Betragsquadrate geben zumindest im Zeitmittel die Materiedichte an, analog zur Energiedichte bei Schallwellen oder Lichtwellen. Für ein Elektron in einem Atom findet man Funktionen, die stehenden Wellen entsprechen. Nach außen reichen sie zwar unendlich weit, klingen aber exponentiell ab.

Das kann man auf mehrere Arten deuten. Eine Deutung besteht darin, $|\psi|^2$ als Dichte in einem „verschmierten" Teilchen anzusehen. Das hat dann zur Folge, dass die Elektronen in der Hülle eines Atoms einzeln so groß wie das ganze Atom sind und sich gegenseitig durchdringen. Das wäre noch nicht so schlimm, aber es müssten sich nicht nur Teile von verschiedenen Elektronen, sondern auch Teile des gleichen Elektrons elektrostatisch abstoßen. Das passt aber nicht zu den Messungen.

Wir folgen darum der Deutung von MAX BORN, nach der $|\psi|^2$ eine Wahrscheinlichkeitsdichte ist. Bei Integration über ein bestimmtes Volumen liefert das die Wahrscheinlichkeit dafür, das Teilchen gerade in diesem Volumen anzutreffen. Einige Teilchen – Elektronen beispielsweise, nicht aber Nukleonen – stellt man sich heute durchaus punktförmig ohne jede innere räumliche Struktur vor.

Wir bleiben immer noch bei dem Atom mit nur einem Elektron. Hier gibt es abzählbar viele Lösungsfunktionen ψ. Jede davon bezeichnet einen Zustand des gesamten Atoms. Im Hinblick auf die Anzahl und die Anordnungen der Nullstellen kann eine solche Funktion mit gewissen „Quanten"-Zahlen kennzeichnet werden. Die Energie zum jeweiligen Zustand hängt hauptsächlich von diesen ab.

Formuliert man die Ortsabhängigkeit in Kugelkoordinaten, also mit dem radialen Abstand r vom Kern und zwei Winkelkoordinaten θ und φ – auf der Erdkugel entsprechen die der geographischen Breite und Länge –, so zeigt sich erfreulicherweise, dass man die Wellenfunktion in zwei Faktoren aufspalten kann, die jeweils nur von einem Teil der Koordinaten abhängen: $\psi(r,\theta,\varphi) = \psi_r(r) \cdot \psi_w(\theta,\varphi)$.

8.6.1.4 Die radiale Abhängigkeit

Der wichtigste Faktor ist die radiale Abhängigkeit $\psi_r(r)$. Wir können daraus ausrechnen, wie weit sich das Elektron „im Mittel" vom Kern entfernt aufhält. Den arithmetischen Mittelwert bezeichnen wir durch spitze Klammern, also hier $\langle r \rangle$. Nun zerlegt man die Umgebung des Kerns in konzentrische Kugelschalen der Dicke dr und bildet für den Mittelwert den Quotienten aus zwei Integralen: $\langle r \rangle = (\int (4\pi r^2 \cdot r \cdot |\psi|^2) dr)/(\int (4\pi r^2 \cdot |\psi|^2) dr)$. Für die verschiedenen radialen Funktionen findet man zugehörige Mittelwerte.

Außer diesen mittleren Abständen sind aber vor allem die zum jeweiligen Mittelwert der potenziellen Energie gehörenden Radiuswerte wichtig. Da das Potenzial dem Kehrwert des Abstandes proportional ist, brauchen wir dazu den Kehrwert des Mittelwertes der Radius-Kehrwerte, also $1/\langle 1/r \rangle = (\int (4\pi r \cdot |\psi|^2) dr)/(\int (4\pi r^2 \cdot |\psi|^2) dr)$

Man nennt diesen Mittelwert das „harmonische Mittel". Eine einfache Anwendung ist der Staffellauf: Die mittlere Geschwindigkeit des ganzen Laufes ist das harmonische Mittel der Geschwindigkeiten der einzelnen Läufer, siehe 1.2.3.

Rechnet man nun für die Wellenfunktion im Wasserstoff-Atom diese harmonisch gemittelten Radien aus, so findet man Gruppen mit jeweils gleichen Werten für $1/\langle 1/r \rangle$. Diese Werte verhalten sich wie die Kehrwerte der Quadrate der positiven ganzen Zahlen: 1, 4, 9, 15, 25, ... Man nummeriert sie mit diesen Zahlen 1, 2, 3, 4,... und nennt diese Nummer die *Hauptquantenzahl n*.

Es gilt also: $1/\langle 1/r \rangle = a_B \cdot n^2/Z$ mit einer Konstanten a_B, die als Bohrscher Radius bezeichnet wird, weil sie in Bohrs Modell den Radius der kleinsten Kreisbahn ist.

Es zeigt sich weiter, dass es für jede Hauptquantenzahl n gerade n verschiedene radiale Wellenfunktionen gibt. Diese werden mit einer Quantenzahl l unterschieden, und zwar von 0 bis $n-1$. Sie haben $n-1$ Nullstellen, von denen aber l in den Nullpunkt fallen. Diese fallen also in den Atomkern und sind entsprechend „mehrfach zu zählen". Das kennen wir auch von Nullstellen einfacher Potenzfunktionen. Außerhalb des Nullpunktes haben sie also $n-l-1$ Nullstellen.

Aus historischen Gründen – aufgrund überholter Annahmen über die Bedeutung eher zufälliger Eigenschaften wie etwa Linienschärfen – gibt es für die Werte von l Buchstabensymbole, siehe Tabelle 8.6.1, die man immer noch verwendet und daher kennen sollte.

Tabelle 8.6.1 Nebenquantenzahlen und Buchstabensymbole. Ab n = 3 in alphabetischer Ordnung

Nebenquantenzahl l	0	1	2	3	4	5
Buchstabensymbol	s	p	d	f	g	h

In der Röntgen-Spektroskopie werden auch die Hauptquantenzahlen mit Buchstaben bezeichnet. Für n 1 steht K, und es geht weiter im ABC mit Großbuchstaben.

8.6.1.5 Energiestufen im H-Atom und in Ionen, die ihm ähnlich sind

Wenn nur ein Elektron im Atom ist, kommt es für die Energie nur auf $1/\langle 1/r\rangle$, also nur auf die Hauptquantenzahl an. Die trotzdem noch möglichen Unterschiede zwischen Zuständen mit verschiedenem l bei gleichem n spielen aber eine Rolle in Atomen mit mehreren Elektronen.

Für Atome oder Ionen mit nur einem Elektron – H, He$^+$, Li^{++}, ... – gelten bei Vernachlässigung der „Mitbewegung" des Kerns die einfachen Zusammenhänge der Tabelle 8.6.2.

Tabelle 8.6.2 Energien bei „wasserstoffähnlichen" Atomen und Ionen mit einem Elektron. Der „1. Bohrsche Radius" ist a_B = 52,84 pm. Die Ionisierungsenergie des Wasserstoffatoms aus dem Grundzustand ist W_1 = 13,6 eV.

Hauptquantenzahl	n
Zahl der Protonen im Kern	Z
harmonisch gemittelter Abstand $1/\langle 1/r\rangle$	$a_B \cdot n^2/Z$
potenzielle Energie (elektrisches Feld)	$W_\infty - 2W_1 \cdot Z^2/n^2$
kinetische Energie des Elektrons	$+W_1 \cdot Z^2/n^2$
Bindungsenergie	$-W_1 \cdot Z^2/n^2$

Das Atom mit einem Elektron kann also in abzählbar verschieden vielen Energiestufen existieren. Die niedrigste Stufe, der „Grundzustand" $n = 1$, ist insofern stabil, als er nur durch Energiezufuhr von außen verlassen werden kann. Beim Stoß mit Elektronen – etwa in einer Leuchtröhre – oder durch Einfang eines Photons passender Energie kann der tiefste Zustand verlassen werden.

Zustände mit höherer Energie werden im Allgemeinen sehr schnell wieder verlassen. Das geschieht durch Abgabe eines Photons. Man nennt solche Zustände „angeregt" und kann das Atom dann mit einer gespannten Feder vergleichen. Beachten Sie bitte, dass dabei das Atom und nicht das Elektron angeregt ist – oft wird das irreführenderweise anders formuliert.

Im Spektrum des atomaren Wasserstoffs findet man die zu den möglichen Differenzen aus den Energiestufen gehörenden Frequenzen als $f_{i,j} = W_1 \cdot (1/n_j - 1/n_i)/h$ mit $i > j$. Für $n_i = 2$ hat BALMER diese „Serien"-Formel aus dem visuellen Teil des Wasserstoff-Spektrums erschlossen. Im Ultravioletten fand LYMAN die Linien mit $n_1 = 1$, und weitere Serien im Infraroten sind nach ihren Entdeckern PASCHEN, BRACKETT und PFUND benannt.

Das Bild 8.6.1 zeigt die Differenzen in einem „Termschema". Im linken Teil sind die möglichen Energieniveaus der Atomhülle aufgetragen. Es sind abzählbar unendlich viele Niveaus. Sie häufen sich oben am – formal wählbaren – Nullpunkt. Der bezeichnet die Grenze zwischen Atomen mit gebundenem Elektron und dem Paar aus Ion und freiem Elektron. Zwischen den Niveaus sind die möglichen Übergänge als Strecken gezeichnet,

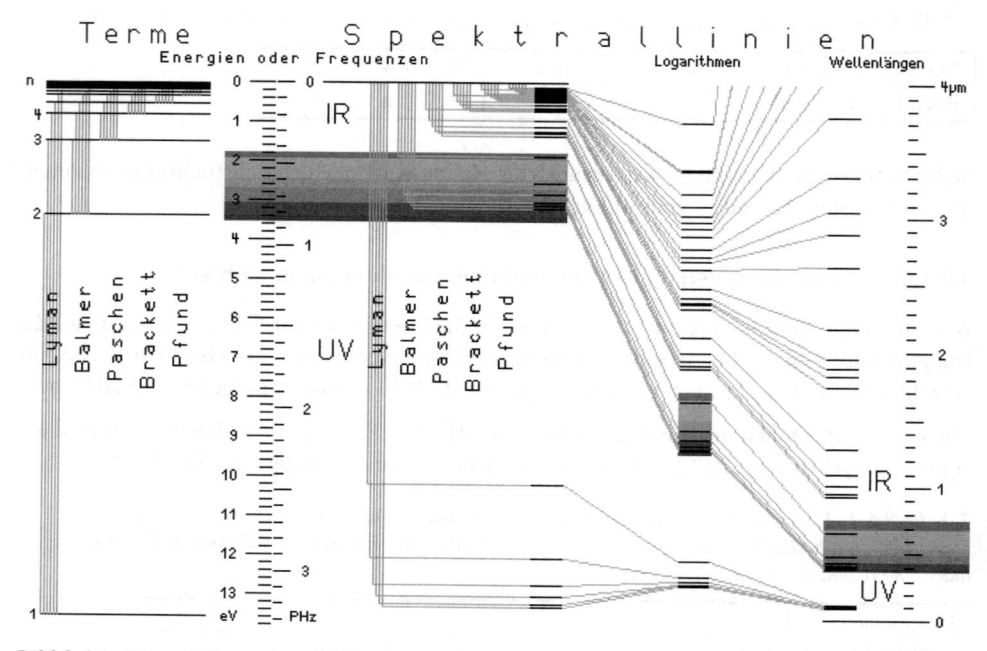

Bild 8.6.1 Terme (Niveaus) und Linienserien des H-Atoms

deren Längen die Energiedifferenzen anzeigen. Das sind auch die Energien der Photonen, die dabei aufgenommen (absorbiert) oder abgegeben (emitiert) werden. Sie sind zu Serien gruppiert und den Entdeckern zugeordnet.

Im mittleren Teil des Bildes sind die gleichen Strecken gezeichnet, aber mit einem Ende an den Nullpunkt verschoben. So kann man ihre Beträge auch über die Serien hinweg vergleichen und ihre Energien in eV und die zugehörigen Frequenzen in Hz ablesen.

Die gestrichelten waagerechten Linien führen zu einer Auftragung als Linienspektrum mit linear aufgetragener Energie und Frequenz. Die schrägen gestrichelten Linien zeigen dann zu einer Auftragung der gleichen Linien in einer Darstellung mit logarithmisch aufgetragener Frequenz oder logarithmisch aufgetragener Wellenlänge – was bis auf Spiegelung genauso aussieht – und weiter zu einem Spektrum mit linear aufgetragenen Wellenlängen, wie es experimentell besonders naheliegt. Der visuelle Bereich des Spektrums ist auf den Skalen durch einen Balken markiert.

8.6.1.6 Haben Atome Zwiebelschalen?

Im Bohr-Modell mit Kreisbahnen läuft jedes Elektron auf einer definierten „Flughöhe". Wir haben aber gesehen, dass das der Unbestimmtheit widerspricht. Die entscheidende Größe ist das harmonische Mittel des Abstandes vom Kern, womit aber über den Verlauf der Verteilung noch nichts gesagt ist. Ist das Elektron nun besonders oft nahe beim Kern oder eher nicht?

Für $n = 1$ ist die Sache ebenso einfach wie verblüffend. Die Aufenthalts-Wahrscheinlichkeit pro Volumenstückchen, die Wahrscheinlichkeitsdichte, nimmt vom Kern nach außen exponentiell ab. Nach jeweils einem gleich großen Schritt nach außen ist sie halbiert. Im Kern des Atoms ist die Aufenthaltswahrscheinlichkeit also größer als irgendwo sonst. Trotzdem

8.6.1 Atome und ihre Hüllen

ist das harmonische Mittel des Abstandes vom Kern 53 pm und damit größer als Null – das arithmetische Mittel ist das 1,5-fache davon und der wahrscheinlichste Abstand ist ebenfalls 53 pm, sozusagen zufälligerweise.

Wir wissen, dass Elektronen mit maßvoller Bewegungsenergie wegen der Unbestimmtheit nicht in einen Kern passen. Es gibt nun nur zwei Möglichkeiten: Das Elektron fliegt einfach durch den Kern hindurch, oder es wird dort Opfer einer Teilchenumwandlung, bei der ein Proton in ein Neutron übergeht und bei der ein Neutrino entsteht, siehe 8.5.4.1.

Stellen Sie sich vor, Sie haben viele Kunden, die über das Land verstreut wohnen, und machen Ihren Laden dort auf, wo diese am dichtesten beieinander wohnen. Wir wollen noch annehmen, dass die Kundenzahl pro Fläche, also die Dichte, nach außen überall abnimmt. Dann kann es trotzdem eine Entfernungszone geben, in der mehr Kunden wohnen als in den benachbarten Zonen innen und außen. Das Bild 8.6.2 zeigt dies, wobei im rechten oberen Quadranten die Besetzungen der Entfernungszonen noch einmal als Balken aufgemalt sind. Soll man dann behaupten, die Kunden bevorzugten einen bestimmten Abstand von Ihnen?

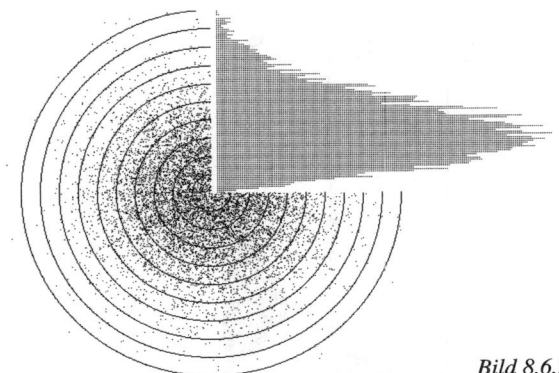

Bild 8.6.2 Zur scheinbaren Schalenstruktur

Im dreidimensionalen Atom sind die Entfernungszonen Kugelschalen. Die Wahrscheinlichkeitsdichte $|\psi|^2$ ist die Wahrscheinlichkeit pro Volumenstück, also dw/dV. Betrachtet man aber schalenförmige Zonen der gleichen Dicke dr, so sind die Volumenelemente $4\pi r^2 dr$. Die radiale Wahrscheinlichkeits-Verteilung wird also durch dw/dr beschrieben, das proportional zu $|\psi|^2 \cdot r^2$ ist. In vielen Büchern gehen diese Begriffe durcheinander, und es gibt sogar Skizzen, in denen Schalen dargestellt sind, von denen bei Atomhüllen nur sehr bedingt die Rede sein kann.

Das Bild 8.6.3 zeigt für n von 1 bis 4 die Wellenfunktionen, ihre Quadrate und deren Produkte mit r^2. Außerdem ist zur Klärung der Zusammenhänge dasselbe jeweils für eine gleichmäßig gefüllte Vollkugel und für zwei Hohlkugeln dargestellt. In den Produkt-Bildern rechts zeigen die abwechselnd hell und dunkel getönten Flächen, wie sich die 100 % Gesamt-Aufenthalts-Wahrscheinlichkeit in Schritten von 10 % auf die Abstandszonen verteilen.

Man sieht, dass die Dichten aller s-Zustände im Nullpunkt maximal sind, also für $l = 0$. Die absolute Dichte ist dort proportional zu $1/n^3$. Ansonsten ist die Dichte im Zentrum Null. Mit zunehmendem l bleibt sie sogar in einem immer weiteren inneren Bereich nahe Null. Wenn überhaupt von Schalen gesprochen werden kann, dann am ehesten für $l = n - 1$.

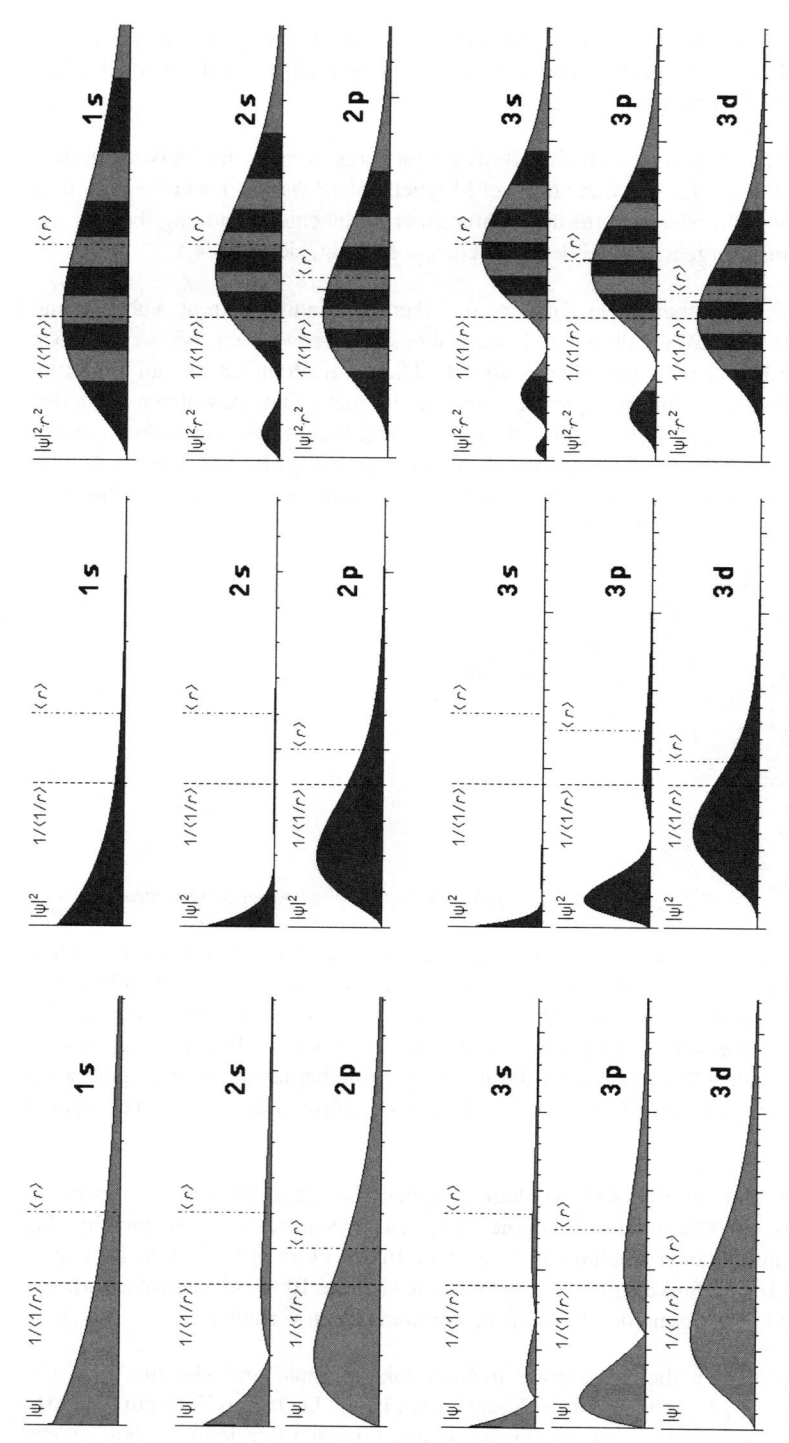

Bild 8.6.3   Verteilungsfunktionen der Wahrscheinlichkeitsdichten von Quantenzuständen

8.6.1 Atome und ihre Hüllen

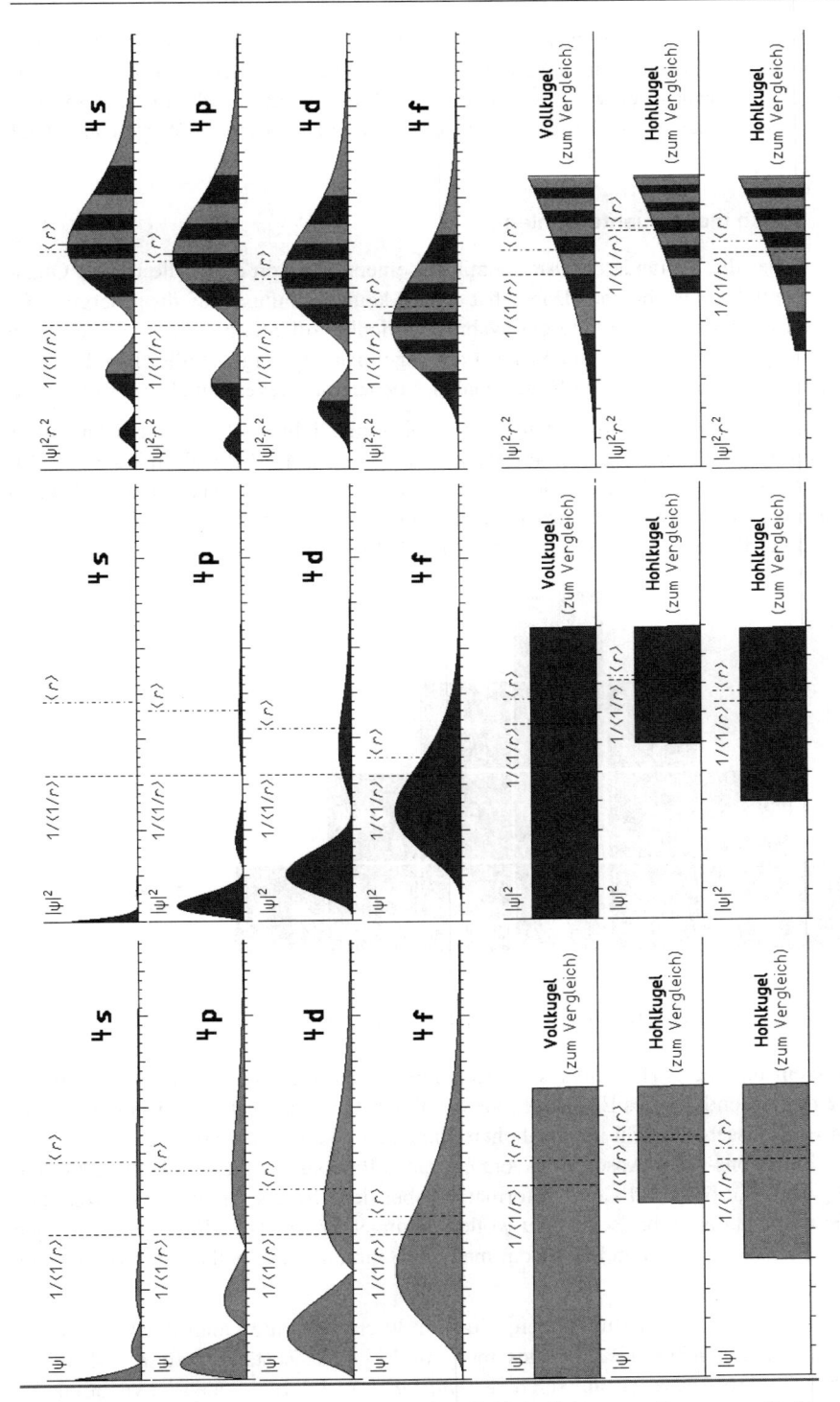

Bild 8.6.3 Verteilungsfunktionen der Wahrscheinlichkeitsdichten von Quantenzuständen

Es ist nicht zu übersehen, dass es zwar scharfe Mittelwerte für die Zustände, aber keine scharfen Grenzen für die entsprechenden Verteilungen gibt, sondern weitgehende Überlappung. Wenn von Schalen gesprochen wird, so sind darunter Elektronenzustände mit gemeinsamer Quantenzahl n zu verstehen, und bei „Unterschalen" müssen zusätzlich die Werte von l gleich sein.

8.6.1.7 * Noch mehr Quantenzahlen

Wir haben bisher die Zustände des Atoms mit nur einem Elektron durch die beiden Quantenzahlen n und l unterschieden. Dabei hat l *hier* keinen Einfluss auf die Energiestufe, wohl aber auf die radiale Verteilung der Wahrscheinlichkeitsdichte. Nun gibt es auch noch richtungsabhängige Verteilungen mit ebenen oder kegelmantelförmigen Nullstellen. Die Zahl der flächenhaften Nullstellen – also Kugelschalen, Ebenen und Kegelmäntel – ist stets $n-1$.

Das Bild 8.6.4 zeigt Schnitte durch berechnete Wahrscheinlichkeits-Dichteverteilungen für $n = 4$. Das gibt ein Teilbild für den 4s-Zustand, drei für die 4p-Zustände mit $s = 1$, fünf für 4d und sieben für die 4f-Zustände. Die weißen Bereiche darin zeigen die Nullstellen an, die die Formen von Kugelflächen oder Kegelmänteln haben. Die Darstellungen sind rotationssymmetrisch zu einer vertikalen „polaren" Achse zu verstehen.

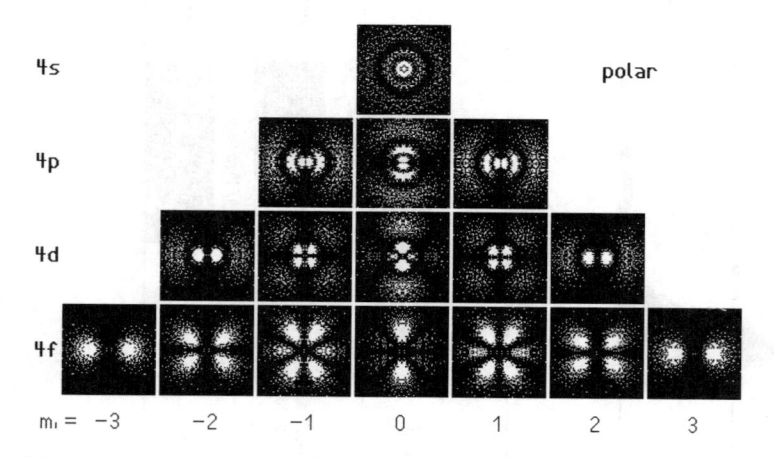

Bild 8.6.4 Schnitte durch ein H-Atom in den Zuständen mit $n = 4$

Sieht nun so ein angeregtes H-Atom aus? Es ist zumindest ein stimmiges Bild der statistischen Verteilung des Aufenthalts des Elektrons, wie es mit der Quantenmechanik zusammenpasst. Dass man von „aussehen" nicht im wörtlichen Sinne reden kann, ist inzwischen klar geworden. Jeder Emissions- oder Absorptionsvorgang eines Photons ändert gerade diese Gestalt vollständig und gibt bestenfalls eine Information über den Ort des Atoms als Ganzes. Die Atomhülle und Details in ihr „sehen" zu wollen ist ungefähr so, als wollte man die genaue Form einer Porzellanvase erkunden, indem man die Bahn eines Fußballs betrachtet, der die Vase getroffen hat.

Es gibt jeweils $2l + 1$ Wellenfunktionen, die sich durch die dritte Quantenzahl m_l unterscheiden. Zu jedem n gehören dann insgesamt n^2 verschiedene Zustände – für $n = 4$ sind es $1 + 3 + 5 + 7 = 16$. Diese Anzahl solch *verschiedener* Wellenfunktionen ist wichtiger als die Form der Wellenfunktionen selbst. Das wird bedeutsam, wenn mehrere Elektronen zum gleichen Atom gehören. Da Elektronen Fermionen sind, gilt das Pauli-Prinzip. Es dürfen also im gleichen System – in dem Atom – keine zwei Fermionen der gleichen Art im gleichen Zustand sein. Sie dürfen daher nicht in allen Quantenzahlen übereinstimmen.

Daraus würde nun folgen, dass es n^2 Elektronen mit gemeinsamem n in einem Atom geben könnte und nicht mehr. Tatsächlich können es aber doppelt so viele sein. Das liegt an einer zusätzlichen Quantenzahl, die früher s genannt wurde – nicht zu verwechseln mit dem Zeichen für $l = 1$ – und heute m_s geschrieben wird. Es gibt für die Physik zu wenige Buchstaben und in ihr zu viele alte Zöpfe! Wichtig ist, dass diese Quantenzahl m_s zwei verschiedene Werte annehmen kann.

➤ Sie wird „Orientierung" des Spins genannt, was anschaulich etwas gewaltsam mit einer angeblichen Eigenrotation der Elektronen in Verbindung gebracht wird. Daran ist richtig, dass sie zur Drehimpulsbilanz beiträgt.

Auf diese Weise gibt es zu jeder Hauptquantenzahl n maximal $2n^2$ Elektronen im Atom. Die zugehörigen Energiestufen hängen auf ziemlich verwickelte Weise von allen vier Quantenzahlen ab. Zum Teil unterscheiden sich die Werte nur sehr gering. Die Drehimpulse und die mit ihnen zusammenhängenden magnetischen Momente in Verbindung mit bestimmten Richtungsabhängigkeiten spielen dabei eine Rolle.

Wenn man sich vorstellt, ein Atom würde schrittweise aus dem Kern und den einzelnen Elektronen zusammengebaut, so kommt man zum richtigen Ergebnis, wenn man die Elektronen so nacheinander einbaut, dass jeweils möglichst viel Energie freigesetzt wird. Wegen des Pauli-Prinzips kann man nicht alle in den Grundzustand stecken, sondern nur die ersten beiden.

Die Energiestufen folgen einander großenteils auf regelmäßige Weisen, sodass die Vielfalt der Atomhüllen, also die der chemischen Elemente, in wichtigen Aspekten einem Schema folgt, das wir seit 1869 als Periodensystem kennen, siehe 8.6.5. 1829 fand DÖBEREINER zunächst Dreier-Gruppen, „Triaden" von Elementen, die einander zugeordnet werden konnten. 1869 erkannte MENDELEJEV das Periodensystem als Ordnungsschema, obwohl damals nur rund 50 Elemente, darunter überhaupt noch keine Edelgase, bekannt waren. Die Quantentheorie hat den Atombau und das Wesen der chemischen Bindung in den 20er-Jahren des 20. Jahrhunderts theoretisch erklärt. Wesentlichen Anteil daran hatte auch FRIEDRICH HUND (1896–1997).

Die Regelmäßigkeit im Periodensystem ist aber begrenzt. Das äußert sich etwa in den weniger systematischen Wertigkeiten mancher Nebengruppenelemente. Die stehen in Spalten, die mit

21 bis 30 beginnen. Auch einige altbekannte Actinoiden, etwa Uran, haben die Tendenz, mit ihren Wertigkeiten mehr den Nebengruppen als den Lanthanoiden zu ähneln.

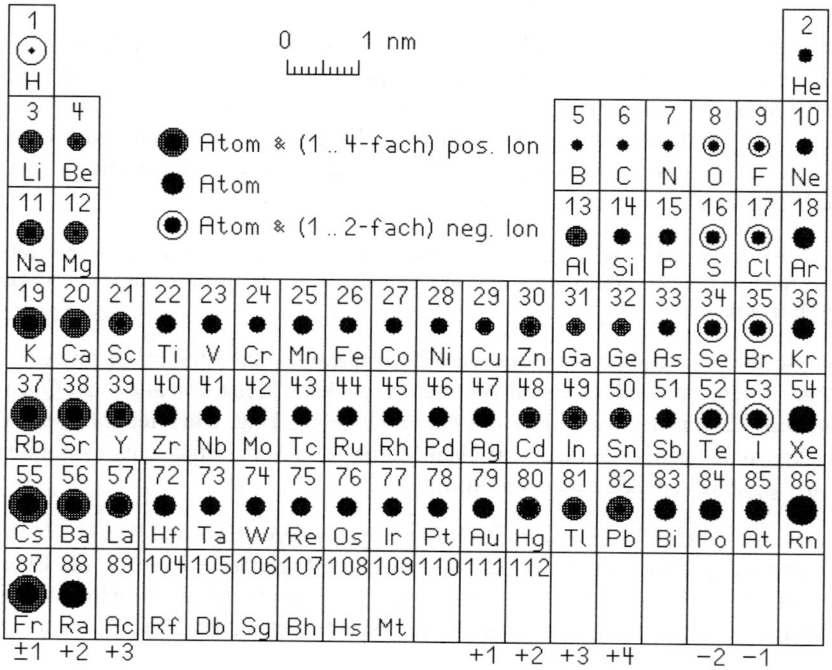

Bild 8.6.5 Periodensystem mit ungefähren Größen der Atome und einiger Ionen. Die Zahlen unten deuten an, welche Ionen in der jeweiligen Spalte gemeint sind. Die negativen Ionen sind stets größer und die positiven kleiner als die Atome.

○ Lanthanoide sind die im Bild weggelassenen Elemente 58 bis 71, also die nach dem Lanthan. Actinoide sind die mit den Nummern 90 bis 103, die nach dem Actinium. Früher nannte man sie „Lanthanide" und „Actinide", was aber im System nicht als Sammelbezeichnungen für Elemente, sondern als Namen für Verbindungen mit La und Ac konsequent ist, analog zu Sulfid oder Oxid. Elemente „jenseits" des Uran, Nummer 92, heißen auch „Transurane". Von einigen Elementen sind bisher erst einige wenige Atomkerne erzeugt worden.

8.6.2 * Moleküle

➤ Das Wort *molecula* ist die Verkleinerung von „moles", lateinisch für „Masse". Über das Französische ist es zu *Molekül* geworden. Sprachlich konsequenter ist die seltenere Form „die Molekel", analog zu *Partikel* – wir sagen ja auch nicht „Partikül". In der Atomphysik und Chemie sind Moleküle stets Teilchen, die mehrere Atomkerne enthalten. In der Thermodynamik dagegen fasst man auch einzelne Atome als „einatomige Moleküle" mit ihnen zusammen.

Moleküle enthalten mehrere Atomkerne mitsamt den dazugehörigen inneren Bereichen der Atomhüllen. Die nennt man *Atomrümpfe*. Den äußeren Teil der Elektronenhülle haben die Atomrümpfe gemeinsam, und der ist völlig anders strukturiert als bei den einzelnen Atomen. Sonst gäbe es bei Synthesen nicht so grundlegende Änderungen der Eigenschaften, und zwischen einem Gemisch mehrerer Elemente mit vermittelnden Eigenschaften und einer chemischen *Verbindung* mit völlig anderen Eigenschaften bestünde nicht der große Unterschied.

Die Sprechweise, ein Molekül *bestehe* aus mehreren Atomen oder *enthalte* sie, geht also eigentlich am Wesentlichen der gesamten Chemie vorbei. *Bestehen* Ehepaare aus Ledigen, *enthalten* Ehepaare Ledige?

Geht man von den einzelnen Atomen aus, so kann die Kombination von Orbitalen aus den verschiedenen Atomen bei räumlicher Annäherung zu einer Absenkung der Summe aus der elektrostatischen und der kinetischen Energie und damit zu der chemischen Bindung führen.

Wenn Atome in ein stabiles Molekül umgewandelt werden, wird dabei Energie der Größenordnung einiger eV frei. Umgekehrt wird so eine Energie zur Spaltung, zur Dissoziation benötigt. Einzelne Atome – außer den Edelgasatomen – gleichen insofern Magneten, die unter Energieabgabe zusammenrücken und nur mit Energiezufuhr zu trennen sind. Atome und Moleküle vor und nach einer Reaktion kann man mit zwei verschieden weit gespannten und eingerasteten Federn vergleichen. Knallgas $2\,H_2+O_2$ und ein Benzin-Luft-Gemisch, vereinfacht $C_nH_{2n}+3/2\,nO_2$, entspricht den stärker gespannten Federn, die Verbrennungsprodukte $2\,H_2O$ und $n\,CO_2 + n\,H_2O$ den weniger gespannten. Ebenso ist es mit dem folgenden System aus Kohlehydraten: $C_mH_{2n}O_n + m\,O_2 \rightleftharpoons m\,CO_2 + n\,H_2O$. Das nimmt in grünen Pflanzen bei Sonneneinstrahlung von rechts nach links Energie auf, *Photosynthese*. Umgekehrt, von links nach rechts, gibt es durch katalytische Verbrennung Energie wieder ab. Das geschieht etwa in unserem Körper und jeweils mit Zwischenschritten.

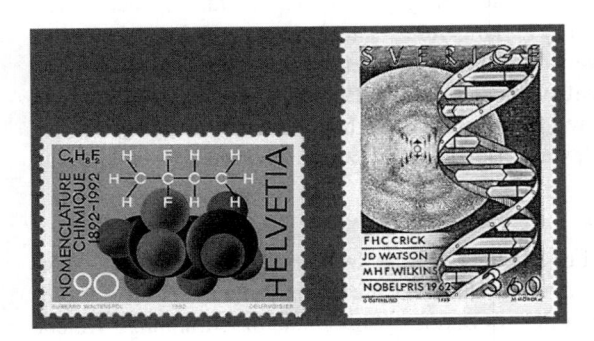

Die optischen Spektren der Moleküle unterscheiden sich von denen der Atome vor allem dadurch, dass Schwingungen der Atomrümpfe gegeneinander und Rotationen viele feine Energiestufen zufügen. Aus den scharfen Linien der Atome werden so zum Teil *Banden*.

○ Wenn chemische Verbindungen einfach dasselbe wären wie Gemische aus Atomen, gäbe es keine Moleküle, keine Festkörper, keine Chemie und erst recht keine Lebewesen mit Gehirnen.

8.6.3 Festkörper

Kristalle können aus relativ lose miteinander verbundenen Molekülen bestehen, wie bei Zucker. Es können aber auch Ionen zu einem neutralen Gebilde gestapelt sein, wie bei NaCl und vielen anderen Salzen. In *Metallen* bilden die am losesten gebundenen Elektronen ein Gas in den Zwischenräumen zwischen den Atomrümpfen und halten sie zusammen. *Diamant* und andere Isolatoren ohne Ionencharakter bilden quasi ein sehr großes Molekül, in dem jedes Atom mit seinen Nachbarn über überlappende Orbitale verbunden ist. Das nennt man „Atombindung" oder *kovalente Bindung*. Vor allem in einigen diamantähnlichen Kristallen wie Si, Ge und GaAs gibt es einen Anregungszustand mit beweglichen Elektronen und Elektronen-Fehlstellen, den Löchern oder Defektelektronen. Das sind dann *Halbleiter*.

Die einfachsten Kristallsysteme sind die *kubischen* Gitter mit Translations-Symmetrien in drei zueinander rechtwinkligen Richtungen mit gleichen räumlichen Periodenlängen, der *Gitterkonstanten*. In Kristallen sitzen die Atomrümpfe in den Ecken von aneinandergestapelten Würfeln und meist auch noch entweder in den Flächenmitten oder den Würfelmitten. Dabei steht fcc für „face centred cubic", bcc für „body centred cubic" und hcp für „hexagonal close packed". Wenn man Bälle schichtweise stapelt, füllt man den Raum gleichermaßen dicht mit Kugeln, was fcc und hpc entsprechen kann.

Das *Diamantgitter* unterscheidet sich von fcc dadurch, dass jede zweite Stelle frei bleibt und jedes Atom seine Nachbarn so um sich hat wie der Mittelpunkt eines Tetraeders dessen Ecken. Bei Elementen in der vierten Hauptgruppe kommt das vor.

Die meisten Elemente kristallisieren in den relativ einfachen Formen fcc, hcp oder bcc.

8.6.3.1 Bragg-Reflexion

Fällt eine Welle auf eine Ebene, in der beliebig unregelmäßig angeordnet Streuzentren sitzen, hier Atomrümpfe, so gibt es für die zum Einfallslot symmetrische Reflexion Interferenz nullter Ordnung. Liegen mehrere solche Ebenen im gegenseitigen Abstand g, der Gitterkonstanten, parallel zueinander, so kann es zu konstruktiv interferierenden Wellen kommen. Diesen Vorgang nennt man *Bragg-Reflexion* – man beobachtet ihn bei Kristallen. Die Wellen haben dabei einen gemeinsamen Einfallswinkel. Statt des Einfallswinkels verwendet man hier traditionell den dazu komplementären Blickwinkel zwischen Wellenrichtung und Fläche. Englisch nennt der sich „glance angle", was falsch übersetzt zu „Glanzwinkel" wurde.

Aufgabe:

Wie hängen Wellenlänge, Glanzwinkel und Gitterkonstante bei der Bragg-Reflexion zusammen? Welche Energien müssen Photonen haben, wenn die Gitterkonstante in der Größenordnung von Atomdurchmessern liegt? Zu welchem Bereich gehört dann die Strahlung? Welche kinetische Energie müssen Elektronen besitzen, damit der gleiche Vorgang zustandekommt?

Lösung:

Das Bild 8.6.6 macht noch einmal klar, dass für eine einzelne Netzebene die Verteilung der Atomrümpfe auf dieser Ebene keine Rolle spielt, wenn es um die Interferenz nullter Ordnung geht. Alle Pfade – von Strahlen zu reden ist hier inkonsequent – zwischen zwei sehr weit entfernten Punkten mit regulärer Reflexion, also mit symmetrischen Winkeln, sind gleich lang. Bis dahin ist das Ganze nichts anderes als eine Reflexion an einem Spiegel. Bei dem müssen die Teilchen ja auch keine spezielle Gitterstruktur haben, sondern der Spiegel muss nur möglichst glatt sein. Nun besteht der Kristall aus mehreren Netzebenen parallel zueinander. Die an den einzelnen Netzebenen regulär reflektierten Teilwellen, die also *jede für sich* als Interferenz nullter Ordnung zustande kommen, haben *zueinander* unterschiedliche Laufwege. Beim Netzebenenabstand g und dem Glanzwinkel α ist der Unterschied $2g\sin(\alpha)$, was Bild 8.6.7 zeigt. Wenn dieses gleich einer ganzen oder mehreren ganzen Wellenlängen ist, haben wir zwischen den Teilwellen, die an den verschiedenen Netzebenen reflektiert werden, Interferenz erster oder höherer Ordnung.

8.6.3 Festkörper

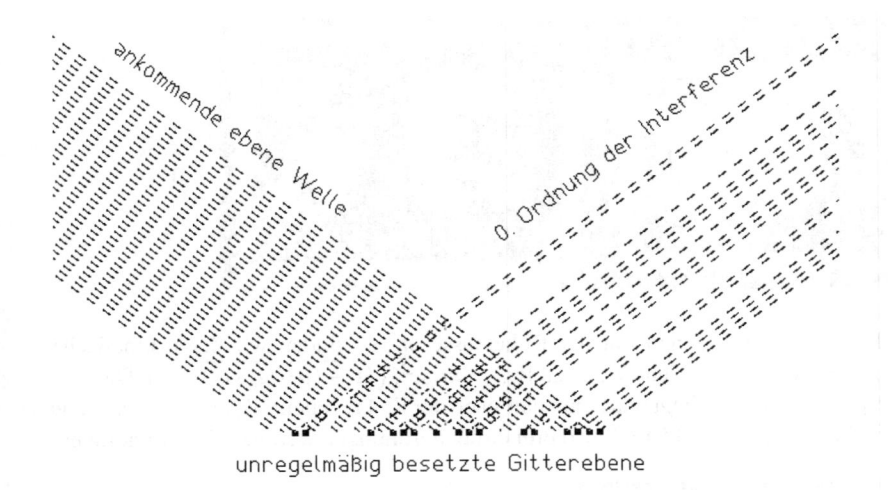

Bild 8.6.6 Symmetrische Reflexion. Interferenz nullter Ordnung tritt dabei an beliebig verteilten Punkten einer Ebene auf.

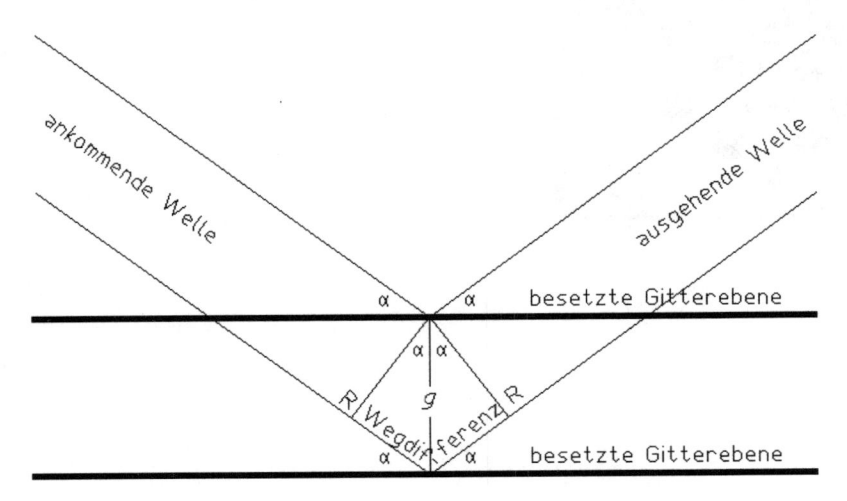

Bild 8.6.7 Bragg-Reflexion. Wellen, die an jeder einzelnen Netzebene bei beliebigen symmetrischen Richtungspaaren Reflexion als Interferenz nullter Ordnung ergeben, interferieren an verschiedenen Netzebenen ganzzahlig, also konstruktiv miteinander, wenn die Winkel mit dem Netzebenenabstand ganzzahlig-Vielfache der Wellenlänge als Wegdifferenz liefern.

Die Atome müssen dabei nicht unbedingt ein kubisches Gitter bilden – die Zeichnungen in vielen Büchern scheinen solches anzudeuten. In einem Kristall gibt es abzählbar unendlich viele Netzebenen. Allerdings spielen nur diejenigen eine Rolle, die relativ dicht belegt sind. Deren Abstände sind in der Größenordnung der Atomdurchmesser, also 10^{-10} m. Die Wellenlängen für niedrige Interferenzordnungen liegen also in dieser Größenordnung. Die zugehörigen Teilchen haben den Impuls von $p = h/\lambda \approx 7 \cdot 10^{-24}$ N · s. Wenn es Photonen, also Teilchen ohne Ruhemasse sind, ist ihre Energie $W = p \cdot c \approx 2 \cdot 10^{-15}$ J oder rund 10 keV. Solche Photonen gehören zur Röntgenstrahlung.

Sind es Elektronen, also Teilchen mit der Ruhemasse m_e, so finden wir deren kinetische Energie entsprechend der SRT, siehe 7.1.2, zu $W_{\text{kin}} = m_e \cdot c^2(\sqrt{1 + (p/(m_e \cdot c))^2} - 1)$. Da $m_e \cdot c$ einige Zehnerpotenzen über p liegt, darf man hier nach der KM rechnen: $W_{\text{kin}} = p^2/(2m_e)$. Die nötigen Umrechnungen liefern 150 eV, also drei Größenordnungen weniger als bei Photonen.

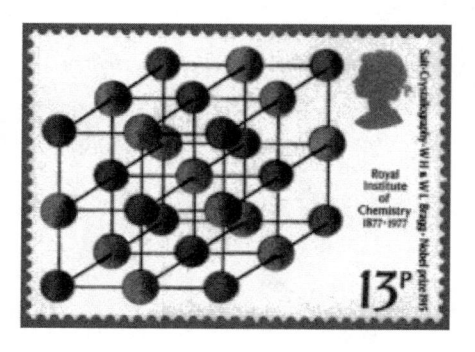

9 Anhang

9.1 Jahreszahlen vor allem zur Physik

Gewisse Unstimmigkeiten der Zeitangaben ergeben sich aus Differenzen zwischen Entdeckungen und ihren Veröffentlichungen und zwischen Erfindungen im Labor und ihrer industriellen Umsetzung. Für die Antike und das Mittelalter sind Datierungen meist ohnehin sehr grob, sie werden daher hier oft zu halben oder ganzen Jahrhunderten zusammengefasst.

Diese Liste ist nicht in das Register eingearbeitet. Bei den genannten Begriffen wird vorausgesetzt, dass Sie anderswo mehr darüber finden. Die Aussage „Geiger und Müller erfinden das Geiger-Müller-Zählrohr" ist hier kurz als *Geiger-Müller-Zählrohr* eingetragen.

−600 Ionische Naturphilosophie, Vorsokratiker, darunter:
Θαλης: soll eine Sonnenfinsternis vorhergesagt und Thales-Satz gefunden haben, sah Wasser als Ursubstanz an
Αναξιμανδρος: απειρον als Urgrund
Αναξιμενης: Luft als Ursubstanz

−550 Πυθαγορας: Harmonie in Welt und Musik als Folge einfacher Zahlenverhältnisse
Rom und Athen werden Ständerepubliken

−500 in Babylon ist der Saros-Finsternis-Zyklus bekannt
Παρμενιδης: kein Nichtsein, kein Werden, keine Veränderung
'Ηρακλειτος (Heraklit): Alles ist (in) Bewegung (Kampf)
Λευκιππος: Atomlehre

−450 Αναξαγορας
Blüte Athens unter Περικλης
Ζηνων: Paradoxien gegen Bewegung
Sophisten als Gebrauchsphilosophen

−399 Σωκρατης vergiftet
Δημοκριτος: Atomlehre

−350 Πλατων (−427 bis −347)
Αριστοτελης (≈ −384 bis −322)
Αντισθενης und weitere Kyniker
Makedonisches Weltreich
Ευκλειδης: erstes Axiomatisches Mathematikbuch Στοιχεια (*Elemente*)

−300 *plebs in Rom gleichgestellt*
Επικουρος: Atomlehre
Αρισταρχος: heliozentrisches Sonnensystem

−250 Αρχιμηδης: Flaschenzug, Hebel, Auftrieb
'Ερατοσθενης: Erdumfang

−200 Απολλωνιος: Kegelschnitte
Rom beherrscht Mittelmeer

−150 'Ιππαρχος kennt Präzession

−50 Ποσειδωνιος: Gezeiten vom Mond
Kalenderreform Caesars (Jahr zu 365,25 Tagen)
Rom wird Imperium, Mithras-Kult

0 *Jesus in Palaestina*

50 *Gründung Kölns (CCAA)*
Evangelien

100 'Ηρων: Mechanik von Gasen

150 Πτολεμαιος: geozentrisches Weltbild

200 *Porta nigra in Trier*

250 Διοφαντος: ganzzahlige Algebra
Παππος: Maschinen, „Guldin"-Regeln

390 *Verbrennung der Bibliothek von Alexandria durch Christen, es folgen 6 bis 7 Jahrhunderte, in denen im christlichen Abendland die Naturwissenschaften keine Rolle spielen*

410 *Auflösung des weströmischen Reiches*

500 *Merowinger-Reich der Franken*

622 *Hedschra Mohammeds*

711 *Araber in Spanien*

800 *Karl der Große wird Kaiser*

11. Jh.	Ibn Sina (Avicenna) u. a. vermitteln aristotelisches Wissen der Antike an die christliche Kultur Alhazen: Strahlenoptik	1611	Kepler erfindet sein Fernrohr und beschreibt sechseckigen Schnee
		1612	Simon Marius entdeckt Andromeda-Nebel
1100	*Investiturstreit zwischen Kaiser und Papst* Ibn Ruschd (Averroes)	1614	Napier: Logarithmentafel
		1618	*Beginn des 30-jährigen Krieges*
13. Jh.	Hochscholastik: Albertus Magnus und Thomas von Aquino Maricourt: Magnetismus Roger Bacon: naturwissenschaftliche Denkweise	1619	Kepler: *Harmonices Mundi* (mit seinem Gesetz III)
		1620	Snellius: Brechungsgesetz für Licht
		1623	Schickard: Rechenmaschine
		1629	Fermat berechnet Tangenten an Kurven
14. Jh.	Merton-Regel in Oxford bekannt Wilhelm von Occam: keine unnötigen Hypothesen (Rasiermesser) Johannes Buridan: Impetus-Theorie Nicolaus von Autrecourt: Atomlehre Nicolas d'Oresme: Funktionsgraph	1632	Galilei: *Dialogo*
		1635	Cavalieri-Prinzip
		1637	Descartes und Fermat: Analytische Geometrie
		1638	Galilei: *Discorsi*
15. Jh.	Nicolaus Cusanus *Gutenberg: Satztechnik beim Druck* Leonardo da Vinci: Erfindungen [für spätere Jahrhunderte], Gemälde *Cristofero Colombo segelt nach Amerika. Dies gilt als Schnittpunkt zwischen Mittelalter und Neuzeit, deren Denken sich aber in Wiederanknüpfung an die vorchristliche Antike bereits seit etwa 1100 entwickelt*	1648	*Westfälischer Friede*
		1650	Riccioli entdeckt Mizar als ersten Doppelstern
		1654	Fermat und Pascal: Wahrscheinlichkeitsrechnung
		1656	Huygens erkennt Saturnring als Ring
		1665	Grimaldi: Beugung des Lichtes
		1665	Hooke deutet Licht als [Stoß-]Welle
		1669	Bartholinus entdeckt Doppelbrechung Steno misst Regelmäßigkeiten des Kristallbaus
16. Jh.	Henlein: Taschenuhr *Reformatoren*		
1543	Copernicus: *De revolutionibus coelestorum*	1672	Newton zerlegt Licht in farbige Anteile
1569	Mercator: winkeltreue Erdkarte	1673	Huygens beschreibt Penduluhr und Fliehkraft
1572	Tycho de Brahe entdeckt eine *stella nova* (Supernova)	1675	Rømer misst Lichtgeschwindigkeit mit Jupitermond
1585	Stevin behandelt Statik auf geneigter Ebene	1676	Newton findet Interferenzringe
1590	Mikroskop in Holland	1678	Huygens: Polarisation des Lichtes
1596	Fabricius: Mira als veränderlicher Stern	1679	Hooke-Gesetz der Elastizität
≈1600	Fernrohr in Holland Francis Bacon misst Schallgeschwindigkeit	1680	Huygens: Gesetze des elastischen Stoßes
		1686	Leibniz: Erhaltung der mechanischen Energie („lebendigen Kraft")
1609	Galilei verbessert holländisches Fernrohr und findet Jupitermonde, Venusphasen, Mondgebirge, Sonnenflecken (zugleich mit Scheiner), unregelmäßige Form des Saturn Kepler: *Astronomia Nova* (mit seinen Gesetzen I und II)	1687	Newton: *Philosophiae Naturalis Principia Mathematica* mit Axiomen und Gravitationsgesetz
		1690	Huygens: *Traité de la lumière* mit Stoßwellentheorie des Lichtes und Erklärung der Doppelbrechung

9.1 Jahreszahlen vor allem zur Physik

1702	Amontons: Luftthermometer Stahl: Phlogistontheorie
1704	Newton: *Opticks*
1714	Fahrenheit: Quecksilberthermometer
1715	Taylor-Reihe
1728	Bradley: Aberration
1743	d'Alembert-Prinzip
1745	Kleist: Leydener Flasche (Kondensator)
1747	Bradley: Nutation der Erde
1755	Kant: *Allgemeine Naturgeschichte und Theorie des Himmels*
1756	Lomonosov: Erhaltung der Masse (bleibt im Westen ohne Folgen)
1760	Lambert: Photometrie
1764	Harrison-Chronometer
1765	Watt verbessert Dampfmaschine
1766	Titius-[Bode-]Reihe der Planetenbahnradien
1774	Lavoisier: Erhaltung der Masse
1775	Pariser Académie prüft kein Perpetuum Mobile mehr
1777	Lavoisier: Verbrennung und Atmung als Oxidation, ersetzt Phlogistontheorie
1778	Rumford: Reibungswärme
1785–89	Coulomb findet mit Drehwaage elektrische und magnetische Anziehungsgesetze
1789	*Beginn der Revolution in Frankreich*
1791	Galvani-Elemente
1798	Cavendish: Gravitationskonstante mit Drehwaage
1800	Herschel entdeckt infrarotes Sonnenlicht
1801	Ritter entdeckt ultraviolettes Licht Young: Interferenzprinzip für Licht
1808	Dalton: Atomtheorie
1811	Avogadro: Gastheorie Gauß: komplexe Zahlenebene
1814	Fraunhofer findet dunkle Absorptions-Linien im Sonnenspektrum
1820	Ampère: Kraft zwischen Strömen Ørsted: Elektromagnetismus
1821	Seebeck: Thermoelektrizität
1822	Fourier-Reihen Ampère: Molekularströme
1824	Carnot-Wirkungsgrad
1827	Brown-Bewegung Ohm-Gesetz
1828	Wöhler: Harnstoff-Synthese
1829	Döbereiner: Triaden (frühes Periodensystem)
1831	Faraday: Induktionsgesetz
1831	Brown: Zellkern
1833	Gauß und W. E. Weber: Nadeltelegraf
1834	Faraday: Elektrolyse (E. H.) Weber-Gesetz der Psychophysik: Differenzschwellen proportional zu Reizstärken
1835	Darwin auf Galapagos
1838	Bessel: Sternparallaxe
1842	Darwin schreibt Abstammungslehre J. R. Mayer: Energieerhaltung
1846	Galle findet Neptun nahe der von Le Verrier aus Abweichungen der Uranus-Bahn berechneten Stelle
1847	Helmholtz: *Von der Erhaltung der Kraft* (Energiesatz) Kirchhoff-Gesetze der Stromverzweigung Semmelweis entdeckt Sepsis
1850	Clausius: II. Hauptsatz der Thermodynamik Foucault-Pendel und Messung der Lichtgeschwindigkeit in Wasser
1853	Thomson-Formel für Eigenfrequenz im Schwingkreis
1858	Plücker entdeckt Elektronen als Kathodenstrahlen
1859	Kirchhoff und Bunsen: Spektralanalyse Darwin: *Entstehung der Arten*
1863	Th. Huxley und Haeckel: Abstammung des Menschen
1864	Reis erfindet Telefon
1865	Kekulé: Benzol-Molekül ringförmig Maxwell: Elektrodyamik mit Erklärung von (Licht-)Wellen Mendel: Vererbungsregeln
1867	Guldberg und Waage: Massenwirkungsgesetz Siemens, Wheatstone: Dynamoelektrisches Prinzip, Elektrotechnik

1869 Mendelejev, L. Meyer: Periodensystem
1871 Darwin: Abstammung des Menschen
Mendelejev sagt Eigenschaften von Ga, Sc und Ge voraus
1872 Dedekind: Theorie der Irrationalzahlen
1873 Abbe: Beugungstheorie des Mikroskops
1877 Boltzmann: Entropie als Wahrscheinlichkeit
1879 Stefan und Boltzmann: Strahlungsgesetz
1882 *Koch findet Turberkulose-Erreger*
Edison baut Elektrizitätswerk
1883 Cantor: Mengenlehre
1884 Hertwig, Roux, Straßburger und Boveri: Chromosomen als Erbträger
1885 Nipkow-Scheibe (für Fernsehkamera)
Benz: Motorwagen
Balmer-Formel
1887 Physikalisch-Technische Reichsanstalt
1888 H. Hertz erzeugt elektrische Wellen und findet Fotoeffekt
1889 Hollerith: Lochkartenzählmaschine
Eiffel-Turm
1893 Elster und Geitel: Fotozelle
1894 Lumière: Kino
Rayleigh und Ramsay entdecken Ar als erstes Edelgas
Schleich: Lokalanästhesie
1895 Röntgen-Strahlen
1896 Becquerel: Uran radioaktiv
Zeeman-Effekt
1897 Wien, J. J. Thomson und Wiechert messen spezifische Ladung des Elektrons
Marconi: drahtlose Telegrafie
1898 M. und P. Curie entdecken Po und Ra
Braun: Kathodenstrahlröhre (Bildröhre)
1899 Elster und Geitel: Radioaktivität als Atomzerfall
Lummer und Pringsheim messen Temperaturstrahlung
1900 Lebedev: Strahlungsdruck
Planck: h in Strahlungsgesetz

1901 Braun: Kristalldetektor (Radio)
Kaufmann: Masse des Elektrons von Geschwindigkeit abhängig
1902 *Cushing: erste Nervennaht*
Lenard untersucht Fotoeffekt
Schenk: Neuronen (Physiologie)
1903 Deutsches Museum in München
Einthoven: Elektrokardiografie (EKG)
1904 Prandtl: Grenzschichttheorie in Aerodynamik
1905 Einstein: entscheidende Arbeiten zur Deutung des Fotoeffekts, zur Brown-Bewegung und zur SRT
1906 Einstein: Masse-Energie-Äquivalenz
Nernst: III. Hauptsatz der Thermodynamik
1908 Kamerlingh Onnes verflüssigt He
Minkowski: Raum-Zeit
1909 Baekeland: Bakelit (Kunstharz)
Soddy: Isotopie
1910 *Moß: vier Blutgruppen*
J. J. Thomson: Massenspektrometrie
1911 Kamerlingh Onnes: Supraleitung
Rutherford: Atom hat kleinen Kern und Elektronenhülle
1912 *Untergang der Titanic*
Laue, Friedrich und Knipping: Interferenz von Röntgenstrahlen an Kristallen
Leavitt: Masse-Lichtstärke-Beziehung für δ-Cep-Sterne (Entfernungsskala)
Wilson: Nebelkammer
1913 Bohr: Atommodell
Geiger-Müller-Zählrohr
Haber und Bosch: NH_3-Synthese
Meißner-Schaltung mit Rückkopplung
1914 Franck-Hertz-Versuch (G. Hertz, Neffe von H. Hertz)
Beginn des I. Weltkrieges
1915 Wegener: Kontinentalverschiebungstheorie
Einstein: Arbeiten zu Gravitation und ART
1916 Einstein: Allgemeine Relativitätstheorie
Kossel und Lewis: chemische Bindung zwischen Atomen durch Valenzelektronen
Sauerbruch: Prothesen
Haber setzt persönlich Giftgas ein

1917	Einstein und de Sitter: kosmologische Modelle mit ART Millikan-Versuch *Oktoberrevolution in Russland*			Jansky findet Radiowellen aus der Milchstraße (Radioastronomie)
1918	*Ende des I. Weltkrieges*		1933	I. Joliot-Curie und F. Joliot erzeugen Elektron-Positron-Paare Scheibe und Adelsberger verbessern die Quarzuhr genauer als Erdrotation *Hitler wird Reichskanzler und beginnt mit Diskriminierung der Juden*
1919	bei Sonnenfinsternis wird Lichtablenkung der ART gemessen Sommerfeld: *Atombau und Spektrallinien*			
1921	Armstrong: Superheterodyn (Rundfunk)		1934	Thibaud und Joliot zerstrahlen Elektron-Positron-Paare Pauli postuliert, Fermi benennt Neutrino
1923	Compton-Effekt			
1924	de Broglie: Materiewellen Dessauer u. a.: Treffertheorie in Biophysik (1 Photon beeinflusst ganze Zelle) Stern-Gerlach-Versuch		1935	London: Theorie der Supraleitung Yukawa sagt Meson voraus Magnet-Tonband Bethe und v. Weizsäcker: Zyklus mit Kernfusion in Sternen
1925	Heisenberg: Quantenmechanik Pauli-Prinzip Uhlenbeck und Goudsmit: Spin		1936	Zuse entwickelt Computer
			1937	Anderson entdeckt Myon (fälschlich für Yukawas Meson gehalten)
1926	Busch: magnetische Elektronenlinse Fermi-Statistik für Elektronen Schrödinger: Wellenmechanik		1938	Hahn und Straßmann: Kernspaltung Jordan: Verstärkertheorie der Biophysik Keesom, McWood: Suprafluidität des He
1927	Davisson und Germer: Elektroneninterferenz an Kristalloberflächen Heitler und London erklären H-Molekül-Bindung quantenmechanisch		1939	Meitner und Frisch erklären Kernspaltung *Hitler beginnt II. Weltkrieg* Radar
1928	Bohr: Komplementarität Dirac: relativistische Quantentheorie Heisenberg-Unbestimmtheit Raman-Effekt (von Smekal vorausgesagt) *Fleming entdeckt Penicillin*		1940	*Landsteiner, Wiegner: Rhesusfaktor* McMillan: Np als erstes Transuran
			1941	Viren im Elektronenmikroskop sichtbar
1929	*Berger: Elektroenzephalogramm (EEG)* Heisenberg erklärt Ferromagnetismus quantenmechanisch Marrison: Quarzuhr Fernsehsendungen in Berlin		1942	Fermi macht ersten Kernreaktor kritisch *Florey macht Penicillin anwendbar* Computer ENIAC
			1944	v. Braun baut militärische Raketen (V2)
1930	Dirac sagt Positron voraus Lawrence: Zyklotron Schmidt-Spiegel-Teleskop Lange und Schottky: Sperrschichtfotoelement Gödel: Unvollständigkeitstheorem (Beweistheorie) Hubble und Humason: Expansion des Universums		1945	Kernwaffen auf Hiroshima und Nagasaki *Ende des II. Weltkrieges*
			1946	Bloch und Purcell: magnetische Kernresonanz (NMR)
			1947	Gábor erfindet Holografie
			1948	Wiener: *Kybernetik*
			1949	Libby: Radiocarbon-Kalender
1932	Anderson entdeckt Positron Chadwick entdeckt Neutron Heisenberg: Kerne aus Protonen und Neutronen		1950	E. W. Müller: Atome im Feldelektronenmikroskop sichtbar

1951 André-Thomas: Herz-Lungen-Maschine
E. W. Müller: Feldionenmikroskop
Farbfernsehen in USA

1952 Glaser: Blasenkammer
H-Bombe

1953 Miller: Aminosäuren aus Uratmosphäre
Watson und Crick: DNA als Doppelhelix
Gründung von CERN

1955 *Salk: Kinderlähmungs-Impfung*

1956 Lee und Yang vermuten und Wu findet die Paritätsverletzung bei der schwachen Wechselwirkung

1957 Sputnik I
Störfall in Windscale (GB)

1958 van-Allen-Strahlungsgürtel der Erde
Mößbauer-Effekt

1959 Stereoschallplatten, Düsenverkehrsflüge
Bilder der Mondrückseite

1960 Rebka und Pound: Bestätigung des Uhrenparadoxons
LASER

1961 E. Lorenz: Chaos beim Wetter
Kosmonaut Gagarin umkreist Erde
Gell-Mann und Ne'eman entwickeln Quarktheorie (zunächst 8facher Weg)

1962 Fernsehsatellit Telstar
Kuba-Krise
ν_e und ν_μ verschieden

1964 Cronin und Fitch: K-Meson verletzt CP-Invarianz
Ω^- bestätigt Quarktheorie
Glashow führt Charm ein
Higgs-Boson vermutet

1965 Hawkins deutet Stonehenge als Kalenderrechenmaschine

1965 Penzias und Wilson finden 3-K-Strahlung
SLAC in Betrieb

1967 J. Bell entdeckt den ersten Pulsar (Neutronenstern)
Barnard: Herztransplantation
Weinberg, Glashow und Salam: Vereinigung der schwachen mit der elektromagnetischen Wechselwirkung

1969 Fermilab bei Chicago gegründet
Armstrong und Aldrin landen auf dem Mond, Collins schaut aus der Nähe zu

1970 Monod: *Le hasard et la nécessité*

1971 Wirth: Sprache Pascal

1972 Computer-Tomographie (mit Röntgen)
Gell-Mann: Quantenchromodynamik
Pioneer 10 verlässt Sonnensystem
erste Skylabmissionen

1973 Tyron: Universum als Quantenfluktuation

1974 programmierbarer Taschenrechner (hp)

1975 Feigenbaum-Zahl
Tauon entdeckt
Flüssigkristallanzeigen (LCD)

1977 Voyager 1 und 2 starten
Pockenvirus stirbt aus
Personal Computer Apple II

1978 *Louise Brown in vitro gezeugt*

1979 Flug in Gossamer Albatros mit Menschenkraft über Ärmelkanal
Reaktorhavarie in Harrisburg

1979 Voyager 1 findet Jupiter-Ring

1980 Voyager 1 und 2 passieren Saturn
Rohrer und Binnig erfinden Raster-Tunnel-Mikroskop
v. Klitzing findet Quanten-Hall-Effekt

1981 *AIDS wird bekannt*
digitale Schallplatte CD

1983 Infrarot-Satellit IRAS
W^+, W^- und Z^0 im CERN entdeckt
Computer-Maus und Harddisc in PC

1984 Jeffreys: genetischer Fingerabdruck

1986 Challenger-Unglück
Reaktorhavarie in Tschernobyl
Voyager 2 passiert Uranus
32-Bit-Chip Intel 80386
Müller und Bednorz beschleunigen Supraleitersuche erheblich

1987 Supernova in Großer Magellanwolke

1989 Voyager 2 passiert Neptun
Öffnung der innerdeutschen Grenzen

1990 *Vereinigung Deutschlands*

1993 A. Wiles beweist Fermat-Vermutung

1994 t-Quark gefunden

1995 erste Planeten fremder Sterne entdeckt

9.2 Englische Vokabeln zur Physik

Diese Liste enthält vor allem solche Vokabeln, die nicht mit den deutschen Fachbegriffen in unübersehbarer Weise übereinstimmen, wie „loudspeaker" und „Lautsprecher", und andererseits außerhalb der Fachsprachen weniger eindeutig einander zugeordnet sind. So heißt „power" *in der Physik* „Leistung", aber in normalem Deutsch und in normalem Englisch sind „strength", „force" oder „power" fast synonym zueinander und können gleichermaßen mit „Kraft", „Stärke", „Macht" oder „Leistung" übersetzt werden. Leider weisen gewöhnliche Wörterbücher die fachsprachlichen Zuordnungen nicht besonders aus.

Die Liste soll Sie ermutigen, auch schon im Grundstudium englischsprachige Lehrbücher zu benutzen. Aktuelle Veröffentlichungen sind ganz überwiegend englisch. Auch bei Sachbüchern fragt man sich oft, ob man auf eine Übersetzung warten soll, bei der die Übersetzungsfehler manchmal das Verständnis mehr behindern als die fremde Sprache. Wenn Sie in einem Buch etwas über Silikon-Chips oder Sodiumchlorid lesen, können Sie sicher sein, dass der/die Übersetzer/in von Naturwissenschaften kaum Ahnung hat und vom Englischen eigentlich auch zu wenig.

absolute value Betrag (Vektor)
acceleration Beschleunigung
air Luft
ammeter Amperemeter
amplifier Verstärker
angle Winkel
angular acceleration Winkelbeschleunigung
angular momentum Drehimpuls
angular velocity Winkelgeschwindigkeit
area Oberfläche
attenuation Dämpfung, Schwächung
average Durchschnitt (als Mittelwert)
balance Waage
beat Schwebung
boundary Rand-
bulk Volumen (Gegensatz zu Oberfläche)
calculus Analysis
capacitance Kapazität
capacitor Kondensator (Elektrizität)
capture Einfang
carbon Kohlenstoff
carrier Träger
circuit Stromkreis
circular frequency Kreisfrequenz
coil Spule
collision Stoß
conductance Leitwert
conductivity Leitfähigkeit
cone Zapfen (Zelle in Netzhaut)
conservation Erhaltung
curl rot für Rotation (Operator in der Vektoranalysis)
current Stromstärke

cycle Kreis(-Prozess)
decay Zerfall
density Dichte
diffraction Beugung (bei Wellen)
efficiency Wirkungsgrad
electric constant elektrische Feldkonstante
electric displacement elektrische Verschiebung
energy Energie
entropy Entropie
equal gleich
equilibrium Gleichgewicht
factorial Fakultät (einer Zahl)
field strength Feldstärke
fission Spaltung (von Kernen)
flux Fluss
focus Brennpunkt
force Kraft
frequency Frequenz
friction Reibung
fusion Verschmelzung (von Kernen)
gravity Schwerkraft
grid (Beugungs-)Gitter
gyroscope Kreisel
half life Halbwertzeit
heat Wärme
hole Loch
hydrogen Wasserstoff
image Bild (Optik)
inductance Induktivität
inertia Trägheit
instantaneous Augenblicks-
insulator Isolator, Nichtleiter

integer ganz (Zahl)
internal energy innere Energie
intersection Schnitt (von Mengen)
inverse Kehrwert
latitude Breite (Geographie)
lattice (Kristall-)Gitter
law (Natur-)Gesetz
length Länge
lens Linse
lever Hebel
limit Grenzwert
loss angle Verlustwinkel
mass Masse
matter Materie
mean value Mittelwert
mercury Quecksilber
mirror Spiegel
modulus Betrag (einer Zahl)
moment of inertia Trägheitsmoment
momentum Impuls
motion Bewegung
muon Myon
nitrogen Stickstoff
node Knoten (einer Welle)
nuclear Kern-
number of turns Windungszahl
orbit Umlaufbahn
oscillation Schwingung
oxygen Sauerstoff
particle Teilchen
path Weg, Pfad
permittivity Dielektrizitätskonstante
plane angle ebener Winkel
potassium Kalium
power Leistung
pressure Druck
probability Wahrscheinlichkeit
quantity Größe
quantity of electricity Elektrizitätsmenge, elektrische Ladung
quantity of heat Wärmemenge
r.m.s. (root-mean-square) value Effektiv-Wert
radiation Strahlung
range Reichweite
ratio Verhältnis
ray Strahl (Optik)
real reell (Zahl)
recoil Rückstoß

refraction Brechung (einer Welle)
resistance Widerstand
resistivity spezifischer Widerstand
resolving power Auflösungsvermögen
rigid body Starrer Körper
rod Stäbchen (Zelle in Netzhaut)
root Wurzel
scattering Streuung
semiconductor Halbleiter
set Menge (in Mengenlehre)
shear Scherung
silicon Silicium (auch Silikon, was etwas anderes ist)
sky Himmel (Astronomie)
sodium Natrium
solenoid Zylinderspule
solid Festkörper
solid angle Raumwinkel
sound Schall
source Quelle
space Raum
speed of light Lichtgeschwindigkeit
square Quadrat
star Stern
state Zustand
superposition Überlagerung
target Ziel (bei Beschuss)
tension Spannung
tides Gezeiten
time Zeit
torque Drehmoment
torsion Verdrillung
uncertainty Unbestimmtheit
uniform gleichförmig
union Vereinigung (bei Mengen)
unit Einheit
valence Wertigkeit
velocity Geschwindigkeit
vibration Schwingung (bei Molekülen)
vision Sicht
visual sichtbar
vortex Wirbel (bei Strömungen)
wave Welle
weight Gewicht, Gewichtskraft
work Arbeit
work function Austrittsarbeit
Young's modulus Elastizitätsmodul

9.3 Zur Wortkunde physikalischer Fachwörter

9.3.1 Griechisches Alphabet

			Transliteration	Aussprache
A	α	’αλφα	a	a
B	β	βητα	b	b
Γ	γ	γαμμα	g	g
Δ	δ	δελτα	d	d
E	ε	’εψιλον	e	e
Z	ζ	ζητα	z	ds
H	η	ητα	e	ä
Θ	θ	θητα	th	t(h)
I	ι	’ιωτα	i	i
K	κ	καππα	k	k
Λ	λ	λαμβδα	l	l
M	μ	μυ	m	m
N	ν	νυ	n	n
Ξ	ξ	ξι	o	o
O	o	’ομικρον	o	o
Π	π	πι	p	p
P	ρ	’ρο	r, rh	r
Σ	σ	σιγμα	s	s (ß)
T	τ	ταυ	t	t
Y	υ	’υψιλον	y	ü
Φ	φ	φι	ph	p(h)
X	χ	χι	ch	k(h)
Ψ	ψ	ψι	ps	ps
Ω	ω	ωμεγα	o	o
	αι		ai	ai
	ει		ei	ee
	ου		ou	u
	γγ		ng	ng
	γκ		nk	ngk
	‘		(h)	h

9.3.2 Präfixe (Vorsilben)

deutsch	gr./lat.	Bedeutung	Beispiele
a-, an-	α-	nicht-, un-	Asymmetrie, anorganisch, anomal, *Anarchie*
ab-, abs-	ab	(von weg)	abnorm, Abszisse, Aberration, absolut
ad-	ad	(hin) zu	Apparat, Akkommodation, *Adjektiv*
ana-	ανα	hinauf	Anode, Anion, Analyse, Analogie
anti-	αντι	gegen	antiparallel, Antarktika
apo-	απο	(von weg)	Aphel, Apogäum, *Apotheke*
de-	de	(von herab)	Deformation, Deklination
di-	δυο	zwei	Diode, -dioxid
dia-	δια	durch	Diamagnetismus, Diapositiv, Diaskop, dielektrisch
dis-	dis-	auseinander	disjunkt, *Disharmonie*
en-	εν-	in (hinein)	Energie, Entropie, *Embryo*
epi-	επι-	(dar)auf	Episkop („*Bischof*" für Aufseher), *Episode*
ex-, e-, ek-	ex-, εξ-	aus-	Effekt, Emission, exzentrisch, *Ekstase, Export*
hyper-	’υπερ	über	Hyperbel (im Vergleich zur Parabel), *Hypertrophie*
hypo-	’υπο	unter	*Hypothek, Hypotonie (niedriger Blutdruck)*

in-	in	in (hinein)	Induktion, Influenz, Immission, *Indoktrination*
in-	in-	un-, nicht-	irregulär, indifferent, *indiskutabel*
inter-	inter	zwischen	Intervall, *international*
intra-	intra	innerhalb	intramolekular (innerhalb des Moleküls)
kat-	κατα	herab	Kathode, Kation, Katalyse, Katastrophe
kon-	cum, con-	mit-	Konkav, Kontraktion, konzentrisch, *Konferenz*
kontra-	contra	gegen	*Kontraindikation, konträr, kontraproduktiv*
meta-	μετα	um-(ändern)	metastabil, *Metapher, Methode, Metabolismus*
meta-	μετα	nach-	Metaphysik (Bücher von Aristoteles nach der Physik)
ob-	ob	gegen	Objektiv, *Opposition, Offensive*
para-	παρα	bei, gegen	Parallele, Parallaxe, *paradox*
per-	per	durch	Permeabilität, Perkussion, *perfekt*
peri-	περι	um (herum)	Periode, Perihel, Perigäum, Periskop
prä-	prae	vor	Prädissoziation, *Präfekt, Präludium, prähistorisch*
pro-	pro	vor-, für-	Propeller, Produkt
re-	re-	rück-	Reflexion, Reduktion
sub-	sub	(her-)unter	Subtraktion, Suspension, *Subjekt*
super-	super	über	Superposition (Überlagerung)
syn-	συν	mit-	Symmetrie, Synthese, Synergie, *Symphonie, Sinfonie*
tra-, trans	trans	hinüber	Transformator, Trajektorie, *Transport*

9.3.3 Wörter

Die griechischen Wörter sind entsprechend der Umschrift in das lateinische ABC eingeordnet. Der *spiritus asper* wird mit h transkribiert. Im Wortinneren erscheint ein solches h nur, wenn dabei aus π ein φ, aus τ ein θ oder aus κ ein χ wird: Kathode mit h, aber Anode ohne h. Die antike Aussprache kann man zum Teil aus der lateinischen Umschrift ablesen: φ wurde nicht f, sondern ph geschrieben.

αηρ Luft: Aerostatik, Aerodynamik

ακουειν hören: Akustik

amplus weit: Amplitude

ανεμος Wind: Anemometer (misst die Windgeschwindigkeit), *Anemone*

arcus Bogen

αριθμος Zahl: Logarithmus, Arithmetik (Zahlenrechnung)

αρκτος Bär: Arktis (Nordmeer), Antarktika (Südkontinent)

αστρον, αστηρ Stern: Astronomie, Periastron (Nahpunkt bei Bahn um Stern)

αυτος selbst: Automobil, Automat

βασις Grundlage: Basis, Basilarmembran (im Innenohr)

βαλλειν werfen: Ballistik, Symbol, Bolometer, Parabel, Hyperbel, *Ballett*

βαρυς schwer: Barometer (misst Druck), Barium, Isobare (zeigt gleichen Druck an)

bini je zwei: Binärsystem (zur Basis 2)

βραχυς kurz

βραχιστος kürzest: Brachistochrone (Kurve mit kürzester Laufzeit)

calor Wärme: Kalorik (Wärmelehre), Kalorie (alte Energieeinheit)

camera Gewölbe: Camera

capere fassen: Kapazität

cavus hohl: konkav

celer schnell: (englisch) acceleration

centum hundert: Zentimeter (1/100 Meter)

χαος leerer ungeordneter Raum (hebräisch *Tohu wa Bohu* in Schöpfungsgeschichte)

χειν schütten: Chemie

χιλιοι tausend: Kilo-

χρωμα Farbe: Chrom, Chromophor

χρονος Zeit: Chronometer, synchron, *Chronik*

color Farbe

curvus gekrümmt

decem zehn: Dezimeter (1/10 Meter)

δεκα zehn: Dekameter, Dekade, dekadisch

densus dicht: Kondensation

διδασκειν lehren: Didaktik

δοσις Gabe: Dosis, Dosimeter

ducere führen: Induktion

9.3.3 Wörter

δυναμις Kraft: Dynamik, Elektrodynamik, Dynamo
'ηχω Echo
'ελαστος getrieben: Elastizität
'ηλεκτρον Bernstein: Elektrizität
elementum Grundstoff
'εργον Werk: Energie, Exergie, Anergie, *Allergie*
extremus äußerster: Extremum (Extrema als Mehrzahl)
facere machen: effektiv
ferre tragen: Differenz
figere befestigen: Fixstern, *idée fixe*
finis Ende: Definition, Infinitesimalrechnung, *causa finalis* (Zielursache)
flectere biegen: Reflexion, Reflektor
fluere fließen: Influenz
frangere brechen: Refraktor, *Fraktion (im Parlament), Fraktur (Knochen, Schrift)*
frequens häufig: Frequenz, *frequentieren*
fungi verrichten: Funktion, *Funktionär*
γαλα Milch: Galaxis (unser Sternsystem, von innen als Milchstraße), Galaxie
γη Erde: Geometrie, Geophysik, *Georg (für Landbearbeiter)*
γιγας Riese, Giga, *gigantisch*
γωνια Winkel: Trigonometrie, Goniometer
gradus Schritt: Grad, Gradient
γραφειν schreiben: Fotografie, Holografie, *Paragraf*
gravis schwer: Gravitation, *gravitätisch*
γυρος Wendung, Kreislauf: Gyroskop, *Giro (Geldumlauf), Gyros (Drehspieß)*
'εδρα Sitz: Tetraeder
'εκατον hundert: Hektoliter
'ηλιος Sonne: Helium, Perihel, Aphel, heliostatisch, heliozentrisch
'ελιξ gewunden: Helikopter, Doppelhelix
'ημισυς halb: Hemisphäre
'οδος Weg: Anode, Kathode, Hodograph, Periode, *Methode*
'ολος ganz: Hologramm, *katholisch*
'ομος gleich: homogen, *homolog*
'οραν (Zukunft:) οψεσθαι – sehen: Optik, Dioptrie
'οριζειν begrenzen: Horizont, horizontal
'υδωρ Wasser: Hydrostatik, Hydrodynamik
'υγρος feucht: Hygrometer
'υστερον später: Hysteresis (Nachwirkung bei Magnetismus oder Elastiztität)
iacere werfen: Objekt, Objektiv, Projektion, *Subjekt*
infra unterhalb: Infrarot, *Infrastruktur*
insula Insel: Isolation, Isolator
ισος gleich: Isotop, Isobaren, Isothermen
κεντρον Stachel: Zentrum, konzentrisch
κινειν bewegen: Kinematik, Kino, kinetisch, *(englisch) cinema*
κλινειν neigen: Deklination, *Klinik*
κρυος Frost: Kryostat, Kristall
κυανος blau: Cyan
κυβερνητης Steuermann: Kybernetik, *(englisch) government*
κυκλος Kreis: zyklisch, Zyklotron
κυλινδρος Walze: Zylinder
λειπειν lassen: Ellipse (im Vergleich zur Parabel), Ekliptik (für Sonnenfinsternis)
latus getragen: relativ
lens Linse
λεπτος zart: Lepton (leichtes Teilchen), *leptosom (zarter Körperbau)*
limes Grenzwall
longus lang: Elongation
lumen, lux Licht: Lumineszenz, *Luxus*
machina großes Werkzeug
μακρος groß: makroskopisch
manere bleiben: permanent, Remanenz
maximus größter: Maximum (Maxima als Mehrzahl)
μεγας groß: Mega-
μερος Teil: Isomer (mit gleicher Summenformel)
μεσος mittlerer: Meson (usprünglich mittlerer Massenbereich der Teilchen)
μεταλλον Bergwerk: Metall
metiri messen: Dimension, Mensa (wegen des zugemessenen Essens)
μετρον Maß: Meter, Barometer (aber μητερ – Mutter, davon *Metropole*)
μικρος klein: Mikro-, Mikroskop, Mikrofon, *Mikrobe*
mille tausend: Millimeter, *Million*
minus kleiner *(davon auch Minister im Gegensatz zum Magister!)*
minimus kleinster: Minimum (Minima als Mehrzahl)
mittere schicken: Emission, Immission, Transmission, *Missionar*

modus Art: Akkommodation, Modul, Moderator (im Kernreaktor), *moderat*

moles Masse: Molekül (molecula = kleine Masse)

μονος allein: Monokristallin, Monopol (Einzelpol)

movere bewegen: Moment, Drehmoment, Lokomotive, Motivation

νανος Zwerg: Nano-

negare verneinen: negativ

neuter keiner von beiden: Neutron, Neutrino, neutral

νομος Gesetz: Astronomie, Trigonomie

numerus Zahl

obscurus dunkel

octo acht: Oktave (Intervall vom 1. zum 8. Ton in der Musik)

oculus Auge: Okular

orbis Kreis: Orbital

ordo Ordnung: Koordinaten

ορθος gerade: orthogonal (für rechtwinklig), *orthodox (für rechtgläubig)*

pars Teil

particula Teilchen: Partikel, *Partei (vertritt Teil des Volkes)*

pellere schlagen: Impuls, *Puls*

pendere hängen: Pendel, Suspension, *Pfund, Pensum*

pes Fuß: Pedal

petere streben: zentripetal, *Petition*

φωνη Laut: Mikrofon, Telefon, Phon, Grammofon, Phonograph, *phonetisch*

φως Licht: Fotografie, Photometrie, Phosphor

φυσις Natur: Physik

πλανης herumirrend: Planet

πλασμα Geformtes: Plasma

πολος Achse: Pol, Dipol

πολυς viel: polykristallin, polymer (aber πολις – Stadt, davon *Politik, Polizei, Metropole*)

ponere setzen: Positiv, Position

πρωτος erster: Proton, *Protein (Eiweißstoff)*

radius Speiche, Strahl: Radius, Radio, radioaktiv

rete Netz: Retina

rota Rad: Rotation

scindere spalten: Abszisse

secare schneiden: Sektor, Sekante

sinus Busen

σκοπειν beobachten: Mikroskop, Teleskop, Stethoskop, Diaskop, Episkop, *Bischof*

speculum Spiegel: *spekulieren*

σφαιρα Ball: sphärisch, Atmosphäre

στασις Stellung: Statik, Hydrostatik, Elektrostatik

στερεος starr: Stereoskopie, Stereofonie

τηλε fern: Telefon, Teleskop, Television

τεμνειν schneiden: Atom (unzerschneidbar), *Mikrotom, Feinschneidemaschine*

temperare mäßigen: Temperatur, *Temperament*

θερμος warm: Thermometer, Thermodynamik, *Thermosflasche*

trahere ziehen: Attraktion, *Traktor*

τρεις drei: Trigonometrie, *Trisomie (für drei statt zwei Chromosomen)*

τρεπειν wenden: isotrop (richtungsneutral), *Tropen (in Verbindung mit Wendekreis)*

vehere befördern: Vektor

volvere wälzen: Volumen

9.4 Nicht nur Geheimtipps

Es gibt viele Methoden, kein Fachidiot zu werden: Man kann beispielsweise Dinge tun, die nicht mit dem Fach in Verbindung stehen. Im Folgenden geht es nicht zuletzt um fließende Übergänge zwischen Freizeit, Studium und Beruf.

9.4.1 Fachliche und populäre Literatur

Der Kurs hier ist so angelegt, dass Sie kaum Bücher dazu brauchen, es sei denn zur Schulmathematik oder Nachschlagewerke wie das zur Physik von STÖCKER. Nachfolgend finden Sie einige sehr persönliche Empfehlungen, auch als Einstiege in Themen, die mit der Physik eher lose verbunden sind – also nichts für Fachidioten.

Ich nenne im Folgenden nicht immer die einzelnen Bücher, sondern die Autoren, von denen ich meistens jeweils mehrere Werke für interessant und gut lesbar halte. Manchmal reicht das Spektrum wie bei R. KIPPENHAHN von populären bis zu sehr spezialisierten Darstellungen, erkennbar an der

9.4.1 Fachliche und populäre Literatur

Zahl der Formeln – HAWKING schreibt in der *Kurzen Geschichte der Zeit*, dass jede Formel die Zahl der Käufer halbiere. Es soll hier keine Literaturliste gegeben werden, stattdessen aber Hinweise auf spezielle Themenbereiche und Darstellungsvarianten, die ich interessant finde und auch teilweise aufgegriffen habe.

Mehrbändige Standard-Lehrbücher der Physik für die Hochschule wie *Bergmann-Schaefer*, *Pohl*, *Feynman-Lectures* oder *Berkeley-Course*, sind auf jeden Fall gut und teuer. Man sollte sie kennenlernen, bevor man sie kauft. Auch manche Bücher, die sich wie PITKA u. a. vorwiegend an Fachhochschulstudenten richten, sind zumindest im Bereich der klassischen Physik nicht zu einfach für die Uni. Auch neue Oberstufen-Schulbücher können nach dem Abitur noch sehr nützlich sein, gerade zum Einstieg in die Physik des 20. Jahrhunderts.

Die Deutung der Kraft als Impulstransport lehnt sich stark an Veröffentlichungen von G. FALK und F. HERRMANN und den *Karlsruher Physikkurs* an. Für die Schule ist dieser bei der Uni Karlsruhe erhältlich. Die in 6.3.3 angedeutete Möglichkeit, das Wort *Wärme* der Entropie zuzuordnen und nicht einem Energieterm, ist in der *Neudarstellung der Wärmelehre* von G. JOB ausgeführt. Die neuere elektrisch-mechanische Analogie in 4.1.5 ist in der *Schwingungslehre* von MEYER und GUICKING beschrieben. Die Exergie wird in der *Thermodynamik* von H. D. BAEHR und in der *Exergie* von FRATZSCHER, BRODJANSKIJ und MICHALEK ausführlich behandelt. Der Begriff der Energie-Entwertung ist von J. SCHLICHTING in *Energie und Energieentwertung* dargestellt worden.

Zur Hochenergiephysik: Über Leptonen und Quarks und das, was die Welt *im Innersten zusammenhält* liest man am besten zuerst Bücher von PEDRO WALOSCHEK, HERWIG SCHOPPER und ROMAN U. SEXL. Speziell über Neutrinos und ihre Entdeckung gibt es von CHRISTINE SUTTON das schöne *Raumschiff Neutrino*.

Zur Erkenntnistheorie: Wegen der guten Lesbarkeit und aus persönlicher Vorliebe empfehle ich SIR KARL POPPER, zum Einstieg *Ausgangspunkte*, GERHARD VOLLMER, auf den die *evolutionäre Erkenntnistheorie* zurückgeht, und die Vorsokratiker – also Leute wie DEMOKRIT oder ZENON – über die auch LUCIANO DE CRESCENZO sehr amüsant geschrieben hat.

Zur Akustik: Das ist auch die physikalische Basis der Musik. J. R. PIERCE führt in *Klang – Musik mit den Ohren der Physik* in dieses Thema ein. Ein Sammelband, ebenfalls aus dem Spektrum Verlag, stellt Artikel zur Physik der Musikinstrumente zusammen.

Zum Farbensehen: H. LANG, *Farbmetrik und Farbfernsehen*, sowie ein Abschnitt in der Neubearbeitung des Optikbandes vom *Bergmann-Schaefer* sind zu nennen. Weniger ausführlich, aber mit mehr Betonung des Interdisziplinären ist mein Buch *Farben*. Mit sehr gemischten Gefühlen zwischen Bewunderung für den Entdecker und Sammler und der Verärgerung über Dogmatik und absichtliche Verständnislosigkeit liest man in GOETHES Hauptwerk(!), der *Farbenlehre* – das erstere mehr im *didaktischen*, das letztere mehr im *polemischen* Teil, der in vielen mehrbändigen Goethe-Ausgaben verständlicherweise fehlt.

Zu Biophysik, Bionik und Sinnesphysiologie: Das sind faszinierende Gebiete, in denen sich Physik, Biologie und Technik überschneiden – auch das Farbensehen gehört dort hinein. Zur Einführung in die Bionik gibt es vor allem Bücher von W. NACHTIGALL.

Zur Astronomie: R. KIPPENHAHN, R. H. GIESE und viele andere kommen in Frage, speziell über Kosmologie empfehle ich HARRISON.

Zur Chaostheorie: Darüber gibt es sehr viele Bücher. Die schönsten Computergrafiken – auch als Anregungen für eigene Programme – findet man in den Büchern der Bremer Gruppe um O. PEITGEN, bei PRUSINKIEWICZ insbesondere die botanischen Muster. Bei R. WORG stehen mehr die physikalischen Aspekte im Vordergrund.

An *Zeitschriften* sind besonders *Spektrum der Wissenschaft*, *Physik in unserer Zeit* und das *Physik Journal*, zugleich Mitgliedszeitschrift der Deutschen Physikalischen Gesellschaft (DPG), zu nennen.

9.4.2 Aufgaben und Heimversuche

Neben staubtrockenen Aufgaben, die man reflexartig und oft ohne Verständnis des Inhalts lösen kann, falls man mathematisch klar kommt, gibt es einige Sammlungen mit Pfiff. Von VOGEL stammt die Sammlung im *Gerthsen*, HORVATH hat eine für Biologen und Mediziner zusammengestellt. Heimversuche werden unter anderem in der *Trickkiste* und in meinem Buch *Spiele mit Physik!* beschrieben und erklärt.

9.4.3 Physikgeschichte und klassische Originalliteratur

Gute Überblicke geben K. SIMONYI, *Kulturgeschichte der Physik*, F. HUND, *Geschichte der physikalischen Begriffe* und *Geschichte der Quantentheorie*, E.J. DIJKSTERHUIS, *Die Mechanisierung des Weltbildes* (Antike bis Newton) sowie E. SEGRÉ mit je einem Band über klassische und über moderne Physik. Jahreszahlen aus der gesamten Kulturgeschichte enthält der *Kulturfahrplan* von W. STEIN. Klassische Originalliteratur der Physik findet man gehäuft in den Verlagen Harri Deutsch, Vieweg, Felix Meiner, Piper, Franzbecker und in der Wissenschaftlichen Buchgesellschaft. Es lässt sich aber nicht leugnen, dass es dabei nicht immer leicht ist, zwischen erstaunlichen Fehlern und einer von der heutigen stark abweichenden Fachsprache klarzukommen. Die Lektüre kann sehr spannend sein und zeigen, wie wenig stromlinienförmig die Erkenntnis vorankam. Oft ist es gut, bei Schlüsselwörtern nachsehen zu können, welche Vokabel im originalsprachigen Werk steht. Einige Quellensammlungen stellen wichtige Originaltexte aus der Physik oder aus der Mathematik zusammen. *Der Weg der Physik* ist dafür ein Beispiel. Die *Sudelbücher* von LICHTENBERG sind voller geistreicher Bemerkungen. Nur wenige Physiker haben so amüsante Abschnitte in autobiografischen Büchern wie R. FEYNMAN, der sich als Safeknacker betätigt, aber auch ernsteres beschreibt – vor allem wie er die Challenger-Katastrophe aufgeklärt hat.

9.4.4 Physikalische und technische Ausstellungen

Zwei Arten von Attraktionen werden dabei geboten: einmalige Originalstücke von Maschinen und – zum Glück in zunehmendem Maße – Versuche im Großformat zum Selbermachen aufregender Dinge. Daneben gibt es auch Exponate mit einer großen Bandbreite von didaktischer Aufbereitung bis zu solchen, die die jeweiligen Spezialisten begeistern. Jedes Museum und jede zeitweilige Ausstellung – etwa die *Phänomena* in Zürich oder *Heureka* in Rotterdam – hat da ihre eigene Mischung und ändert diese auch im Laufe der Jahre. Ohne Anspruch auf Vollständigkeit möchte ich nur einige empfehlen, die ich in den letzten Jahren teils mehrfach besucht habe.

In München ist das *Deutsche Museum*, 1903 von OSKAR VON MILLER gegründet, immer noch der Klassiker unter den Physik- und Technikmuseen. Daneben werden das *Deutsche Technik-Museum* in Berlin mit dem Versuchsfeld *spectrum* in einem separaten Gebäude und die *Phänomenta* in Flensburg, in Bremerhaven und in Lüdenscheid zunehmend attraktiver. Das *Landesmuseum* in Kassel hat eine bemerkenswerte physik- und astronomiehistorische Abteilung. Stärker auf die Technik ausgerichtet sind das *Technorama der Schweiz* in Winterthur und das *Technik-Museum* in Wien, ebenso das *Verkehrsmuseum* in Nürnberg, das *Siemens-Museum* in München und die *Postmuseen* in Berlin und in Frankfurt am Main.

In Paris gibt es das *Palais de la Découverte* im Grand Palais, das *Conservatoire des Arts et Metiers* sowie den vielseitigen *Museenkomplex in La Villette*. In London ist das *Science Museum* ein „must"! Dort gibt es auch in der City Hall ein schönes *Uhrenmuseum*. Ebenfalls viele Arten von Uhren kann man im *Uhrenmuseum* in Furtwangen sehen. In Wuppertal wird ein *Uhrenmuseum* von dem traditionsreichen Uhrmacher ABELER im Untergeschoss seines Geschäftes betrieben. Zum Schluss muss trotz der großen Entfernung noch der Stammvater der Physik-Erlebnis-Museen genannt werden. Es ist das von FRANK OPPENHEIMER, dem Bruder von Robert, gegründete *Exploratorium* in San Francisco. Dort sehen alle Geräte wie gebastelt aus – man kann auch in die Werkstatt gucken – und laden zum Spielen ein.

Auf Gartenausstellungen und ähnlichen Veranstaltungen gibt es neuerdings oft Pfade oder Zelte mit großformatigen Versuchen zur Mechanik oder Optik und anderen Gebieten. Anregungen dazu stammen von KÜKELHAUS, der das Erleben von Phänomenen propagiert hat. Sicher trägt das zur nötigen Korrektur des zu stark verkopften Unterrichts bei – manchmal aber ist die Grenze zur Esoterik fließend.

9.4.5 Fernsehsendungen

Vor allem im öffentlich-rechtlichen Fernsehen gibt es durchaus Sendungen, von denen man schlauer werden kann. In unserem Bereich stehen dafür *Quarks & Co., prisma, Sonde*. Auch einige typische Kindersendungen wie die von P. LUSTIG und Sachgeschichten aus der *Sendung mit der Maus* sollte man keinesfalls unterschätzen! Einige sind allein wegen der didaktischen Qualitäten ein Genuss. Das trifft auch für die schon klassischen Sendungen von HEINZ HABER und HOIMAR VON DITFURTH zu, die zum Glück gelegentlich wiederholt werden.

9.4.6 Vorträge und Tagungen nicht nur für Spezialisten

Lohnend sind Besuche bei den Haupt- und Regionaltagungen des *Fördervereins MNU* – die in Bremerhaven ist ein Geheimtipp! Alle zwei Jahre tagt im September die GDNÄ. Bei Tagungen der DPG sind besonders die Lehrerfortbildungsvorträge, die Tagungen des Fachausschusses Didaktik und sowie die Plenar- und Abendvorträge der Haupttagungen hervorzuheben. Nicht nur Volkshochschulen, auch Universitäten veranstalten regelmäßig Vorträge, die nicht nur für Spezialisten interessant sind. Informieren Sie sich, wann die Hochschulen Ihrer Nachbarschaft das Physikalische Colloquium, passende Ringvorlesungen oder Vorträge zum *studium generale* anbieten.

9.4.7 Unterhaltung mit Nähe zu Physik oder Mathematik

9.4.7.1 Rätsel und Scherze

Was anspruchsvolle Rätsel und Spiele angeht, ist MARTIN GARDNER unübertroffen, aber auch H. STEINHAUS und vor allem der Erfinder des *Game of Life*, J. H. CONWAY sowie IAN STEWART sind herausragend. WEBER und MENDOZA haben viele physikalische Scherze gesammelt, F. WILLE mathematische. H. CREMER hat seine zum Teil im Studium als Lösungen zu Übungsaufgaben angelieferten Gedichte als *Carmina mathematica* herausgebracht.

9.4.7.2 Kunst und Physik

Die *geometrische Perspektive* wurde in der Renaissance als eine Erfindung erlebt und entsprechend begeistert genutzt. Später wurde sie als Illusionsmittel wieder zurückgedrängt. Räumliche Tiefe wird auch durch die Farbgebung angezeigt: Dicke Luftschichten streuen kurzwelliges, also blaues Licht stärker, so dass die Sonne dann rötlich und entfernte dunkle Objekte bläulicher aussehen als der Vordergrund. So entsteht die *Farbperspektive*. Die Impressionisten haben bewusst Wirkungen des Lichtes dargestellt. Von C. MONET gibt es eine Serie von Bildern der Kathedrale von Rouen aus gleicher Perpektive, aber unter verschiedenen Lichtverhältnissen. Einige Impressionisten haben in Vorwegnahme der Farbbildröhren Bilder aus nebeneinandergesetzten Flecken spektraler Farben gemalt und die additive Mischung dazu ausgenutzt. Diesen *Pointillismus* kann man besonders bei SEURAT und SIGNAC bewundern. In gewisser Weise ist der *Kubismus* ein Reflex auf die in den Naturwissenschaften in den Vordergrund tretende Atomtheorie und auf GALILEIs Behauptung, die Philosophie sei in dem großen Buch – nämlich dem Universum – in der Sprache der Mathematik geschrieben. Als Buchstaben dieser Sprache sieht Galilei Dreiecke, Kreise und andere geometrische Figuren. PEITGEN und RICHTER zitieren das in *The Beauty of Fractals* und setzen die Fraktale MANDELBROTs dagegen. Geometrisch trickreiche Zeichnungen – mit in sich widersprüchlichen Perspektiven – hat bekanntlich MAURITS C. ESCHER geschaffen, in ähnlicher Weise auch O. REUTERSVÄRD und B. ERNST. Ein Zweig der *Pop Art*, nämlich die *Op Art* ist damit verwandt.

9.4.7.3 Romane, Erzählungen und Theaterstücke mit Bezug zur Physik

Der Wissenschaftler und Romancier C. P. SNOW hat in einem berühmten Essay die Spaltung in *Zwei Kulturen*, nämlich die naturwissenschaftlich-technische und die geisteswissenschaftliche, beklagt. In einem Kriminalroman behandelt und klärt er einen Mord unter wenigen Sportsfreunden auf einem Schiff mit klarer Logik und folgt darin E. A. POE. Dieser knackt im *Gold Bug*, seiner ersten Erzählung überhaupt, einen ziemlich einfachen Geheimcode und lässt seinen Meisterdetektiv Dupin – den ersten seiner Art in der Literatur – die Fälle mit Logik lösen. In seinem Essay *Heureka* beschreibt er seine Kosmologie mit der offensichtlich richtigen Erklärung der nächtlichen Dunkelheit – soweit man den Text eindeutig festlegen kann. In der *1002. Geschichte der Scheherazade* beschreibt er die märchenhaften Entwicklungen der Technik, darunter die Eisenbahn.

DOROTHY SAYERS benutzt in mehreren Detektivgeschichten physikalische Effekte wie die Größe der Lichtgeschwindigkeit. In *Absolut woanders* finden sich Anklänge an die damals noch neue Relativitätstheorie, und in einer anderen Geschichte die zunächst überraschende Tatsache, dass ein sonst auffälliges rotes Gewand bei rotem Licht wie ein weißes aussieht. Das ist dann der Schlüssel zur Überführung des Täters.

Unter den Science-Fiction-Autoren ist J. VERNE der bekannteste, wobei er von der Physik der Mondfahrt erstaunlich falsche Vorstellungen hatte. H. G. WELLS hat nicht nur *Time Machine* geschrieben, sondern 1913 auch *The world set free*, worin er die zivile und die militärische Nutzung der Kernenergie voraussagt. In einem von R. W. FASSBINDER als *Die Welt am Draht* verfilmten Buch von D. F. GALOUYE findet sich ein Programmierer als Figur in einem Simulationsprogramm.

Zwei wichtige Theaterstücke sind unter dem Eindruck der Kernwaffenentwicklung entstanden oder überarbeitet worden: B. BRECHT zeigt *Das Leben des Galilei*, allerdings vor allem in der Absicht, Galilei als Feigling darzustellen, der angesichts von Folter und Lebensgefahr kein Märtyrer werden will. Brecht selbst ist auch kein Märtyrer geworden. Vor den Nazis konnte er fliehen, vor dem McCarthy-Ausschuss in den USA hat er schlicht seine Nähe zum Kommunismus abgestritten, und in der DDR hat er seine regimekritischen Gedanken nur seinem Tagebuch anvertraut. Noch weniger geht es in F. DÜRRENMATTs *Die Physiker* um Biografisches. Hier werden die modernen Physiker in ihrer Gefährlichkeit den Politikern aller Zeiten gleichgestellt.

9.5 Register

A

ABBE 321
Abbildung, exakte 305
–, optische 329
Abbildungsformel 329
Aberration 176
abgeschlossen 362
Abschirmung 221
achsennahe Strahlen 322
ADAMS 161
Additionstheorem 262, 391
additive Mischung 314
Adiabate 362
AIRY 162
Akkommodation 337
Alibi 386
Alpha-Zerfall 432
Ampere, Einheit 242
Ampère-Kraft 242
Amplitude 263
Amplitudenmodulation 283, 285
Analogie 351
Analogien zwischen mechanischen und elektrischen Größen 267
ANAXIMANDROS 422
ANDERSON 410
Anergie 349, 351
Anfangswertempfindlichkeit 277
anharmonische Schwingungen 274
Antibaryon 420 f.
Antifermion 407
Antimaterie 408
Antiquark 408
Antiteilchen 410
Aphel 140
Apsiden 140
Arbeit 356
–, verrichten 12
ARISTARCHOS 175, 198
ARREST 161
Asteroid 160
Astronomie 138
Asymmetrie-Term 428
Äther 292
Atom, Mindestgröße 442
–, Unbestimmtheit 442
atomare Masseneinheit 342
Atomhülle 404
Atomkern 425
Atomrumpf 452
Atomtheorie 396

Auflösungsvermögen 301
Auge 336
ausgezeichnete Strahlen 328
Ausströmversuch 358
Austrittsarbeit 401
AVOGADRO 340

B

Bahnexzentrizität 187
BALMER 445
Bandbreite 283
Baryon 420 f.
Baryonenzahl 421
baud 284
BECQUEREL 435
Beschleunigung 35
β-Zerfall 417, 429
BETHE 426
Bethe-Weizsäcker-Formel 426
Betrachtungsrichtung 297
Bewegung, chaotische 277
–, erzwungene 2
–, freiwillige 2
Bild 330
–, virtuelles 331
Bildpunkt, reeller 329
–, virtueller 329
Bindungsenergie 385, 401
Biot-Savart-Gesetz 248
bit 284
black box 17
BOHR 16, 398, 436, 442
–, Anekdote 16
BOLTZMANN 340, 361
–, Gesetz von 205
Bombe 435
BORN 403, 443
Bose-Einstein-Statistik 405
Boson 405, 413
–, fundamentales 413
BOYLE 340
BRACKETT 445
BRADLEY 176
Bragg-Reflexion 454
BRAHE 139, 174
–, geostatisches Bild, Simulation 174
Brechkraft 325
Brechung 304, 323
Brechungsgesetz 321
Brechungsindex 322
Brechwert 325
Brechzahl 322

Brillenoptik 335
BROWN 340

C

CARNOT 366
Carnot-Faktor 347
Cavendish 148
Ceres 160
chaotische Bewegung 277
CLAUSIUS 366
Collider 378
COLUMBUS 174
Compact Disc 284
Compton-Effekt 381
Computerprogramm 309
confinement 415
COPERNICUS 175
Coulomb-Gesetz 210
Coulomb-Term 429
Coulometer 229
COWAN 411
CURIE 435

D

Dackel 293
DALTON 340, 397, 422
Dampfmaschine 364
–, Hochdruck- 365
Dämpfung 269
–, schwache 271
–, starke 269
Datenfluss 230, 283
Datumsgrenze 170
dB 311
dB(A) 312
Deduktion 11
Defektelektron 235
Diamant 453
Diamantgitter 454
Dichte 13
Dielektrizitätskonstante 226
DIESEL 368
Dimension 15
Dioptrie 325
Dipol 213
–, mechanisches Modell 214
Dipolmoment 214
DIRAC 409
Dispersion 322
Dissonanz 312
DÖBEREINER 451
Doppelspalt 295
Doppler-Effekt, akustischer 383
–, optischer 382

Draht, Magnetfeld 246
Drehimpuls 131
Drehmoment 132
Drehstrom 255
Dreifarbentheorie 315
Drittel-Ladung 413
Druck 339
Dunkelheit 202
Durchflutungsgesetz 245, 257
Düsenantrieb 368
Dynamik 1

E

e 237
EARNSHAW, Satz von 215
EDISON 409
Effektivwert 253
einfache Maschine 17
Einfang 418
Einheit 15
Ein-Körper-Problem 154
EINSTEIN 393, 401, 419, 437
elektrische Spannung 216
elektrische Stromstärke 227
elektrische Verschiebung 226
elektrischer Schwingkreis 267
Elektrizitätsmenge 210
Elektrodynamik 209
Elektrolyt 236
elektromagnetische Kraft 415
elektromotorische Kraft 231
Elektron 408, 423
elektroschwache Theorie 419
Elektrostatik 210, 215
elektrostatisches Haften 224
elementar 422
elementare Teilchen 421
Elementarladung 210
Ellipsenbahn 195
Elongation 263, 292
EMK 231
ENCKE 161
Energie 349, 383
– des homogenen Schwerefeldes 16
–, kinetische 101
–, potenzielle 108
–, translatorische kinetische 343
–, vorläufiges 11
Energiedichte 221, 223
Energiestromdichte 292
Energiestufe, im H-Atom 445
Energietechnik 361
Energietransport 228

Energiewandler 20
Energiewirtschaft 352, 368
Entfernung 197
Entropie 353, 358, 360
Entropiesatz 360
ERATOSTHENES 174, 198
Erdinduktor 252
Erdmasse, Berechnung 149
Ereignis 385
Erhaltung 375
Erhaltungsgröße 268
ERICSSON 367
erzwungene Bewegung 2
EULER 237
Eustachische Röhre 311
Evolution 206
exergetischer Wirkungsgrad 351
Exergie 349, 351
Expansion 206
Exponentialfunktion 236
–, natürliche 237
extensive Wärmemenge 356

F

Fallbeschleunigung, bei gleicher Dichte 149
falsche Glühbirne 233
Falsifikation 8
falsifizieren 350
Farad 222
FARADAY 258
Farbe 314
Farbenraum 315
Farbfehlsichtigkeit 315
Farbfernsehen 316
Farbkraft 414
Farbladung 415
Farm Hall 437
FECHNER 311
Federdrehpendel 265
Federpendel 260, 262
–, freies 264
Feldkonstante 148
–, elektrische 211
–, magnetische 245
Feldlinie 217
Feldstärke, elektrische 211
Fermat-Prinzip 308
FERMI 411
Fermi-Dirac-Statistik 405
Fermion 405
–, elementares 407
Fernrohr 333
–, holländisches 334
–, Kepler- 334
–, nach GALILEI 334

Festkörper 453
FEYNMAN 8, 422
Finsternis 180
FIRESTONE 268
fission 436
Fließgleichgewicht 228
FLÜGGE 436
Fluss 141
Flussdichte 141
–, elektrische 211
–, Gravitationsgesetz mit 142
–, magnetische 243
Fotoeffekt 400
Freiheitsgrad 18
freiwillige Bewegung 2
Frequenz 263
FRESNEL 320
FRISCH, MAX 239
FRISCH, OTTO ROBERT 436
Fusionskraftwerk 439

G

GÁBOR 318
GALILEI 334
Galilei-Transformation 385
GALLE 161
Gas, ideales 339
GAUSS 160
GAY-LUSSAC 340, 358
Gegenfarbe 315
Gegenstandsweite 332
Gehirn 392
gekoppelte Schwingungen 282
GELL-MANN 408, 422
geometrische Folge 236
geometrische Optik 320
geschlossen 362
Geschwindigkeit 29
Geschwindigkeitsraum, Kreise im 191
Geschwindigkeits-Resonanz 274
Gesichtsfeld 336
Gezeiten 182
Gezeitenreibung 165
Gießkanne 3
Gitter 298
Gitterkonstante 454
glance angle 454
GLASHOW 419
Gleichgewicht, stabiles 4
gleichschwebend 313
Gleichstrom 226
gleichstufig 313 f.
Gluon 414

GOETHE 314
Göttinger Appell 438
Grand Unified Theories 419
Gravitation 138, 215, 418
Gravitationsfeld, Energie des 145
–, Feldlinien 150
–, Potenzialflächen 150
Gravitationsgesetz, Hohlkugel 144
– Kugelsymmetrie 143
– mit Flussdichten 142
Gravitations-Potenzial 147
Graviton 418
gregorianischer Kalender 169
Grenzfall, aperiodischer 271
GRIMALDI 320
Größenklasse 199
Gültigkeitsgrenzen, aufgrund des Teilchencharakters 319
– aufgrund des Wellencharakters 319
Gütefaktor 348

H

Hadron 420
HAEHNLE 268
Haften, elektrostatisches 224
HAHN 422, 435
Halbleiter 235, 454
Halbmond, abnehmender 173
–, zunehmender 173
Halbwertszeit 241, 440
Hall-Effekt 243
HALLWACHS 400
HARARI 423
harmonische Schwingungen 263
harmonischer Oszillator 263
HARRIOT 320
HARRISON 203
Hauptquantenzahl 444
Hauptreihenstern 204, 438
Hauptsatz, zweiter 359 f.
Hauptsätze der Thermodymamik 338, 352
HEGEL 160
HEISENBERG 403
Heisenberg-Kredit 432
Heißluftballon 342
HEITLER 419
HELMHOLTZ 315, 350
Helmholtz-Spule 248
HEMPEL, GUSTAV 9
HERA 379
HERING 315
Herons Springbrunnen 4
HERSCHEL 159
HERTZ 209, 400

HERTZSPRUNG 204
Hintereinanderschaltung 268
– von Kondensatoren 223
Hochdruck-Dampfmaschine 365
hochrelativistische Näherung 374
Höhenenergie 17
Hohlwelttheorie 207
Hohmann-Ellipse 190
holländisches Fernrohr 334
Hologramm 316
Hörschwelle 311
HUBBLE 206
HUND 451
HUYGENS 320
Hyperbelbahn 196
– bei Abstoßung 197
Hyperon 421
Hypothese von PROUT 14
Hysteresis 245

I

ideales Gas 339
Impedanzanpassung 311
Impuls 339
Induktion, magnetische 243
Induktionsgesetz 251, 257
induktive Methode 9
Induktivität 256
Inertialsystem 54
Intensität 311
Interferenz 294
Invarianz 375
Isobare 362
Isobarenschnitt 429
isotherme Volumenänderung 344
Isotop 425

J

Jahr 168
Jakobsleiter 151
JOLIOT-CURIE 410
JOULE 350
julianischer Kalender 169

K

Kalender, gregorianischer 169
–, julianischer 169
KANT 165
Kapazität 222
Kastenpotenzial 274
Kausalität, Gesetz, schwaches 277
–, Gesetz, starkes 277
Kegelschnittbahn 194

KEPLER 139
–, drei Gesetze 139
–, drittes Gesetz 155
–, zweites Gesetz 182, 189
Kepler-Ellipse 187
Kepler-Fernrohr 334
Kernfusion 438
Kernreaktor 435
Kettenreaktion 435
Kilogramm-Prototyp 15
Kinematik 1
kinetische Gastheorie 338
KIRCHHOFF 228, 231
Klassische Mechanik 1
Knickformel 325
Knotenregel 227
kommunizierende Röhren 4
komplexe Zahl 256
–, imaginäre 256
Kondensator 221
–, Aufladen 239
–, Energie im 223
–, Entladen 239
–, Hintereinanderschaltung 223
–, Parallelschaltung 223
konisches Pendel 280
Konsonanz 312
Kosinus 261
kosmologische Rotverschiebung 383
kovalente Bindung 453
Kraft 60
–, elektromagnetische 415
–, Lorentz- 242
–, schwache 417
Kreisbahn 195
Kreisbewegung, Kombinationen 168
Kreisfrequenz 263
Kreisprozess 346, 362
Kriechfall 269
Kristall 453
kritische Masse 435
Kugelfläche, Brechung 323

L

Ladung 210
Ladungsverteilung, kugelsymmetrische 212
LAGRANGE 165
Lärm 312
Lattenzaun 327
Lautsprecher 298
LEED 403
Leerlauf 252
Leitfähigkeit 233
Leitungsmechanismus 235

LENARD 400
Lepton 406, 408
Leptonenzahl 408
LEVERRIER 161
Libration 189
Lichtgerade 388
Lichtstrahl 319
Linse 307
Linsenschleiferformel 325
Logarithmus 236
–, natürlicher 237
Logik 10
LONDON 419
Lorentz-Fitzgerald-Kontraktion 390
Lorentz-Kraft 242
Lorentz-Transformation 386
LOSCHMIDT 341
Luftmoleküle im Zimmer 341
Luftwechseldruck 293
LYMAN 445

M

MACH 278
MAGNENUS 397
Magnetfeld 242, 246
magnetische Erregung 243
magnetische Induktion 243
magnetischer Fluss 251
Magnetismus, der Erde 246
Magnitude 200
Makro-Aufnahme 332
MALUS 321
MARIOTTE 340
Maschenregel 231
Maschine, einfache 17
Masse 13, 383
–, dynamische 371
–, Geschwindigkeitsabhängigkeit 370
–, kritische 435
–, relativistische 371
–, schwere 141
–, träge 141
–, transversale 371
massebezogene Leistung 439
masselos 373
Massenbilanz bei Beta-Zerfällen 431
Masseneinheit, atomare 342
Massenspektrometer 250
Materiewellen 402
mathematisches Pendel 279
MAXWELL 209, 400
Maxwell-Gleichung 257
MAYER 350
Mechanik, Klassische 1

MEER 419
MEITNER 422, 435
MENDELEJEV 451
Meson 420 f.
Metall 235, 453
Mikroskop 332
Milchpulver 351
MILLIKAN 210, 213, 409
Mittelohr 311
Möglichkeitstafel 10
mol 341
Molekül 339, 452
Monat 168
Mondbahn, heliostatische 178
Mondphase 171
MORGENSTERN 327
Musik 312
Myon 389, 412, 423

N

Nachbildeffekt 314
Naturgesetz 7
Nervenleitgeschwindigkeit 392
Neutrino 411
Neutron 421
NEWCOMEN 365
NEWTON 14, 307, 314, 320
–, Definition der Masse 14
–, Gravitationsgesetz 140
Newton-Exponent 189
NIPKOW, PAUL 11
Noniussehschärfe 337
Nukleon 421
Nuklid 425
–, verschwundenes 441

O

Oberflächenterm 428
Oberton 312
Objektiv, als dünne Linse 331
–, Zoom- 326
offen 362
Ohm-Widerstand 232
Oktave 312 f.
OLBERS 160, 202
Ölfilm 297
Operation Epsilon 437
OPPENHEIMER 436
Optik 330
–, geometrische 320
–, paraxiale 322
optische Abbildung 329
optische Tubuslänge 332

optischer Lichtweg 308
Ordnungszahl 425
Orgelpfeife 292
ØRSTED 242, 419
OTTO 368

P

Paarungsterm 427, 429
PAPIN 364
Parabelbahn 196
Parallelschaltung 268
– von Kondensatoren 223
paraxiale Optik 322
Parton 422
PASCHEN 445
PAULI 411
Pauli-Prinzip 405, 428
Pendel, Feder- 260
–, konisches 280
–, mathematisches 279
Penduluhr 279
Perigäumsdrehung 187
Perihel 140
Periode 263
Periodensystem 451
periodischer Fall 271
Permanentmagnet 245
Permeabilität, des Vakuums 245
–, relative 245
Perpetuum mobile 360
–, zweiter Art 360
PET 411
PFUND 445
Phasengeschwindigkeit 291
Phasenkonstante 263
Phasenraum 428
Phasenwinkel 263
Phon 311
Photoelektronenspektroskopie 417
Photon 374, 380, 415
PIAZZI 160
Planet 156
Planetenjäger 159
Planetensystem 441
Plasma 236
PLATON 422
Plattenkondensator 221
POE 204
Pol 246
Polarisierbarkeit 225
Polytrope 363
POPPER 8, 350
Positivist 413
Positron 409

Positronen-Emissions-Tomografie 411
Potenzial 216
Potenzialtopf des Sonnensystems 157
Potenzialwall 432
Poynting-Vektor 293
Probeladung 211
Programm 275
Proton 421, 423
Protonenzahl 425
PROUT, WILLIAM 14
–, Hypothese 14
Punctum aequans 188
Pythagoras-Dreieck der SRT 371
pythagoreisches Komma 313

Q

Quadrupolmoment 426
Quantenmechanik 398
Quantenstatistik 338
Quantenzahl 450
Quark 406, 412, 422

R

radiale Abhängigkeit 444
radiale Abhängigkeiten von Beschleunigung und Potenzialen 152
Radio 230
Radioaktivität 435
reeller Bildpunkt 329
Referenz-Welle 316
Regenerator 346
Reichweite 414
REINES 411
REITLINGER 366
Relais 230
Relativitätsprinzip 39
Resonanz 273
Rhein, Schaffhausen 350
Ringe und Monde 162
Rischon 423
Roberval-Waage 5, 7
Roche-Grenze 162
RØMER 291
ROOSEVELT 437
Rosinenkuchen 441
RUBBIA 419
Rückkopplung 273
Ruheenergie 372
Ruhemasse 370
RUMFORD 350
RUSSELL 204
RUTHERFORD 441

S

Saite, Wellengleichung 287, 289
SALAM 419
SAVERY 365
Schaffhausen 350
Schall 310
Schalldruck 311
Schaltjahr 169
Schichtdicke 297
Schmerzschwelle 311
SCHMIDT 307
Schmidt-Kamera 307
Schmidt-Spiegel 307
Schnelle 293, 311
SCHRÖDINGER 403, 443
Schwachstrom 227
schwarze Raben 9
Schwebung 281
schwere Masse 141
Schwerefeld, Kegelschnitt-Bahnen im 182
–, Kreisbewegungen im 153
Schwerependel 278
Schwerpunkt, gemeinsamer 153
–, Höhe 7
Schwingkreis, elektrischer 267
Schwingungen 260
–, akustische Unbestimmtheit 400
–, anharmonische 274
–, gekoppelte 282
–, harmonische 263
–, klassische Unbestimmtheit 398
Sehnervenkreuzung 336
SEILIGER 368
Sektorfeld 250
semi-empirische Formel 426
SENNERT 397
Simulation, zweier Objekte bei Gravitation 184
Sinus 261
Skalenbeispiel 415
SNELLIUS 320
SOMMERFELD 442
Sonne 438
Sonnenenergie 439
Spalt, breiter 301
–, zwei dünne 295
Spaltung 434
Spannung, elektrische 216
Spannungsabfall 231
Spannungsteiler 233
Spektroskopie 301
spezifische Ladung 250
spezifische Wärmekapazität 342
spezifischer Widerstand 233
Spiegelteleskop 307

Spin, halbzahliger 405
–, Orientierung 451
Spinquantenzahl 405
Spule, lange 247
Stäbchen 315
stabiles Gleichgewicht 4
Stabilitätstal 433
starke Wechselwirkung 413, 427
Starkstrom 227
starrer Körper 133
Statik 1
Statistische Mechanik 338
Statistische Physik 338
Stereofoto 318
Stern, Größen und Energieflüsse 199
–, Riese 205
–, Überriese 205
–, weißer Zwerg 205
Sterntag 169
Stirling-Prozess 346, 351
Stoffmenge 341
Stoß, elastischer 119
–, inelastischer 73, 127
Strahlen, achsennahe 322
–, ausgezeichnete 328
Strahlengang, Computerzeichnung 325
–, teleskopischer 333
Strahlenoptik 305, 319
STRASSMANN 435
Stroboskopie 316
Stromdichte, elektrische 227
Stromkreis 227
Stromstärke, elektrische 227
STRUVE 161
subatomare Partikel 422
Superstringtheorie 419
Supersymmetrie 419
Supraleitung 235
SZILARD 436

T

Tafelwaage 7
Tag 168
Target 378
Tauon 412
tautologisch 8
Teilchenvernichtung 410
Teilchenzahl 341
Teilchen-Zoo 422
teleskopischer Strahlengang 333
TELLER 437
Temperatur 340, 342
Theory of Everything 419
thermische Zustandsgleichung 340

Thermodynamik 338
THOMSON 441
Titius-Folge 158
TNT 385
Tohu-wa-Bohu 423
Totalreflexion 322
TOWNLEE 340
träge Masse 141
Trägheitsmoment 133
translatorische kinetische Energie 343
Trinitrotoluol 385
Trojaner 163
Tropfen 428
Tubuslänge, optische 332
Tunneleffekt 432

U

umwandelbar 422
Unbestimmtheit, quantenmechanische 403
Urknall 206
Utopie 11

V

Verbrennungsmotor 368
verbundene Gefäße 4
Vereinheitlichung 418
Verlust 352
VERNE 170
Verrichten von Arbeit 12
Verschiebungsstrom 257
Verstärker 230
Vielfachdrehspulgerät 235
Vierfarbentheorie 315
virtueller Bildpunkt 329
virtuelles Bild 331
Volumenänderung, isotherme 344
Volumenarbeit 344
Volumenterm 427

W

Wackelschwingung 275
Wahrheitstafel 10
Wahrscheinlichkeit 360, 403
Wandergemeinschaft 357, 407
Wandergruppe 424
Wandler 20
Wärme 356
Wärmeäquivalent 350
Wärmekapazität, spezifische 342
Wärmekraftmaschine 348
Wärmeleitung 358
Wärmemenge, extensive 356
Wärmepumpe 347, 353

Wasserstoffbombe 439
WATT 365
Weakon 417
WEBER 311
Wechselstromgenerator 252
Wechselwirkung, starke 413, 427
WEINBERG 419
Weite des Raumes 197
WEIZSÄCKER 426
Welle 286
–, Brechung 304
–, Elongation 292
–, Energiestromdichte 292
–, stehende 291
Wellenfunktion 443
Wellengleichung 287, 289
Wellenwiderstand 310
WELLS 437
Widerstand, spezifischer 233
Wirkungsgrad 347
–, exergetischer 351
Wirkungsquantum 401

WÖHLER 418
wohltemperiert 314
Wurfparabel 41

Y

YOUNG 315, 320
YUKAWA 412, 414

Z

Zapfen 315
Zeigerdiagramm 254, 298
Zeit 241
Zeitgleichung 189
Zeitpfeil 206
Zerfallskonstante 440
zerlegbar 422
Zoom-Objektiv 326
Zustandsgleichung, thermische 340
zweiter Hauptsatz 359 f.
Zwiebelschale 446
Zwischenring 331

9.6 Zahlen und Einheiten

9.6.1 Naturkonstanten und atomare Einheiten

Symbol	Merkwert	Bezeichnung und Kommentar (genauer Wert)
c_0, c	$3 \cdot 10^8$ m/s	Lichtgeschwindigkeit im Vakuum (299 792 458 m/s)
μ_0	$1{,}26 \cdot 10^{-6}$ V·s/A·m	magnetische Feldkonstante ($4\pi \cdot 10^{-7}$ V·s/A·m)
ε_0	$0{,}89 \cdot 10^{-11}$ A·s/V·m	elektrische Feldkonstante ($1/(c_0^2 \mu_0)$)
G, γ	$6{,}7 \cdot 10^{-11}$ m³·s^{-2}·kg^{-1}	Gravitations-Feldkonstante
e_0, e	$1{,}6 \cdot 10^{-19}$ A·s	elektrische Elementarladung ($= q_{\text{Proton}} = -q_{\text{Elektron}}$)
h	$6{,}6 \cdot 10^{-34}$ J·s	Planck-Konstante (Wirkungsquantum)*
k, k_B	$1{,}38 \cdot 10^{-23}$ J/K	Boltzmann-Konstante (Entropie-Konstante)
m_e	$0{,}9 \cdot 10^{-30}$ kg	Ruhemasse von Elektron oder Positron
u	$1{,}67 \cdot 10^{-27}$ kg	$^{1}/_{12}\, m(^{12}C) = 1\, \text{g}/N_{\text{Avogadro}} \approx m_H \approx m_p \approx m_n$**

* Das Drehimpulsquantum ist $h/2\pi$.
** Das Neutron ist um rund 2,5 Elektronenmassen schwerer als das Proton und um 1,5 schwerer als das H-Atom.

9.6.2 Metrische Basiseinheiten

Basiseinheit		Größenart	Stichworte zur Definition
1 s	Sekunde	Zeit	über eine Frequenz der Cs-Atomuhr
1 m	Meter	Länge	über genauen Wert von c_0 und Sekunde*
1 kg	Kilogramm	Masse	Internationaler Prototyp in Sèvres
1 A	Ampere	el. Stromstärke	mit Stromwaage über Wert von μ_0
1 K	Kelvin	Temperatur	Tripelpunkt von H_2O ist 273,16 K**
1 cd	Candela	Lichtstärke	wie 1/683 W/sr bei 540 THz (monofrequent)*
1 mol	Mol	Stoffmenge	enthält N_{Avogadro} Teilchen der betreffenden Art
1 rad	Radiant	ebener Winkel	Kreisbogenlänge : Radius = 1
1 sr	Steradiant	Raumwinkel	Kugeloberflächenstück : (Radius)² = 1

* Hierzu finden Sie auch in neuen Büchern veraltete Definitionen; Candela auf 2. Silbe betont.
** Nicht verwechseln mit dem Eispunkt 273,15 K.

9.6.3 Symbole für Zehnerpotenzen in Einheiten

Dezi	Zenti	Milli	Mikro	Nano	Piko	Femto	Atto	Zepto	Yocto
d	c	m	μ	n	p	f	a	z	y
10^{-1}	10^{-2}	10^{-3}	10^{-6}	10^{-9}	10^{-12}	10^{-15}	10^{-18}	10^{-21}	10^{-24}
Deka	Hekto	Kilo	Mega	Giga	Tera	Peta	Exa	Zetta	Yotta
da	h	k	M	G	T	P	E	Z	Y
10^1	10^2	10^3	10^6	10^9	10^{12}	10^{15}	10^{18}	10^{21}	10^{24}

Am besten ersetzt man diese eher störenden und überflüssigen Zeichen so früh wie möglich durch die Zehnerpotenzen und rechnet dann damit. Zur Klammerkonvention: z. B. ist 1 cm² = 1 (cm)² = $(10^{-2}\, \text{m})^2$ und nicht $10^{-2}\, \text{m}^2$.

9.6.4 Abgeleitete metrische Einheiten mit Namen

Einheit			Größenart	Einheit			Größenart
Hertz	Hz	$1/s$	Frequenz	Farad	F	$A \cdot s/V$	Kapazität
Becquerel	Bq	$1/s$	Aktivität	Henry	H	$V \cdot s/A$	Induktivität
Newton	N	$m \cdot kg/s^2$	Kraft	Siemens	S	A/V	el. Leitwert
Joule	J	$N \cdot m$	Energie	Weber	Wb	$V \cdot s$	magn. Fluss
Watt	W	J/s	Leistung	Gray	Gy	J/kg	Energiedosis
Pascal	Pa	N/m^2	Druck	Sievert	Sv	J/kg	Äquiv.-Energiedosis
Coulomb	C	$A \cdot s$	el. Ladung	Lumen	lm	$cd \cdot sr$	Lichtstrom
Volt	V	W/A	el. Spannung	Lux	lx	lm/m^2	Bel.-Stärke
Ohm	Ω	V/A	el. Widerstand	Tesla	T	$V \cdot s/m^2$	magn. Induktion

9.6.5 Astronomische Faustdaten

Der Umfang der **Erde** ist $4 \cdot 10^7$ m (aufgrund einer sehr alten Meterdefinition), ihre Masse rund $6 \cdot 10^{24}$ kg. Die **Sonne** hat rund den 100-fachen Durchmesser, aber nur 1/3 der Dichte, der Mond hat etwa 1/80 der Erdmasse. Er ist 1,3 Lichtsekunden von uns entfernt, die Sonne etwa 400-mal weiter, nämlich $1,5 \cdot 10^{11}$ m. Die **Bahnradien** sind für Merkur das 0,4-fache davon, für Jupiter das 4-fache und für Pluto das 40-fache (die siderischen **Umlaufzeiten** in [Erd-]Jahren findet man daraus mit Keplers 3. Gesetz). Bekanntlich haben Mond und Sonne von der Erde aus fast gleiche Sehwinkel (Finsternisse!).

Auf der Erdoberfläche ist die Feldstärke der **Gravitation** 9,8 m/s², die **magnetische Induktion** ist in Mitteleuropa rund 50 μV · s/m² mit der Horizontalkomponente 20 μV · s/m².

Der für uns sichtbare Teil des Universums expandiert mit der **Hubble**-Konstante, über deren Wert noch keine Einigkeit herrscht, rund $2 \cdot 10^{-18}$ s⁻¹. Der Kehrwert davon wäre das Alter seit dem (vermuteten) **Urknall**, wenn die Expansion durch die Gravitation nicht abgebremst würde. Der räumliche **Horizont** hat als Radius den zugehörigen Lichtweg.

9.6.6 Größengleichungen

Die physikalischen Formeln sind Aussagen über Größen, z. B. Länge, Masse oder Geschwindigkeit etc. Bis zu NEWTON war es seit der Antike selbstverständlich, dass man nur über **Verhältnisse** aus gleichartigen Größen arithmetische Aussagen machen kann, z. B. für das Kräftegleichgewicht am Hebel $x_1 : x_2 = F_2 : F_1$.

Wir schreiben heute **Größen** (allgemein hier symbolisch mit G bezeichnet, z. B. 3 kg) *formal* als Produkte aus einem **Zahlenwert** (hier $\{G\} = 3$) und einer **Einheit** (hier $[G] = $ kg). Wechselt man die Einheit, so wechselt im Allgemeinen auch der Zahlenwert. Man kann das durch Umrechnungsformeln (z. B. 1000 g = 1 kg) nach den Regeln der Arithmetik oder Algebra formal ausführen (indem man z. B. 1 g durch 0,001 kg ersetzt und damit weiterrechnet). Die Schreibweise [kg] ist *nicht normgerecht*.

Man kann nun neue Größen als **Produkte** oder **Quotienten** bekannter Größen definieren und die Algebra formal auf die Einheiten anwenden, z. B. ist dann die Impulseinheit 1 kg · m/s. *Nicht anwendbar* ist dieser Formalismus auf logarithmische Maße wie dB, phon etc. und auf Differenzmaße wie Oechslegrad (Oe⁰ für Dichtedifferenz) oder Celsiusgrad (°C für Temperaturdifferenz zum Eispunkt = 273,15 K).